袋式除尘技术手册

第 2 版

中国环境保护产业协会袋式除尘委员会　组编
陈隆枢　陶　晖　主编

机械工业出版社

本书共15章，详细介绍了我国袋式除尘技术发展历程，与袋式除尘技术有关的粉尘和含尘气体特性，袋式除尘理论基础，袋式除尘滤料，清灰技术及装置，袋式除尘器的结构型式，袋式除尘器配件，袋式除尘系统的自动控制，袋式除尘器的设计选型，袋式除尘器用于特种烟尘的对策，袋式除尘器的安装、运行和维护，袋式除尘器性能测试，袋式除尘器故障诊断及排除，袋式除尘器在钢铁、水泥、有色冶金、火力发电、废弃物焚烧、纺织等行业中的应用，以及袋式除尘对烟气多污染物的协同控制作用。

本书可供从事环境保护、粉料收集的科研、设计、制造、安装、维护管理的工作人员使用，也可供高等院校环境保护及相关专业师生参考。

图书在版编目（CIP）数据

袋式除尘技术手册/陈隆枢，陶晖主编. —2版. —北京：机械工业出版社，2023.12

ISBN 978-7-111-74121-3

Ⅰ.①袋… Ⅱ.①陈… ②陶… Ⅲ.①滤袋除尘器-技术手册 Ⅳ.①TM925.31-62

中国国家版本馆CIP数据核字（2023）第201647号

机械工业出版社（北京市百万庄大街22号 邮政编码100037）
策划编辑：赵玲丽　　责任编辑：赵玲丽
责任校对：樊钟英　王　延　　封面设计：马精明
责任印制：张　博
北京建宏印刷有限公司印刷
2024年3月第2版第1次印刷
184mm×260mm · 41印张 · 1020千字
标准书号：ISBN 978-7-111-74121-3
定价：169.00元

电话服务　　网络服务
客服电话：010-88361066　　机 工 官 网：www.cmpbook.com
010-88379833　　机 工 官 博：weibo.com/cmp1952
010-68326294　　金 书 网：www.golden-book.com
封底无防伪标均为盗版　　机工教育服务网：www.cmpedu.com

第2版前言

袋式除尘器是利用多孔物质制成的袋状过滤元件从气体中捕集颗粒物和某些气态污染物的设备。我国袋式除尘技术开始于20世纪50~60年代，从最初一无技术、二无企业、三无产品、四无专业队伍的“零点”起步，逐渐发展起来。特别是在改革开放以后，先进的袋式除尘技术不断被引进，经过学习、消化、移植，并不断提高和创新，促进了我国袋式除尘主机、滤料、配件的全面迅猛发展。截至21世纪的第一个十年，已经形成了技术现代、产品多样、规格齐全、质量上乘、指标先进、力量雄厚的袋式除尘产业，对我国控制大气污染、节能减排、保卫蓝天起着举足轻重的作用。同时，袋式除尘应用领域迅速扩展，在许多工业产品的生产和新能源开发中，袋式除尘器承担着双重任务：既是环保设备，又是生产工艺中不可或缺的主体设备。此时，为了满足业内人士和广大读者迫切希望了解袋式除尘专业知识的需求，中国环境保护产业协会袋式除尘委员会组织编写了《袋式除尘技术手册》，并于2010年5月出版发行。书中系统地总结了我国袋式除尘技术的理论和实践，全面反映了我国袋式除尘产品的特性及应用知识，并附有较多工程实例，以供查阅和参考。

本手册第1版获得读者的厚爱，使全体编写人员倍感欣慰。现在十多年过去了，我国袋式除尘行业在“量”和“质”两方面又有了长足的进步，需要对第1版进行修订。中国环境保护产业协会袋式除尘委员会及时组织编写了第2版。

本手册的修订要点如下：

1）适应各大气污染行业全面超低排放治理并获得巨大成就的形势，纳入新技术、新设备、新材料、新应用。

2）更新和增加应用实例。对于袋式除尘器在各行业的应用，选取问世新、规模大、除尘工艺和技术设备最先进的实例进行替换。增加了在炭黑行业的应用（列为第十四章的第八节）。还增加了袋式除尘技术在多污染物协同控制中的应用，并将其设为独立的一章（第十五章）。另外，在袋式除尘器、滤料、配件的篇章中也根据需要列举相应的工程实例。

3）改正第1版中由于各种原因而存在的错误或疏漏之处。

4）本书中的名词术语严格符合国家标准，杜绝与标准不符的习惯用语，例如：“布袋除尘器”“布袋”“袋笼”“运行阻力”“阻力损失”等。

5）本书出版之时，中国环境保护产业协会袋式除尘委员会成立近40周年，为回顾以往，把握现在，展望将来，在本书中增加“我国袋式除尘技术发展历程”一章。

本手册的修订仍坚持第1版的原则，即实用、求真、丰富、简明。

本手册旨在为读者实施袋式除尘工程的设计、制造、安装、调试、验收、使用以及运行管理和维护检修过程中提供借鉴和帮助，也可作为高等和中等专业院校的教学参考书，或者作为从业人员培训的教材。书中避免过多和过深的理论叙述，避免与袋式除尘工程关系不密切的公式和计算，避免过多和过深地介绍袋式除尘技术自身的工艺过程。

在编写过程中对有关素材和资料都认真鉴别和核实，去粗取精，去伪存真，剔除那些不真实的、含糊的、过时的和商业宣传的成分，力求给读者提供真实的、有效的、能够体现袋式除尘技术最新和最高水平的内容。

本手册全面总结我国袋式除尘的技术进步和创新，尽量反映袋式除尘技术在各行业的应用实践和特点，包括必要的理论、公式、数据、图表、经验和教训，并有典型的工程实例，力求使有各种需求的读者都能从中受益。

本手册的编写力求简化层次，内容直奔主题，避免不必要的铺垫和渲染。文字力求简炼，避免教科书式的叙述，也避免过于深入到袋式除尘技术应用领域所属的专业知识，让读者利用尽量少的时间得到所需要的帮助。

本手册编写人员分工：柳静献、毛宁、孙熙、王金波（第一章）；沈恒根（第二章）；陶晖（第三章）；孙熙、柳静献（第四章第一节～第四节），孙熙、柳静献、蔡伟龙（第四章第五节）；陈隆枢、姚宇平（第五章第一节），陈隆枢（第五章第二节～第三节）；陈隆枢（第六章第一节～第五节，第六章第六节二、～三、，第七节二、～五、），陈奎续（第六章第六节一、），陶晖（第六章第七节一、），王金旺（第六章第七节六、）；朱德生、陶晖（第七章）；冯斌、叶超（第八章第一节～第六节），周育国、刘瑾、王宏伟（第八章第七节）；吴善淦、施勇、穆璐莹（第九章第一节～第三节），党小庆（第九章第四节）；陶晖（第十章）；陈志炜、姚群（第十一章）；孙熙、柳静献（第十二章）；陈隆枢（第十三章第一节、第二节二、～十六、第三节～第七节），党小庆（第十三章第二节一、）；陶晖、陶岚（第十四章第一节和第二节），吴善淦、穆璐莹、施勇（第十四章第三节和第六节），吕维宁、袁永健、李允斌（第十四章第四节），赵江翔（第十四章第五节），黄翔（第十四章第七节），马恩群（第十四章第八节），冯阳（第十四章第九节一、），屈青春、陶晖（第十四章第九节二、～八、）；姚群、陈志炜（第十五章）。他们分别来自科研、设计、高校、企业，既有从事袋式除尘技术工作的资深专家、学者，也有在该领域获得创新性技术成果或工程业绩的青年才俊。全体编写、校审人员团结协作、辛勤工作，克服了重重困难，终于完成本手册的编写工作。

在本手册编写过程中，引用了一些袋式除尘技术的基本理论，以及叙述我国袋式除尘技术发展状况的文献、资料，在此对这些文献的作者深表感谢；同时还要感谢西安建筑科技大学王赫等几位研究生，以及上海袋式除尘配件有限公司瞿晓燕女士的大力帮助。

限于编者的能力和水平，本书不足和疏漏之处在所难免，敬请读者朋友批评指正。

编 者

2023年4月

第 1 版前言

作为高效实用的除尘设备，袋式除尘器在工业生产、节能减排、大气污染控制中发挥举足轻重的作用。袋式除尘器可获得极低的颗粒物排放浓度，有效控制影响大气质量和人体健康的微细粒子，去除有害气体；袋式除尘器是许多工业物料的回收设备，还是一些新能源开发和节能工程中的配套设备；袋式除尘器能够适应多种复杂条件而获得稳定的运行效果。近几十年来，我国大气污染物排放标准不断修订，排放限值显著降低，污染物排放量大幅度削减，袋式除尘技术的进步是重要原因之一。

我国袋式除尘技术的研究开发始于 20 世纪 50~60 年代。几十年来，袋式除尘技术在主机、滤料和滤袋、配件和自动控制、应用技术等诸方面都有了长足的进步。产品的门类持续增加，技术水平持续提高，产品质量持续改善，应用领域持续扩大，经济效益、社会效益、环境效益持续增长。改革开放为我国袋式除尘技术和产业的发展提供了强大的动力和可靠的保障。进入 21 世纪，袋式除尘技术已成为我国发展最快、应用最广泛的除尘技术。

伴随袋式除尘技术的高速发展，我国已逐步形成了一支规模空前的袋式除尘产业队伍。长期以来，广大除尘工作者迫切希望有一本系统总结我国袋式除尘技术的理论和实践、全面反映我国袋式除尘现状和发展的专业手册，以供学习和参考。为了满足广大读者的迫切需要，同时促进袋式除尘技术的进一步发展，2006 年 3 月，中国环境保护产业协会袋式除尘委员会决定组织编写《袋式除尘技术手册》。

本手册本着总结既往、指导未来的总体方针，以实用、求真、丰富、简明作为编写原则。

1）实用：本手册主要面向从事袋式除尘工程的读者，为他们在实施袋式除尘工程的设计、制造、安装、调试、验收、使用以及运行管理和维护检修过程中提供指导和帮助。手册讲究实用，避免过多和过深的理论叙述，避免引列与袋式除尘工程关系不密切的公式和计算，避免过多过深地介绍袋式除尘行业自身的工艺过程。

2）求真：在编写过程中对有关素材和资料都进行认真鉴别和核实，“去粗取精，去伪存真”，剔除那些不真实的、含糊的、过时的和商业宣传的成分，力求呈现给读者一本真实的、有效的、能够代表最新技术水平的“袋式除尘技术”专业手册。

3）丰富：本手册全面总结我国袋式除尘技术的进步和创新，尽量反映各行业应用袋式除尘器的情况和业绩，包括必要的理论、公式、数据、图表、经验，并遴选典型的工程实例，力求使各种需求的读者都能从中受益。

4）简明：手册的编写力求简化层次，内容直奔主题，避免不必要的渲染。文字力求简炼，避免教科书式的叙述，也避免过于深入到袋式除尘所属的专业，让读者利用尽量少的时间得到所需要的帮助。

参加《袋式除尘技术手册》编写的人员共计 17 人，他们来自科研、设计、高校、企业，都是该领域的专家、学者和领军人物，长期从事袋式除尘技术工作。经过全体编写、校审人员三年多的团结协作和辛勤劳动，终于完成本手册的编写。在手册编写过程中，得到袋式除尘委员会各委员单位的大力支持与协助，在此一并致谢！

本手册编写分工：沈恒根（第一章）；陶晖（第二章、第九章和第十三章第一节）；孙熙、王小兵、陶晖（第三章）；陈隆枢（第四章、第五章、第十二章）；朱德生、陶晖（第六章）；冯斌（第七章）；吴善淦（第八章和第十三章第六节）；姚群、陈志炜（第十章）；孙熙（第十一章）；陶晖、陶岚、周铁祥（第十三章第二节）；毛志伟（第十三章第三节）；吕维宁、陈隆枢（第十三章第四节）；肖宝恒（第十三章第五节）；黄翔（第十三章第七节）；陶晖、肖容绪（第十三章第八节）。

袋式除尘技术正在不断发展，新的技术和产品层出不穷，同时，由于主观和客观的原因，本手册在内容的系统性、完整性、文字的统一性方面定会存在不足之处，敬请读者指正。

主　编

2009年3月

目　录

第十一章 袋式除尘器的安装、运行和维护 …… 363

第十二章 袋式除尘器性能测试 …… 395

第十三章 袋式除尘器故障诊断及排除 …… 412

第一章　我国袋式除尘技术发展历程

第一节　概　　述

袋式除尘器是利用多孔介质制成的袋状过滤元件从气体中捕集颗粒物和某些气态污染物的设备。袋式除尘器以其过滤效率高、排放浓度低、对微细粒子控制效果好、过滤性能不受烟尘性质影响、适应众多行业的严酷运行条件等诸多优点而广泛用于各行业，目前已经成为工业粉尘和烟尘控制的主流技术设备，在包括有害气体的多污染物协同控制中起着核心作用，还在一些重要的行业中成为不可或缺的生产装备。

60多年来，随着我国经济的发展，袋式除尘产业从无到有，从小到大；从产品单一到门类齐全；技术与产品经历了对国外的跟跑到并跑，直至现在的部分领跑阶段。为满足世界上最为严格的环保标准、最苛刻的污染物排放要求、最复杂的现场工况条件，我国袋式除尘工作者研发了许多新技术和设备，无论应用的范围、规模和技术参数，都达到了世界领先水平。我国现在不仅拥有强大的袋式除尘制造工业体系，可以设计、制造出最优良的袋式除尘器主机、滤料及相关配件，而且具有雄厚的袋式除尘研发力量和丰富的人才储备，将推动袋式除尘技术和产业持续进步和发展。

第二节　袋式除尘主机的发展

20世纪50年代，国内没有自己的袋式除尘技术，也没有袋式除尘器生产企业，有除尘需求的生产企业主要采用旋风除尘器或洗涤塔之类的湿式除尘器，少数工厂配置了苏联的机械垂直振打辅以反吹风清灰的袋式除尘器，还有企业因陋就简地制造了人工拍打清灰简易袋房。60年代国人在翻阅国外资料的基础上，自制了鞍钢炼铁厂高炉喷煤粉系统的气环反吹袋式除尘器。

1966年，北京农药一厂引进英国马克派尔型脉冲袋式除尘器，该除尘器为有触点电动程序，不到一年，触点多半烧坏而失效，设备瘫痪。1968年，在富春江冶炼厂的炼铜烟气处理系统试验成功我国第一台脉冲袋式除尘器，采用电动程序控制，但没有根本解决触点易烧坏的问题。

1968年，原冶金工业部下发文件，责成当时的鞍山焦耐院、冶金工业部武汉安全环保研究院和上海耐火材料厂，联合哈尔滨机械厂、沈阳气动仪表厂、鞍山无线电四厂研究国外引进的脉冲袋式除尘器，并于1971年研制出我国第一套MC系列脉冲喷吹袋式除尘器，并有了气控、无触点电控和机控三种定型产品，随后在全国迅速推广并不断改进，普及到冶金、矿山、建材、铸造、化工、炭素、粮食等部门，揭开了我国学习、消化、吸收、推广国外先进袋式除尘技术的新篇章。

1975年，北京劳动保护研究所与清华大学合作开展脉冲喷吹的试验研究，原机械工业第一设计研究院研制成我国第一台喷气回转反吹扁袋除尘器。在随后的十几年中不断克服其缺点，推出了多种改进的型式：分圈机械回转反吹袋式除尘器；拖板式机械回转反吹袋式除尘器；脉动机械回转反吹袋式除尘器；步进式机械回转反吹袋式除尘器等等。

1977年，合肥水泥研究设计院为常州水泥厂转窑烟气设计了“反吹风缩袋清灰型玻纤袋房”，实现了水泥窑尾高温烟气除尘的首次突破。1979年，武汉安全环保研究院、上海耐火材料厂、潜江县机械厂学习德国技术，研制出我国第一套环隙脉冲喷吹袋式除尘器。次年，推出以淹没式双膜片脉冲阀、降低喷吹压力、定压差清灰控制为特点的Ⅱ型环隙脉冲袋式除尘器，并得以迅速推广应用。

1980年，北京市劳动保护科学研究所与吴江除尘设备厂合作，根据国外技术研制了顺喷（LSB）脉冲袋式除尘器；1982年又研制了对喷（LDB）脉冲袋式除尘器，并首次试用于燃煤锅炉烟气净化。1981年，重庆钢铁设计研究院根据上海宝钢引进的日本反吹风袋式除尘技术，研制出我国第一套反吹风袋式除尘器系列化产品——TFC、GFC、DFC型反吹风袋式除尘器。当时我国钢铁等行业迅速向现代化发展，迫切需求大型除尘设备，该系列产品规格齐全，很好地满足了这一要求，还具有滤袋使用寿命长、清灰能耗较低等优点。因而在此后的20年间迅速在全国应用，并推广至有色、水泥等行业。

1984年，冶金工业部武汉安全环保研究院与上海泰山除尘设备厂合作，根据北京钢厂1979年为其电炉烟尘治理系统引进的瑞典Flakt公司技术，研制出我国第一套CD型长袋低压脉冲袋式除尘器系列产品。在国内首次开发出ϕ80mm淹没式快速脉冲阀，所需的气源压力低而清灰能力却倍增，滤袋长度可达6~8m，实现了大型化；滤袋以弹性胀圈嵌接于花板孔内，操作方便且换袋条件改善；清灰控制采用PLC系统，是国内袋式除尘器首次成功实现计算机控制。同时，该长袋低压脉冲袋式除尘器样机的现场运行，成功解决了上海某沥青混凝土厂的烟尘污染问题。面对烟气温度高、含水量多、温湿度波动大、含尘浓度高、含有沥青烟、间歇式作业等不利条件，袋式除尘系统一一克服，各项指标达到当时的环保标准和生产工艺的要求，从而在国内首次成功实现沥青混凝土烟气袋滤器净化。现在，该行业已100%采用袋式除尘技术。

1985年，原电子工业部组织哈尔滨机械厂，引进美国JOY公司的反吹风袋式除尘器，希望能促进我国燃煤锅炉烟气除尘技术的进步。1985年，鞍钢集团设计研究院研制了独具特色的KB型机械振打玻纤扁袋除尘器。

1985年至1987年，我国炭黑行业先后引进英国PHR型脉冲袋滤器和反吹风袋滤器，并实现了消化吸收和国产化，研制出适应我国炭黑行业应用的系列化除尘器产品。炭黑是我国最早使用袋式除尘器的行业之一，早在1952年就使用了手工振打绸布袋滤器，1960年开始使用玻纤滤袋袋滤器，从20世纪60年代开始一直使用反吹风袋滤器。1978年，我国自行开发的大滤袋顶部进气反吹风袋滤器，获得全国科技大会二等奖，推广到诸多行业。同时，我国研发了质量接近国际水平的玻璃纤维滤布和玻璃纤维针刺毡，提高了捕集效率，使得反吹风袋式除尘器遍及炭黑行业。最近十多年来，随着脉冲袋式除尘技术的进步和成熟，以及袋滤器结构和滤袋质量的提高，在炭黑行业治理气体污染源的工程中，脉冲袋式除尘器的使用份额快速提升，几乎取代了反吹风袋滤器的霸主地位。

1988年，沈阳铝镁设计研究院学习、消化包头铝厂阳极焙烧烟气净化系统引进的法国空气工业公司蜂窝状袋式除尘器，研发成功HFL、LLZB菱形组合式扁袋除尘器。同年，贵阳铝镁设计研究院学习、消化日本技术，研制出 PBC 旁插扁袋除尘器。同是 1988 年，国家建筑材料工业总局组织合肥水泥研究设计院、天津水泥工业设计研究院等单位，在引进美国 Fuller 公司全套水泥厂除尘器的基础上，推出了包括气箱式脉冲、反吹风及库顶除尘的系列化产品，在水泥行业得以广泛应用，其中气箱脉冲袋式除尘器还普及到其他行业。

1989 年，北京市劳动保护科学研究所与吴江除尘设备厂合作，根据引自德国的木材加工系统的双层滤袋式除尘器，研制成我国第一套 FSF-BLW 型三状态反吹风袋式除尘器系列化产品。1989 年，吴江除尘设备厂根据国外技术研发了分室侧喷（LCPM 型）脉冲袋式除尘器。

中国经济的强势崛起在很大程度上依托于我国重工业和电力行业的迅猛发展，由于除尘技术发展步伐的滞后，环境质量每况愈下，引发了严重的空气污染问题。钢铁、水泥和火电作为三大重污染行业受到重点关注，国家相继出台越来越严格的烟尘排放标准，给环保行业带来了巨大的挑战和机遇，各行业用户和环保企业也加速了除尘技术创新与应用的步伐。

1994 年，武汉安全环保研究院与包头钢铁设计研究总院、上海泰山除尘设备厂合作，研发出长袋低压脉冲袋式除尘器净化高炉煤气工艺系统，是国内外首次实现的高炉煤气全干法高滤速袋式除尘技术，彻底避免了湿法工艺严重的水污染，还节约了大量的水资源，同时也革除了传统低速袋滤除尘的诸多弊端，为大型高炉的全面应用铺平了道路。

1995 年，武汉安全环保研究院与上海泰山除尘设备厂合作，开发出防爆、节能、高浓度煤粉袋式收集技术，收集器在入口煤粉浓度高达 1400g/Nm^3 条件下实现一级除尘，大幅简化了高炉喷煤工艺，促进了我国高炉喷煤技术的快速发展。同一时期，合肥、天津两家水泥院在原国家建筑材料工业总局组织引进的美国 Fuller 公司气箱式脉冲袋式除尘器基础上，推出高浓度系列的除尘器产品，其入口含尘浓度最高可达 1400g/Nm^3，用于水泥磨的物料回收和尾气净化。其中一些型号为防爆型，用于煤磨系统的物料回收和尾气净化。

1997 年，武汉安全环保研究院（其除尘板块后变为中钢集团天澄环保科技股份有限公司）与上海泰山除尘设备厂合作，将长袋低压脉冲袋式除尘器在国内首次用于 100t 超高功率电弧炉烟气净化。过滤面积超过 10000m^2，处理烟气量达到 100 万 m^3/h，喷吹压力≤0.25MPa，清灰周期为 75min，设备阻力为 900~1500Pa，数年保持平稳，处理烟气量较设计值增加 12.5%~20%，滤袋数量 5184 条，破损率为零，使用 54 个月后因强度整体下降而全部更换。1999 年，由江苏科林环保设备有限公司研发、设计并制造的 15800m^2 长袋脉冲除尘器，在安阳钢铁集团 100t 直流电炉烟气除尘项目上应用成功。该两项工程开启了钢铁行业通用大型长袋低压脉冲除尘器应用的先河。

2000 年，中钢集团天澄环保科技股份有限公司在武钢平炉改转炉烟气除尘项目中，成功将原有 100m^2 卧式电除尘器改造为长袋低压脉冲袋式除尘器，使烟尘排放浓度由原来的百余毫克降至十几毫克，由此揭开了我国“电改袋”的序幕。

2005 年，由宝钢（集团）公司设计研究院研发的钢铁行业掺烧煤气的 350MW 机组锅炉烟气除尘长袋低压脉冲除尘器成功应用，为钢铁行业自备电厂烟气的袋式除尘提供了关键技术和宝贵经验。其中与抚顺天宇滤材有限公司联合研发的适用于煤气+煤混烧特别设计的耐高温复合梯度滤料，为我国滤料研发指明了往专精道路前进的方向。

钢铁行业涵盖原、燃料准备（破碎、筛分、输送、储存、配料等）、烧结、炼铁、炼钢、轧钢等主体工艺，以及焦化、石灰窑、粉煤制备等附属工艺，其流程长、工艺复杂、产尘环节多、非封闭岗位多，导致大量工业粉尘及炉窑烟尘无组织排放，严重污染企业内外环境，从而促进了钢铁行业除尘技术的应用与发展先于其他行业。对于袋式除尘而言，钢铁冶炼是其使用最早、应用最普遍的行业，可以追溯到20世纪60年代。目前，在烧结和焦化烟气，炼铁高炉煤气、炉前、矿槽、炼钢的二次烟气等环节都使用了大型袋式除尘设备，对于$5000m^3$的高炉，其高炉煤气和炉前、原料系统的风量都可达100万m^3/h以上；一台炼钢烟气除尘器的处理烟气量达300万m^3/h以上，过滤面积多达$40000m^2$。钢铁作为应用条件最复杂、难度相当高的行业，袋式除尘器的占有率不仅达到98%以上，而且实现了颗粒物浓度$10mg/Nm^3$甚至$5mg/Nm^3$的超低排放。

水泥行业早在20世纪70年代就开始应用袋式除尘器，尤其在规模较小的立窑上。伴随着立窑改为回转窑，窑容由日产2500t向5000t、10000t迅速扩大，以及国家对水泥行业的排放标准不断修订，袋式除尘器的应用快速推进。对于日产10000t的生产线，其窑头烟气量在100万m^3/h以上，过滤面积为$17000m^2$；窑尾烟气量超过200万m^3/h，过滤面积达到$34000m^2$，烟气温度为220~250℃。大规模的除尘器不仅需要在整体结构、进风通道、气流分布、喷吹系统、清灰模式等诸多方面进行优化设计，而且在滤料的耐温性、耐腐性、过滤精度、清灰性能、设备阻力、滤袋寿命等方面都提出了更严苛的要求。诸多的现场应用表明，我国水泥行业在大量应用袋式除尘技术后烟尘控制效果显著，颗粒物浓度为$10mg/Nm^3$甚至$5mg/Nm^3$的超低排放已经相当普遍，袋式除尘在水泥行业占有率已超过95%。

2005年，合肥水泥研究设计院研究设计的长袋低压脉冲除尘器用于华润珠江水泥5000t生产线，采用中箱体进风、P84针刺毡滤料等多项技术，实现了窑尾烟气低阻高效袋滤净化，滤袋使用寿命长达6年之久。珠江水泥有限公司窑尾脉冲袋式除尘开创了我国大型水泥窑尾除尘器使用合纤滤料的历史，对我国水泥行业使用袋式除尘技术治理窑尾烟尘实现超低排放起到了引领作用，并且促进了我国高性能纤维——聚酰亚胺及其滤料的自主研发及广泛应用。

火电作为烟尘排放的主要行业之一，静电除尘曾经是其主流除尘技术。虽然静电除尘在阻力、可靠性上有一定的优势，但存在排放浓度受粉尘性质（煤种）影响较大、随使用时间延长效率降低、极板振打时二次扬尘等问题，因此越来越难以应对日益严格的环保标准。在此大形势下，2001年，内蒙古丰泰发电有限公司引进德国鲁奇公司技术，在200MW机组上成功试用回转脉冲除尘技术，颗粒物排放浓度在$30mg/Nm^3$以下，由此拉开了我国火电行业应用袋式除尘的序幕。

2003年，由中钢集团天澄环保科技股份有限公司、东北大学、焦作电厂共同完成的电厂大型机组袋式除尘国家863攻关项目，是火电行业大型机组推广、应用自主设计研发的袋式除尘器的开端，项目研发的直通均流脉冲袋式除尘器结构简单，含尘烟气平进平出、分布合理、避免磨损滤袋，气流通畅，流线平滑、短捷，压力消耗降低，是一种新型低阻高效袋式除尘器，是袋式除尘器领域的又一创新产品，具有世界领先水平，为火电行业锅炉烟气净化增添了一项利器。

随着火电行业烟尘排放标准GB 13223—2011的逐步升级，颗粒物排放浓度从$200mg/Nm^3$（1996版）升级到$50mg/Nm^3$（2003版），再到$20mg/Nm^3$和$30mg/Nm^3$（2011版），火电厂的袋式除尘所占比例逐渐提高，从零份额逐渐增加到目前的35%以上，应用的机组规模也从最初的200MW到600MW，再到如今的1000MW，应用范围包括几大电力集团稳定工况的机组，也包括自备电厂和坑口电厂复杂工况，颗粒物排放浓度均满足严格的超低排放标准。

我国垃圾焚烧行业起步较晚，借鉴国外经验，一开始就规定烟气处理系统采用袋式除尘技术，从而为袋式除尘在我国垃圾焚烧行业的快速发展铺平了道路。由于对垃圾焚烧烟气处理的特殊性认识不足，导致袋式除尘多次失效。经过艰难探索，在综合分析我国城市垃圾具有热值低、湿度大、来源复杂、腐蚀性强等特点后，合肥水泥研究设计院提出采用纯 PTFE 覆膜滤袋的技术路线，并经工程实践获得成功，现已成为我国垃圾焚烧行业烟气处理的可靠技术。

在袋式除尘技术大举进入火电行业的同时，将静电除尘和袋滤除尘两种机理同时用于烟气除尘的“电袋复合除尘器”，也由福建龙净环保股份有限公司和浙江菲达环保科技股份有限公司相继研发成功，并陆续在国内 300MW、600MW 和 1000MW 机组应用，实现了颗粒物浓度 $10mg/Nm^3$ 甚至 $5mg/Nm^3$ 的超低排放目标。在此过程中，配套研发的 PPS+PTFE/PTFE 复合滤袋也为电袋复合技术的成功应用提供了关键材料。

2019 年，由中钢集团天澄环保科技股份有限公司、东北大学、浙江宇邦滤材科技有限公司、鞍山钢铁集团有限公司合作完成了国家 863 项目“钢铁窑炉烟尘 PM2.5 控制技术与装备”，项目开创了预荷电脉冲袋式除尘技术，并同时研发了海岛纤维超细面层梯度滤料，具有世界领先水平。这是我国工业窑炉烟气颗粒物超低排放技术取得的最新成就。

福建龙净环保股份有限公司基于耐高温合金滤袋所研发的新型高效除尘装备，是常规超净电袋除尘的升级产品，具有耐超高温（400～800℃）、过滤精度高、能长期保持超低排放（$<10mg/Nm^3$）、设备阻力小（≤1000Pa）、能耗低、滤袋寿命超长（≥8 年）、废旧滤料回收利用简易、价值高、无二次污染等特点，具有国际领先水平。在氢氧化铝焙烧炉上的成功应用填补了国内外袋式除尘在该领域的空白。

排放标准升级意味着环保成本的提高，燃煤锅炉在提供热源的同时，其烟气处理工艺愈加复杂，脱硝、除尘、脱硫、脱白等独立工艺不断挤占有限的空间，一次投资与运行成本也不断挤压着锅炉主体工艺的利润。在此形势下，脱硝与除尘、脱硫与除尘协同治理的工艺路线、一体化设备、复合型脱硝除尘滤料进入探索尝试阶段。另外，考虑到脱硝催化剂 300～400℃的最佳温度窗口，以及烟尘对脱硝催化剂的不利影响，超高温过滤介质（金属滤袋、陶瓷过滤器）、除尘脱硝双效陶瓷管等产品也应运而生。

中钢集团天澄环保科技股份有限公司开发的 SDS 干法脱硫+预荷电袋滤器+中低温 SCR 脱硝+余热回收的技术工艺，具有流程短、净化效率高、阻力低、占地少和运行费用省等显著特点，在焦炉烟气脱硫脱硝工程中的“首台套”示范系统投运以来，系统运行稳定可靠，各污染物的排放浓度：颗粒物为 $3.1\sim5.9mg/Nm^3$，SO_2 为 $0.1\sim1.8mg/Nm^3$，NO_x 为 $121\sim144mg/Nm^3$。一体化装置运行总阻力为 700～1000Pa，比常规布置节省运行费用 40%以上，余热回收生产热水 105t/h，取得了环保和节能的双重效益。该工艺提供了一种焦炉烟气多污染物协同治理的新途径，凸显出了短流程的优势，并为用户显著降低了运行成本。

当前，我国许多行业面临产能激增、排放标准升级而空间场地不增的严苛局势，在除尘器占地不变、主体设备不改的前提下，有效扩大过滤面积的改进式褶皱滤袋、滤筒除尘器应运而生。另外，我国工业规模庞大且工艺众多，各种复杂的工艺流程与运行条件都有，多污染物协同治理导致运行成本提高的形势也促使了除尘产品往低成本、低消耗方向发展。

针对传统袋式除尘器存在的结构复杂、流动阻力大、沉降粉尘与气体流动逆向、气流分布不易均匀、灰斗多，占地大等问题，中钢集团天澄环保科技股份有限公司自主开发了顶部垂直进风袋式除尘器新结构，获得发明专利。2020年又开展大型化的结构研究与设计，并成功在某钢厂原料除尘系统实现了大型化工程应用，单模块处理风量可达33万m^3/h。运行结果表明，颗粒物排放浓度约为$5mg/Nm^3$，设备过滤阻力500~800Pa，显著降低了设备阻力和运行能耗，减少占地30%，节约钢耗10%~15%，节能减排效果尤为显著，市场前景广阔。

为满足高温烟气多污染物高效协同治理的需求，福建龙净环保股份有限公司在某电厂锅炉高温烟气系统搭建了尘、硫、硝一体化控制试验台，开展了现场中间试验并获得成功。该项工艺为高温干法脱硫+高温超净电袋除尘+低尘SCR脱硝一体化技术，试验测试结果表明：出口烟尘浓度$8.6mg/Nm^3$、NO_x浓度$47.4mg/Nm^3$、SO_2浓度$26.5mg/Nm^3$；SO_2/SO_3转化率0.77%、氨逃逸率≤$2mg/Nm^3$。该项工艺技术通过技术鉴定达到国内领先水平，为燃煤机组高温烟气多污染物超低排放协同控制提供了全新的技术路线。目前，正在某燃煤机组开展工业示范应用。

福建远致环保科技有限公司主导研发的“高温低尘SCR脱硝一体化技术”集高温电除尘器、金属滤袋除尘器和SCR脱硝反应器设计为一体，并采用高温金属纤维毡滤袋，烟气先经袋滤除尘，保证进入脱硝系统的烟气含尘浓度低于$10mg/Nm^3$，使脱硝催化剂在低尘环境下实现高效脱硝。从根本上革除了SCR脱硝催化剂易堵塞、易磨损、易中毒、寿命短、氨逃逸等弊端，使催化剂的使用寿命得到延长，催化剂用量显著减少，运行成本得以降低。

袋式除尘器按照传统清灰方式可分为机械振打式除尘器、反吹风除尘器、脉冲喷吹除尘器等。在工艺优化与技术不断进步的过程中，机械清灰逐渐退出了历史舞台，脉冲清灰成为了目前袋式除尘应用最广泛的类型。

根据除尘器主体结构，目前，袋式除尘器市场上主要有以下三种形式：长袋低压脉冲除尘器、回转脉冲/反吹风除尘器和电袋复合除尘器。

1）长袋低压脉冲除尘器：使用长达8m（或更长）的圆形滤袋纵横排列，与每个脉冲阀相连的喷吹管下部一排开口对应一排滤袋，脉冲喷吹清灰压力为0.2~0.3MPa，烟气流向以直进直出为主，进气部位以除尘器主体偏下或灰斗进风居多，具有阻力小、清灰效果好、故障率低的优点；是袋式除尘技术发展到今天优选的一种。

2）回转脉冲/反吹风除尘器：将椭圆形滤袋按照同心圆方式组成若干袋束，每个袋束上方布置可旋转的2~4根反吹臂的清灰机构，反吹臂下部开一排风口进行随机脉冲喷吹或反吹风清灰。该类型除尘器需要的脉冲阀少，清灰柔和、对滤袋振动小、二次扬尘少，但滤袋经向热收缩大，将袋笼顶起时容易导致旋臂机构故障，喷吹系统故障时影响面大。

3）电袋复合除尘器：把静电除尘与袋式除尘相结合，形成前电后袋或电袋镶嵌结构，前级的静电场使粉尘颗粒荷电，带电颗粒在滤料表面形成的粉尘层更加蓬松，阻力小、增长慢、易清灰，而且提高捕集效率；电场还去除部分粉尘，减轻后级袋式除尘的负荷。但电和袋两套除尘设施并用，不仅故障点增加，而且提高了一次投资和运行成本，同时也增加了设备的安全隐患，以及管理和检修的复杂性。

袋式除尘技术的发展趋势：

1）设备大型化：基于主体工艺产能的进一步扩大，烟气量也随之增加；另外，环保标准升级要求排放浓度更低，过滤风速降低、设备进一步增大将是今后一段时期的主题。对

5mg/Nm^3 的超低排放，过滤风速最好在 0.7m/min 以下。

2）设计模块化：针对中小型除尘器及系列化除尘器，模块化设计是基础。近年来，计算机技术被广泛应用于袋式除尘领域，使零部件设计实现了标准化，设备方案设计实现快捷化，设备设计和工程设计趋向高效准确。

3）气流均布设计：风量增大、设备大型化、滤袋数量增多等因素，将使袋式除尘器内部气流的均布变得更为重要，为避免气流不均、局部流速过快造成的阻力增加及对滤袋的冲刷和损坏，计算机模块化试验与物理模型实验结合是准确实现袋式除尘器气流分布的有效手段。

4）除尘器运行状态监控智能网络化：物联网背景下，生产企业对除尘器运行状态及实时控制技术提出更高的信息化要求，通过对大数据的分析可以获得建设性决策支持。基于云计算的运维管理模式将获得越来越多的重视。

5）加工制造智能化：随着劳动力短缺、劳动力成本上升及自动化技术的进步，除尘器加工制造工艺精细化、自动化和智能化将进一步发展，操作机械手、焊接与装配机器人正在进入除尘器工厂。

6）基于碳捕集的除尘器提标改造："双碳"成为中国环保未来 30 年的主要方向，不仅带来巨量市场，而且会引发巨大的工业变革与技术换代。在目前污染物超低排放基础上，围绕碳减排，直接用于烟气碳捕集的超净袋式除尘技术及配套技术产品将成为新的经济增长点。

第三节　袋式除尘滤料的发展

20 世纪 50 年代初期，我国没有除尘滤料生产厂，也见不到除尘专用滤料，有此需求的单位只能以棉、毛、丝、麻等天然纤维织物勉强用作滤料。

1957 年，上海耀华玻璃厂首次生产出圆筒玻纤滤袋，开启了我国袋式除尘器用于高温烟气净化的先河。

1974 年，武汉安全环保研究院研制了 208 涤纶绒布，具有纤维密度高、厚度大、捕尘效果好的优点，成为我国第一个用于脉冲袋式除尘器的化纤滤料。208 涤纶绒布是我国袋式除尘滤料材质由天然纤维转入合成纤维的开端，标志着我国专业制造袋式除尘滤料的新产业就此诞生。尽管目前已有许多性能更加优良的滤料，但 208 涤纶绒布至今尚有少量应用。

20 世纪 70 年代，南京玻璃纤维研究设计院针对玻纤耐折性差的缺陷，对后处理剂配方进行革新，加工出第二代玻纤机织布，由营口玻璃纤维二厂、沈阳玻璃纤维厂等企业生产。

1980 年，膨体纱玻纤滤料问世。

1980 年，东北工学院（东北大学前身）在研究纤维捕尘机理的基础上，与抚顺第三毛纺厂（该厂的滤料生产线后改为抚顺市产业用布厂）合作，研制出了我国的针刺毡滤料及生产工艺与技术，并将其迅速推向工业应用。针刺毡滤料及生产工艺与技术的研发在我国滤料技术及行业的发展中具有里程碑式的意义。经过 40 年发展后，目前仍是业内的主流工艺。从此我国的滤料开始跟进、赶上，并且现在超过世界先进水平，同时滤料的生产成为纺织行业的一个重要分支。

1984 年，东北工学院与抚顺第三毛纺厂研制的 Nomex 耐高温针刺毡通过了辽宁省纺织工业厅和辽宁省冶金工业厅共同组织的鉴定。该产品在高温烟气领域迅速推广应用，为高温烟尘的控制提供了有效的手段。

1985年，抚顺市产业用布厂在原纺织工业部的积极支持下，引进了英国和联邦德国各一条涤纶针刺毡流水线，至此，我国开始生产出高质量的针刺毡滤料，使我国脉冲袋式除尘器滤料赶上世界先进水平。

1985年，宝钢设计研究院与上海火炬工业用布厂合作研制开发筒型聚酯机织滤料729滤料，用于反吹风长袋。729滤料的研发不仅解决了我国急需的高强低伸的过滤材料，采用缎纹织造方法和热定型后处理工艺，也为我国后续机织滤料的研发提供了新思维和技术平台。729滤料的研发使我国袋式除尘进入大型化、长滤袋的历史阶段。目前仍有一些行业在少量使用。

1990年，东北大学与抚顺市产业用布厂合作，研发的Nomex经过PTFE后处理的耐高温抗腐蚀滤料通过辽宁省环保局鉴定，一并研制并成功生产出我国第一个玻纤—合纤针刺毡，为我国生产玻纤毡和复合毡开辟了道路。20世纪90年代初期，南京玻璃纤维研究设计院与南京三五二一厂研制出玻璃纤维毡及其后处理工艺和配方，并且把玻纤毡推向了工业应用。

1992年，在上海市计委、科委共同主持，上海工业技术发展基金会组织协调下，由上海纺织科学研究院、武汉安全环保研究院、上海第八化纤厂、上海赛璐珞厂和上海向阳化工厂共同合作，研究、开发聚砜酰胺（芳砜纶）制品，于20世纪80年代先后进行连续一年多的实验室耐温试验和中间试验获得成功，并于1992年通过国家机械电子工业部主持的部级鉴定，从而有了我国自主知识产权的耐高温滤料。

20世纪90年代中期，上海凌桥环保设备厂和上海四氟塑料厂先后自主研制出聚四氟乙烯膜以及覆膜过滤材料。此举打破了戈尔公司一统天下的垄断局面，使覆膜滤料得以在我国迅速推广使用并满足超低排放的标准，标志着我国滤料进入世界先进水平行列。

1996年，德国BWF公司在无锡建立生产线，成为进入我国的第一个外资滤料企业，并首先推出防油防水针刺毡滤料。

1998年，营口玻璃纤维有限公司与抚顺工业用布厂合作，开发了“多功能玻璃纤维复合滤料”，并就该滤料及其制造方法获得专利，为我国袋式除尘滤料从单一纤维制品转为多种纤维复合制品树立了先例，并推出氟美斯（FMS）耐高温针刺毡系列产品。玻纤复合针刺毡的研制是在耐高温合成纤维由国外公司完全控制、价格居高不下、纤维数量受控条件下，扩大了高温滤料的应用规模，并降低了滤料成本。

20世纪90年代中期，东北大学根据纤维过滤理论与抚顺晶花产业用布厂研制开发及推广高密面层过滤材料。高密面层滤料是以超细纤维组成面层，粗纤维做底层，经特殊轧光工艺的梯度滤料。其过滤效率与覆膜滤料相近但阻力显著降低，耐用程度大大提高，是一种高效低阻节能型过滤材料。高密面层滤料的研发是我国在滤料研发领域赶上和超过世界先进水平的重要标志。

2004年，烟台氨纶股份有限公司（现烟台泰和新材料股份有限公司）生产出了国产芳纶纤维，彻底打破了国外垄断。几乎同期，上海凌桥、常州中澳等企业研发生产了PTFE纤维，滤料企业以国产芳纶、PTFE纤维为原料，研发生产了相应的国产滤料。

2006年，营口市洪源玻纤科技有限公司开发的玄武岩滤料实现国产化。

2007~2010 年，东北大学、江苏瑞泰科技公司、南京三五二一特种装备厂在国家 863 项目支持下联合研发了具有自主知识产权的国产 PPS 纤维及国产 PPS 滤料，几乎同时期，中国纺织科学研究院和四川德阳特种新材料有限公司也研发出了国产化 PPS 纤维，使我国成为世界上制造和使用 PPS 滤料最多的国家。

2009 年以来，安徽绩溪华林玻璃纤维有限公司先后研发出“聚四氟乙烯纤维与玻璃纤维混纺滤料”，“炭黑专用高性能过滤材料”“拒水防油高温玻璃纤维过滤材料”。

2009 年，宝钢集团（公司）设计研究院与抚顺天宇滤材有限公司合作，将开发的超细面层梯度滤料用于宝钢电厂 3#机组提效改造工程。第一批滤袋连续使用 6 年，粉尘排放浓度始终小于 15mg/Nm^3，除尘器阻力低于 1000Pa，特别是机组多次出现爆管，大量水分冲入袋室造成糊袋，阻力急剧上升，但滤袋烘干后设备阻力又恢复正常，这是覆膜滤袋不可比拟的。电厂 3#机组的成功案例，带动了通辽盛发热电有限责任公司、上海外高桥第三发电有限责任公司、湛江电力有限公司、湛江钢铁自备电厂等一批电厂推广应用。湛江钢铁自备电厂一期新建 350kW 机组 2 台套，其中 1#机组于 2015 年初点火投运，经 168 小时运行考核，除尘器粉尘排放浓度为 2mg/Nm^3，设备阻力小于 900Pa。

2010 年，国内引进的德国 Fleissner 公司的水刺滤料生产线投入运行。

2010 年，营口市洪源玻纤科技有限公司开发的高硅氧改性纤维覆膜滤料实现产业化。

2011 年，长春高琦聚酰亚胺材料有限公司与中科院长春应用化学研究所、东北大学通力合作，研发出来的国产聚脂酰亚胺纤维（轶纶）及其滤料问世，并迅速推广应用。这是目前耐高温性能最好的合纤滤料。

在 21 世纪的第二个十年中，火电行业率先提出并在全行业实现超低排放标准，涉及的污染物有颗粒物、SO_x、NO_x。现在这一超低排放的浪潮已波及非电行业，而且要求多种污染物协同控制。这一形势要求滤料更加高效、精细，而且对 PM2.5 超细烟尘也有足够高的捕集效率。我国袋式除尘行业交出了令人满意的答卷，推出多种高性能的滤料产品：

1）用于垃圾焚烧烟气并实现滤袋长寿命的国产 PTFE 纤维及滤料；

2）用于燃煤电厂复杂工况的 PPS/PTFE 复合滤料；

3）治理高温碱性烟尘的宝德纶纤维及滤料；

4）耐高温、耐氧化、耐腐蚀的改性 PPS 纤维及滤料；

5）用于 PM2.5 超细烟尘并满足超低排放标准的海岛纤维及滤料，对 2.5μm 粒子的计数效率可达 90%~95%；

6）熔喷纤维表层滤料；

7）水刺加固毡滤料；

8）脱硝除尘一体化滤料。

在最近的十多年中，金属滤料越来越多地登上烟尘超低排放的舞台。其中较早出现的是金属纤维滤料，金属纤维可选材质有 316L、310S、铁铬铝合金和哈氏合金等，采用集束拉拔工艺制成，纤维规格 2~40μm。金属纤维滤料是将直径为微米级的金属纤维经剪切、无纺铺制、叠配及高温烧结而制成的。金属纤维烧结毡是采用微米级金属纤维经高温烧结而成的薄型滤板，由 2~3 层不同规格纤维层构成，迎尘面为超细纤维形成的微孔网，具有优良的过滤和清灰性能。金属纤维滤袋是以金属纤维烧结毡平板为滤料，经卷压、焊接、表面精加工而成，基本直径为 ϕ130 和 ϕ160，最大长度为 7.5m。另一种是金属烧结滤筒，它是将高纯度的电解 Fe 粉和高纯度的雾化 Al 粉混合，模压成型，并在真空炉中烧结而成。金属滤料通常加工成滤筒形式应用于超高温烟气。

福建龙净环保股份有限公司研发超高温、高效低阻、长寿命合金纤维滤袋，承接中铝山西新材料 5#-1750t/d 氧化铝焙烧炉电改电袋超低排放项目，投运后实测排放浓度为 2.06mg/Nm^3，设备阻力低于 500Pa。至今已在多种超高温工业窑炉推广应用 50 多台（套），效益良好。另外，尘硝一体化滤袋也已产业化。该产品是在除尘滤袋上增加有催化剂的内层，用以分解氮氧化物，实现尘硝一体化治理。催化剂负载工艺有浸渍、喷涂、催化纤维原位负载等多种方式。尘硝一体化滤袋产品的基本型式有：

1）浙江鸿盛新材料科技集团股份有限公司催化滤袋，以覆膜高硅氧特种滤袋为载体，在内侧负载由中科院过程工程研究所研发的新型 SCR 中低温 Mn 系催化剂，适宜的脱硝反应温度为 180~260℃。

2）福州大学尘硝一体化滤袋，在低阻型覆膜滤袋内嵌入大通量催化脱硝内层，制成尘硝一体化双层滤袋。

以陶瓷纤维为主体的尘硝一体化复合滤筒也迅速发展起来，其中一种名为“陶瓷纤维滤管”，是浙江致远环境科技股份有限公司引进德国 Clear Edge 高温陶瓷纤维滤管技术，并与清华大学合作研发定向控制汽液协同涂覆工艺技术，提高催化剂的分散均布性及附着力，并根据烟气中废气成分选择相应的催化剂配方，实现颗粒物和多种废气一体化协同治理。其陶瓷纤维滤管的基本规格为 ϕ150×3000mm，现有三种功能各异的产品。另外，福建龙净环保股份有限公司于 2018 年 1 月与美国 FGC 集团合资成立福建龙净科瑞环保有限公司，专门从事陶瓷纤维滤筒的研发和生产，承接尘硫硝一体化治理项目。定型滤筒规格为 ϕ150×3000mm。采用钒钛系催化剂喷涂负载工艺，针对具体工程可派生多种规格产品。在生物质发电、垃圾焚烧、冶金、水泥、玻璃行业，尘硫硝一体化治理项目获得广泛应用。

为适应袋式除尘器大型化对减少占地面积的要求，华滤环保设备有限公司对传统的滤筒进行了全方位的革新，推出了优氪迅®折叠滤筒，其优点：优先选用超细面层梯度结构精细滤料；将放大倍数控制为 3.0~4.5 倍，适应工业烟气净化的特点；根据粉尘特性合理选择折幅、折角，并采用全自动折叠成型工艺；开发热熔绑带定隔专用模具，实现折间距控制公差为±0.3mm；开发多孔薄板螺旋无焊接高强低阻轻型骨架及专用自动生产线；改进袋口密封件，密封良好，拆装方便；配套圆形高强力无缝多孔骨架，由自动卷绕焊接生产线一步成型制成。优氪迅®折叠滤筒已大批量用于宝武集团宝钢股份、马钢股份等企业的烟尘超低排放改造项目，效益良好。

除上述内容外，还有塑烧板滤料、陶瓷多孔过滤材料等高效过滤材料，以其各自的优点，在不同的烟尘条件下为我国袋式除尘和大气环境的改善做出贡献。

目前，我国滤料生产进入盛期，主要滤料产品有：

1）针刺毡：由基布和上、下面层纤维组成，通过针刺加工成 1~2mm 厚的毡料，再经多道后整理工序，形成低阻、高效、清灰性能好的滤料。

2）高密面层针刺毡（水刺毡）：以针刺毡（水刺毡）为基础，在其迎尘表面附加一层用超细纤维做成的致密层，形成具有表面过滤功能的滤料，其过滤性能与覆膜滤料相当，阻力和耐用性能优于覆膜滤料和常规针刺毡。

3）覆膜滤料：将 PTFE 薄膜附着在滤料迎尘表面，利用其孔径微小、表面光滑的优点，大幅提升滤料的清灰性能以及对粉尘的过滤效率（特别是对 PM2.5 的捕集效率）。

4）水刺毡：使用直径 0.1~0.2mm 的高压“水针”替代钢针加工滤料，可避免钢针上下穿刺加工过程中，在滤料中留下针孔，从而大幅降低 PM2.5 的逃逸。

5）海岛纤维滤料：海岛纤维是应用双组分包裹方式经特殊纺丝工艺制造的直径小于 1μm 的纤维，以其加工成毡并经表面处理后制成的滤料，对 2.5μm 粒子的计数效率可达 90%~95%，可高效控制微细粉尘。

今后一段时期内，袋式除尘滤料将往以下方向发展：

1）基于碳捕集的超净低阻高效滤料：伴随着“双碳”政策的实施，烟气经袋式除尘过滤后将颗粒物浓度控制在 $1mg/Nm^3$ 以下，可直接进行碳捕集、低阻节能的超净滤料将成为未来滤料研发的新目标。基于熔喷纤维、纳米纤维、海岛纤维表层的超精细滤料，以及易清灰的功能性乳液浸渍处理、永久极化后处理、超精密覆膜等先进工艺，将为新滤料的开发提供技术支撑。

2）用于复杂烟气环境的多样性滤料：针对中国庞大的工业门类与巨大的应用场景，各种新应用层出不穷，所需的特种滤料种类繁多。例如，针对焦化或脱硝前等场景应用的 300~400℃耐高温滤料、针对难控制的氨逃逸问题应用的耐碱或耐酸碱交替的滤料、针对袋式除尘大湿度禁区的超超疏水滤料、针对燃爆场所超细粉体收集的消静电覆膜滤料等，这些滤料差别显著、批量小、利润高，将成为袋式除尘滤料追逐的热点。

3）功能性滤料：针对烟气复杂污染物联合去除的需求，在滤料上负载低温催化剂而形成的“除尘+脱硝”“除尘+脱二噁英”等技术被研发出来并正在得到扩大应用。浙江鸿盛新材料科技集团股份有限公司和中科院过程工程研究所联合研发的新型催化脱硝除尘功能滤袋取得了技术突破，在水泥行业烟气净化项目中获得应用，其以滤袋为载体负载中低温脱硝催化剂，实现了除尘+脱硝耦合烟气治理。现场应用显示，滤袋在运行温度 180~220℃时，脱硝率可达 92.6%~93.2%；运行温度 220~260℃时，脱硝率达 95.1%~97.4%。可实现 NO_x 排放浓度 $50\sim100mg/Nm^3$，颗粒物排放浓度小于 $5mg/Nm^3$。

4）废旧滤袋再生与回收：我国每年消耗 6000 多万条滤袋，相当于 2 亿 m^2 滤料，10 万多吨纤维，不仅产生大量的二次污染，对滤料行业来说更是巨大的浪费，如今废旧滤袋处理已成为袋式除尘行业的瓶颈。东北大学经过十余年的潜心研究，开发了针对废旧 PPS 滤袋、PPS+PTFE 复合滤袋、芳纶滤袋的回收利用技术，这项创新性的技术攻克了困扰滤料行业多年的废旧滤袋难回收这一重大课题。江苏奥凯环保科技有限公司针对筑路行业中沥清烟尘及其他行业在役滤袋易出现的高阻力问题，研发了滤袋清洗技术，实现了高阻力滤袋的再生。但是滤袋再生与回收作为一个特殊行业，在滤袋回收操作、运输、经营等过程需要特殊关注，政府应出台政策给予引导和扶持。

5）面积扩大的异形滤袋（褶皱滤袋、滤筒）：值得一提的是，随着我国重污染行业产能迅猛增长，烟气量急速增加，但留给除尘设备的占地面积无法随之而扩大，而且对排放浓度的要求是更加苛刻的 $10mg/Nm^3$ 甚至是 $5mg/Nm^3$，利用有限的空间及最少的工程量、最短的工期实现超低排放升级改造，是目前业内最现实和迫切的需求，以褶皱滤袋或滤筒来替代常规圆袋成为解决途径之一。广州华滤环保公司研发的超低排放滤筒，采用低克重针刺毡或纺粘滤纸，将其加工成外径不变、圆周 30~50 褶、长度 2~3m、自带内支撑的滤筒，过滤面积可扩大 2~3 倍；其在大折距易清灰的滤筒结构设计、滤筒技术性能、滤筒自动化折叠工艺、滤筒等距热熔绑带技术、滤筒无毛刺无焊痕螺旋一体式骨架等方面取得了创新突破，在钢铁行业实现大规模应用，可以将粉尘排放浓度长期稳定控制在 $10mg/Nm^3$ 以内。抚顺天宇滤材有限公司、苏州恒清环保科技有限公司研发的褶皱波形滤袋，在外径不变条件下，通过自动缝合技术加工成圆周8~10个褶、长度6~7m的滤袋，使用星形特殊滤袋框架，过滤面积可扩大1~2倍，在氧化铝、燃煤电厂等行业实现了褶皱滤袋的大量应用。

第四节 袋式除尘配件的发展

袋式除尘器除了主机、滤袋外，还包含一些关键配件，如脉冲阀、脉冲控制仪和滤袋框架等。我国袋式除尘技术的突飞猛进，离不开脉冲阀、控制仪和滤袋框架等配件研发技术的快速进步。

脉冲阀：是脉冲袋式除尘器释放压缩气体进行喷吹清灰的组件。脉冲阀产品有直角阀和淹没阀两大类，二者原理相同，但性能差别颇大，体现在对喷吹动力（压缩气体的压力，即喷吹压力）的需求方面：直角阀在喷吹压力0.6MPa条件下达到的喷吹效果，淹没阀仅需≤0.2MPa即可实现。我国研究、开发淹没式脉冲阀早于许多发达国家，20世纪80年代初期便先后研发出口径40mm和80mm的淹没式脉冲阀，分别配套于“Ⅱ型环隙喷吹脉冲袋式除尘器”和“CD系列长袋低压大型脉冲袋式除尘器”，并以其优越的性能而被广为应用。现在，小型脉冲袋式除尘器多采用直角式脉冲阀，而中、大型脉冲袋式除尘器则多采用淹没式脉冲阀。经过数十年的努力，随着以淹没式脉冲阀为核心的喷吹装置的普遍应用，在保证喷吹效果不变甚至更好的前提下，脉冲阀所需压力越来越低，从0.6MPa逐渐降低至0.2MPa或稍高，节能效果显著。

我国在21世纪初就已成功地将各种口径的淹没阀国产化。工程实践证明，国产脉冲阀产品的喷吹性能不亚于进口产品，甚至某些指标更优。经过10余年的砥砺前行，到2010年前后，国产脉冲阀的各项性能指标全面达到了进口阀的水平，从而被广泛使用。

值得一提的是，在此过程中全行业深化了对袋式除尘技术的理解，多种试验装置的建立，是深化对袋式除尘技术理解的途径之一。以前仅在少数院校才有的试验装置，现在许多生产企业开始重视，仅就脉冲阀的性能就有几种不同的试验装置。

1）喷吹装置试验台。可进行脉冲阀优选试验、超过8~12m长滤袋清灰效果试验、大于4in（1in=0.0254m）脉冲阀为20条以上滤袋清灰的试验、清灰气流沿喷吹管和沿滤袋长度方向分布规律的试验、脉冲阀与滤袋合理匹配的试验等。

2）脉冲阀性能试验台。该试验台设有标靶，并在标靶上安装压力传感器和加速度传感器，令受试脉冲阀喷吹标靶，以比较不同结构、不同尺寸脉冲阀的性能。计算机直接打印出脉冲阀的压力波形、加速度波形，还可获得喷吹的关键数据，例如，压力峰值、压力上升速度、电脉冲宽度、气脉冲宽度、输出与输入压力比、最大反向加速度等。试验台可检验脉冲阀产品的性能，也可以进行新脉冲阀的研制和试验。

3）脉冲阀膜片破坏性试验台。可以同时对多个不同尺寸和结构的脉冲阀进行膜片寿命试验。以压缩空气为动力，在额定压力下脉冲喷吹，直至膜片破损，从而检验膜片实际使用寿命。

4）脉冲阀流量系数试验台。以罗茨风机为动力，在连续稳定流条件下测试脉冲阀的流量系数。可以进行压力 0.1MPa 以下的试验。

与此同时还起草了脉冲阀产品标准，为脉冲阀的质量控制和技术研发提供了有力的技术支持。上海袋式除尘配件有限公司、苏州协昌环保科技股份有限公司和上海尚泰环保配件有限公司为国产脉冲阀的发展做出了不可磨灭的贡献。

为解决脉冲阀的工作状态无法直观显示的问题，苏州协昌环保科技股份公司研发出“智能脉冲阀”，通过设在脉冲阀中的传感器来监视喷吹时膜片的运动状态，通过移动通信网络发送至云端服务器，实现脉冲阀工况的自我监视、故障自动报警等功能。该智能脉冲阀已经被许多企业安装使用，省去了人工巡检，减轻了劳动负荷，更主要的是可以及时发现脉冲阀的故障，避免除尘系统的工况波动及其可能导致的损失。

脉冲控制仪：作为控制脉冲阀开、闭的设备，经历了从逻辑电路到单片机再到 PLC 控制仪的转变历程，尽管所用元器件有所变化，但控制仪的功能基本没变。

滤袋框架：是外滤式袋式除尘必不可少的用以支撑滤袋的配件，其产品性能和质量对袋式除尘器的长期稳定运行亦起着重要作用，滤袋框架本身的质量直接决定着滤袋的耐用性。

滤袋框架根据其形状分为圆形、椭圆形和异形。常规脉冲除尘器使用与直径 130～160mm 滤袋配套的圆形滤袋框架，回转脉冲/反吹风除尘器使用与椭圆形滤袋配套的滤袋框架，对目前热点中的褶皱滤袋使用特殊的单股或双股筋制成的星形滤袋框架。

滤袋框架根据其整体节数分为单节滤袋框架和多节滤袋框架。对于不太长的滤袋或长度虽然达到 8m、但除尘器上部空间在安装时不受限的情况，使用可靠性好的单节滤袋框架。当除尘器上部仓室安装高度受限时，可考虑 2 节或 3 节滤袋框架，使用多节滤袋框架时，不仅要保证滤袋框架连接处光滑、不损坏滤袋，而且要保证连接关节不脱开，尤其在经受反复脉冲喷吹振动的情况下。

我国滤袋框架制造技术已由原来每个纵筋—横环连接处的逐点焊接发展到现在的步进推进式整体多点同时焊接（即半自动化整体焊接），并且已初步形成线材成环、校直、焊接一条龙的半自动化生产线。

滤袋框架的漆层保护也由原来的简单喷漆、钝化处理、镀铬处理演变为现在的有机硅静电喷涂。研发的吊挂式滤袋框架喷涂、干燥一体化处理系统，使滤袋框架漆层处理由原来的单一纯手工转变为连续、半自动化生产。

袋式除尘配件将往以下方向发展：

1）智能化配件：脉冲阀与除尘器智能化是当前热点，亦是未来的发展方向。例如，在加强产品功能性方面，除了监测其开关动作外，能否通过在线监测其喷吹气量来判定其真实效能；在除尘系统信息化、智能化的大背景下，如何通过云模式来强化信息安全的法律意识及技术手段，保护客户商业秘密与利益等。

2）滤袋框架可靠性：随着袋式除尘的应用范围不断扩大、滤袋形式的转变以及制造技术的升级，滤袋框架也随之改变。滤袋框架表面涂层经历了从电镀层到有机硅涂层的变化，但从东北大学滤料检测中心处理的滤袋框架失效案例来看，滤袋框架涂层与滤袋黏结导致失效的案例较多，因此，对滤袋框架涂层的改进迫在眉睫。而对于褶皱滤袋使用的滤袋框架而言，由于中间从上而下排布的多个小面积圆环，不但压缩空气在喷吹时无法到达滤袋下部，而且高压空气吹在滤袋框架的筋条上，激发滤袋框架产生上下跳动，从而与滤袋内部产生摩擦。因此，褶皱式星形滤袋框架需要继续改进。

3）喷吹系统优化与改进：目前的喷吹系统多针对常规的圆筒形滤袋设计，对特殊的应用，比如超长滤筒、褶皱滤袋、超超低排放，以及黏湿、轻密度、高浓度粉尘等特殊场合，应就脉冲阀、喷吹管路、气源参数、喷吹制度等进行理论和实验研究，以获得最优的技术与产品。

4）滤袋缝制技术：滤袋缝制，尤其袋口袋底缝制是袋式除尘行业的生产瓶颈，虽然袋身竖向自动缝制或热熔合技术提高了滤袋的缝制效率，但袋底和袋口仍必须由人工缝制，工作量大、缝制慢、人工成本高，这些都已成为袋式除尘行业亟待解决的问题。

5）云管理技术：基于云管理的除尘设备信息系统近年来虽有一些进展，智能脉冲阀、智能脉冲控制仪及烟尘治理云平台等袋式除尘装置和系统的智能化与网络化，可以实现袋式除尘系统运行状态的远程无线传输与数据分析、故障识别及专家系统诊断，可以为企业相关人员和政府相关部门实时提供运行信息，减少巡检工作量，及时发现问题和解决问题，提高了管理的时效性，是袋式除尘行业未来技术发展的方向。但对已获取信息的二次利用与推理仍然不足，缺乏真正意义的专业化和智能化，系统的实用性仍需加强。

第五节 袋式除尘标准

一、大气污染物排放标准严格化

在最近的30余年中，随着国民经济的快速发展，大气环境逐年恶化，以及烟尘控制技术（特别是袋式除尘技术）的长足进步，我国大气污染物排放标准也在不断修订，排放限值大幅下降。

以GB 13223—2011《火电厂大气污染物排放标准》为例，1991年颗粒物排放限值为150~3300mg/Nm^3，1996年修订为200mg/Nm^3，2003年改为50mg/Nm^3，2011年又一次修订排放标准，普通限值为30mg/Nm^3（与欧盟标准相当），特别限值为20mg/Nm^3（与美国标准相当）。该标准的修订和严格执行有效控制了火电行业对大气环境的污染。另外，每次修订都得到袋式除尘有力的技术支持，又更有力地推动我国袋式除尘行业的持续进步。

GB 4915—2013《水泥工业大气污染物排放标准》也有类似的历程。从1996版的600mg/Nm^{3}升级到2004版的100mg/Nm^{3}和50mg/Nm^3，再到2013版的30mg/Nm^{3}和20mg/Nm^3（特别限值）。

钢铁冶炼生产流程长、工艺复杂、开放或半开放设备多，烟（粉）尘的无组织排放很严重。之前一直执行GB 16297—1996《大气污染物综合排放标准》规定的150mg/Nm^{3}和GB 9078—1996《工业炉窑大气污染物排放标准》规定的100mg/Nm^3。2012年，国家发布了GB 28663—2012《炼铁工业大气污染物排放标准》，规定炼铁行业各工艺环节的排放限值，其中最低限值为20mg/Nm^{3}或10mg/Nm^3。2012年，国家发布了GB 28664—2012《炼钢工业大气污染物排放标准》，规定了烧结与球团各工艺环节的排放限值，其中最低限值为30mg/Nm^{3}或20mg/Nm^3；该标准还规定了炼钢行业各工艺环节的排放限值，其中最低限值为20mg/Nm^{3}或15mg/Nm^3。

我国每年排放烟尘950万t，接近1t/km^2。由于工业规模大、重污染工业比例高、工业烟尘排放在中东部地区比较集中，再加上大气稳定度及气候变化、城市高楼群影响等诸多因素，我国雾霾形势不容乐观。一些地区和行业推出了10mg/Nm^{3}甚至5mg/Nm^{3}的排放限值，已然成为全世界最严格的烟尘排放标准。此标准是在接近当前技术极限 20mg/Nm^3 的基础上，又提高 75%，其执行难度极大。袋式除尘行业攻坚克难，研发了多种高效的装备与材料，5mg/Nm^3 超低排放已成为行业的普遍值。

二、滤料标准的沿革

滤料是除尘器中控制粉尘排放的核心部件，鉴于其重要性，为控制产品质量和规范市场，1990 年当时的东北工学院和抚顺产业用布厂起草了 GB 12625—1990《袋式除尘器用滤料及滤袋技术条件》（已作废），该标准是世界上最早的滤料国家标准，包含了滤料和滤袋的产品标准和方法标准。2009 年，该标准修订时，国家要求与《袋式除尘器命名》、《袋式除尘器性能检测》标准合成，成为 GB/T 6719—2009《袋式除尘器技术要求》，该标准目前仍是最权威的有效版本。2010 年，国家还发布了基于玻璃纤维的 GB/T 25041—2010《玻璃纤维过滤材料》（现已作废）。

20 世纪 90 年代，中国环境保护产业协会组织制定了国家环保产品认定条件：

《HCRJ 042—1999 袋式除尘器用滤料认定技术条件》；

《HCRJ 015—1998 袋式除尘器　滤袋认定技术条件》。

2006 年，对该两个认定条件进行了修订，并转为环保行业标准：

HJ/T 324—2006《环境保护产品技术要求　袋式除尘器用滤料》；

HJ/T 327—2006《环境保护产品技术要求　袋式除尘器滤袋》。

还发布了 HJ/T 326—2006《环境保护产品技术要求　袋式除尘器用覆膜滤料》。

另外，一些工业协会也组织起草了用于所属行业的滤料标准，例如：

JB/T 11261—2012《燃煤电厂锅炉尾气治理　袋式除尘器用滤料》；

DL/T 1175—2012《火力发电厂锅炉烟气袋式除尘器滤料滤袋技术条件》（现已修订）。

最近数年中，环保行业组织相关单位，总结 10 余年滤料产品发展进步的经验，推出了以下标准：

T/CAEPI 21—2019《袋式除尘用滤料技术要求》；

T/CAEPI 24—2019《袋式除尘用超细面层滤料技术要求》；

《T/CAEPI 33—2021《袋式除尘用滤袋技术要求》等。

为方便滤料的国际贸易，自 2000 年起，东北大学代表中国与具有滤料国标的德国、日本、美国等一起进行 ISO 国际标准的起草，经过各国专家的共同努力，终于在 2011 年发布了 ISO 11057-2011《Air quality—Test method for filtration characterization of cleanable filter media 空气质量——可清洗过滤介质过滤特性的试验方法》。该标准的测试装置、测试方法参考并兼容了中国标准 GB/T 6719—2009《袋式除尘器技术要求》，这就为中国滤料产品进入国际市场提供了方便。针对滤料在现场应用中出现的失效问题，中国与日本、意大利、法国、韩国等联合起草了 ISO 16891：2016《Test methods for evaluating degradation of characteristics of cleanable filter media 可清灰滤料性能衰变评价的测试方法》标准。针对袋式除尘器中滤袋检测时的采样区域问题，起草了 ISO 22031：2021《Sampling and test method for cleanable filter media taken from filters of systems in operation 工作中过滤器系统可清洁过滤材料的区域和试验方法》标准。目前，中国仍在参与其他相关 ISO 标准的起草工作。

三、除尘器与配件标准的沿革

袋式除尘器标准是针对其不同类型分别制定和发布，有袋式除尘器通用类标准（国标），也有各行业根据自身特点，组织制定的相应标准（行标）：

GB/T 6719—2009《袋式除尘器技术要求》；

GB/T 32155—2015《袋式除尘系统装置通用技术条件》；

HJ/T 328—2006《环境保护产品技术要求　脉冲喷吹类袋式除尘器》；

JB/T 8532—2023《脉冲喷吹类袋式除尘器》；

JB/T 13557—2018《超长袋脉冲袋式除尘器》；

DL/T 1121—2020《燃煤电厂锅炉烟气袋式除尘工程技术规范》等。

袋式除尘器用配件标准由各行业组织制定，主要有以下三种：

1）脉冲阀标准：

① 环境行业标准 HJ/T 284—2006《环境保护产品技术要求　袋式除尘器用电磁脉冲阀》；

② 机械行业标准 JB/T 5916—2013《袋式除尘器用电磁脉冲阀》；

③ 团体标准 T/CAEPI 5—2017《袋式除尘器用脉冲阀技术要求》。

2）电控仪标准：

① JB/T 5915—2013《袋式除尘器用时序式脉冲喷吹控制仪》；

② JB/T 10340—2014《袋式除尘器用压差式清灰控制仪》。

3）滤袋框架标准：

① HJ/T 325—2006《环境保护产品技术要求　袋式除尘器滤袋框架》；

② JB/T 5917—2013《袋式除尘器用滤袋框架》。

第六节　结　　语

我国袋式除尘行业从零起步，经历了几代人的努力奋斗，现已成长为具有一定规模的成熟行业。

我们拥有了各种类型的袋式除尘技术和设备，提供了从研发、设计到制造、安装、调试、运行管理的全套服务。

我们的袋式除尘用滤料曾经一无所有，现已有适用于从常温到高温、从常规条件到极端恶劣条件的滤料产品，实现了由原料到终端产品的全套生产。

我们的配件曾技不如人而眼睁睁看着国外产品占领我们的市场，现在市场已被夺回。实践证明，我们自己的配件产品性能更好、外观更靓、服务更优。

我们从无到有制定了袋式除尘行业主机、滤料和滤袋、配件的各种标准，国标、行标、团标、ISO。系列化标准规范了市场，促进了除尘技术快速进步，极大地提升了我国袋式除尘产品的质量，促进袋式除尘技术被日益广泛地应用。

我国采用自己研发的袋式除尘技术和产品建设完成的烟尘治理系统，满足最低的污染物排放限值，具有最大的规模、最优的质量、最短的工期，以及最低廉的价格。我国袋式除尘技术已成为大气污染治理的主力军。

我们培养和锻炼了一支有志气、敢担当、肯学习、勤钻研、干劲足、技术精的袋式除尘从业队伍，能够克服一切困难，创造一个又一个奇迹。

中国袋式除尘行业永远走在大路上！

第二章　粉尘和含尘气体特性

第一节　粉　　尘

一、粉尘的定义与分类

通常把灰尘、尘埃、烟尘、矿尘、沙尘、烟尘等统称为粉尘，其严格定义为由自然力或机械力产生的，能够悬浮于空气中的固体微细颗粒。粉尘可根据某一特征进行分类。

1. 按粉尘生成过程分类

1）机械粉尘：由机械过程（如破碎、筛分、运输等）产生的可悬浮空气中的固体颗粒物。粒径较粗，粒径分布范围较宽，可以在零到数百 μm（微米）；

2）烟尘：由高温分解或燃烧过程（如冶炼、燃烧、切割、焊接等）产生的悬浮于烟气中的固体颗粒物。粒径较细，粒径分布在零到数十 μm。

3）烟炱：由熔融或燃烧过程（如冶炼燃油、燃煤等）挥发性可燃气体不完全燃烧产生的固体颗粒物，粒径微细，粒径分布在零到数 μm。

2. 按大气中粉尘颗粒的大小分类

1）飘尘：粒径小于 10μm 的固体颗粒物，可长期在环境空气中飘浮，也称为浮游粉尘。

2）降尘：指粒径大于 10μm 的固体颗粒物，在自身重力作用下，可在较短时间内沉降到地面。

3）总悬浮尘：环境空气中粒径小于 100μm 的固体颗粒物。

3. 按工业卫生学分类

1）总粉尘：悬浮在环境空气中粉尘的总量。一般是指粒径小于 100μm 的粉尘，简记为 TSP（总悬浮颗粒物）。

2）可吸入粉尘：由呼吸作用进入人体内部并沉积在呼吸系统的粉尘。一般指粒径小于 10μm 的粉尘，记为 PM10。

3）呼吸性粉尘：由呼吸作用能进入人体内部并沉积在肺上的粉尘。一般指粒径小于 2.5μm 的粉尘，记为 PM2.5。

注意，大气环境空气质量中描述的颗粒物（TSP、PM10、PM2.5）包含固体颗粒物和液体颗粒物，对于一些工业污染物源散发的颗粒物也会出现这种情况。

二、粉尘的基本特性

1. 密度

单位体积（用 m^3）粉尘所具有的质量（用 kg）称为粉尘的密度，分为真密度和堆积密度。

1）真密度：除去粉尘中空隙体积后单位体积粉尘所具有的质量，与粉尘的沉降、输送、净化等特性密切相关。

2）堆积密度：在自然堆积状态下单位体积粉尘所具有的质量，也称容积密度，是粉尘储存、运输设备的重要参数。

真密度和堆积密度的关系取决于粉尘堆放体积中的空隙率 ε，可用下式表示：

$$\rho_v = \left(1 - \frac{\varepsilon}{100}\right)\rho_p \tag{2-1}$$

式中　ρ_v——粉尘的堆积密度（kg/m^3）；

ε——粉尘的空隙率（%）；

ρ_p——粉尘的真密度（kg/m^3）。

对于球形尘粒，$\varepsilon = 30\% \sim 40\%$，非球形尘粒的 ε 值则大于球形尘粒的 ε 值。粉尘越细、ρ_v 越小，ρ_v/ρ_p 比值越大，粉尘越难捕集，$\rho_v/\rho_p > 10$ 时，粉尘捕集难度较大。

各类工艺过程排放粉尘的特性参见表2-1。

表 2-1　各类工艺过程排放粉尘特性

序号	尘源	平均粒径/μm	密度/($10^3 kg/m^3$)		含尘质量浓度/(g/m^3 标准)	电阻率/(Ω·cm)
			真密度	堆积密度		
1	煤粉锅炉	20~25	2.1	0.5~0.7	20~45	$10^{11}<10^{13}$
2	重油锅炉	10~15	1.9	0.20	0.10~0.30	$10^4\sim0^6$
3	烧结机	5.0~10	3.0~4.0	1.7	0.50~3.0	$10^{10}\sim10^{12}$
4	高炉	约0.20	4.8	1.2	20~30	$10^7\sim10^9$
5	转炉	0.20~1.0	4.5~5	0.60~0.70	20~70	$10^8\sim10^{11}$
6	电炉	约15	4.5	0.60~1.5	8.0~30	$10^9\sim10^{12}$
7	化铁炉	10~20	2.0	0.80	3.0~5.0	$10^6\sim10^{12}$
8	水泥(窑、干燥机)	约20	3.0	0.60	10~40	$10^{11}\sim10^{13}$
9	骨料干燥器	约20	2.5	1.1	50~60	$10^{11}\sim10^{12}$
10	黑液回收锅炉	0.10~0.30	3.1	0.13	5.0~6.0	10^9
11	铜精炼	<1.0	4.0~5.0	0.20	25~80	$10^8\sim10^{11}$
12	黄铜熔化炉	0.10~0.15	3.8~6.0	0.25~1.2	约10	—
13	锌精炼	约3.0	5.0	0.40~0.50	5.0~10	约10^{13}
14	铅精炼	<1.0	6.0	—	<10	$10^{12}\sim10^{14}$
15	铅熔化炉	约0.50	5.5~7.0	约1.2	10~30	$10^{11}\sim10^{12}$
16	铝二次精炼	1.5~2.5	3.0	0.30	约10	$10^{10}\sim10^{12}$
17	垃圾焚烧	10~20	约2.3	0.35	2.0~5.0	$10^8\sim10^{10}$
18	炭黑	0.1~2	1.9	0.40	0.30~10	$<10^{13}$
19	铸造砂	0.1~15	2.7	约1.0	0.50~15	—

2. 粒径与粒径分布

粉尘粒径是表明单个尘粒大小的尺度。对于球形颗粒，即指直径；如是非球形颗粒，可用等效于球形颗粒的直径表示，如对于线型颗粒物用定向径、颗粒运动力学特性用斯托克斯（Stokes）径等表示。

粉尘的粒径分布是指粉尘中各种粒径尘粒所占的百分数，也称为粉尘分散度。表征有质量粒径分布（按质量分数计量）、计数粒径分布（按颗粒数计量）、表面积粒径分布（按表面积计量）等多种表示方式，除尘技术中一般使用质量粒径分布。表 2-2 为铸造工厂工艺粉尘的质量粒径分布，表 2-3 为不同燃烧方式锅炉烟尘的质量粒径分布。

表 2-2　铸造工厂工艺粉尘质量粒径分布

工艺设备	粉尘类型	真密度 /(10^3kg/m^3)	粒径分布(%)						中位径 /μm
			<5μm	5~10μm	10~20μm	20~40μm	40~60μm	>60μm	
混砂机(S114)	干型砂	2.14	44.8	6.7	7.0	6.8	3.7	31.0	8.6
落砂机(2×10t)	干型砂	2.64	46.2	17.4	20.9	11.5	2.5	1.5	6.1
B=600mm 传动带导头	干型旧砂	2.64	35.3	6.6	6.2	6.5	3.4	42.0	24.0

表 2-3　不同燃烧方式锅炉烟尘质量粒径分布

工艺设备	质量粒径分布(%)								
	>75μm	60~75μm	47~60μm	30~47μm	20~30μm	15~20μm	10~15μm	5~10μm	<5μm
链条炉排	50.74	4.53	6.30	12.05	7.39	8.00	6.25	5.45	1.81
振动炉排	60.14	3.04	4.06	6.94	6.36	5.48	5.08	9.55	2.64
抛煤机	61.02	7.69	6.03	9.93	5.85	2.15	2.97	2.33	0.97
煤粉炉	13.19	13.23	10.20	14.94	11.6	3.21	15.36	11.65	4.08

3. 比表面积

单位质量（或体积）粉尘具有的表面积，一般用 cm^2/g 或 cm^2/cm^3 表示。它是反应颗粒群总体细度及活性的一个指标，对粉尘的润湿、凝聚、黏附、爆炸等性能有直接影响，大部分工业粉尘的比表面积为 10^3~$10^4cm^2/g$。

4. 含水率

粉尘中所含水分质量与粉尘总质量的比值，范围在百分之几到百分之几十，它影响粉尘的黏附性和静电特性。通常采用干燥称量法测定烘干前后的粉尘质量之差，求得粉尘含水率。

5. 润湿性

尘粒与液体相互附着的性质，可用润湿角 θ 来表征，见表 2-4。$\theta \leqslant 60°$的润湿性好的粉尘称为亲水性粉尘，如玻璃、石英、锅炉飞灰、黄铁矿粉等；$\theta > 90°$润湿性差的粉尘称为憎水性粉尘，如石蜡、聚四氟乙烯、炭黑、煤粉等；吸水后能形成不溶于水硬垢的粉尘称为水硬性粉尘，如水泥、熟石灰与白云石砂等。粉尘粒径越小，润湿性越差，一般粒径<5μm 时，粉尘很难被水润湿。

表 2-4　部分物质的润湿角

物质名称	润湿角(°)	物质名称	润湿角(°)
石英	0~4.0	石墨	60
石灰石	0~20	焦炭	60~85
方解石	20	石蜡	105
云母	0	煤及炭黑	>90

6. **黏附性**

黏附性是尘粒黏附于固体表面或尘粒之间互相凝聚的现象。前者易使除尘设备和管道堵塞，后者则有利于颗粒间结合变为大颗粒，使除尘效果提高。黏附是物体表面之间存在的一种力的表现，这种力可以是分子力、毛细力或静电力，统称黏附力。粒径 $d_c<1.0\mu m$ 的尘粒，主要靠分子力作用而产生黏附；吸湿性、溶水性、含水率高的粉尘，主要靠表面水分的毛细力产生黏附；带电尘粒主要靠异性静电力产生黏附；纤维粉尘的黏附则主要与壁面状态有关。

7. **堆积角**

粉尘通过小孔连续下落到某一水平面上自然堆积成尘堆的锥体母线与水平面上的夹角称为堆积角或安息角。堆积角的大小与物料的种类、粒径、形状和含水率等因素有关，一般均值为35°~40°，见表2-5。对于同一种粉尘，粒径越小，堆积角越大。

表2-5　常见粉尘性质

粉尘名称	堆积角(°)	介电率	爆炸下限浓度/(g/m³)(通过200目的粉尘)	粉尘名称	堆积角(°)	介电率	爆炸下限浓度/(g/m³)(通过200目的粉尘)
铝粉	35~45	—	35~45	滑石粉	约45	5.0~10	—
锌粉	25~55	(12)	500	飘尘	40~45	3.0~8.0	—
铁粉(还原)	约38	—	120	上等白砂糖	50~55	3.0	20~30
黏土	约35	—	—	淀粉	43~50	5.0~7.0	50~100
硅砂	28~41	4	—	硫磺粉	35	3.0~5.0	35
水泥	53~57	5~10	—	合成树脂粉	40~55	2.0~8.0	20~70
氧化铝粉	35~45	6~9	40	小麦粉	55	2.5~3.0	20~50
重质碳酸钙	约45	8	—	煤粉	—	—	35
玻璃球	22~25	5~8	—				

8. **滑动角**

滑动角是指光滑平面倾斜到一定角度时，粉尘开始滑动的角度，一般为40°~55°。

粉尘的堆积角与滑动角是评价粉尘摩擦和流动特性的重要指标，是设计除尘器、输灰溜管以及除尘器灰斗、料仓的重要依据。

9. **磨损性**

粉尘在运动流动过程中对固体界壁的磨损性能，主要取决于颗粒的硬度、密度、粒径以及运动速度等因素，尤其与运动速度的2~3次方成正比。磨损还与冲刷面材料、放置角度有关，粒子以90°直冲器壁时，产生渐次变形磨损，对硬质壁板如陶瓷板尤为严重；粒子以倾斜角冲刷器壁时产生微切割磨损，以30°冲角最为严重，如钢铁板材。

10. **静电特性**

粉尘由于激烈的撞击、摩擦、放射性照射、电晕放电等原因而荷电。粉尘的静电特性对捕集和清灰都有很大影响，尤其是静电除尘器。比电阻是评定粉尘导电性能的一个指标，见表2-1。粉尘比电阻过高不易荷电，造成除尘效率下降，粉尘比电阻过低不易荷电，造成收尘二次返混。

11. 爆炸性

当物质的比表面积增加时，其化学活性迅速增强。某些在堆积状态下不易燃烧的可燃物粉尘，当它以粉末状悬浮于空气中时，与空气中的氧有了充分的接触机会，在一定的温度和质量浓度下可能发生爆炸。这个能够引起爆炸的可燃物质量浓度称为爆炸质量浓度，能够引起爆炸的最低质量浓度称为爆炸下限质量浓度。部分粉尘的爆炸下限质量浓度见表2-5。

三、粉尘的危害

粉尘排入大气，对人体健康、自然景物与生态环境、产品质量与经济发展都有影响。影响的严重程度取决于排出的总尘量、粉尘的物理化学性质以及排放源的周围环境。

1. 对人体健康的影响

1）呼吸器官：由于大量粒径小于2.5μm的二氧化硅、石棉、水泥、重金属微尘等引起的各种职业性尘肺；

2）毒性反应：由于氰化盐、铍尘等毒性粉尘引起各种中毒病理；

3）对眼睛或皮肤的刺激：由于酸雾、微粒或纤维尘引起眼睑水肿、结膜炎和皮肤病。

2. 对自然景观与生态环境的影响

1）污染：由于排出的大量粉尘及焦油或胶粘性粉尘造成环境污染；

2）混浊度（降低能见度）：由于排出大量微细粉尘（即粒径小于1μm）造成阴霾或尘雾。

3. 对产品质量与经济发展的影响

1）材料和设备（活性和非活性）的损坏：由于腐蚀性、磨琢性粉尘引起对产品质量的侵害；

2）污染防治：增加对粉尘污染的治理费用；

3）二次经济损失：由于区域环境污染而引起投资环境恶化及经济萎缩。

第二节　含尘气体

一、含尘气体基本概念

气体作为运载粉尘的介质在通风除尘中占有重要地位。一般通风除尘涉及的含尘空气、工业炉窑除尘净化涉及的烟气统称为含尘气体。

1. 空气

通常我们讲的空气是指含78%的氮气、21%的氧气以及1.0%的多种稀有气体和杂质组成的混合物。空气的成分不是固定的，随着高度、气压的改变，它的组成比例也会改变。

2. 含尘空气

含尘空气通常指由各种机械加工过程（如破碎、筛分、贮运等）产生的常温空气和固体微粒的混合物。在工业通风除尘中，也有以N_2等其他气体为载体的，统称为含尘气体。

3. 含尘烟气

含尘烟气通常指由各种物理化学过程（如燃烧、焙烧、冶炼、焊接等）产生的高温气体与固体、液体微粒的混合物，烟气中含有CO、CO_2、SO_2、H_2O、NO_x等多种气体成分。

二、含尘气体理化特性

1. 粉尘浓度

单位体积气体（m^3）中含有粉尘的质量（mg），含尘气体粉尘浓度通常分为工况浓度和标况浓度，前者为袋式除尘器应用场合含尘气体的实际操作浓度，单位为 mg/m^3；后者为载体体积折算到标准工况（0℃，101.32kPa 的干气体状态）时的含尘浓度，单位为 mg/m^3（标准）。可用下式换算：

$$C=C_0\frac{101.3+p}{101.3}\times\frac{273}{273+t} \tag{2-2}$$

式中 C——工况浓度（mg/m^3）；

C_0——标况质量浓度［mg/m^3（标准）］；

p——烟气压力（kPa）；

t——烟气温度（℃）。

工况浓度主要用于系统设计、设备选型；标况浓度主要用于环境标准、环境监测，其中还会增加干空气、过剩空气限定的修正。注意排放标准值是按标况浓度制定的，一般它的数值比工况浓度要大，即工况浓度低于标况浓度，工况浓度达标不一定达到排标要求，现场可近似用式（2-2）进行换算。

2. 温度

含尘气体温度通常表现为气体温度和粉尘温度。对于一般工业通风除尘，两者差别不大，用气体温度即可；对于工业炉窑除尘，两者差异性有时比较大，气体温度可测，烟尘温度不易测，一般烟尘温度要大于气体温度，炉尾烟道长度越长，二者越接近。炉窑尾部短管道接袋式除尘器会造成滤袋老化或烧损，烟尘越粗蓄热能力越强对滤袋破坏力越大。

3. 黑度

烟气黑度是一种凭视觉采用对比法判断烟尘排放质量浓度的指标，分为 0~5 级，称为格林曼烟尘质量浓度级。颜色越深，级别越大。

4. 湿度

单位气体中含有水蒸汽量，即含湿程度，可有多种表示方法。

（1）绝对湿度　单位质量或单位体积湿气体中所含蒸汽的质量，用每千克（kg）气体中含有的水分量（kg）表示，单位为 kg/kg；或者用在一定温度、压力下每立方米（m^3）气体中的水分量（kg）表示，单位为 kg/m^3。在工程中，经常针对在标准状态下的干气体，故单位为 kg/m^3（干，标准），当针对标准状态下的湿气体时，单位为 kg/m^3（湿，标准）。湿空气中蒸气的含量达到该温度下所能容纳的最大值时的气体状态，称为饱和状态。

（2）相对湿度　在相同温度下，$1m^3$ 湿气体中水分含量 d 与在饱和状态下 $1m^3$ 湿气体中的水分含量 d_H 的比值，即

$$\phi=\frac{d}{d_H}\times100\% \tag{2-3}$$

相对湿度还可以用湿气体的水蒸气分压力 p 与在饱和状态下水蒸气的分压力 p_H 的比值表示：

$$\phi=\frac{p}{p_H}\times100\% \tag{2-4}$$

（3）体积分数　在 GB/T 12138—1989《袋式除尘器性能测试方法》中，采用蒸气体积分数 X_w（%，体积分数）表示气体的湿度，并实现干、湿气体的体积换算：

$$Q_N'=Q_N\left(1-\frac{X_w}{100}\right) \tag{2-5}$$

式中　Q_N'——干气体流量［m^3/h（干）］；

Q_N——湿气体流量（m^3/h）；

X_w——蒸汽体积分数（%）。

5. **露点温度**

含有一定水分的气体，随着温度的降低相对湿度增加，当降至某一温度值时，气体中的相对湿度达到 100%（饱和状态），这时水分将开始冷凝出来，使水分开始冷凝的温度称为露点温度。

露点温度对通风除尘有着重要意义，当气体中出现冷凝水后，粉尘将会粘结到管壁，造成管道堵塞，或粘结在袋式除尘器滤袋上，造成难以清灰、除尘效果下降等。在通常情况下（湿式除尘器中例外）都应防止气体出现冷凝（气体温度不低于露点温度），以保证系统的正常工作。含尘气体或烟气发生结露，多发生在大气环境温度较低的时间里，尤其是位于采暖区域的严寒及寒冷地区。可采取设备保温、保温层伴热加热、滤料拒水处理等措施防止结露。

对于湿空气，露点温度与空气温度和湿度有关，可用干、湿球温度计测定干球温度和湿球温度，查 *I-d* 图，求得露点温度。

对于炉窑高温烟气，如含有 SO_2、HCl、HF 等酸性气体和蒸汽，露点温度会大幅度提高（可超过 100℃），腐蚀作用明显加剧。因为是酸性气体结露，所以又称为酸露点。影响酸露点温度的因素十分复杂，可以通过现场实测数据来确定。

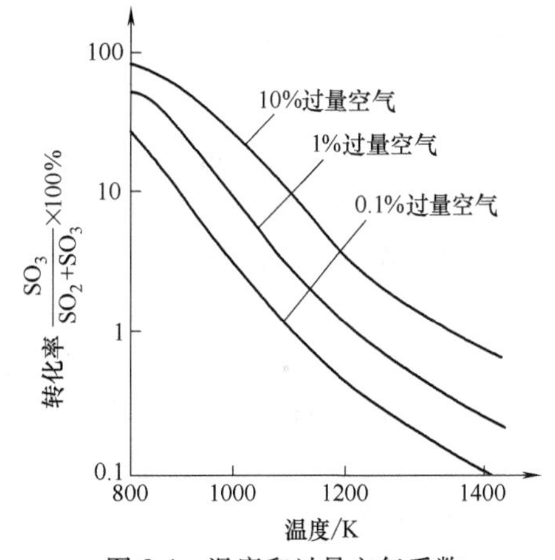

图 2-1　温度和过量空气系数对 SO_3 转化率的影响

烟气中的 SO_2 本身对酸露点没有多大直接影响，而由 SO_2 继续氧化产生的 SO_3 才是主要影响因素。SO_2 变为 SO_3 的转化率与燃料类型、烟气温度、含氧量等因素有关，如图 2-1 所示。

燃油烟气的酸露点高于燃煤烟气。一般在正常燃烧工况条件下，燃煤锅炉烟气的 SO_3 转化率约为 1%～2%，燃油锅炉烟气的 SO_3 转化率为 2%～4%，宜通过实测确定。

对于含有 SO_3 和 H_2O 的烟气，酸露点温度可按如下经验公式近似计算：

$$t_p=186+20\log r_{H_2O}+26\log r_{SO_3} \tag{2-6}$$

式中　t_p——酸露点温度（℃）；

r_{H_2O}——烟气中 H_2O 的体积分数（%）；

r_{SO_3}——烟气中 SO_3 的体积分数（%）。

6. **气体黏度**

含尘气体的黏度是指气体在流动过程中，气体分子抵抗剪切变形的特性，由气体分子间的吸收力以及分子不规则热运动引起，用动力黏度μ表示。温度越高，气体的黏度越大，可用下式换算：

$$\mu=\mu_0\left(\frac{T_0+120}{T+120}\right)\left(\frac{T}{T_0}\right)^{3/2} \tag{2-7}$$

式中 μ_0——温度为T_0（K）时的动力黏度（Pa·s）；

μ——温度为T（℃）时的动力黏度（Pa·s）。

三、含尘气体流体力学特性

1. 尘粒在气体中的运动

当尘粒受机械力作用以v_0初速度作水平运动时，由于气体的阻力，尘粒呈减速运动，可用下式表达尘粒的运动规律：

尘粒运动的末速度v为

$$v=v_0 e^{-t/\tau} \tag{2-8}$$

尘粒在时间t内运动的距离为

$$S=\int_0^t v\mathrm{d}t=\int_0^t v_0 e^{-t/\tau}\mathrm{d}t=\tau v_0(1-e^{-t/\tau}) \tag{2-9}$$

$$\tau=d_c^2\rho_c/18\mu$$

式中 τ——非稳态尘粒在连续流体系运动的弛豫时间（s）；

d_c——尘粒的直径（m）；

ρ_c——尘粒的密度（kg/m³）；

μ——气体的动力黏度（Pa·s）。

2. 尘粒在气体中的凝聚

在气固两相流动中，引起尘粒碰撞凝聚的作用力分为三类：

1）流体给予的作用力，如分子扩散、湍流扩散、流体曳力等；

2）尘粒间的相互作用力，如库仑力、毛细吸附力等；

3）外力，如静电力、磁场、声力、重力等，尘粒还可以被液滴或液膜粘附聚集而被分离。

单个尘粒通过凝聚趋于形成尘粒聚集体，并最终因重量不断增加而沉降；聚集体成长得越大，沉降得越快。

3. 尘粒在气体中的沉降

尘粒沉降速度为

$$v_s=\sqrt{\frac{4(\rho_c-\rho_g)gd_c}{3C_D\rho_g}} \tag{2-10}$$

式中 v_s——尘粒沉降速度（m/s）；

ρ_c——尘粒密度（kg/m³）；

ρ_g——气体密度（kg/m³）；

g——重力加速度（m/s²）；

d_c——尘粒直径（m）；

C_D——气体阻力系数，其值与尘粒与气流间相对运动Re数有关。

通常在通风除尘工程中，$Re\leqslant1$时，则$C_D=24/Re$，代入式（2-10），可得简化式：

$$v_s = \frac{\rho_c g d_c^2}{18\mu} \tag{2-11}$$

4. 尘粒在气体中的惯性碰撞

非稳态尘粒在连续流体系运动的弛豫时间为

$$\tau = \frac{d_c^2 \rho_c}{18\mu} \tag{2-12}$$

粒径微细的尘粒乘以肯宁汉修正因子，对球形尘粒则为

$$\tau' = \frac{d_c^2 \rho_c C}{18\mu} = \frac{m_c C}{3\pi d_c} \tag{2-13}$$

式中　m_c——粒子质量（kg）；

C——肯宁汉修正因子，见表 2-6。

尘粒以一定的初速度 v_0 运动，当气流 90°转向后，尘粒仍会沿原运动方向先前运动，因前进气流阻力作用而减速直至停止的距离 X_s（单位为 m）为：

$$X_s = v_0 \tau C \tag{2-14}$$

式中　v_0——颗粒运动的初始速度（m/s）；

τ——尘粒的弛豫时间（s），见式（2-12）；

C——肯宁汉修正因子。

表 2-6　肯宁汉修正因子（在 20℃、101325Pa 空气中）

d_p/μm	C	d_p/μm	C	d_p/μm	C	d_p/μm	C
0.001	216.1	0.01	22.14	0.1	2.859	1.0	1.164
0.002	108.4	0.02	11.37	0.2	1.866	2.0	1.082
0.003	72.42	0.03	7.797	0.3	1.559	3.0	1.055
0.004	54.46	0.04	6.016	0.4	1.413	4.0	1.041
0.005	43.68	0.05	4.953	0.5	1.329	5.0	1.033
0.006	36.50	0.06	4.248	0.6	1.273	6.0	1.027
0.007	31.37	0.07	3.748	0.7	1.234	7.0	1.023
0.008	27.52	0.08	3.375	0.8	1.204	8.0	1.020
0.009	24.53	0.09	3.087	0.9	1.182	9.0	1.018

惯性碰撞效应可用惯性参数或斯托克斯数（St）表征：

$$\mathrm{St} = \frac{d_c^2 \rho_c v_0 C}{9\mu D_c} = \frac{X_s}{D_c/2} \tag{2-15}$$

式中　D_c——d_c 尺度的颗粒物向前运动遇到的碰撞体尺寸，圆形为直径，其他形状一般取最短。

对于球形捕集体的惯性碰撞效率，可用下式近似推算：

$$\eta_p = \frac{\mathrm{St}}{\mathrm{St}+0.7} \tag{2-16}$$

采用改变气流方向对较粗尘粒实施含尘气体除尘就是利用了惯性碰撞原理。

5. 尘粒在气体中的离心分离

尘粒处于旋转气流中时，自身将产生离心力作用，脱离旋转流向外部运动，离心力 F_1（单位为Pa）可表示为

$$F_1=\frac{\pi}{6}d_c\rho_c v_t^2/r \tag{2-17}$$

式中　v_t——尘粒的切线速度，可以近似认为等于该点气流的切线速度（m/s）；

r——旋转半径（m）。

离心力与速度的二次方呈正比，因此离心力作用要比重力或惯性碰撞力作用大得多，比较适宜用于对较粗尘粒的预除尘，旋风除尘器就是利用了该分离机理。

在含尘浓度高条件下，可以采用离心力机理的旋风除尘器、惯性除尘器做预除尘，尤其是对于防治含尘烟气的高温尘粒对滤袋产生热破坏作用的效果较佳。

6. 气流力

含尘气体中的尘粒在含尘气流中运动，除垂直运动受自身重力作用外，水平运动主要依靠气流的推动力，这个推动力就是气流力 P（单位为Pa），可表示为

$$P=3\pi\mu\omega d_c \tag{2-18}$$

式中　μ——气体动力黏度（Pa·s）；

ω——气流速度（m/s）。

在除尘技术中，一般认为设计的含尘气流速度就是尘粒速度，本质上说，尘粒尺度越小随气流运动的能力越强，粗尘粒由于受到自身重力、离心力作用会脱离水平气流，因此利用该机理在除尘设备中去除大尘粒，该机理同时也提示大尘粒在除尘系统管道中易发生沉积。

7. 静电力

尘粒在电场中荷电后，荷电尘粒在电场内将受到静电力 F 作用

$$F=qE \tag{2-19}$$

式中　q——尘粒的荷电量（C）；

E——电场强度（V/m）。

尘粒荷电存在两种不同的荷电方式：电场荷电和扩散荷电。尘粒运动过程中与带电离子碰撞而荷电，称为电场荷电；因带电离子扩散现象导致尘粒荷电，称为扩散荷电。对 $d_c>0.50\mu m$ 的尘粒，以电场荷电为主；对 $d_c<0.20\mu m$ 的尘粒，则以扩散荷电为主；d_c 介于 $0.20\sim0.50\mu m$ 的尘粒则两者兼而有之。除尘技术中通常以电场荷电为主，电除尘或电袋除尘设备充分利用荷电尘粒产生的定向运动进行除尘。

第三章　袋式除尘理论基础

第一节　袋式除尘工作原理

袋式除尘器是利用过滤元件（或称滤料）将含尘气体中固态、液态微粒、有害气体阻留分离或吸附的高效除尘设备。过滤元件分柔性件（俗称滤袋）和刚性体（滤筒、塑烧板等）两大类。袋式除尘器的工况是由过滤和清灰交替进行的非稳态过程。

一、过滤工况

当除尘设备投入运行时，含尘气体首先通过清洁滤料，这时起过滤作用的主要是纤维层，过滤效率受制于纤维特性及微孔结构。随着过滤的进程，大部分粉尘被阻留在滤料表面形成粉尘层，部分细粒尘渗入滤料内部，这时起过滤作用的主要是粉尘层，过滤效率得以显著提高。对于工业用袋式除尘器，除尘的过滤效应主要借助于粉尘层的作用。

纤维层过滤分为体过滤和面过滤。体过滤以整个纤维层作为过滤体，结构比较疏松，允许尘粒渗入体内富集，一般不予清灰再生，一次性使用，空气过滤器属于这一类型。面过滤以纤维层迎尘面作为过滤面，结构比较密实，限制尘粒渗入体内，一般予以清灰再生，反复使用，袋式除尘器用滤袋基本上属于这一类型。其中：普通滤料以面过滤为主，但多少也包含体过滤成分；超细面层细梯度结构滤料、覆膜滤料以及塑烧板等更接近于表面过滤。

二、清灰工况

随着过滤工况的持续进行，滤料表面的粉尘层越积越厚，除尘器的阻力越来越大，处理风量越来越小，此时必须进入清灰工况，利用振动、反吹风或脉冲喷吹等方式对滤袋进行清灰，使大部分粉尘从滤料表面剥离，仅残留部分嵌入纤维层内部或牢固黏附于纤维层表面的粉尘，滤料得以再生。

滤料表面的粉尘层分为一次粉尘层和二次粉尘层。一次粉尘层指在正常清灰后，仍依附在纤维层，与纤维层一起构成过滤体、不再脱落的粉尘层。二次粉尘层指在正常清灰后，能从纤维层表面有效剥离脱落的粉尘层。通常需要经过数千次的过滤—清灰动作，历时数月运行才能建立稳定的一次粉尘层。

对于分室结构的袋式除尘器，清灰工况是依序逐室进行的，使除尘器的过滤效率、阻力以及系统运行风量不至于发生太大的波动，并可实行离线（off line）清灰方式，增强清灰效果。

第二节　过滤机理

一、孤立体捕集机理

纤维层滤料由众多单纤维构成，首先研究单一纤维的捕集机理。当含尘气流绕流纤维体时，发生惯性效应、拦截效应、扩散效应、静电效应、重力效应，从而捕集尘粒，如图 3-1 所示。

1. 惯性效应

当尘粒沿流线运动接近纤维体时，气体绕流，而较大质量的尘粒受惯性力作用偏离流线，切向运动，与纤维碰撞而截留。

2. 拦截效应

当尘粒沿流线运动接近纤维体时，大多数细小的尘粒随气流绕流，只有半径大于或等于尘粒中心至纤维边缘之间距离的尘粒，被纤维拦截钩附。

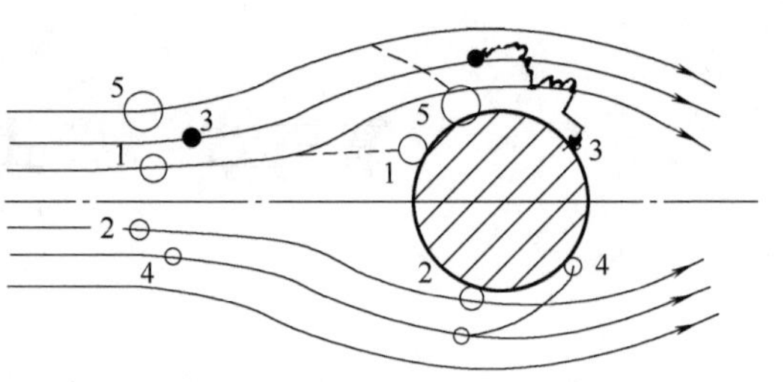

图 3-1 纤维体捕集粉尘机理

1—惯性 2—拦截 3—扩散 4—静电 5—重力

3. 扩散效应

粒径≤0.1μm 的微粒在流体分子热运动的作用下产生不规则的布朗扩散，脱离流线，被纤维捕集。对于0.1μm 的微粒，在常温下每秒扩散距离可达17μm。粒径越小、含尘气体温度越高，扩散效益越明显。

4. 静电效应

因受摩擦感应或外加电场的作用，使尘粒或纤维荷电，当两者电荷极性相反时，在库仑力的作用下，尘粒被纤维吸引而捕集。

5. 重力效应

当尘粒粒径较大，质量较重，而气流速度较低时，尘粒在重力作用下，脱离运动轨迹，沉落纤维表面而捕集。

此外还有分子间吸引的范德华效应、温差造成的热致迁移效应、浓度差异引起的浓度扩散效应。

以上各种捕集效应是以单一纤维作孤立捕集体来描述的，实际上，起过滤作用的是按一定组织结构排列的众多纤维集合体，纤维之间相互发生影响。同时，过滤过程通常不是一种效应，而是多种效应同时起作用，各种捕集效应所起的捕集作用因尘粒大小、流速高低而异。图 3-2 为各种捕集效应的作用区域。

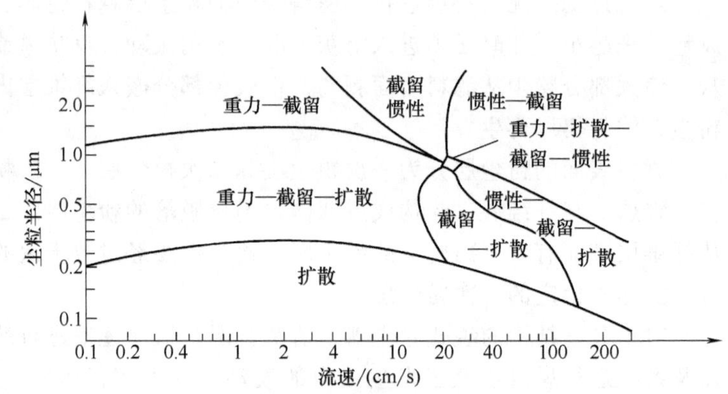

图 3-2 各种捕集效应的作用区域

可见对粒径大于1.0μm 的尘粒，以惯性碰撞、重力和拦截效应为主，对粒径小于0.2μm 的尘粒，以分子扩散和静电效应为主；当流速大于15cm/s 时，惯性碰撞作用加强，当流速小于5cm/s 时，重力、拦截、扩散效应明显。

二、纤维层过滤机理

纤维层是由众多单纤维或纱线按一定组织结构排列构成的多孔集合体。纤维层的过滤机理除了上述惯性效应、拦截效应、扩散效应、静电效应、重力效应之外，还有筛孔效应。

含尘气流通过纤维层时，气体中粒径大于纤维、纱线间孔隙或尘粒间孔径的粉尘，即被筛分捕集，此谓筛孔效应。

在工业除尘领域，常用的纤维层滤料有机织布和非织毡两大类。这两类纤维层滤料的组织结构和制造工艺并不一样，初期的过滤机理也不相同。

1. 机织布纤维层过滤机理

机织布是由纤维纺成纱线，再用经纬纱线织成多种织纹的二维平面结构纤维集合体。

机织布的纤维层较薄，通常厚度小于 1mm，纤维间抱合紧密孔隙小，难以产生滤尘作用；而纱线间交叉孔隙较大，孔径约为 30～60μm，孔道直通。机织布的体空隙率仅为 35%～50%，其中实际起透气及过滤作用的线间空隙率占到 30%～40%。含尘气流通过纤维层时，粉尘主要受惯性效应、拦截效应、扩散效应以及筛分效应的综合作用。部分尘粒依附于纤维纱线表面，被勾留堆积，进而桥接，衍生出粉尘层，部分细微尘粒穿透纤维层。清灰再生时，由于纤维层内孔道平直，积灰容易松动离散。从过滤机理分析，机织布纤维层的初期过滤虽有一定体过滤成分，但更接近面过滤。

2. 非织毡纤维层过滤机理

非织毡是将纤维用机械或化学方式压延络合或将纤维成网（絮棉）叠合，再用针刺（或水刺）交勾络合制成的三维空间结构纤维集合体。

非织毡的纤维层较厚，通常厚度为 1.5～2.5mm，纤维间形成的空隙结构，孔径为 10～40μm，孔道曲折，分布均匀。非织毡的体孔隙率可达 70%～80%。含尘气流通过纤维层时，粉尘主要受惯性效应、拦截效应、扩散效应以及筛孔效应的综合作用。部分尘粒被纤维依附勾留，部分尘粒渗入纤维层内部孔隙，与纤维构成联合捕集体，继而向表面扩展，形成粉尘层，少部分细微尘穿透纤维层。清灰再生时，由于纤维层内孔道曲折，积尘不易松动逃逸。从过滤机理分析，初期非织毡纤维层的过滤机理与空气过滤器相类似，以体过滤为主，随着表面粉尘层的建立，逐渐向面过滤过渡。

三、容尘纤维层过滤机理

纤维层滤料的设计孔径为 20～60μm，难以捕集细粉尘，实验室测试其初期过滤效率仅为 50%～80%，显然不能满足工业除尘的要求。

作为高效除尘设备的袋式除尘器，纤维层滤料的真正过滤作用是依靠粘附于纤维层表面的一次粉尘层。袋式除尘器投运以后，随着过滤进程，以清洁滤料纤维体为“核心”，在迎尘面衍生粉尘层。初期建立的粉尘层是不稳固的，清灰后容易松动脱落，但总有部分尘粒残留在纤维层表面，经过多次过滤—清灰，逐步形成清灰后不再剥离的稳定粉尘层，称为一次粉尘层，建立一次粉尘层后的清洁纤维层称为容尘纤维层。一次粉尘层是由细粒尘组成的多孔结构，已与滤料表层纤维黏附一体。容尘纤维层与清洁纤维层相比，孔径小、孔道弯曲、孔隙率降低，从过滤机理分析，更接近于表面过滤，即使对粒径 1μm 以下的微粒尘，也可达到 99.9%的过滤效率。

四、覆膜纤维层过滤机理

覆膜滤料是将一层膨化聚四氟乙烯微孔薄膜（ePTFE 膜）用热熔或胶粘等方法复合在常规纤维层滤料表面制成的高端除尘滤料。ePTFE 膜呈立体网状结构，孔形不规则，孔道弯曲，孔径仅为 0.2～3.0μm，孔隙率可达 80%～90%，是至今最为合理的纤维类微孔结构。在过滤机理上，除了共有的惯性、拦截、扩散、静电等常规效应外，筛孔效应起主导作用。以此微孔薄膜代替一次粉尘层，即使在过滤初期，细微尘粒也难以渗入纤维层内部，实现名符其实的面过滤。其过滤效率可达99.99%，比非覆膜常规滤料高一个数量级。ePTFE膜呈现不粘性，表面张力低，具有极佳的清灰剥离性能。

对常规纤维层滤料表面采取压光、烧毛、涂膜等后处理措施，都是旨在改善纤维层滤料表面微孔结构，尽量减少粉尘在纤维层内沉积，实现由体过滤向面过滤的转化。近期研发成功并在超低排放改造项目推广应用的超细面层梯度结构滤料，用同质超细纤维层代替ePTFE微孔薄膜，间层结合牢固，具有更为均匀而稳定的表层微孔结构，实现表面过滤，纤维间喇叭形孔道有利于清灰再生，其综合过滤清灰性能优于覆膜滤料。

五、有毒有害气体净化机理

有毒有害气体是一种气态分子微粒，它与空气一样可以穿透滤料。但通过对常规滤料纤维层负载特种催化剂、进行特殊处理后，同样可以将其分解净化，实现对有毒有害气体的一体化治理。纳米TiO_2光催化材料是目前最具发展前景的气体净化助剂，它以常规滤料为载体，溶入纤维层，在光和溶解氧的作用下，激发一种高能粒子，有效地将废气中的NH_3、NO_x、SO_2及VOC等有害气体降解为无害的CO_2、N_2、H_2O和相应的无机离子，被纤维层过滤，而得以净化。近期开发成功的中低温除尘脱硝干法一体化技术，利用ePTFE微孔覆膜滤料负载特种催化剂，用NH_3作还原剂，实现中低温烟气除尘脱硝一体化治理。

在反应器内喷入粉雾状吸附剂，或在滤料表面预涂助滤剂，这些都是应用袋式除尘器处理有毒有害气体的一体化技术。通常可以用熟石灰粉化解SO_2、HCl等酸性气体，用三氧化二铝去除HF气体，用活性炭吸附二噁英（Dioxin）剧毒气体，用焦炭粉过滤沥青烟气。

第三节 阻力特性

袋式除尘器的阻力主要由结构阻力和过滤阻力两部分组成。其中：结构阻力ΔP_c指由除尘器进、出口阀门、分布管及其均流、导流器件等引起的局部阻力和沿程阻力，可借助相关设计手册规定的计算公式计算确定，通常为200~500Pa，此部分阻力不可避免，但可以通过选择合理的气流分布方式和导流结构型式，经过严格的流体动力设计和数模计算而尽可能减少，使其不超过除尘器总阻力的20%~30%；过滤阻力ΔP_f指由除尘器过滤元件本身引起的局部阻力，包括洁净滤料阻力、粉尘层阻力以及滤袋配件阻力，受滤料结构、烟尘性状、过滤负荷、运行工况等多种因素影响，具有随机变化的不确定性。过滤阻力占除尘器总阻力的主要份额，因此作为本节论述的主体内容。

一、洁净滤料阻力

洁净滤料在本质上不是一个真正意义上的“过滤元件”，而只是作为实际起过滤作用的一次粉尘层的依附体，但洁净滤料本身的结构及阻力特性，对粉尘层的建立以及总体过滤性能起着关键作用。

在工业除尘领域对袋式除尘器选用过滤速度偏低，气体在滤料中的流动属于黏性层流，清洁滤料的阻力ΔP_o（Pa）与过滤速度成正比，可用下式表示：

$$\Delta P_o = \xi_o \mu v \tag{3-1}$$

式中 μ——流体的动力黏度（Pa·s）；

v——过滤速度（m/s）；

ξ_o——滤料阻力系数（m^{-1}），见表 3-1。

表 3-1 清洁滤料的阻力系数 （单位：m^{-1}）

滤料名称	织法	ξ_o	滤料名称	织法	ξ_o
玻璃丝布	斜纹	1.5×10^7	尼龙 9A—100	斜纹	8.9×10^7
玻璃丝布	薄缎纹	1.0×10^7	尼龙 161B	平纹	4.6×10^7
玻璃丝布	厚缎纹	2.8×10^7	涤纶 602	斜纹	7.2×10^7
平绸	平纹	5.2×10^7	涤纶 DD—9	斜纹	4.8×10^7
棉布	单面绒	1.0×10^7	729—Ⅳ	2/5 缎纹	4.6×10^7
呢料		3.6×10^7	化纤毡	针刺	$(3.3\sim6.6)\times10^7$
棉帆布 No11	平纹	9.0×10^7	玻纤复合毡	针刺	$(8.2\sim9.9)\times10^7$
维尼纶 282	斜纹	2.6×10^7	覆膜化纤毡	针刺覆膜	$(13.2\sim16.5)\times10^7$

洁净滤料阻力 ΔP_o 通常为 50~200Pa，与纤维规格、滤料结构及后处理方式有关，一般长纤维滤料高于短纤维滤料，机织滤料高于非织毡滤料，表面涂覆滤料高于未处理滤料。在工程实践中，常用另一指标——透气率表示洁净滤料的阻力特性，其定义是在规定压差（200Pa）条件下，滤料对空气的过滤速度，单位 $m^3/(m^2\cdot min)$。透气率越大，表示洁净滤料的阻力越小。

二、容尘滤料阻力

容尘滤料阻力 ΔP_f（Pa）由洁净滤料阻力 ΔP_o（Pa）与粉尘层阻力 ΔP_d（Pa）组成，可用下式表示：

$$\Delta P_f=\Delta P_o+\Delta P_d \tag{3-2}$$

$$\Delta P_d=am_d\mu v=\xi_d\mu v \tag{3-3}$$

式中 a——粉尘层比阻力，$a=\frac{K}{\rho_d}\left(\frac{A_d}{V_d}\right)^2\left(\frac{1-\varepsilon}{\varepsilon}\right)$（m/kg）；

m_d——粉尘负荷（kg/m^2）；

μ——流体的动力黏度（Pa·s）；

v——过滤速度（m/s）；

ξ_d——粉尘层阻力系数（m^{-1}）；

K——Kozeny-Carman 系数；

ρ_d——粉尘密度（kg/m^3）；

$\frac{A_d}{V_d}$——尘粒表面积与体积之比（m^{-1}）；

ε——粉尘层孔隙率（%）。

粉尘层阻力 ΔP_d 通常为 500~1600Pa。粉尘层比阻力 a 与粉尘性状、粉尘负荷以及滤料性有关，一般为 $10^9\sim10^{12}$m/kg，如图 3-3 所示。

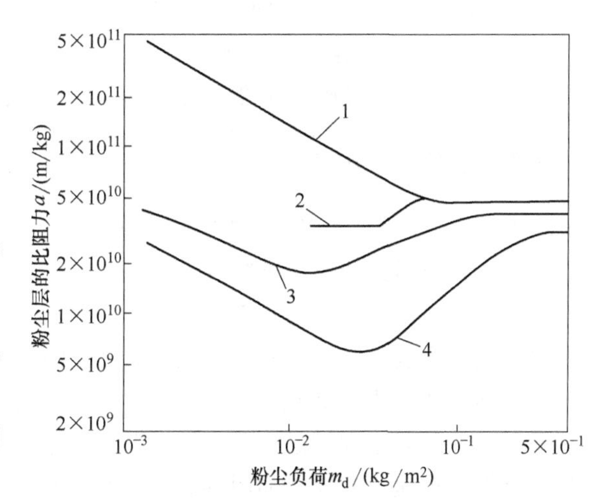

图 3-3 粉尘层的平均比阻力

1—长丝滤料 2—光滑滤料 3—纺纱滤料 4—绒布

在工业除尘领域，滤料的粉尘负荷 m_d 通常界于 0.02~1.0kg/m^2 之间，对粗粉尘取 0.3~1.0kg/m²，对细微尘取 0.02~0.3kg/m²。图 3-4 为一组容尘滤料阻力比随粉尘负荷变化的试验数据。可见，在双对数坐标上，$\left(\dfrac{\Delta P_{f}}{\Delta P_{o}}-1\right)$ 与 m_{d} 成线性关系，斜率约为 0.5。

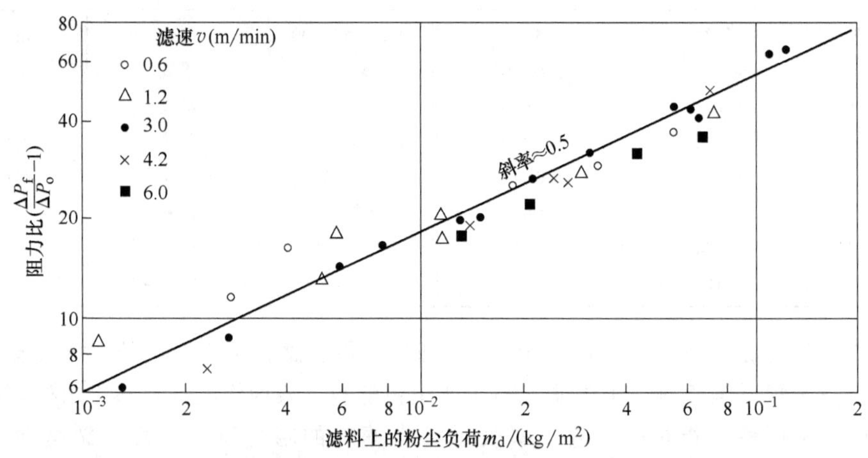

图 3-4 容尘滤料阻力比随粉尘负荷的变化

三、容尘滤袋阻力的试验公式

对袋式除尘器的设计及运行，真正有用的性能参数除了过滤效率就是滤袋阻力，实际上容尘滤袋的过滤过程及其阻力远比上述滤料阻力理论分析计算复杂得多，除了与过滤速度及形态等相关之外还存在多种变化因素。首先过滤负荷是随时间变化的，为此在工程实践中，应用实验室试验方法，研究滤袋阻力与过滤负荷的变化规律，得出如下关系式：

$$\Delta P=\Delta P_{o}+\Delta P_{d}=(A+Bm_{d}^{q})v \tag{3-4}$$

式中 ΔP——容尘滤袋阻力（Pa）；

A、B——试验系数；

q——试验指数；

m_{d}——滤袋可清落的粉尘负荷（kg/m²）；

v——过滤速度（m/min）。

其中，第一项 ΔP_{o} 表示容尘滤袋初阻力，与滤速近似成一次方关系，第二项 ΔP_{d} 表示二次粉尘层阻力，在双对数坐标上，$\dfrac{\Delta P_{d}}{v}-m_{d}$ 为一条直线。图 3-5 为一组典型的试验结果，试验粉尘为滑石粉，发尘浓度为 5~10g/m³，过滤速度为 1.0~1.6m/min。

四、滤袋阻力的非稳态特性

袋式除尘器的正常运行工况是一个过滤与清灰交替进行的非稳态过程。在初期滤袋建立一次粉尘层阶段，清灰前及清灰后的滤袋阻力逐步上升，如图 3-6a 所示。这一过程的长短因滤料结构及粉尘性状而异，需 15~30 日。之后，滤袋已基本上建立稳定的一次粉尘层，其阻力特性呈现定周期或定阻力波动状态，在由清灰转入过滤的瞬间，因粉尘回吸等因素，有一个阻力迅速上升期，如图 3-6b 所示。对于分室结构袋式除尘器，通常采用逐室停风离线清灰方式，此时，除尘器阻力及其相应的流量变化又有特殊性：在一室停风清灰时，除尘器阻力非但不降反而增加，而处理风量反而减小，只有在各室清灰结束，全部投入过滤时，

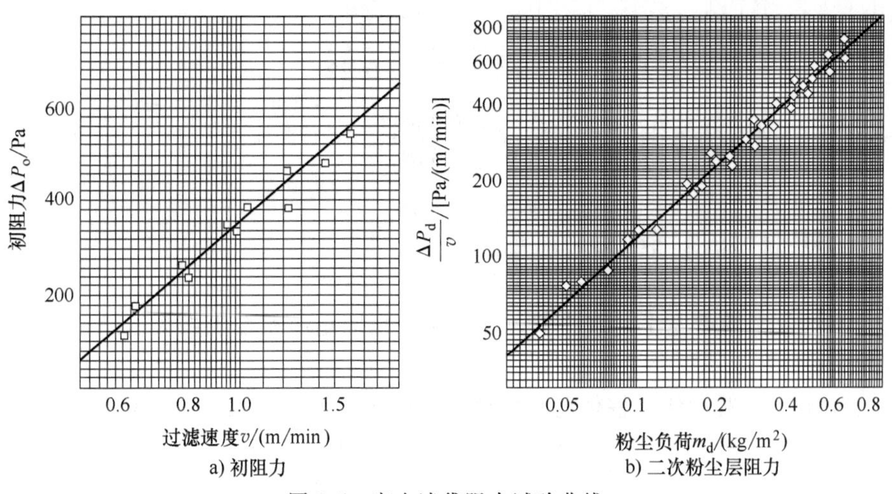

图 3-5　容尘滤袋阻力试验曲线

阻力才明显下降，处理风量相应增加，如图 3-6c 所示。

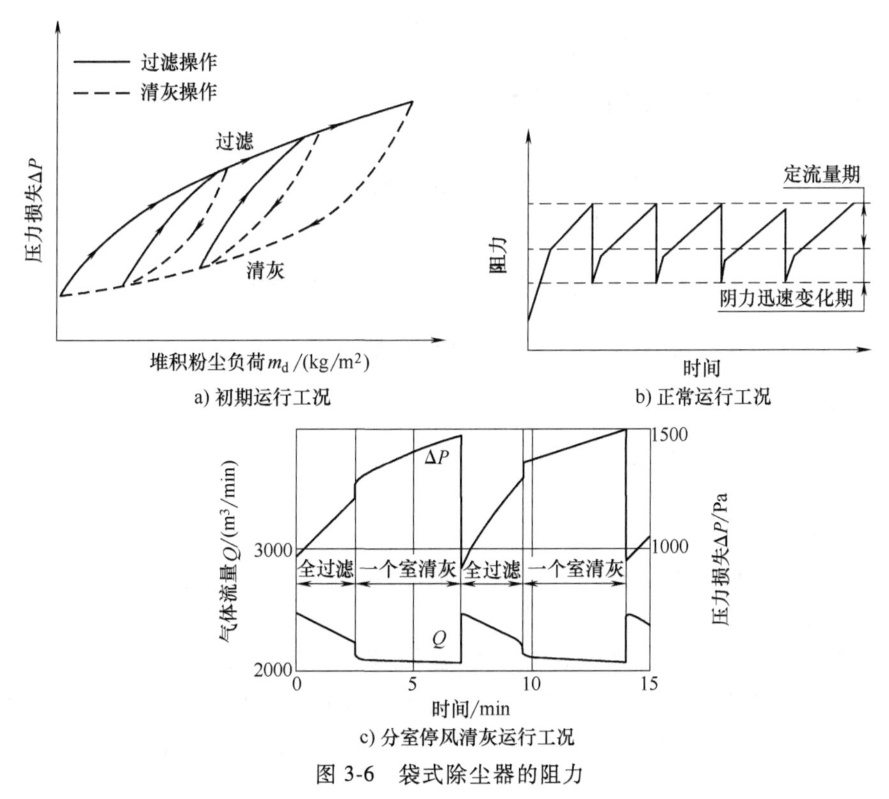

图 3-6　袋式除尘器的阻力

第四节　过滤效率

一、过滤效率的理论计算

1. 孤立纤维体的单项捕集效率

（1）惯性效率　对势流中的圆柱捕集体，Landah 导出惯性效率半经验理论计算公式：

$$\eta_{I}=\frac{S^{3}}{S^{3}+0.77S^{2}+0.22} \tag{3-5}$$

式中 S——stokes数或称惯性碰撞系数，$S=\frac{\rho_{d}d_{p}^{2}v_{o}}{18\mu d_{c}}$；

d_{p}——尘粒直径（m）；

v_{o}——流体特征速度（m/s）；

d_{c}——捕集体直径（m）。

可见，惯性效率随着stokes数的增大而提高，也即重质粗粉尘加大过滤速度可以获得较高的惯性效率。

（2）拦截效率 对围绕圆柱体的黏性流，Langmuir导出拦截效率计算公式：

$$\eta_{R}=\frac{1}{La}\left[(1+R)\ln(1+R)-\frac{R(2+R)}{2(1+R)}\right] \tag{3-6}$$

式中 La——拉氏系数，$La=2.002-\ln Rec$；

R——截留系数，$R=\frac{d_{p}}{d_{c}}$；

$Rec=\frac{\rho_{g}d_{c}v_{o}}{\mu}$——黏性流流经捕集体的雷诺数。

当$R<0.07$时，$\eta_{R}\approx\frac{R^{2}}{La}$。可见拦截效率主要与截留系数相关，随尘粒直径的加大和捕集体直径的减小而提高。

（3）扩散效率 对纤维层过滤器，Langmuir导出扩散效率计算公式：

$$\eta_{D}=\frac{1}{2La}\left[2(1+x)\ln(1+x)-(1+x)+\frac{1}{(1+x)}\right] \tag{3-7}$$

式中 $x=1.308(La/Pe)^{1/3}$；

Pe——Peclet数，$Pe=\frac{v_{o}d_{c}}{D}$；

D——扩散系数。

可见扩散效应仅对细微尘粒起作用，并且缩小纤维直径、降低过滤速度、提高气体温度可以增强扩散效果。

（4）静电效率 过滤体的静电效应分为三种情况：一是捕集体荷电，尘粒中性，此时粉尘感应产生反相镜像电荷，而相互吸引；二是尘粒荷电，捕集体中性，此时捕集体感应产生反相镜像电荷，而相互吸引；三是粉尘、捕集体都荷电，此时视荷电性状，异性相吸，同性相斥。

在自然状态即不予施加静电场时，捕集体的静电效应是十分有限的，并且极不稳定。关键是如何保持稳定的静电效应。近期开发的粉尘预荷电以及驻极体纤维滤料是利用并提高捕集体静电效应的有效措施。捕集体静电效率η_{E}难以用一个确定的理论公式加以计算，通常用实验方法测定。

2. 邻近纤维的影响

纤维层由众多单一纤维体组成，围绕平面纤维层中单一纤维体的流场不同于孤立纤维体的流场，流速较高，从而有利于提高捕集效率。可以对每一种捕集效率引入一个包含纤维填充率的函数项加以修正。

$$\eta_{aj}=(0.16+10.9\beta-17\beta^2)\eta_j=(1+K\beta)\eta_j \tag{3-8}$$

式中　β——纤维的填充率；

η_j——孤立纤维体各种机理捕集效率（j=I、R、D、E）；

K——试验系数，平均值约为4.5；

可见纤维的填充率越大，纤维层的分项捕集效率越高。

3. 纤维体总过滤效率

孤立纤维体的总过滤效率受制于各单项捕集效应的综合作用，可用下式计算：

$$\eta_a=1-(1-\eta_I)(1-\eta_R)(1-\eta_D)(1-\eta_E) \tag{3-9}$$

对于大于1μm的尘粒，以惯性碰撞、拦截和重力效应为主，Davies导出近似计算式：

$$\eta_{IR}=0.16[R+(0.5+0.8R)S-0.1052RS^2] \tag{3-10}$$

对小于0.2μm的尘粒，以分子扩散和静电效应为主，Langmuir导出近似计算式

$$\eta_{DR}=\frac{1}{La}\left[(1+2x)\ln(1+2x)-\frac{x(2+2x)}{1+2x}\right] \tag{3-11}$$

图3-7为单项捕集效率和综合过滤效率的分布曲线。

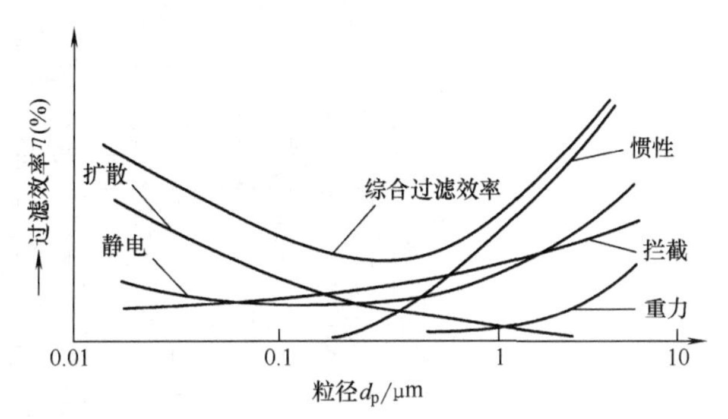

图3-7　过滤效率与粒径的分布曲线

4. 纤维层的过滤效率

纤维层是一个三维过滤结构，比单纤维体具有更高的捕集效率，其总效率可用下式计算：

$$\eta_T=1-\exp\left[-\frac{4h(1-\varepsilon)}{\varepsilon\pi d_c}\eta a\right]=1-\exp\left[-\frac{\bar{d}_c l'}{\varepsilon}\eta a\right] \tag{3-12}$$

式中　h——纤维层厚度（mm）；

ε——纤维层空隙率（%）；

$\bar{d}_c$——平均纤维径（μm）；

l'——有效纤维长度。

二、过滤效率的非稳态特性

上述理论计算基于两个基本假设：一是捕集体对尘粒的碰撞效率为100%；二是已黏附的尘粒对以后的过滤过程没有影响，即与时间不发生关系，称其为稳定过滤过程。其实，这种状况只发生在过滤的初始阶段，以后的过程要复杂得多，尤其当建立一次粉尘层后，过滤主要依靠粉尘层进行，是随时间而变化的，过滤效率呈现非稳态特性。Marchello导出了即时过滤效率计算公式：

$$\eta_\tau=1-(1-\eta_T)\exp\left[-50\sqrt{\frac{1-\varepsilon}{\pi}}\left(\frac{\mu c_i\eta_a}{\rho_g\rho_p d_p d_c}\tau\right)\right] \tag{3-13}$$

式中　c_i——入口含尘浓度（g/m³）；

时间 τ（h）内的平均效率为

$$\eta_c = \frac{1}{\tau}\int_0^{\tau}\eta_{\tau}\,d\tau \tag{3-14}$$

大量试验表明，纤维体过滤效率与粉尘负荷的关系符合对数分布规律，即

$$\eta = 1 - p_o \exp(-k m_d^n) \tag{3-15}$$

式中 p_o——初始透过率（%）；

m_d——粉尘负荷（kg/m^2）；

k、n——试验常数。

图3-8表示对一组729典型机织滤料，用滑石粉在粉尘浓度10g/Nm³、过滤速度1.2m/min条件下测得的实验曲线。表明滤料在集尘初期具有最低的过滤效率，随着粉尘层的建立，过滤效率逐渐提高并趋于稳定。

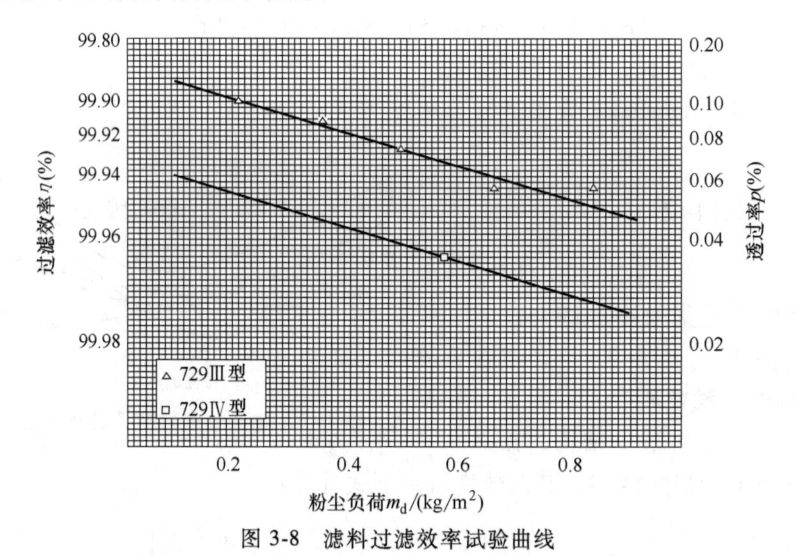

图3-8 滤料过滤效率试验曲线

三、过滤效率的影响因素

通常容尘滤料具有较高的过滤效率（大于99.9%），但总存在多种因素使部分尘粒通过直通（Straight）、渗透（Seepage）和针孔（Pinhole plugs）等方式穿过过滤层，而降低过滤效率（见图3-9）。主要影响因素有滤料组织结构、滤料状态、粉尘粒径、粉尘负荷，以及过滤速度等。

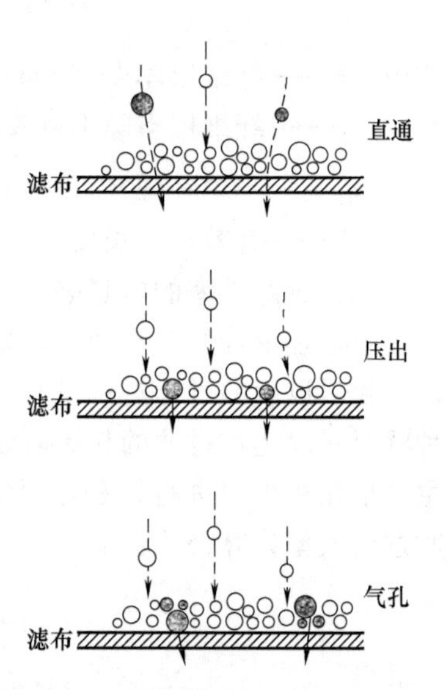

图3-9 粉尘透过滤层的机理

1. 滤料结构的影响

三维无纺滤料优于二维机织滤料，表面起绒滤料优于表面光滑滤料，表面覆膜滤料优于常规滤料。图3-10为不同结构滤料的过滤效率实验曲线，素布在高滤速工况易“吹漏”而降低效率，起绒滤布有利于提高效率，光面迎尘更为有利。

2. 滤料状态的影响

清洁滤料效率最低，容尘滤料效率最高。容尘后清灰再

生滤料效率稍有降低，但只要保持在不破坏一次粉尘层的合理清灰工况条件下，仍能满足工业除尘要求，如图 3-11 所示。

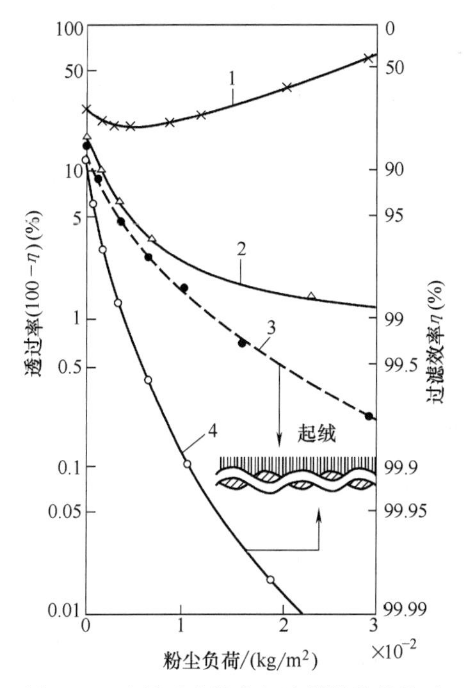

图 3-10　滤料过滤效率与滤料结构的关系

1—素布　2—轻微起绒，由起绒侧流入

3—单面绒布，由起绒侧流入

4—单面绒布，由不起绒侧流入

注：过滤风速 3m/min，粉尘中位径 1.8μm。

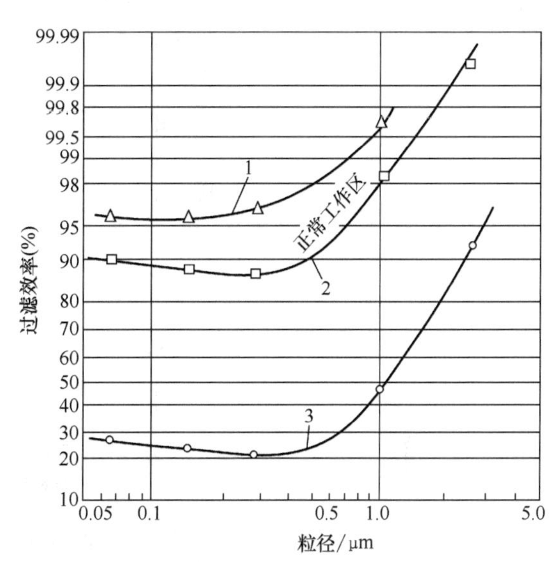

图 3-11　滤料过滤效率与滤料状态的关系

1—容尘滤料　2—振打清灰后滤料　3—洁净滤料

3. 粉尘粒径的影响

由图 3-11 可见，对不同粒径尘粒，过滤效率具有明显差异，尤以清洁滤料为甚，其中 0.3～0.5μm 的微尘最难捕集。图 3-12 为锅炉烟气除尘器的实测分级效率分布曲线。

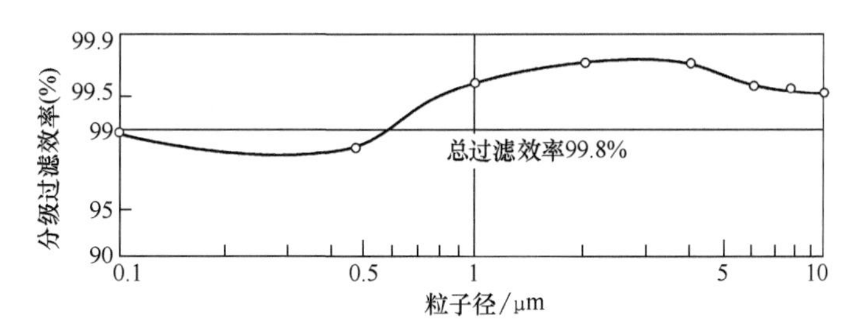

图 3-12　锅炉烟气的分级过滤效率

4. 过滤负荷的影响

过滤负荷表示单位滤料表面堆积的粉尘量（kg/m^2）。过滤效率随着过滤负荷的增加而提高（见图 3-10、图 3-13），但过滤阻力也同步增加，因此过滤负荷不是越大越好。在工程实践中，通过清灰周期的合理设计，寻找一个平衡点，使过滤负荷既能满足过滤效率要求，

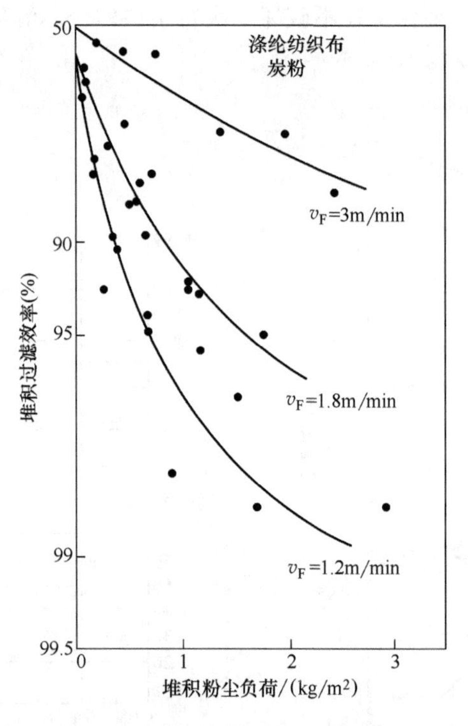

图 3-13 滤料过滤效率与滤速的关系

又不至于造成过高的阻力。在工业除尘领域，常用的范围为 0.02~1.0kg/m^2。

5. 过滤速度的影响

由图 3-13 可见，过滤速度对过滤效率的影响也是十分明显的，高滤速会加剧过滤层的穿透效应，从而降低过滤效率。在工程实践中，通常限制过滤速度不超过 2m/min，详见第九章第二节。

第四章　袋式除尘滤料

袋式除尘滤料通常指由纤维通过织造与非织造技术制造的过滤材料。也包含诸如金属、非金属及高分子颗料经过烧结、粘结等方法制作成的过滤材料。

第一节　滤料构成要素

一、纤维

袋式除尘滤料由于加工方法和选用材质的不同，可为纺织布，或为非织造物，也包括由颗粒材质制成的刚性体，但就绝大多数滤料而言，其基本材料是纤维。纤维对过滤材料性能具有决定性影响，所以对纤维的选择是极其重要的。选择纤维时，必须考虑因烟气的温度而要求的耐热性，因烟气的化学成分而要求的抗化学侵蚀性，因粉尘与骨架间的机械摩擦而要求的耐磨性以及抗拉强度、抗折强度等物理性能。另外，就影响收尘效率和过滤阻力及清灰效果等因素来说，与过滤材料的充填率、孔径有关的纤维纤度、断面形状、收缩率也是不可忽视的。

1. 纤维分类

纤维的分类如图 4-1 所示。

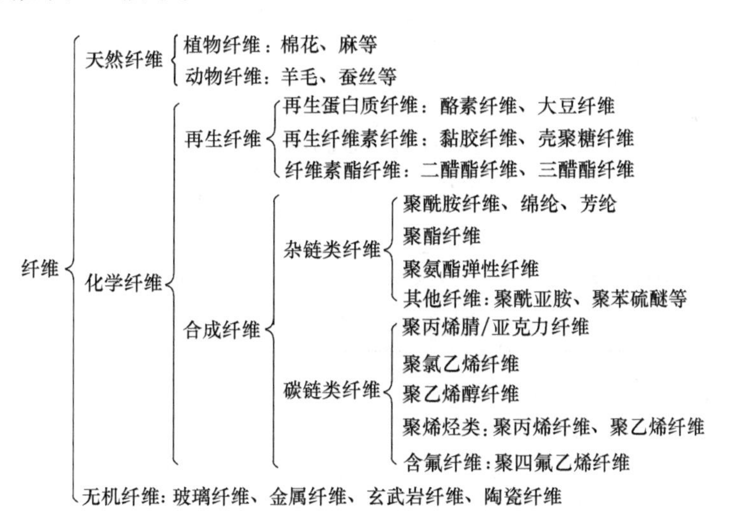

图 4-1　纤维分类

袋式除尘滤料主要采用合成纤维和无机纤维制作。

合成纤维是化学纤维中的一个大类，它是以石油、煤、天然气以及农产品等为原料，经化学反应，制得线型成纤高分子物后，再经纺丝和后处理等加工过程制成的一类化学纤维的总称。其特点是强度较高，吸湿性小，可制成有某种特定性能的织物。合成纤维品种繁多，如按其成纤高分子物的结构可分为“杂链类纤维”和“碳链类纤维”两大类，前者如聚酯纤维、聚酰胺纤维等，后者如聚丙烯纤维、聚丙烯腈纤维、聚乙烯醇纤维、含氟纤维等；如按其性能可分为普通合成纤维、高性能合成纤维、功能性合成纤维等；如按所制得纤维产品的外观形状又可分为长丝、短纤维和丝束等。

制备合成纤维的纺丝方法很多，主要有“湿纺法”“干纺法”和“熔融纺丝法”三种。在此基础上，结合品种的开发，如通过改变喷丝板的结构和供送纺丝液的方法，又延伸开发了异形纺丝法、复合纺丝法、海岛纺丝法以及共混纺丝法等。随着合成纤维新品种的不断涌现和纺丝技术的发展，新的合成纤维纺丝方法也不断被创造出来，如液晶纺丝法、干湿纺丝法、乳液纺丝法、凝胶纺丝法、相分离纺丝法、喷射纺丝法、闪蒸纺丝法以及反应纺丝法等。

2. 纤维的主要理化性能

（1）纤维长度　纤维长度是指纤维在不受外力影响下，伸直时测得的两端间距离，计量单位为毫米（mm）。对合成纤维和金属纤维，纤维长度可根据需要切断，一般被切成棉型、中长型和毛型三种，其纤维长度范围分别是：33~38mm、51~76mm 和 76~102mm。

（2）细度　细度（或称纤度）是表示纤维粗细的程度，是影响滤料成品质量的重要因素。纤维越细，则纤维在成纱、成网、进而成织物或针刺毡会更均匀致密，成品的变形小、尺寸稳定性好。细度在我国的法定计量单位中称“线密度”，单位名称为“特［克斯］”，单位符号为“tex”。1000m 长的纤维重为 1g 时称为 1 特（tex）。表示纤维粗细程度的其他单位制还有英制支数制、公制支数制和旦尼尔（Denier）制（简称旦制）等，见表 4-1，相互之间换算见表 4-2。

表 4-1　纤维细度定义及计算公式

细度名称	定　义	公式
公制支数/Nm	纤维单位质量(g)的长度为 1m	L/G(Nm)
特数/tex	纤维单位长度(1000m)的质量为 1g	$(G/L)\times1000$(tex)
分特数/dtex	纤维单位长度(10000m)的质量为 1g	$(G/L)\times10000$(dtex)
旦尼尔值/D	纤维单位长度(9000m)的质量为 1g	$(G/L)\times9000$(D)

注：L 表示纤维长度（m）；G 表示纤维质量（g）。

表 4-2　纤维细度换算

细度名称	公制支数/Nm	特数/tex	旦尼尔值/D	分特数/dtex
公制支数/Nm	1	1000	9000	10000
特数/tex	0.001	1	9	10
旦尼尔值/D	0.00011	0.11	1	1.11
分特数/dtex	0.0001	0.1	0.9	1

（3）断裂强度和断裂伸长率　断裂强度是用来衡量纤维品质的主要指标之一。在很多情况下，提高纤维的断裂强度可以直接改善滤料成品的使用性能。纤维的断裂强度通常有下列几种表示方法。

1）绝对强力（P）：即纤维在连续加负荷条件下拉伸，直至断裂时所能承受的最大负荷，单位为牛（N）。

2）强度极限（σ）：纤维受拉伸负荷的作用而断裂时，单位面积上所承受的力称为强度极限，单位为 N/mm^2。强度极限（σ）可按下列公式计算：

$$\sigma=\frac{P}{A}\quad N/mm^2 \tag{4-1}$$

式中　P——纤维的绝对强力（N）；

A——负荷作用前纤维的横截面积（mm^2）。

3）相对强度（P_T）：纤维的绝对强力和细度之比称为相对强度，单位为牛/特（N/tex）。

$$P_T=\frac{P}{N_{tex}} \tag{4-2}$$

4）断裂伸长率：纤维的断裂伸长是指纤维在连续增加负荷作用下产生伸长变形并直至断裂时所具有的长度。一般用断裂伸长率来表示，即纤维在拉伸负荷作用下至断裂时的伸长量同纤维原来长度之比。计算式为

$$\varepsilon_a=\frac{L-L_0}{L_0}\times100\% \tag{4-3}$$

式中　ε_a——断裂伸长率（%）；

L——纤维被拉伸至断裂时总长度；

L_0——纤维原有长度。

（4）纤维初始弹性模量　纤维在外力作用下被拉伸时，其应力和应变同时发生，用横坐标表示伸长率 ε（%）、纵坐标表示拉伸应力 σ，组成拉伸曲线，即应力应变曲线，如图4-2所示。

图中 a 为断裂点，相对应的拉伸应力 σ_a 就是断裂应力，相对应的伸长率 ε_a 就是断裂伸长率。曲线上 b 点叫屈服点，相对应的拉伸应力叫屈服应力。在物理学和工程学上，应力与相对应的应变之比称为模量（模数）。对于纤维，模量是其抵抗外力作用下形变能力的量度。纤维的初始模量即为纤维被拉伸而当伸长为原长的1%时所需的应力，即应力一应变曲线起始段直线部分的斜率（tanα），单位为 mN/tex，其计算式如下：

$$E=\frac{OB}{OA}=\tan\alpha \tag{4-4}$$

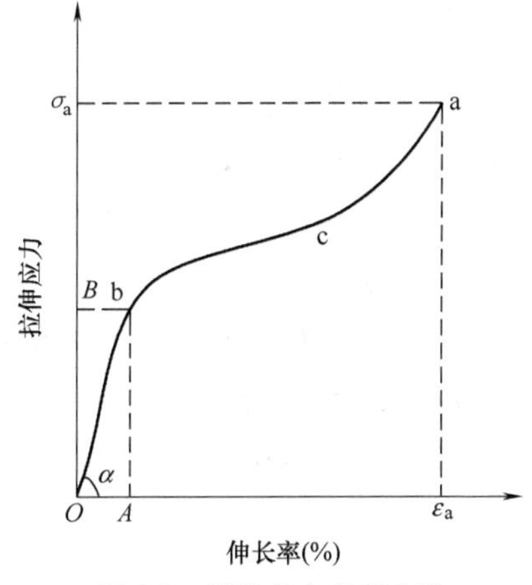

图 4-2　纤维应力应变曲线

纤维的初始模量越大，表示施加同样大小的外力时，它越不易产生应变。对于合成纤维，初始模量取决于高聚物的化学结构以及分子间相互作用力。

（5）纤维的耐折性　耐折性是衡量纤维在横向力作用下弯曲变形直至折断的一个指标，可用纤维断裂的弯曲半径 r 表示

$$r=\frac{Ed}{2T} \tag{4-5}$$

式中　E——纤维弹性模量（mN/tex）；

d——纤维直径（μm）；

T——纤维抗张强度（N/tex）。

无机纤维材质较脆，耐折性能较差。另外，纤维越细，其断裂弯曲半径越小，就越不易折断。表4-3为不同直径玻纤在同一试验条件下的耐折次数。

表4-3 玻纤直径对耐折次数的影响

纤维直径/μm	耐折次数/次	纤维直径/μm	耐折次数/次
3.3	2077	6.6	88
4.4	879	8.8	39
5.5	175		

（6）纤维回弹率 纤维在外力作用下，发生三部分形变：即普弹形变、高弹形变和塑性形变。当外力去掉后，可恢复的普弹形变和松弛时间较短的那一部分高弹形变（又称急回弹形变）将很快回缩，并留下一部分形变，即剩余形变，其中包括松弛时间长的高弹形变（又称缓回弹形变）和不可恢复的塑性形变（见图4-3）。剩余形变值越小，纤维的回弹性越好。回弹率E_1（%）是衡量纤维回弹性好坏的指标，它表示纤维可回复的弹性伸长和总伸长之比，计算公式：

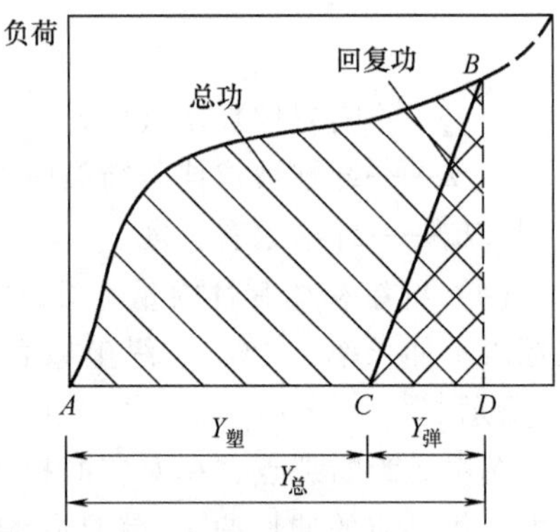

图4-3 形变时纤维的弹性和塑性伸长

$$E_1=\frac{Y_{弹}}{Y_{总}}\times 100=\frac{Y_{总}-Y_{塑}}{Y_{总}}\times 100 \tag{4-6}$$

式中 $Y_{弹}$——可回复的弹性伸长；

$Y_{塑}$——不能回复的塑性伸长或剩余伸长；

$Y_{总}$——总伸长。

一般回弹性较好的纤维，其耐疲劳性能也较高，纤维越细，其耐疲劳性也越好。

（7）吸湿性 纤维的吸湿性是指在标准温湿度条件下（温度20℃、相对湿度65%）纤维的吸水率，一般用回潮率W或含水率M来表示。其计算式如下：

$$W=\frac{G-G_0}{G_0}\times 100\% \tag{4-7}$$

$$M=\frac{G-G_0}{G}\times 100\% \tag{4-8}$$

式中 G——纤维湿重；

G_0——纤维干重。

各种纤维的吸湿性有很大差异，同一种纤维，其吸湿性也因环境温湿度的不同而不同。

纤维的吸湿性决定各种纤维的应用范围，纤维良好的吸湿性有利于防止在其加工或使用其制成品过程中产生静电。表4-4列出了常用纤维原料的回潮率。

表 4-4　常用纤维原料的回潮率

纤维名称	原棉	羊毛	丝	亚麻	涤纶	锦纶	PPS
W(%)	11.1	15	11	12	0.4	4.5	0.3
纤维名称	腈纶	丙纶	芳纶(Nomex)	芳砜纶	噁二唑	聚酰亚胺(P84)	
W(%)	2	0	7.5	6.28	4	2	

(8) 耐热性　纤维的耐热性表示它在同一时间内不同温度条件下，或者在同一温度下不同时间内理化力学性能的保持程度。对大多数纤维原料来说，随着温度的升高，分子链间的作用力逐渐减小，分子的运动方式和物理机械状态也随之发生变化，最后熔融或分解。在加热速率相同的条件下，比热越小的纤维，温度升高越快。对大多数合成纤维来说，在高温作用下，首先软化，然后熔融。一般把低于熔点20~40℃的温度叫软化温度。纤维素纤维和蛋白质纤维熔点高于分解点，故在高温作用下，不熔融而直接分解或碳化。有些合成纤维在低于某一温度 T_x 时，分子间作用力很大，分子运动困难，表现为纤维变形能力小和比较硬的玻璃状态，一般称为玻璃态。反之，当温度高于某一温度 T_x 时，随着温度升高，引起纤维内部结晶部分的消减和无定形部分的增加，分子间作用力减小，分子运动加强，表现为纤维变得柔软、易伸长和有弹性，并在外力作用下，出现高度变形，合纤的这种状态叫高弹态。由玻璃态转变成高弹态的温度 T_x 称为纤维的玻璃化温度。常用纤维的耐热性质见表4-5。

表 4-5　纤维的耐热性质

耐热性 / 纤维名称	软化点/℃	熔点/℃	分解点/℃	玻璃化温度/℃	洗涤最高温度/℃	强度保持率(%)(100℃,80天)	强度保持率(%)(130℃,80天)
涤纶	235~240	256		67~81	70~100	96	75
腈纶	190~240		280~300	90	40~50	100	55
丙纶	145~150	163~175					
芳纶			430	270		100	100
芳砜纶	367~370		400	251		100	100
PPS		285				100	100
噁二唑			500	437		100	100
PTFE	180	327	400			100	100
聚酰亚胺(P84)	340		560	315		100	100

(9) 阻燃性　纤维的燃烧性能与其耐热性有密切关系。一般可分为易燃性、可燃性、阻燃性和不燃性4类。

易燃性：指纤维遇到明火易燃烧且速度快，这类纤维有丙纶、腈纶等。

可燃性：指其遇到明火能发烟燃烧，但较难着火，燃烧速度慢，这类纤维有涤纶、锦纶、维纶等。

阻燃性：指其在接触火焰时发烟燃烧，离开火焰就自灭，这类纤维有氟纶、芳纶和改性腈纶等。

不燃性：指遇到明火不着火、不燃烧，这类纤维有玻璃纤维、金属纤维、石棉和含硼纤维等。

极限氧指数简称“LOI”，是表征纤维燃烧特性的一个指标。所谓极限氧指数，是指着了火的纤维离开火源仍能继续燃烧时，环境中氮和氧混合气体内所含氧的最低百分率，具体计算式：

$$\mathrm{LOI}=\frac{\varphi(\mathrm{O_2})}{\varphi(\mathrm{N_2})+\varphi(\mathrm{O_2})}\times100\% \tag{4-9}$$

式中 $\varphi(\mathrm{O_2})$——氧气的体积百分数（%）；

$\varphi(\mathrm{N_2})$——氮气的体积百分数（%）。

LOI越大，阻燃性越好。在空气中，氧的体积分数 $\varphi(\mathrm{O_2})$ 为21%，故若纤维的LOI<21%，就意味着能在空气中继续燃烧。表4-6列出了常用纤维的极限氧指数（LOI值）。

表4-6 纤维的极限氧指数

纤维名称	腈纶	丙纶	涤纶	改性腈纶/亚克力	芳纶(Nomex)	芳砜纶	PPS	噁二唑	聚酰亚胺(P84)	PTFE
LOI(%)	18.20	18.60	20.60	26.70	28.20	33	34	28	38	95

（10）耐腐蚀性　一般来说，酸、碱和有机溶剂对纤维及其制品均会发生腐蚀作用，使其强度降低，但腐蚀程度要视酸碱种类、浓度、温度和接触时间长短而变化。表4-7列出了部分纤维对酸、碱和有机溶剂等耐腐蚀程度。

表4-7 纤维对酸、碱和有机溶剂等的耐腐蚀程度

化学物质 / 纤维名称	酸					碱					溶剂				
	A	B	C	D	E	A	B	C	D	E	A	B	C	D	E
涤纶		√	√				√	√			√				
腈纶		√							√		√				
丙纶	√	√				√	√				√				
改性腈纶	√						√				√				
Nomex	√	√					√	√			√	√			
芳砜纶	√	√					√	√				√			
PPS	√					√	√				√				
玻璃纤维	√					√					√				
P84	√	√					√	√			√				
噁二唑	√	√					√				√				
PTFE	√						√				√				

注：A代表耐腐蚀优良；B代表耐腐蚀良好；C代表耐腐蚀中等；D代表耐腐蚀较差；E代表耐腐蚀很差。

（11）纤维的电学性能　纤维的电学性能包括纤维的电阻和纤维的静电等。纤维发生带电现象（荷电），本质上是由于电荷产生的速度大于其消失的速度所造成。增加纤维的导电性能，即减小纤维的电阻，是防止发生静电的有效措施。

纤维的导电性用比电阻 ρ 表示。

$$\rho=R\frac{S}{L} \tag{4-10}$$

式中　ρ——电阻率，也称比电阻（$\Omega \cdot cm$）；

R——导体的电阻（Ω）；

S——导体的截面积（cm^2）；

L——导体的长度（cm）。

一般来说，纯净的、不含杂质的、不经油剂处理的充分干燥的纤维的比电阻均大于$10^{12}\Omega \cdot cm$。当纤维的比电阻大于$10^8\Omega \cdot cm$时，纺织加工就比较困难。并且在加工过程中，在纤维和纤维之间、纤维和金属机件之间将因摩擦而产生电荷，当电荷大量积聚又不能很快散逸时，便产生静电。静电的存在会使纤维及其制品易吸灰、易沾污，同时增加纺织加工过程的困难。当静电现象严重时，静电压将高达几千伏，并因放电而产生火花，严重时将引起火灾。纤维所带静电的“强度”，用单位重量（或单位面积）材料的带电量（库仑或静电单位）表示。各种纤维的最大带电量是较相近的，而静电散逸速度却差异很大。决定静电散逸速度的主要因素是纤维材料的比电阻。而半衰期$t_{\frac{1}{2}}$，则表示纤维制品（包括滤料）的静电衰减到原始数值的一半所需要的时间。各种纤维制品的电荷半衰期$t_{\frac{1}{2}}$（s）随着比电阻（ρ）的增加而增加，相互间成对数线性关系，如图4-4所示。

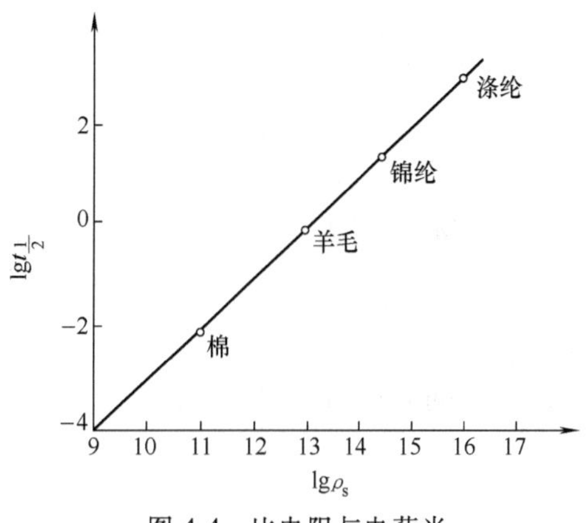

图4-4　比电阻与电荷半衰期的对数关系

一般说来，当纤维制品比电阻降低到10^9~$10^{11}\Omega \cdot cm$时，静电现象就可以防止，见表4-8。

为防止纤维在加工过程中产生静电，一般采取提高车间温湿度和在纤维中喷洒抗静电油剂等方法。如加工涤纶纤维时，当车间湿度提高到不小于70%，温度不小于20℃时，静电就可防止；同样，在涤纶短纤维中喷洒E-502A等油剂也可达到防止静电。为了使纤维制品具有耐久的消静电性能（对生产滤料尤为重要），可在被加工纤维（如涤纶）中均匀混入少量消静电纤维或导电纤维。

表4-8　表面比电阻与抗静电作用关系

$\lg\rho_s$	抗静电性能	$\lg\rho_s$	抗静电性能
>13	没有	10~11	相当好
12~13	很少	<10	很好
11~12	中等		

消静电纤维是指在标准状态下电阻率小于$10^{10}\Omega \cdot cm$或静电荷逸散半衰期小于60s，在纺织加工和其制品的使用过程中能够降低静电电位或使之消失的纤维，有暂时性和永久性两种。其品种有涤纶、锦纶和腈纶消静电纤维等。

消静电纤维制法：

1）共聚法：在疏水性合成纤维大分子上引入亲水性或导电性成分；

2）共混法：在聚合或纺丝时，将高聚物或其切片与消静电成分（如消静电剂）混合纺丝；

3）复合纺丝法：以聚乙二醇与聚酯的嵌段共聚物为芯，聚酯为皮制成的皮芯型复合消静电纤维；采用炭黑为导电材料制成的皮芯型复合消静电纤维等；

4）接枝共聚法：对纤维进行接枝改性。

导电纤维由各种金属纤维、碳素纤维、本征型电聚合物纤维、各种高聚物+导电材料（炭黑、金属、金属化合物等）组成。除各种纤维本身的物化性能外其电阻率小于$10^7\Omega\cdot cm$，如果屏蔽电磁波电阻率需小于$10^3\Omega\cdot cm$。部分导电纤维的制造方法及性能特点见表4-9。

表4-9 部分导电纤维的制造方法与性能特点

导电纤维种类		电阻率/($\Omega\cdot cm$)	制造方法	性能特点
金属纤维(不锈钢、铜、镍、铝等)		$10^{-4}\sim10^{-5}$	拉伸法、切削法、结晶析出法等	导电性好、耐热阻燃、可纺性差、染色难、价格高
碳素导电纤维		$10^{-3}\sim10^{-4}$	黏胶、腈纶、沥青碳化法	高强耐热、耐化学品、韧性热收缩性差、染色难、价格高
有机导电纤维	加碘聚乙炔等导电聚合物	10^{-4}	溶剂法或干法纺丝	难熔、不易纺丝、工艺复杂成本高
	表面镀层纤维	10^{-4}	纤维表面化学镀或真空镀金属	导电性好、耐久性、可纺性染色性差
	表面涂敷纤维	$10^{-3}\sim10^{-2}$	炭黑或金属粉末加黏合剂涂敷纤维表面后固化	导电性好、耐久性、染色性差、产量低成本略高
	络合导电纤维	$10^{7}\sim10^{8}$	在铜盐溶液中腈纶上的氰基与铜离子络合生成铜的硫化物	工艺复杂、可纺性好、导电性略差
	吸附苯胺纤维	1.7×10^{-2}	化纤经氧化剂处理后吸附苯胺单体形成聚苯胺导电层	可纺性、染色性好
	炭黑复合导电纤维	10^{5}	中间为35%炭黑的PA，芯精含聚乙二醇等亲水物质或海岛法	可纺性好、色泽较黑
	丙烯腈接枝聚酰胺纤维	$10^{3}\sim10^{4}$	将带有-CN基团的丙烯腈与聚酰胺接枝共聚，用金属络合处理法使纤维表面形成导电层	可纺性好、导电性好

（12）纤维的水解性　水解是化合物与水反应而起的分解作用。由于水分子的加入，使原来的分子分裂成两部分，如下式：

$$\boxed{1}\boxed{2}+H_2O\underset{缩合}{\overset{水解}{\rightleftharpoons}}\boxed{1}H^{+}+\boxed{2}HO^{-} \tag{4-11}$$

式中，母分子的一部分（$\boxed{1}$）从水分子中获得氢离子（H^+），另一部分（$\boxed{2}$）则从水分子中获得剩下的羟基（OH^-）。

下列条件将加速水解的反应速度：①温度上升，根据瑞典化学家Arrhenius发现的规律，每升高10℃，反应速度加倍；②水蒸气含量增加；③存在碱或酸的催化（来自烟气中的酸和低于露点时溶解的粉尘组分）。

水解是缩合的逆反应。缩合是两个分子互相反应而失去水的化学作用。有许多聚合物是利用缩合反应制造出来的，其中包括合成纤维中的涤纶、芳纶、聚酰亚胺（P84），这些聚合物都是容易水解的。

涤纶的水解见下式：

$$\left[-C_6H_4-\overset{\overset{O}{\|}}{C}-O-\underset{H}{\overset{H}{C}}-\underset{H}{\overset{H}{C}}-O-C-C_6H_4-\right]+H-O-H\xrightarrow{(水或酸)}\left[-H-O-\underset{H}{\overset{H}{C}}-\underset{H}{\overset{H}{C}}-O-\overset{\overset{O}{\|}}{C}-C_6H_4- \quad -C_6H_4-\overset{\overset{O}{\|}}{C}-OH-\right]$$

H—O—H 涤纶

诺梅克斯的水解见下式：

$$\left[-\overset{H}{N}-C_6H_4-\overset{H}{N}-\overset{\overset{O}{\|}}{C}-C_6H_4-\overset{\overset{O}{\|}}{C}-\right]\xrightarrow{水、酸或碱}\left[-\overset{H}{N}-C_6H_4-\overset{H}{N}-H \quad HO-\overset{\overset{O}{\|}}{C}-C_6H_4-\overset{\overset{O}{\|}}{C}-\right]$$

诺梅克斯

水解对这些纤维的作用是水分子将纤维聚合物的分子链分割成较小的两段（见上两式），从而使分子量减小，抗拉强度减弱。德拉伦 *T* 和水的反应发生在氰基上，分子链不受影响，也就是不破坏主干而只影响分子结构。由于聚合物分子的内聚力减小，机械强度也会下降。反应见下式：

$$-CH_2-\underset{CN}{\underset{|}{CH}}-+H_2O\longrightarrow CH_2-\underset{\underset{NH_2}{|}}{\underset{|}{C=O}}\!\!\!\!\!\!\!\!\!\!\overset{}{CH}-$$

对于容易水解的纤维聚合物，如果能控制温度和湿度可以减慢其反应速度。图 4-5 是三种纤维的水解与烟气温度及水汽含量的关系，图中各条曲线右侧是产生严重水解的区域。

（13）纤维的氧化性　氧化是在特定条件下，化合物与氧发生反应而引起的分解作用，由于氧分子或某些侵蚀性氧化剂的加入，使原化合物分子结构遭受破坏。

空气中含有 21%的氧，在常温下，对很多纤维体的氧化反应十分微弱，几乎无破坏作用，但在高温状态，对某些纤维的氧化分解作用急速加剧，而使其遭受破坏。聚苯硫醚（PPS）就是属于在高温条件下易氧化的纤维。PPS 的耐温性能和 O_2 浓度的关系如图 4-6 所示。

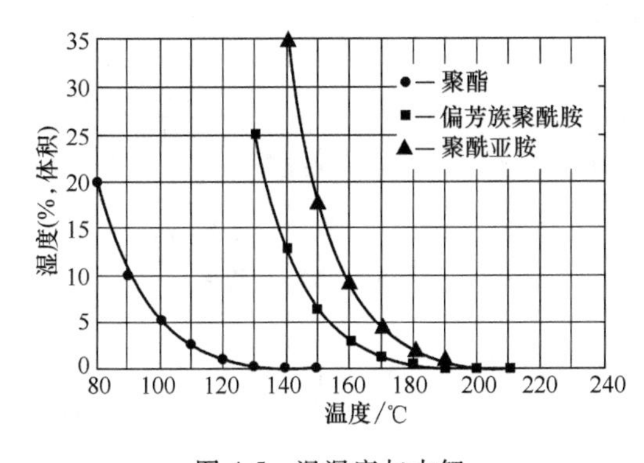

图 4-5　温湿度与水解

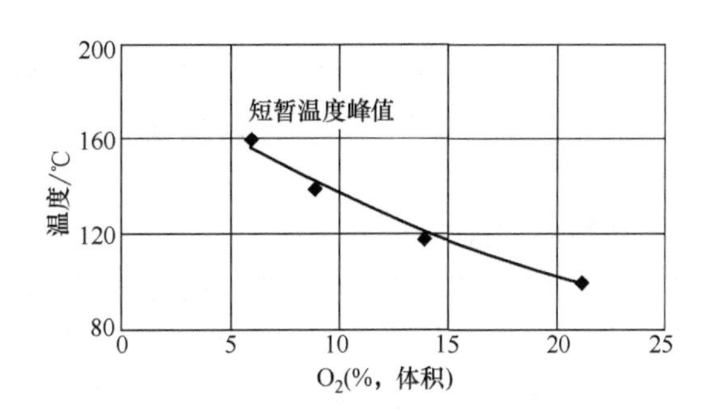

图 4-6　PPS 能承受的氧含量与温度的关系

燃料燃烧时，空气中的氮和燃料中的氮化物会氧化生成 NO_x，其中主要为 NO，约占 95%，也有 NO_2。NO_2 属于侵蚀性氧化剂，对 PPS 等易氧化纤维体分子具有破坏作用，其氧化反应式如下。温度越高，氧化破坏作用越大。

$$\left[\!\!-\!\!\bigcirc\!\!-S-\right]_n + O-N-O \rightleftharpoons \left[\!\!-\!\!\bigcirc\!\!-\overset{O}{\overset{\|}{S}}-\right]_n + NO$$

丙纶对氧化更敏感，在温度稍高时就会受到空气中所含氧的破坏，所以应添加抗氧化剂。

3. **常用纤维及特性**

（1）聚酯纤维（涤纶，polyester） 聚酯纤维是以多种二元醇和芳香族二羧酸缩聚反应合成的聚酯为原料、经熔融纺丝所制成的一类合成纤维的总称。由于在其成纤高分子的分子结构中含有酯基（—COO—），故统称为聚酯纤维，属“杂链类合成纤维”的一种。其中，以聚对苯二甲酸乙二醇酯纤维（PET，涤纶）的产量为最大。

结构式：

$$\left[\!-\overset{O}{\overset{\|}{C}}-\!\bigcirc\!-\overset{O}{\overset{\|}{C}}-O-CH_2-CH_2-O-\right]_n$$

理化性能：该纤维的强度很好，初始模量也很高，故制品的尺寸稳定性良好，不缩水，耐热性优于其他普通合成纤维。该纤维的吸湿较差，在加工和使用中极易积聚静电荷。该纤维制品在室温下对稀的酸、碱液是稳定的，但随着温度提高，其稳定性趋于下降。

聚酯纤维耐水解性较差，在较高湿度及温度条件下，特别是在含有一定酸、碱时，会发生水解，从而滤料强力快速下降。聚酯正常使用寿命与温、湿度关系如图4-7所示。

聚酯纤维有棉型纤维、中长纤维、工业长丝等品种。

高强低伸中长型纤维的纤度一般为1.56～2.11dtex，物化性能与棉型纤维基本相似，但其强度要大于5.0cN/dtex，断裂伸长率约为24%。可纺性较普通棉型聚酯短纤维好，但相应的染色性稍差。

涤纶工业长丝的基本物化性能与民用聚酯纤维类同，只是该纤维的断裂强度高（≥5.50N/dtex）、断裂伸长低（≤17%）和初始模量大（≥100cN/dtex），主要用作织造滤布，针刺毡基布和滤袋缝纫线等。

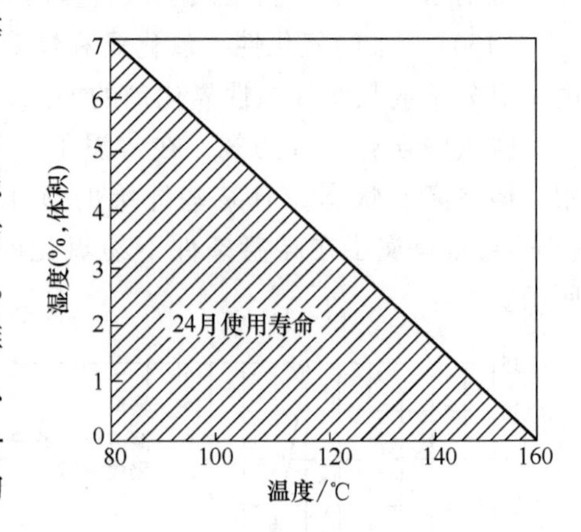

图4-7 聚酯寿命与温、湿度（水解）的关系

（2）聚丙烯纤维（丙纶，polypropylene fiber） 聚丙烯纤维是以石油裂解产物中的丙烯为起始原料，通过特种催化剂的催化引发，经加聚反应制成等规聚丙烯（isotactic polypropylene）成纤高聚物，用它进行熔融纺丝，即得聚丙烯纤维。由于在其高分子主链结构中所包含的全为碳原子［$—CH_2—CH(CH_3)—$］，故它属“碳链类合成纤维”。在我国的商品名叫丙纶。

结构式：

$$\left[CH_2-\underset{\underset{CH_3}{|}}{CH}\right]_n$$

理化性能：聚丙烯纤维的密度在所有化学纤维中是最低的，其强度与聚酯纤维相近，有良好的耐腐蚀性，耐无机酸及碱的作用，其耐磨性也很好，有“穷人的聚四氟乙烯”之称。该纤维的结晶度较高，制品的尺寸稳定性和弹性好。由于该纤维的吸湿性很差，在加工和使用过程中极易积聚静电荷。

（3）聚丙烯腈系纤维（腈纶，acrylic fiber）　聚丙烯腈系纤维是一种以丙烯腈为主要组分的聚合物为原料，经用“干纺法”或“湿纺法”制成的一类合成纤维的总称。由于构成其成纤高聚物大分子主链的全为碳原子［$-CH_2-CH(CN)-$］，故它属“碳链类合成纤维”。当纺丝采用共聚物时，生产的是丙烯腈系纤维。当高聚物为共聚物，与均聚物混合且以均聚物为主时，形成商品名为亚克力的纤维。因为均聚的聚丙烯腈其大分子间的内聚力较大，使所得纤维的刚性得以增强、从而适用于工业烟尘治理。

结构式：

$$\left[CH_2-\underset{\displaystyle CN}{\underset{|}{CH}} \right]_n$$

理化性能：聚丙烯腈/亚克力纤维因其生产所用聚合物的组成不同以及所选用溶剂及纺丝方法不同，其产品的性能具有较大差异。聚丙烯腈纤维的某些力学性能与羊毛相似，如其卷曲、蓬松、柔软和保暖性好等等，因此具有“人造羊毛”的美誉。聚丙烯腈/亚克力纤维耐酸，不耐碱，对氧化剂及有机溶剂较稳定。一般说该纤维只具有准晶结构，故对热处理反应比较敏感，纤维分子中含有腈基，具有较好的耐光性和耐气候性。

（4）芳香族聚酰胺纤维（芳纶，m—Aramid）　芳香族聚酰胺纤维是一种由芳香族聚酰胺大分子构成的纤维，其中酰胺键至少有85%直接附在两个芳基环上，按聚合物主链的差异分为对位型和间位型，除尘滤料大都采用间位型芳香族聚酰胺。

1）聚间苯二甲酰间苯二胺纤维（别名间位芳酰胺纤维、间位芳纶、芳纶1313）。

结构式：

$$\left[\overset{\displaystyle O}{\overset{\|}{C}}-C_6H_4-\overset{\displaystyle O}{\overset{\|}{C}}-\underset{\displaystyle H}{\underset{|}{N}}-C_6H_4-\underset{\displaystyle H}{\underset{|}{N}} \right]_n$$

理化性能：间位芳纶产品以短纤维为主，其物理性能与涤纶相似，易于加工织造。

间位芳纶的突出特点是具有良好的耐热性，可在260℃温度下持续使用1000h，在200℃条件下使用20000h，强度仍保持原始值的90%。它还有很好的阻燃性，在空气中不延燃。还能耐大多数酸的腐蚀，对漂白剂、还原剂、有机溶剂等的稳定性也良好。也有很好的抗辐射性能，尺寸稳定性也好。间位芳纶具有优良的物理力学性能，强度比棉花稍大，伸长也较大，手感柔软，耐磨牢度好。

美国杜邦公司生产的纤维商品名为Nomex®。

Nomex®纤维的耐温特性如图4-8所示，在177～200℃的操作温度下，其时间可达20000h而仍维持90%左右的强度，强力及模数更优于涤纶及尼龙，可在204℃高温下连续操作（瞬间温度240℃）。图4-9表示Nomex®在不同温度下的热收缩率。在204℃的连续操作温度下收缩率小于1%，在285℃时（靠近玻璃化温度T_g）收缩率仍小于2.0%。

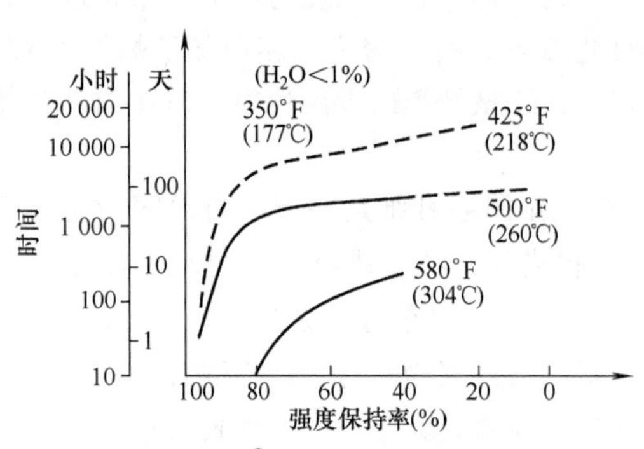

图 4-8 Nomex®在热空气中的强度保持率

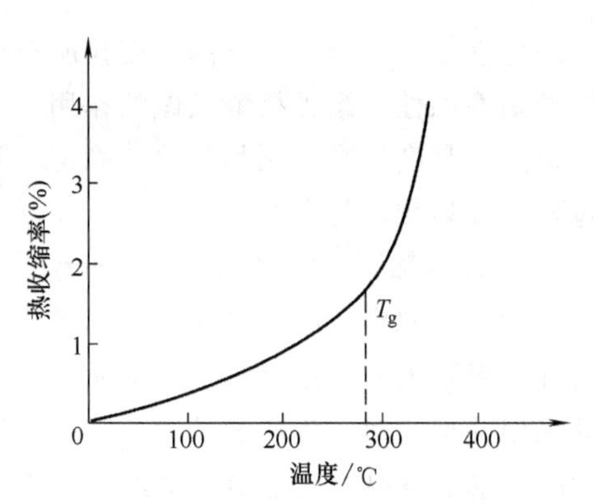

图 4-9 Nomex®在不同温度下的热收缩率

注：图 4-8~图 4-11 资料取自杜邦公司。

Nomex®具有很高的抗氧化性。对于弱酸及弱碱及大部分的有机物如酮及醇类，具有非常好的抵抗性。在高温烟道气中，对于含硫氧化物的抵抗性，优于涤纶及尼龙。Nomex®纤维耐水解性能较差，如图 4-10 所示。图 4-11 为其水解与温度、湿度等因素的相关性图示。在含湿量（VOI）10%的弱酸或中性环境下，芳纶滤料适用于 190℃的操作温度，使用寿命可达 2 年。

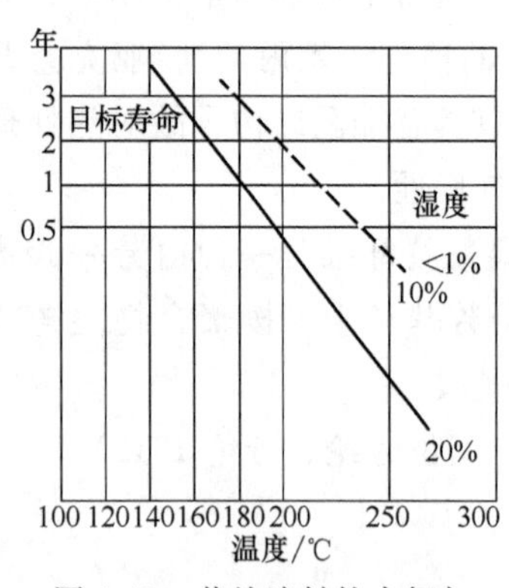

图 4-10 芳纶滤料的水解与湿度、温度关系

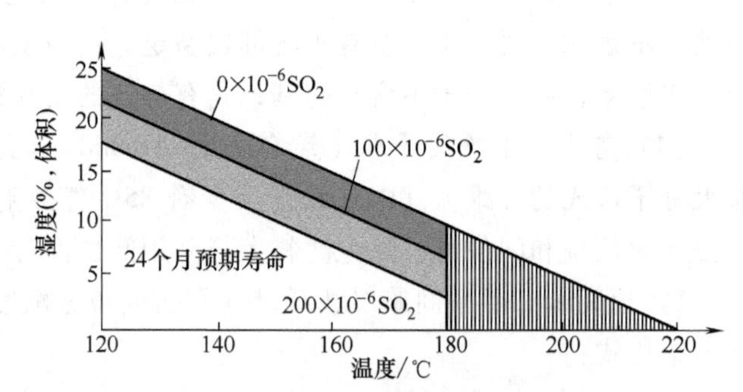

图 4-11 芳纶滤料水解与 SO_2 的关系

我国两家公司生产的芳纶 1313，其性能指标与杜邦公司产品基本相同。多年来已基本取代了进口芳纶。华东某公司生产的芳纶 1313 商品名为纽士达®。纽士达纤维的物理性质及纤维特性分别如表 4-10、表 4-11 所示（物理性质以型号 N601 为例）。

表 4-10 纽士达®纤维物理性质（以型号 N601 为例）

特性		常规品种
密度		1.37~1.38
玻璃化温度		270
炭化起始温度		400
比热		42
在 50MHz 下导电率	60℃	1.37~1.38
	180℃	5.5~6.2
极限氧指数(%)		≥28

表 4-11　纽士达®间位芳纶纤维特性

特性	单位	常规品种
纤维	旦尼尔(D)	2.0
强度	克/旦(g/D)	3.5~6.0
伸长	%	25~40
初始模量	克/旦(g/D)	30~70
卷曲数	个/厘米(个/cm)	4~5
20℃、65%相对湿度下回潮率	%	4.6~5.0
300℃,15min 热收缩率	%	≤5

纽士达®间位芳纶的极限氧指数 LOI 值≥28%，是一种阻燃纤维，不会在空气中燃烧、熔化或产生熔滴。

S101 纤维织成的织物的燃烧性能（垂直法）的测试结果见表 4-12。

表 4-12　S101 纤维织成的织物的燃烧性能（垂直法）的测试结果

织物	重量/(g/m²)	平均毁损长度/mm		平均续燃时间/s	
		经向	纬向	经向	纬向
S101 橙色	200	45	40	0	0
S101 藏青色	223	44	47	0	0

纽士达®间位芳纶具有非常优良的耐大多数化学物质的性能，能耐大多高浓的无机酸，常温下耐碱性能较好，其耐腐蚀性见表 4-13。

表 4-13　纽士达®（型号 N600）纤维的耐腐蚀性

化学试剂		浓度(%)	温度/℃	时间/h	强度保持率(%)				
					100~91	90~76	75~56	55~21	20~0
酸	盐酸	10	95	10					
		20	50	24		○		○	
		35	R. T.	10	○				
		35	R. T.	200		○			
	硝酸	10	R. T.	100		○			
		30	R. T.	100		○			
		30	50	24				○	
		60	R. T.	100		○			
	氢氟酸	1	R. T.	190	○				
		10	R. T.	720	○				
		10	50	600					
		30	R. T.	360	○				
	硫酸	5	95	100					
		20	50	750					
		60	R. T.	1000					
碱	氢氧化铵	20	50	650	○				
		20	50	750	○			○	
		20	50	1000	○			○	
	氢氧化钠	5	75	100	○				
		40	R. T.	1000				○	
		0.4	20	10	○				

（续）

化学试剂		浓度（%）	温度/℃	时间/h	强度保持率（%）				
					100~91	90~76	75~56	55~21	20~0
氧化还原试剂	次氯酸钠	10	50	90	○				
		10	50	210					
	氯酸钠	0.5	50	500	○				
	过氧化氢	0.5	R.T.	1000	○				
丙酮		100	R.T.	1000	○				
苯		100	R.T.	1000	○				

纽士达®间位芳纶的低刚度高伸长的特性使其能够用常规的纺织机械进行加工，其短纤可以用一般毛棉织机加工成多种织物和无纺布。纽士达®纤维纱线力学性能见表4-14。

表4-14 纽士达®间位芳纶纤维所纺纱线的力学性能（以N600为例）

测试项目＼纱支	$20^{s}/1$	$20^{s}/1$	$20^{s}/2$	$20^{s}/2$	$20^{s}/3$	$28^{s}/2$	$32^{s}/1$
捻度/（捻数/10cm）	73	62	66	59	43	59	78
纱线强力/cN	≥580	≥580	≥1300	≥1300	≥2100	≥1100	≥330
测试项目＼纱支	$40^{s}/1$	$40^{s}/2$	$35^{s}/1$	$35^{s}/2$	$20^{s}/1$ 灰	$24^{s}/2$ 黑	—
捻度/（捻数/10cm）	90	80	88	61	62	67	
纱线强力/cN	≥240	≥650	≥280	≥740	≥700	≥1000	—

纽士达®纤维在不同温度下的应力—应变特性如图4-12所示。

纽士达®间位芳纶的玻璃化温度大约为270℃，其结晶收缩率关系如图4-13所示。

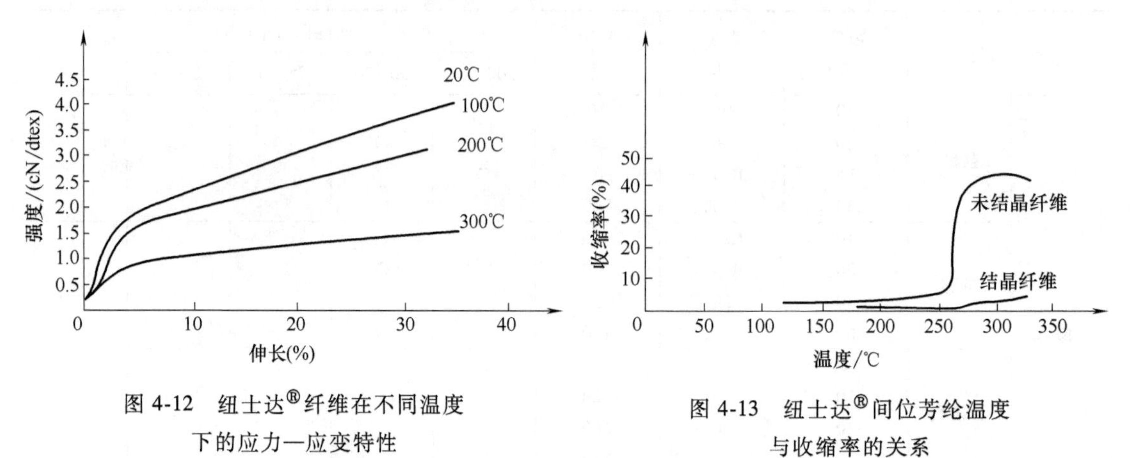

图4-12 纽士达®纤维在不同温度下的应力—应变特性

图4-13 纽士达®间位芳纶温度与收缩率的关系

2）芳香族聚砜酰胺纤维（简称芳砜纶，PSA）。芳香族聚砜酰胺纤维是一种在高分子主链上含有砜基（—SO_2—）的芳香族聚酰胺纤维，由我国自行研制。

结构式：

$$\left[\underset{H}{N} - C_6H_4 - SO_2 - C_6H_4 - \overset{H}{N}OC - C_6H_4 - CO \right]_n$$

理化性能：国产芳砜纶纤维具有良好的耐热性和电气绝缘性。主要理化性能与国外芳纶纤维基本相似，在耐温性、耐酸腐蚀、耐辐射、阻燃与尺寸稳定性方面稍优于芳纶 1313。我国华东某公司生产的芳砜纶纤维综合性能见表 4-15。

表 4-15　芳砜纶纤维综合性能

项目	单位	芳砜纶
密度	g/cm^3	1.42
断裂强度	cN/dtex	2.8~3.0
断裂伸长率	%	20~25
抗拉模量	kg/mm^2	760
回潮率(RH65%,20℃)	%	6.28
软化温度	℃	367
起始分解温度	℃	422
熔点	℃	不熔
LOI 值	%	33
燃烧性能	—	炭化,难燃,具有自燃性
长期使用温度	℃	250
瞬时使用温度	℃	300
热收缩率	沸水　%	0.5~1.0
	300℃空气　%	2.0
耐辐射性能(丙种射线)	1×10^7red	无明显变化

芳砜纶具有一定的耐高温性和热稳定性，图 4-14 和图 4-15 所示分别为芳砜纶纤维经热氧老化后的强度保持率和在高温环境中的强度保持率变化曲线。

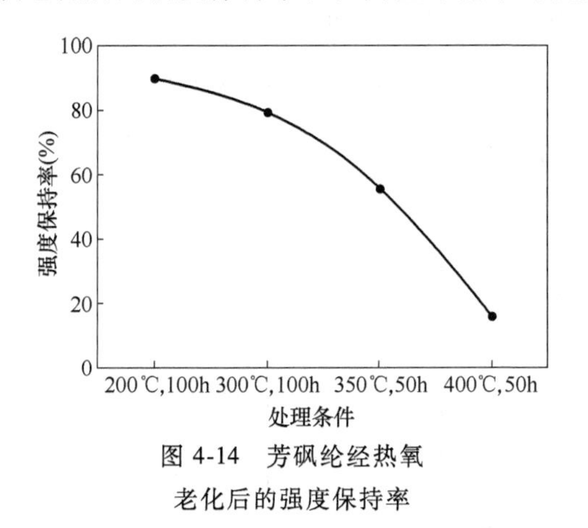

图 4-14　芳砜纶经热氧老化后的强度保持率

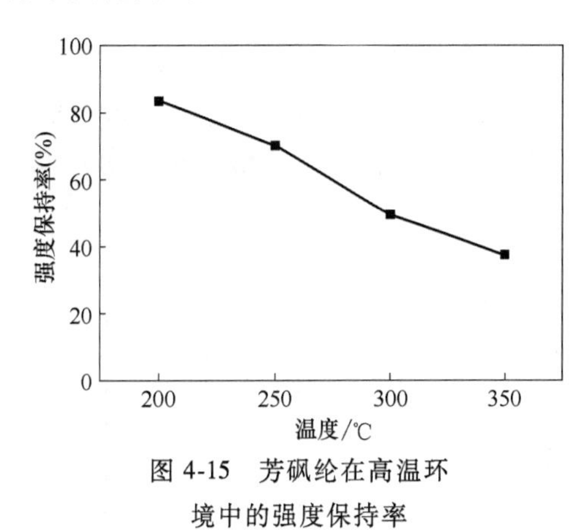

图 4-15　芳砜纶在高温环境中的强度保持率

3）聚酰胺，亚胺（Kermel® Tech）。法国研发的克麦尔纤维近年在我国也有应用在滤料生产中，克麦尔纤维学名聚酰胺，亚胺。

克麦尔纤维的分子结构式为

克麦尔纤维的特性见表 4-16。

表 4-16　克麦尔纤维特性

项目	性能
单丝强度	40±6cN/tex
断裂伸长率	35(1±6%)
模量	250±50cN/tex
持续工作温度	达到 220℃
最高接受温度	约 220℃
玻璃软化温度	340℃
损害温度	>450℃
不燃性	LOI=32%

温度特性：Kermel® Tech 纤维的化学特性与其高比例的芳香族核子及亚胺功效，使其具有显著的抗高温性能。克麦尔纤维在干燥空气下的抗高温性能如图 4-16 所示。

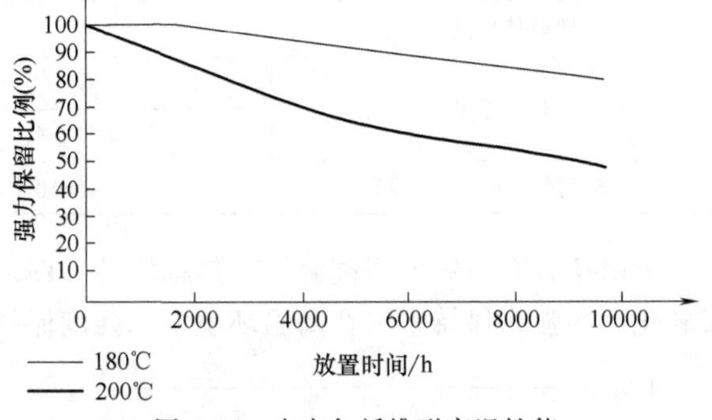

图 4-16　克麦尔纤维耐高温性能

Kermel® Tech 纤维提供有效的抗化学性能，尤其对酸性水解。Kermel® Tech 纤维结合其耐热特性及化学稳定性，使过滤毯在带酸性及氧化的因素下，虽然温度不断提高，仍能发挥持久有效的表现。

克麦尔纤维于 2% 硫酸浓度下，在 25℃中放置 15s，180℃后烘干 20min 的抗水解性及不同溶液下的耐热性能分别如图 4-17 和图 4-18 所示。

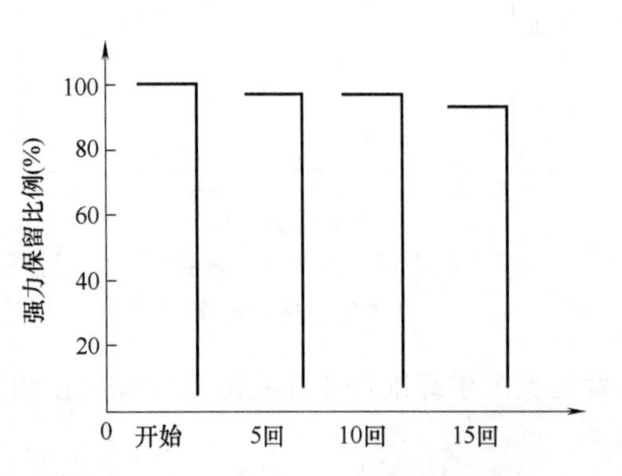

图 4-17　Kermel® Tech 纤维抗水解性

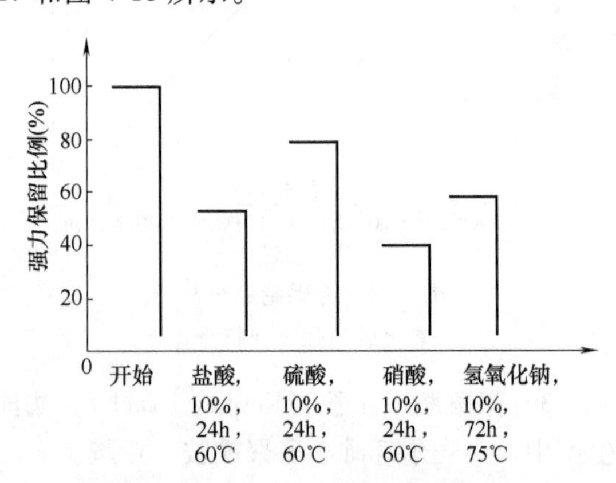

图 4-18　Kermel® Tech 纤维耐热性能

（5）聚苯硫醚纤维（PPS，polyphenylene sulphide）

结构式：

$$\left[\!\!-\!\!\bigcirc\!\!-\text{S}-\right]_n$$

理化性能：聚苯硫醚纤维呈淡黄色。聚苯硫醚纤维的主要特点是耐化学腐蚀性能优异，仅次于聚四氟乙烯纤维，对各种有机溶剂也很稳定；耐热性好，可在190℃的温度下长期使用；阻燃性优良，在空气中不会燃烧。此种纤维也有良好的纺纱和织造加工性能。

聚苯硫醚纤维滤料主要用于高温烟气、腐蚀性介质、化学药品和油剂溶剂的过滤，可长期暴露于酸性介质之中。聚苯硫醚纤维还可用作高温和腐蚀性环境中使用的缝纫线，也可作为腐蚀性条件下的填充和增强材料。

PPS纤维在不同温度下的强度与伸长率曲线如图4-19所示，耐干热性能如图4-20所示，耐湿热性能如图4-21所示。

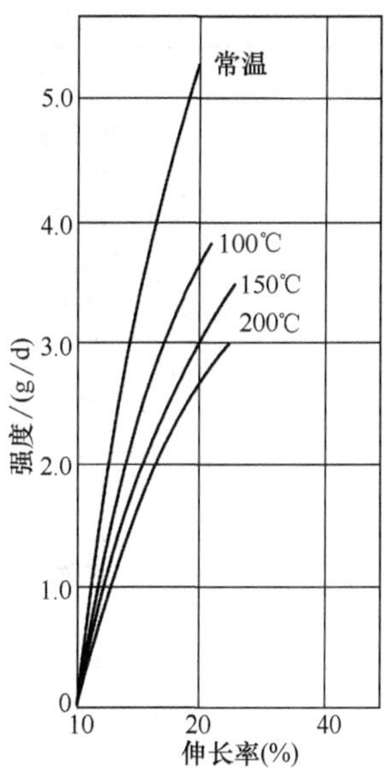

图4-19 PPS纤维在不同温度下的强度与伸长率曲线

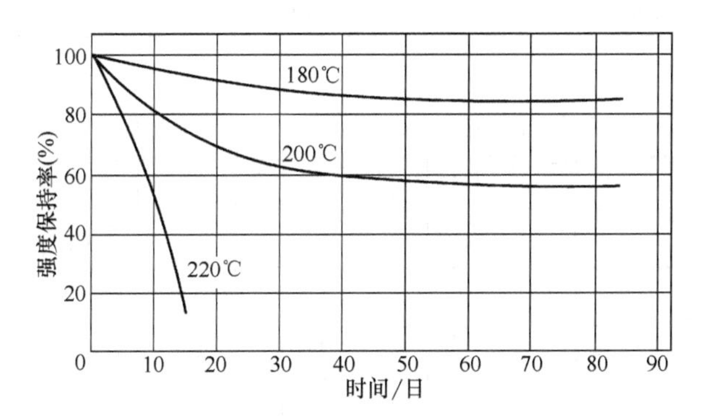

图4-20 PPS纤维耐干热性

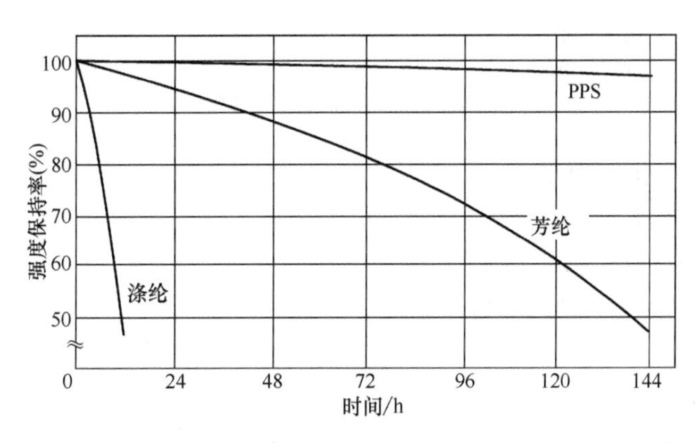

图4-21 PPS纤维耐湿热性（条件：蒸压器160℃，6.5kg/m^2）

PPS纤维耐腐蚀性能见表4-17，耐酸性能如图4-22所示。

表 4-17 PPS 纤维耐腐蚀性

		强度保持率(%)	备注
酸	48%硫酸	100	93℃1周间浸渍
	10%盐酸	100	93℃1周间浸渍
	浓盐酸	100	60℃1周间浸渍
	浓磷酸	95	93℃1周间浸渍
	醋酸	100	93℃1周间浸渍
	甲酸	100	93℃1周间浸渍
碱	10%苛性钠	100	93℃1周间浸渍
	30%苛性钠	100	93℃1周间浸渍
	有机溶剂		
	四氯化碳	100	沸点下1周浸渍
	氯仿	100	沸点下1周浸渍
	二氯乙烯	100	沸点下1周浸渍
	甲苯	75~90	93℃下1周浸渍
氧化剂	10%硝酸	75	93℃下1周浸渍
	浓硝酸	0	93℃下1周浸渍
	50%铬酸	0~10	93℃下1周浸渍
	5%次氯酸	20	93℃下1周浸渍
	浓硫酸	10	93℃下1周浸渍

注：资料取自东丽公司。

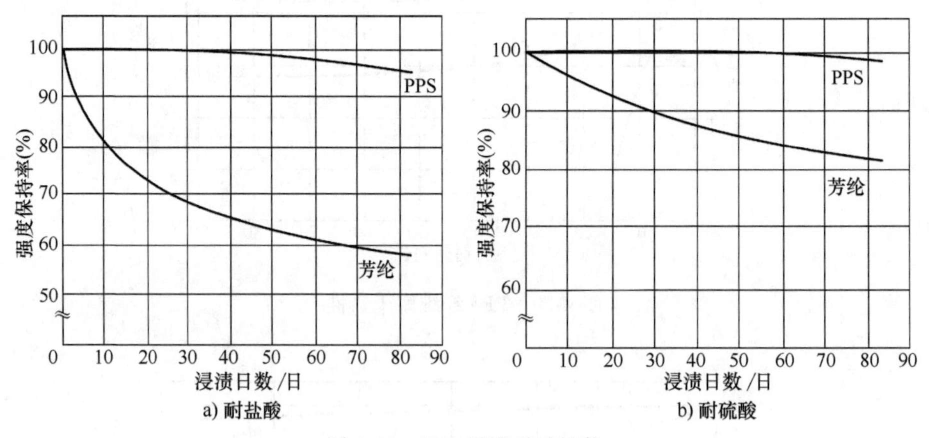

图 4-22 PPS 纤维耐酸性能

PPS 纤维会因氧化而降解，以致变色发脆，严重时滤料的纤网会破碎脱离基布。PPS 纤维在不同 O_2 和 NO_2 作用下的耐氧化性能如图 4-23 所示。

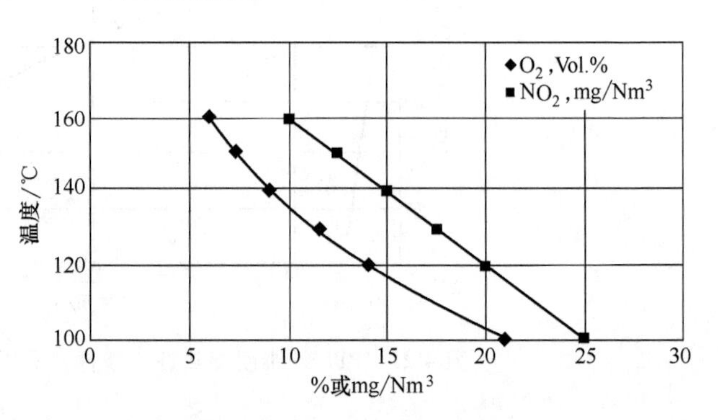

图 4-23 PPS 滤料的氧化性

因为 PPS 容易氧化，所以要确保 PPS 滤料的使用寿命不低于 24 个月，就应当使之在烟气温度不超过 150℃、含氧量不超过 8%、含 NO_2

不超过 15mg/m^3（该值是以标准状态为准计算的）的条件下使用。如温度有波动，要控制达到 170℃的温度的时间每次不超过 1h，每年累计不得超过 400h；达到 190℃的温度的时间每次不超过 10min，每年累计不得超过 50h。

我国一家公司推出商品名为聚狮的 PPS 纤维，其耐酸碱性能分别见表 4-18 和表 4-19。

表 4-18　不同浓度 H_2SO_4 对 PPS 纤维力学性能的影响

H_2SO_4 浓度(%)	纤维样品	线密度 /dtex	断裂强度 /(cN/dtex)	断裂伸长率 (%)	线密度变化 (%)	强度保留率 (%)
0	聚狮 PPS	2.45	5.20	26.52	0	100
	国外 PPS		4.86	20.79		100
10	聚狮 PPS	2.53	4.60	26.82	+3.26	88.46
	国外 PPS		4.63	29.38		95.6
30	聚狮 PPS	2.68	4.49	25.44	+9.39	86.35
	国外 PPS		4.60	28.46		94.95
50	聚狮 PPS	2.77	4.51	24.32	13.06	96.73
	国外 PPS		4.25	28.93		87.45
70	聚狮 PPS	2.85	4.50	24.61	+16.33	86.53
	国外 PPS		3.87	25.23		79.63
98	聚狮 PPS	—	0	0	—	0
	国外 PPS		0	0		0

表 4-19　不同浓度 NaOH 对 PPS 纤维力学性能的影响

NaOH 浓度 (%)	纤维样品	线密度 /dtex	断裂强度 /(cN/dtex)	断裂伸长率 (%)	线密度变化 (%)	强度保留率 (%)
0	聚狮 PPS	2.45	5.20	26.52	0	100
	国外 PPS		4.86	20.79		100
10	聚狮 PPS	2.55	4.45	24.57	+3.92	85.57
	国外 PPS		4.64	23.70		95.47
20	聚狮 PPS	2.60	4.62	30.04	+6.12	88.46
	国外 PPS		4.38	26.06		90.12
30	聚狮 PPS	2.70	4.57	22.45	10.20	87.88
	国外 PPS		4.21	27.85		86.63

（6）聚酰亚胺纤维（P84，polyimide）

别名：酮酐类酰亚胺共聚纤维；P84 纤维

结构式：

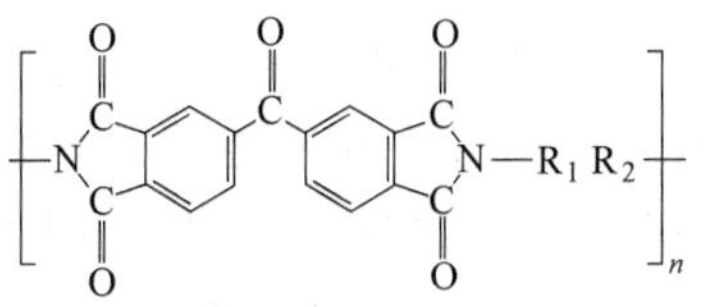

O　　　O　　　O
C　　　C　　　C
—N　　　　　　N—R_1 R_2—
C　　　　　　C
O　　　　　　O　　n

理化性能：P84纤维在300℃下100h，强度保持率为50%，伸长率降低5%～10%；在275℃下尺寸稳定性优良，在250℃热空气中10min，收缩率<1%，分解时只放出非常少的有害气体；在-195～260℃工况下可长期使用。P84纤维绝缘性、绝热性、隔音性良好。

图4-24为P84在不同温度下重量损失随时间变化的曲线。最上面一条曲线表明：在350℃温度下重量损失小于3%，而这个数与纤维的含湿量为3%相符合。

P84纤维为异型截面如图4-25所示，纤维之间抱合性能好，孔隙小，比表面积大，具有比圆型截面纤维更高的过滤效率。

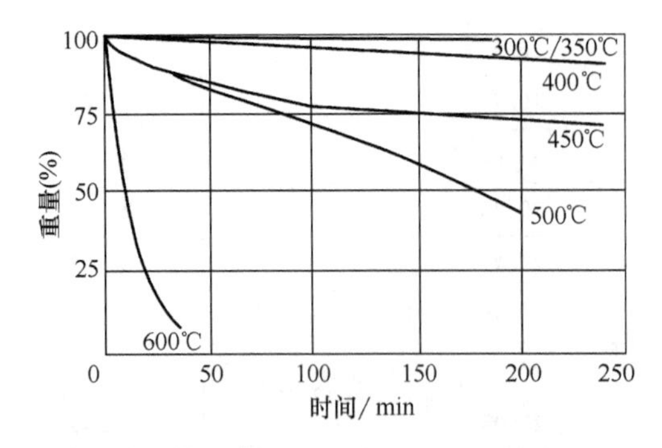

图4-24 P84纤维重量损失随时间变化曲线

图4-25 P84纤维外观

P84纤维耐氧化性优于PPS纤维如图4-26所示。

P84纤维耐水解性及其与其他纤维的比较如图4-5所示。

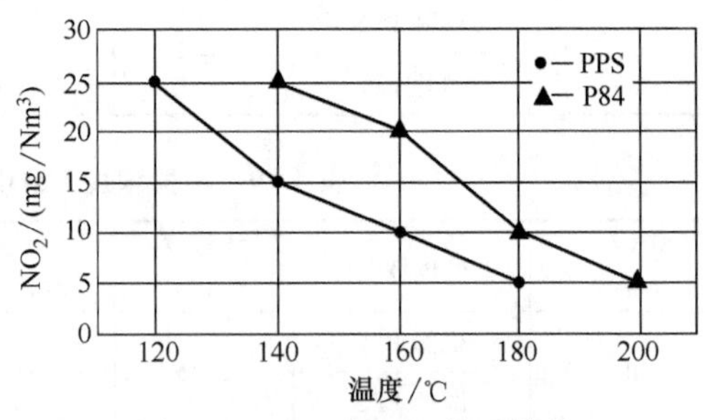

图4-26 PPS和P84能承受的NO_2浓度与温度的关系

我国北方某公司首先研发并商品化生产聚酰亚胺纤维，取商品名铁纶®，为圆形和三叶形断面，最细纤度为0.89dtex。之后，江苏一家滤材公司建成全球第一条干法纺聚酰亚胺纤维生产线，产品学名甲纶，商标为ASPI®，获国家科技进步二等奖。

铁纶®纤维结构式：

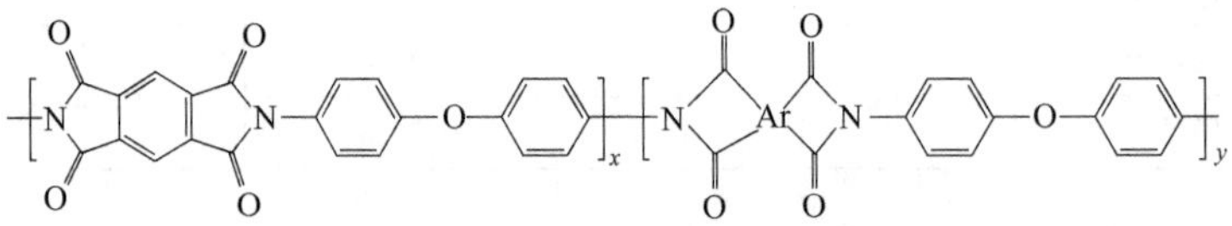

多年的应用表明，我国研发的聚酰亚胺纤维（铁纶）其综合性能已达到并超过P84纤维，得到广泛应用。

铁纶纤维具有长久热稳定性，在高温下具有优良的强度、耐疲劳性以及良好的电气性能。长期工作温度300℃。铁纶亦能耐极低温，在-269℃液氮中不脆裂，是极佳的保温、耐热（寒）材料。铁纶纤维由不含卤素的芳香族主链单元组成，极限氧指数大于38%，具有永久阻燃性，同时具有不熔的特点，且离火自熄，发烟率极低，无毒。

铁纶纤维适合苛刻的化学环境，凭借其芳香结构，能够耐受普通有机溶剂及多种化合物的作用，在一定程度上抵抗酸、碱、烃类、酮、醇、酯等化学品的侵蚀，使其具有较长使用寿命。

铁纶短纤维（YI-F-01）的性能见表 4-20。

表 4-20　铁纶短纤维性能

项　　目	技术参数	项　　目	技术参数
纤度/dtex	0.89~2.2	干热收缩率 280℃,30min(%)	<0.3
拉伸强度/(cN/dtex)	>4.0	极限氧指数(%)	38
断裂伸长率(%)	>13	导热系数 300℃/[W/(m·K)]	0.30
玻璃化温度 T_g/℃	360		

铁纶纤维和其他纤维动态力学性能比较如图 4-27 所示。

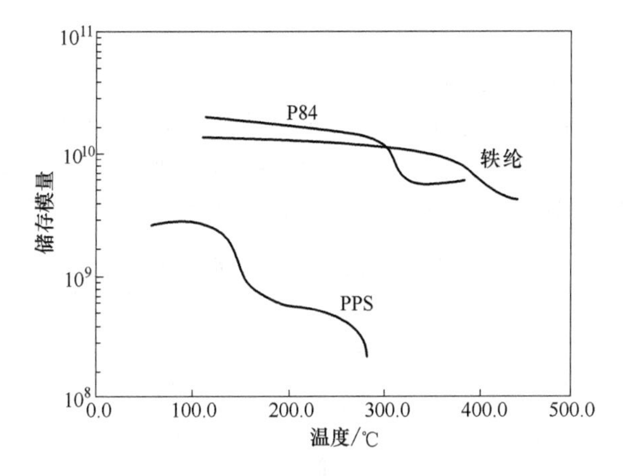

图 4-27　铁纶纤维和其他纤维动态力学性能比较

ASPI®结构式：

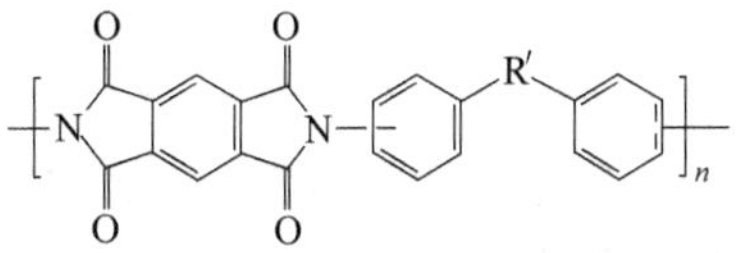

聚酰亚胺纤维 ASPI®的通用指标见表 4-21。

表 4-21　ASPI®纤维通用指标

序号	项目	指标
1	纤度/dtex	0.78~6
2	密度/(g/cm³)	1.41
3	断裂强度/(cN/dtex)	4.0~7.0
4	断裂伸长率(%)	10~30
5	连续使用温度/℃	260~300
6	分解温度/℃	567
7	LOI 值(%)	38

（续）

序号	项目	指标
8	耐酸性	好
9	耐碱性	一般
10	耐水解性	好

（7）聚芳噁二唑纤维（POD）

聚芳噁二唑纤维全称芳香族聚-1,3,4-噁二唑纤维，简称POD，它的分子链中苯环和噁二唑环交替排列，具有优异的耐高温和尺寸稳定性。

聚芳噁二唑分子结构式：

$$\left[\text{C}_6\text{H}_4\text{-}\underset{\text{N-N}}{\overset{\text{O}}{\text{C}_2}} \right]_m \left[\text{C}_6\text{H}_4\text{-}\underset{\text{N-N}}{\overset{\text{O}}{\text{C}_2}} \right]_n$$

理化性能：聚芳噁二唑纤维呈淡黄色，具有良好的耐高温性能和尺寸稳定性，其耐温等级为250℃，在300℃也可短时间使用，瞬时耐温可达400℃。其极限氧指数大于28%，燃烧时不产生熔滴，也几乎不产生收缩。我国江苏某公司专业从事聚芳噁二唑纤维的研发和生产，商品名宝德纶（PODRUN）。宝德纶纤维的基本物理性能见表4-22。

表4-22 宝德纶纤维基本物理性能

指标	标准值	指标	标准值
断裂强度/(cN/dtex)	≥3.2	300℃热空气收缩率(%)	1.0
断裂伸长率(%)	15~40	起始分解温度/℃	≥500
密度/(g/cm)	1.42	长期使用温度/℃	250
回潮率(%)	5.0~8.0	瞬时使用温度/℃	400
玻璃化温度/℃	437	极限氧指数(防护用)(%)	28

宝德纶具有非常优异的耐热老化性能，图4-28为其在200~300℃的耐热性能变化曲线。

噁二唑纤维在酸碱中具有较好的耐受性，耐碱性优于耐酸性，在强酸溶液中，其耐受性略低于间位芳纶，在强碱溶液中，其耐受性和间位芳纶相当。图4-29、图4-30所示分别为宝德纶在25℃条件下在20%NaOH溶液和20%H_2SO_4溶液中的强度变化曲线。

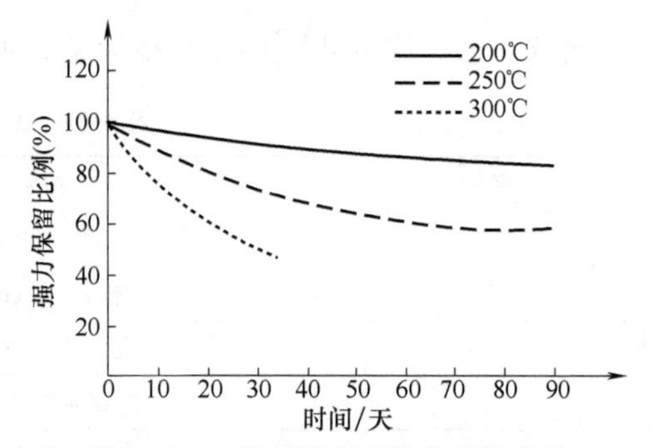

图4-28 宝德纶的耐热性能变化曲线

噁二唑纤维不溶于任何已知的有机溶剂，在常用的有机溶剂如N,N-二甲基甲酰胺、氯仿、二甲基砜等液体中浸泡后，力学性能有所增加，耐有机溶剂性能异常突出。噁二唑纤维在室温条件下的耐有机溶剂性能见表4-23。

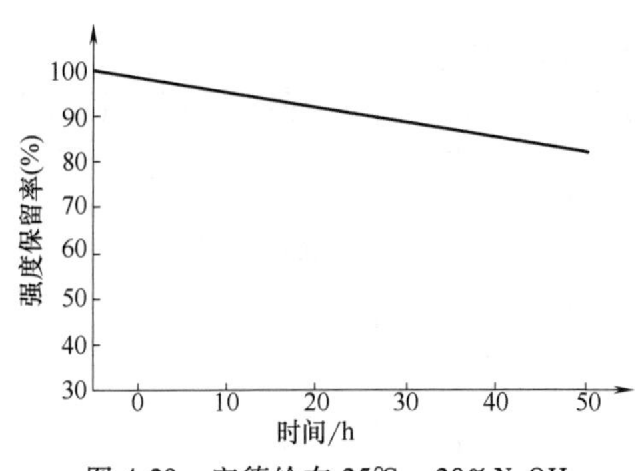

图 4-29　宝德纶在 25℃、20%NaOH 溶液中的强度变化曲线

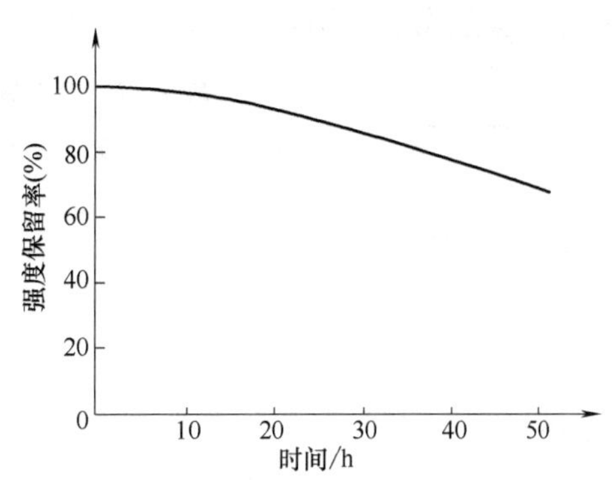

图 4-30　宝德纶在 25℃、20%H_2SO_4 溶液中的强度变化曲线

表 4-23　宝德纶耐有机溶剂性能

化学品名	浓度(%)	时间/h	强度保持率(%)
酒精	100	216	100.5
甲醛	30	216	90.4
四氢呋喃	100	216	105.5
苯	100	216	105.5
甲苯	100	216	101.6
二苯醚	100	216	98.4
石油醚	100	216	100.0
N,N-二甲基甲酰胺	100	216	102.2
N,N-二甲基乙酰胺	100	216	111.3
二甲基压砜	100	216	100.6

（8）聚四氟乙烯纤维（特氟纶，PTFE polytetrafluoro ethylene）

结构式：$\{CF_2\text{-}CF_2\}_n$

理化性能：聚四氟乙烯纤维具有独特的综合性能，以及非常优异的化学稳定性。能耐氢氟酸、王水、发烟硫酸、浓碱、过氧化氢等强腐蚀性试剂的作用，是迄今为止最耐腐蚀的"纤维之王"。同时又具有良好的耐气候性，在室外暴露 15 年，其力学性能不发生明显的变化。这种纤维既能在较高的温度下使用，也能在很低的温度下使用，其使用温度的范围为 -180～260℃，耐温性如图 4-31 所示。聚四氟乙烯纤维也是最难燃烧的有机纤维之一，还具有良好的电气绝缘性能和抗辐射性能，其摩擦系数在现有的合成纤维中最小（0.01～0.06），而且在广泛的温度和载荷范围内保持不变。

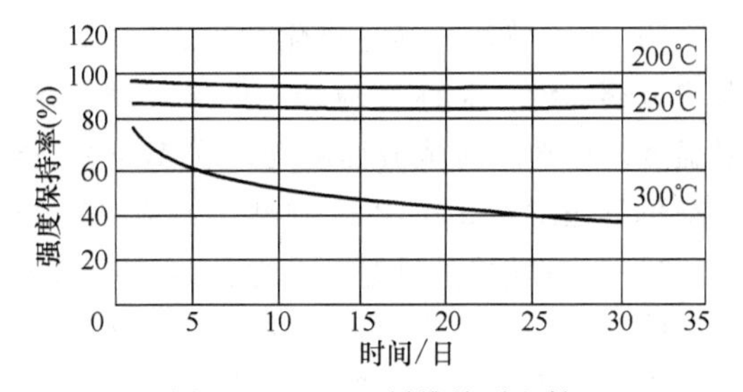

图 4-31　PTFE 纤维的耐温性

原纤维一般为茶褐色，高温处理后为银灰色，王水处理后为白色。白色丝的电绝缘性好，电阻率为 $10^{17}\Omega\cdot cm$，褐色丝差一些。聚四氟乙烯纤维无任何毒性，但在 200℃ 以上使用时，可能有氟化氢释放出来，因而应该采取必要的劳动保护措施。国产聚四氟乙烯纤维的

主要性能参数见表4-24。

表4-24　国产聚四氟乙烯纤维规格性能

型号	细度/D	纤维长/mm	拉伸强力/N	抗拉强度/(cN/dtex)	使用温度/℃	收缩率(%)
高强长丝(S系列)						
JUWY-S400	400		16	3.6	-190~260	≤2
JUWY-S450	450		18			
JUWY-S500	500		20			
中强长丝(C系列)						
JUWY-CA100	400		13.2	3.3	-190~260	≤2
JUWY-CA50	450	14.8				
JUWY-C500	500		16.5			
JUWY-C550	550		18.1			
短纤维						
JUSF-B(褐色)	3.5	48/72		0.26	-190~260	≤4
JUSF-W(白色)	2.5~3.5	48/72		2.2	-190~260	≤4

（9）玻璃纤维（Spun glass）　玻璃纤维是将氧化硅与氧化铝等金属氧化物组成的无机盐类混合物熔融后，经过喷丝孔拉制而成。

构成玻璃纤维的主要成分是SiO_2，其次还有Al_2O_3、MgO、CaO、Na_2O、B_2O_3、Fe_2O_3和TiO_2等，见表4-25，玻璃纤维密度为2.5~2.7g/cm^3。按其化学组成分为无碱玻璃纤维、中碱玻璃纤维、高碱玻璃纤维和特种玻璃纤维。制造过滤材料基本上使用无碱玻璃纤维或中碱玻璃纤维。

表4-25　玻璃纤维成分[21]

成分	SiO_2	Al_2O_3	MgO	B_2O_3	CaO	Na_2O	Fe_2O_3	TiO_2
E玻纤	54.4	14.9	4.6	8.5	16.6	<0.5	<0.5	微量
C玻纤	64.3	7	4.2	—	9.5	12	<0.5	—

1）无碱玻璃纤维是指化学组成中碱金属氧化物（R_2O）含量为0~1%的铝硼硅酸盐体系的玻璃纤维，又称E玻纤。无碱玻璃纤维熔化温度在1580℃以上，软化点840℃，析晶上限温度随玻璃纤维成分而变动，在1080~1180℃之间。有良好的耐水性，属一级水解级。新生态单丝强度达3.5GPa，弹性模量为72GPa。

2）中碱玻璃纤维是指化学组成中碱金属氧化物含量为8%~12%左右的钠钙硅酸盐体系的玻璃纤维，又称C玻纤。中碱玻璃纤维熔化温度在1530℃左右，软化点770℃，析晶上限温度为1140℃，属二级水解级，耐酸性能好。新生态单丝强度为2.7GPa，弹性模量为66GPa。

玻璃纤维拉伸强度很高，直径越细的纤维，强度越高。其耐热性高达280℃，与合纤相比，在高温条件下，玻璃纤维只会软化和熔化，不会燃烧或冒烟。玻璃纤维吸湿性比合成纤维要小，而且在湿润情况下也不会膨胀或收缩。玻璃纤维除了与氢氟酸和热磷酸发生作用，不受油类、大部分酸类和腐蚀性蒸气的影响。只是弱碱的热溶液和强碱的冷溶液会对玻璃纤维有腐蚀作用。

目前，国内用无碱 12.5tex 玻纤和中碱 22tex 玻纤制作过滤材料，在实际应用中，无碱玻纤滤料在耐温、耐湿性方面更具优势。

3）高硅氧玻璃纤维是指 SiO_2 富集量达到 96%以上的玻璃纤维。高硅氧玻璃纤维是选用合适的原始玻璃成份，按普通玻纤生产工艺制成布、纱等各种制品。经过酸沥滤，将玻璃中溶于酸的组份滤出，使 SiO_2 富集量达到 96%以上。再经过烧结热定型，从而得到耐温性能接近石英纤维的高硅氧玻璃纤维。其生产工艺流程如图 4-32 所示。

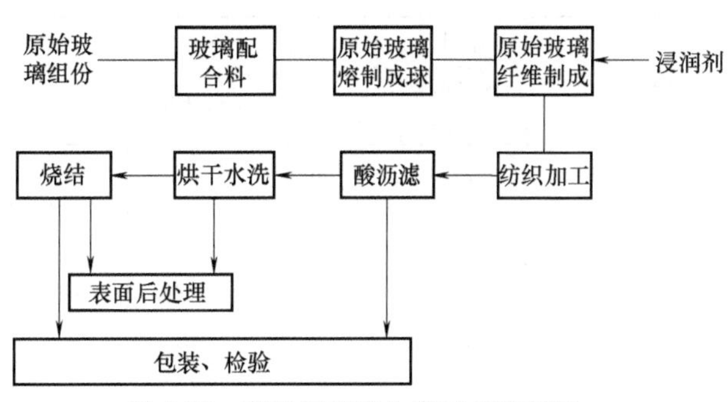

图 4-32　高硅氧玻纤生产工艺流程图

其纤维密度见表 4-26。

表 4-26　高硅氧玻纤密度

纤维类型	纤维密度/(g/cm³)
玻纤	2.5~2.7
高硅氧玻纤	2.0~2.2

（10）玄武岩纤维（basalt fibre）　玄武岩纤维是采用玄武岩、辉绿岩与角闪岩类火成岩熔融后，经过喷丝孔拉制而成的。

玄武岩纤维成纤温度在 1300~1450℃。由于玄武岩玻璃化速度比玻璃更快，相比玻璃纤维生产较难控制。玄武岩纤维成分见表 4-27。

表 4-27　玄武岩纤维成分

成分	SiO_2	Al_2O_3	Fe_2O_3	CaO	MgO	Na_2O	K_2O	TiO_2	FeO
含量(%)	51.3	15.16	6.19	8.97	5.42	2.22	0.91	2.75	7.67

玄武岩纤维耐热性高达 700℃，弹性模量达 78~90GPa，在耐温、弹性模量方面优于玻璃纤维，织造性能良好。玄武岩纤维耐化学性能良好，其耐酸与抗蒸气稳定性方面优于玻璃纤维，属一级水解。

（11）碳纤维（Carbon fibre）　碳纤维是指纤维化学组成中碳元素占总质量 90%以上的纤维。目前，长丝型碳纤维的制造均是通过高分子有机纤维的固相碳化来得到的。

碳纤维按原料来源分：纤维素基碳纤维、聚丙烯腈基碳纤维、沥青基碳纤维。

制造工艺：首先制备高纯度、高强度、高取向的聚丙烯腈原丝，然后对原丝进行预氧化，使线型分子链转化为耐热的梯型结构，将预氧丝在惰性气体保护下，在 800~1500℃范围内进行碳化或进一步在 2500~3000℃进行石墨化处理，就得到聚丙烯腈基碳纤维。

聚丙烯腈基碳纤维呈黑色，含碳量 95%~99%，密度 1.75~1.78g/cm³，含碳量大于 98%者称石墨纤维，又称高模量碳纤维。

沥青基碳纤维性能随纺丝方法不同而异，熔融纺丝制得的碳纤维拉伸强度为 800~950MPa，拉伸模量为 35~45GPa，断裂伸长率为 2.0%~2.1%。

碳纤维是高强度、高模量纤维，具有耐化学腐蚀性、耐疲劳、导电性，在无氧条件下具有极好的耐温性，主要用于制造防静电滤料。表4-28是我国生产的碳纤维性能参数。

表4-28　碳纤维性能参数

指标名称	通用型	标准型			高强中模型		高模型	标准型
	硫氰酸钠源原丝	硝酸法原丝			硝酸法原丝	DMF法原丝	DMSO法原丝	DSMO法原丝
纤维直径/μm	8~9	6	—	—	约6.2	5.5	约6.5	—
纤维根数/K	3	1	6	3	3	1	—	1
碳含量(%)	≥90	92~94	95.64	≥96		—	—	—
拉伸强度/GPa	1.96~2.16	≥3.5	3.25	3.75	4.0~4.2	4.0~4.2	2.85	3.98
CV(%)	—	5~10	4.3	7.0	—	—	—	3.0~4.6
拉伸模量/GPa	—	220~240	208	230	260~265	270~280	382	—
CV(%)	—	3	3.2	4.0	—	—	—	—
断裂伸长率(%)	—	1.6~1.9	1.64	1.7	1.5~1.6	1.45~1.55	—	—
CV(%)	—	≤5	3.0	7.0	—	—	—	—
密度/(g/cm^3)	1.75	1.77	1.75	1.78	1.76	1.76	—	—
线密度/(g/cm^3)	—	0.172	0.0572	0.166	0.13~0.15	0.035~0.036	—	—
CV(%)	—	—	2.7	6.0	—	—	—	—
剪切强度/GPa	—	—	—	98~104	—	—	68	—

注：1K等于1000根纤维。CV（%）为均方差不均率，表示离散程度的一种指标。

（12）陶瓷纤维（ceramic fibre）　陶瓷纤维主要有氧化铝纤维、莫来石纤维、堇青石纤维、碳化硅纤维等。

陶瓷纤维制造方法有两条技术路线：一是将陶瓷材料在玻璃态高温熔融、纺丝、冷却固化而成，或通过纺丝助剂的作用纺成纤维经高温烧结而成；二是利用含有目标元素裂解可得到目标陶瓷的先驱体，经干法或湿法纺得纤维高温裂解而成。应用前一条路线制备陶瓷纤维的有熔融拉丝法，超细微粉挤出纺丝法和基体纤维溶液浸渣法，而采用后一种路线制备陶瓷纤维的有溶胶—凝胶法和有机聚合物转化法。这两条技术路线的工艺流程如图4-33所示。

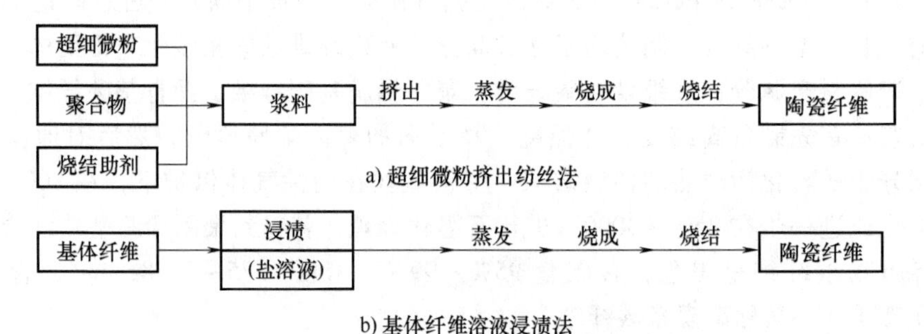

图4-33　陶瓷纤维制造工艺流程

采用上述方法制造出的Al_2O_3、SiC等纤维的典型特性见表4-29。

表 4-29　部分连续陶瓷纤维的典型特性

纤维种类	商品名	生产商	密度/(g/cm^3)	直径/μm	抗拉强度/GPa	弹性模量/GPa	制备方法
C	T300	Toray	1.76	7	3.53	230	聚合物
	M40J	Toray	1.77	7	4.41	377	聚合物
SiC		Carborundom	2.00	25	1.20	380	挤出纺丝
	SCS-6	Textron	3.00	142	4.48	430	CVD
			2.10	20	1.00	180	DVR
	Nicalon	Nippon carbon	2.55	14	3.00	220	聚合物
Al_2O_3	Fiber FP	DuPont	3.95	15~20	1.4~2.1	350~390	挤出纺丝
	Nextel440	3M	3.10	10~12	1.72	207~240	溶胶凝胶
	Altel	Sumitomo	3.2~3.3	9~17	1.8~2.6	210~250	溶胶凝胶
BN			4~6	1.4~1.8	0.80~2.10	120~350	CVR
			6	1.8~1.9	0.83~1.40	210	聚合物
SiO_2			2.20	10	1.50	73	熔融纺丝
Si_3N_4		Tone	2.39	10	2.5	300	聚合物
$SiBN_3C$	Siboramic	BayerAG	1.85	12~14	4.0	290	聚合物
B	B/W		2.31	142	3.24~3.51	378~400	CVD
W			19.4	13	4.02	407	熔融拉丝
Fe			7.74	13	4.12	196	熔融拉丝

（13）金属纤维（Metal fibre）　近年来，由于高温烟尘净化的需求，300℃以上的过滤材料相继研发应用，金属纤维滤料是其中重要的一种。金属纤维是以金属丝为原料，经过表面处理、集束拉拔、分离与后处理等工艺制备而成，单丝直径 1~40μm。既保持了金属特有的高强、导电、耐高温、耐腐蚀的本质，又具有化纤的柔韧、超滤与易清灰性能。

根据材质不同，我国已开发有 316L 不锈钢纤维、310S 不锈钢纤维、铁铬铝合金纤维、哈氏合金纤维、镍基合金纤维等多种金属纤维产品，可分为不锈钢纤维与合金纤维两大类，其中，不锈钢纤维主要通过线材拉伸法和熔融纺丝法制备，已制得 2~7μm 不锈钢纤维，耐温等级可达 450℃；制得 2~7μm 合金纤维，耐温等级高达 800℃。在工业除尘领域应用最多的是 316L 不锈钢纤维和铁铬铝合金纤维，用以制造超高温滤料和消静电滤料。我国生产的不锈钢纤维与合金纤维实样如图 4-34 所示，主要性能参数见表 4-30。

a) 不锈钢纤维

b) 铁铬铝合金纤维

图 4-34　金属纤维实样

表 4-30　工业除尘用金属纤维的性能参数

项目	规格/μm	断裂强力/cN	延伸率(%)	芯数
316L 不锈钢纤维	4	≥0.5	0.3	2000
	6	≥2.3	0.3	2000

（续）

项目	规格/μm	断裂强力/cN	延伸率(%)	芯数
316L不锈钢纤维	8	≥4.8	0.9	2000
	12	≥12	1	2000
铁铬铝合金纤维	6	≥1.4	0.4	1000
	8	≥2.3	0.5	1000
	12	≥8.3	0.8	1000
	24	≥38	1	1000

以下是几种常用的金属纤维介绍：

1）不锈钢纤维（Stainless steel fibre）：不锈钢纤维一般是指以304、304L或316、316L等钢号的不锈钢丝为基材，经特殊工艺加工而成的直径小于10μm的软态工业用材料。

根据不锈钢纤维使用场合的不同，可以将其加工成长丝和短纤维两种形式。不锈钢长丝的生产都采用集束拉伸法，通过孔径逐渐递减的拉丝模孔多次进行拉伸而制成。

316L和304不锈钢纤维的主要成分列于表4-31。

表4-31 两种不锈钢纤维的主要成分

钢号	元素							
	C	Si	Mn	S	Ni	Cr	Mo	Fe
316L	≤0.03	≤1.00	≤2.00	≤0.03	10~14	16.5~18.5	2~3	余量
304	≤0.08	≤1.00	≤2.00	≤0.03	8~10.5	17.5~19	2~3	余量

不锈钢纤维的内部结构、物理化学性能以及表面性能等在纤维化过程中会发生显著的变化，其不但具有金属材料本身固有的高弹性模量、高抗弯、抗拉强度等一切优点，还具有非不锈钢的有机、无机纤维缺少的特殊性能。不锈钢纤维的主要性能特点：

① 不锈钢纤维是纯金属，密度相当于普通纺织纤维的5~8倍。

② 导电性能好，电阻很低，是电的良导体。

③ 耐腐蚀性好，完全耐硝酸、碱及有机的溶剂的腐蚀，但在硫酸、盐酸等还原性酸中耐腐蚀性较差。

④ 耐热性好，在氧化氛围中，温度高达600℃条件下可连续使用，是优良的耐高温材料，同时也是传热的良导体，可用作散热材料。

⑤ 具有一定的可纺性，长度和线密度都能达到纺纱的要求，具有一定的强度，直径8μm的纤维单纤强度可达2.94~5.88cN，与棉纤维单纤强度相近；柔软性相当于13μm的麻纤维。但不锈钢纤维的刚度大，韧性比普通的涤棉等纺织纤维差，纤维无卷曲、弹性差。

⑥ 黏合性好，在表面处理时，和其他材料的接合性非常好，适用于任何一种复合素材。在烟气净化领域，不锈钢纤维目前主要应用于制造高温滤料和消静电滤料。

不锈钢纤维的主要性能参数列于表4-32。

表 4-32　不锈钢纤维的主要性能参数

材料	规格/μm	断裂强力/cN	延伸率(%)	芯数
316L 不锈钢纤维	4	≥0.5	0.3	2000
	6	≥2.3	0.3	2000
	8	≥4.8	0.9	2000
	12	≥12	1	2000
	22	≥38	1	1000

2）铁铬铝纤维（Iron chromium aluminum fiber）：铁铬铝纤维是以 $Cr_{20}Al_5$ 合金钢丝为原料，采用集束拉拔工艺制备而成。钢丝坯料直径为 ϕ0.5mm，隔离剂材质为铜，包复材料为10#低碳钢管。根据需要，可制成单丝直径为 6～100μm 的纤维。铁铬铝合金的化学成分列于表 4-33。

表 4-33　$Cr_{20}Al_5$ 铁铬铝合金的化学成分

成分	Al	Cr	Cu	Mn	Si	Ti	La	Ce	C	S	P	N
占比(%)	5.4	20.35	0.04	0.17	0.26	0.03	0.01	0.01	0.03	0.001	0.015	0.022

铁铬铝纤维的主要性能参数列于表 4-34。

表 4-34　铁铬铝纤维主要性能参数

材料	规格/μm	断裂强力/cN	延伸率(%)	芯数
铁铬铝纤维	6	≥1.4	0.4	1000
	8	≥2.3	0.5	1000
	12	≥8.3	0.8	1000
	22	≥38	1	1000

图 4-35 所示为经过 600℃保温 1h 热处理的铁铬铝纤维（直径为 22μm）单丝断裂强力与变形量的关系。由图可见，纤维单丝断裂强力随着变形量的增加而增加：当变形量为 0.7 时，单丝断裂强力为 0.35N 左右；当变形量为 1.2 时，单丝断裂强力约为 0.4N；当变形量继续增加到 2.4 时，单丝断裂强力接近 0.5N。由此表明，变形量与单丝断裂强力近似于线性关系。

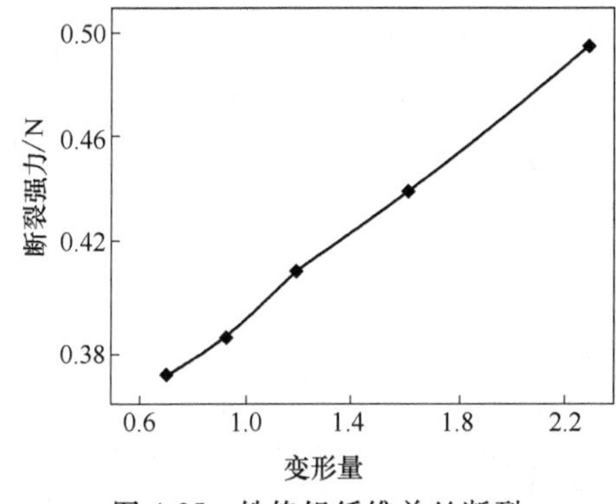

图 4-35　铁铬铝纤维单丝断裂强力与变形量的关系

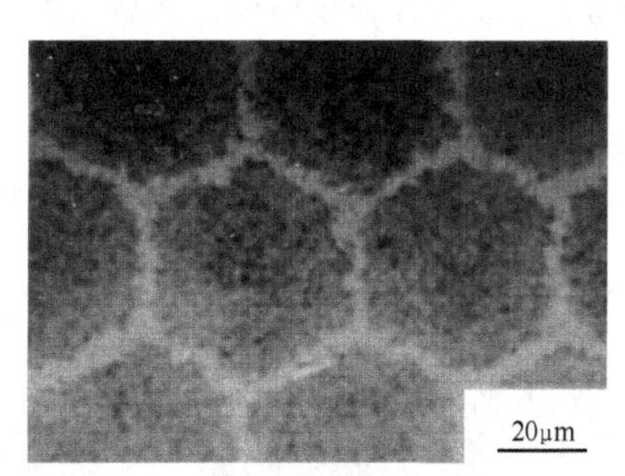

图 4-36　1000 芯铁铬铝纤维多金属复合体横截面金相照片

图4-36是1000芯铁铬铝纤维多金属复合体的横截面金相照片。从中可见，钢管中铁铬铝钢丝呈紧密排列，互相之间的铜隔离层约为1μm，铁铬铝钢丝的形状明显变化，已经不是圆形。这种拉拔后钢丝的不均匀性是造成性能偏差的主要原因。

3）镍纤维（Nickel fiber）：镍纤维是以镍金属丝为原料，采用集束拉拔工艺制备而成，单丝直径为6~40μm。与其他金属纤维一样，镍纤维具有金属色泽，表面光亮，既保持了原有金属的导电、导热、耐腐蚀等特性，又具有类似于化纤的柔软性，已被广泛应用于石油化工领域。镍纤维的主要性能参数列于表4-35。

表4-35 镍纤维主要性能参数

材料	规格/μm	断裂强力/cN	延伸率(%)	芯数
镍纤维	6	≥2.1	0.6	10000
	8	≥3.1	0.7	10000

4）哈氏合金纤维（Ha's alloy fiber）：哈氏合金纤维是以59合金的金属丝为原料，采用集束拉拔工艺制备而成，单丝直径为12~100μm。哈氏合金纤维已被广泛应用于石油化工领域。其主要性能参数列于表4-36。

表4-36 哈氏合金纤维主要性能参数

材料	规格/μm	断裂强力/cN	延伸率(%)	芯数
哈氏合金纤维	12	≥20	1.1	200
	22	≥60	1.4	200
	25	≥70	1.5	200

我国生产的金属纤维主要有铁铬铝纤维、不锈钢纤维、镍纤维、哈氏合金纤维（见图4-37），还有纯钛及钛合金纤维、纯铜及铜合金纤维和铸铁纤维等。

金属长丝的生产方法归纳起来主要有以下5种：

1）单丝拉伸法。为制造金属线材通常使用此法，但金属纤维细丝的制取须通过孔径逐渐递减的拉丝模孔多次进行拉伸。

2）集束拉伸法。以细金属丝（如ϕ0.5mm）作坯料，在坯料的表面涂敷一层隔离剂（例如，铜），将多根（如1000根）涂敷隔离剂后的金属丝集成一束，装入包复材料（如低碳钢管）中组成复合金属体，然后借助孔模反复拉伸，并进行热处理。根据关系式$\varepsilon=2\ln(D_S/D_f)=0.5\sim3$确定金属复合体的变形总量。热处理温度为500~750℃并保温10~60min。待金属复合体拉伸到预定的纤维规格后，采用化学分离法去除隔离层和包复层，得到所需细度的金属纤维束。图4-38所示为400芯铁铬铝纤维束。

铁铬铝纤维

不锈钢纤维

镍纤维

哈氏合金纤维

图4-37 主要的金属纤维

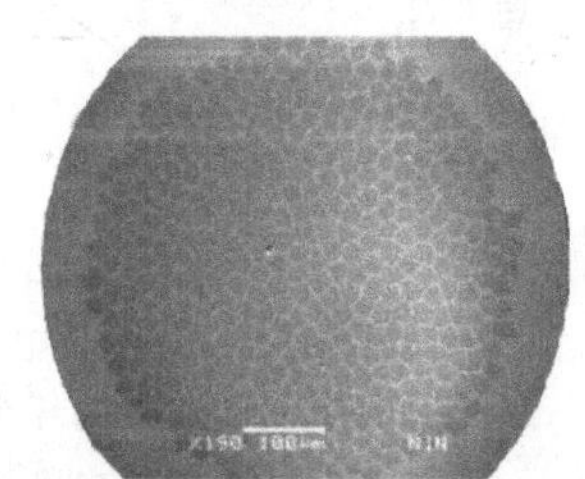

图4-38 400芯铁铬铝纤维束

纤维产品的直径可达 1~2μm，强度高达 1200~1800MPa，延伸率≥1%，纤维直径均匀、连续性好、成本低。目前，制备金属纤维普遍采用此法。

3）切削法。切削法既可以制备长丝，也可以制备短纤维，纤维直径为 10~100μm，长度为 1~150mm。该方法设备简单，成本低，可加工材料广，产量高，可定长加工。

4）熔抽法。由熔融金属直接制取金属纤维的一种方法，有熔融挤压法、喷射骤冷法等多种工艺。

熔抽法与切削法虽然工艺成本低，但得到的金属纤维不连续且直径不均匀，只能应用于一些要求不高的领域。

5）生长法。主要采用化学加工方法制备金属纤维，膜层涂镀法和结晶析出法是其代表性的工艺。

除尘滤料常用纤维性能见表 4-37。

表 4-37　除尘滤料常用纤维性能

性能＼品种		聚酯纤维			聚丙烯		
		短纤维	中长纤维		短纤维	中长纤维	
			普通	高强度		普通	高强度
拉伸强度/(cN/dtex)	标态时	4.1~5.7	3.8~5.3	5.6~7.9	3.9~6.6	3.9~6.6	6.6~7.9
	湿润时	4.1~5.7	3.8~5.3	5.6~7.9	3.9~6.6	3.9~6.6	6.6~7.9
干湿强度比(%)		100	100	100	100	100	100
衔接强度/(cN/dtex)		6.0~8.8	6.2~8.8	7.9~9.7	7.0~12.3	7.0~10.6	9.7~12.3
扣圈强度/(cN/dtex)		3.5~4.4	3.3~3.9	3.8~4.2	3.5~5.7	3.5~5.7	3.9~5.3
延伸率(%)	标态时	20~50	20~32	7~17	30~60	25~60	15~25
	湿润时	20~50	20~32	7~17	30~60	25~60	15~25
延伸弹性率(%)(伸长 3%时)		90~99	95~100		90~100		
初期抗拉强度（表观弹性模量）	cN/dtex	22~62	79~141		17.6~48.5	79.4~106	
	kg/mm^2	310~870	1100~2000		160~450	330~1000	
密度		1.38			0.91		
回潮率(%)	法定	0.4			0		
	标准状态(20℃,φ=65%)	0.4~0.5			0		
	其他状态(20℃,φ=20%) (20℃,φ=95%)	0.1~0.3 0.6~0.7			0 0~0.1		
热的影响/℃		软化点:238~240℃;熔融点:255~260℃			软化点:140~160℃;熔融点:165~173℃		
耐候性		强度几乎不降低			强度几乎不降低		
酸的影响		在浓盐酸、75%硫酸、浓硝酸中强度几乎不降低			在浓盐酸、浓硫酸、浓硝酸中强度几乎不降低		
碱的影响		在 10%苛性钠熔液、浓氨溶液中强度几乎不降低			在浓苛性钠溶液、浓氨溶液中强度几乎不降低		
其他化学试剂的影响		一般具有良好的抵抗性			几乎没有变化		

（续）

性能 \ 品种		聚酯纤维			聚丙烯		
		短纤维	中长纤维		短纤维	中长纤维	
			普通	高强度		普通	高强度
溶剂的影响：一般溶剂：乙醇、醚、苯、丙酮、汽油、全氯乙烯		在一般溶剂中不溶解；在热m-甲酚、热O-氯酚、热硝基苯、热二甲替甲酰胺、40℃苯、四氯乙烷混合液中溶解			在乙醇、醚、丙酮中不溶解；在苯中高温时泡胀；在全氯乙烯、四氯乙烷、四氯化碳、环己烷、一氯代苯、奈满、二甲苯、甲苯中高温时缓慢溶解		
虫、霉的影响		有充分的抵抗性			完全具有抵抗性		
阻燃性LOI		21（遇明火能发烟燃烧，但速度较慢）			18.6（遇明火易燃烧）		
适用干态温度/℃	连续	130			80		
	瞬时	150			100		

性能 \ 品种		聚丙烯腈短纤维	芳香族聚酰胺纤维		聚苯硫醚纤维	噁二唑
			芳纶	芳砜纶		
拉伸强度/（cN/dtex）	标态时	2.3~4.5	4.2~5.5	3.1~4.4	2.7~4.4	≥3.2
	湿润时	1.8~4.0	4.0~4.6			
干湿强度比（%）		80~100	80~90	85~90	100	
衔接强度/（cN/dtex）			4.0~4.4			
扣圈强度/（cN/dtex）			3.8~4.2	2.5~3.5	1.8~3.5	
延伸率（%）（断裂伸展）	标态时	25~50	30~50	20~25	25~35	15~40
	湿润时	25~60	40~55	25~30		
延伸弹性率（%）	（伸长3%时）	90~95	75~85			
	（伸长5%时）				96	
初期抗拉强度（表观弹性模量）	（cN/dtex）	23~56	52~79	54	27~37	
	（kg/mm^2）		700~1000			
密度		1.14~1.18	1.37~1.38	1.42	1.33~1.37	1.42
回潮率（%）	法定	1.0~2.5	4.5	6.3	0.2	
	标准状态（20℃，$\varphi=65\%$）	1.2~2.0	4.0~5.5	6.28	0.6	5~8
	其他状态（20℃，$\varphi=20\%$）（20℃，$\varphi=95\%$）	0.3~0.5 1.5~3.0	2.5~3.0 7.0~8.0			
热的影响/℃		软化点：190~230	软化点：370；玻璃化：270；碳化：400~420	软化点：367~370；分解点：422；玻璃化：257	熔点：285；玻璃化：206；	玻璃化：437 分解点：540
耐候性（在屋外暴露的影响）		强度不降低	良好	良好	良好	良好
酸的影响		35%盐酸、65%硅酸、45%硝酸中，强度不降低	20% H_2SO_4，50℃，500h，强力保持率55%~60%	20% H_2SO_4，30% HNO_3，35% HCl，强力保持率70%~90%	48% H_2SO_4，93℃，7d，强力保持率100%	20% H_2SO_4，25℃，24h，强力保持率98%

（续）

性能 \ 品种		聚丙烯腈短纤维	芳香族聚酰胺纤维		聚苯硫醚纤维	噁二唑
			芳纶	芳砜纶		
碱的影响		50%苛性钠、25%氨水中，强度不降低	10% NaOH，50℃，250h，强力保持率50%~55%	10% NaOH，50℃，168h，强力保持率5%~6%	40% NaOH，室温，500h，强力保持率100%	20% NaOH，25℃，24h，强力保持率92%
其他化学试剂的影响		一般具有良好抵抗性	良好	良好	良好	—
溶剂的影响：一般溶剂：乙醇、醚、苯、丙酮、汽油、全氯乙烯		溶于二甲基亚风、二甲基甲酰胺、热饱和氯化锌和65%硫氰酸钠中	良好	良好	良好	良好
一般使用染料			一般	一般	不易上染	良好
虫、霉的影响		良好	良好	良好	良好	良好
阻燃性 LOI			28~32	遇明火燃烧，但不熔融，离火自熄 33	34（基本上不燃烧）	28（难燃，不产生熔滴）
适用干态温度/℃	连续	140	180~200	180~200	145~175	250
	瞬时		230	230	200	300

性能 \ 品种		聚酰亚胺纤维 P84	聚四氟乙烯纤维 PTFE	玻璃纤维		玄武岩纤维
				无碱	中碱	
拉伸强度/(cN/dtex)	标态时	2.3~3.8	0.88~2.2	3.5GPa	2.7GPa	4.1~4.5GPa
	湿润时		0.88~2.2			
干湿强度比(%)			100			
衔接强度/(cN/dtex)		2.37	1.8~3.7			
扣圈强度/(cN/dtex)		2.71	0.88~2.7			
延伸率(%)（断裂伸展）	标态时	28~30	25~5	4.6	3.1	
	湿润时		25~50	3		
延伸弹性率(%)	（伸长3%时）		80~100			
	（伸长5%时）					
初期抗拉强度（表观弹性模量）	cN/dtex	617	4.4~17			634~840
	kg/mm^2		95~400	71.5GPa	6.6GPa	225GPa
密度		1.41	2.1~2.2	2.57	2.53	2.63
回潮率(%)	法定					
	标准状态（20℃，φ=65%）	3.0	0	0.071		
	其他状态（20℃，φ=20%）（20℃，φ=95%）		0 0			

（续）

性能＼品种		聚酰亚胺纤维 P84	聚四氟乙烯纤维 PTFE	玻璃纤维		玄武岩纤维
				无碱	中碱	
热的影响/℃		玻化温度315℃，275℃下稳定性好，不熔融	熔融点：327℃（在250℃下可以稳定使用）	软化点840℃ 熔化点1580℃	770℃ 1530℃	软化点960℃
耐候性（在屋外暴露的影响）			强度不降低			
酸的影响		60% H_2SO_4，室温，72h，强力保持率≥100%	没有	受氢氟酸和热磷酸作用 $[HF]<160\times10^{-6}$		2mol/L，HCl，3h，沸腾失重2.2%
碱的影响		40% NaOH，室温，72h，严重老化，发脆、发黏，严重破坏	没有	受碱的影响		2mol/L，NaOH，3h，沸腾失重2.75%
其他化学试剂的影响		良好	在高温、高压的氟气体、氟化氯、熔融碱金属中稍有腐蚀			
溶剂的影响：一般溶剂：乙醇、醚、苯、丙酮、汽油、全氯乙烯		良好	没有			
一般使用染料		一般	一般染料不能染色			
虫、霉的影响		良好	完全有抵抗性	完全有抵抗性		完全有抵抗性
阻燃性 LOI		遇明火燃烧38	难燃纤维95	不燃		不燃
适用干态温度/℃	连续	240	260	280	260	650
	瞬时	260	280	300	280	

性能＼品种		碳纤维（长纤维）		陶瓷纤维	不锈钢纤维
		低弹性	高弹性		
拉伸强度/（cN/dtex）	标态时	6.0～6.9	14.8～19.5	0.18～4.0GPa	1.4～1.8GPa
	湿润时				
干湿强度比（%）					
衔接强度/（cN/dtex）					
扣圈强度/（cN/dtex）					
延伸率（%）（断裂伸展）	标态时	2.3～2.7	0.9～1.1		
	湿润时				
延伸弹性率（%）	（伸长3%时）				
	（伸长5%时）				
初期抗拉强度（表观弹性模量）	cN/dtex	231～278	1205～1483		
	kg/mm^2	2700～4300	20000～25000	73～350GPa	210GPa

（续）

品种 性能		碳纤维（长纤维）		陶瓷纤维	不锈钢纤维
		低弹性	高弹性		
密度		1.58～1.60	1.70～1.80	1.85～6.0	7.8
回潮率（%）	法定				
	标准状态 （20℃，φ=65%）	2～10	0.1		
	其他状态 （20℃，φ=20%） （20℃，φ=95%）				
热的影响/℃		在氧气中300℃开始氧化，在氮气中直到2000℃也不变			
耐候性 （在屋外暴露的影响）		强度不降低			
酸的影响		没有			
碱的影响		没有			
其他化学试剂的影响		没有			
溶剂的影响： 一般溶剂：乙醇、醚、苯、丙酮、汽油、全氯乙烯		没有			
一般使用染料		不能染色			
虫、霉的影响		完全有抵抗性		完全有抵抗性	完全有抵抗性
阻燃性 LOI		不燃纤维≥45		不燃	不燃
适用干态温度/℃	连续	260～300		1000	
	瞬时	350			

二、纱线

1. 纱线类型

纱线是由连续纤维和定长纤维所制成的有捻和无捻的各种结构纺织材料的通称。

有捻纺纱是将棉、羊毛等天然短纤维，聚酯等人造短纤维通过梳理形成单方向的纤维束条，再经牵伸、加捻等制成纱线；或将长纤维合成的“股束”加捻纺成纱线。

有捻结构包括单（股）纱、（合）股纱、复合纱；无捻结构包括复丝、原丝、毛条、粗纱、无捻粗纱和定长毛纱。

单纱是单束纤维经一次加捻而成的纱。

股纱是两根或多根单纱经并合加捻而成的纱。

复合纱是将种以上性质不同纤维复合纺纱。复合纺纱根据纱线结构可分为 3 种，即混纺纱、混捻纱、包芯纱，其中包芯纱有 2 层、3 层及多层之分，如图 4-39 所示。

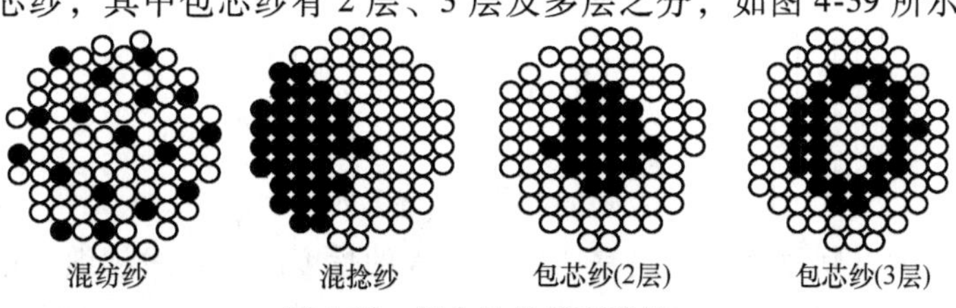

图 4-39　复合纱的断面结构

膨体纱是将纱线通过变形加工，形成的纤维膨松或成圈的变形纱。玻璃纤维膨体纱主要采用空气变形法生产。经膨化处理后的玻纤变形纱增加了膨松度和抗折耐磨性能，但降低了强度。因此通常与未膨化玻纤长丝并合加捻为膨体纱线使用。

2. 纺纱工艺

纺纱工艺按原料材质是棉纤维还是毛纤维分成棉纺工艺和毛纺工艺。毛纺工艺又有纺毛方式和梳毛方式。对于化学纤维，较多选用毛纺工艺。

纺纱工艺基本流程如下：

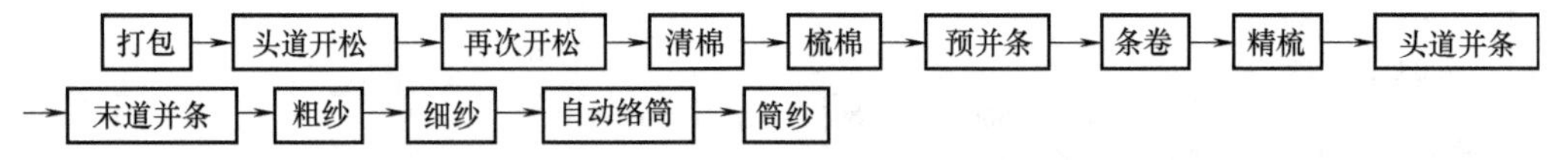

纺织物是将纱线经纬交错排列而形成的，可以说纱线是纺织物的基本元素。

由于纺纱方式不同，纱线的性质亦不同，特别是以合成人造短纤维作为原料时，采用纺毛方式与梳毛方式制成的纱线的差别很大。对于除尘用织物滤料，要求致密平整，一般采用以梳毛方式制成的纱线，其特点是细毛绒少、纤维拉齐性高、坚韧而且平滑。对针刺毡滤料，则多使用以纺毛方式制成的、粗毛绒多、有助于制毡的纱线。针刺毡的基布，从保持强度上考虑，使用长纤维纱线较好，若使用短纤纺织纱线，从其性能上看，虽然降低了一些强度，但其与基布衔接的交织性好，这也是提高收尘效率的一个有利因素。

3. 捻度

加捻是在由纤维束制作纱线的工艺中，为赋予纱线一定强度而采取的技术措施。图4-40表示纱线加捻的几何数值关系。

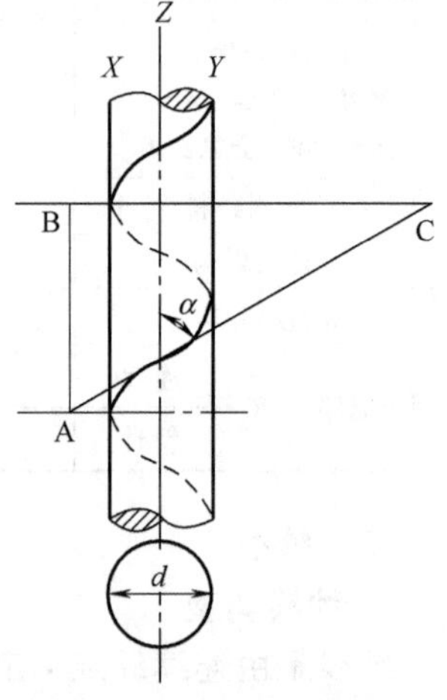

图4-40　捻丝的展开图

将纤维束平行拉齐，把持住两端，沿中心轴的圆周方向，给与扭转作用，在轴线上的纤维受到扭转作用，但其他纤维沿轴线的圆周方向呈螺旋状打卷，而成为卷线。卷线与中心轴的角度称之为捻丝角度，以角度的大小来表示捻度。也就是说，捻丝角度越大，丝线即被强捻。AB为捻丝的螺旋距长度，$\angle\alpha$作为加捻的扭转角。若在平面上展开，则$\angle$BAC为捻丝角度，BC为丝线的圆周，AC为捻线。

设丝线为圆，其直径为d，一定长度内的捻数为T，则

$$\left.\begin{array}{c} BC=\pi d, AB=\dfrac{1}{T} \\ \cot\alpha=\dfrac{AB}{BC}=\dfrac{\dfrac{1}{T}}{\pi d}=\dfrac{1}{\pi Td} \\ T=\dfrac{1}{\pi d\cot\alpha}\text{或 } d=\dfrac{1}{\pi T\cot\alpha} \end{array}\right\} \tag{4-12}$$

因此，捻数T大，则捻度强。当需要同一强度的捻度时，纱线越细，捻数就要越多。

纱线随着加捻数的增加，强度只能提高一定限度，超过这一限度时，强度则下降。因

此，捻数要按照纤维的长度和粗度而定，不要超过最佳范围。加捻的方向分为左捻和右捻，称 Z 型捻和 S 型捻，如图 4-41 所示。

捻纱的方向与纱线的强度没有关系，但按其组合，能够制成性质、特色不同的纺织品。

捻数以 2. 54cm 或 1m 长度上所加捻的数目来表示。例如：15T/2. 54cm；600T/m。

同时，并记加捻的方向与次数时，要写成 S450T/m，表示每 1m 长以 S 型捻加捻 450 次。

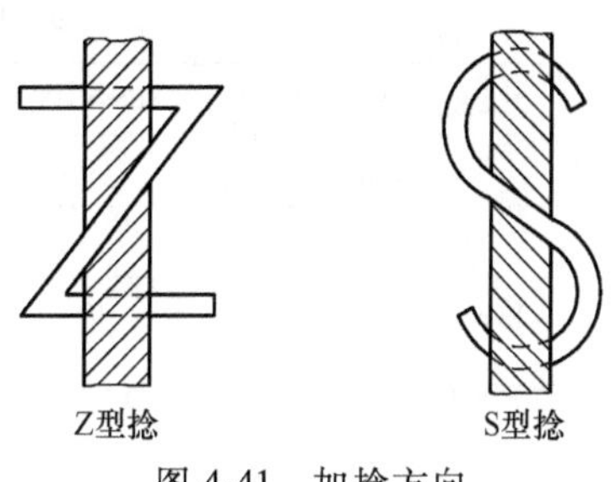

图 4-41　加捻方向

4. **纱线细度**

对于纱线的细度，表示方法很不统一，例如，玻璃纤维、金属纤维，用“微米”表示，纺织纱线使用“线支数”“米支数”表示，人造合成纤维，常用“旦”表示。而作为国际单位规定用“特克斯”。

线支数：重 1 磅（约 453. 6g）纱线所相当的长度，以绞（Hank）数表示（1 绞 = 840 码 = 768. 1m）；

米支数：重 1g 纱线所相当的长度，以 m 表示；

旦（D）：长 9000m 的纱线用克（g）表示的重量；

特克斯（tex）：长 1000m 的纱线用克（g）表示的重量。

使用恒重式的特征是，计数越大，纱线就越细；而使用恒长式时，正好相反，计数越大，纱线就越粗。

在拆开纺织品，推测使用纱线的纤度时，由于估计到在加工过程中，给与纱线的捻收缩、热收缩的应变，所以需要修正测定的纤度。

把拆开纺织品时的纱线纤度，叫做表观支数，可用下式计算：用下式计算：

$$\text{表观支数}(S)=\frac{590.5}{W_1}\left(1+\frac{P}{100}\right) \tag{4-13}$$

式中　S——表观支数；

W_1——拆开 20cm×20cm 纺织品，取 25 根丝线作为试样，每 5 根测定 5 次的重量平均值（mg）；

P——纺织品收缩捻丝的收缩率（%），此值凭经验选择。

$$\text{表现纱线纤度}(D)=\frac{1.8W_2}{1+\frac{P}{100}} \tag{4-14}$$

式中　D——表现纱线纤度（旦）；

W_2——应用与前式相同的取样方法采取的 25 根丝线的重（mg）。

5. **缝纫线**

滤袋缝制使用的缝纫线要求采用与滤料纤维相同材质或性能优于滤料材质的缝纫线，滤袋缝纫线宜采用长丝纺制。缝纫线强力应≥27N，其中玻璃纤维缝纫线强力≥70N。

PTFE 缝纫线的基本性能参数参见表 4-38。

表 4-38 PTFE 缝纫线的基本规格性能

型号规格	JUS-S100	JUT-S125	JUT-S150	JUT-S280	附注
细度/D	1000	1250	1500	2800	
捻度	360~400				
拉伸强力/N	40	46	56	112	
拉伸强度/(cN/dtex)	3.6	3.3	3.4	3.6	
耐温性/℃	190~260				
收缩率(%)	<4				200℃/15min
定量长度/(m/kg)	9000	7200	6100	3200	

三、纤网

1. 概述

针刺毡（水刺毡）滤料在制造过程中通过开松和梳理工艺将制造滤料的纤维从杂乱无序状态形成一个疏松、均匀排布的纤维网，纤维网单重为 10~40g/m^2，将此纤维网通过铺网设备重叠铺合，形成由十几层纤维网组成的厚实的纤网。将纤网与基布叠合针刺（水刺），制成针刺毡（水刺毡），所以纤网是针刺毡的重要构成要素。

在毡类滤料中，纤网具有提高孔隙率、增加容尘量、提高过滤效率、降低阻力的功效。

2. 分类

为了满足各种不同工况的使用要求，提高滤料的性能，形成了纤网的不同结构。

（1）单质纤维结构　采用同一种材料单一纤度或几种纤度的纤维，经梳理构成纤网。

（2）复合纤维结构　采用两种或多种材料纤维均匀混合后，经梳理构成纤网。

（3）梯度结构　采用细旦纤维和常规纤维分别梳理，形成不同纤度和密度的纤网，然后将其叠合，表层采用细旦致密纤网层，在气流方向形成梯度纤网结构。

3. 纤网梳理工艺

针刺毡（水刺毡）的质量很大程度上取决于纤网的质量，采用纤网自动称重和测厚仪与梳理机联动，自动调节喂入和梳理速度的设备和工艺，使纤网重量及厚度均匀，从而提高了纤网的质量。梳理成网工艺有干法、湿法之分，细旦纤维梳理难度较大，宜采用湿法成网工艺。其工艺流程如图 4-42 所示。

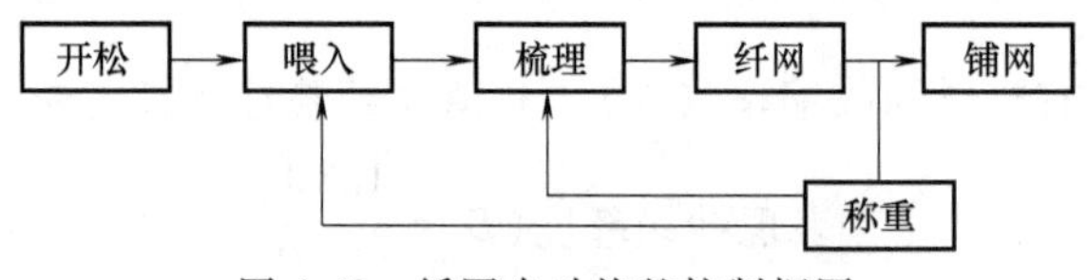

图 4-42 纤网自动均整控制框图

四、基布

针刺毡（水刺毡）滤料在上、下纤维层中间加一层基布，其作用如同混凝土之中加上钢筋，起增强滤料整体强度的作用。

基布有采用短纤维纺成的纱线和长丝纺成的纱线织造的两种类型。采用长丝织造的基布断裂强力，断裂伸长率和热收缩等指标较采用短纤纺纱织造的基布要好。表 4-39 为各类通用型基布物理参数，表 4-40 为 JUS 型聚四氟乙烯（PTFE）长丝基布的规格和性能参数。

表 4-39 各类通用型基布物理指标参数

项目		涤纶加强长丝	涤纶工业长丝	涤纶短纤	Nornex	PPS
单重/(g/m²)		90	105	105	110	125
密度/(根/10cm)	经	150		106	115	135
	纬	50		60	62	66
材料	经	加强长丝	工业长丝	20S/2 短纤	20S/2 短纤	20S/2 短纤
	纬	加强长丝	工业长丝	20S/2 短纤	20S/2 短纤	20S/2 短纤
断裂强力/N	经	1300	1700	≥900	≥700	≥850
	纬	260	1000	≥550	≥350	≥400
断裂伸长(%)	经	20	20	≤40	≤40	≤40
	纬	20.8	20	≤30	≤30	≤30

表 4-40 JUS 型聚四氟乙烯（PTFE）长丝基布的规格和性能参数

型号	细度/D	线密度/(根/10cm)	单重/(g/m²)	耐温/℃	断离强力/(N/5cm)	
					经向	纬向
JUS100	450	100×100	100	-190~260	830	830
JUS110	450	110×110	100	-190~260	940	940
JUS120	450	120×120	100	-190~260	1030	1030
JUS130	450	130×130	100	-190~260	920	920
JUS140	450	140×140	100	-190~260	1000	1000

第二节 滤料种类及制造工艺

一、对滤料的基本要求

滤料是袋式除尘器的关键材料，其优劣直接关系到除尘器性能的好坏，为此，必须满足特定要求：

1）结构合理，捕尘率高；

2）剥离性好，易清灰，不易结垢；

3）透气性适宜，阻力低；

4）具有足够的强度，尺寸稳定性好；

5）具有良好的耐温、耐化学腐蚀、耐氧化、抗水解和适应性广等性能；

6）原料来源广泛，性能稳定可靠；

7）价格低，寿命长。

二、滤料分类

1. 按制作方法分类

1）织造滤料：在相互垂直排列的两个系统中，将事先纺制的（经、纬）纱线，按一定规律沉浮交错（即交织）而成的滤料；

2）非织造滤料：不经过一般的纺纱和织造过程，直接使纤维成网，再用机械的、化学的或其他方法，将它固结在一起的纤维结构滤料；

3）复合滤料：用两种以上方法复合制成的滤料；

4）多孔烧结滤料：利用高分子化合物、陶瓷、金属材料等添加黏结剂及成孔剂烧结而成的滤料。

2. 按滤料材质分类

1）天然纤维滤料：如植物纤维（棉、麻）滤料、动物纤维（兽毛）滤料、矿物纤维（如石棉）滤料；

2）化学纤维滤料：如人造纤维（黏胶纤维）滤料、合成纤维滤料（袋式除尘器用滤料多属此类）；

3）无机纤维滤料：如玻璃纤维、金属纤维、陶瓷纤维等滤料；

4）混合纤维滤料：利用两种的以上不同材质纤维混合加工制成的滤料；

5）其他特质滤料：如陶瓷滤料、金属烧结滤料、氧化物烧结滤料、塑烧板滤料。

3. 按功能分类

1）除尘滤料：以捕集颗粒物为主要功能的滤料；

2）消静电滤料：混合导电纤维，具有消静电功能的滤料；

3）静电驻极滤料：使纤维荷电，利用静电特性提高总体过滤效率的滤料；

4）除尘净化一体化滤料：在纤维层富集催化氧化剂，捕集颗粒物兼具净化废气功能的滤料。

4. 按性能分类

1）覆膜高效滤料：表明覆合一层 PTFE 薄膜，实现超低排放的滤料；

2）梯度结构高效滤料：纤网层采用超细面层梯度结构，实现超低排放的毡状滤料；

3）超高温滤料：耐温超过 280℃ 的高温滤料，如玄武岩滤料、金属滤料、陶瓷滤料。

5. 按形态分类

1）柔性滤料：用柔性纤维制成，在过滤与清灰状态易变形的滤料，是最常用的除尘滤料；

2）刚性滤料：用无机材料高温烧结制成，或将柔性滤料硬挺化，在过滤与清灰状态不易变形的滤料。

三、织造滤料

1. 基本类型

袋式除尘器的滤袋，早年基本上都是用织造物制成的。由于织造物具有的一些特性适应某些过滤条件的要求，织造物滤料仍在很多方面得到应用。

应用较多的是经纬交织的机织物，如图 4-43 所示。

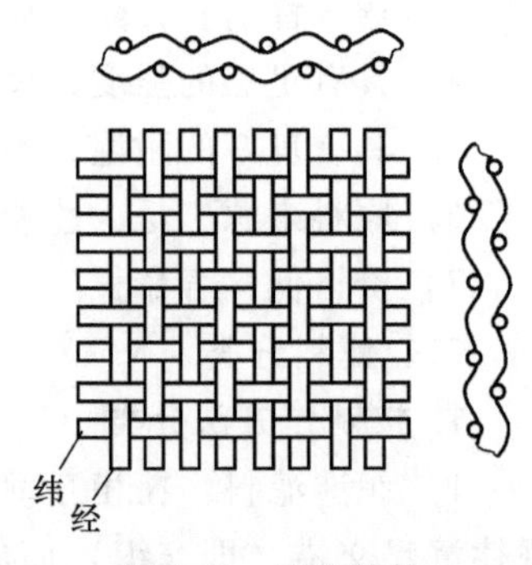

图 4-43　织物结构

2. 工艺特点

机织滤料是以合股加捻的经、纬纱线或单丝用织机交织而成的，呈二维结构。织造滤料的生产需经纺纱、纱线准备、织造和后处理等工序。典型机织滤料的生产工艺流程，如图 4-44 所示。

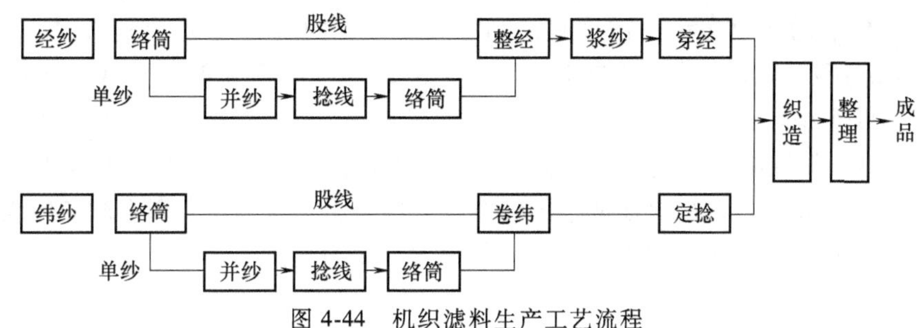

图 4-44 机织滤料生产工艺流程

由于经、纬纱线都经过加捻，所以纱线的本身和交织处的密度都比较大，过滤物几乎只能从经纬线间的空隙通过。一般机织过滤材料的孔隙率只有 30%～40%，而且孔是直通的。

常用的织造滤料与非织造滤料相比，具有如下特点：

1）具有较高强度和耐磨性，能承受较大压力；

2）尺寸稳定性较好，适于制成大直径、长滤袋；

3）易形成平整和较光滑表面或薄形柔软的织物，有利于滤袋清灰；

4）便于调整织物的紧密程度，既可制成较疏松的滤料，也可制成高度紧密的滤料。

织造滤料具有如下缺点：

1）传统生产工艺流程长，生成产品的速度慢，效率低；

2）由于过滤主要通过经纱与纬纱的孔隙进行，孔隙率小，在同样滤速情况下，滤料本身的阻力大；

3）织造滤料只有在形成粉尘层后，才能阻挡较小颗粒物，在滤料未形成粉尘层、滤尘清灰后或其他原因使其粉尘层遭到破坏时，捕尘率明显下降。

采用适当的后处理技术，如在织造滤料表面覆以微孔透气薄膜，实现表面过滤，有助于提高捕尘率、改善清灰效果和降低滤袋的运行阻力。

3. 织物组织

织造物经线和纬线交错排列的状态称为织造物的组织。基本的组织有：平纹组织、斜纹组织、缎纹组织和纬二重组织。通常用组织图表示织造物的织法，空白部分表示经线在纬线下面，黑色部分表示经线在纬线上面，经纬线重叠处称为交织点。表示整个织物经纬交织规律的最小单元称为组织循环。

（1）平纹组织　平纹组织是织物中最简单的组织。用经线和纬线各两根即可构成一个完全的平纹组织循环，如图 4-45 所示。它以经线和纬线一上一下反复交织而成。平纹组织的交织点多、孔隙率低，但相对位置较为稳定。一般用以织制粗布和帆布，袋式除尘器用针刺毡基布也用稀松型平纹织制。

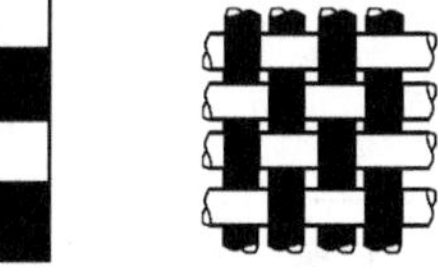

图 4-45　平纹组织

（2）斜纹组织　斜纹组织由三根以上的经纬线连续交织而成，在布面上有斜向的纹路（称斜纹线）。布面上经线比纬线多的称为经线斜纹，反之称纬线斜纹。布的里外面经纬线表现相同的称为双面斜纹，但其表里斜纹线的方向却相反。

三线斜纹是最简单的斜纹组织，一般以 1/2 表示其组织，分子表示经线在纬线上浮织的线数，分母为经线在纬线下沉积的线数，如图 4-46a 所示。以此类推，以四、五根线（包括经线及纬线）织成的斜纹布称为四线斜纹和五线斜纹。四线斜纹有1/3、2/2、3/1三种织法，如图4-46b所示，五线斜纹则有1/4、2/3、3/2、4/1几种织法。袋式除尘器用滤料一般使用四线斜纹组织。

图4-46c为破斜纹组织。破斜纹组织是由左斜纹和右斜纹组合而成，在左右斜纹的交界处有一条明显的分界线，在分界线两边的纱线，其经纬组织点相反，即在改变斜纹线方向的地方，组织点不相连续，而呈间断状态，一般称此界线为断界。

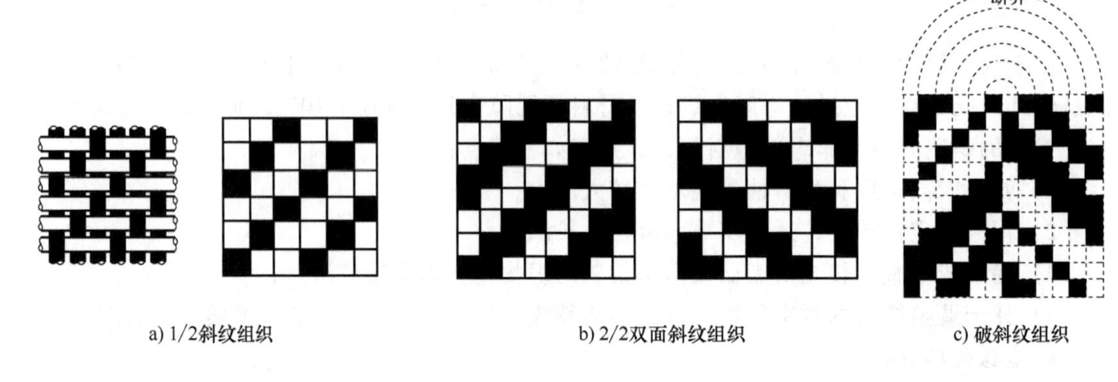

a) 1/2斜纹组织　　b) 2/2双面斜纹组织　　c) 破斜纹组织

图4-46 斜纹组织

（3）缎纹组织　缎纹组织是以规则的连续五根以上经纬线织成的织物组织。这种组织的最基本特征是交织点不连续，有很多经线或纬线浮于布面上，具有表面平滑、柔软、光泽感明显等特点，有利于粉尘的剥离。

缎纹交织的组织点呈规则的分散、不连续跳跃状。跳过的线数称为缎纹的跳（或飞）数。确定跳数的方法是把缎纹组织循环中的经线数分成两个数，如8根经线可分为（1+7）、（2+6）、（3+5）、（4+4）四种组合，去掉可以公约的组合，因2、4、6均可为2公约，皆去除，只留下（3+5）组合。即8线缎纹只有8线3飞和8线5飞两种组合。

袋式除尘器用滤料一般使用五线缎纹组织，如图4-47所示。

（4）纬二重组织　纬二重组织是由一组的经纱和两组纬纱交织而成，表纬和经纱构成表层，里纬和经纱构成里层。如图4-48所示：是以1/4为表组织4/1为里组织、表里纬排列比为1∶1的5线3飞纬二重组织。图中一为表组织的经组织点，×为里组织的经组织点。

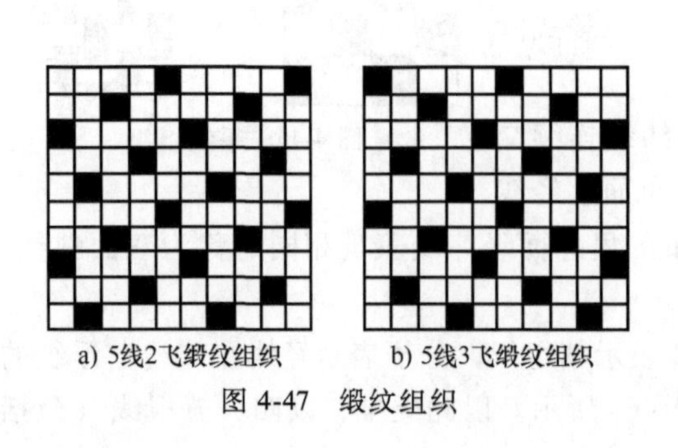

a) 5线2飞缎纹组织　　b) 5线3飞缎纹组织

图4-47 缎纹组织

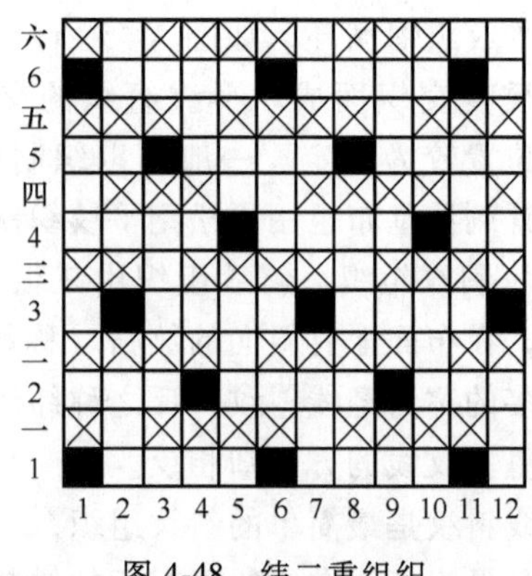

图4-48 纬二重组织

纬纱：1、2、3、4、5、6 为表纬；一、二、三、四、五、六为里纬。这种组织结构广泛应用于玻纤过滤材料。

各种织物组织的结构特征见表 4-41。

表 4-41　织物组织的结构特征

结构特征 滤料织物组织	单元结构内一支纬纱对应的经纱支数	交织点	孔隙率	透气度	强度
平纹组织	2	多	小	小	大
斜纹组织	3~4	中	小	小	中
缎纹组织	>5	少	中	中	中
纬二重组织	2×2	多	最小	小	大

4. 纱线及织造物结构对滤料特性的影响

（1）纱线类型的影响　长丝纱线比相同直径短纤维纱线强度大，表面光滑，如图 4-49a、b 所示。织成的织物易于释放粉尘层，即剥离性好，较适用反吹风和机械振动式的中、低能清灰。但这种织物的纱线不同于短纤维纱线，线间空隙内缺少由纱线伸出的纤维端头，在清灰后过滤时捕尘率下降。此外，这种织物的微孔还容易因清灰而张开，致使捕集的粉尘透出。

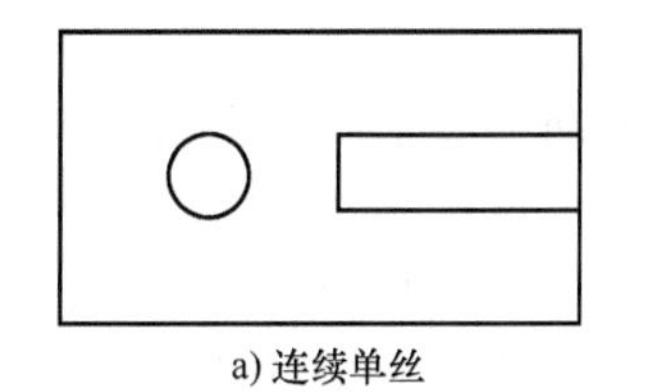
a) 连续单丝

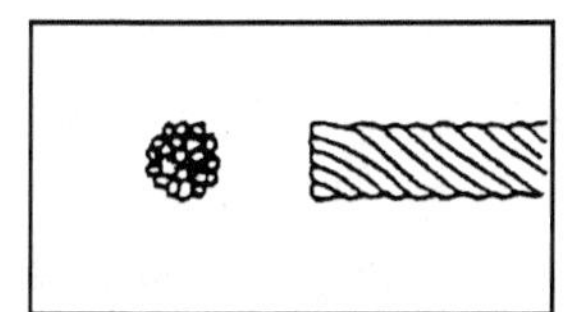
b) 连续复丝

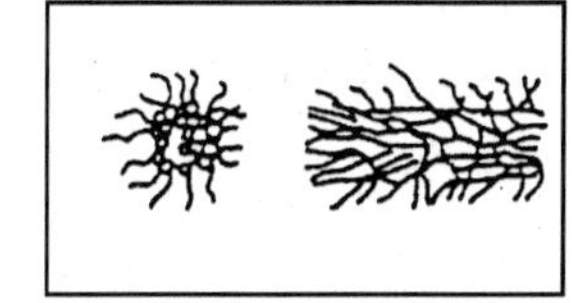
c) 短丝纺纱线

图 4-49　纱线类型

用短纤维纱线织成的织物，有许多纤维端头伸入纱线间的缝隙内，如图 4-49c 所示，有利于粉尘搭桥、提高滤料的捕尘率和加强滤尘过程中被捕集粉尘的稳定性。这种滤料可采用机械振动清灰或反吹风清灰。滤料在清灰后除尘率也有所下降，但线间微孔张开得较小。为取得较高的捕尘率，宜采用较低滤速。

如果经纱用长丝纱线，纬纱用短纤维纱线或者经纬纱均用中长纤维织成滤料，则可获得兼有强度比较高和除尘性能也比较好的效果。

（2）纱线捻度的影响　增加纱线的捻度可提高滤料的强度，但捻度超过某一限度时，强度反而降低。所以纱线的捻度要按纤维的细度和强度而设定。另外，捻度小时可使纱线本身也参与过滤，有助于提高织物的透气性。

（3）结构类型的影响　平纹织物在织造物中具有最多的纱线交织点。如为防止粉尘泄漏，可将织物织得紧密些，但透气度必将随之下降；如为降低阻力而减小织物的密度，又易泄漏粉尘。因而对于高能清灰的袋式除尘器，特别当滤速较高的情况下，很少直接选用平纹织物作滤料。

斜纹织物的交织点少于平纹，孔隙率较大，透气性也较好。

缎纹织物交织点较前两者都小，孔隙率更大，透气性最好。但有较多根纱线浮于织物表面，捻度又较小，所以较易破损。国产 729 机织滤料是专门为用于袋式除尘器而织制的缎纹织物滤料，从结构设计和加工方法等方面都采取了特殊的措施。既保证了强度要求，又适应了滤尘的需要，因而得到广泛应用。

采取纬二重组织织制的玻纤滤料比较厚实、松软，提高了抗折耐磨性，适用于脉冲清灰方式。

5. 典型机织滤料及其特性

由于尘源性质、生产条件和除尘要求的不同，又受技术经济条件和使用习惯等因素的影响，实践中应用的袋式除尘器各式各样，与此同时，几乎各种材质和不同结构的织造滤料也都有所应用。

（1）208涤纶绒布　208涤纶绒布是我国最先为袋式除尘器专门开发的一种机织滤料。它是以涤纶短纤维为原料单面起绒的斜纹织物。滤尘时，绒毛在迎尘面，纱线间绒毛和表面绒毛能阻挡部分粉尘径直穿透滤布并有助于粉尘层的形成，因而可提高滤料的捕尘率。清灰时，表面积尘的绒毛在反向（与滤尘时相比）气流作用下，由紧覆于织物表面变为松散状态，粉尘容易脱落。

208涤纶绒布结构蓬松、变形大，清灰再生性能差，尤其在潮湿或黏性工况条件下，粉尘容易黏着在绒毛及滤料表面，结成尘垢，很难处理，使用范围受到限制。

（2）机织729滤料　机织729滤料是筒形聚脂滤料，具有高强低伸、缝袋方便、集尘清灰性能好和使用寿命长等特点，是装备缩袋清灰和机械振打清灰等大型低能清灰类袋式除尘器的首选滤料。

国产729滤料是一种筒形梭织物，用1511织机织制，前期产品采用反织法工艺，尘面（五枚三飞经线缎纹）在外、净面（五枚二飞纬面缎纹）在内。这种织法的滤料适用于有框架的外滤式除尘器（如脉冲袋式除尘器、机械回转反吹除尘器），但用于缩袋清灰、机械振打清灰类内滤式袋式除尘器时，需尘面在内、净面在外，这就需要将织好的滤袋翻个面再进行热定型等后处理工作，既增加了工序又影响外观质量。为此，开发了正织法工艺，织制专门用于外滤式的729滤料。

在729滤料的开发过程中，前期的Ⅰ、Ⅱ、Ⅲ型采用棉型（1.4旦×38mm）纤维，Ⅳ型用高强低伸型中长（2.0旦×51mm）纤维。棉型纤维过滤性能好，中长纤维有利清灰，综合考虑选用了中长纤维，定型为729-ⅣB。

729滤料属缎纹机织物。织制后的热定型是保证滤料在使用工况条件下结构稳定性的重要工艺手段。

为防止粉尘导电造成滤料表面静电荷积聚、影响清灰效果而导致除尘器阻力显著增长，在原729滤料的基础上，采用超细不锈钢纤维和高强低伸型涤纶纤维混纺纱为经纱，以长丝纱线为纬纱，开发了MP922滤料，用于焦粉、煤粉类导电性粉尘的除尘系统，起到了降低阻力和延长滤料使用寿命的效果。

常用化纤机织滤料的性能参数见表4-42。

（3）玻璃纤维机织过滤布　玻璃纤维机织布的生产工艺有其特殊性，工艺流程如下：

$$\text{拉丝}\rightarrow\text{退并}\rightarrow\begin{bmatrix}\text{整经}\\\text{卷纬}\end{bmatrix}\rightarrow\text{纺织}\rightarrow\text{热清洗}\rightarrow\text{表面处理}$$

由熔融玻璃液经喷丝孔板拉制所得的玻璃纤维原丝，按一定的捻度从原丝筒上退下来后，根据纺织工序对经纬纱的要求进行合股，生产成为玻璃纤维有捻纱。

表 4-42　常用化纤机织滤料性能参数①②

序号	特性	项目			滤料名称		
					729-ⅣB	729-1	208 绒布
Ⅰ	形态特性	1	材质		涤纶	涤纶	涤纶
		2	纤维规格（细度×长度）/mm		2.0d×51	1.4d×38	1.5d×38
		3	织物组织	尘面	五枚二飞缎纹	五枚三飞缎纹	3/7 斜纹起绒
				净面	五枚三飞缎纹	五枚三飞缎纹	7/3 斜纹
		4	厚度/mm		0.72	0.65	1.5
		5	单位面积质量/（g/m^2）		310	320	400~450
		6	密度/（根/10cm）	经	308	300	250
				纬	203	200	230
Ⅱ	强力特性	7	断裂强力/（N/5×20cm）	经	3150	2000~2700	1000
				纬	2100	1700~2000	1000
Ⅲ	伸长特性	8	断裂伸长率（%）	经	26	29	31
				纬	23	26	34
		9	静负荷伸长率（%）		0.8	—	—
Ⅳ	透气性	10	透气度	$l/(m^2 \cdot s)$	110	120	200~300
				$m^3/(m^2 \cdot min)$	6.6	7.2	12~25
			透气度偏差（%）		±2	±5	±10
Ⅴ	阻力特性	11	洁净滤料阻力系数		14.1	2.6	1.7
		12	静态除尘率（%）		99.5	99.00	99.5
Ⅵ	捕尘特性	13	动态阻力/Pa		237	—	—
		14	动态除尘率（%）		99.9	99.8	99.7
Ⅶ	使用条件	15	使用温度/℃	连续	<130	<130	<130
				瞬间	<150	<150	<150
		16	耐酸性		良	良	良
		17	耐碱性		良	良	良
资料来源					①②	①②	①②

① 全国袋滤技术研讨会论文集（第七期）。
② 国家环保局全国环保产品认定检测报告。

在整经、卷纬工序中，改变经纬纱的合股数和经纱的分布，可设计生产不同厚度和幅宽的玻璃纤维布。在纺织工序中，通过调整纺机中的停经片、综丝、钢扣的穿法，改变标准牙与变换牙的比例，可以纺织出斜纹、破斜纹、纬二重等不同组织的玻璃纤维素布，以满足对滤料透气率、经纬向强度、粉尘剥离性的要求。

为满足纺织工序要求，并保证原丝强力不下降，在拉丝过程中，将纺织用玻璃纤维浸润剂涂覆在玻璃纤维原丝上。但是，这种浸润剂的存在影响表面处理剂浸入玻璃纤维布，因此在对素布后处理时，先要进行热清洗，以除去浸润剂。热清洗工序是保证玻璃纤维滤料质量的关键工序之一，选取合适的工艺参数，严格控制生产过程，在保证纺织用浸润剂的残留量的前提下，降低因热清洗造成的强力损伤。

目前，国内常用无碱12.5tex玻璃纤维纱和中碱22tex玻璃纤维纱制作玻璃纤维过滤材料，不同材质和支数的纱线对玻纤布性能的影响见表4-43。

表4-43　不同材质和不同纱支数织成相同厚度玻纤布的性能指标

性能指标 布的材质	断裂强力/(N/25mm)		耐磨次数	耐折次数
	经向	纬向		
无碱12.5tex纱	3900	3900	92	3267
无碱25tex纱	3000	2800	42	1183
中碱22tex纱	2500	2400	35	1000

（4）玻璃纤维膨体纱滤布　玻璃纤维膨体纱滤布，是在传统滤料的纬纱中加入了玻璃纤维膨体纱织造而成的织物滤料，是在20世纪70年代研制的玻璃纤维过滤材料，由于它纱线蓬松，纤维覆盖能力强，与连续玻璃纤维平幅过滤布相比，在相同的容尘量下，过滤风速可提高1/3，系统运行阻力可降低1/4，可收集粒径在1μm左右的颗粒，捕尘率在99.5%以上。目前其用量约占玻纤滤料总量的70%左右。生产工艺流程为

$$\text{拉丝}\rightarrow\text{退并}\rightarrow\left[\begin{array}{l}\text{整经}\\ \text{膨化}\rightarrow\text{卷纬}\end{array}\right]\rightarrow\text{纺织}\rightarrow\text{热清洗}\rightarrow\text{表面处理}$$

玻璃纤维膨体纱是玻璃纤维经空气变形喷嘴膨化制成的。玻璃纤维在膨化作业中，要受高压气流的猛烈冲击，纤维与气流之间，纤维与纤维之间会产生强烈的磨擦，必须使用专用浸润剂对其进行保护。其次，玻璃纤维纱的抱合性、耐曲挠性大大小于天然纤维和有机合成纤维，因此不能使用普通的空气变形机和合成纤维的膨化工艺。

玻璃纤维膨体纱过滤布的纬纱是由全部膨体纱或连续玻璃纤维纱与膨体纱合并加捻而成的。在卷纬、纺织过程中，要保持膨体纱的膨松性，减少因加工过程中的张力导致的纱线变直。因此，必须改造捻线机和织布机，设计适宜的工艺参数。

经过膨化的玻璃纤维纱，与烟气的接触面增加，如不经特殊处理，其耐腐蚀能力将受到影响，而且纱线强力也有所降低。因此，要对玻璃纤维膨体纱布进行针对性处理，以减少膨化对滤料性能的影响。

表4-44、表4-45为我国常用玻璃纤维机织过滤布的性能参数。

表4-44　玻纤织造布性能参数

<table>
<tr><th rowspan="2">滤料类型</th><th rowspan="2">滤料代号</th><th rowspan="2">单位面积质量偏差(%)</th><th rowspan="2">透气度偏差(%)</th><th colspan="2">拉伸断裂强力 N/50×20cm</th><th rowspan="2">洁净滤料阻力系数</th><th rowspan="2">剩余阻力</th><th rowspan="2">静态除尘率(%)</th><th rowspan="2">动态除尘率(%)</th></tr>
<tr><th>经向</th><th>纬向</th></tr>
<tr><td rowspan="4">中碱玻纤布</td><td>GCWF300</td><td rowspan="7">±3</td><td rowspan="7">≤8</td><td rowspan="2">1200</td><td rowspan="2">1000</td><td rowspan="7">≤20</td><td rowspan="7">≤400</td><td rowspan="7">≥99.5</td><td rowspan="7">≥99.9</td></tr>
<tr><td>GCWF300A</td></tr>
<tr><td>GCWF450</td><td>1700</td><td>1200</td></tr>
<tr><td>GCWF500</td><td>1700</td><td>1700</td></tr>
<tr><td rowspan="3">无碱玻纤布</td><td>GEWF600</td><td rowspan="2">2400</td><td rowspan="2">2400</td></tr>
<tr><td>GEWF600A</td></tr>
<tr><td>GEWF600B</td><td>2000</td><td>2000</td></tr>
</table>

（续）

滤料类型	滤料代号	单位面积质量偏差（%）	透气度偏差（%）	拉伸断裂强力 N/50×20cm		洁净滤料阻力系数	剩余阻力	静态除尘率（%）	动态除尘率（%）
				经向	纬向				
中碱玻纤膨体纱布	GCTWF450	±3	≤8	1700	900	≤10	≤300	99.9	99.9
	GCTWF500			1700	1200				
	GCTWF650			1700	1500				
无碱玻纤膨体纱布	GETWF450			2200	1100				
	GETWF750			2400	2100				

注：本表中阻力及过滤特性指标引自 GB 12625《袋式除尘器滤料及滤袋》，其他引自 JC/T —2002《玻璃纤维过滤布》。

表 4-45　典型无碱玻纤膨体纱过滤布性能参数

产品代号性能指标		ETWF-300	ETWF-500	ETWF-800
单位面积质量/(g/m²)		289.2	486.0	790.0
厚度/mm		0.318	0.46	0.81
断裂强力/(N/25×100mm)	经	1338	2016	2368
	纬	1284	1588	1850
耐折次数/次	经	>25000	>25000	>25000
	纬	15000	>15000	>15000
透气度/[cm³/(cm²·s)]		24.6	22.9	21.5
透气度偏差(%)			+6.61 -5.54	
静态阻力系数			9.8	
动态阻力系数			65.0	
静态除尘率(%)			99.53	
动态除尘率(%)			99.9	
粉尘剥离率(%)			80	

注：本表中阻力及过滤特性指标引自 GB 12625—1990《袋式除尘器滤料及滤袋技术条件》，其他引自 JC/T 768—2002《玻璃纤维过滤布》。

四、非织造滤料

1. 非织造滤料分类及加工路线

与传统的纺织技术相比，非织造技术具有工艺流程简单、生产速度快、劳动生产率高、纤维来源广泛、工艺容易变化、可生产的品种多等优点。

非织造滤料的加工一般经过形成纤（维）网、纤网加固和后整理三个过程。

按形成纤网的方法可将非织造物分为三类：

（1）干法非织造物　干法成网在非组织物加工中应用范围最广、时间最长。凡是纤维在干态下用机械、气流、静电或这些方法的结合形成纤网，再用机械、化学或加热的方法加固而成的织造物，都称为干法非织造物。

（2）纺丝成网法非织造物　高分子聚合物材料经过熔喷、纺粘、闪蒸等直接形成纤网，再经加固形成的非织造物称为纺丝成网法非织造物。

(3) 湿法非织造物(也称造纸法非织造物) 纤维在水中悬浮湿态下,采用造纸方法成网,再用化学或加热方法加固而成的非织造物称为湿法非织造物。

三类非织造物的基本加工路线如图 4-50 所示。

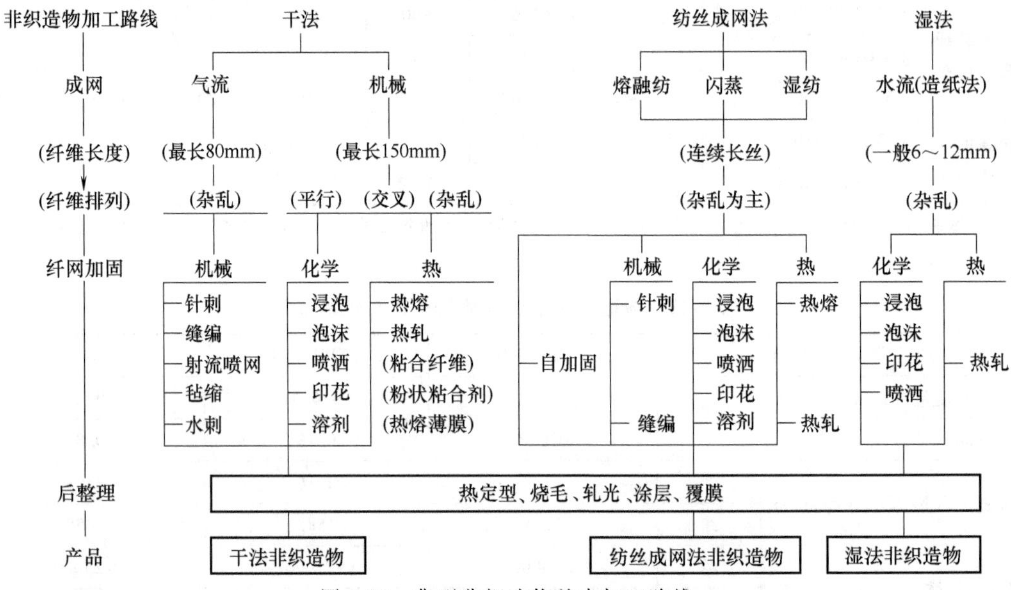

图 4-50 典型非织造物基本加工路线

2. 针刺毡滤料

(1) 构造特点 针刺毡滤料是袋式除尘器最常用的非织造滤料,与机织滤料相比,具有以下特点:

1) 针刺毡滤料中的纤维呈立体交错排列,呈三维结构,这种结构既有利于很快形成粉尘层,滤尘开始和清灰后也不存在直通的孔隙,捕尘效果稳定,除尘率高于一般织物滤料。测试结果表明,动态捕尘率可达 99.9%~99.99%以上;

2) 针刺毡没有或只有少量(有基布者)加捻的经纬纱线,孔隙率高达 70%~80%,为一般织造滤料的 1.6~2.0 倍,因而自身的透气性好、阻力低;

3) 易形成自动化一条龙生产线,便于监控和保证产品质量的稳定性;

4) 生产速度快,劳动生产率高,产品成本低。

(2) 生产工艺 针刺毡分有基布与无基布两类。增加基布是为了提高针刺织物的强度。有基布针刺毡滤料的生产工艺流程如图 4-51 所示。

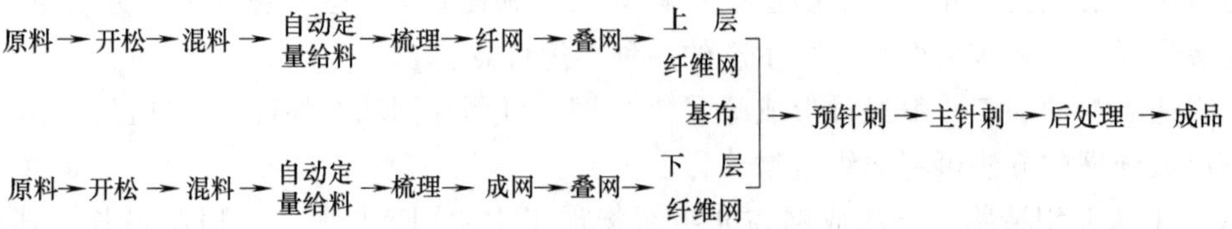

原料→开松→混料→自动定量给料→梳理→纤网→叠网→上层纤维网
基布
原料→开松→混料→自动定量给料→梳理→成网→叠网→下层纤维网
→预针刺→主针刺→后处理→成品

图 4-51 针刺毡滤料生产工艺流程

无基布针刺毡简化了生产流程,借助特殊的针刺工艺可以维持产品应有强度,但伸长率较大。

在工艺流程中，采取自动定量给料，以保证经疏理形成纤网的质地均匀。

叠网方法有很多，作为过滤材料，希望叠成的纤网中，纤维呈立体纵横交错而不是单相排列，以期获得最佳的过滤效果和经纬向比较接近的断裂强力和伸长率。

预针刺是对高度蓬松而无强力的纤网进行针刺，使之初步成形和减少厚度。其工艺流程如图 4-52 所示。为使蓬松的纤网能顺利进入针刺区，在喂入之前，首先须用压网辊 3 将之压缩，然后进入剥网板 6 和托网板 7 之间。经预针刺的纤网由牵拉辊 8 牵出，送入主针刺机。

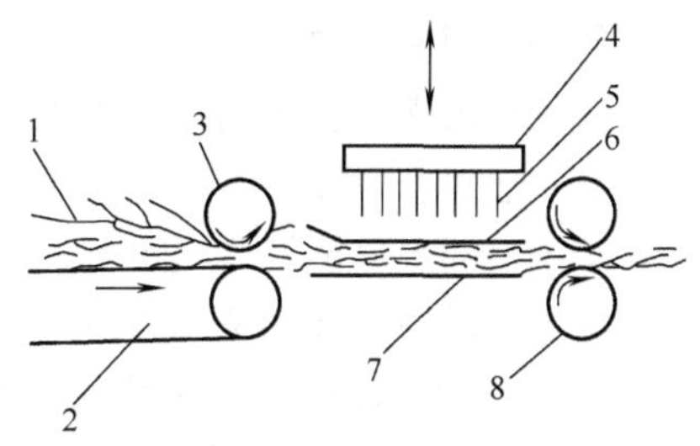

图 4-52　预针刺工艺流程

1—纤网　2—输送帘　3—压网辊　4—针板　5—刺针　6—剥网板　7—托网板　8—牵拉辊

为避免纤网过厚时在剥网板和托网板前受阻而导致纤网上、下纤维的前进速度不同步，致使纤网形成折痕，特将剥网板制成喇叭口状。也可将剥网板设计成上下活动式，即针刺时剥网板向下压纤网，此时纤网被压紧静止不动，当刺针回到最高位置时，剥网板也上升到使纤网能顺利通过的高度。

针刺机构（见图 4-53）是加工针刺毡的核心机构。

刺针是针刺机的关键部件，对刺针有下列基本要求：

1）平直度好，几何尺寸精确，表面光洁，钩刺平滑无毛刺，针尖形状一致；

2）弹形好，耐磨损，穿刺纤网时能承受大的负荷而不易折断。

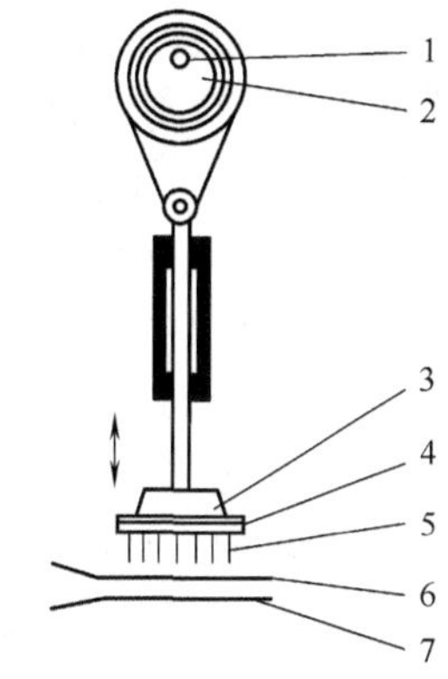

图 4-53　针刺机构

1—主轴　2—偏心轮　3—针梁　4—针板　5—刺针　6—剥网板　7—托网板

（3）工艺参数

1）针刺深度：针刺深度指刺针针尖向下通过托网板上表面的距离（对下针刺机而言），也就是刺针刺穿纤网后突出在网外的长度。针刺深度根据纤维类型、纤网厚度和滤料结构要求而定，一般在 3~17mm 之间。通常情况下，对粗长纤维组成的纤网、厚型纤网和产品要求硬度大时要刺得深些，反之可浅些。例如，加工合成革基底纤网时，用 1.5 旦×38mm 棉型纤维，刺深取 7mm；但加工 4 旦×51mm 丙纶纤维针刺毡时，刺深则取 10mm。

2）针刺密度：针刺密度指单位面积纤网受到的针刺数。可用下式计算：

$$D_{\mathrm{n}}=\frac{N}{100S} \tag{4-15}$$

式中　D_{n}——针刺密度（针刺数/cm^2）；

N——1m 长度针板上的植针数；

S——针刺机每刺一次纤网前进的距离（cm/刺）。

针刺密度依滤料性质而定，一般情况下，针刺密度越大，成品的强力越大。但对滤料而言，密度应适宜。因为滤料的强力主要依靠基布，过密时成品过硬过挺，不利于使用，而且还可能刺伤基布，降低滤料的强力。

3）铺网层数：若不考虑牵伸因素，叠网的层数可用下列近似公式计算：

$$M=\frac{WV_1}{LV_2} \tag{4-16}$$

式中　M——铺网层数（层）；

W——梳理机梳出的纤网宽度（m）；

V_1——铺网帘往复速度（m/min）；

L——铺叠成网宽度（m）；

V_2——成网帘移动速度（m/min）。

针刺毡滤料要求纤网重量均匀，边部整齐，一般铺网以 16~20 层较好。对于薄型滤料铺网层数可少些，厚型滤料则需多些。针刺滤料的工艺参数可参看图 4-54。

（4）玻璃纤维针刺毡滤料工艺特点　天然纤维、合成纤维带有一定卷曲度，在梳理过程中容易进行分梳；同时由于纤维与纤维之间具有抱合力，其纤维网有一定的强度，便于成网和针刺。玻璃纤维不同于天然纤维和合成纤维，其表面光滑，无卷曲度，纤维与纤维之间的抱合力小，这给玻璃纤维的梳理、成网、针刺带来较大的难度。制毡时需首先用专用玻璃纤维浸润剂来改善玻璃纤维的柔软性和耐磨性，提高纤维的抗静电性。因此，玻璃纤维的梳理、成网、针刺设备以及工艺参数均与合成纤维有一定差异，需特殊设计。

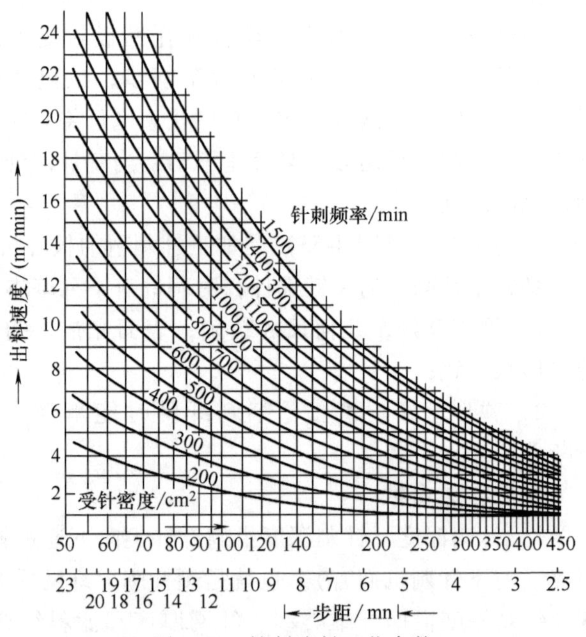

图 4-54　针刺滤料工艺参数

玻璃纤维针刺毡必须进行表面处理，以加强毡层与基布的结合牢度，保护毡层与基布免受磨损和腐蚀，提高毡层表面的粉尘剥离性。

（5）典型针刺毡滤料　常用的针刺毡滤料品种及其性能参数见表 4-46~表 4-48。

表 4-46　涤纶针刺毡滤料性能参数①②

序号			项目 \ 滤料型号	ZLN-D350	ZLN-D400	ZLN-D450	ZLN-D500	ZLN-D550	ZLN-D600	ZLN-D650	ZLN-D700	无基布③
I	形态特性	1	材质	涤纶	涤纶	涤纶	涤纶	涤纶	涤纶	涤纶	涤纶	涤纶
		2	加工方法	针刺成形、热定型、热辊压光								热定型、烧毛
		3	单位面积质量/(g/m²)	350	400	450	500	550	600	650	700	500
		4	厚度/mm	1.45	1.75	1.79	1.95	2.1	2.3	2.45	2.60	1.9
		5	体积密度/(g/cm³)	0.241	0.229	0.251	0.256	0.262	0.261	0.265	0.269	
		6	孔隙率(%)	83	83	82	81	81	81	81	80	

（续）

序号	项目				ZLN-D350	ZLN-D400	ZLN-D450	ZLN-D500	ZLN-D550	ZLN-D600	ZLN-D650	ZLN-D700	无基布[3]
Ⅱ	强力特性	1	断裂强力/(N/5×20cm)	经	870	920	970	1020	1070	1120	1170	1220	1100
		2		纬	1000	1100	1200	1350	1500	1700	2000	2100	1500
Ⅲ	伸长特性	1	断裂伸长率(%)	经	23	21	22	23	22	23	23	26	40
		2		纬	40	40	35	30	27	26	26	29	45
Ⅳ	透气性	1	透气度	[1/(m²·s)]	480	420	370	330	300	260	240	200	
		2		[m³/(m²·min)]	28.8	25.2	22.2	19.8	18	15.6	14.4	12	18
		3	透气度偏差(%)		±5	±5	±5	±5	±5	±5	±5	±5	
Ⅴ	阻力特性	1	洁净滤料阻力系数					15					
		2	残余阻力/Pa					216					
	捕尘特性	1	动态捕尘率(%)					99.99					
		2	粉尘剥离率(%)					93.2					
Ⅶ	使用特性	1	使用温度/℃	连续	<130								
		2		瞬间	<150								
		3	耐酸性		良(分别在浓度为35%盐酸、70%硫酸或60%硝酸中浸泡,强度几乎无变化)								
		4	耐碱性		一般(分别在浓度为10%氢氧化钠或28%氨水中浸泡,其强度几乎不下降)								
资料来源					①			②	①				

① 全国袋滤技术研讨会文集（第七期）附录Ⅴ、Ⅵ、Ⅶ数据。

② 国家环保局全国环保产品认定检测报告。

③ 摘自上海安德鲁公司产品样本。

表 4-47　丙纶针刺毡滤料性能参数[1][2]

序号	项目				ZLN—B500	ZLN—B550	ZLN—B600
Ⅰ	形态特性	1	材质		聚丙烯		
		2	真比重		1.14~1.17		
		3	加工方法		针刺成形、热烘燥、热辊压光		
		4	单位面积质量/(g/m²)		500	550	600
		5	厚度/mm		2.1	2.15	2.2
		6	体积密度/(g/cm³)		0.238	0.256	0.273
		7	孔隙率(%)		79.4	77.9	76.4
Ⅱ	强力特性	1	断裂强力/(N/5×20cm)	经	900	950	1000
		2		纬	1200	1400	2036

（续）

序号			项目		滤料型号 ZLN—B500	ZLN—B550	ZLN—B600
Ⅲ	伸长特性	1	断裂伸长率(%)	经	34	32	32
		2		纬	30	35	38
Ⅳ	透气性	1	透气度	$1/(m^2 \cdot s)$			200
		2		$m^3/(m^2 \cdot min)$			12
		3	透气度偏差(%)				+5/-7
Ⅴ	阻力特性	1	洁净滤料阻力系数				19.8
		2	残余阻力/Pa				209
Ⅵ	捕尘特性	1	动态捕尘率(%)				99.9
		2	粉尘剥离率(%)				93.7
Ⅶ	使用特性	1	使用温度/℃	连续	85		
		2		瞬间	100		
		3	耐酸性		优	优	优
		4	耐碱性		优	优	优
资料来源					①	①	②

① 全国袋滤技术研讨会论文集（第七期）。

② 国家环保局全国环保产品认定检测报告。

表 4-48 耐热抗腐针刺毡滤料性能参数①②

序号			项目		芳纶针刺毡 ZLN—F450	芳纶针刺毡 ZLN—F500	芳纶针刺毡 ZLN—F550	PPS针刺毡 ZLN—R500	PPS针刺毡 ZLN—R550	P84针刺毡 ZLN—P500	P84针刺毡 ZLN—P550	玻纤复合针刺毡	宝德纶毡
Ⅰ	形态特性	1	材质		芳香族聚酰胺			聚苯硫醚		聚酰亚胺		玻纤芳纶复合	噁二唑
		2	真比重		1.38			1.37		1.41			
		3	加工方法		针刺成形、热烘燥、热辊压光(根据需要可烧毛)								
		4	单位面积质量/(g/m^2)		450	500	600	500	600	500	550	1090	577
		5	厚度/mm		2.0	1.8	2.2	2.0	2.1	2.6	2.7	2.7	1.79
		6	体积密度/(g/cm^3)		0.225	0.217	0.25	0.25	0.28	0.19	0.20		
		7	孔隙率(%)		83.7	84.2	81.9	81.8	79	86	86		
Ⅱ	强力特性	1	断裂强力/(N/5×20cm)	经	800	851	980	890	866	830	930	2000	931
		2		纬	950	1213	1300	1010	1184	1030	1080	2000	1936
Ⅲ	伸长特性	1	断裂伸长率(%)	经	30	22	27.4	24.8	34.4	25	26	3.8	8.1
		2		纬	43	36	40.4	38.6	34.5	34	35	1.7	59.2

（续）

序号			项目		芳纶针刺毡			PPS针刺毡		P84针刺毡		玻纤复合针刺毡	宝德纶毡
			滤料型号		ZLN—F450	ZLN—F500	ZLN—F550	ZLN—R500	ZLN—R550	ZLN—P500	ZLN—P550		
Ⅳ	透气性	1	透气度	$1/(m^2 \cdot s)$		210	222	275	137	186		80	
		2		$m^3/(m^2 \cdot min)$		12.6	13.3	16.5	8.25	11.17		4.8	10.8
		3	透气度偏差(%)			+12 -6	+10	+16 -8	+7 -4	+4 -5		+7 -7	
Ⅴ	阻力特性	1	洁净滤料阻力系数				5.3	10.5	18	9.4		28	
		2	残余阻力/Pa				347	132	198	75			
Ⅵ	捕尘特性	1	动态捕尘率(%)				99.9	99.9	99.996	99.9		99.9	99.99
		2	粉尘剥离率(%)				96.3	95.2	84.8	93.9			83.4
Ⅶ	使用特性	1	使用温度/℃	连续	170~200			130~190		160~240		160~200	250
		2		瞬间	250			200		260		220	300
		3	耐酸性		一般			优		优		一般	
		4	耐碱性		良			优		差		一般	
资料来源					①		②	②	①		①		

① 全国袋滤技术研讨会论文集（第七期）。

② 国家环保局全国环保产品认定检测报告。

3. 水刺毡滤料

水刺非织造布的工业化生产是20世纪80年代实现的，其原理与针刺法相似，所不同的是将钢针改为极细的高压水流，利用水流的穿刺力使纤维网中的纤维相互渗透缠结。水刺法加工工艺的主要优点是：工艺较简单；产品中无黏合剂，无环境污染；纤维不受损伤；产品不起毛、不掉毛、不含其他杂质；产品吸湿、柔软，外观与性能接近于传统的纺织品，手感和悬垂性好等。

因此，水刺技术起步较晚，但发展极为迅速，有人将其誉为21世纪非织造布工业的一颗生机勃勃的明星。

（1）水刺原理　水刺工艺与针刺工艺十分相似，只是利用高压水柱形成的“水针”取代针刺工艺中的钢针，起穿刺作用，工艺原理如图4-55所示。纤维网由托网帘输入水刺区，当一股极细的高压水柱经水刺头、水针板垂直地射向被托持在金属网帘上的纤维网时，受到这股水柱冲击的一根或一束纤维便受到“水针”的作用而向下运动，纤维在水力作用下从表面被带到网底，使纤维网中部分纤维之间发生相互渗透缠结作用而得到加固。当水针穿过纤维网射到托网帘后，又形成不同方向的反射作用，在水柱反弹到纤维网反面时，纤维网又受到了多方位水柱的穿刺，因而在整个水刺过程中，纤维网中的纤维在从正面直接冲击的水针和托网帘反弹水柱从反面穿插的双重作用下，形成了不同方向的无序缠结。如果有很多股水柱在纤维网整个宽度上同时垂直地向纤维网喷射，通过控制喷射的时间，同时托持纤维网的金属网帘连续不停地输送，则纤维网便得到机械加固形成水刺毡。

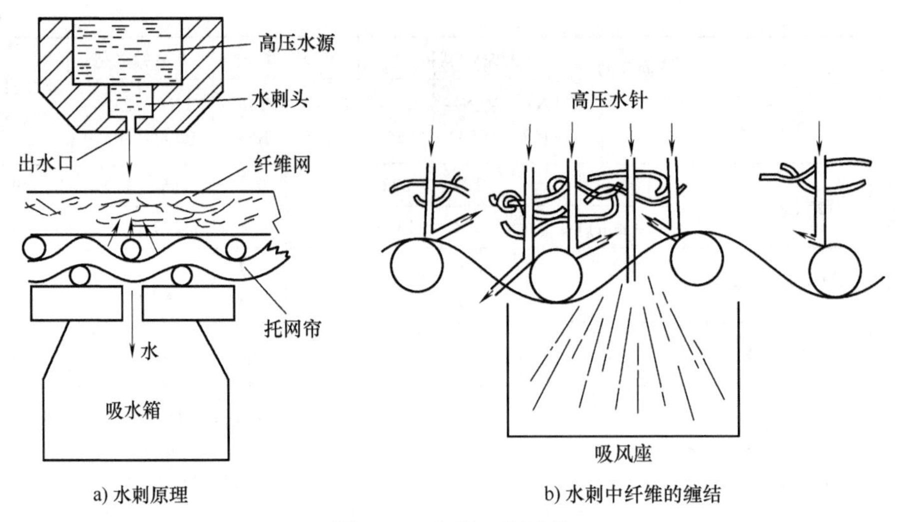

a) 水刺原理　　b) 水刺中纤维的缠结

图 4-55　水刺工艺原理

（2）水刺工艺　水刺工艺流程如图 4-56 所示，一般为：纤维成网→预湿→正反面多道水刺加固→(花纹水刺)→脱水→(预烘干)→后整理（印花、浸胶、上色、上浆等)→干燥定型→分切→卷绕→包装。

纤维可采用干法梳理成网和气流成网、湿法成网与纺丝直接成网和熔喷成网，其中以干法梳理成网应用最多、最普遍，其次是气流成网和湿法成网。纤维网定积重量一般为 24~500g/m^2。

水刺加固工艺过程如图 4-57 所示。

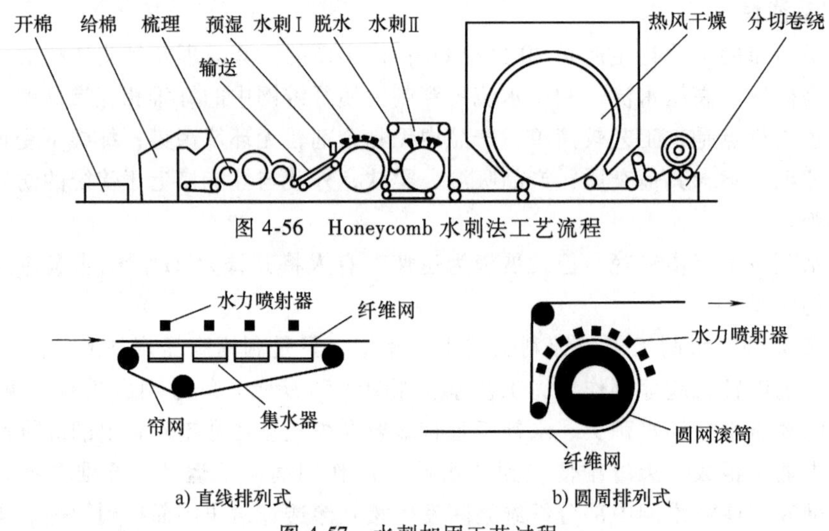

图 4-56　Honeycomb 水刺法工艺流程

a) 直线排列式　　b) 圆周排列式

图 4-57　水刺加固工艺过程

（3）水刺滤料特点及应用　水刺滤料在加工过程中纤维受到的机械损伤较针刺滤料要低，所以在同等克重下，其强力高于针刺滤料。

由于水针为极细的高压水柱，其直径较针刺工艺的刺针要细，所以水刺毡几乎无针孔，表面较针刺毡更光洁、平整，从而过滤效果性更好，更适于超低排放要求下应用。

由于烟气净化用滤料的单位面积质量较一般民用纺织材料要大得多，采用现有的生产纺织品水刺材料的水刺机械难以制造出来，我国科技人员发明了新的工艺流程。即采用先行预针刺，之后再进行水刺的工艺流程，利用现有的水刺机械，制造出来了高克重的烟气净化用滤料。我国的工艺流程如图 4-58 所示。

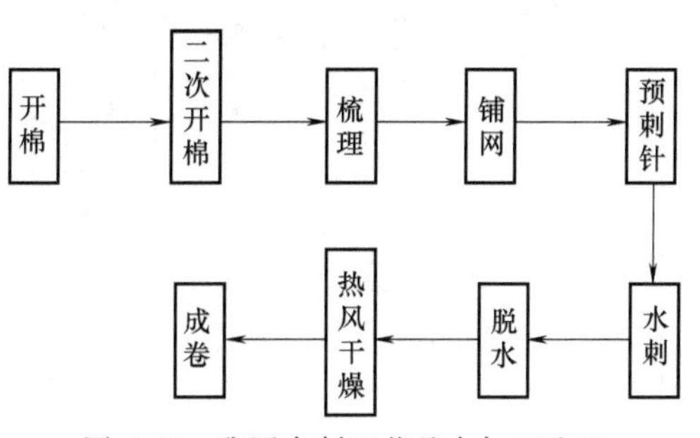

图 4-58　我国水刺工艺基本加工流程

采用水刺工艺制造除尘滤料目前在我国已经得到推广应用，其中以电力行业的 PPS 水刺滤料为典型应用。日本采用水刺工艺，将一层枝状超细 PTFE 纤维复合在各种基材（织物或针刺毡）上，成功开发了 ADMIREX 高性能滤料。由于水刺不会损伤纤维，可以使用玻纤织物作为基布，从而降低了滤料成本，已在垃圾焚烧炉等特种烟气净化系统获得应用。

五、特种滤料

1. 混合纤维滤料

使用两种或两种以上纤维材料混合加工制成的滤料，称为混合纤维滤料。

混合纤维滤料中以采用玻纤与耐高温合成纤维混合制成的复合针刺毡应用较多。采用同一耐温等级的 P84 纤维与细旦玻纤混合，发挥 P84 纤维异形断面优异抱合、过滤性能和细旦玻纤良好力学性能制成综合性能优良的混合纤维针刺毡，成为高炉煤气净化的首选滤料。采用玻纤与芳纶纤维混合制成的复合毡较多应用于电炉烟气净化。这种复合毡通过玻纤与 P84 或芳纶的混合弥补了纯玻纤毡不耐折的缺点，或者说提高了玻纤毡的耐折性；而对于纯芳纶毡而言，通过与玻纤的混合制成复合毡，降低了纯化纤毡的成本。

采用玻纤与 PPS 纤维混合后制成的复合毡应用于锅炉烟气净化。PPS 是耐酸、碱腐蚀性能优良的纤维，与玻纤复合既可以满足电厂燃煤锅炉烟气排放的要求，又较纯 PPS 针刺毡成本大幅降低。

电力行业为了提高混合后制成针刺毡（水刺毡）滤料的耐腐蚀性和抗氧化性，采用 PPS 纤维和 PTFE 纤维混合后制成针刺毡（水刺毡）。混合纤维滤料随着纤维混合的比例不同，及滤料制造工艺及参数的优劣，滤料性能会有显著差异，选用混合滤料时要慎重考虑木桶效应的问题。

采用 PPS 和 P84 两种纤维混合制成的针刺毡滤料，利用 P84 纤维耐温性能及抱合性能优于 PPS 这一属性，减轻高温粉尘及炽热颗粒对滤料表面的损伤。

采用玻纤纱与聚四氟乙烯纱并捻织造的玻纤布也可列入此范畴。

表 4-49 为典型混合针刺毡滤料产品及其性能参数。

消静电滤料也是一种具有特种功能的混合纤维滤料。

化纤滤料极易摩擦带电，又因比电阻较高而不易释效电荷。例如，丙纶毡表面电阻可达 $1\times10^{14}\Omega$，摩擦 1min 可产生 2000V 高压静电，半衰期为 1600s。静电火花能引燃可燃粉尘或可燃气体，甚至发生爆炸。有些易荷电的粉尘积聚在滤料表面，影响滤袋的清灰效果，造成除尘器高阻运行。

为预防静电危害，除尘器可采用消静电滤料，使滤料表面积聚的电荷通过接地的除尘器壳体释放。使常规滤料具有导电性的通用方法是掺入导电纤维：

表 4-49 典型混合针刺毡滤料产品（普耐 R）及性能参数

型号	成分		克重/(g/m²)	厚度/mm	密度/(g/cm³)	透气度/[L/(dm²·min)]	断裂强力/(N/5cm)		伸长率/(200N/5cm)		90min最大收缩		使用温度/℃		后处理	应用领域
	纤维	基布					纵向	横向	纵向	横向	温度/℃	%	连续	瞬间		
TF/TF 1750-B-12	PTFE	PTFE	750	1.1	0.68	100	≥600	≥600	<5	<5	260	3	240~260	160	PTFE处理	垃圾焚烧燃煤锅炉
PUNATE CPD001	IP84/PTFE/GL	PTFE	530	2.0	0.265	200	>600	>600	>3	>3	280	<1	240	280	热定型、烧毛、PIFE处理	高炉煤气、垃圾焚烧、旋窑窑尾
PUNATE CPD002	P84/GL	GL	800	2.5	0.32	200	>1500	>1500	<2	<2	260	<1	240	280	烧毛、PTFE处理	高炉煤气、铁合金、旋窑窑尾
PUNATE CPD003	P84/PPS/GL	PTFE	530	2.0	0.265	200	>600	>600	<3	<3	230	<1	180	230	热定型、烧毛、PTFE处理	燃煤锅炉、垃圾焚烧
PUNATE CPD004	PPS/GL	PPS	530	2.2	0.264	150	>800	>800	<3	<3	220	<1	180	200	热定型、PTFE处理	燃煤锅炉、垃圾焚烧
PUNATE CPD005	PPS/GL	GL	800	2.5	0.32	200	>1500	>1500	<2	<2	230	<1	180	230	PTFE处理	燃煤锅炉
PUNATE CPD006	PPS/GL	PB4+PPS	530	2.0	0.265	150	>600	>600	<3	<3	230	<1	180	220	热定型、PTFE处理	燃煤锅炉、垃圾焚烧
PUNATE CPD007	PTFE/GL	PTFE	700	1.5	0.167	120	>600	>600	<3	<3	280	<1	240	280	热定型、PIFE处理	垃圾焚烧、铜冶炼、钛白粉
PIUNATE CPD008	Aramid/GL	Aramid	480	2.2	0.218	220	>600	>600	<3	<3	250	<1	200	250	PTFE处理	沥青、石灰窑、窑头篦冷机、自炭黑

1）在机织滤料的经纱中间隔编入导电纱线；

2）在针刺滤料基布的经纱中间隔编入导电纱线；

3）在针刺滤料的纤网中混入导电纤维。

滤料的消静电性与导电纤维或导电纱线的导电性及其在滤料中的密度有关。

导电纤维有不锈钢纤维、碳纤维及改性合纤类纤维等。机织消静电滤料采用经向每间隔20~25mm置一根不锈钢导电纱。消静电针刺毡在基布经向或经、纬同时，每8~10mm设一根合纤导电纱，或在面层中掺入适当比例的纤维。多年实践表明，采用在面层中掺入5%~15%导电纤维的针刺毡（水刺毡）消静电效果好。使用导电合纤的消静电滤料如果存放和使用不当，其导电性可能下降。

常用消静电滤料产品及性能参数见表4-50。

表 4-50　常用消静电滤料产品及性能参数①②

特性		项目（滤料名称）		针刺毡滤料		机织滤料
				ZLN—DFJ	ENW(E)	MP922
形态特性	1	材质		涤纶	涤纶	
	2	加工方法		针刺成型后处理	针刺成型后处理	
	3	导电纱(或纤维)加入方法		基布间隔加导电经纱	面层纤维网中混有导电纤维	经向间隔25mm置一根不锈钢导电纱
	4	单位面积质量/(g/m^2)		500		325.1
	5	厚度/mm		1.95		0.68
强力特性	1	断裂强力/(N/5×20cm)	经向	1200	1149.5	3136
	2		纬向	1658	1756.2	3848
伸长特性	1	断裂伸长率(%)	经向	23	15.0	26
	2		纬向	30	20.0	15.2
透气性	1	透气度/(m^3/m^2·min)		9.04		
	2	透气度偏差(%)		+7 -12		
阻力特性	1	洁净滤料阻力系数		11		
	2	再生滤料阻力系数		170		
	3	动态滤尘阻力/Pa		245		
滤尘特性	1	静态捕尘率(%)		99.9		
	2	动态捕尘率(%)		99.99		
清灰特性	1	粉尘剥离率(%)		94.7		
静电特性	1	摩擦荷电荷密度/(μC/m^2)		2.8	0.32	0.399
	2	摩擦电位/V		150	19	132
	3	半衰期/s		<0.5	<0.5	<0.5
	4	表面电阻/Ω		9.0×10^3	2.4×10^3	3.26×10^4
	5	体积电阻/Ω		4.4×10^3	1.8×10^3	3.81×10^4
资料来源				①②	③	③

① 全国袋滤技术研讨会论文集（第七期）。

② 国家环保局全国环保产品认定随机抽样检测报告。

③ 东北大学滤料检测中心检测报告。

2. 静电驻极增强滤料

纤维过滤的机理有惯性、扩散、截留和静电等作用因素。如果能加强静电的作用，必然会增加颗粒物的捕获能力，即增加过滤效率。所以，可以采用驻极体纤维作为面层，或通过浸渍至含有驻极体材料后再处理的方式实现静电驻极增强。

3. 覆膜滤料

覆膜滤料是在常规非织造滤料或织造滤料表面覆上一层 PTFE 微孔薄膜，提高其过滤、清灰性能的复合结构滤料。

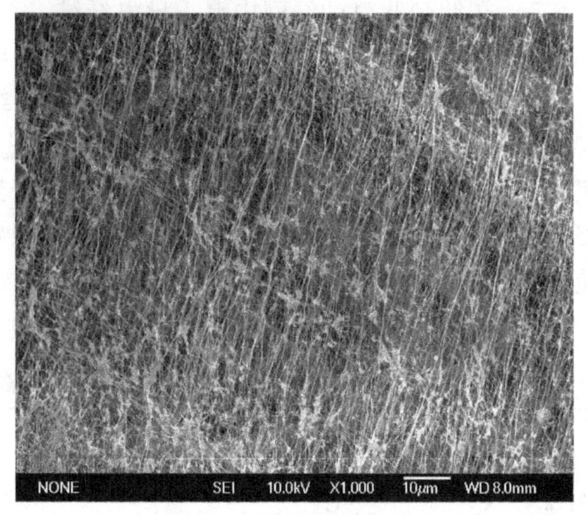

图 4-59　膜结构电镜照片

（1）制膜工艺　先将聚四氟乙烯树脂与润滑剂混炼，挤压成坯，再通过压模连续冷压成条，然后在纵、横两个方向拉伸，形成孔径 0.05～3μm、孔隙率 85%～93%的多孔膜（见图 4-59）。制膜生产工艺流程如图 4-60 所示。

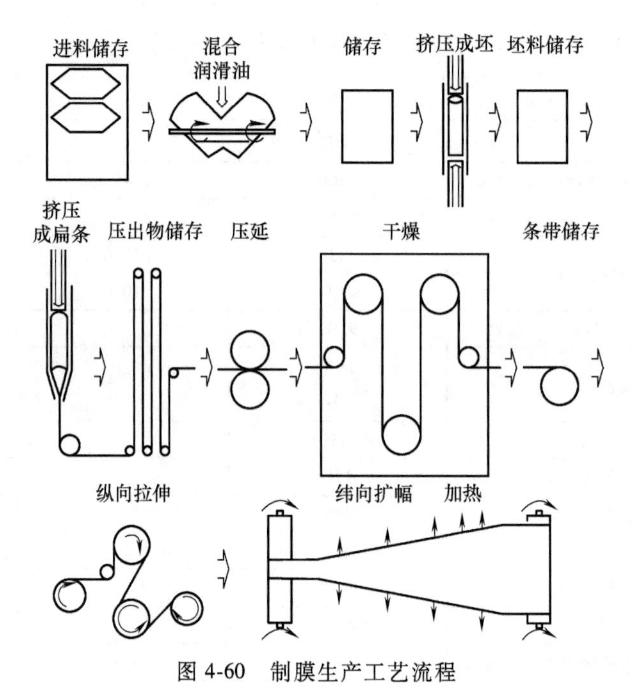

图 4-60　制膜生产工艺流程

（2）覆膜工艺　薄膜与基布的结合有两种方法：一种方法是热熔结合，即先将基布烧毛，然后使薄膜与基布通过一系列轧辊，在温度与压力的联合作用下，两者结合在一起，对热塑性的基布，可以直接进行热结合，对热固性的基布，则须先用“特氟隆 B”处理，然后再热结合；另一种方法是用黏合剂黏结。后者复合强度较低，尤其在高温及特种气体工况下，因黏合剂变质失效造成脱膜，而且黏合剂会堵塞膜孔，降低膜的透气性。除尘滤料大都采用热熔覆膜工艺。

（3）覆膜滤料的特点

1）滤料覆膜后实现表面过滤，依靠膜自身的过滤功能即可获得良好的捕尘效果。测试表明，这种滤料对 0.01～1.0μm 粉尘的分级捕尘率可达 97%～99%以上，总捕尘率可达 99.999%，比覆膜前高一个数量级。

2）滤料覆膜有助于提高自身的疏水性，防止袋式除尘器在潮湿条件下因结露造成糊袋板结失效。

3）覆膜滤料存在“小鸡进栅栏”现象，中、后期存在阻力偏高情况。

4）聚四氟乙烯具有良好的耐热和耐腐蚀性能，化学稳定性好，使覆膜滤料的应用领域不断扩大。

20 世纪末华东某企业开发出国产覆膜滤料，1994 年首先在某钢铁公司 1#高炉炉顶装料除尘改造项目中应用，获得成功。

（4）创新发展　我国先期开发的覆膜滤料以厚度 1～5μm 的薄型膜为主，专注于微孔结构及孔隙率。在推广应用过程中，逐渐暴露出拉膜工艺、覆膜质量以及制袋、安装、使用过程中膜易破损等一系列问题，尤其对较为脆硬的无机纤维基本覆膜，产生了“覆膜滤料还不如不覆膜的负面评述”。引起业界的广泛关注与认真思索，比较一致的认识是：覆膜滤料的膜不是越薄越好，在确保微孔结构优良的前提下，应适当增加膜的厚度，有利于高质量拉膜和覆膜，提高膜表面耐磕碰、抗冲刷性，确保覆膜滤料保持稳定高性能，延长使用寿命。

我国多家环保公司针对覆膜滤料在推广应用过程中不断暴露的膜脱落、易磨损、寿命不长等问题，做二次开发工作，在覆膜滤料厚膜化以及全面提升覆膜滤料产品质量性能、扩大市场应用等方面取得显著成绩。

我国一家无机纤维滤料专业制造商于 2010 年启动“高硅氧（改性）玻纤复合滤料”研究开发。主要核心技术：常规玻纤纯化和超细化处理，SiO_2 富集量高达 96%，细度 5μm；纬线掺混膨体纱、基布织制及浸润剂后处理技术，提高柔软性和平整度；适应无机纤维机织基布需求，专门拉制厚度 15～20μm 的 PTFE 微孔膜，孔径 0.2～1μm，孔隙率>80%；试验确定最佳热熔覆膜工艺参数，覆制高质量高硅氧（改性）玻纤复合滤料，代号 DCE-MC601。2017 年 7 月中国环境科学学会组织专家鉴定，认为“该成果整体上达到国际先进水平”。至今已在燃煤电厂、生物质发电、中小型生活锅炉、垃圾焚烧领域超低排放改造中得到全面推广应用，排放浓度达到 5～10mg/Nm^3，正常使用寿命大于 4 年。

为适应水泥行业超低排放的需求，某滤料企业就“高性能覆膜滤料”专题做了卓有成效的创新开发工作。着重于：超细纤维及超细面层均匀混纺及针刺技术：通过优选 PTFE 粉剂、采用仿真模拟技术，制定最佳工艺参数，拉制高效低阻微孔薄膜；完善覆合乳液浸渍、烧毛及压烫工艺，提高基布表面光洁度及平整度；装备完善全自动覆膜工艺生产线。针对水泥窑窑头、窑尾烟气特点，最终开发形成分别选用芳纶和铁纶为基材的两个系列高性能覆膜滤料产品。高效低阻微孔膜与同类产品相比：孔径下降了 33%，膜的透气率提升 11%，覆膜后滤料透气率提升 13%，在确保高效过滤性能的前提下，有利于降低除尘器阻力，节省运行能耗。对比数据详见表 4-51。

我国常用覆膜滤料产品及其性能参数见表 4-52。高性能覆膜滤料用于河南某水泥厂 5000t/d 新型干法旋窑烟气超低排放改造工程，设计及实测运行参数见表 4-53。

表 4-51 高效低阻微孔膜性能参数及与同类产品比较表

项目		高效低阻膜	常规膜	微孔膜	附注（与常规膜比较）
孔径/μm		0.94	1.41	0.85	-33%
孔隙率(%)		92.42	82.61	89.33	
膜透气率/[m^3/(m^2·min)]		6.87	6.18	4.28	+11%
滤料透气率/[m^3/(m^2·min)]		2.35	2.07	1.71	+13%
断裂强力/(N/5×20cm)	T	15.74	12.23	28.68	
	W	16.83	9.16	22.47	
断裂伸长率(%)	T	14.2	13.6	10.2	
	W	14.6	14.4	11.8	

表 4-52 常用覆膜滤料产品及其性能参数

序号			项目 \ 滤料名称		覆膜针刺毡 M/ENW		覆膜 729 M/EWS		DCE-MC601
Ⅰ	形态特性	1	材质		涤纶毡 ePTFE 覆膜		涤纶织物 ePTFE 覆膜		高硅氧玻纤覆膜
		2	真比重		1.38		1.38		
		3	加工方法		针刺毡、热烘、热压后覆膜		机织覆膜		机织浸润覆膜
		4	单位面积质量/(g/m^2)		500	505	231.5	320	750
		5	厚度/mm		2.21	2.2	0.5	0.65	0.72
		6	体积密度/(g/cm^3)		0.226	0.229	0.463	0.492	
		7	孔隙率(%)		83.6	83.4	66.4	64.3	>80
Ⅱ	强力特性	1	断裂强力/(N/5×20cm)	经	1010	1350	2975	3210.5	2943
		2		纬	1280	900	2165	2083.5	3406
Ⅲ	伸长特性	1	断裂伸长率(%)	经	19.3	23	27.0	25	7.0
		2		纬	48.9	30	28.3	23	4.2
Ⅳ	透气性	1	透气度	dm^3/(m^2·s)	40.2	35.0	33	21.4	25
		2		m^3/(m^2·min)	2.41	2.10	1.98	1.281	1.5
		3	透气度偏差(%)		+14.5 -19.8	+16.9 -22.1	+28.4 -26.4	+6.8 -5.2	+4.5 -4.8
Ⅴ	阻力特性	1	洁净滤料阻力系数		47.9	49.9	91.5	56.1	
		2	残余阻力/Pa		181	187	174.0	191.0	297.8
Ⅵ	捕尘特性	1	静态捕尘率(%)		>99.999	>99.999	99.999	99.999	99.998
		2	粉尘剥离率(%)			96.67		96.85	93.6

（续）

序号			项目	滤料名称	覆膜针刺毡 M/ENW		覆膜 729 M/EWS		DCE-MC601
Ⅶ	使用特性	1	使用温度	连续	130	130	130	130	260
		2		瞬间	150	150	150	150	280
		3	耐酸性		良	良	良	良	优
		4	耐碱性		良	良	良	良	良
资料来源					①	②	②	②	③

① 全国袋滤技术研讨会论文集（第七期）。
② 国家环保局全国环保产品认定检测报告。
③ 东北大学滤料检测中心检测报告。

表 4-53　河南某水泥厂 5000t/d 新型干法旋窑烟气超低排放改造工程设计及实测运行参数

项目	窑头脉冲袋式除尘器	窑头脉冲袋式除尘器	附注
处理烟气量/($\times 10^4 m^3/h$)	62	90	
烟气温度/℃	95～160	100～220	
入口浓度/(g/Nm^3)	≤40	80～100	
滤料选型	高性能芳纶覆膜滤料	高性能铁纶覆膜滤料	原为常规针刺毡
滤袋规格/mm	$\phi 160\times 6300$	$\phi 160\times 6500$	
过滤面积/m^2	12156	18253	
过滤速度/(m/min)	≤0.85	≤0.84	
标定排放浓度/(mg/Nm^3)	3.7	3.42	设定浓度 10
标定运行阻力/Pa	<600	<700	设定阻力 1200

4. 超细面层梯度结构滤料

超细面层梯度结构滤料是由多层纤网与基布叠合，经针刺或水刺制成的非织造滤料，纤网层由单一均质结构改为多层梯度结构，梯度结构主要体现在纤维细度和纤维层密度沿气流方向的变化，通常面层采用超细致密纤网，是非织造滤料制造工艺的一大创新。

1）20 世纪 90 年代，我国东北一家滤料公司开创高密面层针刺毡滤料的试验研究获得成功。高密面层针刺毡滤料面层采用高密纤网，用针刺络合成毡，是梯度结构滤料的雏形。

2）2007 年，华东某钢铁公司立项提效改造自备电厂 3#-330MW 机组，将原四电场电除尘器改为行喷脉冲袋式除尘器，粉尘排放浓度考核标准定为 $20mg/m^3$。根据该机组与煤气混烧，燃烧工况复杂、烟气参数多变的特点，经过认真技术分析对比，确定滤料选用超细面层梯度这一特殊型式，与东北某滤料企业合作开发 PPS 材质超细面层梯度结构滤料，结构形式如图 4-61 所示。

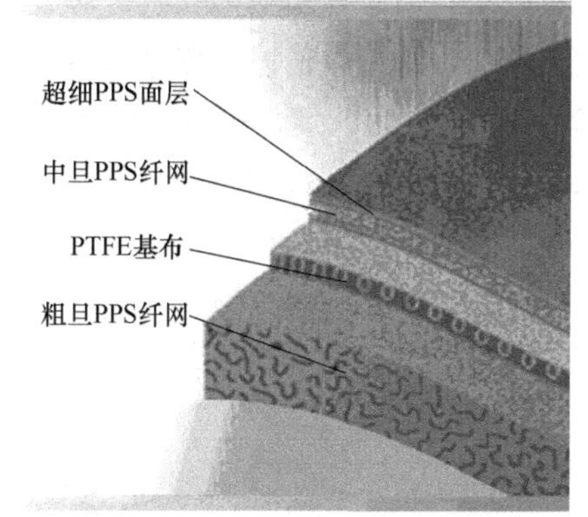

图 4-61　超细面层梯度结构剖面图

面层设计两种方案：A 型为 1d（30%）与 2d

PPS混合纤网；B型为纯1d PPS纤网。某滤料公司研究院在VDI试验台对常规滤料与梯度结构滤料对比试验表明：B型的运行阻力、清灰周期、出口粉尘浓度等项总体性能最佳，尤其是运行时间越长，这种优势越明显，如图4-62所示。由此确定采用纯超细面层梯度结构型式，超细纤维的合理配比可为絮棉层纤维量的15~3。

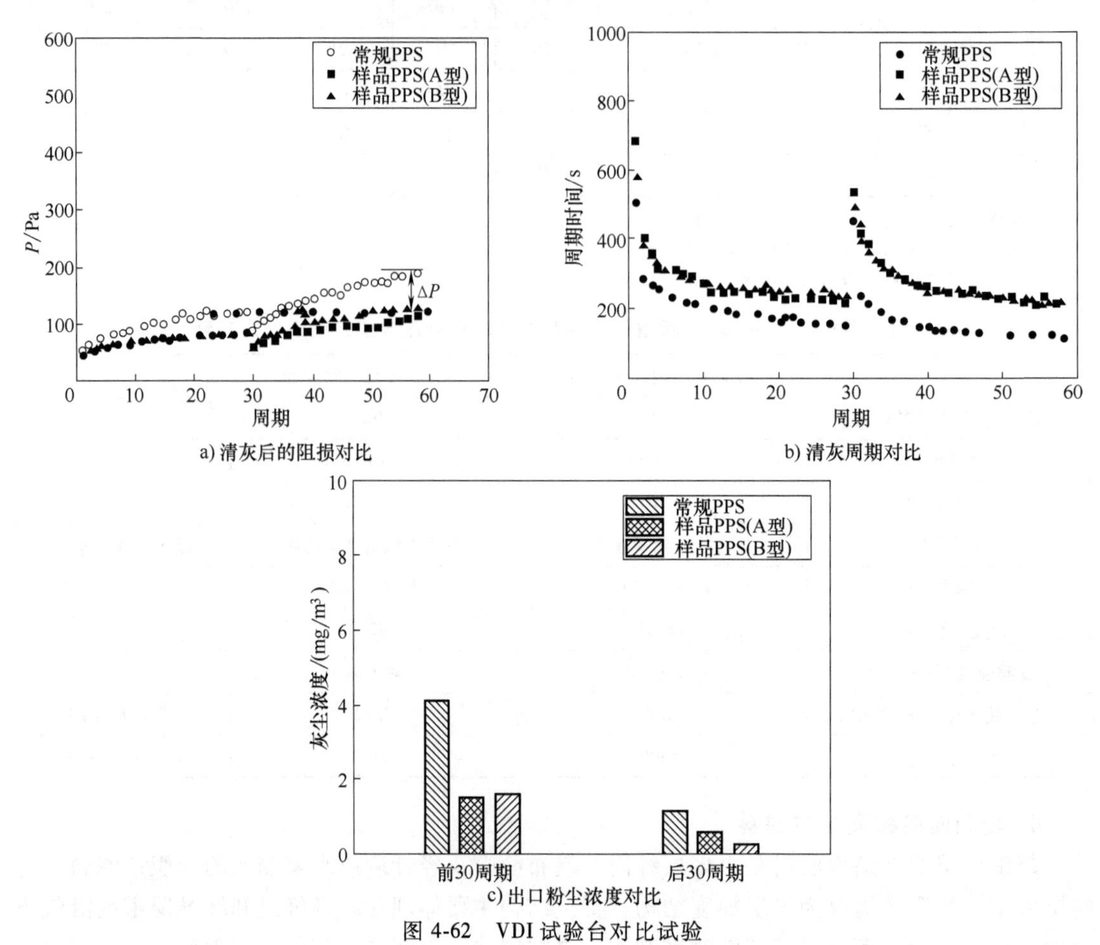

a) 清灰后的阻损对比

b) 清灰周期对比

c) 出口粉尘浓度对比

图4-62 VDI试验台对比试验

本项目于2009年6月竣工投运，至今已有十多年，除尘器经受了全燃煤、最大混烧高炉煤气、机组满负荷发电、烟气喷雾冷却加湿、锅炉水冷壁爆管等多种工况的考验，一直稳定运行，PPS超细面层梯度结构滤料首期使用寿命超过5年。除尘器入口温度长期保持在120~160℃之间，烟尘排放浓度小于15mg/Nm^3，上限阻力维持在900Pa以下。表4-54为电改袋前后，委托实测的运行参数对比。超细面层梯度结构滤料首次在大型改造项目整机试用取得成功，推进了在电力、冶金、建材等重污染行业的推广应用。

表4-54 华东某钢铁公司电厂3#机组除尘改造前后运行参数对比①

项 目	改造前(EP)	改造后(BF)
机组负荷/MW	310	340.6
处理烟气量/(×10^{4}Ndm^3/h)	126.6	141.2
入口含尘浓度/(g/Nm^3)	7.4	19.8

（续）

项　目	改造前(EP)	改造后(BF)
出口含尘浓度/(mg/Nm^3)	268	11.0
除尘器阻损/Pa	209	769
漏风率(%)	2.51	1.74
烟尘排放速率/(kg/h)	348.3	15.8

① 摘自上海某技术工程公司《试验报告》。

3）浙江某公司配合国家 863 项目于 2013 年研发赛膜高精针刺毡滤料，采用海岛型 0.08d 聚酯超细纤维网作面层，用湿法铺网、水刺络合制毡，是另一种高性能超细面层梯度结构滤料。

对赛膜高精针刺毡滤料进行了计数效率测试，三种滤料的对比性能曲线如图 4-63 所示。可见：赛膜高精针刺毡滤料对 PM2.5 的过滤效率为 94.1%，对 3.0～5.0μm 的细微粒子的过滤效率可达 98.%，全尘效率高于 99.9%，与覆膜滤料基本相当，但明显优于常规针刺毡滤料。

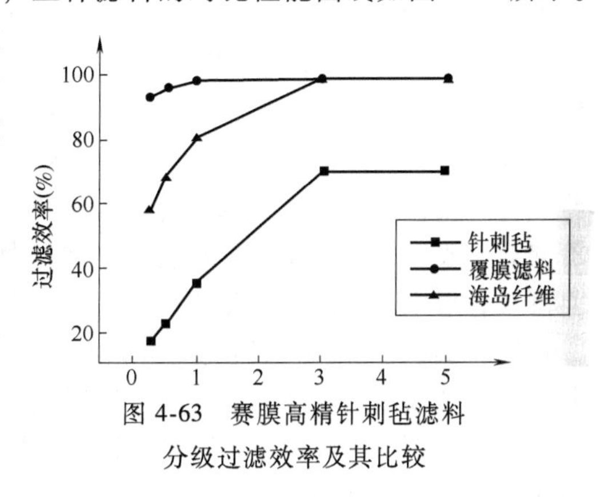

图 4-63　赛膜高精针刺毡滤料分级过滤效率及其比较

东北某炼钢厂 180t 转炉二次烟气治理项目，处理风量 70 万 m^3/h，使用赛膜高精针刺毡滤料。于 2015 年 1 月 30 日建成投运，始终稳定超低排放达标运行：粉尘排放浓度小于 8.7mg/m^3，PM2.5 捕集效率 99.76%，设备阻力保持在 700～900Pa。该滤料已成为钢铁企业炉窑烟气实现超低排放的热点滤材产品。

4）利用高压水刺将扁平状膜裂纤维或橘瓣形纤维开纤并络合成毡，是我国近期开发的创新型超细面层梯度结构滤料工艺技术。

2012 年华东某企业立项研发“PTFE 水刺开纤化高性能滤料”，并承担财政部 2013 年重点项目《新型工业烟尘 PM2.5 高效控制技术装备研发及应用》。PTFE 水刺开纤化滤料是在高密面层滤料基础上，利用膜裂法 PTFE 纤维在高压水刺动能作用下原纤化的特点，使扁形单丝纤维开纤为细度 0.1～1dtex 的细旦圆形纤维并均匀分布在滤料的迎尘面，形成超细高密面层微孔结构，实现粉尘的高效表面过滤。项目关键技术：优选 PTFE 膜裂纤维品种规格；采用 PTFE 与特种化纤的混合纤网层，试验确定合理配比；前道适度预针刺及后道精细水刺工艺相结合；再经 PTFE 乳液浸渍、泡沫涂层、抗静电整理。国产 PTFE 水刺开纤化滤料的主要技术性能及其与同类滤料的对比见表 4-55。

表 4-55　PTFE 水刺开纤化高性能滤料性能参数及其对比

项目	针刺毡滤料	常规水刺毡滤料	水刺开纤化滤料
面密度/(g/m^2)	500	500	500
过滤效率(%)	99.939	99.992	99.996
粉尘剥离率(%)	75.78	85.68	87.29
初始效率/Pa	17	22	24
残余阻力/Pa	255	162	148

产品于2014年开始相继在五大电力集团以及水泥行业推广应用。使用情况普遍良好，排放浓度绝大部分低于10mg/Nm^3，设备阻力较传统滤料下降100~200Pa。典型案例见表4-56。

表4-56　PTFE水刺开纤化高性能滤料推广应用案例

应用企业	选用滤料	排放浓度/(mg/Nm^3)	运行阻力/Pa	投运日期
某石化公司	针刺毡滤料	10~15	800~900	2015年1月
	水刺开纤化滤料	8~10	600~700	2015年5月
某热电公司	针刺毡滤料	20	800~1000	2015年2月
	水刺开纤化滤料	10	600~700	2014年12月
某热电厂	水刺开纤化滤料	10	500~700	2015年11月

日本开发的ADMIREXTM高性能滤料，面层采用水刺开纤PTFE致密纤维层，厚度为80μm（150g/m^2），纤维直径平均为10μm，微孔直径5~7μm，属于同一类型高性能滤料。

我国某公司开发的涤纶超细面层水刺毡是另一种水刺开纤化高性能滤料。在常规涤纶纤维予针刺底毡表明贴合一层双组份橘瓣形纤维网（16瓣、32瓣2.22D×51mm），经水刺开纤络合制成水刺毡。高压水刺动能使表层橘瓣形纤维原纤化，裂解为细度小于0.89D的细旦纤维，形成超细面层微孔结构，从而提高对PM2.5微细颗粒物的过滤分离效率。

5）比较：超细面层梯度结构滤料与覆膜滤料同属高性能滤料，超细面层梯度结构滤料是用一层超细高密纤维网与同质体底层毡用针刺或水刺工艺络合制成的非织造滤料，与覆膜滤料相比，面层与底层结合紧密牢固，纤网微孔结构更加优良，表层耐磨耐磕碰耐冲击，在整个运行周期内展现更稳定的过滤性能，具有高效、低阻、长寿命的综合优势，已被多个工程实践证实。是高效低阻滤料发展的主流技术，也是多家国外知名公司重点推介的高性能滤料产品。

5. 塑烧板滤料

塑烧板由几种高分子化合物粉体经铸型、烧结，形成多孔的母体，然后在表面的空隙中填充氟化树脂，再用特殊黏合剂固定而制成的刚性过滤元件。塑烧板母体孔径为40~80μm，而表层孔径为4~6μm。

塑烧板的外形类似于平板形扁袋，外表面呈波纹形状，可增加过滤面积，相当于同等尺寸平面的3倍。内部有8~18个空腔，作为净气及清灰气流的通道，并保持塑烧板的刚度，不需要框架支撑。

塑烧板具有以下的特点：

1）塑烧板属表面过滤，除尘效率较高，排放浓度通常低于10mg/m^3，对微细尘粒也有较好的除尘效率；

2）压力损失稳定，在使用的初期，压力损失增长较快，但很快趋于稳定；

3）粉尘不深入塑烧板内部，而且由于表面的氟树脂不易被粉尘附着，因而容易清灰；

4）对于吸湿性粉尘，或湿度较高的含尘气体，有着优于一般袋式除尘器的适应性；

5）使用寿命长，一般可达数年；

6）塑烧板价格贵，自身的压力损失高（过滤风速为1m/min时，压力损失为500~600Pa）。

根据所用材质的不同，塑烧板有 SL70 及 SL160 两种类型，其耐温限度分别为 70℃ 及 160℃。还有在高分子化合物粉体中加入易导电物质而制成的防静电型塑烧板。塑烧板有若干不同的规格，见表 4-57。

表 4-57 塑烧板的型号规格

塑烧板型号 SL70/SL160	类型	外形尺寸/mm			过滤面积/m^2	质量/kg
		长	高	厚		
450/8	S A*	497	495	62	1.2	3.3
900/8	S A*	497	950	62	2.5	5.0
450/18	S A*	1047	495	62	2.7	6.9
750/18	S A*	1047	800	62	4.5	10.3
900/18	S A*	1047	958	62	5.5	12.2
1200/18	S A*	1047	1260	62	7.5	16.0
1500/18	S A	1047	1555	62	9.0	21.5

注：S 为标准型；A 为消静电型。

6. 超高温滤料

（1）应用领域 在工业除尘领域，用于处理 280℃ 以上高温烟气的滤料称为超高温滤料。

在现代工业中，涉及含尘气体直接在高温下净化除尘的领域十分广泛。近年来，各国大力开发整体煤气联合循环（IGCC）发电技术和增压流化床联合循环（PFBC-CASD）发电技术，这两种燃煤联合循环（ACPCC）发电技术具有发电效率高、环境效益好的优点，被认为是跨世纪新技术，将成为 21 世纪主流发电技术。其中，高温、高压煤（烟）气净化装置是该发电技术中重要组成部分和关键技术环节。

在石化和化工工业的高温反应气体，冶金工业的高炉、转炉、电炉高温炉（煤）气，电厂锅炉烟气等诸多生产过程的高温烟气均含有大量热能，若实现高温状态下净化，不仅将大大提高能源利用率，甚至可以简化工艺流程，节省工艺设备投资，减少环境污染，具有十分巨大的节能环保价值。

在高温气体直接净化除尘技术中，采用袋式除尘一直是重点研究的技术方向，高温过滤材料是技术核心之一。

（2）基本类型 超高温过滤材料目前主要有陶瓷多孔过滤材料、金属过滤材料、陶瓷纤维过滤材料。

1）陶瓷多孔过滤材料：陶瓷多孔过滤材料具有优良的热稳定性和化学稳定性，它的工作温度可达 1000℃，在氧化、还原等高温环境下具有很好的抗腐蚀性。陶瓷多孔过滤材料从材质上可分为氧化物陶瓷和 SiC 陶瓷过滤材料。标准的刚性蜡烛状过滤单元是一端封闭、另一端带有法兰，以固定在花板上。

陶瓷多孔过滤材料的弱点是性脆，在温度急剧变化时易断裂，即抗热冲击性能差。陶瓷过滤材料的清灰和质量控制问题是其多年来一直没能推广的重要原因。

2）金属过滤材料：金属过滤材料具有良好的耐温性能和优良的力学性能，还具有良好的韧性和导热性，使得其具有良好的抗热冲式能力。此外，金属滤料具有良好的加工性能和焊接性能。近年来，金属过滤材料在抗腐蚀方面有较大改进。

金属滤料主要有烧结纤维网、烧结纤维毡和金属粉末烧结滤料等。

金属材料良好的塑性使之可拉拨成金属细丝或纤维，然后将其织成网或铺成毡，经高温烧结、加压轧制成超高温滤料。采用粉末冶金技术制得的金属过滤材料具有渗透稳定、过滤精度高的特点，可制成各种复杂形状，其过滤性能和陶瓷管接近。

7. 金属纤维烧结毡

金属纤维烧结毡是将直径为微米级的金属纤维经剪切、无纺铺制、叠配及高温烧结而成。它由不同孔径纤维层形成三维多孔结构，具有孔隙率高、比表面积大、孔径大小分布均匀、纳污量高、过滤精度高等特点。金属纤维烧结毡能够有效地弥补金属网易堵、易损的弱点；能够弥补陶瓷滤管工作过程中易碎、流量小的不足；具有普通滤纸、滤布不能相媲美的耐温、耐压的特点，因而金属纤维烧结毡是理想的耐高温、耐腐蚀、高精度的过滤材料。

金属纤维烧结毡主要有不锈钢纤维毡、铁铬铝纤维毡、哈氏合金纤维毡（见图4-64）。

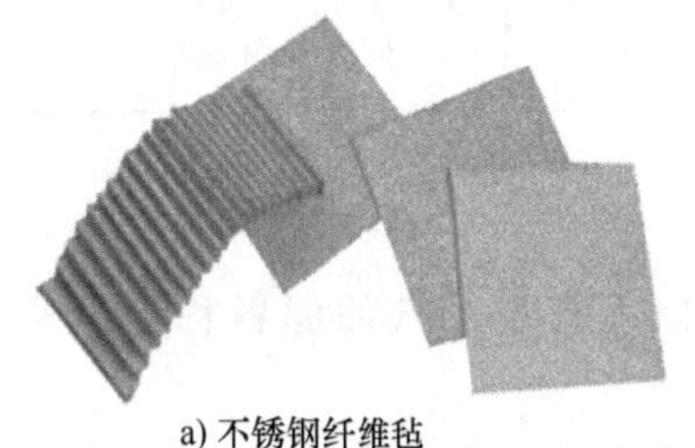

a) 不锈钢纤维毡

b) 铁铬铝纤维毡

c) 哈氏合金纤维毡

图4-64　金属纤维烧结毡

一种金属纤维烧结毡的主要规格和性能列于表4-58。其最大尺寸为1200mm×1500mm。

表4-58　金属纤维烧结毡主要规格和性能

型号		过滤精度/μm	气泡点压力/Pa(1±8%)	透气度/(L/min·dm^2)	孔隙度(1±5%)
常压系列	BZ3D	3	12300	≥10	68
	BZ5D	5	5000	≥35	75
	BZ10D	10	3700	≥100	77
	BZ15D	15	2600	≥130	78
	BZ20D	20	1890	≥230	75
	BZ25D	25	1560	≥330	80
	BZ30D	30	1300	≥450	80
	BZ40D	40	975	≥580	78
	BZ60D	60	690	≥1100	85
	BZ100D	100	630	≥1220	88

（续）

型　号		过滤精度/μm	气泡点压力/Pa(1±8%)	透气度/(L/min·dm²)	孔隙度(1±5%)
高纳污系列	CZ15D	15	2600	≥150	82
	CZ20D	20	1890	≥300	84
	CZ25D	25	1540	≥400	75
	CZ40D	40	1020	≥550	75
高压系列	DZ5D	5	6000	≥35	62
	DZ10D	10	3700	≥70	70
	DZ15D	15	2600	≥110	74
	DZ20D	20	1890	≥230	74
	DZ25D	25	1560	≥300	76
	DZ30D	30	1300	≥500	80
经济系列	FZ15D	15	2400	≥200	75
	FZ20D	20	1800	≥250	70

注：1. 气泡点压力按国际标准 ISO 4003 检测。
2. 透气度按国际标准 ISO 4022 检测。
3. 透气度是在 200Pa 压力下的测定值，介质为空气。

铁铬铝纤维毡和哈氏合金纤维毡主要用于高温烟气除尘及柴油车尾气净化。一个实例是用于河南某化工集团煤制油工艺过程中的煤气净化。工作温度为 550~600℃，煤气含 H_2S 浓度为 1%~1.8%，过滤精度为 20~30μm。

（1）不锈钢纤维毡　不锈钢纤维毡电镜下的表面形貌特征如图 4-65 所示。

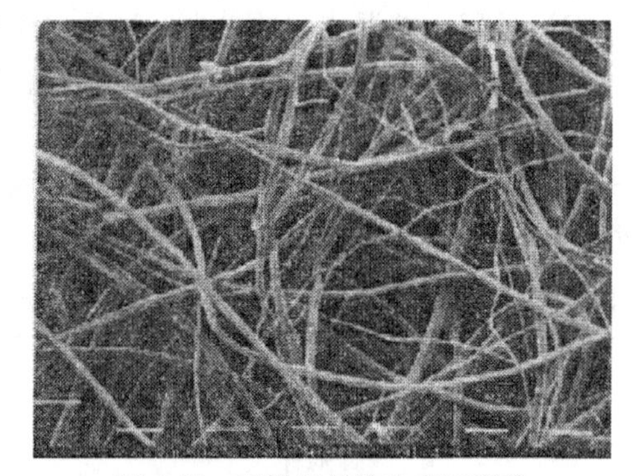

图 4-65　不锈钢纤维毡表面形貌

不锈钢纤维毡有以下特点：

1）孔隙率高。孔隙率达 80%以上，而且开孔率高。

2）耐高温。可在 600℃以下长期使用，最高使用温度达 650℃（瞬间）。不锈钢纤维毡在不同温度下的抗拉性能见表 4-59。

表 4-59　不锈钢纤维毡在不同温度下的抗拉性能

温度/℃	抗拉强度/MPa	最大力下总伸长率 δgt(%)	最大力下排比伸长率 δg(%)	颜色变化
常温	15.27	9.07	5.47	—
300	15.64	10.02	5.52	褐色
400	14.30	8.89	5.32	褐色
500	13.83	8.65	5.21	深褐色

3）具有良好的耐腐蚀性。在硝酸、碱和有机溶剂中完全不腐蚀，但在盐酸、硫酸等酸

类中耐蚀腐性较差。

4）过滤精度高。采用特殊的制造工艺使孔径分布范围变小，过滤精度可在 10～100μm 范围内选择（见表4-60）。

5）不产生静电。具有良好的电导性和永久的消静电能力。

6）具有抗磁性。用 316L 不锈钢纤维烧结而成的毡没有磁性。

缺点是，由于不锈钢纤维采用拉拔技术生产，成本高，价格昂贵。

表 4-60 几种不锈钢纤维毡过滤性能

滤毡型号	厚度/mm	孔隙率(%)	透气率/[$dm^3/(dm^2 \cdot min)$]	过滤精度/μm	纳污容量/(mg/cm^2)
BZ10D	0.37	80	90	10.37	5.28
BZ20D	0.62	85	207	20.02	15.5
BZ40D	0.72	80	522	40.00	25.9
BZ60D	0.73	87	1080	58.50	35.7

注：透气率是 200Pa 压力下的测定值，介质为空气。

烧结不锈钢纤维毡主要用于高温气体除尘、高分子聚合物过滤、化工催化剂过滤、炼油过程的过滤、粘胶过滤等。其应用有以下优势：

1）可对 600℃的烟气直接除尘，然后在干净条件下回收烟气热能，回收效果好且稳定。

2）适用于有爆炸危险的除尘系统。不锈钢纤维毡导电性好，可避免因静电而产生火花。

3）适用于潮湿或粘性粉尘。这是由于不锈钢纤维毡对油和水的粘结性差。

4）可用作气力输送板。不锈钢纤维毡具有良好的透气性和较高的抗拉强度，完全可以取代棉、涤纶等布气板。

应用实例：某钢铁公司大型炼钢电弧炉炉内排烟除尘，采用不锈钢纤维毡滤料。主要参数列于表4-61。

表 4-61 不锈钢纤维毡净化炼钢电炉高温烟气参数

名　称	参　数
烟气温度/℃	550
滤材	不锈钢纤维毡滤芯
滤芯尺寸/mm	Φ130×1600 Φ130×2400
过滤风速/(m/min)	0.8～1.3
除尘后粉尘浓度/(mg/Nm^3)	5.5～11.8
滤料初始阻力/Pa	44(Φ12cm 圆片)

（2）烧结金属丝网　烧结金属丝网多孔材料是采用不同直径和目数的金属丝或金属编织网为原料，通过特殊的叠层复合设计，在保护性气氛或者真空条件下，采用扩散烧结技术烧结而成。

烧结金属丝网的三层和五层网为常规产品，图 4-66 所示为五层烧结金属丝网的断面，从中可见各层所用金属丝直径及其构成的孔径是从一侧向另一侧递减，直径和孔径最小的一侧作为迎尘面。在迎尘层的表面再增加稍粗的金属丝保护网。

烧结金属丝网比不锈钢纤维毡强度高、比金属粉末制品渗透性能好，具有孔径分布均匀、耐高温、可焊接、可再生、寿命长等特点。烧结金属丝网易于成型和焊接，可加工成圆型、筒状、锥状等各种形式的过滤元件。五层烧结金属丝网的主要规格和性能列于表 4-62。

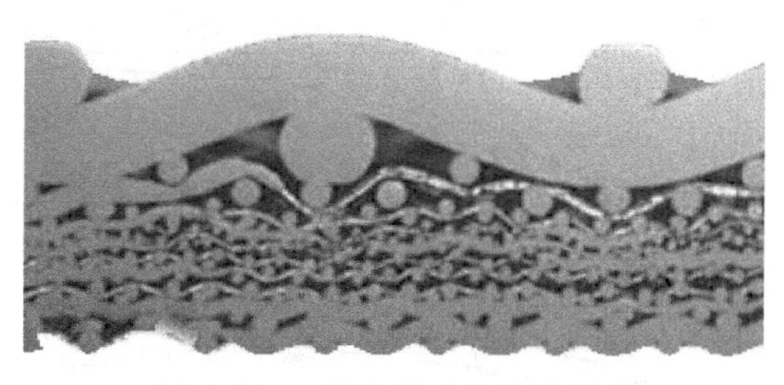

图 4-66　五层烧结金属丝网断面

表 4-62　五层烧结金属丝网主要规格和性能

过滤精度/μm	气泡点压力/Pa(1±8%)	透气度/(L/min · dm^2)	厚度/mm
5	5000	≥200	1.7
10	3700	≥250	1.7
15	2600	≥350	1.7
20	1950	≥450	1.7
30	1230	≥550	1.7
40	1020	≥650	1.7
50	860	≥750	1.7
70	690	≥900	1.7
100	630	≥950	1.7

注：气泡点压力按国际标准 ISO 4003 检测。透气度按国际标准 ISO 4022 检测。透气度是在 1000Pa 压力下的测定值，介质为空气。

烧结金属丝网主要用于高温气体除尘、高压流体过滤、油田油砂分离、化工产品过滤、食品过滤、燃料和液压启动油的过滤、医用过滤等。

我国已研制成功多种结构的金属多孔滤料，并推广应用。表 4-63 为金属滤料的特性参数，图 4-67 为过滤性能曲线。

表 4-63　几种金属滤料的特性参数

过滤材料	孔径/μm			渗透性 /[L/(cm^2 · min · Pa)]	孔隙率 (%)	强度 /MPa	延伸率 (%)
	R_{max}	R_{ave}	R_{min}				
A　SPM-10(烧结粉末)	14.7	10.9	10.1	3.48×10^{-4}	33.5	95	0.5~2
B　10AL3SS(烧结纤维)	20.9	10.0	8.99	2.68×10^{-3}	60	—	—
C　SSW010(烧结丝网)	25.7	8.24	7.46	2.52×10^{-3}	35	120	>30

(3) 陶瓷纤维及玄武岩纤维过滤材料　目前，超高温纤维过滤材料主要有氧化铝、碳化硅或多铝硅酸盐陶瓷纤维过滤材料和玄武岩纤维过滤材料两大类。陶瓷纤维滤料采用针刺法制造，玄武岩纤维滤料可采用机织法或针刺法制造。

玄武岩纤维是以天然玄武岩矿为原料，经高温熔化拉制成型的一种高性能无机纤维。

使用温度可为-269~700℃，吸湿性小于 1%，具有高强低伸的特点，耐温、耐酸碱腐蚀、耐折、耐水解性能优于玻璃，耐酸腐性能优于 PPS 纤维。我国已试制成功 6.5μm 细旦玄岩纤维，并开发玄武岩短切原丝、玄武岩基布、玄武岩缝纫线及玄武岩机织滤料，用于燃

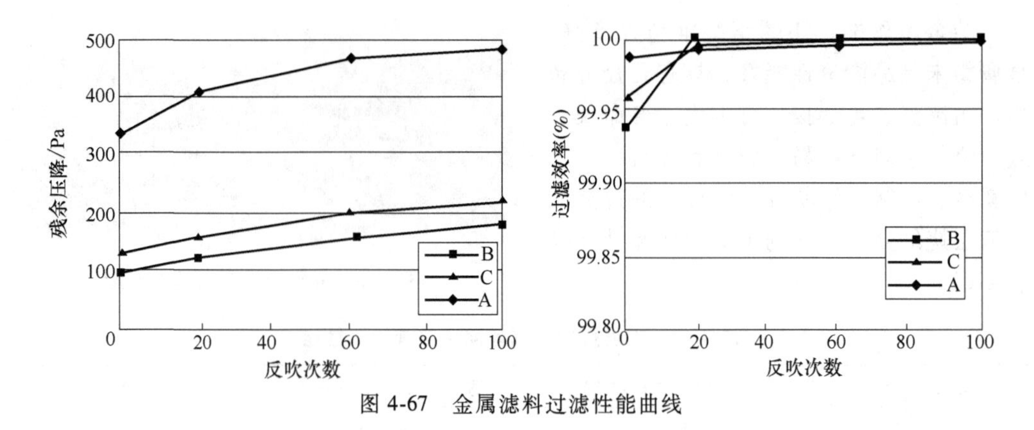

图 4-67 金属滤料过滤性能曲线

煤锅炉、有色冶炼以及焚烧炉烟气净化。表 4-64 为国产玄武岩机织滤料的性能参数。

表 4-64 玄武岩机织滤料性能参数

型号	织纹	经纬密/(根/cm)	单重/(g/m²)	破裂强度/(N/cm²)	断裂强力/(N/5cm)	
					经向	纬向
EWTF550/B	1/3 斜纹	18×12	≥510	≥350	≥2200	≥1200
EWTF650	纬二重	20×20	≥600	≥400	≥2400	≥1700

(4) 金属纤维烧结毡 是采用直径为微米级的金属纤维经无纺成网、叠配、高温烧结而成的刚性过滤材料，模拟膜过滤机理，迎尘面为超细纤网层，形成表层微孔、内层喇叭状梯度结构，具有孔隙率高、比表面积大、过滤精度高、清灰性能好等特点，是理想的耐高温、耐腐蚀、高效低阻、长寿命的除尘材料。

近十几年中，我国金属纤维滤料发展很快，多家企业做了大量研发工作，促进了金属纤维滤料在高温除尘领域的推广应用。作为国内最大金属纤维过滤材料研发生产基地的某公司，承担国家 863 项目，“金属纤维及烧结制品”获国家科技进步二等奖。其中铁铬铝超细纤维达到 6μm 级，最高使用温度可达 900℃，广泛应用于高温烟气治理。

金属纤维滤料的特点：

1) 具有高强力、高耐温、耐腐蚀、耐磨损、消静电的优良物化性能；

2) 净化效率高，排放浓度低，可满足超低排放要求；

3) 透气性好，易清灰，运行阻力低，使用寿命长；

4) 耐高温耐腐蚀，适宜用于有价值物料回收和高温源余热利用；

5) 可适当提高过滤风速，有利于节约空间和占地面积小。

基于以上特点，金属纤维滤料被广泛应用于冶金、煤化工煤气净化、燃煤锅炉烟气除尘、炼油催化剂回收、垃圾焚烧处理、造纸污泥回收、贵金属回收、易自燃粉尘的收集、汽车尾气净化等。

第三节 滤料处理技术

一、纱线处理

纱线处理属于前处理工艺，即在滤料织造前进行的处理工艺。目前，纱线处理主要用于玻璃纤维，这是由于玻璃纤维性脆，在织造过程中常会有部分纤维折断，从而严重影响滤料织物性能。通过对纱线进行处理，在表面涂覆高分子有机聚合物，增加纱线的柔性，改善耐折、耐磨及可织造性能。玻璃纤维纱线处理早期以硅油为主，后来发展到硅油、石墨、聚四氟乙烯处理剂，近年来又开发成功包括具有耐酸、疏水和增加柔性等多重功能的新型处理剂。其处理方法基本上是将纱线在清洗槽中“脱蜡”，在浸渍槽中浸渍，再通过干燥设备干燥后形成处理纱。

二、滤料后整理

后整理可以使滤料质地均匀、尺寸稳定，能够改善性能，美化外观，从而扩大其应用范围，在滤料生产中是不可缺少的重要工序。传统的纺织物，除低级用途者外，都需要经过后整理，如柔化、热轧光、轧花、起绒、烧毛、涂层等，以及为提高疏水、亲水、阻燃、抗静电性能的整理。上述整理工艺与设备基本上都可根据需要有选择地用于非织造滤料和织造滤料。

对于过滤材料的后整理，通常视含尘气体的特性选用其中的一、二种或几种，目前已应用的有：烧毛、热轧光、涂层、覆膜、疏水、阻燃及防静电整理。

1. 烧毛整理

滤料的烧毛工艺是将滤料以一定速度通过燃烧煤气、天然气或液化气的火口，将悬浮于滤料表面的纤毛烧掉，以改善滤料表面结构，有助于滤料的清灰。但是，表面部分如有不均匀熔融，有可能形成熔结斑块，反而不利滤尘。由于轧光等技术同样可使滤料表面光滑且比较均匀，因而，不一定都需要进行烧毛整理。图 4-68 为狭缝式烧毛机的火口。

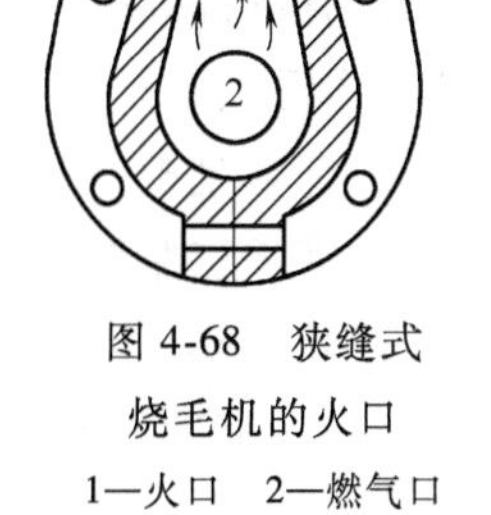

图 4-68　狭缝式烧毛机的火口
1—火口　2—燃气口　3—混合腔　4—空气

2. 热轧光

热轧光是将滤料以一定速度通过具有一定压力和一定温度的光洁轧辊的工艺过程，通过热轧使滤料表面光滑、平整、厚度均匀。热轧光机有钢-棉两辊和钢-棉-钢三辊轧光机两种，如图 4-69 所示。三辊轧光机工作面在上钢辊与棉辊之间，下钢辊仅对棉辊起平整作用。因为工作一定时间后，棉辊上会有轧痕出现，需要用钢辊连续地将棉辊表面轧平。如系两辊轧光机，运转一定时间后，为消除棉辊表面的轧痕，需让轧光机在不进布的情况下空车运转一段时间。采取深度热轧技术可制成表面极为光滑且透气均匀的针刺毡，这种滤料的初阻力虽略有增加，但粉尘不易进入滤料深层，因而容易清灰，有助于降低袋式除尘器的阻力和提高滤袋的寿命。

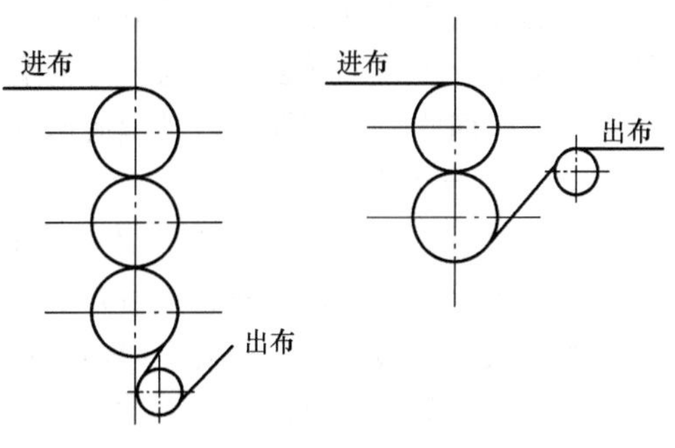

图 4-69　三辊轧光机和两辊轧光机工作示意

3. 涂层整理

涂层整理是将某种浆性材料均匀涂布于滤料表层的工艺过程。通过涂层处理可改善滤料单面、双面或整体的外观、手感和内在质量，也可使产品性能满足某些特定的（如使针刺毡防油、耐磨、硬挺等）要求。带浆辊涂层工艺如图 4-70 所示。采用涂层整理技术，是为了使滤料表面形成一层透气疏水膜，具有表面过滤功能。

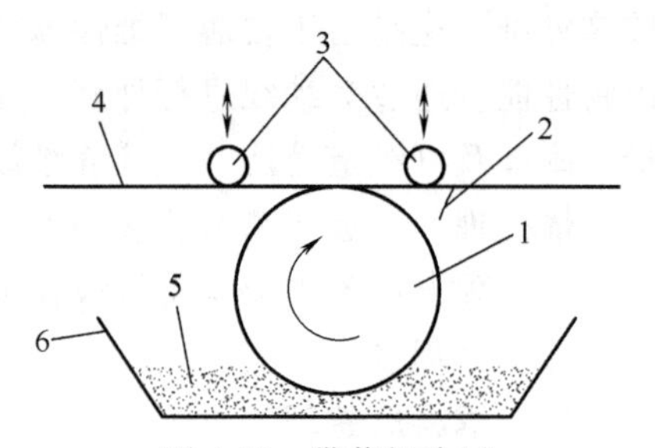

图 4-70　带浆辊涂层
1—带浆辊　2—刮刀　3—用于调节毡料高度的压辊　4—非织造布　5—涂层浆料　6—浆槽

4. **浸渍整理**

将滤料在浸渍槽中用含有特定性能的浸渍液浸渍后，再将其干燥，这一工艺过程称浸渍处理。通过浸渍处理可以使滤料具有疏水、疏油、阻燃等性能；或改善滤料的某些性能，例如，玻纤滤料浸渍处理后可增强柔性，提高耐折性。

浸渍处理工艺流程：滤料经输送装置送入并穿过装有浸渍液的浸渍槽，通过一对轧辊或吸液装置除去多余的浸渍液，最后通过烘燥系统使浸渍剂受热固化并干燥，如图 4-71 所示。

5. **疏水整理**

为使滤料具有疏水功能，增强滤料的粉尘剥离性能，对滤料进行疏水整理。疏水整理采用浸渍法或涂层法。可选用下列疏水剂：

1）石腊乳液或蜡乳液——只能用在洗涤牢度要求不高时；

2）有机硅——疏水效果显著，但不耐水压，不宜用于湿式承压过滤；

3）烷基吡啶盐；

4）带长链脂肪酸铝盐；

5）氟烷基类。

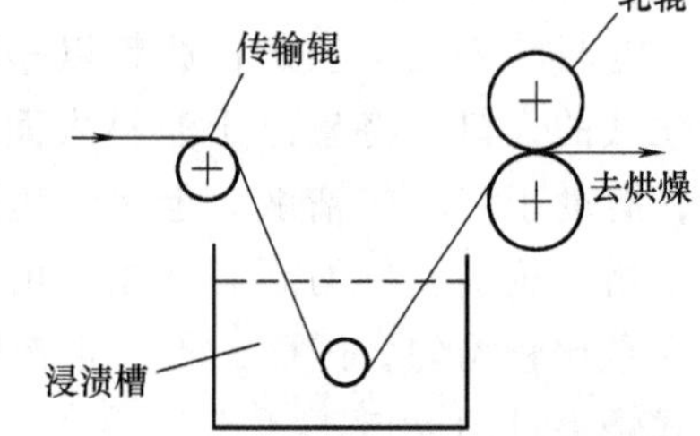

图 4-71　浸渍法基本工艺流程

目前，滤料加工中使用较多的疏水剂，是长链氟烷基丙烯酸酯类聚合物的乳液或溶液产品。

三、热定型处理

热定型是指将滤料在张紧状态和特定温度下保持一定时间的工艺过程。

滤料通过热定型预处理，可消除其加工过程中残存的应力，获得稳定的尺寸和平整的表面。

滤料尺寸稳定性对滤袋使用的可靠性乃至袋式除尘器整机能否正常运行关系极大。例如，滤袋的纵向伸长可导致内滤式滤袋下部弯曲、积尘，甚至堵塞袋口。外滤式滤袋的纬向伸长使滤袋断面扩大，增加滤袋与框架的磨损，缩短滤袋的寿命；纬向收缩使框架难以从滤袋中抽出；经向收缩可使框架被顶起脱出花板。

1. **滤料热定型设备**

滤料一般采用烘燥机热定型。其基本过程就是热能在纤网中的传递。烘燥方式分为 4 种：对流式烘燥、接触式烘燥、辐射式烘燥和高频式烘燥。针刺毡的热定型多选用对流式热烘燥。对流式热烘燥是以空气为热载体，通过对流将热能转移到纤网上，它又有穿透对流、喷射对流和平流对流之分，图 4-72 所示为最常用的平网穿透对流式烘燥工艺。三种对流式烘燥机工艺的特征见表 4-65。

除接触式烘燥机与圆网穿透式烘燥机之外，大部分烘燥机都需要滤料的输送系统。滤料热定型通常是在经、纬向施加一定张力下进行的，称拉幅定型。为达到拉幅热定型的目的，可选用带针铗或布铗的链条输送系统。

2. **针刺毡的热定型温度**

针刺毡热定型温度取决于所用纤维类型，一般可按下列原则确定：一是高于所用纤维的玻璃化温度，但要低于软化点温度；二是略高于针刺毡瞬间暴露温度。以涤纶为例，其玻璃化温度为69～91℃，软化点为230℃，瞬间暴露温度不得超过150～160℃，所以涤纶针刺毡滤料的热定型温度取180～190℃为宜。

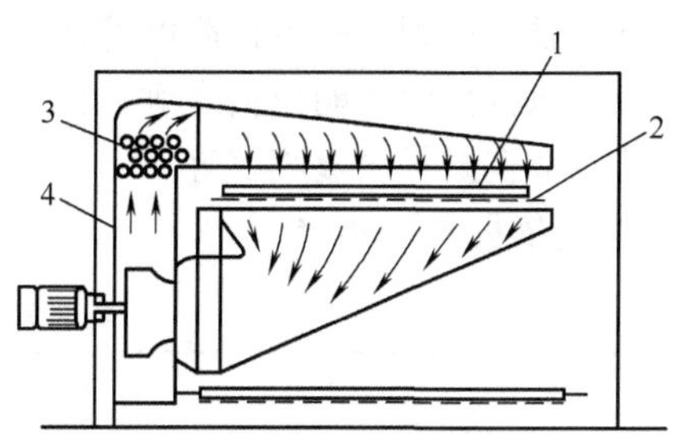

图4-72　平网穿透对流式烘燥工艺
1—纤网　2—帘网　3—热交换器　4—风机

表4-65　三种对流式烘燥机工艺特征

工艺特征	穿透对流式	喷射对流式	平流对流式
烘燥机内空气流动方式（对滤料）	气流穿透，吸风	喷射流动，单面或双面	平行流动，单面或双面
蒸发效率	最高≤250kg/（m^2/h）	中等	最差
典型的空气流速/（m/s）	<3	≤30	<40
典型的滤料输送方式	圆网、多孔滚筒、平面帘等	传送小辊、平面帘、金属帘棒、拉幅链条等	同左
典型结构	单只或多只滚筒、平幅单层帘网烘燥机	单层或多层平幅烘房等	单层或多层平幅烘房等，用时挂热风烘燥机
黏合剂泳移倾向	小，但不能完全排除	小至中等	大
应用要求	滤料要有足够的透气性，否则会显著增加风机能源消耗	薄滤料时易形成波浪状表面皱纹	滤料过厚时蒸发效率急剧下降，易使滤料表面烘燥过度
应用范围	应用最广，例如，烘燥、凝聚、定型、热熔等，特别适用于易起波状纹的滤料	适用于滤料在输送中不能接触的烘燥或焙烘（滤料在气垫上传送），也可用于定型、热熔	焙烘、定型

第四节　滤料检测

一、滤料检测的内容及依据

1）滤料的形态包括滤料的单位面积质量、厚度、幅宽，机织滤料的织物组织、织物密度，非织造滤料的体积密度、孔隙率等。

2）滤料的力学性能包括滤料的断裂强力、断裂伸长率、滤料的经向定负荷伸长率、滤料的胀破强力、顶破强力等。

3）滤料的流体动力性能包括透气度、洁净滤料阻力系数等。

4）滤料的过滤性能包括滤料的动态除尘率、滤料的动态阻力、再生阻力系数及粉尘剥离率等。

5）滤料物理性能包括静电特性、疏水性、耐温性等。

6）滤料化学性能包括耐腐蚀性、阻燃性及组成成分等。

7）覆膜滤料的覆膜率等。

检测依据见表4-66。

表4-66 滤料检测项目及其依据

检测项目	合纤及其复合滤料		玻纤及其复合滤料	
	织造滤料	非织造滤料	织造滤料	非织造滤料
厚度	GB/3820	GB/T 24218.2	GB/T 7689.1	GB/T 7689.1
单位面积质量	GB/4669	GB/T 24218.1	GB/T 9914.3	GB/T 9914.3
织物密度	GB/T 4668	—	GB 7689.2	—
幅宽	GB/4667	GB/T 7689.3	GB 7689.3	GB 7689
长度	GB 4669	GB/T 7689.3	GB 7689.3	GB 7689
断裂强力与伸长	GB/T 3923	FT/Z 60005	GB/T 7689.5	GB/T 6006.3
透气度偏差	GB/T 5453			
体积密度	按GB/T 6719式(1)计算			
孔隙率	按GB/T 6719式(2)计算			
抗湿性(沾水等级)	GB/T 4745			
燃烧性能试验垂直法	GB/T 5455			
纺织品静电	GB/T 12703			
耐腐蚀性	GB/T 6719			
耐温性能	GB/T 6719			
氧指数	GB/T 5454			
覆膜牢度				

为保证滤料的产品质量，滤料生产厂质量监督部门除对滤料所用原料纤维、纱线抽样检验，对滤料的半成品和成品进行跟踪质量监督外，还必须对每批滤料进行抽样检验。按GB/T 2828每批次抽样5%。

随机剪下试验所需长度的全幅作为试验样品，满足表4-67全部项目试验所需的样品约为3m^2。开剪位置一般情况下应离开匹端至少3m。

二、形态检测

1. 厚度检测

纺织品厚度定义为对纺织品施加规定压力的两参考板间的垂直距离。

测试原理：试样置于参考板上，平行于该板的压脚将规定的压力施加于试样规定面积上，达到规定时间后，测定并记录两板间的垂直距离，即为试样厚度测定值。通常使用厚度仪进行检测。厚度仪包括可调换的压脚、参考平板、移动压脚的装置、示值精确到0.01mm的厚度仪、计时器。

样品采集方法和数量按GB/T 3358.1进行。测试时，测定部位应在距布边150mm以上区域内按阶梯形均匀排布，各测点都不在相同的纵向和横向位置上，且应避开影响测试结果的疵点和折皱。测试样品应按GB 6529规定进行调湿后进行测试。测试后计算厚度的算术平

均值 $\bar{t}$、变异系数 CV（%）及 95%置信区间。

2. **单位面积质量测试**

织物单位面积质量是指单位面积织物内包含水份和非纤维物质等在内的织物质量。

对整段织物能在标准大气中调湿的，经调湿后测量织物长度、幅宽和质量，计算织物单位面积质量。

整段织物不能在标准大气中调湿的，先将织物在普通大气中测量其单位面积质量，然后用修正系数修正。修正系数是从松驰的织物中剪取一部分，先在普通大气中测量，再在标准大气中调湿后测量，对这部分的单位面积质量加以比较，计算出修正系数。

对小样品试验，先将其在标准大气中调湿，然后按规定尺寸从小样品上截取试样称重，计算出单位面积质量。

3. **体密度测试**

对非织造滤料，体密度是一个有用指标。滤料生产企业将针刺毡的单位体积重量（即体密度）作为衡量滤料质量的一个参数。其测试方法是测量试样的面积 S、厚度 t 及质量 G，然后计算其密度 ρ 即

$$\rho=\frac{G}{St} \tag{4-17}$$

三、力学性能检测

1. **滤料断裂强力和断裂伸长率的检测**

滤料断裂强力和断裂伸长率测试样品的制备、测试和计算按 GB 3923 进行。

测试样品的制备：试样样条的剪取通常采取平行法，但国际贸易仲裁检验时采取梯形法。

从一批或一次装载货物中按表 4-67 随机取出相应数量的匹数。对运输中有受潮受损迹象的匹样，不能作为样品。

表 4-67 批量样品

一批或一次装载货物的匹数	批量样品的最少匹数
≤3	1
4~10	2
11~30	3
31~75	4
≥76	5

从批量样品中的每一匹，随机剪下至少 1m 长的全幅作为试验室样品。

平行法：每份样品需在匹布上剪取经纬向试样至少各 5 条。各试样的长度方向平行于织物的经纱或纬纱。要求两个试样的长度方向不得含有同一根的纱线，幅宽小于 100cm 的，经向在距布边 1/10 幅宽处裁取，幅宽大于 100cm 的，经向距布边 10cm 处裁取，如图 4-73 所示。

2. **滤料经向定负荷伸长率的检测**

对于长度大于 5m 的内滤长袋，应采用高强低伸型滤料。对这种滤料，应满足 GB 12625 的要求进行经向定负荷伸长率检验。定负荷伸长率测定方法：

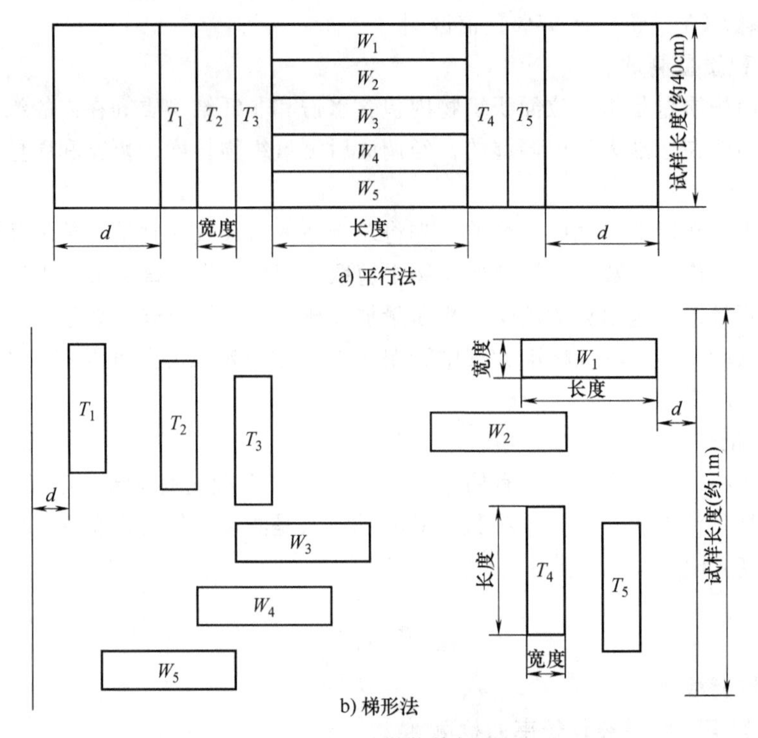

图 4-73 试样裁剪例图

d—试样离布边的距离 *T*—经向 *W*—纬向

1）准备能满足名义夹持长度为200mm、宽度为50mm的试样三条；

2）将试样的一端夹紧固定，另一端加载40N；

3）静置24h后卸载，取下试样并测量其长度；

4）分别计算三条试样的伸长率（%），然后求其平均值。

3. 滤料顶破强力和胀破强度的检测

对于玻纤滤料，除检测其断裂强力和断裂伸长率外，还需检测顶破强力或胀破强度，如图4-74所示。

滤料在张紧状态下用一个$\phi 10$直径钢球顶入发生破坏时的强力称顶破强力，顶破强力通常在滤料强力测试仪上增加一个顶破强力测试附件进行测试。

在不覆试样的情况下用夹具只夹膜片，用前述同样方法施加流体压力使膜片膨胀，测试达到上述试样平均胀破扩张度时所需压强，这一压强就是膜片校值B。

用下式计算胀破强度（kN/m^2）：

$$胀破强度 = A - B \tag{4-18}$$

式中 A——膜片胀破试样的平均强度（kN/m^2）；

B——膜片校正值（kN/m^2）。

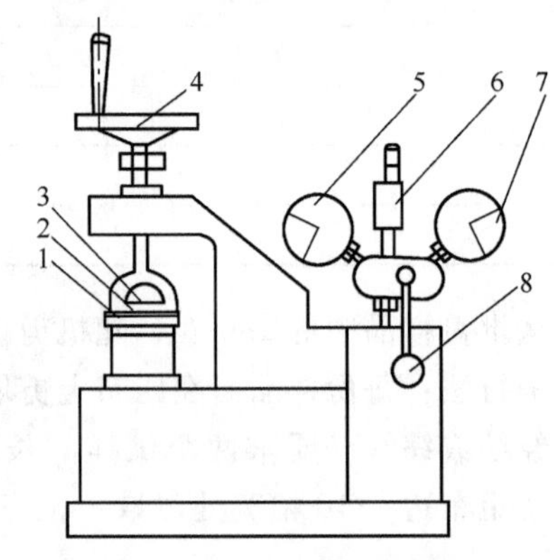

图 4-74 胀破强度测试仪

1—样品下固定盘 2—样品 3—样品上固定盘 4—样品压力手轮 5—压力表 6—甘油供给瓶 7—压力表 8—压力转换手柄

四、流体动力性能检测

1. 透气度检测

（1）滤料透气度的定义　透气度是指在织物两侧施加 200Pa（原规定为 127Pa）压差时，单位时间流过滤料单位面积的空气体积。在 GB/T 6719 中采用 $m^3/(m^2 \cdot min)$ 作为单位。

滤料的透气度因滤料的结构型式和密度大小而异，它是表示洁净滤料阻力特性的一个指标，大于实际工况条件下滤料透气度一个数量级。透气度的偏差大小反映了滤料的质地均匀的程度，为此，国标 GB 12625 规定了滤料透气度的极限偏差。

（2）滤料透气度的测试　透气度测定使用透气度仪，透气度仪分为高压和中低压两种型式。一般滤料使用中低压透气度仪进行测试，如图 4-75 所示。透气度的测试应在不同批样、不同位置进行，测定次数不得少于 5 次，透气度偏差按下式计算：

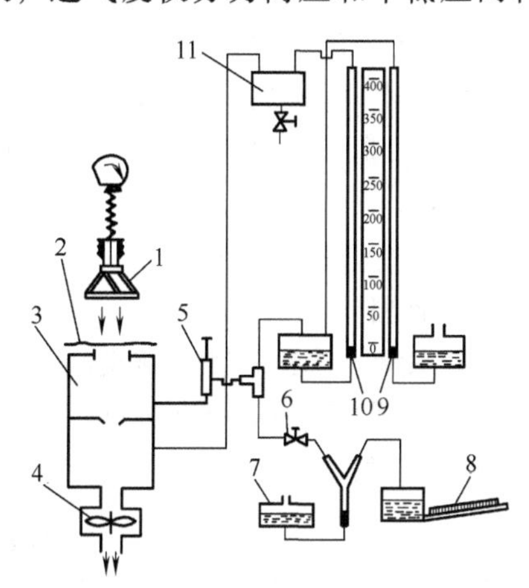

图 4-75　滤料中低压透气仪
1—压环　2—织物试样　3—压差流量计　4—吸风机　5—阻尼器　6—低压阀　7—贮液器　8—倾斜压力计（低压用）　9—定压压力计（中压用）　10—垂直压力计　11—溢流器

$$\left.\begin{aligned} +q &= \frac{q_{\max}-\bar{q}}{\bar{q}}\times 100\% \\ -q &= \frac{q_{\min}-\bar{q}}{\bar{q}}\times 100\% \\ \bar{q} &= \frac{1}{n}\sum q_i \end{aligned}\right\} \tag{4-19}$$

式中　$\bar{q}$——透气度的平均值；

$q_{\max}$——大于 $\bar{q}$ 透气度的最大值；

$q_{\min}$——小于 $\bar{q}$ 透气度的最小值；

q_i——第 i 个样品的透气度 $[m^3/(m^2 \cdot min)]$。

2. 洁净滤料阻力系数检测

在过滤风速为 0.1~5.0m/min 的状态下，气体通过洁净滤料流动时雷诺数很小，流动属于层流，其阻力可用下式表示：

$$\Delta P_0 = \frac{120\mu H\alpha^m}{\pi d^2 \varphi^{0.58}} = cv \tag{4-20}$$

式中　v——过滤风速（cm/s）；

c——洁净滤料阻力系数，与纤维、滤料结构及流体性质有关，$c=\dfrac{120\mu H\alpha^m}{\pi d^2 \varphi^{0.58}}$；

d——纤维直径（cm）；

H——纤维层厚（cm）；

φ——纤维断面形状系数；

μ——气体黏滞系数（Pa · s）；

α^m——充填系数。

对于一种具体的滤料，其结构是一定的，如过滤介质为空气且温度变化不大时，洁净滤料阻力系数 c 近似为常数，可使用滤料动态过滤性能测试仪测定。

测试时应准备试样三块，将试样在标准大气中调湿24h后，夹持到滤料动态过滤性能测试仪试样夹具上，改变滤速，测定各种滤速 v_i 下滤料两侧的阻力 ΔP_i，按下式计算洁净滤料的阻力系数：

$$c=\frac{1}{n}\sum_{i=1}^{n}\frac{\Delta P_i}{v_i} \tag{4-21}$$

式中 v_i——第 i 次测试时的滤速（m/min）；

ΔP_i——第 i 次测试时洁净滤料阻力（Pa）；

n——测定次数。

按上述方法测出另两块滤料阻力系数，当误差小于10%时，取其平均值作为该样品的阻力系数，否则，须补作第三次。

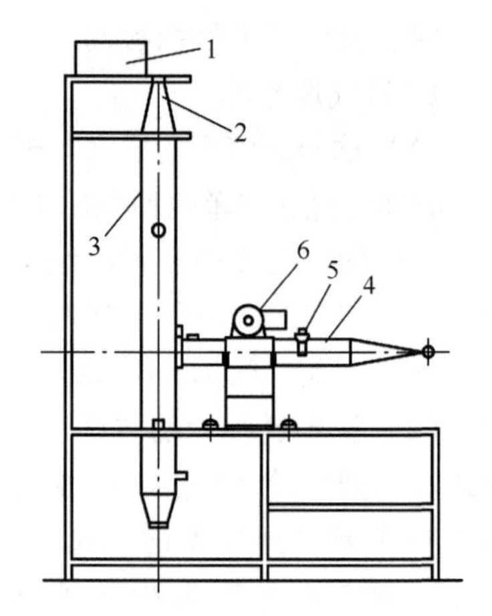

图 4-76 滤料动态过滤性能检测装置

1—发尘器 2—粉尘分散器 3—尘气混合筒 4—采样筒（筒的一端安装滤料样品 F，另一端接高效滤膜采样器） 5—脉冲喷吹管 6—滤料动态参数检测、显示、记录及控制系统

五、过滤性能检测

1. 滤料动态除尘率

动态除尘率比较真实地反映了滤料在工作状态下的除尘效果，通常采用滤料动态过滤性能测试仪测定，如图4-76所示。试样规格 $\phi150$，测试条件见表4-68。

表 4-68 滤料动态滤尘性能测试条件

控制项目	符号	单位	数值	精度(%)
试验用粉尘	氧化铝粉尘<4μm 的占 45%，<25μm 的占 90%，<100μm 的占 99%			给尘器给尘量精度±2
入口粉尘浓度	c_{in}	g/m³	5	±7
过滤风速	v	m/min	2	±2
清灰阻力	ΔP	Pa	1000	±3(±15kPa)
喷吹压力	P	kPa	500	±3J
脉冲喷吹时间	t_P	ms	50	

滤料动态过滤性能包括滤料的残余阻力及动态除尘率，分4个阶段检测：

1）初始阶段检测。将滤料样品安装在采样筒一侧，将高效滤膜安装在另一侧，按规定的参数（滤速、发尘量、滤后气体采样流量）发尘和采样，并进行实时检测和自动记录，当滤料阻力达1000Pa时，按规定的参数进行喷吹清灰。如此连续进行30次后，记录最后一次清灰后的滤料阻力，称为初始阶段滤料的残余阻力 ΔP_{dc1}。根据发尘时间 T、测试和计算的累计发尘量、累计吸气量 Q 计算滤料样品捕集的粉尘质量（也可直接测定滤料的增重）M_d，再按高效滤膜增重 g_m、累计吸气量 Q，计算排放的粉尘质量 M_{dp}，最后，计算出初始阶段滤料除尘率 η_1。

2）滤料老化处理阶段的检测。在完成初始阶段测试后，重新按规定的参数发尘和采样，并进行实时检测和自动记录，每隔5s实施脉冲喷吹清灰一次，连续进行“滤尘—清灰”5000~10000次。记录最后一次清灰后的阻力 ΔP_{dc1}，称为老化处理后的残余阻力 ΔP_{dc2}，根据测试数据计算老化处理后的滤尘效率 η_2。

3）稳定化处理。按步骤1）重复连续进行“滤尘—清灰”10次。

4）最终检测。老化并稳定处理后滤料的滤尘性能检测按步骤1）重复连续进行“滤尘—清灰”30次，测试此时滤料的阻力即为滤料的动态残余阻力ΔP_{dg}，计算出滤料的动态除尘率η_g。

2. 滤料的粉尘剥离率

根据测定滤料动态阻力获得的数据，按下式计算滤料的粉尘剥离率P_d

$$P_d=\frac{\Delta P_E-\Delta P_E'}{\Delta P_E-\Delta P_0}\times 100\% \tag{4-22}$$

式中　ΔP_E——滤袋清灰前阻力（Pa）；

$\Delta P_E'$——滤袋清灰后阻力（Pa）；

ΔP_0——滤料初始阻力，即洁净滤料阻力（Pa），$\Delta P_0=2c$。

六、物理性能检测

1. 滤料静电特性检测

（1）摩擦面电荷密度　是指带电物体单位表面积的电荷量，单位为μC/m²。试验方法是将滤料样品经过摩擦装置摩擦后投入法拉第筒，测量样品的摩擦面电荷密度。

法拉第筒如图4-77所示，摩擦装置如图4-78所示。

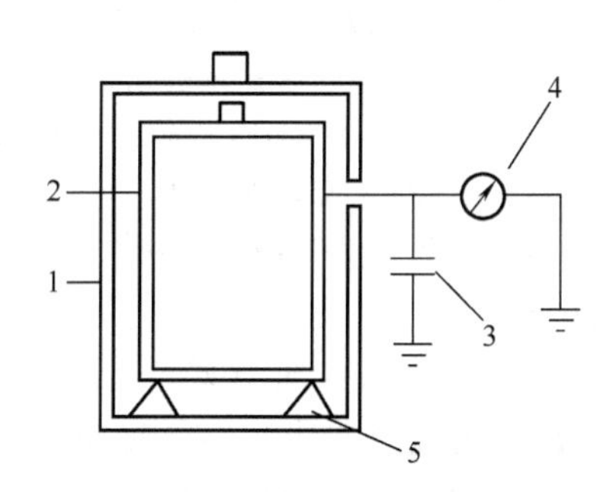

图4-77　滤料面电荷密度测试用法拉第筒

1—外筒　2—内筒　3—电容器

4—静电电压表　5—绝缘支架

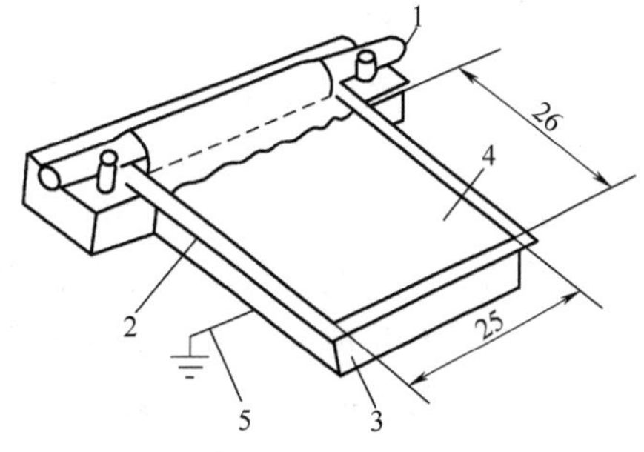

图4-78　滤料面电荷密度测试用摩擦装置

1—绝缘棒　2—垫板　3—垫座

4—样品　5—地线

随机采样4块，将一端缝制为套状，将有机玻璃棒插入缝好的套内，放置于摩擦垫上，双手持缠有标准布的摩擦棒两端，由前侧向体侧一方摩擦样品，计摩擦5次。握住绝缘棒的一端，使棒与垫板保持平行地由垫板上揭离，并迅速投入法拉第筒中，读取静电电压表指示的电压值，按下式计算摩擦面电荷密度：

$$\sigma=CV/A \tag{4-23}$$

式中　σ——电荷的密度（μC/m²）；

C——法拉第筒总电容（F）；

V——电压值（V）；

A——样品摩擦面积（m²）。

摩擦面电荷密度表征了滤料摩擦后产生电荷的量的大小，其值越大，说明越容易带电。

（2）摩擦电压　摩擦电压是在一定张力条件下，使样品与标准布相互摩擦，以此时产生的最高电压及平均电压进行评价，其测试装置如图4-79所示。随机采样4块，将每块样品分为大小为4cm×8cm的4块，分别夹入转鼓上的样品夹上，调整夹于标准布夹间的标准

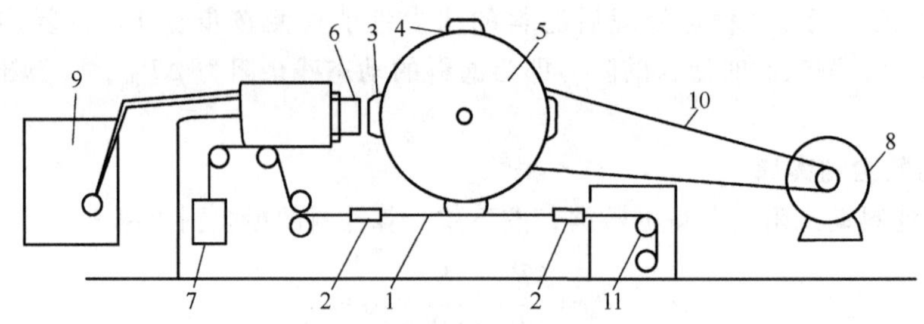

图 4-79 滤料摩擦电压测试装置

1—标准布 2—标准布夹 3—样品框 4—样品夹框 5—金属转鼓 6—测量电极 7—负载 8—电机 9—放大器及记录仪 10—皮带 11—立柱导轮

布位置，使之在500g负载下，能与转鼓上的样品进行切线方向的摩擦，并对其进行消电处理。对样品消电后开动电机，使转鼓旋转，在转速为400r/min的条件下，测量1min内样品带电的最大值。改变样品经纬方向，再次测量。对4块样品分别测量后，取其中最大值和平均值作为该织物的测量值。

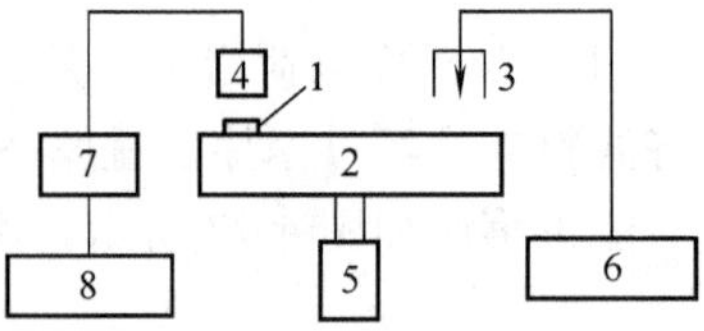

（3）半衰期 半衰期测定原理：使试样在高压静电场中带电至稳定后，断开高压电源，使其所带电压通过接地金属台自然衰减，测定其电压衰减为初始值之半时所需的时间。测试装置如图4-80所示。

图 4-80 滤料半衰期测试装置

1—样品 2—转动台 3—针电极 4—圆板状感应电极 5—电机 6—高压直流电源 7—放大器 8—示波器或记录仪

测试前应随机采样3块，并对仪器进行标定，然后将样品夹于样品夹中，使放电针与样品、感应电极与样品保持额定距离，对样品消电后驱动平台转动，待转动稳定后，在放电极加10kV高压，经半分钟后断开高压电源，使平台继续旋转，根据此时示波器记录的衰减曲线测出半衰期。

（4）极间等效电阻 采用伏安法，在定电压下测出流过样品的电流，求得极间等效电阻。测试装置如图4-81所示。

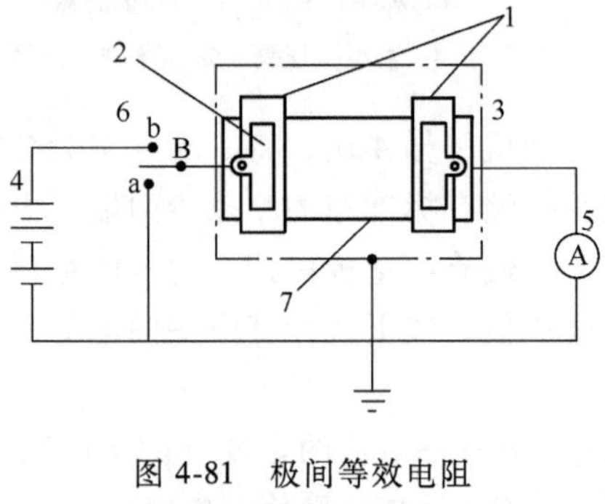

测试步骤：随机采样6块（经向3块，纬向3块），在样品的一个面上贴上电导率大于1.0×10^{-1}S/m的导电胶板，样品与胶板应良好地接触。将样品夹于两电极之间。夹持样品的力应大于5N。

将开关倒向a，使电极间断路3min。将开关倒向b，先试加电压10V，1min后，若电流大于10^{-5}A，则读出此值；若电流不大于10^{-5}A，则在样品上加电压1000V，读出1min后的电流值。

图 4-81 极间等效电阻测试装置示意图

1—电极 2—金属夹 3—屏蔽箱 4—直流稳压电源 5—直流微安表 6—单刀双掷开关 7—试样

根据下式计算出R：

$$R=U/I \tag{4-24}$$

式中 R——极间等效电阻（Ω）；

U——外加电压（V）；

I——电流计读数（A）。

对各样品进行3次测试。分别对经、纬方向求出R的平均值，取其中较大者作为该滤料极间等效电阻。

2. 滤料疏水性能的检测

滤料的疏水性能可用滤料沾水性表征。滤料的沾水性用沾水仪测定，测试装置如图 4-82 所示。

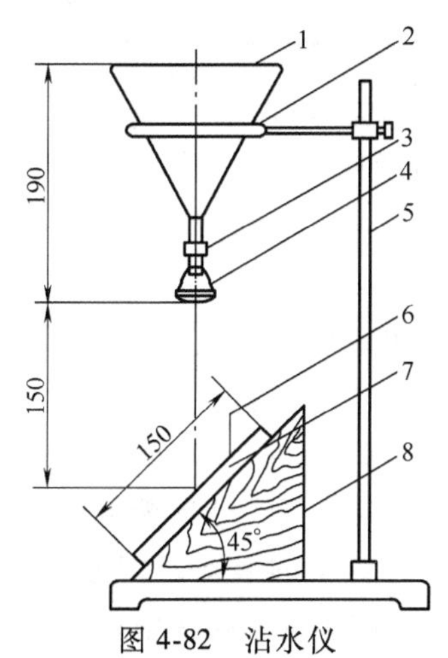

图 4-82　沾水仪

1—玻璃漏斗 ϕ150　2—支承环　3—橡皮管　4—淋水喷嘴
5—支架　6—滤料试样　7—试样支座　8—底座（木制）

按 GB/T 4745 规定，滤料的沾水性分为 5 个等级，其中 1 级容易湿润，称为亲水性，5 级不易湿润，称为疏水性。

GB/T 4745 沾水等级与 ISO 4920 和 AATCC 沾水等级（见图 4-83）之间的关系见表 4-69。

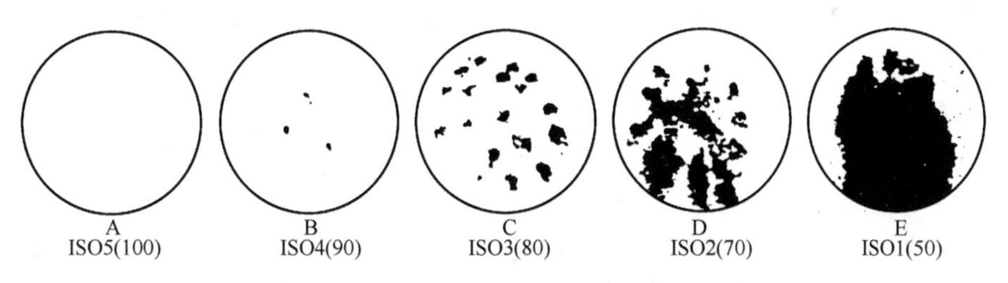

图 4-83　基于 AATCC 图片的沾水等级划分

表 4-69　GB/T 4745 沾水等级与 ISO 4920 及 AATCC 沾水等级间的关系

试验样品沾水与湿润状况的说明	GB/T 4745[①] 沾水等级	ISO/4920 沾水等级	AATCC[②] 沾水等级		
			等级	分图号	试验样品沾水与湿润状况的说明
受淋表面全部被湿润	1	1	50	E	受淋表面全部被湿润
受淋表面一半被湿润[③]	2	2	70	D	受淋表面有部分被湿润
受淋表面仅有不连接的小面积被湿润	3	3	80	C	淋水表面仅受淋水处被湿润
受淋表面没有被湿润但在表面沾有小水珠	4	4	90	B	淋水表面有少量不规则的沾水或被湿润

（续）

试验样品沾水与湿润状况的说明	GB/T 4745①沾水等级	ISO/4920沾水等级	AATCC②沾水等级		
			等级	分图号	试验样品沾水与湿润状况的说明
受淋表面没有被湿润也没有小水珠	5	5	100	A	淋水表面未沾水也未被湿润

① GB/T 4745“涂层织物表面抗湿性测定”。

② AATCC（American Association of Chemists and collourists）为美国防织、化学与染色协会。

③ 受淋表面一半，通常是指各独立湿润面积的总和占受淋物表面积的50%。

七、化学性能检测

1. 耐腐蚀性检测

滤料的耐腐蚀性以滤料经酸或碱性物质溶液浸泡后的强力保持率表示。

滤料的强力保持率的测试按下列步骤进行：

1）在$3m^2$滤料样品上随机剪取500mm×400mm滤料3块；

2）取其中一块按GB/T 6719测定其经、纬向断裂强力f_0；

3）将一块浸于在85℃、浓度为60%的H_2SO_4溶液中；

4）另一块浸于浓度为40%的NaOH常温溶液中；

5）24h后将它们全部取出，经过清水充分漂洗，并在通风橱中干燥；

6）按GB/T 6719测定经、纬向断裂强力f_i。按下式计算经、纬向断裂强力保持率λ_i。

$$\lambda_i = \frac{f_i}{f_0} \times 100 \tag{4-25}$$

式中 f_0——滤料初始断裂强力；

f_i——第i种检验的滤料强力；

为测试滤料耐有机物的腐蚀性，可将上述的酸、碱溶液改换为相应有机溶液，按上述同样步骤，测定其强力保持率λ_i。

2. 氧指数检测

氧指数是指在规定的试验条件下，氧氮混合物中材料刚好能保持燃烧状态所需要的最低氧浓度，是评价材料燃烧性能的一个指标。

用氧指数法测定织物燃烧性能的原理：用试样夹将试样垂直夹持于透明燃烧筒内，其中有向上流动的氧氮气流，点着试样的上端，观察随后的燃烧现象，并与规定的极限值比较其持续燃烧时间或燃烧过的距离。通过在不同氧浓度中一系列试样的试验，可以测得最低氧浓度。测定仪如图4-84所示。

测试时，将试样装置在试样夹的中间，再将试样夹连同试样垂直安插在燃烧筒内的试样支座上。点着点火器，将点火器管口朝上，调节火焰高度至15~20mm。打开氧、氮流量调节阀门，调节至选定流量，让调节好的气流在燃烧筒内流动至少30s后，在试样上端点火，待确认试样上端全部着火后（点火时间应注意控制在10~15s内）后，移去点火器，并立即开始测定燃烧时间，随后测定损毁长度。重复上述操作，直至求出临界氧浓度，即能满足损毁长度达到40mm时，自熄或损毁长度虽不到40mm但燃烧时间达到2min以上时所必须的最低氧流量。

按上述操作，进行5次平行试验，按式（4-9）计算氧指数。

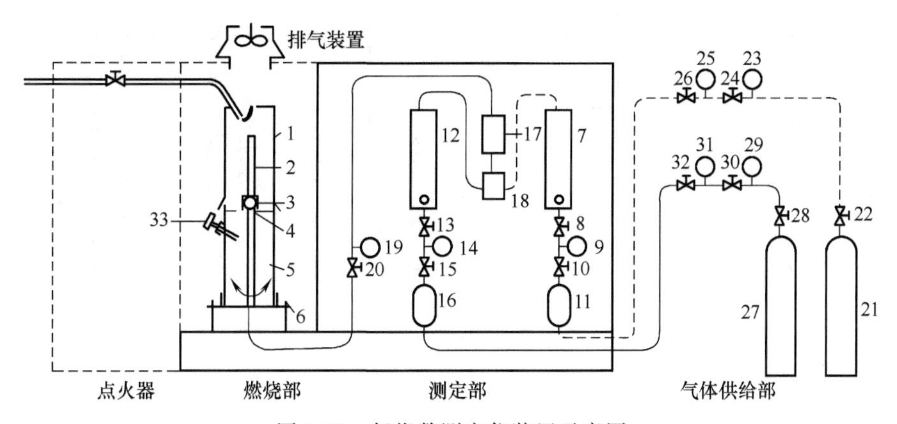

图 4-84 氧指数测定仪装置示意图

1—燃烧筒 2—试样 3—试样支架 4—金属网 5—玻璃珠 6—燃烧筒支架 7—氧气流量计 8—氧气流量调节器 9—氧气压力计 10—氧气压力调整器 11,16—清净器 12—氮气流量计 13—氮气流量调节器 14—氮气压力计 15—氮气压力调整器 17—混合气体流量计 18—混合器 19—混合气体压力计 20—混合气体供给器 21—氧气钢瓶 22,26,28,32—阀 23,29—钢瓶高压计 24,30—减压阀 25,31—供给气体压力计 27—氮气钢瓶 33—混合气体温度计

3. 阻燃性检测

按 GB 5455 利用垂直燃烧试验仪检测织物阻燃、阴燃及炭化的倾向。

八、测试数据实例

常规滤料性能实测参数列于表 4-70、表 4-71 和表 4-72。

表 4-70 滤料滤尘性能指标实测参数

测试时段	滤料 测试项目		滤料型式	覆膜	常规	覆膜	常规	覆膜	常规	覆膜
			材质	PTFE	玻纤	玻纤	PPS	涤纶	涤纶 729	涤纶 729
			结构	纤维毡	机织布	机织布	针刺毡	针刺毡	机织布	机织布
	形态	单位面积质量/(g/m²)		932	892	122.9	604	518	300	3.32
		厚度/mm		1.09	1.64	1.24	2.05	1.96	0.75	0.74
Ⅰ时段①	洁净滤料阻力系数			106.7	15.9	35.5	11.9	92.5	9.5	57.2
	初阻力④/Pa			351.7	41.9	132.3	38.9	352.2	63.1	216.6
	残余阻力/Pa			670.4	435.5	238.6	110.7	668.6	192	414.7
	平均除尘效率(%)			99.9964	99.9672	99.9981	99.9979	99.9945	99.9420	99.9995
	平均透过率(%)			0.0036	0.0328	0.0019	0.0021	0.0055	0.0580	0.0005
Ⅱ时段②	老化开始时阻力/Pa			475.2	255.5	203.9	95.7	509.4	150.6	281.1
	老化结束时残余阻力/Pa			620.3	417	397.8	190.3	666.5	190.9	456.1
Ⅲ时段③	开始时阻力/Pa			821.6	529.9	385.3	208.5	796.4	730.3	524
	结束时残余阻力/Pa			905.2	845.3	442.2	231.5	785.1	857.7	590
	平均除尘效率(%)			99.9971	99.9748	99.996	99.997	99.993	99.9564	99.996
	平均透过率(%)			0.0029	0.0252	0.0004	0.0003	0.0007	0.0436	0.0004

①“时段Ⅰ”指从滤料洁净状态开始，实施滤尘—(定压喷吹)清灰过程 30 个周期中的测试过程。
②“时段Ⅱ”指滤料在(滤尘—清灰 10000 个周期)老化处理中的测试过程。
③“时段Ⅲ”指滤料经老化处理后再进行(滤尘—清灰 30 个周期)的测试过程。
④ 即洁净滤料阻力。

表 4-71 特种滤料耐温抗腐蚀特性实测参数

序号	特性参数 滤料类型	使用温度/℃			耐常温酸浸蚀特性(%)		耐热酸浸蚀(%)		耐常温碱浸蚀(%)		备注
		连续使用		瞬间上限	断裂强力保持率	断裂伸长率变化	断裂强力保持率	断裂伸长率变化	断裂强力保持率	断裂伸长率变化	
		干态	湿态								
1	Restex(膨化聚四氯乙烯)基布 Kermel 面层针刺毡	180	160	220	135.7	缩 31.9					
2	Ryton(聚苯硫醚)针刺毡	170		200	108.1	缩 5.2	93.7	+3.7	97.2	1.2	
3	Nomex、Conex 芳伦针刺毡	170~200	170	230	85.2	缩 9.1					酸性烟气中不宜使用
4	无碱玻纤针刺毡	200	260	270	74.6	增 4.8					
5	Kermel 针刺毡	180	160	220	46.3	缩 18.2	103.3	3.2	0		
6	P_{84}(聚亚酰胺)针刺毡(蒸呢)	240		260	113.8	增 3.7	122.7	缩 9.1	0		碱性气氛中不宜使用
7	P84(聚亚酰胺)针刺毡(轧光)	240		260	136.9	增 13.1					碱性气氛中不宜使用
8	E-PTFE(膨化聚四氟乙烯)(GORE'TEX®)	260	260	290							不受酸碱腐蚀,几乎在各种溶剂中都不溶(据美国戈尔公司产品介绍)
9	特氟隆针刺毡(基布为PTFE/长丝,面层为 PTFE 短纤维)	260	260	270							不受酸碱腐蚀,几乎在各种溶剂中都不溶(据德国 I. orrach 公司产品介绍)
	试验条件				常温下 60%的 H_2SO_4 浸 72h		85℃ 5%的 H_2SO_4 浸 48h		常温下 40%的 NaOH 浸 500h		

表 4-72 袋式除尘器常用滤料材质理化特性

纤维名称				适用温度/℃		物理特性			化学稳定性					耐湿性/(%，体积)	水解稳定性	热塑性	阻燃性	价格比	
学名	商品名	英文名	简称	连续	瞬时	抗拉	抗磨	抗折	适用pH	无机酸	无机碱	碱	氧化剂					PA=1	PE=1
聚丙烯	丙纶	Polypropylene	PP	90	100	2	1	2	1~14	1~2	1	1~2	2		1	1	4		1.0
聚酰胺	尼龙	Daiamid, polyamide	PA	90	100	1	2	3		3~4	3	1	3		4		3	1.0	
共聚丙烯腈	奥纶	Polyacrylonitrile Copolymer	AC	105	120	2	2	2	6~13	1~2	1	3	2	<5	3~4		4		1.6
均聚丙烯腈	亚克力，Dralon-T	Polyacrylonitrile homopolymer	DT	125	140	2	2	2	3~11	2	1	3	2	<30	1~2	1	4	1.0	1.0
聚酯	Daelon	Polyester	PE	130	150	1	1	2	4~12	2	2	2~3	2	<4	4	1	3		2.6
偏芳族聚酰胺(亚酰胺)	Nomx®，Conex®	m-Aramid	MX	180	220	2	1	2	5~9	3	1~2	2	2~3	<3	3		2	1.5	5.5
聚酰氨．酰亚胺	凯美尔 Kermel® Tech	Polyamide-imide	Km. T	220	240	1	1	1	5~19	3	2	2~3	3		2	3	2	1.6	4.0
聚苯硫醚	Toreon Procon	Polyphenylene Suiphide	PPS	190	220	2	2	2	1~14	1	1	1	4	<30	1	1	1	1.5	4.6
聚酰亚胺	P84	Polyimide	PI	240	260	2	2	2	5~9	2	2	3	2	<10	3		1	2.4	13.2
膨化聚四氟乙烯	Teflon	Polyterafluoro-ethylen	PTFE	250	280	3	1	2	1~4	1	1	1	1	≤35	1	1	1	4.5	1.6
中碱玻纤	C-玻纤	Alkali glass	GC	260	290	1	3	4		1	2	3	1	15	1	1	1		
无碱玻纤	E-玻纤	Non alkali glass	GE	280	320	1	2	4		2	3	4	1		1		1	1.6	3.0
柔性玻纤		Superflex glass	SG		300	1	2	2		1	2	3	1		1	1	1	3.4	6.0
不锈钢纤维		Stainless steel	SS		600	1	1	3		1	1	1	1		1	1	1		

注：1. 表中适用温度是指在干气体状态，当气体含湿量大，且含酸碱成分时，某些纤维耐温性降低。

2. 纤维理化性质的优劣以数值 1、2、3、4 表示，其中 1 为优，2 为良，3 为中，4 为劣。

第五节 滤料的选用

一、根据含尘气体的特性选用滤料

除尘滤料通常多用纤维为原材料制成，也有用颗粒状原料制成。原材料各具不同的理化特性，在满足气体温度、湿度以及耐化学性等方面不可能都具有完美无缺的性能。故此，作为选用滤料的原则，必须充分掌握含尘气体的特性，认真对照各种纤维所适应的条件，加以合理选择。

1. 含尘气体的温度

含尘气体的温度是选用滤料的一个首要因素。表4-72中列出了各种纤维材质可供连续长期使用的温度，以及考虑到由于设备和管理的原因而允许瞬间使用的上限温度。

按连续使用的温度（干态），把滤料分为3类：低于130℃为常温滤料；130~280℃为高温滤料；高于280℃为超高温滤料。

通常要求按表中连续使用温度一栏选定滤料，对于气体温度激烈波动的工况条件，宜选择安全系数稍大一些，所选滤料的连续使用温度应不低于温度波动范围的上限。对于高温烟气，条件允许的可以直接选用高温滤料，也可以在采取冷却措施后选用常温滤料，宜通过技术经济分析比较后确定滤料类型。

2. 含尘气体的湿度

含尘气体湿度表示气体中含有水蒸气的多少，通常用含尘气体中的水蒸气体积百分率 x_W 或相对湿度 φ 表征。在通风除尘领域，当 x_W 大于10%时，或者 φ 超过80%时，称为湿含尘气体。对于湿含尘气体，在选择滤料及系统设计时应注意以下几点：

1）当高温、高湿和化学气体同时存在时，会影响滤料的耐温性，尤其对于聚酰胺、聚酯、芳族聚酰胺、聚酰亚胺等水解稳定性差的材质更是如此。图4-85表示在 O_2 含量≤8%、SO_2 含量≤200×10^{-6}、NO_2 含量≤10mg/Nm^3 的特定条件下，不同材质滤料的耐温性随过滤介质湿度变化的综合图线（线的右上侧为该纤维易水解的条件）。

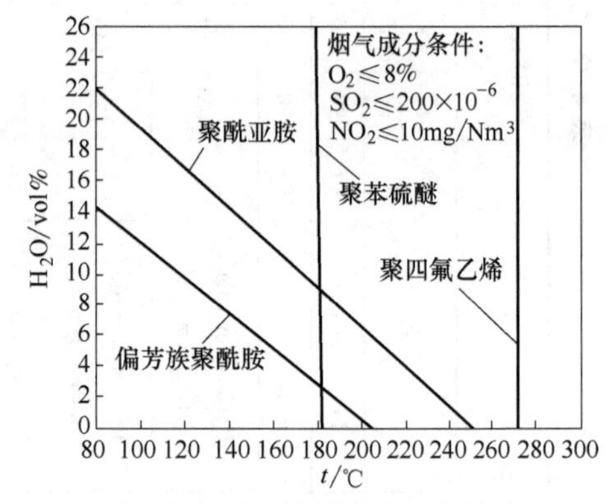

图4-85 耐温滤料水解适应性

2）湿含尘气体使滤袋表面捕集的粉尘润湿黏结，尤其对吸水性、潮解性粉尘，甚至会引起糊袋。为此，应选用尼龙、玻纤等表面滑爽、纤维材质易清灰的滤料，并宜对滤料使用硅油、氟树脂浸渍处理，或在滤料表面使用丙烯酸（Acrylic）、聚四氟乙烯（PTFE）等物质进行涂布处理。PTFE覆膜滤料具有优良的耐湿和易清灰性能。0~100℃空气的水露点与空气中含湿量的关系如图4-86所示。

含硫氧化物烟气的酸露点与 SO_3 的含量以及烟气的湿度 z_w 有关，如图4-87所示。

3. 含尘气体的腐蚀性

在化工废气和各种炉窑烟气中，常含有酸、碱、氧化剂、有机溶剂等多种化学成分。不同纤维的耐化学性各不相同。表4-75列出各种纤维耐无机酸、有机酸、碱、氧化剂、有机溶剂的优劣排序。

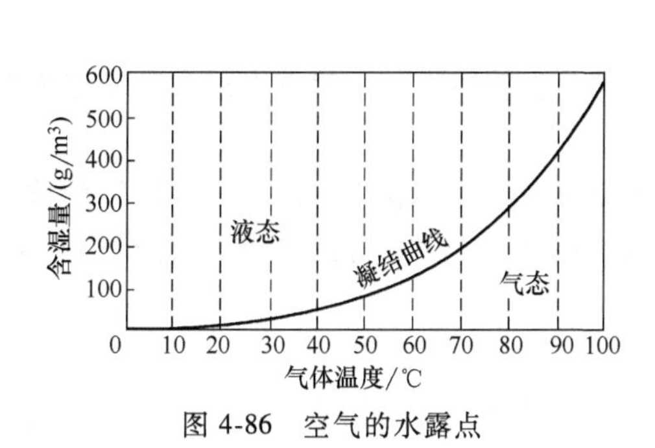

图 4-86　空气的水露点

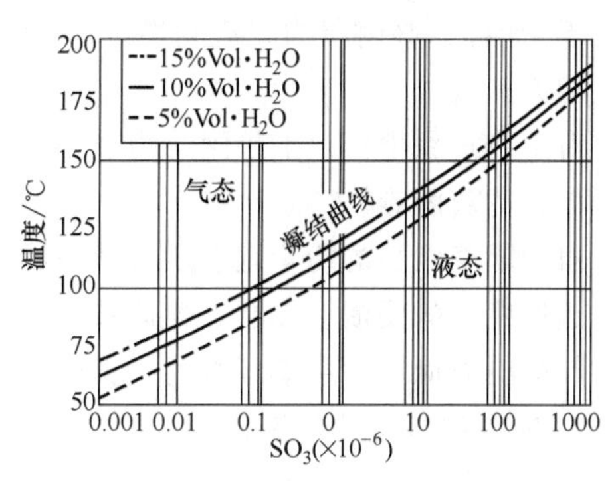

图 4-87　含硫氧化物烟气的酸露点

滤料材质的耐化学性往往受温度、湿度等多种因素的交叉影响。例如，在滤料市场最广泛使用的聚酯纤维，在常温下具有良好的力学性能和耐酸、碱性，但在较高的温度下，对水气十分敏感，容易发生水解作用，使强力大幅度下降；聚丙烯纤维具有较全面的耐化学性能，但在超过 80℃的工况下，也会明显恶化；亚酰胺纤维比聚酯纤维具有较好的耐温性，但在高温条件下耐化学性较差；聚苯硫醚纤维具有耐高温和耐酸碱腐蚀的良好性能，适宜用于燃煤烟气除尘，但抗氧化剂的能力较差，适宜在 O_2 含量≤10%条件下使用；聚酰亚胺纤维抗氧化性能优于 PPS，但水解稳定性却不理想；作为“塑料王”的聚四氟乙烯纤维具有最佳的耐化学性，但强力较低、价格较贵。在选用滤料时，必须根据含尘气体的化学成分，抓住主要因素，择优选定材质。

4. 含尘气体的可燃性和爆炸性

金属冶炼和化工生产过程产生的烟尘中，有的含有氢、一氧化碳等可燃性气体或煤尘、镁、铝等粉尘，当它们与氧、空气或其他助燃性气体混合、浓度超过一定范围时，遇火源即发生爆炸。应注意选用阻燃型消静电滤料。

二、根据粉尘的性状选用滤料

粉尘的性状包括粉尘的化学性和物理性。有关化学性能的影响因素与上述是一致的，此处着重从粉尘物理性能的角度讨论对滤料的材质、结构以及后处理等方面的选用。

1. 粉尘的形状和粒径分布

各种工艺粉尘的平均粒径见表 2-1。作为除尘对象，通常指 0.1~100μm 的尘粒。

对细颗粒粉尘，在选用滤料时应遵循以下原则：纤维宜选用较细、较短、卷曲多，不规则断面型；结构以针刺毡为优，如用织造物，宜用斜纹织法，或表面进行拉毛处理。采用粗细混合絮棉层、具有密度梯度的针刺毡，以及通过表面喷涂、浸渍、超细面层或覆膜等新技术实现表面过滤，是超细粉尘选用滤料的发展方向。

细颗粒尘难捕集，捕集后形成的粉尘层较密实，又不利于清灰；粗颗粒易捕集，捕集后形成的粉尘层较疏松，有利于清灰。从某种意义上讲，粗细搭配的混合尘无论对过滤和清灰都是有利的。长期以来对高浓度含尘气体采取多级除尘，把粗细粉尘分开处理的传统观念和做法正在受到袋式除尘器新型结构和清灰理念的冲击。

2. 粉尘的附着性和凝聚性

粉尘的凝聚力与尘粒的种类、形状、粒径分布、含湿量、表面特征等多种因素有关，可用安息角表征，一般为 30°~45°，见表 2-5。安息角小于 30°称为低附着力，流动性好；安息角大于45°称为高附着力，流动性差。粉尘与固体表面黏性大小还与固体表面的粗糙度、清洁度相关。

对于袋式除尘器，如果附着力过小，将失去捕集粉尘的能力；而附着力过大，又造成粉尘凝聚、清灰困难。

对于附着性强的粉尘宜选用长丝织物滤料，或经表面烧毛、轧光、镜面处理的针刺毡滤料。近期发展的浸渍、涂层、覆膜技术得以进一步提高滤料的粉尘剥离性能，有利于清灰。从滤料的材质而言，玻璃纤维优于其他品种。

3. 粉尘的吸湿性和潮解性

粉尘的吸湿性、浸润性用湿润角来表征。通常称小于60°者为亲水性，大于90°者为憎水性。吸湿性粉尘在其湿度增加后，粒子的凝聚力、黏性力随之增强，流动性、荷电性随之削弱，容易黏附于滤袋表面，久而久之，清灰失效，尘饼板结。

有些粉尘（如CaO，CaCl，KCl，$MgCl_2$等）吸湿后进一步发生化学反应，其性质和形态均发生变化，称之为潮解，糊住滤袋表面，应采取措施防范。

对于吸湿性、潮解性粉尘，在滤料选用时应遵循上一小点同样的原则。

4. 粉尘的磨啄性

粉尘的磨啄性可用磨损系数K_a表征，由专用测量装置测量。各种飞灰的磨损系数通常为（1~2）$\times 10^{-11}m^2/kg$。铝粉、硅粉、碳粉、烧结矿粉等属于高磨损性粉尘。对于磨啄性粉尘，宜选用耐磨性强的滤料。

对于磨啄性强的粉尘，选用滤料应遵循如下原则：

1）化纤优于玻纤，膨化玻纤优于常规玻纤；

2）细、短、卷曲型纤维优于粗、长、光滑性纤维；

3）毡料优于织物，毡料中宜用针刺方式加强纤维之间的交络性，织物中以缎纹织物最优，织物表面的拉绒也是提高耐磨性的措施；

4）表面涂覆、轧光等后处理也可提高耐磨性。对于玻纤滤料，采用硅油、石墨、聚四氟乙烯树脂处理可以改善耐磨性。

5. 粉尘的可燃性和爆炸性

对于易燃易爆粉尘，宜选用阻燃型、消静电滤料，此外在除尘设备和系统设计中，还须采取其他必要的阻燃防爆措施。

选择阻燃型滤料，首先是材质的选择。一般认为，氧指数（LOI）大于30的纤维，如PVC、PPS、P84、PTFE等是安全的；而对于LOI小于30的纤维，如聚丙烯、聚酰胺、聚酯、亚酰胺等滤料可采用阻燃剂浸渍处理。

消静电滤料是指在滤料本纤维中混入导电纤维，使其在经向或纬向具有导电性能（体电阻小于$10^9\Omega$，半衰期≤1s）。常用的导电纤维有不锈钢纤维和改性（渗炭）化学纤维。不锈钢纤维导电性能稳定可靠，改性化纤在经过一定时间后导电性能易衰退。混入方式有等间隔编入导电经纱、均匀混入经纱或纬纱、均匀混入絮棉层等。导电纤维混入量约为本纤维的2%~5%。

6. 按粉尘性状选用滤料的基本导则

综上所述，按粉尘的性状分类，列出选用滤料的基本导则，见表4-73。

表 4-73 按粉尘性状选用滤料的基本导则

粉尘性状	纤维材质	滤料结构	后处理
超细粉尘	①细、短纤维 ②卷曲状、膨化纤维 ③不规则断面形状纤维	①水刺优于针刺，针刺毡优于织物 ②针刺毡宜加厚，形成密度梯度，表面铺超细纤维絮棉层或用粗、细纤维混合絮棉层 ③织物滤料宜用斜纹织或纬二重或双层结构	①针刺毡表面烧毛或热熔压光 ②织物热定型或表面拉毛 ③织物和针刺毡表面覆膜
潮湿黏性粉尘	①尼龙、玻纤材料为优 ②长丝纤维优于短丝纤维	①针刺毡宜加热络合形成致密微孔结构 ②织物宜用缎纹织	①以助清灰为目的的硅基纤维处理 ②以斥油、斥水为目的的碳氟树脂纤维处理 ③针刺毡表面烧毛或热熔压光处理 ④织物、针刺毡表面 ACRY 或 PTEF 朦层 ⑤织物、针刺毡表面 PTEF 覆膜
磨啄性粉尘	①细、短纤维 ②卷曲线、膨化纤维 ③化纤优于玻纤	①毡料优于织物 ②毡料适当加厚，较松软 ③织物宜用缎纹织或纬二重、双层结构	①玻纤的硅油、石墨、聚四氟乙烯处理 ②毡表面压光，镜面处理 ③织物表面拉毛处理
易燃易爆粉尘	①选用氧化指数大于 30 的纤维材质 ②按本纤维的 2%～5% 比例混入导电纤维	①针刺毡在基布经向等间隔编入导电纱 ②针刺毡在絮棉中均匀混入导电纤维 ③织物在经向等间隔编入导电纱	①对氧指数小于 30 的纤维材质，用阻燃剂浸渍处理 ②以斥火花为目的、以 PTEF 为基料的防护浸渍处理

三、根据除尘器的清灰方式选用滤料

袋式除尘器的清灰方式是选择滤料结构、品种的主要因素之一，不同清灰方式的袋式除尘器，因清灰能量、滤袋形变特点的不同，宜选用不同结构、品种的滤料。

1. 机械振动类袋式除尘器

机械振动类袋式除尘器是利用机械装置（包括手动、电磁振动、气动）使滤袋产生振动而清灰的袋式除尘器。振动频率从每秒几次到数百次不等。其特点是施加于粉尘层的动能较少而次数较多，要求滤料薄而光滑、质地柔软，有利于传递振动波，在全部过滤面形成足够的动力。此类除尘器除了小型除尘机组外，大都采用内滤圆袋形式。通常选用由化纤短纤维织制的缎纹或斜纹织物，厚度 0.3～0.7mm，单位面积质量 300～350g/m^2。推荐选用过滤风速 0.6～1.2m/min，对小型间断工作的机组，可适当提高到 1.5～2.0m/min。

2. 分室反吹类袋式除尘器

分室反吹类袋式除尘器采用分室结构，利用阀门切换形成逆向气流，迫使滤袋反复缩瘪—鼓胀而清灰的袋式除尘器。有二状态和三状态之分，动作次数 3～5 次。这种清灰方式大都借助于除尘器本体的自用压力作为清灰动力，在特殊场合另增配反吹风机。要求选用质地轻软、容易变形而尺寸稳定的薄型滤料（无动力清灰，自然压差）。

分室反吹类袋式除尘器有内滤与外滤之分，滤料的选用稍有差异。一般地，内滤式常用圆形袋、无框架、袋径 ϕ120~300mm，滤袋长径比（L/D）为15~40，优先选用缎纹（或斜纹）机织滤料。在特种场合也可选用基布加强的薄型针刺毡滤料（厚1.0~1.5mm，单位面积质量300~400g/m^2）；外滤式除圆形袋也常用扁袋、菱形袋或蜂窝形袋，必须带支撑框架，优先选用耐磨性、透气性较好的薄型针刺毡滤料（单位面积质量350~400g/m^2），也可选用纬二重或双层织物滤料。

3. 振动反吹并用类袋式除尘器

振动反吹并用类袋式除尘器是指兼有振动和反吹风双重清灰作用的袋式除尘器。振动使尘饼松动，逆气流使粉尘脱离，两种方式相互配合，提高了清灰效果。此类除尘器的滤料选用原则大体上与分室反吹类除尘器相同，以选用缎纹（或斜纹）机织滤料为主。随着针刺毡工艺水平和产品质量的提高，发展趋势是选用基布加强、尺寸稳定的薄型针刺毡。

4. 喷嘴反吹类袋式除尘器

喷嘴反吹类袋式除尘器是利用高压风机或鼓风机作为反吹清灰动力，在除尘器不停止过滤的条件下，通过移动的喷嘴依次对滤袋喷吹，形成反向气流，使滤袋变形而清灰的袋式除尘器。按喷嘴形式及其移动轨迹，可分为回转反吹、往复反吹和气环滑动反吹等三种。

回转反吹和往复反吹袋式除尘器采用带框架的外滤扁袋，结构十分紧凑。此类除尘器要求选用比较柔软、结构稳定、耐磨性好的滤料，优先选用中等厚度的针刺毡滤料（单位面积质量为350~500g/m^2），也可选用纬二重或双层结构机织滤料。在我国还较多选用筒形缎纹机织滤料。

气环移动反吹袋式除尘器属于喷嘴反吹类袋式除尘器的一种特殊形式，采用内滤圆袋，环缝形喷嘴套在圆袋外面上下移动反吹。宜选用厚实、耐磨、刚性好、不起毛的滤料，优先选用羊毛压缩毡，也可选用合纤针刺毡（单位面积质量600~800g/m^2）。

5. 脉冲喷吹类袋式除尘器

脉冲喷吹类袋式除尘器是指以压缩气体为动力，利用脉冲喷吹机构在瞬间释放压缩气流，诱导数倍的二次气体高速射入滤袋而使滤袋急剧鼓胀，依靠冲击振动清灰的袋式除尘器。通常采用带框架的外滤圆袋或扁袋。要求选用厚实耐磨、抗张力强的滤料，优先选用化纤针刺毡或压缩毡滤料（单位面积质量为500~650g/m^2）。

6. 按清灰方式优选滤料结构的顺序

综上所述，对于不同清灰方式的除尘器，应选用不同结构参数的滤料品种，优选顺序见表4-74。

四、根据其他特殊要求选用滤料

1. 高浓度工艺除尘

袋式除尘器以其高效、稳定和可靠性被越来越广泛地用于工艺除尘，如水泥磨、煤磨、选粉机、破碎机等设备的气固分离和物料回收。工艺除尘具有气体含尘浓度高、系统连续运行、要求工况稳定的特点，最高含尘浓度可达1600g/m^3。

以前曾有不成文的规定：袋式除尘器入口含尘浓度限于30~50g/m^3，超过此值，就要求设置前级除尘器（在除尘器样本及有关手册中经常可见）。现在，工程实践证明，袋式除尘器完全有能力直接处理高含尘浓度气体。人们认识到，粗、细混合尘在滤袋表面形成疏松

表 4-74　清灰方式与滤料结构的优选

清灰方式	清灰动力	滤袋形式	滤料结构优选	滤料单位面积质量/(g/m^2)
振动	手振、机振、气振、电磁振	内滤圆袋	筒形缎纹或斜纹织物	300~350
反吹风	除尘器资用压力或配反吹风机	内滤圆袋	①高强低伸型筒形缎纹或斜纹织物	300~350
			②加强基布的薄型针刺毡	300~400
		外滤异形袋	①普通薄型针刺毡	350~400
			②阔幅筒形缎纹织物	300~350
反吹风+振动	除尘器自用压力 手振、机振、气振、电磁振	内滤圆袋	①高强低伸型筒形缎纹或斜纹织物	300~350
			②加强基布的薄型针刺毡	300~350
喷嘴反吹风	高压风机或鼓风机	外滤扁袋	①中等厚度针刺毡	300~350
			②纬二重或双层织物	300~400
			③筒形缎纹织物	350~500
		内滤圆袋（气环喷吹）	厚实型针刺毡、压缩毡	400~550
脉冲喷吹	0.15～0.7MPa 压缩气体	外滤圆袋	①针刺毡或压缩毡	300~350
			②纬二重或双层织物	600~800

注：此表中①，②，③表示滤料结构的优选顺序。

的粉尘层，有利于透气和清灰；而经预分离后剩余的细粒尘在滤袋表面形成密实的粉尘层，不利于透气和清灰。

用袋式除尘器处理高含尘浓度气体时，应选用刚度较好的厚实型滤料，且表面经轧光或浸渍、涂层、超细面层、覆膜等有利于改善粉尘剥离性能的滤料。

2. 高标准排放和具有净化要求的场合

处理含铅、镉、铬等有毒有害物质的除尘器，以及某些工艺气体回收系统（例如，从石灰窑废气中分离 CO_2 气体用于制干冰等），需要把气体中的粉尘处理到 mg/m^3 以下。采暖地区正推广新的设计思想：利用空气再循环的除尘系统代替传统的直排式除尘系统和室空气热补风系统，以节省采暖能耗，也要求除尘器出口的含尘浓度降到几 mg/m^3 以下，我国某些地区，已直接制定颗粒物排放限值为 $5mg/m^3$。

对于此类特殊场合，除尘器宜选用特殊结构的滤料：

1）MPS（Micro Pore Size）滤料或称高密面层针刺毡。这是选用细旦纤维（≤1D）、采用特殊工艺制成的针刺毡滤料，表面形成一层有效的活性过滤层，即使对小于 5μm 的微细粉尘也有良好的捕集效果，如图 4-88 所示。

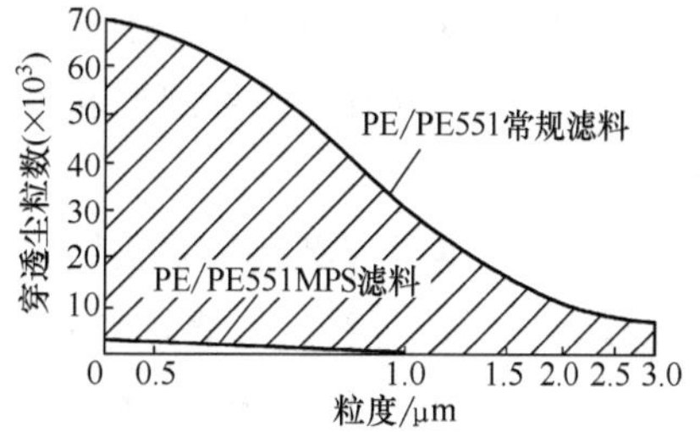

图 4-88　MPS 滤料与常规滤料的分级效率对比（引自 BWF 公司资料）

2）PTFE 覆膜滤料，薄膜微孔径 3~10μm，其过滤效率比常规滤料高 1~2 个数量级，如图 4-89 所示。

此外还应选用合理的操作条件：滤速宜适当降低，一般以取常规滤速的 2/3～1/2 为好；反吹风压力、风量、振幅以及清灰周期等宜恰到好处，避免清灰不足或清灰过度；也可选用静电袋滤复合型除尘器，利用尘粒在电场中的荷电、凝聚、预分离作用，提高除尘器的除尘效率，总效率可达 99.99%。

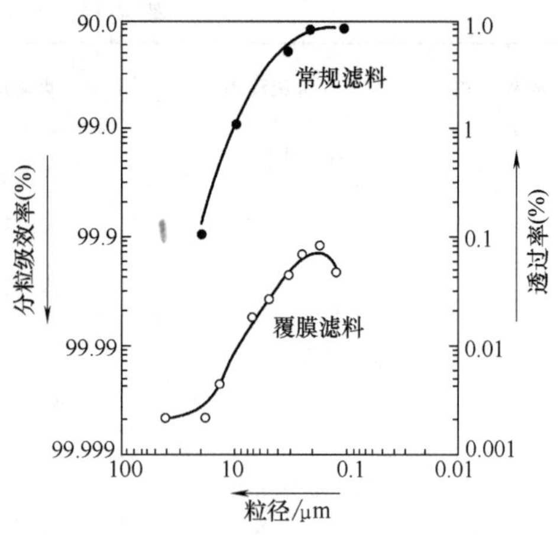

图 4-89 PTFE 覆膜滤料与常规滤料的分级效率对比（引自 GORE 公司资料）

3. 具有稳定低阻运行要求的场合

用于制氧机入口、空压机入口、高炉鼓风入口、屋顶集尘系统、操作室换气系统以及其他工艺气体回收系统的袋式除尘器，入口含尘浓度本身不高（仅为几 mg/m^3 至几百 mg/m^3），但要求排放浓度低，设备阻力波动幅度小，使系统风量保持稳定。对此，在选用滤料时，应尽量选用表面过滤材料，例如，覆膜滤料，或经过浸渍、涂布、压光等后处理的滤料，以保证在整个滤料使用寿命期内实现阻力平稳。

4. 含油雾等黏性微尘气体的处理

在沥青混凝土工厂的拌合处和成品卸料处排出含焦油雾和粉尘的废气，在电极和炭素制品成型工艺过程中排出含焦油雾和炭粉的废气，在焦炉炉顶装料孔排出含焦油雾和煤尘的烟气，在燃煤锅炉采用重油点火时排出含油雾烟气，在轧钢生产线排出含油雾、水气和氧化铁粉尘的废气。处理此类含油雾等黏性尘的气体也常用袋式除尘器，宜选用经疏油、疏水处理的滤料，或 PTFE 覆膜滤料，以及波浪形塑烧板过滤材料。当选用纤维滤料时，在除尘开机前应预涂粉尘，以便在滤料表面形成保护性粉尘层。

5. 特殊结构除尘器的要求

我国独创的 KB 型快装振打式玻纤扁袋除尘器，过滤单元采用整体框架结构，将平幅滤布来回绕折，绷紧缝合在框架上。这种除尘器要求滤料抗拉性能好，伸缩变形小，表面光滑易于清灰。对此，选用玻纤长丝机织滤料或玻纤膨体纱机织滤料最为理想。

近几年新开发的波纹滤筒除尘器（Cartridge Filter），一个星形摺迭结构滤筒的过滤面积约为同体积的普通滤袋的 2～5 倍，使得除尘器的体积和占地面积大大缩小。对折制波纹滤筒除尘器的滤料，有其特殊要求：

1）滤料应具有一定的刚度和可折可塑性，需选用特种树脂在特定工艺条件下对滤料进行特殊处理。

2）滤料本身应具有带微孔结构的表面过滤层（代替一次粉尘层），使其有稳定的高效低阻过滤性能。可对常规滤料表面进行涂布处理，或黏合一层由超亚微米级纤维络合而成的超薄纤维层，或覆合一层 PTFE 微孔薄膜。

3）选用化纤、针刺、纺黏或热熔无纺布代替纸质滤料制成滤筒。这样有利于清灰再生和延长使用寿命。

典型滤料的测试数据见表 4-75、表 4-76、表 4-77。

表 4-75　PTFE、聚酰亚胺和芳纶性能测试数据

特性	检测项目		PPS/PTFE	聚酰亚胺	芳纶	备注
形态特征	单位面积质量/(g/m²)		742	586	545	
	单位面积偏差(%)		-1.8,+1.6	-1.1,+1.6	-3.8,+3.3	
	厚度/mm		1.73	2.66	2.68	
	厚度偏差(%)		-3.9,+4.2	-0.9,-1.0	-2.5,+3.4	
强力特性	断裂强力/(N/5×20cm)	经向	1473	1012	1065	
		纬向	1565	1942	1430	
	断裂伸长率(%)	经向	5.9	11.1	49.8	
		纬向	36.7	43.3	55.8	
透气性	透气度 $m^3/(m^2 \cdot min)$		9.10	14.72	15.94	
	透气度偏差(%)		-5.4,+7.3	-4.2,+4.6	-14.1,+6.0	
耐热特性	断裂强力/(N/5×20cm)	经向	1484	1129	1196	PPS:190℃ 芳纶:200℃ 24h 聚酰亚胺:260℃
		纬向	1626	2205	1490	
	断裂伸长率(%)	经向	6.6	18.4	48.1	
		纬向	37.6	46.1	52.1	
	热收缩率(%)	经向	0.3	3.3	0.3	
		纬向	0.3	2.3	0.2	
阻力特性	初始阻力/Pa		67	164.0		开始状态
	残余阻力/Pa		140	453.0		实验最终阶段
除尘特性	除尘效率(%)		99.998	99.998		实验最终状态
清灰特性	粉尘剥离率(%)		92.2	65.4		实验最终状态
	周期		23 分 42 秒	16 分 36 秒		第一个周期
	周期		15 分 59 秒	3 分 20 秒		最后一个周期
疏水特性	疏水等级			4 级		
疏油特性	疏油等级			1 级		
阻燃特性	氧指数(%)	经向	38.5			
		纬向	38.6			

表 4-76　玻纤覆膜/PTFE 覆膜滤料性能测试数据

特性	检测项目		标准值	涤纶毡	玻纤覆膜毡	PTFE 覆膜毡	备注
形态特征	单位面积质量/(g/m²)			554	773	826	
	单位面积偏差(%)		±5	-2.3,+1.2	-1.0,+0.5	-1.7,+1.6	
	厚度/mm			2.03	0.78	0.93	
	厚度偏差(%)		±10	-1.2,+1.3	-1.8,+0.8	-1.9,+2.4	
强力特性	断裂强力/(N/5×20cm)	经向	≥900	1660	5476	1001	
		纬向	≥1200	1617	6420	1303	
	断裂伸长率(%)	经向	≤35	28.0	8.9	8.2	
		纬向	≤50	29.8	3.9	13.1	

（续）

特性	检测项目		标准值	涤纶毡	玻纤覆膜毡	PTFE 覆膜毡	备注
透气性	透气度 $m^3/(m^2 \cdot min)$			14.58	1.86	25.9	
	透气度偏差(%)		±20	-5.3,+5.6	-8.7,+10.6	-7.4,+3.0	
耐热特性	断裂强力/(N/5×20cm)	经向		1736	4618	932	260℃
		纬向		1620	6300	1307	
	强力保持率(%)	经向	≥100	104.6			
		纬向	≥100	100.2			
	断裂伸长率(%)	经向		29.5	8.0	9.8	
		纬向		31.3	3.6	15.6	
	热收缩率(%)	经向	≤35	1.0	0.3	2.3	
		纬向	≤50	0.3	0.2	1.7	
阻力特性	初始阻力/Pa			32.1	171.0	109.8	开始状态
	残余阻力/Pa			96.3	528.7	290.1	实验最终阶段
除尘特性	除尘效率(%)			99.998	99.998	99.998	实验最终状态
清灰特性	粉尘剥离率(%)			93.4		79.7	实验最终状态
	周期			24分35秒		20分53秒	第一个周期
	周期			16分27秒		10分33秒	最后一个周期

表4-77 深圳某垃圾焚烧厂3台袋式除尘器用PTFE覆膜滤袋，使用3年后测试数据

特性	检测项目		1#除尘器	2#除尘器	3#除尘器	备注
形态特征	单位面积质量/(g/m^2)		981	1064	939	
	单位面积偏差(%)		-4.3,+3.2	-2.7,+3.4	-3.2,+2.5	
	厚度/mm		1.50	1.61	1.26	
	厚度偏差(%)		-2.8,+2.5	-5.8,+3.5	-1.1,+2.1	
强力特性	断裂强力/(N/5×20cm)	经向	984	823	1014	
		纬向	657	1137	1038	
	断裂伸长率(%)	经向	10.1	7.3	8.3	
		纬向	9.5	10.0	10.5	
透气性	透气度/$[m^3/(m^2 \cdot min)]$		0.84	1.55	0.7	
	透气度偏差(%)		-12.1,+11.6	-9.4,+17.1	-5.2,+7.8	
阻力特性	初始阻力/Pa		750.2	355.5	617.4	开始状态
	残余阻力/Pa		923.8	684.8	834.8	实验最终阶段
除尘特性	除尘效率(%)		99.998	99.990	99.985	实验最终状态
清灰特性	粉尘剥离率(%)		30.5	48.9	43.2	实验最终状态
	周期		2分43秒	7分20秒	4分18秒	第一个周期
	周期		44秒	3分21秒	1分14秒	最后一个周期

从表中数据可看到，虽然滤袋已使用3年，但经、纬强力都在正常使用范围内，在有的

除尘器中强力尚相当高，甚至有可能较原始强力还有增益，但是阻力已处于高位，清灰周期都已很短。

我国研发的商用聚酰亚胺纤维滤料在水泥窑尾应用，数据见表 4-78、表 4-79（同 P84 纤维滤料应用数据）。

表 4-78　铁纶/P84 滤料使用 2 年后数据

特性	检测项目		铁纶/2 年	P84/2 年	备注
形态特征	单位面积质量/(g/m^2)		873	733	
	单位面积偏差(%)		-3.1,+6.4	-4.1,+3.6	
	厚度/mm		3.14	3.14	
	厚度偏差(%)		-2.4,+1.7	-36.0,+2.1	
强力特性	断裂强力/(N/5×20cm)	经向	798	780	
		纬向	1845	994	
	断裂伸长率(%)	经向	9.9	7.6	
		纬向	33.0	20.4	
透气性	透气度/[m^3/(m^2 · min)]		1.53	1.45	
	透气度偏差(%)		-2.7,+2.5	-9.9,+8.0	
耐热特性	断裂强力/(N/5×20cm)	经向	811	836	260℃,24h
		纬向	1754	1327	
	断裂伸长率(%)	经向	11.5	13.1	
		纬向	29.9	23.0	
	热收缩率(%)	经向	1.7	3.7	
		纬向	0.3	3.7	
阻力特性	初始阻力/Pa		191.7	186.8	开始状态
	残余阻力/Pa		180.2	173.2	实验最终阶段
除尘特性	除尘效率(%)		99.973	99.939	实验最终状态
清灰特性	周期		5 分 6 秒	7 分	第一个周期
	周期		2 分 37 秒	3 分 48 秒	最后一个周期

表 4-79　铁纶/P84 滤料使用 3 年后数据

特性	检测项目		铁纶/3 年	P84/3 年	备注
形态特征	单位面积质量/(g/m^2)		829	680	
	单位面积偏差(%)		-4.0,+2.1	-6.6,+3.7	
	厚度/mm		3.06	2.89	
	厚度偏差(%)		-1.8,+1.5	-1.0,+0.8	
强力特性	断裂强力/(N/5×20cm)	经向	894	902	
		纬向	1570	947	
	断裂伸长率(%)	经向	10.4	9.5	
		纬向	36.5	33.9	

（续）

特性	检测项目		铁纶/3年	P84/3年	备注
透气性	透气度/[m³/(m²·min)]		1.91	2.59	
	透气度偏差(%)		-2.3,+2.4	-2.2,+2.4	
耐热特性	断裂强力/(N/5×20cm)	经向	853	872	260℃,24h
		纬向	1563	1232	
	断裂伸长率(%)	经向	13.6	16.9	
		纬向	36.1	27.8	
	热收缩率(%)	经向	1.0	4.0	
		纬向	0.3	3.7	
阻力特性	初始阻力/Pa		117.5	91.7	开始状态
	残余阻力/Pa		133.7	105.5	实验最终阶段
除尘特性	除尘效率(%)		99.993	99.994	实验最终状态
清灰特性	粉尘剥离率(%)		98.2	98.4	实验最终状态
	周期		7分52秒	16分15秒	第一个周期

测试数据表明我国自主研发的聚酰亚胺纤维（铁纶）性能等同于P84纤维，并且长期耐热性能略优于P84纤维。

河南某1000MW机组用袋式除尘器滤袋使用3年后不同箱体滤袋的测试数据见表4-80。

表4-80 河南某1000MW机组用袋式除尘器滤袋使用3年后不同箱体滤袋的测试数据

特性	检测项目		箱体4-4	箱体4-8	箱体3-6	箱体5-9	备注
形态特征	单位面积质量/(g/m²)		1004	663	742	839	
	单位面积偏差(%)		-7.6,+3.0	-1.0,+1.4	-0.7,+0.4	-0.7,+0.3	
	厚度/mm		2.24	1.37	1.65	1.58	
	厚度偏差(%)		-3.0,+2.3	-1.2,+1.0	-1.2,+1.2	-0.9,+1.0	
强力特性	断裂强力/(N/5×20cm)	经向	985	854	925	968	
		纬向	810	1293	946	1040	
	断裂伸长率(%)	经向	8.6	6.2	8.3	8.8	
		纬向	23.5	21.7	26.5	29.7	
透气性	透气度/[m³/(m²·min)]		1.27	5.33	1.42	1.01	200Pa
	透气度偏差(%)		-3.5,+5.2	-7.2,+8.9	-11.7,+5.2	-3.0,+3.0	
阻力特性	初始阻力/Pa		528.7	98.9	159.8	516.7	开始状态
	残余阻力/Pa		499.7	153.7	350.0	389.5	实验最终阶段
除尘特性	除尘效率(%)		99.990	99.998	99.998	99.985	实验最终状态
清灰特性	粉尘剥离率(%)		—	94.0	77.4	—	实验最终状态
	周期		4分10秒	21分30秒	14分26秒	4分30秒	第一个周期
	周期		4分37秒	14分15秒	7分42秒	7分18秒	最后一个周期
腐蚀性分析	pH值		4.56	4.45	4.40	5.68	

数据显示虽然已使用3年。但滤袋的经纬强力均还保持在800N以上。估计尚可使用2年左右。透气度有的很低，有的尚好，说明各箱体的清灰系统工作状态不同。

第五章　清灰技术及装置

第一节　袋式除尘器的清灰机理

尘粒之间、尘粒与滤料纤维之间因受范德华力和静电力的作用而黏附一起，形成的尘饼具有一定的粘附力。滤袋清灰的动力学原理是在振动、逆气流或脉冲喷吹等外力作用下，使粘附于滤袋表面的尘饼受冲击形变、剪切应力等的作用而破碎，在法向应力作用下崩落。

一、机械振动清灰机理

机械振动清灰是利用机械装置（手动、电动、气动）通过传动机构使滤袋整体按某一固有频率产生简谐振动，依附于滤袋表面的尘饼在同步振动过程中崩落。机械振动清灰机理主要有加速度、剪切、屈曲—拉伸、扭曲等协同作用。其中，加速度对清灰起着主要作用。

一些学者提出，在振动清灰时，滤袋加速度必须达到一个临界 A_p 值，才能获得良好的效果。他们的试验证明，这一临界值为 $5g$。更高的加速度可以增进清灰效果，而当 A_p 高于 $10g$ 后则增益很小。有学者的试验表明，采用振幅为 20mm、振动频率为 7.5Hz 的机械振动清灰，与逆向气流速度为 13~19mm/s 的反吹清灰相比，有更好的清灰效果。

振动清灰工作制度由“过滤—振动”组成。为提高清灰剥离效果，宜在离线状态振动清灰。为提高剥离粉尘的沉降效果，宜在一次振动后延迟恢复过滤状态。

二、反吹清灰机理

反吹清灰亦称逆气流清灰，是利用切换装置（手动、电动、气动阀门或其他运动机构），停止过滤气流，并借助除尘器本身持有的资用压力或外加动力形成具有足够动量的逆向气流，使滤袋产生一次或多次实质性的涨、缩，在涨缩形变及反吹过程中，尘饼被粉碎、剥离，滤袋获得再生。

逆气流清灰必须在离线状态进行，清灰工作制度有二状态与三状态之分：二状态由“过滤—反吹”组成，需经数次动作，适宜于重质、粗粒、滑爽尘；三状态由“过滤—反吹—沉降”组成，可按不同排列实行多种组合，并重复多次动作。增加“沉降”状态，有利于剥离粉尘的沉降，适宜于轻质、细粒、黏性尘。

清灰前滤袋上堆积的粉尘量越大，清灰效果就越好。这是因为较少的粉尘堆积量，反吹气流容易在尘饼上形成通道，从而导致大部分反吹气流从通道穿透，影响清灰效果。如以清灰后滤袋上减少的粉尘量与清灰前一个循环中滤袋上粉尘的堆积量之比作为清灰效率，有学者的试验结果表明，在仅仅只有逆向气流的作用且逆向气流速度为 56mm/s，粉尘负荷为 $400g/m^2$、$600g/m^2$ 和 $1000g/m^2$ 时，清灰效率分别为 6%、60%和 88%。

对于反吹清灰袋式除尘器，由于逆向气流的速度更小，通常只有 16~30mm/s，所以很难依靠气流的作用将粉尘从滤袋表面吹落。

图 5-1 表示菱形扁袋除尘器反吹清灰时滤袋内压力波形和加速度波形。由图可见，其压力峰值很低（仅 55Pa），而且压力上升速度特别小（0.85Pa/ms），只有脉冲喷吹压力上升

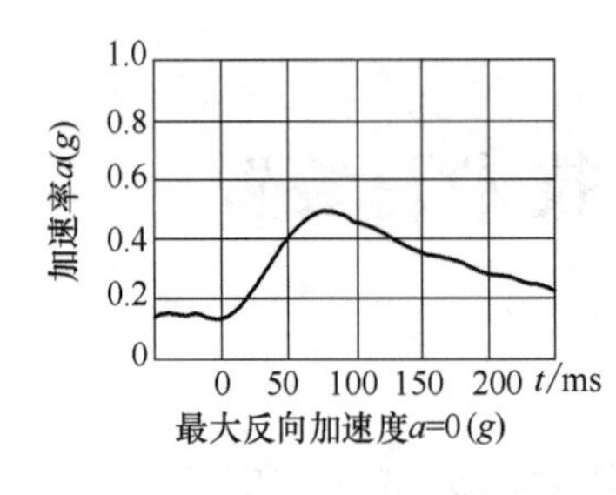

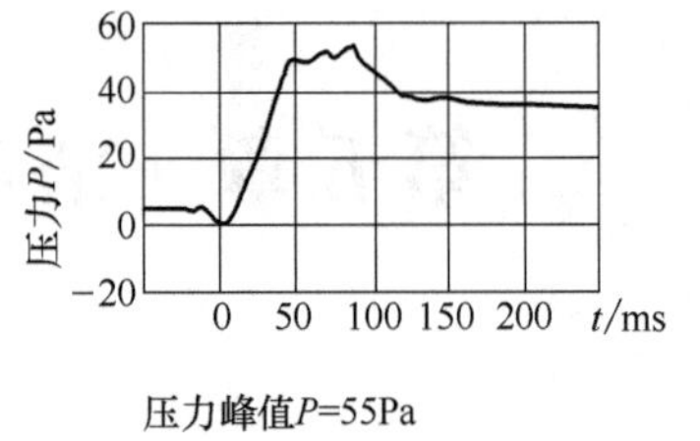

图 5-1 菱形扁袋除尘器反吹清灰时滤袋内压力波形和加速度波形（反吹风速 $v=2\text{m/min}$）

速度（294.9Pa/ms）的2.88‰。其最大反向加速度基本为零。这说明，反吹清灰气流对滤袋冲击振动相当微弱。

由此可见，反吹清灰主要依靠滤袋变形对粉尘层造成的挤压作用，而逆向压差及穿过滤袋的气流则是形成这种挤压作用的动力，同时帮助清离滤袋的粉尘落入灰斗。

三、脉冲喷吹清灰机理

脉冲喷吹清灰是利用压缩气体作为清灰介质，通过喷吹机构将压缩气体瞬间释放，高速喷射的清灰气流诱导数倍于己的二次气流一同喷入滤袋，从而使滤袋得以清灰。

对脉冲袋式除尘器的清灰机理，存在着不同的认识。一些学者曾认为脉冲袋式除尘器的清灰机理包括加速度、剪切、屈曲—拉伸、扭曲和逆向气流等，有些学者则认为喷吹时逆向穿过滤袋的气流对清灰起主要作用。对于何种因素是主要的机制，长期未能形成一致认识。目前绝大多数研究者认为喷吹后滤袋膨胀到一定程度时获得的最大反向加速度对清灰起主要作用。

国外一些学者研究了逆向气流的清灰作用。测试结果表明，逆向气流要将尘粒从滤袋表面吹落，其速度至少需要10~20m/s；粒子越小，其粘附力对拉力的比值越大，越难吹落，因而需要更高的风速。

实际情况下，脉冲袋式除尘器清灰时逆向气流远远达不到上述速度：有研究者估算，脉冲喷吹时的逆向气流平均速度为150mm/s，无论如何也不会超过610mm/s；而另有研究者在实验室测得的逆向气流速度仅30~50mm/s。由此可以认为，在脉冲喷吹时，逆向气流对粉尘剥离所起作用非常小，粉尘从滤袋表面的脱落都是由于滤袋壁面受到冲击振动的结果。

在20世纪50年代，曾发展了一种“逆向喷射清灰”（即气环反吹）的袋式除尘器，将速度高达1830~2440m/min（31~41m/s）的气流直接喷射到滤袋的净气侧（外侧）而清除粉尘。有学者认为，这种清灰方式主要依靠逆向气流与喷射处的滤料屈曲的联合作用。而脉冲喷吹所产生的逆向气流速度只有这种清灰方式的百分之一，因而靠逆向气流清除的粉尘很少。

有一项考察加速度和逆向气流清灰作用的对比试验。试验者将滤袋框架的直径稍微缩小，并在滤袋框架上楔入圆棒，来缩小滤袋与滤袋框架之间的空隙，从而限制滤袋壁面的运动，同时尽量保持脉冲喷吹气流的恒定，以使逆向气流不发生大的变化。结果表明，清灰后的剩余压差显著增加。实际应用的脉冲袋式除尘器，也曾发现类似情况：在运行初期其阻力正常，运行一段时间后，由于滤袋尺寸收缩超出正常范围，使滤袋在框架上绷得过紧，滤袋的变形受到很大限制，导致清灰不良，阻力随之上升。此时，脉冲喷吹时的逆向气流的流量和速度并未降低，只是由于滤袋膨胀到极限位置时受到的冲击振动大为减弱，阻力便显著升高。

有的学者将捕集了粉尘的滤料试样，固定在一个可滑动的框架上，试验时让在运动中的框架突然停止，一部分尘饼便受惯性力作用从滤料上剥离，这样可单独测试反向加速度对清灰效果的影响。试验结果表明，清灰前滤料上堆积的粉尘负荷对清灰效果影响很大。对柔性滤料来说，粉尘负荷为 $600g/m^2$ 时，$12g$ 的反向加速度即可获得 95%的清灰效率；但在粉尘减少为 $200g/m^2$ 时，需要 $40g$ 的反向加速度才可获得同样的清灰效率。另外，滤料的柔软程度也对清灰效率影响很大。该试验对比了经化学处理后硬化的涤纶针刺毡与普通涤纶针刺毡的清灰效果，试验粉尘是平均粒径为 4.5μm 的石灰石，粉尘负荷为 $400g/m^2$，尽管两种滤料的透气性相同，但前者需要 $200g$ 的反向加速度才有轻微的清灰效果，要达到 50%的清灰效率则需要近 $400g$ 的反向加速度；后者的清灰效率在 $12g$ 的反向加速度后急剧增加，$15g$ 的反向加速度即可达到 90%以上的清灰效率。这说明清灰过程中，滤料变形导致尘饼层产生的破裂使其更易在较低的剪切力，也就是在更小的反向加速度下从滤料表面剥离。

综上所述，在脉冲喷吹清灰中，逆向气流对粉尘剥离所起的作用很小，高压气体脉冲施加在滤袋上的冲击结合滤料的变形对清灰起着主要作用。

下面通过对粉尘/滤袋体系在脉冲喷吹过程中的受力分析来阐述脉冲喷吹的清灰机理。

取一个粉尘/滤袋单元体，利用达朗伯原理对该单元体作动力学分析（见图 5-2）。在粉尘层从滤袋上脱落之前，两者的运动是完全同步的，其加速度相等，即 $A_d = A_b$。在脉冲喷吹时，滤袋单元体最初在压气的作用下向外做加速运动（$A_b > 0$），粉尘也随之向外做加速运动，粉尘施加给滤袋单元体一个惯性力 $m_d A_d$。在此过程中，滤袋单元体由于拉伸而受到的张力 F_T 很小；随着滤袋向外膨胀，滤袋形状由内凹状向外凸状变化，当袋壁膨胀到由松弛状态转为张紧状态的瞬间，袋壁运动突然受限，滤袋受到的张力急速增加。当张力与静压差平衡时，粉尘/滤袋体系的加速度为零（$A_b = 0$），而向外运动的速度最大；此后滤袋单元体在张力作用下产生反向加速度（$A_b < 0$）并迅速达到其最大值 A_p。滤袋在张力作用下减速向外膨胀，但粉尘并不受到张力的控制，而是在粘附力（F_A）的作用下与滤袋作同步运动，它所能获得的最大反向加速度为 F_A/m_d。当滤袋的反向加速度 A_b 增加到使得 $A_b > F_A/m_d$（即 $F_A < m_d A_b$）时，粉尘从滤袋上脱落。因此 $m_d A_b$ 反映了粉尘/滤袋体系的粉尘分离力的大小，而 $m_d A_p$ 则是最大的粉尘分离力。

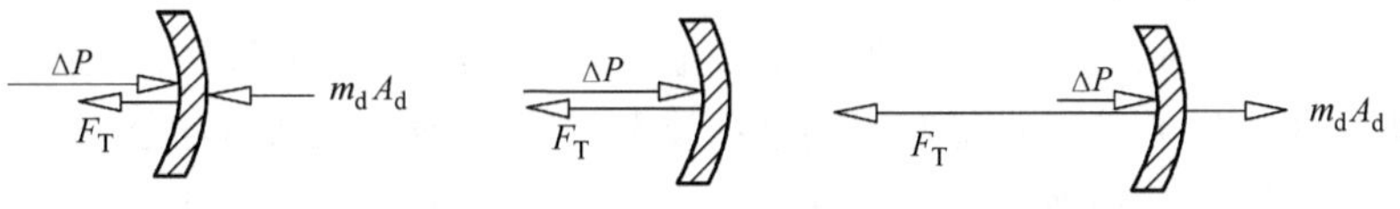

图 5-2　滤袋单元体在喷吹过程中的受力分析

ΔP—滤料上的静压差　F_T—滤料的合成张力

m_d—单位面积粉尘质量　A_d—粉尘的加速度　A_b—滤料的加速度

脉冲喷吹清灰的过程可以描述为在脉冲喷吹时，喷入滤袋的高压气团使滤袋内的压力急速上升，滤袋迅速向外膨胀，由内凹状向外凸状变化，袋壁由松弛状态转为张紧状态，滤袋的张力也随之增大。当袋壁的张力达到最大而获得最大反向加速度并开始回缩的瞬间，袋壁受到强烈的冲击振动，附着在滤袋表面的粉尘层不受张力的控制，由于惯性力的作用而脱离滤袋。

四、脉冲袋式除尘器清灰能力的评价指标和清灰过程

1. 清灰能力的评价指标

脉冲袋式除尘器清灰能力可用两种指标进行评价：

1）最大反向加速度 A_p。前已叙述，粉尘分离力 $F_s = m_d A_p$。可见，对某一特定的脉冲喷吹清灰系统，以及特定的粉尘/滤袋体系，应该有一个合适的 A_p 值范围，以保证获得满意的清灰效果。对于脉冲袋式除尘器，既然最大反向加速度是压气脉冲作用于滤袋所产生冲击的一个直观反映，因而用它来表征脉冲喷吹清灰能力是恰当的。

2）压力峰值 P_p 和最大压力上升速率 v_{pp}。除了最大反向加速度外，清灰时滤袋内的压力峰值和压力上升速度，也是衡量脉冲喷吹清灰效果的重要指标。

一些学者曾推导过滤袋膨胀到一定程度时获得的最大反向加速度 A_p 的计算公式。将脉冲喷吹过程中的滤袋视为一个质块，挂在弹簧上向外作径向运动，并假定滤料作线性弹性拉伸，且忽略摩擦能量损失，推导得 A_p 正比于 v_{pp}：

$$A_p = \frac{G}{\sqrt{\rho M}} v_{pp} \tag{5-1}$$

式中 A_p——滤袋膨胀到一定程度的最大反向加速度；

G——滤料的屈曲参数；

ρ——单位面积的粉尘和滤料质量；

M——滤料的弹性参数；

v_{pp}——滤袋上压力波形中由零值上升至压力峰值过程中的最大压力上升速率。

由上式可见，最大反向加速度取决于滤袋内最大压力上升速率和滤料的屈曲性、拉伸性及其他性质。

国内一些研究者也提出以滤袋内的压力峰值和压力上升速率作为评价清灰性能的主要指标，并指出，“脉冲袋式除尘器的清灰效果主要取决于滤袋内压力峰值和压力增长的速度，而不是反向通过滤袋的气体流量”。实际上，除了能量等级存在很大差异之外，脉冲喷吹清灰与爆破在原理上有相似之处，都是利用空气动力使目标受到破坏。因此，衡量清灰效果的指标可以从爆破得到借鉴。

2. 滤袋的清灰过程（高压气团论）

1）以前人们曾认为，清灰时脉冲喷吹气流从袋口冲向滤袋底部，在由底部被反射回来的过程中，滤袋内的压力进一步增高，使袋壁受到冲击振动，从而将滤袋表面的粉尘清落。

试验证明，实际的脉冲清灰过程并非如此。表5-1是MC型中心脉冲喷吹系统、Ⅰ型环隙脉冲喷吹系统、Ⅱ型环隙脉冲喷吹系统清灰时袋口、袋中、袋底三个测点出现最大反向加速度的时刻，尽管三种喷吹系统的结构不同，清灰气流的运动速度也有差异，但最大反向加速度出现的顺序却有共同的规律：袋口最早，而袋底最晚。

表5-1 环隙脉冲袋式除尘器清灰试验数据

测点位置		袋口	袋中	袋底
最大反向加速度出现时刻/ms	MC型中心脉冲喷吹系统	—	53.76	63.17
	Ⅰ型环隙脉冲喷吹系统	36.29	40.32	44.35
	Ⅱ型环隙脉冲喷吹系统	35.62	38.98	43.01

2）图 5-3 是环隙脉冲袋式除尘器清灰时滤袋内的压力波形和加速度波形。在压力波形中，T_p 表示峰值压力 P_p 出现的时刻，而在加速度波形中，T_p 表示最大反向加速度 A_p 出现的时刻。

① 第一个压力峰值 P_p 出现的时刻为 $T_p=36.288\text{ms}$，而最大反向加速度 A_p 出现的时刻为 $T_p=38.976\text{ms}$，亦即 A_p 与 P_p 几乎同时出现。说明最大反向加速度 A_p 是由压力峰值 P_p 的作用而产生，P_p 为有效压力峰值；其后出现的压力峰值 P_b 虽然为最高峰值，但其出现时间与最大反向加速度的出现时间相距较远，而 P_b 所对应的反向加速度却很小，亦即最高压力峰值 P_b 对清灰几乎无用，可称为表观压力峰值。在最大加速度之后，伴随 P_b 的到来，加速度迅速减小并趋于零。

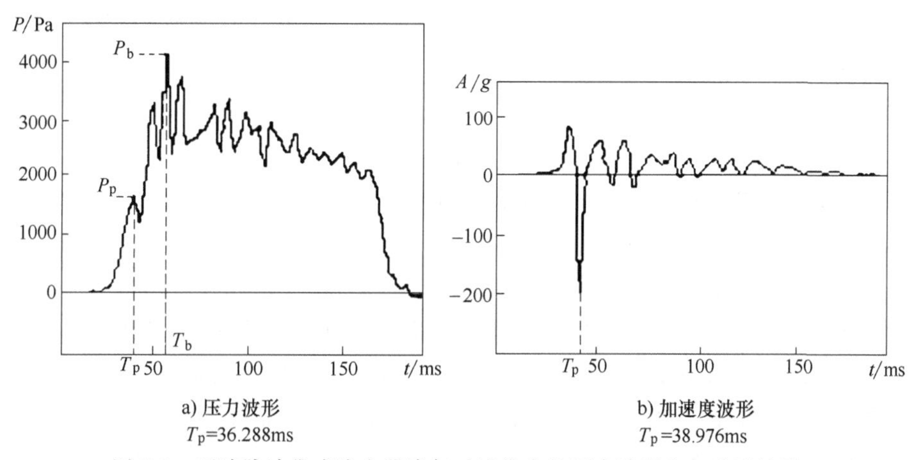

a) 压力波形 T_p=36.288ms　　b) 加速度波形 T_p=38.976ms

图 5-3　环隙脉冲袋式除尘器清灰时滤袋内的压力波形和加速度波形

以上事实说明，脉冲喷吹气流在滤袋内的清灰作用是一次性的，清灰气流在从袋口喷向袋底的过程中，依次将滤袋表面的粉尘清落。清灰气流对滤袋的第一次冲击对于清灰来说起决定性作用。

实际的滤袋清灰过程如图 5-4 所示。其中图 5-4a～c 反映一条滤袋在清灰过程中不同时刻的情况。高压气流和诱导的二次气流形成的高压气团，由袋口冲向袋底，所经之处，滤袋表面的粉尘即被依次清落。

国外有类似观点认为，脉冲喷吹清灰可视作一个高压气团快速通过滤袋，如图 5-5 所示，气团经过的地方，滤袋瞬局部膨胀使粉尘层（尘饼）松动，短暂的逆气流导致了该处滤袋粉尘层的剥落。

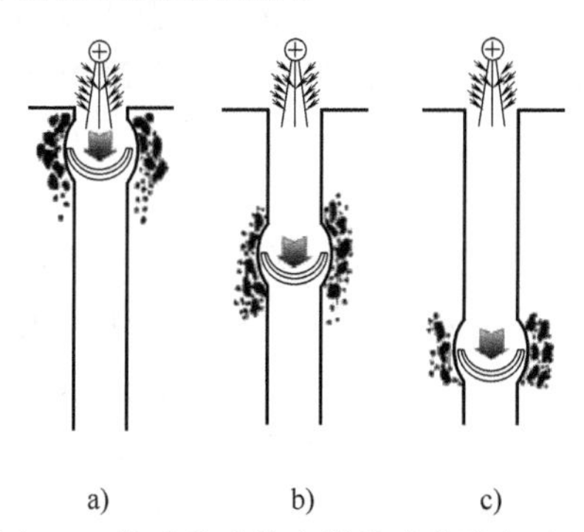

图 5-4　脉冲袋式除尘器的滤袋清灰过程

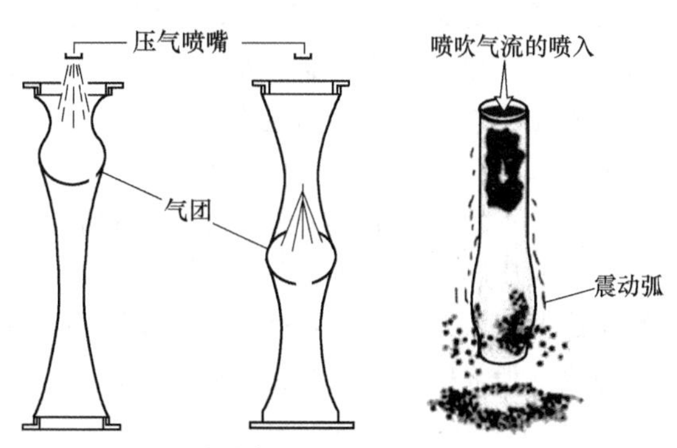

图 5-5　滤袋气团（震动波）型清灰过程

② 脉冲喷吹的数据：脉冲喷吹时，从喷嘴喷出的气流为亚声速，多次测试结果为300~324m/s，在袋口处诱导周围5~7倍于喷射气量的气体一同进入滤袋。对于袋口不设引射器的喷吹装置而言，引射倍数通常为5。

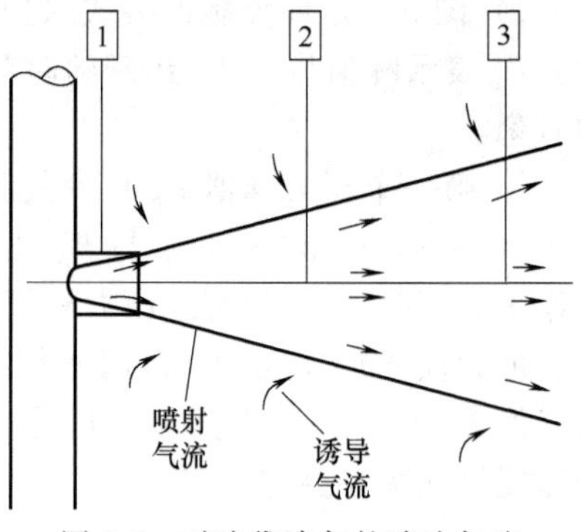

图5-6 对滤袋清灰的喷吹气流

图5-6所示的喷吹气流，在1、2、3三个点标记上其能量的相关关系为

$$M_1v_1 = M_2v_2 = M_3v_3 \tag{5-2}$$

式中 M——每一点的气流质量；

v——每一点气流的平均速度。

将流量Q(Nm³/s)代入，替换式(5-2)中的M，则为

$$Q_1v_1 = Q_2v_2 = Q_3v_3 \tag{5-3}$$

式中 Q_1——喷吹管上喷嘴处的喷吹流量(Nm³/s)；

v_1——喷嘴处的喷吹气流速度(320m/s)；

Q_2——滤袋袋口处的喷吹流量(Nm³/s)；

v_2——滤袋袋口处的喷吹气流速度(m/s)。

这一结果表明，喷吹气流在喷嘴出口处虽然接近声速，但诱导n倍的周围气体而进入滤袋时，其流速将降低至$(n+1)^{-1}$，亦即远远低于喷嘴处的喷吹气流速度。

在正常喷吹条件下，进入滤袋的气量不会充满整条滤袋。例如，一条规格为150mm×6000mm的滤袋，其容积为0.135m³，过滤面积为2.83m²。一个3in[⊖]淹没式脉冲阀负担20条滤袋，其每次的喷吹气量为0.22m³(气脉冲宽度为90ms)，诱导5倍的周围气体后进入每条滤袋的喷吹气量为0.062m³，只及一条滤袋容积的46%。

3. 滤袋的清灰过程(高压气柱论)

国内有学者进行了脉冲袋式除尘器动态条件下的清灰试验研究。该试验同时测定了清灰时滤料两侧的差压变化、滤料的位移和加速度，试验装置如图5-7所示。

粉尘供给系统定量供给的粉尘经压缩空气进行分散、混合后，在原烟气管道内形成均匀、稳定的含尘气流。含尘气流通过测试滤料时，气流中的绝大部分粉尘被截留于滤料表面。当滤料的阻力随粉尘的增加而上升至某一设定值时，脉冲喷吹装置启动，滤料上堆积的粉尘得以清除，其阻力随之降低，系统又自动进入下一过滤—清灰过程。

滤料试样固定器如图5-8所示，其中间有3根ϕ3mm的支撑钢丝，起着相当于滤袋框架中竖筋的作用。加速度传感器固定于滤料试样上，重量仅为0.15g，以尽量减少对滤料运动的影响。激光位移传感器的测量点设于加速度传感器的对称位置。

测试结果如图5-9、图5-10所示。

由图5-9可见，脉冲阀喷吹时滤料两侧的差压急剧降低，位移曲线表明此时滤料开始快速运动。当差压降至曲线上的②点时，可以看到在很短的时间内，差压出现一个快速的波动。对应位移曲线，此点正好是滤料快速运动的结束点。同时，从图5-10可见，此点也正是反向加速度最大的时刻。综上所述可以认为，此点就是粉尘层脱离滤料表面的时刻。

⊖ 1in=0.0254m。

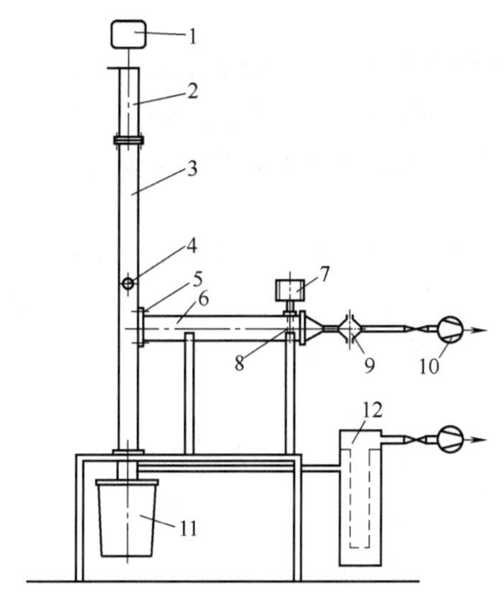

图 5-7 滤料动态过滤性能试验台

1—粉尘供给系统 2—进气管 3—均化烟气管道
4—光电式浓度检测仪 5—滤料固定器和测试滤料
6—圆锥管 7—清灰系统 8—喷吹管 9—更叠滤膜
10—净气排放口 11—储灰罐 12—空气过滤器

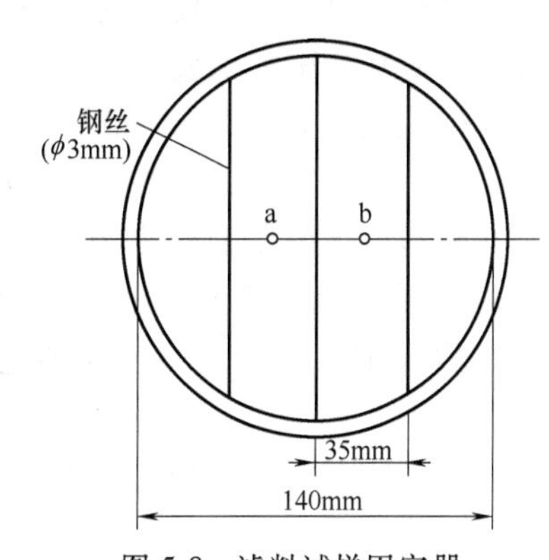

图 5-8 滤料试样固定器

a—加速度传感器，TEAC 公司，型号 611
b—激光位移传感器，KEYENCE 公司，型号 LB—60

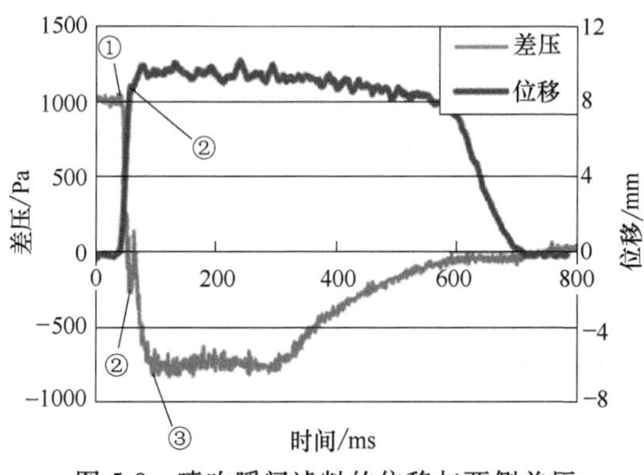

图 5-9 喷吹瞬间滤料的位移与两侧差压

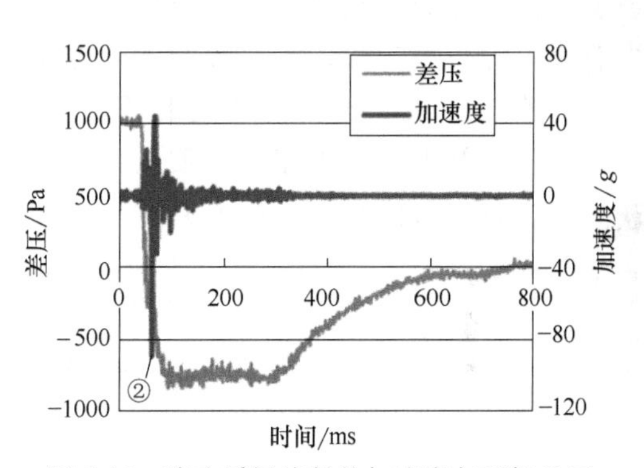

图 5-10 喷吹瞬间滤料的加速度与两侧差压

在脉冲阀喷吹时，滤料从紧贴在固定器的支撑钢丝上变为与过滤气流反向的快速运动状态，由于滤料的整体变形受固定器限制，到达②点时，滤料的运动突然受限，因此产生了一个大的反向加速度，滤料上的粉尘层因惯性力的作用而脱离滤料表面。

结合图 5-9 与图 5-10 给出的曲线，可知②点描述的是：滤料快速位移受限→最大反向加速度产生→粉饼层从滤料表面剥离→滤料两侧差压急剧波动，这样一个时间点。但此点并非是滤料最大变形时，也不是滤袋内部压力达到最大时。从图 5-9 中滤料的位移曲线看，应该是发生在滤料突然绷紧的瞬间。

②点之后，由于压缩空气喷吹量的不断增加，滤料内侧的压力不断增高，直至达到最大值③。在此过程中滤袋仍略有膨胀，但变形量很小，加速度也不大。对脉冲阀来说，③点就是压力峰值。

滤料试样的位移、加速度及两侧的差压三者相互参照，可很好地描述压缩空气喷吹瞬间滤料的运动与清灰机理。

根据这一结果，可以认为衡量脉冲喷吹清灰效果的重要指标为袋壁的最大反向加速度和滤袋内最大压力上升速率 v_{pp}。因为最大反向加速度出现后的压力峰值对清灰效果影响不大。滤袋内压力上升速度越快，最大反向加速度出现时间前的压力就越高，在其他条件相同的情况下，最大反向加速度就越大。

高压气柱理论认为，不能把滤袋看成是一张弹性膜，并将清灰过程中滤袋的变形看成是线性弹性拉伸。在实际过滤状态中，在滤袋框架的支撑作用下，滤袋是一个内凹的多边形，清灰时，在喷射气体作用下膨胀为圆形。在多边形向圆形的变化过程中滤料不受拉力的作用，而在多边形突然"绷紧"成为圆形，滤袋的运动突然受限的瞬间才是最大加速度的出现时间。此后，随着袋内压力的增高，滤袋仍略有膨胀，但变形量很小，加速度也不大。

根据一些研究者的测试，压缩空气在滤袋内的运动速度是230m/s。这样，即使实际喷吹时间是100ms，喷吹时压缩空气也可以形成一个20多米长"柱"而不是一个"团"。该项试验采用的清灰参数是某类脉冲袋式除尘器应用的一般参数，虽然各类除尘器喷吹条件的差异会造成压缩空气柱的长度变化，但不至于相差很多。压缩空气喷入后滤袋形状的变化如图5-11所示：原先内凹的滤袋从袋口向袋底逐渐向外鼓起，直至整条滤袋变成一个圆柱体。

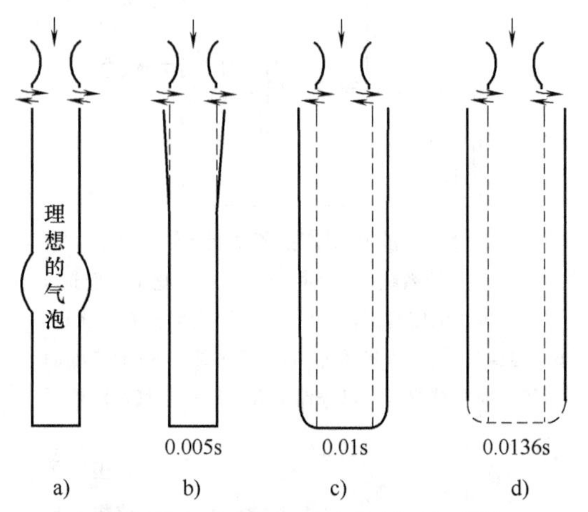

图5-11 一个4ft长的滤袋剖面与开始脉冲后的时间之比

第二节 清灰装置

一、机械振动清灰装置

1. 垂直振打清灰装置

垂直振打清灰装置（见图5-12）要求除尘器设计成若干个独立的仓室，清灰逐室进行。由电动机和减速机构带动的传动轴上，设有与仓室数相同的凸轮，每一凸轮控制一个拨叉。

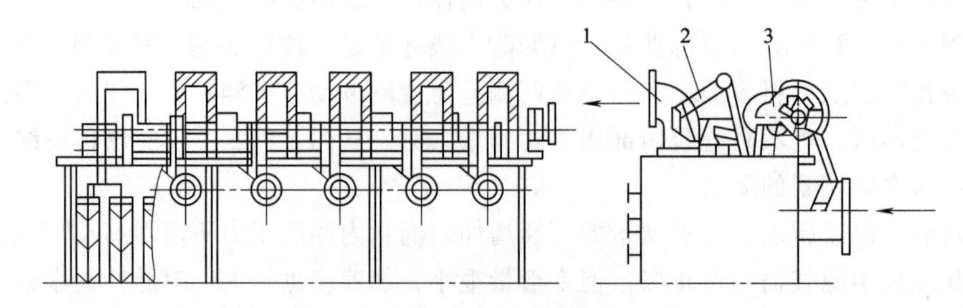

图5-12 垂直振打清灰装置（一）

1—净气出口 2—排气阀 3—振打机构

当某仓室清灰时，凸轮带动拨叉将吊挂滤袋的吊架向上提起，随后突然落下，滤袋得以抖动而使表面的粉尘脱落。同时，振打机构使该仓室的排气阀关闭，切断含尘气流通道，反吹气流进口开启，干净气体借助负压（或反吹风机）从反方向吹入滤袋内，促进滤袋清灰。

清灰周期 8~10min。每次清灰时，滤袋振打 3 次，持续时间 1~2min，滤袋吊架被提起的高度为 30~50mm。

垂直振打清灰的另外一种型式如图 5-13 所示，由凸轮机构通过杠杆驱动吊架而实现振动清灰。

2. 横向振动清灰装置

横向振动清灰装置的结构如图 5-14 所示。滤袋安装在顶部的框架上，框架通过连杆、曲柄与电机相连。电机运转时，带动吊架横向振动，使滤袋上的粉尘清落。

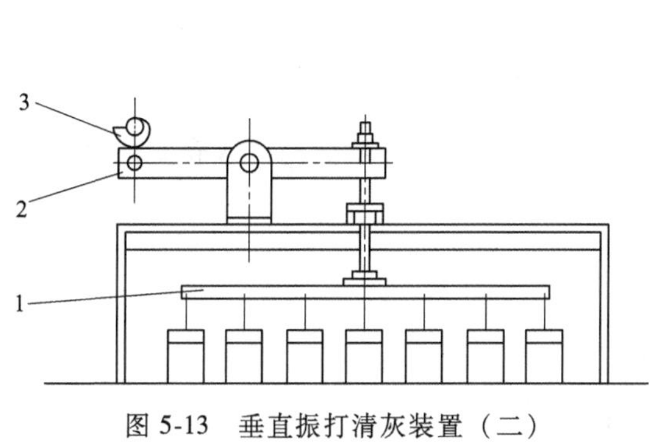

图 5-13　垂直振打清灰装置（二）
1—滤袋吊架　2—杠杆　3—凸轮

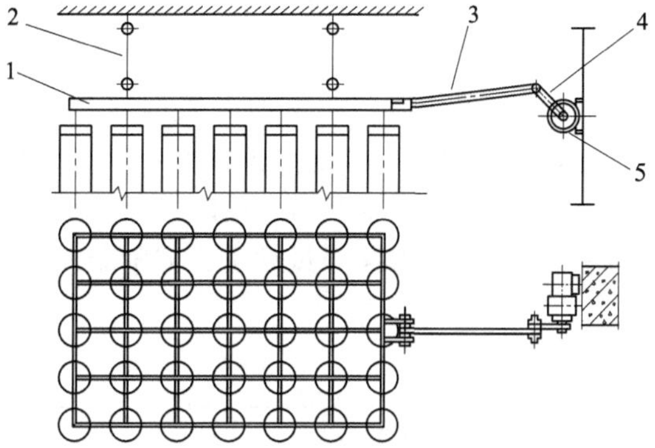

图 5-14　横向振动清灰装置
1—框架　2—吊杆　3—连杆
4—曲柄　5—电机

3. 中部振打清灰装置

中部振打清灰装置也属于横向振动，由电机、曲柄和连杆等组成（见图 5-15），同样要求袋式除尘器设计成若干个独立的仓室，清灰逐室进行，通常与反吹清灰方式结合使用。清灰时，电机通过摇杆和打击棒带动框架横向振动，滤袋也随之振动，使滤袋上的粉尘脱落；同时，该仓室的排气阀门关闭从而停止过滤，回气阀门开启，干净气流从反向流入滤袋，促进滤袋清灰。有的清灰装置还装有电加热器，以适应含尘气体湿度较高的条件。

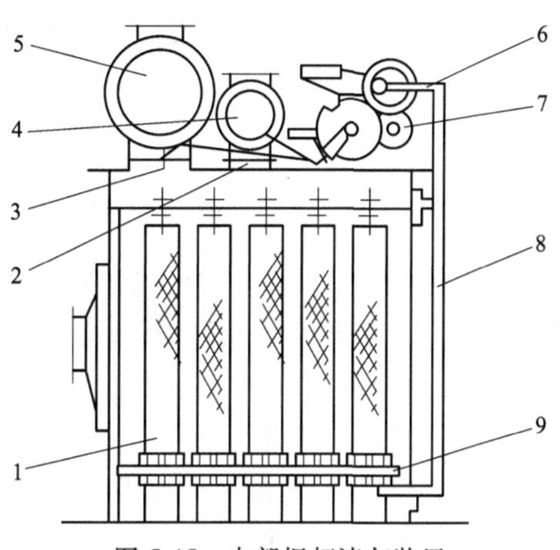

图 5-15　中部振打清灰装置
1—滤袋　2—回气阀　3—排气阀　4—回气管
5—排气管　6—摇杆　7—振打装置
8—打击棒　9—框架

4. 高频振动清灰装置

高频振动清灰装置以带有偏心轮的电机为动力，电机安装在滤袋吊架的顶部，而吊架支撑在弹簧上（见图 5-16），通常与反吹清灰方式结合使用。电机开动时带动吊架振动，滤袋随之振动，其频率很高，而振幅很小，将滤袋表面的粉尘清落。同时，净气出口阀门关闭，而反吹阀门开启，室外空气或净化后的气体反向通过滤袋，促进滤袋上的粉尘脱落。

这种清灰装置也要求袋式除尘器设计成分室结构，每次对一个仓室清灰，逐室轮流进行。

二、逆气流清灰装置

1. 分室反吹清灰装置

1）分室反吹清灰装置有负压式和正压式之分。负压式分室反吹清灰装置的结构和原理如图5-17所示。其清灰过程是逐室进行的。在除尘器的每个仓室出口处设有净气阀门和反吹阀门。

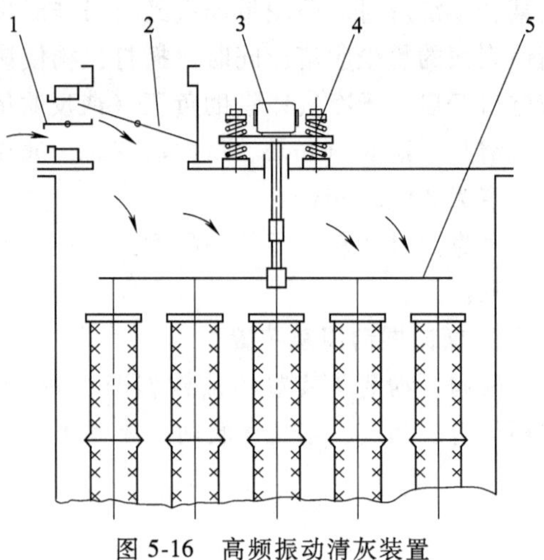

图5-16 高频振动清灰装置

1—反吹阀 2—净气阀 3—电机 4—弹簧 5—吊架

在正常工作时，仓室的净气阀门开启，而反吹阀门则关闭。当某仓室清灰时，净气阀门关闭，而反吹阀门则开启，此时，由于负压的作用，反吹气流从反吹阀门进入仓室，沿着与过滤气流相反的方向穿过滤袋，使附着在滤袋表面的粉尘脱落。

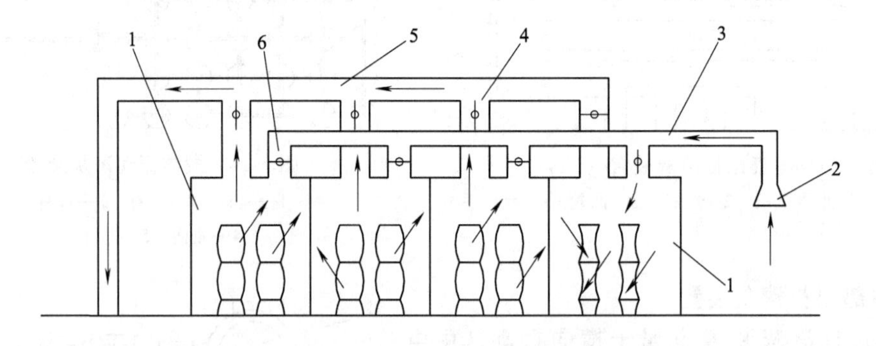

图5-17 负压式反吹风袋式除尘器结构和原理

1—仓室 2—反吹气流吸入口 3—反吹风管

4—净气阀门 5—净气总管 6—反吹阀门

反吹气流吸入口可以与大气相通，也可以与除尘系统的引风机的出口相接。当除尘器入口负压不足以克服滤袋和反吹管路阻力以保证足够清灰气量时，需要增设反吹风机。

2）另一种负压分室反吹装置设计成三通切换阀的型式。三通切换阀有三个通道：仓室通道、净气通道和反吹通道。仓室通道与除尘器的箱体相连。除尘器的仓室正常工作时，净气通道开启，反吹通道关闭，被净化的气体从仓室通道流向净气通道（见图5-18a）。在反吹清灰时，反吹通道开启，净气通道关闭，反吹气体在负压的作用下进入除尘器的箱体（见图5-18b）。以

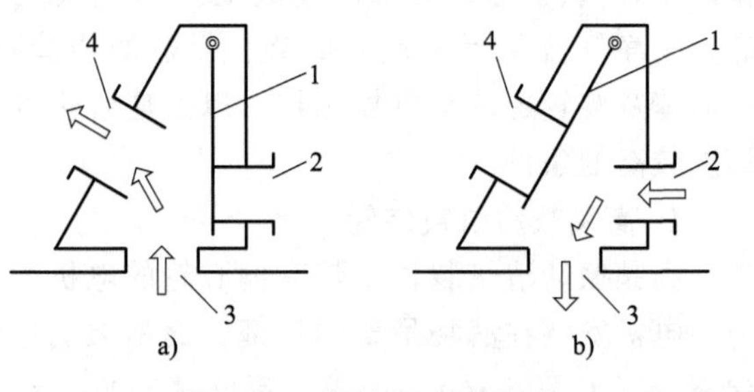

图5-18 三通切换结构示意

1—阀板 2—反吹通道 3—仓室通道 4—净气通道

上的切换由阀板的启、闭动作而实现。

3）正压式分室反吹袋式除尘器的一种清灰机构如图 5-19 所示。

该机构采用盘式三通切换阀。圆筒形的阀体上，分别设有含尘气流通道和反吹气流通道，并有两个阀座，由气缸带动的阀板可以上下移动。当阀板关闭上阀座时，含尘气流从尘气总管经下阀座进入，并流向袋式除尘器的仓室，除尘器处于过滤状态（见图 5-19a）。当该仓室需要清灰时，阀板关闭下阀座，含尘气流被阻断，反吹气流从袋式除尘器的仓室进入三通阀，并经上阀座和反吹气流通道流出（见图 5-19b）。

正压分室反吹清灰装置也可采用双直通阀的型式，即一个仓室各设一个过滤阀和一个反吹阀，互相切换，实现清灰。

2. 回转反吹清灰装置

具有代表性的回转反吹清灰装置由高压风机、中心管、回转反吹臂、回转机构等组成（见图 5-20）。

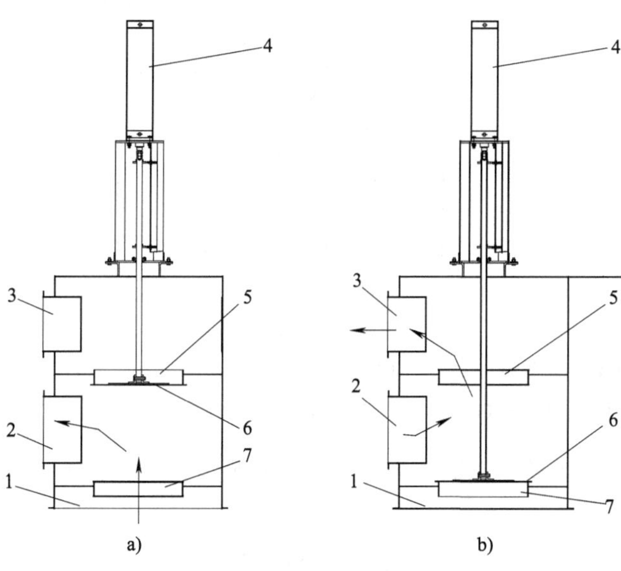

图 5-19　用于正压反吹的三通切换阀结构和原理

1—含尘气流通道（来自尘气总管）　2—含尘气流通道（通向仓室）　3—反吹气流通道　4—气缸　5—上阀座　6—阀板　7—下阀座

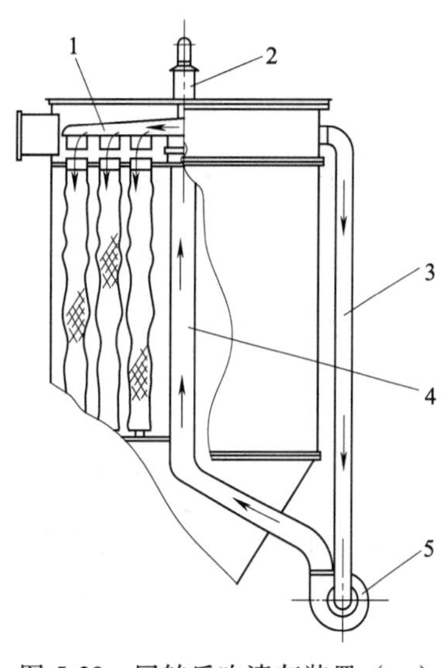

图 5-20　回转反吹清灰装置（一）

1—回转反吹臂　2—回转机构　3—吸气管　4—中心管　5—反吹风机

由高压风机产生的反吹气流通过中心管送到回转反吹臂。反吹臂上有反吹风口，与按照同心圆布置的滤袋相对应，反吹气流通过反吹风口连续吹向滤袋内部。在反吹过程中，反吹臂围绕中心管不断回转，从而使全部滤袋都得以清灰。当阻力降至下限时，清灰停止。

一种改进的回转反吹装置省去了贯通除尘器整个箱体的中心管，将风机置于袋式除尘器的顶部，直接从净气室吸取干净气体而送往回转反吹臂（见图 5-21）。

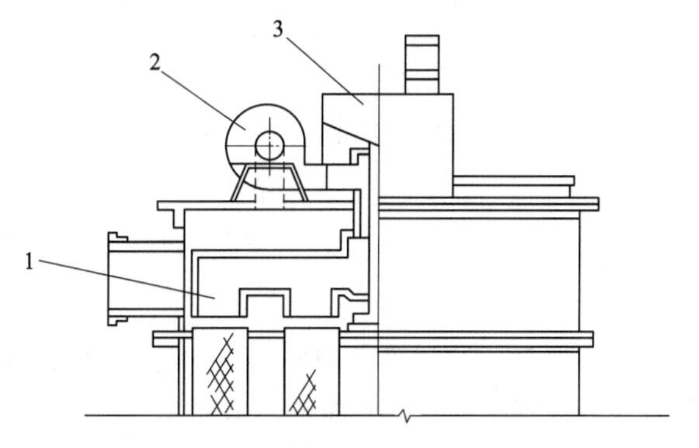

图 5-21　回转反吹清灰装置（二）

1—回转反吹臂　2—反吹风机　3—回转机构

在反吹风机出口管增设脉动阀，在反吹风口增设滑动拖板，并采用步进式回转机构，使滤袋在袋口密封状态下实行定位脉动反吹，可增加清灰效果。

3. 分室回转切换定位反吹清灰装置

（1）回转阀切换式　分室回转切换定位反吹清灰装置（回转阀切换式）内部分隔成若干个小室，分别连接到袋式除尘器的各个仓室。其核心机构是回转切换阀，由阀体、回转反吹管、回转机构、摆线针轮减速器、制动器、密封圈及行程开关等组成。除尘器正常工作时，回转反吹管不与任何一个小室相接，各仓室过滤后的干净气流经回转切换阀汇集并流向净气总管（见图5-22a）。清灰时，回转反吹管转动到与某一小室的出口相接的位置，并在此停留一定时间，与该小室连接的仓室被阻断，反吹气流从回转反吹管流向该仓室而实现清灰（见图5-22b）；该仓室清灰结束后，回转反吹管转动到下一小室的出口位置，使下一仓室清灰。该过程持续到全部仓室都实现清灰为止。

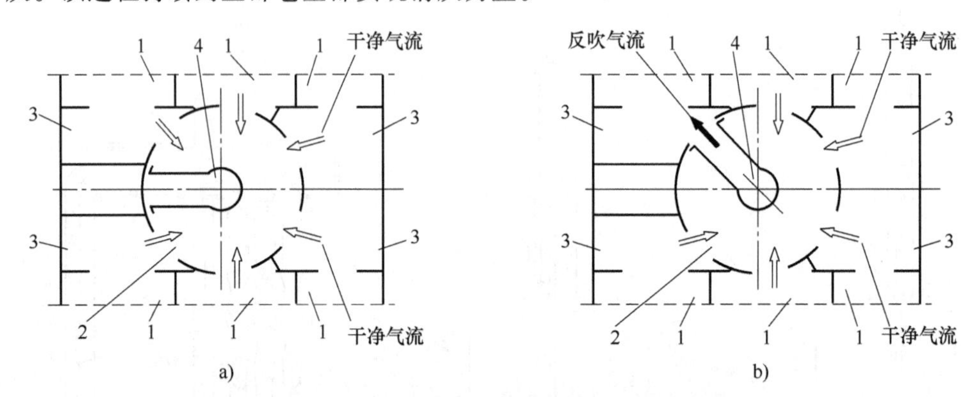

图5-22　分室回转切换定位反吹清灰装置（回转阀切换型）

1—仓室　2—回转切换阀　3—净气通道　4—回转反吹管

（2）回转臂切换式　分室回转切换定位反吹清灰装置（回转臂切换型）的结构如图5-23所示，用于一种特定的反吹清灰袋式除尘器。

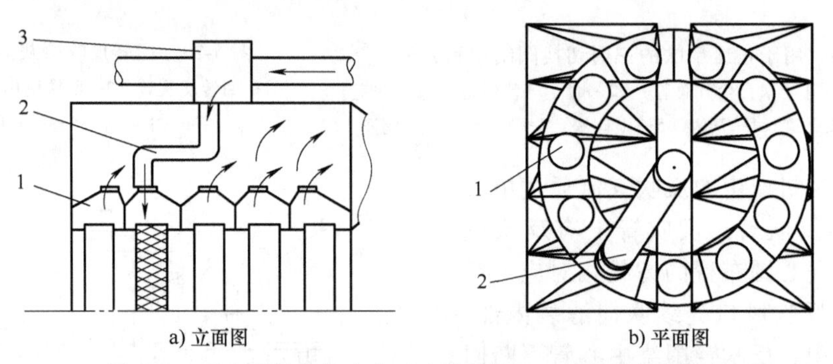

图5-23　分室回转切换定位反吹清灰装置（回转臂切换型）

1—袋室净气出口　2—回转反吹管　3—回转机构

该装置分成若干个小间格，分别与该种除尘器一个单元数量相等的袋室相接。每个小格各有一个净气出口，这些净气出口布置在一个圆周上，其中心是垂直布置并带有弯管和反吹风口的反吹风管。清灰时，控制系统令反吹风管旋转，并使反吹风口对准一个袋室的出口，持续时间13~15s，该袋室便在停止过滤的状态下实现清灰（见图5-23a）。各袋室的清灰逐个依次进行。

清灰动力利用主风机前后的压差，必要时增设反吹风机。

三、脉冲喷吹清灰装置

脉冲喷吹清灰是以压缩气体（空气或其他气体）为动力，以瞬间释放的方式，将压缩气体喷入滤袋中，使滤袋受到冲击振动，从而将滤袋上的粉尘清落。

1. 固定管高压脉冲喷吹装置

固定管高压脉冲喷吹装置主要由气包、脉冲阀、电磁阀、喷吹管、文丘里管组成（见图 5-24）。

压缩气体进入气包，由于脉冲阀处于关闭状态而不能被释放。当电磁阀接到电信号而开启时，脉冲阀膜片背面的气压被卸去，膜片开启而使压缩气体在瞬间释放并流向喷吹管。在喷吹管上开有若干喷孔（或喷嘴），其数量与一排滤袋数量相同，每个喷孔（或喷嘴）对准一条滤袋的中心。压缩气体从喷孔（或喷嘴）高速喷出，同时借助文丘里的作用引射数倍于己的周围气体，并将自身的能量传递给被引射气体，混合气体喷入滤袋从而实现清灰。

这种喷吹装置所需的喷吹压力为 0.6~0.7MPa，脉冲时间为 130~150ms。

2. 固定管低压脉冲喷吹装置

固定管低压脉冲喷吹装置如图 5-25 所示。其组成和工作原理与高压喷吹类型大致相同，区别在于其脉冲阀不是直角型式，而是直通（或淹没）型式。另外，这种喷吹装置通常不设文丘里管，直接通过袋口的作用使喷吹气流同引射气流实现能量传递。

这种喷吹装置所需的喷吹压力为 0.2~0.3MPa，脉冲时间可小于 100ms，甚至小于 50ms，从而实现“短促”脉冲。

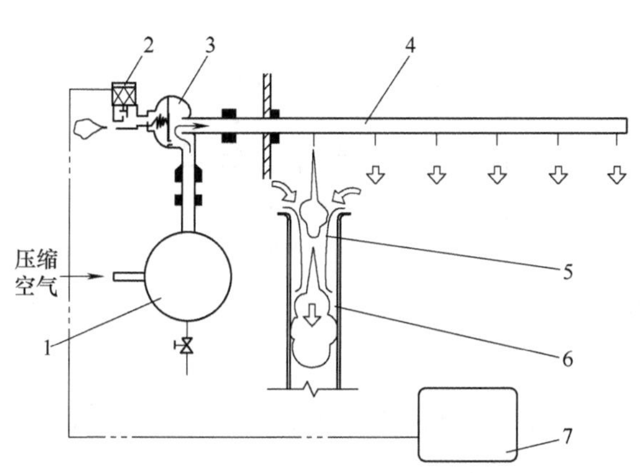

图 5-24 固定管高压脉冲喷吹装置

1—气包 2—电磁阀 3—脉冲阀 4—喷吹管 5—文丘里管 6—滤袋 7—脉冲控制仪

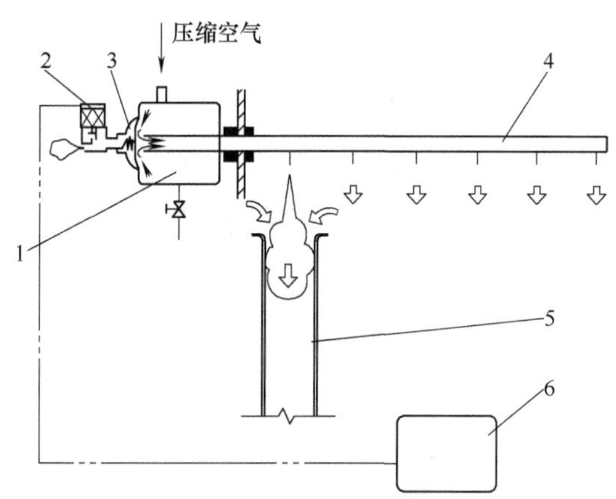

图 5-25 固定管低压脉冲喷吹装置

1—气包 2—电磁阀 3—脉冲阀 4—喷吹管 5—滤袋 6—脉冲控制仪

3. 环隙脉冲喷吹装置

环隙脉冲喷吹装置因采用环隙引射器而命名，它包括脉冲喷吹装置的共同部件气包、脉冲阀、电磁阀等，其特点是设在袋口的引射器不同于一般的文丘里管。

环隙引射器内壁有一圈缝隙，压缩气体由此喷出（见图 5-26），而被引射的二次气流则由引射器的中心进入，比中心喷吹具有更好的引射效果。其喷吹管不是像中心喷吹装置那样一整根，而是设若干段插接管，将各引射器连接在一起，从而将脉冲阀释放的压缩气体输送到每条滤袋。插接管的两端有“O”型圈，以保持密封。

环隙喷吹装置的脉冲阀为双膜片结构，两个膜片中大者为主膜片，小者为控制膜片。当电磁阀开启时，通过控制膜片的动作而带动主膜片开启。

环隙喷吹早期的脉冲阀为直角型式，需要的气源压力为0.6MPa。后经改进，推出低压的环隙脉冲喷吹装置，其脉冲阀为淹没式，省去了原有的阀体，在显著简化结构的同时，还改进了其关键部件，使清灰能力得以增强，而且喷吹压力得以降低，其喷吹压力下限为0.33MPa。

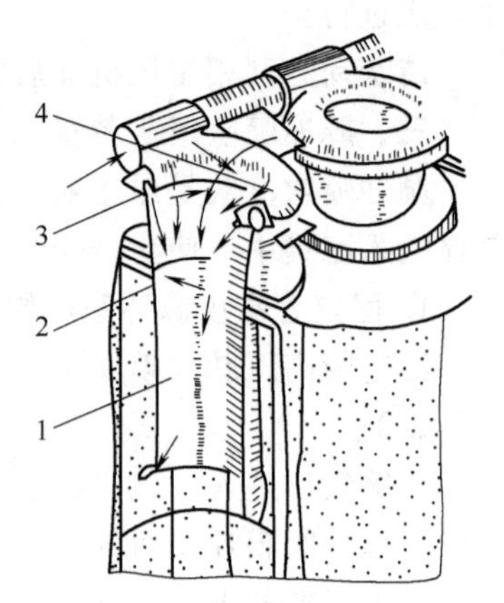

图5-26 环隙引射器

1—下体 2—滤袋及框架 3—环形狭缝 4—上体

4. 气箱脉冲喷吹装置

与其他喷吹装置不同，气箱脉冲喷吹装置不设喷吹管，也不设引射器，而是直接将脉冲阀释放出来的压缩气体输入除尘器的上箱体（见图5-27），使上箱体在瞬间形成正压，并传递到滤袋内，从而实现清灰。

由于上述特点，需要将除尘器分隔成多个独立的仓室，并在仓室出口设停风阀。在脉冲阀喷吹之前，必须将停风阀关闭。

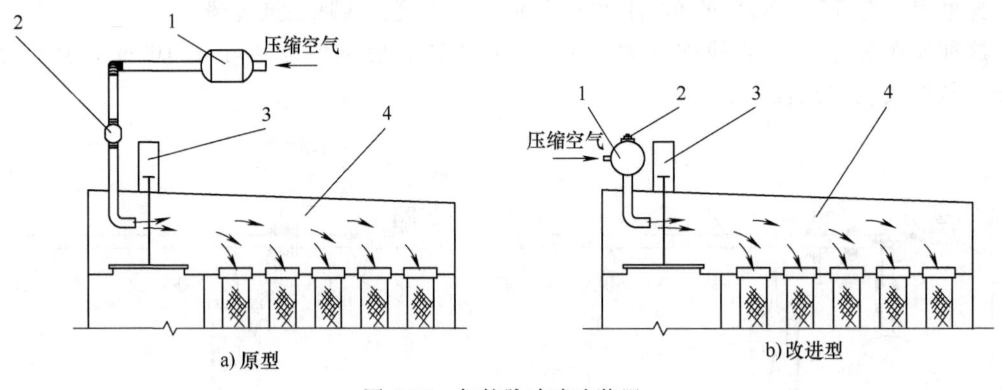

图5-27 气箱脉冲喷吹装置

1—气包 2—脉冲阀 3—停风阀 4—上箱体

气箱脉冲喷吹装置的原型设一个气包，通过管道与每一仓室的脉冲阀相连；脉冲阀进口和出口相差180°，喷吹压力为0.4~0.6MPa；脉冲阀输出管设在上箱体的一端（见图5-27a）。改进型则采用直通式脉冲阀（见图5-27b），喷吹压力相应降低。有的还在上箱体的两端各设一个气包和脉冲阀，从而克服滤袋清灰强度随位置不同而相差过大的缺点。

5. 回转管低压脉冲喷吹装置

回转管低压脉冲喷吹装置由储气罐、脉冲阀、喷吹管、旋转机构组成（见图5-28）。一套喷吹装置为一个过滤单元（有数百至上千条滤袋）清灰，仅设一个大规格脉冲阀，口径为ϕ200~300mm。根据过滤单元的大小，喷吹管有2~4根不等，喷吹管上有矩形喷嘴，分别对准沿同心圆布置的滤袋袋口。在工作时，旋转机构带动喷吹管连续回转，脉冲阀则按照设定的间隔进行喷吹。

回转管低压脉冲喷吹装置的喷吹压力不大于0.085MPa，可采用罗茨风机作为动力。

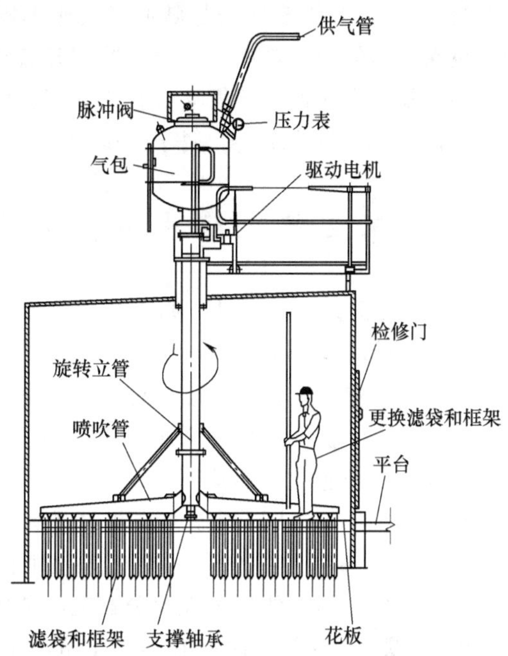

图5-28 回转管低压脉冲喷吹装置

6. 一阀多喷脉冲清灰装置

（1）一阀多喷低压脉冲喷吹装置　传统的固定管喷吹装置都为一个脉冲阀对应一根喷吹管、一排滤袋，仅在极少数改造工程等特殊情况下，有一阀二喷的实践。近年来我国开发的“一阀多喷低压脉冲喷吹装置”可实现一个脉冲阀通过多达4根喷吹管进行喷吹（见图5-29），并同时为同等排数的滤袋清灰。

一套喷吹装置由数个气包单元体组成。每个单元体设一位脉冲阀和数根喷吹管。脉冲阀为淹没式，喷吹压力为0.2~0.3MPa。

一阀多喷低压脉冲喷吹装置有以下优点：

1）简化了设备结构；

2）减少了脉冲阀的数量；

3）降低了维修工作量。

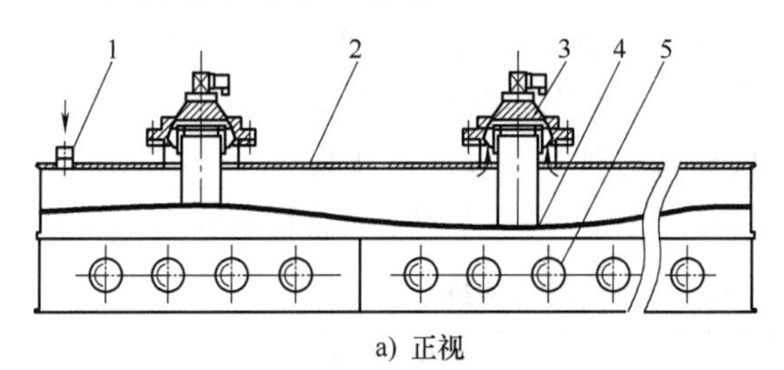

a) 正视

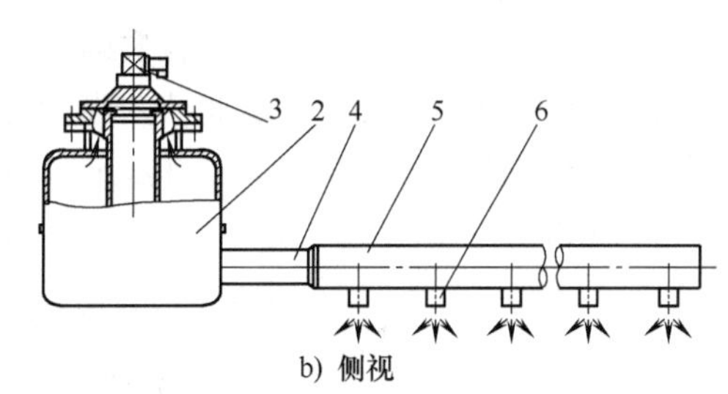

b) 侧视

图5-29 一阀多喷低压脉冲喷吹装置

1—压缩气体进口 2—气包 3—脉冲阀 4—喷吹输出管 5—喷吹管 6—喷嘴

该种喷吹装置作为预电除尘器的组成部分，已成功用于多个钢铁公司的除尘工程。

（2）一阀多喷反吹装置　图5-30所示为另外一种具有“一阀多喷”功能的清灰装置，

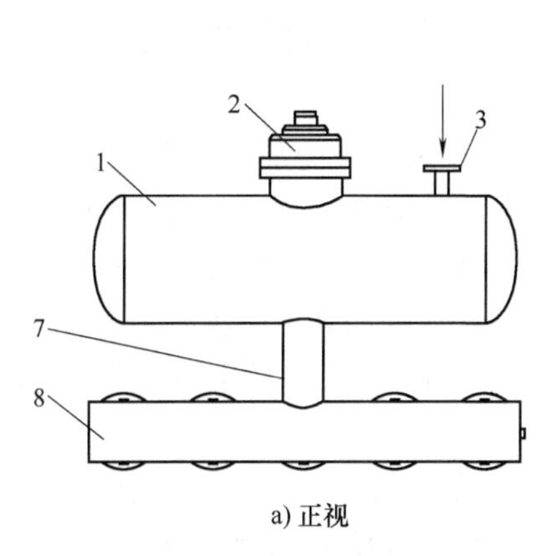

a) 正视

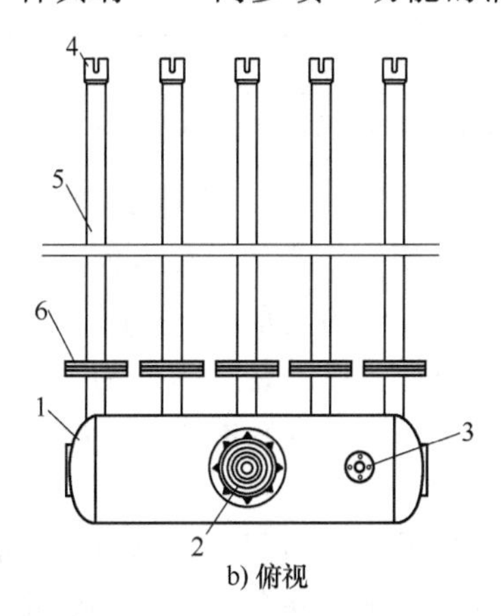

b) 俯视

图5-30 一阀多喷反吹装置

1—储气包 2—脉冲阀 3—压缩气体进口 4—固定支撑架 5—喷吹管 6—法兰 7—喷吹输出管 8—分气箱

虽名为“反吹”，但实际仍是脉冲喷吹清灰装置。在储气包上装有一个脉冲阀，其喷吹输出管与设在下面的分气箱连接。当脉冲阀开启时，存于储气包内的压缩气体瞬间被释放并充满分气箱以及与之相连的5根喷吹管，随即经由管上的喷嘴喷出。

脉冲阀为淹没式结构，属于低压喷吹。

第三节 脉冲喷吹装置的清灰特性及相关技术

一、“低压脉冲”是对“高压脉冲”的进步

通常称脉冲袋式除尘器的“低压”或“高压”，系指脉冲喷吹装置需求的气源压力，这同清灰气流在滤袋内的压力“低”或“高”完全是两回事。传统的脉冲袋式除尘器（国内以MC型中心喷吹为代表）都是“高压脉冲”，其喷吹装置要求的气源压力0.6~0.7MPa。“低压脉冲”是在“高压脉冲”的基础上经不断改进而形成的，是对“高压脉冲”的一种进步。

存在一种误解，“高压脉冲清灰力量大，低压脉冲清灰力量小”。实际上，压缩空气的压力不可能全部消耗在滤袋上，滤袋绝对承受不了那样高压气流的冲击。在“高压脉冲”袋式除尘器中，压气的压力大部分被喷吹装置所消耗。

经测试，“高压脉冲”在压力0.6MPa条件下，2m长滤袋底部的压力峰值为1682Pa（见表5-2）。鉴于MC型除尘器曾获得广泛应用，其清灰能力强的特点已被公认，可以确定，只要袋底压力峰值达到此水平，在实际应用中便可获得良好的清灰效果。CD系列长袋低压脉冲袋式除尘器的开发便是以此清灰强度为标准而确定清灰气源的最低压力。由表5-2的数据可以看出，压力0.15MPa时，其6m长滤袋便获得这种清灰强度。在其实际应用的喷吹压力（0.2MPa）下，袋底压力峰值为1940~2341Pa，比MC型0.7MPa时的清灰强度还要高。

表5-2 CD型和MC型脉冲喷吹装置的性能

型式	喷吹压力/MPa	喷吹时间/ms	袋底压力峰值/Pa	喷吹压气量/[m^3/(阀·次)]	压气耗量/[升/(m^2·次)]
CD型	0.15	56~96	1452~1886	0.099~0.197	2.92~5.81
	0.20	68~91	1938~2338	0.166~0.223	4.90~6.58
MC型	0.60	130~140	1682~1744	0.0249~0.0267	5.53~5.93
	0.70	130~140	1823~1898	0.0257~0.0277	5.71~6.16

注：CD型除尘器的过滤面积为33.9m^2/排。

由此可知，“低压脉冲”是以保持甚至适当提高滤袋所获清灰强度为前提，实现大幅度降低喷吹（气源）压力的目标，而其途径，是用自身阻力低的直通式脉冲阀取代压力消耗高达0.2~0.3MPa的直角式脉冲阀，同时尽量降低喷吹系统每一部件的阻力，并且使脉冲阀的启闭变得更加快速。它所降低的是脉冲喷吹系统自身的消耗，由此而降低所需的气源压力，使能耗下降，适应性更强，而清灰强度却反而提高。因此，这是对“高压脉冲”的一种进步。

“低压脉冲”的气源压力大幅度降低，而清灰强度不削弱甚至还得以增加，是否靠提高耗气量来弥补？国内外有“高压小流量，中压中流量，低压大流量”这样的说法，认为低压脉冲是依靠增加耗气量而保证清灰效果。

由表 5-2 可见，答案是否定的：CD 型低压脉冲喷吹的耗气量与 MC 型除尘器大致相同，再次证明低压喷吹不是借助耗气量的增加而换取。另外，脉冲喷吹气量的增加如果不能提高喷吹气流的压力峰值、压力上升速度以及最大反向加速度，则该耗气量的增加毫无意义，只会白白提高压缩气体的能耗（参见本章第一节）。

"低压大流量"的依据，可能来自回转管喷吹脉冲袋式除尘器。该种清灰装置仅为低压喷吹的个例，其喷吹气量的增加有以下原因：

1）模糊喷吹，清灰气流仅有部分能够进入滤袋，其余皆无效；

2）每个气包设一个脉冲阀，且规格超大（ϕ300mm 或 ϕ200mm）；

3）脉冲宽度过长，电脉冲宽度长达 200ms，每次喷吹都将气包内的气体全部释放。

二、脉冲袋式除尘器的滤袋长度

1）脉冲袋式除尘器的滤袋长度与其所取喷吹装置的型式有关，不同型式的喷吹装置有不同的喷吹压力，也有与之相适应的滤袋长度。

2）美国一些学者将脉冲袋式除尘器按压力的高低分为三类，其压力范围和相应的袋长列于表 5-3。

表 5-3 美国学者对脉冲袋式除尘器的分类

名称	压力/(kg/cm^2)	滤袋长度/m
高压脉冲	≤6.5	3.0~4.5
中压脉冲	≤4.0	4.5~6.0
低压脉冲	≤2.1	6.0~8.0

3）就长袋低压脉冲袋式除尘器而言，滤袋长度 6~8 m 已属正常配置，实际应用已经非常普遍，8~10m 长滤袋的工程也已不是个例。经过试验验证并成功用于工程的最长滤袋为 12m。

4）长度 6~8m 以及更长的滤袋曾被怀疑能否获得良好的清灰效果，事实证明这种担心是不必要的。

曾进行高炉出铁场烟气净化半工业试验，滤袋长度 8m，在连续一年的工作期间，在过滤风速 1.45m/min 条件下，试验样机的阻力始终低于 1200Pa，说明清灰效果良好。通过观察门定期查看滤袋，结果是，底部 2m 滤袋表面并不比上部积灰更多。

大量的长袋低压脉冲袋式除尘器被应用于炉窑烟气的净化（例如，炼钢电炉等），滤袋 6~8m。这些炉窑烟尘的颗粒细、粘性强、清灰困难，但事实表明，只要设计选型得当，制作安装保证质量，即使对这样难以清灰的烟尘也能获得良好清灰效果，并将设备阻力长期保持在 1400Pa 以下，说明长滤袋不是清灰的障碍。

从实验室试验结果来看，脉冲袋式除尘器滤袋获得的清灰强度，最薄弱的部位不是袋底，而是袋口。袋底的清灰强度稍低于滤袋中部，但却远高于袋口。说明不需要为长滤袋的清灰效果而担心。

三、文丘里管的功与过

1）由喷吹管喷出的压缩气体具有很高的速度，其能量主要以动压的形式存在。由于动压只作用于气流前进的方向，因而对位于其侧面与其平行的滤袋壁面不起作用，只有当其转换成静压时，才能起到清灰作用。

文丘里管的作用在于，促进喷出的压缩气体与被其诱导的二次气流尽快进行能量交换。

2）文丘里管也有负作用。

① 增加设备阻力。被净化的含尘气体进入滤袋内部，自下而上流向袋口时，先经过文丘里管。通常滤袋直径≥120mm，而文丘里管喉口直径仅46mm，气流经过时，速度将增加至6.8倍，从而增加阻力。曾对长度2000mm滤袋进行测试，该阻力约150Pa。当滤袋更长时，阻力将更大。

② 削弱清灰效果。良好清灰效果的获得，只有最大的清灰气量在最短的时间内进入滤袋的条件下才能实现。显然，这就要求清灰高压气团的通道尽量通畅，阻力尽可能小。文丘里管的存在，恰恰导致相反的效果，它使气流的通道大大缩小，形成瓶颈，延长了清灰气量进入滤袋的时间，使高压气团变得细长，从而显著削弱了对滤袋袋壁的冲击力，袋内压力波形的峰值被降低、时间被拉长，最大反向加速度显著降低。

③ 减少部分过滤面积。文丘里管长度范围内的滤袋得不到有效的清灰，该部分滤袋表面积灰很厚，因而不起过滤作用。

3）对比试验：曾进行加文丘里管和不加文丘里管的对比试验。滤袋直径ϕ120mm，长度3m；采用直通式快速脉冲阀，一个脉冲阀负担16条滤袋；脉冲时间56~72ms；分别在加设和不设文丘里管两种条件下测试滤袋底部的压力峰值。试验结果列于表5-4。

表5-4 加设和不设文丘里管条件下的性能参数

喷吹压力/MPa		0.4	0.3	0.2
袋底压力/Pa	加文丘里管	1310~1560	970~1170	720~900
	不加文丘里管	1450~1870	1030~1370	650~920

从试验结果看出，除个别数据外，不加文丘里管条件下的袋底压力普遍较高。说明文丘里管确有削弱清灰效果的作用。

4）工程应用中，也曾发现文丘里管影响清灰，而将文丘里管拆除，代之以一段直管时，清灰效果有所改善。

四、喷吹管的孔径相同与不同

1）对于喷吹管的孔径，有两种不同的做法：每个孔的直径都相同；各个喷孔的直径不相同。

2）为了确定哪种做法更有利于清灰，进行了试验。

滤袋长度3m，以16条为一排。两根直径相同的喷吹管，其中一根上的16个喷孔直径完全相同，而另一条则将喷孔分成几组，各组之间孔径不同。分别在三种喷吹压力下进行试验，在滤袋底部设压力传感器，测试袋底压力峰值。试验结果列于表5-5。

表5-5 喷孔直径相同和不同的比较

喷吹压力/MPa			0.4	0.3	0.2
孔径相同	袋底压力峰值/Pa	袋1	1560	1340	980
		袋16	1830	1520	1190
	压气耗量/[m^3/(阀·次)]		0.062	0.050	0.031
孔径不同	袋底压力峰值/Pa	袋1	1700	1330	970
		袋16	2160	1720	1200
	压气耗量/[m^3/(阀·次)]		0.060	0.050	0.030

3）从表5-5可见，在喷吹压力0.2MPa时，两种情况的袋底压力相当；而在喷吹压力0.3~0.4MPa条件下同，喷孔直径不同的清灰强度更高。

在三种喷吹压力下，喷吹气量基本相同。

五、关于滤袋框架竖筋的数量

1）滤袋框架竖筋的数量在最近的十多年中逐渐增多。最早滤袋直径为ϕ120~130mm，滤袋框架竖筋的数量为8根；后来出现ϕ160mm的滤袋，滤袋框架竖筋为12根。现在滤袋的尺寸多样化，从ϕ120到ϕ170mm都有，而滤袋框架的竖筋被要求做成12~24根不等，更有甚者，个别的滤袋框架竟要求更多的竖筋。

2）这种情况的出现，重要原因之一在于滤料厂商提出要求。随着袋式除尘器应用的增多，业主越来越关注滤袋的长寿命，滤料和滤袋厂商为了使自己的产品更有吸引力，采取的措施之一就是期望增加滤袋框架的竖筋数量，以求降低滤袋表面的受力。

3）从延长滤袋使用寿命的角度而言，增加滤袋框架的竖筋确有好处。但不能不注意这样做的负面影响。

其一，如前所述，滤袋的清灰效果与滤袋自由变形的程度有很大关系，在横筋和竖筋所处的位置，是清灰的薄弱环节。筋的数量（特别是竖筋的数量）越多，清灰不良的面积就越大；另一方面，由筋构成的面积减小，使得滤袋变形的程度降低，也削弱清灰效果。

其二，筋的数量过多将减小滤袋的有效过滤面积。横筋所占滤袋面积相对较小，对于6m长滤袋，如果横筋ϕ4mm，间距160mm，按贴合横筋周长50%计算，滤袋与横筋贴合的总长为157mm，滤袋有效面积将被占去2.62%。但竖筋的影响则大得多，例如，对于ϕ150mm的滤袋，采用16根筋的滤袋框架，竖筋直径ϕ3.2mm，筋与滤袋的贴合部分占筋周长的1/3，则竖筋与滤袋贴合的总周长为53.6mm，亦即滤袋有效过滤面积的11.36%将被占去。如果竖筋的数量增至22根，则这一数字将上升为15.62%。

滤袋的有效面积被过多地占据，将导致实际过滤风速显著提高。以上述情况为例，如果设计过滤风速为1.2m/min，在过滤面积被占去11.36%和15.62%时，实际过滤风速将变为1.35m/min和1.42m/min，这会提高袋式除尘器的阻力，对延长滤袋的寿命也会起到反面作用。

六、喷吹气流能否达到超音速

1）从理论上讲，压缩气体的压力超过0.1MPa，而且将其瞬间释放时，就可能产生激波，即流速达到声速。

为了考察脉冲喷吹时气流能否达到声速，在研制长袋低压脉冲袋式除尘器过程中，曾用两种方法考察喷吹气流的速度：①以专用仪器对喷吹管内和喷嘴处的流速进行测试；②根据喷吹管上不同部位传感器的时间差进行计算。结果表明，在不同的压力下，无论喷吹管或是喷嘴处，都未达到声速，而是亚音速，最高为300~310m/s。

2）喷吹气流若要达到声速，除了压力之外，关键的问题是“瞬间释放”。如果压缩空气的释放速度不够快，仅仅压力高是没有用的。人们在开启压气系统的阀门时，尽管管内压力高，但气流速度远远不能达到声速。脉冲阀膜片的开启速度虽然快，但离“瞬间”的要求仍有距离，这是其达不到声速的主要原因。

第六章　袋式除尘器的结构型式

第一节　分类及型式

一、按清灰方式分类

清灰方式在很大程度上影响着袋式除尘器的性能，根据清灰方式的不同而分类，是袋式除尘器最主要、最普遍的分类方法。

GB/T 6719—2009《袋式除尘器技术要求》规定，根据清灰方法的不同，袋式除尘器共分为4类：

1. 机械振打类

（1）命名　利用机械装置（电动、电磁或气动装置）使滤袋产生振打而清灰的袋式除尘器，有适合间歇工作的停风振打和适合连续工作的非停风振打两种构造型式。

1）停风振打袋式除尘器，是指使用各种振打频率在停止过滤状态下进行振打清灰。

2）非停风振打袋式除尘器，是指使用各种振打频率在连续过滤状态下进行振打清灰。

（2）原理和特点　这类袋式除尘器的振打频率有高、中、低之分。清灰时必须停止过滤，有间歇工作的非分室结构形式，也有连续工作的分室结构逐室清灰的型式，有的还辅以反向气流。

图6-1a为水平振打清灰。振打可以施加于滤袋上部，也可以施加于滤袋中部。水平振打清灰对滤袋的损害较轻，但在滤袋全长上清灰效果不均匀。

图6-1b为垂直振打清灰。借助凸轮机构可产生频率较低的垂直振打，利用偏心轮旋转可产生频率较高的垂直振打。前一种清灰效果较好，但滤袋易受损害，尤其是下部。后一种滤袋不易受损，但清灰效果较差。

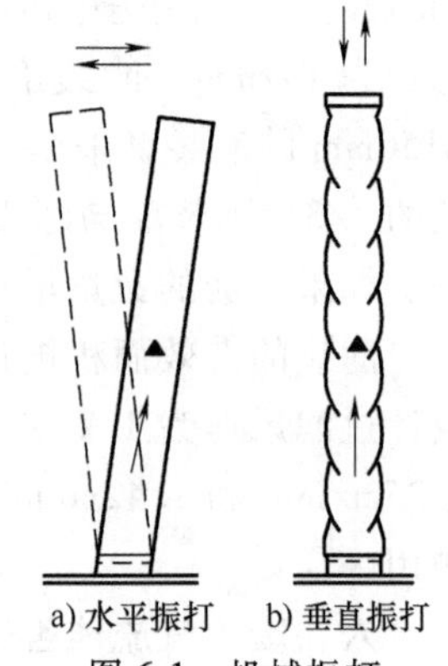

图6-1　机械振打清灰方式

机械振打方式的清灰能力不强，只能允许较低的过滤风速。其应用也越来越少。

2. 反吹风类

利用阀门切换气流，在反吹气流作用下使滤袋缩瘪与鼓胀发生抖动来实现清灰的袋式除尘器。根据清灰过程的不同，可分为“过滤”“反吹”“沉降”三状态或“过滤”“反吹”二状态两种清灰制度。

（1）分室反吹类　采取分室结构，利用阀门逐室切换气流，将大气或除尘系统后洁净循环烟气等反向气流引入不同袋室进行清灰。

1）大气反吹风袋式除尘器，是指除尘器处于负压（或正压）状态下运行，将室外空气引入袋室进行清灰。

2）正压循环烟气反吹风袋式除尘器，是指除尘器处于正压状态下运行，将系统中净化后的烟气引入袋室进行清灰。

3）负压循环烟气反吹风袋式除尘器，是指除尘器处于负压状态下运行，将系统中净化后的烟气引入袋室进行清灰。

原理和特点：这类袋式除尘器利用与过滤气流相反的逆向气流，使滤袋形状发生变化，粉尘层受挠曲力和屈曲力的作用而脱落。图 6-2 所示为一种典型的分室反吹清灰方式。反吹清灰多采用分室工作制度。逆气流可由除尘器进、出风口之间的压差产生，或由专设的反吹风机供给。某些反吹清灰装置设有产生脉动气流的机构，以增加清灰能力。

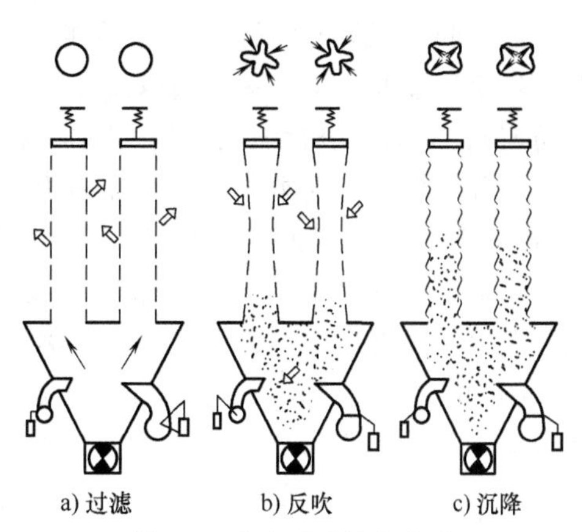

图 6-2　分室反吹清灰方式

反吹气流在整个滤袋上的分布较为均匀，振打也不剧烈，对滤袋的损伤较小。

分室反吹清灰方式的清灰能力在各种清灰方式中最弱，设计过滤风速较低，设备压力损失较大。

（2）喷嘴反吹类　以高压风机或压气机提供反吹气流，通过移动的喷嘴进行反吹，使滤袋变形抖动并穿透滤料而清灰的袋式除尘器。

1）机械回转反吹风袋式除尘器，是指喷嘴为条口形或圆形，经回转运动，依次与各个滤袋净气出口相对，进行反吹清灰。

2）气环反吹袋式除尘器，是指喷嘴为环缝形，套在滤袋外面，经上下移动进行反吹清灰。

3）往复反吹袋式除尘器，是指喷嘴为条口形，经往复运动，依次与各个滤袋净气出口相对，进行反吹清灰。

4）回转脉动反吹袋式除尘器，是指反吹气流呈脉动状供给的回转反吹袋式除尘器。

5）往复脉动反吹袋式除尘器，是指反吹气流呈脉动状供给的往复反吹袋式除尘器。

原理和特点：这类袋式除尘器均为外滤、非分室结构。应用最为广泛的一种喷嘴反吹类袋式除尘器，是回转反吹扁袋除尘器，另外还有气环反吹袋式除尘器等，后者应用甚少。

3. 脉冲喷吹类

以压缩气体为清灰动力，利用脉冲喷吹机构在瞬间放出压缩空气，高速射入滤袋，使滤袋急剧鼓胀，依靠冲击振打和反向气流而清灰的袋式除尘器。

根据喷吹气源压强的不同可分为低压喷吹（低于 0.25MPa）、中压喷吹（0.25 ~ 0.5MPa）、高压喷吹（高于 0.5MPa）。

1）离线脉冲袋式除尘器是指滤袋清灰时切断过滤气流，过滤与清灰不同时进行的袋式除尘器。采用低压喷吹、中压喷吹或高压喷吹的离线脉冲袋式除尘器分别称为低压喷吹离线脉冲袋式除尘器、中压喷吹离线脉冲袋式除尘器或高压喷吹离线脉冲袋式除尘器。

2）在线脉冲袋式除尘器是指滤袋清灰时，不切断过滤气流，过滤与清灰同时进行的袋式除尘器。采用低压喷吹、中压喷吹或高压喷吹的在线脉冲袋式除尘器分别称为低压喷吹在线脉冲袋式除尘器、中压喷吹在线脉冲袋式除尘器或高压喷吹在线脉冲袋式除尘器。

3）气箱式脉冲袋式除尘器是指除尘器为分室结构，清灰时把喷吹气流喷入一个室的净气箱，按程序逐室停风、喷吹清灰的袋式除尘器。

4）行喷式脉冲袋式除尘器，是指以压缩空气用固定式喷管对滤袋逐行进行清灰的袋式除尘器。

5）回转式脉冲袋式除尘器，是指以同心圆方式布置滤袋束，每束滤袋配套1个脉冲阀以及1~4根喷吹管（依滤袋数量而定），对滤袋进行喷吹的袋式除尘器。

原理和特点：这类袋式除尘器将压缩空气在短暂的时间（不超过0.2s）内高速吹入滤袋，同时诱导数倍于喷射气流的空气，造成袋内较高的压力峰值和较高的压力上升速度，使袋壁获得很高的反向加速度，从而清落粉尘（见图6-3）。

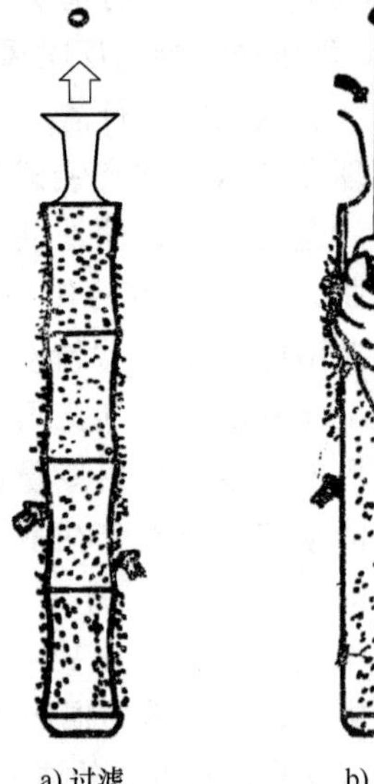

图6-3 脉冲喷吹清灰

喷吹时，虽然被清灰的滤袋不起过滤作用，但因喷吹时间很短，而且清灰的滤袋只占很小的部分，因此可不取分室结构。也有采用停风喷吹方式，对滤袋逐箱、逐排进行清灰，箱体便需分隔，但通常只将净气室做成分室结构。

脉冲喷吹方式的清灰能力最强，清灰效果最好，可允许较高的过滤风速，并保持低的阻力，最近40年来其技术、设备、材料等方面发展迅速，应用领域遍及绝大多数与粉尘有关的行业，成为首选的除尘设备。

4. 复合式清灰类

采用两种以上清灰方式联合清灰的袋式除尘器。

1）机械振打与反吹风复合式袋式除尘器，是指同时使用机械振打和反吹风两种方式使滤料振打，以致滤料上的粉尘层松脱下落的袋式除尘器。

2）声波清灰与反吹风复合式袋式除尘器，是指同时使用声波动能和反吹风两种方式使滤料振打，以致滤料上的粉尘层松脱下落的袋式除尘器。

二、袋式除尘器的型式

1. 按除尘器进风口位置分

1）上进风式：含尘气流入口位于上箱体，气流与粉尘沉降方向一致。

2）下进风式：含尘气流入口位于灰斗上部，气流与粉尘沉降方向相反。

3）径向进风式：含尘气流入口位于袋室正面，气流沿水平方向接触滤袋。

4）侧向进风式：含尘气流从袋室的侧面进入，气流沿水平方向接触滤袋。

从清灰角度而言，上进风方式的除尘器较为有利，如上所述，在除尘器内部含尘气流与粉尘沉降的方向一致，有助于减少粉尘再次吸附的现象，因而设备阻力低。试验证明，与下进风方式相比，上进风袋式除尘器的阻力可降低30%以上。

2. 按过滤元件型式分

1）圆袋式：过滤元件为圆筒形。

2）扁袋式：过滤元件为平板形（信封形）、梯形、楔形、椭圆形以及非圆筒形的其他型式。

3）折叠滤筒式：过滤元件为褶皱式圆筒状。

4）双层滤袋：圆形或扁形过滤元件做成双层。

袋式除尘器的滤袋大多数都采取圆筒形状，图 6-4a～c 均为圆筒袋，通常直径为 120～300mm，袋长为 2～12m。

圆袋受力较好，支撑骨架及连接简单，易获得较好清灰效果，滤袋之间不易被粉尘堵塞。

图 6-4d 为楔形扁袋，图 6-4e 为平板形扁袋。扁袋的其他形状有菱形、椭圆形、扁圆形、人字形等多种。其共同特点是都取外滤方式，内部都有一定形状的框架支撑。

扁袋布置紧凑，在除尘器箱体体积相同的条件下，可布置更多的过滤面积，一般能增加 20%～40%，因而在节约占地和降低重量方面有明显的优点。但扁袋袋式除尘器的结构较复杂，制作要求较高；平板形扁袋之间易被粉尘堵塞，清灰有效性稍差。

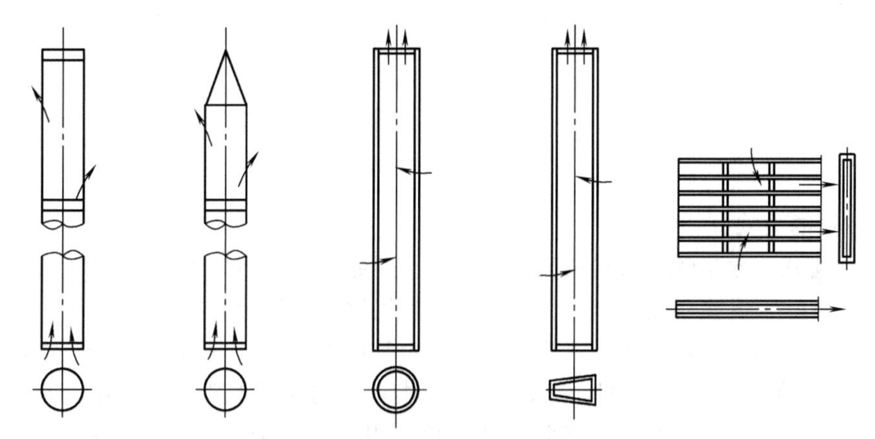

a) 圆筒袋，带帽盖和防瘪环，内滤式　b) 圆筒袋，带防瘪环，内滤式　c) 圆筒袋，内有支撑框架，外滤式　d) 楔形扁袋，内有支撑框架，外滤式　e) 平板形扁袋，内有支撑框架，外滤式

图 6-4　滤袋过滤方向与形状

3. 按风机与除尘器之间的位置分

1）吸入式：系统风机位于除尘器之后，除尘器为负压工作。

2）压入式：系统风机位于除尘器之前，除尘器为正压工作。

吸入式除尘器在风机的负压段工作，亦即含尘气体先经过除尘器，然后进入风机（见图 6-5）。绝大多数袋式除尘器采取这种方式。要求除尘器设计成密封结构，并需设排气筒（烟囱）。风机在干净气体中工作，因而较少出现叶轮磨损以及被粉尘附着等故障。

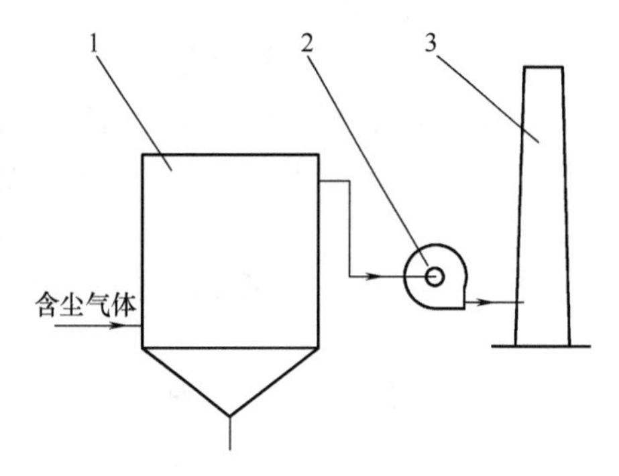

图 6-5　吸入式袋式除尘器

1—袋式除尘器　2—风机　3—烟囱

压入式除尘器在风机的正压段工作，亦即含尘气体先经过风机，然后进入袋式除尘器。

图 6-6a 所示的压入式除尘器不需采取密封结构，也不需要设排气筒（烟囱），净化后的气体可直接排至大气。属于此类的有正压式分室反吹袋式除尘器，其结构简单，节省管道，造价较低。但含尘气体通过风机，当含尘浓度高于 $3g/Nm^3$，或遇有腐蚀性和附着性较强的粉尘时，不宜采用；在处理高湿或有毒气体时也不宜采用。

图6-6b所示的压入式除尘器则需采取密封结构，同用于负压系统的除尘器大体相同。通常需要设排气筒（烟囱）。用于全封闭还原电炉烟尘治理的除尘器即属此类。

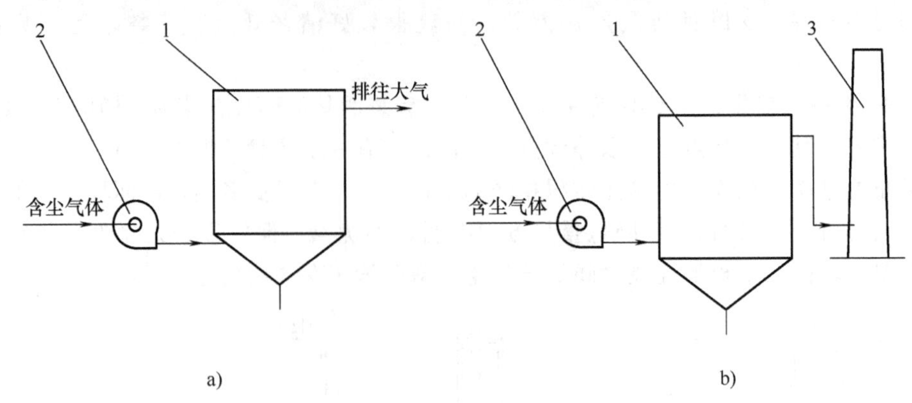

图6-6 压入式袋式除尘器

1—袋式除尘器 2—风机 3—烟囱

4. 按过滤方式分

1）内滤式：含尘气流由袋内流向袋外，利用滤袋内侧捕集粉尘。

2）外滤式：含尘气流由袋外流向袋内，利用滤袋外侧捕集粉尘。

图6-4a～b所示为内滤式袋式除尘器，含尘气体由内向外穿过滤袋，粉尘附着在滤袋的内表面。多取圆形断面，需设防缩环。机械振打类、分室反吹类大都采用内滤式。

图6-4c～e所示为外滤式袋式除尘器，粉尘附着在滤袋的外表面。适用于圆袋和扁袋，袋内需设支撑框架。脉冲喷吹类和喷嘴反吹类基本上取外滤式。

5. 按结构分

1）非分室结构：袋式除尘器整体完成过滤与清灰功能的结构。

2）分室结构：将袋式除尘器分割成若干单元，各单元可独立完成过滤与清灰功能的结构。

6. 根据除尘原理分

1）单独过滤式：粉尘直接利用过滤方式捕集粉尘。

2）静电布袋复合式：粉尘先经过预荷电或（和）外电场后再利用过滤方式捕集粉尘。

3）旋风布袋复合式：含尘气流先经过离心分离后再利用过滤方式捕集粉尘。

第二节 振打清灰类袋式除尘器

一、顶部振打袋式除尘器

顶部振打袋式除尘器（见图6-7）主要由箱体、灰斗和振打机构等组成。由于清灰的需要，除尘器分设若干仓室。滤袋置于仓室内，其下端开口，固定于仓室下部的底板上，以帽盖封闭的上端吊挂在振打机构的吊架上。在箱体的顶部装有阀门及振打机构。

含尘气流由进气口进入灰斗，自下而上进入滤袋内部，净化后气体穿出袋外，从位于箱体顶部的净气出口排出，粉尘被阻留于滤袋的内表面。

滤袋清灰依靠顶部的振打机构实现。在电机的驱动下，通过凸轮的作用，按一定的时间

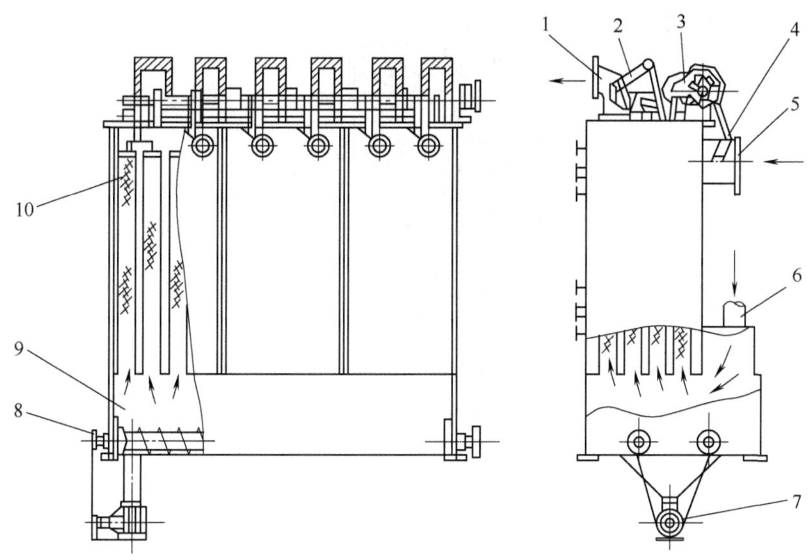

图 6-7　顶部振打袋式除尘器结构

1—净气出口　2—排气阀　3—振打机构　4—反吹阀　5—反吹气流进口
6—尘气进口　7—卸灰阀　8—螺旋输灰机　9—灰斗　10—滤袋

间隔逐个带动各仓室的吊架，使滤袋垂直振动，同时驱使清灰仓室的排气阀关闭、反吹阀开启，切断含尘气流通道，室外空气（或净化后的气体）借助压差的作用从反方向进入滤袋，辅助振打机构，增强清灰效果。辅助清灰的气体从袋口流出，并与含尘气流汇合前往处于过滤的仓室再次除尘。清灰结束后，该仓室的排气阀开启，反吹阀关闭，滤袋恢复过滤，而下一仓室的排气阀关闭，反吹阀开启，进入清灰状态。

顶部振打袋式除尘器的主要规格和参数列于表 6-1。

表 6-1　顶部振打袋式除尘器主要规格和参数

型号规格	滤袋数量 /条	过滤面积 /m^2	外形尺寸(长×宽×高) /mm	设备质量 /kg
LD18—36	36	30	1514×1597×4107	930
LD18—54	54	45	2030×1597×4107	1250
LD18—72	72	60	2549×1597×4107	1510
LD18—108	108	90	3581×1597×4107	2070

注：表中未列出过滤速度，可参照有关章节选取，并进而得出处理风量（以下同）。

二、中部振打袋式除尘器

中部振打袋式除尘器的结构如图 6-8 所示。含尘气体由进口进入中箱体，净化后经由排气阀和排气管排出。清灰时，振打装置将排气阀关闭，回气阀开启，并驱使位于滤袋中部的框架振动，由于振动和回气的作用，附着在滤袋内表面的粉尘被清落。除尘器分隔成若干个仓室，清灰是逐室进行的。除尘器内装有电热器，以便在低温或含湿量较大的条件下使用。

与顶部振打相比，中部振打方式对滤袋的损伤较小。

ZX 型中部振打袋式除尘器由 2~9 个仓室组成，每个仓室有 14 条滤袋，其主要规格见表 6-2。

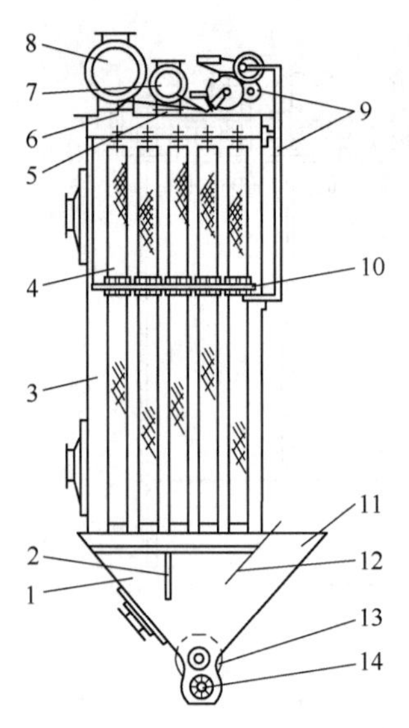

图6-8 中部振打袋式除尘器

1—灰斗 2—电热器 3—中箱体 4—滤袋 5—回气阀 6—排气阀 7—回气管 8—排气管 9—振打机构 10—框架 11—进气口 12—导流板 13—螺旋输灰机 14—卸灰阀

表6-2 中部振打袋式除尘器主要规格和参数

型号规格	滤袋数量/条	过滤面积/m^2	外形尺寸（长×宽×高）/mm	设备质量/kg
ZX50—28	28	50	2380×2540×5772	3124
ZX75—42	42	75	3190×2540×5772	4224
ZX100—56	56	100	4000×2540×5772	5836
ZX125—70	70	125	4810×2540×5772	6868
ZX150—84	84	150	5620×2540×5772	8092
ZX175—98	98	175	6430×2540×5772	9372
ZX200—112	112	200	7240×2540×5772	9828
ZX225—126	126	225	8050×2540×5772	11599

三、整体框架振打式玻璃纤维扁袋除尘器

整体框架振打式玻璃纤维扁袋除尘器结构如图6-9所示。该种除尘器利用玻璃纤维抗拉强度高的特点，将玻璃纤维布紧绷在预制的框架上，形成多个“V”字形的扁滤袋，并组合成滤袋单体箱。除尘器以滤袋单体箱为基本单元，采用积木式组合，可以形成多种规格。

为了清灰的需要，除尘器的箱体分隔成若干独立的仓室，每个仓室都有能够切断含尘气流的阀门。含尘气体由除尘器顶部进入，经由箱体一侧的尘端进入滤袋单体箱而被过滤。粉尘被阻留于滤袋外表面，净气在袋内经袋口到达位于箱体另一侧的净端，并从下部的出口排出。

滤袋单体箱沿着滑道横向整体装入除尘器箱体中，换袋时也沿着滑道卸出。滤袋的清灰采用机械振打方式，清灰机构设有振打锤，敲击滤袋单体箱的框架，紧绷在框架上成“V”字形的扁袋受到振动而使表面的粉尘被清落。清灰是逐室进行，某室清灰时，该室的阀门关闭，清灰完成后重新开启。

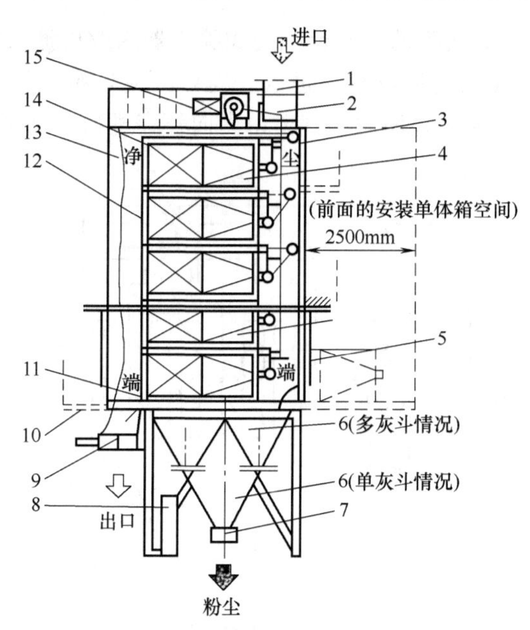

图 6-9　整体框架振打式玻璃纤维扁袋除尘器

1—进风阀　2—振打机构　3—可卸壁板　4—滤袋单体箱　5—检查门　6—底座及灰斗　7—排灰阀
8—清灰自控柜　9—出口阀　10—检修平台　11—滑道　12—密封绳及立向格栅　13—外壳　14—法兰　15—电机

整体框架振打式玻璃纤维扁袋除尘器的最主要特点是，滤袋处于绷紧状态，在过滤和清灰时滤袋不发生皱折，从而避开了玻纤滤料不抗折的弱点，滤袋的使用寿命长。

GP 系列整体框架振打式玻璃纤维扁袋除尘器的主要规格和参数见表 6-3。

表 6-3　GP 系列整体框架振打式玻璃纤维扁袋除尘器主要规格和参数

型号规格	2GP1	2GP2	2GP3	2GP4	2GP3	4GP4
过滤面积/m^2	132	264	396	528	792	1056
过滤速度/(m/min)	0.3~0.6					
处理风量/(m^3/h)	2376~4752	4752~9504	7128~14256	9504~19008	14256~28512	19008~38016
压力损失/Pa	800~1500					
入口含尘浓度/(g/m^3)	2~50					
清灰周期/h	0.5~3					
清灰持续时间/min	3~15					
清灰电机/台×kW	2×1.1	2×1.1	2×1.1	2×1.1	4×1.1	4×1.1
排灰电机/台×kW	1×1.1	1×1.1	1×1.1	1×1.1	2×1.1	2×1.1
电动阀门/台×kW	2×0.4	2×0.4	2×0.4	2×0.4	4×0.4	4×0.4
设备质量/t	3	4	7	8.7	13	16
使用温度/℃	<200~300					

第三节　分室反吹类袋式除尘器

一、概述

1）分室反吹袋式除尘器主要由箱体、滤袋、灰斗、反吹风切换阀门和管道以及进气和排气管道组成（见图6-10）。典型的分室反吹袋式除尘器多取内滤形式。滤袋下部开口，固定在灰斗上端的花板上。含尘气体由灰斗进入，经导流板均布，并自下而上从袋口进入滤袋，粉尘被阻留在滤袋内表面，过滤后的气体由内向外穿过滤袋至箱体，从排风管道排出。

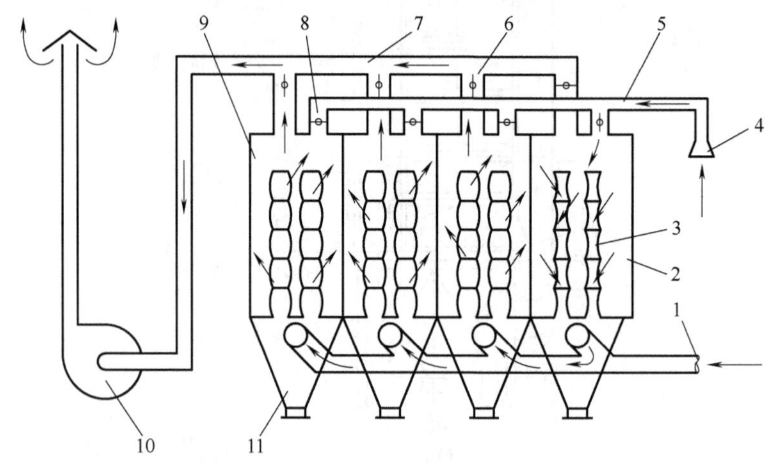

图6-10 分室反吹袋式除尘器结构和原理

1—含尘气体管道 2—清灰状态的袋滤室 3—滤袋 4—反吹风吸入口
5—反吹风管 6—排气阀 7—排气总管 8—反吹阀
9—过滤状态的袋滤室 10—引风机 11—灰斗

分室反吹袋式除尘器通常都分隔成若干仓室，清灰是各仓室逐个进行。每个仓室都设有烟气阀门和反吹阀门，或者兼具两个阀门功能的三通阀。某仓室清灰时，该室的烟气阀关闭，而反吹阀开启，反吹气体便由外向内通过滤袋，令滤袋缩瘪，积附于滤袋内表面的粉尘因滤袋变形而剥离并落入灰斗。当一个仓室清灰时，其他仓室仍进行正常过滤，清灰仓室的反吹气流进入这些仓室被净化。待该仓室清灰结束后，下一仓室进入清灰程序。

反吹气体可有两个来源：引自大气或引自除尘后的干净气体（称为“循环气体反吹”）。当除尘系统在高温条件下运行时，必须采用后一种方式，以防止结露，以及由此引发的糊袋、堵塞等弊端。反吹动力通常由除尘器前后的压力差而提供，但当除尘系统总风机的全压低于4000~4500Pa时，或除尘器之前的负压不足以克服滤袋和反吹管路的阻力（例如，≤2000Pa）时，则应在反吹管路中增设反吹风机。

2）滤袋通常由机织滤料制作，也可以采用较薄而软的针刺毡。用于此场合的针刺毡滤料须防止粉尘进入滤料深层。对于弱力清灰方式而言，此点更显重要。

分室反吹袋式除尘器滤袋内没有框架支撑，为防止清灰时滤袋过分缩瘪而影响粉尘剥离和沉降，须沿滤袋长度方向每隔1~1.5m设一防瘪环。防瘪环的间距可以是不等的，通常靠近滤袋上部大些，靠近下部小些。反吹风除尘器滤袋的外形如图6-11所示。

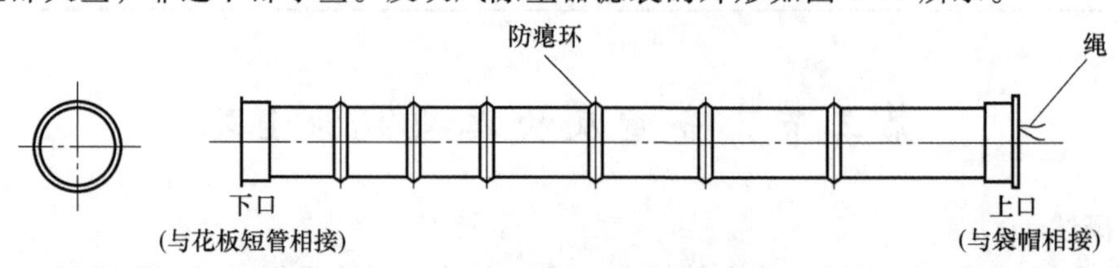

图6-11 反吹风除尘器滤袋的外形

滤袋直径在 ϕ180~300mm 范围内。根据滤袋的长度 L 与直径 D 的比值确定滤袋的长度。长径比一般为 5~40，多取 15~25，因此滤袋最长为 10~12m。内滤式除尘器的特点之一是含尘气体经过袋口。经验表明，滤袋入口风速超过 2m/s 时，袋口受含尘气体的冲刷明显，滤袋将过早破损。滤袋入口风速取 1~1.5m/s 为宜。因此，在确定滤袋长度时，还应按照下式进行校核：

$$v_r = 4\left(\frac{L}{D}\right)v \tag{6-1}$$

式中　v_r——滤袋入口风速（m/s）；

L——滤袋长度（m）；

D——滤袋直径（m）；

v——过滤风速（m/min）。

式（6-1）表明，滤袋的长度与过滤风速成反比：当过滤风速较高时，应适当减小滤袋的长度；而当选定较低的过滤风速时，则可相应增加滤袋的长度。

3）滤袋安装时，将其下端开口套在花板的短管上，并以卡箍捆扎牢固和保持严密（见图 6-12）。滤袋上端套在袋帽外沿，也用卡箍固定并保持接合部位密封。袋帽顶部通过连接件吊挂在箱体的顶部的横梁或支承架上，并以调节装置将滤袋张紧。滤袋的吊挂装置有多种型式，如弹簧拉紧式、弹簧压紧式、链条压簧式、链条拉簧式、吊杆压簧式、螺杆压簧式等。

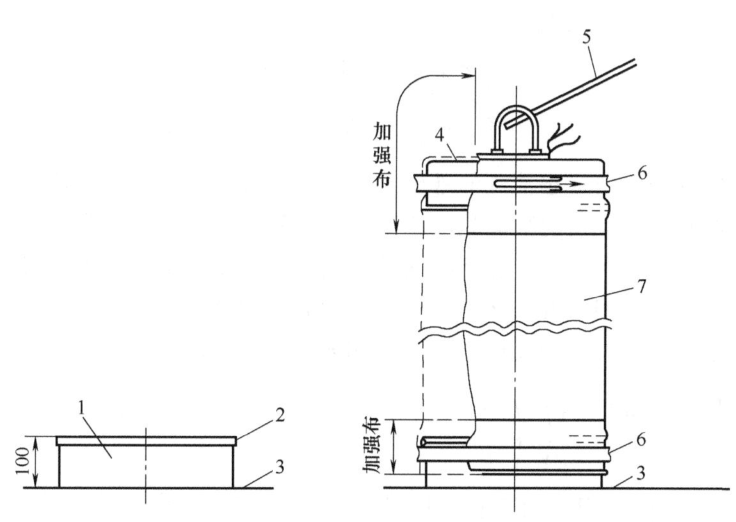

图 6-12　反吹风袋式除尘器滤袋的固定

1—短管　2—凸缘　3—花板　4—罩盖　5—吊杆　6—卡箍　7—滤袋

滤袋的固定还有另外一种方式，即采用弹性胀圈嵌接。在袋帽和花板的短管内面各设有凸缘，在滤袋上、下端的开口均缝有弹簧胀圈。安装时，将滤袋的弹性胀圈捏扁成弯月形并塞入袋孔或盖帽内。此方法安装简便，但要求保持滤袋垂直，稍有偏斜或抖动过于剧烈时，滤袋容易脱落。用于此种滤袋固定方式的袋帽有：外套式闭环吊钩袋帽、内卡式闭环吊钩袋帽、外套式开口吊钩袋帽、内卡式开口吊钩袋帽。

滤袋安装就位后，应当调节顶部的吊挂装置，使滤袋绷紧，以防粉尘在滤袋松驰部位堆积而导致破袋。滤袋张紧力量的大小直接关系到滤袋的使用寿命：张力过小，滤袋底部容易出现曲折而至破损；张力过大，滤袋在清灰处于缩瘪状态时，可能因拉力过强而断裂。滤袋张力的合理区间为25~40kg。

对于化纤滤袋，由于滤料存在一定的延伸性，在滤袋安装就位后2~3天内，应以张力测试仪检查滤袋的张力，必要时对不合格的滤袋进行二次张紧，直至其满足相关的规定。否则，滤袋的延伸将使其张力随之降低，处于松弛状态的滤袋将会摆动、摇晃，导致相互碰撞、摩擦，进而损坏。

对于玻纤滤袋，由于其延伸率低（断裂伸长率仅为3%），可不必进行二次张紧。

4）分室反吹的清灰制度：反吹清灰有“二状态”（过滤—清灰）或“三状态”（过滤—清灰—沉降）两种制度。各种清灰程序都由自动控制系统来实现。

两状态清灰是使滤袋交替地缩瘪和鼓胀（见图6-13），通常重复进行两个缩瘪和鼓胀过程。当含尘浓度高时，可重复进行3~4次。缩瘪时间为10~20s，鼓胀时间为10~20s。

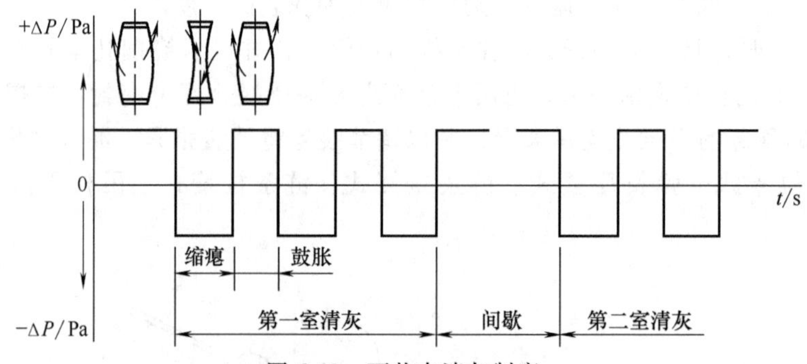

图6-13　两状态清灰制度

三状态清灰制度是在两状态清灰的基础上增加一个沉降状态，此时烟气阀门和反吹阀门都被关闭，滤袋静止状态，使清离滤袋的粉尘有较多的时间沉降到灰斗内。

三状态清灰又有集中沉降和分散沉降两种形式。集中沉降是在完成数个两状态清灰后，集中一段时间，使粉尘沉降（见图6-14），持续时间一般为60~90s；分散沉降则是在每次胀缩后，安排一段静止时间，使粉尘沉降（见图6-15），其持续时间一般为30~60s。

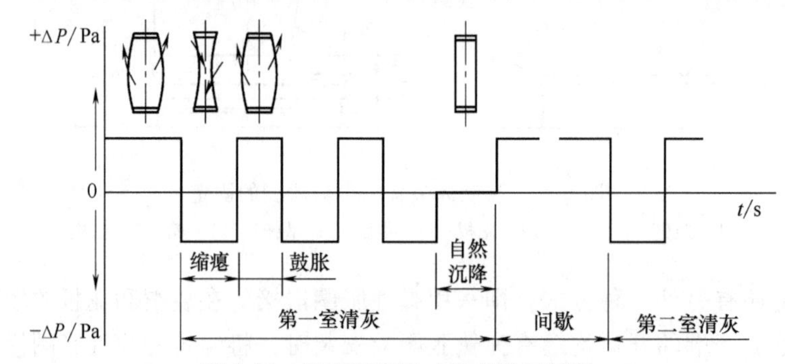

图6-14　集中沉降的三状态清灰制度

5）分室反吹袋式除尘器的特点。

分室反吹袋式除尘器有以下主要特点：

① 滤袋在工作过程中不受强烈的摩擦和皱折，因而使用寿命较长。

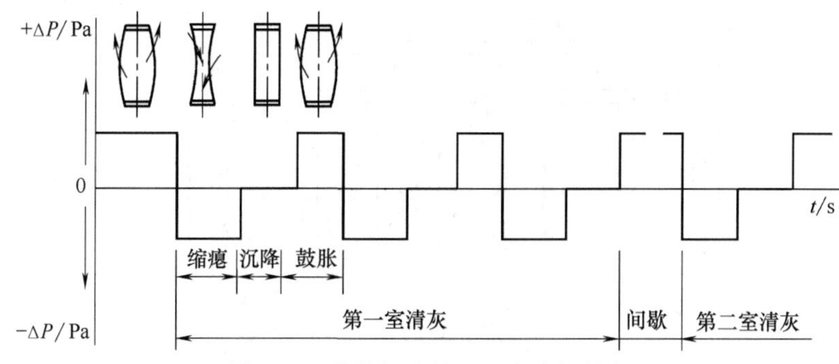

图 6-15　分散沉降的三状态清灰制度

② 分室结构便于在不停机状态下检修某一仓室。

③ 过滤风速低，设备庞大，造价高，占地多。

④ 清灰强度低，设备阻力高，因而运行能耗高。

⑤ 正压式除尘器的含尘气体流过风机，会磨损风机叶轮或在叶轮上黏结，只能用于含尘浓度≤$3g/Nm^3$、粉尘磨啄性和粘性不强的条件下。

⑥ 工人换袋需进入箱体，劳动条件差。

二、负压分室反吹袋式除尘器

负压分室反吹袋式除尘器的结构如图 6-16 所示。其中，图 6-16a 为吸入大气反吹，图 6-16b 则为循环气体反吹。这两种型式都未设置反吹风机。

该除尘器的切换阀门位于袋室的出口处，反吹气流进入清灰的袋室后，反向穿过袋壁使滤袋变形，净气携带未落入灰斗的粉尘从位于灰斗的进气口流出，与含尘气体汇合并前往过滤状态的袋室除去粉尘。

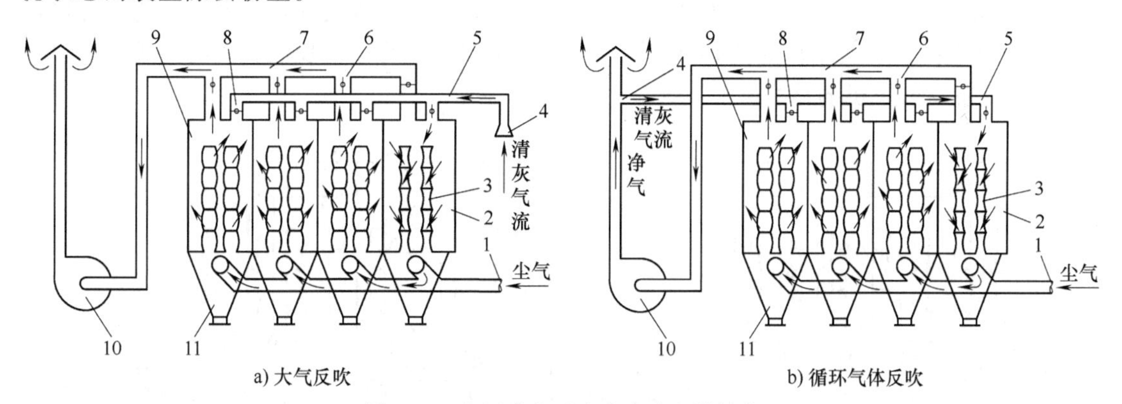

图 6-16　负压分室反吹袋式除尘器结构

1—含尘气体管道　2—清灰状态的袋室　3—滤袋　4—反吹风吸入口
5—反吹风管　6—净气出口阀　7—净气排气管　8—反吹阀
9—过滤状态的袋滤室　10—引风机　11—灰斗

图 6-17 所示为带反吹风机的循环气体负压反吹风袋式除尘器。与图 6-16 所示大气负压反吹袋式除尘器相比，二者结构基本相同，其差别仅仅在循环气体反吹管上增加了反吹风机，在除尘器负压不足的条件下，仍能正常地为滤袋清灰。

负压分室反吹袋式除尘器主要规格和性能见表 6-4。

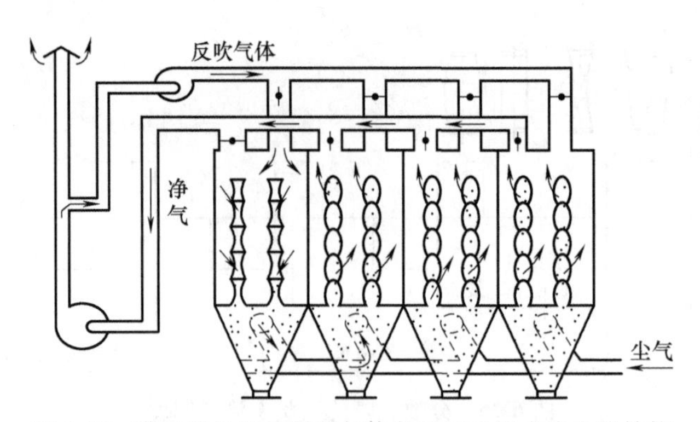

图 6-17　带反吹风机的循环气体负压反吹袋式除尘器结构

表 6-4　TFC（大型）负压分室反吹袋式除尘器的主要规格和性能

型号规格	室数/间	滤袋数量/条	过滤面积/m^2	入口含尘浓度/(g/m^3)	设备阻力/Pa	外形尺寸(长×宽×高)/mm	质量/kg
TFC—4000	4	448	4000	<30	1800～2000	18200×6400×25400	160000
TFC—6000	6	672	6000			27300×6400×25400	240000
TFC—8000	8	860	8000			18200×12800×25400	340000
TFC—10000	12	1120	10000			22750×12800×25400	400000
TFC—12000	14	1344	12000			27300×12800×25400	480000

三、正压分室反吹袋式除尘器

正压分室反吹袋式除尘器的组成与负压型式大致相同。区别在于，正压分室反吹袋式除尘器在主风机的正压段工作，含尘气体先经过主风机，然后进入袋式除尘器，过滤后直接从箱体的百叶窗排出。其结构如图 6-18 所示。其中，图 6-18a 为不设反吹风机的型式，而图 6-18b 则为配备反吹风机的型式。

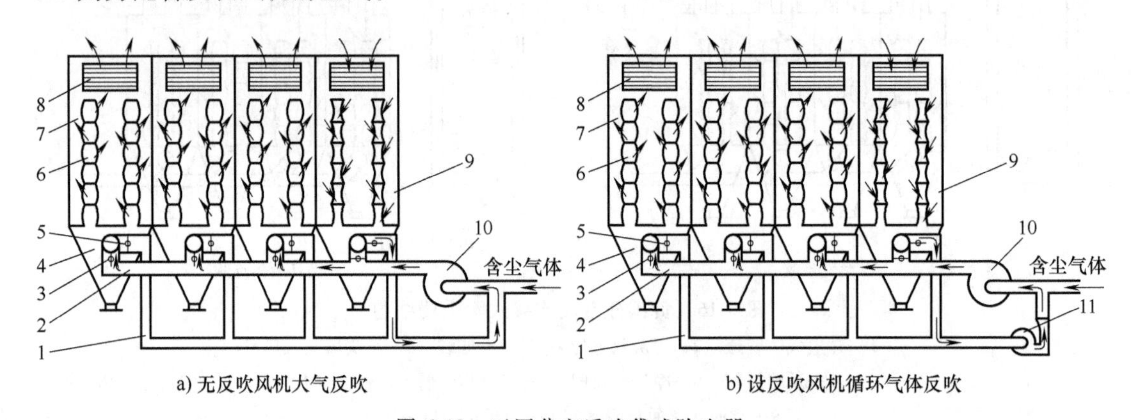

a) 无反吹风机大气反吹　　b) 设反吹风机循环气体反吹

图 6-18　正压分室反吹袋式除尘器

1—反吹风管　2—进气总管　3—进气阀　4—灰斗　5—反吹阀　6—滤袋　7—过滤状态的袋滤室　8—百叶窗　9—清灰状态的袋滤室　10—主风机　11—反吹风机

该类袋式除尘器的袋室不需严密的围挡结构，只需轻型的围挡即可。各袋室之间也不设隔板。只有袋室的灰斗需要严密的结构，各灰斗之间还须完全分隔。袋室的外壁上部设百叶窗，净化后的气体从滤袋内穿出后直接经百叶窗排往大气，省去了净气总管。因此，该除尘器结构较轻，钢耗较低，正压式分室反吹风袋式除尘器每个仓室的进气阀门和反吹阀门（或二者合在一起的三通切换阀）设在仓室的入口。某室清灰时，反吹气流反向穿过滤袋壁而使滤袋清灰，部分粉尘落入灰斗，其余粉尘则随反吹气流进入主风机，然后与含尘气体一起进入其他仓室净化。反吹气体部分来自邻近袋室的净气，部分来自从百叶窗进入的室外空气（见图 6-18a）。对于设有反吹风机的正压反吹袋式除尘器，某室清灰时，其反吹气体基本上来自邻近袋室的净气（见图 6-18b）。

与负压型式相比，正压式除尘器重量较轻，钢耗较低。应用时不需要设排气筒（烟囱）。但含尘气体流过主风机，会磨损风机叶轮，所以正压式除尘器只能用于含尘浓度≤ $3g/Nm^3$ 以及粉尘粒径细、磨琢性不强的条件下。

正压分室反吹袋式除尘器的主要规格和性能见表 6-5。

表 6-5　TFC（大型）正压分室反吹风袋式除尘器的主要规格和性能

型号规格	室数/间	滤袋数量/条	过滤面积/m^2	入口含尘浓度/(g/m^3)	设备阻力/Pa	外形尺寸(长×宽×高)/mm	质量/kg
TFC—5200	4	592	5200	<30	1800~2000	16050×8200×26300	170000
TFC—7800	6	888	7800			23850×8200×26300	250000
TFC—10400	8	1184	10400			16050×16400×26300	320000
TFC—13000	10	1480	13000			19950×16400×26300	416000
TFC—15600	12	1716	15600			23850×16400×26300	445600

四、旁插扁袋除尘器

这种除尘器由若干个独立的仓室组成，采用扁形（信封状）滤袋，从箱体侧面插入安装。

旁插扁袋除尘器在负压状态下工作，含尘气体由位于箱体上部的进气管经气流分布网进入袋滤室。含尘气体由外向内通过滤袋，粉尘被阻留在滤袋的外表面，净化后的气体由滤袋内部进入洁净室，然后通过反吹风控制阀进入下部排气总管，最终经风机排出。

某室清灰时，该室的净气出口阀门关闭，反吹风阀门同时开启，借助箱体的负压使环境空气通过反吹风阀门进入滤袋内，使滤袋膨胀，然后阀板复位，滤袋又处于过滤状态。如此往复动作数次，附着在滤袋外表面的粉尘被抖落，落入灰斗内，达到清灰目的。反吹气流携同部分未掉落入灰斗的粉尘，进入相邻的袋滤室再次过滤。

清灰逐室进行。各仓室的阀门切换有三种基本型式：

1）电动凸轮拨动切换；

2）电动链轮拨动切换；

3）电动缸直接推动切换。

旁插扁袋除尘器具有以下特点：

1）由于采用扁袋式旁插安装，因此在相同箱体容积内，比圆形袋滤器可布置更多的过滤面积，占地面积少。

2）由于采用相同的过滤单元结构，可以根据不同处理风量的需要，组成单层、双层乃至多层不同规格的组合形式，便于设计选择及运输安装。

3）采用上进风、下排风方式，含尘气体自上而下流动，有利于粉尘沉降。

4）更换滤袋可在滤袋室外进行，改善了劳动条件，减少了换袋人员接触粉尘的危害。从侧面装、卸滤袋可降低所需的厂房高度，但由于检查门过多，因此要求设备具有良好的密闭性。

5）滤袋之间距离过小，清灰时滤袋膨胀导致相互贴近，影响粉尘的沉降，从而削弱清灰效果。

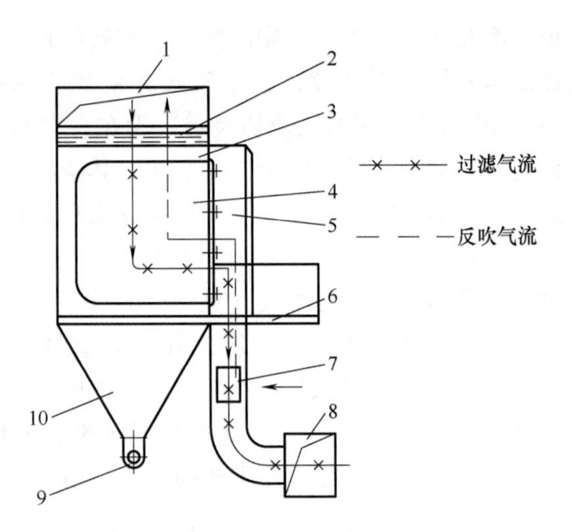

图 6-19 阀门切换型旁插扁袋除尘器
1—含尘气体入口 2—气体分布网 3—过滤室 4—滤袋 5—净气室 6—检修平台 7—反吹风阀门 8—净气总管 9—排灰螺旋 10—灰斗

1. **阀门切换型旁插扁袋除尘器**

阀门切换型旁插扁袋除尘器的构造如图 6-19 所示。

PBC 型旁插扁袋除尘器的主要规格和参数列于表 6-6 中。

表 6-6 PBC 型旁插扁袋除尘器主要规格和参数

型号规格	滤袋数量/条	过滤面积/m^2	外形尺寸（长×宽×高）/mm	设备质量/kg
PBC—3/10	21	81	3350×3205×3240	2910
PBC—4/10	28	108	4000×3205×4940	3880
PBC—5/10	35	135	4650×3205×4940	4850
PBC—6/10	42	162	5300×3205×4940	5650
PBC—7/10	49	189	5950×3205×4940	6450
PBC—8/10	56	216	6600×3205×4940	7250
PBC—3/20	42	162	3750×3205×6780	4950
PBC—4/20	56	216	4000×3205×6780	6360
PBC—5/20	70	270	4650×3205×6780	7950
PBC—6/20	84	324	5300×3205×6780	9370
PBC—7/20	98	378	5950×3205×6780	10790
PBC—8/20	112	432	6600×3205×6780	12210

2. **回转切换定位反吹旁插扁袋除尘器**

传统旁插扁袋除尘器通常清灰效果欠佳，主要由于阀门切换不到位、阀座密封性差、反吹动力不足，从而导致除尘器阻力有时高达 2~3kPa。此外，滤袋单重 13~15kg，拆卸和安装滤袋较为吃力，滤袋下沿容易磨损。漏风率高（达到 10%~20%）也是传统旁插扁袋除尘器的主要缺点之一。

回转切换定位反吹旁插扁袋除尘器在技术上有以下进步：

1）开发了回转切换定位反吹脉动清灰装置，取代原有清灰切换阀门。该装置主要包括电动回转切换阀和放射型气流分配箱，可以组成不同的清灰机构，实现多种清灰制度：采用排气侧循环气体实现二态定位反吹；在回转切换阀的反吹风入口管路加设三通脉动阀，实现三态定位脉动反吹。除尘器箱体内负压≤2500Pa，不能满足反吹风要求时，宜增设反吹风机。

2）采用特殊加工的袋口软密封材料，耐老化、耐高温，具有自锁功能，较好地解决了尘气室与净气室之间的漏风问题。

3）采用尺寸较小的滤袋，减轻了滤袋重量，便于拆卸安装。

4）相邻滤袋之间增设隔离弹簧，防止清灰时袋壁贴附，确保清灰效果。

FEF型回转切换定位反吹旁插扁袋除尘器结构如图6-20所示，其主要规格见表6-7。

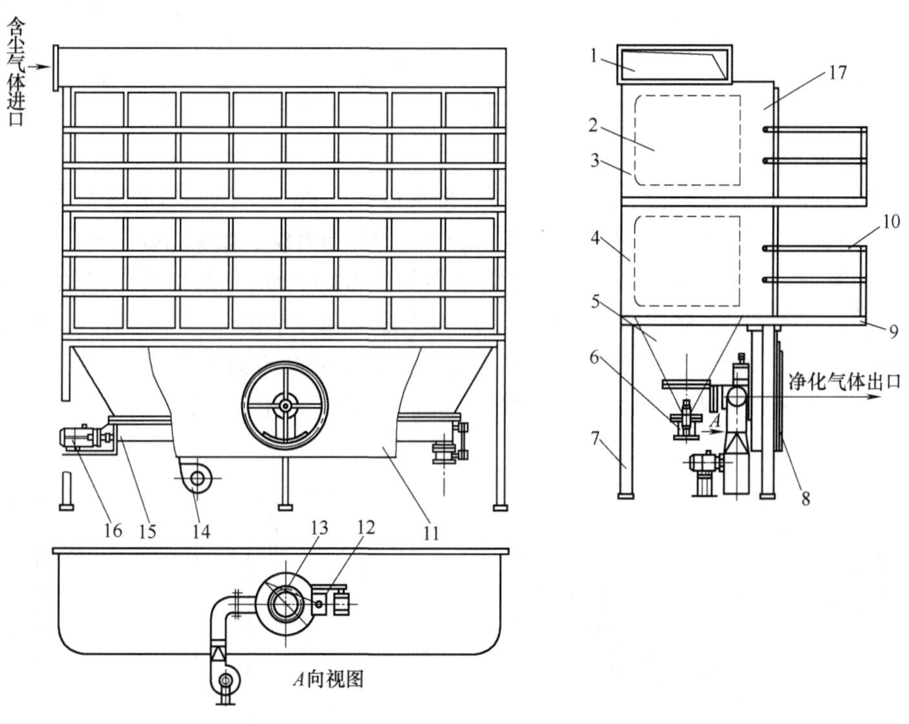

图6-20　FEF型回转切换定位反吹旁插扁袋除尘器结构

1—进气口　2—滤袋　3—上箱体　4—中箱体　5—灰斗　6—卸灰阀　7—支架　8—排气口　9—平台　10—扶手　11—切换阀总成　12—减速器　13—回转切换阀　14—反吹风机　15—螺旋输送机　16—减速器　17—净气室

表6-7　FEF型回转切换定位反吹旁插扁袋除尘器主要规格

型　号	层　数	室　数	单元数	滤袋数/条	过滤面积/m^2	外形尺寸/mm
FEF—3/Ⅰ	1	3	3	42	95	1950×3300×4250
FEF—4/Ⅰ	1	4	4	56	126	2600×3300×4250
FEF—5/Ⅰ	1	5	5	70	158	3250×3300×4250
FEF—6/Ⅰ	1	6	6	84	189	3900×3300×4350
FEF—7/Ⅰ	1	7	7	98	221	4550×3300×4350
FEF—8/Ⅰ	1	8	8	112	252	5200×3300×4350
FEF—3/Ⅱ	2	3	6	84	189	1950×3300×6500

（续）

型 号	层 数	室 数	单元数	滤袋数/条	过滤面积/m^2	外形尺寸/mm
FEF—4/Ⅱ	2	4	8	112	252	2600×3300×6500
FEF—5/Ⅱ	2	5	10	140	315	3250×3300×6500
FEF—6/Ⅱ	2	6	12	168	378	3900×3300×6630
FEF—7/Ⅱ	2	7	14	196	441	4500×3300×6630
FEF—8/Ⅱ	2	8	16	224	504	5200×3300×6630
FEF—9/Ⅱ	2	9	18	252	567	5850×3300×6630
FEF—10/Ⅱ	2	10	20	280	630	6500×3300×6700
FEF—11/Ⅱ	2	11	22	308	693	7150×3300×6700
FEF—12/Ⅱ	2	12	24	336	756	7800×3300×6700

五、菱形扁袋除尘器

菱形扁袋除尘器是法国空气公司在铝行业烟气净化工程中广泛使用的除尘设备，我国在20世纪80年代引进，分别用于水泥厂、铝厂、钢厂的煤粉系统、阳极焙烧及轧钢除尘系统。

菱形扁袋除尘器采用外滤型式，其滤袋结构如图6-21所示。沿扁长形滤袋的垂直方向缝成多个通道，并以扁平框架撑开，从而形成多个断面为菱形滤袋的连续组合，每条滤袋的过滤面积达11m^2，比其他形状的滤袋面积大得多，可充分利用箱体空间。

滤袋的袋口设有圆钢制成的框架，借助密封条、压板而固定在花板上。

a) 菱形扁袋

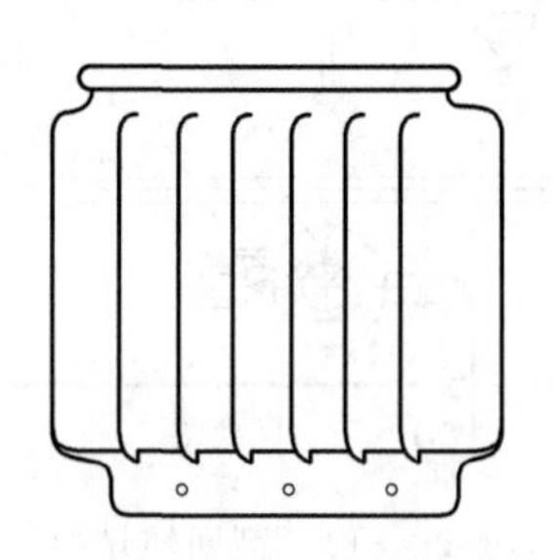

b) 滤袋缝制成多个通道

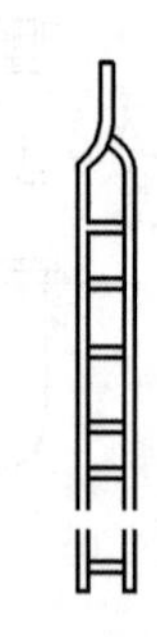

c) 扁平框架

图6-21 菱形扁袋的结构

鉴于除尘器下部入口处含尘气流速度较高，在滤袋下部缝有高约200mm的双层滤料，以防止对滤袋的冲刷磨损。

每条菱形滤袋的过滤面积可由下式计算：

$$F=4n\sqrt{\left(\frac{a}{2}\right)^2+\left(\frac{b}{2}\right)^2}\,l_c \tag{6-2}$$

式中 F——过滤面积（m^2）；

n——骨架数量；

a——骨架宽（m）；

b——骨架间的距离（m）；

l_c——滤袋有效长度（m）。

扁袋除尘器往往将多条滤袋组合成过滤单元，并以过滤单元为单位整体拆换旧袋或安装新袋。过滤单元的主要零件是一块花板，板上有12个两端为半圆形的长孔，每一长孔的周边设有高度为50mm的边框，用以安装滤袋。装入花板孔的滤袋被一个环形压框压紧在花板上，并以螺栓调节压框的松紧程度。

压框上有与扁平框架数量相同的豁口，用以固定该框架，以保证放入滤袋的框架位置正确，并充分撑开滤袋形成相连的多个菱形。

过滤单元的框架有4根焊在花板上的钢管作为立柱，与下面做拉杆的4根钢管形成一个刚性的结构，如图6-22所示。框架结构的各个结合点必须仔细清理，消除毛刺，以免损坏滤袋。框架上部有4个吊耳，检修换袋时可整体吊运过滤单元。

滤袋下部设有隔板，用来将滤袋下部固定于一根钢棒上，滤袋框架由钢棒支承。钢棒穿过滤袋下部的开口处以绳扎紧，保持严密性。整个滤袋就依靠钢棒和滤袋框架的自重拉紧。

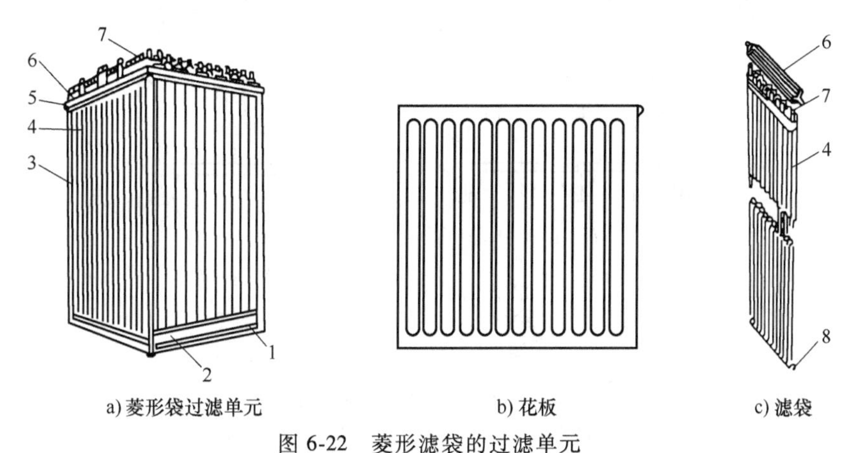

图6-22　菱形滤袋的过滤单元

1—拉杆　2—轨道挡板　3—钢管立柱　4—滤袋　5—花板　6—压框　7—扁平框架　8—钢棒

图6-23为采用菱形袋过滤单元的袋式除尘器。每台设备包括6~10个标准过滤单元，每个单元的过滤面积为65~185m^{2}不等。滤袋清灰采用风机反吹方式。清灰装置由脉动反吹阀、电磁三通阀、反吹风机和反吹风箱体组成。清灰时，反吹气流从袋口向下进入滤袋，并通过脉动阀的作用使滤袋产生振打。粉尘落入灰斗底部的溜槽，并通过卸灰装置排出。当除尘器在高温条件下运行时，通常将反吹风机进口与主风机出口管路相连接，以实现热风反吹，防止结露。

滤袋清灰是逐室进行的，因而除尘器设计成分室结构。

该产品有LBL和LPL两种型式。其中，前者为防爆型，设有泄爆阀，采用消静电滤料，箱体内设吹扫管，并采取静电接地等措施。用

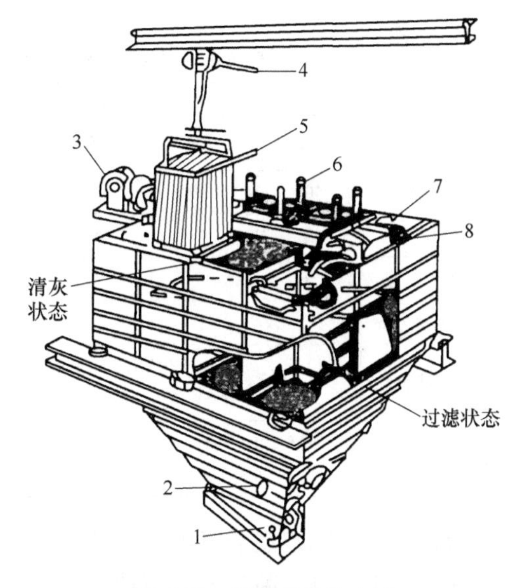

图6-23　菱形扁袋除尘器

1—溜槽　2—溢流管　3—反吹风机　4—单轨吊车　5—滤袋过滤单元　6—气缸　7—上盖板　8—反吹风箱

于铝行业的菱形扁袋除尘器采用聚丙烯针刺毡滤料。

菱形扁袋除尘器的主要特点：

1）滤袋断面为菱形，占地面积小，设备紧凑；

2）每条滤袋的过滤面积很大，滤袋数量较少；

3）采用脉动反吹清灰，以反吹风机驱动。

LBL型除尘器的外形如图6-24所示。主要规格和参数见表6-8。

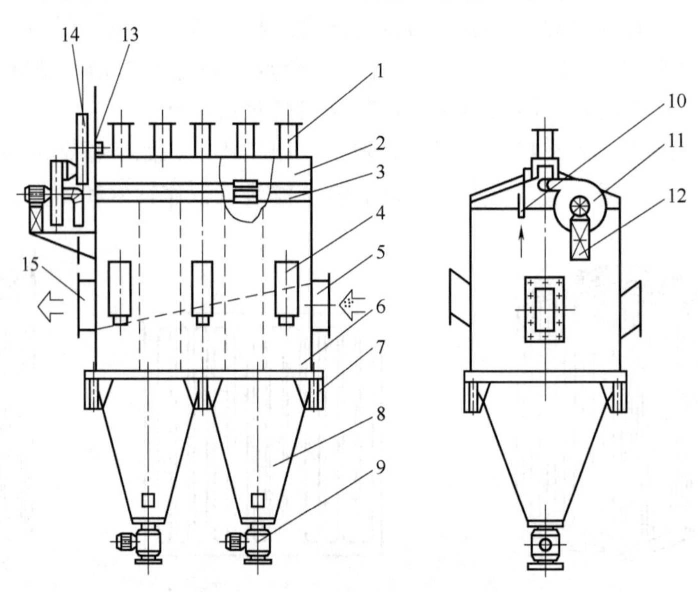

图6-24 LBL型菱形扁袋除尘器

1—停风阀 2—反吹风箱体 3—上箱体 4—防爆阀 5—进风口 6—中箱体 7—支架 8—灰斗 9—卸灰阀 10—压缩空气管 11—反吹风机 12—反吹风机平台 13—脉动阀电机 14—脉动阀 15—排风口

表6-8 LBL（LPL）型菱形扁袋除尘器主要规格和参数

参数	LBL3—40	LBL4—53	LBL5—66	LBL6—80	LBL7—93	LBL8—112	LBL9—126	LBL10—140	LBL11—154
过滤面积/m^2	400	530	664	800	930	1116	1256	1395	1535
仓室数/间	3	4	5	6	7	8	9	10	11
滤袋数量/条	36	48	60	72	84	96	108	120	132
设备阻力/Pa	1200								
脉动反吹装置	1)反吹风机9—29№4.5A,2.4kW 2)脉动装置SWD0.4—2,0.4kW								
设备质量/t	14.5 (14)	18.7 (18)	21.6 (21)	25.7 (25)	29.2 (28.5)	32.7 (31.5)	35.6 (34.4)	39.1 (38.5)	42 (41.4)

六、LFS系列双层袋反吹风袋式除尘器

该种除尘器有两种类型：一种为LFS系列双层袋反吹风袋式除尘器，另一种为SMC系列双层袋脉冲袋式除尘器。它们的主要区别在于清灰方式：前者采用反吹风清灰；后者采用脉冲喷吹清灰。

双层袋反吹风袋式除尘器的结构如图 6-25 所示，主要由上箱体、中箱体、灰斗、卸灰装置、清灰装置等部件组成。

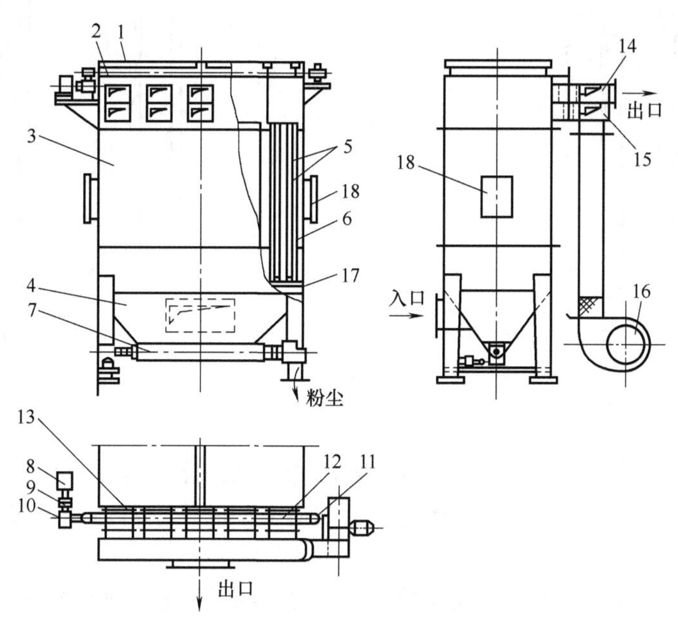

图 6-25 LFS 系列双层袋反吹袋式除尘器

1—顶盖 2—上箱体 3—中箱体 4—灰斗 5—滤袋 6—框架 7—螺旋输送机 8—电动机 9—头部传动 10—减速机 11—尾部传动 12—阀体拨叉 13—链条 14—排风管 15—反吹风管 16—反吹风机 17—滤袋托架 18—检修门

上箱体包括顶盖、净气室、反吹风管、双层阀门、清灰传动机构、花板及出风口等。中箱体包括滤袋、滤袋框架及检修门等。灰斗包括进风口、滤袋托架、卸灰装置及支腿。清灰装置包括反吹风机、反吹风管、双层阀门、反吹风口、电动机、减速器、链条及拨叉等。

上箱体分隔成若干仓室，每室出口设置排风阀和反吹风阀门，以满足反吹清灰的需求。

双层袋除尘器独特之处在于，滤袋由套在一起的内袋和外袋两部分组成（见图 6-26），外袋上端开口，并固定于花板上；而内袋则下端开口，并与外袋底部的周边缝在一起，上端悬吊于外袋袋口附近。外袋内装有框架，框架用直径 ϕ6mm 圆钢制成，外面以 ϕ2mm 铁丝环绕，形成网式框架，可防止滤袋直接和框架的焊点接触，保护滤袋。过滤时，外袋被吸附在滤袋框架上，内袋胀起，粉尘被阻留在外袋的外表面和内袋的内表面上，亦即外袋为外滤方式，内袋为内滤方式（见图 6-27a）。净化后的气体由外、内袋之间的空隙向外袋的袋口流动，最后由上箱体的出风口排出。

清灰时，反吹气流从外袋的袋口进入双层滤袋（见图 6-27b），使外袋和内袋分别急速变形：外袋的袋壁向外运动，内袋的袋壁向内运动。粉尘因滤袋变形和挤压的作用而脱离滤袋表面。

双层滤袋固定在分隔上箱体和中箱体的花板上，每个袋孔焊有短管，安装时先将已经装有框架的滤袋通过袋孔插入花板，再将滤袋上口翻边，并绑扎在短管外边即可。安装新滤袋以及检查和更换已用滤袋时，都可以揭开顶盖后在花板以上的净气空间进行，人与污袋接触较少。

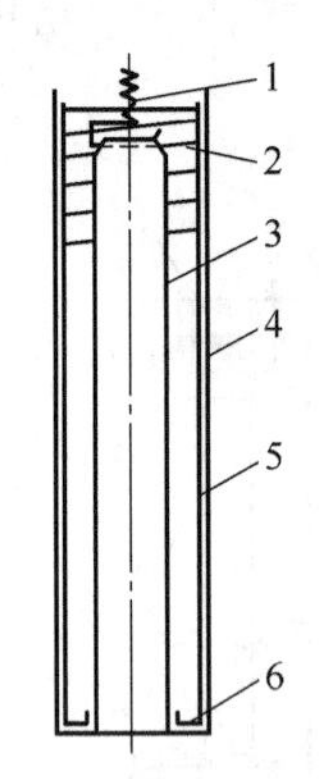

图 6-26 双层滤袋结构

1—内袋吊钩 2—框架铁丝网 3—内袋
4—外袋 5—外袋框架 6—底部框架底板

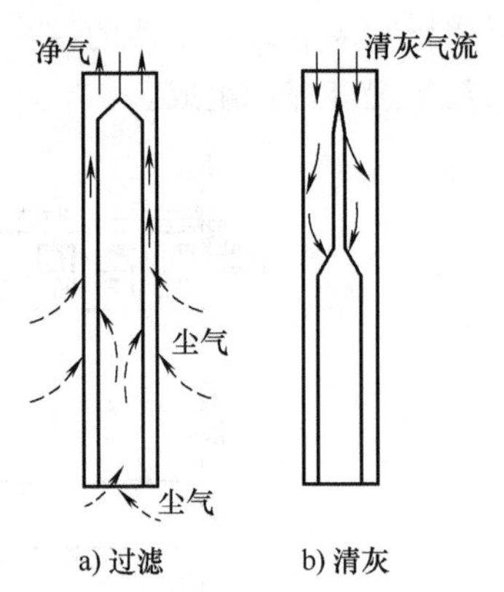

图 6-27 双层滤袋工作原理

LFS 系列双层袋反吹风袋式除尘器最主要的特点是，除尘器兼有内滤和外滤两种形式，滤袋采取双层结构，在同样尺寸的箱体内，比其他类型的除尘器增加过滤面积，投资较低，占地较少。

含尘气体由进风口进入灰斗，较大的尘粒在此处沉降下来，细尘粒由气流带至中箱体被滤袋阻留，净气从外袋内部流经上端的袋口进入上箱体，并经排风阀排出。除尘器在过滤状态时，排风阀门开启，反吹风阀门关闭；当进入清灰状态时，电动机和减速器带动链条，令双层阀门的拨叉将排风阀门关闭、反吹阀门开启，反吹风机产生的清灰气流进入上箱体，从外袋的袋口进入内袋和外袋之间的空隙，使两层滤袋变形而将粉尘清离并落入灰斗，由卸灰装置排出。清灰是逐室进行，每次只有一个仓室清灰，其余仓室仍进行过滤。

LFS 双层袋反吹袋式除尘器有以下特点。

1）滤袋采用内袋和外袋结合的结构，在除尘器体积相同条件下，可以布置的过滤面积增加 60%，使造价降低，占地面积和安装空间缩小。

2）滤袋框架采用网式结构，避免了框架上的焊点对滤袋的磨损，有利于延长滤袋寿命。

3）与脉冲喷吹相比，反吹清灰方式能耗较省，但清灰能力明显变弱，影响清灰效果。

4）清灰装置活动件过多，容易出现故障；同时，排风和反吹阀门开启和关闭不到位，也是此类机构普遍的缺点。

LFSF 系列双层袋反吹袋式除尘器的主要规格和性能列于表 6-9 中。

表 6-9 LFSF 系列双层袋反吹袋式除尘器主要规格和性能

型号	过滤面积/m²		气室/个	滤袋长度/m	设备阻力/Pa	处理风量		耗电量/kW		
	公称	实际				过滤风速/(m/min)	风量/(m/h)	反吹风机	清灰传动机械	下灰斗
LFSF—5×7	35	33.6	5	1.4	600~1200	1~2.0	2016~4032	1.1~1.5	0.135	1.1
						2.5~3.0	5040~6048	1.5~2.2		
LFSF—7×7	45	47	7	1.4	600~1200	1~2.0	2820~5640	1.1~1.5	0.135	1.1
						2.5~3.0	7050~8640	1.5~2.2		

（续）

型号	过滤面积/m²		气室/个	滤袋长度/m	设备阻力/Pa	处理风量		耗电量/kW		
	公称	实际				过滤风速/(m/min)	风量/(m/h)	反吹风机	清灰传动机械	下灰斗
LFSF—7×10	65	67.2	7	2	600~1200	1~1.5	4020~6030	1.1~2.2	0.135	1.1
						2~3.0	8040~12060	2.2~3.0		
LFSF—7×14	95	94.08	7	2.8	600~1200	1~1.5	5640~8460	1.1~2.2	0.135	1.1
						2~3.0	11280~16920	2.2~3.0		
LFSF—8×16	125	126.7	8	2.2	600~1200	1~1.5	7620~11403	1.1~2.2	0.55	1.1
						2~3.0	15204~22860	3.2~4.0		
LFSF—8×20	160	161.28	8	2.8	600~1200	1~2.0	9660~19302	1.1~3.0	0.55	1.1
						2.5~3.0	24150~28980	3.0~4.0		
LFSF—10×20	200	201.6	10	2.8	600~1200	1~2.0	12090~24192	1.1~3.0	0.55	1.1
						2.5~3.0	30240~36288	3.0~4.0		

七、分室定位回转反吹袋式除尘器

分室定位回转反吹袋式除尘器采用多单元组合结构。一台除尘器有几个独立的单体，每个单体又有一定数量的过滤单元。每个单元分隔成若干个袋室，其数量为 10~18 个不等，视处理风量大小而定。袋室内布置多条滤袋。袋室顶部有净气出口（见图 6-28）。

尘气进口位于除尘器单体的一端，设有进口挡板阀和导流装置。含尘气体由此进入袋室，滤袋将粉尘阻留在其外表面，干净气体则穿过袋壁进入滤袋内部，并依次经过袋口和袋室的净气出口到达净气室，由除尘器单体尾端的出口挡板阀排出。净气室有足够的高度和空间，可在内部检查和更换滤袋；同时兼作净气通道使用，不另设净气总管。

滤袋为矩形断面（信封形），其下端封闭，上端开口，取外滤型式。安装时将滤袋连同框架从花板的袋孔向下插入，滤袋上端固定在花板上，并以压条和螺栓压紧（见图 6-29）。

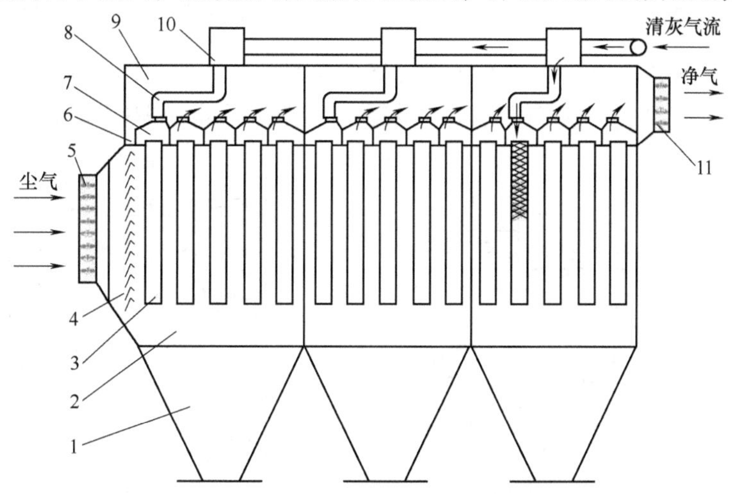

图 6-28　分室定位反吹袋式除尘器结构

1—灰斗　2—袋室　3—滤袋及框架　4—导流装置　5—进口挡板阀　6—花板
7—袋室的净气出口　8—回转反吹管　9—净气室　10—分室定位反吹机构　11—出口挡板阀

靠滤袋框架的自重，以及框架与滤袋之间的紧配合将滤袋拉直和张紧。运行过程中滤袋的变形较小。先后推出两种滤袋框架的结构型式：宽体型和窄体型。前者如图6-30所示，每条滤袋内放入一个；后者的宽度不足前者的一半，一条滤袋内并列地放入两个框架。为使两个框架与滤袋配合适度，将滤袋沿长度方向缝合，使其一分为二（见图6-29）。一个袋室的滤袋安装就位后，还需用绳索将滤袋底部相互连接（见图6-31）。

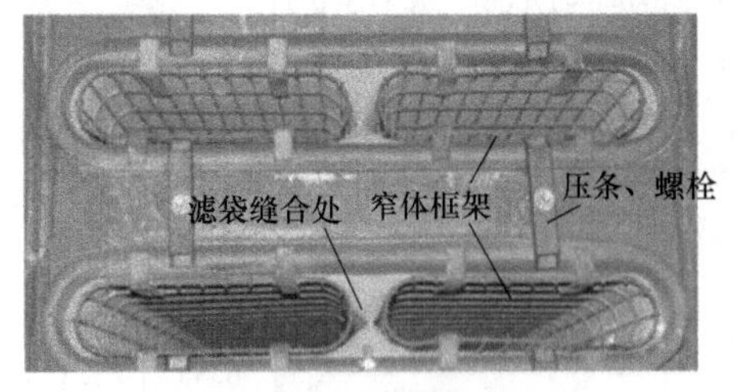

图6-29 滤袋固定方式

图6-30 宽体型扁滤袋框架

窄体框架的好处是：单个框架的重量减轻，便于安装；框架的刚性提高，不易损坏；框架与滤袋之间的配合紧凑，清灰时相互摩擦减少，有利于延长滤袋使用寿命。图6-32所示为框架装入后的滤袋外形。

图6-31 滤袋底部相互连接

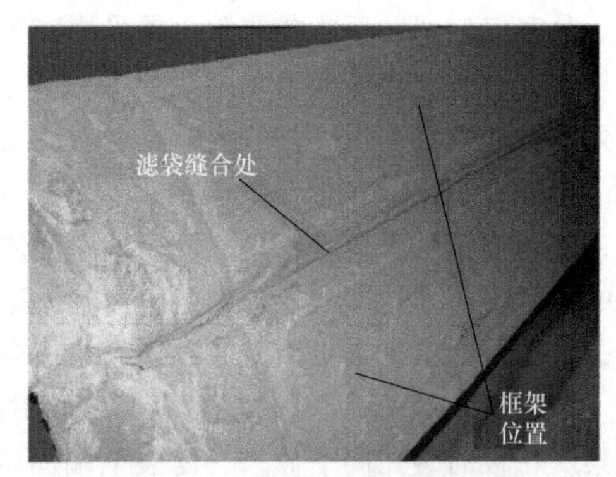

图6-32 装有双框架的扁袋外形

清灰依靠分室回转定位反吹装置（回转臂切换型，其结构如图6-33所示）而实现。图6-33为每单元有18个袋室的回转定位反吹装置。清灰采用定压差控制方式，当除尘器阻力

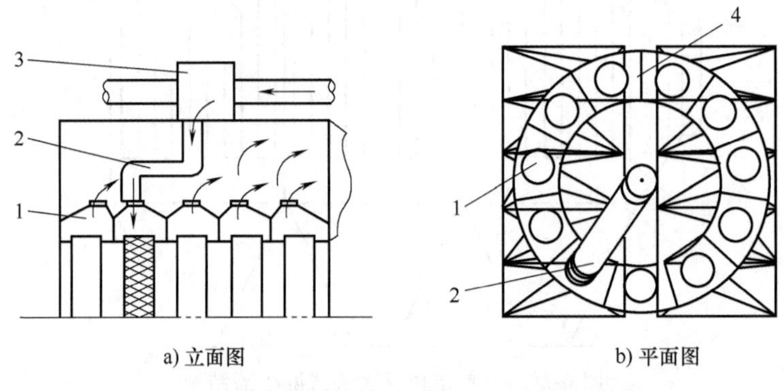

图6-33 分室回转定位反吹装置（回转臂切换型）

1—袋室净气出口 2—回转反吹管 3—回转机构 4—空闲位

达到上限值时，除尘器1号单体第一单元的定位反吹机构自动启动，回转反吹风管的风口从停止位置移动到1号袋室的净气出口上方，该袋室的过滤气流被中止，干净气体则反向吹入滤室使滤袋清灰，此过程持续13~15s。之后，回转反吹管移动至2号袋室的净气出口上方，1号袋室恢复过滤，2号袋室开始清灰。

当除尘器1号单体第一单元所属的袋室全部清灰后，其第二单元即开始清灰；而当该单体所属的单元全部清灰后，2号单体便开始清灰。如此类推，直至整台除尘器的每个袋室的滤袋均清灰1次（或数次），整台除尘器阻力下降到规定下限值以下为止。

清灰气流来自除尘系统主风机出口，通常不另设反吹风机。过滤单元的袋室出口及回转反吹管如图6-34所示。

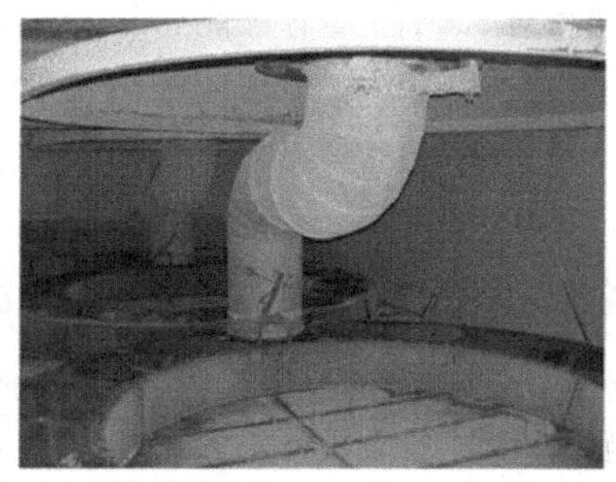

图6-34　过滤单元的袋室出口及回转反吹管

该分室定位回转反吹袋式除尘器还推出另一种反吹清灰装置，将原回转反吹管取消，改用链条、滑块装置切换每个袋室的过滤阀门和反吹阀门（见图6-35a）。除尘器每个单体设有48个袋室，分为两列布置，每个袋室设滤袋18条。见图6-35b所示，每个袋室分别设有净气出口阀（型式为多叶阀）和反吹阀（型式为圆形蝶阀），数量各为48个，亦即每个除尘单体有阀门96个。阀门设有棘轮（见图6-35c），当链条上的滑块拨动某袋室的棘轮时，该袋室两个阀门便互相切换。

a) 链条滑块切换装置

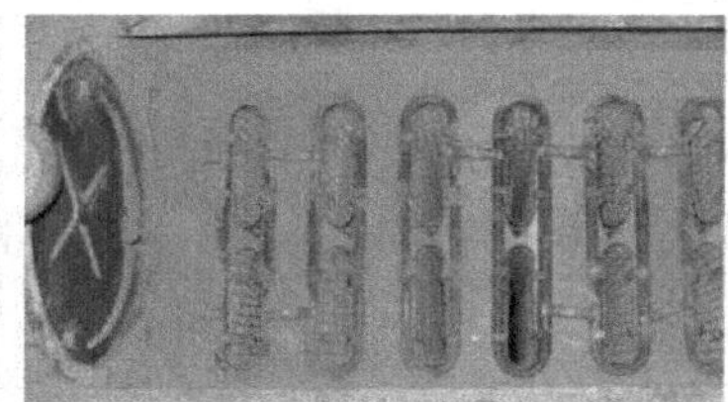

b) 圆形反吹阀

c) 链条、棘轮、净气出口阀

图6-35　链条滑块切换阀门的清灰装置

分室定位回转反吹袋式除尘器在方形箱体内布置扁形滤袋，实现分室回转切换定位反吹清灰，设备占地面积和体积较小；以主风机为清灰动力，且反吹风量较少，约为风机风量的

1.5%，因而清灰能耗低；运行过程中，滤袋与滤袋框架之间的磨擦和碰撞较小，有利于延长滤袋使用寿命。

除尘器单体进口和出口的烟道挡板阀为独创的单板柔缘蝶形截止阀。其阀板采用单片阀板结构，门框装有弧形的弹簧钢板，关闭阀门时，阀板压下弧形弹簧钢板实现接触密封，弧形弹簧钢板可以保证与阀门严密接触密封的压力，更重要的是可以补偿钢结构在高温下产生的变形，从而使得该阀门在任何条件下都能保证关闭时严密、开启时通畅。该阀门使分室定位反吹袋式除尘器具备满负荷生产条件下不停机切换检修的能力，以及更换全部滤袋的大修能力。因此，检修除尘器时不影响机组运行，更加符合安全生产可靠性需要。

该类除尘器最大的缺点在于，其清灰设计本着“静态清灰”的理念，追求低动力、小风量清灰的目标，因而其清灰能力很弱。即使用于燃煤锅炉烟气，面临粉煤灰这样流动性良好的粉尘，往往也难以收到预期的清灰效果，从而导致设备阻力居高不下，影响机组发电。虽然也不乏正常运行的实例，但其清灰装置的安全系数太小甚至没有，一旦某些因素变化，其阻力便容易失控。对于袋式除尘器而言，设备阻力控制是要害、是根本，在这一点上应留有足够的余量。另外，净气出口阀门位于滤袋的上方，换袋时，该阀需拆下移开，增加了换袋的困难。

另一缺点是清灰装置机械故障率高，维修频繁。一旦出现故障，即导致整个过滤单元失效。至于链条滑块切换阀门的清灰装置，活动部件更多，而且将成百个活动件置位于净气室内，故障率更高。用户反映：链条易卡塞，圆形反吹阀易开闭失灵，检修频繁且困难。这种依靠链条带动的清灰装置推出不久即被废置。

滤袋与滤袋框架配合过紧，致使滤袋容易破损，也是该类除尘器的一个缺点。

【实例6-1】 燃煤电厂锅炉烟气除尘

某电厂300MW燃煤机组，采用分室定位回转反吹袋式除尘器净化锅炉烟气，主要规格和参数如下：

设计风量： 2300000m³/h
烟气温度： 145℃
烟气进口含尘浓度： 22.6g/Nm³（燃用混煤条件下）
过滤风速： 0.85m/min
过滤面积： 44850m²
滤袋材质： 100%PPS滤料，后整理为PTFE乳液浸渍处理
除尘器单体数量： 4台
过滤单元数量： 4×3个
袋室数： 12×16个
滤袋数： 5104条
分室定位反吹机构台数： 12台
除尘器排放浓度： <25mg/Nm³
除尘器阻力： 投运初期≤1000Pa；一年后≤1100Pa；三年后≤1400Pa
除尘器漏风率： <2%
清灰控制方式： 定压差控制

第四节 喷嘴反吹类袋式除尘器

一、机械回转反吹袋式除尘器

1. SⅡ型机械回转反吹袋式除尘器

我国机械回转反吹袋式除尘器的研制和推广使用是在20世纪70年代至90年代后期，根据机械回转反吹袋式除尘器应用中存在的问题，先后做过多种改进，并产生多种不同型式的设备。机械回转反吹袋式除尘器的箱体呈圆筒形，可分成清洁仓、中筒体和集尘斗三部分（见图6-36）。

含尘气体由中筒体的下部或上部沿切线方向进入，被过滤后的干净气体进入滤袋内，经由滤袋上口至清洁仓排出，粉尘被阻留在滤袋的外表面。滤袋断面为梯形（或椭圆形），滤袋内有框架支撑，图6-37所示为梯形框架。滤袋沿着若干个同心圆的圆周布置（见图6-38），最少为2圈，多的有4~5圈或更多。滤袋连同框架悬吊于花板的袋孔内。为了保证滤袋安装的垂直度，通常在框架底部设定位销，并在中筒体下部设定位支承架。安装时，滤袋与框架先装成一体，定位销穿出袋底并绑扎严密，然后将滤袋连同框架放入花板的袋孔，定位销插入支承架的定位孔中，并将袋口与花板保持密封。

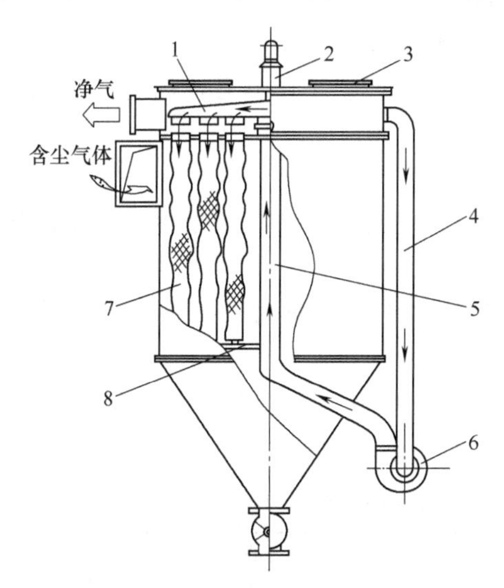

图6-36 机械回转反吹袋式除尘器

1—回转反吹臂 2—回转机构 3—人孔 4—吸风管
5—中心管 6—反吹风机 7—滤袋 8—定位支承架

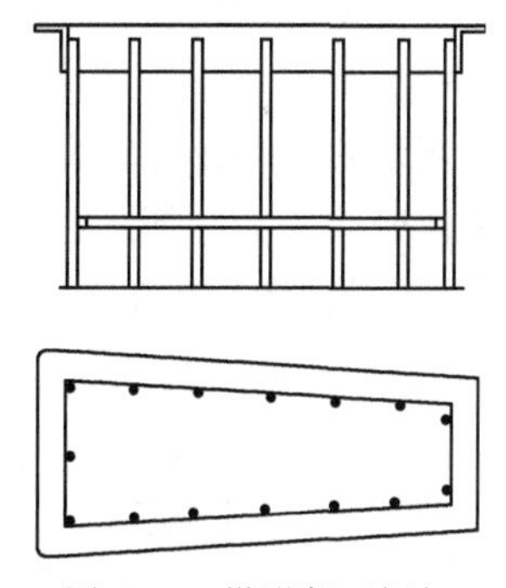

图6-37 梯形断面框架

滤袋清灰气源由反吹风机提供，通常采用高压离心风机。清灰气体从清洁仓吸取，以免低温气体进入除尘器可能导致的结露现象。清灰气流通过中心管送到回转臂，回转臂设有反吹口，对应布置滤袋的同心圆的圆周。回转臂围绕中心管匀速回转，反吹气流则连续从反吹口吹入滤袋并使其变形（见图6-39），从而清落粉尘。

换袋操作在花板上进行。为方便换袋操作，推出了多种结构及相应的换袋方式：一种是靠专用机械将上盖揭起并移开，操作人员在花板上作业；另一种是顶盖可以回转，使顶盖上的人孔对准需拆换的滤袋，操作人员置身于人孔内作业；第三种是将框架制成分段结构，并

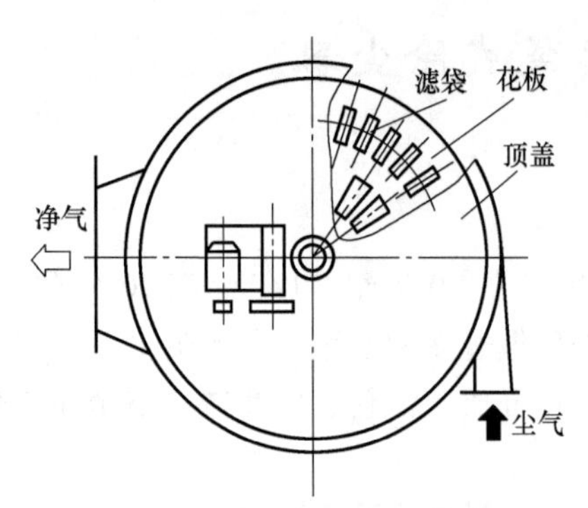

图 6-38 机械回转反吹除尘器滤袋布置

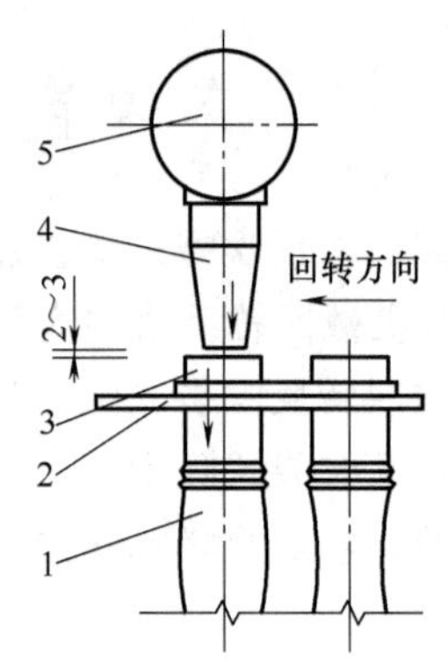

图 6-39 机械回转反吹清灰
1—滤袋 2—花板 3—袋口
4—反吹口 5—回转反吹臂

增加清洁仓的高度，直接在清洁仓内进行换袋作业；还有将上箱体顶部分成若干个区域，每个区域分别设盖板。

机械回转反吹袋式除尘器的主要特点：

① 采用扁袋可充分利用筒体的圆形断面，占地面积较小；

② 自身配备反吹风机，不需另配清灰动力，便于使用；

③ 在线清灰，每一时刻处于清灰状态的滤袋为数很少，不影响总体的过滤功能，有利于实现稳定的工况；

④ 箱体为圆筒形，刚性较好；

⑤ 反吹清灰强度较弱，时有清灰效果不良、处理能力下降的现象发生，严重时导致除尘器整体失效；

⑥ 清灰装置活动部件较多，故障率也相应较高，维修工作量大；

⑦ 袋口密封较为麻烦，容易导致粉尘泄漏。

SⅡ系列机械回转反吹袋式除尘器的主要规格列于表 6-10 中。其入口含尘浓度<10g/Nm^3，设备阻力为 800~1500Pa。

表 6-10 SⅡ系列机械回转反吹袋式除尘器主要规格

型号	过滤面积/m^2	外形尺寸(直径×高)/mm	型号	过滤面积/m^2	外形尺寸(直径×高)/mm
SⅡ—40	40	ϕ1770×6700	SⅡ—300	300	ϕ2650×10100
SⅡ—55	55	ϕ1770×7100	SⅡ—310	310	ϕ3470×9200
SⅡ—65	65	ϕ1770×7500	SⅡ—350	350	ϕ3470×9600
SⅡ—75	75	ϕ1770×8000	SⅡ—410	410	ϕ3470×10100
SⅡ—85	85	ϕ1770×8500	SⅡ—470	470	ϕ3470×10600
SⅡ—95	95	ϕ1770×9000	SⅡ—530	530	ϕ3470×11100
SⅡ—110	110	ϕ1770×9800	SⅡ—610	610	ϕ3470×11800
SⅡ—125	125	ϕ2650×7600	SⅡ—775	775	ϕ4350×11700
SⅡ—150	150	ϕ2650×8200	SⅡ—875	875	ϕ4350×12200
SⅡ—180	180	ϕ2650×8600	SⅡ—1000	1000	ϕ4350×12900
SⅡ—210	210	ϕ2650×9100	SⅡ—1150	1150	ϕ4350×12800
SⅡ—240	240	ϕ2650×9100	SⅡ—1300	1300	ϕ4350×13300
SⅡ—270	270	ϕ2650×10800	SⅡ—1500	1500	ϕ4350×14000

机械回转反吹袋式除尘器另一主要缺点在于，回转臂作运动时，外圈反吹口的线速度是内圈反吹口的数倍，其经过外圈袋口的时间也仅及内圈袋口的几分之一。因而，外圈滤袋清灰不充分。其次，回转臂在运动中吹扫滤袋，相当部分的清灰气流吹扫在花板上，削弱了对滤袋的清灰效果。

为了克服机械回转反吹袋式除尘器的缺点，推出了多种改进的型式：分圈机械回转反吹袋式除尘器；拖板式机械回转反吹袋式除尘器；脉动机械回转反吹袋式除尘器；步进式机械回转反吹袋式除尘器等等。

2. 分圈机械回转反吹袋式除尘器

ZC 系列分圈机械回转反吹袋式除尘器结构和工作原理如图 6-40 所示。

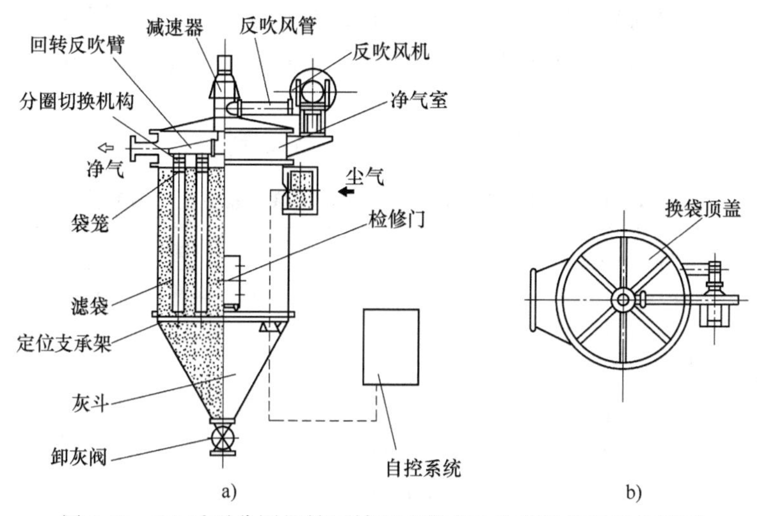

图 6-40 ZC 系列分圈机械回转反吹袋式除尘器结构和工作原理

该除尘器主要由以下 4 部分组成：

1）上箱体：包括顶盖、旋转揭盖装置、清洁室、换袋人孔、观察孔、排气口；

2）中箱体：包括花板、滤袋、滤袋框架、滤袋导口、筒体、进气口、检查门；

3）下箱体：包括定位支承架、灰斗、星型卸灰阀、支座；

4）反吹风清灰装置：包括回转反吹臂、反吹口、分圈切换机构、循环风管、反吹风管、反吹风机、减速器。

回转反吹臂由置于顶盖上的电机、减速器驱动，通过中心管与反吹风机连接。对于布置滤袋 3~4 圈的除尘器，回转反吹臂设分圈切换装置。

含尘气流沿圆形筒体的切向进入中筒体上部空间，由于入口为蜗壳形，粗粒粉尘在离心力作用下被甩向筒壁并落入灰斗，较细的粉尘由气流携至滤袋，被阻留于滤袋外表面。干净气体穿过袋壁进入袋内，进而经袋口至净气室汇集并排出。

滤袋及滤袋框架的结构和安装方式与 SⅡ型回转反吹袋式除尘器相同。上箱体顶部分设若干块盖板。检查或更换滤袋时，揭开盖板进行操作。

当除尘器阻力随着滤袋表面粉尘层的增厚而上升至设定的上限值时，自控系统发出信号使反吹风机和回转反吹启动，来自净气室的清灰气流从回转臂的反吹口吹入滤袋导口，中止过滤气流并改变袋内压力工况，引起滤袋变形，使积尘剥离。回转臂分圈依次反吹，当除尘器阻力降到设定的下限值时，反吹清灰装置自动停止工作。对于布置滤袋3~4圈的袋式除尘器（例如，144ZC型~240ZC型），设有分圈反吹切换机构，使每一时刻仅反吹一条滤袋，以减少反吹风量，降低清灰能耗。

实现分圈反吹的关键是在回转臂的每个反吹口内设转鼓形阀门，借助拨轮使这些阀门切换。对于滤袋圈数为1~3的除尘器，采用单臂分圈切换型式，可有两条滤袋同时反吹清灰；对于滤袋圈数为4~5的除尘器，采用双臂分圈切换型式，每个回转臂各有一条滤袋反吹清灰。对大规模袋式除尘器，采用双喷嘴清灰，虽然需要增加反吹风机的装机容量，但可缩短一次清灰时间，实际能耗并不增加。

此前的机械回转反吹袋式除尘器，无论有几圈滤袋，都保持每圈有一个反吹口工作，外圈滤袋往往因被反吹的机率过低而清灰不足，导致除尘器阻力升高；同时因投入工作的反吹口数量多而需加大反吹风机的气量和相应的功率，又增加了清灰电耗。分圈反吹技术较好地克服了上述缺点。

ZC系列分圈机械回转反吹袋式除尘器的主要规格和性能列于表6-11中。

表6-11 ZC系列分圈机械回转反吹袋式除尘器主要规格和性能

型号		过滤面积/m^2	过滤风速/(m/min)	处理风量/(m^3/h)	滤袋			外形尺寸直径×高/mm
					长度/m	圈数/圈	数量/条	
24ZC200	A B	38	1.0~1.5 2.0~2.5	2280~3420 4560~5700	2.0	1	24	φ1690×4370
24ZC300	A B	57	1.0~1.5 2.0~2.5	3420~5130 6840~8550	3.0	1	24	φ1690×5370
24ZC400	A B	76	1.0~1.5 2.0~2.5	4560~6840 9120~11400	4.0	1	24	φ1690×6370
72ZC200	A B	114	1.0~1.5 2.0~2.5	6840~10260 13680~17100	2.0	2	72	φ2530×5030
72ZC300	A B	170	1.0~1.5 2.0~2.5	10200~15300 20400~25500	3.0	2	72	φ2530×6030
72ZC400	A B	228	1.0~1.5 2.0~2.5	13680~20520 27360~34200	4.0	2	72	φ2530×7030
144ZC300	A B	340	1.0~1.5 2.0~2.5	20400~30600 40800~51000	3.0	3	144	φ3530×7145
144ZC400	A B	455	1.0~1.5 2.0~2.5	27300~40950 54600~68250	4.0	3	144	φ3530×8145
144ZC500	A B	569	1.0~1.5 2.0~2.5	34140~51210 68280~85350	5.0	3	144	φ3530×9145
240ZC400	A B	758	1.0~1.5 2.0~2.5	45480~60220 90960~113700	4.0	4	240	φ4380×9060
240ZC500	A B	950	1.0~1.5 2.0~2.5	57000~85500 114000~142500	5.0	4	240	φ4380×10370
240ZC600	A B	1138	1.0~1.5 2.0~2.5	68280~102420 136560~170700	6.0	4	240	φ4380×11870

分圈装置的不足之处是，鼓形阀门和拨轮装置容易出故障而失去分圈的作用。在这种情况下，需要加大反吹风机的风量。

3. 拖板式机械回转反吹袋式除尘器

为了克服机械回转反吹过程中清灰气体从花板上流失的缺点，并减少因在线清灰导致的粉尘再附着现象，推出了拖板式机械回转反吹袋式除尘器。其清灰装置如图 6-41 所示。

这种清灰反吹装置的独特之处是增加一块盖板，套在反吹口上，由回转臂拖动。当反吹口吹扫某条滤袋时，相邻滤袋的袋口被拖板盖住而停止过滤。在拖板随回转臂运动时可以沿着反吹口上下滑动，不会因花板表面的不平之处而受阻。

曾出现同时盖住两条滤袋的拖板，希望在某条滤袋清灰时，其相邻两侧的滤袋都被盖住而停止清灰，以减少粉尘对滤袋的再附着。但在应用中发现该装置过于笨重，反吹清灰装置需采用功率更大的电机才能拖动，因而被废止。

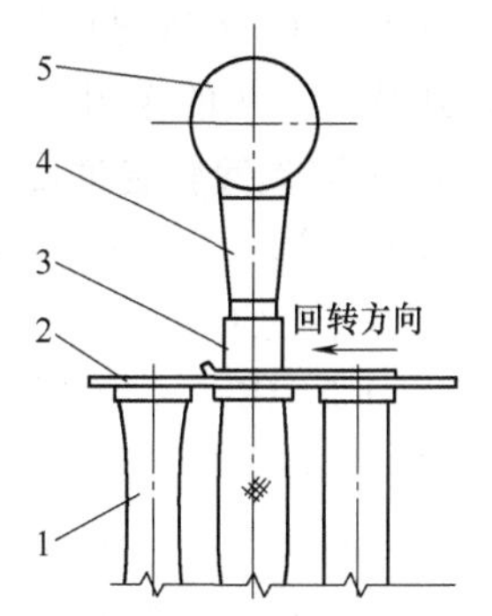

图 6-41　机械回转反吹清灰

1—滤袋　2—花板　3—拖板

4—反吹口　5—回转反吹臂

4. 脉动式机械回转反吹袋式除尘器

脉动式机械回转反吹的提出是为了增加清灰效果，其主要措施是在反吹风管上增设脉动阀，使反吹风机产生的清灰气流产生脉动，滤袋也随之作小振幅的抖动，从而清除滤袋表面的积尘。该种袋式除尘器如图 6-42 所示。初期采用两态半波脉动装置（见图 6-43a），脉动阀转速为 500~750r/min，脉动频率为 10~15Hz。后又推出三态全波脉动装置，利用净气室的负压，扩展下半波，加大脉动波幅（见图 6-43b）。此类产品有 LMF、FD 等型号。

对于脉动反吹的效果，存在不同的看法。有研究者通过试验发现，在脉动频率为 4~9Hz 条件下，三态全波脉动的清灰效果远不如不脉动的清灰效果好。原因在于脉动频率过

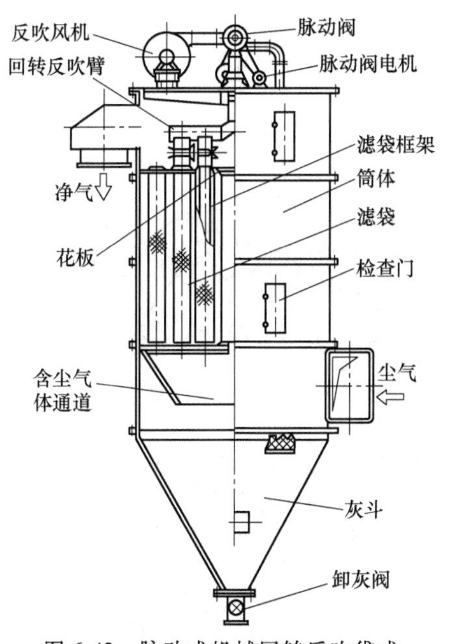

图 6-42　脉动式机械回转反吹袋式除尘器

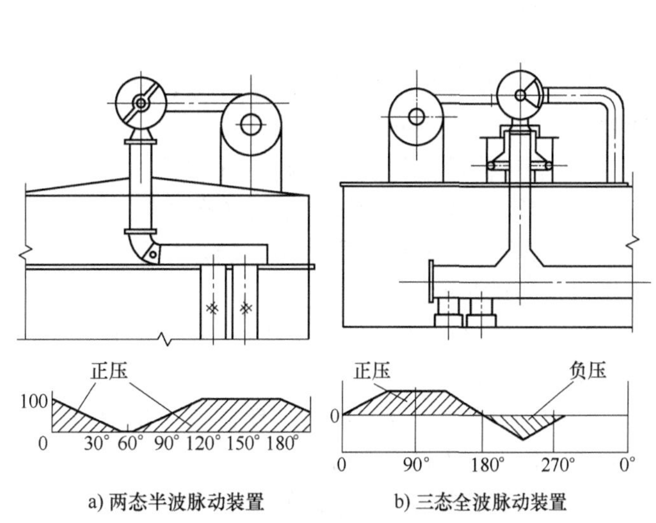

a) 两态半波脉动装置　b) 三态全波脉动装置

图 6-43　脉动装置及压力波形

高，致使清灰动力衰减很快；其次，反吹时间过短，匀速回转装置对每一滤袋的反吹时间不超过0.5s，在此期间脉动次数仅为1~2次，起不到脉动清灰的作用。

5. 步进式回转定位反吹袋式除尘器

根据计算，回转反吹袋式除尘器反吹风灌满一条滤袋的时间为0.3~0.5s，因此，国内外多以0.5s作为回转反吹机构设计的依据。工程实践表明，存在以下问题：其一，回转机构内、外圈旋转线速度存在很大差异，导致外圈滤袋清灰能量严重不足，效果很差。尤其对滤袋3~5圈的较大型设备，情况更加严重。其二，从滤袋上清离的粉尘不可能在0.5s的时间里沉降至灰斗，而是被再次吸附到恢复过滤的滤袋表面，削弱了清灰效果。对此，推出了步进式回转定位反吹技术。它是在原有的双级蜗轮减速机构的基础上，前置一套槽轮拨动定位机构，按照外圈滤袋数量确定定位次数，按槽轮的结构和转速确定定位时间。根据工程实践，此时间以3~5s为宜。

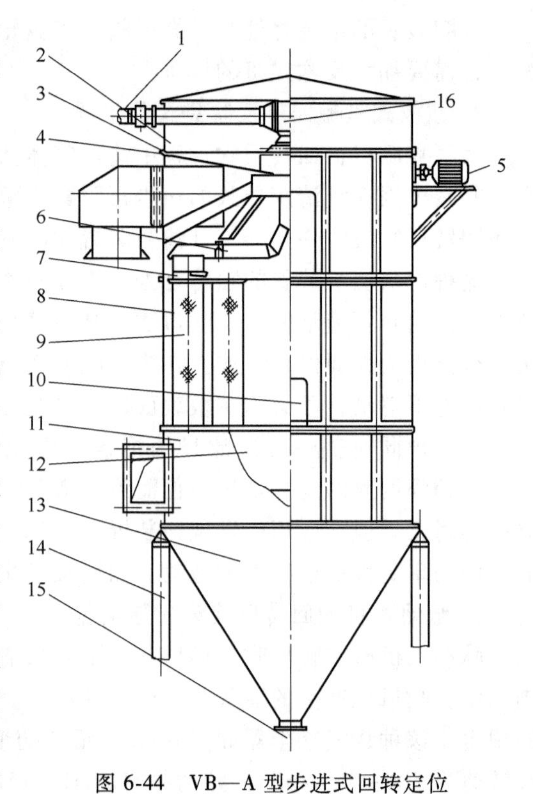

图6-44 VB—A型步进式回转定位反吹袋式除尘器

1—反吹控制阀 2—上盖 3—净气室 4—步进定位减速器 5—电机 6—旋转臂 7—花板 8—中筒体 9—滤袋 10—人孔门 11—蜗壳体 12—旋流圈 13—灰斗 14—支架 15—卸灰口 16—微振阀

图6-44所示为VB—A型步进式回转定位反吹袋式除尘器，共有16种规格，过滤面积为50~1200m^2。采用步进式定位反吹机构和改进型微振脉动装置，增加了清灰效果。在含尘气流入口处设有旋流挡板。

VB—A型除尘器的特点：

1）采用步进式定位脉动反吹方式，改善清灰效果，清灰能耗省；

2）清灰传动机构全部装在净气室内，不受气候因素影响，共用一台装在净气室外的电机；

3）滤袋框架采用分段结构，袋口用偏心机构压紧，装卸方便，密封性好；

4）净气室高度在1800mm以上，换袋操作在净气室内进行；

5）反吹风入口设有电动密闭阀，与反吹风机联动，消除了入口漏风因素。

6）步进定位反吹方式的缺点在于，滤袋的间距不得不显著加大（见图6-45），以满足分区反吹的需要，从而使该种除尘器失去了占地面积

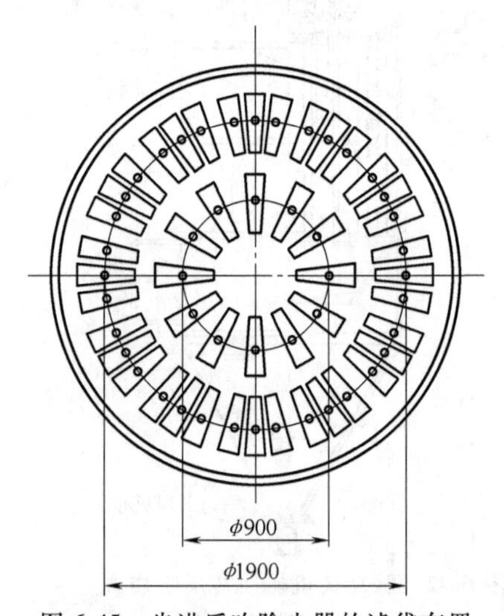

图6-45 步进反吹除尘器的滤袋布置

小、空间利用率高这一主要的优点。

二、气环反吹袋式除尘器

气环反吹袋式除尘器结构包括上箱体、中箱体和下箱体（见图6-46）。上箱体设有进气口、上花板；中箱体设有滤袋、气环箱、反吹气管、气环管、钢绳；下箱体设有下花板、灰斗、卸灰阀、排气口、支腿。另外，驱动反吹气环箱的变速装置及链轮、链条等装在除尘器的外侧。圆形滤袋的上、下两端都开口，分别固定上花板和下花板的卡环里。

气环反吹袋式除尘器采取内滤型式，含尘气体经进气口进入上箱体，并从上端袋口进入滤袋内。粗颗粒经由下端袋口直接沉降到灰斗，细微尘粒被阻留在滤袋内表面，净气穿过滤袋侧壁，进入中箱体下部，由下花板两侧的空间进至下箱体，经排气口排出。

滤袋清灰依靠气环反吹装置进行。该装置的核心是气环箱，箱内为每条滤袋配置一个铝合金气环，套在滤袋外面。气环内侧有一圈缝隙，其宽度为0.5~0.6mm。反吹气管将气环箱与气源接通。清灰时，受电机和传动机构驱动，气环以7.8m/min的速度沿着滤袋上下往复移动，由清灰气源提供的高压空气通过气环的环形缝隙形成高速气流吹向滤袋（见图6-47），并穿过袋壁进入滤袋，将附于滤袋内壁面的粉尘清离并使之落入灰斗。同时，气环的内径略小于滤袋的外径，当气环上下移动时可使滤袋稍有变形，较厚的粉尘层也容易脱落。

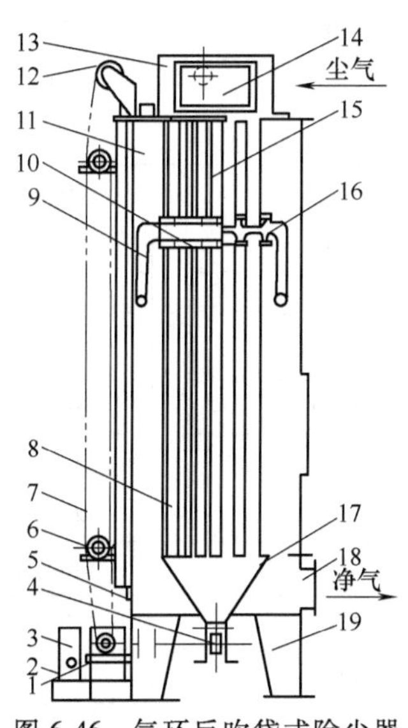

图6-46　气环反吹袋式除尘器

1—齿轮组　2—减速机　3—传动装置　4—卸灰阀　5—下箱体　6—链轮　7—链条　8—滤袋　9—反吹气管　10—气环箱　11—中箱体　12—滑轮组　13—上箱体　14—进气口　15—钢绳　16—气环管　17—灰斗　18—排气口　19—支腿

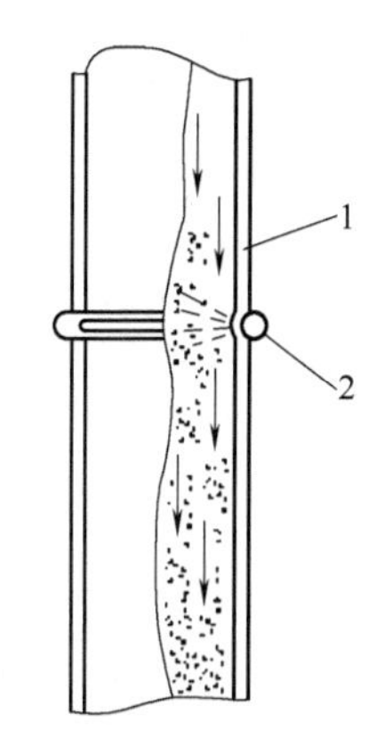

图6-47　气环反吹清灰

1—滤袋　2—反吹环

清灰气源一般采用罗茨风机，或专门配套的12-10型双级高压离心鼓风机。高压离心鼓风机的主要参数列于表6-12。

气环反吹清灰的机理主要是依靠穿过滤袋壁面的高速气流不同脉冲喷吹清灰，也不同于一般的反吹风清灰。它将全压足够高、流量足够大的反吹气流集中于面积很小的反吹环缝中，其穿透滤袋的速度超过10m/s，因而透过滤袋的反吹气流对清灰起了主要作用，能获得良好的清灰效果，可以允许较高的过滤风速。

表 6-12 12-10 型双级高压离心鼓风机主要参数

序号	反吹风量/(m^3/h)	反吹压力	
		mmH_2O	Pa
1	600~1100	710~600	6958~5880
2	800~1600	840~600	8232~5880

为了确定气环反吹袋式除尘器的技术参数，有人进行了一项小型试验，在设备阻力保持1200Pa不变条件下考察过滤风速、反吹压力、允许的入口含尘浓度、除尘效率之间的关系。试验结果列于表6-13。

表 6-13 气环反吹袋式除尘器性能试验结果

过滤风速/(m/min)	反吹气量(占处理风量的比例)(%)	反吹压力/Pa	允许的入口含尘浓度/(g/Nm^3)	设备阻力/Pa	除尘效率(%)
2	10.0	2500	25	1200	99.89
	15.5	3500	55	1200	99.90
	—	4500	68	1200	99.89
	—	6000	70	1200	99.85
3	8.0	2500	16	1200	99.80
	9.2	3500	24	1200	99.90
	15.5	4500	28	1200	99.79
	8.5	6000	35	1200	99.85
4	6.0	2500	6.4	1200	99.70
	8.7	3500	10.0	1200	99.80
	11.3	4500	16.0	1200	99.60
	9.8	6000	20.5	1200	99.90
5	4.7	2500	4.0	1200	99.50
	7.2	3500	7.5	1200	99.70
	8.6	4500	11.5	1200	99.50
	8.9	6000	14.5	1200	99.89
6	—	2500	—	—	—
	4.3	3500	2.6	1200	99.50
	5.2	4500	6.5	1200	99.50
	7.5	6000	7.5	1200	99.85

试验结果表明：当过滤风速为6m/min时，在4500Pa反吹压力下，进气允许含尘浓度可达6.5g/Nm^3；即使反吹压力降至35000Pa，进气允许含尘浓度也可达2.6g/Nm^3。而在一般工业除尘中，进气含尘浓度均在5g/Nm^3以下，以1~3g/Nm^3居多，因此过滤风速还有提高的可能。但经验证明，过高的过滤风速将加剧滤袋的磨损，易使缝合滤袋的接缝崩裂。综合考虑，过滤风速一般取4~6m/min为宜。

试验结果还表明，过滤风速的增加使除尘效率稍有下降，但变化不明显，而且在过滤风速为2~6m/min范围内，除尘效率均大于99.50%。

反吹压力主要与过滤风速和进气含尘浓度有关。由表可见，过滤风速为6m/min、反吹压力为2500Pa时，无法清灰；但当过滤风速为2m/min、反吹压力2500Pa时，允许的入口含尘浓度可达25g/Nm^3。反吹压力的确定应当有利于改善除尘和清灰的效果，又不过分增加动力消耗，通常取3500~4500Pa为宜。反吹气量可取处理气量的8%~10%。

气环反吹清灰时，会将滤袋上的一次粉尘层清落，宜采用毡类滤料。

气环反吹袋式除尘器最大的缺点是滤袋很容易因气环的移动而磨损，但磨损的情况比想象的少。实际上，并非全部空气都吹到滤袋内，而是约10%的空气流到袋外，在滤袋与气环之间形成一层空气膜，起到了保护滤袋的作用。但是必须注意，气环内侧的环缝一定要加工成光面，并使之尽量保持平滑。同时滤袋缝制应保证上、下尺寸均匀而准确。

气环的移动机构故障多，也是该种除尘器的主要缺点之一。

QH型气环反吹袋式除尘器主要规格和性能列于表6-14。

表6-14　QH型气环反吹袋式除尘器主要规格和性能

规格	QH—24	QH—36	QH—48	QH—72
过滤面积/m^2	23	34.5	46	69
滤袋条数/条	24	36	48	72
滤袋规格/mm	ϕ120×2540			
压力损失/Pa	1000~1200			
过滤风速/(m/min)	4~6			
处理风量/(m^3/h)	5760~8290	8290~12410	11050~16550	16550~24810
反吹气量/(m^3/h)	720	1080	1440	2160
外形尺寸/mm	1200×1400×4150	16801400×4150	2480×1400×4150	3200×1400×4150
设备质量/kg	1170	1480	1880	2200

第五节　脉冲喷吹类袋式除尘器

一、MC系列中心喷吹脉冲袋式除尘器

MC系列脉冲袋式除尘器是中心喷吹脉冲袋式除尘器的代表产品，其结构如图6-48所示，主要由上箱体、中箱体、下箱体、喷吹装置几部分组成。上箱体为净气室，喷吹装置也安装在上箱体中。中箱体为尘气箱，其中装有滤袋和滤袋框架。上箱体和中箱体之间设有花板，其作用为分隔含尘气体与净化后气体，并用于悬吊滤袋和框架。下箱体为灰斗，卸灰阀装于灰斗下方。在上箱体内每排滤袋的上方各设一根喷吹管，喷吹管上有若干喷嘴（孔）分别正对同等数量滤袋的中心。各喷吹管经由脉冲阀与气包相连。

含尘气流由灰斗（或中箱体）进入，粉尘阻留在滤袋外表面，干净气体穿过滤袋壁进入滤袋内，然后在上箱体汇集排出。清灰时，脉冲阀受控制器的指令而开启，储存于分气箱中的压缩气体被释放，经喷吹管上的喷嘴（孔）喷出，并借助位于袋口的文氏管引射器诱导5~7倍的周围气体一同进入滤袋，滤袋内压力急骤上升而使袋壁获得向外的加速度，积

附于滤袋外表面的粉尘层受到冲击而被清离滤袋，落入灰斗由卸灰装置排出。脉冲阀喷吹持续时间（脉冲宽度）为0.1~0.2s。各脉冲阀按照一定的时间间隔依次喷吹，使全部滤袋都得以清灰。

脉冲袋式除尘器清灰时仅有少部分滤袋停止工作，而且持续时间不超过0.2s，所以不需隔断含尘气流，可以连续过滤。因此，该种除尘器通常不采用分室结构。

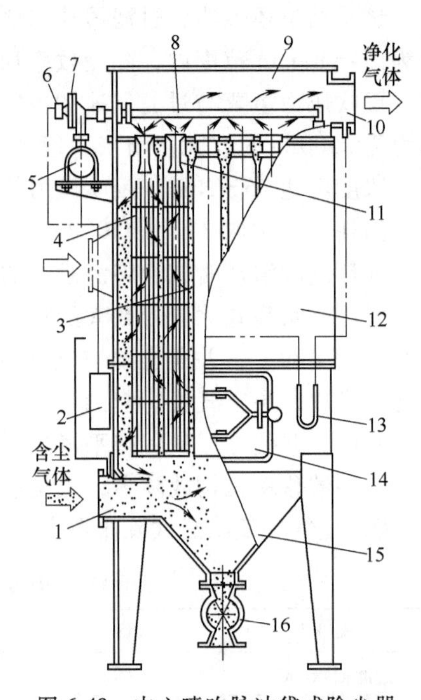

图6-48　中心喷吹脉冲袋式除尘器
1—进气口　2—控制仪　3—滤袋
4—滤袋框架　5—气包　6—控制阀
7—脉冲阀　8—喷吹管　9—净气箱
10—净气出口　11—文氏管
12—中箱体　13—压力计　14—检查门
15—集尘斗　16—卸灰装置

脉冲阀结构和工作原理如图6-49所示。来自气包的压缩气体进入脉冲阀膜片的正面气室，并通过节流孔与膜片背面的气室相通。电磁阀未得开启信号而处于关闭状态，使膜片两侧的压力一致。由于膜片背面的受压面积大于正面，加上弹簧的作用，膜片将输出管口压紧封闭，气体不能释放（见图6-49a）。当脉冲阀得到开启信号时，电磁阀首先开启，膜片背面气室的气体被释放，由于泄压气体流量大于由节流孔输入的流量，膜片背面气室的压力低于正面气室，膜片被顶起离开输出管口，气包内的压缩气体迅速释放而实现喷吹（见图6-49b）。

该种除尘器早期的滤袋固定采取绑扎方式：文氏管引射器悬吊于花板孔内，滤袋连同框架从人孔门进入中箱体，在花板下方与文氏管引射器相接，并将滤袋绑扎牢固。更换滤袋时，操作人员须进入中箱体为滤口松绑，将滤袋连同框架从人孔门取出并使它们分开，再将新滤袋套上、绑牢，进入箱体内安装。后来推出“上揭盖”结构，上箱体顶部设盖板，可在花板上将滤袋连同框架从袋孔装入或抽出，劳动条件改善，操作稍方便，但粉尘对操作人员和环境的污染仍严重。

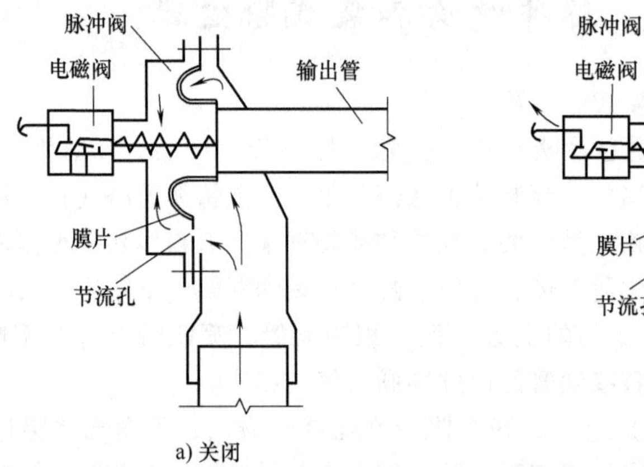

a) 关闭

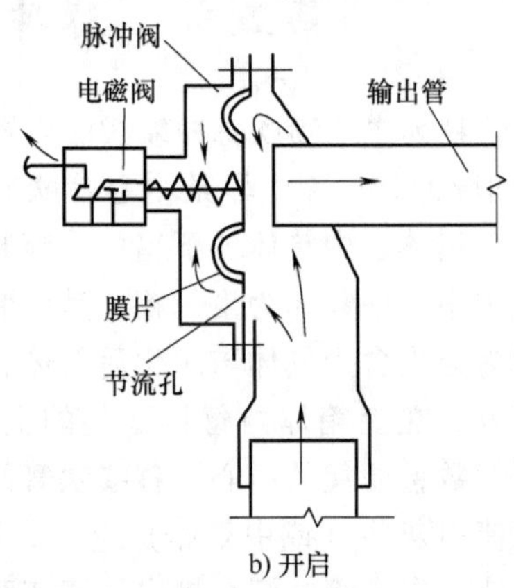

b) 开启

图6-49　脉冲阀结构和工作原理

中心喷吹脉冲袋式除尘器主要特点如下：

1）过滤风速显著高于其他清灰方式的袋式除尘器，因而设备紧凑，占地面积小，重量轻，造价低（在相同过滤面积下，较反吹风袋式除尘器重量约轻30%）。

2）清灰效果好，设备阻力低，过滤能耗小。清灰时处理风量变化小，工况稳定。

3）除尘器内活动部件少，故障率低，维修工作量小，运行可靠。

4）早期的产品具有以下缺点：

① 所需的清灰气源压力高，为0.5~0.6MPa，因而清灰能耗高；

② 滤袋长度为2m，最长为2.6m，处理风量大时，除尘单体数量众多，占地面积大；

③ 脉冲阀数量多，在产品质量较差、膜片寿命不够长的条件下，维修工作量较大；

④ 需人进入箱体换袋，操作条件差。后改为上揭盖结构，虽有所改善，但换袋时工人受到粉尘的污染仍然较重；

⑤ 处理风量受到自身结构的限制，仅适于处理风量较小的条件下使用。

MC—Ⅰ型脉冲袋式除尘器主要规格和性能见表6-15。

表6-15 MC—Ⅰ型脉冲袋式除尘器主要规格和性能

技术性能		型号							
		MC24—Ⅰ	MC36—Ⅰ	MC48—Ⅰ	MC60—Ⅰ	MC72—Ⅰ	MC84—Ⅰ	MC96—Ⅰ	MC120—Ⅰ
过滤面积/m^2		18	27	36	45	54	63	72	90
滤袋数量/条		24	36	48	60	72	84	96	120
脉冲阀数/个		4	6	8	10	12	14	16	20
外形尺寸/mm	长	940	1340	1740	2140	2540	2940	3500	4300
	宽	1460							
	高	5680							
设备质量/kg		850	1116.8	1258.7	1572.6	1776.7	2028.9	2181.3	2610

二、环隙喷吹脉冲袋式除尘器

环隙喷吹脉冲袋式除尘器的结构如图6-50所示。含尘气体进口位于中箱体下部，借助导流板在箱体内形成缓冲区，粗粒粉尘在此沉降并落入灰斗，更主要的是引导含尘气流体的主流向上，进入袋区时再水平或向下流动，与含尘气流全部自下而上地进入袋区相比，减少了气流对粉尘沉降的阻碍和粉尘再附着，增强清灰效果。

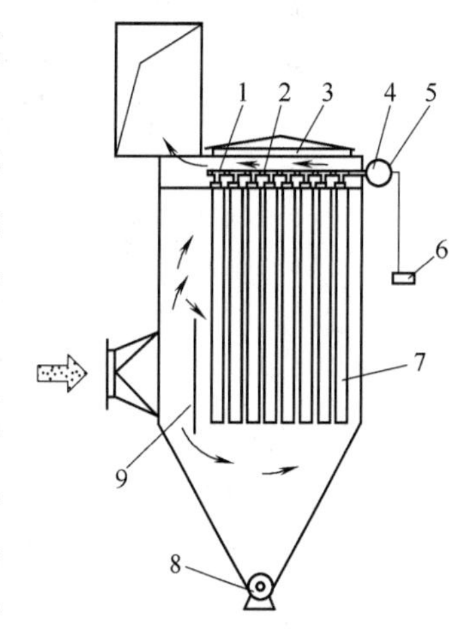

图6-50 环隙喷吹脉冲袋式除尘器

1—环隙引射器 2—插接管 3—顶盖 4—分气箱 5—脉冲阀 6—电控仪 7—滤袋 8—卸灰装置 9—导流板

环隙喷吹脉冲袋式除尘器以其采用环隙引射器而命名。环隙引射器由带有连接套管及环形通道的上体和起喷射作用的下体组成（见图6-51），上、下体之间有一圈缝隙，位于下体的内壁面。各引射器之间以及引射器与脉冲阀之间通过插接管而连接。脉冲阀喷吹时，从气包释放的压缩气体经插接管切向进入引射器的环形通道，并由环形缝隙喷出，同时引射二次气流。环隙引射器比文氏管引射器具有更好的引射效果，二者的引射比分别为6~8倍和5~7倍。另外，文氏管引射器的喉口直径过小，净气通过时阻力达140Pa，而环隙引射器的通道大，阻力显著降低。

滤袋靠缝在袋口的钢圈悬吊在花板上，滤袋框架嵌接在环隙引射器下部的凹槽中，滤袋与滤袋框架之间不需绑扎。安装时先将滤袋在花板的袋孔中就位，再将与引射器连接一体的滤袋框架插入，引射器的翼缘压住袋口，并以压条、螺栓压紧（见图6-52）。换袋操作是开启上箱体顶盖后在花板上进行，依次卸下螺栓和压条，将引射器连同滤袋框架抽出，含尘滤袋则从花板的袋孔投入灰斗，最后集中取出。上盖不设压紧装置。靠负压和自重压紧并保持密封。除尘器停止运行后，箱体内的负压卸除，上盖可以方便地开启。

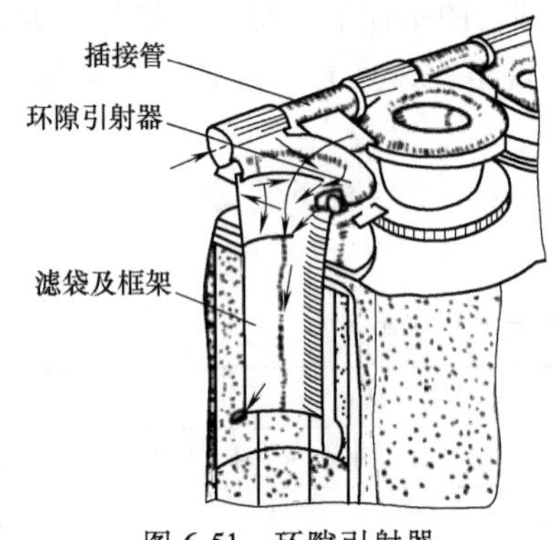

图6-51 环隙引射器

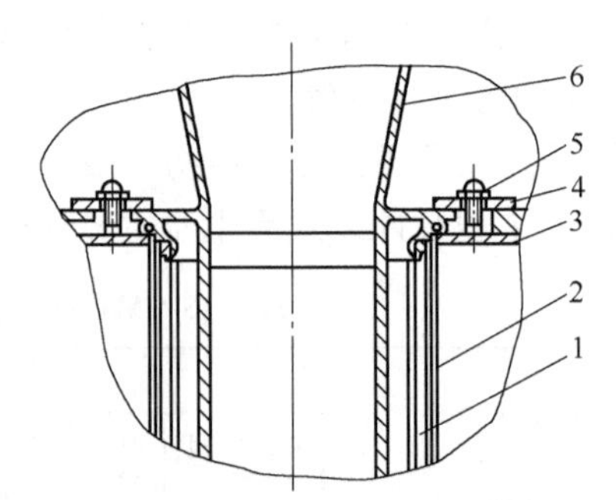

图6-52 滤袋和框架同环隙引射器的装配

1—滤袋框架 2—滤袋 3—花板

4—压条 5—螺栓 6—引射器

该除尘器原采用直角式双膜片脉冲阀（见图6-53a），当电磁阀开启时，控制膜片先开启，主膜片因背面的气压迅速降低而很快开启（见图6-53b），气包内的压缩气体得以释放并被输送至滤袋内。

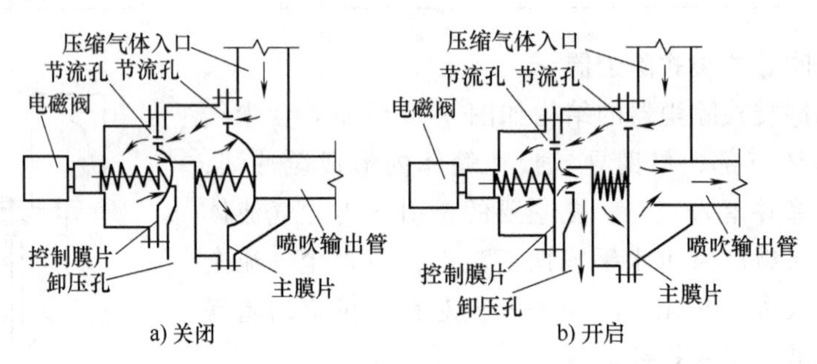

图6-53 直角式双膜片脉冲阀结构和原理

我国将原双膜片脉冲阀由直角式改进为淹没式，省去了原有的阀体，将阀盖、膜片等直接同气包联为一体（见图6-54），结构大为简化。喷吹时压缩气体的流程短（见图6-54b），脉冲阀自身阻力显著减少，喷吹压力因此得以降低；而且清灰效果增强，使设备阻力降低。

早期滤袋清灰采用定时控制方式，不能随生产工况自动调节清灰周期，除尘器往往清灰不足导致阻力过高，或清灰过量造成能源和脉冲阀膜片的浪费。环隙脉冲除尘器在国内首次实现袋式除尘定压差清灰控制，仅当设备阻力到达预先设定值时，脉冲阀方才喷吹。定压差控制方式可随生产设备工况的波动而调节清灰周期，保证除尘器的阻力不致过高或过低。

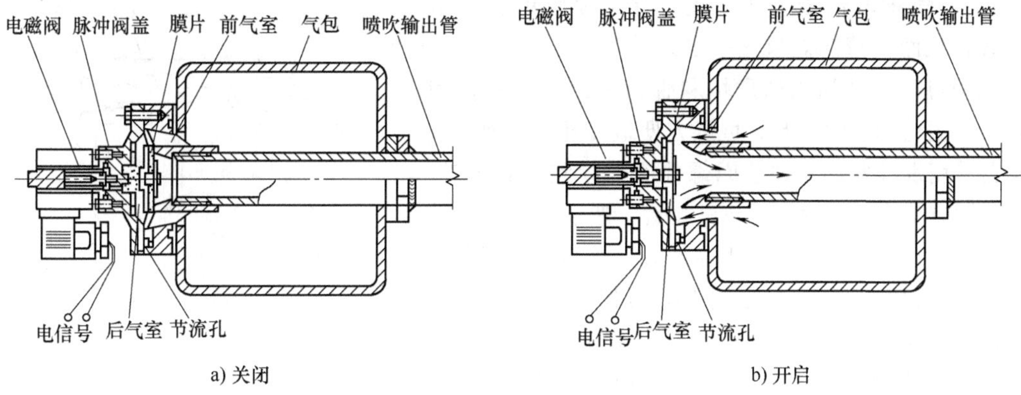

图 6-54　淹没式双膜片脉冲阀结构和原理

环隙脉冲袋式除尘器有以下特点：

1）淹没式脉冲阀结构简单，喷吹压力降至 0.33MPa，能耗降低，可采用压气管网的气源。

2）环隙式引射器引射效果好，增强了清灰效果。过滤风速最高曾达 5.8m/min。

3）采用定压差清灰控制，避免了喷吹不足和喷吹过度。

4）换袋时人与含尘滤袋接触少，操作条件改善。

5）采用单元组合式结构，便于组织生产。

有 HD—Ⅱ和 HZ—Ⅱ两种型号的产品，前者为单机，后者为多单元组合形式。单机除尘器的主要规格见表 6-16。组合形式以 35 袋为一个单元，最多可组合 12 个单元。

表 6-16　HD—Ⅱ型环隙喷吹脉冲袋式除尘器主要规格

名　称		数　量		
滤袋数量/个		35	24	15
过滤面积/m^2		39.6	24.1	11.3
滤袋规格/mm		ϕ160×2250	ϕ160×2000	ϕ160×1500
引射器数量/个		7×5	6×4	5×3
喷吹压力/MPa		0.33~0.6		
压气耗量/(m^3/min)		0.35	0.24	0.15
入口含尘浓度/(g/m^3)		<20		
设备阻力/Pa		<1200		
外形尺寸/mm	长	1700	1490	1260
	宽	1130	925	740
	高	4368	4118	3618

三、DSM 型低压喷吹脉冲袋式除尘器

DSM 型低压喷吹脉冲袋式除尘器的主要构造与 MC 型除尘器大致相同（见图 6-55），但是对喷吹装置作了重要的改进，从而在清灰效果相同的前提下大幅度降低喷吹压力：

1）将 MC 型除尘器口径 25mm 的单膜片直角式脉冲阀改进为同规格的淹没式脉冲阀。

2）增大喷吹管直径，从原来的 ϕ25mm 增加为 ϕ32mm。

3）以喷嘴取代传统的喷孔，并将喷嘴的直径适当扩大，从而使清灰效果进一步改善。

滤袋与花板之间用软质填料保持密封，并用楔销压紧。上盖也用楔销压紧，可以方便地揭开。此前一些除尘器采用螺栓紧固，往往因螺栓生锈导致拆卸困难，楔销紧固方式有效地克服了这一缺点。喷吹管与分气箱之间以软管连接，换袋时，上盖揭开后可将软管弯曲而使喷吹管竖起，然后将滤袋连同引射器和滤袋框架向上抽出，在除尘器外面使滤袋和滤袋框架脱离。

采用上进风方式，含尘气体由中箱体上部进入，沿挡板流向顶部再自上而下去往滤袋。含尘气体的流向与粉尘沉降方向一致。试验证明，上进风比下进风可降低设备阻力30%。

这种除尘器的主要特点：

1）喷吹压力低，为0.2~0.3MPa，相当于高压喷吹的1/2~1/3。

2）箱体内含尘气体流向与粉尘沉降方向一致，粉尘再附着现象减轻，因而压力损失低。

3）拆换滤袋较为方便。

DSM—Ⅰ低压喷吹脉冲袋式除尘器的主要规格和性能参见表6-17。

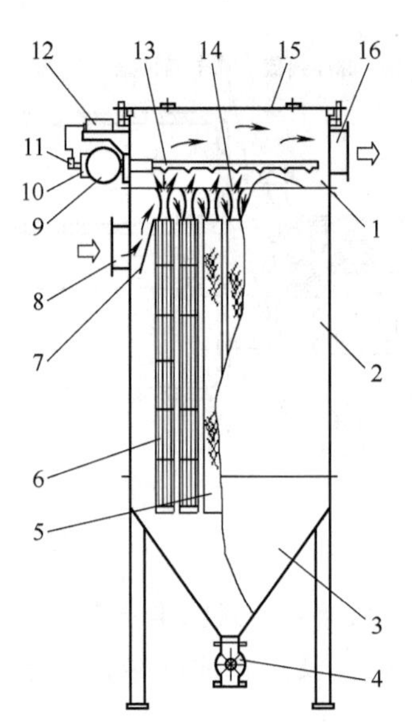

图6-55 DSM型低压喷吹脉冲袋式除尘器主要结构

1—上箱体 2—中箱体 3—灰斗 4—卸灰阀 5—滤袋 6—滤袋框架 7—导流板 8—进风口 9—分气箱 10—淹没式脉冲阀 11—电磁阀 12—脉冲控制仪 13—喷吹管 14—文丘里引射器 15—顶盖 16—排风口

表6-17 DSM—Ⅰ低压喷吹脉冲袋式除尘器主要规格和性能

型号	滤袋数量/条	过滤面积/m^2	压力损失/Pa	喷吹压力/MPa	喷吹气量/(m^3/min)	设备质量/kg	外形尺寸/mm		
							长	宽	高
DSM—Ⅰ型24	24	18	800~1000	0.2~0.3	0.08	810	1130	1740	3846
DSM—Ⅰ型24B	24	18			0.03	600	1130		
DSM—Ⅰ型36	36	27			0.13	990	1530		
DSM—Ⅰ型48	48	36			0.17	1340	1988		
DSM—Ⅰ型60	60	45			0.21	1510	2388		
DSM—Ⅰ型72	72	54			0.25	1790	2788		
DSM—Ⅰ型84	84	63			0.29	2040	3246		
DSM—Ⅰ型96	96	72			0.34	2220	3646		
DSM—Ⅰ型108	108	81			0.38	2400	4046		
DSM—Ⅰ型120	120	90			0.41	2640	4504		

四、CD系列长袋低压大型脉冲袋式除尘器

CD系列长袋低压大型脉冲袋式除尘器，是全面克服MC型等传统产品的各项缺点而推出的新一代脉冲袋式除尘设备。此前的各型脉冲袋式除尘器存在以下共同的缺点：

1）脉冲喷吹所需气源压力较高，虽然低压环隙、低压中心喷吹等除尘器比早期MC型产品的喷吹压力已大幅下降，但清灰能耗仍嫌过高；另外，喷吹压力高导致不能采用压气管网的气源，配套的小型空压机因不耐连续运转而遭损坏的现象经常发生。

2）此前我国脉冲阀最大口径为 φ40mm，喷吹能力有限，处理气量稍大时，脉冲阀数量便显得过多，使安装和维修的工作量较大。

3）滤袋长度最长仅 2~2.6m，难以大型化，处理气量稍大时，只得拼凑众多的小型除尘器，占地面积和维修工作量大，不能适应工业迅速发展带来处理气量越来越大的局面。

4）滤袋固定较为复杂，无论绑扎或将袋口置于花板上压紧的方式，都不同程度地存在换袋不便、粉尘污染的问题；同时，滤袋接口不易密封，粉尘泄漏的现象难以杜绝。

由于上述原因，我国脉冲袋式除尘器在20世纪80年代从其应用的高峰下滑，变得不受欢迎，形势要求该类除尘技术更新换代。长袋低压脉冲袋式除尘器就是在此情况下应运而生的。

长袋低压大型脉冲袋式除尘器结构如图 6-56 所示。含尘气体由中箱体下部引入，部分粗粒粉尘在导流板构成的缓冲区沉降至灰斗，其余粉尘随气体流向中箱体上部，绕过导流板到达滤袋并被阻留于滤袋外表面，干净气体则穿过袋壁进入袋内，依次经由袋口和上箱体排出。

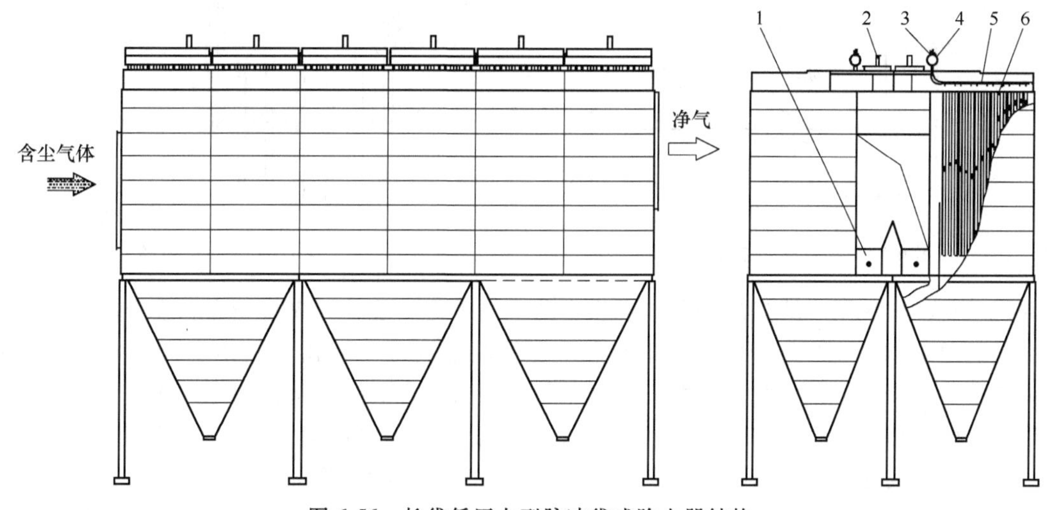

图 6-56　长袋低压大型脉冲袋式除尘器结构

1—进气阀　2—停风阀　3—脉冲阀　4—分气箱　5—喷吹管　6—滤袋及滤袋框架

配合长袋低压脉冲袋式除尘器的研制，在国内首次开发出 φ80mm 淹没式快速脉冲阀，其结构和尺寸经大量试验优选，具有合理设计的节流通道和卸压通道，自身阻力比以往的淹没式阀更低，在压力为 0.2MPa 时，自身阻力≤0.05MPa。同时，该阀具有快速启闭的性能，脉冲阀喷吹的气脉冲宽度为 65~85ms，比传统脉冲阀缩短 50%，称为“短促脉冲”，能以最短的时间向滤袋输入最大的清灰气量，滤袋受到更强的冲击力，清灰效果进一步增强。

袋口不设引射器，避免了净气流经该处的阻力；更重要的是，引射器会严重阻滞清灰气流并延长其通过的时间，削减滤袋内的压力峰值和清灰效果。不设引射器将强化清灰能力。

袋式除尘器清灰控制以往多采用集成电路、单片机等，长袋低压脉冲袋式除尘器在国内首次成功采用 PLC 系统于清灰控制。有定压差和定时两种清灰控制方式供转换；同时显示和调节除尘系统各参数，并监视附属设备和关键部件的工况，发现异常立即声光报警。

脉冲阀与喷吹管的连接取插接方式，无须法兰连接或任何密封元件（见图6-57），安装方便。喷吹管通常有15~20个喷嘴，对准相同数量滤袋的中心。各喷嘴的直径不相等，随着与脉冲阀距离的缩小，喷嘴的直径逐渐增大，从而使各喷嘴的喷吹气量接近均匀。

滤袋直径一般为ϕ120~130 mm，长度为6m。大量试验表明，传统高压脉冲除尘器的喷吹压力虽很高，但压力0.6MPa时，长度2m滤袋的袋底压力峰值仅为172mmH_2O(1686Pa)。通过试验优选ϕ80mm脉冲阀及喷吹装置的结构和尺寸，实现了喷吹压力为0.15MPa时，长度6m滤袋的袋底压力峰值≥1700Pa。随着技术的进步，长袋低压脉冲袋式除尘器的滤袋直径可在130~160mm之间任选，滤袋长度延至8m，最新的实例滤袋长达12m，运行正常。

长袋低压脉冲袋式除尘器在国内首先告别了依靠绑扎或紧固件安装滤袋的传统方式，其滤袋依靠缝在袋口的弹性胀圈而嵌入花板的袋孔内（见图6-58）。袋口的周边制作成凹槽形状（见图6-59），弹性胀圈置于凹槽内部，严格控制其尺寸和花板袋孔的尺寸，使二者配合

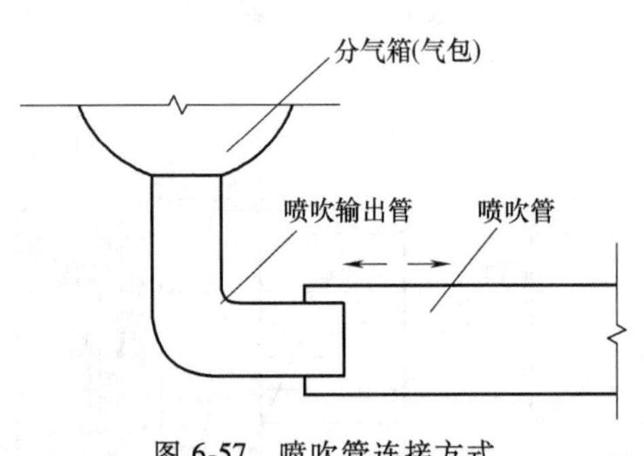

图6-57　喷吹管连接方式

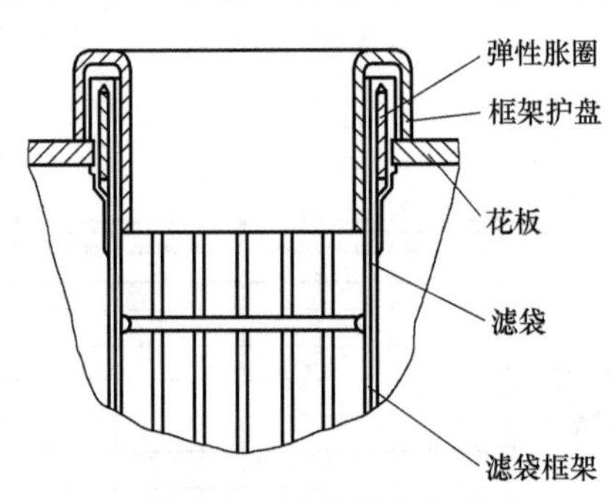

图6-58　滤袋固定方式

严密，避免粉尘泄漏。滤袋的安装和拆换在花板上进行。装袋时先将袋底和袋身放入花板孔中，然后捏扁袋口成弯月牙形（见图6-60a），使凹槽嵌入花板孔（见图6-60b），逐渐放松使袋口扩张，直至袋口恢复圆形并完全与花板孔周边贴合。随后将框架插入滤袋中，装好喷吹管，关闭上盖，换袋即告完成。换袋时揭开顶盖，卸去喷吹管并抽出框架，再将袋口捏扁，将滤袋拆离花板并由袋孔投入灰斗中，最后由灰斗的检查门集中取出。滤袋框架借助其顶部的护盘直接支承于花板上。滤袋的这种固定方式杜绝了滤袋接口泄漏粉尘的现象，而且拆卸和安装方便，操作时人与含尘滤袋接触短暂，大幅度减少了粉尘对人和环境的污染。

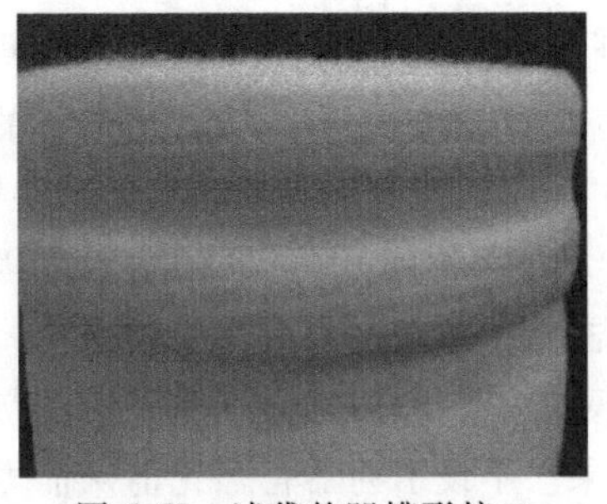

图6-59　滤袋的凹槽形接口

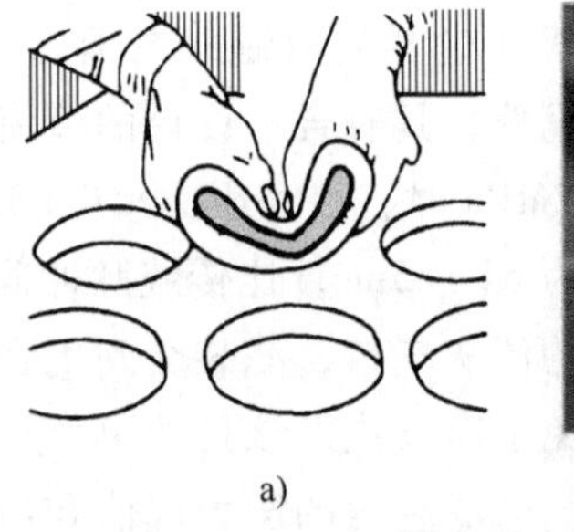

a)

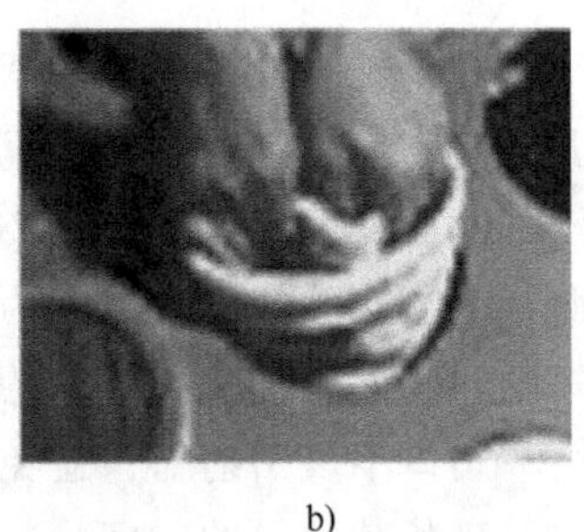

b)

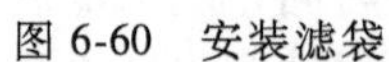

图6-60　安装滤袋

为减少脉冲喷吹后粉尘对滤袋的短时穿透，及被清离粉尘的再次附着，开发了一种停风（即离线）清灰的长袋低压大型脉冲袋式除尘器（见图6-61）。采用将箱体完全分隔或仅分

隔上箱体的方式，分隔成若干仓室，分别在小室出口设有停风阀。当某室脉冲阀需要喷吹时，预先关闭该室停风阀，中断含尘气流；清灰结束后，停风阀重新开启，亦即在逐室停止过滤的状态下实行脉冲喷吹清灰。该除尘器广泛用于粉尘细、轻、粘的场合。

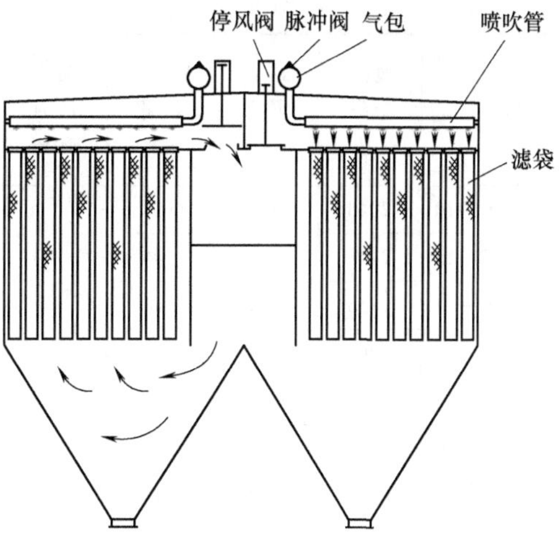

CD 系列长袋低压大型脉冲袋式除尘器特点如下：

1）喷吹压力低至 0.15~0.2MPa，脉冲阀启闭迅速，喷吹时间短促，清灰效果好。

2）滤袋长度较以往成倍延长，占地面积大幅度减少，可实现大型化。

3）设备阻力低，且清灰能耗大幅度下降，因而运行能耗低于反吹清灰袋式除尘器。

图 6-61　停风清灰长袋低压大型脉冲袋式除尘器

4）滤袋拆换方便，人与含尘滤袋接触短暂，操作条件好。

5）同等条件下，脉冲阀数量只有传统脉冲清灰的 1/7 或更少，维修工作量小。

长袋低压大型脉冲袋式除尘器有单机、单排结构、双排结构三种系列。表 6-18 列出部分产品的主要规格和参数，其中最大处理风量为 1622000 m^3/h。现在该类除尘器的过滤面积最大为 63165 m^2，处理气量为 3360000 m^3/h。双排结构脉冲除尘器外形如图 6-62 所示。

表 6-18　部分长袋低压大型脉冲袋式除尘器主要规格和性能

型号	滤袋数量/条	过滤面积/m^2	脉冲阀数量/个	喷吹压力/MPa	喷吹时间/ms	清灰周期/min	设备阻力/Pa	压气耗量/(m^3/min)	外形尺寸 $L×B×H$/mm
CDⅡ—A—1	204	460	12	0.15~0.2	65~85	20~70	1200	≤0.6	3050×3750×13550
CDⅡ—A—2	408	920	24					≤0.9	6100×3750×13550
CDⅡ—A—3	612	1380	36					≤1.2	9150×3750×13550
CDⅡ—A—4	816	1840	48					≤1.5	12200×3750×13550
CDⅡ—A—5	1020	2300	60					≤1.6	15250×3750×13550
CDⅡ—A—6	1224	2760	72					≤1.8	18300×3750×13550
CDⅡ—A—7	1428	3220	84					≤2.0	21350×3750×13550
CDⅡ—B—2	408	920	24					≤0.9	6100×3750×13550
CDⅡ—B—3	612	1380	36					≤1.2	9150×3750×13550
CDⅡ—B—4	816	1840	48					≤1.5	12200×3750×13550
CDⅡ—B—5	1020	2300	60					≤1.6	15250×3750×13550
CDⅡ—B—6	1224	2760	72					≤1.8	18300×3750×13550
CDⅡ—B—7	1428	3220	84					≤2.0	21350×3750×13550
CDⅡ—C—6	1224	2760	72					≤1.8	9150×10300×13550
CDⅡ—C—8	1632	3680	96					≤2.0	12200×10300×13550

（续）

型号	滤袋数量/条	过滤面积/m²	脉冲阀数量/个	喷吹压力/MPa	喷吹时间/ms	清灰周期/min	设备阻力/Pa	压气耗量/(m³/min)	外形尺寸 L×B×H/mm
CDⅡ—C—10	2040	4600	120	0.15~0.2	65~85	20~70	1200	≤2.5	15250×10300×13550
CDⅡ—C—12	2448	5520	144					≤3.0	18300×10300×13550
CDⅡ—C—14	2856	6440	168					≤3.5	21350×10300×13550
CDⅡ—C—16	3264	7360	192					≤4.0	24400×10700×13550
CDⅡ—C—18	3672	8280	216					≤4.5	27450×10700×13550
CDⅡ—C—20	4080	9200	240					≤5.0	30500×10700×13550
CDⅡ—D—27	6156	16089	324					≤7.0	27900×18540×13650
CDⅡ—D—40	8160	20000	480					≤10.0	30500×21400×16100
CDL—117	5184	11700	288					≤6.0	
CDL—159	7020	15865	432					≤9.0	
CDL—260	9000	25740	600					≤12.0	

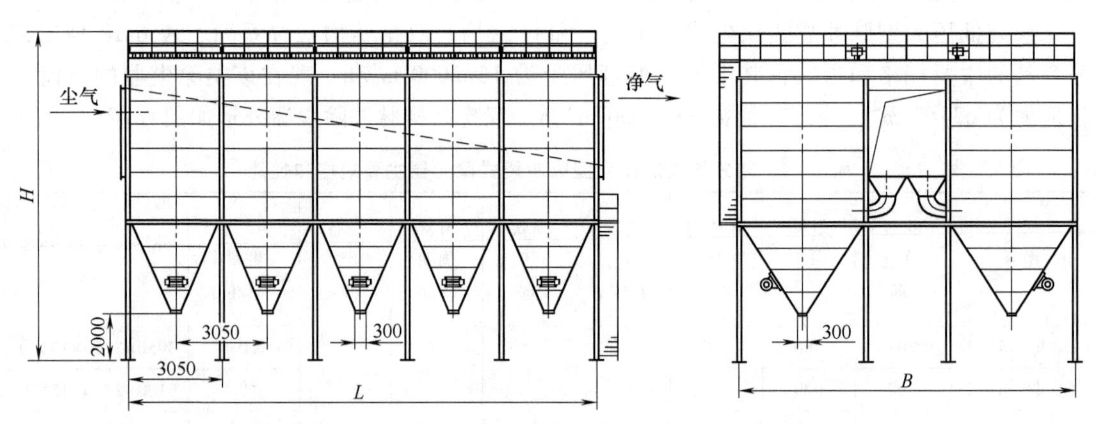

图6-62 CDⅡ—C型长袋低压脉冲袋式除尘器外形

五、防爆、节能、高浓度煤粉袋式收集器

许多工业部门存在煤磨系统。原煤在磨机中一边烘干，一边磨细，成品煤粉由尾气带出磨机，并借助气固分离设备予以收集，尾气在除尘后排往大气。磨机尾气含尘浓度最高可达1400 g/Nm³，传统的收尘工艺设有旋风、多管、袋式除尘三级收尘设备，或旋风、袋式除尘两级设备。由于阻力高，有的系统设两级风机。收尘流程复杂，普遍污染严重、能耗高、故障多、运转率低；更重要的是，对于易燃、易爆的粉尘而言，每一台收尘设备及附属的卸灰、输灰设备都是可能引发粉尘爆炸的危险源，煤磨收尘设备爆炸的事故时有发生。令煤磨系统安全化的最主要措施在于简化煤磨收尘系统。“防爆、节能、高浓度煤粉袋式收集器”（见图6-63）将煤粉收集和气体净化两项功能集于一身，该一级设备可直接处理磨粉机高含尘浓度尾气并达标排放，使收尘流程简化为一级收尘、一级风机的系统，革除了传统流程的弊病。

高浓度煤粉袋式收集器具备以下安全防爆技术措施：

1）采用圆袋外滤型式，配备脉冲喷吹这种强力清灰方式，避免滤袋积灰导致粉尘自燃。

2）脉冲喷吹清灰可提高过滤风速，过滤面积和箱体容积较小，可降低爆炸时的危害。

3）箱体内不存在任何可能积灰的平台和死角，对箱体和灰斗的侧板或隔板形成的直角，都采取圆弧化措施（见图 6-64）；对不可避免的平台均以斜面覆盖（见图 6-65a）；装于内部的加强筋以斜面出现（见图 6-65b）。

4）箱体有良好的气密性，额定工作压力下的漏风率≤2%，以避免氧含量过高。

5）合理组织含尘气流，避免进风口处流速降低导致的粉尘沉降。

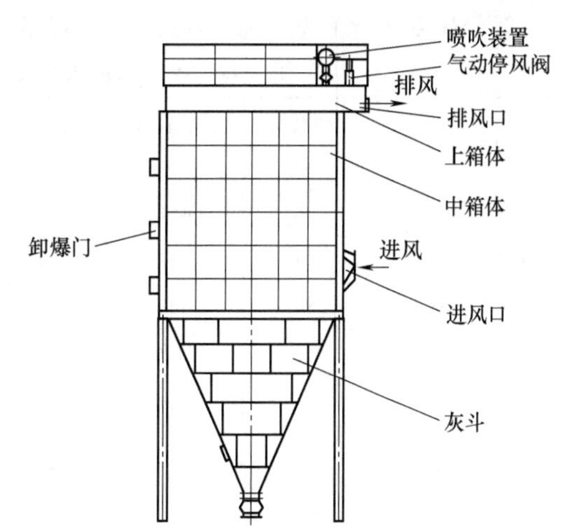

图 6-63　高浓度煤粉袋式收集器结构

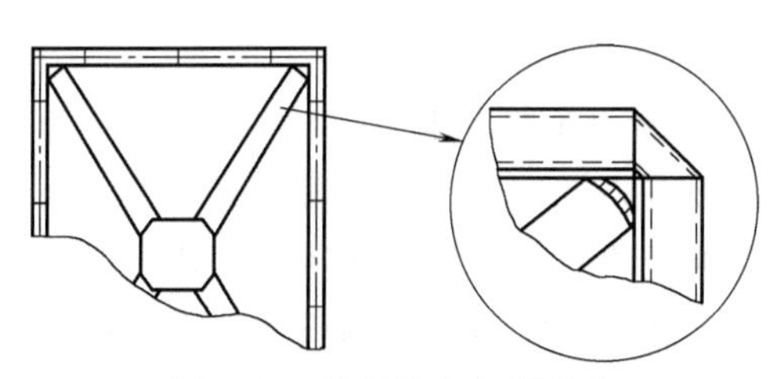
图 6-64　箱板的直角圆弧化

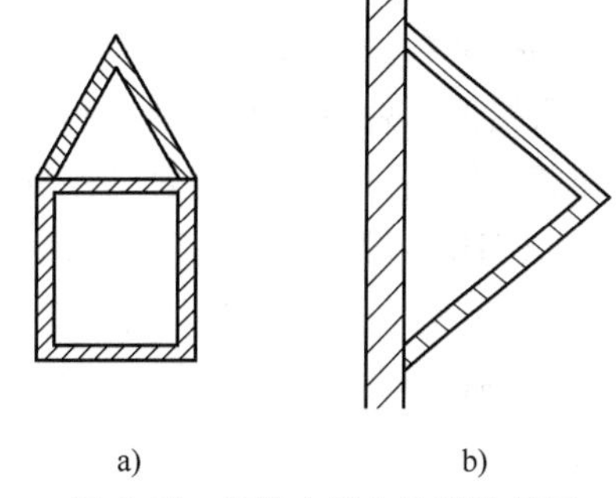

图 6-65　箱体内平台处理为斜面

6）滤袋的材质采用消静电针刺毡，该针刺毡应同时具有阻燃功能。

7）除尘器在现场安装就位后应静电接地，避免静电积累引发的放电现象。

8）设置可靠的自动控制系统，对清灰进行程序控制，并监测以下参数：

① 进、出风口压差；

② 进、出风口和灰斗的温度；

③ 清灰参数（清灰周期、清灰间隔等）；

④ 喷吹压力。

同时，控制系统还严密监视收集器清灰装置（脉冲阀等）和卸灰装置等重要部件的工况。当除尘器出现下列故障时控制系统立即声、光报警：

① 进、出风口压差过高；

② 温度异常升高；

③ 脉冲喷吹装置的压力过低；

④ 卸灰和输灰装置停止工作。

9）设置有自动闭合功能的泄爆装置。每次泄爆后迅速关闭泄爆口，防止空气进入收集器。

部分高浓度煤粉袋式收集器的主要规格和参数列于表6-19。

表6-19　部分高浓度煤粉袋式收集器的主要规格和参数

型号	滤袋数量/条	过滤面积/m^2	仓室数/个	处理风量/(m^3/h)	外形尺寸 长×宽×高/mm
GMZ—461	306	461	6	20000	4840×4160×11950
GMZ—732	324	732	6	39000	4760×4050×14200
GMZ—868	384	868	8	45000	6360×3750×14200
GMZ—2170	960	2170	8	110000	12000×4900×12830
GMZ—2440	1080	2440	6	102000	8000×8000×17000

六、LDML型离线清灰脉冲袋式除尘器

离线清灰脉冲袋式除尘器是分室清灰除尘器的一种型式。离线清灰本意是削弱清灰过程中的粉尘再附着现象。为此，将除尘器分隔成若干室，各室在停止过滤的状态下清灰。

LDML离线清灰脉冲袋式除尘器分隔箱体的型式有完全分隔或仅分隔上箱体两种，每室出口设停风阀。清灰时停风阀关闭使含尘气流中断，各脉冲阀依次喷吹，便实现“离线”清灰。上箱体的各净气通道由“互补腔”联接。“互补腔”为中空的箱形结构，一端设有与净气通道联接的引射器，另一端设有与脉冲阀联接的喷吹出口。一个仓室清灰时，能通过互补腔从相邻仓室的净气通道引射二次气流，以增强清灰效果。

包括LDML型设备在内的离线清灰脉冲袋式除尘器的共同特点是：

1）同等条件下，其喷吹周期长于在线清灰，所以可降低压缩气体耗量。

2）由于喷吹周期长，喷吹次数减少，滤袋和脉冲阀膜片的使用寿命得以延长。

3）滤袋清灰时不处于过滤工作状态，因而减缓了脉冲喷吹后存在的粉尘再附着现象。

4）在喷吹过量的情况下，滤袋清灰后除尘效率瞬间下降，离线可防止粉尘泄漏。

LDML型离线脉冲袋式除尘器的性能参数见表6-20。

表6-20　LDML型离线脉冲袋式除尘器的性能参数

规格		LDML—1	LDML—2	LDML—3	LDML—4	LDML—5	LDML—6
滤袋尺寸/mm	直径	ϕ120	ϕ120	ϕ120	ϕ120	ϕ120	ϕ120
	长度	5500	5500	4500	4000	4000	4000
过滤面积/m^2		4320	5760	2860	2×2880	2880	3240
设备阻力/Pa		<1800	<1800	2000	2000	1800	700
压气压力/MPa		0.2~0.3	0.2~0.4	0.2~0.3	0.2~0.3	0.2~0.3	0.2~0.3
压气耗量/(m^3/min)		3	5	3	4	3	3

七、气箱脉冲袋式除尘器

气箱脉冲袋式除尘器系我国建材行业从美国富乐（Fuller）公司引进，产品代号为PPC。它主要由上箱体、袋室、灰斗、进出风口和气路系统等组成（见图6-66）。上箱体分隔成若干小室，每室的出口处设有停风阀（提升阀）。含尘气体由灰斗进入，先向下流动，然后折返向上流向滤袋进行过滤，净气穿过袋壁，依次经由袋口、上箱体、停风阀排出。

除尘器原配备直通（一字）式脉冲阀，气流进、出口相差 180°（见图 6-67a），压缩气体在该脉冲阀中的流向须转折 4×90°后才得以输出（见图 6-67b），因此，这种“直通式”脉冲阀的自身阻力高于其他型式，喷吹所需的气源压力需 0.5~0.7MPa。现在该脉冲阀产品已很少见，我国生产的气箱脉冲喷吹装置已普遍采用淹没式脉冲阀（见图 6-68b）。

气箱脉冲装置不设喷吹管，滤袋袋口也不设引射器，脉冲阀输出口设于每个仓室一端。清灰时仓室室的停风阀关闭，停止过滤，由脉冲阀喷出的清灰气流直接进入上箱体，使一个仓室的上箱体和滤袋内部形成瞬间正压（见图 6-68），滤袋受到冲击振动而使积附其上的粉尘清落，脉冲喷吹时间为 0.1~0.15s。一个仓室的喷吹结束后，该室的停风阀开启，重新恢复过滤，另一室的停风阀随即关闭并开始清灰。清灰控制方式有定时和定压差两种。

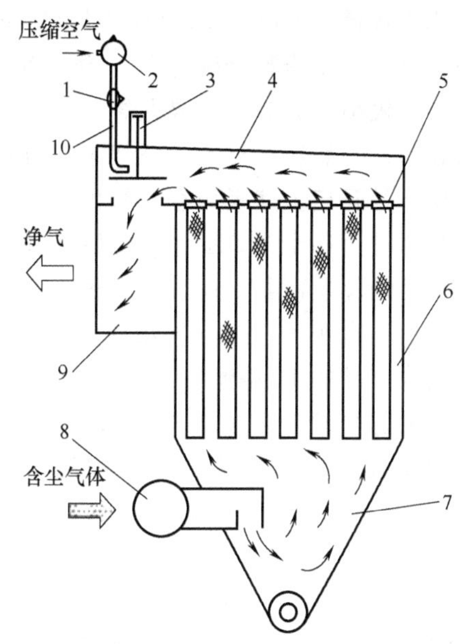

图 6-66　气箱脉冲袋式除尘器结构
1—脉冲阀　2—分气箱　3—停风阀　4—上箱体
5—滤袋　6—袋室　7—灰斗　8—进风管
9—出风管　10—喷吹输出管

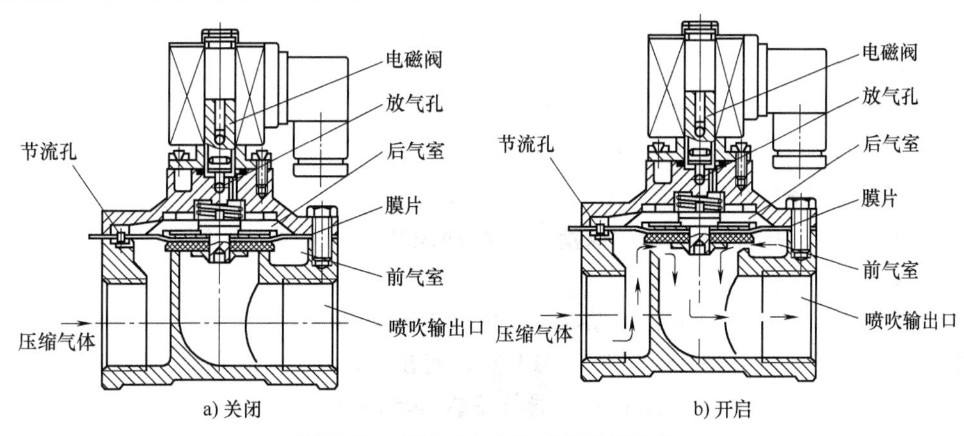

图 6-67　直通（一字）式脉冲阀结构

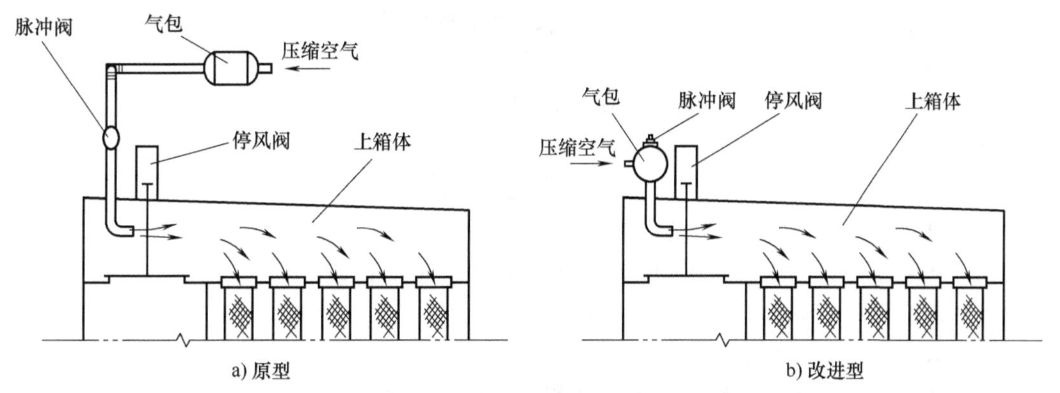

图 6-68　气箱脉冲袋式除尘器喷吹装置

滤袋直径为ϕ130mm，长度多为2450mm，部分型号的袋长为3150mm。定型产品有4个系列，每室的滤袋数分别为32、64、96、128条。相邻两排的滤袋交错排列，因而两列之间的中心距较小。滤袋依靠缝在袋口的弹性胀圈嵌在花板的袋孔内，滤袋框架在滤袋就位后再插入袋内，并靠花板支承。框架顶部有护盘，用以支撑框架并防止袋口被踩坏。滤袋的检查和更换都是开启上盖板后在花板以上操作。

其原设计每个仓室配备一位脉冲阀，由于气体的动力特性，使得仓室内滤袋获得的清灰能量随所处位置而异，而且差别很大。对于气箱式脉冲喷吹清灰效果的均匀性，曾进行专项试验。试验台按照“带互补箱的脉冲袋式除尘器”的清灰装置而设计和搭建（见图6-69），配有组成一排的12条滤袋，袋径为ϕ130mm，长度为6m，袋口置于相对密封的喷吹箱内。喷吹箱的起始端装有为12条滤袋共用的引射器，其断面为矩形。采用口径为ϕ80mm的淹没式快速脉冲阀，其输出口与引射器入口联接。喷吹时，气包中的压缩空气从脉冲阀喷出，通过引射器进入喷吹箱，与喷吹箱联成一体的12条滤袋的内部空间瞬时增压。在滤袋底部装有压力传感器，以测试喷吹时该处的压力变化。

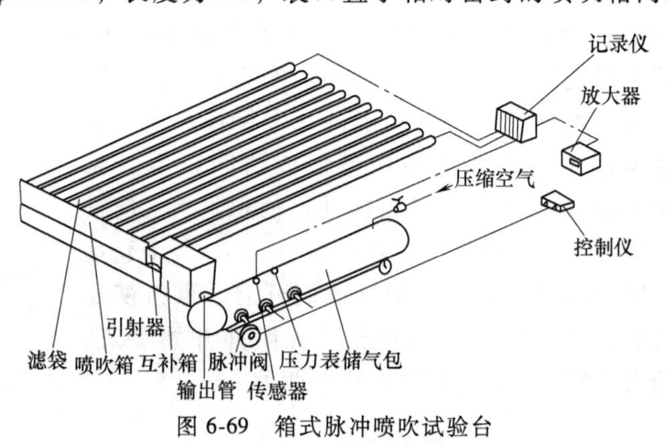

图6-69　箱式脉冲喷吹试验台

试验条件如下：

1）引射器出口与第一条滤袋中心线的距离分别为L_1=110mm；L_2=470mm。

2）喷吹压力分别为0.15MPa和0.2MPa。

试验结果列于表6-21。从中可见：

1）喷吹时滤袋底部的压力峰值随滤袋距脉冲阀的远近而异，距离脉冲阀越远的滤袋，袋底压力峰值越大，反之则相反；

2）滤袋内压力峰值的差别随着喷吹压力的增大而缩小，第1条和第12条滤袋的压力峰值之比，在喷吹压力为0.15MPa时为1∶13.17，而在0.2MPa时则为1∶5.11；

3）滤袋内压力峰值的差别随着引射器与滤袋区域距离的增大而缩小，上述2）中的数据是在L_1=110mm条件下所得；当L_2=470mm时，该比值分别为1∶2.12和1∶2.00；

4）将引射器与第一条滤袋的距离增大时，第1条和第12条滤袋的袋底压力峰值都显著下降，意味着清灰效果变差；

5）该项试验的全部数据中（见表6-21），袋底压力峰值最大为1508Pa，未达到以往试验中脉冲喷吹清灰的最低要求（1686Pa），与管式喷吹的效果有较大差距，因而需要提高喷吹压力；而当引射器的位置调远时，还需更高的喷吹压力。

气箱脉冲袋式除尘器的主要优点：

1）清灰装置不设喷吹管和引射器，结构较简单，便于换袋；

2）滤袋的拆换和安装不用绑扎，操作方便；

3）滤袋交错排列，平面布置较紧凑；

4）脉冲阀数量较少，在膜片使用寿命相等条件下，维修工作量小。

表 6-21 气箱喷吹效果均匀性试验数据

试验条件	滤袋位置	不同喷吹压力下袋底压力峰值 ΔP/Pa		不同喷吹压力下袋底压力峰值之比 $\Delta P_1/\Delta P_{12}$	
		0.15MPa	0.2MPa	0.15MPa	0.2MPa
条件 1 $L_1=110$mm	1#	$\Delta P_1=112$	$\Delta P_1=295$	1/13.17	1/5.11
	12#	$\Delta P_{12}=1475$	$\Delta P_{12}=1508$		
条件 2 $L_2=470$mm	1#	$\Delta P_1=610$	$\Delta P_1=670$	1/2.12	1/2.00
	12#	$\Delta P_{12}=1295$	$\Delta P_{12}=1345$		

主要缺点有：

1）喷吹所需的气源压力高；

2）仓室各滤袋的清灰强度随着距脉冲阀的远近而差别甚大，滤袋之间清灰效果不均；

这了克服这一缺点，现在我国生产的气箱喷吹脉冲袋式除尘器，大多为每一小室配备两个脉冲阀，分别从小室的两端向内对喷，对于解决不同位置的滤袋清灰效果不均的问题，收到一定效果。

3）清灰能量不能被充分利用，因而设备阻力高于其他类型的脉冲袋式除尘器，通常为1470~1770Pa；

4）滤袋长度较短，占地面积较大，且不适用于处理风量大的条件下。

PPC 系列气箱脉冲袋式除尘器的主要规格和性能列于表 6-22 中。

表 6-22 PPC 系列气箱脉冲袋式除尘器主要规格和性能

产品系列	PPC32	PPC64	PPC96	PPC128
室数/个	2~6	4~8	4~20	6~28
每室滤袋数/个	32	64	96	128
滤袋规格/m	ϕ130×2448	ϕ130×2440	ϕ130×2448	ϕ130×3060
每室过滤面积/m^2	31	62	93	155
入口浓度/(g/Nm^3)	≤200	≤200	≤1000	≤1000
出口浓度/(g/Nm^3)	<0.1	<0.1	<0.1	<0.1
操作压力/Pa	-500~+2500			
设备阻力/Pa	1470~1770			
换袋空间高度/mm	2063	2063	2063	2675
脉冲阀规格/mm	62(2.5in)			
每室脉冲阀数/个	1	1	1~2	1
压缩空气压力/MPa	0.5~0.7			

表 6-22 中，PPC32、PPC64 为单列，PPC96、PPC128 为双列。表中“换袋空间高度”系指除尘器箱体顶部以上所需空间高度。

气箱脉冲袋式除尘器有一种高浓度的型式，其入口含尘浓度最高可达 1400g/Nm^3，主要用于水泥磨的物料回收和尾气净化。其中一些型号设有防爆措施，用于煤磨系统的物料回收和尾气净化。

八、直通均流脉冲袋式除尘器

直通均流脉冲袋式除尘器结构如图 6-70 所示，由上箱体、喷吹装置、中箱体、灰斗和支架、自控系统组成。

上箱体包括花板、滤袋、滤袋框架、净化烟气出口及阀门等。

喷吹装置安装于上箱体，包括分气箱、脉冲阀、喷吹管等。

中箱体包括尘气进口、变径管、气流分布装置等。滤袋吊挂在中箱体内。

灰斗设有卸灰装置、料位计、振动器等，用于收集和排除粉尘。

自动控制系统包括配电柜、仪表柜、自动控制柜及一次检测元件等。

规模较大的袋式除尘器要求采取多仓室结构，传统的设计分室过多，少的有6~8个，多则有20~40个仓室。含尘气流进入箱体需经历尘气总管—变径管—支管—弯管—阀门等多个环节，而干净气体排出也需经历箱体—变径管—阀门—支管—总管等多个环节，而且气流通过这些环节的速度相当高，以致袋式除尘器的结构阻力难以进一步降低。同时，仓室数量众多易导致各仓室气流分布不均，远端仓室的处理风量与近端仓室往往差别很大，不利于阻力的降低。

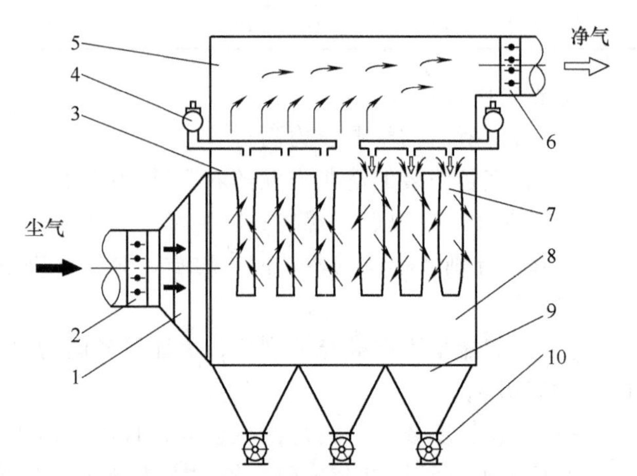

图6-70　直通均流脉冲袋式除尘器结构

1—进口变径管及气流分布装置　2—进口烟道阀　3—花板　4—喷吹装置　5—上箱体　6—出口烟道阀　7—滤袋和滤袋框架　8—中箱体　9—灰斗　10—卸灰装置

随着袋式除尘器规模的大型化，对含尘气流的分布与组织提出了新的更高要求。与常规的袋式除尘器不同，直通均流脉冲袋式除尘器仓室数量大幅度减少，不设尘气总管和支管，而是在每个仓室进口的变径管内设气流分布装置，将含尘气流从正面、侧面和下面多通道向处于不同位置的滤袋输送。其要点是：

气流分布遵循以下要点：

1）严格控制含尘气流的速度，避免对滤袋的冲刷；

2）严格控制含尘气流的方向，最大限度地引导含尘气体自下而上地进入袋束，促进粉尘沉降，从而减少粉尘的再次附着；

3）缩短气体流程，降低结构阻力；

4）使含尘气体流动顺畅、平缓；

5）设置导流板和流动通道，使含尘气体均匀输送和分配至各处的滤袋；

6）降低以下各部位的气流速度：通道内、滤袋区域下部空间、滤袋之间（水平流速和上升流速）；

7）尽量保持各灰斗存灰量均匀，避免灰斗空间产生涡流，消除粉尘二次飞扬。

为了实现含尘气流合理分布的目标，首先进行计算机气流分布模拟试验（见图6-71），再经过实验室模型试验（见图6-72），在此两个步骤的基础上设计工程实用的气流分布装置，并在除尘器安装完成后对整机的气流分布装置作实测和调整，直至获得预期的气流均布效果。

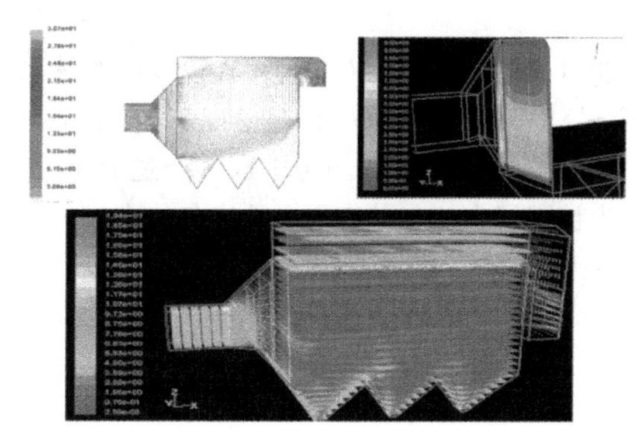

图 6-71　袋式除尘器气流分布计算机模拟试验

图 6-72　袋式除尘器气流分布实验室模型试验

与不设含尘烟气总管和支管相对应，直通均流袋式除尘器也不设净气总管和支管，而是将上箱体高度适当增加，并使整个上箱体贯通，可以兼作净气总管。净化后的气体在上箱体内汇集，并以很低的速度流动，通过上箱体尾部的出口排出。

由于上箱体高度的增加，使滤袋的拆除和安装得以在上箱体内部进行。为此，上箱体设有人孔门和通风窗，便于人员进出和改善操作条件。这种结构的另一好处是，大大降低了设备的漏风率。

上述含尘气流和净气的分布和组织，构成了“直进直出”的流动方式，显著地降低了除尘器的结构阻力。其结构阻力与电除尘器相当（≤300Pa），在脉冲喷吹清灰条件下，滤袋阻力不会超过 900Pa，因而除尘器阻力很容易控制在 1200Pa 以下。

直通均流脉冲袋式除尘器的滤袋和清灰装置基本采用长袋低压脉冲袋式除尘器的结构和规格。滤袋清灰借助低压脉冲喷吹装置进行，采用固定管式喷吹。喷吹管上喷嘴的直径呈不均匀分布，随着与脉冲阀距离的增加而缩小，以使各条滤袋的清灰效果大致相同。

清灰程序的设计中采取“跳跃”加“离散”的喷吹排序方式，使清灰周期显著延长。传统的方式按脉冲阀的自然编号顺序进行喷吹，其结果是，刚刚结束清灰的滤袋表面相对干净，其阻力最低、过滤风速最大；当紧邻的滤袋清灰时，将有部分粉尘被气流带到干净滤袋的表面，加剧了粉尘再次附着的现象，甚至有部分粉尘受惯性的驱使而直接喷溅到干净滤袋表面。这种情况的存在，使脉冲喷吹原本可以获得的清灰效果大打折扣。“跳跃”的排序则是将清灰时间紧邻的两条滤袋在空间上隔开，从而避免或减缓清灰效果被削弱的弊病。

“离散”的排序方式是针对仓室而言，对于多仓室的大、中型脉冲袋式除尘器，以往基本按照自然顺序而安排仓室的清灰，在第 1 仓清灰结束后，按照 2—3—……n 仓（n 为仓室总数）的顺序进行。结果往往是阻力低（刚完成清灰或清灰后不久）的仓室集中于除尘器的一端（或一侧），而另一端（或另一侧）则集中了阻力高（即将开始清灰）的仓室。这种阻力不均匀分布的格局随着运行时间的推移而不断变化，也就意味仓室间处理风量不均匀的格局在不断变化，这种情况不利于保持袋式除尘器工况稳定，也将改变含尘气流分布的状态，并进而影响除尘器的正常运行。“离散”的排序则是将清灰时间紧邻的两个仓室在空间上隔开，尽量缩小除尘器的两端（或两侧）仓室之间处理风量的差异，将负面影响降至最小。

九、回转喷吹脉冲袋式除尘器

回转喷吹脉冲袋式除尘器由灰斗、中箱体（尘气室）、上箱体（净气室）以及喷吹清灰装置组成（见图6-73a）。一台除尘器包含若干个过滤单元，含尘气流的进入采用扩散器加侧向进气的方式。扩散器内设有气流均布装置，使气流速度降低并均匀进入各个过滤单元。采取外滤型式，含尘气体由外向内进入滤袋，粉尘被阻留在滤袋外表面，干净气体在袋内向上流动到达上箱体，进而排至出口烟道。上箱体高度为3m，兼作净气通道之用，检查和更换滤袋也在上箱体内进行，侧壁设有检修门以及配备照明的密封观察窗。干净气体在上箱体内的流速很低，有利于降低设备阻力。

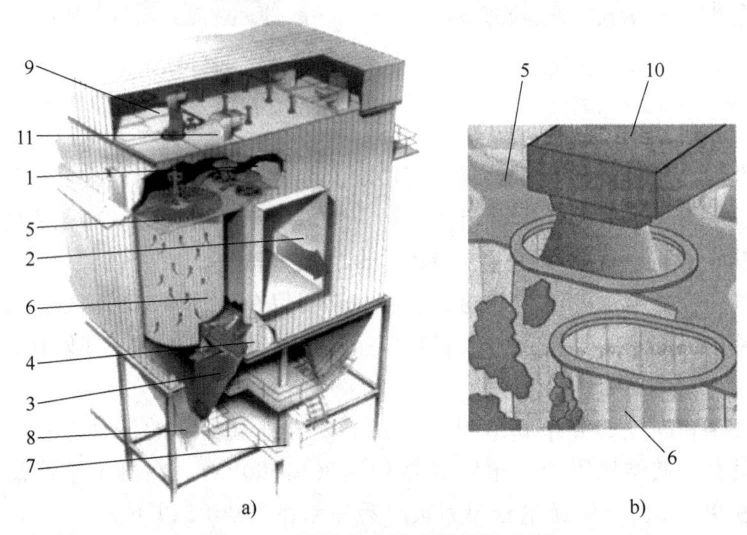

图6-73　回转喷吹脉冲袋式除尘器

1—提升式挡板门　2—清洁烟气出口　3—含尘烟气进口　4—灰斗进口挡板门　5—花板
6—滤袋和框架　7—检修平台　8—灰斗　9—脉冲阀、驱动电机、气包
10—喷吹管　11—净气室

滤袋断面呈扁圆形，其等效圆直径为127mm，长径为168mm，短径为78mm（见图6-74a），长度为8m，借助袋口的弹性圈和密封垫固定在花板孔内。袋内以形状相同的滤袋框架作支撑。框架断面尺寸为150mm×60mm（见图6-75a），竖筋以ϕ4.2mm钢丝制作，支撑圈钢丝直径为4.0mm。框架通常分为三节，采用承插式结构（见图6-75b），便于拆卸和安装。

滤袋沿着多个同心圆的圆周布置（见图6-76b），组成过滤单元。一个单元的同心圆数量随着除尘器规格的大小而异，最多可有26圈同心圆，布置滤袋1156条。滤袋固定在中箱体顶部的花板上，每个单元通常预留5%的袋孔，以备处理气量增加之需。由于各同心圆之间直径的差异，内圈和外圈布置的滤袋数量差别很大：第1圈滤袋数仅4条，而第26圈则为84条，二者的比值为1∶21。这对清灰装置的设计带来一定困难。

滤袋清灰采用低压脉冲喷吹方式。清灰装置由气包、脉冲阀、旋转立管、喷吹管、旋转机构等组成（见图6-76a）。气包的容积不小于1m^3，脉冲阀为淹没式，直接装在气包上，口径多为ϕ200mm～ϕ300mm，更大口径（ϕ350mm）的脉冲阀也有应用。旋转立管的上端与脉冲阀的输出管相连，其下端则同喷吹管连接。一个过滤单元只设一位脉冲阀，承担的清灰范围多达1156条滤袋，过滤面积3700m^2。

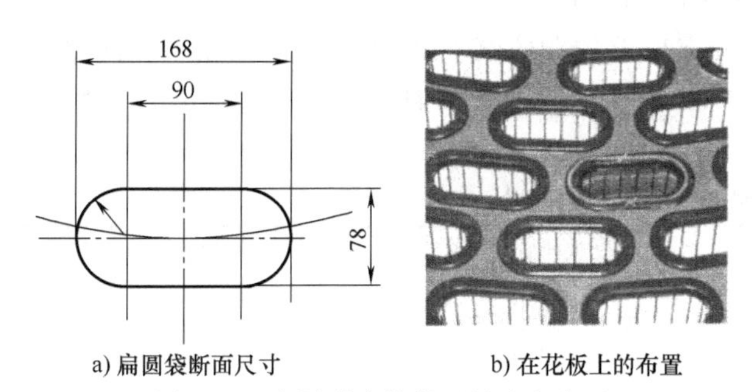

a) 扁圆袋断面尺寸　　b) 在花板上的布置

图 6-74　扁圆形滤袋断面尺寸和布置

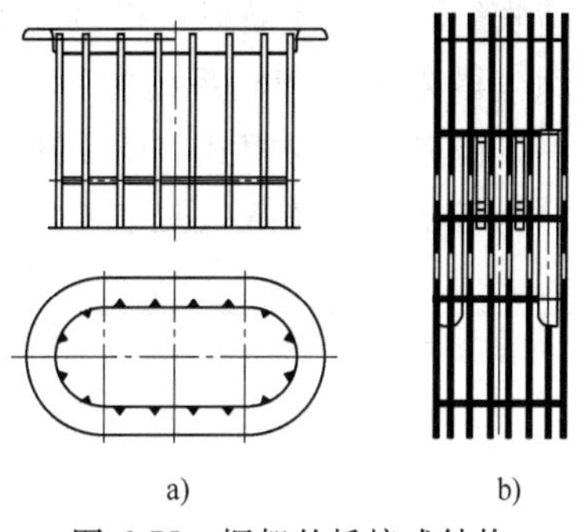

a)　　b)

图 6-75　框架的插接式结构

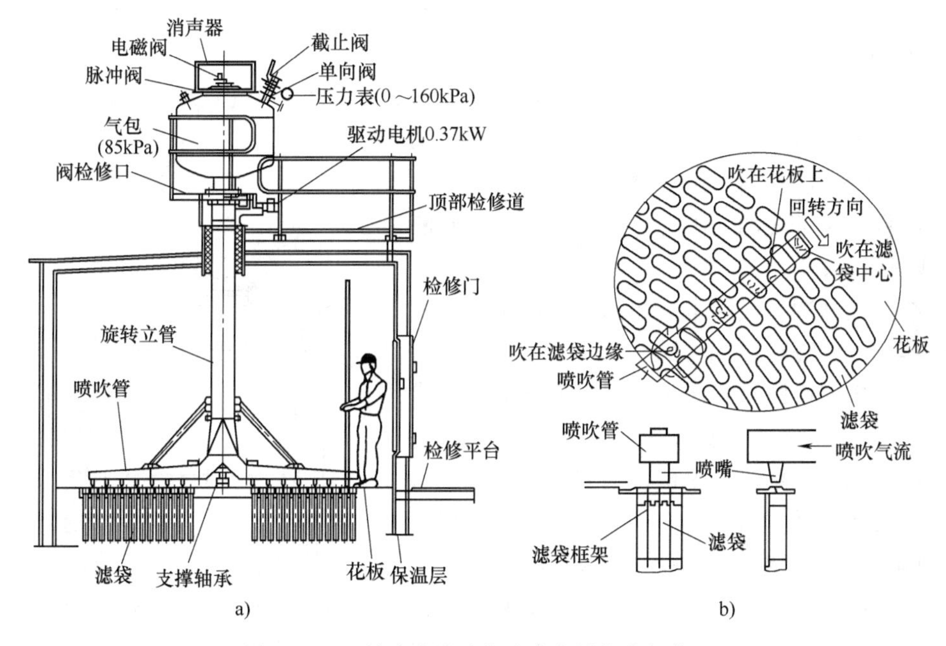

a)　　b)

图 6-76　回转喷吹脉冲袋式除尘器的清灰装置

视滤袋数量的不同，一个过滤单元有 2～4 根喷吹管，由一个脉冲阀供气。喷吹管上设楔形喷嘴（见图 6-76b），但一根喷吹管只对部分滤袋设有喷嘴（见图 6-77），各喷吹管的喷嘴分布有所不同。以 3 根喷吹管为例：滤袋圈数为 24，每根喷吹管设喷嘴 13 个左右；对于内圈的滤袋，仅在 1 根喷吹管上有对应的喷嘴；对于外圈的滤袋，全部喷吹管上都设有对应的喷嘴；而对于中圈的滤袋，2 根喷吹管上有相应的喷嘴。这样设计是为了缩小内、外圈滤袋获得清灰机会的差距。

图 6-77　滤袋和回转喷吹管喷嘴的分布

清灰时旋转机构通过旋转立管带动喷吹管连续转动，脉冲阀则按照设定的间隔进行喷吹。喷吹气源由罗茨鼓风机提供，喷吹压力≤0.085MPa。

除尘器清灰由PLC系统控制，通常采用定压差控制方式，也可采用定时控制。设定了快、中、慢三种喷吹模式，由PLC自动调节：当除尘器阻力高时，启动快速清灰；当阻力低时，则启动慢速清灰（见表6-23）。

表6-23 回转喷吹的几种模式

清灰模式	阻力设定值 ΔP/kPa	电脉冲宽度/ms	脉冲间隔/s
停止清灰	<0.7	200	
慢速清灰	$0.7<\Delta P<0.9$	200	50
中速清灰	$1.0<\Delta P<1.4$	200	5
快速清灰	>1.5	200	3

回转喷吹脉冲袋式除尘器的特点：

1）脉冲喷吹所需的气源压力低，通常≤0.09MPa；因此，供气系统不需设除水等装置；

2）脉冲阀数量少，一台处理风量160万m^3/h的设备，只有8~12个脉冲阀，维护工作量小；

3）滤袋长度可达8m以上，且采用扁圆形断面，占地面积小；

4）与其他脉冲袋式除尘器相比，增加了机械活动部件，有一定维修工作量。

5）由于按同心圆布置滤袋，喷吹管覆盖的滤袋基本不在一条直线上（见图6-76b），喷吹气流不能完全送入滤袋，喷嘴对应的位置有的在滤袋中心，也有的在滤袋的边缘，甚至有一些在花板上，部分清灰能量做无用功，难以获得最佳的清灰效果。

6）最小圆周上布置的滤袋数量与最大圆周相差21倍，虽然与它们对应喷嘴的数量设计为1∶4，但处于最大圆周上滤袋获得的清灰机率仍然很少，只有最小同心圆滤袋的1/5，意味着有部分滤袋清灰不充分。

十、顺喷脉冲袋式除尘器

顺喷脉冲袋式除尘器如图6-78所示，其结构主要由上箱体、中箱体、下箱体和喷吹装置等几部分组成。含尘气体由中箱体上部进入，在箱体内从上向下流动的同时，穿过袋壁而进入袋内，粉尘则被阻留于滤袋外表面。与一般脉冲袋式除尘器不同，在滤袋内的净气不是向上经过文氏管引射器到净气室，而是向下流动至净气联箱，汇集后从出风口排出。气流流动方向与脉冲喷吹方向以及粉尘沉降的方向一致，故名顺喷。

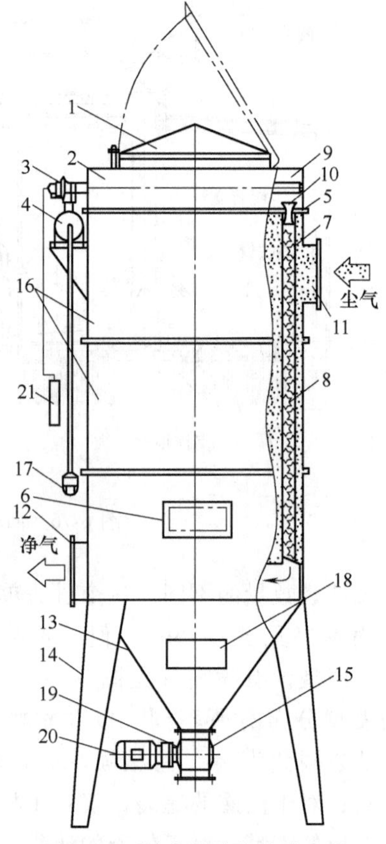

图6-78 顺喷脉冲袋式除尘器

1—顶盖 2—上箱体 3—脉冲阀 4—气包 5—花板 6—检查门 7—滤袋 8—弹簧式框架 9—喷吹管 10—文氏管 11—进风口 12—出风口 13—灰斗 14—支架 15—卸灰装置 16—中箱体 17—分水滤气器 18—小检查门 19—减速机 20—电机 21—控制仪

滤袋直径为 ϕ120mm，长度为 2500mm，滤袋上、下两端都开口。上端悬吊在花板上，下端有一短管，管内有一横撑，可借助专用工具使其与净气联箱上的接管插接或脱开。滤袋内部支撑依靠弹簧式框架，而且喷吹管与花板间留有足够的距离，当更换滤袋时，可以不用拆卸喷吹管，只须将弹簧式框架下端脱开，弹簧回缩，滤袋便可向上从喷吹管和花板之间的空档取出。除尘器设有顶盖，检查和拆换滤袋时揭开上盖，在花板以上的外部空间进行操作，比起需要进入狭窄箱体才能换袋的除尘器，劳动条件大大改善。

滤袋清灰依靠脉冲喷吹装置而实现，喷吹装置与 MC 型除尘器基本相同，但引射器的喉口直径扩大为 ϕ70mm（MC 型为 ϕ46mm），经试验证明，有利于增加清灰效果。顺喷脉冲除尘器的早期型式为高压喷吹，所需气源压力为 0.5~0.7MPa（LSB—Ⅰ型）；后采用淹没式脉冲阀，喷吹压力降至 0.2~0.3MPa（LSB—Ⅱ/A 型）。清灰程序由脉冲控制仪实行定压差控制或定时控制。

从花板上部更换滤袋，并采用弹簧式的框架，除尘器上方所需的安装高度较小。另外，顶盖可以方便地掀起，与之前一些需用卷扬机揭盖的除尘器相比，操作显著简化。

由于采用上进风、下排风方式，含尘气体在箱体内的流向有利于粉尘的沉降，减少了粉尘再附着的现象；同时，干净气体不经过引射器，避免了此处的能量消耗。因此，除尘器阻力得以降低。曾进行 LSB 型顺喷脉冲袋式除尘器与 MC 型脉冲袋式除尘器的对比试验，试验条件列于表 6-24。

表 6-24 两种脉冲袋式除尘器对比试验条件

除尘器类型	过滤风速/(m/min)	喷吹压力/MPa	喷吹时间/s	喷吹周期/s
LSB	3	0.4~0.5	0.1±0.12	60
MC	3	0.7	0.1±0.03	30±0.2

试验结果，LSB 除尘器的阻力较 MC 型低 350~600Pa；同时从表 6-24 中可见，前者的喷吹周期较后者长一倍，而且喷吹压力也低于后者。说明过滤能耗和清灰能耗都显著降低。

不足之处是，连接滤袋出口的净气联箱位于中箱体内部，滤袋出口的安装仍嫌不便，同时，箱体结构变得复杂，而且在增加滤袋的长度方面没有突破。

LSB 系列顺喷脉冲袋式除尘器共有 9 种规格，其主要性能和尺寸列于表 6-25 中。

表 6-25 LSB—24~120 系列顺喷脉冲袋式除尘器主要规格

技术性能		型号								
		LSB—24	LSB—36	LSB—48	LSB—60	LSB—72	LSB—84	LSB—96	LSB—108	LSB—120
过滤面积/m^2		18	27	36	45	54	63	72	90	90
滤袋数量/条		24	36	48	60	72	84	96	108	120
脉冲阀数/个		4	6	8	10	12	14	16	20	20
脉冲阀口径/mm		ϕ25								
外形尺寸/mm	长	1000	1400	1800	2200	2600	3000	3400	3800	4200
	宽	1400								
	高	4550								
设备质量/kg		906	1200.8	1370.7	1712.6	1941.5	2223.9	2405.3	2562.5	2862

顺喷脉冲袋式除尘器的一种改进型采取箱体单元组合式结构，以 35 条滤袋为一个过滤

单元，每个单元内的滤袋分设5排，每排7条。中箱体与上箱体及灰斗之间采用钢板翻边、螺栓连接。可根据处理气量灵活地选择过滤单元的数量加以组合，制造、运输和安装都较为方便。

十一、对喷脉冲袋式除尘器

对喷脉冲袋式除尘器是由顺喷脉冲袋式除尘器发展而来，前者的结构和工作原理（见图6-79）与后者有诸多相似之处：含尘气体由中箱体上部进入，在箱体内从上向下流动的同时，穿过袋壁而进入袋内，粉尘则被阻留于滤袋外表面；干净气体进入滤袋后不是向上流动，而是向下流动至净气联箱汇集，然后从出风口排出；箱体内气流方向与脉冲喷吹方向以及粉尘沉降的方向一致，减少了粉尘再次附着的现象，有助于降低阻力。

滤袋直径为ϕ120mm，长度为5000mm。滤袋上、下两端都开口，上端固定在花板上，下端的袋口设有短管，可与位于中箱体下部净气联箱上的短管插接。滤袋框架为弹簧式结构，当袋口的短管与净气联箱脱开后，弹簧式框架回缩，滤袋便可从上箱体喷吹管与花板之间的空档取出，所以换袋时无须卸下喷吹管。除尘器顶部设对开的盖板，揭开上盖可站在花板上进行换袋操作，劳动条件较好。

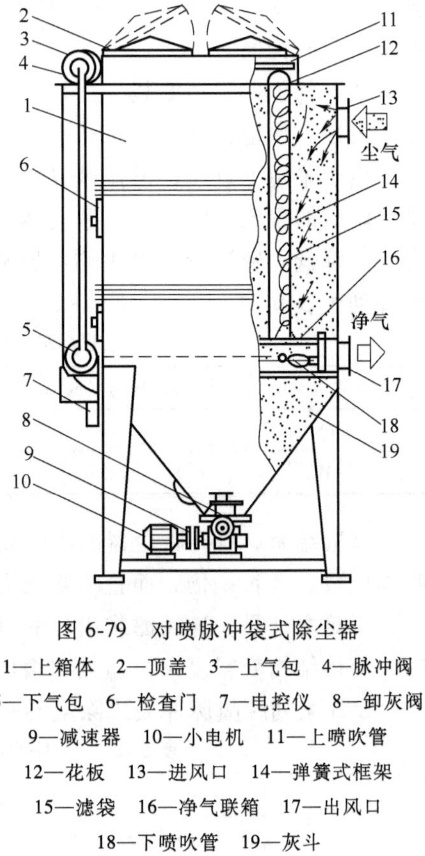

图6-79 对喷脉冲袋式除尘器

1—上箱体 2—顶盖 3—上气包 4—脉冲阀 5—下气包 6—检查门 7—电控仪 8—卸灰阀 9—减速器 10—小电机 11—上喷吹管 12—花板 13—进风口 14—弹簧式框架 15—滤袋 16—净气联箱 17—出风口 18—下喷吹管 19—灰斗

在上箱体和净气联箱处各设有一套喷吹装置，对应每排滤袋各有一根喷吹管，喷吹孔对准各滤袋的中心。清灰时，由电控仪指令上、下喷吹装置各有一个脉冲阀同时喷吹，因而名为“对喷”。

对喷脉冲袋式除尘器采用上、下对喷的清灰方式，因而滤袋可长达5m。长袋低压脉冲袋式除尘器推出之前，这是脉冲袋式除尘器滤袋的最大长度。在相同占地面积情况下，其过滤面积可比一般袋式除尘器增加50%左右。

配置了以淹没式脉冲阀为核心的低压喷吹装置，使喷吹压力由脉冲除尘器的0.5~0.7MPa降到0.2~0.4MPa，适应一般工厂压缩空气管网的供气压力。

除尘器箱体结构采用单元组合形式，以35条滤袋为一个过滤单元，每个单元内的滤袋分设5排，每排7条。可根据处理气量灵活地选择过滤单元的数量加以组合，制造、运输和安装都较为方便。

对喷脉冲袋式除尘器的不足之处在于滤袋的拆换仍较困难，特别是滤袋下口的固定，仍须在箱体内进行，操作不便，工作条件差。

LDB系列对喷脉冲袋式除尘器性能和尺寸列于表6-26中。

表6-26 LDB—35~140系列对喷脉冲袋式除尘器主要规格

型号	LDB—35	LDB—70	LDB—105	LDB—140
滤袋规格（直径×长度）/mm	ϕ120×5000			
滤袋数量/条	35	70	105	140

（续）

型　　号	LDB—35	LDB—70	LDB—105	LDB—140
过滤面积/m^2	66	132	198	246
过滤风速/(m/min)	1~3			
处理风量/(m^3/h)	4000~11900	8000~27300	11900~35600	11800~47500
入口含尘浓度/(g/m^3)	<15			
设备阻力/Pa	<1200			
喷吹压力/MPa	0.2~0.4			
外形尺寸(长×宽×高)/mm	2000×1100×8000	2000×2200×8000	2000×3300×8000	2000×4400×8000
设备质量/kg	1350	2700	4050	5400

十二、扁袋脉冲袋式除尘器

扁袋脉冲袋式除尘器由尘气室、净气室、灰斗及喷吹装置等部分组成（见图 6-80a），含尘气体从除尘器顶部进入，在导流板的作用下，自上而下流向滤袋。净化后的气体在内沿水平方向流动，并经袋口处的扁长形引射器进入位于除尘器另一侧的净气室，与其他滤袋净化的气体汇集后，从位于顶部另一侧的出风口排出。粉尘积附于扁形滤袋的外表面。

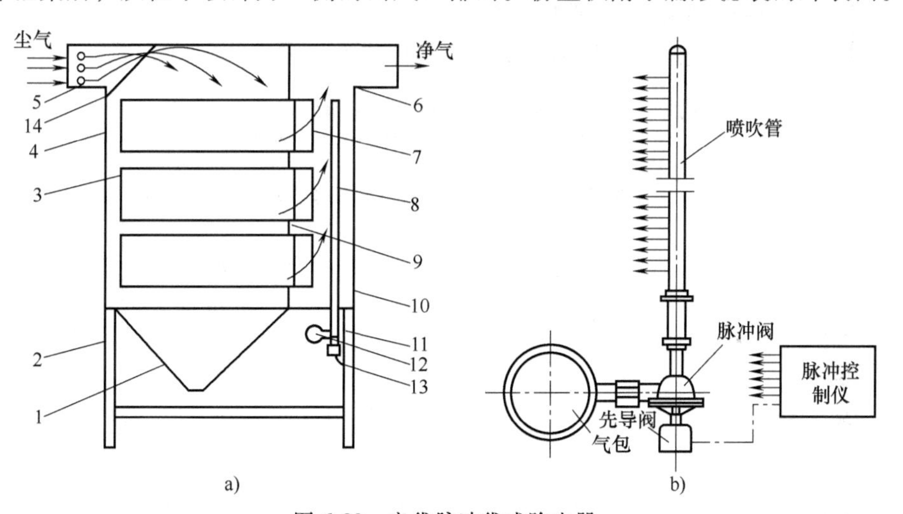

图 6-80　扁袋脉冲袋式除尘器

1—灰斗　2—支架　3—滤袋　4—尘气室　5—进风口　6—出风口　7—引射器　8—喷吹管　9—隔板　10—净气室　11—脉冲阀　12—气包　13—先导阀　14—导流板

滤袋为“信封”形，其长、宽、高分别为 1200mm、480mm、26mm，以垂直方向布置 2~4 层滤袋为一组。除尘器整机采取单元式结构，每单元设 10 组滤袋。滤袋清灰采用脉冲喷吹方式，清灰装置如图 6-80b 所示。喷吹管为直立布置，每组滤袋共用一根喷吹管，正对每组滤袋的中心。清灰时，脉冲阀受开启指令将气包内的压缩气体释放出来，从喷吹管的喷孔吹向对应的滤袋组，该组滤袋得以清灰。早期的清灰程序采用气动控制仪，后来也有采用电控仪的产品。各组滤袋逐次清灰，直至全部滤袋都得到喷吹为止。被清离滤袋的粉尘落入灰斗，通过螺旋输灰器和卸灰阀排出。

滤袋连同用作支撑的扁形框架固定在尘气室与净气室之间的花板上，以压条和螺栓压紧，保持接口密封。净气室的端部有盖板，滤袋的安装的拆卸都在除尘器的净气侧进行。操作时揭开盖板，卸下喷吹管，松开压紧装置，从花板的扁长形袋孔中放入或抽出滤袋和框架即可。

早期的扁袋脉冲袋式除尘器采用直角式脉冲阀，喷吹压力需要0.6MPa。后来推出低压的型式，淹没式脉冲阀，喷吹压力降至0.2~0.3MPa。

扁袋脉冲袋式除尘器有以下特点：

1）同圆形滤袋相比，扁袋可充分利用箱体空间，在同样尺寸的箱体内可布置更大的过滤面积，因而除尘器占地面积小。

2）箱体内气体自上向下流动，有利于粉尘的沉降，减少再次附着的现象。

3）滤袋由侧面抽出，更换和拆除滤袋都在除尘器外面进行，操作环境改善，而且能够在高度受限的厂房安装使用。

4）除尘器采用单元组合结构，便于组织生产。

5）滤袋间距过小，清灰时滤袋鼓胀的幅度与滤袋的净距相同，既阻碍粉尘从滤袋表面剥离，又堵塞了上层粉尘的沉降通道，最后不能运行。这是很多扁袋除尘器失效的主要原因。

6）不能用于处理含尘浓度较高的气体。

BMC系列扁袋脉冲袋式除尘器的主要规格和性能参见表6-27。

表6-27　BMC系列扁袋脉冲袋式除尘器主要规格和性能

型　号	BMC 1—2—10	BMC 1—3—10	BMC 1—6—10	BMC 2—3—10	BMC 2—4—10	BMC 3—3—10	BMC 3—4—10
单元数	1			2		3	
滤袋层数	2	3	4	3	4	3	4
滤袋数量	20	30	40	60	80	90	120
滤袋尺寸(长×宽×厚)/mm	1200×480×26						
过滤面积/m^2	20	30	40	60	80	90	120
过滤风速/(m/min)	2~3						
处理风量/(m^2/h)	2400~1800	3000~7200	4800~9600	7200~14400	9600~19200	10800~21600	14400~28800
设备阻力/Pa	120~140						
进风口含尘浓度/(g/m^2)	<15						
脉冲阀个数	5	10		20		30	
喷吹压力/Pa	6×10^5						
喷吹气量/(m^3/min)	0.18	0.36		0.72		1.08	
外形尺寸(长×宽×高)/mm	1174×1730×1588	1174×1730×3618	1174×1730×4178	2244×1730×3618	2244×1730×4178	3314×1730×3618	3314×1730×4178

另一系列扁袋脉冲袋式除尘器产品为DF型，在占地面积相等的条件下，过滤面积及处理风量是与MC系列除尘器的1.6倍。其清灰控制采用气动控制仪或电控仪。该除尘器主要规格和性能参见表6-28。

表 6-28　DF 系列扁袋脉冲袋式除尘器主要规格和性能

型号	滤袋规格（长×宽）/mm	滤袋数量/条	过滤面积/m^2	处理风量/(m^3/h)	脉冲阀数量/位	入口含尘浓度/(g/m^3)	设备阻力/Pa
DF28—24	1290×510	24	28.8	3456～5184	8	3～15	1000～1200
DF36—30		30	36	4320～6480	10		
DF43—36		36	43.2	5184～7776	12		
DF50—42		42	50.4	6048～9072	14		
DF57—48		48	57.6	6912～10368	16		
DF64—54		54	64.8	7776～11664	18		
DF72—60		60	72	8640～12960	20		
DF79—66		66	79.2	9504～14256	22		
DF86—72		72	86.4	10368～15552	24		
DF93—78		78	93.6	11232～16848	26		
DF100—84		84	100.8	12960～18144	28		
DF108—90		90	108	12860～19440	30		
DF115—96		96	115.2	13824～20736	32		
DF122—102		102	122.4	14688～22032	34		
DF129—108		108	129.6	15552～23328	36		
DF136—114		114	136.8	16416～24624	38		
DF144—120		120	144	17280～25920	40		

十三、高炉煤气脉冲袋式除尘器

高炉煤气脉冲袋式除尘器以长袋低压脉冲袋式除尘器的核心技术为基础。高炉炉顶压力最高为 0.3MPa，因而除尘器箱体呈圆筒形（见图 6-81），并设计成耐压和防爆结构，以适应煤气的正压条件。荒煤气由中箱体下部（或灰斗）进入，经气流分布装置均布后由滤袋除去粉尘，净煤气由上箱体排出。上箱体有足够的高度，可在其中拆换滤袋。

滤袋呈行列布置，因而各列的滤袋数量互有差别。

清灰方式为低压脉冲喷吹，清灰压力比除尘器工作压力（通常等于高炉炉顶压力）高 0.15～0.2MPa，清灰气源宜采用氮气，在缺乏氮气的场合，可将净煤气加压后作为清灰气源。脉冲喷吹装置与长袋低压脉冲袋式除尘器基本一致，不同之处是在每一位脉冲阀的输出管设有手动截止阀，当脉冲阀需要拆开检修时，须关闭手动截止阀，隔断除尘器箱体与气包之间的通道，防止煤气从气包的敞开部位泄漏。

高炉煤气脉冲袋式除尘器设计的基本要求是防燃防爆，防止煤气泄漏。为此，采取了各项防爆措施：除尘器筒体按照 GB 150—2011《压力容器》标准设计和制作；筒体顶部椭圆形封头压制成形；下端圆锥形灰斗倾角大于 65°；选用消静电滤料；箱体上部设防爆阀；箱体静电接地；箱体内消除任何可能积灰的平台和死角；清灰气源优先采用氮气，或采用加压的净煤气；对煤气温度和含氧量进行监控。

现代高炉煤气系统都设有煤气余压发电设备，要求净煤气含尘浓度低于 5～10mg/Nm^3，因此，在每一除尘筒体出口配设粉尘浓度在线检测仪，检测信号传送值班室仪表盘显示，并进行破袋故障报警。此外，除尘器都设保温层，灰斗还加设蒸汽伴热管，确保不出现结露和卸灰不畅。

滤料多采用P84与超细玻纤复合针刺毡，或芳纶针刺毡。滤袋长度一般为6000~7000mm，最长达8000mm。滤袋框架通常制作成2~3节结构，与上箱体的高度相适应。随着脉冲袋式除尘器由小型高炉向中型、大型高炉推广应用，除尘器走向大型化，筒体直径由ϕ2600mm增加至最大为ϕ6000mm。

除尘器卸灰采用“三阀加中间仓”的装置（见图6-81），包括上球阀、星形阀（或偏置式钟形阀）、中间灰仓、下球阀，还有破拱装置、料位计，以及中间灰仓放散系统等。卸灰时，连接筒体灰斗与中间灰仓的上球阀和星形阀依次开启，粉尘进入中间灰仓，其中的煤气由放散系统排往大气。待中间灰仓充满后，上球阀和星形阀关闭，下球阀开启，使粉尘卸出，实现煤气无泄漏卸灰。卸灰操作为自动控制。

各筒体卸灰装置排出的粉尘，由输灰装置转运到贮灰仓，集中外排。通常采用正压气力输送，或密闭输灰罐车。

为适应高炉生产不允许中断的特点，一座高炉的煤气净化系统须由多个并联的除尘筒体组成（见图6-82），每个筒体进口和出口都装设煤气蝶阀和盲板阀。当任何一个筒体需离线检修时，须将进口和出口的4个阀门全部关闭，并以氮气置换该筒体内的煤气。置换过程是对筒体内充入氮气，将煤气通过放散系统排往大气；再以空气置换氮气，将氮气排出。此时方可进入筒体进行检修。

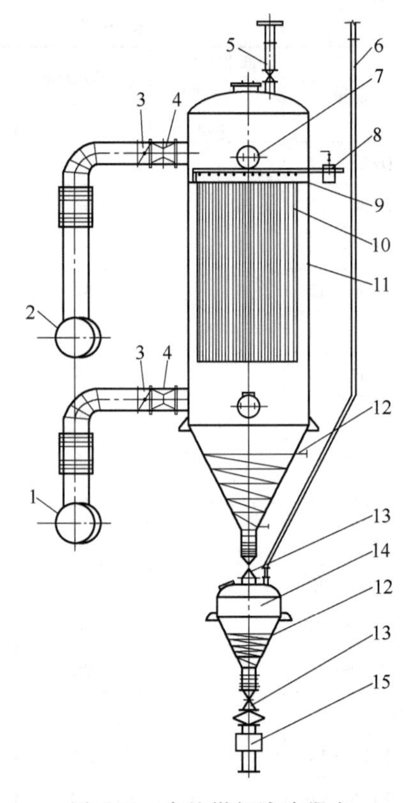

图6-81 高炉煤气脉冲袋式除尘器筒体结构及装置

1—荒煤气进口总管 2—净煤气出口总管 3—煤气蝶阀 4—盲板阀 5—箱体放散系统 6—中间灰仓放散系统 7—泄爆阀 8—脉冲喷吹装置 9—花板 10—滤袋组件 11—箱体 12—蒸汽加热装置 13—卸灰阀组 14—中间灰仓 15—输灰装置

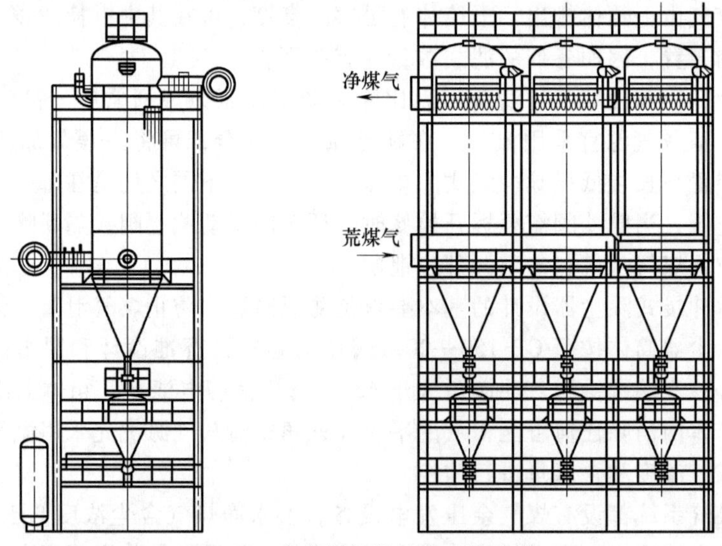

图6-82 高炉煤气脉冲袋式除尘器

高炉煤气脉冲袋式除尘器有以下特点：

1）除尘效果好，净煤气含尘浓度可低于5～10mg/Nm^3，显著延长热风炉寿命；

2）运行稳定可靠，无论过滤或者清灰都可长期保持良好的效果；

3）多筒体并联，可实现不停机检修，不会影响生产；

4）不降低煤气温度和热值，并可提高煤气余压发电约40%，节能效果好；

5）收集的煤气灰为干灰，有利于综合利用，而且没有废水污染和污泥处理问题。

该除尘器单个筒体的主要规格和参数见表6-29。

表6-29　高炉煤气脉冲袋式除尘器筒体主要规格和参数

<table>
<tr><th rowspan="2">筒体内径/mm</th><th colspan="2">脉冲阀</th><th colspan="2">滤袋</th><th rowspan="2">过滤面积/m^2</th><th rowspan="2">处理煤气量/(m^3/h)</th></tr>
<tr><th>口径/mm</th><th>数量/个</th><th>规格(直径×高度)/mm</th><th>数量/条</th></tr>
<tr><td>φ2600</td><td rowspan="11">φ80</td><td>9</td><td rowspan="11">φ130×6000</td><td>99</td><td>234</td><td>11664</td></tr>
<tr><td>φ2700</td><td>10</td><td>112</td><td>275</td><td>13200</td></tr>
<tr><td>φ2800</td><td>10</td><td>120</td><td>294</td><td>14112</td></tr>
<tr><td>φ2900</td><td>11</td><td>131</td><td>321</td><td>15408</td></tr>
<tr><td>φ3000</td><td>11</td><td>139</td><td>341</td><td>16368</td></tr>
<tr><td>φ3100</td><td>11</td><td>148</td><td>363</td><td>47424</td></tr>
<tr><td>φ3200</td><td>12</td><td>160</td><td>392</td><td>18816</td></tr>
<tr><td>φ3300</td><td>12</td><td>170</td><td>417</td><td>20016</td></tr>
<tr><td>φ3400</td><td>13</td><td>186</td><td>456</td><td>21888</td></tr>
<tr><td>φ3800</td><td></td><td>212</td><td>580</td><td>16000～22000</td></tr>
<tr><td>φ4000</td><td></td><td>296</td><td>850</td><td>28000</td></tr>
<tr><td>φ5000</td><td></td><td>21</td><td>φ130×7000</td><td>356</td><td>1018</td><td>30000～34000</td></tr>
<tr><td>φ5200</td><td></td><td>36</td><td>φ130×7500</td><td>396</td><td>1210</td><td>38000～42000</td></tr>
<tr><td>φ6000</td><td></td><td>38</td><td>φ130×7000</td><td>498</td><td>1420</td><td>44000～48000</td></tr>
</table>

十四、侧喷脉冲袋式除尘器

侧喷脉冲袋式除尘器的结构如图6-83所示。根据处理风量的大小，该除尘器由4～32个过滤单元组成，各单元之间相互隔开。每单元共有布置为两排的16条滤袋，滤袋直径为120mm，长度有2000mm和2700mm两种。支撑滤袋的框架有笼形和弹簧形两种不同的式样可选择。滤袋固定在花板上，拆换滤袋在花板上操作，为此，箱体的顶盖做成可揭开的形式，且面积较小，便于揭开或封盖。

含尘气体经由位于箱体一侧的尘气通道进入，较大的尘粒在灰斗内沉降，其余粉尘随气流到达中箱体，并由外向内穿过袋壁进入滤袋之中。粉尘被阻留在滤袋外表面，净气则在滤袋内向上通过袋口到达上箱体，进而自上而下通过矩形引射器，从净气通道排出。净气通道位于尘气通道上方，二者一板之隔。

滤袋清灰采用脉冲喷吹方式，喷吹装置设于箱体的外面，与尘气和净气通道处于同一侧（见图6-83）。脉冲阀为淹没式，喷吹压力为0.1～0.15MPa。滤袋上方不设喷吹管，也不在每条滤袋的入口设引射器，而是为每排滤袋设一矩形引射器，脉冲阀的输出管置于该引射器

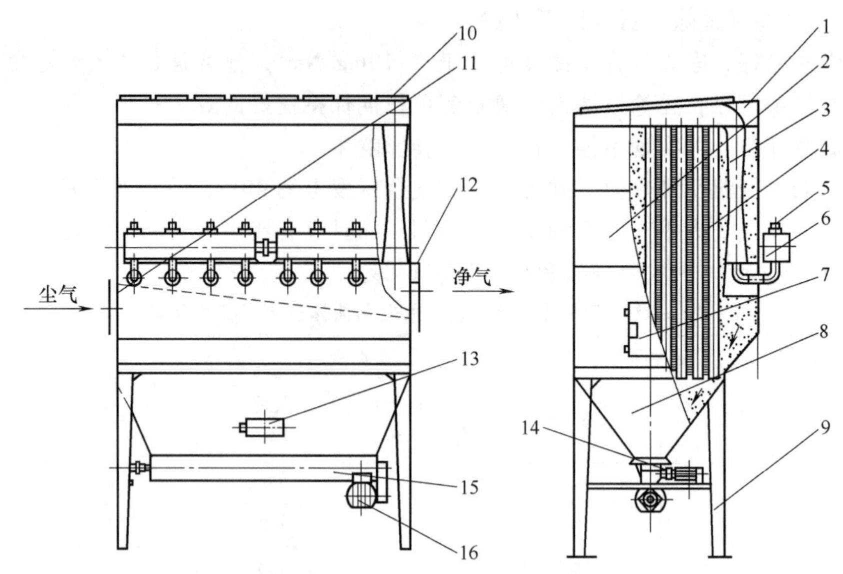

图 6-83 侧喷脉冲袋式除尘器

1—上箱体 2—中箱体 3—矩形引射器 4—滤袋框架 5—脉冲阀 6—气包
7—检查门（1） 8—灰斗 9—支架 10—顶盖 11—尘气进口 12—净气出口
13—检查门（2） 14—螺旋输灰机电机 15—螺旋输灰机 16—卸灰阀

的入口。清灰时，脉冲阀喷出的高速气流携带干净气体自下而上地通过矩形引射器，使所在单元的上箱体迅速增压，进而导致相关的滤袋受到冲击振动而得以清灰。收集的粉尘由灰斗底部的螺旋输灰机和卸灰阀排出。

侧喷脉冲袋式除尘器有以下特点：

1）滤袋上方不设喷吹管和引射器，上箱体采用上揭盖结构，有利于更换滤袋；

2）将每条滤袋配小型引射器替换为每排滤袋一个较大的矩形引射器，有利于降低阻力；

3）采用淹没式脉冲阀，所需喷吹气源压力低，可直接使用压气管网的压缩空气；

4）清灰原理近似于气箱式脉冲喷吹，因而不同位置滤袋的清灰效果不均匀；

5）换袋时滤袋向上抽出，对操作人员和环境的污染仍然较重；

6）不适用于处理风量大的场合。

LCPM 系列侧喷脉冲袋式除尘器性能参数列于表 6-30。其中处理风量是在过滤风速为 1~3m/min 的条件下得出的；设备阻力为 600~1200Pa。

表 6-30 LCPM 系列侧喷脉冲袋式除尘器性能参数

型号规格	滤袋长度/mm	滤袋数/条	分室数/个	过滤面积/m^2	处理风量/(m^3/h)	电机功率/kW	外形尺寸(长×宽×高)/mm	设备重/kg
LCPM64—4—2000	2000	64	4	48	2880~8640	1.1	1709×2042×4399	2650
LCPM64—4—2700	2700			64	3840~11520		1709×2042×4399	2880
LCPM96—6—2000	2000	96	6	72	4320~12960	1.5	2519×2042×4399	3970
LCPM96—6—2700	2700			96	5760~17280		2519×2042×4399	4320
LCPM128—8—2000	2000	128	8	96	5760~17280	1.5	3329×2042×4399	4710
LCPM128—8—2700	2700			128	7680~23040		3329×2042×4399	5120

（续）

型号规格	滤袋长度/mm	滤袋数/条	分室数/个	过滤面积/m^2	处理风量/(m^3/h)	电机功率/kW	外形尺寸(长×宽×高)/mm	设备重/kg
LCPM160—10—2000	2000	160	10	120.5	7200~21600	1.5	4139×2042×4399	5900
LCPM160—10—2700	2700			160	9600~28800		4139×2042×4399	6400
LCPM196—12—2000	2000	196	12	144	8640~25920	2.2	4949×2042×4399	7070
LCPM196—12—2700	2700			192	11520~34560		4949×2042×4399	7680
LCPM224—14—2000	2000	224	14	168.5	10080~30240	2.2	5759×2042×4399	8240
LCPM224—14—2700	2700			224	13440~40320		5759×2042×4399	8960
LCPM256—16—2000	2000	256	16	192	11520~34560	2.2	6569×2042×4399	9420
LCPM256—16—2700	2700			256	15360~46080		6569×2042×4399	8960
LCPM320—20—2000	2000	320	20	240	14400~43200	3	4139×2042×4399	9420
LCPM320—20—2700	2700			320	19200~57600		4139×2042×4399	10240
LCPM384—24—2000	2000	384	24	288	17280~51840	4.4	4949×2042×4399	11800
LCPM384—24—2700	2700			384	23040~69120		4949×2042×4399	12800
LCPM448—28—2000	2000	448	28	336	20160~60480	4.4	5759×2042×4399	14140
LCPM448—28—2700	2700			448	26880~80640		5759×2042×4399	15360
LCPM512—32—2000	2000	512	32	384	23040~69120	4.4	6569×2042×4399	16480
LCPM512—32—2700	2700			512	30720~92160		6569×2042×4399	17920

十五、顶部垂直进风脉冲袋式除尘器

为解决传统袋式除尘器结构复杂、流动阻力大、气流分布不易均匀、灰斗多、占地大等问题，推出一种顶部垂直进风脉冲袋式除尘器。该除尘器的结构如图 6-84 所示，包括灰斗、中箱体、花板、上箱体、顶部垂直进风管、收缩形百叶冲击器、滤袋及框架、脉冲喷吹清灰装置和净气出口等。

该装置的主要特征表现在以下几个方面：

1）具有粗颗粒和火星捕集预除尘功能；

2）设备阻力大幅度降低（≤600Pa），结构阻力趋于“零”，节能；

3）采用辐射状气流分布方式，风量分配和速度分布更为合理；

4）净气出口可设置在箱体侧面或顶部，不受场地限制，易于布置；

5）结构简单，可减少设备占地和钢耗量；

6）灰斗数量少，显著简化了卸灰装置，并减少机械故障。

顶部垂直进风脉冲袋式除尘器已在钢铁行业和农产品加工行业得到成功应用。

【实例 6-2】 某炼铁厂原料除尘系统采用顶部垂直进风脉冲袋式除尘器（见图 6-85a），处理风量为 33 万 m^3/h。运行结果表明：颗粒物排放浓度为 5mg/m^3；设备过滤阻力为 300~500Pa，只及常规脉冲袋式除尘器的一半，节能减排效果显著；减少占地 30%。

【实例 6-3】 顶部垂直进风脉冲袋式除尘器成功用于农产品加工酵母废气干法净化与回收项目（见图 6-85b），投运后该设备运行可靠，性能稳定，颗粒物排放浓度为 6.7~7.3mg/m^3，设备阻力约 600Pa，回收糖粉肥料 130 吨/年，实现了超低排放和节能运行。

【实例 6-4】 2021 年 9 月，顶部垂直进风袋式除尘器在某 360m^2 大型烧结机头烟气净化项目上开展了首台套工程示范（见图 6-85c），工况烟气量 $1.08\times10^6 m^3$/h，烟气温度 120~

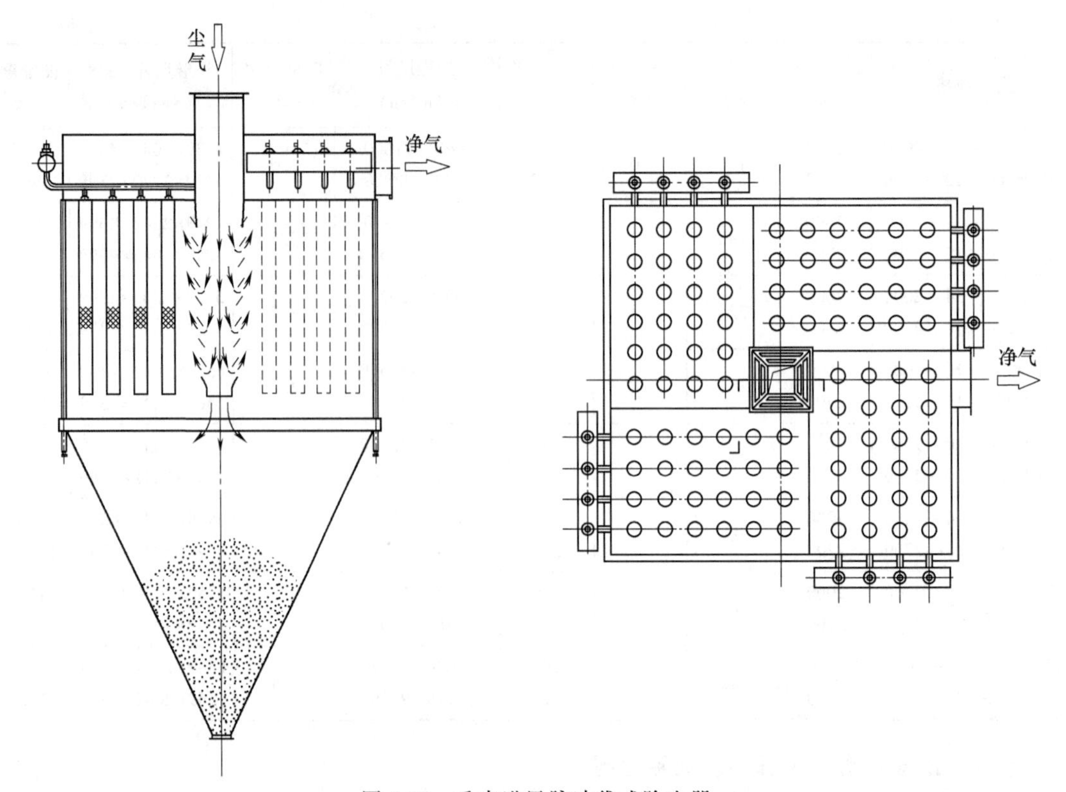

图 6-84 垂直进风脉冲袋式除尘器

180℃，烟气负压 17000Pa，SO_2 浓度 1500～3000mg/m^3，NO_x 浓度 300～450mg/m^3，含氧量 16%，含湿量 10%～12%。投运以来，袋式除尘系统运行稳定，出口颗粒物浓度 5.1mg/m^3，平均阻力 650Pa，烧结产量不下降，实际综合能耗降低 30%以上，减污降碳效应显著。

a) 炼铁厂原料系统除尘

b) 酵母废气干法净化与回收

c) 大型烧结机头烟气净化

图 6-85 顶部垂直进风脉冲袋式除尘器应用实例

十六、双层袋脉冲袋式除尘器

双层袋脉冲袋式除尘器由上箱体、中箱体、灰斗、卸灰装置和喷吹装置等几部分组成。含尘气体由灰斗上部进入，净气由上箱体排出。图 6-86 所示为 SMC—Ⅰ系列双层袋脉冲袋式除尘器，其结构和工作原理与 MC 系列除尘器大致相同，清灰借助脉冲喷吹清灰方式，采用淹没式脉冲阀，所需气源压力较低，喷吹压力为 0.3~0.4MPa，压缩气体通过喷吹管输送至每条滤袋而使其清灰。

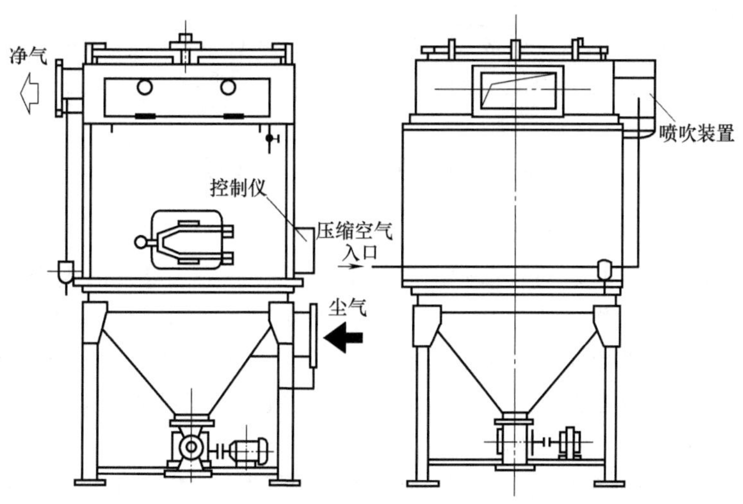

图 6-86 SMC—I 系列双层袋脉冲袋式除尘器

双层袋除尘器独特之处在于，滤袋由套在一起的内袋和外袋两部分组成（参见“LFS 系列双层袋反吹风袋式除尘器”）。过滤时，粉尘被阻留在外袋的外表面和内袋的内表面上，亦即外袋为外滤方式，内袋为内滤方式（见图 6-27a 双层滤袋工作原理）。净化后的气体由外、内袋之间的空隙向外袋的袋口流动，最后由上箱体的出风口排出。

清灰时，喷吹气流从外袋的袋口进入双层滤袋（见图 6-27b），使外袋和内袋的袋壁分别向外和向内急速变形，粉尘受强烈的冲击振动而从滤袋表面剥离。

双层滤袋固定在分隔上箱体和中箱体的花板上，每个袋孔焊有短管，安装时先将已经装有框架的滤袋通过袋孔插入花板，再将滤袋上口翻边，并绑扎在短管外边即可。安装新滤袋以及检查和更换已用滤袋都可揭开顶盖后在花板以上的净气空间进行，人与污袋接触较少。

SMC 系列袋式除尘器最主要的特点是，除尘器兼有内滤和外滤两种形式，滤袋采取双层结构，在同样尺寸的箱体内，比其他类型的除尘器增加过滤面积，投资较低，占地较少。

SMC—Ⅰ系列双层袋脉冲袋式除尘器的主要规格和性能列于表 6-31。

表 6-31 SMC—I 系列双层袋脉冲袋式除尘器主要规格和性能

型　号	SMC—Ⅰ—30	SMC—Ⅰ—45	SMC—Ⅰ—60	SMC—Ⅰ—75	SMC—Ⅰ—90
滤袋数量/条	36	54	72	90	108
过滤面积/m^2	30	45	60	75	90
过滤风速/(m/min)	2~4				
处理风量/(m^3/h)	3600~7200	5400~10800	7200~14400	9000~18000	10800~21600
入口含尘浓度/(g/Nm^3)	3~15				
清灰方式	脉冲喷吹				
喷吹压力/MPa	0.3~0.4				
设备阻力/Pa	1200~1500				

（续）

型号		SMC—Ⅰ—30	SMC—Ⅰ—45	SMC—Ⅰ—60	SMC—Ⅰ—75	SMC—Ⅰ—90
脉冲阀数/位		6	9	12	15	18
脉冲宽度/s		0.1～0.2				
压缩空气耗量/(m^3/min)		0.09～0.26	0.13～0.39	0.17～0.51	0.23～0.65	0.26～0.78
外形尺寸/mm	长度	1610	2387	3067	3797	4527
	宽度	1683	2120	2120	2120	2120
	高度	3150				
设备质量/kg		约1000	约1500	约1900	约2200	约2500

十七、新型内外滤袋式除尘器

为了适应袋式除尘器面临的大型化、零排放的严峻形势，以及旧生产线改造提产的要求，国内推出了“内外滤袋式除尘器”，并已成功应用于除尘工程（见图6-87）。该袋式除尘器的滤袋结构能同时进行内滤和外滤，使滤袋在同等规格下的过滤面积显著增加。因此无须增加单条滤袋的直径或滤袋长度，也不要增加滤袋数量，就可加大除尘器的过滤面积，满足袋式除尘系统扩容或降低阻力的目标。

图6-87为内滤式滤袋含尘气流方向，图6-88为外滤式滤袋含尘气流方向。内外滤袋式除尘器的滤袋结构及含尘气流方向则如图6-89所示。

由图6-89可见，该滤袋由套在一起的两层滤袋构成，其外层为外滤式滤袋1，内层为内滤式滤袋2，两层滤袋之间为环形的净气空间3。外滤式滤袋1与内滤式滤袋2的直径之差为30～100mm。

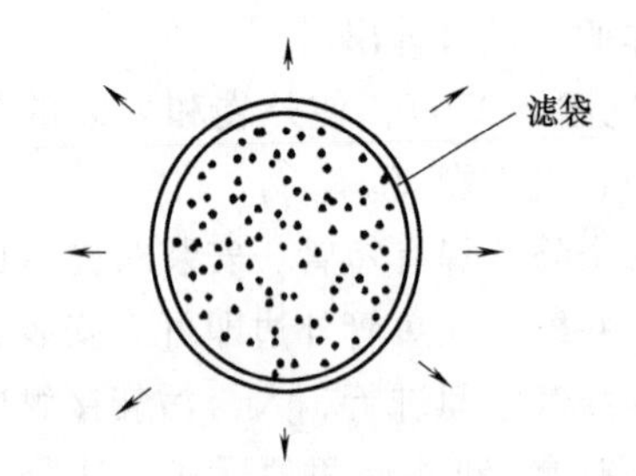

图6-87 内滤式滤袋含尘气流方向

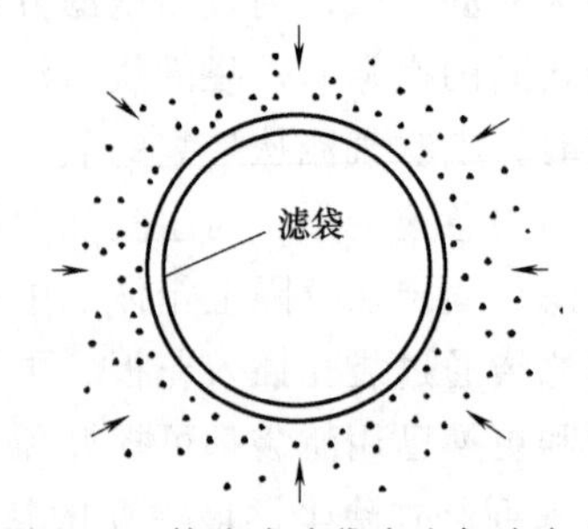

图6-88 外滤式滤袋含尘气流方向

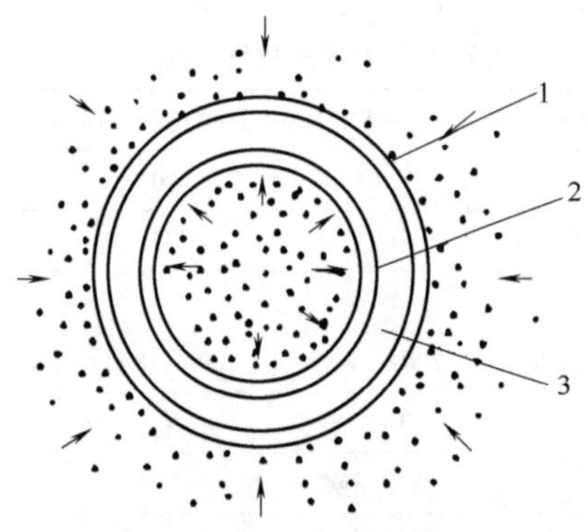

图6-89 内外滤袋式除尘器的滤袋结构及含尘气流方向

1—外滤式滤袋 2—内滤式滤袋 3—净气空间

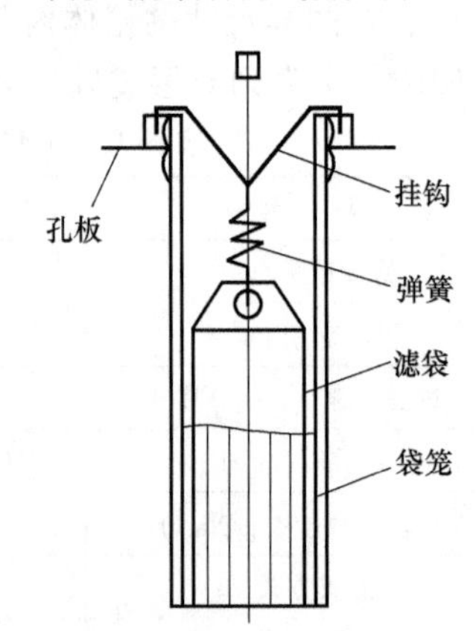

图6-90 内外滤式的滤袋吊挂方式

结合国际先进的计算机辅助测试技术、虚拟样机技术、复杂系统模型及仿真技术等高科技手段，围绕新型内外滤袋式除尘器，成功完成了如下研究内容：

1）内外滤袋式除尘器大型化方案；

2）滤袋及滤袋框架结构形式的确定；

3）内、外滤袋悬吊方式的确定（见图 6-90）；

4）CFD 气流分布模拟技术用于确定内外滤袋式除尘器的结构；

5）内外滤袋式除尘器脉冲喷吹清灰效果动态分析；

6）袋式除尘器性能参数的确定。

【实例 6-5】 某水泥有限责任公司两条年产 200 万吨矿渣微粉生产线的矿渣立磨收尘，采用新型内外滤袋式除尘器（见图 6-91）。

图 6-91　用于水泥厂的内外滤袋式除尘器

主要规格和参数如下：

型号：TDM—216/2×6

处理风量：620000m^3/h

气体温度：120℃

入口含尘浓度：600g/Nm^3

工作负压：10000Pa

过滤风速：0.86m/min（同样规格普通滤袋结构相当于 1.44m/min）

滤袋规格：ϕ160×5500（新型内外袋型滤袋结构）

滤袋材质：涤纶针刺毡覆膜

清灰方式：低压脉冲喷吹

设备阻力：1000～1200Pa

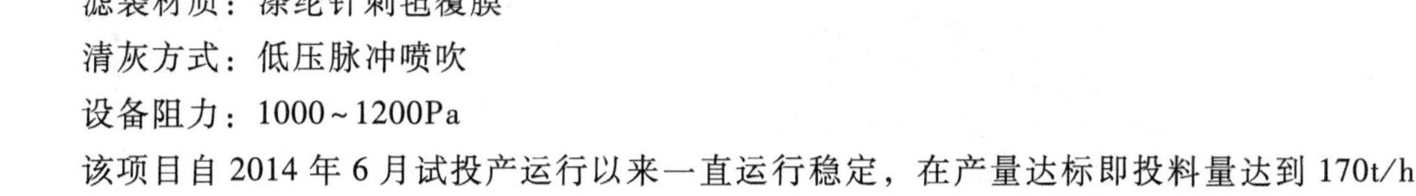

该项目自 2014 年 6 月试投产运行以来一直运行稳定，在产量达标即投料量达到 170t/h 时，除尘器进出口压差一直保持在 800Pa 左右，检修量少，操作简便。以单台除尘器计算的社会经济效益如下：

1）节约占地面积约 121.3m^2，土建施工费用节省近 33%；

2）节约除尘器本体钢耗量近 30%，减少一次性投资成本；

3）除尘器阻力较普通除尘器低约 500Pa，节约耗电成本近 50 万元/年；

4）粉尘排放浓度<20mg/Nm^3；

5）清灰周期较传统脉冲袋式除尘器延长，减少了压缩空气的耗量，降低了粉尘排放浓度，延长了滤袋及脉冲阀的使用寿命。

十八、阿尔斯通脉冲袋式除尘器

阿尔斯通脉冲袋式除尘器采用多箱体组合结构（见图 6-92），箱体布置成两列，含尘气体烟道和净化气体通道位于两列箱体的中间。含尘气体经由中箱体下部的调节阀进入，借助缓冲区使气流均布，避免对滤袋的冲刷，并在箱体内形成自上而下的流动态势（见图 6-93），有利于粉尘沉降，减少粉尘的再次吸附。外滤式滤袋将粉尘捕集，干净气体在袋内向上并经上箱体的出口提升风门排往净化气体通道。

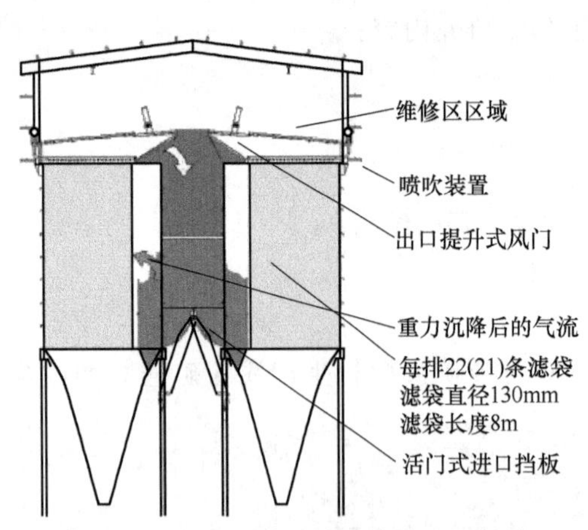

图 6-92　阿尔斯通脉冲袋式除尘器结构

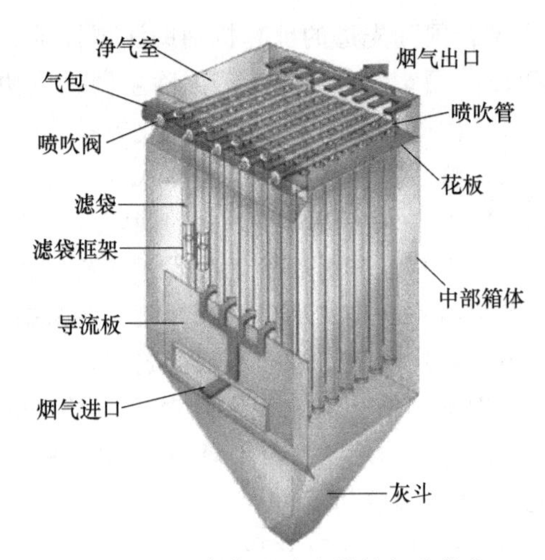

图 6-93　阿尔斯通除尘器的气流分布

滤袋材质可以是常温或高温针刺毡。滤袋直径为 130mm，长度为 8m，一条滤袋的过滤面积为 $4m^2$。滤袋不是整齐排列，而是交错排列（见图 6-94），每排滤袋的数量分别为 22 条或 21 条。滤袋之间的距离小于其他类型的袋式除尘器，其优点是结构较为紧凑、占地面积小、钢耗低，缺点是不利于滤袋清灰和粉尘沉降。

滤袋借助袋口的弹性元件嵌接在花板的袋孔内。作为支撑的滤袋框架由 16 根竖筋组成，其顶部呈倒锥形（见图 6-95），插入滤袋后可加强袋口的安装牢度。

图 6-94　阿尔斯通除尘器的滤袋固定

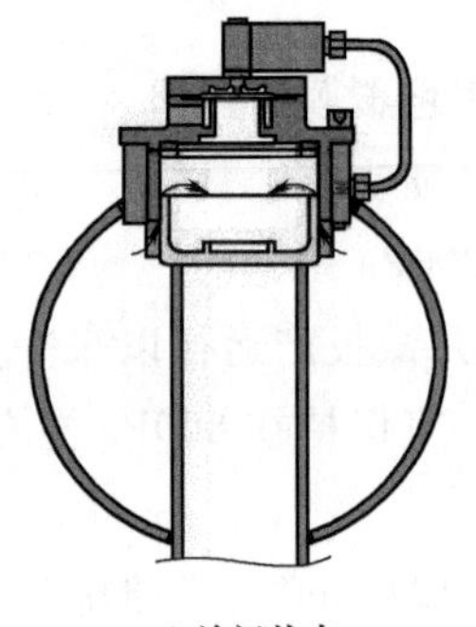

a) 关闭状态

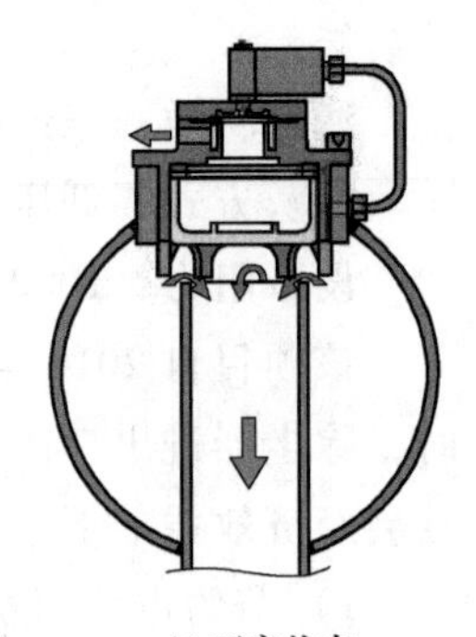

b) 开启状态

图 6-95　活塞式脉冲阀

脉冲阀为淹没式结构，与多数类型的脉冲阀相比，特点是以活塞取代传统的膜片（见图 6-95）。其好处是响应速度快、清灰效果好、活塞使用寿命较长、阀体尺寸小于膜片阀；缺点是对活塞的材质和加工精度要求较高。

脉冲阀的规格为 105mm 或 135mm，根据需要选定。一位脉冲阀承担 20～21 条滤袋的清灰任务，总计过滤面积为 $80\sim84m^2$。

气包直径为 270～350mm，长度一定，体积为 150～180L。一个气包装有 18 位脉冲阀（见图 6-96），亦即一个箱体的总过滤面积为 $1447\sim1519m^2$。气包的设计压力为 1500kPa，工作压力<1000kPa，设计温度为 120℃。

脉冲阀的喷吹输出管从气包穿出后与喷吹管的导管相联接，其联接方式与传统方式不同，是通过橡胶软管将二者联接（见图 6-97），软管的两端以卡箍紧固并保持密封。橡胶软管内部有支撑管，以使连接件有足够的刚性。这种结构对于制作精度的要求较为宽松，拆卸和安装方便、快速。

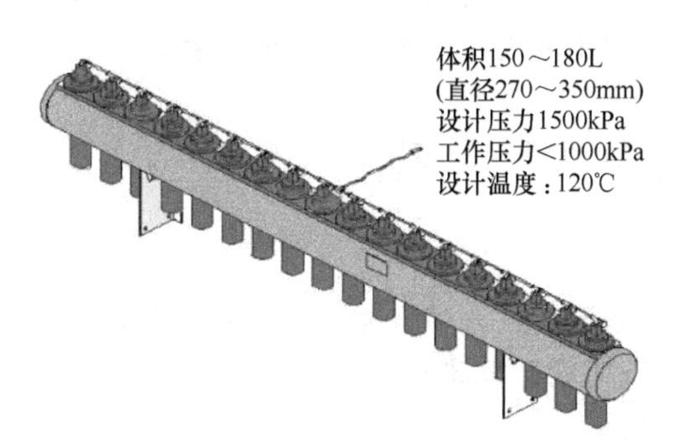

图 6-96 阿尔斯通除尘器的气包

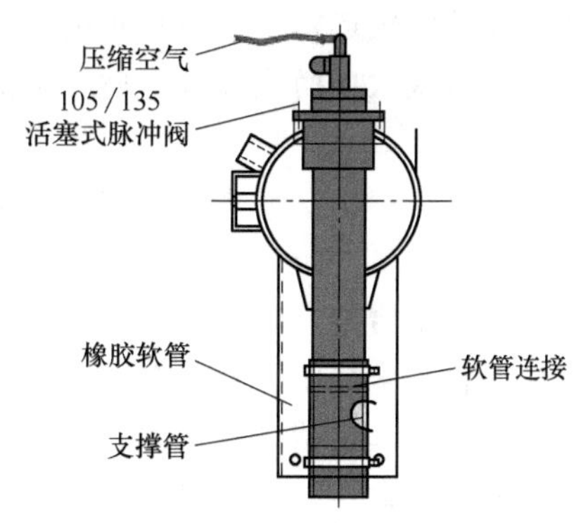

图 6-97 脉冲阀输出管与喷吹管的连接

阿尔斯通脉冲袋式除尘器的最大优点在于清灰效果好，设备阻力平稳，这在很大程度上应归功于其独特的脉冲阀。有学者测试了 3in 和 4in 各 2 只活塞式脉冲阀的喷吹性能，并与不同品牌的 10 只膜片式脉冲阀（其中 3in 阀 7 只，4in 阀 3 只）进行对比。测试条件：喷吹压力为 0.3MPa，电脉冲宽为 100ms。结果列于表 6-32 中。

表 6-32 脉冲阀喷吹性能测试结果（储气罐压力 0.3MPa，电脉冲宽度 100ms）

序号	类别	口径	气脉冲宽度/ms	喷吹气量/L	输出压力峰值/MPa	输出输入压力比(%)	压力峰值时间/ms	输出压力上升速率/(kPa/ms)
1	膜片阀	3in	183	378	0.265	86.8	13	19.9
2			126	253	0.243	80.0	6	41.9
3			164	329	0.255	83.2	21	12.4
4			180	364	0.258	83.9	10	25.3
5			117	263	0.264	86.0	8	34.5
6			193	402	0.260	84.2	15	17.8
7			167	360	0.260	82.2	10	26.7
8	膜片阀	4in	214	533	0.245	79.7	13	18.3
9			287	670	0.239	77.4	21	11.5
10			227	569	0.238	77.6	20	11.7
11	活塞阀	3in	553	928	0.276	91.0	7	41.6
12			146	312	0.280	91.6	7	42.7
13		4in	475	1043	0.287	93.4	11	26.2
14			357	872	0.291	94.3	8	37.5

从表 6-32 中可见：与同规格膜片式脉冲阀相比，3in 活塞式脉冲阀的压力峰值时间要短 41%，压力上升速度则要大 65%；4in 脉冲阀的差异更大，活塞式脉冲阀的压力峰值时间要短 89%，压力上升速度则要大 1.3 倍，显然活塞式脉冲阀具有更好的清灰性能。

另外，活塞式脉冲阀具有更低的阻力：其输出压力与输入压力之比高达 91.0%～94.3%，而 3in 膜片式脉冲阀为 80.0%～86.8%，4in 膜片式阀则全部≤79.7%。

输出压力上升速率（单位为 kPa/ms）是与脉冲阀清灰能力直接关联的指标之一。活塞阀表现优异，除一个 4in 阀较差外，两只 3in 阀分别为 41.6kPa/ms 和 42.7kPa/ms，另一个

4in 阀为 37.5kPa/ms。而膜片阀中，只有第 2 号和 5 号（3in）阀与之相当，指标各为 41.9kPa/ms 和 34.5kPa/ms，其余两种规格的 8 个脉冲阀则难以望其项背。

活塞阀的的缺点是气脉冲时间过长，甚至数倍于膜片式脉冲阀。原因是关闭速度太慢，以致喷吹气量太大。而绝大部分喷气量都出现在峰值压力之后，所以是无效消耗。

第六节 电袋复合类除尘器

一、电袋复合除尘器

电袋复合除尘器是在箱体内紧凑地安装电场区和滤袋区，将静电除尘和袋式除尘两种机理有机结合在一起组成的一种新型除尘器。具有长期稳定低排放、清灰周期长、设备阻力低、滤袋使用寿命长、运行维护费用少、占地面积小、适用范围广的特点，广泛应用于电力、钢铁、水泥、化工、有色等领域，特别适用于燃煤机组高硅、高铝、高灰分、高比电阻、低硫、低钠、低含湿量的烟气工况，以及排放要求严格地区的除尘系统改造。目前，电袋复合除尘器已先后开发三代产品：第一代常规电袋复合除尘器，第二代超净电袋复合除尘器和高温超净电袋复合除尘器，第三代耦合增强电袋复合除尘器。

1. 基本原理

电袋复合除尘器的基本工作原理是利用前级电场区收集大部分的粉尘并使烟尘荷电，利用后级滤袋区过滤拦截剩余的荷电粉尘，实现烟气的净化。基本原理如图 6-98 所示。

电袋复合除尘器工作过程如下：高速含尘烟气从烟道经进口喇叭扩散、缓冲、整流，水平进入电场区。烟气中部分粗颗粒粉尘在扩散、缓冲过程中沉降落入灰斗，大部分粉尘在电场区的高压静电作用下被阳极板捕集，剩余部分粉尘随气流进入滤袋区被滤袋过滤后，烟气从袋口流出，经净气室、提升阀、出口烟箱、烟囱排放。

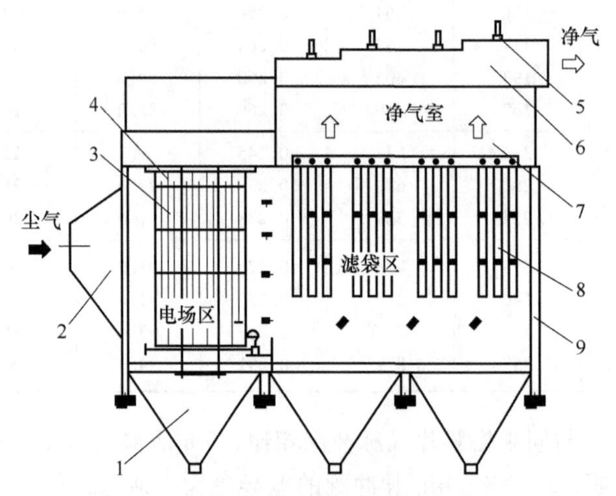

图 6-98 电袋复合除尘器的基本原理

1—灰斗 2—进气烟道 3—阴极系统 4—阳极系统 5—提升阀 6—排气烟道 7—净气室 8—滤袋和滤袋框架 9—箱体

2. 结构型式

电袋复合除尘器主要有分区复合式和嵌入式两种结构型式。

（1）分区复合式电袋除尘器　分区复合式电袋复合除尘器由电区和袋区两部分组成。根据气流走向可前后分区（见图 6-99、图 6-100）或上下分区（见图 6-101）。

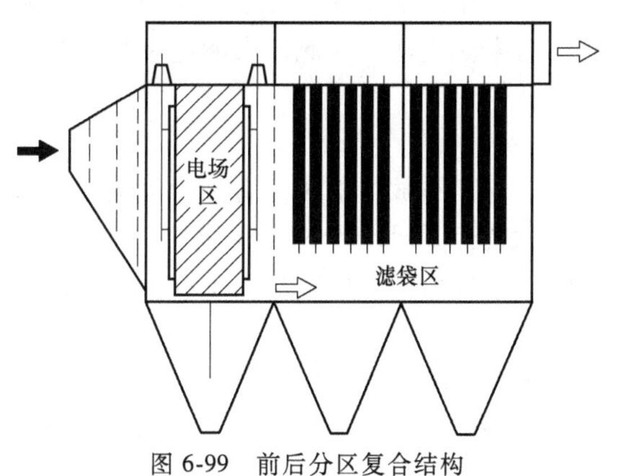

图 6-99　前后分区复合结构

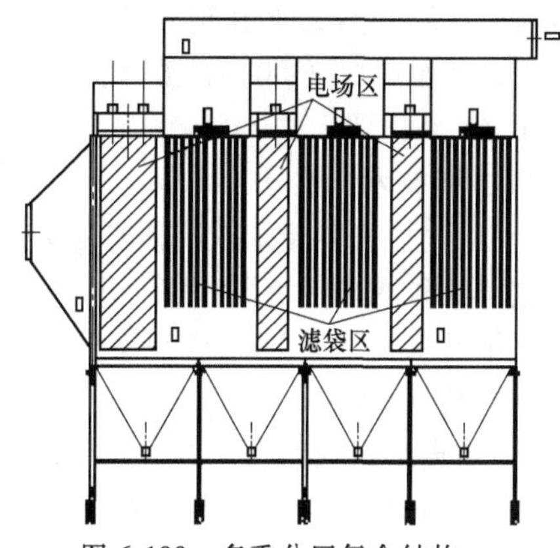

图 6-100　多重分区复合结构

前后分区复合结构具有结构简单，设备成本低，维护检修方便，综合性能良好，易于大型化等优点，得到快速推广应用，最大规格已成功应用在燃煤电站 1000MW 机组上，成为当前工程应用最主要的型式。该结构型式通常称为前电后袋整体式电袋技术，除尘器称为常规电袋复合除尘器，截止 2020 年 12 月，配套应用到燃煤机组超过 2.8 亿 kW，占煤电总装机容量约 26%。为提高末端滤袋区粉尘的荷电量，电场区、滤袋区可多重布置，形成了多重分区复合结构型式，但该结构相当复杂，性价比较低。

上下分区复合结构具有结构紧凑、占地小特点，适合用于场地小、布置受限的小型化工程。

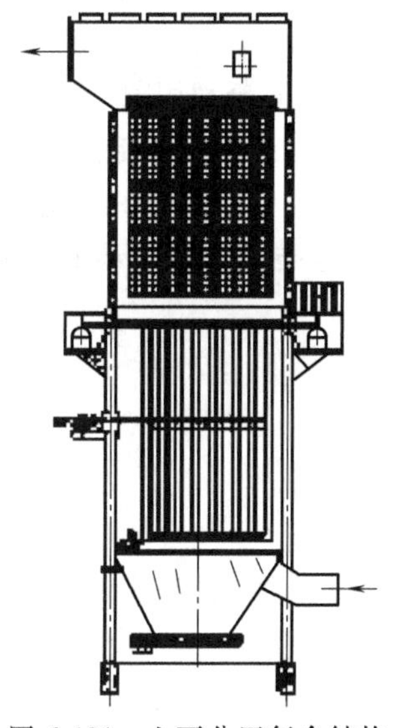

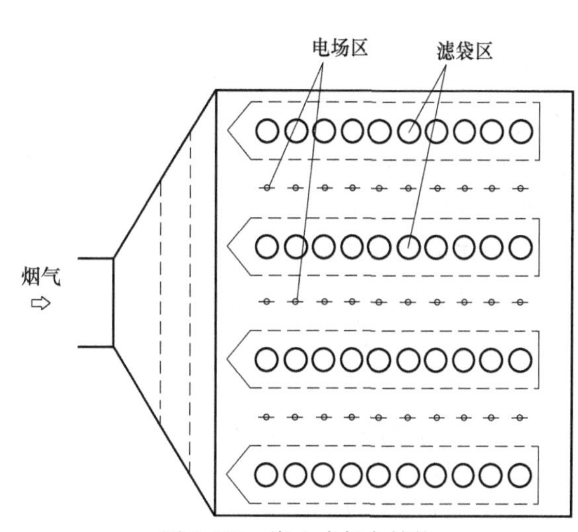

图 6-101　上下分区复合结构

图 6-102　嵌入式复合结构

（2）嵌入式复合结构　美国北达科他州立大学能源与环境研究中心（EERC）在粉尘荷电与粉尘过滤的试验研究中发现：粉尘荷电后，随运动时间或距离的延长，荷电量存在衰减现象。为了缩短粉尘荷电后的运动时间或距离，在 20 世纪 90 年代开发了如图 6-102 所示的嵌入式电袋复合除尘器（AHPC），其电场的阴阳极同滤袋相间交错布置，大幅度缩短了电袋之间的距离以及荷电粉尘到达滤袋的时间，突显荷电粉尘的过滤优势。该技术在燃煤电厂和水泥生产线开始工业示范应用，但由于对其中某些技术问题尚未深入了解，运行一年后阻力升高，甚至超过2000Pa，滤袋大量破损，工业应用未获成功，因此，未能进一步得到推广应用。

3. 主要技术特点

1）除尘性能不受烟灰特性等因素影响，长期稳定超低排放。电袋复合除尘器的除尘过程由电场区和滤袋区协同完成，出口排放浓度最终由滤袋区来保证，对粉尘成份、比电阻等特性不敏感，适应工况条件更为宽广，除尘效率高，颗粒物排放浓度可长期稳定保持在$10mg/m^3$甚至$5mg/m^3$以下。

2）捕集细颗粒物（$PM_{2.5}$）效率高。电袋复合除尘器的电场区使微细颗粒尘发生电凝并，滤袋表面粉尘层的链状结构，对$PM_{2.5}$具有良好的捕集效果。多个燃煤电站电袋复合除尘器实测表明，对$PM_{2.5}$的脱除效率可达98.1%~99.89%。

3）设备阻力低。由于前级电场的除尘与荷电作用，仅有少量粉尘进入滤袋区，滤袋单位面积处理的粉尘负荷量很低；特别是荷电粉尘形成的粉尘层结构疏松，透气性好，容易清灰。因此，在相同的工况条件和清灰制度下，电袋复合除尘器比纯袋式除尘器的设备阻力上升速度明显缓慢，设备阻力更低。

4）滤袋破损率低，使用寿命长。袋式除尘器滤袋破损主要有两种原因：第一是物理性破损，由粉尘的冲刷、滤袋之间相互碰撞、摩擦及其他外力所致，造成滤袋局部性异常破损；第二是化学性破损，由烟气中化学成分对滤袋产生的腐蚀、氧化、水解作用，造成滤袋区域性异常破损。电袋复合除尘器由于自身的优势，前电为后袋起了缓冲保护作用，进入滤袋区的粉尘浓度较低、粗颗粒尘很少，并且清灰频率降低，从而有效减缓了滤料的物理性及化学性破损，延长使用寿命。

5）运行稳定、能耗低。电袋复合除尘器由于其独特结构，充分利用前级1~2个电场高效去除约80%的粉尘，大大降低进入袋区的粉尘浓度，且电场区高压能耗低；特别是前级电场作用使进入袋区的粉尘荷电，在滤袋表面形成疏松的粉饼层，剥离性好，通过设置合理的清灰制度，可大大降低设备阻力，且清灰能耗低。因此，电袋复合除尘器具有运行稳定、设备能耗低等优点。

4. 主要技术性能参数

1）处理工况烟气量：$\leqslant 600\times10^4 m^3/h$；

2）烟气温度：≤250℃（常规电袋），≤800℃（高温电袋）；

3）允许最大进口含尘浓度：$2000g/m^3$（标态、干基）；

4）过滤风速：≤1.3m/min（常规电袋），≤1.0m/min（超净电袋），≤1.8m/min（耦合增强电袋）；

5）出口颗粒物排放浓度：$\leqslant 20mg/m^3$（标态、干基）（常规电袋），$\leqslant 10mg/m^3$或$5mg/m^3$（标态、干基）（超净/高温超净电袋），$\leqslant 3mg/m^3$（标态、干基）（耦合增强电袋）；

6）设备阻力：≤1200Pa（常规电袋），≤1100Pa（超净/高温超净电袋），≤950Pa（耦合增强电袋）；

7）滤袋使用寿命：≥4 年（化纤滤袋），≥8 年（合金滤袋）；

8）漏风率：<3%。

5. 超净电袋复合除尘器和高温超净电袋复合除尘器

随着超低排放要求在燃煤电厂全面实施，并向非电行业延伸，国内研究单位和企业通过对电袋复合除尘器进行不断技术创新和升级，开发出超净电袋复合除尘器和高温超净电袋复合除尘器，满足颗粒物超低排放的要求。

超净电袋复合除尘器是常规电袋复合除尘技术基础上进行技术创新，突破了两区最佳耦合匹配、高均匀多维流场、微粒凝并、高精过滤等多项关键技术而开发出的新一代电袋复合除尘技术，可实现除尘器出口烟尘浓度长期稳定小于 $10mg/m^3$ 甚至 $5mg/m^3$，最大设备阻力低于 1100Pa，滤袋使用大于 5 年。以超净电袋复合除尘器为核心、不依赖二次除尘已成为煤电超低排放主流的技术路线。截止 2020 年 12 月，超净电袋复合除尘器成功应用到燃煤机组超过 4 万 MW。

高温超净电袋复合除尘器是在常规电袋、超净电袋基础上，通过大量的实验室试验研究和工程实践经验总结，并再次突破低阻长寿命合金滤料、高温材料及结构设计等关键技术，成功开发的新一代高温除尘装备。适用于非电行业的高温烟气以及工况复杂、高难的烟气治理和有价值物料回收，涉及有色（氧化铝、铜、铅、锌、钛白粉）、钢铁、水泥、化工等领域，可长期稳定实现颗粒物排放浓度低于 $10mg/m^3$ 甚至 $5mg/m^3$ 的超低排放。截止 2020 年 12 月，高温超净电袋复合除尘器成功应用于氧化铝焙烧炉烟气治理超过 90 台套，产能约 100000t/d。

6. 耦合增强电袋复合除尘器

我国前电后袋整体式电袋复合除尘器技术成熟、应用广泛，很好地实现了分级、复合除尘等多种功能。美国 EERC 开发的 AHPC 技术，其特点是在增强粉尘荷电上具有更好的效果。2010 年我国某企业独家引进美国 AHPC 技术，并在国家重点研发计划课题支持下，研究集两者共同优势的新结构形式和关键技术，成功开发全新的紧凑型耦合增强电袋复合除尘技术和装备，实现除尘器出口烟尘排放浓度长期稳定小于 $3mg/m^3$、设备阻力低于 950Pa。耦合增强电袋复合除尘器通过在 AHPC 混合区前增设前级电场，并对混合区结构进行优化，充分利用前级电场能有效降低混合区的入口浓度的优势，又利用 AHPC 的增强粉尘荷电和凝并技术，改变粉尘荷电特性及分布，增强荷电粉尘的过滤效应，从而提高细颗粒物捕集效率，降低设备阻力。总体结构原理如图 6-103 所示。该技术具有结构紧凑、过滤风速高、细颗粒物捕集效率高、运行阻力低、滤袋更换及维护费用低等优点，已成功应用于燃煤锅炉 50MW 和 350MW 机组上。

超净电袋复合除尘器、高温超净电袋复合除尘器和耦合增强电袋复合除尘器的工程应用实例已分别纳入本手册第十四章第四、第五节。其中：超净电袋见**【实例 14-56】**、**【实例 14-59】**；高温超净电袋见**【实例 14-37】**；耦合增强电袋见**【实例 14-61】**。

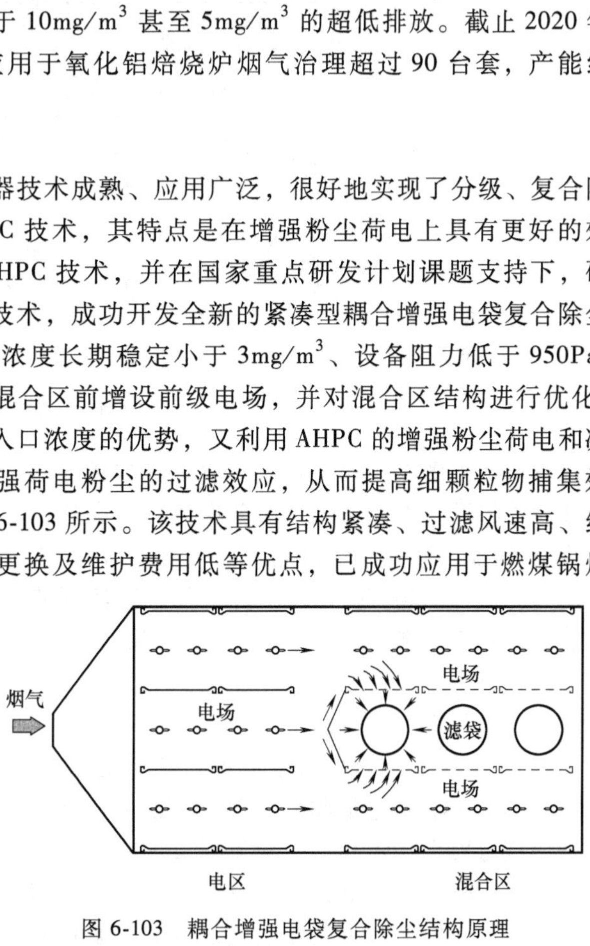

图 6-103　耦合增强电袋复合除尘结构原理

二、预荷电袋式除尘器

预荷电袋式除尘器是将粉尘预荷电、直通式脉冲袋式除尘、超细纤维表面过滤等技术耦合的装置，其结构如图6-104所示。该装置可使烟气中细颗粒物预荷电，荷电后的粉尘在滤袋表面形成一种多孔、疏松的海绵状粉饼，可强化过滤时细颗粒物的布朗扩散和静电作用，提高碰触几率和吸附凝并效应，从而提高细颗粒物净化效率。同时，利用海绵状粉饼透气性好和直通式袋式除尘器阻力低的特点，可大幅度减少装置设备阻力，降低运行能耗。采用超细纤维面层滤料可实现表面过滤，减少细颗粒物进入滤料内部，防止$PM_{2.5}$穿透逃逸，稳定实现超低排放。

预荷电袋式除尘器的设计理念是使粉尘充分荷电，并利用荷电粉尘在滤袋表面出现的变化而提高对$PM_{2.5}$的捕集效率，并降低袋式除尘器的阻力。

预荷电袋式除尘器主要由预荷电装置和袋式除尘装置两大部分组成。对于新建袋式除尘器，将预荷电装置安装在袋式除尘器进气喇叭口内或进口部位，与袋式除尘器有机结合，形成复合式预荷电袋滤器（见图6-104）；对于传统袋式除尘器改造，预荷电装置安装在中间

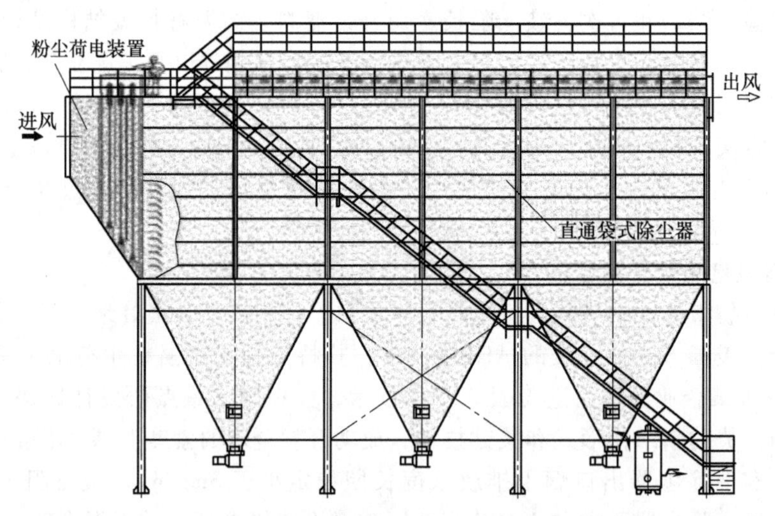

图6-104 预荷电袋滤器（新建）

进风部位（见图6-105）。在预荷电装置与袋滤除尘装置之间设有百叶窗式气流分布板，以合理分布含尘气流，控制滤袋迎风面的风速不大于1.2m/s，确保滤袋不受冲刷。含尘气体流经预荷电装置，使粉尘充分荷电，然后经滤袋除去粉尘，净气向上前往净气通道，并从尾端排出。

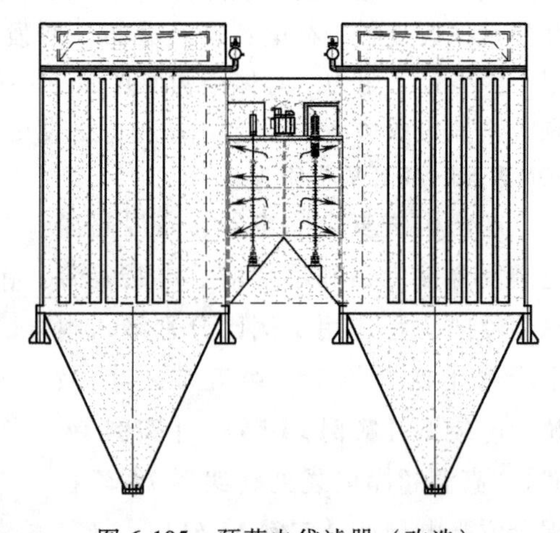
图6-105 预荷电袋滤器（改造）

对粉尘预荷电的基础试验表明：在阳极宽度为200mm条件下，粉尘荷电时间（电场停留时间）仅需0.1s，荷电饱和度为90%；粉尘荷电后滤袋的压力损失比不预荷电时降低20%~40%不等，粉尘负荷越大，阻力降低越明显；粉尘预荷电后，无论气体相对湿度高或低，粉尘对滤料的

穿透率均低于不荷电时，预荷电后粉尘捕集效率提高 15%~20%不等。

赋予荷电装置的功能很单纯：仅仅使粉尘荷电，不要求很高的除尘效率或捕集大量粉尘。因而结构简单，体积很小，与分区组合电袋除尘器设 1~2 个电场相比，钢耗和占地面积显著减少（见图 6-106）。

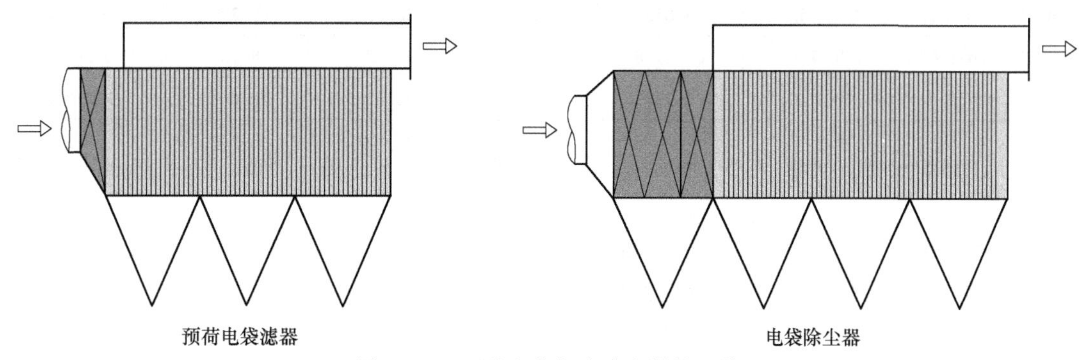

图 6-106 两种电袋复合除尘器的比较

滤袋清灰采用了“自适应智能控制”技术，该技术关键是开发新的自动控制软件，对传统的喷吹清灰制度进行创新，从常规的脉冲阀“顺序清灰”转变为“跳跃清灰”，从常规的“一阀单喷”转变为“一阀多喷”和“多阀联喷”。图 6-107 所示为一阀多喷装置，其中图 6-107a 为外形，图 6-107b 为结构。此项技术的优点是避免了滤袋过度清灰而导致的 $PM_{2.5}$ 穿透；减少滤饼破碎，减少粉尘对滤袋再附着；袋式除尘器运行工况平稳、阻力更低，能耗减少。

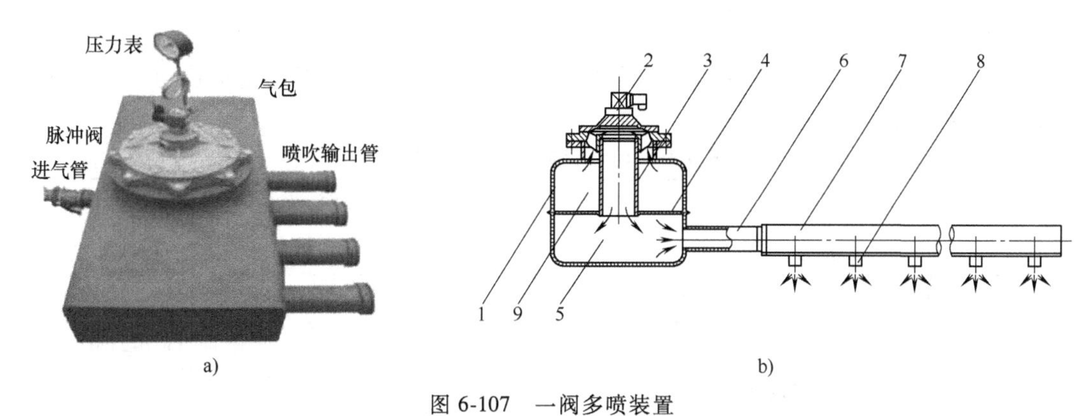

图 6-107 一阀多喷装置

1—气包 2—电磁脉冲阀 3—喷吹输出总管 4—气包隔板 5—输出分配间 6—喷吹输出管 7—喷吹管 8—喷嘴 9—稳压间

一些袋式除尘器的滤袋接口往往严密性不足，致使微细粒子泄漏；有的袋口不易安装牢固，造成滤袋脱落。该预荷电袋式除尘器采用一种高严密性滤袋接口（见图 6-108），在消化国外技术基础上，强化了迷宫式密封，显著提高了滤袋接口的严密性和牢固性，已成功应用于除尘工程。

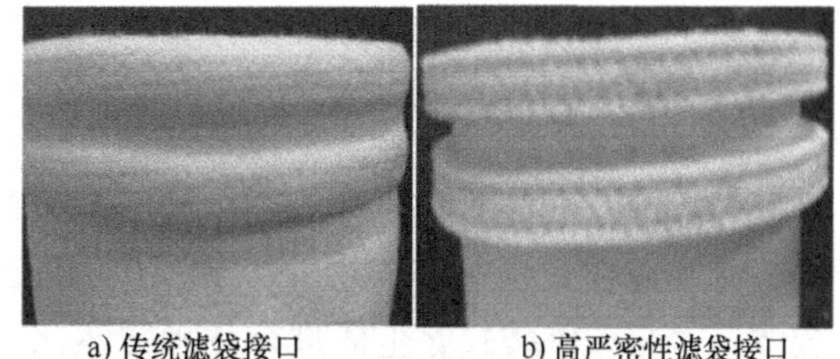

a) 传统滤袋接口　b) 高严密性滤袋接口

图 6-108 滤袋接口比较

滤袋材质采用海岛纤维滤料，以提高 $PM_{2.5}$ 的捕集率。该滤料的滤尘性能列于表6-33。

表6-33 海岛纤维滤料的滤尘性能

粒径/μm	0.3	0.5	1	3	5	10
第一次效率(%)	75.7791	81.5369	91.6250	98.8126	98.4768	100.0000
第二次效率(%)	76.4559	83.0351	91.7978	98.5306	98.7735	98.0392
第三次效率(%)	76.7194	82.2178	92.1334	98.5599	98.7326	100.0000
平均效率(%)	76.3181	82.2633	91.8521	98.6344	98.6610	99.3464

测试结果表明，滤料对3μm粒子的捕集效率>98%，对2.5μm粒子的捕集效率为96.9%。

【实例6-6】 预荷电袋式除尘器已成功应用于处理2台180T转炉二次烟尘，2015年2月投运。实测所得两台除尘器运行参数列于表6-34。处理风量为2×60万 m^3/h；粉尘排放浓度<10mg/m^3；$PM_{2.5}$ 微细粒子捕集率为99.76%；设备阻力持续为700~950Pa，比常规除尘器低40%，节能效益显著。

表6-34 预荷电袋式除尘器实际运行结果

名称	除尘器1		除尘器2	
	实测	在线连续监测	实测	在线连续监测
处理烟气量/(m^3/h)	530818~610281	—	531721~582010	—
粉尘排放浓度/(mg/Nm^3)	8~9	7~9	9~10	8~9
设备阻力/Pa	750~1090	700~950	900~1050	800~1000
漏风率(%)	1.37	—	0.96	—

将预荷电袋滤技术与传统袋式除尘器进行技术经济比较（处理风量均按60万 m^3/h 考虑），对比结果见表6-35。

表6-35 两种除尘器技术经济比较

序号	项目	复合式预荷电袋滤器	传统袋式除尘器
1	处理风量/(m^3/h)	60×10^4	60×10^4
2	排放浓度/(mg/m^3)	4~9	20~30
3	运行阻力/Pa	700~950	1500~2500
4	$PM_{2.5}$ 捕集效率(%)	99.3	—
5	总除尘效率(%)	99.8	99.0
6	年均检修费用/万元	10	18
7	除尘器能耗/kW	233	513
8	电费/(万元/年)	114.08	251.16

可见，预荷电袋滤器的排放浓度远小于国家标准限值，运行能耗比常规传统除尘器相比降低54%，除尘设备每年节约电费137.08万元/年，经济效益显著，3年收回投资。将预荷电袋滤技术与传统袋式除尘器进行技术方案比较（处理风量均按120万 m^3/h），对比结果见表6-36。可见，预荷电袋滤器在占地面积、外形尺寸、灰斗数量、阀门数量等方面的指标均

优于传统袋式除尘器。

表 6-36　两种除尘器技术方案比较

项　　目	传统袋式除尘器	预荷电袋式除尘器
处理风量/(m^3/h)	1200000	1200000
占地面积/m^2	833.52	538.2
除尘器长度/m	60.4	41.4
除尘器宽度/m	13.8	13
灰斗数量/个	20	12
输灰装置/套	20	12
阀门个数/个	80	0
脉冲阀数量/个	520	308

预荷电袋式除尘器目前已成为钢铁行业转炉和电炉炼钢烟气超低排放的主流设备，工程应用百余套。

三、电袋分区组合水平扁袋除尘器

电袋分区组合水平扁袋除尘器结构如图 6-109 所示。其前级为传统电除尘器的高压静电场，后级为滤袋区域。

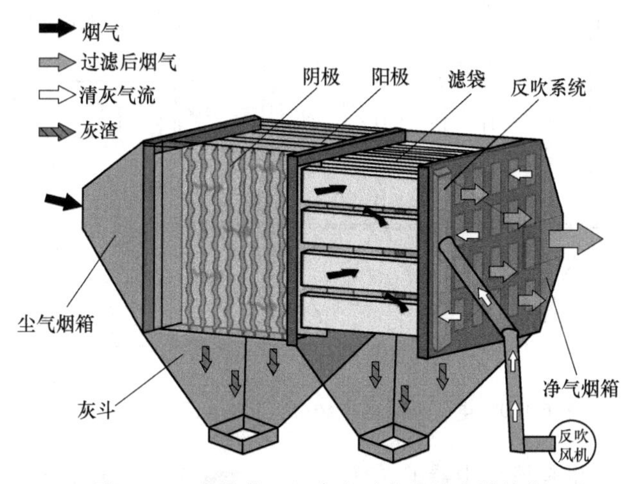

图 6-109　电袋分区组合水平扁袋除尘器结构

电除尘区按处理烟气量大小配置电场个数及比集尘面积；电区电场比集尘面积遵循 HJ2529—2012《电袋复合除尘器》环保部标准，标准见表 6-37。

表 6-37　除尘器电场区比集尘面积

处理含尘气体量 Q（标况：10^4m^3/h）	$Q \leqslant 34$	$34<Q \leqslant 68$	$68<Q \leqslant 102$	$102<Q \leqslant 136$	$Q>136$
处理含尘气体量 Q（工况 130℃：10^4m^3/h）	$Q \leqslant 50$	$50<Q \leqslant 100$	$100<Q \leqslant 150$	$150<Q \leqslant 200$	$Q>200$
比集尘面积/[m^2/(m^3/s)]	≥20	≥25	≥30	≥35	≥40

滤袋区域设有：滤袋；用于固定滤袋的支撑框架；滤袋接口装置；清灰系统等。

滤袋为扁平形，取外滤方式。其特殊之处在于不是垂直安装，而是水平置于袋区中。过滤风速通常设定为≤1.0m/min。含尘气流进入除尘器后首先在电区除去部分粉尘，其余的荷电尘粒由烟气携带进入袋区，滤袋将继续完成烟气的净化。除去粉尘后的洁净烟通过净气烟箱排出。

滤袋的清灰依赖带反吹风机的喷嘴反吹装置，清灰介质为洁净烟气。从除尘器后部净气喇叭或烟道上接引洁净烟气，经反吹风机加压后输入气箱，并经气箱竖向喷嘴对应于每层滤袋出口反吹清灰。在反吹气流通往通气箱的管道上设有脉动阀，使气流通过时产生脉动气团，以增强清灰效果。

采用扁平形滤袋与采用圆形滤袋相比，相同过滤面积所需的除尘器空间可节省约70%。在电改袋工程中，无论原电除尘器有几个电场，袋区都只需占用最后一级电场即可，其余电场都可保留（见图6-110），因而工程量小、造价低，而且工期短、进度快。

电区出口与袋区入口距离很短（见图6-111），粉尘颗粒在所获电荷损失很小的情况下便进入袋区，因而积附在滤袋表面的粉尘层疏松、易清灰，过滤阻力低；另外，烟气从电区进入袋区为平进、平出，气流分布均匀且流速缓慢。设备阻力在运行初期为600Pa以下，在滤袋4年寿命期内不超过1000Pa。

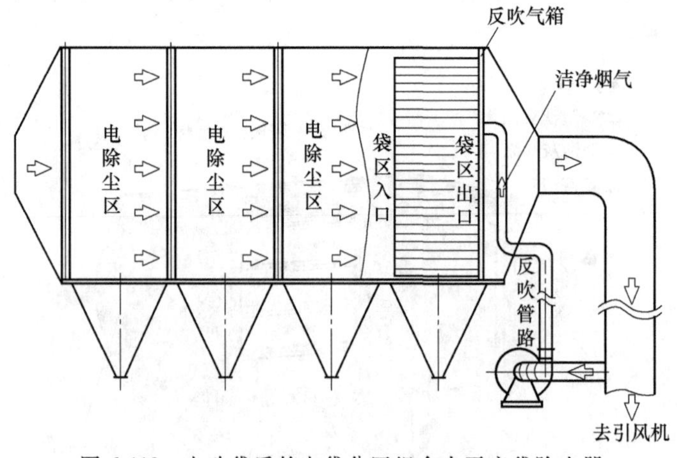

图6-110 电改袋后的电袋分区组合水平扁袋除尘器

含尘气流分布均匀也是该除尘器的一个特点。电区出口与袋区入口面积相当，其间的过渡段没有障碍物（见图6-111），滤袋为层列布置，各条滤袋之间的粉尘负荷均匀，从而避免或减少了含尘气流对滤袋的冲刷，解决了滤袋易破损的问题，显著延长了滤袋的整体使用寿命。

图6-111 电袋分区组合水平扁袋除尘器电区和袋区过渡段（实况）

电袋分区组合水平扁袋除尘器曾于1998年获得专利，专利名称为“高压静电滤槽卧式复合除尘器”（专利号：ZL98 2 12172.5）。该种除尘器已用于 50MW、135MW、200MW 机组的燃煤烟气净化，其中于 2014 年 8 月用于河北某电厂 8 号机 200MW 机组电除尘提效改造工程，以清灰周期长（12h 左右）、设备阻力低（≤600Pa）、排放完全达到≤20mg/Nm^3 的环保指标，赢得了用户的好评。

第七节　特种袋式除尘器

一、折叠滤筒除尘器

1. 折叠滤筒除尘技术发展概况

折叠滤筒在国外于 20 世纪 70 年代开发，属于刚性体过滤元件，适用于常温微尘空气净化过滤，折密度大，面积放大倍数可达 5~7 倍，不予清灰再生、一次性使用，以后逐渐移植用于工业气体过滤。该项技术较有成就的是美国毕威（BHA）和唐纳森公司。毕威滤筒以纺粘聚酯毡料为主，也有覆 PTFE 膜，用冲孔镀锌板做内芯，折幅 13~35mm，筒长 1~2m，大多应用于料仓、气力输送等小机组除尘；唐纳森公司研发 ultra-web 纳米纤维覆层滤料制作折叠滤筒，更具高效低阻的特点，为 RFW 型回转反吹袋式除尘器专门制作装备椭圆形折叠滤筒，予以清灰再生，广泛用于粮食、纺织、制药、烟草、化工等工艺领域。折叠滤筒的基本结构如图 6-112 所示。

2. 折叠滤筒除尘器的结构性能特点

滤筒式除尘器的最大特点是选用刚性滤筒代替柔性滤袋，按水平或垂直方式布置在箱体内，滤筒采取外滤形式，粉尘阻留在滤筒的外表面，净化后气体从滤筒内部汇集至净气室排出，采用压缩气体脉冲喷吹清灰。滤筒除尘器结构紧凑，大多直接安装在仓顶或室内，占地少。但存在根本的缺点：一是滤筒折缝太密，滤筒捕集的粉尘嵌入折谷不容易被清除，从而使部分过滤面积堵塞失效；二是滤筒如采用横向放置形式，上层滤筒清离的粉尘落在下层滤筒表面，进一步损失过滤面积。常用的 MLT 型脉冲清灰滤筒除尘器的基本结构型式如图 6-113 所示，型号规格和性能参数见表 6-38。

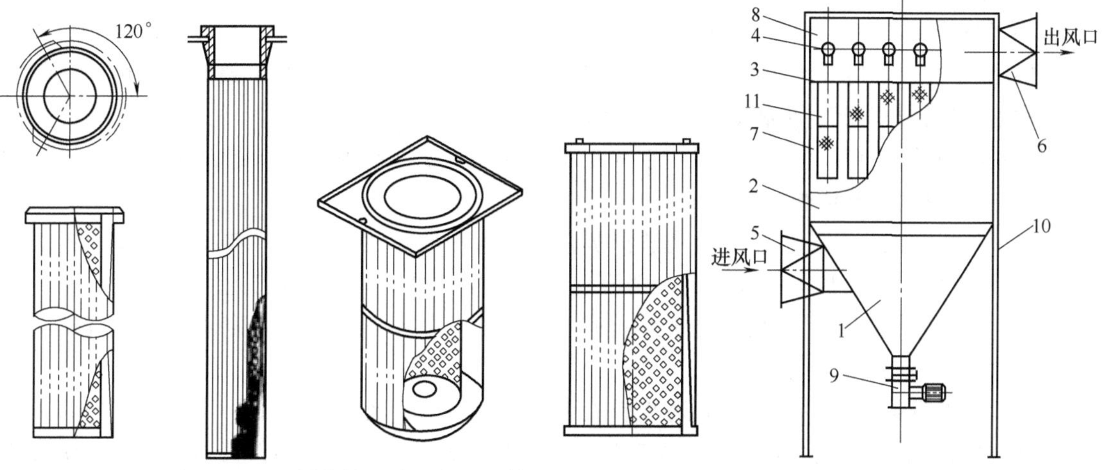

图 6-112　不同结构型式的折叠滤筒

图 6-113　MLT 型脉冲清灰滤筒除尘器
1—灰斗　2—箱体　3—花板　4—脉冲清灰装置
5—进风口　6—出风口　7—尘气室　8—净气室
9—卸灰装置　10—支架　11—滤筒

表 6-38 MLT 型脉冲清灰滤筒除尘器规格和性能参数

型号规格	MLT10	MLT15	MLT20	MLT25	MLT30	MLT35	MLT40
单组过滤面积/(m²/组)	2×24						
滤筒数量/组	36	54	72	90	108	126	144
过滤面积/m²	1728	2592	3456	4320	5184	6048	6912
灰斗数量/个	1				2		
清灰方式	在线、定时、脉冲喷吹						
喷吹压力/MPa	0.3						
设备阻力/Pa	600~800						
清灰耗气量/(m³/min)	0.72	1.08	1.44	1.80	2.16	2.52	2.88
入口含尘浓度/(mg/Nm³)	≤100						
出口含尘浓度/(mg/Nm³)	≤0.2						
外形尺寸/m	1.6×3.6×5.5	2.4×3.6×5.5	3.2×3.6×5.5	4.0×3.6×5.5	4.8×3.6×5.5	5.6×3.6×5.5	6.4×3.6×5.5
设备质量/t	10	15	20	25	30	35	40

3. 折叠滤筒除尘器的创新开发

我国在20世纪末引进折叠滤筒，至今已有20多家企业生产这项产品。但走过一段盲目跟风的弯路，提供的产品折幅深、折密度大、间隔宽窄不均、有些挤碰一起，制作工艺粗糙，用于工业烟尘过滤，成功者不多。

工业烟尘的特点是浓度高、粘性大，除尘器需要不断地清灰再生，连续使用，适宜采用表面过滤元件。这与依靠体过滤、不需清灰再生、仅一次性使用的空气过滤器在本质上是不一样的。因此，工业烟尘用折叠滤筒除尘器，不应专注于“增加过滤面积”，更要综合考虑“高效过滤、易清灰、低阻力和延长使用寿命”。

华南某环保公司于2009年引进德国折叠滤筒生产技术，经过10多年探索并进行市场调研，结合我国超低排放政策导向，深入了解各种工业烟尘的性状特点，有针对性地开展实验室试验研究，改进传统滤筒结构，完善生产工艺，研发适用于工业烟尘超低排放用的创新型（或称第二代）优氪迅®折叠滤筒。主要创新点：

1）滤料选型创新：优先选用超细面层梯度结构极滤®精细滤料，综合性能优于纺粘滤料、纤维素滤料以及覆膜滤料；

2）折形和成型工艺创新：合理选择折幅、折角和放大倍数，通过实验室试验，针对不同性状粉尘特点确定基本型式、制定选型规则，研发全自动折叠成型工艺；

3）定隔工艺创新：在精细化折叠成型工艺基础上，开发热熔绑带定隔专用模具，实现折间距控制公差±0.3mm；

4）支撑框架创新：开发多孔薄板螺旋无焊接高强低阻轻型骨架及专用自动生产线。

针对工业烟尘高温、高浓度、大气量、超低排放的治理要求，该产品从单纯滤筒研发进一步扩展到滤筒除尘器整体技术性能研究，包括：滤料过滤性能、滤筒清灰性能、滤筒安装及袋口密封技术等，进一步扩展折叠滤筒系列产品，完善滤筒选型规则，修订滤筒除尘器标准，全面提升滤筒除尘器的高效、低阻、长寿命的综合性能，扩大推广应用领域。

优氮迅®折叠滤筒的结构型式如图 6-114 所示，已形成筒径 ϕ130～160mm、筒长L2000～4000mm，分为标准型和易清灰型的两个系列产品规格。

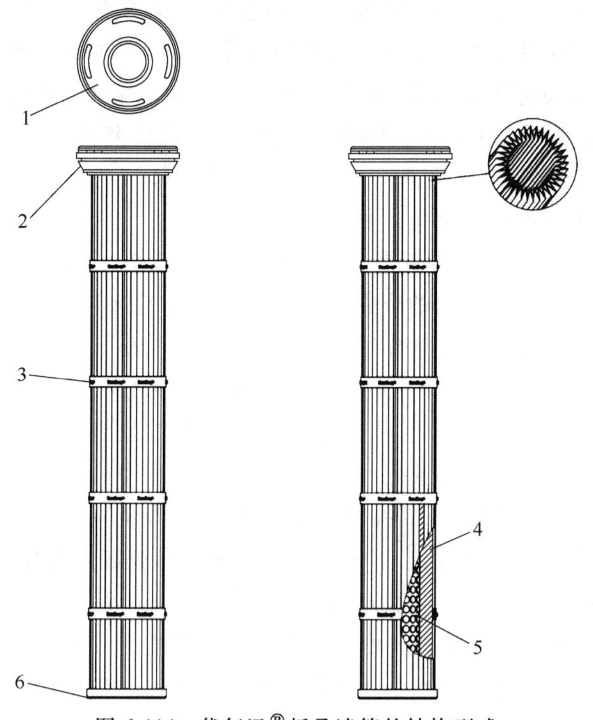

图 6-114　优氮迅®折叠滤筒的结构型式

1—高分子顶盖　2—袋口密封圈　3—定隔绑带　4—折叠硬挺滤料　5—轻型骨架　6—高分子底盖

折叠滤筒除尘器特别适用于现有除尘装置的超低排放达标改造，图 6-115 为在同一箱体内，滤袋与滤筒的安装排布对比图。可见改用折叠滤筒后，在同样袋室内不仅可以增加过滤面积，相应地降低过滤速度，提高过滤性能，还可以腾出下部空间作为沉降室，起到一次除尘作用，有利于均布上升气流并减弱对袋底的冲刷，延长滤筒使用寿命。

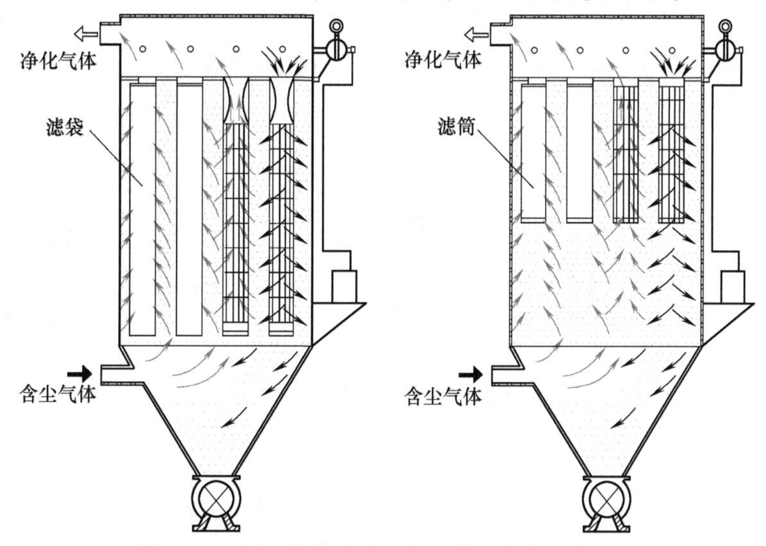

图 6-115　同一箱体内滤袋与滤筒的安装排布对比

2019年4月，在国家生态环保部等五部委联合发布的《关于推进实施钢铁行业超低排放的意见》中，明确提出“滤筒除尘器作为实现超低排放的先进技术之一”，鼓励选用。2019年12月26日，由中国金属学会组织通过该项成果技术鉴定，给予高度评价“整体达到国际先进水平，长滤筒等间距成型技术达到国际领先”。该项技术于2010年入选生态环境部发布的《国家先进污染防治技术目录（大气污染防治、噪声与振动控制领域）》，2019年入选工信部《国家鼓励发展的重大环保技术装备》，2021年入选《产业基础发展目录》，2020年列入《钢铁企业超低排放改造技术指南》鼓励技术。

4. 优氪迅®折叠滤筒除尘器工程应用

2019年7月，华东某钢铁公司新受铁除尘优化升级改造项目首先选用创新型折叠滤筒全部替换原装滤袋，收到立竿见影的环保节能效果，随后相继对炼钢单元其他10套除尘系统实施相应改造，使用优氪迅®折叠滤筒54986支，过滤面积329153m^2。

2019年底，华北某钢铁公司6#高炉新建出铁场除尘系统，处理烟气量为100万m^3/h，直接选用优氪迅®折叠滤筒。2019年11月投运，至今高效低阻运行，除尘器出口排放浓度长期稳定在2.0mg/m^{3}左右，设备阻力小于800Pa。

2020年底，某钢铁公司钢轧分厂参照上述工程的成功经验，陆续对7套除尘系统全部进行了提标改造，其中最先完成改造的一套除尘系统，设备阻力由原来最高1700Pa下降到稳定低于700Pa，颗粒物排放浓度均值为3.0mg/m^3。

优氪迅®创新型折叠滤筒在钢铁、水泥、有色、铸造等多个行业得到全面推广应用，并远销国外，至今累计已有400多个成功应用实例，对我国“打赢蓝天保卫战”起着重要作用。

【实例6-7】 华东某钢铁公司新受铁除尘优化在线改造项目

该除尘系统原设计风量为800000m^3/h，配置脉冲袋式除尘器和变频调速风机各1台。为实现智能受铁生产工艺，需在受铁坑下增设烟气捕集罩，将原先的受铁除尘工艺由坑上烟气捕集优化为坑上、坑下同时烟气捕集。由于原除尘器长期设备阻力在2000Pa以上，烟气捕集效果差，2018年实测排放浓度约在12~18mg/m^{3}之间，已不能满足2019年4月22日国家生态环保部等五部门发布的《关于推进实施全国钢铁行业超低排放的意见》（环大气[2019]35号）要求，故急需对新受铁除尘系统进行扩容增效改造。优化改造工艺流程如图6-116所示。

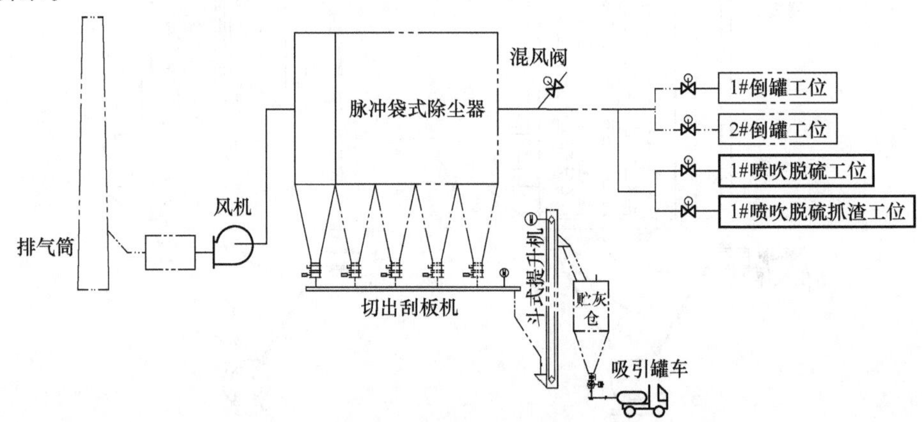

图6-116 华东某钢铁公司新受铁除尘优化改造工艺流程

这次优化改造不仅要实现粉尘排放达标，还要降低设备阻力，提高有效集尘风量，实现减排节能。但原除尘器由于占地面积限制，无法扩容改建，在详细考察评估之后，又对粉尘特性做了针对性的研究，结合多次取样测试，最终确定采用等间距大折角优氪迅®折叠滤筒整体更换原装滤袋。除尘器换袋施工仅用了 11 天，完成不停产超低排放在线改造。项目自 2019 年 11 月投运至今，一直稳定运行，捕集效率大大提升。经第三方检测，粉尘排放浓度均值为 4.4mg/m³，达超低排放要求，同时设备阻力下降 40%左右，综合能耗节省 12%，年节电 70 万 kWh 以上。

改造前后的过滤元件配置、主要技术参数及其运行性能对比见表 6-39，设备阻力曲线变化如图 6-117 所示。

表 6-39　华东某钢铁公司新受铁除尘器改造前后对比

项　　目	改造前	改造后	对比
处理气量/($10^4m^3/h$)	80	80	不变
烟气温度/℃	<120	<120	不变
除尘器类型	脉冲袋除尘器	脉冲袋除尘器	不变
过滤件类型	常规滤袋	折叠滤筒	整体更换
过滤件规格/mm	ϕ150×7500	ϕ150×3000	长度明显缩短
过滤件数量/支	3712	3712	不变
过滤风速/(m/min)	0.97	0.52	降低 46%
排放浓度/(mg/Nm^3)	12.4~16.1	≤5(4.4)	达超低排放要求
设备阻力/Pa	≥2000	1200	节省运行能耗 20%

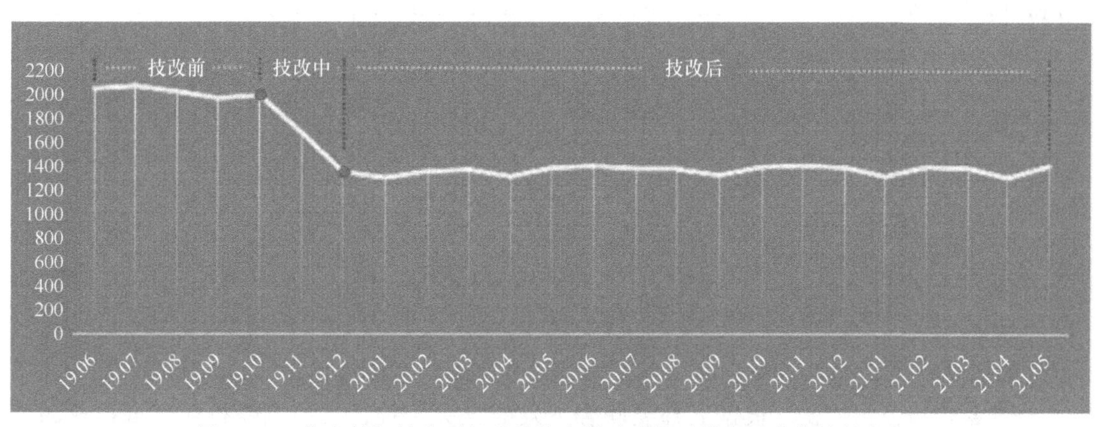

图 6-117　华东某钢铁公司新受铁除尘器改造前后设备阻力曲线的变化

【实例 6-8】　某钢铁公司钢轧分厂转炉二次除尘器提标改造项目

原有除尘系统排放达不到国家新颁布的 10mg/Nm³ 排放要求，为此决定采用折叠滤筒更换原装滤袋，以实现该除尘系统的提标改造，使其在现有工况条件下，除尘器出口颗粒物排放浓度达到≤10mg/Nm³。

提标改造采用在线更换的方式进行，不停机不停产，整个施工周期仅用了 13 天，项目实施一半的时候，除尘系统运行效果就开始体现，现场集尘罩抽吸效果明显加大，作业环境得以改善，除尘器进出口设备阻力从 1700Pa 直线下降到 700Pa。项目实施完毕后经第三方检测，粉尘排放浓度均值为 3.0mg/m³。

改造前后除尘器的过滤元件配置、主要技术参数及其运行性能对比见表 6-40，设备阻力曲线的变化如图 6-118 所示。

表 6-40 某钢铁公司钢轧分厂转炉二次除尘器改造前后对比

项 目	改造前	改造后
处理气量/(10^4m^3/h)	203	203
烟气温度/℃	<120	<120
除尘器类型	脉冲袋除尘器	脉冲袋除尘器
过滤件类型	常规滤袋	折叠滤筒
过滤件规格/mm	ϕ160×6000	ϕ160×2400
过滤件数量/支	4714	4714
过滤风速/(m/min)	1.2	0.7
排放浓度/(mg/m³)	12.4～16.1	3.0
设备阻力/Pa	1500～2000	700

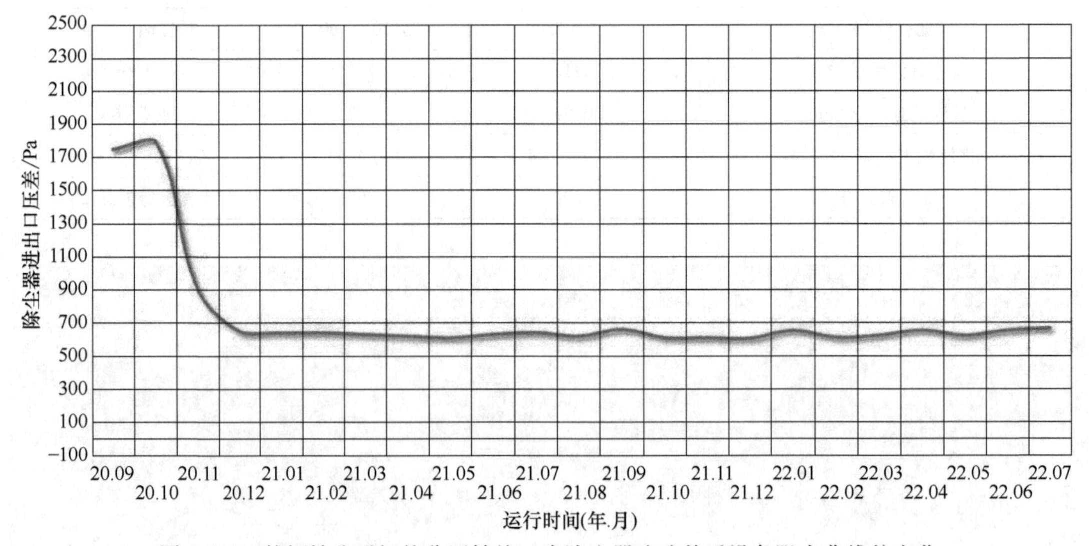

图 6-118 某钢铁公司钢轧分厂转炉二次除尘器改造前后设备阻力曲线的变化

【实例 6-9】 华北某钢铁公司 6#高炉新建出铁场除尘系统项目

华北某钢铁公司炼铁厂根据五部委联合下发的《关于推进实施钢铁行业超低排放的意见》环大气（2019）35 号文件要求，结合《钢铁企业超低排放改造技术指南》中环协（2020）4 号文件的技术指导意见，对 6#高炉配套新建高炉出铁场除尘系统项目通过可行性方案研究和预案评估，决定直接选用创新型优氪迅®折叠滤筒除尘器，以满足环保超低排放（<10mg/m³）、节能降耗的要求。

6#高炉出铁场除尘系统于 2019 年 11 月竣工投运，除尘器出口排放浓度低于 5mg/m³，设备阻力小于 800Pa，至今高效低阻运行。除尘器过滤元件配置、主要技术参数见表 6-41，设备阻力曲线的变化趋势如图 6-119 所示。至今连续运行两年半之久，阻力始终保持在 800Pa 以下。

表 6-41　华北某钢铁公司 6#高炉新建出铁场除尘系统除尘器设计选型参数

项　　目	参　　数	项　　目	参　　数
处理气量/($10^4m^3/h$)	100	过滤件数量/支	5376
烟气温度/℃	<120	过滤风速/(m/min)	0.7
除尘器类型	脉冲滤筒除尘器	排放浓度/(mg/m^3)	2.0
过滤件类型	优氪迅®折叠滤筒	设备阻力/Pa	800
过滤件规格/mm	ϕ160×2000		

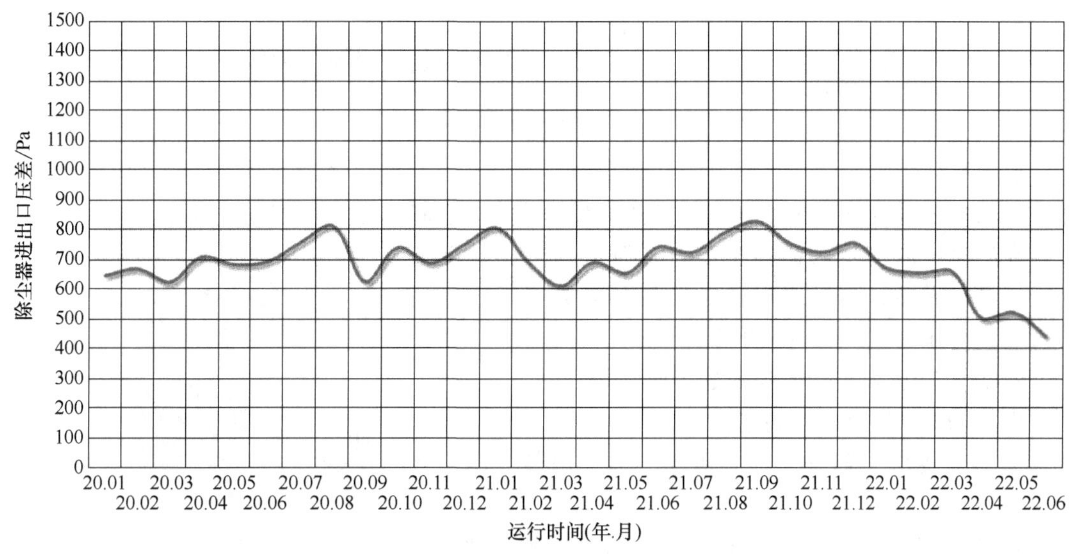

图 6-119　华北某钢铁公司 6#高炉新建出铁场除尘系统除尘器阻力变化趋势

二、高温高压陶瓷管除尘器（壳牌高温高压粉料过滤器）

1. 高温高压陶瓷管除尘器的发展背景

煤化工是指以煤为原料，经化学加工使煤转化为气体、液体和固体燃料以及化学品的过程。随着世界石油资源不断减少，煤化工有着广阔的发展前景。高温高压陶瓷管除尘器是现代煤化工生产工艺中重要的技术设备之一。

我国的现代煤化工技术主要引自壳牌公司，已有 19 家国内企业与该公司签订了技术转让协议（共 23 台气化炉），产品包括合成氨、甲醇、氢（油品）、聚丙烯、醋酸、聚甲醛等。自 2006 年 5 月国内第一套装置投产以来，至少有 14 家采用壳牌煤气化技术企业的 15 套生产装置陆续投入生产运行。

煤化工生产工艺流程如图 6-120 所示。原料煤经破碎后送至磨煤机磨成煤粉（90%<100μm）并干燥，煤粉经过常压煤粉仓、加压煤粉仓及给料仓，由高压氮气或二氧化碳气送至气化炉煤烧嘴。来自空分的高压氧气经预热后与中压过热蒸汽混合后导入煤烧嘴。煤粉、氧气及蒸汽在气化炉高温加压条件下发生碳的氧化及各种转化反应。气化炉内约 1500℃ 的高温煤气经除尘冷却后激冷至 900℃ 左右，进入合成气冷却器回收热量，副产高压、中压饱和蒸汽或过热蒸汽后的煤气进入干式除尘及湿法洗涤系统，处理后的煤气含尘量小于 $1mg/m^3$，送入后续工序。

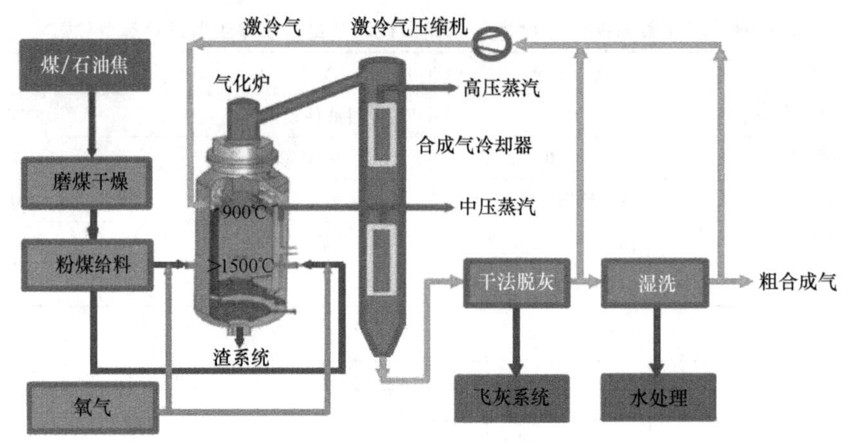

图 6-120 煤化工生产工艺流程

湿洗系统排出的废水大部分经冷却后循环使用，小部分废水经闪蒸、沉降及汽提处理后送污水处理装置进一步处理。闪蒸汽及汽提气可作为燃料或送火炬燃烧后放空。

在气化炉内产生的高温熔渣，自流进入气化炉下部的渣池进行激冷，高温熔渣经激冷后形成数毫米大小的玻璃体，可作为建筑材料或用于路基。

2. 高温高压陶瓷管除尘器的主要结构

图 6-121 所示为高温高压陶瓷管除尘器的总体结构。该除尘器主要由三部分组成：承压容器、内件、反吹和控制系统。

1）圆柱形的除器器外壳和锥形的粉尘收集罐共同构成承压容器，其总高为 21.88m，内径为 5.7m。设计压力为 4.4MPa，设计温度 380℃，材料为 Cr-Mo 钢复合 304L。

2）除尘器内件包括模块式滤芯组、主花板、文丘里管、气体分布器等部件。主花板的结构采用 Cr-Mo 钢加 304L 不锈钢复合，焊接在外壳壁上。主花板上最多有 24 个圆孔，用于安装模块式滤芯组，也可根据处理气量的变化适当减少圆孔的数量。

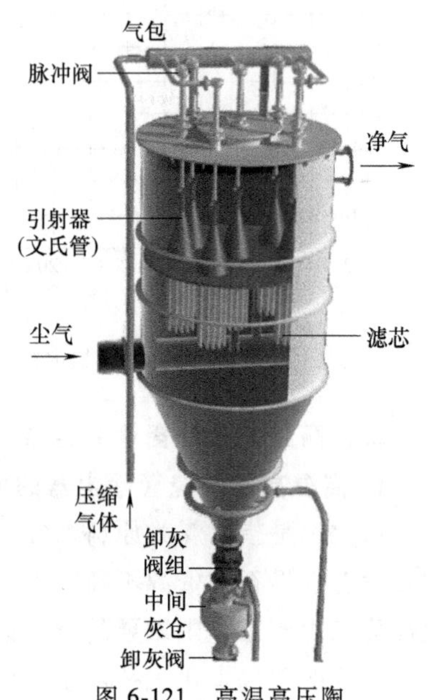

图 6-121 高温高压陶瓷管除尘器总体结构

滤芯材质为碳化硅多孔支撑骨架复合粘结 1 层高铝红柱石细过滤膜，滤芯尺寸为 $D_o/D_i \times L = 60/40 \times 1520$mm。以 48 根滤芯组成基本过滤单元，滤芯的间距为 100mm，按等边三角形阵式布置，安装在模块式滤芯组的框架内（见图 6-122）。

该框架设有花板（可名为“小花板”）和型钢制成的支撑盘架，二者各有 48 个孔洞，前者与滤芯出口端连接，并保持滤芯出口周边密封；后者则与滤芯底部伸出的定位桿配合，以保证滤芯准确定位（见图 6-123）。利用配套的框架构件，模块式滤芯组被组装成一个整体，在发货出厂、运输、吊装、拆换等环节，有利于加快进度、提高质量。

一台高温高压陶瓷管除尘器最多可有 24 个滤芯组，1152 根滤芯，总过滤面积 314.9m^2。以主花板为界，除尘器滤芯垂直悬挂在滤芯组花板上，以使花板下部含尘气侧和上部洁净气体侧相互隔开。

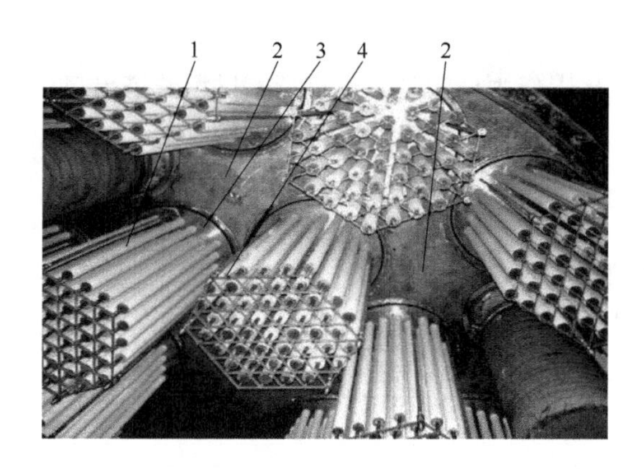

图 6-122　高温高压陶瓷管除尘器滤芯的安装
1—模块式滤芯组　2—主花板
3—小花板　4—滤芯组框架

图 6-123　高温高压陶瓷管除尘器模块式滤芯组

3）反吹气体环形管、反吹阀、仪表和控制装置。从合成气冷却器出来的富含灰尘的合成气由底部进气管进入除尘器，经气体分布器进入 4 根上升管分布，含尘气体从滤芯过滤膜的外面流向滤芯内部，气体携带的飞灰被截留在滤芯的过滤膜外表面，干净气体沿滤芯内侧通道从出口进入除尘器的净气区。

沉积于滤芯外面的粉尘由清灰气流清除。清灰时，储存于反吹气体环形管（气包）的压缩气体被反吹阀释放而形成脉冲气流，沿着与主气流相反的方向由内向外穿过滤芯壁，滤芯外表面的粉尘层被清除并落至飞灰收集锥体内。

清灰过程是同一滤芯组的 48 支滤芯同时完成。反吹气体环形管（气包）上设有与滤芯组数量相同的反吹阀，其出口各带 1 根单独的反吹管，该反吹管的出口对准除尘器内某个文丘里引射器的入口，引射器安装于主花板上，并与一个滤芯组紧密连接。文丘里引射器的作用是吸入部分洁净气体，将清灰气流的动压转换成清灰所需的静压，强化清灰效果，并使穿过每组滤芯横切面的气流分布均匀。各组滤芯定期按顺序进行清灰，以保证除尘器阻力在预计范围内。清灰频率（或清灰周期）取决于灰尘负荷、除尘器的处理流量等因素。经过除尘后，干净合成气的含尘量为 $1\sim2\text{mg/m}^3$，最大为 20mg/m^3。除灰系统的粉尘最大处理量为 3.0kg/s。

3. 高温高压陶瓷管除尘器的主要参数

1）高温高压陶瓷管除尘器主要规格：

滤芯材质：主体为碳化硅多孔材料，表面复膜为 1 层高铝红柱石细过滤膜；

滤芯规格：$D_o/D_i\times L=60/40\times1520\text{mm}$；

滤芯组拥有滤芯数量：48 支/组；

除尘器的滤芯组数量（最多）：24 组/台；

滤芯总量（最多）：1152 支；

总过滤面积：314.9m^2。

承压容器（除器器外壳和锥形的粉尘收集罐）：

内径为 5.7m，总高为 21.88m，材料为 Cr-Mo 钢复合 304L，设计压力为 4.4MPa，设计温度380℃；

反吹气体：壳牌大部分用户使用氮气或二氧化碳作为反吹气，也有厂家以湿洗塔出口合成气作为反吹气；

反吹气体压力：8.0MPa；

反吹阀的设计寿命：动作13万次。

2）工艺参数：某煤化工项目的工艺设计参数列于表6-42。

表6-42 煤化工项目的工艺设计参数

项　目	工艺设计值	设备设计值	峰值设计
合成气流量/(kg/s)	92.0	92.7	106.7
合成气密度/[kg/m³(act.)]	16.2	16.2	15.5
操作压力/MPa(g)	3.96	3.96	3.96
操作温度/℃	340	340	340
飞灰流量/(kg/s)	92.9	93.8	108.1

某煤化工项目高温高压陶瓷管除尘器的设备阻力及相应清灰间隔设计值见表6-43。

表6-43 陶瓷管除尘器设备阻力及清灰间隔设计值

设备阻力	0~20kPa	20~30kPa	≥30kPa
清灰间隔时间	35s	25s	15s

设计规定，压差超过50kPa时，联锁动作将导致系统停车。

4. 高温高压陶瓷管除尘器应用情况

我国引进的煤化工装置建成开车后，由于设计、工艺、仪表、设备等多方面原因，许多企业的高温高压陶瓷管除尘器频繁出现问题，具有较强的共性。

（1）应用中出现的主要故障

1）滤芯频繁断裂：某公司的两套气化装置在连续三年的时间里，因除尘器问题共停车63次，其中有17次是因陶瓷滤芯断裂所致。

滤芯一旦断裂，会使合成气中的粉尘直接进入下游系统，导致下游湿洗系统塔的塔盘堵塞；粉尘还会进入下游变换系统，造成变换反应器顶部板结，床层阻力上升而被迫停机，以更换催化剂。严重妨碍了装置的长周期稳定运行。

2）滤芯压差过高：在气化装置运行的后期，陶瓷管除尘器阻力过高，也成为困扰装置长周期运行的一个主要瓶颈。90%氧负荷运行时最高设备阻力曾经达到45kPa，接近改设备自动停机的联锁值。

除尘器的阻力过高将使整个系统的阻力上升，激冷气流量不足，系统负荷无法满足要求，同时还会导致花板泄漏等一系列问题。

（2）故障原因　经过分析，两种故障出自同一根源，即粉尘堆积造成的滤芯间架桥。当滤芯间飞灰集聚形成滤饼并出现架桥时，滤芯中部将受到横向剪切力作用。陶瓷滤芯质地较脆，滤芯间架桥即使产生很小的横向剪切力，也可能导致滤芯断裂。

滤芯间粉尘架桥主要由以下因素引起：煤质改变使灰分大量增加；反吹阀故障频繁且反吹管常脱落；除尘器超负荷运行；清灰采用的合成气温度不足、湿度高，导致粉尘粘性增强。

（3）改进措施　企业对高温高压陶瓷管除尘器提出的主要改进意见是，以国产金属滤芯替代陶瓷滤芯。

国产金属滤芯为整体成型、无纵向焊缝，采用非对称复合结构，基体为孔径较为粗大的骨架层，外表面为孔径细小的薄膜层。滤芯的基体与表面薄膜层的材质均为 Fe_3Al，单支滤芯的有效过滤面积为 $0.273m^2$。过滤精度 0.3μm，过滤后合成气中固体颗粒物的含量≤$20mg/Nm^3$。

除此之外，一些企业还对壳牌高温高压陶瓷管除尘器进行了其他改进：

1）提高用于清灰的合成气的温度；

2）提高反吹阀与反吹管之间连接处的强度和牢度；

3）改进反吹阀的结构，延长运行周期；

（4）改进结果　气化装置运行周期明显增加，运行周期由原来 40 天左右延长至 120 天左右，最长达到了 185 天。

国产金属滤芯流通能力达到进口陶瓷滤芯的水平，可以替代进口陶瓷滤芯。

滤芯强度提高，抗波动能力明显增强，备件费用明显下降，在一年半的运行期间再未出现因为滤芯断裂导致装置停车的情况。

反吹阀门连续运行次数增加到 20 万次，处于全国同类企业的先进水平，因阀门故障原因导致的紧急停车再未发生过。

反吹阀门的使用寿命仍然不够长，成为气化装置实现长周期运行的一个瓶颈，如何增加反吹阀门开关次数，降低阀门费用，还需进一步寻求解决方案。

三、塑烧板除尘器

塑烧板除尘器的过滤元件是塑烧波纹过滤板。塑烧板由几种高分子化合物粉体经铸型、烧结成多孔的母体，并在表面的空隙中填充氟化树脂，再用特殊粘合剂固定而制成。塑烧板内部孔隙直径为 40~80μm，而表面孔隙为 4~6μm。

塑烧板的外形类似于平板形扁袋，外表面呈波纹形状，可增加过滤面积，相当于同等尺寸平面的 3 倍。其内部有 8~18 个空腔，作为净气及清灰气流的通道，并保持塑烧板的刚性，塑烧板内不需框架支撑。清灰采用高压脉冲喷吹方式，喷吹压力为 0.5~0.6MPa。

根据所用材质的不同，塑烧板有 SL-70 和 SL-160 两种类型，其耐温限度分别为 70℃ 和 160℃。还有在高分子化合物粉体中加入易导电物质而制成的消静电型塑烧板。塑烧板有若干不同的规格，以组成不同规模的除尘器。

塑烧板除尘器的外形和结构与一般的袋式除尘器大致相同（见图 6-124 和图 6-125）。

塑烧板除尘器具有以下特点：

1）塑烧板属表面过滤方式，除尘效率较高。排放浓度通常低于 $10mg/m^3$。对细微尘粒也有很较好的除尘效果。

2）设备阻力稳定。在使用的初期，压力损失增长较快，但很快趋于稳定。

3）粉尘不深入塑烧板内部，表面的氟树脂不易被粉尘附着，因而容易清灰。

4）对于吸湿性粉尘或湿度较高的含尘气体有良好的适应性，优于一般袋式除尘器。

5）使用寿命长，一般可达数年。

6）设备结构紧凑，占地面积小，为传统袋式除尘器的 1/3。

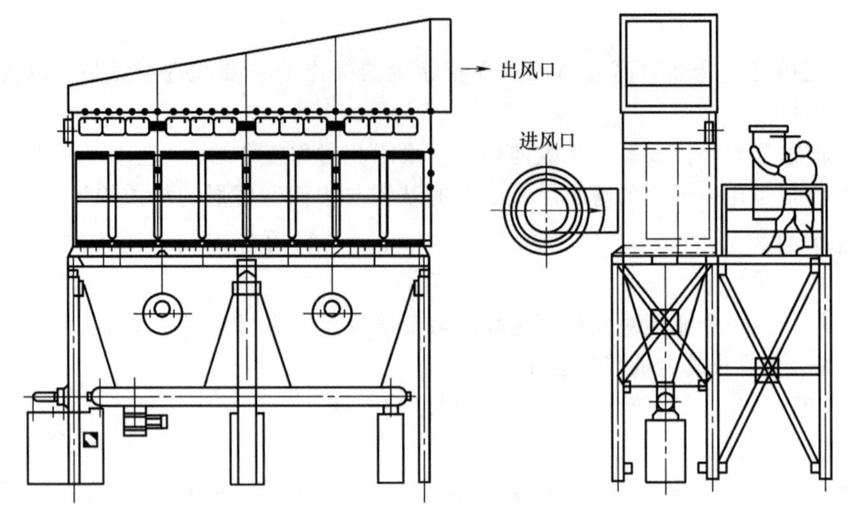

图 6-124 HSL 型塑烧板除尘器

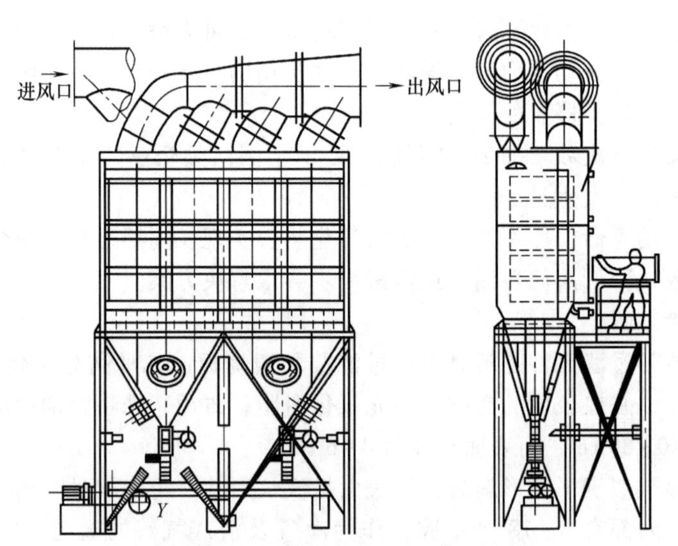

图 6-125 DELTA1500 型塑烧板除尘器

7）更换塑烧板方便，操作条件好。

8）不足之处在于，塑烧板价格贵，自身的阻力高（过滤风速为 1m/min 时，阻力为 500~600Pa）。

HSL 型塑烧板除尘器的主要规格和参数见表 6-44。

表 6-44 HSL 型塑烧板除尘器主要规格和参数

型号	过滤面积 /m^2	过滤风速 /(m/min)	处理风量 /(m^3/h)	设备阻力 /Pa	脉冲阀数量 /个	喷吹压力 /Pa
H1500—10/18	76.4	0.8~1.3	3667~5959	1300~2200	5	0.45~0.50
H1500—20/18	152.6		7334~11918		10	
H1500—40/18	305.6		14668~23836		20	
H1500—60/18	458.4		22000~35755		30	
H1500—80/18	611.2		29337~47673		40	
H1500—100/18	764.0		36672~59592		50	
H1500—120/18	916.8		44006~71510		60	
H1500—140/18	1969.6		51340~83428		70	

【实例 6-10】 某钢铁公司热轧机组原配套湿式除尘器，随着产量的提高，粉尘排放浓度严重超标。经改造，换用塑烧板除尘器，取得很好的效果（见表 6-45），塑烧板滤料的使用寿命为 3~8 年。

表 6-45　塑烧板除尘器净化热轧废气的效果

名　　称	塑烧板除尘器	湿式除尘器
处理风量/(m^3/h)	1425×4	5700
含尘气体温度/℃	60	60
粉尘平均粒径/μm	5	5
粉尘含油(%)	3~4	3~4
粉尘含水(%)	3~5	3~5
进口含尘浓度/(g/Nm^3)	3	3
粉尘排放浓度/(mg/Nm^3)	≤20	400~500

四、太棉高温滤管除尘器

1. 概况

太棉高温滤管除尘器因采用英国 TENMAT（太棉）公司的太棉高温滤管作为滤料而得名。该滤管是一种刚性表面过滤材料，专为超过现有过滤材料所能承受的工作温度而开发。太棉产品由粘结粒状无机物与纤维制成的低密度多孔介质组成，具有极好的耐高温特性，太棉滤管可在 1200℃下长期运行，若有需要，太棉公司也可特别生产最高能耐 1600℃的太棉过滤材料，远远超过一般滤料的耐温限度。它还具有优秀的耐腐蚀性能和过滤效果，因而也有许多应用于低温工艺的用户选用太棉除尘器。经太棉滤管过滤后，气体中颗粒物浓度可降至 1mg/Nm^3 以下；即使对于 1μm 大小的颗粒，过滤效率也能达到 99. 99%以上。配套使用试剂后，太棉过滤器有助于很好地清除酸性气体和二噁英。

太棉滤管的强度比同类型的陶瓷纤维产品高三倍以上，可承受较大的内外压差。该过滤材料还具有极好的耐化学腐蚀性能。

太棉滤管分为大管式和蜡烛式两种，它们均为自撑式，不需用在酸性环境下易腐蚀的金属框架来支撑。此外，该滤管及其配套的密封圈都采用无害材料，绝对不含有石棉和陶瓷纤维或其他可在安装运行过程中随气体释放的有害物质。

本产品在欧、美等发达国家应用已逾 20 年，并在世界范围已获得或正在申请专利。

2. 太棉滤管的工作原理

太棉滤管的工作原理如图 6-126 所示。滤管被固定在过滤箱上部的滤管固定板上，固定板起到对含尘区和洁净区的隔离作用。含尘高温气体进入含尘区，并在引风机的作用下由外表面向内表面穿过滤管。尘粒被阻挡在滤管的外表面，清洁的气体进入滤管内部，随即通过滤管上部的净气区排放。

随着尘饼越积越厚，滤管的内外压差越来越大；当压降达到设计值时，脉冲喷吹装置启动，压缩气体通过脉冲阀迅速释放，并喷入每条滤管的内部，反向气流导致气压的强烈冲击，使附着在滤管外表面的尘饼得以清除，并使之落入灰斗。

3. 太棉高温滤管除尘器

太棉高温滤管除尘器主要由过滤室、太棉滤管、脉冲喷吹装置组成（见图 6-127）。焚

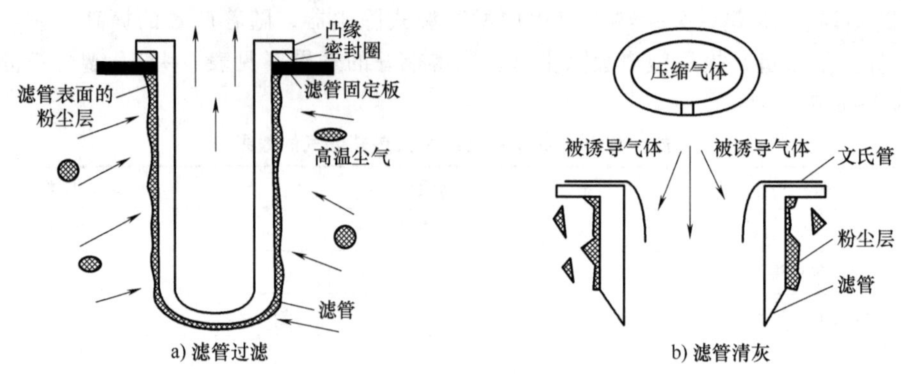

图 6-126 太棉滤管的工作原理

烧炉排出的高温含尘气体直接进入高温除尘器过滤，净化后的烟气直接排入大气中。经过喷吹装置清灰所得的催化剂粉尘经输灰系统进行回收。

过滤室：若温度低于 400℃，过滤室采用 5mm 以上厚度的高级低碳钢制作，箱体制成方形；若温度大于 400℃，常采用不锈钢材料，箱体制成圆筒形，接缝两面连续焊接，以防泄漏。过滤室或过滤单元下面安装一个圆锥形灰斗。

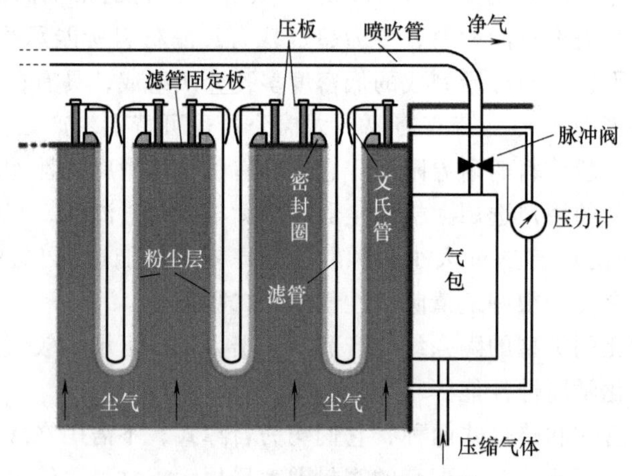

图 6-127 太棉高温滤管除尘器

太棉滤管可过滤大于 1μm 的粉尘，但对小于 1μm 的粉尘，通过采取特别试剂的途径，除尘效果也很好。粉尘排放浓度可低至 $1mg/Nm^3$。太棉滤管不能过滤氨气和气态的硫化物，它们可以透过太棉滤管。

太棉滤管（见图 6-128）有大管式和蜡烛式两种型式。

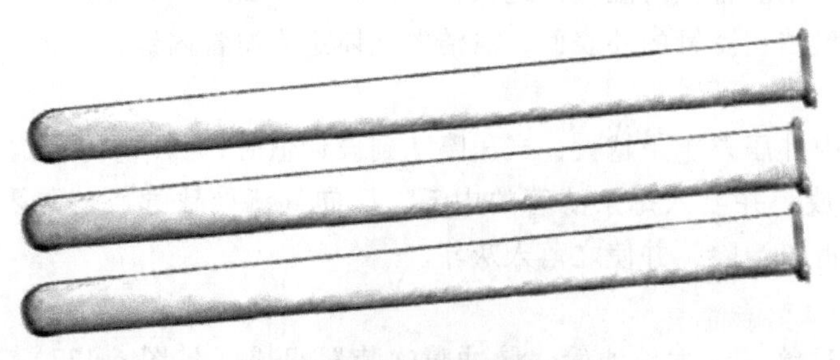

图 6-128 太棉高温气体滤管

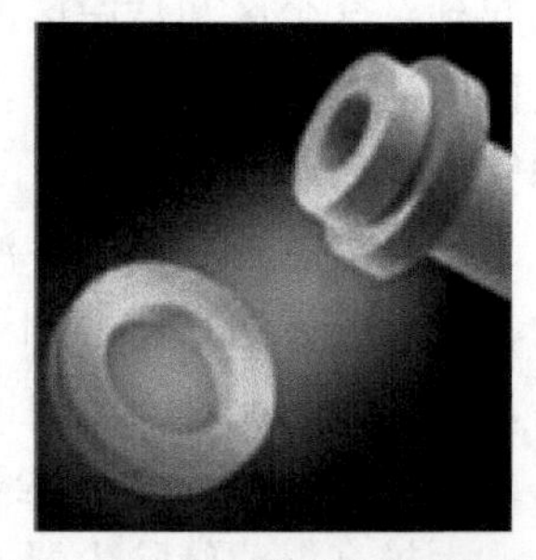

图 6-129 太棉滤管及密封圈

太棉高温滤管的安装需加装密封圈（见图 6-129）。太棉滤管的主要规格分别列于表 6-46 中。

表 6-46　太棉高温滤管标准规格

名称	蜡烛式				大管式					
内径/mm	40	40	40	40	95	95	100	110	110	110
外径/mm	60	60	60	60	125	125	125	150	150	150
长度/mm	650	1000	1250	1500	1800	2400	1500	1800	2400	3000
凸缘直径/mm	80	80	80	80	155	155	160	190	190	190
凸缘厚度/mm	20	20	20	20	20	20	15	30	30	30
表面积/mm^2	0.12	0.19	0.23	0.28	0.69	0.93	0.55	0.83	1.11	1.40

太棉滤管的清灰采用脉冲喷吹方式，一个脉冲阀可以喷吹 18~20 根蜡烛式滤管，或 8~10 根大管式滤管。脉冲喷吹压力一般为 0.4~0.7MPa，可根据实际运行条件进行调整。脉冲喷吹持续时间为 0.15s，清灰周期由压差确定。除尘器通常都装有压力（或压差）传感器。

每个滤管清灰所需的压缩气体量，一般与其容积的量相同。

太棉滤管的过滤风速一般为 2~5cm/s，随使用条件的不同，过滤风速也不相同。国外有使用案例最高达到 10.2cm/s。

太棉滤管自身的阻力很小，常温下仅为 100Pa 左右。整个除尘设备的阻力一般为 2000~3000Pa。

太棉滤管的使用寿命随着使用温度的升高、粉尘浓度的增大、热冲击的增加而缩短。在许多案例中，太棉滤管使用超过 10 年而不需更换。

与常规袋式除尘器相比，太棉滤管除尘器有以下优点：

1）太棉滤管是自撑式的过滤材料，不需要框架支撑。袋式除尘器的滤袋通常需要框架支撑，在运行中，滤袋会由于框架的原因而遭到损坏。

2）太棉滤芯清灰除下的尘饼，不形成二次扬尘；袋式除尘器清灰时会形成二次扬尘以及由此引发的再吸附，进而削弱清灰效果。

3）太棉滤管耐强酸、强碱等化学腐蚀，不燃烧。

4）对于诸如焦油等粘性物质，一般而言任何除尘器都不能直接处理。但太棉滤管可以过滤含气态油类粉尘，焦油在 260℃（特别是在 450℃）以上就会气化，即可用太棉滤管进行过滤。

5）含尘气体可不需降温而直接进入太棉除尘器，过滤后即达到排放要求（见图 6-130）。这样不但省去了冷却装置的初投资，而且节省了安装这些设备后的日常运营、维护的费用。

6）太棉滤管的使用寿命长，是一般滤袋的数倍，这样不但节省了更换滤料的各项成本，而且避免了停产及其引起的损失。

7）太棉高温气体除尘器整体占地面积小、安装简便，节省了配套设备的成本。

8）太棉除尘器可实现近零排放，且能在高温、高压下运行，因此，解决了许多不能降温、降压的项目长期面临的难题，起到了经除尘后气体再利用的效果。

9）太棉滤管过滤效果好，在贵金属或粉尘的回收利用中经济效益高。

4. 太棉高温滤管的安装

（1）安装密封圈　安装密封圈时，最好将其置于滤管固定板上的开口或其他支撑工具上，并使滤管小心地滑入孔中。这样就避免直接将密封圈套入滤管所产生的磨损。滤管应安装在孔的中央部位并垂直悬挂，避免它的边缘撞击到孔外围而导致凸缘受力不均、滤管位置移动等不正常现象。

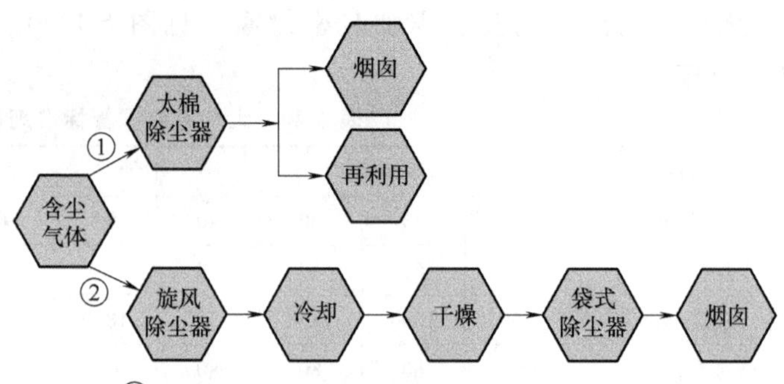

图6-130　两种除尘器净化高温烟气的流程对比

（2）放置滤管　将滤管垂直插入滤管固定板上的孔中。此项操作应避免摩擦滤管表面，以免滤管表面被孔沿蹭破，影响过滤效果。

（3）安装文氏管　如果需要使用文氏管，则应在安装压板时保证文氏管处于滤管入口内的居中位置。若文氏管位置调节不当，喷吹气流会冲刷滤管内壁而导致滤管损坏。

（4）固定滤管　可以采用复合压板来固定滤管，每块压板最多允许固定6×12支滤管。

大管式滤管最好能够单独固定。大管式滤管长度可达3m，如果滤管固定时有微小的偏差，滤管底部就可能相互接触，运行时会因摩擦而损坏滤管表面。滤管固定板上的安装孔必须预留环绕滤管周围3mm的空隙，避免安装时的磨损以及固定时孔沿与滤管颈部的接触。

（5）检查漏点　滤管全部固定后宜进行荧光粉检漏，测试除尘器的洁净区与含尘区之间是否存在漏点。如果滤管受损，密封圈压缩不够，或者金属缝隙焊接不良，都可能造成泄漏。发生泄漏须做好标记并采取补救措施。

（6）试运行　在试运行阶段，如果烟气中含有碳氢化合物和煤烟等成分，一定要使滤管除尘器处于离线的状态。在焚烧炉安装过程中，如果需要对耐火材料铸造设备进行干燥，则必须将除尘器断开，即进行“离线”干燥，避免含水气体进入除尘器而堵塞滤管。

（7）预稳定　试运行过程中包含一个“稳定”阶段。研究表明，试运行通常要进行100个过滤—再生循环。预稳定前，须保证除尘器及滤管彻底干燥，确保气体流量以及每个单元内的气流速度不得超过设计参数值。

（8）正常运行　经预稳定程序后，除尘系统即可正常运行。

5. 太棉滤管除尘器的应用

太棉滤管除尘器已经成功地应用于以下领域：各种工业、化学、生活以及医疗垃圾的焚烧；冶金工业的金属冶炼、黑色金属以及有色金属加工；水泥行业；土壤修复（焚烧修复）；火力发电厂；制砖工业；木材焚烧；煤炭衍生物加工。

【实例6-11】　密闭电石炉烟气净化

目前，密闭电石炉技术在我国电石行业迅速普及，配套干法袋式除尘技术，烟气冷却净化后用于石灰窑烧石灰。但密闭电石炉烟气存在以下特性：温度高；烟温变化大；粉尘粒细、质轻、黏性强；CO含量高；焦油含量高且容易析出。这些特性往往导致除尘系统运行困难，工况不稳。另外，烟气冷却后焦油析出，冷却器和滤袋很快被粘结而失效，石灰窑因无气可烧而停窑。含尘烟气只能直接放空大气燃烧，不但严重污染环境，也造成能源的极大浪费。目前，国内少数密闭电石炉厂家对电石炉烟气的部分热能进行了利用，利用率不足40%。因此，密闭电石炉烟气净化回收仍属需要进一步解决的课题。

近年来，太棉高温滤管除尘技术已经在云南、新疆、广西、山西、山东等地数十电石炉厂烟气净化方面应用成功，获得良好的效益：电石炉烟气不需要采取降温措施即可直接进入除尘器净化；粉尘排放浓度小于1mg/m^3；烟气温度高，可回收该热能作能源利用；烟气中的焦油在400℃时已经气化，因此太棉滤管除尘器中不会发生粘结。

【实例6-12】 氧化钼冶炼烟气净化

钼冶炼行业为重污染行业，因此，国家发展和改革委员会于2005年下发了《关于加强铁合金生产企业行业准入管理工作的通知》，要求钼行业淘汰落后的反射炉生产工艺，二氧化硫处理必须有回收装置，以解决高污染的问题。

氧化钼冶炼污染物主要是焙烧和冶炼工艺中的烟气。该烟气温度高达1000℃，且焙烧烟气中含有重金属粉尘以及高浓度的二氧化硫，最高时可达20000mg/m^3；冶炼烟气中含有大量的氮氧化物、氟化物，氮氧化物最高时可达5000mg/m^{3}左右，此外还含有重金属粉尘三氧化钼和铼粉。粉尘粒径小于1μm，如此细微的粉尘增加了传统袋式除尘器的运行困难。

回转窑焙烧三氧化钼时，袋式除尘器对粉尘的平均回收率仅为98%左右。在冶炼过程中，通过二级处理，提高粉尘回收率，同时采用湿法处理烟气，使之达标排放。但此举运行费用高，一般每年需更换一次滤袋，且烟气中的SO_2会腐蚀滤袋框架。另外，袋式除尘器的收尘效率会随运行时间而降低，将浪费诸如氧化钼粉和铼粉这样一些有重要回收价值的金属粉尘。高温的氧化钼冶炼烟气须经冷却至150℃，方能进入袋式除尘器，不仅浪费了余热资源及冷却用水和气，还增加电耗，使用成本上升。

太棉高温滤管除尘器用于氧化钼冶炼烟气净化，并回收氧化钼粉和铼粉，除尘系统运行正常、稳定；颗粒物排放浓度为1mg/m^3，实现近零排放；经济效益和环境效益显著。

五、易态除尘器

易态除尘器是以铁铝（FeAl）金属间化合物非对称膜过滤材料作为过滤元件捕集粉尘的袋式除尘器。其过滤材料有刚性的铁铝滤芯和铁铝柔性膜滤料两种类型，与之配套的除尘设备可分别称之为“易态铁铝滤芯除尘器”和“易态铁铝柔性膜滤管除尘器”。

1. 易态铁铝滤芯除尘器

图6-131所示为采用FeAl滤芯的易态除尘器，该类除尘器应用场合多为高温环境，有的还具有较高的正压或负压，或者有防爆要求，因此箱体多为圆形筒，上箱体顶部往往设计为椭圆形封头。含尘气体由中箱体下部进入，然后被引向中箱体的上部（见图6-131），在自上而下流过滤芯所在空间的同时，穿过滤芯的壁面进入其内部，粉尘被滤芯的外表面阻留，气体得以净化。

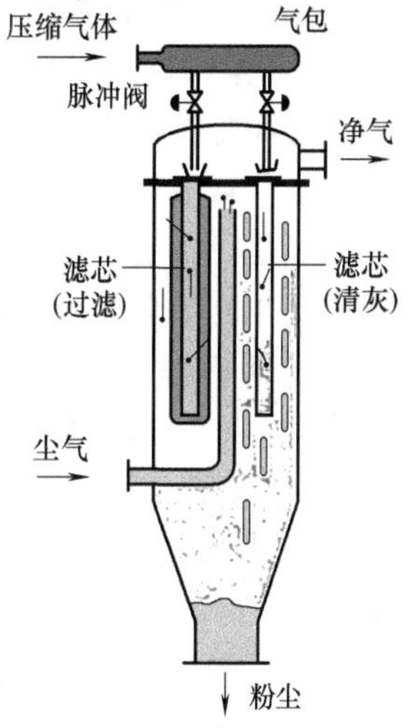

压缩气体　气包　脉冲阀　净气　滤芯（过滤）　滤芯（清灰）　尘气　粉尘

图6-131　易态铁铝滤芯除尘器结构

滤芯清灰依靠冲喷吹装置而实现。其喷吹装置如图6-132所示。每个单元的顶部设一个文氏管引射器，为该单元全部滤芯清灰时共用。引射器的入口与一个脉冲阀的输出管相连。脉冲阀为直角型式，其入口端通过管道与气包接通。气包位于上箱体顶部，喷吹压力为0.6~0.7MPa，采用在线清灰方式。

灰斗的下端设卸灰装置。对于工作压力较高，或有防爆要求的除尘器，其卸灰装置与高炉煤气净化用袋式除尘器基本相同，即采用“两级卸灰阀+中间灰仓+卸灰阀”的卸灰装置，以保证卸灰顺畅，并防止有害气体泄漏。

FeAl金属间化合物非对称膜过滤材料（滤芯）直径最大为ϕ60mm，滤芯长度为750~2250mm不等，相邻两个规格长度之差为250mm，组合结构滤芯长度可达3000mm以上，壁厚为3mm，使用温度≤800℃。通常将48根滤芯组成一个单元，一个筒体配置若干个单元，其数量视处理风量的大小而定，目前最大的单个筒体可布置24个单元。根据过滤单元的多少，布气管可有多根（见图6-132），以保证气流分布有较好的均匀性。

滤芯的安装和拆换在除尘器上部进行，操作时上箱体须拆下移开，位于滤芯上方的引射器也须移开，预先装好的滤芯以过滤单元为单位装入中箱体。上箱体和中箱体之间多用法兰和螺栓连接。

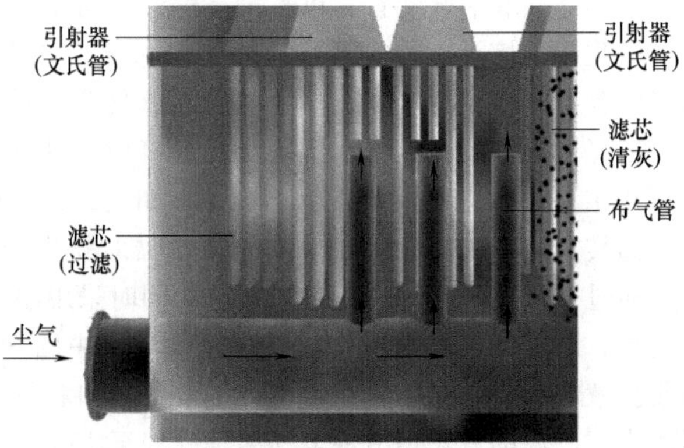

图6-132 易态铁铝滤芯除尘器的气流分布

易态铁铝滤芯除尘器有以下特点：

1）过滤精度高，最小粉尘拦截粒径可达0.1μm，颗粒物排放浓度为5~10mg/Nm^3；

2）耐高温，最高可达800℃；

3）配备自动检测和控制系统，具有高温在线喷吹和高温排灰功能；

4）具有高温和低温进气保护、防结露、防焦油糊膜功能；

5）滤芯具有高温抗氧化、抗硫化，耐热振性、耐磨损等优点；

6）含尘气体在滤芯区域自上而下流动，与粉尘沉降方向一致，可减少粉尘再附着。

该类除尘器的主要缺点是阻力高，正常工作时的设备阻力为2000~3000Pa，随着运行时间的推移，最后可达5000Pa。这一缺点使运行电耗增加，而且说明过滤膜的孔径还有待进一步细小化，以有效阻止微细颗粒进入滤芯的深层。另一缺点是造价较高，这主要是由于铁铝金属间化合物膜过滤材料的造价高所致。

易态铁铝滤芯除尘器主要适用领域：高温含硫气体的净化；铁合金高温炉气净化回收；高炉、转炉煤气回收利用（如TRT）；煤化工（如褐煤气化、煤制油、煤制气、IGCC、合成氨、甲醇）气体净化；电石冶炼、生物质制气、油页岩、贵重金属（金、银、钼、铂、钯、铑、铟、铼等）、玻璃（水泥）窑炉烟气余热回收利用；炉气净化回收制酸。

易态铁铝滤芯除尘器主要规格与参数列于表6-47。

用于常压条件的易态铁铝滤芯除尘器的结构如图6-133所示。

2. 易态铁铝柔性膜滤管除尘器

易态铁铝柔性膜滤管除尘器采用柔性膜过滤材料，该滤料厚度为0.4~0.6mm，远小于滤芯，因而有一定的柔韧性，可以加工成如同滤袋形状的滤管。滤管的直径为ϕ130、ϕ160mm，长度可达3~7m不等。

表 6-47 易态铁铝滤芯除尘器主要规格与参数

型号	过滤面积 /m^2	除尘效率 (%)	装置压损 /kPa	过滤压差 /kPa	外形尺寸直径×高度 /mm	设备质量 /kg	应用领域
YTQZK—50	50	99.99	<1	1~3	3500×9150	约 23000	钨钼等稀贵金属回收
YTQZK—100	100	99.99	<1	1~3	5000×11200	约 37000	
YTQZK—200	200	99.99	<1	1~3	7000×12000	约 52000	
YTQZK—300	300	99.99	<1	1~3	8500×12500	约 63000	
YTQZK—500	500	99.99	<1	1~3	10500×13000	约 78000	
YTQZD—35	35	99.99	<1	1~3	2850×9150	约 18750	煤化工(褐煤制气、煤制油、煤制气、合成氨、甲醇、IGCC)、铁合金、电石冶炼行业,钢铁厂高炉、转炉气体,新能源、循环经济(油页岩、煤矸石、活性碳等、生物制气)行业
YTQZD—70	70	99.99	<1	1~3	4000×9150	约 26500	
YTQZD—135	135	99.99	<1	1~3	5500×12000	约 38500	
YTQZD—200	200	99.99	<1	1~3	6850×12000	约 48000	
YTQZD—350	350	99.99	<1	1~3	8850×12500	约 65000	

易态柔性膜滤管除尘器的外形和结构与常规的袋式除尘器大致相同，箱体分成上、中、下三部分（见图 6-134）。中箱体呈细长形态，与其内部设置的滤管尺寸相适应；含尘气体进口位于中箱体下部，净气出口在上箱体侧面。清灰采用脉冲喷吹方式，喷吹装置位于上箱体，从图中可见为固定管喷吹型式，直角型脉冲阀与气包的连接紧凑，与滤芯除尘器脉冲阀距气包较远的布置型式相比，此点明显不同。

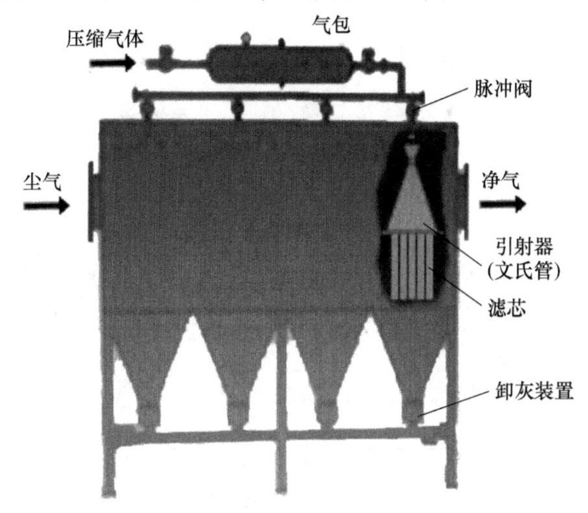

图 6-133 常压易态铁铝滤芯除尘器结构

图 6-134 易态柔性膜除尘器

柔性膜滤管除尘器的设备阻力≤1200Pa，比滤芯除尘器的阻力低得多。这是由于柔性膜滤料本身的阻力小，在过滤风速 1.6m/min 条件下，其阻力为 200Pa；其次，在脉冲阀喷吹时柔性膜滤管会产生一定变形，因而清灰效果优于刚性的滤芯。

3. 铁铝滤芯除尘器净化高温含硫烟气的试验

在火法冶金过程中，硫化矿石的烧结会排放出大量含有 SO_2 气体及有价金属粉尘的高温烟气。部分企业通过净化含 SO_2 烟气来生产 H_2SO_4，生产流程为将500℃左右的高温含 SO_2 烟气经过旋风除尘器预除尘预冷器降温至120℃后，依次经过袋式除尘器、文氏管除尘器和电雾除尘器的三级净化系统，并经干燥塔干燥后，使 SO_2 在 V_2O_5 为催化剂的转化塔中转化为 SO_3，进而被93%的 H_2SO_4 吸收以生产98%的工业 H_2SO_4。

本项试验在生产现场进行，采用以FeAl金属间化合物多孔材料为滤芯的除尘器（简称铁铝滤芯除尘器）试验样机，对旋风除尘器之后的高温烟气进行过滤，以取代原净化系统中的多级净化流程，净化后的气体直接进入转化塔。

FeAl滤芯除尘器试验样机的结构和工作原理如图6-135所示，由上箱体（净气室）、中箱体、灰斗、框架以及脉冲喷吹装置组成。滤芯采用直径为70mm、长度为500mm的FeAl滤芯管，滤管孔径则依据烟气中粉尘的粒度进行匹配。通过调整铁铝滤芯制备过程中的参数（如粉末配比、粉末粒度、压制压力、表面修饰等）可制备出在0.5~30μm范围内孔径可控的FeAl多孔滤芯。除尘器试验样机的工作原理与一般袋式除尘器大致相同。含尘气体由箱体侧部进入灰斗后，密度大的尘粒在重力作用下沉降下来，密度小的尘粒通过惯性碰撞、筛滤等综合作用沉积在滤芯表面，当滤管阻力达到规定值时，采用脉冲喷吹方式清除滤管表面的粉尘。净化后的气体进入净气室由排气管进入下道工序。

脉冲喷吹可以降低滤管的阻力，恢复其透气性，以实现持续工作。为确定喷吹效果以及滤管透气量的恢复能力，在喷吹压力为0.4MPa、喷吹时间为1s条件下，进行长期滤尘和喷吹试验，结果如图6-136所示。铁铝多孔滤芯首次工作30min后，透气量由初始的 $88m^3/(m^2 \cdot h \cdot kPa)$ 降低至 $70m^3/(m^2 \cdot h \cdot kPa)$，喷吹后恢复至 $80m^3/(m^2 \cdot h \cdot kPa)$，经过300周期的过滤—喷吹连续试验，喷吹后铁铝滤芯最高恢复透气量稳定保持为 $80m^3/(m^2 \cdot h \cdot kPa)$，证明可以长期工作。

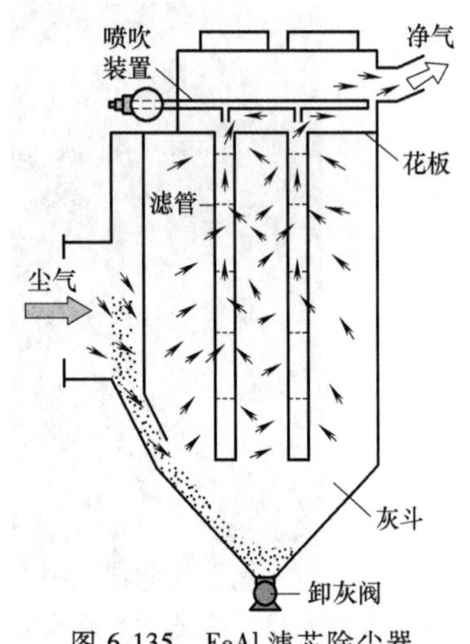

图6-135 FeAl滤芯除尘器试验样机结构和工作原理

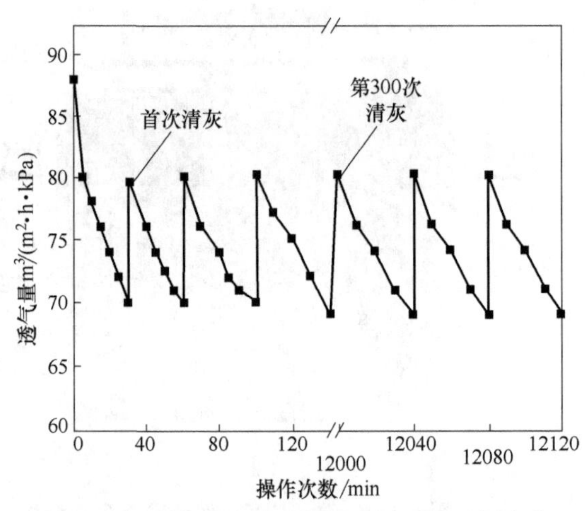

图6-136 铁铝滤芯除尘器阻力随过滤时间变化

采用93%的硫酸分别吸收经过不同方式过滤后的 SO_2 气体，结果表明：原多极过滤系统净化后的气体吸收液颜色发黑，其中固体含量为 $0.545g/dm^3$；而经过铁铝滤芯除尘器的净化气体的吸收液色泽为微黄透明，固体含量为 $0.037g/dm^3$。由此证明，铁铝滤芯除尘器的烟气除尘效果明显优于现场使用的多级净化除尘系统。

采用铁铝滤芯除尘器净化高温烟气还具有以下优点：①能够简化烟气处理流程，减少设备投资、运行费用和占地面积；②通过热能利用和提高有价值副产品的回收可以提高运行收益；③避免袋式除尘器由于炉温波动而烧毁滤袋的隐患；④减少湿式过滤环节用水及相关的废水处理设施及工作；⑤避免对烟气降温可能引发的低凝点物质的凝结（如结露），以及由此导致的污染或设备腐蚀；⑥减少维护费用和延长设备使用寿命。

4. 易态铁铝滤芯除尘器的应用

（1）应用概况　易态铁铝滤芯除尘器已经成功应用于：铁合金密闭矿热电炉550℃煤气净化回收；煤制油600℃煤气高精度净化除尘；钼焙烧300℃尾气净化和贵重粉尘回收；铅冶炼500℃炉气砷锑分离和砷富集回收等领域。表6-48所列为部分应用项目。

表6-48　易态铁铝滤芯除尘器部分应用项目

项　　目	处理气量/(m^3/h)
铁合金密闭矿热电炉高温煤气净化回收之1	22000
铁合金密闭矿热电炉高温煤气净化回收之2	22000
密闭铁合金矿热电炉高温煤气净化回收之3、之4	2×22000
铝业高温煤气净化	4000
钨业高温钼焙解气体气体净化资源回收	2000
褐煤干馏高温油气净化	1200
煤制油高温气体净化(试验项目)	600
高温煤气净化	12000
高温煤气净化	30000
高温煤气净化	100000
氧化钴高温烟气净化资源回收	2000

（2）易态铁铝滤芯除尘器净化密闭铁合金电炉煤气　密闭铁合金电炉煤气具有温度高、波动范围大等特性，传统的回收技术采用袋式除尘器，滤袋材质通常为耐高温化纤或玻璃纤维滤料。为防止煤气温度超高而烧坏滤袋，需在除尘器之前设换热器将煤气降温，同时回收煤气的热能。但由于煤气中粉尘的干扰，换热器往往效果不佳，或出现堵塞等故障。

图6-137所示为采用易态铁铝滤芯除尘器净化密闭铁合金电炉煤气的工艺流程。利用铁铝滤芯优良的耐高温性能，将换热设备与除尘设备的位置互换，先除去铁合金炉的荒煤气的

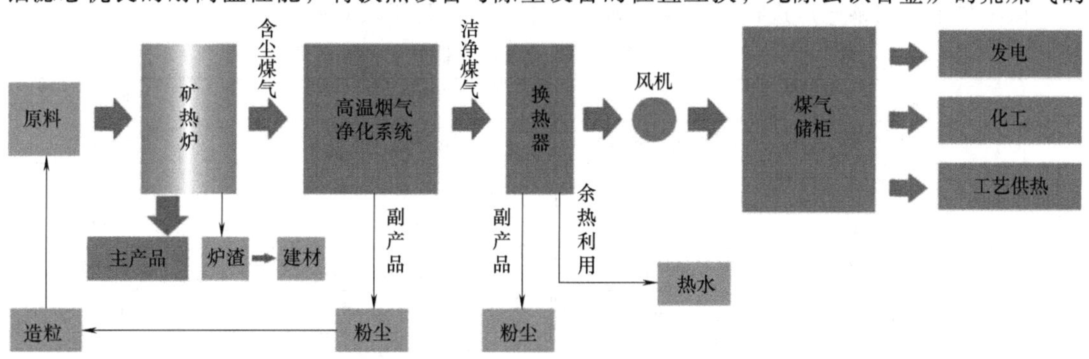

图6-137　易态除尘器净化密闭铁合金电炉煤气工艺流程

粉尘，含尘浓度低于10mg/Nm^{3}的净煤气进入换热器，热能回收效率大幅度提高，而且杜绝了粉尘堵塞等弊端。

青海某企业密闭铁合金电炉（容量30000kVA）采用这项煤气净化新技术，2012年投运，五年中煤气净化系统一直运行正常。随后该企业其他三座电炉也都采用这项新技术。

易态除尘器净化铁合金电炉煤气主要技术指标如下：

1）处理煤气量：22000m^3/h；

2）工作温度：200~550℃（平均374℃）；

3）过滤风速：1.2~1.5m/min，实际为1.6m/min；

4）荒煤气含尘浓度：50~100g/Nm^3；

5）净煤气含尘浓度：<10mg/Nm^3；

6）过滤精度：0.1μm；

7）设备阻力：2000~3000Pa；随着运行时间的推移，最后可达5000Pa；

8）清灰周期：15min；

9）粉尘利用：粉态矿物原料造粒。

（3）易态铁铝柔性膜滤管除尘器净化燃煤锅炉烟气　目前，燃煤电厂锅炉烟气净化流程如图6-138a所示，袋式除尘器（或电除尘器）置于锅炉空预器之后。存在缺点是，脱硝（SCR）装置受粉尘的冲刷和干扰，催化剂使用寿命较短，脱硝效率也受影响。利用铁铝柔性膜滤管除尘器良好的耐高温性能，可改变燃煤锅炉烟气净化的工艺流程：将除尘设备置于脱硝装置之前，在温度约400℃条件下令烟气除尘，干净烟气依次进入SCR和空预器，分别进行脱硝和回收余热（见图6-138b）。

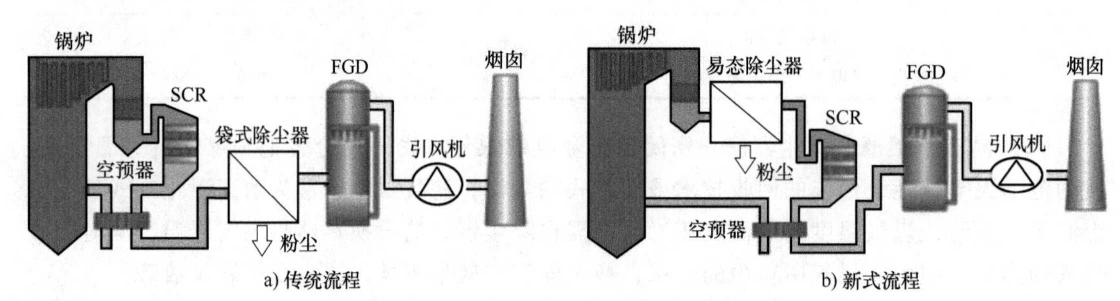

a) 传统流程　　b) 新式流程

图6-138　燃煤电厂锅炉烟气除尘工艺流程

该项技术已在某电厂进行了现场试验，其主要参数列于表6-49。

表6-49　易态铁铝柔性膜滤管除尘器净化主要参数

名称		参数	名称		参数
过滤材料	类型	铁铝柔性膜滤料	易态除尘器	处理烟气量/(m^3/h)	5000
	工作温度/℃	≤400		烟气温度/℃	350~400
	厚度/mm	0.4~0.6		气布比/[m^3/(m^2·h)]	50~120
	单重/(g/m^2)	350~800		过滤风速/(m/min)	0.8~2.0
	孔隙率(%)	40		入口含尘浓度/(g/Nm^3)	20~30
	耐酸、耐碱性能	强		出口含尘浓度/(mg/Nm^3)	≤5
				设备阻力/Pa	≤1200

易态铁铝柔性膜滤管除尘器净化燃煤锅炉烟气技术具有以下特点：

1）脱硝装置的工作环境洁净，催化剂寿命延长至原来的 3 倍，成本大幅度降低；

2）氮氧化物转化彻底，排放达标（更低）；

3）减少故障停机频度，增加发电量；

4）增加空预器换热效率，提升锅炉热效率，增加发电量。

六、SCR 脱硝高温除尘器

SCR 脱硝高温除尘器是在 260~420℃ 高温烟气工况下运行，以使 SCR 脱硝反应器运行于高温及低含尘浓度（≤10mg/Nm^3）的烟气工况条件，一举达到以下目的：①避免 SCR 脱硝催化剂在高温、高含尘浓度烟气中被粉尘堵塞、磨损、中毒等；②易于工程设计技术人员优化烟气治理工艺流程，选用高比表面积的蜂窝式脱硝催化剂；③提高催化剂使用寿命及减少蜂窝式催化剂用量，减少 SCR 催化剂危废处理量。

SCR 脱硝高温除尘器结构如图 6-139 所示，SCR 脱硝反应器可置于高温除尘器的净气室（见图 6-139a），或置于高温除尘器净气室后的烟道管路中（见图 6-139b）。

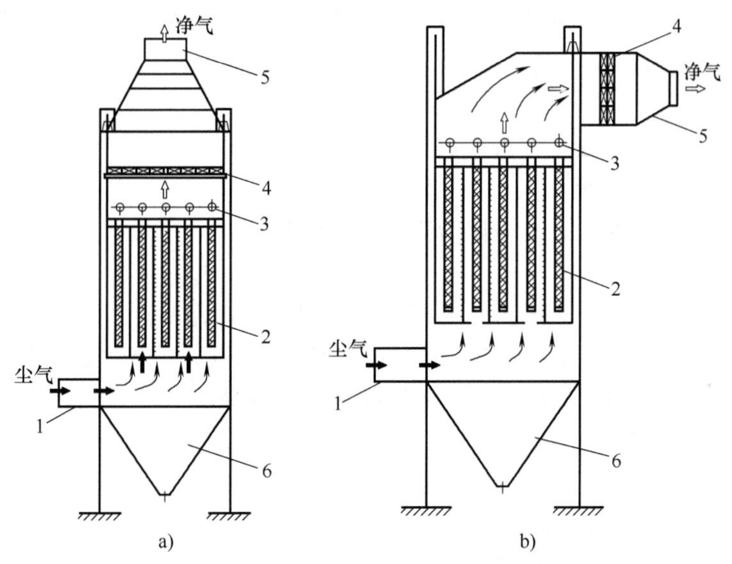

图 6-139　SCR 脱硝高温除尘器结构

1—尘气进口　2—高温过滤元件　3—喷吹装置

4—SCR 反应区　5—净气出口　6—灰斗

根据待处理烟尘特性的不同，SCR 脱硝高温除尘器可选择陶瓷纤维、金属纤维烧结毡、金属粉末烧结毡滤袋等材质制作的过滤元件。采用不同过滤元件的 SCR 脱硝高温除尘器主要规格和参数列于表 6-50。

表 6-50　采用不同过滤元件的 SCR 脱硝高温除尘器主要规格和参数

高温过滤元件		陶瓷纤维滤管	金属纤维烧结毡滤袋	金属粉末烧结毡滤袋
常用材质		陶瓷纤维	316L	铁铝
常规尺寸/mm	直径	ϕ150	ϕ160	ϕ130
	长度	2000~3000	6000~7000	5000
过滤风速/(m/min)		0.5~1.2	0.5~2.0	0.5~1.2

（续）

高温过滤元件	陶瓷纤维滤管	金属纤维烧结毡滤袋	金属粉末烧结毡滤袋
阻力/Pa	2500	1500	2000
喷吹压力/MPa	0.40~0.6	0.2~0.6	0.3~0.6
应用注意事项	工况波动、烟气湿度高、启停时段，易断管；设计注意高温热膨胀、高温输灰问题	含绿离子烟气成分的强腐蚀性；设计注意高温热膨胀、高温输灰问题	含氯离子烟气成分的强腐蚀性；流场不均匀性，易磨损冲刷；设计注意高温热膨胀、高温输灰问题

SCR脱硝高温除尘器具有以下特点：

1）烟气中的粉尘和NO_x可在一体化设备内完成处理，节约用地、简化烟气多污染物治理工艺流程。

2）低硫烟气的脱硫工艺可采用高温干法脱硫，并把高温干法脱硫工艺设置于SCR脱硝高温除尘器前，进一步优化烟气多污染物治理工艺流程。

3）SCR脱硝催化剂处于粉尘浓度极低的条件下运行，避免了催化剂磨损、堵塞、中毒等弊端，催化剂使用寿命长，氨逃逸低。

4）运行及维护成本低。

5）过滤元件使用寿命长，一般可达数年。

6）设备结构紧凑，占地面积小。

7）高温过滤元件价格贵，自身阻力高，刚性清灰难。

【实例6-13】

1）国内某水泥厂1200t/d熟料生产线，其窑尾烟气高温除尘SCR脱硝装置如图6-140所示。流经水泥窑尾第一级预热器C1出口的高温高尘烟气，进入“SCR脱硝除尘器”后，依次由该除尘器的滤袋脱除粉尘，并由SCR脱硝反应器脱除NO_x，使高温烟气成为低尘低硝的洁净状态，然后通过高温风机送至下一道处理流程。

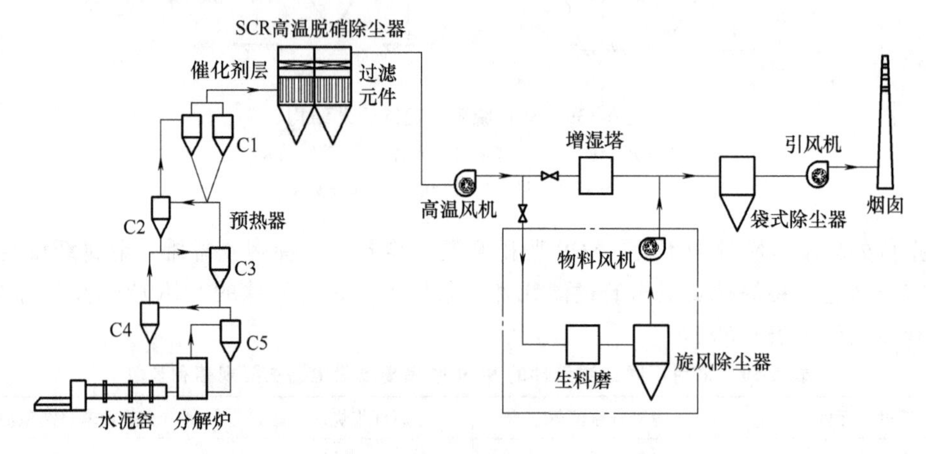

图6-140 水泥窑尾烟气高温除尘SCR脱硝装置

2）高温除尘SCR脱硝装置实际运行参数列于表6-51。水泥窑尾烟气量为150000Nm^3/h，烟气工况温度为320℃，氮氧化物初始浓度约为1000mg/Nm^3，粉尘浓度约为120g/Nm^3。

表 6-51　高温除尘 SCR 脱硝装置实际运行参数

序号	项　　目	内　　容
1	标况烟气量/(Nm^3/h)	150000
2	烟气温度/℃	320
3	入口烟气粉尘浓度/(g/Nm^3)	120
4	入口 NO_x 浓度(平均值)/(mg/Nm^3)	≤1000
5	过滤风速/(m/min)	0.97
6	40 孔蜂窝式脱硝催化剂体积/m^3	16.5
7	烟气粉尘排放浓度/(mg/Nm^3)	7.4
8	烟气 NO_x 排放浓度/(mg/Nm^3)	21
9	氨逃逸/(mg/Nm^3)	2.5
10	滤袋阻力/Pa	约 900
11	SCR 脱硝反应器阻力/Pa	约 100

3）净化效果：该烟气除尘脱硝装置的排放指标分别如图 6-141、图 6-142 和图 6-143 所示。其中，氮氧化物排放浓度稳定在 $30mg/Nm^3$ 以下；氨逃逸量稳定在 $2.5mg/Nm^3$ 以下；除尘脱硝装置的阻力值稳定在 1300Pa 左右；金属纤维滤袋阻力约稳定于 900Pa。

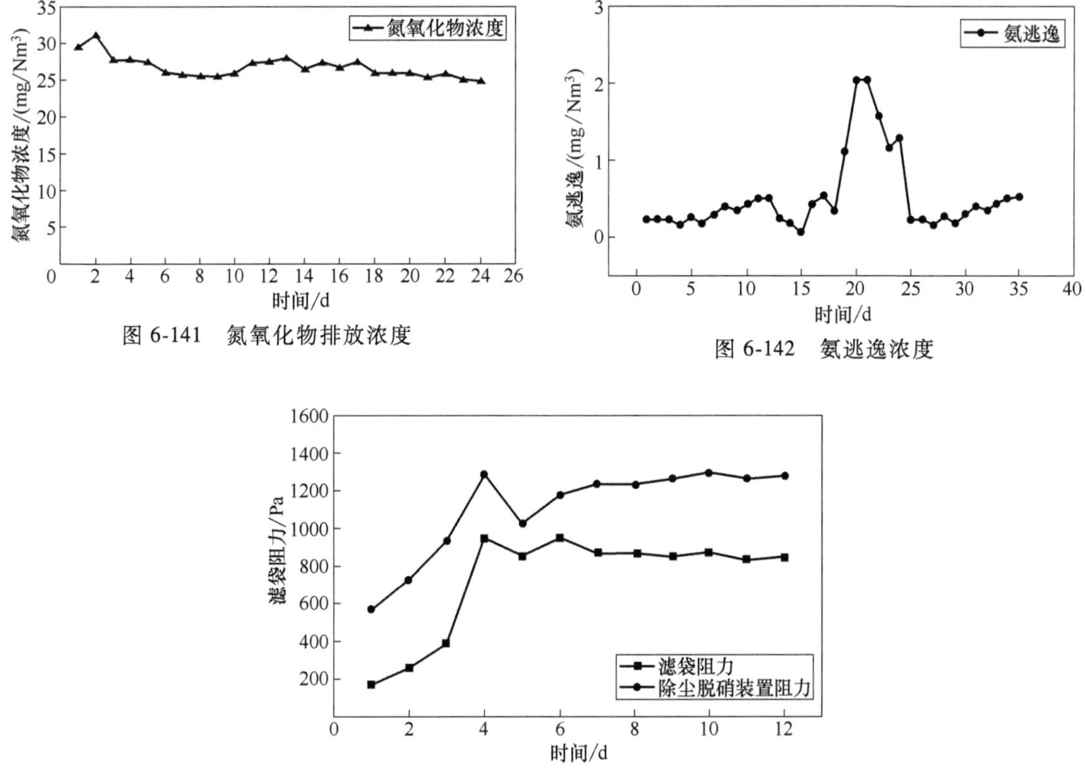

图 6-141　氮氧化物排放浓度

图 6-142　氨逃逸浓度

图 6-143　除尘脱硝装置阻力和滤袋阻力

4）第三方检测结果：该水泥窑高温除尘 SCR 脱硝装置经第三方检测（测试报告照片如

图 6-144 所示），主要结果如下：净气粉尘浓度≤10mg/Nm^3；除尘效率为 99.99%；解决了催化剂堵塞、磨损、中毒、寿命短等问题，使催化剂寿命从 2 年左右提高到 5 年以上；同时节省了催化剂危废处理等运行费用。

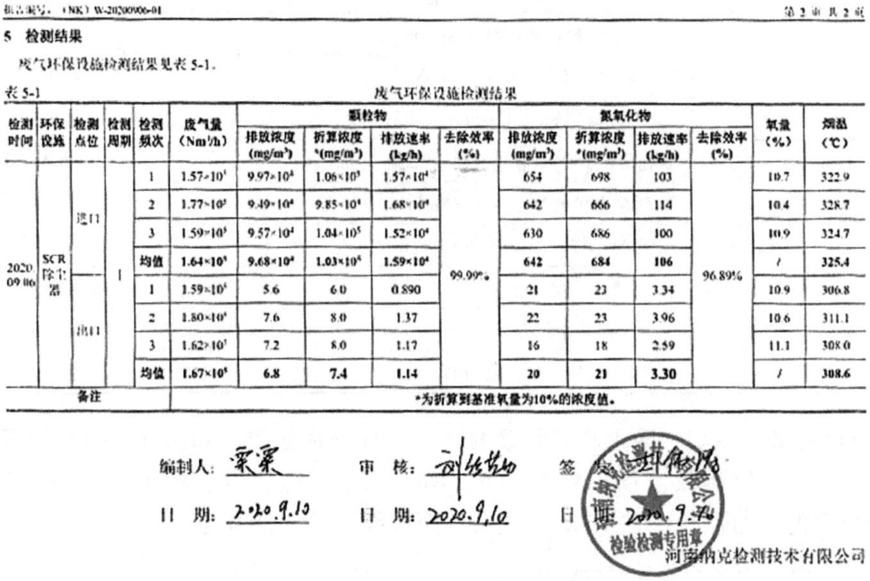

报告编号：（NK）W-20200906-01　　　　第 2 页 共 2 页

5　检测结果

废气环保设施检测结果见表 5-1。

表 5-1　废气环保设施检测结果

检测时间	环保设施	检测点位	检测周期	检测频次	废气量 (Nm³/h)	颗粒物				氮氧化物				氧量 (%)	烟温 (℃)
						排放浓度 (mg/m³)	折算浓度 *(mg/m³)	排放速率 (kg/h)	去除效率 (%)	排放浓度 (mg/m³)	折算浓度 *(mg/m³)	排放速率 (kg/h)	去除效率 (%)		
2020.09.06	SCR 除尘器	进口	1	1	1.57×10^5	9.97×10^4	1.06×10^5	1.57×10^4	99.99%	654	698	103	96.89%	10.7	322.9
				2	1.77×10^5	9.49×10^4	9.85×10^4	1.68×10^4		642	666	114		10.4	328.7
				3	1.59×10^5	9.57×10^4	1.04×10^5	1.52×10^4		630	686	100		10.9	324.7
				均值	**1.64×10^5**	**9.68×10^4**	**1.03×10^5**	**1.59×10^4**		**642**	**684**	**106**		/	**325.4**
		出口		1	1.59×10^5	5.6	6.0	0.890		21	23	3.34		10.9	306.8
				2	1.80×10^5	7.6	8.0	1.37		22	23	3.96		10.6	311.1
				3	1.62×10^5	7.2	8.0	1.17		16	18	2.59		11.1	308.0
				均值	**1.67×10^5**	**6.8**	**7.4**	**1.14**		**20**	**21**	**3.30**		/	**308.6**
备注					*为折算到基准氧量为10%的浓度值。										

编制人：　　　　审　核：　　　　签　发：

日　期：2020.9.10　　日　期：2020.9.10　　日　期：2020.9.10

检验检测专用章

河南纳克检测技术有限公司

图 6-144　第三方检测报告（照片）

第七章　袋式除尘器配件

第一节　过滤元件

袋式除尘器的常用过滤元件有滤袋、滤筒、滤板等多种型式。其中，滤袋为柔性过滤元件，滤筒、滤板为刚性过滤元件。

一、滤袋

滤袋是将纤维滤料采用缝纫或热熔等方式制作而成的柔性过滤元件，也是袋式除尘器最常用的过滤元件。滤袋可按其滤尘面分为内滤式和外滤式；按其形状分为圆袋和异形袋；按其材质分为合成纤维滤袋和无机纤维滤袋；按其功能分为纯除尘袋和尘硝一体化滤袋。

1. 常用滤袋形式

（1）内滤圆袋　内滤圆袋一般采用机织无缝圆筒布，也可采用平幅滤料缝制或热熔粘合。圆袋直径通常为 ϕ130～300mm，袋长一般为 2～10m，最长 12m，控制袋长度与直径之比不大于 40。内滤圆袋袋身上按照一定间距装有防瘪环，使滤袋在清灰反吸时保持粉尘沉降的通道。内滤圆袋下端袋口套在除尘器花板的下袋座上，用抱箍固定，或在袋口缝上不锈钢弹性圈，胀嵌在下袋座的外凸缘内；上端用袋帽和吊挂装置悬挂在除尘器的横梁上。小规格的内滤圆袋（直径小于 ϕ150mm）可将上袋口缝成吊攀，直接用吊钩悬挂在除尘器的横梁上。

内滤圆袋在使用时应处于张紧状态。在安装时，通过调节吊挂张紧装置来达到相应的张力，一般 ϕ300mm 内滤圆袋，张力需要达到 30kg。

内滤圆袋的基本构造如图 7-1 所示。

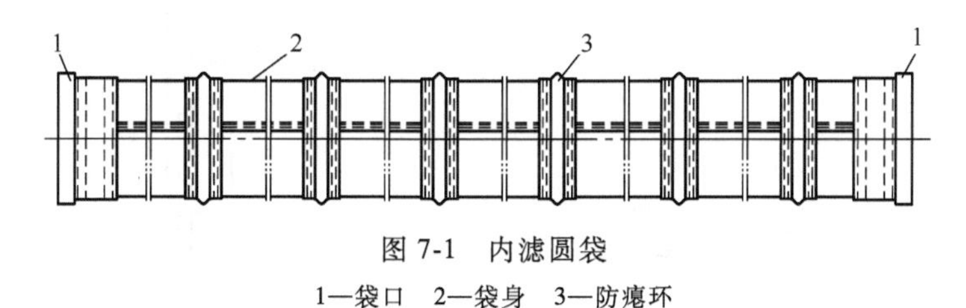

图 7-1　内滤圆袋

1—袋口　2—袋身　3—防瘪环

（2）外滤圆袋　外滤圆袋一般采用平幅滤料缝制或热熔粘合。圆袋直径可为 ϕ80～200mm，最常用的为 ϕ115～160mm，袋长一般为 2～8m，最长达 10～12m。

外滤圆袋在使用时应配有支撑滤袋用的框架，使圆袋在受压的情况下能保持正常的工作状态。外滤圆袋与框架的尺寸配合关系到滤袋清灰效果和使用寿命。

合成纤维外滤圆袋与框架尺寸应是松动配合，即外滤圆袋的直径和长度应略大于所配框架尺寸。如 ϕ120mm 的外滤圆袋应配用 ϕ115mm 的框架，长度应比框架长 15～30mm，使滤袋在清灰喷吹时有一定振幅。

玻纤外滤圆袋与框架尺寸应是紧密配合。如 ϕ120mm 的外滤圆袋应配用 ϕ120mm 的框架，长度也是一致的，使滤袋在清灰喷吹时振幅很小，避免滤袋频繁挠曲折损。

外滤圆袋的基本构造如图 7-2 所示。

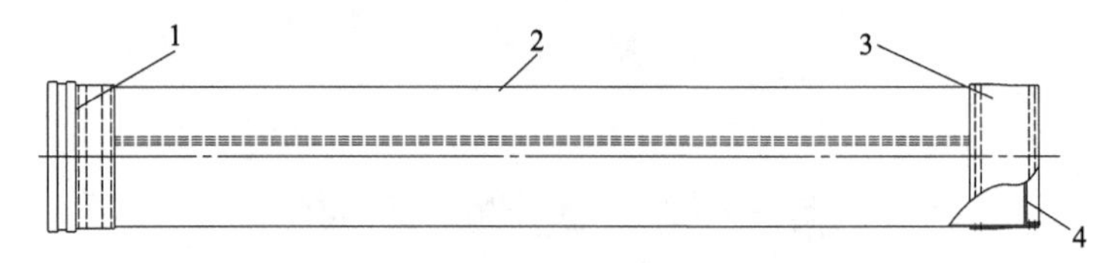

图 7-2 外滤圆袋

1—袋口 2—袋身 3—加强层 4—袋底

(3) 外滤异形袋 除圆袋之外的各种形状的过滤袋都称为异形袋，如扁袋、腰圆形袋、菱形袋、梯形袋、星形袋等。这些滤袋都是外滤式，故称为外滤异形袋。

外滤异形袋一般采用平幅滤料缝制或热熔粘合。扁袋、梯形袋的周长为 800～900mm，袋长为 2～6m，腰圆形袋周长 380～450mm，长度为 8～10m。扁袋、梯形袋主要用于回转反吹袋式除尘器，扁袋、菱形袋主要用于分室反吹袋式除尘器，腰圆形袋主要用于回转脉冲喷吹袋式除尘器。星形袋又称波形褶皱滤袋，是近期开发的新产品，有效过滤面积可增加为同规格圆袋的 1.3～1.8 倍。在设计这种异形袋时，应考虑充分利用滤料的门幅，减少边角料。

外滤异形袋应配有相同形状的框架作支撑，使滤袋在受压工况下能保持正常的工作状态。滤袋与框架的尺寸配合应与外滤圆袋相同。

外滤异形袋的基本构造如图 7-3、图 7-4 所示。

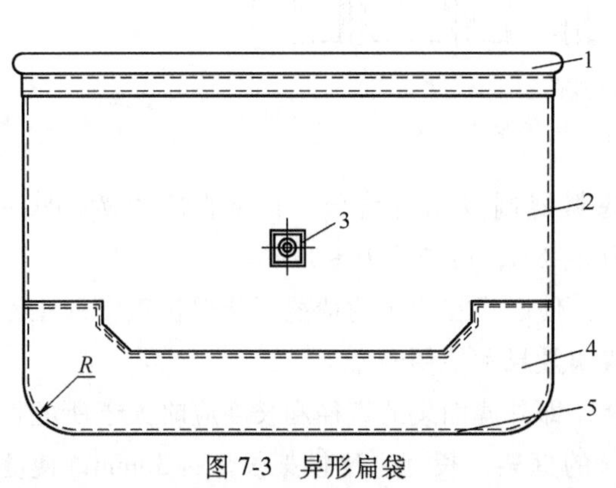

图 7-3 异形扁袋

1—袋口 2—袋身 3—羊眼 4—加强层 5—袋底

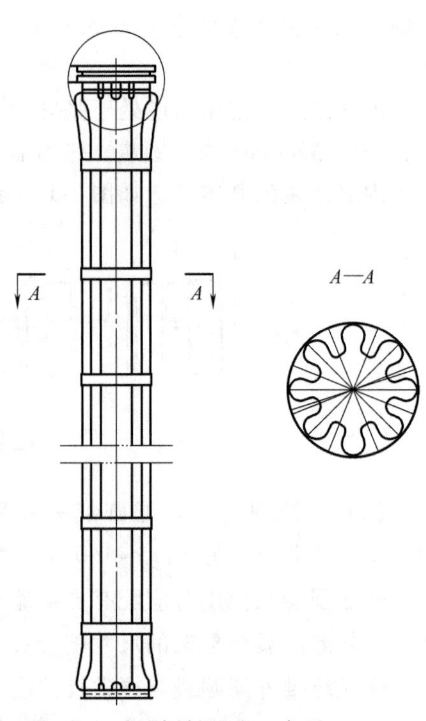

图 7-4 波形褶皱滤袋示意图

（4）金属纤维滤袋 金属纤维滤袋是外滤圆袋的特种升级产品，与常规化纤滤袋的根本区别是所选用滤料的材质及其制造工艺，并具有超高温、高效率、低阻力、长寿命的优异性能特征。

1）金属纤维滤袋制造工艺：对于高温烟气除尘，金属纤维可选材质有316L、310S、铁铬铝合金和哈氏合金等，采用集束拉拔工艺制成，纤维规格2~40μm。金属纤维烧结毡是采用微米级金属纤维经无纺铺网、叠配、高温烧结而成的薄型滤板，由2~3层不同规格纤维层构成，迎尘面为超细纤维形成的微孔网，经向网孔渐扩形成喇叭状梯度结构，如图7-5所示。烧结毡两面铺覆钢丝网加以保护，烧结毡厚度0.5mm，总体厚度约0.8mm。过滤体孔隙率高达75%~88%，比表面积大，具有优良的过滤清灰性能，是理想的高温除尘滤料。金属纤维滤袋是以金属纤维烧结毡平板为滤料，经卷压成型、焊接装配、表面精加工而成，内设框架支撑组合一体，如图7-6所示。我国金属纤维滤袋基本规格有ϕ130和ϕ160两种，长度按需确定，最长为7.5m，为便于制作储运，长袋采取分节连接，整体外观及其烧结毡微观结构如图7-7所示。

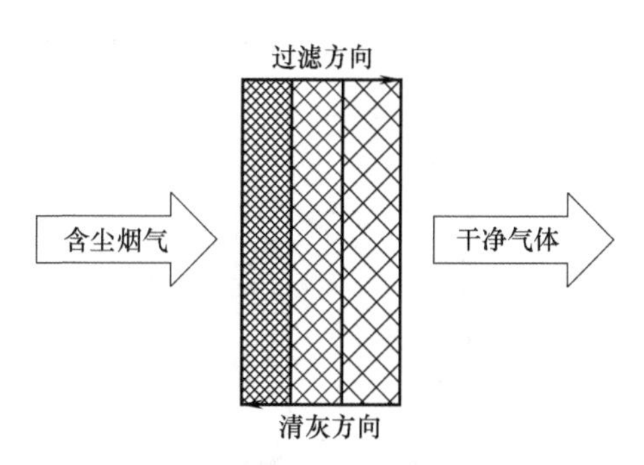

图7-5 金属纤维烧结毡结构示意

图7-6 金属纤维滤袋支撑框架

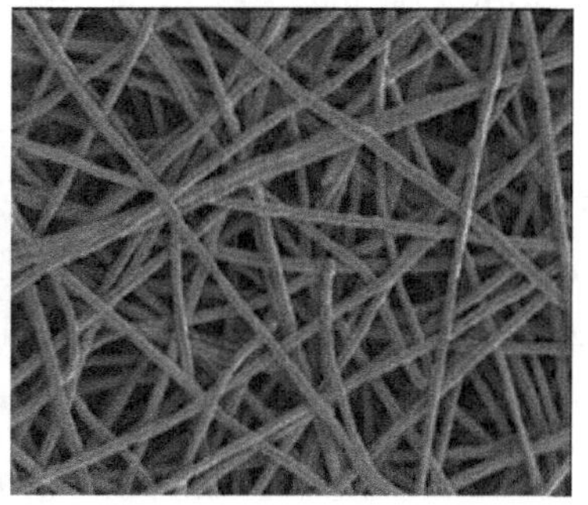

图7-7 金属纤维滤袋外观及其微观结构

2）金属纤维滤袋主要性能特点：

① 表层形成微孔过滤网，并利用静电效应，对细颗粒物脱除效率高达99.99%，有利于实现5mg/Nm^3超低排放，特别适用于电袋复合除尘器。

② 金属纤维表面光滑，纤维网孔隙率高，内层形成喇叭状梯度孔道结构，利用脉冲气爆产生高频震动、清灰再生性能好，有利于长期保持低阻运行（≤800Pa），节省系统能耗。

③ 金属纤维耐温550~800℃，具有优良的力学和耐高温氧化腐蚀性能，适宜在400℃高

温工况条件下连续使用，有利于提高余热回收利用率，特别适用于贵重金属高温冶炼，回收有价值粉料。

④ 金属纤维还具有高强、耐磨、耐腐的特点，纤维毡两面覆有钢丝网保护，滤袋使用寿命超长（≥8年），废旧滤料可回收利用，无二次污染。

⑤ 金属纤维滤袋的原料及制作工艺成本较高，产品价格较昂贵，适宜用于特高温有色冶金窑炉及有价值物料回收工艺领域。

3）金属纤维滤袋产品研发及其应用：有色冶炼行业窑炉烟尘具有细颗粒、高浓度、超高温、高比电阻等特点。传统习惯采用耐高温、低阻的电除尘器，但是除尘效率不能满足超低排放以及回收粉料的要求。

我国某公司利用自身拥有超净电袋复合除尘技术的优势，研发出超高温、高效低阻、长寿命合金纤维滤袋，拓展电袋复合除尘器的应用领域。研发团队从建立试验台着手，由合金纤维滤料原料选用、工艺设计、铺层结构、压制烧结到全套性能数据测试对比，并选某电厂5#-1000MW 机组抽取 $10000m^3/h$ 烟气量做生产性中试；创建合金纤维滤袋专用生产基地，建成合金纤维滤袋自动焊接成型生产线。在此基础上，公司承接中铝某企业产能为1750t/d氧化铝焙烧炉电改电袋超低排放首单合同，在袋区安装 ϕ160mm×7500mm 型合金纤维滤袋，投运后实测排放浓度 $2.06mg/Nm^3$、阻力低于500Pa。至今已在多种超高温工业窑炉推广应用50余台套，取得良好的环境经济效益。

（5）尘硝一体化滤袋　尘硝一体化滤袋是外滤圆袋的优化延伸产品，在外层过滤除尘的基础上，内层负载催化剂，分解净化氮氧化物，实现尘硝一体化治理。催化剂负载工艺有浸渍、喷涂、催化纤维原位负载等多种方式。尘硝一体化滤袋的基本型式有催化滤袋、尘硝一体化双层滤袋等。

1）催化滤袋：催化滤袋以覆膜高硅氧特种滤袋为载体，采用喷涂方式，在内侧负载由某科研所研发的新型 SCR 中低温 Mn 系催化剂，制成单层或双层负载催化剂的双层滤袋。适宜的脱硝反应温度为180~260℃，滤袋结构及脱硝机理如图7-8所示，产品结构性能见表7-1，产品外形如图7-9所示。

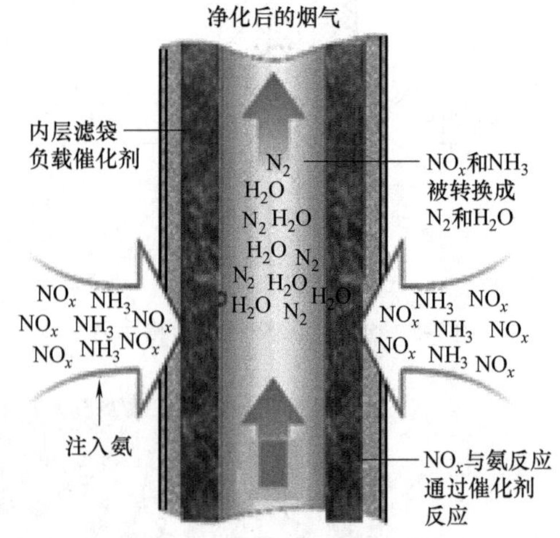

图 7-8　催化滤袋结构原理

表 7-1　催化滤袋结构性能

类型	配置		脱除效率(%)	
	外层滤袋	内层滤袋	粉尘	NO_x
双层催化反应	覆膜高硅氧滤袋内侧负载催化剂	负载催化剂的催化滤袋	99.99	50~95
单层催化反应	MC310 覆膜高硅氧滤袋内侧负载催化剂	负载催化剂的催化滤袋	99.99	40~80

与传统的分体式蜂窝脱硝工艺相比，催化滤袋的优势：设备与系统布置紧凑，一体化实现多种污染物协同治理超低排放，解决了传统催化剂要求反应温度高、抗氧硫中毒能力低、稳定性差等问题；降低投资和运行成本，用20万规模处理气量核算，可节省工程造价100~

200 万元。尤其适用于 NO_x 中等浓度的脱硝改造项目。

2）双层滤袋：某大学开展过滤反应偶合型功能化滤料研究，研发嵌装式尘硝一体化双层滤袋，在低阻型覆膜滤袋内嵌入大通量催化脱硝滤袋。双层结构尘硝一体化滤袋的产品外形如图 7-10 所示。

图 7-9 催化滤袋外形

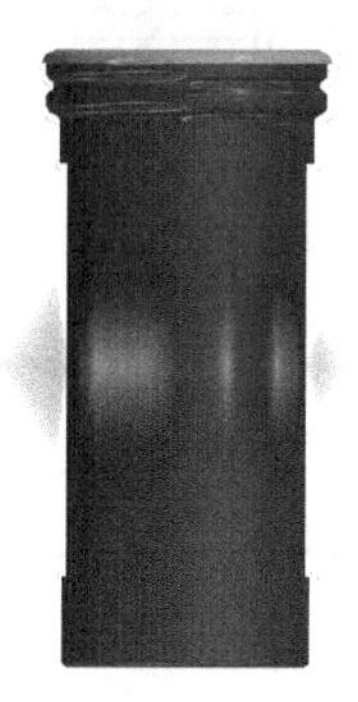

图 7-10 尘硝一体化双层滤袋

催化纤维与原位负载是其核心技术：利用改性催化剂，掺混原料树脂，采用特殊纺丝工艺，经特种浆液处理，制成高透、高效脱硝滤料。改性催化剂中低温活性高、抗硫性好，与常规一步浸渍法相比，催化纤维滤料的孔隙率大而稳定、透气性好、催化剂不易脱落，有利于稳定保持高效低阻运行，是尘硝一体化滤袋升级换代产品。

2. 滤袋缝制

（1）滤袋配件 滤袋配件可以分为两大类：一类是直接缝制在滤袋上，与滤袋组成一个不可分割的整体，如外滤圆袋的弹性圈、内滤圆袋的防瘪环等，称为缝制配件；另一类是滤袋安装和使用时不可缺少的配件，如外滤圆袋用的滤袋框架、内滤圆袋用的袋帽、卡箍和吊挂装置等，称为安装配件。

1）内滤圆袋配件：内滤圆袋配件如图 7-11 所示，其中 3、4 为缝制配件；1、2、5、6 为安装配件。袋口胀圈 3 是由外套抱箍 5 安装方式改为内嵌弹性胀圈安装方式的一种袋口配件，用厚 0.4mm、宽 20mm 弹性不锈钢条制作，缝在袋口，利用袋帽或袋座上的凸缘固定密封，安装十分方便。防瘪环 4 一般用 $\phi3\sim5$mm 不锈钢丝制作，焊接处应可靠焊牢且光滑无毛刺。

2）外滤圆袋配件：外滤圆袋配件如图 7-12 所示，其中 1、2 为缝制配件，3、4 为安装配件。袋口胀圈 1 用厚 0.38mm、宽 19mm 弹性钢带制作，密封条 2 可用同质毡料或橡胶条制造。

3）外滤星形袋配件：若滤袋用于腐蚀性气体场合，宜在袋口胀圈外包裹聚四氟乙烯胶带加以防护。滤袋由于品种和用途不同，也可能需要穿绳、穿带，使用拉链和穿孔圈、吊钩等，这就需要根据设计图样进行特殊缝制。

（2）滤袋缝制及热熔工艺设备 滤袋缝制或热熔与滤料的性能和质量一样重要，采用正确的工艺和设备是保证滤袋制造质量的关键。滤袋的形式和滤料品种不同，缝制或热熔工艺和设备也不同，见表 7-2、表 7-3。国内滤袋制造企业基本上都采用整套滤袋缝制的专用设备，包括自动筒形卷接设备卷接并定长切割自动涂胶和贴膜。随着我国袋式除尘行业的发展，滤袋缝制及滤袋框架专用焊接设备得到迅速发展的机遇，并走向国际市场。

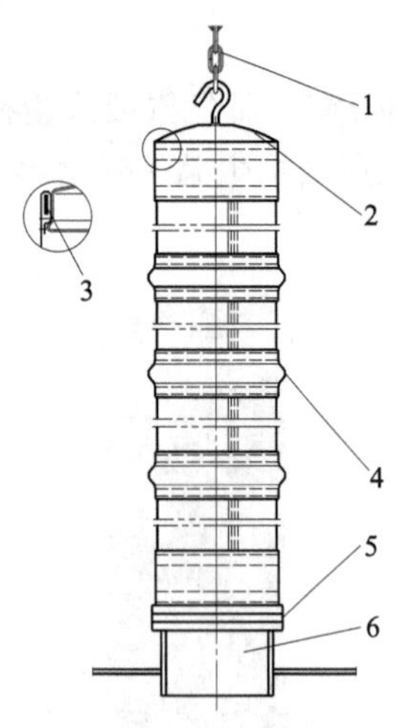

图 7-11 内滤圆袋配件

1—吊链 2—袋帽 3—胀圈 4—防瘪环 5—抱箍 6—下袋座

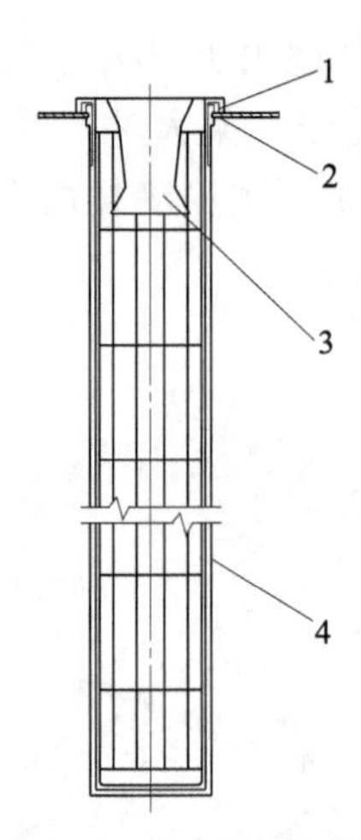

图 7-12 外滤圆袋配件

1—胀圈 2—密封条 3—文氏管 4—框架

表 7-2 内滤圆袋缝制、热熔工艺及设备

工序	工艺及设备	
	缝纫法	热熔合法①
下 料	裁剪台、电动裁剪刀②	滤料纵向切割机
筒形卷接③	高速三针六线缝纫机	自动热熔机
缝 环	高速双针筒式水平全回转旋梭平缝长臂缝纫机	
袋 口	高速单针筒式水平全回转旋梭平缝综合送料缝纫机	
检查整理	专用检验台	

① 玻纤等非热熔性滤料及覆膜滤料不适合热熔合法。

② 自动连续缝纫下料需采用滤料纵向切割机。

③ 机织无缝圆筒滤袋无需“筒形卷接”工艺，下料后即进入“缝环”工序。

表 7-3 外滤圆袋缝制、热熔工艺及设备

工序	工艺及设备	
	缝纫法	热熔合法
下 料	裁剪台、电动裁剪刀	滤料纵向切割机
筒形卷接	高速三针六线缝纫机	自动热熔机
袋口袋底	高速单针筒式水平全回转旋梭平缝综合送料缝纫机	
检查整理	专用检验台	

1）滤料准备和下料裁剪：从滤料进厂到下料裁剪之前，应先进行滤料的质量检验。在确定滤袋的长度尺寸时，应考虑滤袋实际使用温度下的滤料热收缩率。滤袋长度的极限偏差值应符合 JB/T 14088—2020 或 T/CAEPI 33—2021 的规定。

内滤圆袋是在张紧情况下工作的，因此下料剪裁之前，应对所使用的滤料在额定张力的工况下，测定其伸长率，然后再计算出实际裁剪尺寸。

下料裁剪时，应注意加上合适的缝纫宽度，除了三针、两针的宽距外，还应考虑缝针与滤料边缘的距离。

用缝纫法缝制时，应将滤料裁剪成符合缝纫要求的宽度和合适长度的整块料。采用连续缝纫和热熔法粘合时，由于筒形卷接的长度是自动切割的，因此只需将滤料的幅宽裁剪成符合要求的宽度，长度无须裁剪。

对于袋口缝有胀圈的滤袋，应先缝制样品袋，并将袋口与用户提供的袋帽或多孔板试安装，确认配合松紧合适后，核定胀圈外径，并按样品袋尺寸批量下料缝制。

2）筒形卷接：筒形卷接是将一块平幅的滤料缝制或粘合成一个长的卷筒，滤料通过一个卷布器送料，可保证筒形直径和滤料咬边重叠的尺寸。采用缝纫法卷接时应使用三针链线缝纫：对化纤滤料三针宽度（第一针与第三针的距离）为9mm，针与滤料边缘距离应为2~3mm；对玻纤滤料三针宽度为12mm，针与滤料边缘距离应为5~8mm。

筒形卷接的叠缝形式如图7-13所示。

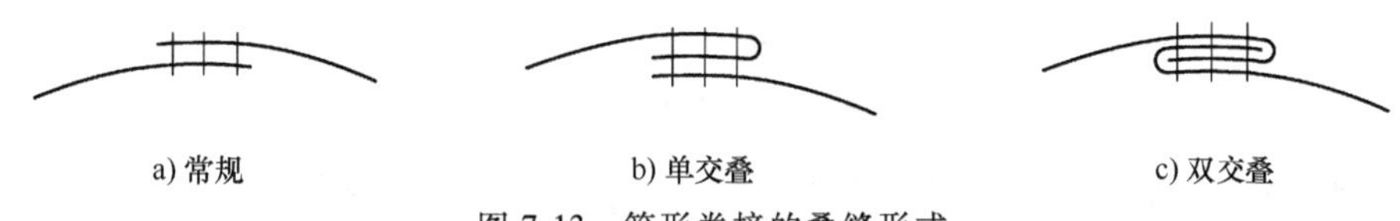

图7-13 筒形卷接的叠缝形式

3）袋口袋底缝制：将已成筒形的袋身配上袋口、弹性圈、绳索、加强层或袋底等，应使用单针双道缝纫。弹性圈、绳索、加强层、袋底等配件应事先准备好。加强层、袋底等应采用同种滤料制成。

内滤圆袋的袋口、袋底缝制形式如图7-14所示。

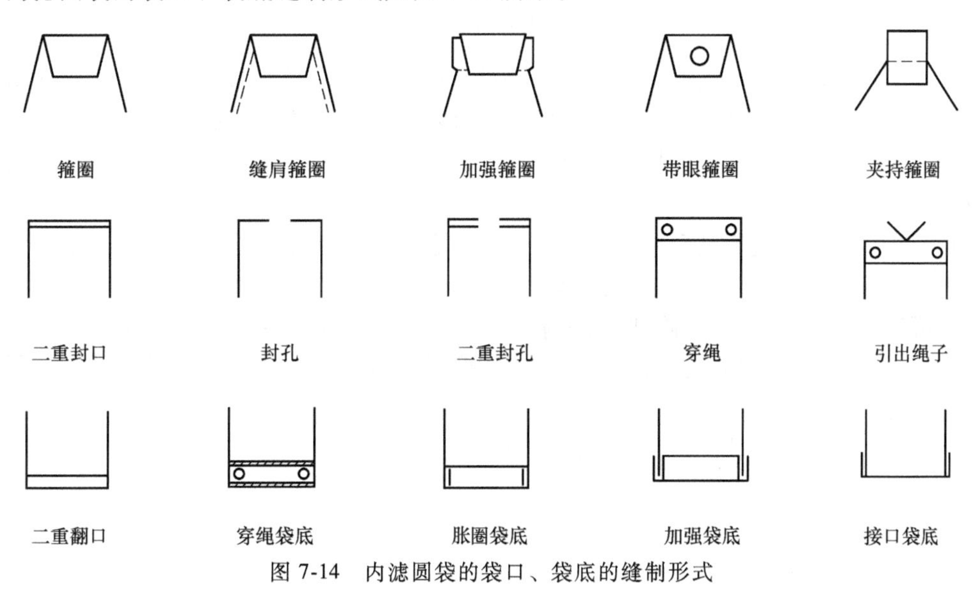

图7-14 内滤圆袋的袋口、袋底的缝制形式

外滤圆袋的袋口、袋底缝制形式如图7-15所示。

异形袋缝制工艺基本上与外滤圆袋相同，虽然它不是圆形，但可按它的周长下料，也用筒形卷接成形，在缝上袋口圈和袋底后即形成扁形袋、矩形袋或梯形袋。

4）防瘪环缝制：内滤圆袋需缝制防瘪环。将防瘪环按需缝上包布，用双针筒式水平旋

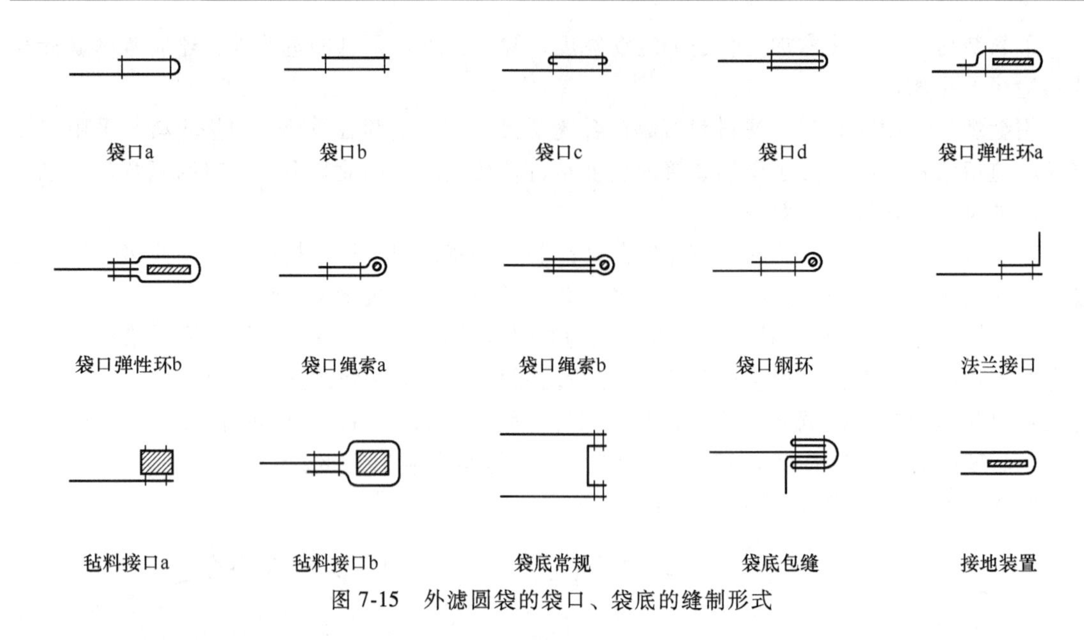

图 7-15　外滤圆袋的袋口、袋底的缝制形式

梭长臂缝纫机缝制。内滤圆袋筒形卷接后，可以先缝环，也可以先缝袋口、袋底，但玻纤滤袋应先缝袋口、袋底，对针刺毡滤袋，袋口、袋底缝有不锈钢圈的，应先缝防瘪环。

防瘪环的缝制形式如图 7-16 所示。

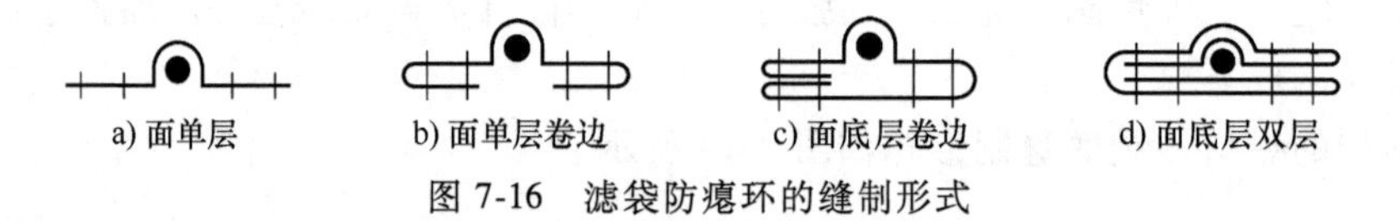

图 7-16　滤袋防瘪环的缝制形式

5）缝线：化纤滤料缝线的材质应与滤料材质相同，或优于滤料材质，并适合缝纫，其强力应大于 27N。玻纤缝线强力应大于 35N。用于内滤圆袋防瘪环的缝线强力应大于 60N。

（3）用于超低排放（浓度小于 $10mg/Nm^3$）的缝纫滤袋应对缝纫针孔和袋口密封进一步做特殊处理

1）应在缝纫部分进行贴膜或涂胶处理。贴膜宜使用透气膜，涂胶应有效封堵针孔并不使滤袋局部变硬。涂胶部分不应计入过滤面积。

2）覆膜滤料如需采用贴膜或涂胶封堵针孔时，应先将缝制部分的覆膜去除。

3）滤袋袋口与花板之间宜采用高严密迷宫型密封垫，在花板安装孔和上下两侧接触面实现“U”形密封，如图 7-17 所示。

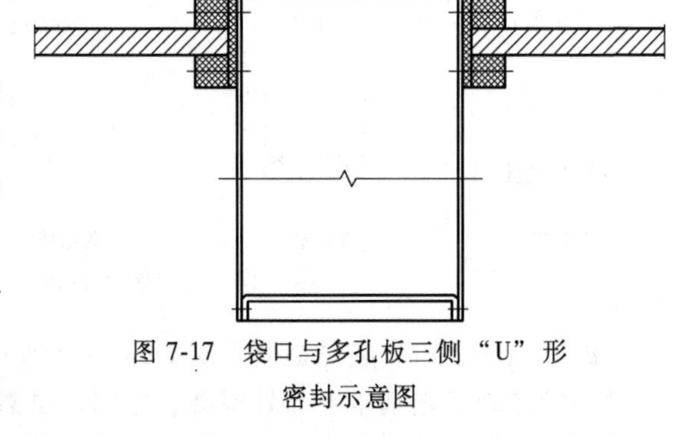
图 7-17　袋口与多孔板三侧“U”形密封示意图

（4）滤袋检验应符合 JB/T 14088—2020 或 T/CAEPI 33—2021 的规定

1）对于缝制的滤袋，应检验尺寸和配件是否正确，修剪缝纫线头。

2）在专用检验台上，进行滤袋外观和尺寸（内径或内周长、长度）检验。内滤圆袋的长度检验应在额定张力下进行。对机织滤料的跳纱、接头处，应使用树脂予以处理。

3）玻纤滤袋在装箱时，袋身对折处应尽量避免压紧，滤袋包装箱上应有不能重压的标识。覆膜滤袋的包装箱上不应有外露的钉刺，以防损伤面膜。

3. 滤袋框架

滤袋框架是使各种外滤袋在过滤条件下保持一定形状的安装配件，是滤袋的“筋骨”，直接关系到滤袋的过滤、清灰效果和使用寿命。

（1）框架形式

1）按形状分：

① 圆形框架：用于圆袋的框架。

② 异形框架：用于扁形、腰圆形和梯形袋的框架中，如图 7-18 所示。

2）按安装方式分：

① 上抽式框架：在除尘器花板上面进行装卸的框架。

② 侧装式框架：在除尘器花板以下从侧面进行装卸的框架。

3）按框架结构分：

① 笼式整节框架：由纵筋和支撑环焊接而成的笼式整体框架。

② 分节式框架：由两节或两节以上的笼式框架拼接而成的框架。

③ 拉簧式框架：由钢丝绕成拉簧形的框架。

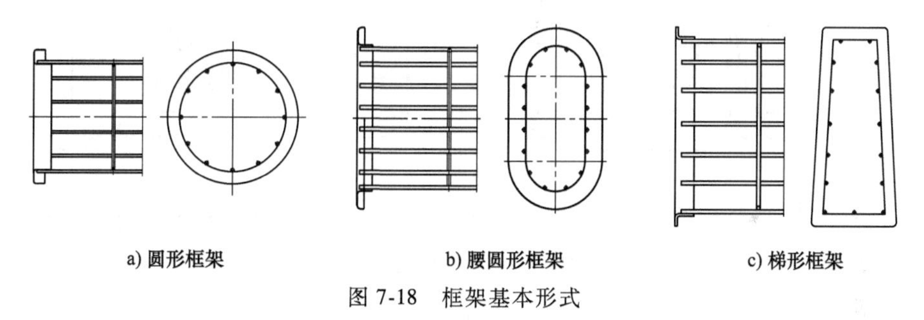

a) 圆形框架　b) 腰圆形框架　c) 梯形框架

图 7-18　框架基本形式

分节式框架的常用连接方式如图 7-19 所示。

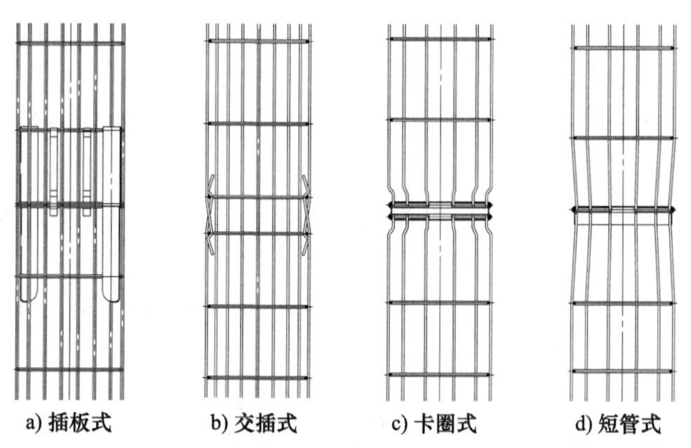

a) 插板式　b) 交插式　c) 卡圈式　d) 短管式

图 7-19　分节式框架常用连接方式

（2）框架制造工艺　圆形框架和异形框架中的腰圆形、梯形、星形等框架主体是由纵筋和支撑环纵横叠交焊接成的笼形件。其中：异形框架中的扁形框架主体是由纵横钢丝加密叠交焊接成的网格形件，俗称平板形或信封形框架；星形框架支撑环是星形体，利用焊在星形尖端、等距均布的外凸纵筋支撑星形滤袋波峰。框架制造通常有两种工艺：一种是被焊接的纵向钢丝在自然状态下与支撑环或横向钢丝焊接，这种焊接方式方便、快捷、产量高，但制成的笼形或网格在受到外力作用时容易变形，如图7-20所示；另一种是被焊接的纵向钢丝在预应力状态下焊接，这种焊接方法制成的框架挺拔，受到外力不易变形，但焊接工艺较复杂，如图7-21所示，操作较麻烦，目前此类工艺已很少采用。我国制造的滤袋框架专用设备自动化程度很高，生产的滤袋框架质量大大提高，滤袋框架和专用制造设备已被许多国家采用。

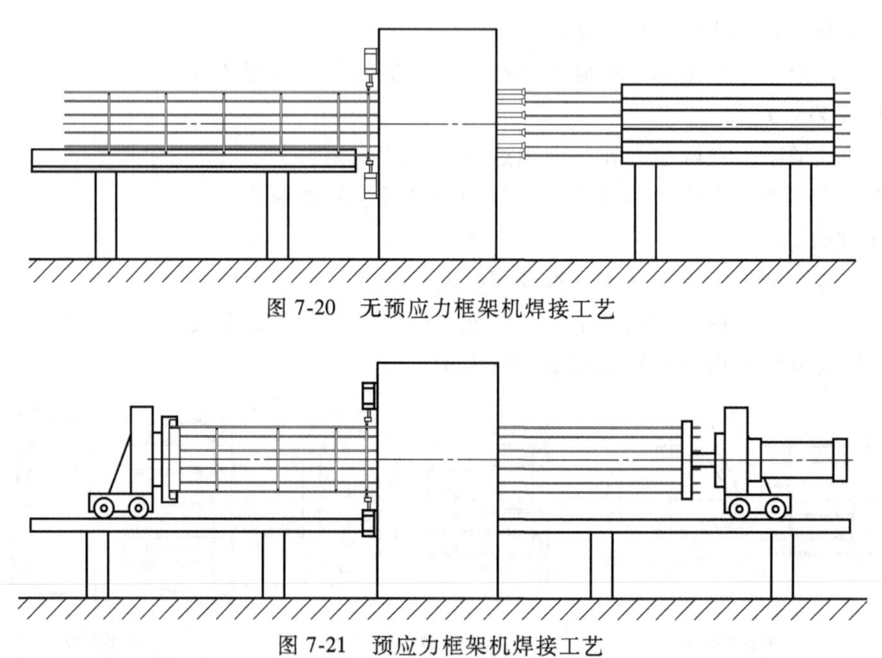

图7-20 无预应力框架机焊接工艺

图7-21 预应力框架机焊接工艺

框架两端一般都有短管、法兰和底盘等配件，需要用专用模具冲压制成。这些配件在与主体框架焊接之前，所有锋利的快口都应修磨成R形，以防止在安装时损坏滤袋或伤害安装人员。

（3）框架制造技术要求

1）长度2~6m的框架应使用ϕ3mm~4mm的钢丝，用于支撑环的钢丝直径应大于纵向钢丝直径。

2）用于合纤针刺毡滤袋的框架，纵筋之间间距≤40mm；用于玻纤滤袋的框架，纵筋之间间距≤20mm。

3）信封形、平板形框架纵向钢丝间距≤50mm，横向钢丝间距≤100mm。

4）框架支撑环的间距应根据框架直径确定，见表7-4。

表7-4 框架支撑环间距 （单位：mm）

框架直径 ϕ	支撑环间距	框架直径 ϕ	支撑环间距
≤120	≤250	≤160	≤150
≤140	≤200	≥160	≤100

5）圆袋框架的直径公差应取负公差≤1%。

6）扁袋框架的端面尺寸应取负公差，应不大于其周长的1%。

7）框架的长度公差应取负公差 ≤2‰。

8）框架的垂直度公差应不大于2‰。

9）框架的焊接应可靠，无脱焊、假焊和漏焊；表面应该平滑光洁；无凹凸不平和毛刺。

10）框架表面进行磷化、镀锌等防腐蚀处理；如在高温工况下使用，应进行有机硅喷涂处理。

4. 滤袋吊挂安装件

滤袋吊挂安装件包括袋帽、螺杆、弹簧吊链、抱箍、袋座等，是确保内滤圆袋袋口密封，并在过滤及清灰条件下保持一定形状及正常工作的安装配件。

（1）袋帽　袋帽用于内滤圆袋的吊挂与密封，有外套与内卡两种形式。袋帽上的吊钩有开口和闭环之分，如图7-22所示。

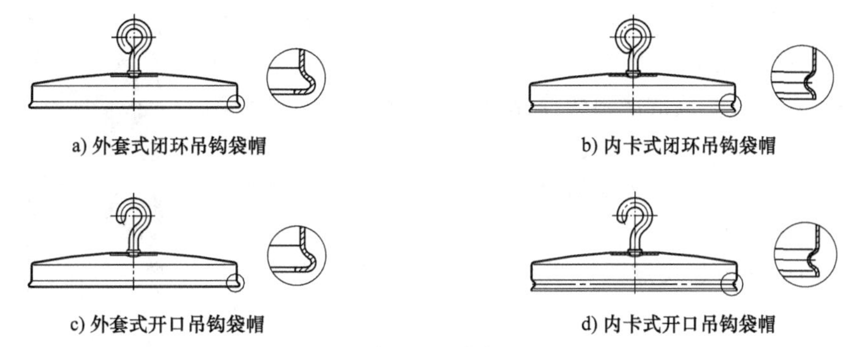

a) 外套式闭环吊钩袋帽　b) 内卡式闭环吊钩袋帽　c) 外套式开口吊钩袋帽　d) 内卡式开口吊钩袋帽

图7-22　袋帽

常用袋帽规格（单位为mm）：$\phi120$、$\phi180$、$\phi200$、$\phi230$、$\phi250$、$\phi292$、$\phi300$，采用冷轧碳钢板或不锈钢板冲压制成。

（2）螺杆吊挂件　带螺纹的吊杆一端吊挂袋帽，另一端穿过除尘器横梁上的吊挂孔，用螺母或手轮调节固定。吊杆上的螺纹长度即为调节范围，用于将内滤圆袋的张紧度调节到合适的程度。

（3）弹簧吊挂件　弹簧吊挂件由吊杆或链条、拉簧或压簧组成。将内滤圆袋吊挂在除尘器横梁上，并将内滤圆袋张紧度调节到合适的程度，如图7-23所示。当清灰反吸时，滤

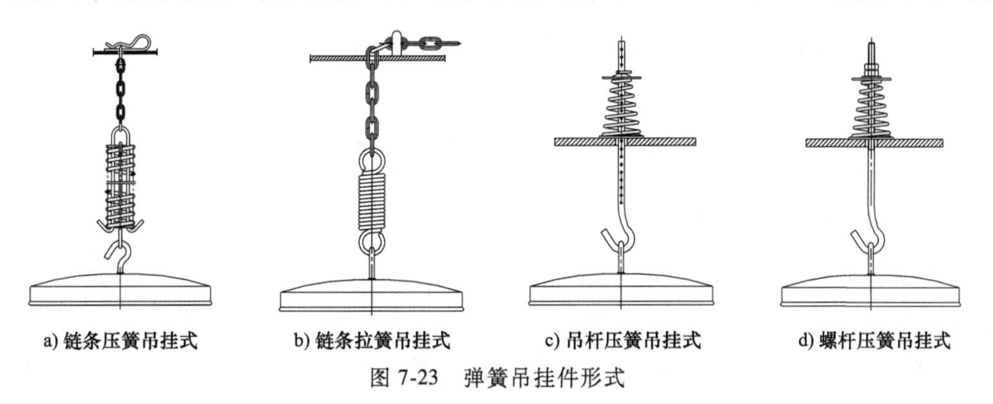

a) 链条压簧吊挂式　b) 链条拉簧吊挂式　c) 吊杆压簧吊挂式　d) 螺杆压簧吊挂式

图7-23　弹簧吊挂件形式

袋的张力变化可借助弹簧的作用保持自适应。

（4）抱箍 抱箍用于将内滤圆袋袋口与袋帽、袋座固定和密封。有螺栓连接、弹簧搭扣等形式，用碳钢或不锈钢钢带冲压而成，如图 7-24 所示。其中弹簧搭扣形抱箍易于调节松紧度，操作简便。

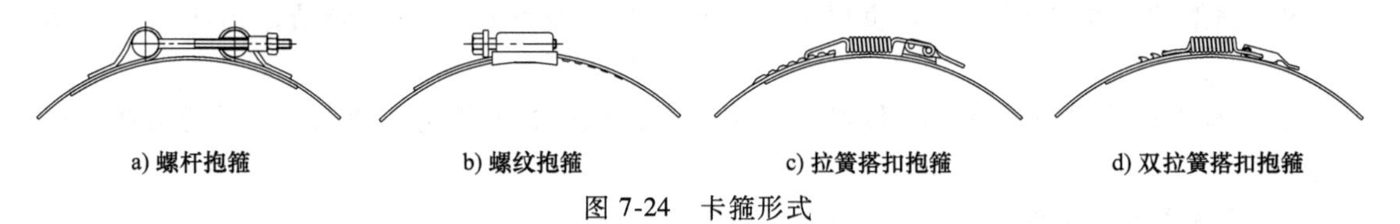

图 7-24 卡箍形式

二、滤筒

滤筒通常为圆形刚性过滤元件，其功能由单纯除尘扩展到粉尘过滤和废气净化一体化处理。在工业烟气治理领域常用的型式有折叠滤筒、陶瓷纤维滤筒等。

1. 折叠滤筒

（1）折叠滤筒构造形式及特点 折叠滤筒是由折叠滤料、内护网、袋口安装座、底盘以及褶纹定隔等粘合成型的筒形过滤元件，如图 7-25 所示。滤筒的滤料由原先以纺粘聚脂长纤维经分层络合、高温延压制成的三维结构毡为主，转向使用综合性能更为优良的针刺、水刺毡，并予硬挺化处理，也可表面覆膜。滤筒与滤袋相比具有以下特点：

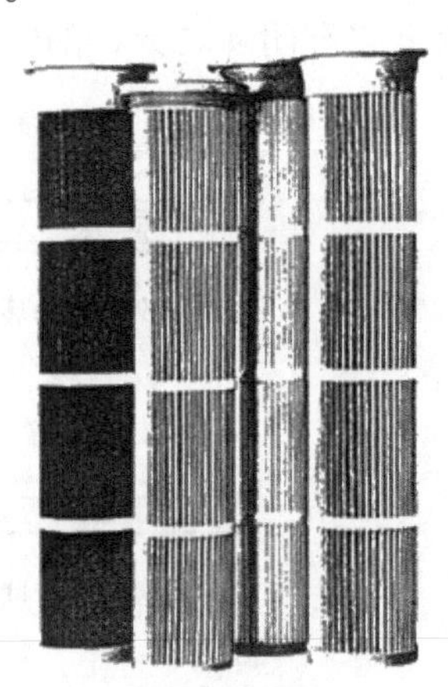

图 7-25 滤筒

1）滤筒的折叠构造使过滤面积增加更多，有利于缩小除尘器体积，减小过滤速度，提高过滤效率，降低运行阻力，特别适用于除尘系统超低排放优化改造。

2）滤筒外层滤料经硬挺化处理，内置多孔防护框架，接近为刚性体，适宜采用高压脉冲喷吹清灰，在过滤与清灰工况下折叠滤料变形极小，有利于提高使用寿命。

3）与滤袋相比，滤筒的折谷部位容易积尘，不利于清灰再生，因此在滤筒设计选型时不应专注于“增加过滤面积”，更要综合考虑“高效过滤、易清灰、低阻力和使用寿命”，宜针对不同粉尘性状特征，合理选定滤筒折形参数和结构型式。

4）用于工业除尘的折叠滤筒适宜垂直安装，不应水平横插或倾斜安装。

（2）折叠滤筒规格及性能

1）折叠滤筒规格（摘自华滤环保设备有限公司滤筒技术资料）：

① 滤筒基本规格见表 7-5。

表 7-5 滤筒基本规格和过滤面积 （单位：m^2）

规格(直径×长度)	过滤面积		规格(直径×长度)	过滤面积	
	标准型	易清灰款		标准型	易清灰款
ϕ130×2000mm	3.6	2.9	ϕ160×2000mm	4.6	4.1
ϕ130×2400mm	4.3	3.5	ϕ160×2400mm	5.5	5.0
ϕ130×3000mm	5.4	4.3	ϕ160×3000mm	6.9	5.9

② 滤筒主要折形参数：滤筒折数见表 7-6，经过实验室试验和工程应用调研，限定折角不小于 25°，控制褶间距≥10mm、褶间距偏差±0.3mm。

表 7-6　滤筒折数　（单位：个）

规格	标准型	易清灰款
ϕ160	≤46	≤41
ϕ130	≤43	≤36

2）折叠滤筒主要技术性能：

① 耐温：滤筒的耐温主要取决于选用的滤料材质及密封件、胶粘剂，参照滤料标准 T/CAEPI 21—2019。

② 滤料挺度：应符合表 7-7 规定。

表 7-7　滤料挺度要求　（单位：N·m）

项目	纺黏非织造滤料	针刺非织造滤料	水刺非织造滤料
挺度（横向）	≥80	≥100	≥100

③ 滤筒过滤性能：滤筒过滤性能以动态捕集效率和 $PM_{2.5}$ 捕集效率表示，应符合表 7-8 的规定。

表 7-8　滤筒过滤性能要求　（%）

项目	超细面层滤筒	覆膜滤筒
动态捕集效率	≥99.99	≥99.995
PM2.5 捕集效率	≥99.5	≥99.8

④ 滤筒清灰剥离率：滤筒粉尘剥离率以滤筒在除尘器清灰后的压差降低百分数表示，应符合表 7-9 的规定。

表 7-9　滤筒粉尘剥离率要求　（%）

项目	标准型		易清灰款	
	覆膜滤料	非覆膜滤料	覆膜滤料	非覆膜滤料
粉尘剥离率	≥60	≥50	≥70	≥60

（3）常用折叠滤筒产品

1）MTA 标准结构滤筒：MTA 标准结构滤筒用 100%连续长丝纺粘聚脂滤料制作，耐温 130℃。衍生产品：表面防油防水处理、消静电处理、表面覆膜处理。

MTA 标准滤筒的结构型式如图 7-26 所示，结构尺寸见表 7-10。

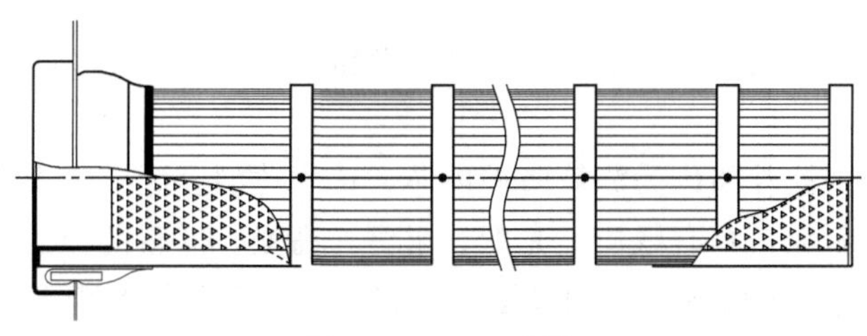

图 7-26　MTA 滤筒

表 7-10 MTA 滤筒结构尺寸

型号	花板孔径/mm	1m 长滤筒过滤面积/m^2	顶部外径/mm	底部外径/mm	法兰高度/mm
MTA500	127	1.1	146	114	14
MTA525	133	1.5	152	121	15.9
MTA625	159	2.1	178	144	17.3
MTA637	162	2.3	178	146	17.3

注：摘自 GE 能源集团样本资料。

2）优氪迅®折叠滤筒：优氪迅®折叠滤筒是专门为工业烟尘超低排放研发的升级换代滤筒产品，已取得良好的应用业绩。主要创新点如下：

① 滤料选型创新：优先选用超细面层梯度结构极滤精细滤料，综合性能优于纺粘滤料、纤维素滤料以及覆膜滤料；

② 折形和成型工艺创新：折幅、折角的合理选择，放大倍数控制在 3.0~4.5 倍，通过实验室试验，针对不同性状粉尘确定基本型式、制定选型规则，研发全自动折叠成型工艺；

③ 定隔工艺创新：在精细化折叠成型工艺基础上，开发热熔绑带定隔专用模具，实现折间距控制公差±0.3mm；

④ 支撑框架创新：开发多孔薄板螺旋无焊接高强低阻轻型骨架及专用自动生产线。

优氪迅®折叠滤筒的新型配件如图 7-27 所示，其中，图 7-27a 为袋口密封件，图 7-27b 为防护内芯。

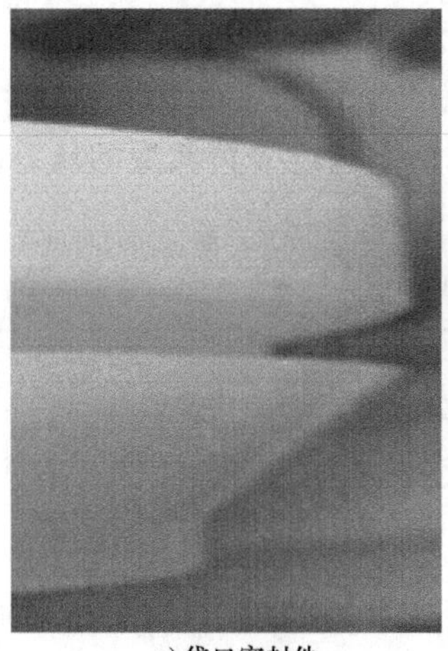

a) 袋口密封件

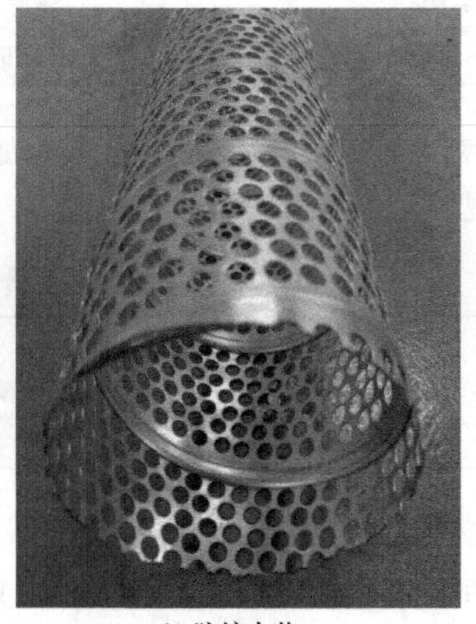

b) 防护内芯

图 7-27 优氪迅®折叠滤筒的新型配件

袋口密封件采用多彩头高分子材料、“U”形密封槽和独特的易拆装设计，拆装方便，密封良好。

圆形高强力无缝多孔骨架作为滤筒防护内芯，选用薄型合金窄带由专门设计的自动卷绕焊接生产线一步成型制成，具有轻质、光滑、耐腐、高强、低阻的特点。

优氪迅®折叠滤筒在宝武集团宝钢股份、马钢股份等企业的烟尘超低排放改造项目中得到大批量推广应用，取得减排降碳节能的良好业绩。

2. **陶瓷纤维尘硝一体化复合滤筒**

（1）陶瓷纤维滤筒制造工艺与反应机理　陶瓷纤维为硅酸铝材质，主要成分 Al_2O_3 和 SiO_2，将剪切均匀的纤维材料混入无机粘结剂制成浆液，采用真空抽滤工艺成型，经中温烘干固化形成除尘滤筒，再经浸渍或在内层喷涂纳米级高活性催化剂溶液，经修复整理制成尘硝一体化复合滤筒，是典型的刚性滤筒。陶瓷纤维尘硝一体化复合滤筒是常规耐高温陶瓷滤筒与 SCR 催化剂的复合体，如图 7-28 所示，尘硝过滤净化机理如图 7-29 所示。陶瓷纤维滤筒结构形状简单，整体呈现蜡烛形状，因此也有称为纤维滤烛。

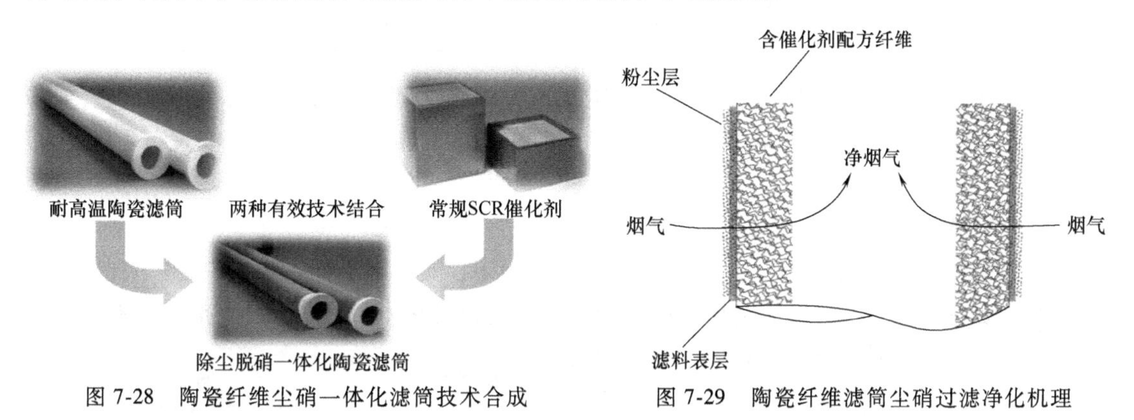

图 7-28　陶瓷纤维尘硝一体化滤筒技术合成　　图 7-29　陶瓷纤维滤筒尘硝过滤净化机理

（2）陶瓷纤维滤筒主要性能特点

1）真空抽滤工艺成型的滤筒外表面形成一层致密的陶瓷纤维微孔膜，过滤精度高，能很好的脱除 PM2.5 微尘及重金属等多种污染物，过滤效率大于 99.99%，实现 $5mg/Nm^3$ 的超低排放。

2）滤筒壁纤维层可做成单层或双层复合，双层纤维层外表层孔径 10~90μm,，内层孔径 80~180μm，形成梯度结构，孔隙率大于 83%，具有良好的透气性和清灰性能，运行阻力可控制在低于 900Pa。

3）滤筒整体耐温不大于 450℃，内层均匀涂覆纳米级高活性催化剂，脱硝温度反应窗口宽达 200~400℃，NO_x 脱除率可高达 95%。

4）陶瓷纤维滤筒弱点是性脆，结构强度受到一定限制，抗热冲击性能较差。在搬运、安装、使用过程中，长滤筒容易折断，需采取特殊防护措施。

（3）国产化陶瓷纤维滤筒产品

1）除尘脱硝一体化纤维滤筒：某公司利用自身拥有 CFB 干法脱硫工艺的优势，与美国一家集团合资从事陶瓷纤维滤筒的研发和生产，承接尘硫硝一体化治理项目。

定型滤筒规格 ϕ150×3000mm，厚度 20mm，长度 3000mm，过滤面积 $1.4m^2$，采用钒钛系催化剂喷涂负载工艺，针对具体工程可派生多种规格产品。在生物质发电、垃圾焚烧、冶金、水泥、玻璃行业尘硫硝一体化治理项目获得广泛推广应用。

2）陶瓷纤维滤管：某环保公司引进德国高温陶瓷纤维滤管技术，与某大学合作研发定向控制汽液协同涂覆工艺技术，提高催化剂的分散均布性及附着力，并根据烟气中具有多种废气成分的特点，有针对性地选择相应的催化剂配方，实现颗粒物和多种废气一体化协同治理。陶瓷纤维滤管的基本规格同样为 ϕ150mm×3000mm，按其功能产品具有 ZY—DR—01、ZY—DR—02、ZY—DR—03 等三种型号，详见表 7-11。

表 7-11 陶瓷纤维滤管型号及特性

名称	型号	催化剂	特性
除尘滤管	ZY—DR—01	—	耐温 750℃、除尘效率 99.99%、排放浓度≤5 mg/Nm^3、寿命 6~10 年
催化滤管	ZY—DR—02	钒钛系	除尘效率 99.99%、排放浓度≤5mg/Nm^3、脱硝温度窗口 180~270℃、脱硝效率可达 98%
催化滤管	ZY—DR—03	钨锡锰铈复合	除尘效率 99.99%，排放浓度≤5mg/Nm^3、脱硝温度窗口 225~450℃、脱硝效率可达 98%，同时可脱除 SO_2、HCl、NO_x、CO 等多种酸性气体和 VOC、二噁英等有害物

陶瓷纤维滤管的国产化，替代进口，构建陶瓷纤维滤管除尘净化一体化装置，承接玻璃窑炉、冶金窑炉、危废焚烧炉烟气成套治理项目，实现尘硫硝一体化治理，取得良好业绩。

三、塑烧板

1. 塑烧板结构型式

塑烧板为中空双面波浪形结构，用多种高分子化合物粉体和特殊的黏合剂为原料，经严格组配、混匀、铸型，经高温烧结，形成多孔壁母体，壁厚为 4~5mm，孔径一般为 50~80μm。然后在表面喷涂 PTFE 树脂，形成微孔薄膜，并用特殊黏合剂固定，孔径 2~4μm。塑烧板内部分成 8~18 个空腔，分组相通。空腔有菱形和梯形两种形式，如图 7-30 所示。

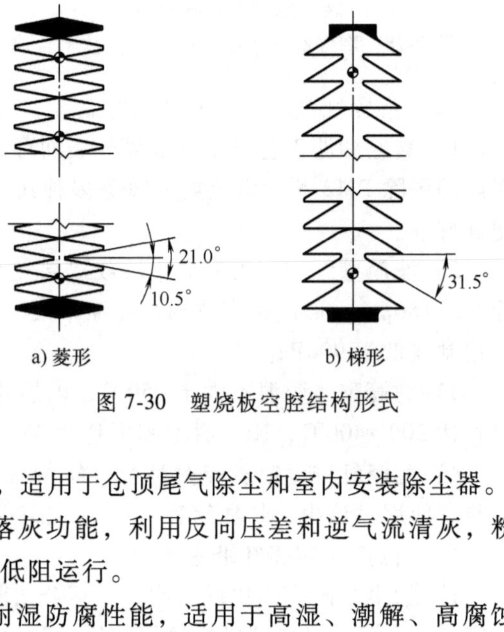

图 7-30 塑烧板空腔结构形式

2. 塑烧板的性能特点

1）塑烧板借助表面的 PTFE 微孔结构实现真正的表面过滤，即使对粒径小于 2μm 的微尘也能达到 99.99%以上的过滤效率。

2）塑烧板的波浪形结构使过滤面积增大 3 倍，有利于缩小除尘器的体积，降低运行阻力，适用于仓顶尾气除尘和室内安装除尘器。

3）塑烧板的刚性结构和光滑表面，具有自落灰功能，利用反向压差和逆气流清灰，粉尘片状剥落，清灰效果特别好，有利于实现稳定低阻运行。

4）塑烧板表面的 PTFE 涂层，具有优良的耐湿防腐性能，适用于高湿、潮解、高腐蚀性烟尘治理。

5）选用不同的母体材质，塑烧板已开发形成常温（70℃）、中温（110℃）、高温（160℃）以及消静电等多种系列产品，应用领域越来越广。

6）塑烧板是一种真正的刚性过滤元件，实现静态过滤清灰，不需要任何配件，制作、安装及维护、检修十分方便，正常使用寿命可达 10 年以上。

3. 常用塑烧板产品

国产 SL 型塑烧板已有 SL70、SL110、SL160 的标准型及消静电系列产品。SL 型塑烧板的结构型式如图 7-31 所示，规格及性能参数见表 7-12。

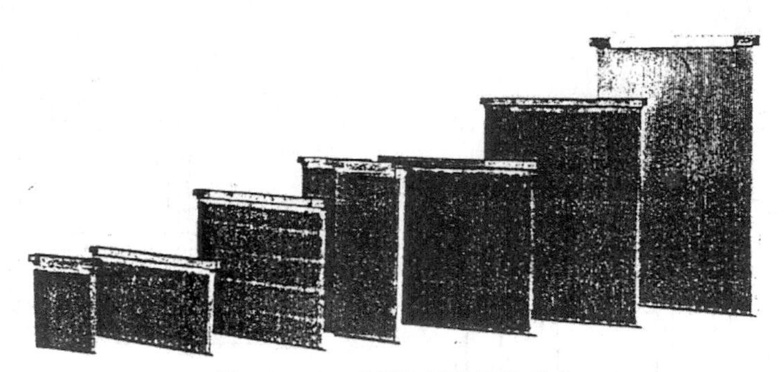

图 7-31 SL 型塑烧板的结构型式

表 7-12 SL 型塑烧板规格及性能参数

型号	外形尺寸/mm			过滤面积/m^2	重量/kg
	宽	高	厚		
SL450/8	497	495	62	1.2	3.3
SL900/8	497	950	62	2.5	5.0
SL450/18	1047	495	62	2.7	6.9
SL750/18	1047	800	62	4.5	10.3
SL900/18	1047	958	62	5.5	12.2
SL1200/18	1047	1260	62	7.5	16.0
SL1500/18	1047	1555	62	9.0	21.5

注：摘自圣德公司样本资料。

第二节 清灰机构

一、振动清灰

1. 电动凸轮振打装置

电动凸轮振打装置由凸轮、连杆、振动架以及电机减速装置组成，如图 7-32 所示。可使滤袋产生上下垂直振动，振动冲程为 30~50mm，振动频率为 20~30 次/min，振动时间为 1~2min。电动凸轮振打装置通常用于小型、机组型袋式除尘器。

2. 电动偏心轮振打装置

电动偏心轮振打装置由偏心轮、弹簧、振动架以及电机传动装置组成，如图 7-33 所示。使滤袋产生垂直上下振动，振动参数及用途与电动凸轮振打装置相似。

3. 电动摇臂振打装置

电动摇臂振打装置由摇臂、连杆、振动架以及电机减速装置组成，如图 7-34 所示。使滤袋产生水平横向振动，振动频率为 50~70 次/min。振动架可以装在滤袋上端或滤袋腰部，可以分成多组，适用于中型袋式除尘器。

4. 电磁振打装置

电磁振打装置由电磁振动器、传动杆、振动架等组成，如图 7-35 所示。使滤袋产生垂直上下振动，振动频率大于 1000 次/min，属于高频振动。这种装置简单，传动频率高，激振力调节方便。适用于中、小型袋式除尘器。

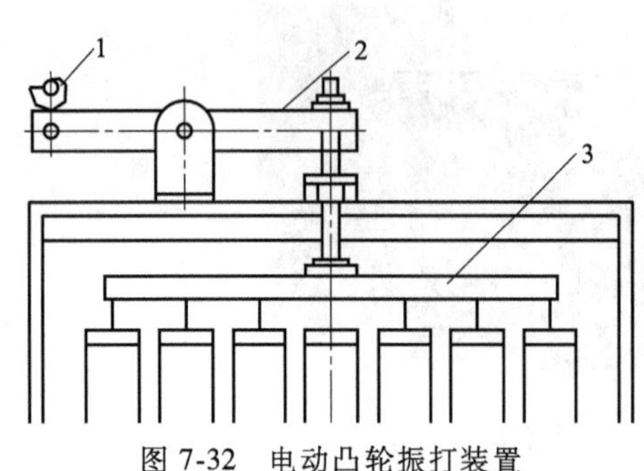

图 7-32 电动凸轮振打装置
1—凸轮及减速装置 2—连杆 3—振动架

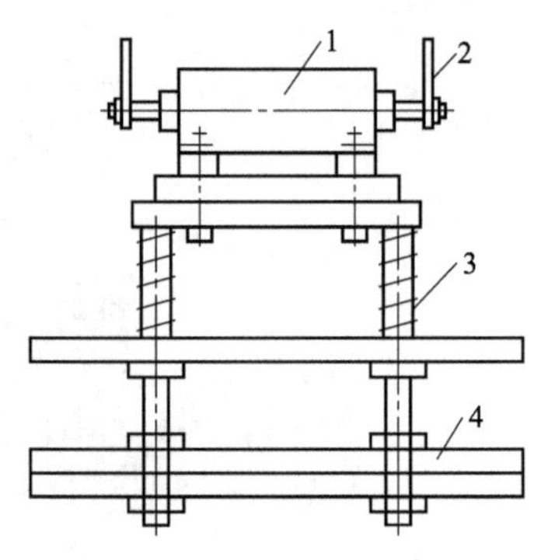

图 7-33 电动偏心轮振打装置
1—电机 2—偏心轮 3—弹簧 4—振动架

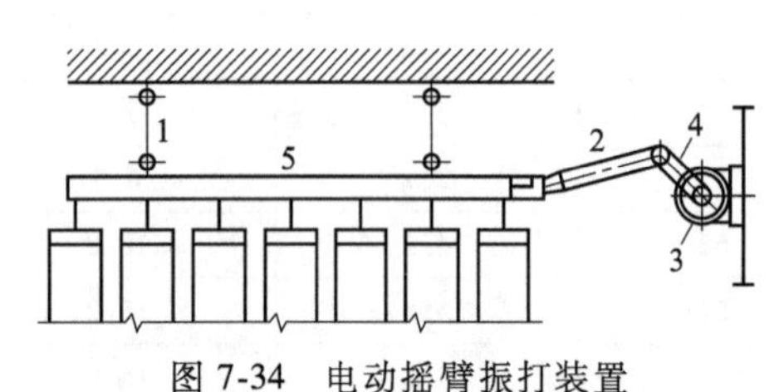

图 7-34 电动摇臂振打装置
1—吊打 2—连杆 3—电机 4—摇臂 5—振动架

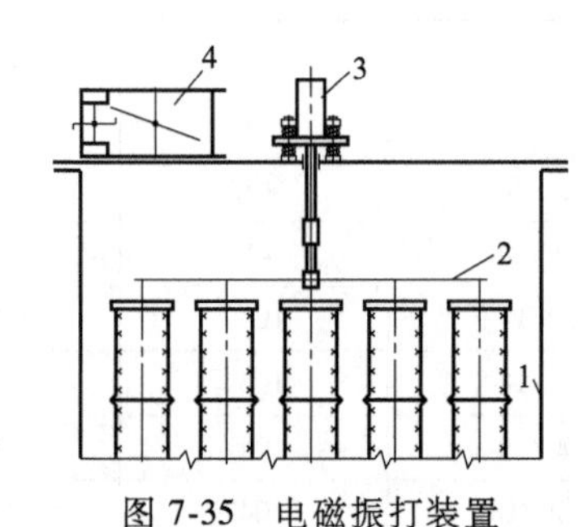

图 7-35 电磁振打装置
1—壳体 2—振动架 3—振动器 4—配气阀

5. 空气锤振打装置

空气锤振打装置由气缸、弹簧、传动杆、振动架等组成，如图 7-36 所示，可使滤袋产生垂直上下振动。这种装置振动冲程小、频率高、激振力调节方便，但噪声大，适用于非连续作业的小型袋式除尘器。

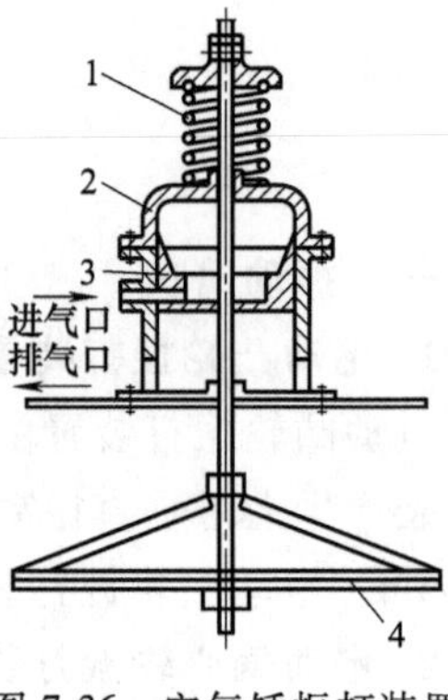

图 7-36 空气锤振打装置
1—弹簧 2—气缸
3—活塞 4—振动架

二、反吹清灰

分室反吹清灰袋式除尘器利用各种阀门的组合，实现二状态或三状态清灰。其中，自密封三通切换阀以及回转切换阀是我国自主开发的专利技术。

1. 清灰切换阀的基本型式

用于分室反吹袋式除尘器的清灰切换阀门有三通切换阀和直通阀。结构型式有活塞式、钟摆式、翻板式、蝶阀式等，动力装置有气缸、电动缸等，如图 7-37、图 7-38 所示。

2. 三通切换阀的改进型式

原设计通用型三通阀为单室体结构，采用平板形单阀板回转 90°，对两个阀座轮流实现开关切换。存在主要问题是：在过滤状态，阀板转至上方，关闭反吹风气流，但由于反吹风阀座存在反向压差 ΔP，阀板在 ΔP 和自重的作用下自行开启，成为除尘器的漏风点，增加漏风率，并致被清灰的袋室反吹风量不足，影响清灰效果。

改进型三通阀为双室结构，采用球面形双阀板，同步回转 90°，对两个阀座实现开关切

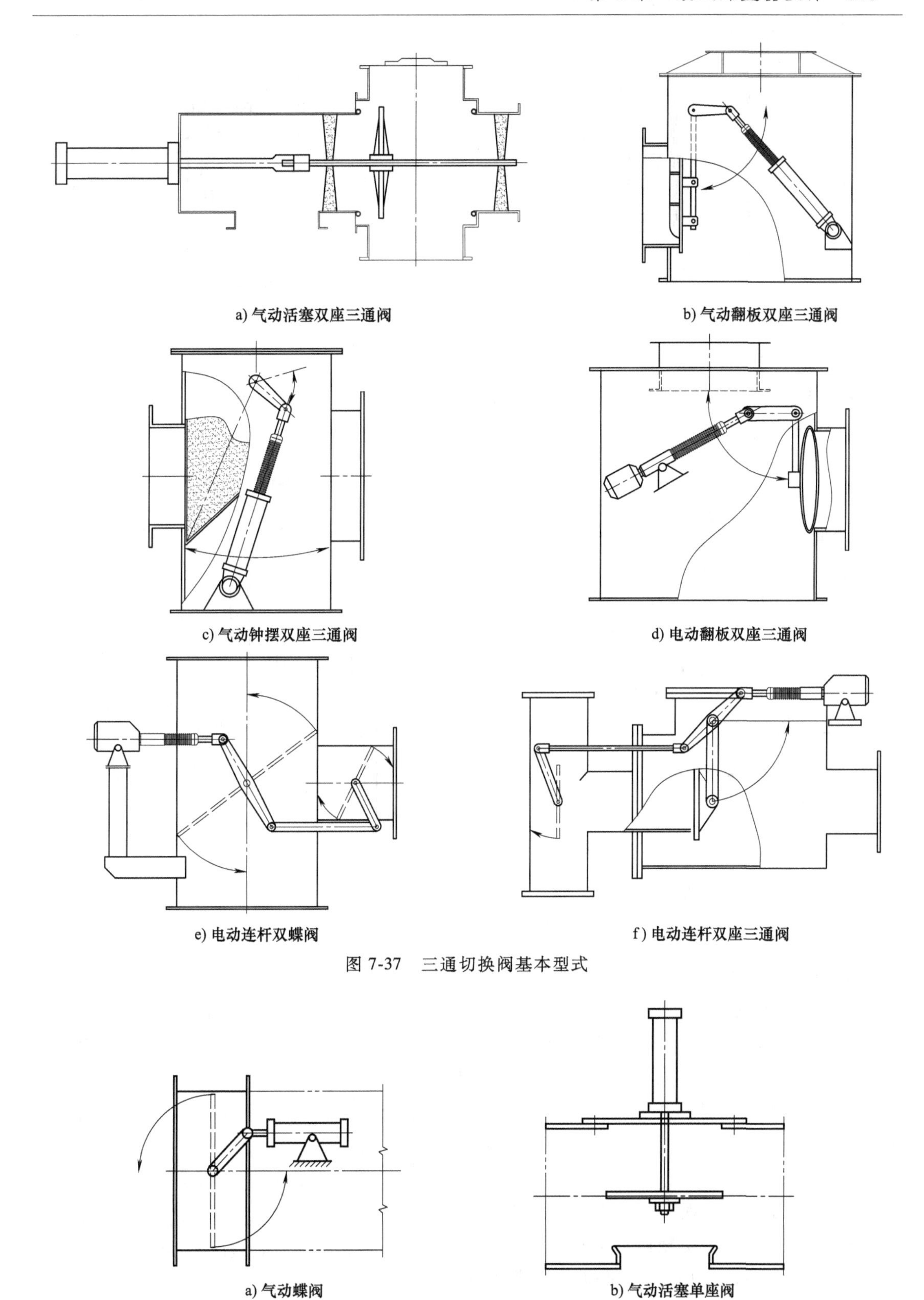

图 7-37 三通切换阀基本型式

a) 气动蝶阀

b) 气动活塞单座阀

图 7-38 直通阀基本型式

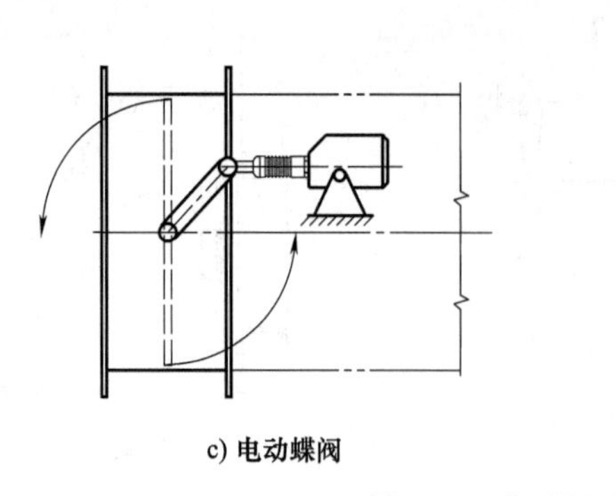

c) 电动蝶阀

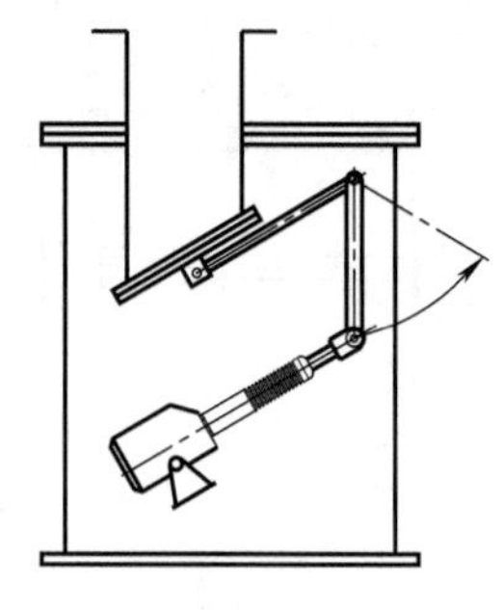

d) 电动翻板单座阀

图 7-38 直通阀基本型式（续）

换，有效地解决了通用型三通阀存在的问题，如图 7-39 所示。在工程中实际应用的自密封三通切换阀如图 7-40 所示。

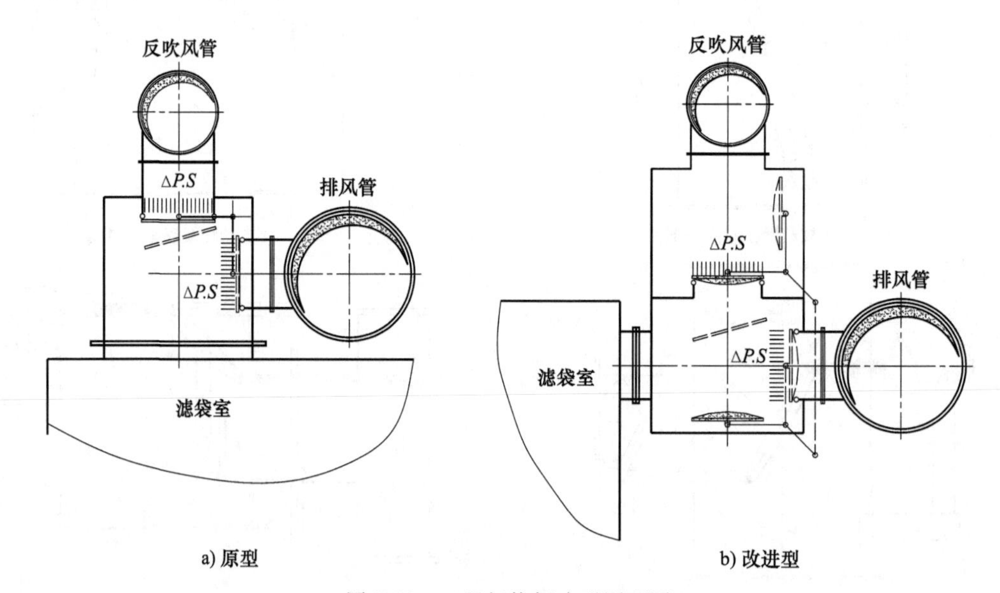

a) 原型

b) 改进型

图 7-39 三通切换阀改型原理图

3. **回转切换阀**

回转切换阀是针对分室结构类袋式除尘器切换阀门多、故障率高、运行不可靠而开发的一项专利技术。用一阀代替多阀，实现分室切换定位反吹清灰，具有结构简单、布置紧凑、控制方便、运行可靠等优点，如图 7-41 所示。

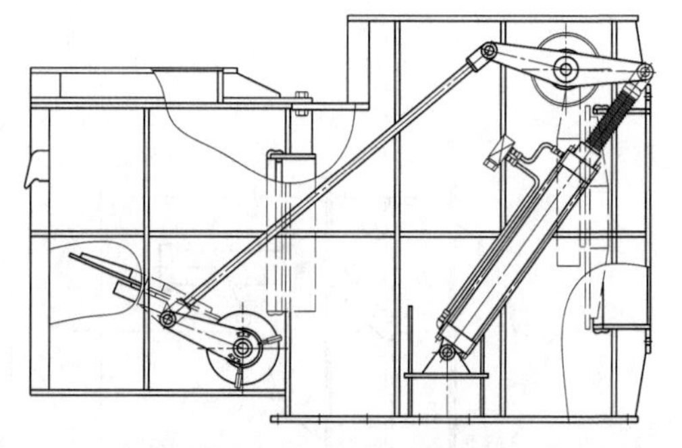

图 7-40 自密封三通切换阀

4. **三状态阀**

三状态阀是为实现三状态清灰而专门开发的筒形阀体，与回转切换阀配合使用。三状态阀为双筒结构体，内筒开一窗口做步进旋转，按设定周期与外筒体的过滤或清灰接口重合，实现三状态切换，结构如图 7-42 所示。

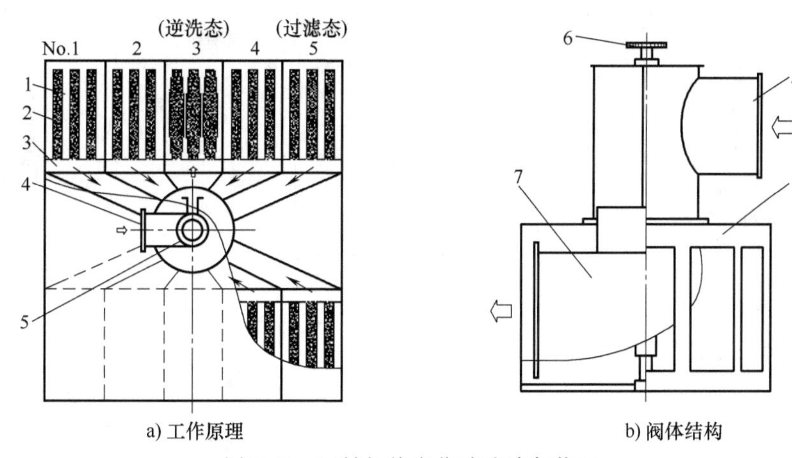

图 7-41 回转切换定位喷吹清灰装置

1—滤袋室 2—滤袋 3—清洁室 4—反吹风口 5—回转切换阀 6—传动机构 7—反吹喷嘴 8—阀体

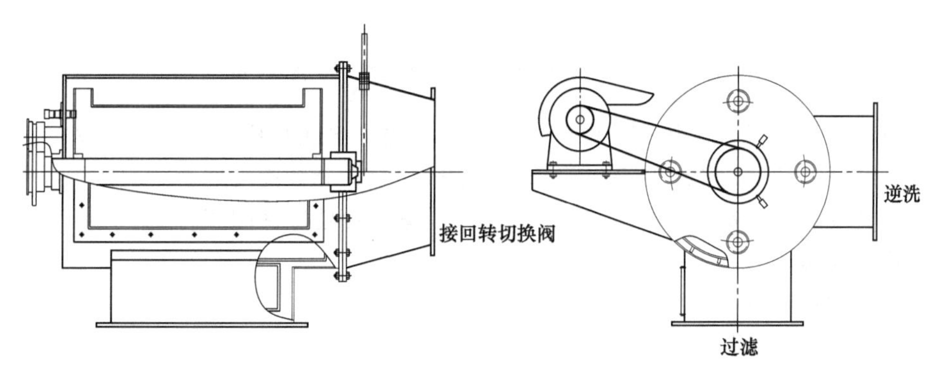

图 7-42 三状态阀

5. **盘式停风阀**

盘式停风阀是分室结构除尘器实现分室停风、离线清灰的通用阀门，采用圆盘阀板，立式安装，大多用气缸作驱动装置，如图 7-43a 所示。这种阀的缺点：一是阀板的定位以及阀座密封因热变形老化等原因而不可靠；二是气缸在低气压时，阀盘下落自闭，影响除尘器正常运行。为此开发了柔性阀板、双座阀板以及改为电动气缸驱动等多种型式，如图 7-43b、c 所示。

三、脉冲喷吹清灰

1. 脉冲阀

脉冲阀受电磁或气动等先导阀的控制，能在瞬间启闭压缩气体产生气脉冲的阀门。在袋式除尘器中与分气箱（气包）和喷吹管构成清灰气流的发生装置，并与喷吹控制仪组成清灰系统。

脉冲阀的性能和质量决定脉冲喷吹袋式除尘器的清灰效果。

（1）脉冲阀的工作原理（以电磁脉冲阀说明） 膜片或活塞把脉冲阀分成前、后两个气室，当接通压缩气体时，压缩气体通过节流孔进入后气室，此时后气室的压力推动膜片或活塞向前紧贴阀的输出口，脉冲阀处于“关闭”状态。接通电信号，驱动电磁先导头衔铁移动，阀的后气室排气孔被打开。后气室迅速失压，使膜片或活塞后移，压缩气体通过输出口

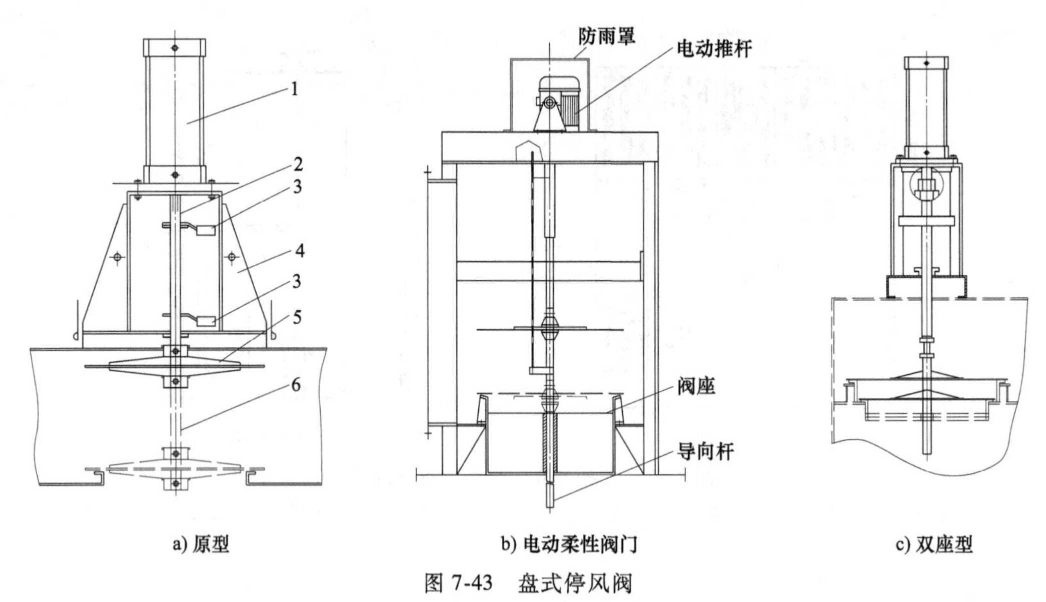

图7-43　盘式停风阀

1—气缸　2—连杆　3—行程开关　4—固定板　5—阀盘　6—导轨

喷吹，脉冲阀处于“开启”状态。电信号消失，电磁先导头衔铁复位，后气室排气孔被堵塞，后气室的压力又使膜片或活塞向前紧贴阀的输出口，脉冲阀又处于“关闭”状态。

前、后气室的压力差决定膜片或活塞的活动位置，而使脉冲阀开启或关闭，因此脉冲阀也被称为差动气阀。

（2）脉冲阀的分类

1）按脉冲阀的开关元件分：

① 膜片阀，膜片的动作决定脉冲阀的开启和关闭。

② 活塞阀，活塞的动作决定脉冲阀的开启和关闭。

膜片式电磁脉冲阀膜片是其开关元件；活塞式电磁脉冲阀活塞是其开关元件。

通过改变开关元件前后气室的压差变化，使开关元件产生位移，实现阀的开启和关闭。

通径40（1.5in）以上的电磁脉冲阀，采用双膜片或双活塞，为逐级缩小放气孔，采用统一的先导阀（见图7-44、图7-45）。

如果说脉冲阀设置橡胶件是为了防止油、尘进入先导部分，那只是个密封件，并不具备膜片的功能。

2）按脉冲阀的先导控制方式分：

① 气控脉冲阀，用气控开关控制脉冲阀的开启和关闭。

② 电控脉冲阀，用电磁阀控制脉冲阀的开启和关闭。

3）按脉冲阀组装方式分：

① 组合式：电磁先导阀与脉冲阀组装在一起。

② 分离式：电磁先导阀与脉冲阀分开安置。

4）按脉冲气流输入、输出端位置分：

① 直角阀：脉冲阀输入和输出端之间的夹角为90°。常用规格有¾in、1in、1½in、2in、2½in、3in等。

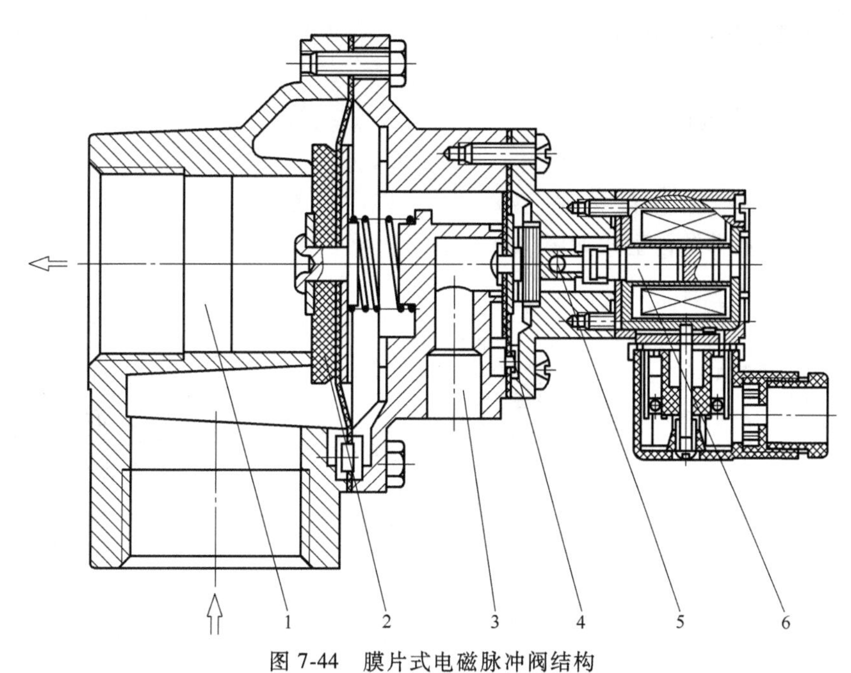

图 7-44 膜片式电磁脉冲阀结构

1—喷吹口 2—主膜片 3—主排气口 4—次膜片 5—次排气孔 6—衔铁

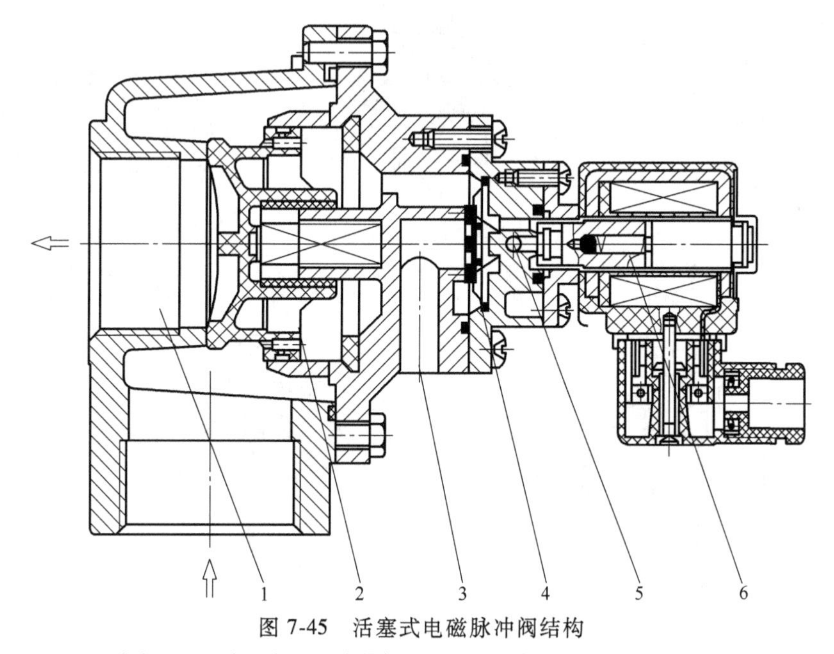

图 7-45 活塞式电磁脉冲阀结构

1—喷吹口 2—主活塞 3—主排气口 4—次活塞 5—次排气孔 6—衔铁

② 直通阀：阀的输入输出端中心为同一直线，输入端与分气箱连接，输出端与喷吹管连接，阀体结构阻力较大，应用量逐年减少，常用规格有¾in、1in、1½in、2in、2½in 等。

③ 淹没阀：又称嵌入式阀，直接安装在分气箱上，阀体结构阻力小，具有更好的流通特性，适宜用于气源压力较低的场合，常用规格有 1in、1½in、2in、2½in、3in、3½in、4in 等，趋向大规格化。

5）按脉冲阀的接口形式分：

① 内螺纹接口（T型）。

② 外螺纹双闷头接口（DD型）。

③ 法兰接口（FS型）。

④ 与分气箱外壁直接接口（MM型）。

电磁脉冲阀的基本结构型式如图7-46所示。

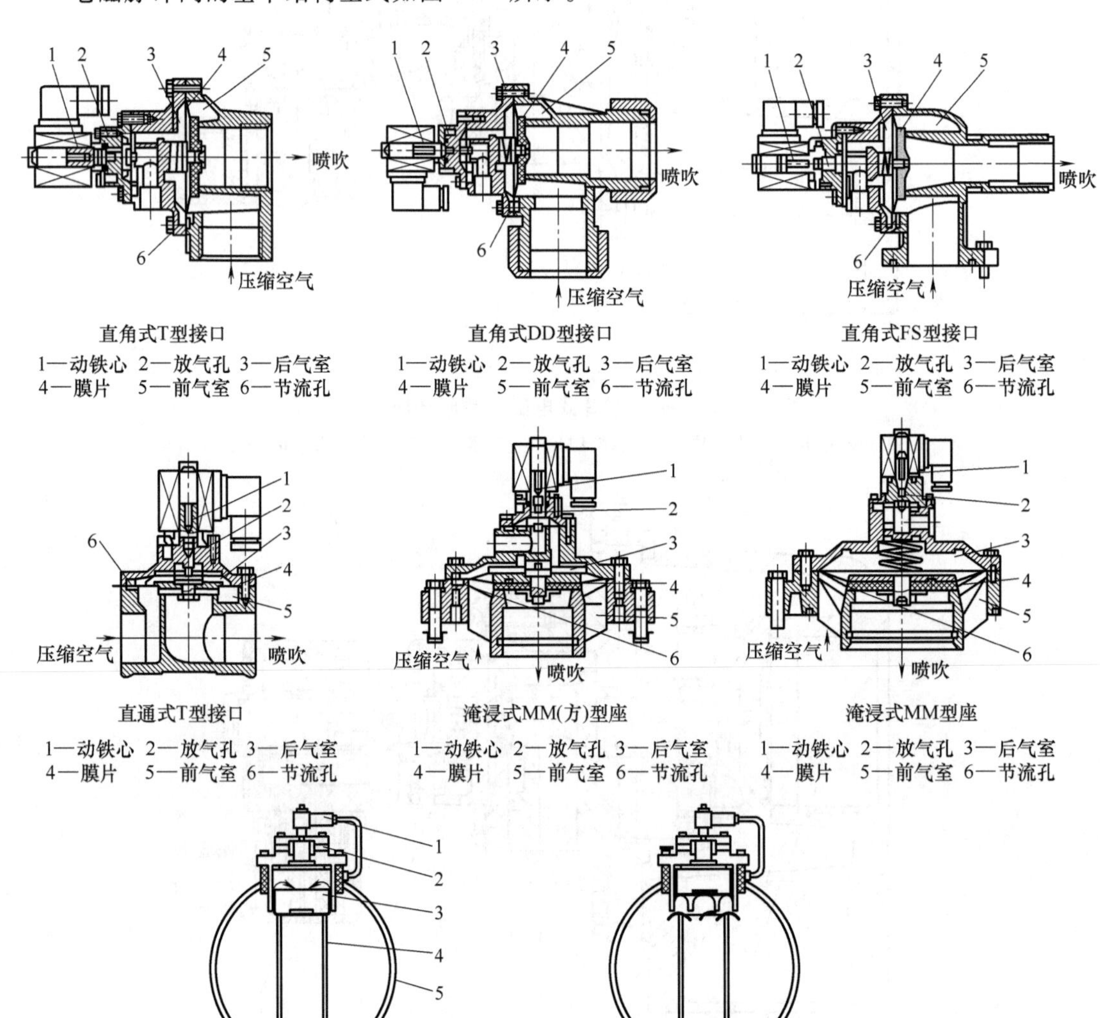

图7-46　电磁脉冲阀的基本结构型式

将电磁先导阀与脉冲阀组合在一起称为电磁脉冲阀，是目前脉冲喷吹袋式除尘器的标配产品（除了少数因现场环境特殊仍需选用电磁先导阀与脉冲阀分开安置的场合）。

（3）电磁脉冲阀的主要参数

1）输出输入压力比：脉冲阀喷吹时输出口产生的压力与脉冲阀输入口气源压力之比，

用百分数表示。按 JB/T 5916—2013 的规定：直角式阀≥55%，淹没式≥70%。

2）输出压力上升速率：脉冲阀喷吹时，输出压力从 0 上升至峰值所需时间的比值，单位千帕每毫秒（kPa/ms）。按 JB/T 5916—2013 不同型式和规格的阀为 12~27kPa/ms。

3）气电脉冲宽度差：气脉冲宽度与电脉冲宽度之差。单位毫秒（ms）。按 JB/T 5916—2013 的规定在电脉冲宽度为 100ms 条件下，气电脉宽差不大于 130ms。

4）喷吹流量：喷吹气量与气脉冲宽度的比值。单位 L/ms。按 JB/T 5916—2013 规定：不同型式和规格的阀为 0.05~4.00L/ms。

（4）脉冲阀的清灰性能　脉冲清灰的动力是经由脉冲阀喷吹而出的压缩空气。脉冲阀的喷吹性能对脉冲清灰的效果有着直接的影响。评价脉冲阀的喷吹性能一般有这样一些指标：C_v 值、K_v 值、喷吹量、喷吹流量、输出压力、峰值压力、输出压力上升速度等。

脉冲阀的样本常常给出 C_v 值和 K_v 值，用来表示其喷吹性能。这两个参数的定义是阀门在全开情况下，阀前后压差保持在某一定值，单位时间内通过阀的流体体积。它们表示了脉冲阀阀体的流通阻力，反映的是一种静态性能，不能反映脉冲清灰时阀门开启瞬间压缩空气释放的时效性和动态效果。

滤袋的清灰效果取决于清灰时它受到的最大反向加速度。喷吹量是指脉冲阀在开启时间内，通过阀门释放的压缩空气体积。喷吹量与脉冲阀的口径、设定的喷吹时间有关，也与阀的启动与关闭的响应速度有关。喷吹时间的延长可以明显增加喷吹量，但不会提高清灰时的反向加速度。即使设定了相同的喷吹时间，也因脉冲阀的响应速度不同而使喷吹量产生较大的差异，因此喷吹量不能作为脉冲阀清灰能力大小的衡量指标。喷吹流量是单位时间的压缩空气喷吹量，它在一定程度上体现了脉冲阀的开启与关闭性能，反映了脉冲阀的清灰能力。但更多的是表示了脉冲阀在全开状态下的流量特性。

输出压力表示的是喷吹过程中经脉冲阀后喷吹管出口压缩空气的压力变化情况。脉冲阀打开瞬间，随着压缩空气的喷出，输出压力急速上升，但随着气包内压力的降低，输出压力在到达最大值后就逐渐减小，输出压力的最大值即是峰值压力。峰值压力反映的是脉冲阀在全开状态下的输出压力。从喷吹开始至到达峰值压力时，输出压力的平均上升速度称之为压力上升速率。

脉冲阀产生的峰值压力与输出压力上升速率是影响清灰效果的重要指标。

（5）脉冲阀的选用　一个好的电磁脉冲阀应具备如下条件：

1）良好的开关特性：要求电磁先导头反应灵敏，驱动力大，使气脉冲尽量和电脉冲同步一致，开阀快、闭阀迅速，同时膜片具有较大的面积和位移，具体量化表现在气电脉冲宽度差要越小；输出压力上升速率越高，清灰的有效力越大，压力上升速率是表征脉冲阀清灰性能最重要的参数。

2）良好的流通特性，具体量化表现在输出输入压力比要越高，阻力越小；工作可靠、稳定，零部件互换性好，膜片等易损件的使用寿命可达 3~5 年。

怎样选用一个适用的脉冲阀？关键是选用脉冲阀的型号规格及其喷吹性能应与一排滤袋的清灰要求相匹配。脉冲阀选得过小，造成喷吹量不足，滤袋不能有效清灰，而影响系统正常运行；脉冲阀选得过大，又造成喷吹能量过高，滤袋容易破损。

（6）电磁脉冲阀选型中的常见问题

1）电磁脉冲阀的消声和隔声：20 世纪 90 年代国内市场就有进口的消声的电磁脉冲阀

(见图7-47)，就是脉冲阀的失压排气孔装上消声器。曾在山西一个钢铁厂使用过，后因效果不佳而拆除。

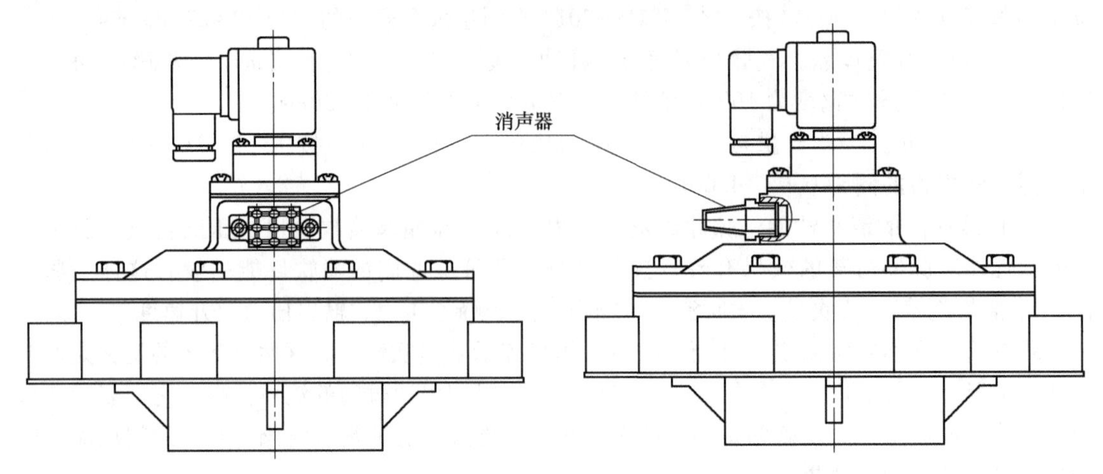

图7-47　配置消声器的电磁脉冲阀

之所以称为消声阀就是在脉冲阀放气孔处配置消声器。经测试，喷吹压力在0.1MPa以下有一定消声效果；喷吹压力大于0.1MPa时无消声效果。

脉冲阀的噪声产生于阀开启时喷射的压缩气体爆破声，而消声器是安装在放气孔上，非但不能消声，还给排气增加阻力，影响脉冲阀的喷吹性能。

消除袋式除尘器上脉冲阀喷吹时的噪声，应给分气箱及脉冲阀配置隔声装置，才能下降喷吹时的分贝。如果结合袋式除尘器箱体保温，综合采取隔声措施效果会更好。

2）电磁脉冲阀与系统节能的关系：一台大型脉冲喷吹袋式除尘器需要配置几百个甚至上千个电磁脉冲阀。但其用电量可忽略不计，并不是除尘系统中的用电大户。

电磁脉冲阀虽需用电来驱动阀的开启，喷吹压缩气体，但只是瞬间用电持续时间小于0.5s。一般电磁脉冲阀功率约20~25W。一只阀开启近15万次才耗1kWh电。

当然电磁脉冲阀也与除尘系统的电耗有关：

1）电磁脉冲阀的有效清灰。使除尘器阻力运行在设定范围内，有利于降低主风机的电耗。

2）提高电磁脉冲阀的灵敏度，缩小气、电脉冲宽度差，使阀喷吹后及时关闭，节约气源，也就降低了电耗。

（7）电磁脉冲阀的防爆措施　随着安全生产的要求的提高，需要对电磁脉冲阀采取防爆措施的场合日益增多。传统的做法是采取浇封型电磁线圈，防止电磁线圈通电时产生的电弧、火花外泄可能产生的爆炸危险。认为电磁脉冲阀的防爆就在于电磁先导线圈的防爆。

这种做法忽略了许多使用场合，袋式除尘器本身就是一个爆炸性气体和爆炸性粉尘的释放源。如图7-48、图7-49和图7-50所示，由于脉冲阀的结构，当分气箱（气包）气源失压、脉冲阀的膜片或衔铁处存在泄漏时，从除尘器箱体内喷吹管上的喷嘴到阀的放气孔形成气流通路。如果除尘器处于负压状态，会将除尘器外的大气吸入除尘器内，处于正压状态，会将除尘器内的气体喷向除尘器外，形成一个爆炸性气体或爆炸性粉尘的释放源。根据不同情况，不是每个释放源一定会产生爆炸，但是一个稀释的或小的连续释放源最终能形成潜在的危险。

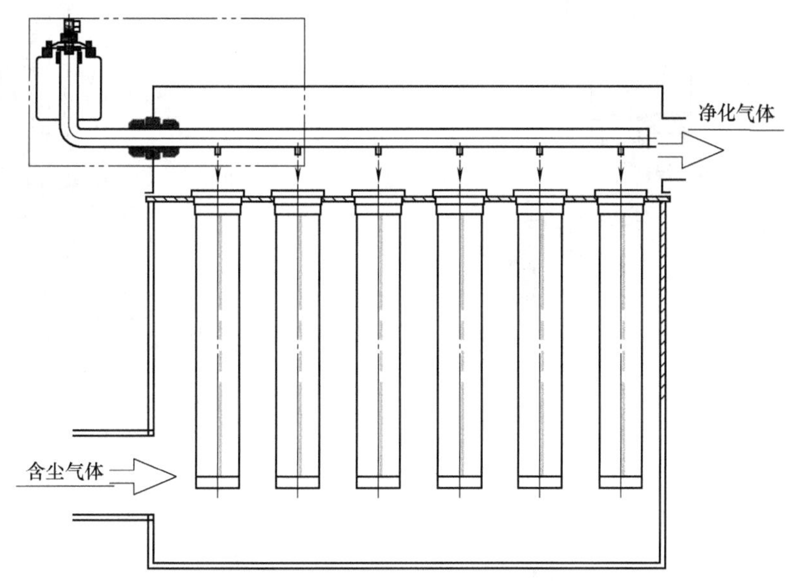

图 7-48　袋式除尘器喷吹管喷嘴与脉冲阀放气孔形成的释放源

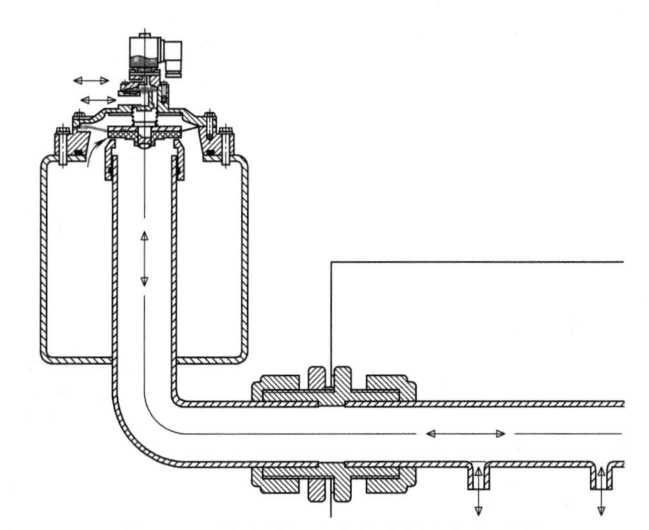

图 7-49　脉冲阀与喷吹管之间的气流通道

1）防爆措施 1：如图 7-51 所示，在脉冲阀节流孔处加装反向关闭装置。当气源失压时能自动关闭节流孔，切断释放源通道。

2）防爆措施 2：如图 7-52 所示，脉冲阀采用无节流孔膜片将喷吹气源和控制气源分离，由后气室充、放气体来控制脉冲阀的开启和关闭，切断喷吹管喷嘴到脉冲阀放气孔之间的气流通道。

2. **分气箱**

分气箱亦称稳压气包，是脉冲阀的承载体和气源箱。随着脉冲阀逐个喷吹，不断释放压缩气体，同时不断补充压缩气体。

分气箱必须承受一定的压力和具有足够的容量，应按压力容器设计。分气箱承受的压力应该大于脉冲阀的喷吹压力；分气箱的容量应该满足脉冲阀每次喷吹后，箱内压力仍能保证

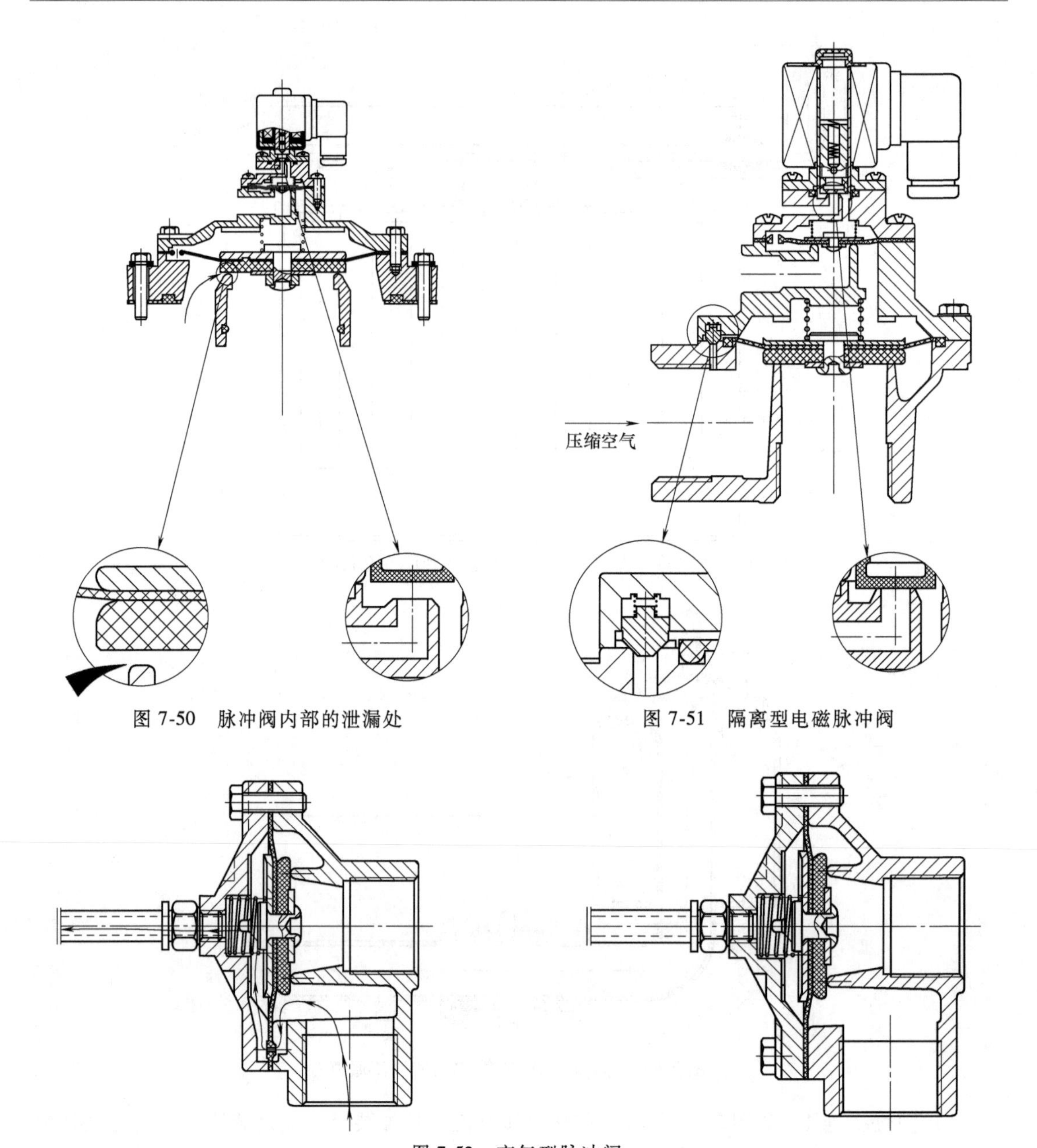

图 7-50 脉冲阀内部的泄漏处

图 7-51 隔离型电磁脉冲阀

图 7-52 充气型脉冲阀

该箱体其余脉冲阀可靠关闭，确保每次喷吹后箱内压力不小于喷吹前压力的 35%，并能在下一次喷吹前恢复到原压力。

（1）分气箱分类 按断面形状分为圆形分气箱和方形分气箱。分气箱的短管接口型式必须与所选用脉冲阀的接口型式相一致。

1）圆形分气箱承压能力好、管壁薄、重量轻，但是安装淹没式脉冲阀比较麻烦。

2）方形分气箱便于安装淹没式脉冲阀，但是分气箱壁板厚、耗钢多，每次喷吹时壁板会发生微量位移，喷吹频率较高时，钢板容易产生裂痕。

（2）分气箱规格 按照行业标准 JB/T 10191—2010 分气箱的常用规格见表 7-13。

表 7-13　分气箱的常用规格　（单位：mm）

<table>
<tr><td>分气箱形式</td><td colspan="2">带圆角的正方形</td><td colspan="2">圆形</td></tr>
<tr><td rowspan="5">截面尺寸</td><td rowspan="5">外侧长度 H</td><td>180</td><td rowspan="5">外径 D</td><td>ϕ159</td></tr>
<tr><td rowspan="2">240</td><td>ϕ189</td></tr>
<tr><td>ϕ219</td></tr>
<tr><td rowspan="2">300</td><td>ϕ229</td></tr>
<tr><td>ϕ402</td></tr>
</table>

（3）分气箱设计压力　按照行业标准 JB/T 10191—2010 分气箱的设计压力和水压试验压力见表 7-14。

表 7-14　分气箱的设计压力和水压试验压力　（单位：MPa）

脉冲阀类型	淹没式脉冲阀	直角式脉冲阀
设计压力	0.4	0.7
水压试验压力	0.52	0.91

（4）分气箱的基本型式　分气箱的基本型式如图 7-53 所示。

（5）分气箱的材质及附件　制作圆形分气箱时可选用无缝钢管 ϕ159mm×4mm、ϕ189mm×4mm、ϕ219mm×4.5mm、ϕ229mm×5.6mm、ϕ402mm×6mm，封头名义厚度应与钢管管壁相一致。

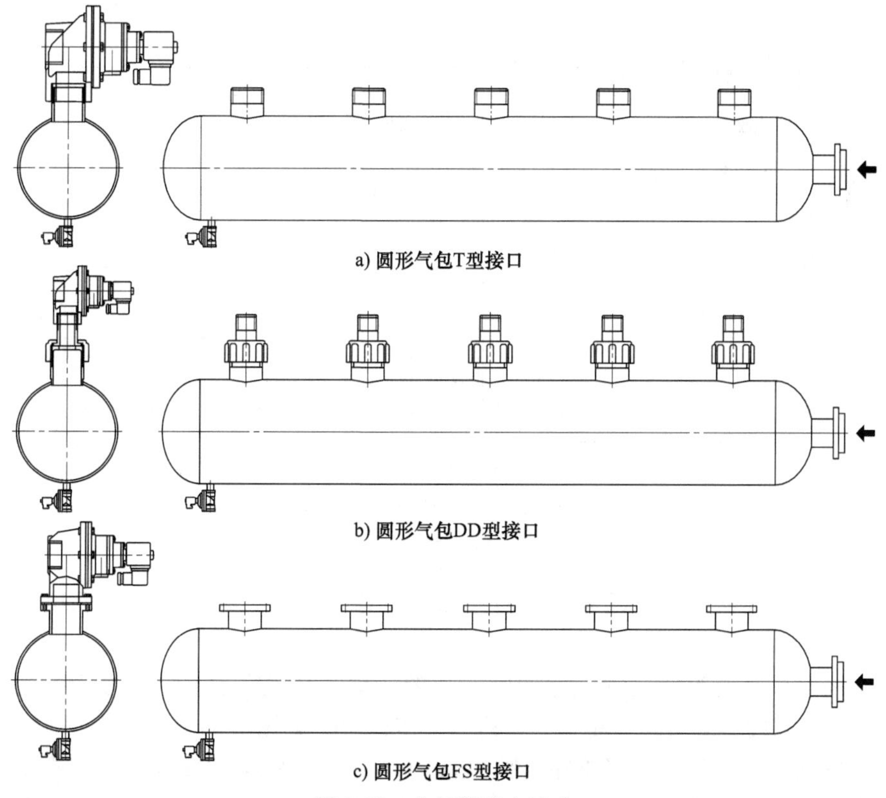

a) 圆形气包T型接口

b) 圆形气包DD型接口

c) 圆形气包FS型接口

图 7-53　分气箱基本型式

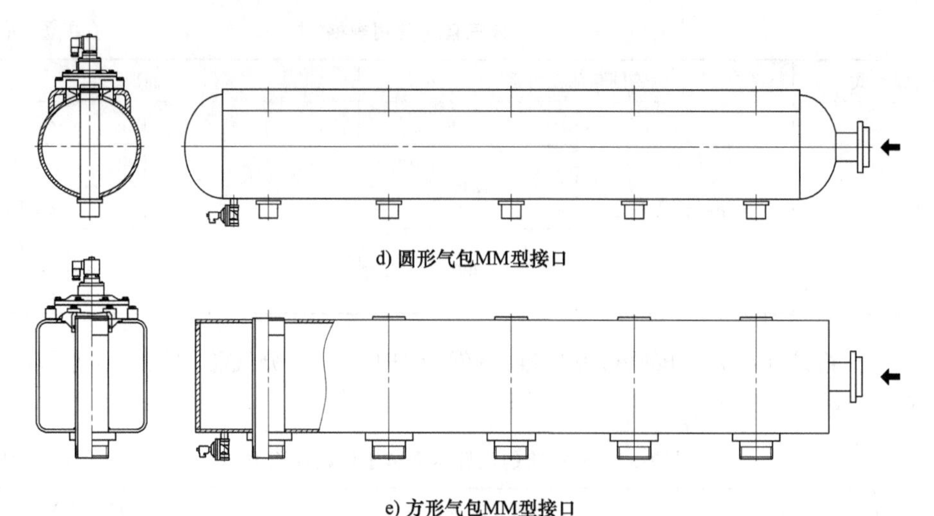

d) 圆形气包MM型接口

e) 方形气包MM型接口

图 7-53　分气箱基本型式（续）

直角式脉冲阀应安装在分气箱上面，淹没式脉冲阀可以安装在分气箱的上面或侧面。分气箱底部应安装排污放水阀。分气箱进气管应安装进气阀门。压缩气体须经过除水除油处理。

3. 喷吹管组件

喷吹管组件由喷吹管、喷嘴以及穿壁连接器等组成，如图 7-54 所示。脉冲阀喷出的气流通过喷吹管上的喷嘴喷入袋口，在袋内形成压力气团并传送至袋底。

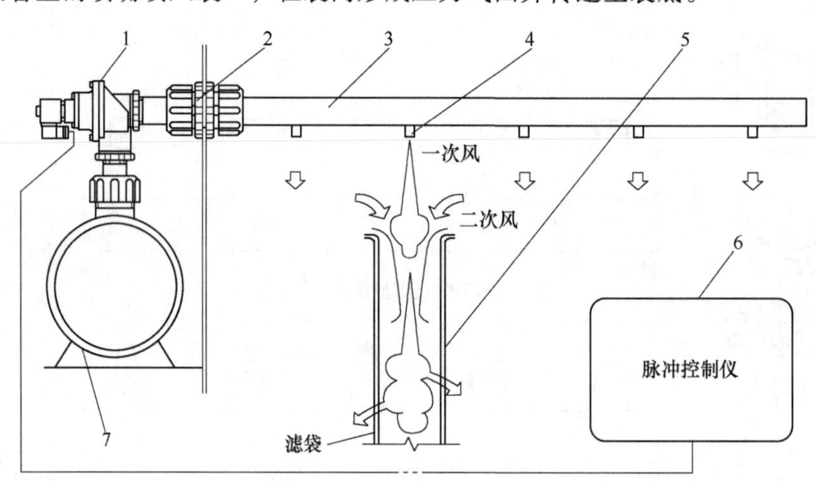

图 7-54　喷吹管组件

1—电磁脉冲阀　2—穿壁连接器　3—喷吹管　4—喷嘴　5—滤袋（喷吹状态）
6—脉冲控制仪　7—分气箱（气包）

（1）喷吹管　喷吹管的内径应与脉冲阀的输出通径相同或稍大，长度取决于所喷吹的滤袋数量。

（2）喷嘴　喷嘴通过喷吹管把脉冲阀送出的压缩气体均匀分配，并引导“二次气流”垂直喷入滤袋。喷嘴有焊接式、抱箍式、螺纹内卡式等，如图 7-55 所示。

（3）穿壁连接器　喷吹管需要穿越除尘器的壁板。为有效解决喷吹管与除尘器的密封并便于安装，可采用专用的穿壁连接器，如图 7-56 所示。

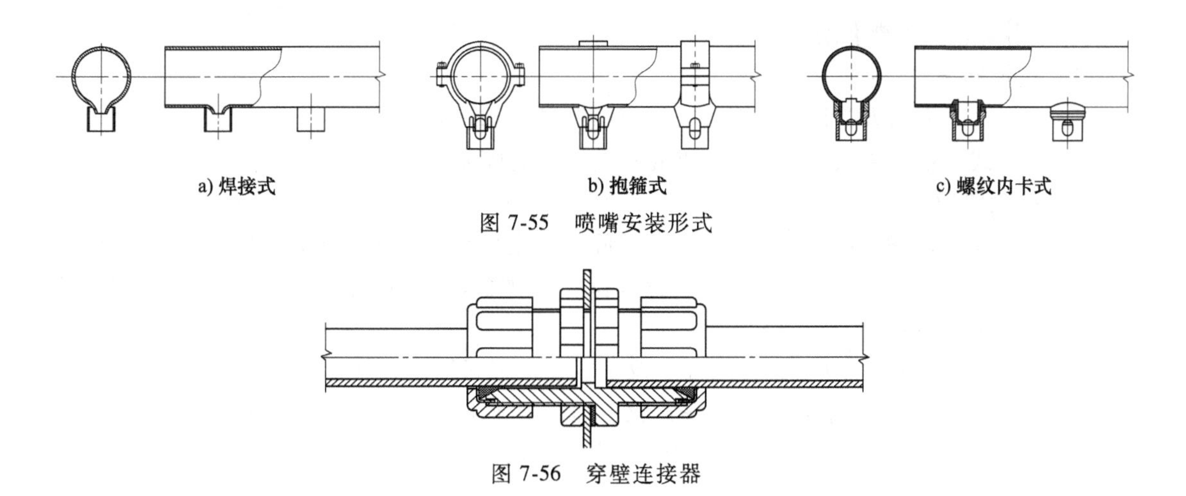

a) 焊接式　b) 抱箍式　c) 螺纹内卡式

图 7-55　喷嘴安装形式

图 7-56　穿壁连接器

4. **脉冲喷吹控制仪**

脉冲喷吹控制仪是使脉冲袋式除尘器清灰喷吹系统的自动控制装置，并由它输出电信号控制电磁脉冲阀喷吹压缩气体，对滤袋进行清灰，剥离滤袋迎尘面上聚集的粉尘，使除尘器阻力保持在设定的范围内运行。

（1）控制参数定义

1）脉冲宽度 t：控制仪输出的每个电信号的持续时间，通常为 30~250ms。

每个脉冲阀的喷吹持续时间通常为 0.05~0.2s。控制仪可以精准地根据设定输出电信号，但受它控制的电磁脉冲阀喷吹并不与电信号同步。由于电磁脉冲阀可控性能的差异，其气、电脉冲宽度差（延时）可达 100ms 以上。

2）脉冲间隔 t_n：控制仪输出前后两个电信号之间的间隔时间，通常为 1~120s。

在设定脉冲间隔时应考虑电磁脉冲阀喷吹后，滤袋迎尘面上粉尘剥离的沉降时间，分气箱在脉冲阀喷吹后压力恢复时间，也可以通过设定脉冲间隔来调整清灰周期。

3）等待时间 t_o：从输出最后一个电信号结束到再次输出第一个电信号的时间。

在间隔清灰状态下，当一个喷吹周期结束后到再次喷吹之间的时间。当除尘器经过清灰已经剥离滤袋迎尘面上聚集的粉尘，除尘器的运行阻力也在下限值内，此时应该停止清灰。到除尘器滤袋面上粉尘聚集需要再次清灰时，这段时间称为清灰等待时间。

4）脉冲周期 T：在持续清灰状态下每位都输出一个电信号的时间。

$$T=(t+t_n)n+t_o$$

式中　n——脉冲阀数量。

（2）喷吹制度

1）循序喷吹：按照电磁脉冲阀排序依次喷吹。当每个阀都喷吹一次后，再从第一个阀开始。如此周而复始地进行。

2）跳跃喷吹：不按照电磁脉冲阀排序依次喷吹。当第一只阀喷吹后，根据设定跳过几个阀进行喷吹。后续依次进行。

3）组合喷吹：喷吹时不是一只阀进行喷吹，而是几只阀一起喷吹。

4）重复喷吹：一个电磁脉冲阀喷吹时重复喷吹多次后，再转入下一个阀喷吹。

5）一阀多管：一个电磁脉冲阀连接几根喷吹管。

（3）脉冲清灰控制仪分类

1）按控制方式分：

① 时序式，根据人为设定的时间、顺序控制脉冲阀喷吹。

② 压差式，根据袋式除尘器阻力变化控制脉冲阀喷吹。

2）按设置地点分：

① 现场控制，将清灰控制仪设置在袋式除尘器主机旁，也称为分散控制。

② 远程控制，将清灰控制仪设置在远离除尘器主机的控制室内，并与除尘器其他参数一并加以监视和调控，也称集中控制。

时序式控制仪较为简单，工作可靠，维护方便，可以根据运行经验改变控制参数，调整清灰周期。压差式清灰控制仪控制原理比较合理，但成本较高，操作维护量大，压差取样口一旦堵塞，控制就会失效。适宜用于含尘气流变化较大，并且除尘器阻力必须稳定运行的场合。

脉冲喷吹清灰控制仪除了采用专用的定型产品外，也可采用单片机、可编程逻辑控制器（PLC）等器件，根据除尘器清灰、输灰以及管路阀门控制要求，编制系统控制软件，实现除尘器清灰和除尘系统其他工艺参数集中监控。

随着人工智能时代的到来，袋式除尘器及电磁脉冲阀进行智能化的探索势在必行。目前，已将电磁脉冲阀在运行中发生的故障通过手机App报警，减少人工巡视的工作量，为实现智能化迈出第一步。

应该实现脉冲阀本身的智能化，还是实现阀的智能控制。脉冲阀是袋式除尘器清灰的执行机构，几十个至几百个脉冲阀不可能各自行动，应该由控制系统统一指挥，脉冲阀的故障也可由控制系统报警。实现阀的智能控制应该也是努力的方向。

第三节 卸灰装置

一、灰斗破拱装置

1. 仓壁振动器

（1）惯性振动器 惯性振动器（振动电机）是利用装在双出轴三相异步电机转子两端的偏心块提供振动力的振动装置，可直接用作仓壁振动破拱装置。具有体积小、重量轻、激振力大、效率高、振动力可以无级调节的优点。JZO系列通用型振动电机的结构型式如图7-57所示，规格及参数见表7-15。

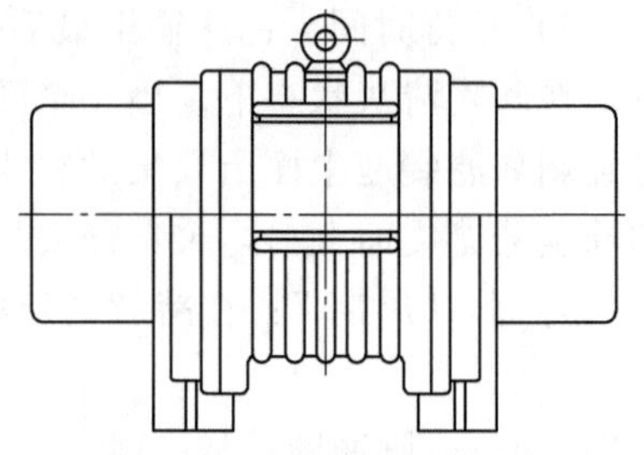

图7-57 JZO系列振动电机

表7-15 JZO系列通用型振动电机规格及性能参数

型号	激振力/N	频率/(次/min)	功率/kW	电源/A	质量/kg
JZO—0.7—2	700	2860	0.075	0.24	13
JZO—1.5—2	1500	2860	0.15	0.47	19
JZO—1.5—2D	1500	2860	0.15	1.07	19
JZO—2.5—2	2500	2860	0.25	0.79	23

（续）

型号	激振力/N	频率/(次/min)	功率/kW	电源/A	质量/kg
JZO—2. 5—2D	2500	2860	0. 25	1. 76	23
JZO—5—2	5000	2860	0. 4	1. 24	36
JZO—2. 5—4	2500	1460	0. 1	0. 32	27
JZO—2. 5—4D	2500	1460	0. 1	0. 73	27
JZO—5—4	5000	1460	0. 2	0. 6	48
JZO—8—4	8000	1460	0. 4	1. 1	68

注：1. 带“D”为单相电机，220V 供电。
2. 摘自新兰贝克振动电机公司样本资料。

（2）空气振动器　空气振动器有活塞式、回转式、空气锤等多种形式。空气振动器以压缩空气为动力，推动转子或活塞产生离心力或往返运动，造成振动。可直接安装在仓壁或管壁，破拱疏料。

VT 系列涡轮式振动器重量轻、噪声小、振动频率及振幅可调。结构型式如图 7-58 所示，规格及性能参数见表 7-16。

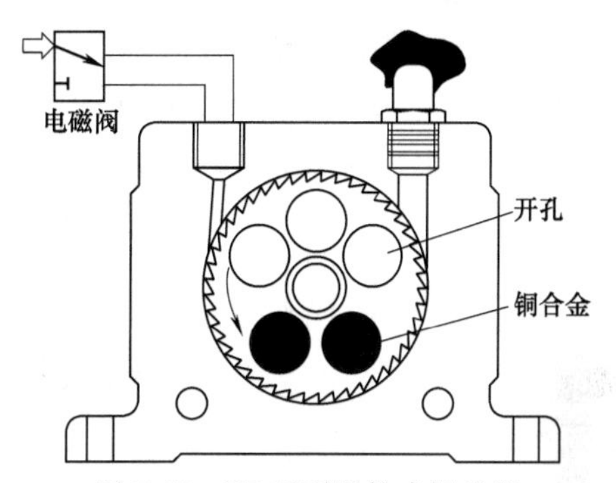

图 7-58　VT 系列涡轮式振动器

表 7-16　VT 系列涡轮式振动器性能参数

型号	频率/(次/min)			振动力/N			空气耗量/(L/min)			质量/g
	0. 2MPa	0. 4MPa	0. 6MPa	0. 2MPa	0. 4MPa	0. 6MPa	0. 2MPa	0. 4MPa	0. 6MPa	
VT—10	27500	35000	37500	840	1390	2400	46	80	112	255
VT—13	26000	30000	33000	1400	2440	3730	120	200	290	565
VT—16	17000	21500	24000	1220	2090	3160	120	200	290	580
VT—20	17000	20000	23000	2170	4040	5520	185	325	455	1090
VT—25	12000	15500	17000	2120	3510	5070	185	325	455	1120
VT—32	13000	14000	16000	3380	5430	7540	330	530	745	2200

AH 系列空气锤属单击式振动器，每次动作产生一个冲击波，冲击力大并可调，作用范围小。外观如图 7-59 所示，规格及性能参数见表 7-17。

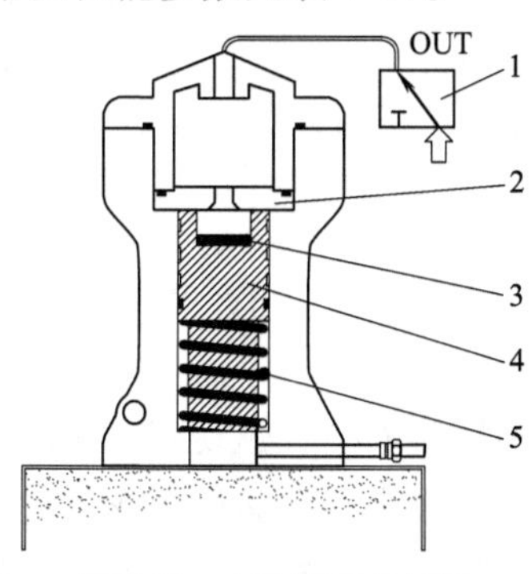

图 7-59　AH 系列空气锤
1—电磁阀　2—着磁片　3—磁铁　4—磁性锤头　5—复归弹簧

表7-17 AH系列空气锤性能参数

型号	空气压力/MPa	空气耗量/(L/次)	冲击力/(kg·m/s)	质量/kg
AH—30	0.3~0.6	0.028	1.0	1.1
AH—40	0.3~0.6	0.082	2.8	1.8
AH—60	0.4~0.7	0.228	7.4	4.0
AH—80	0.4~0.7	0.455	12.5	8.4

注：摘自汛宜控制公司样本资料。

2. 空气炮

空气炮由气筒、电磁脉冲阀以及连接管路组成，如图7-60所示。空气炮利用压缩气体（0.5~0.7MPa）为动力，在电磁脉冲阀的作用下，产生短促高压气流，沿管道冲击料仓内积料层，使堆积料破拱松动。KQP型空气炮的规格及性能参数见表7-18。

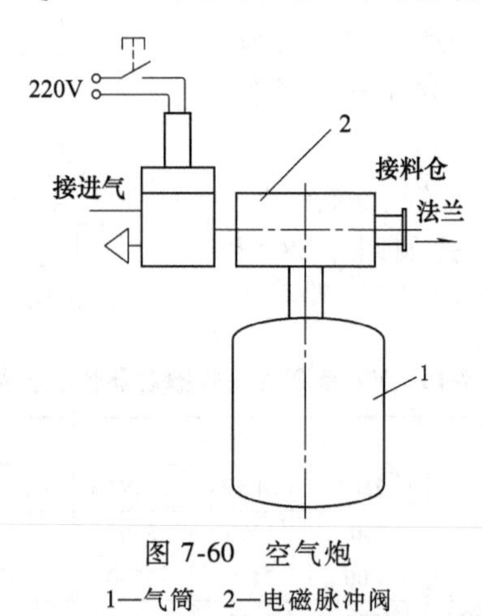

图7-60 空气炮

1—气筒 2—电磁脉冲阀

表7-18 KQP型空气炮性能参数

型号 KQP—B—170			
规格/单位	参数	规格/单位	参数
容积/L	170	工作温度/℃	-19~120
工作压力/MPa	0.4~0.8	炮体材质	Q235B
冲击力/N	5500~12500	钢板厚度/mm	3.5
爆炸能量/J	151597	喷嘴外径/mm	108
工作介质	压缩空气		

注：摘自博世机电公司样本资料。

3. 声波清灰器

声波清灰器或称声波喇叭，利用压缩空气驱动膜片振动，产生高压声波，使堆积在物体表面的粉尘振动脱落。广泛用于各种除尘器和储槽的灰斗破拱，袋式除尘器滤袋助清灰，静电除尘器整流孔板、极线、极板清灰，以及机力空冷器、喷雾冷却器冷却壁清灰。

声波能量取决于声波的频率（Hz）和声强（dB）。频率越低，波长越长，声波衰减越慢，对粉尘振动作用越强，但同时对结构的破坏作用也越大。声波清灰器选用125Hz左右的工作频率。常用声波喇叭的供气压气0.3～0.6MPa，喷吹时间10～30s，有效作用区域直径ϕ6m，长度20m，在袋室内可覆盖滤袋面积300～800m^2。

声波清灰器的结构型式有直流式与直角式、管式与喇叭式之分，如图7-61所示。管式声波清灰器用于灰斗，管道等小空间场合，喇叭式声波清灰器用于除尘室体、冷却器等大空间场合。AH型声波清灰器的规格和性能参数见表7-19。

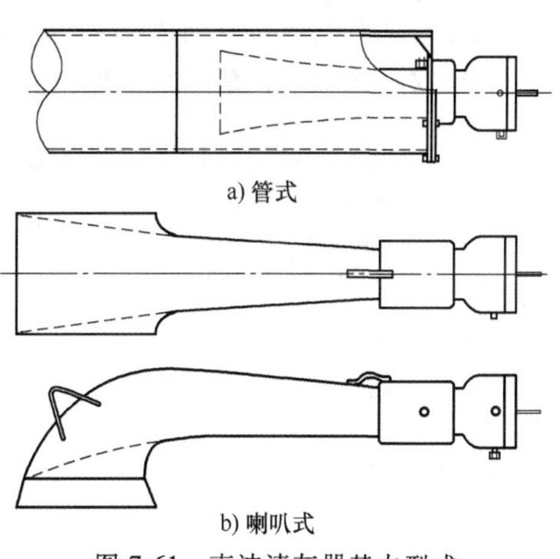

图7-61　声波清灰器基本型式

表7-19　AH型声波清灰器性能参数

型号	工作频率 /Hz	声强 /dB	耐温 /℃	压缩空气		质量 /kg
				P/MPa	Q/(m^3/mm)	
AH—10	125	142	343	0.38	1.38～1.68	18
AH—15	125	145	343	0.45	1.86	31.8
AH—25	125	164	343	0.52	2.1	50
AG—20A	160	140	343	0.31	1.26	13.6

注：摘自BHA样本资料。

二、常规卸灰装置

1. 插板阀

插板阀通常安装在料斗、放料口和定量卸灰阀之间，在检修作业时关闭插板阀，防止粉尘溢流。插板阀有圆口和方口、手动和电动或气动、螺杆和推杆等多种形式，接口尺寸和料斗出口法兰配合。图7-62为插板阀的常用型式。

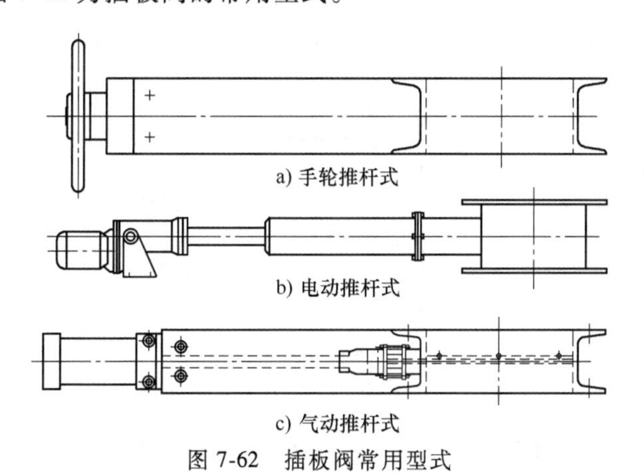

图7-62　插板阀常用型式

2. 双层卸灰阀

双层卸灰阀是料斗定量卸灰的一种专用阀门，由上下两个阀体组成，借助上下阀板轮流动作，实现无泄漏定量卸灰。

双层卸灰阀有气动与电动之分：SXF 为气动双层卸灰阀，采用圆锥形阀芯，密封性好；DSF 为电动双层卸灰阀，采用平面倾斜阀板，如图 7-63 所示。性能参数见表 7-20、表 7-21。

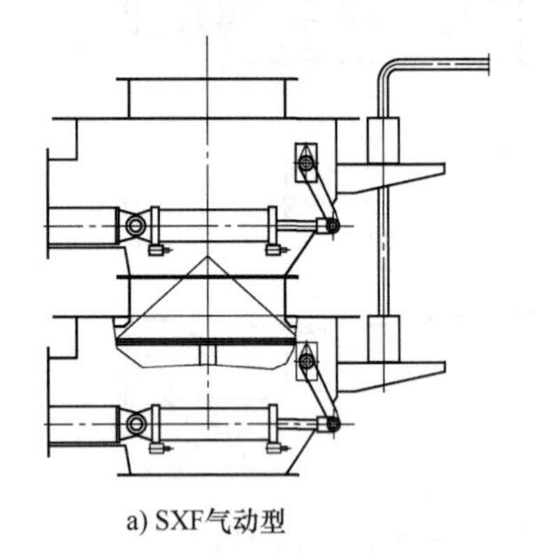

a) SXF气动型

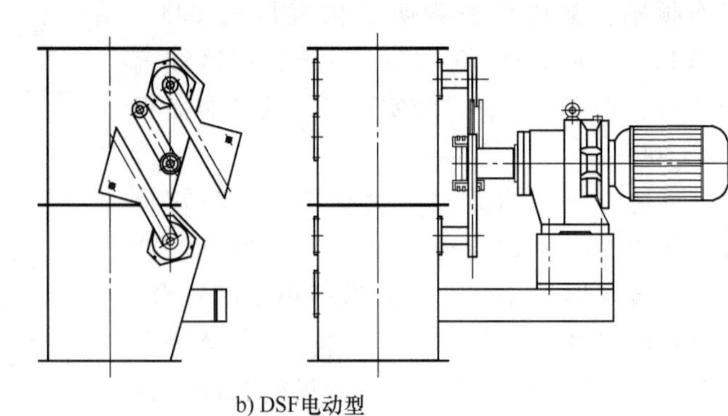

b) DSF电动型

图 7-63 双层卸灰阀

表 7-20 SXF 型气动双层卸灰阀性能参数

型号	卸灰能力/(m^3/h)	接口尺寸/mm	气缸缸径×行程	气源压力/MPa
SXF300	5～20	400×400	100×200	0.4～0.7
SXF400	8～30	520×520	100×200	0.4～0.7

表 7-21 DSF 型电动双层卸灰阀性能参数

型号	卸灰能力/(m^3/h)	接口尺寸/mm	减速机型号	功率/kW
DSF300	5～20	300×400	BW(Y)1815	0.55
DSF400	8～30	400×520	BW(Y)2215	1.0

注：摘自雪浪输送机械公司样本资料。

3. 星形卸灰阀

星形卸灰阀是利用星形阀芯的机械回转，实现定量卸灰的一种专用阀门。具有圆口和方口、减速机直联传动和带传动等多种形式，这种卸灰阀结构简单、密封性好、运行可靠。YXD 系列电动星形卸灰阀的结构型式如图 7-64 所示，规格和性能参数见表 7-22。

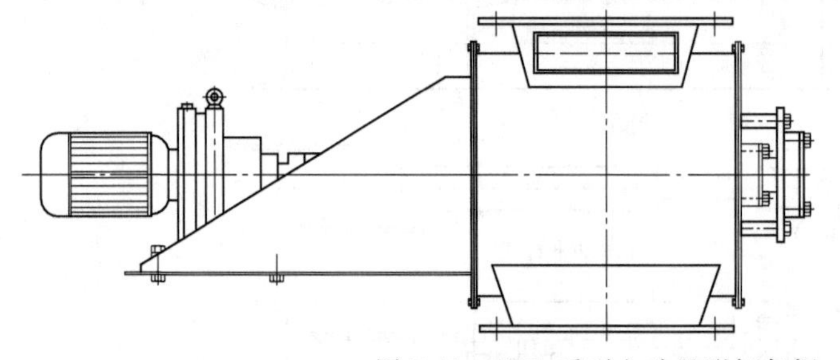

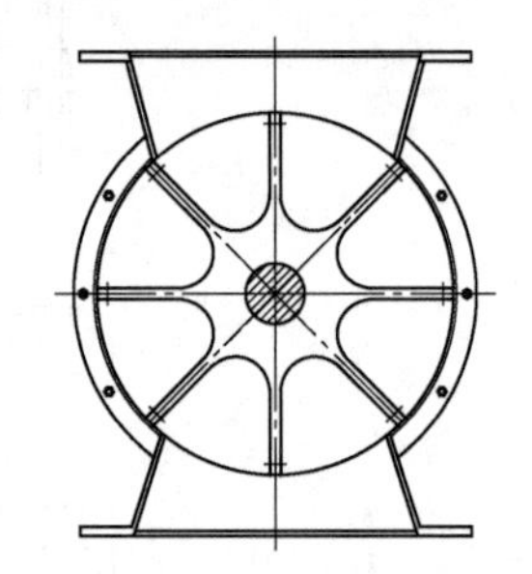

图 7-64 YXD 系列电动星形卸灰阀

表 7-22 YXD 系列电动星形卸灰阀性能参数

序号	型号	输送能力/(m^3/h)	减速机型号	电机功率/kW	电机转速/(r/min)	工作温度/℃	重量/kg
1	YXD—200	7	BWY15—59	0.55	1460	≤200	255
2	YXD—300	15	BWY18—59	1.1	1460	≤200	458

（续）

序号	型号	输送能力 /(m^3/h)	减速机型号	电机功率 /kW	电机转速 /(r/min)	工作温度 /℃	重量 /kg
3	YXD—350	24	BWY22—59	1.5	1460	≤200	570
4	YXD—400	30	BWY22—59	2.2	1460	≤200	685
5	YXD—500	40	BWY27—43	3	1460	≤200	780
6	YXD—600	65	BWY27—43	3	1460	≤200	935

注：摘自雪浪输送机械公司样本资料。

4. 螺旋输送机

螺旋输送机是与船形灰斗配套使用的定量卸灰装置，为U形断面，上口法兰直接与船形灰斗下口连接。螺旋输送机通常采用有轴螺旋，无吊轴承，直接由减速机传动，作为除尘器灰斗配套件，由除尘器专业厂配套制作。另一种无轴螺旋输送机是引进国外技术制造的产品，如图7-65所示。这种螺旋输送机具有不缠绕、不堵料、运行平稳、维修简便等特点，可以倾斜安装。SF型无轴螺旋输送机的规格及性能参数见表7-23。

图7-65 SF型无轴螺旋输送机

表7-23 SF型无轴螺旋输送机性能参数

型号	运输量/(m^3/h)		传动功率/kW	
	$\alpha=0°$ $L=5m$ $n=10r/min$	$\alpha=25°$ $L=5m$ $n=30r/min$	$\alpha=0°$ $L=5m$ $n=10r/min$	$\alpha=25°$ $L=5m$ $n=30r/min$
	螺旋不带衬垫	螺旋带衬垫	螺旋不带衬垫	螺旋带衬垫
SF200	1.0	1.0	0.75	1.1
SF260	2.4	2.5	1.1	1.5
SF320	5.5	5.5	2.2	3
SF360	6.9	8.0	3	3
SF420	8.7	12.0	4	4
SF500	11.6	17.0	5.5	5.5
SF600	20.8	21.2	7.5	7.5
SF700	22.8	24.1	7.5	9.2

注：摘自辽阳化工机械公司样本资料。

5. 灰斗流化槽

灰斗流化槽是以干热空气为介质，通过透气流化板使仓壁粉状物料流态化，从而向低处流动的装置，特别适用于粉料较潮湿以及灰斗较平坦的场合。要求流化板的面积不小于灰斗储料面积的15%。流化槽的基本型式如图7-66所示，流化板可用多孔板、厚帆布等透气材料制作，流化板阻力约为2kPa，流化气量通常为1.4~2.0m^3/(m^2·min)。

灰斗流化装置由气源、加热器、流化槽以及管路阀门等组成，如图7-67所示。可用现场压缩空气，或专设罗茨风机。

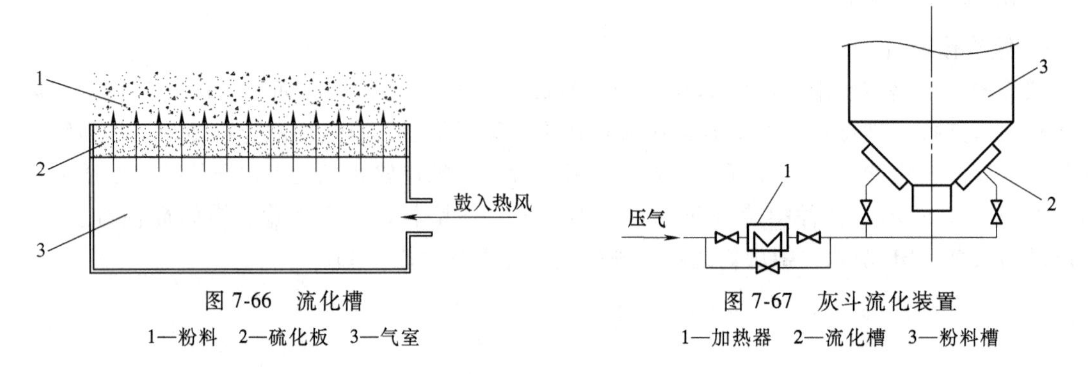

图7-66 流化槽

1—粉料 2—硫化板 3—气室

图7-67 灰斗流化装置

1—加热器 2—流化槽 3—粉料槽

三、无尘卸料装置

1. 加湿搅拌机

(1) 双轴螺旋加湿机 双轴螺旋加湿机是我国早期开发的粉尘加湿机产品，由定量给料、供水加湿、双轴螺旋搅拌输送、驱动及控制装置等部分组成，适用于粉尘粒径较粗、黏性较低而处理量较大的场合。YJS型双轴螺旋加湿机的结构型式如图7-68所示，规格及性能参数见表7-24。

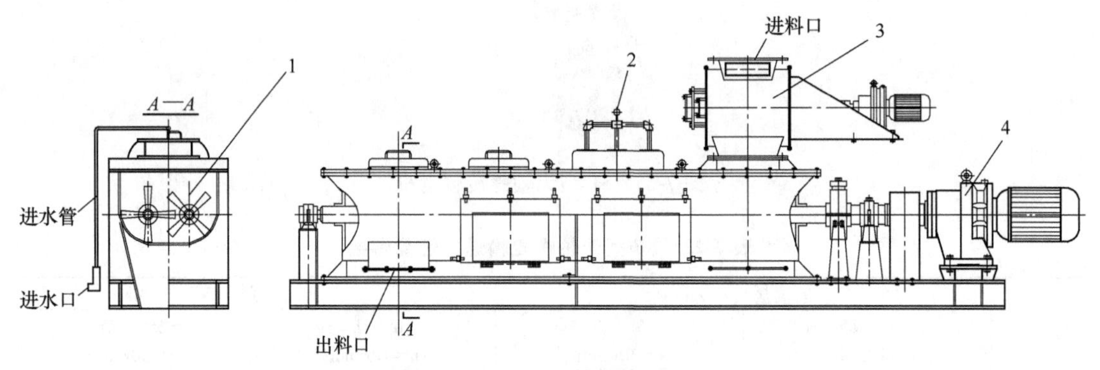

图7-68 YJS型双轴螺旋加湿机

1—双轴螺旋 2—供水加湿 3—定量给料阀 4—减速机

表7-24 YJS型双轴螺旋加湿机性能参数

项目 \ 型号	YJS250	YJS350	YJS400	YJS450	YJS500	附注
处理能力/(m^3/h)	15	30	—	80	100	
给料阀电机功率/kW	0.55	1.1	2.2	2.2	3.0	
主传动电机功率/kW	7.5	11	18.5	22	37	配摆线针轮减速机

（续）

项目 \ 型号	YJS250	YJS350	YJS400	YJS450	YJS500	附注
螺旋转速/(r/min)	85	85	85	85	85	配齿轮箱
平均加水量/(m^3/h)	2.2~3.7	4.5~7.5	7.5~12.5	12~20	18~30	水压 0.3~0.6MPa
加湿粉尘含水率(%)	10~15					
适用温度/℃	≤300					

注：摘自雪浪输送机械公司样本资料。

（2）单轴螺旋加湿机　这是双轴螺旋加湿机的改进型产品。主要改进点：将双轴螺旋改为单轴螺旋，使机构紧凑；将金属螺旋叶片搅拌改为陶瓷棒搅拌，并在筒体安装激振电机，有效地解决了粘料堵转问题，提高了加湿机运行稳定性和可靠性，扩大了加湿机应用范围。DSZ 型单轴螺旋加湿机的结构型式如图 7-69 所示，规格及性能参数见表 7-25。

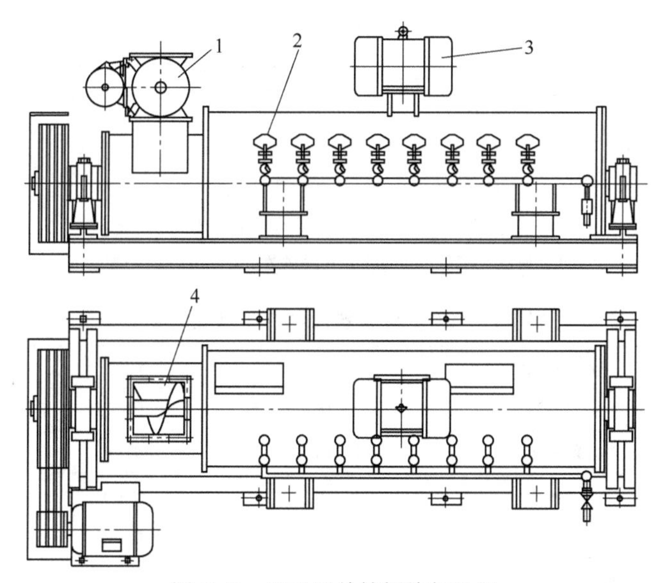

图 7-69　DSZ 型单轴螺旋加湿机

1—定量给料阀　2—加湿喷嘴　3—激振电机　4—单轴螺旋

表 7-25　DSZ 型单轴螺旋加湿机性能参数

项目 \ 型号	DSZ50	DSZ60	DSZ80	DSZ100	DSZ120	附注
处理能力/(t/h)	15	30	60	100	160	
给料阀电机功率/kW	1.5	1.5	1.5	2.2	2.2	
主传动电机功率/kW	7.5	11	18.5	37	45	配摆线减速机皮带传动
振动电机功率/kW	0.75	0.75	2.0	2.5	3.7	
给水量/(m^3/h)	1.5	3.0	6.0	10.0	16.0	水压≥0.25MPa
适用温度/℃	≤300					
质量/t	2.7	3.2	4.7	7.7	8.9	

注：摘自丽源除尘设备公司样本资料。

2. 无尘装车机

无尘装车机是利用“全程密封、最小落差、零压输送”的控制原理，为防止粉料槽放料装车过程产生二次污染而专门研制开发的无尘装车设备。由定量卸灰阀、圆板拉链机、出口拨料器、均压管以及机头升降装置等组成。3GY型粉料无尘装车机结构型式如图7-70所示，规格及性能参数见表7-26。

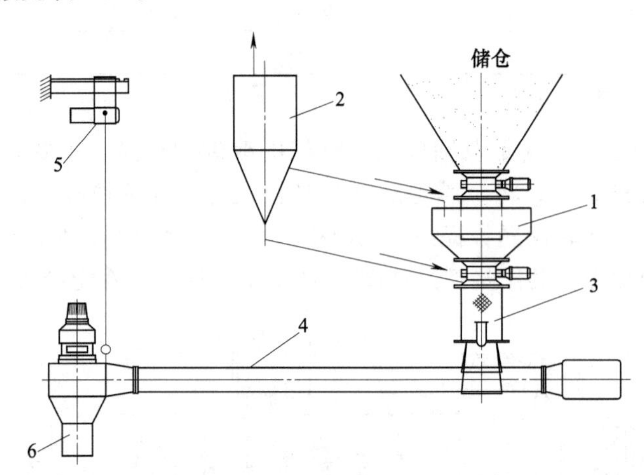

图7-70 3GY型粉料无尘装车机

1—定量卸灰装置 2—均压除尘装置 3—软连接
4—圆板拉链机 5—机头升降装置 6—出口拨料器

表7-26 3GY型粉料无尘装车机性能参数

型号	输送量/(m^3/h)	输送长度/mm	倾斜角(°)	主机功率/kW
3GY150	15~25	5~10	0~40	4
3GY200	25~40	5~10	0~40	5.5
3GY250	40~70	5~10	0~40	7.5
3GY300	75~100	5~10	0~40	11

注：摘自鞍山科通机械制造公司样本资料。

第八章　袋式除尘系统的自动控制

第一节　基本控制内容及控制要求

一、基本控制内容

1. 袋式除尘器阻力控制

除尘器的阻力是指其进、出口的压差。除尘器阻力增高，处理风量随之下降，烟尘捕集效果变差，阻力过高时袋式除尘器将陷于瘫痪，严重时必须停机处理；除尘器阻力过低，说明清灰可能过度，粉尘排放浓度将增加。因此，将袋式除尘器阻力控制在一定范围内是保证除尘系统正常运行，并保证烟尘捕集效果和净化效果的关键。

2. 烟气温度控制

滤袋是袋式除尘器的核心部件。滤袋只能在适当的温度范围内才能长期工作。烟气温度高时会影响滤袋的寿命，甚至烧毁滤袋；温度低时烟气会发生结露，将导致糊袋和粉尘板结、滤袋阻力增大，甚至堵塞。烟气温度控制至关重要。

3. 卸灰、输灰控制

在大多数情况下，袋式除尘器灰斗内需要积存一定量的粉尘。积灰过多可能堵塞进风通道，甚至淹没滤袋；积灰过少则可能导致漏风。卸灰、输灰控制失效，可能导致袋式除尘器停止运行。

4. 高压静电电源控制

在电袋复合除尘器和预荷电袋式除尘器中，电区使粉尘荷电，其原理是利用高压静电电源在电场中放电使气体分子电离，释放出来的正、负带电离子在电场中运动时与粉尘碰撞，达到粉尘荷电的目的。高压静电电源运行时，整流变压器输出功率决定了粉尘荷电的效果。

5. 阴、阳极振打控制

电袋复合除尘器中，阳极板一般沿气流方向多通道多块板布置，粉尘荷电后，在电场力的作用下附着到阳极板和阴极线表面，当粉尘聚集到一定程度时，通过振打方式使粉尘脱离，达到清灰目的。由于前、后电场之间为串联结构，设计的收尘量不同，因此各电场阴、阳极振打之间可采用同电场不同时间、前后电场不同周期的时序控制。

预荷电袋式除尘器中，电区使粉尘荷电，阳极板沿气流方向多通道单块板布置，实际运行时，阳极板、阴极线上只有少量粉尘。因此，振打频率一般较低，通常阴、阳极振打采用不同时间相同周期的时序控制。

6. 阴极瓷轴和阴极吊挂加热控制

阴极瓷轴与阳极之间利用瓷绝缘子绝缘，阴极吊挂与阳极之间利用瓷套绝缘，通过加热保温方式使阴极瓷轴保温箱和阴极吊挂保温箱内温度保持在露点之上，防止因烟气结露造成阴、阳极之间绝缘降低。因此，阴极瓷轴保温箱和阴极吊挂保温箱内设置有电加热器，电加热器温度控制是保证除尘器电区稳定运行的重要一环。

7. 除尘器工况检测和故障诊断

清灰装置、卸灰装置、输灰装置和高压静电装置是袋式及电袋除尘器的重要部件，其工况关系到除尘器的正常运行。还有一些附属设备，例如，供气系统、各种阀门等，对除尘器的正常运行也至关重要。因此，需要对除尘器重要部件及附属设备的工况实时监控，对出现的故障及时分析判断，并及时报警和处理。

8. 除尘系统风量检测及调节

当随生产工艺变化，处理烟气量变化较大时，需要实时检测除尘系统的总烟气量。在一些情况下还需要检测各个尘源点的抽风量，以调节系统的风量分配。

9. 除尘系统排放浓度检测及控制

根据国家、行业标准以及企业烟尘排放环保监管的要求，需要对除尘系统排放粉尘浓度等参数在线检测，并将信号上传至厂区信息系统或环保监测部门。

二、控制要求

1. 除尘器阻力控制

通常要求将除尘器的阻力控制在一定的范围内，例如，分仓室袋式除尘器阻力控制在800~1200Pa，直通袋式除尘器阻力控制在600~1000Pa，预荷电直通袋式除尘器阻力控制在600~1000Pa。这个区间越小，清灰引起的系统阻力及处理风量波动就越小。在低负荷工况下，由于系统风量偏低或入口烟气含尘量偏低，依据除尘器阻力控制清灰时，会因阻力长时间达不到清灰设定值而长时间不能清灰。为防止粉尘进入滤料深层，也要求对清灰周期设最大时间保护，例如，至少每2~3h清灰一次。在除尘系统工况变化过大时，往往需要根据风量、入口含尘浓度的变化调整除尘器阻力控制设定值。

2. 烟气温度控制

根据滤袋的长期工作温度、瞬时耐温限度设定温度控制目标值区间。以滤袋瞬时耐温为烟气温度控制的上上限值，以滤袋长期工作温度为烟气温度控制上限值；按烟气露点温度值确定烟气温度控制下限值。在烟气温度高于上限值或低于下限值时都应发出警报，并启动烟气温度调节装置。在烟气温度高于上上限值或烟气温度低于下下限值时，还应立即输出指令，要求生产工艺系统采取措施。

3. 卸灰、输灰控制

通常的要求是将除尘器灰斗的积灰控制在上料位和下料位之间。但对于不允许在灰斗内聚集的易燃、易爆粉尘，卸灰、输灰设备必须连续运行。对于黏性强、易板结的粉尘，也宜连续运行。在卸灰、输灰设备数量多、流程长时，应严格按顺序启动和停机。

4. 高压静电电源控制

高压静电电源通过设定整流变压器输出电压或电流来控制整流变压器的输出功率。通常阴、阳极之间在不发生闪络和绝缘不降低的情况下，整流变压器输出电压高，荷电效果好。有效提高整流变压器的输出功率是高压静电电源控制的核心。

5. 阴、阳极振打控制

阴、阳极振打控制的设定时间为振打周期时间和振打运行时间。振打周期时间是指同一个振打装置两次运行的间隔时间。在该间隔时间中，阳极板上附着的粉尘逐渐增加，增至一定厚度时，通过振打使粉块脱落。如振打周期时间过短，则粉尘在阳极板上不能有效结块，振打脱落的细小粉尘在电场中的二次扬尘量大，影响电区清灰；振打周期时间过长会使附着在阴极线和阳极板上的粉尘堆积量过多，造成放电不良。振打运行时间过短，则粉尘不能有效脱落；振打运行时间过长，则二次扬尘量大。合理的振打时序是控制清灰效果和避免二次扬尘的主要措施。

6. 阴极瓷轴和阴极吊挂加热控制

阴极瓷轴保温箱和阴极吊挂保温箱内电加热器采用温度控制，系统投运前每个电加热器应能够正常工作，否则任何一处保温箱内电加热器故障都可能造成电场绝缘不良，影响高压静电电源运行。

7. 除尘器运行参数检测和故障诊断

除尘系统在线检测的运行参数一般包括系统风量、除尘器阻力、系统各点温度、系统各点压力、清灰气源压力、粉尘排放浓度等。设备状态检测一般是指各设备运行状态，例如，脉冲阀喷吹状况，反吹阀、停风阀、混阀门开度，反吹风机运行状态，卸灰阀运转状况，高压电源运行状态，电加热器运行状态，阴、阳极振打运行状态等。

通过对系统参数和各设备工况的在线检测，分析系统及设备故障，输出警报或采取故障处理措施。

第二节　袋式除尘系统自动控制原理

一、除尘器阻力控制

1. 控制原理

除尘器阻力控制是通过控制清灰来实现的，所以阻力控制也常被称为清灰控制。这一过程由除尘器阻力检测元件、清灰控制装置、清灰执行机构、清灰动力设备等几个环节来完成。检测除尘器进出口压差，将此信号送至清灰控制装置，控制装置分析判断阻力是否达到清灰要求，并控制清灰执行机构动作，实现清灰。

清灰控制的基本任务是控制清灰装置适时工作。清灰周期是清灰控制的基本参数，是指清灰装置连续两次启动的时间间隔。脉冲袋式除尘器的清灰控制参数还有脉冲压力、脉冲宽度（即脉冲持续时间）、脉冲间隔等；反吹风袋式除尘器的清灰控制参数还有反吹次数、反吹时间、反吹间隔、过滤时间、沉降时间等。

2. 脉冲喷吹清灰控制

（1）清灰控制方式　从工艺上讲，清灰模式分为在线清灰和离线清灰两种模式。脉冲阀喷吹时仓室有含尘气流通过滤袋为在线清灰模式；反之，无含尘气流通过为离线清灰模式。含尘气流的通、断借助停风阀的开、闭来实现。

清灰控制方式主要有定时控制、定压差控制、智能控制等。

1）定时清灰控制是按照预先设定的清灰周期和顺序控制清灰机构（含停风阀、脉冲阀）工作，属于开环控制。清灰参数不随除尘器阻力变化而调整，多用于差压检测失效时临时保护清灰运行。

2）定压差清灰控制是根据除尘器进出口压差来控制清灰机构工作，也称为定阻力清灰。清灰机构动作可采用顺序控制和分仓室压差控制。

3）智能控制是采用计算机人工智能的理论和方法，综合考虑影响除尘器阻力的多个因素，特别是烟气量和过滤风速的影响，设计阻力控制模式。例如，根据除尘系统烟气量、除尘器入口烟气含尘浓度的变化量及除尘器阻力变化的梯度等参数实时修正除尘器阻力控制的目标值，并根据实际阻力与阻力控制目标值的偏差控制清灰机构的工作频率。

为方便除尘器的检修和调试，也可设置单仓清灰（也称单室清灰）。它是指采用手动或自动控制，对某个仓室单独清灰一次或数次。

（2）清灰顺序控制的几个问题

1）喷吹装置拥有多个脉冲阀，在线清灰或离线清灰时，从第一个脉冲阀开始依次喷吹称为顺序清灰。其中，喷吹时启动条件由时间控制的称为定时顺序清灰；由进、出口压差控制的称为定压差顺序清灰。

2）定压差顺序清灰控制通常设定阻力的上限值和下限值，当阻力高至上限值时，开始清灰，而当阻力低至下限值时停止清灰；也可仅设定阻力的上限值，当阻力高至上限值时，脉冲阀按顺序开始清灰，全部滤袋都顺序清灰一遍后，如果阻力仍然高于清灰值，则再清灰一遍，阻力低于下限值时中止喷吹，下一次清灰时从上一次中止喷吹的脉冲阀开始喷吹。这种控制方式属于简单闭环控制。

3）在线清灰模式中，对于大型多通道袋式除尘器的脉冲阀，可以采用间隔加跳跃式顺序喷吹。

例如，除尘器有4个通道，每个通道有12个仓室（见图8-1），每个仓室有脉冲阀12只。可将全部脉冲阀按“通道号-仓室号-阀号”形式统一编号（例如，A6-9表示通道A、6号仓室、9号阀）。

同一仓室的脉冲阀不按自然顺序进行喷吹，而是相邻两次喷吹脉冲阀的编号相互隔开；同一通道的仓室也不按自然顺序进行清灰，而是相邻两次清灰的仓室编号相互隔开（见表8-1）。脉冲阀喷吹顺序的这种编排方式称为“间隔加跳跃”方式。

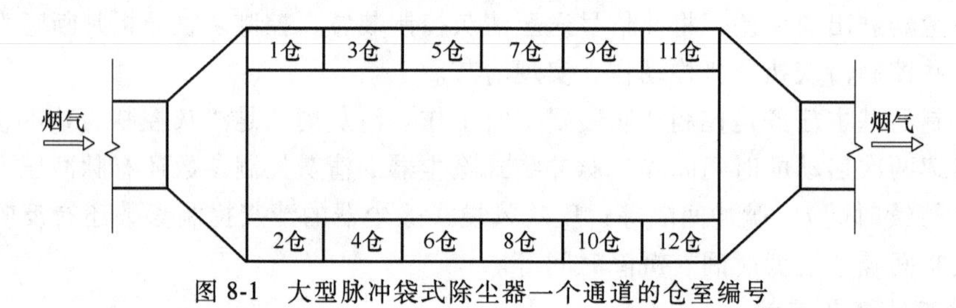

图8-1 大型脉冲袋式除尘器一个通道的仓室编号

A、B、C、D四个通道的脉冲阀可以同步进行喷吹，即每个通道都有编号相同的仓室及脉冲阀同时进行清灰（见表8-1）；也可以根据各通道的进、出口压差单独实行间隔加跳跃的定压差喷吹清灰。

表8-1 间隔加跳跃式的脉冲阀喷吹顺序

序号	清灰仓室	通道号	脉冲阀喷吹顺序
1	1	A、B C、D	1-1;1-5;1-9;1-2;1-6;1-10;1-3;1-7;1-11;1-4;1-8;1-12;
2	6		6-1;6-5;6-9;6-2;6-6;6-10;6-3;6-7;6-11;6-4;6-8;6-12;
3	3		3-1;3-5;3-9;……3-4;3-8;3-12;
4	8		8-1;8-5;……8-8;8-12;
5	5		5-1;……5-12;

（续）

序号	清灰仓室	通道号	脉冲阀喷吹顺序
6	10	A、B C、D	10-1；……10-12；
7	7		7-1；……7-12；
8	12		12-1；……12-12；
9	9		9-1；……9-12；
10	2		2-1；……2-12；
11	11		11-1；……11-12；
12	4		4-1；……4-12；

按自然顺序编排清灰仓室和脉冲阀时，清灰后阻力最低的滤袋紧邻即将清灰的阻力最高滤袋，吸附周边滤袋清落粉尘的机率显著增加，从而削弱清灰效果；其次，清灰后的低阻力区域比较集中，此区域的处理风量显著增大，可能破坏除尘器整体气流组织的效果。这些影响会使设备阻力升高，并增加滤袋受含尘气流冲刷以致磨损的风险。间隔加跳跃的清灰顺序可有效避免或减弱这些弊端。

4）仓室压差清灰控制：除尘器每个仓室均设有压差检测，当检测到某个仓室压差达到清灰上限值时，该仓室脉冲阀喷吹一遍后停止，直到下一次仓室压差达到喷吹启动条件再启动清灰。当某个仓室喷吹次数明显超过其他仓室时，主控系统发出报警，提醒操作人员分析及处理，判断和检测气流分布是否均匀或存在其他问题。

5）为了防止压差长时间达不到清灰设定值，通常将定时控制和定压差控制结合起来使用。例如，在定压差方式下设最大清灰周期保护，若较长时间内压差仍未达到设定值时，利用最大清灰周期保护功能启动清灰执行机构喷吹一遍。

二、温度控制

1. 温度控制原理

温度控制通常是对烟气降温。常见的降温工艺有机力空冷器降温、喷雾降温、混冷风降温等。若需要对烟气温度低的情况进行控制，一般需由生产工艺采取措施来调节烟气温度。

温度控制系统需要采集炉窑冶炼工况，检测以下各点的温度：炉窑排烟口、降温装置前端、降温装置后端、除尘器入口、除尘器出口等。按照设定的控制规律（或称控制方式）使降温装置投入工作，并根据烟气温度的变化及时调节降温幅度。当温度高于上上限值或低于下限值时发出警报，并将实时温度及警报信息传送至工艺监控系统。

2. 温度控制方式

温度控制有以下三种方式：

（1）开关式两位控制　当烟气温度高至上限设定值时启动降温装置（例如，开始喷雾或开启混风阀）；当烟气温度低至下限值时停止降温装置工作（例如，停止喷雾或关闭混风阀）。

（2）比例（准比例）控制　根据烟气温度及烟气流量计算降温介质加入量（例如，喷雾量或混风量），并据此控制降温装置的投入幅度。采用比例调节规律可准确控制降温效果。当控制装置采用完全比例（积分）调节规律时称为比例控制，在简单逻辑控制器上通过软件实现粗略的比例调节称为准比例控制。

（3）智能控制　采用计算机人工智能的理论和方法，从确保安全、降低能耗、经济运行的角度，综合检测炉窑冶炼工况、烟气系统多点温度及其变化趋势、梯度，设计温度控制模式。例如，炼钢电炉除尘系统温度模糊控制。

三、卸灰、输灰控制

1. 卸灰、输灰控制原理

小型除尘器的卸灰、输灰设备少、流程短，只需要设灰斗料位检测，在控制室和机旁启、停控制即可。大型袋式除尘器的卸灰、输灰设备数量多，须按一定的流程控制。一般要求开机时从卸灰、输灰装置的最末端开始，顺序连锁启动各设备；停机时逆顺序关停各设备。

2. 卸灰、输灰控制方式

卸灰、输灰控制通常可采用以下三种方式：

（1）定时控制　按照预先设定的卸灰、输灰运行时间和周期控制卸灰、输灰机构工作，这种方式属于开环控制。

（2）定料位控制　在除尘器灰斗设高、低料位检测装置，出现高料位信号时开始卸灰、输灰，当低料位信号消失时卸灰装置先停止运行，延时一段时间，待输灰装置内粉尘排空后再停止运行。

（3）连续料位控制　在除尘器灰斗设连续料位检测装置，连续料位信号实时传送至控制系统，控制系统可根据需要任意控制启动或停止卸灰、输灰。

（4）混合控制　将定时控制和料位控制结合起来。“高料位信号”和“定时到信号”相“或”来控制卸灰、输灰的启动，“低料位信号”与“卸灰、输灰运行时间到”相“或”控制停机。这种控制方式具有更高的可靠性。

（5）连续运行控制　针对于高浓度粉尘和易燃易爆粉尘条件下的袋式除尘器，卸灰、输灰必须连续运行。若卸灰、输灰装置停止工作，将导致灰斗料位迅速上升并堵塞灰斗和风道，甚至大批损坏滤袋；或者引发燃烧、爆炸事故。

四、高压静电电源控制

1. 高压静电电源控制原理

高压静电电源为连续运行方式。根据烟气条件选用整流变压器输出电压或电流调节来控制电源输出功率，运行时整流变压器应尽可能输出接近于火花放电电压值，从而达到最高的荷电效果。

2. 高压静电电源控制方式

（1）电源火花跟踪控制　自动控制整流变压器输出电压接近火花放电电压的控制方式。通过控制界面来设定整流变压器输出电压值，控制时通常设定整流变压器输入电压为额定值，输出电压值接近电场火花放电时的电压值。

（2）电源降压和振打联锁控制　通常将阴、阳极振打时序控制与高压静电电源运行联锁控制。由于部分通过振打脱落的细小粉尘在电场中被重新荷电，又附着在阳极板表面，造成清灰效率降低，振打运行时通过降低整流变压器的输出电压至起晕电压值附近，达到减少粉尘重新被电场荷电的目的。

五、阴、阳极振打控制

1. 阴、阳极振打控制原理

阴、阳极振打控制通常是利用除尘系统 PLC（DCS）或高压静电电源主控制器来进行时序控制。投运前设定振打周期时间和振打运行时间，投运后根据阳极板和阴极线清灰效果来调整振打时间。

2. 阴、阳极振打控制方式

阴、阳极振打通过设定好的振打时间分时运行，通常称为振打时序控制。原则上同电场阴、阳极振打应错时运行，前后电场阳极振打应错时运行。

六、阴极瓷轴和阴极吊挂加热控制

1. 阴极瓷轴和阴极吊挂加热控制原理

阴极瓷轴保温箱和阴极吊挂保温箱内电加热器采用温度控制，通常根据烟气温度设定启、停电加热器。高温烟气电袋除尘器和预荷电袋式除尘器启动条件为低于烟气露点温度时，加热后温度应保持在烟气露点温度之上10~20℃。

2. 阴极瓷轴和阴极吊挂加热控制方式

通过PLC（DCS）或温度二次仪表内设定的下、上限值来自动启停电加热器运行。由于测点的温度测量值与保温箱内的空间体积、电加热器的功率以及电场内烟气温度有关，所以有多个电场时，应以最后一个电场阴极瓷轴保温箱和阴极吊挂保温箱内温度值做为电加热器下限启动值和上限停止值。

七、工况检测、故障诊断

1. 工况检测、故障诊断原理

袋式除尘（或电袋除尘）系统的工况检测及故障诊断通过硬件和软件的配合来实现。根据除尘系统监控的需求，设置各工艺参数检测装置、各设备运行状态检测装置，控制系统实时采集、显示工艺参数及设备状态。在软件上设计各类故障诊断程序，显示故障和报警，并输出故障处置措施。

2. 工况检测、故障诊断输出方式

（1）显示和报警　采用上位机集中画面、现场指示灯或操作台等方式显示工艺参数、设备运行状况。以声、光、语言等方式对故障报警。

（2）历史记录　利用上位机监控软件历史记录功能将系统工艺参数数据、设备运行状态数据以历史记录的形式保存下来，通过对比判断除尘系统的工作状态。历史记录保持时间根据参数的重要性决定。

（3）故障诊断专家　控制系统实时监控除尘器运行工况，根据现场采集的信号，结合工艺专家和操作人员经验进行分析、推理，及时地对故障发出报警，必要时也可以请环保专家随时通过云平台查看数据并判断故障原因、提出解决故障的方案，指导或指挥系统运行。

第三节　自动控制硬件设计

一、基本原则

1. 满足工艺控制要求

与常规的控制系统设计一样，袋式除尘系统自动控制硬件设计须满足工艺专业提出的控制要求，控制内容和所需硬件种类并不少，涉及主控制器、检测器件、人机界面、执行器、显示仪表等。

2. 把可靠性放在首位

除尘系统控制装置必须能够在工矿现场高温或低温、潮湿、粉尘、盐雾、供电电压波动等恶劣环境条件下长期、稳定、可靠运行。就硬件的先进性和可靠性而言，可靠性更为重要，应首选成熟可靠的元器件。

3. 硬件结构简单化

在满足工艺控制要求的前提下，硬件结构越简单越好。实现同样的控制功能，所采用的硬件越少，故障点就越少，可靠性也就越高，同时投资随之降低，性价比提高。

4. 针对不同工况和上位控制系统优选硬件

不同的除尘系统，其烟气及粉尘的物理化学性质不同，在一个系统上能长期使用的器件，在另一系统可能只有很短的使用寿命。在选择检测器件时，首先要考虑烟气和粉尘的各项特性等影响因素。另外，当与生产主控系统集中监控时，应考虑监控软件、通信硬件选型以及软件编写与主控系统的一致或兼容性。

二、硬件原理框图

控制系统的硬件原理框图举例见图8-2。

三、主控制器

根据除尘系统控制内容及其检测、控制点数的多少，可选择清灰控制仪、单片机控制器、可编程序逻辑控制器（PLC）、工业控制计算机（IPC）、分散控制系统（DCS）等作为除尘系统主控制器。

1. 清灰控制仪

清灰控制仪早在20世纪70年代就开始应用于袋式除尘器的控制。采用逻辑集成电路芯片设计清灰控制，功能简单，一般仅有定时清灰控制功能。由于初期的集成电路芯片易受温度、粉尘、电磁干扰等因素的影响，清灰控制仪难以适应除尘器现场恶劣的条件，可靠性令人担心。随着芯片集成度的提高，完成同样功能和容量的控制所需芯片数量越来越少，抗干扰性能因此提高，而且价格低廉。这类控制仪适用于仅有单一清灰控制要求的小型除尘器。

2. 单片机控制器

单片机集中央处理器（CPU）、输入/输出（I/O）接口、定时器、存储器、通信网络于一体。目前使用的脉冲控制器都是以单片机为核心。单片机控制器具有软件的支持，功能较多。除具有定时/定压差清灰控制功能外，还具有清灰在线/离线选择和网络通信等功能。单片机控制器开发的专业性较强，一旦设计定型后控制点数和功能不易扩展。其适用于控制要求、工艺状况相对稳定的袋式除尘系统。

3. 可编程序逻辑控制器

可编程序逻辑控制器（PLC）是工业自动化的三大支柱之一，其可靠性已被公认，能够在现场较恶劣环境条件下长期、稳定、可靠运行。与单片机和工业控制计算机相比，其软件、硬件的设计直接面向生产过程自动化。硬件模块化，软件编程采用梯形图形式，容易掌握。小型PLC以实现顺序逻辑控制为主，控制点数在几十至上百点，指令简单。中、大型PLC控制点数可达几千点。除一般的开关量输入、输出模块外，还具有特殊功能模块，例如模拟量输入、输出模块、热电偶（或热电阻）输入模块和通信模块等。除逻辑控制指令外，扩展功能指令丰富，例如乘除运算指令、BCD及AD、DA转换指令等。在根据工艺控制要求合理配置硬件的基础上，凭借其软件支持，可以实现各种不同类型袋式除尘系统几乎所

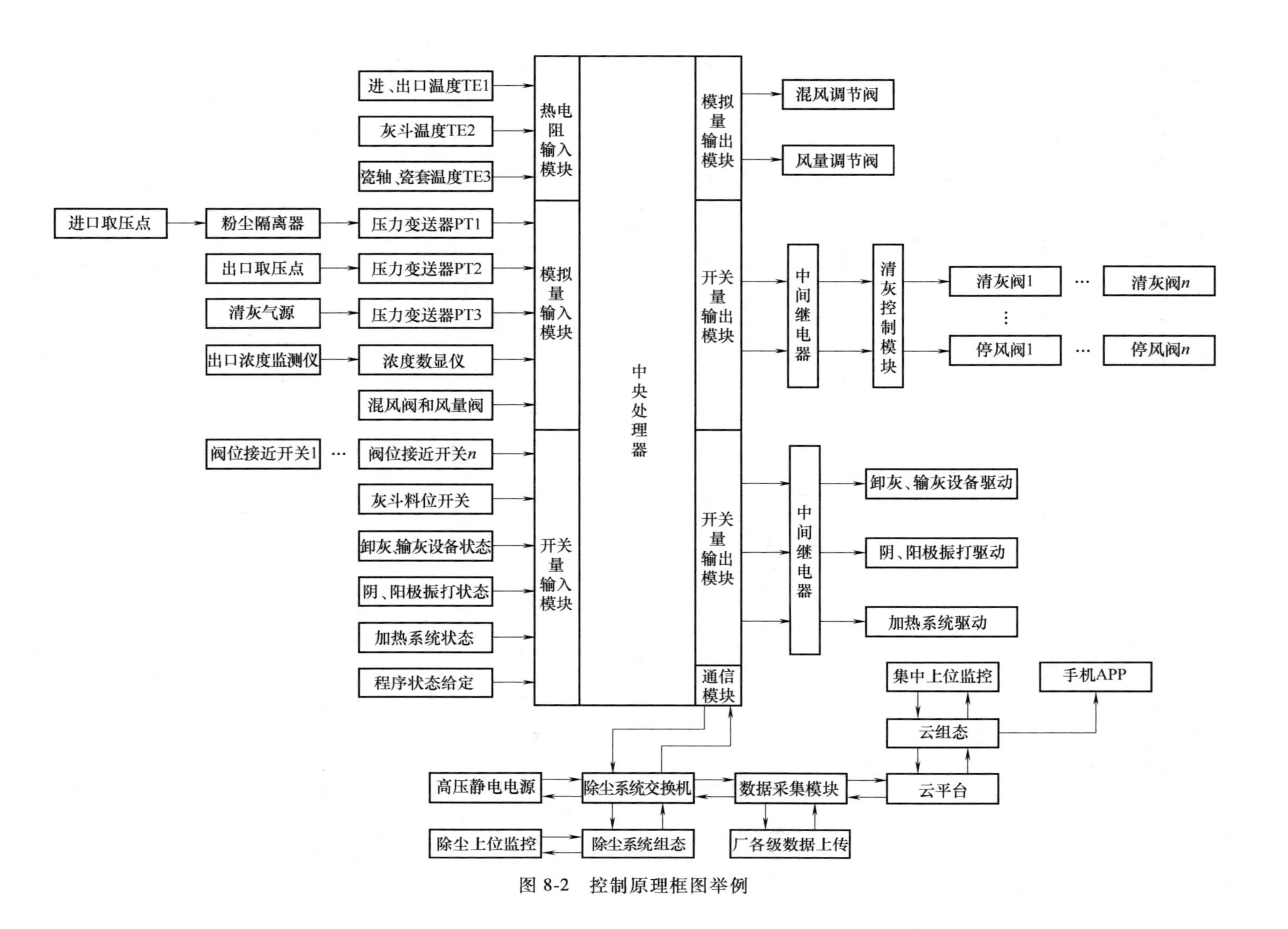

图 8-2 控制原理框图举例

有的控制要求。PLC 控制系统具有很高的性能价格比，成为中、大型袋式除尘系统自动控制设备的主流。

4. 工业控制计算机

以工业控制计算机（简称工控机，IPC）为主机，配套检测器件和控制输出器件构成单机测控系统。其特点是有高级编程语言和软件的支持，使得工艺的动态模拟变得简单，省去了二次仪表，适用于监测参数较多的系统。

5. 分散控制系统

分散控制系统（DCS）是一种分散控制、集中管理的监控系统。在生产工艺控制已设置了 DCS 的情况下，应考虑将袋式除尘系统的监控纳入 DCS 控制，作为工艺控制的一部分，以便于统一管理和维护。

DCS 在运行过程中，中央处理器周而复始地执行一系列任务，任务循环执行一次称为一个扫描周期，在一个扫描周期中，将部分或全部执行下列操作：读取输入信号、执行程序中的控制逻辑、处理通信请求、执行处理器自检诊断、输出执行。

目前，DCS 中主 CPU 最快处理时间为毫秒级，随着程序量的增加，扫描周期成倍增大，有时会造成喷吹时脉冲宽度不能缩短到设定值，影响喷吹效果，并增加清灰气源的无益消耗。所以在主控系统选择时，应充分考虑程序量的影响。

四、一次检测器件

一次检测器件的选型，除按照热工仪表的一般规则，考虑测量范围、响应时间、工作压力等因素外，还须针对除尘系统的特殊工况着重考虑检测器件长期稳定可靠使用的要求。对于有防爆要求的除尘系统，其配套的一次检测器件必须根据具体的场合选用符合相关规范要求的防爆型器件。

1. 温度检测器件

用于除尘系统温度检测的多为接触式测温元件。这类测温元件大多未能解决既要反应快速，又要耐磨损、经久耐用这一矛盾。而这两点要求是用于高流速含尘烟气测温元件必须具备的。普通型热电偶、热电阻反应较慢，热响应时间一般在几十秒甚至几分钟；能满足快速响应要求的是工业铠装热电偶或热电阻，其反应速度可达 1~2s 或更短，但其壁薄、不耐磨。为此可在安装方式上作改进，设计专用的安装配件，使含尘烟气既不直接冲刷传感器，延长其使用寿命，又不改变其快速反应特性。

测温元件的另一个常见问题是防腐。要根据不同的烟气及粉尘性质选择温度传感器保护套的材质。工业炉窑烟气中 SO_2 含量较高，生活垃圾焚烧烟气中含有 HCl 、SO_2 和 HF 等，在这类工况条件下使用的温度传感器必须具有较强的耐酸腐蚀性能，例如，选用 316L 不锈钢外套。一些化工生产工艺产生的烟气及粉尘的碱腐蚀相当严重，需选用耐碱腐蚀的材质。

对于可靠性要求很高的测温点，例如，电炉烟气除尘系统中除尘器进口测温点，喷雾冷却塔出口测温点，烧结机和燃煤锅炉袋式除尘器进、出口测温点，瓷轴和瓷套保温箱测温点，整流变压器油温测温点，灰斗电加热测温点，往往须采用双只温度传感器。

对于除尘系统直径较大的管道，或者混风阀之后的管道，烟气温度很可能不均匀，单支温度传感器所测温度不能代表烟气的实际温度，须在管道断面上按规律分布若干支温度传感器，由控制器计算、显示平均温度值，以平均温度为检测或控制参数，以提高温度检测控制的准确性。

2. 除尘器阻力检测器件

通过取压管将除尘器进、出口压力信号送至差压变送器，将差压信号转化为电信号送显示仪或主机，这是最常见的阻力检测方式。这种方式适用于除尘器较小、取压管较短的场合。差压变送器应尽可能设在距离除尘器进口取压点最近的位置，进口取压管越短越好。

对于大型袋式除尘器，最好采用两台压力变送器分别检测除尘器进口和出口的负压，主控制器根据两个负压信号计算差压值。这样可以将变送器直接安装于检测点或使取压管尽可能短，避免取压装置堵塞或漏气导致的检测失灵，即使发生堵塞也容易处理。

压力或差压检测选用标准的压力变送器（4~20mA，DC 24V）。需特别指出的是，若仅仅依照工艺专业提供的正常压力值来确定其量程，在工艺条件变化或系统故障时，会导致压力实际值超出测量范围，甚至损坏变送器。应当按照各种可能情况下被测压力或差压的最大值来确定变送器的量程。在工况变化不大的场合，选用可靠性较高的常规变送器就能满足除尘器的检测控制要求，有利于提高控制系统的性价比。

3. 气源检测器件

通常只要求检测气源压力，采用常规的压力变送器就能满足检测要求。压力检测选用标准的压力变送器（4~20mA，DC 24V）。另外，须选用过载能力强的压力变送器。对于大、中型袋式除尘器，需要合理布置气源压力检测点。当除尘器具有较多气源点时，一个压力检测点不能代表各个气源压力的真实情况。可以在每一个气源点上设置压力变送器，实时检测各个气包的压力。

另外，为更准确判断清灰状况，以及计算能耗，有时需监测气源流量。宜选用体积小、安装方便、调试使用简单的一体式涡街流量计。

4. 脉冲阀喷吹检测

当需要对脉冲阀的喷吹状况进行检测时，可采用智能脉冲阀。智能脉冲阀内置有喷吹状况检测器件，通过接近开关能够检测到脉冲阀主膜片的位移，其信号可输入到主控系统显示、判断及报警。

5. 停风阀位置及运行状况检测器件

停风阀位置及运行状况的检测通常采用接近开关。应当检测到阀板的位置或阀轴的转动，而不应将检测器件设在其驱动装置上。

6. 卸灰、输灰装置运行状况检测器件

对于高浓度或爆炸性粉尘袋式除尘器，必须对卸灰、输灰装置的运行状况进行检测，设置卸灰、输灰装置的驱动电机电流检测器件，同时设置接近开关，检测卸灰、输灰装置的运转状况。

7. 灰斗料位检测器件

料位计的种类很多，但能在除尘设施上长期可靠运行的较少。应该说，各种料位计产品的检测原理都是正确的，但在试验研究时不可能模拟所有的工况条件，也不可能做到使一种料位计有广泛的适应性。在选择料位计时，成熟的经验尤为重要。应尽量选择在类似工况条件下有成功应用业绩的产品。若无先例，可在分析料位计检测原理和特点、被测物料特性的基础上预选，经试验确定。

在高温和粉尘黏性较大的场合下，有时也可以利用温度传感器的温度变化辅助料位检测器件作为灰斗内粉尘料位的判断。

8. 粉尘在线监测器件

目前，应用在袋式除尘设施上的粉尘在线监测的仪表主要有光学透射法产品、电荷法产品和光学散射法产品，实际使用时，应根据需求选择合适的检测器件。

光学透射法产品多安装于出口烟道，测量时发射端发出的光束经反射端反射，通过双光路测量，光在传输过程中由于粉尘颗粒物会减弱光强，再通过比较基准光计算粉尘浓度，从而得出计算值。

电荷法产品多用于仓室漏袋检测，当颗粒物撞击金属探杆表面，甚至仅与金属探杆表面以摩擦的方式接触时，都可能发生电荷的转移，利用颗粒物电荷转移效应来检测流动烟气中的烟尘含量。

光学散射法产品多安装在烟囱处，光源定向发射的光线遇到颗粒物时发生散射。在一定角度范围内设置光敏器件以接收和集聚散射光，并将其转换成电信号，进而计算出相应的粉尘浓度。

第四节 自动控制软件设计

自动控制软件设计主要包括：软件功能任务书的编制、软件结构设计、程序设计和软件调试等工作。

一、软件功能任务书的编制

1. 编制依据

软件功能任务书是软件设计的纲领文件，编制的主要依据是除尘工艺专业提出的检测控制要求和软件功能设计的一般原则。为了便于今后的操作维护和管理，也应充分征求操作、维护、管理人员及用户计算机管理维护人员的意见。软件设计人员在充分理解上述要求的基础上，结合自动控制系统硬件以及软件设计的一般原则，提出软件功能任务书初稿。经工艺设计人员、操作和维护管理人员、计算机管理人员共同研究确定。

2. 基本内容

一般袋式除尘及电袋除尘系统自动控制软件功能任务书应包括以下内容：

（1）除尘工艺介绍　根据工艺专业提供的技术资料编写除尘工艺介绍，其内容至少包括：除尘工艺描述、工艺流程图、工艺布置图和检测控制有关的工艺参数等。

（2）硬件配置介绍　说明配电系统、控制系统及检测系统的基本硬件设计和控制过程。

（3）软件功能要求

1）清灰控制：

脉冲袋式除尘器：

① 控制对象：停风阀（型号规格、数量、阀位检测方式）；脉冲阀（型号规格和数量）。

② 检测参数：除尘器进、出口压差（点数）；脉冲气源压力（点数）。

③ 控制方式：脉冲清灰控制（定时、定压差、单仓清灰、智能控制）；停风阀控制（机旁操作、集中操作、自动控制）。

④ 控制参数：脉冲宽度（调节范围、正常控制值）；脉冲间隔（调节范围、正常控制值）；脉冲周期（调节范围、正常控制值）；压差（控制范围、报警值）；仓室个数，仓室选

择方式。

反吹风袋式除尘器：

① 控制对象：反吹风机（型号规格、数量、运行检测方式）；反吹阀（型号规格、数量、阀位检测方式）；过滤阀（型号规格、数量、阀位检测方式）。

② 检测参数：除尘器进、出口压差（点数）。

③ 控制方式：清灰控制（定时、定压差、单仓清灰、智能控制）；反吹阀、过滤阀控制（机旁操作、集中操作、自动控制）。

④ 控制参数：反吹次数（调节范围、正常控制值）；反吹时间（调节范围、正常控制值）；过滤时间（调节范围、正常控制值）；沉降时间（调节范围、正常控制值）；压差（控制范围、报警值）；仓室个数，仓室选择方式。

2）系统风量调节：

① 控制对象：风量调节阀（型号规格、参数、数量、阀位检测方式）；变频器（型号规格、参数、数量）。

② 检测参数：烟气流量（监测点和点数）；阀门开度（点数）；风机前、后轴温（点数）；风机（X 轴、Y 轴）振动（点数）；风机转速；电机前、后轴温（点数）；电机（A、B、C）定子温度（点数）。

③ 控制方式：手动调节（机旁操作、集中操作）；自动连锁控制，控制逻辑。

3）烟气温度控制：

① 控制对象：温度调节的方式不同，控制对象就不同。常见有以下几种：机力冷却器（型号规格、参数、数量）；混风阀（型号规格、参数、数量、阀状态检测方式）；旁路阀（型号规格、参数、数量、阀状态检测方式）。

② 检测参数：烟道温度（监测点、参数、点数）；除尘器入口温度（参数、点数）；除尘器出口温度（参数、点数）；灰斗温度（参数、点数）；混风阀开度。

③ 控制方式：手动调节（机旁操作、集中操作）；自动连锁控制，控制逻辑；控制精度要求。

4）卸灰、输灰控制：

① 控制对象：灰斗振动器或气动破拱器（型号规格、参数、数量）；卸灰阀（型号规格、参数、数量）；螺旋输送机（型号规格、参数、数量）；埋刮板机（型号规格、参数、数量）；斗式提升机（型号规格、参数、数量）；气力输灰（型号规格、参数、数量）。

② 检测参数：灰斗料位（监测点、参数、点数）。卸灰、输灰装置电机电流（监测点、参数、点数）；卸灰、输灰装置接近开关（监测点、点数）。

③ 控制方式：手动控制（机旁操作、集中操作）；自动连锁控制，控制逻辑；定时控制；料位控制。

④ 控制参数：卸灰周期（调节范围、正常控制值）；运行时间（调节范围、正常控制值）。

5）高压静电电源控制。

① 控制对象：高压静电电源（型号规格、参数、数量）。

② 检测参数：整流变压器输入、输出电压和电流（参数、点数）；整流变压器油温（参数、报警值）；瓦斯（报警值）；安全连锁（点数）。

③ 控制方式：手动控制（机旁操作、集中操作）；自动控制（连续运行、降压振打连锁控制）。

④ 控制参数：整流变压器输入电压（调节范围、正常控制值）；整流变压器输入电流（调节范围、正常控制值）；整流变压器输出电压（调节范围、正常控制值）；整流变压器输出电流（调节范围、正常控制值）。

6）阴、阳极振打控制。

① 控制对象：阴极振打装置（型号规格、参数、数量）；阳极振打装置（型号规格、参数、数量）；

② 控制方式：手动控制（机旁操作、集中操作）；自动控制（时序控制、降压振打连锁控制）。

③ 控制参数：振打周期（设定时间）；运行时间（设定时间）。

7）阴极瓷轴和阴极吊挂加热控制。

① 控制对象：阴极瓷轴保温箱和阴极吊挂保温箱内加热器（型号规格、参数、数量）；

② 检测参数：阴极瓷轴保温箱温度（参数、点数、报警值）；阴极吊挂保温箱温度（参数、点数、报警值）。

③ 控制方式：手动控制（机旁操作、集中操作）；定温连锁控制。

④ 控制参数：温度设定的上、下限值（调节范围、正常控制值）。

8）除尘器工况检测，故障诊断。

① 运行参数在线检测：系统风量（监测点、检测方式、参数值）；排放浓度（监测点、检测方式、浓度范围、正常值）；系统各点负压（监测点、检测方式、负压范围、正常值）；除尘器阻力（监测点、检测方式、阻力范围、正常值）；系统各点温度（监测点、检测方式、温度范围、正常值）；清灰气源压力（监测点、检测方式、压力范围、正常值）。

② 设备状态检测：清灰阀工作状况；阀门开度、个数；高压静电电源状况；阴、阳极振打状况；阴极瓷轴和阴极吊挂加热状况；卸灰阀、电机等设备运转状况。

③ 故障诊断：通过对系统参数和各设备工况的在线检测，分析系统及设备故障。

常见系统和设备故障如下：烟气温度高于上限值或低于下限值；气源压力高于上限值或低于下限值；除尘器阻力高于上限值；出口粉尘排放浓度高于上限值；灰斗高料位；清灰阀故障；停风阀不能开、关到位；灰斗振动器、卸灰阀、螺旋输送机、斗式提升机运行故障；混风阀、风量调节阀故障；风机运行故障；高压静电电源开路、短路、电晕闭塞、反电晕、拉弧等；阴、阳极振打运行故障；阴极瓷轴保温箱和阴极吊挂保温箱内电加热器故障。

④ 报警及输出方式：声光警报（位置）；历史记录；给出故障处理措施建议。

二、软件结构设计

软件结构设计是软件设计的重要环节，必须在充分理解控制系统硬件设计和软件功能任务书的基础上进行。对于规模较小的除尘系统，这一环节往往被忽视，会给后续的程序设计和软件调试、维护留下困难。

软件结构设计应遵循软件模块化结构的原则。一般情况下，采用按功能划分模块的方法。根据软件功能任务书，对要实现的功能合理分解，将软件分解成若各个功能模块，编制软件功能模块组成图表。标明每个模块的序号代码、名称、任务、输入条件、输出条件等，对模块之间的逻辑关系要详细描述。

一般袋式除尘系统可按下述方法划分软件功能模块：

1）系统控制主程序模块；

2）清灰控制子模块；

3）风量调节子模块；

4）烟气温度控制子模块；

5）卸灰、输灰控制子模块；

6）电区控制子模块（电袋复合或预荷电袋式除尘器）；

7）故障检测与自诊断子模块；

8）人机对话子模块；

9）参数设置及报警子模块；

10）模拟量处理子模块；

11）通信子模块；

12）历史数据存储和报表。

还可以根据需要在一级子模块的基础上进一步划分二级、三级子模块。

三、程序设计

程序设计是软件的实现阶段，需编制实现每一个软件功能模块的程序集。在该阶段应注意以下问题。

1. 合理分配和使用软件资源

主控制器（例如，PLC）的软件资源很丰富，对于实现一般规模除尘系统的检测控制往往多有富余。为便于今后的调试和功能扩展、维护，应仔细分析每一个程序模块需使用的程序空间、定时器、计数器、保持继电器等数量，合理分配，节约使用。应编制一个软件资源规划使用表。

2. 注意程序的可维护性

程序易读懂、可维护应成为程序设计追求的目标之一。由于现在计算机的处理速度很高，另外在除尘系统控制中，实时性与软件长度的矛盾并不突出，所以不要求程序短小精悍，而要求结构简单，容易读懂。程序编制过程中应做好程序注释。这样就能为软件的调试和维护创造有利条件。

3. 充分利用软件在滤波抗干扰、分析判断等方面的功能

软件滤波是提高检测控制系统可靠性的有效方法，特别是对除尘系统中温度、压力、流量和粉尘浓度检测，采用软件滤波可以避免监测信号受干扰而引起的控制误动作。

4. 注重参数保护功能

过程参数和设备运行状况数据记录是分析故障的主要依据，要合理设计历史数据保存方案。尤其是当警报发生后，经处理故障解除，但警报历史记录不能丢失。

四、软件调试

软件调试一般采用黑盒调试和白盒调试两种方法。黑盒调试是根据软件功能调试，白盒调试是根据软件结构调试。因为除尘系统控制软件规模一般不大，这两种方法都可行。需要指出的是应尽可能地模拟实际运行中可能出现的各种工况条件。

第五节 自动控制设备的加工制作及调试

一、设备加工制作

自动控制设备加工制作应遵循以下原则：

1）制造厂家应具有相关资质，并有优良的业绩；

2）制造厂家应通过 GB/T 19001—2016《质量管理体系 要求》/ISO 9001：2015 认证，设备转化设计和加工制造严格按照标准执行；

3）转化设计人员严格按设计、评审、确认等程序要求进行产品设计，确保原理设计的要求在转化设计中得以正确体现；

4）设计文件、工艺文件和检验文件等齐全，确保产品制造过程中各项活动处于受控之中；

5）严格按图样要求选配元器件，在元器件采购中确有困难需更换时必须得到设计人员认可；

6）严格筛选合格的元器件供货商；

7）进货检验人员严格按照进货检验规范对采购物品的外观、证书、通电性能、操作等方面进行检验；

8）设专职的设备管理维修人员，并有完善的设备管理控制程序，以保证生产加工满足要求；

9）在生产的各道工序，从下料到最后发货，均设质量检验员，对产品加工过程和最终产品的符合性进行监督和控制。

10）对每一道工序都有质量检验规范和相应的人员配备，确保不合格品不流入下道工序，并有完整的质量记录。

二、调试

1. 出厂前调试

设备加工完成后，必须在厂内进行检验及试验。步骤如下：

1）元器件检查；

2）线路检查；

3）通电试验；

4）输入信号模拟试验；

5）输出信号模拟试验；

6）控制功能模拟试验；

7）与配电传动装置连动模拟试验；

8）上位机与 PLC（DCS）通信模拟试验；

9）热态考机试验。

2. 现场调试

设备在现场安装完成后，在投运前必须进行如下检验调试。

（1）准备与检查

1）对照有关图样和规范，检查全部电控设备、检测元件是否安装完毕，确认具备投运条件。

2）对照有关图样和规范，检查全部线路敷设和接线是否正确，确认具备投运条件。

3）与工艺专业技术人员一起逐项检查所有用电设备，确认具备送电试运行条件。

4）检查所有用电设备、按图样和规范要求须接地的设备及其他设施是否已可靠接地，接地电阻必须达到设计要求值。

5）会同前级供电部门一起检查为除尘器供电的电源线路和设备，确认正常电源和备用电源均具备投运条件。

6）会同PLC（DCS）或计算机系统管理、技术部门，一起检查除尘器控制柜与PLC（DCS）或计算机系统之间的硬线连接信号线路和数字通信线路，确认具备投运条件。

7）会同厂级主控系统技术人员完成数据采集和交换，通过通信方式将除尘信号输入到主控监视系统，实现厂级集中监控和智能控制。

（2）分项试验及操作步骤　除尘器电控系统在冷态联合试验之前须按如下步骤进行分项试验，并做好分项试验记录及试验结论。

1）送电试验；

2）配电柜、控制柜空载试验；

3）各单体设备手动空负荷试验；

4）各单体设备手动负荷试验；

5）各单体设备自动空负荷试验；

6）各单体设备自动负荷试验；

7）一次、二次仪表的标定试验（压力、压差、温度、料位等）；

8）PLC自动控制程序空负荷模拟运行试验；

9）PLC自动控制程序负荷模拟运行试验；

10）与上位机之间的硬线连接信号传送试验；

11）与上位机之间的网络通信试验；

12）与厂级主控上位机之间的网络通信试验。

（3）冷态联合试验

1）除尘器的冷态联合试验必须在下列各项条件满足后才能组织进行：

① 分项试验完成，检验合格，确认已具备冷态联合试运转条件。

② 会同有关工艺人员，确认除尘器范围内的全部设备均已具备冷态联合试验条件。

③ 除尘器的附属设备，包括风机、压缩气体气源、供电系统、上位监控系统等已具备冷态联合试验条件。

2）除尘器的冷态联合试验必须在统一指挥与协调下进行，各岗位、各设备点必须由专业人员监护或巡视，按下列步骤启动，并作好记录。

① 启动电控系统；

② 将设备及阀门控制方式设置为自动方式；

③ 将除尘器清灰控制方式设置为定时清灰；

④ 采用自动方式启动高压静电电源；

⑤ 采用就地方式启动除尘器；

⑥ 启动系统风机。

3）在冷态联合试验过程中应密切观察除尘器本体及电控系统工作是否正常，与上位计算机系统的网络通信信号是否正确等。若发现问题应立即分析原因，排除解决。

4）冷态联合试验达到预先规定的时间和要求后，按下列步骤停机：

① 通知有关部门停止系统风机；

② 采用就地方式停止除尘器；

③ 停止高压静电电源；

④ 间隔一段时间后，再停止电控系统；

⑤ 通知有关部门冷态联合试验结束。

5）冷态联合试验结束后，应对试验记录进行分析讨论，对带负荷投运过程中可能出现的问题进行分析研究，提出对策。

3. 带负荷投运

1）除尘器及其电控系统的带负荷投运要在整个工艺系统的统一协调与安排下进行，整个工艺流程的每一个环节都要作好相应的准备。

2）带负荷投运的步骤。

① 启动电控系统；

② 将设备及阀门控制方式设置为自动方式；

③ 将除尘器清灰控制方式设置为定压差方式；

④ 将高压静电电源设置为自动方式；

⑤ 通过 PLC（DCS）远方启动除尘器；

⑥ 启动系统风机。

3）应注意的问题。

① 温度控制是否正常，能否达到设计要求；

② 压缩气体供应系统是否达到要求；

③ 除尘器清灰、卸灰系统是否工作正常；

④ 高压静电电源是否工作正常；

⑤ 若有问题应立即分析原因，及时解决。

4）停机步骤：带负荷试运行达到规定的时间和要求后，按下列步骤停机。

① 通知有关部门停止系统有关设备；

② 通过 PLC（DCS）远方停止除尘器；

③ 间隔一段时间后，停止除尘器电控系统。

停机后，通知有关部门除尘器及电控系统带负荷投运试验结束。

在带负荷投运试验结束后，应对试验记录进行分析讨论，对正常生产时可能出现的问题进行分析研究，提出对策。

第六节 自动控制系统的运行及维护

一、运行监控

1）在正常运行时，除尘系统的运行参数及各设备的运行状况均应传送到集中监控计算机系统，同时也能够接收到集中监控计算机系统对 PLC（DCS）发出的控制指令。

2）当监控计算机系统观察到除尘器系统故障时，应及时上报安排检修或排除。

3）应定时巡视除尘系统及其自动控制系统，观察除尘系统的实际运行状况与监控计算机自控系统反映和记录的状况是否一致，若有偏差及时分析原因，予以解决。

4）当温度低于下限值或高于上限值时，温度控制系统将实施控制。此时，操作监控人员应密切观察，若温度长时间达不到要求值，应分析原因并采取相应措施。

5）当气源压力低于下限值或高于上限值时，自动控制系统将报警，操作监控人员应立即分析原因并采取相应措施。

6）当灰斗高料位持续发出信号，自动控制系统将报警，操作监控人员应立即分析原因并采取相应措施，防止出现严重安全事故。

7）对高浓度或易燃易爆粉尘等条件下的除尘器，卸灰、输灰装置连续运行检测，当发生停机等故障时，自控系统将报警，操作监控人员应立即分析原因并采取相应措施，防止出现严重安全事故。

8）当出口粉尘浓度超标发出信号，操作监控人员应持续观察除尘器一个清灰周期，判断是否是因破袋引起的排放浓度超标。

9）当高压静电电源不能正常工作时，自动控制系统将报警，操作监控人员应立即分析原因是电源故障还是本体故障，并分别采取相应措施。

二、维护

1）仪表的定期校检：应定期对一次检测仪表及二次仪表或 PLC，以及计算机模拟量输入、输出单元进行校检。

2）对 PLC 或计算机开关量输入、输出接点及输出继电器进行“通”、“断”检验。

3）一般情况下，控制软件在系统调试阶段确定后，只要工艺控制要求未发生变化，不需要维护。若工艺及控制要求发生变化，需要调整控制程序时，必须由专业人员在充分理解原软件结构及逻辑的基础上修改程序。程序修改后，必须对全部程序重新进行调试。

第七节　袋式除尘器智能运维管理云平台

袋式除尘器智能运维管理云平台是将袋式除尘设备与物联网技术进行有机的结合，实现袋式除尘系统信息化与智能化运维管理的数据交换与云管理平台。云平台结合袋式除尘器的现有监测点，形成一个可监控的大数据平台，是物联网技术应用的成果。

一、云平台数据来源

通过对袋式除尘器运行的各项数据进行采集，建立数据信号传输逻辑，搭建云平台。信号传输路线由测量仪表→信号采集模块→主 CPU→GPRS 模块→云端（见图 8-3）。一般袋式除尘器为了实现其自动控制运行，会采用类似的逻辑来实现，区别在于最后两个环节是通过内部环网进入中控室的上位机或自控系统。

二、云平台构建

信号采集将数据送到云平台。与传统自动化工业控制系统不同的是，云平台可以叠加物联网、大数据、人工智能，能够对袋式除尘器运行过程中的动态做出及时分析甚至预测，将袋式除尘器的运维管理提升到实时感知、动态控制、远程信息服务的状态。

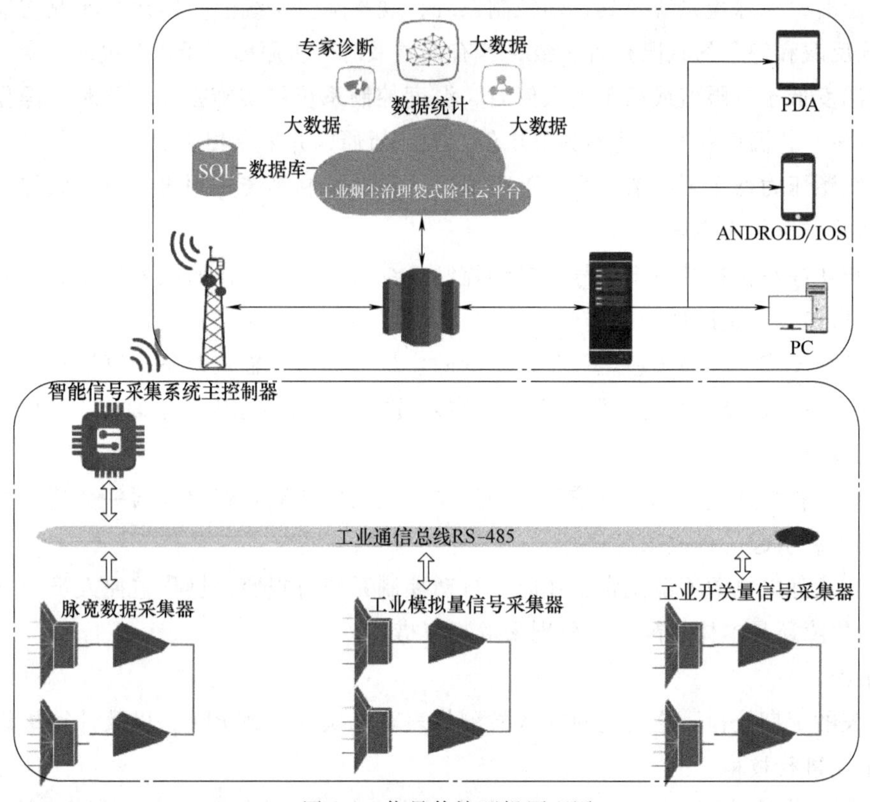

图 8-3　信号传输逻辑原理图

1. 云平台的构建

1）通用型平台。平台供应商从自身核心产品能力出发，构建了一些工业平台产品进行简单编程，可直接选用作为除尘器平台使用。通用型平台这种方式简易方便，但是适用性差，价位高。

2）除尘器云平台。除尘器制造企业、工业软件企业或信息技术企业承担起构建除尘器专用平台，并提供相应服务。专用除尘器设计的智能运维管理云平台，针对性高，适用性强。

3）自行构建除尘器云平台。利用IT技术，从底层开始搭建。这种方式也可以利用现有的专用平台进行集成，例如，搭建一个除尘器平台，购买滤袋破损检测平台和脉冲阀控制平台，将其连接到自行搭建的除尘器主平台上进行集成，成为功能完整的除尘器智能运维管理云平台。

2. 云平台软件架构

云平台软件架构通常分为5层：数据管理层、业务管理层、平台服务层、应用层、访问接入层。

1）数据管理层。负责现场传感器采集数据的解析、存储、预处理等基础业务，以及涉及用户现场的用户数据，例如：现场用户组织结构、传感器安装位置信息等。另外，数据管理层还可以进行多维度的数据分析，以及根据具体业务进行的定制化数据的分析和处理。

2）业务管理层。完成整个系统业务功能的业务模块，每个业务模块可以支持具体的系统服务功能。在业务管理层主要完成设备数据传输、监控消息推送处理、报警预警参数设置、设备绑定以及用户信息同步等，同时还支持系统在版本更新时通过数据缓存保存用户数据。

3）平台服务层。平台服务层是根据系统业务模块抽象成数据接口 API、Job、Task 等，例如设备数据的预处理服务、平台消息推送服务、数据分析服务、智能算法服务等，为应用层提供服务支持，平台服务层支持横向扩展。

4）应用层。主要实现系统的具体功能。在应用层实现智能巡检、智能预警、精准定位、超远程监控、专家系统等功能，同时支持功能上的横向扩展。

5）访问接入层。系统通过统一身份认证可以在计算机端、移动端和其他终端进行系统访问。

三、功能与应用

袋式除尘器智能运维管理云平台搭建完成后，通常可以实现以下功能：

1）通过传感器对电磁脉冲阀等袋式除尘器配套设备的运行数据进行定时采集。

2）借助有线或无线网络完成双向的数据通信。

3）能够对设备节点进行有效的管理和配置。

4）具备对所采集的海量数据进行存储、处理、分析的能力。

5）具备对数据处理结果进行展示的能力。

6）为用户提供简便高效的使用平台与操作界面。

四、云平台维护

1. 系统平台维护

保证操作系统、数据库系统、中间件、其他支撑系统应用的软件系统及网络协议等安全性、可靠性和可用性而实施的维护与管理；及时排除系统故障；每月对系统平台进行一次巡检，及时消除故障隐患，保障系统安全、稳定、持续运行。

2. 应用系统管理和维护

在系统维护过程中采取各种技术手段排除系统故障，保证系统及相应接口的安全性、可靠性和可用性，消除系统可能存在的安全隐患和威胁，根据需求更新或变更系统功能。

3. 数据储存设施管理和维护

为保证数据存储设施（如服务器设备、集群系统、存储网络及支撑数据存储设施）运行的软件平台的安全性、可靠性和可用性，保证存储数据的安全，定期检测系统的性能，确认数据存储的安全，及时消除故障隐患，保障系统安全、稳定、持续运行。

4. 数据管理和维护

数据管理是系统应用的核心。为保证数据存储、数据访问、数据通信、数据交换的安全，每月对数据的完整性、安全性、可靠性进行检查。

第九章　袋式除尘器的设计选型

第一节　设计选型依据

一、处理风量

本节定义的风量为袋式除尘器入口总风量，包括尘源设备集尘风量、必要的备用风量、阀门和管道的漏风量以及直接混风冷却风量。

处理风量是袋式除尘器设计选型中最重要的参数之一；袋式除尘器的规格取决于处理风量的大小。

处理风量的单位用 m^3/h、m^3/min，或 Nm^3（标准）$/h$、Nm^3（标准）$/min$。

袋式除尘器的设计选型根据工况风量确定，因为袋式除尘器的主要性能取决于工况风量下的实际过滤风速。

二、运行温度

运行温度是袋式除尘器选用过滤材料的首要因素之一，并对袋式除尘工程的造价和运行费用有显著的影响。

袋式除尘器的运行温度即是含尘气体的入口温度。运行温度首先与含尘气体的初始温度有关，所选取的滤料应适应该温度；在很多情况下，需采取措施改变含尘气体的温度（降温或升温），选取适用和经济的滤料。因此，袋式除尘器的运行温度往往需通过技术经济比较确定。确定运行温度应满足以下两个条件：

1）其上限低于滤料材质所允许的最高承受温度。

2）其下限高于含尘气体露点 15℃。

三、气体的成分

1. 水分（含湿量）

各类废弃物焚烧炉、各类烘干设备、各种工业炉窑排放的废气中都含有水分。气体中的水分（含湿量）影响过滤和清灰性能，以及滤料的使用寿命，也是袋式除尘器设计选型的重要参数之一。

含尘气体中的含湿量，可以通过实测确定，也可根据燃烧、冷却的物料和热平衡计算确定。

2. 气体组分

在多数情况下，袋式除尘器设计选型时，气体组分不妨按空气对待。但在处理各类废弃物焚烧设备和各种炉窑高温烟气并进行冷却装置的计算时，应注意烟气中的 N_2、CO、HCl、SO_2 和 NO_x 等成分。当气体成分与空气差别较大时，对袋式除尘器的设计、系统管道阻力的计算和风机动力的选择都有一定影响。

对于炉窑烟气，在选择滤料时，应考虑烟气中的含氧量。较高的含氧量和 NO_x 将缩短 PPS 等滤料的使用寿命。在含可燃性气体或可燃性粉尘的条件下，也必须限制氧的含量，以保证袋式除尘系统的安全运行。

3. 可燃性气体

金属冶炼和化工生产的烟气中，常含有一氧化碳、氢、甲烷、丙烷和乙炔等可燃性气体。它们与氧或空气共存时，有可能形成爆炸性混合物。对于此类含尘气体，在设计选用袋式除尘器时，箱体结构应采用防爆设计和其他防爆技术，并设置可靠的监测系统。

在某些场合，还可以在粉尘发生源后面设 CO 辅助燃烧器，确保系统安全。

4. 腐蚀性气体

在各类废弃物焚烧炉烟气、燃煤锅炉烟气、工业窑炉烟气和化工生产废气中，常含有硫氧化物、氯化氢、氟化氢、磷酸、氨等腐蚀性成分。

腐蚀性气体是选择除尘器材质和滤料材质以及防腐方法时必须考虑的重要因素，也是确定运行温度的重要依据。

5. 有毒气体

在冶金炉窑、化工和农药生产排放的废气中，常含有 CO 及其他有毒气体。处理含有毒性气体的袋式除尘器必须采取严格密封的结构，而且应经常维护，定期检修。

四、粉尘的性质

1. 粒径分布

粉尘的粒径分布主要影响袋式除尘器用滤料的表面处理方式、过滤和清灰效果，以及设备阻力，特别是其中的微细粒子。所采用的粒度分布表示方法应便于了解微细粒子的组成，通常以小于某一粒径的尘粒所占百分比表示。

细颗粒粉尘难捕集，捕集后形成的粉尘层较密实，不利于清灰。粗颗粒粉尘易捕集，捕集后形成的粉尘层较疏松，有利于清灰。从某种意义上讲，粗细搭配的混合粉尘无论对过滤和清灰都是有利的。

粗颗粒粉尘对除尘器箱体和滤袋将产生磨损，尤其是磨啄性强的粉尘和入口含尘浓度高（如水泥篦冷机余风和生物质发电锅炉烟尘）的条件下，袋式除尘器采用玻纤滤料时，应特别注意防止对滤袋的磨损。

2. 粒子形状

粉尘的形状分为规则形和不规则形。前者表面光滑，比表面积小，在经过滤料时不易被拦截；后者则形状特殊，表面粗糙，比表面积大，在经过滤料时容易被拦截。

一般认为，结晶粒子和薄片状粒子容易堵塞滤料的孔隙，增加过滤阻力。对于能够凝聚成絮状物的纤维状粒子，由于难以从滤料表面脱落，宜选择强力清灰方式，并采取较低过滤风速，滤袋间距适当加大。

另外，不规则形状的尘粒容易对滤袋产生磨损。

3. 粉尘的密度

对于多数粉尘而言，其密度对袋式除尘器的设计选型影响不大。但是，密度特别小的粉尘将会给清灰增加困难，因此，应注重气流合理分布和清灰方式的选择，并采用较低过滤风速。在设计和选择卸、输灰方式时，应充分考虑该因素。

由于出口含尘浓度是以计重方法表示，在捕集铅和铅的氧化物等密度特别大的粉尘时，应注意防止排放浓度超标。

堆积密度是与粉尘粒径分布、凝聚性、附着性直接有关的测定值，关系到袋式除尘器的过滤面积和过滤阻力。堆积密度越小，清灰越困难，从而使袋式除尘器的阻力增高，导致必须选用较大的过滤面积。

4. 附着性和凝聚性

粉尘的附着性和凝聚性有利于细微粉尘的凝聚和一次粉尘层的建立，从而提高除尘效率，但不利于清灰。所以附着性和凝聚性过强或过弱，对袋式除尘器都是不利的。

5. 吸湿性和潮解性

吸湿性和潮解性强的粉尘，极易在滤袋表面吸湿和固化。有些粉尘（如 CaO、$CaCl_2$、KCl、NaCl、$MgCl_2$、NH_3Cl 等）吸湿后发生潮解，其性质和形态均发生变化，呈黏稠状。这将导致袋式除尘器清灰困难、阻力增大，甚至停止运转，对卸灰装置也将带来很大困难。

对于上述问题，有必要采取多种防治措施。

6. 磨啄性

铝粉、硅粉、水泥熟料粉尘、碳粉、烧结矿粉等属于高磨啄性粉尘。当入口含尘浓度高时，滤袋和箱体的一些部件等容易被磨损。在袋式除尘器结构设计和进风方式选择时，应予以密切关注。

7. 带电性

利用粉尘的带电性，让粉尘预先荷电，使滤袋表面的粉尘层呈疏松状，可以降低袋式除尘器的运行阻力。

容易荷电的粉尘在滤袋上一旦产生静电，就不易清落，所以在选定过滤风速时，原则上要以同种粉尘的使用经验作为依据。

8. 可燃性和爆炸性

煤粉、焦炭粉、萘、蒽、铝、镁等属于可燃、爆炸性粉尘。虽然粉尘的爆炸性限于一定的浓度范围内，但袋式除尘器内的粉尘浓度是不均匀的，在局部范围内，完全可能出现处于爆炸界限以内的情况，因而存在爆炸的可能。处理可燃、爆炸性粉尘时，袋式除尘器必须采取防燃、防爆措施，必须采用抗静电滤料。

重要的预防措施之一是杜绝火源，包括防止工艺过程中产生的火花进入袋式除尘器。

五、含尘浓度

入口含尘浓度影响着袋式除尘器的下列主要事项：

1）设备阻力和清灰周期：在固定的清灰周期和清灰参数下，入口含尘浓度显著增加时，袋式除尘器的阻力将相应升高。为了保持预设的设备阻力，必须调整清灰周期和参数。

2）滤料和箱体的磨损：在处理强磨啄性的含尘气体的情况下，可认为磨损速度与含尘浓度成正比。

3）卸、输灰装置：卸、输灰装置的处理量应不小于入口含尘浓度与处理风量乘积的1.5倍。在处理高含尘浓度的气体时，须提高卸、输灰装置的能力，并特别注意其可靠性，对其运行工况加以监测。

六、排放要求

袋式除尘器的出口含尘浓度必须低于国家、行业和地方环保标准规定的排放限值，这是设计和选用袋式除尘器的基本原则。

袋式除尘器的出口含尘浓度，依除尘器的型式、滤料种类、粉尘性质和袋式除尘器的用途不同而各异，一般介于数十毫克/立方米与数毫克/立方米之间，超低排放和一些特殊行业则要求更高。当袋式除尘器用于净化空气或处理含有毒害物质的气体时，对排放有更严格的要求，设计和选用袋式除尘器时，应采取相应的措施。

七、系统配置

袋式除尘器的设计选型必须充分考虑尘源的性质、生产工艺过程以及袋式除尘器在系统中的作用，确定压力工况。

1. 正压袋式除尘系统

正压袋式除尘系统的除尘器置于主风机出口端；根据应用场合的不同，除尘器可有两种结构：一种是净化后的气体直接从箱体排放，箱体承受低正压并主要起遮风挡雨的作用，设计较为简易，不需设清洁室；另一种的箱体则需承受较高正压，因而须设计成严密的结构，净气从烟囱排放。

2. 负压袋式除尘系统

负压袋式除尘系统的除尘器置于主风机入口端，箱体承受负压作用，负压的大小取决于系统规模及风机选型。对于常规袋式除尘系统，选用中、高压风机为动力，除尘器箱体工作压力约为 3~7kPa；用于收集产品的袋式除尘器和对于气力输送系统，选用高压风机或罗茨风机为动力，除尘器箱体承受的压力接近风机的全压。

3. 压力式袋式除尘系统

高炉煤气净化用袋式除尘系统不设风机，除尘器承受 0.1~0.25MPa 的压力，箱体宜采用圆筒形结构，按压力容器设计。

与此类似的还有水煤气的净化系统，除尘器承压更高，可达 1~4MPa。

八、尘源工况条件

1. 工艺设备的作业制度

在袋式除尘器的设计中，必须考虑工艺设备的作业制度。例如，与尘源有关的设备若是昼夜连续运转而不允许间断，袋式除尘器就必须做到能在设备运转过程中从事更换滤袋和进行其他维护检修工作。反之，对于在短时间运转后需要停运一段时间的间歇式工艺设备，袋式除尘器则可充分利用停运期间进行清灰或维护检修。

2. 尘源发生工况

在工艺设备运转过程中，如果气体温度、湿度、粉尘浓度及其特性经常变化，应以最不利的工况条件作为袋式除尘器的设计依据。例如，水泥行业高效选粉机用袋式除尘系统的入口含尘浓度应根据工艺系统产量来设计；炼钢电炉应按吹氧期工况条件进行设计。

九、环境条件

1. 室内设置或室外设置

大型袋式除尘器的设置地点以设置在室外的居多，小型袋式除尘器常设置在室内，应根据具体设置情况，考虑是否设立防雨棚，确定电气防护等级。

2. 腐蚀性环境

不少袋式除尘器设在有腐蚀性气体泄漏或是有腐蚀性粉尘的环境中，此时，应选用耐腐的材料或外表面防腐涂装。

3. 位于高处

袋式除尘器设置在地面以上 20~30m 的情况也较多，如水泥库顶。设计时必须根据当地的气象条件，使除尘器最大一个垂直面能充分承受强风时的风压冲击，还要保证设备安装时运输起吊和设备检修维护的安全性。

4. 寒冷地区

以压缩空气清灰以及使用气缸驱动切换阀的袋式除尘器，压缩空气中的水分在寒冷地区会冻结而导致动作失灵。寒冷的气候还会造成除尘器内结露，并引发清灰不良和阻力过高等弊端。因此，应根据当地的最恶劣气候条件，对气源的自动排水、气动元件的选型和管路采取相应的防冻措施。

5. 场地条件

袋式除尘器无论是在室内还是室外安装，都需要预先勘测场地，这对于在现场拼装的大型袋式除尘器尤为重要。

场地勘测包括平面位置和尺寸、空间条件、地质条件，还包括运输途径和吊装条件等。

第二节 设计选型要点

一、过滤风速及其合理选取

袋式除尘器的过滤风速在不同程度上受以下因素的影响：清灰方式、清灰制度、粉尘特性、滤料的特性、预定的设备阻力、入口含尘浓度。

在下列条件下可采用较高过滤风速：采用强力清灰方式（如脉冲喷吹）；清灰周期较短；入口含尘浓度较低；粉尘颗粒较大、黏性小；处理常温含尘气体；采用超细面层针刺毡滤料或覆膜过滤材料。

在下列条件下宜取较低的过滤风速：采用弱力清灰（如反吹清灰、振动清灰）；处理高温烟气，粉尘细、黏，密度小；入口含尘浓度高；要求的粉尘排放浓度低；采用素布、玻璃纤维等滤料；要求较长的滤袋寿命。

二、箱体结构设计

袋式除尘器的箱体结构主要包括箱体（净气室、尘气室、灰斗）、过滤元件（滤袋和滤袋框架）、清灰装置、卸灰和输灰装置、安全检修设施。

箱体的耐压强度应能承受系统压力。一般情况下，负压按引风机铭牌全压的1.2倍计取，按+6000Pa进行耐压强度校核。

检修门的布置以路径便捷、检修方便为原则。花板的厚度一般不小于5mm，并在加强后应能承受两面压差、滤袋自重和最大粉尘负荷。大型袋式除尘器的花板设计一定要考虑热变形问题。花板边部袋孔中心与箱体侧板的距离应大于孔径。净气室的断面风速以不大于4~6m/s为宜。

袋式除尘器结构、支柱和基础设计应考虑恒载、活载、风载、雪载、检修荷载和地震荷载，并按危险组合进行设计。

规格较小的袋式除尘器根据运输条件的许可，把箱体、灰斗等制作成整体发运；在现场进行组装的大、中型袋式除尘器，应在制造厂将主要零部件加工成符合公路及铁路运输限定尺寸的单元，并经过标识和包装，再运往现场。

一般大型袋式除尘器的箱体钢结构外壳可以采用标准模块设计，每个仓室都是一个独立的过滤单元体。可以设计成标准型和用户型两种类型：在工厂组装成单元箱体，再运往现场，称为标准型；在工厂将箱体等主要零部件制造完后，在现场进行组装，称为用户型。

尽可能采用三维设计技术将现实中的产品虚拟化、可视化，可以完成部件图、总装图的虚拟装配，可以在计算机中完整、直观地展现除尘器零部件及总体设备的全貌。三维动画可以更形象地演示除尘器运动部件的工作轨迹，可做到：

1）虚拟可视化预组装，杜绝漏件及设计错误，保证设计的准确性、完整性。

2）关键部件的三维图直接导入数控加工设备，可直接完成部件的加工。

3）可根据需要转化为二维图。

4）可帮助产品加工、安装等相关技术人员快速看懂二维图，可以远程指导设备加工及安装，提高加工及安装的工作效率，降低产品成本。

大型高温袋式除尘器在设计中必须考虑整体热应力的消除，以及材料的膨胀变形等问题。

三、灰斗

灰斗的耐压强度应按满负荷工况下风机全压的120%设计，并能长期承受系统压力和积灰的重量。灰斗的容积应考虑输灰设备检修时间内的储灰量。除单机袋式除尘器外，灰斗应设置检修门。宜采取措施，防止滤袋脱落时堵塞卸灰口和损坏卸灰设备。卸灰阀与灰斗之间应装手动插板阀，处理易结露烟气或捕集粘性较大的粉尘时，宜在灰斗设料位计、伴热和保温装置、破拱装置。灰斗料位计与破拱装置不宜设置在同一侧面。卸灰设备应符合机电产品技术条件，满足最大卸灰量和确保灰斗锁气的要求，避免粉尘外逸，也避免卸灰受阻。

四、气流分布装置的设计

1. 气流分布的重要性

随着袋式除尘器结构的大型化，气流分布装置成为袋式除尘器的重要组成部分。其主要作用有以下几点：

1）控制流向袋束的气流速度，避免含尘气流直接冲刷滤袋，防止滤袋的摆动和碰撞，保障滤袋长寿命。

2）引导除尘器内含尘气流的流向，避免或削弱上升气流，利于粉尘沉降。

3）促使除尘器不同区域的过滤负荷趋于均匀。

4）降低除尘器的结构阻力。

在气流分布设计中引入的仿真计算流体力学CFD软件设计，可以准确确定袋式除尘器内部气流分布情况，建立几何模型，划分计算网格，计算物理参数。根据模拟结果，不断调整气流均布装置，保证袋室流量最大偏差≤5.0%，除尘器结构阻力≤300Pa。

2. 袋式除尘器气流分布的技术要求

1）气流分布装置的设计应尽量在气流分布试验的基础上进行。

2）气流分布试验应结合除尘器的上游烟道形状、流动状态、进风和排风方式、除尘器结构进行。

3）气流分布试验应包括相似模化试验和现场实物校核试验两部分，有条件时可以进行计算机模拟试验。

4）气流分布试验按实物最大烟气量时的流动状态和速度场进行模拟。

5）对正面流向滤袋束的气流以及在滤袋之间上升的气流，其速度控制以不冲刷滤袋和不显著阻碍粉尘沉降为原则。

6）气流分布板需设置多层，并保证一定的开孔率，以实现气流分布均匀，避免局部气流速度过高。

7）根据现场实际情况，在每个袋室入口设置可调节的气流均布装置，保证CFD数值模拟阶段气流的均布性，以及根据实际工况，微调气流均布装置。

五、清灰方式与清灰供气系统设计

1. 脉冲喷吹清灰方式与压缩气体供应系统

脉冲喷吹清灰的袋式除尘器是各行业都最为广泛使用的除尘设备，有多种类型，其共同的特征是都设有脉冲阀。脉冲阀是该类除尘器清灰的核心部件，其喷吹性能和制造质量的优劣关系袋式除尘器的清灰效果、设备阻力、耗气量、滤袋使用寿命和系统运行能耗，设计者须选用正规厂家生产的高质量产品，也可采用带有故障报警功能的智能脉冲阀。

脉冲袋式除尘器的压缩空气气源供应系统设计应符合《压缩空气站设计规范》(GB 50029—2014）的要求；应设置备用压缩机，并采用同一型号；压缩空气管路系统的阀门和仪表应设在便于观察、操作、检修的位置。

供给袋式除尘器的压缩空气参数应稳定，并应除油、除水、除尘。压缩空气干燥装置应不少于两套，互为备用。用于驱动阀门的压缩空气管路需设置分水滤气器和油雾器。

常规运行条件下，脉冲清灰袋式除尘器用压缩气源宜取自工厂压缩空气管网；若现场不具备气源或供气参数不满足要求时，应配置专用的空压机；除非用量很小，一般不宜采用移动式空压机。

压缩空气进入除尘器之前应先经过储气罐，储气罐输出的压缩气体需经调压后送至用气点。宜在袋式除尘器近旁设置储气罐，从储气罐到用气点的管线距离一般不超过50m；储气罐底部应设自动或手动放水阀，顶部应设压力表和安全阀，调压阀应设旁通装置。

储气罐与供气总管之间应装设切断阀；除尘器每个稳压气包的进气管道上应设置切断截止阀。

供气总管的直径一般不小于DN80mm；寒冷地区，须对储气罐和供气管道采取保温或伴热措施。

2. 反吹风袋式除尘器供气系统

反吹风机和反吹风系统须按如下要求设计：

1）反吹风机的选型应满足清灰所需压力及风量的要求。

2）反吹风清灰系统中应配备具有快速开关功能的气动阀。

3）分室反吹风袋式除尘器每单元反吹风气路上应加装维修用气动或手动蝶阀，在某袋室检修时，确保除尘器整体仍能运行。

六、电改袋的基本方式

电除尘器改为袋式除尘器的基本型式大多是将原电除尘器改造为脉冲袋式除尘器。

常用的改造方案有：

1）保留原电除尘器外壳、进口喇叭、支架、基础。

2）拆除原电除尘器极板、极线、吊挂装置、振打装置，以及气流分布板、灰斗内阻流板、高压供电和控制装置等。

3）局部改造电除尘器的箱体。

4）改造卸灰和输灰装置。电除尘器各灰斗卸灰量差异很大（第一灰斗约占80%），而袋式除尘器各灰斗的卸灰量则相对均匀，对原有卸灰和输灰装置需加改造。

5）安装袋式除尘器的核心部件（滤袋和滤袋框架、喷吹装置、上箱体和花板等），安装自动控制系统，还需改造进风和出风管道及阀门。

6）增设脉冲袋式除尘器清灰用压缩空气系统。若厂区压缩空气供应系统不能满足新增的供气量，则需增设空气压缩机。

7）改造为袋式除尘器后，箱体的工作压力显著增高，应重新设置箱体内部支撑，满足箱体结构的强度和刚度要求；对于支撑结构也应核算，并检查在设计施工过程中是否存在缺陷，根据核算和检查结果采取整改措施。

8）袋式除尘器的阻力高于电除尘器，因此要对原有风机进行核算，当风机全压不能满足要求时，需对风机进行改造；可提高风机的转速，或更换叶轮、更换电机；当改造不能满足要求时，需整体更换风机。

9）在电改袋的过程中，一定要检查原除尘器的箱体腐蚀情况，核算强度，根据检查和核算的结果，采取相应的修复措施。若保留原除尘器的箱体，则需仔细检查箱体可能出现的漏洞并加以封堵。

七、高温袋式除尘器设计

1. 滤料材质的选择和运行温度的确定

净化高温烟气时，袋式除尘器的滤料材质可有两种选择：

1）将烟气冷却后采用常温滤料。

2）不进行冷却而直接采用高温滤料，或对烟气进行一定程度的冷却，采用耐温较好的滤料。

对以上两种选择，应进行技术经济比较后确定。

方案比较和选择中需要考虑的是，烟气冷却将增加设备投资和运行费用，但除尘器和常温滤料的价格较便宜；若不对烟气进行冷却，则因烟气工况流量大，而使除尘器规模扩大，加上高温滤料价格较高，因而投资较高，但可省去冷却器的购置费和运行费用。

应当特别注意烟气的露点，运行温度的下限应高于烟气露点温度15~20℃，以确保袋式除尘器安全运行。

2. 高温袋式除尘器结构设计注意事项

在设计高温袋式除尘器设备结构的过程中，必须考虑钢结构的热膨胀及热应力的消除，这在大型袋式除尘器设计中尤为重要；可以根据钢结构设计的规范进行处理。

另一重要问题是保温。袋式除尘器采取的保温方式、保温材料、保温厚度应根据工艺条件、所需保温效果、气象条件、周围环境确定，保温设计应有避免雨水渗入的对策，灰斗部位除保温外，往往还需采取伴热措施。

第三节　设计选型步骤

一、确定处理风量

此处是指工况风量。当原始数据为标况风量时，应换算成工况风量。若烟气量波动较大，应取其最大值。

二、确定运行温度

当含尘气体为常温时，运行温度通常就是含尘气体的温度。对于高温烟气，往往需要根据技术经济比较确定是否采取降温措施，并确定降温幅度。若含尘气体温度过低可能导致结露时，需采取加温措施。

运行温度的上限应在所选滤料允许的长期使用温度之内；而其下限应高于露点温度15~20℃。当烟气中含有酸性气体时，露点温度较高，应予以特别的关注，以避免结露。

三、选择清灰方式

主要根据含尘气体特性、粉尘特性、粉尘排放浓度和设备阻力，通过技术经济比较结果确定。宜尽量选择清灰能力强、清灰效果好、设备阻力低的脉冲喷吹清灰方式。

四、选择滤料和滤袋

主要确定滤料的材质（常温或高温）、结构（机织布、针刺毡或水刺毡，是否覆膜或采用超细面层等）、后处理方式等。确定滤袋的形式（圆袋、折皱袋或异形袋，或滤筒），以及滤袋的尺寸（直径、长度等）。

五、确定过滤风速

过滤风速是袋式除尘器最重要的技术指标之一，它直接决定除尘器的重量、投资、占地面积、设备阻力、运行能耗和费用，应当慎重确定。

确定过滤风速需要考虑的因素：清灰方式、滤料种类、产生粉尘的生产工艺和设备特点、工艺设备提高产能的可能性及幅度、含尘气体的理化性质、粉尘的理化性质、入口含尘浓度、要求的粉尘排放浓度以及预期的滤袋使用寿命等。在某些情况下，还需考虑预定的设备阻力；袋式除尘器的过滤风速不建议设计过高。

六、计算过滤面积

过滤面积按下式计算：

$$A=\frac{Q}{60v} \tag{9-1}$$

式中 A——袋式除尘器的过滤面积（m^2）；

Q——除尘器的处理风量（m^3/h）；

v——除尘器的过滤风速（m/min）。

七、确定除尘器型号、规格

依据上述结果查找资料，确定所需的除尘器型号、规格，或者进行非标设计。

八、确定控制系统、控制方式和清灰制度

应根据袋式除尘器的大小和使用条件选定控制系统，PLC（可编程逻辑控制器）为常用的控制系统，也有采用DCS（集散式控制系统）。对于智能化生产的大型水泥厂和垃圾焚烧发电厂所用的袋式除尘器，已开始采用袋式除尘器的智能化控制运行管理系统。袋式除尘器智能化运行管理系统取消人工巡检和岗位操作工，设有清灰、卸灰制度自动调整和故障报警功能，袋式除尘器的全部运行参数都可在中控室的各种终端设备和管理人员的手机上显示，减少了人为干预。

清灰控制方式有定压差控制和定时控制两种，前者是当除尘器达到设定的设备阻力时开始程序清灰；后者则按照设定的清灰周期和间隔进行清灰。可根据除尘器运行工况和实际需求选取。

确定清灰制度，对于脉冲袋式除尘器主要确定喷吹周期、脉冲间隔、在线或离线；对于分室反吹风袋式除尘器，主要确定二状态或三状态及其周期，各状态的持续时间和次数。

袋式除尘器的清灰周期与除尘器的清灰方式、烟气和粉尘的特性、滤料类型、过滤风速、压力损失等因素有关。与设备阻力一样，清灰周期通常结合各种条件并参照类似的除尘工艺初步确定，再根据实际运行情况加以调整。

如采用定压差的清灰控制方式（即达到设定的设备阻力时开始程序清灰），则清灰周期不是人为地确定，而是在运行过程中随工况波动而自行调节。

九、确定清灰动力

对于脉冲袋式除尘器而言，还应按下式计算（或查询）清灰气源的耗气量。

$$Q = k\frac{qn}{T} \tag{9-2}$$

式中 Q——清灰气源的耗气量（m^3/min）；

k——附加系数；

q——单个脉冲阀的喷吹气量（m^3/位）；

n——除尘器拥有的脉冲阀总数（位）；

T——除尘器的清灰周期（min）。

设附加系数 k 主要考虑漏气，并考虑气体压缩机的运转应有一定的间歇时间等因素。通常取 $k=1.2 \sim 1.4$。

根据耗气量 Q，确定空气压缩机的规格、型号和数量。

第四节 数值仿真技术在袋式除尘器设计中的应用

一、数值模拟方法概述

袋式除尘器的内部气流分布和清灰性能直接影响除尘器的阻力和滤袋使用寿命。除尘器气流分布装置的设计可借助数值仿真技术模拟除尘器内部的气流组织状况，验证除尘器设计方案的可行性，并依据数值模拟试验结果给出合理气流分布装置设计方案。利用数值仿真技术进行大型除尘系统的气流组织控制与优化，可以得到气流如速度、压力、温度等多种信息，直观形象地展示出任意所需断面的气流速度分布、各支管之间的流量分配、除尘系统各段的阻力、滤袋单元的流量分配和滤袋表面的压力分布等情况。通过对单一或交互作用的影响因素进行系统分析，可以避免模型试验中模型加工和测试技术的问题，达到减少模拟试验次数，指导优化除尘器结构设计参数的目的。

气流分布模拟试验主要分析除尘器之间的烟气流量分配和进入各台除尘器本体的烟气速度分布问题，并通过调整气流分布板、导流板等的布置形式和几何参数，达到以下目的：

1）组织含尘气流向除尘器每个过滤单元均匀分配和输送，使得每个过滤单元滤袋的过滤负荷趋于一致。

2）控制箱体进口滤袋迎面气流速度，减小含尘气流对滤袋的冲刷，防止局部气流扰动造成滤袋的摆动和碰撞。

3）控制滤袋之间的气流上升速度，利于清灰后从滤袋表面剥落粉尘的沉降，减少粉尘二次附着。

4）使通过除尘器的气流顺畅、平缓，降低除尘器的结构阻力。

通过数值模拟试验方法设计除尘器气流分布装置的流程如图 9-1 所示。

清灰性能模拟试验主要分析脉冲喷吹系统中喷吹管内部及滤袋区域的气流分布特性，通过对比喷吹压力、喷吹时间、喷吹距离和滤袋长度等不同结构和喷吹参数对清灰效果的影响，以提高清灰均匀性、优化清灰装置设计。

在采用数值模拟方法进行除尘器的内部气流组织和清灰性能分析前，要结合物理模型试验进行数模的可行性和准确性验证。

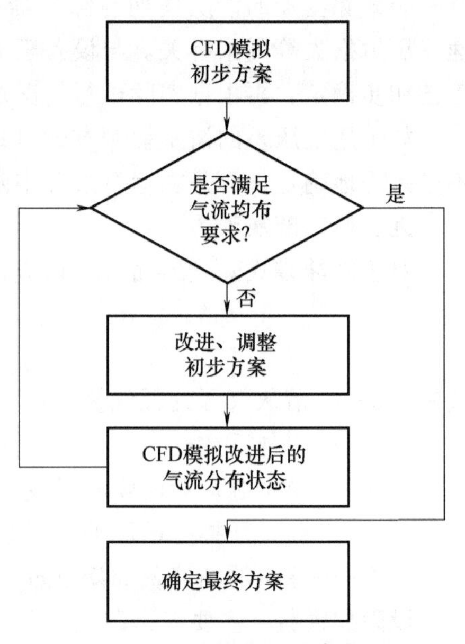

图 9-1 除尘器气流分布装置数值模拟试验设计流程

可以选用前处理软件 Gambit、ICEM 等进行数值模拟建模，划分网格以及确定边界条件。通过解算器进行迭代计算，Tecplot 等后处理器用来进行数值模拟结果的可视化处理。运用 Fluent 软件对除尘系统入口烟道的气流组织进行数值模拟试验研究，主要包括以下几个流程：数值计算模型、确定控制方程、建立几何模型、划分计算网格、定义边界条件、给定解控参数、求解离散方程、模拟结果的后处理。

数值模拟模型：模拟袋式除尘器内部流动状态时选择湍流模型。

确定控制方程：对气流进行假设简化计算，通过除尘器的气流可假设为等温绝热流动过程，符合 Navier—Stokes 方程。

过滤过程视为定常流动，假设流体的各运动参数与时间无关。袋式除尘器内的气体速度较低，其 $M_a<0.3$，所以在数值计算时除尘器内的气体流动看作是不可压缩流动。

清灰过程视为非定常流动。喷吹管模拟分析，一般研究单排脉冲喷吹管状况，忽略脉冲喷吹过程中相邻喷管的影响。分析滤袋表面清灰性能时，假定喷吹气流轴向速度沿喷嘴径向均匀分布，不考虑滤袋壁面变形。除尘器内清灰时的气体流动依据实际喷吹管内或喷嘴处的气流速度大小，选取不可压缩流动或可压缩流动模拟。

控制方程：袋式除尘器过滤过程和清灰过程均符合三大物理守恒定律，不考虑能量守恒方程。

质量守恒方程：

$$\frac{\partial \overline{U_i}}{\partial x_i}=0 \tag{9-3}$$

动量守恒方程：

$$\frac{\partial(\rho\overline{U_i})}{\partial t}+\overline{U_j}\frac{\partial(\rho\overline{U_i})}{\partial x_j}=-\frac{\partial\overline{p}}{\partial x_i}+\frac{\partial}{\partial x_j}\left(\mu\frac{\partial\overline{U_i}}{\partial x_j}-\rho\overline{u_i'u_j'}\right) \tag{9-4}$$

式中 $-\rho\overline{u_i'u_j'}$——Reynolds 应力。

湍流模型的选择：湍流计算中应用广泛的标准 k-ε 模型双方程属于 Reynolds 平均法中的涡黏模型，在计算量及计算有效性方面具备一定优势，适用于袋式除尘器实际流动过程，故一般选其作为计算模型，方程中的经验系数值采用默认方式。

湍动能 k 方程：

$$\frac{\partial(\rho k)}{\partial t}+\rho\overline{U_j}\frac{\partial k}{\partial x_j}=\frac{\partial}{\partial x_j}\left[\left(\mu+\frac{\mu_t}{\sigma_k}\right)\frac{\partial k}{\partial x_j}\right]+\mu_t\frac{\partial\overline{U_i}}{\partial x_j}\left(\frac{\partial\overline{U_i}}{\partial x_j}+\frac{\partial\overline{U_j}}{\partial x_i}\right)-\rho\varepsilon \tag{9-5}$$

耗散率 ε 方程：

$$\frac{\partial(\rho\varepsilon)}{\partial t}+\rho\overline{U_k}\frac{\partial\varepsilon}{\partial x_k}=\frac{\partial}{\partial x_k}\left[\left(\mu+\frac{\mu_t}{\sigma_\varepsilon}\right)\frac{\partial\varepsilon}{\partial x_k}\right]+\frac{C_1\varepsilon}{k}\mu_t\frac{\partial\overline{U_i}}{\partial x_j}\left(\frac{\partial\overline{U_i}}{\partial x_j}+\frac{\partial\overline{U_j}}{\partial x_i}\right)-C_2\rho\frac{\varepsilon^2}{k} \tag{9-6}$$

$$\mu_t=\rho C_\mu\frac{k^2}{\varepsilon} \tag{9-7}$$

式中　C_μ——常数。

1. 除尘器内部气流组织数值模拟

（1）几何模型及网格划分　袋式除尘器内部气流组织模拟时一般按 1∶1 比例进行建模，结构化网格计算速度快，质量优，非结构化内部点不毗邻，但适用于较为复杂的结构，考虑计算速度和模拟精度，除尘器整体模拟时一般采用两种网格相结合的方式。内部气流组织数值模拟范围一般为袋式除尘器进口管道、除尘器本体、灰斗以及袋式除尘器出口管道。

（2）边界条件　除尘器各边界条件及参数设置见表 9-1。

表 9-1　除尘器各边界条件及参数设置

位置	边界条件	位置	边界条件
烟气管道进口	速度进口	滤袋	多孔跳跃
烟气管道出口	压力出口	箱体、管道、导流板、阻流板、花板	固体壁面

滤袋简化为薄膜，采用多孔介质条件的一维简化模型，即多孔跳跃条件。滤袋介质为渗流壁，其内部沿半径方向的湍动方程由非稳态的 Darcy 公式确定：

$$v=\frac{K}{\mu}\frac{\partial p(t)}{\partial r} \tag{9-8}$$

式中　v——气体通过滤袋壁面的径向速度（m/s）；

K——滤袋的渗透率（m^2）；

μ——黏性系数（Pa·s）；空气 $=1.81\times10^{-5}$ Pa·s；

$p(t)$——不同时刻的滤袋壁面压力值（Pa）；

r——径向距离（m）。

（3）解控参数　后处理时一般选用单精度分离式求解器，对流项采用二阶迎风格式，基于压力求解，压力速度耦合选用 SIMPLE 算法，达到收敛要求即完成计算，收敛因子和限制项取值采用默认值。模拟计算不稳定时适当减少压力、动量等亚松弛因子。定义材料属性需要输入密度或者分子量、黏性、比热容、热传导系数等参数。

（4）模拟求解　模拟时选用速度进口边界条件进行初始化设置，定义收敛精度为 10^{-3}。根据需要的精度并考虑节省计算时间，收敛精度一般选择在 $10^{-5}\sim10^{-3}$ 之间。

2. 喷吹管内部气流组织数值模拟

（1）几何模型及网格划分　一般以单排脉冲喷吹管作为模拟对象，将其附带的喷嘴以及喷管内的空间作为计算区域。

（2）边界条件　除尘器各边界条件及参数设置见表 9-2。

表 9-2 除尘器各边界条件及参数设置

位置	边界条件
喷吹管进口	速度进口/压力进口/质量流量进口
喷吹管出口	压力出口
喷吹管壁及喷嘴壁面	固体壁面

（3）解控参数 求解方法与上述内部气流组织模拟方法相同。

（4）模拟求解 模拟时选用喷吹管进口边界条件进行初始化设置。根据需要的精度并考虑节省计算时间收敛精度一般选择在 10^{-5} ~ 10^{-3} 之间。

3. 清灰过程滤袋壁面压力分布数值模拟

（1）几何模型及网格划分 以单个喷嘴出口和其对应的单条滤袋作为分析区域（见图 9-2），将上箱体气流的引射区域和滤袋内外空间作为模拟范围，圆形滤袋计算时可采用三维模型或二维轴对称简化模拟。

（2）边界条件 边界条件如表 9-3 所示，中箱体可以采用恒压边界条件，依据压力的大小确定滤袋的外表面过滤风速。

（3）解控参数 求解方法与上述内部气流组织模拟方法相同。若使用二阶格式遇到收敛性问题，可用一阶离散开始计算，初步迭代之后转为二阶格式计算。

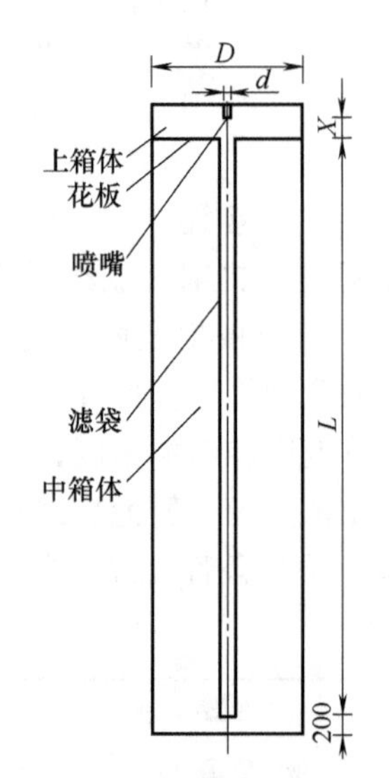

图 9-2 清灰模拟几何模型

X—喷吹距离 L—滤袋长度

d—喷嘴直径 D—计算区域宽度

表 9-3 边界条件

位置	边界条件
喷嘴出口	速度进口/压力进口/质量流量进口
滤袋	多孔跳跃
喷嘴外壁、花板、袋底	固体壁面
中箱体边界	压力进口
上箱体边界	压力出口

（4）模拟求解 收敛精度一般选择在 10^{-5} ~ 10^{-3} 之间。初始条件是分析对象所对应的各个求解变量在过程开始时刻的空间分布情况。对于瞬态问题，必须给定初始条件。由于喷吹气流的流场变化是瞬间的，喷吹开始前，滤袋内外存在压差，故在模拟时应给定相应的中箱体压力条件（恒压面），喷吹气流数值模拟流场的初始化从恒压面开始计算。时间步长一般根据网格长度及气流速度大小设置。

二、除尘器过滤单元的流量分配与阻力分析

1. 袋式除尘器过滤单元的流量分配

气流均布性低，部分滤袋单元粉尘负荷大，过滤风速高，易造成局部冲刷问题而降低滤袋寿命。利用 CFD 数值模拟方法可对除尘器内部气流状况进行模拟，分析各滤袋单元的流

量分配，为除尘器气流分布装置和过滤单元的合理布置提供依据。

关于袋式除尘器流场均匀性的评价指标，目前使用较多的对袋式除尘器气流均匀性评判的标准主要包括以下几个指标：流量偏差、流量分配系数、最大流量不均幅值、综合流量不均幅值等。

（1）体积流量偏差　体积流量偏差表征为每个过滤单元的实际气体流量与平均气体流量的差值同平均气体流量之比，用 K 表示，计算公式如下：

$$K=\frac{Q_i-\overline{Q}}{\overline{Q}}\times 100\% \tag{9-9}$$

式中　Q_i——每个过滤单元实际流量（m^3/h）；

$\overline{Q}$——过滤单元平均流量（m^3/h）。

气体流量分布不均匀时，K 值会在正负值之间波动。$K=0$ 即为气流流量分配绝对均匀。

（2）流量分配系数　流量分配系数表征为每个过滤单元的实际流量与平均流量的比值，用 K_i 表示，计算公式如下：

$$K_i=\frac{Q_i}{\overline{Q}} \tag{9-10}$$

（3）最大流量不均幅值　最大流量不均幅值表征为单个过滤单元最大流量分配系数与最小流量分配系数之间的差值，用 ΔK 表示，计算公式如下：

$$\Delta K=K_{max}-K_{min} \tag{9-11}$$

式中　K_{max}——单个过滤单元最大流量分配系数；

K_{min}——过滤单元最小流量分配系数。

（4）综合流量不均幅值　综合流量不均幅值表征为，所有过滤单元的流量分配系数与理想状态下的绝对均匀系数 1.0 之差的绝对值，用 $\Delta\overline{K}_\xi$ 表示。由于考虑了每个过滤单元的流量偏差，其评价较为全面。计算公式如下：

$$\Delta\overline{K}_\xi=\frac{\sum|(K_i-1.0)|}{N} \tag{9-12}$$

式中　N——过滤单元个数。

【实例 9-1】　分箱体袋式除尘器内部，楔形烟道的结构直接影响除尘器整体流量分配的均匀性。以大型分箱体袋式除尘器单排三箱体、五箱体、七箱体结构为模型，分析内部楔形烟道的气流组织，设计参数见表 9-4。采用 Fluent 前处理软件 Gambit 建立几何模型，结构如图 9-3 所示，进行相应网格划分和数值模拟。

表 9-4　烟气模拟主要参数

名称	参数	名称	参数
单排三箱体烟气体积流量/(m^3/h)	320000	烟气温度/℃	177
单排五箱体烟气体积流量/(m^3/h)	526000	热烟气密度/(kg/m^3)	0.779
单排七箱体烟气体积流量/(m^3/h)	1120000	烟气黏度/($N\cdot s/m^2$)	2.53×10^{-5}

对应烟道两侧各箱体编号由进口至出口依次为 A1、A2、A3、A4、A5、A6、A7；另一侧为 B1、B2、B3、B4、B5、B6、B7。大型分箱体袋式除尘器单排三箱体、五箱体、七箱

a) 单排三箱体三维模型图　b) 单排五箱体三维模型图　c) 单排七箱体三维模型图

图 9-3 大型分箱体袋式除尘器单排三箱体结构模型

体三种结构下的模拟结果分别如图 9-4、图 9-5 和表 9-5 所示。

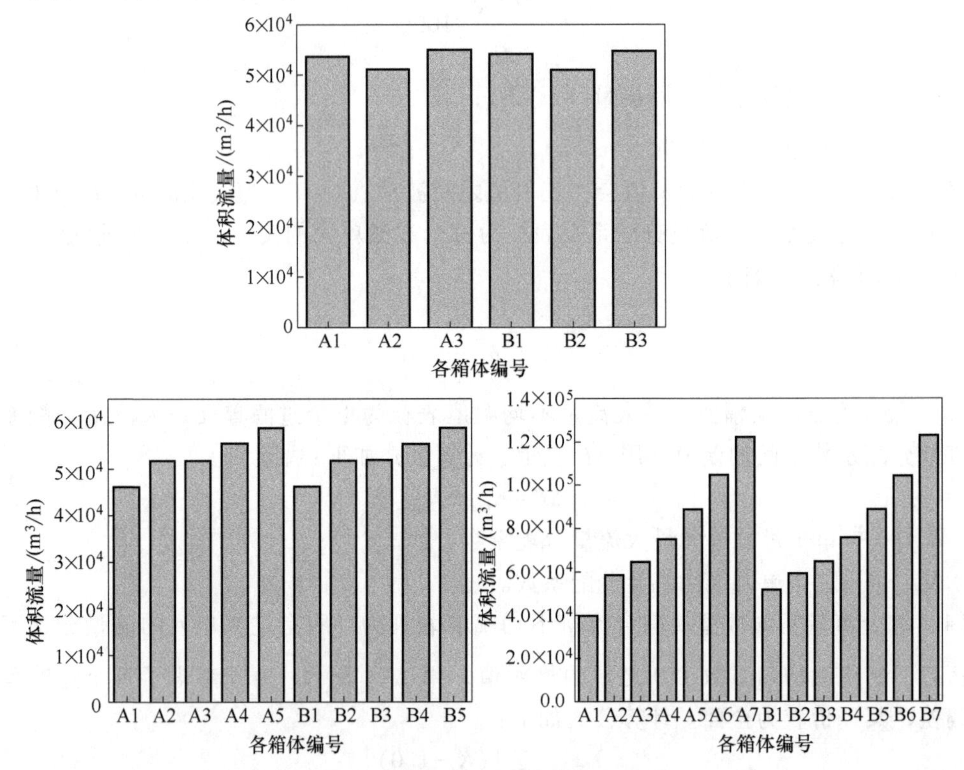

图 9-4 三种结构下各箱体体积流量分配

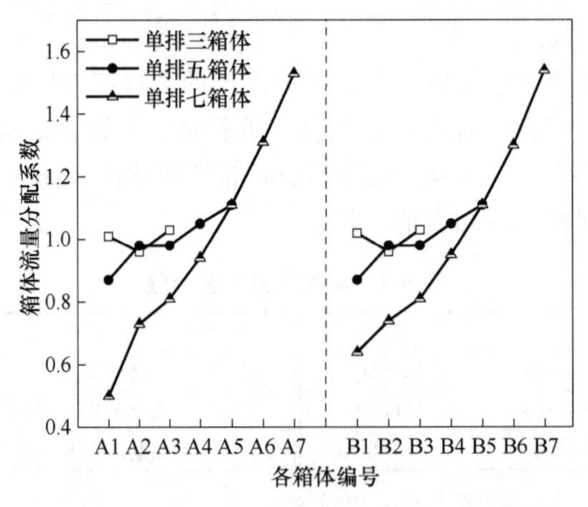

图 9-5 三种结构下各箱体体积流量分配系数

表 9-5　流量分配参数

参数	单排三箱体	单排五箱体	单排七箱体
最大流量不均幅值	0.07	0.24	2.03
综合流量不均幅值	0.0283	0.066	0.2764

1）楔形烟道在其狭长管道内，通过烟道底板及两侧壁面能够有效地调节烟气流量在楔形烟道横截面上分布的均匀性。

2）单排三箱体下，由于内部楔形烟道的长度较短及上部斜板坡度较大，在此结构下能够很好地对流量分配进行调节。但是随着楔形烟道的长度增加及上部斜板的坡度减小，在单排五箱体结构中，除尘器各箱体流量偏差超过 10%，单排七箱体结构流量偏差达 54%。即随着箱体数量的增多，其内部楔形管道的长度逐渐增大，上部斜板的坡度逐渐降低，其调节烟气流量分配的能力越来越小，流量偏差越来越大。因此，在大型分箱体袋式除尘器内部依靠楔形烟道对流量的调整仅仅限于单排五箱体以下，其对流量的调整能力随着箱体数量的增多而逐渐降低。当分箱体袋式除尘器结构超过单排五箱体时，需要对楔形烟道内部进一步优化来提高其流量分布的均匀性。

所用大型分箱体袋式除尘器采用阿尔斯通（ALSTON）侧进气方式，在各中箱体扩散室紧挨各进口处均设置挡板（见图 9-6）；灰斗处设置烟气挡板（见图 9-7）。烟气从进气口进入横向扩散室，由于阻流板的作用使烟气从横向扩散室向上运动进入袋室上部，再从上部进入袋室而向下运动，扩散室的下部有一个小口与灰斗相通，使在这里沉降的粗颗粒粉尘能够落入灰斗。以单排七箱体大型分箱体袋式除尘器为例，对其各箱体烟气流向及顺气流方向流量占比进行分析。

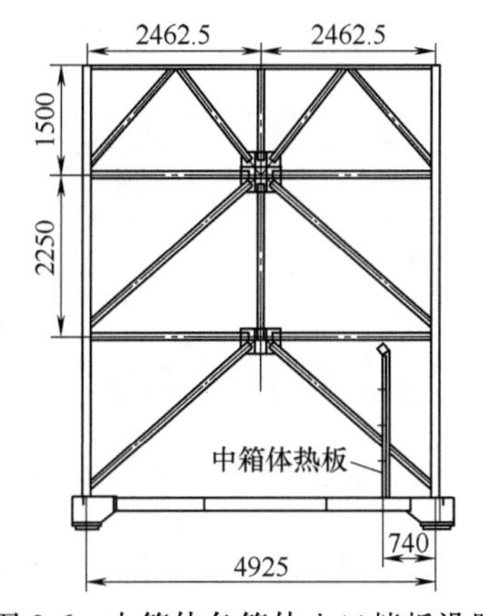

图 9-6　中箱体各箱体入口挡板设置

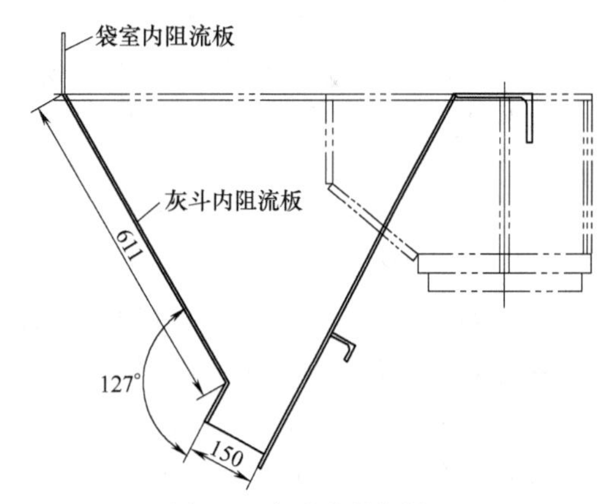

图 9-7　灰斗处挡板设置

烟气经过滤单元进口流入，被挡板阻挡之后烟气分别向上、下两方向分流，将近有 75%的烟气流量向上流动，直接到达袋区过滤，仅有约 25%的烟气流量向下流动，通过灰斗后从袋底向上运动到达袋区（见图 9-8、图 9-9）。

2. 除尘器阻力分析

【实例 9-2】　某燃煤电厂#4 机组锅炉配置的嵌入式电袋复合除尘器，实际模型采用下进气方式，包含两个进口，每个进口喇叭处设置两层气流分布板，气流分布板选用多孔板，内部两层气流分布板的开孔率皆为 34%。设计参数见表 9-6。

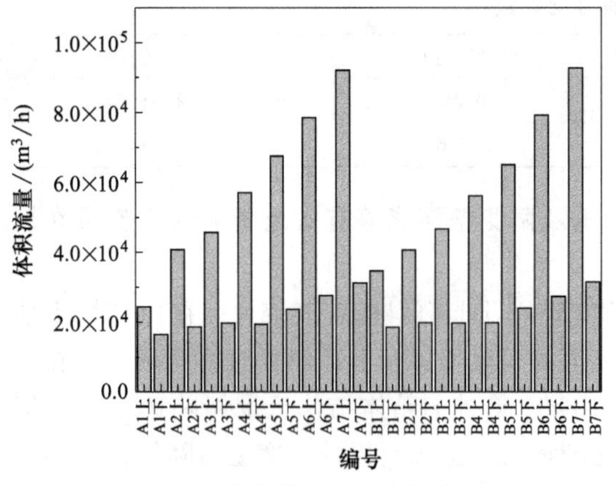

图 9-8　各箱体顺气流流量分配

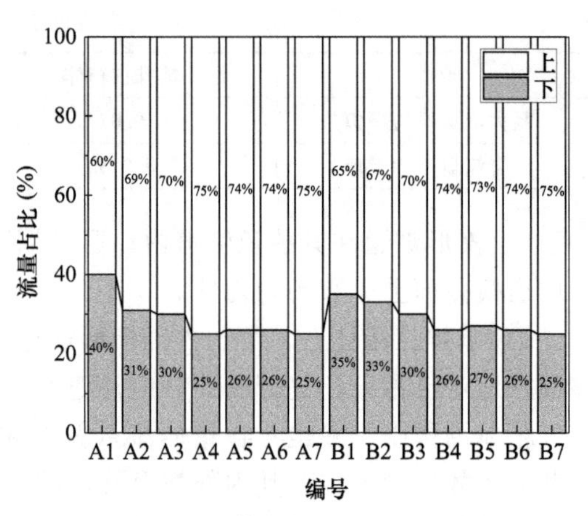

图 9-9　各箱体顺气流方向流量占比

表 9-6　嵌入式电袋复合除尘器设计参数

嵌入式电袋复合除尘器设计参数		电场单元设计参数		电袋混合单元设计参数	
处理烟气量/m^3/h	81600	有效面积/m^2	264	过滤面积/m^2	8086
烟气温度/℃	<140	通道数/个	44	滤袋数量/条	2640
电场平均风速/(m/s)	0.86	阳极板高度/m	15	滤袋规格/mm	ϕ130×7500
平均过滤速度/(m/min)	1.68	电场长度/m	3.9	过滤风速/(m/min)	1.68
滤袋单元过滤面积/m^2	8086	同极间距/mm	400	电袋混合区数/个	6
滤袋数/条	2640	电场风速/(m/s)	0.86	单室通道数/个	11
除尘器设备阻力/Pa	1200	入口导流板/层	2	同极间距/mm	380

按原除尘器结构尺寸建立1∶1的计算几何模型（见图9-10），仅对结构复杂的气流分布板、多孔极板、滤袋等做了适当简化。几何模型整体采用结构化和非结构化混合网格，生成体网格。边界条件同上述除尘器内部气流组织数值模拟设置一致。模拟除尘器的气流分布板时，选用多孔介质模型简化分析。多孔介质模型定义了一个具有多孔介质的单元区域，在动量方程中增加一个代表动量消耗的源项，该源项由两部分构成，一部分是黏性阻力项，另一个是惯性阻力项。对于简单的均匀多孔介质：

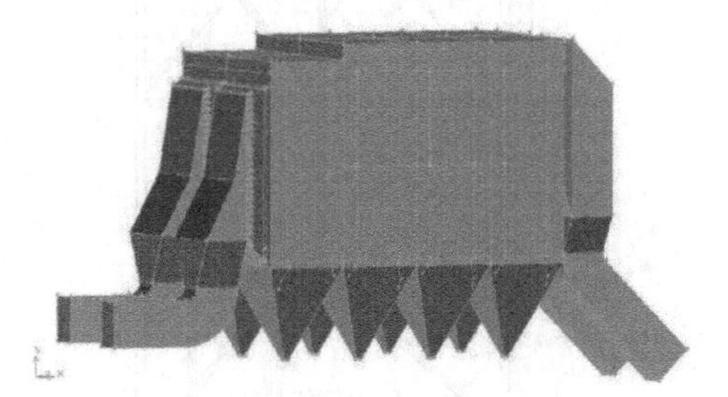

图 9-10　数值模拟三维几何模型渲染图

$$S_i=\frac{\mu}{\alpha}v_i+C_2\frac{1}{2}\rho\left|v\right|v_i\quad i=1,2,3 \tag{9-13}$$

式中　S_i——i 向（X，Y，Z）动量源项；

$1/\alpha$——黏性阻力系数；

C_2——惯性阻力系数。

气流沿三个方向扩散，分别调整三层气流分布板三个方向的黏性阻力系数和惯性阻力系数，使得气流通过进口喇叭后分布均匀。

100% BMCR 除尘器压力等效图如图 9-11 所示。

气流分布板是厚度为 2～3mm 厚的多孔金属薄板，模拟计算不考虑渗透项即黏性阻力项，只考虑惯性阻力项。多孔跳跃模型只分析了分布板沿气流方向的阻力，忽略了其垂直于气流方向的扩散作用，模拟结果不能满足考核要求。多孔介质模型不仅分析沿气流方向的阻力，还包含其他两个方向的惯性阻力，其中沿轴向的阻力可以通过试验获得，而其余两个方向的惯性阻力很难给出定量描述，需要进行大量的计算尝试和分析来确定这两个方向的惯性阻力系数。结合除尘器气流分布板前后气流阻力的实测结果，以及试算比较，确定惯性阻力系数 C_2 在 X、Y、Z 方向的值分别为 400、400、6000。

对于清洁气体、清洁滤料，不同工况负荷条件下，除尘器各段的阻力发生了明显的变化，随着负荷的增大，各段阻力迅速上升（见表 9-7）。拟合阻力与负荷的关系为：$Y=14.18+1.12X+0.038X^2$。

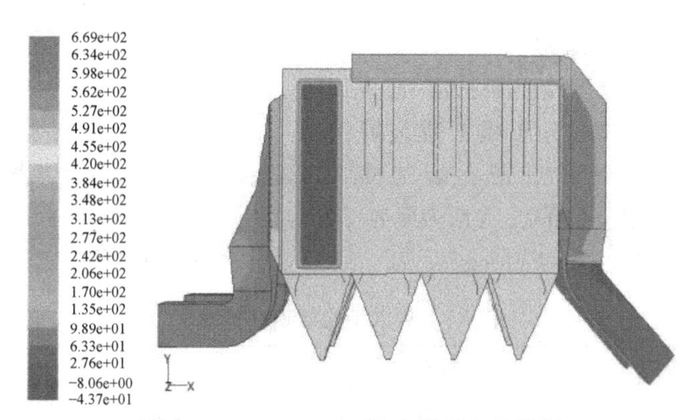

图 9-11　100%BMCR 除尘器压力等效图

表 9-7　不同负荷下各段阻力　　（单位：Pa）

项目/负荷	150%	100%	75%	50%
空预器出口→除尘器入口	185	84	47	21
除尘器入口→第一电场出口	230	104	60	27
滤袋外表面→花板上表面	706	315	181	80
花板上表面→静烟气出口	231	102	58	27
除尘器总压力损失	1017	482	285	138

三、除尘器本体气流组织优化

采用数值模拟方法进行气流分布试验调整，可以对直通式袋式除尘器、电改袋式除尘器、分箱体袋式除尘器、电袋复合除尘器的内部结构进行气流组织优化，使通过每台除尘器的气体体积流量均匀分配，保证各断面气流速度分布能够达到除尘器设计与运行要求。

为达到袋式除尘器气流分布的要求，主要从以下几个方面来评价：

1）一般情况下，各个滤袋单元或者各箱体间处理气体体积流量最大偏差应小于 5%。

2）滤袋迎风断面气流速度应小于 1.5m/s（粉尘磨琢性强或浓度高时建议滤袋迎风断面气流速度小于 1.0m/s）。

3）袋底上升气流速度应小于 2m/s。

电袋复合除尘器内部气流流场既要满足电除尘单元气流分布要求，也要满足混合单元对气流分布的要求。电除尘单元气流分布均匀根据 DL/T 514—2017《电除尘器》的评价标准，电场进口断面的气流均匀性以相对均方根值为标准。判定标准为：$\sigma \leqslant 0.10$ 为优秀，$\sigma \leqslant 0.15$ 为良好，$\sigma \leqslant 0.25$ 为合格。在数值模拟计算过程中，电场进口断面气流速度能够达到评定要求，就说明气流分布均匀。相对方均根表达式为

$$\sigma = \sqrt{\frac{1}{n}\sum_{i=1}^{n}\left(\frac{v_i - \bar{v}}{\bar{v}}\right)^2} \tag{9-14}$$

式中　σ——电场进口断面气流速度相对方均根值；

$\bar{v}$——测量断面各点的气流速度算术平均值（m/s）；

n——测量断面测点总数。

【实例 9-3】　对某供热燃煤锅炉原有袋式除尘器本体和部分进出口管道进行 1∶1 模型构建，其数值模拟几何模型三维渲染图如图 9-12 所示，仅对结构复杂的气流分布板、滤袋等做了适当简化。袋式除尘器设计最大烟气量为 220000m³/h，烟气温度＜150℃，过滤风速为 0.84m/min，除尘器设计参数见表 9-8。

图 9-12　数值模拟几何模型三维渲染图

表 9-8　袋式除尘器设计参数

名称	参数	名称	参数
处理烟气量/(m³/h)	220000	滤袋总数/条	1152
烟气温度/℃	<150	过滤面积/m²	4343
入口粉尘浓度/(g/Nm³)	35	过滤风速/(m/min)	0.84
最大粉尘排放浓度/(mg/Nm³)	30	漏风率(%)	2
设计效率(%)	99.8	设备阻力/Pa	<800
滤袋规格/mm	ϕ160×7500		

原技术方案模拟结果显示，除尘器滤袋单元迎风断面气流速度最大为 1.78m/s，大于 1.5m/s，不符合设计要求；袋底上升气流速度最大为 1.49m/s，滤袋单元处理风量偏差最大为 3.21%，均符合设计要求；清洁滤料和清洁气体时，除尘器设备阻力为 370Pa。但除尘器灰斗内扰流现象明显，易造成粉尘的二次附着现象。

在电改袋式除尘器中，烟气经过渐扩喇叭口进入中箱体滤袋区过滤。设置不同的数量喇叭口，喇叭口的扩张角也会不同，从而改变烟气在中箱体内的流动状态。原技术方案除尘器进口喇叭设置如图 9-13 所示。对除尘器提出改进方案，设置两个进口喇叭，如图 9-14 所示。两种方案进口喇叭断面面积相等，管道进口尺寸分别为 4.8m×1.5m 和 2m×2.4m×1.5m，除尘器进口喇叭尺寸分别为 3.52m×1.9m 和 2m×1.76m×1.9m。

表 9-9 为单进口方案和双进口方案滤袋迎风断面速度分布（见图 9-15）、袋底上升气流速度分布（见图 9-16）和滤袋侧面气流速度分布云图（见图 9-17）对比结果。双进口喇叭方案滤袋迎风断面最大气流速度有所减小，为 1.69m/s，不符合设计要求；清洁滤料清洁气

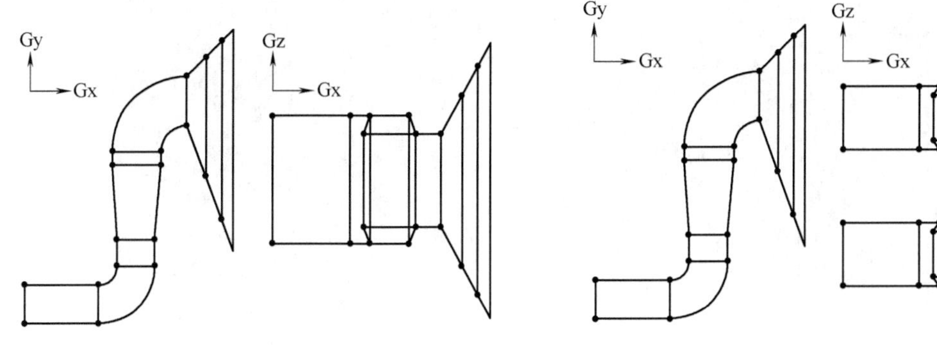

图 9-13　单进口方案进风口模型图　　图 9-14　双进口方案进风口模型图

体时，除尘器设备阻力降低到 350Pa；袋底上升气流最大速度增大到 1.90m/s，满足设计要求；滤袋单元流量分配最大偏差增大到 7.35%，不符合设计要求。需要进一步提出更优化的方案。

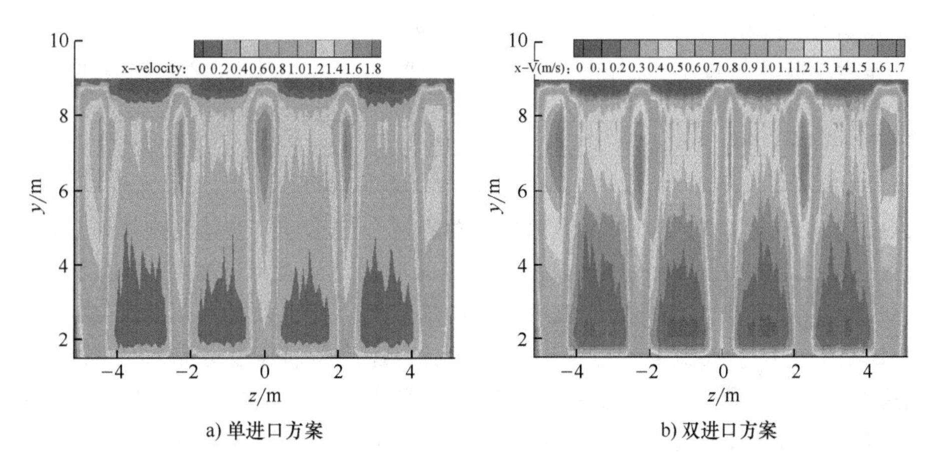

a) 单进口方案　　b) 双进口方案

图 9-15　滤袋单元迎风断面速度分布云图

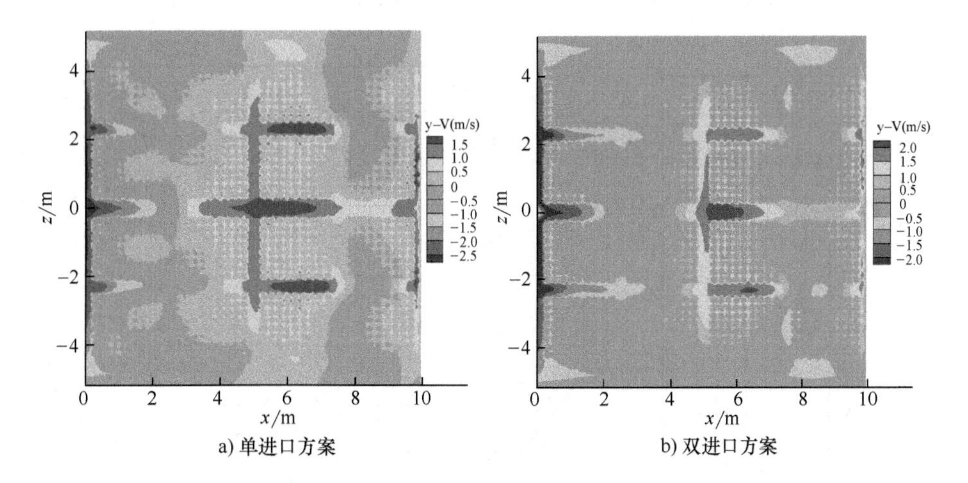

a) 单进口方案　　b) 双进口方案

图 9-16　袋底上升气流速度分布云图

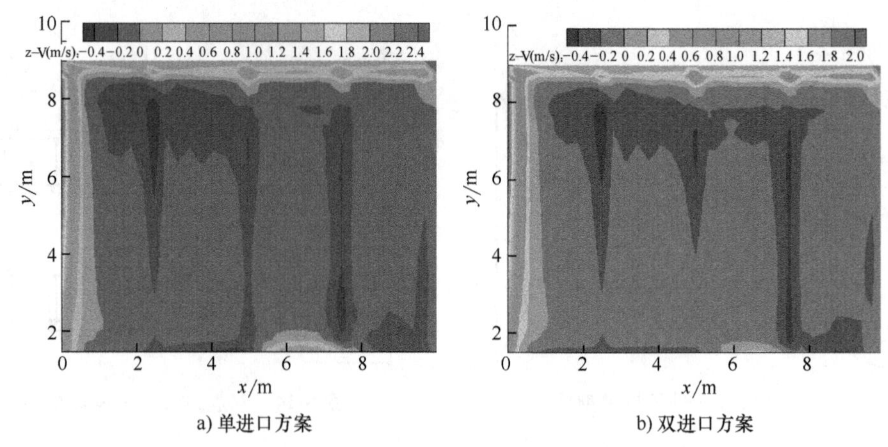

a) 单进口方案 b) 双进口方案

图 9-17 滤袋侧面气流速度分布云图

表 9-9 不同方案模拟结果对比

项目	单进口方案	双进口方案
滤袋迎风断面气流速度/(m/s)	1.78	1.69
袋底上升气流速度/(m/s)	1.49	1.90
滤袋侧面气流速度/(m/s)	2.33	1.95
滤袋单元流量最大偏差(%)	3.21	7.35
除尘器设备阻力/Pa	370	350

导流通道就是在进口喇叭到中箱体部分设置隔板，使其与除尘器壳体间形成通道，使气流直接进入下游滤袋单元，减小对前排滤袋单元的冲刷，从而延长滤袋的使用寿命。同时，也可以在一定程度上影响滤袋单元的流量分配的均匀性。在除尘器中心线两侧对称设置两个导流通道（见图 9-18），得到有无导流通道方案滤袋迎风断面速度分布（见图 9-19）、袋底上升气流速度分布（见图 9-20）、滤袋侧面气流速度分布云图（见图 9-21）对比结果。见表 9-10。有导流通道方案滤袋迎风断面最大气流速度大大降低至 1.38m/s，符合设计要求；袋底上升气流最大速度变化不大，为 1.96m/s，符合设计要求；滤袋单元流量分配最大偏差为 3.31%，符合设计要求；除尘器设备阻力为 325Pa。但灰斗内依旧存在严重扰流现象，需要进一步优化。

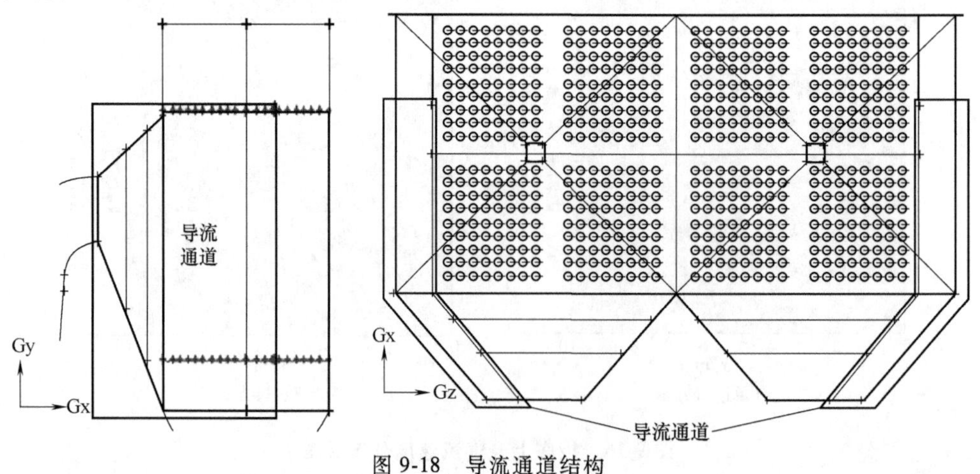

图 9-18 导流通道结构

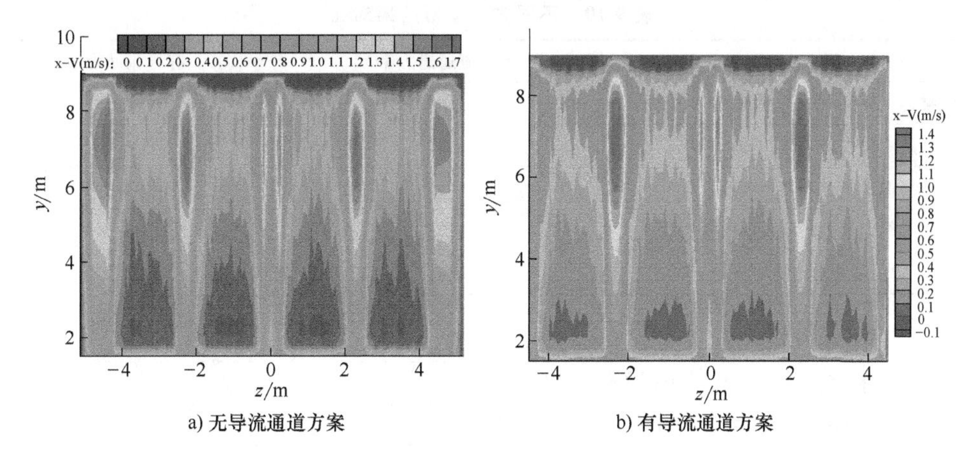

a) 无导流通道方案　　b) 有导流通道方案

图 9-19　滤袋单元迎风断面速度分布云图

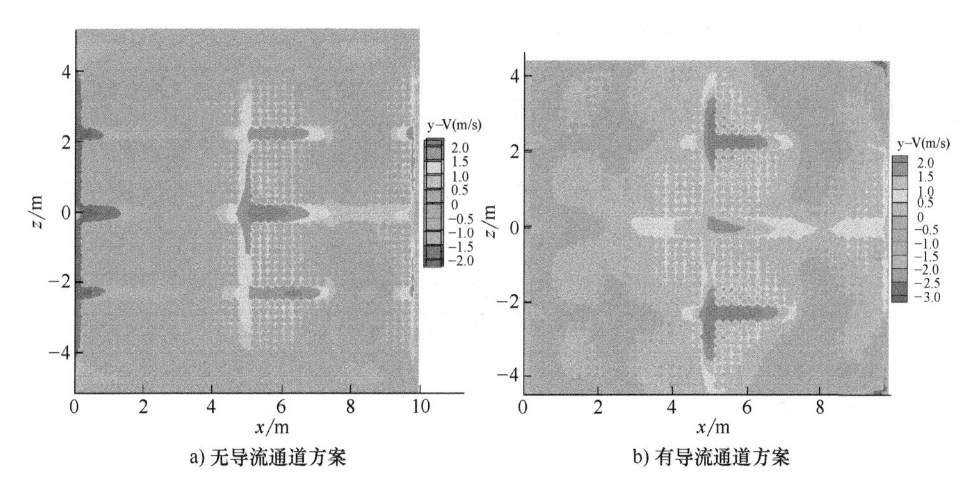

a) 无导流通道方案　　b) 有导流通道方案

图 9-20　袋底上升速度分布云图

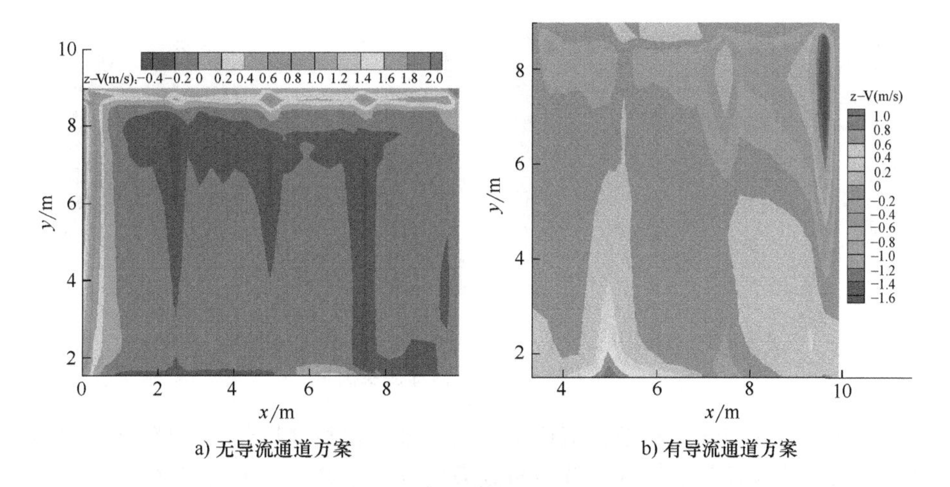

a) 无导流通道方案　　b) 有导流通道方案

图 9-21　滤袋侧面气流速度分布云图

表 9-10 不同方案模拟结果对比

项目	无导流通道方案	有导流通道方案
滤袋迎风断面气流速度/(m/s)	1.69	1.38
袋底上升气流速度/(m/s)	1.90	1.96
滤袋侧面气流速度/(m/s)	1.95	1.45
滤袋单元流量最大偏差(%)	7.35	3.31
除尘器设备阻力/Pa	350	325

在灰斗两侧设置挡风板，可以使滤袋下部返流现象得到控制，减少灰斗内扰流。根据数值模拟结果，共设置6块气流分布板，前排两个灰斗各设置1块挡风板，后排两个灰斗各设置2块挡风板，灰斗挡风板与灰斗上平面夹角为65°（见图9-22）。模拟结果见表9-11。有灰斗挡风板的方案中，在滤袋迎风断面最大气流速度、袋底上升气流速度分布情况等方面与无灰斗挡风板方案相比变化不大，均符合设计要求。而除尘器设备阻力和滤袋单元流量分配最大偏差都有所增大，分别为330Pa和4.62%，符合设计要求。但灰斗内扰流现象得到明显改善（见图9-23），说明此方案具有一定的可行性。

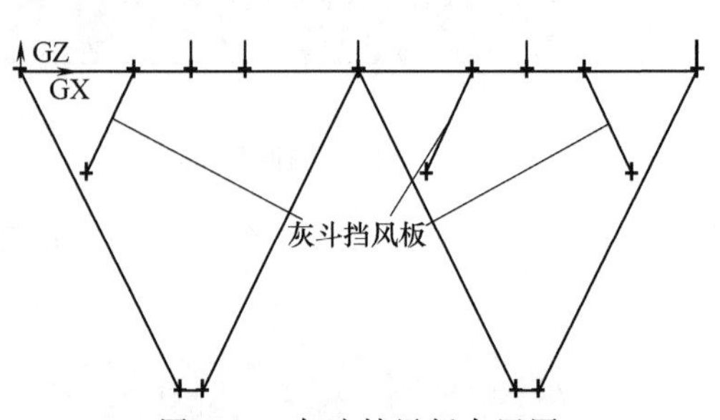

图 9-22 灰斗挡风板布置图

表 9-11 不同方案模拟结果对比

项目	无灰斗挡风板方案	灰斗挡风板方案
滤袋迎风断面气流速度/(m/s)	1.38	1.36
袋底上升气流速度/(m/s)	1.96	1.95
滤袋侧面气流速度/(m/s)	1.45	1.34
滤袋单元流量最大偏差(%)	3.31	4.62
除尘器设备阻力/Pa	325	330

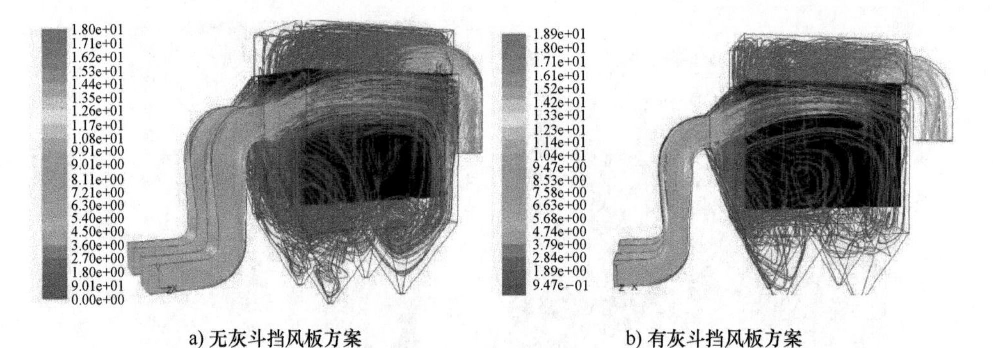

a) 无灰斗挡风板方案　　b) 有灰斗挡风板方案

图 9-23 除尘器内部流线图

根据袋式除尘器内部气流状态数值模拟试验结果，在某供热公司3台燃煤锅炉除尘系统工程中得到应用，其袋式除尘器气流分布装置采用改进方案，投运两年来，性能稳定，未出现滤袋破损情况，满负荷运行时阻力均小于600Pa。

四、脉冲喷吹参数的确定与清灰性能分析

1. 喷吹管气流分布均匀性

喷吹管作为脉冲清灰系统的重要组成部件之一，其各个喷嘴流量及流场分布特性直接影响着滤袋的清灰效果。喷吹管内喷嘴喷出的气流流量不均匀，同一排滤袋的清灰强度不同，造成清灰后各个滤袋的阻力不同。

（1）喷吹管气流分布均匀性　针对袋式除尘器喷吹气流不均匀性的问题，可以利用CFD数值模拟建立喷吹管气流分布模型，如固定行喷吹脉冲清灰装置、回转定位喷吹装置等。通过正交试验方法，选取喷吹管的不同结构和参数，以方均根值法为评价指标，通过方差分析法等找到影响喷吹气流不均匀性的主要因素及喷吹管管径 D、喷嘴孔径 d、喷嘴个数 N、喷嘴间距 L 及喷嘴长度 H（见图9-24）各因素对喷吹气流均匀性的影响程度。

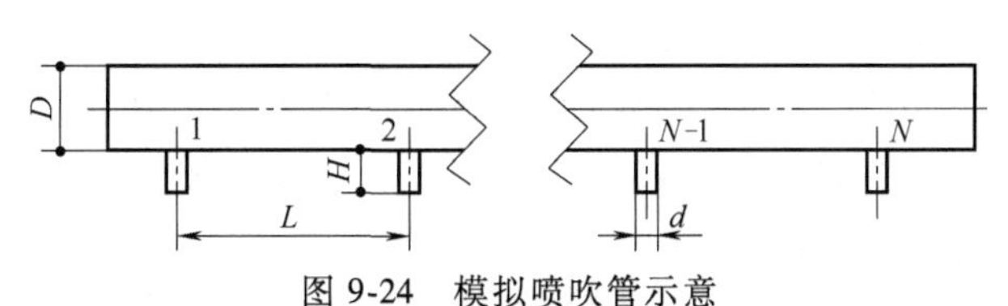

图9-24　模拟喷吹管示意

（2）气流均匀性优化　利用流量修正和重复迭代的方法对喷嘴孔径进行优化设计，其流程如图9-25所示，以获得较好的气流量分布，为喷吹管设计提供参考。

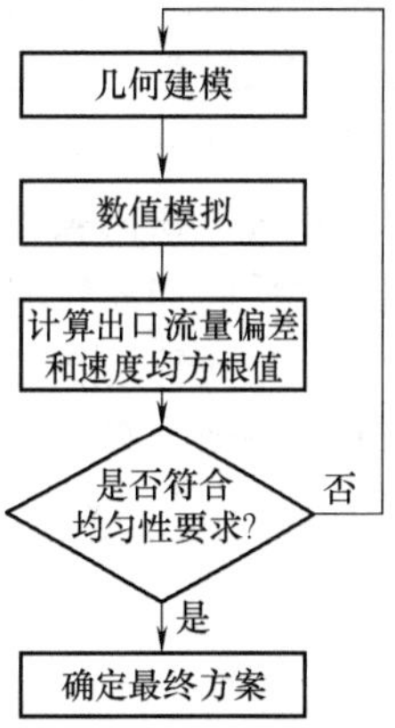

几何建模
数值模拟
计算出口流量偏差和速度均方根值
是否符合均匀性要求?
否
是
确定最终方案

图9-25　喷吹管气流均匀性优化流程

在设计中，应优先考虑喷嘴孔径对气流均匀性的影响。对喷嘴孔径修正的基本思想是根据数值模拟计算得到的流量分布，修正各个喷嘴的孔径，得到满足均匀喷吹的各个喷嘴孔径。可以采用的喷嘴孔径修正公式：

假设各喷嘴的流量相等，则

$$\overline{Q}=\frac{Q}{N} \tag{9-15}$$

$$K_i=\frac{Q_i}{\overline{Q}}\quad (i=1,2,\cdots,N) \tag{9-16}$$

式中　Q——N 个喷嘴出口流量和（kg/s）；

$\overline{Q}$——各喷嘴出口流量的平均值（kg/s）；

Q_i——单个喷嘴实际出口流量（kg/s）；

K_i——单个喷嘴出口流量与流量平均值的比值。

$$K_iA_i=A_0 \tag{9-17}$$

式中　A_0——原喷嘴出口面积（mm^2）；

A_i——修正后喷嘴出口面积（mm^2）。

$$A_0=\frac{\pi D_0^2}{4} \tag{9-18}$$

$$A_i=\frac{A_0}{K_i} \tag{9-19}$$

得修正公式：

$$D_i=\sqrt{\frac{4A_i}{\pi}}=\sqrt{\frac{1}{K_i}}D_0 \tag{9-20}$$

式中 D_0——原喷嘴出口直径（mm）；

D_i——修正后喷嘴出口直径（mm）。

另外，在改变喷嘴直径的基础上将圆柱形喷嘴改为圆锥形喷嘴，可以产生更集中的喷吹气流，解决部分喷嘴存在出流偏心角的问题。

2. 清灰过程滤袋壁面压力分布数值模拟试验

清灰性能关系除尘器的长期稳定运行，优良的清灰效果能保证较低的过滤阻力和延长滤袋的使用寿命。目前，喷吹清灰性能的评价指标主要以惯性力为主，包括：壁面峰值压力、压力上升速率、反向加速度等。

（1）滤袋壁面峰值压力 滤袋壁面峰值压力是指清灰过程中，滤袋内部所产生的最大静压值。较高的峰值压力能够产生较高的滤袋内外压差以及较大的滤袋变形。滤袋变形越大，袋壁上所附着的粉尘层越容易破裂、脱落。

（2）压力上升速率 压力上升速率指脉冲清灰过程中，滤袋壁面峰值压力与其从零值上升到峰值所经历时间的比值。高的压力上升速率可使滤袋变形更迅速，有利于克服粉尘与滤袋之间及粉尘与粉尘之间的粘力，促使粉尘层破裂、剥落。

（3）最大反向加速度 受喷吹清灰气流的压力作用，滤袋介面沿径向向外运动，到达极限位置后，在滤袋张力作用下使滤袋介面反向收缩所产生的最大加速度，称最大反向加速度。最大反向加速度取决于滤料的屈伸性、抗拉性及其他性质，表征了压力作用下滤袋变形的速率，是评价清灰效果的重要指标之一。用柔性薄膜模拟滤袋介面，建立薄膜在脉冲荷载作用下的振动方程，用 Laplace 变换求解，得出薄膜振动时加速度的解析求解方程：

$$\overline{\omega}(t)=\frac{p(t)}{\rho h}[\cos\omega t-\cos\omega(t-T)] \tag{9-21}$$

式中 ω——滤料壁的自振频率（s^{-1}），$\omega=\frac{1}{r}\sqrt{\frac{E}{\rho}}=650s^{-1}$；

r——滤袋半径（m）；

E——滤袋壁的弹性模量（N/m^2）；

ρ——滤袋壁的质量密度，（kg/m^3）；

h——滤袋壁的厚度（m）；

t——时间（ms），$0\leqslant t\leqslant T$，$T=100ms$；

$p(t)$——滤袋内壁压力（Pa）；

$\overline{\omega}(t)$——滤袋壁反向加速度（m/s^2）。

影响滤袋清灰均匀性的因素包括结构参数（滤袋直径、滤袋长度、喷吹距离和喷嘴直径、文丘里管的增设与否）和喷吹参数（喷吹压力、喷吹时间）。另外，可以采用等效面积法将扁圆形滤袋简化为圆形滤袋进行清灰性能分析。

【实例9-4】 以 ϕ130mm 的滤袋作为模拟对象，选用 L16(45) 正交表安排模拟方案（见表9-12），以壁面峰值压力为评价指标，应用极差法分析了喷吹压力、喷吹时间、喷嘴直径、喷吹距离和滤袋长度对清灰效果的影响。

表 9-12　正交因素水平表

影响因素	喷吹压力/kPa	喷嘴距离/mm	滤袋长度/m	喷吹时间/ms	喷嘴直径/mm
水平 1	200	150	6	70	22
水平 2	250	200	7	80	24
水平 3	300	250	8	100	26
水平 4	350	300	9	150	28

模拟计算壁面峰值压力，得到喷吹压力、喷吹距离、滤袋长度、喷吹时间、喷吹直径对应极差数据分别为 9808、5027、10948、282、8723。滤袋长度、喷吹压力和喷吹直径三个影响因素的水平变动时，指标波动最大；喷吹时间的水平变动时，指标波动最小。

根据极差的大小顺序排出因素的主次顺序（见图 9-26）。

主　　　　　　　　　　　　　　　　　　　　　次

滤袋长度；喷吹压力；喷吹直径；喷吹距离；喷吹时间

→

图 9-26　影响因次的主次顺序

滤袋壁面峰值压力随五因素的变化曲线（见图 9-27）中可以看出，喷吹压力、滤袋长度和喷嘴直径对滤袋壁面峰值压力的影响较大。喷吹时间对壁面峰值压力的影响较小。脉冲喷吹过程中有个最佳的喷吹距离，即 250mm。喷吹时间在 50~150ms 之间对清灰效果没有多大影响，这说明在保证清灰所需喷吹气量的前提下，继续增加喷吹时间，只是增加压缩空气的消耗量，对清灰效果没有提升作用。

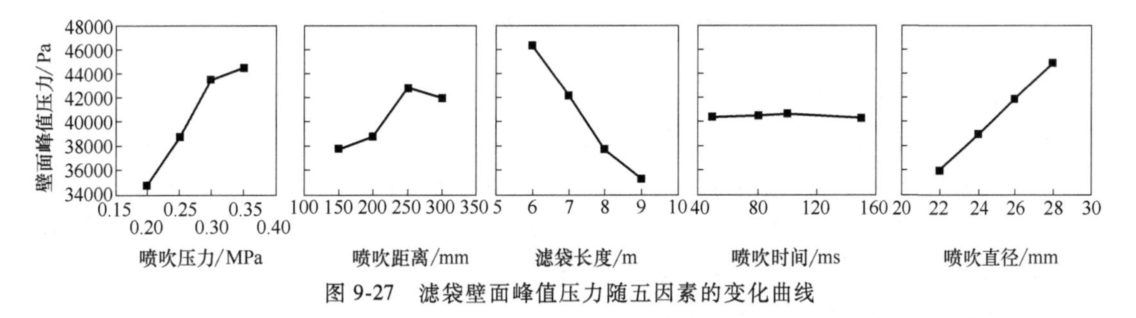

图 9-27　滤袋壁面峰值压力随五因素的变化曲线

第十章　袋式除尘器用于特种烟尘的对策

第一节　概　　述

袋式除尘器具有高效稳定以及对工况适应能力强的特点，因此，在工业除尘领域获得越来越广泛的应用。但是袋式除尘器的应用受制于滤料对烟尘特性，诸如温度、湿度、腐蚀性、磨啄性以及易燃易爆性等的适应能力。滤料制造水平的提高和特种功能滤料的开发正在不断扩展袋式除尘器的应用范围。此外，从工艺过程及工程设计对除尘器入口烟尘参数进行调制、对除尘器本体设计采取相应对策是进一步提高袋式除尘器的适用性的有效途径。譬如：高炉煤气具有高温、高压、可燃易爆的特点，一直沿用二文湿法净化工艺，但随着调温技术的日臻成熟，以及耐压、防爆除尘器设计水平的提高和高端滤料的开发，袋式干法除尘净化已成为首选方案；焦炉装煤烟气和沥青熔炉烟气所含焦油、沥青是袋式除尘之大忌，过去一直沿用湿法洗涤方式，随着喷粉吸附以及滤袋预涂层技术的开发，现在也改为采用袋式除尘技术。

第二节　高温高湿气体

一、高温气体的冷却

在袋式除尘领域，把温度高于130℃的含尘气体称为高温气体。除非工艺特殊需要，对高温气体通常应采取冷却降温措施。其目的：一是满足滤料耐温要求，延长滤料使用寿命；二是减少高温气体体积，缩小除尘设施规模；三是降低高温气体粘性，减少除尘系统阻力。高温气体冷却方式有直接空冷、间接空冷、直接水冷、间接水冷、热管等。对600℃以上的高温气体冷却，应优先考虑余热利用。

1. 直接空冷

直接空冷是对高温烟气直接掺混常温或低温空气，使混合后烟气温度降至设定温度的冷却方式。这种方式简单易行，但冷却效果较差，并增加烟气体积，因而一般较少采用。在除尘系统，直接空冷通常作为防止事故性高温的应急降温措施，在除尘器入口总管设一野风旁路阀门，一旦烟气温度超过设定值，就自动快速打开旁路阀门，直接混风冷却降温。

直接混风量可用热平衡方程式计算：

$$\frac{L_{g}}{22.4}(t_{g1}c_{pg1}-t_{g2}c_{pg2})=\frac{L_{a}}{22.4}(t_{a2}c_{pa2}-t_{a1}c_{pa1})$$

或

$$L_{a}=\frac{t_{g1}c_{pg1}-t_{g2}c_{pg2}}{t_{a2}c_{pa2}-t_{a1}c_{pa1}}L_{g} \tag{10-1}$$

式中　L_g——需冷却的高温气体量（Nm^3/h）；

L_a——混入空气量（Nm^3/h）；

t_{g1}，t_{g2}——高温气体初温和终温（℃）；

c_{pg1}，c_{pg2}——高温气体在 $0\sim t_{g1}$ 和 $0\sim t_{g2}$ 范围内的平均定压比热容［kJ/(kmol·K)］，查表10-1，由 $c_{pg}=\sum r_i c_{pi}$ 计算确定；

r_i——各组分的体积百分数（%）；

t_{a1}，t_{a2}——空气初温和终温（℃）；$t_{a1}=t_{g2}$；

c_{pa1}，c_{pa2}——掺混空气在 $0\sim t_{a1}$ 和 $0\sim t_{a2}$ 范围内的平均定压比热容［kJ/(kmol·K)］。

表 10-1　几种气体的平均定压摩尔比热容 c_p（压力：101.3kPa）

t/℃	N_2	O_2	空气	H_2	CO	CO_2	H_2O
0	29.136	29.262	29.082	28.629	29.104	35.998	33.490
25	29.140	29.316	29.094	28.738	29.148	36.492	33.545
100	29.161	29.546	29.161	28.998	29.194	38.192	33.750
200	29.245	29.952	29.312	29.119	29.546	40.151	34.122
300	29.404	30.459	29.534	29.169	29.546	41.880	34.566
400	29.622	30.898	29.802	29.236	29.810	43.375	35.073
500	29.885	31.355	30.103	29.299	30.128	44.715	35.617
600	30.174	31.782	30.421	29.370	30.450	45.908	36.191
700	30.258	32.171	30.731	29.458	30.777	46.980	36.781
800	30.733	32.523	31.041	29.567	31.100	47.934	37.380
900	31.066	32.845	31.388	29.697	31.405	48.902	37.974
1000	31.326	33.143	31.606	29.844	31.694	49.614	38.560
1100	31.614	33.411	31.887	29.998	31.966	50.325	39.138
1200	31.862	33.658	32.130	30.166	32.188	50.953	39.699
1300	32.092	33.888	32.624	30.258	32.456	51.581	40.248
1400	32.314	34.106	32.577	30.396	32.678	52.084	40.799
1500	32.527	34.298	32.783	30.547	32.887	52.586	41.282

工程设计中，将高、低温含尘气体直接混合，用一台袋式除尘器集中处理是常用的方法。混合气体量及混合温度可用下式计算：

$$L_m=\sum L_i \tag{10-2}$$

$$t_m=\frac{\sum(L_i t_i c_{pi})}{L_m c_{pm}} \tag{10-3}$$

式中　L_i——各混合气体量（Nm^3/h）；

t_i——各混合气体温度（℃）；

c_{pi}——各混合气体平均定压比热容［kJ/(kmol·K)］。

2. 间接空冷

间接空冷是以空气作为冷源，通过金属界壁传热而使高温气体降温的一种冷却方式。室外高温烟管本身就是一个自然空冷换热器，只是降温效果较差。将大口径管换成小口径管，将管簇结构改成板式结构，将自然空冷变为机力空冷是提高间接空冷降温效果的有效方法，据此开发了自然对流空冷器、机力空冷器、折板式空冷器、声波清灰型空冷器等多种产品。由于这种间接空冷方式不会改变和影响烟气的成份和品质，安全可靠，因而在冷却负荷不大的低温段（≤500℃）得到广泛应用。

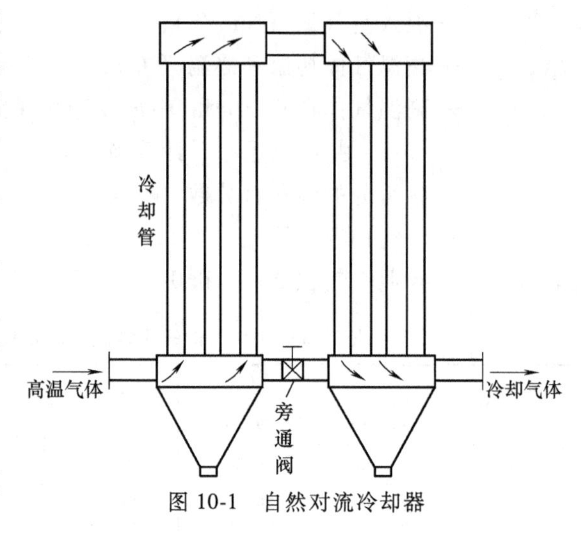

图 10-1　自然对流冷却器

（1）自然对流冷却器　自然对流冷却器是一种最简单的间接空冷设备，基本形式如图 10-1 所示。通常做成两组管簇倒 U 形布置，管内通高温气体，管径 ϕ200～800mm，设计流速 14～18m/s，管外靠自然风对流冷却，下端设集气箱兼作贮灰斗，中间设旁通管及调节阀。

间接空冷器的传热面积按下式计算：

$$F=\frac{Q_{\mathrm{g}}}{K\Delta t_{\mathrm{m}}} \tag{10-4}$$

式中　F——间接空冷器的传热面积（m^2）；

Q_g——冷却气体放热量（kJ/h）；

K——冷却器的传热系数［$W/(m^2 \cdot K)$］；

Δt_m——冷却器对数平均温差，$\Delta t_{\mathrm{m}}=\frac{\Delta t_1-\Delta t_2}{\ln(\Delta t_1/\Delta t_2)}$（℃）；

$\Delta t_1=t_{g1}-t_{a2}$，气体初温和空气终温之差（℃）；

$\Delta t_2=t_{g2}-t_{a1}$，气体终温和空气初温之差（℃）。

管簇式自然对流空冷器的换热性能与烟气温度、管径、管内外流速以及管内结灰程度等因素有关，受室外自然风的条件限制，传热系数偏低，工程实测值为 10.5～15$W/(m^2 \cdot K)$。冷却器体积大，耗钢量多，一般用于 300℃以下的低温段冷却。

（2）强制吹风管式冷却器　“强制吹风”是对“自然对流”的创新，旨在增强管簇外表面的气流冲刷效应，提高传热性能。强制吹风管式冷却器选用较小的冷却管（常用 ϕ108～159），可叉排布置，如图 10-2a 所示。采用多台轴流风扇并联吹送，使冷风横掠管簇，平均流速为 8～12m/s。通过调节轴流风扇运行台数来控制冷却器出口烟气温度。

与自然对流相比，强制吹风冷却器的传热系数可以提高 40%～60%，工程实测值为 16～25$W/(m^2 \cdot K)$，从而减少冷却器体积和耗钢量。但缩小管径易导致冷却管内积灰，因此必须采取有效的清灰措施。

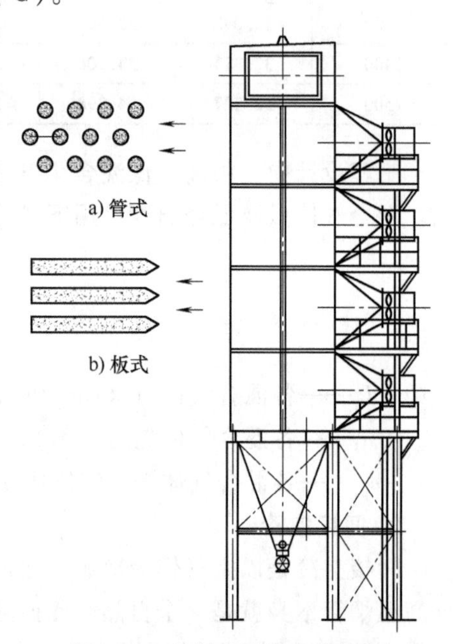

图 10-2　强制吹风管式冷却器

（3）强制吹风板式冷却器　“板式”是对“管式”的改进，旨在进一步改善换热边界条件，防止壁面积尘。板式冷却器换热段采用厚3mm钼钢板（16Mo）制造，可轧成折板形，纵向走烟气，板间距约100mm，横向走空气，板间距约40mm，用拉杆定位，如图10-2b所示。薄形钼钢版受烟气流冲刷引起微振，具有自清灰功能，并借助顶部进气室所设声波清灰器的定期清灰作用，可以控制冷却器在低阻力（≤900Pa）工况下运行。冷却空气的折板通道有利于提高换热性能，与管式冷却器相比，结构紧凑，冷却效果更加稳定可靠，维护工作量大为减少。

3. **直接水冷**

直接水冷是将水雾化喷入高温气体中，利用雾滴蒸发吸热的原理，使高温气体冷却，因此也称喷雾冷却。

喷雾冷却充分利用了水的气化潜热，具有最好的冷却效果和较低的设备投资及能源消耗，但会增加烟气的含湿量，易产生粘附、腐蚀等负面效应。按冷却终温的不同，喷雾冷却分为饱和冷却和蒸发冷却两种。

饱和冷却采用大水量喷雾（液气比高达1~4kg/Nm^3），高温气体在瞬间（约1s）冷却到相应的饱和温度，使干气体变成湿饱和气体，干粉尘被液滴捕集变成泥浆。适用于湿法除尘流程。

蒸发冷却采用适量水喷雾，借助特种喷嘴将冷却水充分雾化，使气体冷却、粉尘凝聚。气体温度越高、雾滴越细、蒸发越快，冷却效果越好。在袋式除尘系统中必须严格控制冷却器出口气体温度高于烟气露点并留有安全余量，使气体在流经管路及除尘器进一步冷却后，仍处于未饱和过热状态，不产生结露。

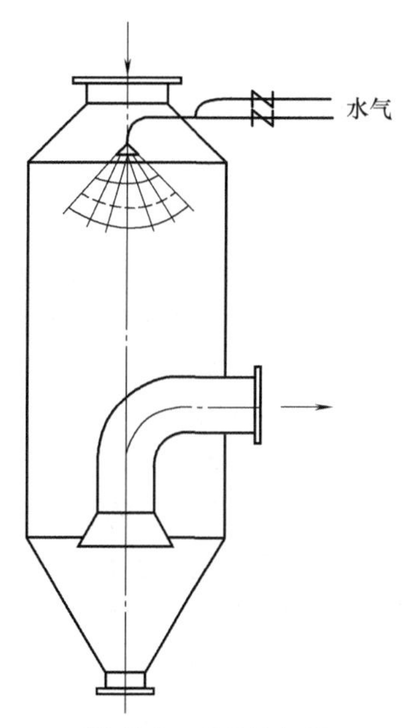

图10-3　蒸发冷却塔

图10-3为蒸发冷却塔的基本结构型式。通常高温气体从塔顶进入，下部流出，喷雾宜与气流同向，即顺喷，塔内烟气流速一般取1.5~2.0m/s。

在雾滴全部蒸发的条件下，冷却塔的有效容积按下式计算：

$$V=\frac{Q_g}{S\Delta t_m} \tag{10-5}$$

式中　V——冷却塔的有效容积（m^3）；

Q_g——冷却气体放热量（kJ/h）；

S——冷却塔的热容量系数，按雾化性状取622~838kJ/(m^3·h·℃)；

Δt_m——冷却器对数平均温差，$\Delta t_m=(\Delta t_1-\Delta t_2)/\ln(\Delta t_1/\Delta t_2)$（℃）；

Δt_1——气体初温和水温之差，$\Delta t_1=t_{g1}-t_w$（℃）；

Δt_2——气体终温和水温之差，$\Delta t_2=t_{g2}-t_w$（℃）。

冷却塔的高度应满足塔内水滴完全蒸发的要求，水滴完全蒸发所需的时间可由图10-4查得。

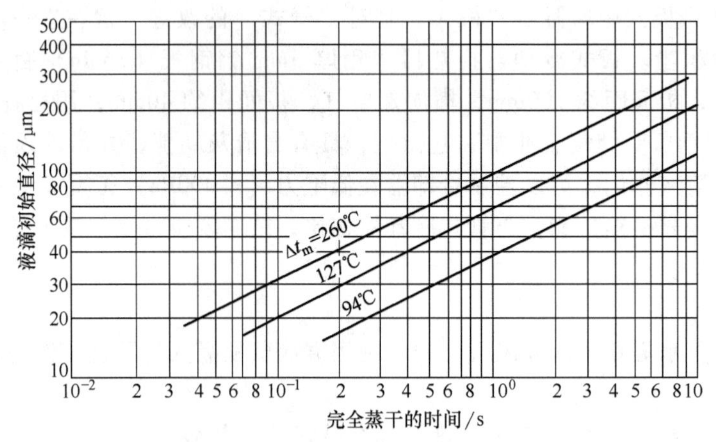

图 10-4 水滴完全蒸发所需的时间

冷却塔的喷雾水量按下式计算：

$$G_w = \frac{Q_g}{r + c_w(100 - t_w) + c_v(t_{g2} - 100)} \tag{10-6}$$

式中 G_w——冷却塔的喷雾水量（kg/h）；

r——水在100℃时的汽化潜热，其值为2257kJ/kg；

c_w——水的质量比热容，其值为4.18kJ/(kg·K)；

c_v——水蒸汽在t_{g2}℃时的质量比热容［kJ/(kg·K)］；

t_w——喷雾水温（℃）。

喷雾冷却塔设计的关键是喷嘴的结构型式及其雾化性能，基本要求是雾滴细小均匀，喷孔不易堵塞，喷雾量容易调节。喷嘴结构形式经历了从单相高压水喷嘴、带回流管压力喷嘴到双相雾化喷嘴的发展过程。其中双相雾化喷嘴更为合理、可靠，因而在近期工程实践中得到更为广泛的应用。

Flomax气体雾化喷嘴是性能优良的双相喷嘴，采用独特的靶钉、导气环和喷孔的三级二次雾化结构，具有以下特点：

1）用压力0.2~0.5MPa的气体（氮气、空气或蒸汽）和常压水通过二相流体喷嘴实现微细雾化，雾滴直径50~300μm，最细≤40μm，约在1s内即可完全汽化蒸发；

2）喷雾覆盖范围大，有效直径可达1~3.8m，长度4~12m，雾滴分布均匀，与烟气的传热和传质充分；

3）采用大口径喷孔（ϕ6~10mm），在停运时辅以值班喷气措施，因而不易结垢堵塞，同时也降低了对喷雾水质的要求，采用一般工业水即可；

4）具有最大的喷雾调节比（10%~100%），在入口气体温度大幅度波动的工况条件下，也可快速响应，从而严格控制出口烟气温度，确保袋式除尘器干态运行；

5）喷雾水量最小，烟气增量最少，流体阻力最低，因而节能效益最高。

图10-5为双相喷嘴基本型式及其雾化性能。

当降温幅度不大时，可直接在除尘器入口前直管内布置少量雾化喷嘴。

直接喷雾除了具有良好的冷却降温效果外，还可以促使粉尘凝聚沉降，具有初除尘作用。喷雾冷却的急冷性能还可以防止或抑制二噁英等有害气体的再生。喷雾冷却的增湿性能

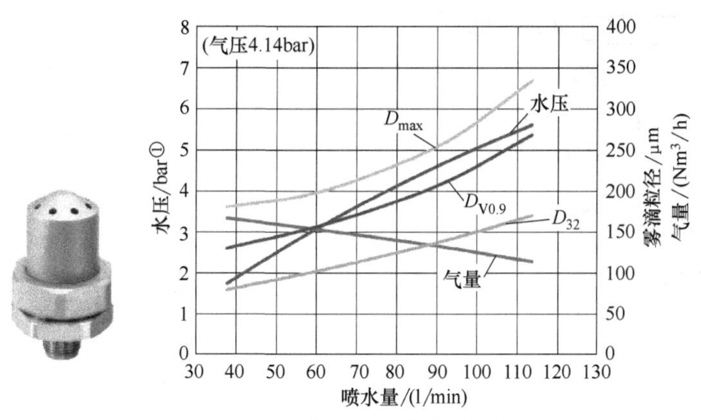

图 10-5　双相喷嘴基本型式及其雾化性能

①1bar = 10^5 Pa。

可以调节粉尘的比电阻，提高静电除尘效率。

4. 间接水冷

间接水冷是以水作为冷源，通过金属界壁传热而使气体降温的一种冷却方式。水冷装置既是换热设备及材料的保护体，又是热介质的冷却器。与空冷装置相比，水冷装置的换热性能良好，布置紧凑，耗钢量少，结构型式多种多样，应用领域十分广泛。对于高温气体，最常用的间接水冷装置有水膜冷却管、水冷套管、水冷密排管、壳管式冷却器、余热锅炉等型式。

水冷装置的冷却面积可用式（10-4）计算。式中，Δt_m 为烟气与水的对数平均温差。K 为水冷装置传热系数，与气体温度、流速、装置的几何尺寸等因素有关，参考同类工程实测数据，可取 30~60W/(m^2·K)。

（1）水膜冷却管　水膜冷却管是一种最简易的冷却装置，将水直接喷淋在烟管外壁形成水膜，靠管壁传热和部分水蒸发吸热使气体冷却，如图 10-6 所示。水膜冷却管传热性能较好，但均匀性较差，烟管容易腐蚀。

（2）水冷套管　水冷套管由两个同心的圆管组合而成，如图 10-7 所示。内管走烟气，气体流速 20~30m/s，夹套走水，套厚 50~80mm，内设导流环，水流速度 0.5~1.0m/s。水冷套管分节设置，每节 3~5m，冷却水温升为 15~20℃，最高回水温度 50℃，应严防局部高温甚至汽化。水冷套管存在水路分布不均、水流不畅、局部容易过热、焊缝渗水以及夹套结垢难以清理等问题。

（3）水冷密排管　水冷密排管是专为弥补夹套管的缺陷而开发的一种水冷装置，如图 10-8 所示。水冷密排管常用 ϕ50~89mm 的无缝钢管做成密排管屏作为高温烟管界壁，大量减少了水套焊缝，改善水流分布及传热性能。气体流速 25~40m/s，管内冷却水流速为 1.2~1.8m/s，是高温气体降温设计中广泛应用的一种水冷装置。

（4）壳管式冷却器　壳管式冷却器不同于上述三种管路分散布置的水冷装置，是一种适于集中布置的水冷装置，如图 10-9 所示。在一个大筒体内按正方形或等边三角形布置平行管束，管内走烟气，管间走水。烟管直径 ϕ60~90mm，管中心距 1.3~1.5 倍管径，管内烟气流速 12~18m/s，冷却水温升 10~15℃。壳管式冷却器结构紧凑，占地和空间小，应用十分广泛，但焊缝开裂渗水、烟管堵塞的问题也同样存在，不宜用于高含尘浓度气体的冷却。

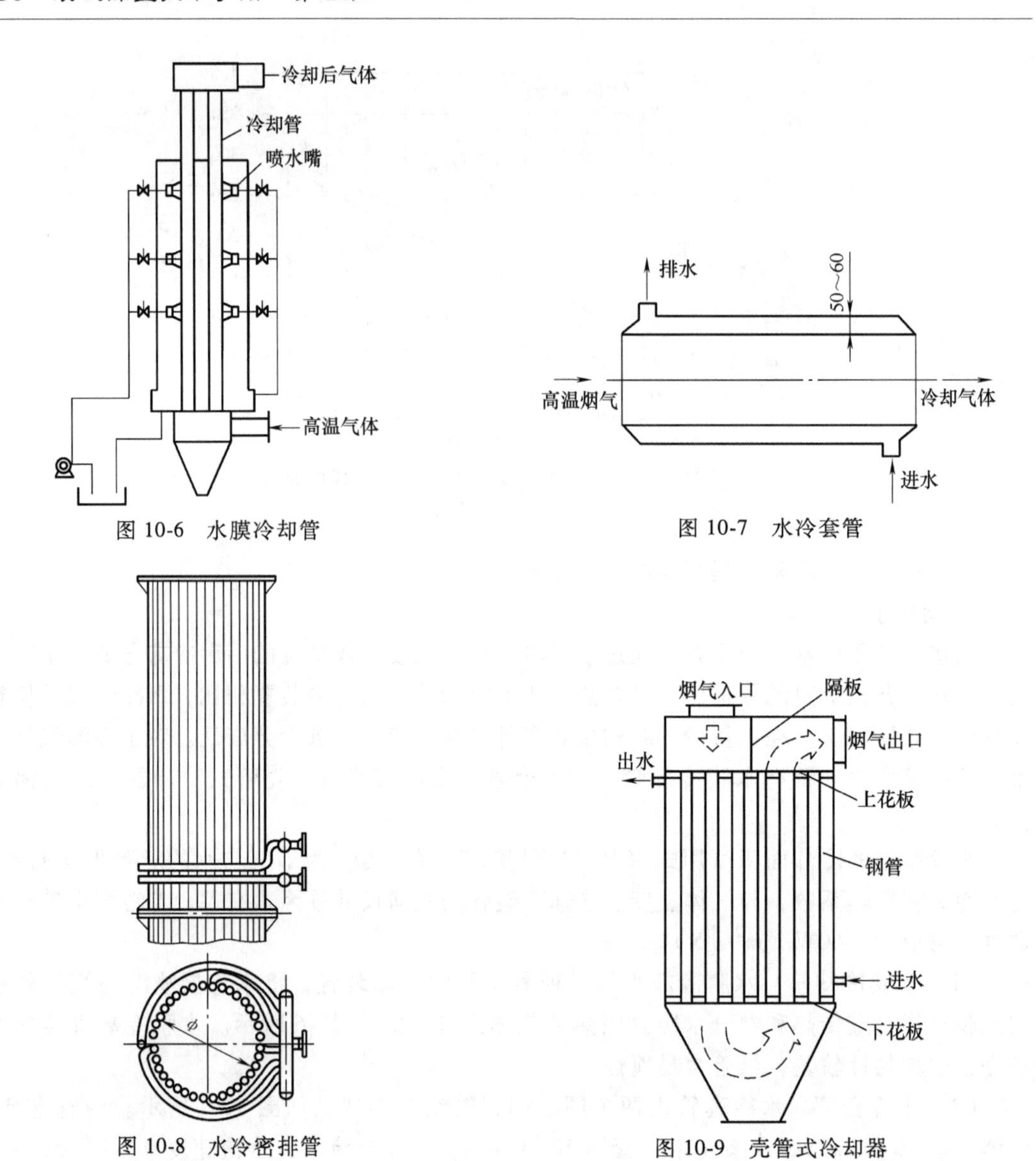

图 10-6　水膜冷却管

图 10-7　水冷套管

图 10-8　水冷密排管

图 10-9　壳管式冷却器

5. **热管换热**

热管是一种新颖的高效换热元件，如图 10-10 所示。它将一束封闭圆管抽成真空，内灌入传热工质，利用蒸发段（热端）的吸热蒸发效应，冷却高温气体，同时利用冷凝段（冷端）的放热冷凝效应，加热软水汽化蒸发。热管换热具有以下特点：

1）利用相变换热原理，导热系数是金属银的数百倍，有热超导体之称，加上热管表面的翅片化，因此传热效率高，启动速度快；

2）热管换热由二次间壁换热构成，通过调节两段换热面积，有效控制壁面温度，防止低温结露，不易腐蚀、泄漏，运行安全可靠；

3）借助软水蒸发冷却，大大节省了循环冷却水，降低了运行能耗，高温气体余热直接变成蒸汽被回收利用；

4）热管换热器结构紧凑、占地小、重量轻、寿命长。

热管换热装置已在我国烧结烟气余热回收、炼钢电炉内排烟除尘等工程中得到成功应用。

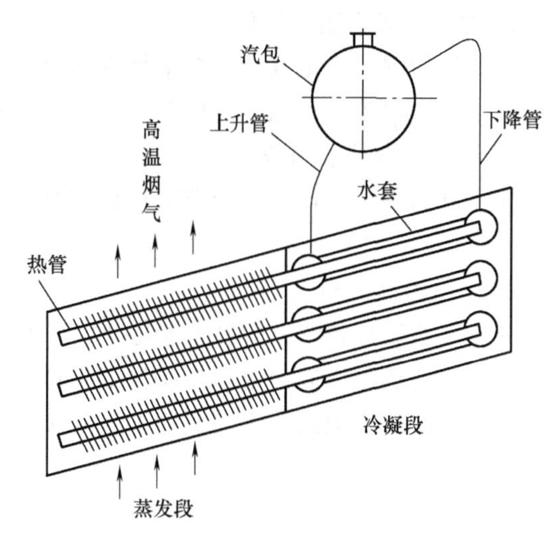

图 10-10　热管换热器基本结构和原理

二、高湿气体的调质

在通风除尘领域，当含尘气体中蒸汽体积百分率（w）大于 10%，或者相对湿度（φ）大于 80%时，称为湿含尘气体。湿含尘气体引起滤袋表面捕集粉尘湿润粘结，尤其对含有 SO_x、HCl 等酸性气体的高露点工业烟气，当除尘器入口烟气温度等于或低于露点温度时，会造成滤袋表面结露，粉尘潮解糊袋，严重时灰斗出口淌水。为了避免出现这种状况，必须对高湿气体进行调质处理。

在除尘器入口管道增设热风旁路，利用燃气热风炉作为热源或直接掺混其他高温废气，使混合气体升温降湿，确保除尘器工作温度高于气体露点温度 15~20℃。

高炉煤气袋式除尘系统在高炉点火开炉以及休风复炉等不正常工况条件下，含湿量可达 10%~20%，炉气温度低于 100℃，为此采用燃气烧嘴加热措施或直接混入热风炉废气对荒煤气进行升温调质，防止除尘器低温结露。

垃圾焚烧炉烟气净化系统设有急冷反应塔，使进入袋式除尘器的气体温度控制在催化反应温度（≤230℃）以下，并抑制二噁英类有机物的再合成。但是，垃圾焚烧炉烟气属高湿气体，温度太低，又会引起结露糊袋。为此，通常在急冷反应塔增设电加热装置，自动控制袋式除尘器入口的烟气温度不低于 140℃。

宝钢钢锭模车间砂处理喷水工部除尘系统，气体中含湿量为 14.8%，在除尘器入口管道设置热风发生装置，利用燃气烧嘴加热高湿气体，升温至 80℃，高于露点温度。

三、除尘器设计选型对策

1. 筒体及气流均布设计

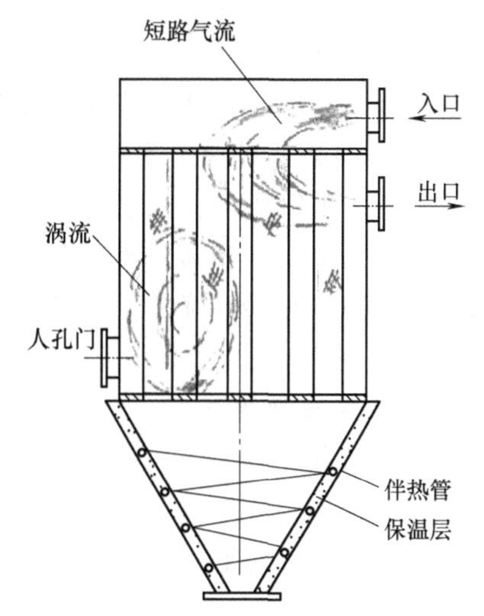

图 10-11　袋式除尘器流型及灰斗设计

用于高温高湿气体的除尘器，筒体应光滑流畅，圆形筒体优于方形筒体，筒壁选用耐温板材。为防止局部区域低温结露，筒体内部应避免出现滞流区，须合理确定进排风口位置并采取导流均流措施。图 10-11 所示是一个设计失败的例子，图中，进、排风口均设在箱体同侧上部位置，气流出现短路，在箱体异侧及下部空间形成涡流区，并因壁面散热而降温结露。此外，人孔门、活动接口等部位，也会因冷空气渗漏而引起局部降温结露，因此，必须采取可靠的密封措施。

2. 选用耐温耐湿性滤料

滤料的耐湿性与烟气中所含酸性气体成分及含湿量有关，必须注意缩聚型化纤滤料在高湿工况下发生水解、耐温性能锐降的情况，详见滤料选用章节。

3. 壁面保温伴热措施

对于高温高湿气体，除尘器筒体尤其是灰斗壁面必须采取保温措施，必要时在保温层内设伴热管。

4. 增设旁路通道

对于某些工业炉窑，仅在开炉等不正常炉况条件下，短时间出现低温高湿烟气，除尘器可增设旁路通道，采取简易除尘手段处理后排放。待炉况正常后，切换至袋式除尘流程稳定运行，但一定要有效防止旁路阀门的泄漏和卡塞。

第三节 特种粉尘

一、磨啄性粉尘的处理

氧化铝、硅石、焦炭等高硬度粉尘极易磨损除尘器箱体和滤袋。磨损的程度取决于粉尘中粗颗粒的比率及含尘气流速度。在除尘器设计选型时，宜采取相应措施。

1. 设预除尘器

在袋式除尘器前设置预除尘器，预先除掉粉尘中较粗颗粒。预除尘器应着眼于简易低阻，不追求除尘效率，通常采用沉降室、重力除尘器、惯性除尘器等型式。

电炉炉内排烟系统，烟气从炉盖引出，先进入沉降室除掉熔融状氧化渣粒，避免水冷烟道管壁沾渣或冲刷磨损。焦炉炉顶装煤和炉侧推焦除尘系统，烟气先进入惯性除尘器，除掉灼热粗焦颗粒，避免除尘器入口管壁磨损和烧坏滤袋。高炉煤气干法除尘系统，炉顶荒煤气先进入重力除尘器除去粗粒尘，使含尘浓度降至$10g/m^3$以下，再进入袋式除尘器，保护入口管路及切换阀。这些措施在工程实践中被大量采用，并取得良好效果。

2. 选用外滤式除尘器

对于内滤式除尘器，过滤时，含尘气流从袋口进入，清灰时，剥离粉尘从袋底降落，导致对滤料的磨擦，滤袋局部破损。而外滤式除尘器，过滤时，清洁气流从袋口流出，清灰时，剥离粉尘从袋间降落，不存在对滤袋的局部磨损。所以对磨琢性粉尘，应优先选用外滤式除尘器。

3. 采用较低滤速

在袋式除尘器的组成部件中，滤袋是核心部件，又是最薄弱的环节。袋式除尘器运行效果及可用周期主要取决于滤袋，而滤袋的寿命除了本身的质量因素外，主要与粉尘性质及滤速相关。因此，对磨琢性粉尘，在除尘器设计选型时应采用较低的过滤速度，一般不宜超过1.0m/min。

4. 改进除尘器入口设计

除尘器入口是除尘器本体中最易磨损的部位，因此对磨琢性粉尘，宜采取特殊措施，通常将入口做成下倾状，使粗粒尘顺势沉降，并可在底板敷贴耐磨衬，如图10-12a、b所示，也可在水平入口设多孔板或阶梯栅状均流缓冲装置，如图10-12c所示。

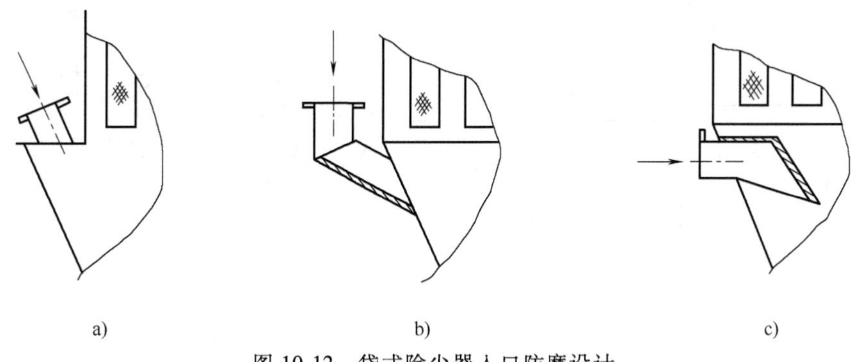

图 10-12　袋式除尘器入口防磨设计

5. 选用耐磨滤料

细、短、卷曲型纤维优于粗、长、光滑性纤维，化纤优于玻纤，毡料优于织物，表面研光、涂覆等后处理也可改善耐磨性，详见滤料选用章节。

6. 其他耐磨措施

通常对灰斗部位，增加钢板厚度，或改用耐磨钢板制作，也可在灰斗内敷贴橡胶衬等防护板。对卸灰阀的阀板或叶片，贴衬橡胶防磨材料。

二、吸湿性、潮解性粉尘的处理

在电石炉、石灰窑、以及垃圾焚烧炉的工艺烟气中含有 CaO，$CaCl_2$ 等吸湿性、潮解性粉尘，进入除尘器后，易在滤料表面吸湿板结或者潮解，变成粘糊状，导致糊袋。此时，除尘器清灰困难，阻力增大，除尘系统难以正常运行。对这种粉尘，应采取以下措施。

1. 选用耐湿性滤料

宜选用低吸水率、非水解性纤维滤料，表面宜光滑，不起毛，并采取浸涂或覆膜处理，详见滤料选用章节。

2. 控制烟气温度

控制除尘器入口烟气温度不低于烟气露点温度，并留有适当的安全余量，对除尘管道、除尘器及输灰设备进行保温，在灰斗等部位还需敷设伴热管，防止烟气冷凝结露。

3. 滤袋预涂尘

为防止粉尘吸湿、潮解后粘糊在滤袋表面，可对滤袋采用预涂层措施。即在系统投运时，先在除尘器入口管路喷入干燥滑爽粉尘，随气流均布覆盖滤袋表面，再过滤含尘气体。清灰时干、湿粉尘一起脱离滤袋，清灰后需再次预涂尘，把预涂尘作业纳入除尘器清灰控制程序。根据具体工艺条件，通常可以选用石灰粉、生料粉、煤炭粉、硅藻土等作为预涂粉料，粒径 5~20μm，预涂层粉料量为 200~300g/m²，预涂层阻力控制在 150~300Pa 之间。

可用两种装置实现预涂尘：一种是经常性的，设地面预涂粉料仓和正压输送装置及输粉管路，如图 10-13 所示；另一种是临时性的，仅在开炉和少数时间偶尔使用，采用移动式吸引压送罐车供给或完全由人工加入。

垃圾焚烧炉烟气属于高湿气体（含湿量高达 30%左右），并含有 $CaCl_2$ 等吸湿性生成物，对袋式除尘器的正常运行构成严重威胁，可以使用一种具有优良保水性的多孔矿粉作为助剂，与脱酸剂一起喷入，覆盖在滤料表面，缓解吸湿性飞灰在滤料表面的粘着性和致密程度，确保净化效率和清灰性能。

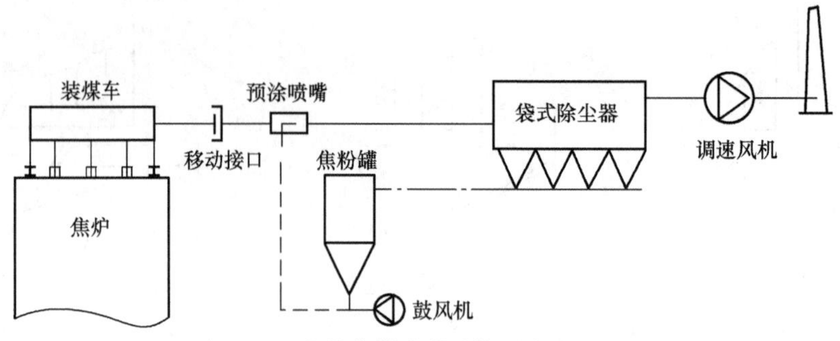

图 10-13 焦炉装煤除尘系统预涂尘工艺流程

4. 其他相关措施

1）对高湿烟尘应采用自然风冷或机力空冷装置间接冷却，切忌水雾与粉尘直接接触。

2）对间断发生的吸湿性尘源，应在除尘器入口增设热风回路。

3）对气力输灰装置，必须采用无水高温气源作为输灰动力。

5. 合理的运行操作方式

除尘系统的操作方式必须与产尘设备的工艺特点和运行工况相适应，尤其对非连续作业的间断尘源。要求除尘系统与产尘设备同步运行、连锁控制：当尘源设备停运时，除尘系统滞后工作，在空载状态自动清灰，彻底清除滤袋表面潮湿粉尘，然后停机；在尘源设备运行前，先启动除尘系统热风回路，使滤袋升温至露点以上，再启动尘源设备，进入正常除尘作业。

第四节 特种含尘气体

一、高含尘浓度气体的处理

用于粉碎机、分级机等制粉工艺以及气力输送尾气净化用的袋式除尘器，所处理的气体含尘浓度可高达数百甚至数万 g/Nm^3，除尘负荷特别大，对此，需采取特殊对策措施。

1. 除尘器设计选型

1）特殊的入口形式：图 10-14 所示形式是经常采用的，其中：图 10-14a 为圆形筒体切向入口，利用旋风分离原理起初除尘的作用；图 10-14b 在入口加防护挡板，防止粗粒尘冲刷滤袋，利用惯性分离原理起初除尘作用，并合理分布气流；图 10-14c 是一种兼具气流分布和沉降分离作用的入口形式，适宜用于双排布置大型袋式除尘器。

2）采用外滤圆袋。袋间距适当加大，使清灰粉尘顺利沉降，直落灰斗。

3）灰斗容积及输灰能力应适当加大，满足正常输灰及外排灰要求。

4）选用较低的过滤速度，通常不超过 1.0m/min，以便控制除尘器运行阻力不超过规定值。

5）采用高效清灰方式，选用高质量清灰部件，以便实现短周期甚至连续清灰。

2. 预除尘的利弊

对于高含尘浓度气体，习惯于在袋式除尘器前设置重力除尘器、旋风除尘器等预除尘器。预除尘器固然可以降低袋式除尘器入口含尘浓度，减轻袋式除尘负荷，但是多级除尘增加了系统的复杂性，提高了运行能耗。此外，近期研究表明，预除尘除去粗粒尘后，剩余的

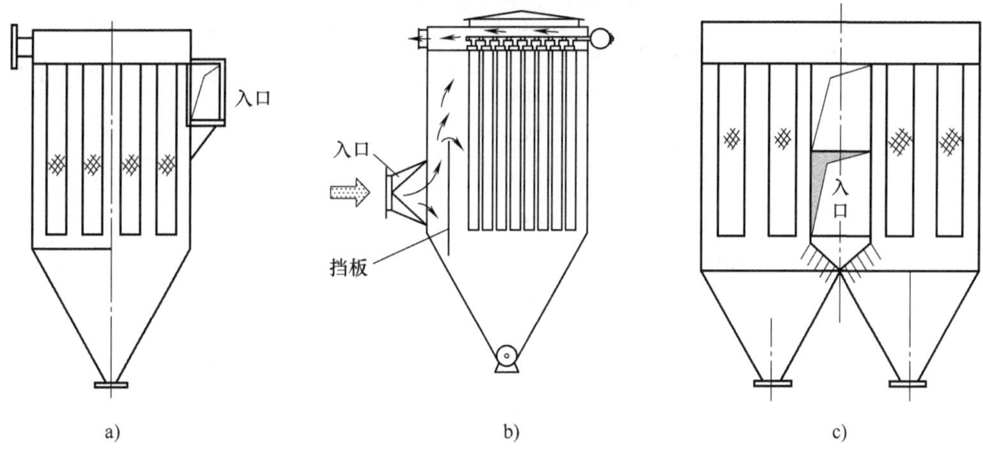

图 10-14　袋式除尘器的特殊入口形式

均匀细粒尘会在滤袋表面形成高吸附致密粉尘层，降低透气性，影响清灰效果，增加过滤阻力，其综合效应反而弊大于利，因而并不可取。例如，高炉喷煤制粉工程仓泵输送系统，煤粉浓度高达几千至数万 g/Nm^3，原来大都采用二~三级旋风加一级袋式除尘的复式流程，现在改用一级袋式除尘，大大简化除尘工艺流程，确保排放浓度低于 20mg/Nm^3。

在工程实践中，出于某种特殊需要，对某些工艺过程，仍需采取预除尘措施：

1）对工业炉的强力内排烟系统（如电炉四孔排烟），为避免熔融渣粒粘附管壁或防止灼热尘粒烧损滤袋，宜增设火花捕集器或沉降室进行预除尘；

2）在高炉煤气干法除尘收下尘中，氧化铁含量高达 50%以上，大部分为粗粒尘，极具回收价值，同时含有少量 K、Na、Mg、Zn 等轻金属元素，分布于细粒尘中。若粗细粉尘一起收集并送烧结回用，Zn 等元素将在高炉内富集，对高炉冶炼工艺十分不利。为此，宜增设重力除尘或旋风除尘进行预除尘，将粗粒尘氧化铁分离出来，直接送烧结机回用，将轻质细粒尘由袋式除尘器捕集，再提炼分离轻金属元素后回用。

3. 预荷电处理

对于高含尘浓度气体进行预荷电处理，具有一定的优越性；

1）起预除尘作用，有利于减轻袋滤除尘负荷，延长滤袋使用寿命；

2）对尘粒的静电凝聚作用有利于提高袋式除尘器对微细尘（包括 PM10 以下呼吸尘）的捕集效率；

3）使滤料表面截留粉尘有序排列，尘饼结构疏松，有利于提高清灰效果、降低过滤阻力。

可利用入口管路设预荷电器或在袋式除尘器前专门增设预荷电小室。对电改袋项目，可以保留一电场，仅利用二、三电场壳体及输灰装置改造成为电—袋复合除尘器。

二、可燃性、爆炸性尘气的处理

某些金属冶炼和化工生产工艺产生的烟气中含有一氧化碳、氢等可燃气体或炭、镁、铝等易爆粉尘，在除尘系统及除尘设备设计时，必须采取可靠的防燃、防爆措施。

1. 控制可燃气体和易爆粉尘的浓度

表 10-2 为某些可燃气体的爆炸界限和危险度。表 10-3 为常见的易爆粉尘的爆炸浓度界限和危险性质。

表 10-2 若干可燃气体特性

名称	爆炸浓度界限(%)		燃点/℃	爆炸危险度指数
	下限	上限		
氢	4.0	75.6	560	17.9
一氧化碳	12.5	74.0	605	4.9
二氧化碳	1.0	60.0	102	59.0
硫化氢	4.3	45.5	272	9.6
乙炔	2.7	28.5	425	9.6
甲苯	1.2	7.0	535	4.8
氨	15.0	28.0	630	0.9
城市煤气	4.0	30.0	560	6.5
焦炉煤气	5.5	31.0		
高炉煤气	35.0	74.0		
天然气	4.5	17.0		

表 10-3 若干可燃性易爆粉尘特性

粉尘名称	平均粒径/μm	爆炸浓度下限/(g/m^3)	点燃温度/℃		危险性质
			粉尘层	粉尘云	
铝	10~15	37~50	320	590	易爆
镁	5~10	44~59	340	470	易爆
钛	—	—	290	375	可燃
锆	5~10	92~123	305	360	可燃
聚乙烯	30~50	26~35	熔	410	可燃
聚氨酯	50~100	46~63	熔	425	可燃
硬质橡胶	20~30	36~49	沸	360	可燃
软木粉	30~40	44~59	325	460	可燃
有烟煤粉	3~5	—	230	485	可燃
木炭粉	1~2	39~52	340	595	可燃
煤焦炭粉	4~5	37~50	430	750	可燃

在除尘系统及其气力输灰设计时，在条件许可范围内，应注意控制除尘器入口以及输灰管路和容器内的粉尘浓度，使其规避爆炸浓度上、下限之间的范围。一般地，除尘器应控制在下限之下，气力输灰及粉碎分级应控制在上限之上。图 10-15 为利用掺混稀释法，调制粉尘成分及浓度的一例。通过设计合理的集尘罩，吸入定量的气体进行稀释，或掺混粘土类不燃性粉料，以改变粉尘成分，防止发生爆炸。

2. 控制含氧量

对于含有 CO 等可燃气体的混合气体，可以助燃引爆的最低含氧量为 5.6%，折合空气量为 26%，此为爆炸必需条件，只要控制含氧量低于 5%，即使是可燃气体或易爆粉尘的浓度达到爆炸界限，也不至于发生爆炸。

在工程实践中，将煤粉、焦粉、炸药、锯末、农药等可燃易爆粉尘置于惰性气体中进行粉碎、干燥和输送，已有大量成功实例。图 10-16 为利用热风炉惰性气体对易爆粉料进行干燥处理的典型工艺流程，控制氧浓度低于 5%。

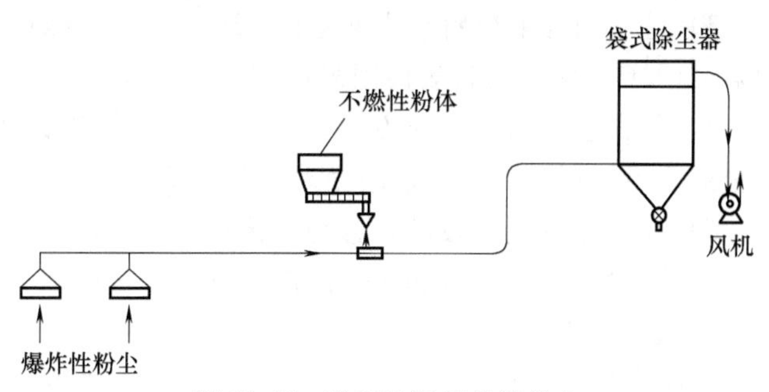

图 10-15　稀释法调制易爆粉尘

干熄焦是近期开发并广泛采用的一项节能阻燃先进技术，利用氮气作为循环介质，冷却灼热焦炭，回收红焦显热。吨焦可回收压力为 4.6MPa 的蒸汽 450kg，吨钢节煤 26kg。

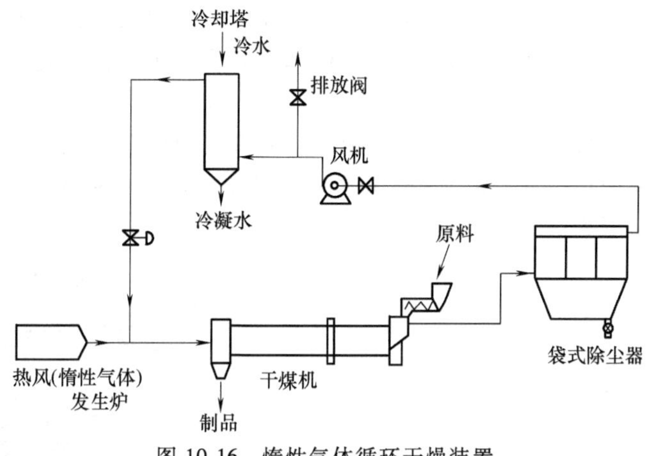

图 10-16　惰性气体循环干燥装置

3. **防止火种引燃起爆**

可燃气体和易爆粉尘的燃点温度见表 10-2、表 10-3，对除尘系统，应采取相应的灭火降温措施，防止引燃起爆：

1）增设火花捕集器或其他预除尘器，捕集灼热粗粒尘；

2）增设喷雾冷却塔，进一步凝聚微细粉尘，并将尘气温度降至着火温度以下，抑制静电荷产生；

3）在除尘器入口管道上安装火星探测器，采用光电管或光电放大器作为传感器，予以报警或灭火控制，如图 10-17 所示。

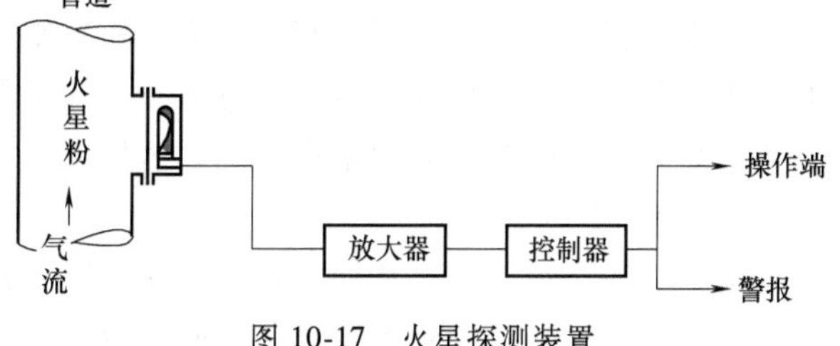

图 10-17　火星探测装置

4. **除尘器设计选型对策**

1）除尘器箱体应能承受最大泄爆压力，宜采用圆筒形箱体，按照压力容器设计规范和标准进行设计。

2）箱体内避免一切可能积灰的平台和死角，水平构件上表面设防尘板，防止积灰堵料，灰斗倾角不小于 70°。除尘器整体漏风率不大于 1%。

3）选用消静电滤料，表面电阻<$10^{10}\Omega$，半衰期<1s，袋笼及箱体采取静电接地，接地电阻≤100Ω，防止滤料表面因静电积聚激发火花。

4）优先选用脉冲清灰方式，采用高压氮气作为清灰动力，当选用反吹风清灰方式时，应全部采用循环风，严禁采用振动清灰方式。

5）在灰斗及过滤段设紧急冲氮接口，顶部设快速放散装置。

6）对除尘器的入口和灰斗的温度进行严密监控，若有异常，及时报警并尽快处理。

5. 泄爆阀防护

在除尘器各箱体安装泄灰阀是最后一道防护措施，有利于减少爆炸强度，缩小爆炸范围，减轻爆炸危害。泄爆面积与围包体容积以及粉尘的爆炸指数和最大泄爆压力有关，按GB 15605—2008《粉尘爆炸泄压指南》规定方法计算确定。

泄爆阀的形式多种多样，对袋式除尘器最常用的有泄爆门和爆破片：

1）泄爆门。由泄爆盖、夹持器、限位器等组成。通过增减夹持器的弹簧张力，调节爆破压力，如图10-18所示。用于煤粉磨的PPW、FGM系列气箱脉冲袋式除尘器，采用安全锁作为夹持器打开泄爆门。

2）爆破片。由爆破膜及夹持器组成。爆破膜通常采用刻有沟纹的奥氏体不锈钢片、铝膜、镍膜制成，常采用正拱形，由专业生产厂家制造，如图10-19所示。高炉煤气袋式除尘器顶部通常安装正拱形爆破片。

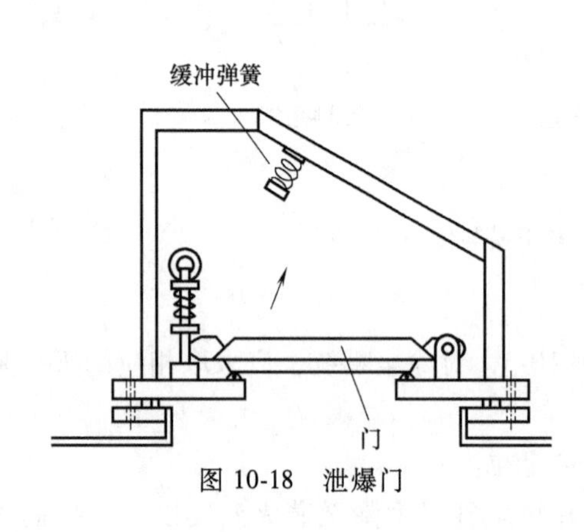

图10-18 泄爆门

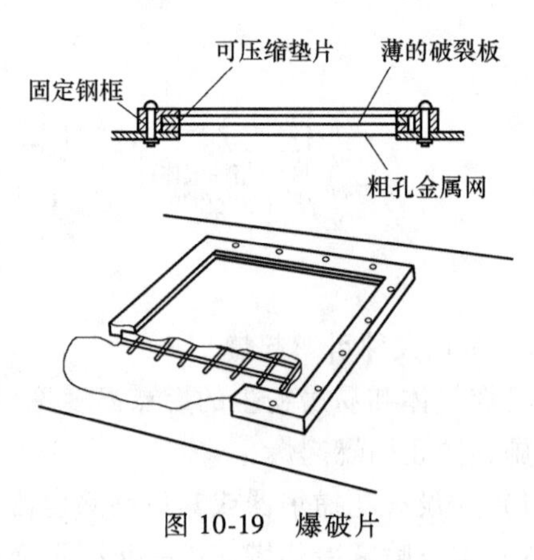

图10-19 爆破片

三、含焦油雾气体的处理

在沥青混凝土搅拌站、炭素制品工部、铝厂阳极焙烧炉以及焦炉生产工艺排放的烟气中含有沥青、焦油雾。这种烟气若直接进入袋式除尘器，会造成沥青、焦油雾在滤袋表面板结而且不容易清除，因此，必须采取特殊处理措施。

1. 掺混调制

在沥青混凝土搅拌站，从拌合机和成品卸料处排放沥青、焦油雾烟气，另从石料干燥机排出含有一定湿度的含尘热烟气，从破碎筛分、转运工位排出常温含尘气体，这种情况只要把这三部分气体掺混一起，先经预除尘器凝聚分离，再进入袋式除尘器捕集细颗粒焦油混合尘，可以确保正常运行。其综合处理流程如图10-20所示。

2. 喷入吸附剂

铝厂阳极焙烧炉烟气中含有沥青焦油及氟化氢等粘性有害成份，可直接采用电解铝原料

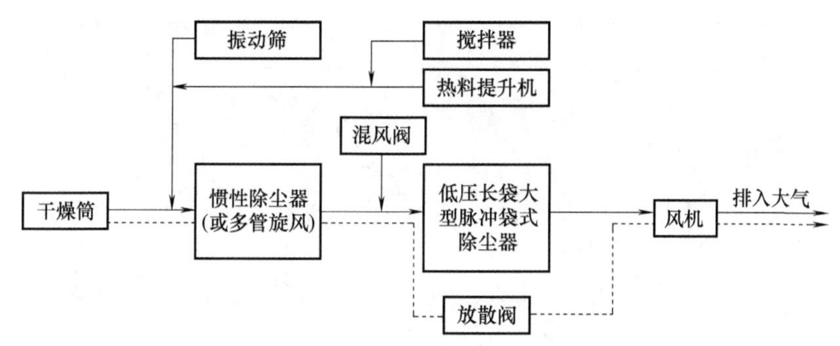

图 10-20　沥青混凝土搅拌站烟尘治理流程

Al_2O_3 作为吸附剂，喷入反应器，吸附沥青油雾和氟化氢气体，再进入袋式除尘器分离捕集，吸附后的氧化铝重返铝电解车间回用。图 10-21 为阳极焙烧炉烟气吸附除尘综合工艺流程。

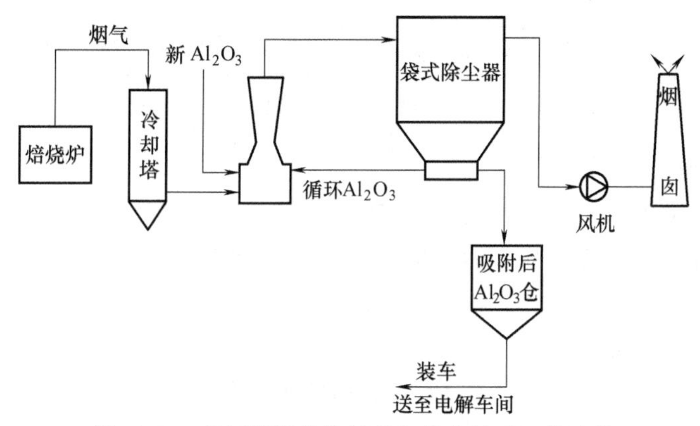

图 10-21　铝厂阳极焙烧炉烟气综合治理工艺流程

吸附反应器有文丘里管、垂直径向喷射以及沸腾床等多种形式。大多采用脉冲袋式除尘器作为最终分离设备。沥青焦油的净化效率可达 95%。

碳素成型工艺产生石油沥青烟气和焦油，烟尘颗粒细（0.1～1μm）、粘性强、易燃易爆，且含少量苯并芘有害物，适宜采用石油焦碳粉作为吸附剂进行吸附处理。石油焦碳粉具有良好的静态亲油、憎水和多孔毛细特性，是沥青烟气和焦油的最佳吸附剂，在 130～180℃温度工况下具有稳定而可靠的吸附效能。后置袋式除尘器宜选用覆膜滤料，并采取妥善的保温防粘措施。

3. 预涂尘技术

焦炉炉顶装煤车捕集的烟气中含有焦油雾及苯并芘等有害物，近期开发成功的未燃干法袋式除尘净化技术，利用除尘器收下的焦粉作为预涂尘，用气力输灰装置喷入除尘器进口管路，吸附部分焦油，并均匀分布在滤袋表面，形成预涂尘，厚度约为 1.2～2.0mm。预涂尘作业纳入除尘器清灰周期，并与装煤车工作制度协调一致。在除尘器每次清灰后先启动预涂尘，再吸入装煤车焦油雾，重复此作业，避免焦油雾与滤袋直接接触。焦油雾、苯并芘依附于干焦粉，在每次清灰后一起被分离捕获。装煤车烟气预涂尘工艺流程如图 10-13 所示，控制画面如图 10-22 所示。

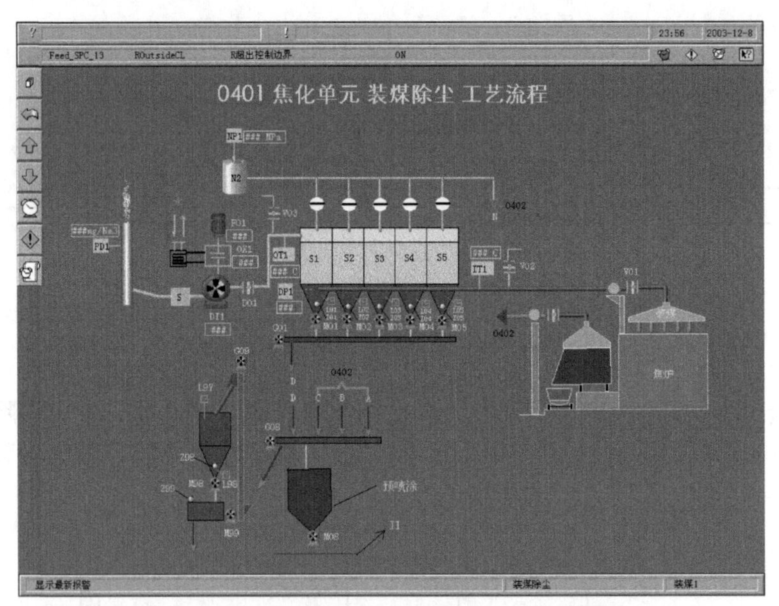

图 10-22 焦炉装煤车烟气预涂除尘工艺流程图

四、腐蚀性气体的处理

在燃煤锅炉、垃圾焚烧炉、预焙电解槽以及化工炉窑排放的烟气中含有 SO_x、HCl、NO_x、HF 等腐蚀性气体。袋式除尘器具有除尘和除有害气体的双重功能，在系统流程、除尘器结构设计及滤料选用方面均应采取特殊措施。

1. 酸性气体的中和处理

燃煤锅炉及垃圾焚烧炉烟气中分别含有 SO_x、NO_x、HCl、HF 等酸性气体。采用 $Ca(OH)_2$ 和 NH_3 等碱性物质喷入烟气，在适宜的温度工况下起中和反应，反应生成颗粒物与粉尘混在一起被袋式除尘器捕集。1962 年，美国哈佛空气净化实验室在 Edison 公司燃煤锅炉开创性地应用了袋式除尘器，采用预喷助滤剂进行烟气干法脱硫的工业应用，至今已被全面推广，并开发了烟道喷入、循环流化床反应塔、干法和半干法等多种形式。

图 10-23 为我国自行开发在锅炉烟气脱硫工程广泛应用的循环半干法脱硫净化工艺流程。利用消石灰作为反应剂与袋式除尘器的收下尘混合，并经增湿、流化，喷入反应器，使烟气降温脱酸，生成硫酸钙、亚硫酸钙等颗粒，与烟气中的飞灰一起被袋式除尘器捕集，并利用粉尘层进行二次脱酸，综合脱酸效率可达 99%。此外，可在袋式除尘器进口喷入氨水 (NH_3)，利用滤袋粉尘层自身的催化作用，脱除 NO_x。

2. 系统与除尘器结构设计对策

1）严格控制入口烟气温度，使除尘器运行温度高于烟气酸露点 15~20℃，箱体与灰斗保温。

2）除尘器内壁喷涂氯磺化聚乙烯等防护漆或 GFT 类高性能防护涂料。对特种工程，在灰斗内衬橡胶板或环氧树脂。

3）除尘器关键部位及阀门、伸缩节等重点部件采用耐腐蚀材料制作，如不锈钢板或合金钢板。奥氏体不锈钢适用于氯化物浓度≤2%，双联不锈钢适用于氯化物浓度≤4.5%，高镍合金钢适用于氯化物浓度>4.5%。

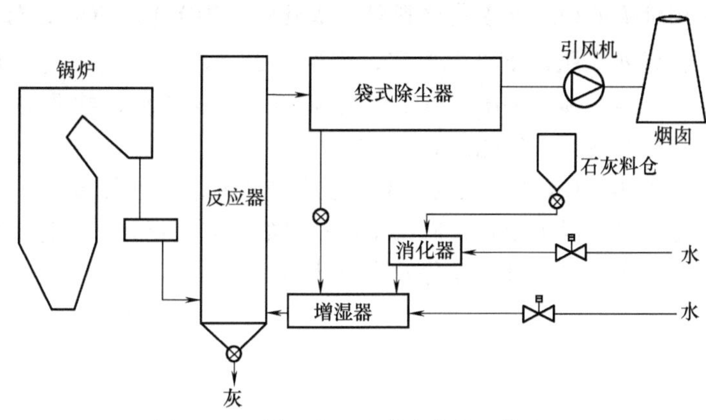

图 10-23　循环半干法脱硫净化工艺流程

4）袋笼采取阴离子电泳处理，喷涂耐酸涂料，或采用不锈钢丝制作。

3. 选用耐腐蚀滤料

对酸性气体具有较好防腐蚀性能的滤料材质有丙纶（PP）、聚苯硫醚（PPS）、聚四氟乙烯（PTFE）以及玻纤等。各自又有一定的局限性，如 PP 的耐温性较差，不宜超过 90℃；PPS 抗氧化性较差，适宜在［O_2］≤10%条件下使用；PTFE 强度较低，价格较高；而玻纤的抗折、耐磨以及抱合性能较差。于是混合纤维滤料脱颖而出，我国自主开发的 ZMS®、PUNATE®、FMS®品牌滤料具有良好的耐酸防腐和过滤性能，在燃煤锅炉、垃圾焚烧炉烟气治理工程中得到广泛应用。切记缝袋用线必须具有与滤料本体相同的耐腐蚀性能。

五、有毒有害气体的处理

在垃圾焚烧炉、废钢电弧炉以及医药生物工程废气中含有 Dioxin、Bap 以及 Hg、Cd、Pd 等有毒痕量物质。袋式除尘器可以同时去除有毒气体，捕获有害物质。

1. 有害尘气的吸附处理

在垃圾焚烧炉烟气中，除含有 HCl、HF、SO_x、NO_x 等酸性气体外，还含有 Dioxin 和 Hg、Ca、Pb 等痕量有害物质，同样可采用图 10-23 所示净化工艺流程，只需在除尘器入口增设活性炭喷入装置。活性炭是由木柴、褐煤、泥灰等制成的微细多孔碳，比表面积可达 $600\sim1200m^2/g$，细孔内表面结合着含氧官能团，具有吸附剂、分子筛和催化剂等多种功能，尤其对二噁英及重金属微尘具有良好的吸附作用。

垃圾焚烧炉烟气中存在一定量的未燃烧碳颗粒、碳氢化合物和多环芳香族化合物，在 250~600℃温度条件下，受金属氯化物的催化作用，可以重新生成二噁英等有害物质，为此，必须对烟气采取急冷措施，使袋式除尘器的工作温度控制在 200℃以下。

废钢电炉熔炼时产生含有多氯二苯二噁英（PCDDs）和多氯二苯呋喃（PCDFs）的高温烟气，也需采取冷却措施，使气相二噁英和多氯二苯呋喃冷凝，附着于细粒尘，并借助活性炭吸附，最终由袋式除尘器捕集，烟尘排放浓度可控制在 $0.05g/Nm^3$ 以下。

2. 有机废气的催化处理

在化工及生物工程中产生含有甲醛、苯酚、二氯甲烷等有毒有机废气。1967 年，日本东京大学藤岛昭发现纳米催化剂对有机废气具有净化功能，日本大宇空调公司研制成功光催化空气过滤器，利用纳米光催化材料摧毁病毒和微生物，中和异味，净化有害气体。

目前，最具应用价值的纳米光催化材料是二氧化钛（TiO_2）。TiO_2 的光催化机理：TiO_2 作为一种光触媒，在紫外线照射下击发电离，产生电子（e^-）和空穴（h^+），与 TiO_2 表面的氧气和水反应，产生自由基［OH］和活性氧［O］，在这些活性物质的氧化或还原作用下，有机气体或气味被分解为二氧化碳和水。

采用涂层法，将 TiO_2 纳米光催化剂配制浓度为5%的溶液，经浸轧、烘焙、冷却等工艺，对常规针刺毡滤料进行浸吸处理，制成耐油拒水的纳米光催化针刺毡，用来装备袋式除尘器，处理甲醛、苯酚等有机废气，净化效率可达80%~90%。

第十一章　袋式除尘器的安装、运行和维护

第一节　袋式除尘器的安装

一、袋式除尘器安装前的准备

1. 安装队伍的组建

除尘器的安装应实行项目经理责任制。大型袋式除尘设备的安装工作量大，要求的安装精度也较高，因而需要由专业队伍承担。

袋式除尘器的安装包括土建、金属结构件、机械、电气及保温等内容。安装队伍要配置施工经理及施工组织机构、工程技术人员和必要的工种。一般情况下，安装工约占50%，起重工占10%~15%，电工占10%~15%，电焊工约占20%。此外，还需配置辅助工种。安装队伍的总人数与安装工作量、工期、施工条件、安装场地等因素有关，依实际情况而定。

2. 技术准备

施工单位要熟悉安装图样、安装说明书及技术说明等资料；了解设备构造、各部分连接方式、安装方法和精度要求；了解电气设备原理、构造和接线方式；充分掌握和准备所需材料的种类、数量，以及有关零件、附属品等情况。设计人员应向施工单位进行充分技术交底。

应对安装人员进行技术培训。对于滤袋等核心部件的安装人员，应在培训合格后方可上岗。

施工单位应编制切实可行的施工组织设计。施工组织设计的内容包括施工方案及流程、进度及节点、施工机具和措施、人工、材料、安全措施等。经业主和工程监理审查通过后方可施工。

应依据图样清点零部件数量，检查主要零、部件的精度。凡精度不合格者，应予纠正。

应确定专职检验员，制订安装过程中及安装完成后的检查制度，印制统一的质量检查记录表格，准备必要的检查工具。

袋式除尘工程施工与验收应执行《建设工程项目管理规范》（GB/T 50326—2017）以及《建设工程质量管理条例》《建设项目竣工环境保护验收管理办法》《袋式除尘器安装技术要求与验收规范》（JB/T 8471—2020）的相关规定。施工单位应具有相应的施工资质。

3. 作业条件

1）起吊设备：起吊设备要考虑到吊装最远距离时能起吊的工件最大重量，并根据除尘器的安装位置，确定起吊设备的位置。还要考虑能比较方便地把工件从货物堆放点或组装地点吊到安装位置，避免过多地倒运造成工件损坏。

2）堆放场地：现场应有堆放零部件的场地。堆放场地需要平整，还应有足够的地耐力，不会因局部下沉而导致货物倒塌；还应留有车行和人行通道。

3）要有供组装设备用的场地和平台。

4）应具备运输通道和物流通道。

4. 安全措施

对施工人员应进行安全教育和培训。施工安装单位应与业主或总承包单位签订安全协议。安装队伍应设置专职安全员，负责施工现场的安全工作。安全员的职责如下所述：

1）起吊设备和工具、脚手架等关键器具的安全检查。起吊设备必须配置专职起重工；脚手架必须由架子工搭设和拆除。

2）货物在现场堆放的安全检查。

3）高空作业和多层空间的安全教育及防护措施。若计划进行立体交叉作业，应制定防止高空落物、坠落的措施。

4）各工种的安全知识教育。

5）安全标识、安全网、安全罩、安全带、安全帽等各类安全和劳动保护用品的准备、检查和督促使用。

6）现场防火、防盗措施及施工中遇特殊情况（如暴风雪、地震、火警等）的防护措施。

7）防止焊接触电、弧光辐射的措施。焊机接线应有屏护罩，插座应完整可靠，必须安装接地线，绝缘电阻≥1MΩ。

8）施工供电必须符合电气安全技术规定，有安全电压要求的设备应符合GB/T 3805—2008规定。

9）施工全过程中的安全检查。

10）实行文明施工责任制管理。施工现场主要入口的醒目位置应设置工程概况牌、安全纪律牌、防火须知牌、安全生产文明施工牌、项目组织机构及主要管理人员名单等标志。施工区域应进行日常的清洁维护，各作业面均应做到“完工、料尽、场地清”。

5. 安装机具及附属装置

1）起吊设备。根据除尘器规格及现场具体条件确定起吊设备数量、起吊位置、起吊高度、最大起吊重量、最大起吊半径等。

2）现场工件临时组装平台。主要用于灰斗、立柱、圈梁、墙板、花板等工件的现场组装和拼接。

3）电焊机、气瓶、割枪现场存放间。相互应保持一定的安全距离。

4）设备、材料临时仓库。

5）钳工、电工常用工具。水平仪、经纬仪、弹簧秤、20m钢卷尺、线垂等工具。

6）合理配备各种机械设备、工具，并落实现场的施工安装设施。

6. 责任制

为确保工程进度和安装质量，施工人员必须有明确的分工和责任。

1）施工经理：负责安装队伍的管理、工程进度、工程质量、成本、人员思想等项工作。

2）工程技术人员：负责各专业安装过程中的技术保障。

3）保管员：负责设备的全部零部件、标准件及配套设备的保管及发放；负责外购件、消耗材料及工具的购买及供应。

4）调度员：根据日、旬、月工程进度的要求进行生产调度、工种和人员的调配、机具的配置、工作量的平衡、安排消耗材料的采购和使用。

5）安全员：制订安全措施，进行安全教育，组织安全检查。

6）质量检查员：负责零部件质量和安装质量的检查。

7）资料员：收集和整理施工过程中的各种技术文件、图样、设备清单、设备样本、会议记录、质量检验报告、竣工资料、验收报告等。

8）施工人员：执行日、旬、月的计划，确保施工质量和进度，按期完成安装。

7. 施工材料

1）安装单位应准备设备安装所需的材料，如焊条、乙炔、氧气、保温材料、密封材料（石棉绳、石棉板等）、钢板、型钢、油漆及部分标准件（如螺栓、螺帽等）。应根据安装图样列出材料的种类、数量和供应计划。

2）施工用脚手架、木板、水泥、沙石等。

8. 施工条件

在水、电、气、道路、施工机具和材料占地等条件具备后方可施工。

二、袋式除尘器的安装程序

1. 安装的基本顺序

考虑吊装顺序和安装空间余地，一般情况下应按表11-1所示流程进行安装作业：

表11-1　袋式除尘器的安装程序

地面工作	本体安装	本体校准测量
	下部框架安装	基础平面对角线水平的校准
灰斗组装	灰斗上架安装	灰斗对角线校准及平面校准
中箱体拼装	中箱体安装	中箱体平面对角线校准及平面校准
进风管与进风调节阀组装	进风管、进风调节阀安装	
上箱体组装	上箱体、出风系统安装	
接地极、放电极与框架组装	预荷电装置安装（如有）	阴、阳极垂直度校准
提升阀组装	提升阀、分气箱安装	
	平台、栏杆安装	
	压气管路、电磁脉冲阀、差压装置安装	
	插板阀、卸灰系统、空气炮、灰斗电加热器安装	
	整体保温安装（如有）	
	滤袋及滤袋框架安装	
	滤袋检验和喷吹管复位安装	
	表面油漆	

2. 基础校验

土建工程师根据除尘器的荷载和供货商提供的地脚尺寸进行基础设计。除尘器本体以下若采用钢筋混凝土支柱，也属于基础范围。钢筋混凝土框架顶部和侧面设有预埋钢板。预埋钢板的尺寸、位置、数量等由土建工程师和除尘器供货商共同商定。

基础的地脚螺栓可以一次预埋，也可采用二次灌浆的方式。为防止螺栓埋设时螺纹生锈或损坏，要先用涂过油的面纱或其他制品罩起来进行保护。

除尘器安装应在设备基础检验合格后方可进行。检验前应拆除基础的模板并清理干净。

1）基础浇制质量检验：

① 检查基础外表面，若有质量问题，视其严重程度、缺陷所在部位重要与否，做出妥善处理，严重者应报废，重新浇制。

② 基础上若有油污应予清除，以免影响二次浇灌的质量。

2）基础位置及外形尺寸校验：按以下顺序检查基础与基准点的相对位置及基础尺寸的准确性：

① 按图样的要求，检验基础的定位尺寸及其标高。

② 以基础的中心线为准，检验基础的几何尺寸、各地脚螺栓孔的大小、位置、间距和垂直度，基础上预埋铁件的位置、数量和可靠性等。

3. 构件的检验

1）安装前，应对主要钢结构件进行检验，内容包括零部件名称、材料、数量、规格和编号等。

2）钢结构件拼装时及安装前，应对变形的钢结构件进行矫正，对立柱、横梁、各种板件（灰斗壁板、进出集烟箱壁板、屋面板、中箱体壁板等）的几何尺寸偏差、焊接质量进行检验和校正。

3）钢结构件拼装或安装前，应按照图样对各组件的尺寸及安装位置进行核对。

4）滤袋框架安装前应逐个检查其质量，对变形和脱焊者，应予剔除。

5）对花板的全部袋孔应逐个检查，并做好记录。若发现不合格之处，应予处理，使其合格。

4. 货物堆放

货物的堆放应符合以下要求，以保证货物堆放有序，并避免货物变形、损坏和丢失：

1）对货场要进行统一的规划，在除尘器安装位置附近要考虑到起重设备的安装、吊运物件的往复运行轨道、吊装半径等因素，同时也要预留出大件拼装组合的场地。

2）除尘器零部件运到现场后，应选择适当的场地储存。储放场地应平整，避免积水浸泡和构件变形。

3）工件堆放应按照安装的先后次序排列：先装的工件在上，后装的在下；先装的工件在外，后装的在内。避免多次搬运造成物件损坏或变形。

4）对精度要求较高的部件，如梁、立柱、花板、阀门等，必须放在平整的地面。摆放时不得相互挤压，底部要垫平垫实。

5）螺栓、螺帽、机加工件、滤袋、电气设备、控制设备等物件必须放置在室内，妥善保管，分类摆放。

6）各类箱体、板材（如箱体板、灰斗板、顶板等）垂叠摆放时应从地面开始用等高的垫木层层垫平，以免发生弯曲变形。

7）对机电设备、滤袋框架等应有防雨、防撞和防盗的措施。机电设备的电机应采用塑料布包裹，滤袋框架应堆放在特制的货架内。

8）稳压气包、脉冲阀及电磁阀应有防撞、防雨、防盗等防护措施。

9）精密仪器、气动元器件、泵类、关键部件等物件上的进口、出口、排气孔，应有临时封堵装置。

10）应制订和实行材料、设备发放的领用制度。

5. 设备开箱

1）设备开箱要按箱面示意和要求拆盖，不得损伤设备。

2）设备开箱后，应认真核查箱号、设备名称、图号（或规格）、件数是否与装箱清单或其他交货清单相符合，并做好开箱验收记录。

3）开箱检查完毕后，必须办理有关验收手续，并妥善保管。对损坏的零部件，应在分清责任后及时修补校正，缺件应及时补充。备品、备件应交付用户单位妥为保管。

6. 安装流程

1）袋式除尘器基础柱距划线。

① 支架（柱）的中心定位借助两台经纬仪，从纵、横两方向同时测定各柱的垂直度。

② 在柱脚中心线确定后，将视点移到柱顶，确认其偏差是否在允许范围内。若偏差较大，可在柱脚底板下面设置垫板调正，直到满足技术要求为止。

③ 在基础上划定中心线时，首先要划出主要中心线，即纵、横向十字中心线，两线应严格垂直。并用油漆在基础上作出明显标记，然后再根据它来标定其他（如地脚螺栓孔等）中心线。

2）支架（柱）及框架安装。在各项检验合格后，紧固安装螺栓，进行框架和底板的焊接，焊接后须清除焊渣。

3）固定支座和活动支座安装（净化高温烟气而且规模较大的袋式除尘器往往需要活动支座）。

4）中箱体底部圈梁安装。

5）灰斗安装：

① 根据体积的大小，灰斗通常分解为两部分或三部分，按编号依次安装。

② 吊装前，在灰斗内的纵向、横向加临时支撑，以免吊装时变形。

③ 灰斗也常分解为壁板件，须先将壁板预组装后再吊装。

④ 板件起吊时应采取措施，避免吊点不合理而导致变形。

⑤ 安装就位的灰斗中心线偏差符合要求后进行焊接。焊接时应有防变形措施。

6）中箱体立柱、顶部圈梁、横向支撑安装。

7）中箱体侧板及进、出口风道，气流分布装置等部件安装。

8）上箱体安装。

9）清灰装置安装（脉冲袋式除尘器喷吹装置应尽量与上箱体组对出厂，整体吊装）。

10）预荷电装置（接地极、放电极、高压供电装置及清灰装置等部件）安装（如有）。

11）楼梯、平台及栏杆安装。

12）烟道安装。

13）对安装完成的烟道和除尘器进行彻底清扫。

14）卸灰装置安装。

15）滤袋及滤袋框架安装。

16）压缩气体供应系统安装。

17）喷雾降温系统（如有）及预喷粉装置安装。

18）电气和自控系统安装。

19）保温和外饰安装。

20）全面质量检查。

21）单机调试。

22）联动试车。

7. 质量检验

应按照安装精度的要求，严格检查每道安装作业的质量，发现差错应及时纠正。

三、袋式除尘器安装技术要求

1. 技术文件

技术文件应齐全。主要内容：资料清单；除尘器产品合格证；设备和电气、仪表、滤袋安装的技术说明书、安装详图；设备、货物装箱清单和明细表；重要配套件和外购件检验合格证及使用说明书等。

2. 安装准备

1）在安装之前，要熟悉安装说明书、有关安装图样及技术说明，充分掌握和准备所需材料的种类、数量，以及有关零件、附属品等情况。

2）应合理配备各种机械设备、工具，并落实现场的施工安装设施，使安装作业能顺利进行，并确保工程质量。

3. 基础的质量要求

1）基础浇制质量要求：

① 基础的养护应达到设计强度的70%以上时，才能交付安装。基础四周的回土工作也应满足安装和搬运设备的需要。

② 基础外表面不应有裂缝、蜂窝、孔洞、露筋及剥落等现象，不得有油污。设备基础预留孔内应清洁，预埋地脚螺栓的螺纹和螺母应防护完好。

2）基础位置及外形尺寸要求：设备安装平面位置和标高偏差值的检测，除有指定的依据外，均应以基准线和基准点为依据。

基础位置及外形尺寸检验结果应符合以下要求：

① 基础的坐标位置：基础纵、横向中心线与设计位置偏差不超过±20mm。

② 基础台面标高：基础标高与设计偏差在二次灌浆后不超过±5mm（原则上宜低不宜高，一般在二次灌浆前宜低20mm）；基础台面的水平度偏差每米不大于5mm，全长不大于10mm；基础的竖向偏差每米不大于5mm，全高不大于20mm。

③ 基础外形尺寸偏差一般不超过±20mm。

④ 预埋螺栓的中心距、露丝高度、型号：预埋地脚螺栓与基础中心线距离的偏差不大于±5mm；预埋螺栓的中心距允许偏差±2mm；预埋螺栓的顶端标高允许偏差为20mm；

⑤ 预留地脚螺栓孔定位、标高、深度和铅垂度：预留孔口尺寸偏差不大于±10mm；预埋地脚螺栓孔与基础中心线距离的偏差不大于±10mm；预埋孔深度误差为0~20mm；地脚螺栓孔铅锤度偏差不宜大于10mm，地脚螺栓有衬托底板的，其衬托底板的承力面应平整。

⑥ 基础预埋钢板的位置及水平度：预埋钢板定位尺寸的偏差不大于±10mm；预埋钢板水平度的偏差不大于5mm；预埋钢板标高的偏差不大于−5mm。

以上检验所用测量工具有钢尺、水平仪、经纬仪等。检测结果应满足设计图样的要求。

4. 构件的质量要求

1）立柱：

① 单根立柱和横梁的直线度，偏差应小于5mm。

② 立柱端板平面应垂直于立柱轴线，其垂直度公差为端板长度的5‰，且最大不得大于3mm。

③ 立柱上下端板孔组的纵向中心线、横向中心线与设计中心线应重合，其极限偏差为±1.5mm。

④ 同一台除尘器的立柱长度相互差值应不大于5mm。

2）底梁、立柱、顶梁尺寸的极限偏差应满足表11-2的要求。

表11-2　底梁、立柱、顶梁尺寸的极限偏差　（单位：mm）

基本尺寸	≤5000	>5000~8000	>8000~12500	>12500~16000	>16000
底梁	-4	-5	-6	-7	-8
立柱	±3	±4	±4.5	±5	±6
顶梁	±3	±4	±5	±6	±7

3）板类：

① 灰斗壁板、进出集烟箱壁板、屋面板、中箱体壁板等组件尺寸的极限偏差应满足表11-3的要求。

② 板类对角长度相互差值应不大于5mm。

③ 各种板类组件拼装完工后，在相邻两肋之间板面的局部平面度公差应不大于两肋间距的15‰。

④ 花板的全部袋孔周边不应存在任何毛刺、缺口和杂质。

表11-3　板类尺寸极限偏差　（单位：mm）

基本尺寸	≤4000	>4000~6500	>6500~10000	>10000
灰斗、集烟箱、进出口喇叭	-4	-5	-6	-7
屋面板、中箱体壳体	±3	±4	±4.5	±5

4）滤袋框架的质量应满足《袋式除尘器用滤袋框架》（JB/T 5917—2013）的要求。

5）预荷电袋式除尘器阳极板（接地极）的尺寸偏差和形状偏差应满足表11-4的要求，并符合《电除尘器 阳极板》（JB/T 5906—2017）的规定；放电极的基本型式、尺寸偏差和形状偏差等要求应符合《电除尘器 阴极线》（JB/T 5913—2017）的规定，其中芒刺线的尺寸偏差和形状偏差应符合表11-5的规定。

5. 柱距划线要求

1）柱距划线极限偏差：当柱距小于或等于10m时为±2mm；当柱距大于10m时为±3mm。

2）基础对角线划线相互差值：当对角线长度小于或等于20m时为±5mm；当对角线长度大于20m时为±8mm。

3）各基础顶部标高相互差值不大于2mm（顶部标高是指预埋钢板或垫铁二次灌浆后的标高）。

表 11-4 阳极板尺寸偏差与形状偏差 （单位：mm）

偏差类别	偏差项目名称		接地板宽度	
			≤500	>500
尺寸偏差	外形尺寸	长度	±5	
		宽度	−1 +2	±2
		高度	±1	−1.5~+1
	安装孔间距	长度方向	±1	
		宽度方向	±0.5	
形状偏差	长度 L 方向	平面弯曲度	$L/1000$ 且≤10	
		侧面弯曲度	$0.5L/1000$ 且≤5	
		平面扭曲度	$1.5L/1000$ 且≤10	
		平面波纹度	$1.5L/200$	

表 11-5 芒刺线的尺寸偏差和形状偏差 （单位：mm）

偏差类别	项目名称	阴极线长度	
		≤2500	>2500
尺寸偏差	长度 L	±2	±4
	宽度 B	±1.5	
	刺尖 $H/2$	±0.5	
	相邻刺间距 G	±1	
形状偏差	全长上各刺尖端点连线平行于阳极板平面的弯曲度	$0.7L/1000$	$0.7L/1000$ 且≤10

6. 袋式除尘器钢支架（柱）安装要求

1）地脚螺栓：

① 地脚螺栓预埋时与混凝土接触的部位不得有油脂和污垢。

② 地脚螺栓底端不得触及预留地脚螺栓孔的孔底，与孔壁的距离应大于15mm。

③ 灌筑时，不得使地脚螺栓歪斜。

④ 拧紧地脚螺栓应在预留地脚螺栓孔的二次灌浆混凝土达到设备基础混凝土的设计强度后进行。

2）对于净化常温气体的除尘器，设备本体与钢支架（柱）的连接为固接；对于净化高温气体的大型除尘器，设备本体与钢支架（柱）的连接为活动连接，即活动支座。

3）支架（柱）的中心定位：

① 各支架（柱）与水平面的垂直度偏差应不大于其长度的1‰，最大值不超过10mm。

② 允许在立柱底面垫铁板，所垫厚度不大于5mm，垫铁外边尺寸应与立柱底面周边一致，不得缩进或超出。

③ 支架（柱）定位及框架基本形成后，测量中心定位和平立面各对角线的尺寸，检查是否符合下述要求：柱距安装偏差应不大于柱距的1‰，极限偏差为±7mm；支架（柱）与

基础的安装位置极限偏差为±5mm；支架（柱）顶部标高相对于零米标面的尺寸偏差应小于10mm，各支架（柱）相互差值不大于3mm。

7. 活动支座安装要求

1）安装前应仔细检查以下内容：尺寸、滑动面的光滑度及平整性等；滚动式支座的滚珠（柱）数量和质量；滑动支座摩擦片的数量和质量。

2）安装要求：安装时，应严格定位、焊接及加脂，加脂量为80~120g；膨胀位移方向应正确；应先用型钢临时固定活动支座，待底部圈梁就位、找正焊接后拆除临时固定物，再用水平尺找平支座上平面；若支座标高误差较大，应进行调整和采用垫板补差，但补差厚度不应超过5mm；最后焊接时，柱顶、支座底板及垫板必须焊为一体；底部圈梁和支座必须接触良好，圈梁与支座垫板应全部焊牢。

8. 支承座安装技术要求

1）所有支座应在同一水平面上。

2）中心线纵、横座标允差为±1mm。

3）相邻支座中心距允差为±2mm。

4）相邻支座的对角线允差<5mm。

5）支座表面水平度误差<1mm。

6）支座标高允差为±2mm。

7）墨线清晰准确。

9. 袋式除尘器本体安装要求

袋式除尘器本体安装误差应符合《袋式除尘器安装技术要求与验收规范》（JB/T 8471—2020）的要求（见表11-6），并参照《电除尘器》（DL/T 514—2017）的要求执行。

表11-6　除尘器安装极限偏差、公差和检查方法

序号	项　　目	极限偏差和公差	检验方法
1	底部圈梁标高及平面度	±5mm,平面度为<5mm	用水准仪、直尺检查
2	底部圈梁(每个灰斗)长、宽水平距离偏差	1‰,且<±5mm	用尺检查
3	底部圈梁(每个灰斗)两对角线相互差值	1‰	用尺检查
4	底部圈梁整体长、宽水平距离极限偏差	±6mm	用尺检查
5	底部圈梁整体两对角线相互差值	<8mm	用尺检查
6	立柱纵、横向中心线	极限偏差为±2.5mm	挂线用尺检查
7	立柱底板标高	±2.5mm	用水准仪、直尺检查
8	立柱顶部标高相互差值	<5mm	用水准仪、直尺检查
9	立柱与水平面的垂直度	立柱长度的1‰	挂线用尺检查
10	顶部圈梁相邻平行两梁中心线距离	±5mm,平行度为5mm	用尺检查
11	灰斗中心距	±5mm	挂线用尺检查
12	灰斗出口标高	±5mm	用水准仪、直尺检查
13	灰斗上下口几何尺寸	±5mm	用尺检查
14	灰斗法兰平整度	≤5mm	用尺检查
15	灰斗法兰安装水平度	±1.5mm	用尺检查

（续）

序号	项　目	极限偏差和公差	检验方法
16	除尘器进、出口法兰纵、横向中心线	±20mm	挂线用尺检查
17	除尘器进、出口法兰几何尺寸	±5mm	用尺检查
18	除尘器进、出口法兰端面垂直度	2‰	用线坠、钢尺检查
19	进、出口喇叭大口对角线误差	<10mm	
20	进、出口喇叭小口对角线误差	<6mm	

10. 除尘器入口、出口风管安装要求

除尘器入口和出口风管安装误差应符合《袋式除尘器安装技术要求与验收规范》（JB/T 8471—2020）的要求（见表11-7）。

表11-7 风管安装极限偏差和公差、检验方法

序号	项　目	极限偏差和公差	检验方法
1	入口风管与各滤袋室中心线	±10mm	挂线用尺检查
2	入口风管中心标高	±10mm	用尺检查
3	调节阀水平度	2‰	用水平仪检查
4	出口风管中心线	±10mm	挂线用尺检查
5	出口风管中心标高	±10mm	用尺检查

11. 灰斗焊接要求

1）焊接时应有防变形措施。

2）焊缝必须严密，全部焊缝应进行渗油密封性检查。

3）若灰斗内壁有弧形板，弧形板的焊接应连续、光滑。

4）排灰口法兰平面应平整。

5）灰斗外壁面的加强筋应对齐，搭接处应焊牢。

6）焊接完成后，应对灰斗内壁面的疤痕进行打磨处理。

12. 中箱体和袋室安装技术要求

1）外滤式除尘器的中箱体和内滤式除尘器的袋室，其立柱、横梁、圈梁所形成的框架，须测量中心定位和平立面各对角线的尺寸，根据技术要求确认其合格后再进行焊接。

2）以上工作完成后方可进行壳体、进风口、气流分布装置等部件的安装。

3）底梁、端墙应在地面进行试装，检测合格后在上下左右做好组对标记，以便吊装时组对。

4）喇叭形进、出风口安装：

① 若袋式除尘器采用喇叭形进、出风口，宜现场组装后整体吊装。

② 组装应在地面钢平台上进行，并校核外形尺寸。组装时注意人孔门方向。

③ 若分片进行吊装，应注意各片的安装位置和角度，可在中箱体的安装部位划出进、出风口的边线，同时焊上挡铁，以便于安装就位。

④ 对喇叭口的空间角度应精确测量，必要时在适当部位临时增加角度定位板，以保证其空间角度。

5）气流分布板安装：

① 气流分布板宜采用螺栓连接，各分布板之间不宜焊接，便于气流分布的调整。

② 气流分布板安装完成后，紧固的连接螺栓应点焊。

13. 上箱体安装要求

1）上箱体宜与喷吹装置组对出厂，整体吊装。若条件不满足，则花板应在地面工作台拼装后整体吊装。

2）花板吊装时，应采取防止变形的措施。

3）花板安装：

① 花板安装时定位应严格。

② 花板平面度公差不大于2‰，最大应小于3mm。

③ 花板孔中心位置度公差为ϕ0.5mm，花板孔径公差为0~1mm（用弹性涨圈固定滤袋的花板孔径公差为0~0.3mm）。

④ 对于回转管脉冲喷吹袋式除尘器，花板组合完成后，宜按《旋转喷吹袋式除尘器》（DL/T 1826—2018）的要求测量半径偏差及平面度并符合要求。即要求其花板平面度公差不应大于花板长度的1‰；任意相邻两个同心圆的半径差值的偏差不应大于±0.75mm，最内圈与最外圈的半径差值的偏差不应大于±1.5mm；花板中心位置偏差不应大于±2.0mm。

4）停风阀安装：

① 对于具有圆盘式停风阀的袋式除尘器，停风阀安装时须检查阀口及阀板的平整度和水平度，阀口不得有毛刺、缺口。

② 停风阀安装后应通气试验，并调整阀板与阀口间的压紧程度。

14. 预荷电装置安装要求（如有）

1）预荷电装置的安装应符合《电除尘器机械安装技术条件》（JB/T 8536—2010）的相关要求。

2）接地极（阳极板）安装：

① 接地极板材不得有锈蚀、变形、撞伤等缺陷，成型后两端切口应平整、无毛刺，表面不得有裂纹和深度超过板厚15%的损伤性划痕。

② 接地极挂钩的焊接质量应符合《电除尘器焊接件技术要求》（JB/T 5911—2016）的规定。

③ 接地极气动振打装置的安装应精准到位，不得有卡死现象。

3）放电极安装：

① 放电极材料表面不得有锈蚀、变形和明显损伤等缺陷。

② 放电极、接地极安装调整后，采用通止规进行极距检查，极距极限偏差不大于±10mm。

4）瓷绝缘子安装：

① 瓷绝缘子安装时，需轻拿轻放，瓷绝缘子表面不得有裂纹和明显破损等缺陷；瓷绝缘子与接地极吊挂杆同轴度不大于±5mm；瓷绝缘子底部法兰水平度不大于2mm。

② 瓷绝缘子伴热装置安装后，不得与瓷绝缘子有接触，严格按照设计图样保持间距。

5）高压供电装置安装：

① 高压供电装置应符合《电除尘用晶闸管控制高压电源》（JB/T 9688—2015）的规定。

② 高压电源宜安装在除尘器进口喇叭顶部，就近稳固布置。

③ 高压电源四周1m内不能有导电物、易燃易爆物和障碍物。

④ 高压电源安装不得剧烈震动，垂直倾斜度不超过5%，不得漏油、渗油。

⑤ 高压电源输入的交流电压幅值和波动范围不得超过交流正弦电压额定值的±15%。

⑥ 高压电源户外布置时，必须有防尘、防潮、防水保护措施。

⑦ 高压电源接地电阻不应大于2Ω，高压电缆线耐压不小于150kV。

15. 梯子、平台及栏杆安装要求

1）梯子、平台及栏杆的焊接应牢固、可靠。梯子、平台及栏杆应设有脚踢板。

2）平台的平整度偏差<10‰，水平度偏差<5‰。

3）栏杆扶手拐角处应圆滑，焊接部位应打磨光滑，无毛刺和无飞棱。

16. 卸灰装置安装要求

1）卸灰装置安装应在除尘器结构全部完成后进行。

2）安装前应将除尘器内部一切杂物清扫干净。

3）灰斗卸灰阀及插板阀的法兰之间应衬密封垫，并紧固，不漏灰。

17. 烟道安装要求

1）除尘器进、出口安装完成后方可进行烟道的安装和对接。

2）烟道进、出口阀门和非金属补偿器安装时应注意流向和执行器的方位。

3）阀门安装后进行检查，做到动作平稳、灵活、启闭到位。

18. 压缩气体供应系统安装要求

1）压缩气体供应系统安装按《工业金属管道工程施工规范》（GB 50235—2010）和《现场设备、工业管道焊接工程施工规范》（GB 50236—2011）的有关规定执行。

2）管道、阀门等附件安装前应仔细检查和清扫，除去杂物、铁锈和积水。

3）压缩气体供应系统的连接，除设备和管道附件采用法兰或螺纹连接外，其余均采用焊接。管道焊接的坡口应采用机械加工成型。

4）管路安装：

① 管路中的阀门、仪表等安装时，应使其流向、朝向便于观察和操作。

② 管路的最低处和最末端应设阀门或堵头，便于排水和清污。

③ 室外架空管道定位允许偏差为25mm；标高允许偏差为±20mm；水平管道的平直度允许偏差为50mm；立管铅垂度允许偏差为30mm。

④ 管道上仪表取源部位的开孔和焊接应在管道安装前进行。穿楼板的管道应加套管。

⑤ 当阀门与管道以法兰或螺纹方式连接时，阀门应在关闭状态下安装。

⑥ 安全阀应垂直安装。在管道投入试运行时，应及时调校安全阀，开启和回座压力应符合设计要求。

⑦ 螺纹接头部分要填塞密封带（或油麻线），以防漏气。注意不要旋得过紧，避免在管件连接时产生龟裂。

⑧ 管道支架（柱）可采用U形管卡。固定支架（柱）应牢固可靠。

⑨ 耐压胶管安装应避免过度弯曲，须留有一定的余量。

⑩ 耐压胶管与工作气缸的入口连接，应在管路吹扫后进行。耐压胶管两端的连接应牢固，不得松动、漏气。

5）压缩气体管路耐压试验：

① 管路安装完后，应进行耐压试验。

② 试验压力可取工作压力的 1.5 倍，保持 10min，用肥皂水或检漏液检查，以不漏为合格。

6）压缩气体管路的吹扫：

① 管路启用前应进行吹扫。

② 开启管路末端的阀门或堵头，并运转空气压缩机（若采用氮气则开启供气总阀），借助压缩气体将管道内的杂物吹扫干净。

③ 吹扫的同时用榔头敲打管道，对焊缝、死角和管底应重点敲打，敲打顺序一般为先主管、后支管。

④ 吹扫结果可在排气口用白布检查，5min 内白布上无粉尘、铁锈、脏物为合格。

⑤ 吹扫时，应暂时卸掉调压阀、安全阀和压力表。

⑥ 吹扫结束后，停止空压机运行（若采用氮气则关闭供气总阀），关闭管道末端的阀门或堵头。

19. 焊条及焊缝要求

1）焊条型号、焊缝高度必须符合图样要求。焊接施工参照《电除尘器焊接件技术要求》（JB/T 5911—2016）、《气焊、焊条电弧焊、气体保护焊和高能束焊的推荐坡口》（GB/T 985.1—2008）、《埋弧焊的推荐坡口》（GB/T 985.2—2008）进行。

2）以下部位的焊接应达到焊接Ⅱ级标准，必须连续满焊。严禁漏焊、虚焊、气孔、砂眼和夹渣等缺陷存在。焊接完毕后必须清除焊渣，并做煤油渗漏检验。

① 花板的拼接及其与周边的焊接。

② 除尘器箱板之间，以及箱板与横梁、立柱之间。

③ 外滤式除尘器的灰斗、中箱体、上箱体之间；内滤式除尘器的灰斗与袋室之间。

④ 进、出风总管及其与支管之间。

⑤ 进、出风口与箱体之间。

⑥ 灰斗卸灰口与法兰之间；采用法兰连接的管道与法兰之间。

3）风管及除尘器进、出风口外面的加强筋应对齐，搭接部位应焊牢。

20. 滤袋及滤袋框架安装要求

袋式除尘器滤袋安装应遵照《燃煤电厂袋式除尘器用滤袋安装技术要求与验收规范》（JB/T 11391—2013）的规定。

1）滤袋安装准备：

① 在除尘器箱体各部件安装完成，确认箱体内不再动火时，方可安装滤袋。

② 滤袋安装前，箱体内部和花板表面的杂物必须清扫干净，并经检查合格。

③ 对滤袋应逐个检查，只有外观质量完好无损者方可安装。

2）滤袋安装操作：

① 滤袋从存放位置运至安装位置过程中，以及安装过程中，应谨慎操作，不得踩踏、拖拽和硬物划、擦滤袋。

② 滤袋的安装宜从箱体的一端向另一端顺序进行。安装人员宜采用倒退姿态操作，避免踩踏和破坏已装好的滤袋。

③ 安装人员宜穿布鞋或胶鞋进行操作。

④ 滤袋安装时其纵向缝线宜置于背风侧；对于回转管脉冲喷吹袋式除尘器，应保证滤袋纵向缝线在花板孔的中间位置，且在花板中心的一侧；覆膜滤袋安装时必须使用安装套袖，防止 PTFE 薄膜受到剐蹭损伤。

⑤ 滤袋安装时严禁动火、吸烟。安装结束后，严禁在除尘器内部及除尘器前、后的管道内动火。

⑥ 安装过程中应严防异物落入滤袋，若落入异物应及时取出。

⑦ 安装结束后应逐个滤袋检查安装质量，并强调每一条滤袋都应检查到位，不应遗漏。对于反吹风袋式除尘器的内滤式滤袋，还应检查滤袋张紧力是否符合有关标准，且新滤袋使用 1~2 月后应调整滤袋吊挂的张紧度。

脉冲袋式除尘器滤袋依靠弹性胀圈固定时，其安装顺序如图 11-1 所示。

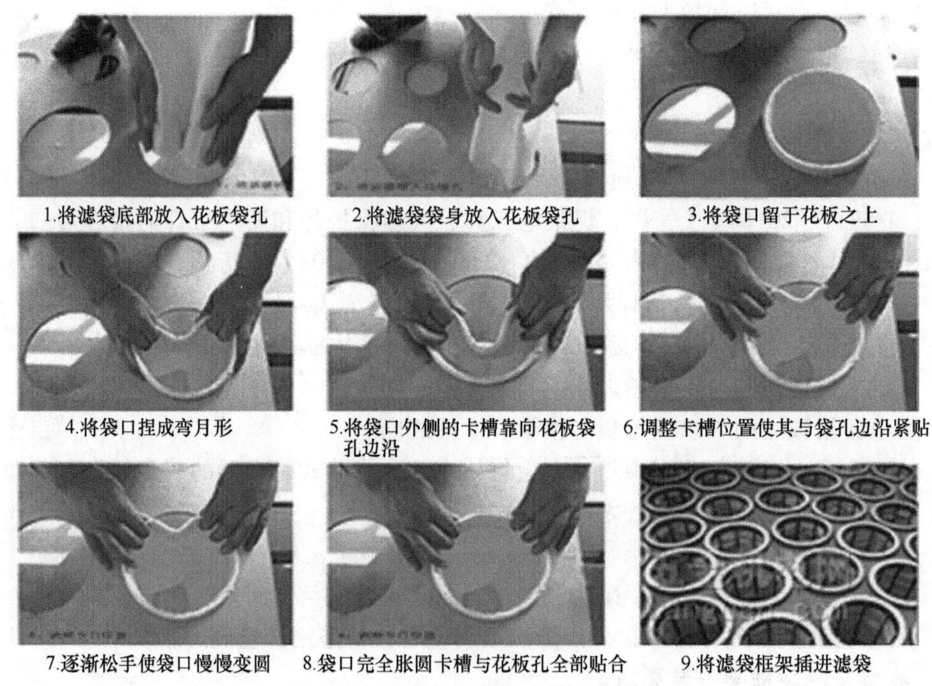

图 11-1　滤袋安装顺序（弹性胀圈）

3）滤袋框架安装要求：

① 滤袋安装完成并确认全部符合技术要求后方可安装滤袋框架。

② 对滤袋框架应逐个检查，只有外观质量符合要求者方可安装。

③ 安装过程中应严防异物落入滤袋，若落入异物应及时取出。

④ 对于多节组成的滤袋框架，应按安装要求装好连接卡箍、定位销或锁扣等部件，应确保各节之间的连接牢固；安装完成后还应逐个检查是否有脱落现象，发现问题及时整改。

⑤ 滤袋框架全部安装完成后从滤袋底部进行观察，对有偏斜、碰撞的滤袋，应调整其垂直度。安装垂直度宜控制 2‰范围内，且垂直度偏差≤20mm。

4）花板、滤袋和框架“三结合”原则。花板、滤袋和滤袋框架三者之间的精准配合关系到达标排放，关系到除尘器稳定运行。实际工程中三者往往是三个供应商分别供货，现场安装时经常发生不配套的情况，并难以协调。因此三者安装配合的“三结合”至关重要，如图 11-2 所示。“三结合”的基本要求如下：

① 一是花板与袋口结合，要求精准配合。必须配合严密和牢固。

② 二是滤袋与滤袋框架结合，要求松紧适度配合。应根据不同材质选择合适的配合间隙，不宜过松或过紧；但对于玻璃纤维等同类材质滤袋宜为“无间隙”的紧配合。

③ 三是滤袋框架与花板结合，要求虚实配合。即滤袋框架对滤袋袋口应起到有效保护，滤袋框架顶碗必须完全罩住袋口并平放于花板平面上，不得压在袋口上方。

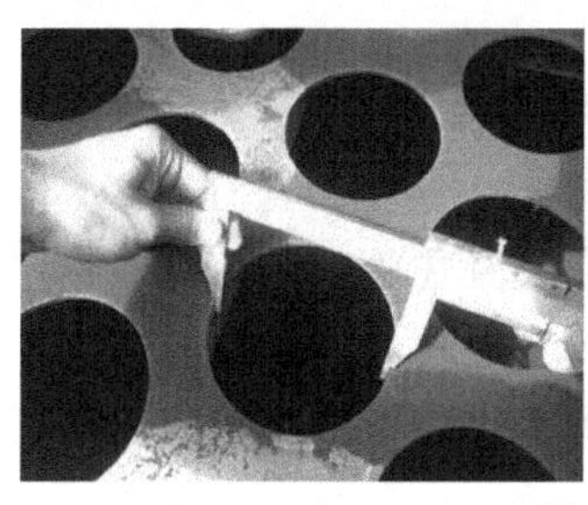

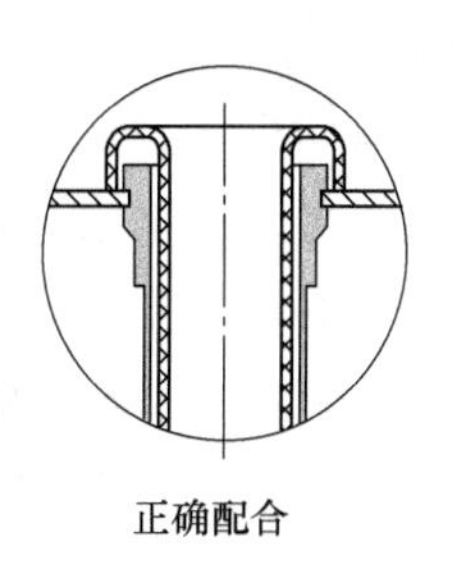
正确配合
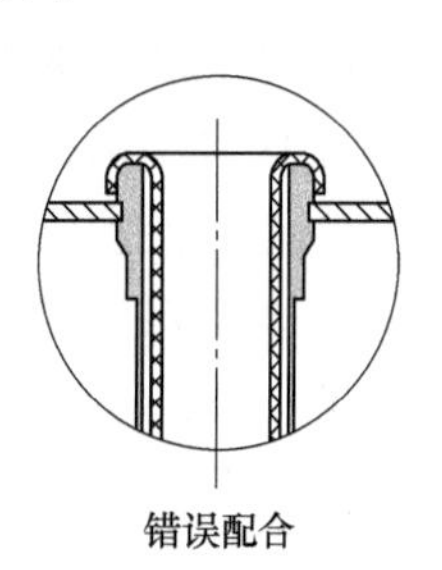
错误配合

图 11-2 花板、滤袋和框架配合“三结合”

5）换袋操作。换袋操作的基本原则和方法与新滤袋安装相同。换袋操作应着重做好以下几项工作：

① 应拆掉所有需更换的滤袋及滤袋框架，剔除变形或已不能使用的滤袋框架。

② 应彻底清除花板（含花板孔内表面）的积灰、结垢或结瘤等污物。

③ 清除喷吹管内部及喷口处的结瘤或结垢等堆积物。

④ 对上箱体内部腐蚀部位（包括花板、喷吹管、箱板和盖板等）重新进行防腐涂漆处理。

⑤ 按上述滤袋和滤袋框架的安装方法、步骤和要求进行换袋操作。

⑥ 换袋期间还应对喷吹管（含喷嘴）偏斜、错位、脱落等问题进行重新调整和修复。

21. 喷吹管安装要求

1）脉冲袋式除尘器的喷吹管安装应在滤袋框架安装完成并检查合格后进行。

2）应严格保证喷吹管与花板平行，全长平行度不超过 2mm。

3）必须严格保证固定式喷吹管的喷嘴（孔）中心与滤袋中心的同轴度偏差<ϕ2mm，喷嘴（孔）中心线的垂直度偏差<5°，喷嘴（孔）之间的高度差<2mm，喷吹管准确定位后应紧固。

4）旋转喷吹装置安装要求：

① 旋转喷吹装置安装应符合《旋转喷吹袋式除尘器》（DL/T 1826—2018）的要求。

② 旋转喷吹装置中心应与花板中心重合，位置偏差不应大于±1.0mm。

③ 传动管垂直度公差不应大于管长的 1/1000。

④ 喷嘴口平面度公差不应大于 1.5mm，半径方向最外圈喷嘴口中心与花板中心位置偏差不应大于±2.0mm。

22. 蒸汽加热系统水压试验要求

1）除尘器附属装置（输灰设施、压缩空气供应系统等）的伴热管道，以及灰斗蒸汽加热盘管，安装完成后应进行水压试验。

2）水压试验压力应为工作压力的1.5倍，但不得小于0.6MPa。试验时间为5min，以压力降不大于0.02MPa为合格。

23. 涂漆与保温要求

1）防腐涂漆施工要求参见本节“四、袋式除尘器的防腐工艺及要求”。

2）袋式除尘器设备和管道保温应符合《工业设备及管道绝热工程设计规范》（GB 50264—2013）的要求。

3）保温层敷设应按除尘器保温设计要求进行，并符合行业的有关技术规定。

4）保温结构应符合下列要求：

① 保温层结构应具有防雨水措施，顶部保温层应能承受检修荷载。

② 金属保护层的接缝可采用搭接、插接或咬接形式。

③ 金属保护层整体应有防水功能，水平管道的纵向接缝应设置在管道的侧面，水平管道的环向接缝应按坡度高搭低茬；垂直管道的环向接缝应上搭下茬。

④ 室外布置的袋式除尘器顶部和矩形烟风道顶部的保温保护层应设排水坡度，必要时双面排水。

5）保温层施工质量控制：

① 所有绝热材料应有材质合格证及材料的复检报告，材料理化指标应符合设计要求。

② 所有材料外形平整规则无破损，尺寸偏差应在允许范围内。

③ 保温钩钉间距均匀一致且符合设计要求，焊接牢固。

④ 龙骨焊接牢固、平整，无明显凹凸不平及弯曲。应确保龙骨端面在同一平面内，从而保证外护板安装的平整。

⑤ 绝热材料应紧贴设备金属壁面，不得出现空隙。

⑥ 绝热材料应拼缝严密，一层错缝、二层压缝，且错缝、压缝尺寸应符合设计要求。

⑦ 自锁垫片锁紧压实，钩钉端头弯曲成直角或锐角。

⑧ 绝热材料施工完毕后，其保温厚度应符合设计要求，且厚度均匀一致。

⑨ 防雨装饰板设计合理，制作工艺美观（边角毛刺应用磨光机打磨规则平滑）。

⑩ 正常运行时，除因无法满足保温间隙而减薄保温厚度或有单独规定外，在环境温度为25℃时，保温后除尘器表面温度不得超过50℃。

24. 电缆敷设和接地要求

1）敷设高压和低压电缆、信号电缆均应按电气规范的要求进行，并敷设在保温层的外部。

2）除尘器应设置专用地线网。大型袋式除尘器本体外壳与地线网连接点不得少于4个，接地电阻不大于10Ω。

25. 超低排放安装特别要求

施工安装质量的优劣与超低排放的顺利实现密切相关，必须重点关注以下事项：

1）应从思想上高度重视，应编制切实可行、科学规范的施工组织方案，制定严密的施工质量保障体系和严格的质量管理制度。

2）应重点关注焊缝质量。所有焊缝质量必须可靠，尤其对于箱体、尘气室与洁净室之间的箱板、隔板等焊缝必须严密、不漏气，并应对上述重要焊缝施行100%焊缝质量检验，检验方法可采用煤油渗透检验或其他简便可靠的检验方法。

3）安装各个工序必须有严格的质量检验等保障措施。

4）安装完毕后后必须做荧光粉检漏。

26. 其他要求

1）整机出厂的袋式除尘器应有适量的吊耳，避免安装时吊绳损伤油漆和部件。

2）除尘器各联接法兰和检修门、阀类封口的填料应完整和有效，不得有漏气现象。

四、袋式除尘器的防腐工艺及要求

防腐工程是指在物体表面进行除锈、涂刷防腐涂料的一系列工程，其目的是为了保护物体免受外界的腐蚀。除尘器防腐是钢结构设计、施工、使用中必须解决的重要问题，它牵涉到除尘器钢结构的耐久性、造价、使用性能以及维护费用等诸多问题。

袋式除尘器防腐除了选择正确涂料的配套方案外，防腐的前道施工处理和掌握正确的施工方法也相当重要。根据钢结构相关防腐规范，结合袋式除尘具体特点与工程实践，袋式除尘器的防腐要求与施工工艺如下：

1. 基本要求

1）袋式除尘器应利用涂层的防护作用防止金属结构腐蚀，并满足工业安全色标和美观要求。防腐与涂装设计参照《石油化工设备和管道涂料防腐蚀设计标准》（SH/T 3022—2019)，施工及验收参照《工业设备及管道防腐蚀工程施工质量验收规范》（GB 50727—2011）等标准。

2）涂装设计时，应考虑物件所处的腐蚀环境条件、物件材质及性质、形状、制造要求、经济等因素。

3）涂料选用应符合下列要求：

① 所选用的防腐涂料应有国家检测机构出具的性能检测报告，须有相关部门核发的生产许可证和产品合格证。

② 产品质量应符合有关标准的规定，并应附有涂料品种名称、技术性能、制造批号、贮存期限和使用说明。

③ 涂料应具有良好的耐腐蚀性。

④ 涂层应密实无孔，有良好的物理机械强度、韧性和抗冲击性能。

⑤ 应具有良好的耐热性，满足使用温度要求。

⑥ 涂层应具有防水、防潮、防大气腐蚀性能。

⑦ 颜色、外观和涂膜机械强度应满足设计要求，并在其使用过程中耐久、稳定。

⑧ 各涂层间的配套性和结合力应良好，底漆与被涂基材应具有优良的附着力，且底层涂料不得锈蚀钢材。

⑨ 对于双组份涂料，应按说明书的规定在现场调配；对于单组份涂料也应充分搅拌。喷涂后，不应发生流淌和下坠。

⑩ 所选用涂料的施工性能、干燥性能、涂装性能等应与所具备的涂装条件相适应。

⑪ 涂装设计时应尽可能选用无毒性或污染小的涂料，宜使用环保涂料。

4）除尘系统管道和钢结构可采用底漆+面漆的涂层结构，除尘器等设备可采用底漆+面漆、底漆+中漆+面漆的结构。应充分考虑涂层间的配套性。

5）常规除尘器结构件安装前应刷红丹漆两道（焊接部位除外），安装完成后，焊接部位补刷底漆和面漆。

6）涂层厚度由基本涂层厚度、防护涂层厚度和附加涂层厚度组成。除尘器干漆膜总厚度不低于80μm，应均匀、平滑，不得有裂纹、脱皮、气泡及流痕。

7）确定涂层厚度应主要考虑以下因素：

① 钢材表面原始粗糙度。

② 钢材除锈后的表面粗糙度。

③ 选用的涂料品种。

④ 钢结构使用环境对涂层的腐蚀程度。

⑤ 涂层维护的周期。

2. 防腐施工一般规定

1）除尘器钢结构制作或安装完成，并符合设计要求。现场安全防护措施完善，有防火和通风措施。

2）防腐涂料施工作业人员应有特殊作业操作证并经培训、考核合格。

3）施工前应有完整的涂装技术资料，并对操作人员进行技术培训，做好施工准备。

4）涂漆前应检查钢材表面是否达到了设计规定的除锈等级标准，达标后方可进行涂装，如有返锈应重新除锈，并在规定的时间内涂完底漆。

5）涂装施工环境的气候条件应符合下列要求：

① 施工环境温度：5~35℃。

② 施工环境湿度：空气相对湿度应小于80%，或者钢材表面温度高于露点3℃以上。

③ 在有雨、雾和较大灰尘的条件下，禁止在户外施工。

6）防腐涂料的确认与储存

① 施工前应对涂料名称、型号、颜色进行检查，确认是否与设计规定相符，产品出厂日期是否超过储存期，与规定不符或超过储存期不得使用。

② 防腐涂料及专用稀释剂，应储存在通风良好的阴凉库房内，温度应控制在5~35℃，原桶密封保管。

③ 防腐涂料及其专用稀释剂属于易燃品，库房附近应杜绝火源，并要有明显的“严禁烟火”标志牌和灭火器具。

7）防腐涂料开桶后，应进行搅拌，同时检查防腐涂料的外观质量，不得有析出、结块等现象。对颜料比重较大的涂料，一般可在开桶前1~2天将桶倒置，以便开桶时易搅匀。

8）调整施工黏度：涂料开桶搅匀后，如涂料粘度过高难以施工，可加入适量稀释剂进行调整，稀释剂加入量一般为5%~8%。

9）用同一型号品种的涂料进行多层施工时，其中间层应先用不同颜色的涂料，一般应选浅于下一道涂料的颜色，以便于遮盖。

10）禁止防腐涂漆的部位：

① 地脚螺栓与底板。

② 高强螺栓摩擦接合面。

③ 与砼紧贴或埋入的部位。

④ 机械安装所需的加工面。

⑤ 设备的铭牌和标志。

⑥ 现场待焊接的部位相邻两侧各50~100mm的区域。

⑦ 通过组装紧密结合的表面。

⑧ 设计上注明不涂漆的部位。

⑨ 保护组装符号：组装符号标志要明显，涂漆时可用胶纸等物品保护。

11）防腐涂漆基本工艺流程：基面清理（表面处理）—底漆涂装—第一道面漆涂装—第二、三道面漆涂装。

3. 表面处理及要求

1）涂漆之前，应根据设计要求、除锈级别及实际施工经验，对除尘器进行全面检查和打磨处理，将涂装部位铁锈、焊缝药皮、焊接飞溅物、油污、尘土等杂物清理干净，使表面保持光滑平整。

2）表面锈蚀、油污、水渍、灰尘除锈完成后，应在12h内涂刷底漆。

3）表面处理通常采用手工和动力工具除锈两种方法。

4）手工除锈主要用刮刀、手锤、钢丝刷和砂皮纸等工具除锈；动力工具除锈主要用电动角磨机装上砂轮片或毛刺球等除锈。

5）喷砂或抛丸除锈的施工环境相对湿度不得高于80%。

6）除锈级别分为：Sa1级（轻度的喷射或抛射除锈）、Sa2级（彻底的喷射或抛射除锈）、Sa2.5级（非常彻底的喷射或抛射除锈）、Sa3级（使钢材表观洁净的喷射或抛射除锈）；St2级（彻底的手工和动力工具除锈）、St3级（非常彻底的手工和动力工具除锈）6个等级。

7）除尘器防腐工艺表面处理等级一般不低于Sa2级或St2级。

8）表面处理质量的评定，应执行《涂覆涂料前钢材表面处理》（GB/T 8923）等标准的规定。

4. 施工方法

1）刷涂法：

① 用刷子沾防腐涂料时，刷毛浸入涂料的部分，不应超过毛长的一半，若刷子沾漆过多，将使刷子变形并缩短使用寿命。

② 刷子沾上漆后，要在漆桶内的边上轻抹一下，除去多余的涂料，以防产生流挂或滴落。

③ 对干燥较慢的防腐涂料，应分多道涂装，以免产生油漆流挂。

④ 对于干燥较快的防腐涂料，应从被涂部件的一端按一定顺序、快速、连续的刷平和修饰；不宜反复涂刷，以避免漆膜表面产生大量刷痕。

⑤ 刷涂的走向：刷涂垂直表面时，最后一道应由上向下进行；刷涂水平表面时，最后一道应按光线照射的方向进行。

⑥ 刷涂的漆膜厚度应均匀适中并符合相关规定要求，过厚易产生流挂、起皱，过薄易露底和产生针孔，并要施工多次才能达到规定的厚度。

2）辊涂法：

① 将辊筒的一半浸入涂料，然后提起，在油漆桶边上来回辊涂几次，使辊子全部均匀的浸透涂料，并把多余的涂料辊压掉。

② 把辊子按“W”形轻轻地滚动，将涂料大致的涂布于被涂物件表面，接着把辊子做

上下密集滚动，将涂料均匀地分布开，最后使辊子按一定的方向滚动，滚平表面并修饰。

③ 在辊涂时，初始用力要轻，以防流淌，随后逐渐用力，致使涂层均匀。

3）空气喷涂法：空气喷涂法是靠压缩空气的气流使涂料雾化成雾状，并喷涂于被涂物件表面的一种涂装方法。施工时应注意以下问题：

① 须调整好气量、气压和流速，应确保涂料雾化良好，且形成的漆膜无缺陷。

② 应避免喷涂过量和反弹导致涂料的大量浪费和流动不畅、流挂和针孔等问题。

③ 空气喷涂法不适于喷涂厚浆型油漆。

4）高压无气喷涂法：高压无气喷涂法是利用密闭容器内的高压泵输送涂料，当涂料从喷嘴喷出时，体积骤然膨胀而分散雾化，并高速喷涂在物件表面上。喷涂时应按下列要点进行操作：

① 涂料须经 140 目以上的滤网过滤，以防喷嘴堵塞。

② 启动压缩机供风，开动高压泵吸入溶剂充分循环清洗后，换以待喷的涂料；关闭枪、机，待压力上升至规定的压力时，检查有无泄漏；确认无泄漏后再装上喷嘴试喷，一切正常后即可开始喷涂。

③ 调节施工黏度。

④ 喷嘴和被喷涂物件表面的距离：32~38cm。

⑤ 喷射角度：30°~60°。

⑥ 喷射幅度：大面积物件为 30~40cm；较大面积物件为 20~30cm；较小面积物件为 15~25cm。

⑦ 喷枪的移动速度：60~100cm/s。

⑧ 喷幅搭接：每行涂层的搭接边应为涂层幅宽的 1/6~1/5。

⑨ 喷涂完毕应立即用溶剂清洗设备和喷嘴，及时排出喷枪内的剩余涂料，吸入溶剂做彻底的循环清洗，拆下高压软管，用压缩空气吹净管内溶剂。

5. 喷涂施工要求

1）底涂层施工应满足以下要求：

① 当钢基材表面除锈和防锈处理符合要求，尘土等杂物清除干净后方可施工。

② 底层一般喷 2~3 遍，每遍喷涂厚度一般为 25~60μm，须在前一遍干燥后，再喷涂后一遍。

③ 喷涂时应确保涂层完全闭合，轮廓清晰。

④ 应采用测厚针检测涂层厚度，并确保喷涂达到设计规定的厚度。

⑤ 当设计要求涂层表面要平整光滑时，应对最后一遍涂层作抹平处理，确保外表面均匀平整。

2）面涂层施工应满足以下要求：

① 当底层厚度符合设计规定，并基本干燥后，方可施工面层。

② 面层一般涂饰 1~2 遍，并应全部覆盖底层。涂料用量宜为 0.5~1kg/m^2。

③ 面层应颜色均匀，接槎平整。

④ 喷涂施工应分遍完成，每遍喷涂必须在前一遍基本干燥或固化后，再喷涂后一遍。喷涂保护方式、喷涂遍数与涂层厚度应根据施工设计要求确定。

⑤ 施工过程中，应采用测厚针检测涂层厚度，直到符合设计规定的厚度方可停止喷涂；

喷涂后的涂层，应剔除乳突，确保均匀平整。

3）当防腐涂层出现下列情况之一时，应重新喷涂：

① 涂层干燥固化不好，粘结不牢或粉化、空鼓、脱落时。

② 钢结构的接头、转角处的涂层有明显凹陷时。

③ 涂层表面有浮浆或裂缝宽度大于 1.0mm 时。

④ 涂层厚度小于设计规定厚度的 85%时，或涂层厚度虽大于设计规定厚度的 85%，但未达到规定厚度的涂层面积其连续长度超过 1m 时。

6. 二次涂装的表面处理和修补

1）二次涂装是指物件在工厂加工并按设计作业分工涂装完后，在现场进行的涂装。一般涂漆间隔时间超过一个月以上再进行涂漆时，都应视作二次涂装。

2）对二次涂装的表面应按下列要求进行清理后，方可进行下道涂漆：

① 经海上运输的涂装件，运到港岸后，应用水冲洗，将盐分彻底清除干净。

② 现场涂装前，应彻底清除涂装件表面上的油、泥、灰尘等一切污物。一般可用布擦或溶剂等方法清洗。

③ 表面清洗后，应用钢丝刷等工具对漆膜进行打毛处理，同时对组装符号加以保护。

④ 最后用无油、水的压缩空气清理表面。

3）二次涂装前，应对前几道涂层进行检查，需操作部位应按前几道施工要求进行修补。

4）修补防腐涂料和补涂经检查发现涂层缺陷时，应查找原因，按原涂装设计进行修补。

5）设备或结构安装后，应对下列部位进行补涂：

① 接合部的外露部位和紧固件等；

② 安装时焊接烧损的部位；

③ 组装符号和漏涂的部位；

④ 安装时损伤的部位。

6）补涂所用涂料应与修补部位之前所采用的涂料种类和颜色相同。

7）设备整体安装完毕，并对所有节点、漏涂和损伤部位补涂完毕后，即可进行最后一道面漆的涂刷，直至达到设计厚度。

7. 质量要求及保证措施

1）坚持工程质量三级验收制，上道工序不合格，不得进行下道工序施工。

2）针对工程质量要求与施工特点，编制成品保护措施，对成品进行保护。

3）严格执行专业施工方法，遵守操作工艺，按设计要求和相关工艺标准进行施工，确保工程质量优良。

4）运用奖罚制度，保证质量控制体系的有效运行和各项质量管理责任制的贯彻执行。

5）应对各工序进行逐道检查，发现问题及时查找原因，采取措施，妥善解决。

6）严格控制材料采购质量，严格按规定对材料半成品进行检验，杜绝不合格材料半成品入场。

7）施工时，对不需作防腐保护的部位和其他物件应进行遮蔽保护；刚施工的涂层，应防止脏液污染和机械撞击。

8）施工过程严格遵照环境条件和技术要求进行作业。

五、荧光粉检漏

1. 荧光粉检漏的必要性

荧光粉检漏是保障袋式除尘器超低排放的重要措施。在除尘器安装过程中，可能会出现钢结构漏焊、滤袋安装不到位、安装尺寸不合适、滤袋破损等现象，在除尘器运行过程中，可能会出现除尘器本体漏焊、开焊、掉袋等问题，从而导致除尘器超标排放。对于上述现象和问题，即使是专业人员也很难找出漏点，需要采取切实可行的方法，荧光粉检漏便是行之有效的措施，它能帮助快速检查滤袋破损、漏洞以及袋口密封不严等缺陷。通过荧光粉检漏可清楚地知道泄漏程度（见图11-3）。因此，新建项目、改造项目完工后应进行荧光粉检验，这对于超低排放改造尤为重要，且极其必要。

图11-3　袋式除尘器安装后荧光粉检漏

2. 操作实施规范

荧光粉检漏方法及相关要求应遵照《火电厂袋式除尘器荧光粉检漏技术规范》（DL/T 1829—2018）进行。

3. 荧光粉的选型要求

1）常用荧光粉种类：

① 检漏荧光粉主要含有C、H、O、Ca等元素，主要成分为$CaCO_3$。

② 加入不同成分可制成红色、黄色、绿色、橙色等不同颜色的荧光粉。

2）选型基本要求：

① 毒理性：荧光粉中铅、汞、镉、六价铬、多溴联苯和多溴二苯醚等有毒物质的含量应为0mg/kg。

② 含湿量：荧光粉的含湿量应≤3%（质量百分比）。

③ 堆积密度：荧光粉的堆积密度宜为0.55~0.65g/cm^3。

④ 耐温性：荧光粉在300℃±5℃下烘烤1h后不应软化、熔融结块。

⑤ 相对亮度：粉红色荧光粉的相对亮度应≥23%，绿色荧光粉的相对亮度应≥43%。

3）用量及粒度分布：

① 超低排放要求项目：荧光粉用量应按每平方米过滤面积8.0~10g配备；粒度分布应符合：d（10）≥1.0μm，中位径d（50）为2.0~3.6μm，d（90）≤7.0μm。

② 非超低排放要求项目：荧光粉用量应按每平方米过滤面积≥5.0g配备；粒度分布应符合：d（10）≥1.0μm，中位径d（50）为4.0~7.0μm，d（90）≤11.0μm。

4. 检漏方法及要求

1）前提条件：

① 制定好荧光粉检漏计划，提前备好荧光粉、荧光灯、滤光眼镜和记号笔，荧光灯和滤光眼镜应与使用的荧光粉相匹配。

② 对于除尘器新建或改造项目，除尘器应按《袋式除尘器安装技术要求与验收规范》（JB/T 8471—2020）的规定安装完毕，滤袋（含换袋）应按《燃煤电厂袋式除尘器用滤袋安装技术要求与验收规范》（JB/T 11391—2013）的规定安装完毕。

③ 荧光粉检漏应在滤袋安装完成后且未进行预涂灰前进行。

④ 净气室内部（尤其是花板）表面已清扫和清理干净。

⑤ 整个除尘系统应具备运行控制条件，烟气管路通畅，风机处于备用状态。

2）实施步骤：

① 确认工艺设备（锅炉、炉窑等）处于停炉状态，除尘器的进出口阀门处于开启状态，除尘器的检修人孔门和清灰系统处于关闭状态。若是电袋复合除尘器，应确认电除尘区电源已经关闭，并采取了正确可靠的安全措施。

② 开启系统风机（包括引风机和送风机），系统风量宜不低于设计值的 70%，进口烟道负压≥2.0kPa。

③ 打开荧光粉投料孔，投入 50～100g 的荧光粉进行试投料，若荧光粉能被气流迅速吸入，则此时的负压满足荧光粉的投料要求，否则应适当提高风量满足吸入要求。

④ 确认满足要求后开始投料，投料速度应匀速，投料时间宜控制在 5～10min（可依具体投料量酌情调整），对于多通道除尘器可同时进行（注意各通道投入口的负压应满足要求）。

⑤ 荧光粉投料完成后，风机继续稳定运行 20min 以上，然后关闭除尘器进、出口烟道阀门。

⑥ 风机停机后，应先开启灰斗检修人孔门，使用荧光灯照射滤袋室查看荧光粉附着情况。

⑦ 确认滤袋附着荧光粉正常后，打开净气室箱体门或顶盖进入净气室，使用荧光灯和滤光眼镜检查净气室、出口烟道等部位，特别是焊缝处和滤袋安装区域，检漏时应逐块区域进行检查。

⑧ 发现泄漏点，使用记号笔进行标记，并做好记录。

⑨ 检漏完毕后应对所有标记的泄漏点进行整改。

⑩ 整改完成后，宜更换另一种颜色的荧光粉并按照上述步骤进行重复检漏，直至没有泄漏点为止。

⑪ 若未发现泄漏点，则应随机抽查不小于 2 条滤袋，观察袋口下方 1m 内区域荧光粉是否均匀附着在滤袋表面。

⑫ 确认抽袋检查荧光粉附着正常，则荧光粉检漏操作完成；否则，须更换不同颜色的荧光粉进行重新投料和检查。

⑬ 各环节操作完成后，荧光粉检漏工作完毕。清点人员及工具，并将除尘器恢复至备用状态，应编写和出具荧光粉检漏报告。

5. **注意事项**

1）荧光粉投料人员不可同时兼任荧光粉检漏人员。

2）荧光粉投料人员和荧光粉检漏人员应佩戴防尘口罩等安全劳保防护用品。

3）投料孔应优先选择除尘器进口烟道上的烟尘浓度采样孔或检修人孔，其次为预涂灰投料孔。如均未开设，则应在距除尘器本体≤8m 范围内的进口烟道上选择易于投料且操作安全的位置开设投料孔，投料孔不使用时应用盖板、管堵或管帽封闭。

4）净气室高度<2m 的除尘器应在夜间进行荧光粉检漏；净气室高度≥2m 的除尘器白天或者夜间均可。

5）应在符合安全规范并确保安全的前提条件下方可进入除尘器净气室内进行检漏检查，在进入净气室内检查期间，应关闭所有人孔门和除荧光灯外的其他光源。

6）对泄漏点进行补焊时，必须卸掉补焊点周围滤袋，并对周边的滤袋采取可靠防护措施，防止火星、工具和杂物损坏或掉入滤袋。

7）进行焊接补漏前，还应将金属表面的荧光粉清除干净。

8）荧光粉应采用 PP 塑料桶密封包装，宜按 5kg/桶包装。

9）荧光灯应能连续工作 1h 以上，且应能有效地激发荧光粉发光。

10）滤光眼镜应能有效的过滤干扰光。

第二节　袋式除尘系统的调试和验收

一、袋式除尘系统的调试

1. **编写调试大纲或调试方案**

调试前应编写调试大纲或调试方案。调试一般包括单机调试和联动试车等。

2. **单机调试**

单机调试由总承包单位或施工单位负责。

单机调试的有关要求如下：

1）袋式除尘器及附属设备的单机调试应按以下顺序进行：先手动，后电动；先点动，后连续；先低速，后中、高速。

2）确认各阀门的动作灵活、启闭到位、转向正确，阀位与其输出的电信号应相符，电机接地。调试完成后，阀门应处于设定的启闭状态。

3）对管道系统和设备安装的温度、压力、料位计等一次元件进行调试，所测物理量应与输出信号相吻合。

4）调试灰斗的振打或破拱装置、电加热器、气化装置等设备。

5）调试卸灰、输灰设备。首先应清除卸、输灰设备中的杂物，再进行电动操作。确认各设备的转向正确。

6）空气压缩机（罗茨鼓风机）调试前，先按产品使用说明书注入机油，再启动空压机（罗茨鼓风机），调试或确认排气压力符合要求，电机电流应正常。

7）调试压缩空气的净化干燥装置。确认其运行正常，净化干燥效果符合要求。

8）设备和管道上的安全阀应通过当地劳动部门的检验。调试压气管路的减压阀，确认减压后的气体压力符合设计要求。检查管路中所有阀门的流向和严密性，并确认正确无误。

9）清灰装置的调试：

① 脉冲袋式除尘器的脉冲阀应逐个进行喷吹调试。其喷吹应短促有力，启闭应正常，不得有漏气现象。对停风阀，应逐个调试，动作应灵活，不存在漏气现象。

② 调试反吹风袋式除尘器的切换阀门，应切换灵活，阀板与阀座贴合严密，不漏气。

③ 对设有回转机构的袋式除尘器，回转机构应动作灵活、转向正确。若属回转切换定位反吹装置，还应有良好的密封性能，不存在漏气现象。

10）调试喷雾降温装置的压力、流量等参数。检验喷头雾化效果时，先在烟道外进行，正常后再装入烟道。

11）机电设备、电气设备、仪表柜等单机空载试运转不少于1h。要求各传动装置转动灵活，无卡碰现象，无漏油现象，且转动方向应符合设计要求。

3. 电气及热工仪表、自动控制系统调试

电气及热工仪表、自动控制系统安装完成后的调试步骤如下：

1）对各控制柜、现场操作箱（柜）分别进行测试和调试。最后的接线检查及性能检查（绝缘电阻、接地电阻等）结果应正确和合格。按照图样和设计文件对被调试的箱（柜）进行无负载动作特性、控制性能的检测及调整，直至符合技术要求。

2）对各控制对象分别进行手动控制调试。进行最后的接线检查及性能检查（如电动机的绝缘电阻等）。使与调试对象有关的控制柜、现场操作箱（柜）受电，选择手动控制，分别手动控制各调试对象，检查调试对象的动作是否准确和到位。

3）对各控制对象分别进行自动控制调试。进行最后的接线检查及性能检查（如电动机的绝缘电阻等）；使与调试对象有关的控制柜、现场操作箱（柜）受电，选择自动控制，分别自动控制各调试对象，检查调试对象的动作是否准确和到位。

4）调试清灰程序和清灰制度。对于机械振动清灰袋式除尘器，确认清灰机构的工作及清灰顺序正常。对于反吹清灰袋式除尘器，确认清灰的各阶段（反吹、过滤、沉降）时间与设计文件相符，检查切换阀门和反吹风机工作是否正常。对于脉冲袋式除尘器，确认每次同时喷吹的脉冲阀数量、脉冲间隔、顺序，检查脉冲阀是否全部工作正常。

5）对各运行模式的控制程序进行调试，确认逻辑关系。

4. 袋式除尘系统联动试车应具备的条件

1）成立联动试车领导小组。袋式除尘系统的联动试车由业主负责组织，工程承包单位、施工单位和监理单位共同参加。

2）各设备的单机调试也已完成。

3）管道和除尘器等装置内部已彻底清扫，确认不存在杂物。

4）除尘器及管道安装结束，完成气密性检查。依需完成对袋式除尘器的荧光粉检漏和预涂粉工作。

5）设备及烟道的保温基本完成。

6）确认各阀门处于正常启闭状态。

7）所有梯子、平台、栏杆、护板的安装已完成。

8）除尘器本体的人孔门、检修门均已关闭严密。

9）除尘器监控系统正常（包括报警、保护和安全应急措施）。

10）压缩空气（或气体）供应系统正常。

11）引风机正常。

12）施工现场清理完毕。防火和消防措施到位。电气照明能投入使用。设备和系统的接地完成。

13）电气仪表软、硬件已完成调试和模拟调试，工作正常。

14）通信设施完备，能正常使用。

15）运行操作人员到位。

5. 冷态联动试车操作流程与要求

1）所有的控制设备和计器仪表受电。

2）压气系统启动。

3）卸、输灰系统启动。

4）喷雾降温系统处于待机状态（若有）。

5）电动/气动阀门进行电动操作检查，完成后复位。

6）引风机启动。

7）喷吹清灰系统工作。

8）冷态联动试车时间不少于4h。

9）调试过程中，检查各控制对象的动作是否符合控制模式的要求，运行程序是否正确，各联锁信号、运行信号、报警信号、仪表信号是否准确以及逻辑关系是否正确。

10）测试各项技术参数，做好试车记录。

6. 气流分布测试

对于大型袋式除尘器和用于电厂的袋式除尘器，应按以下要求在实物上进行气流分布测试。

1）气流分布测试应在冷态联动试车完成后进行。

2）气流分布试验前应对产尘设备或炉膛、含尘气体管道、烟道和除尘器进行通风清扫，通风时间不少于10min。

3）根据除尘器进口风道的形状，选择最不利的过滤仓室作为测试对象。气流分布测试在冷态和过滤仓室最大设计风量下进行。

4）测试时，除尘器内应不少于3人，且除尘器内、外人员应有可靠的信息传递方式和措施。

5）对气流分布测试数据和现象进行记录、整理和分析，当测试结果未达到设计要求时，应对分布装置进行调整。气流分布装置的调整和固定应采用螺栓连接方式，严禁动火。调整完后，对气流分布装置重新进行测试，直至符合要求。其他过滤仓室的气流分布装置均应照此进行调整。

二、袋式除尘系统的验收

1. 验收应具备的条件

1）项目审批手续完备，技术资料与环境保护预评价资料齐全。

2）项目已按建设合同和技术协议的要求完成。

3）除尘器安装质量符合国家有关部门的规范、规程和检验评定标准。

4）已完成除尘器的试运行并确认正常，性能测试完成。

5）具备袋式除尘器正常运转的条件，操作人员培训合格，操作规程及规章制度健全。

6）工艺生产设备达到设计的生产能力。

7）验收机构已经组成。整机验收工作应由业主负责，安装单位及除尘器制造厂家参加。

2. 验收内容及要求

1）除尘器的主机及配套的机电设备运转正常。所有阀门、检修门等组装前和安装后必须启闭灵活。

2）电气系统和热工仪表正常。

3）程序控制系统正常。

4）除尘器的卸、输灰系统正常。

5）除尘器运行时，其结构和梯子、平台无振动现象，箱体壁板不得出现明显变形和振动现象。

6）安全设施无隐患，安全标志明确，安全用具齐备。

7）除尘器外观涂漆颜色一致，不存在漆膜发泡、剥落、卷皮、裂纹。

8）除尘器各阀门、盖板等连接处严密，不存在漏风现象。

9）压缩气体供应系统工作正常。

10）除尘器的保温和外饰符合设计要求，并具有防雨水功能。

11）配套的消防设施到位。

12）除尘器的粉尘排放浓度、设备阻力、漏风率等性能指标满足合同要求。

13）安装全过程中各部件的尺寸、形状、位置等项检验记录齐全，指标合格。

3. 验收技术资料

1）开工报告。

2）袋式除尘器安装验收记录、质检报告。

3）隐蔽工程签证。

4）设计变更、设备缺陷处理记录。

5）单机调试、联动调试报告。

6）袋式除尘器性能测试报告。

7）竣工资料及报告。

第三节 袋式除尘系统的运行

一、岗位人员教育培训

1）袋式除尘系统投入运行前，须组织技术人员、岗位操作人员制定、审查岗位安全生产责任制和安全技术操作规程。

2）应制定岗位人员伤害事故应急救援预案或设备故事应急处置措施。

3）须对岗位操作人员进行教育培训，经考试合格后方可上岗。

二、袋式除尘系统的启动

1）火电厂、垃圾（污泥）焚烧、生物质、玻璃窑、烧结（球团）等工业炉窑用袋式除尘器的启动应在预涂粉过程完成并检查合格后方可进行。

2）袋式除尘系统的启动应在锅炉、炉窑点火或投运前进行。

3）袋式除尘器的启动程序、条件和要求：

① 检查电控系统中所有线路是否通畅。电气、自控系统、检测仪表是否受电；核实各控制参数设定是否准确，报警和电气联锁功能是否可靠。

② 烟道进、出口阀门处于开启状态。

③ 预涂灰合格（若有）。

④ 压缩气体供应系统工作正常。

⑤ 风机配套电机的冷却系统工作正常。

⑥ 引风机启动，对除尘系统进行通风清扫。风量为额定风量的25%，持续时间为5~10min后进入正常运行状态。

⑦ 启动清灰控制程序。

⑧ 除尘器卸、输灰系统启动。

三、袋式除尘系统的运行

1）袋式除尘器的运行应配置专职的操作人员，并经培训和考试合格。

2）操作人员应定期对袋式除尘器的运行状况和参数进行巡查，并认真记录。

3）运行过程中，当烟气温度超过滤袋正常使用温度时，控制系统报警，并告知工艺及时调整工况；若烟气温度继续上升至滤料最高使用温度并持续10min时，应采取停机措施。

4）在运行工况波动的条件下，控制系统采取定压差的清灰控制方式，更有利于适应烟尘负荷的变化。

5）除尘器运行时严禁开启各种门、孔。

6）运行过程中若发现有滤袋破损现象，应及时检查和更换破袋，防止危害其他滤袋；应记录破袋所在位置、破损部位和形态、累计使用时间等。

7）袋式除尘器灰斗应装设高料位监测装置，当高料位发出报警信号时，应及时卸灰；若发现卸灰不畅，应及时检查和排除故障。

8）应定时记录袋式除尘器运行参数。用于电厂锅炉、垃圾焚烧和烧结（球团）的袋式除尘器，应每1h记录一次运行参数。主要内容包括：

① 记录时间；

② 生产负荷或锅炉机组负荷；

③ 烟气温度，若发现温度异常，应及时报告主管部门；

④ 除尘器阻力；

⑤ 粉尘排放浓度（设有粉尘浓度监测仪时）；

⑥ 含氧量（设有含氧量测定仪时）；

⑦ 灰斗高、低料位状态；

⑧ 空气压缩机电流；

⑨ 空气压缩机排气压力、储气罐压力及喷吹压力；

⑩ 回转清灰装置电流（对于回转脉冲或反吹风袋式除尘器）；

⑪ 喷雾降温系统供水压力及温度（设有喷雾降温系统时）；

⑫ 脉冲喷吹间隔或周期（对于脉冲袋式除尘器）。

四、袋式除尘系统的停机

1）当生产工艺设备停机或锅炉停炉后，袋式除尘器需继续运行5~10min后再停机。

2）除尘器短期停运（不超过4天），停机时可不进行清灰；除尘器长期停运、停机时应彻底清灰；对于吸湿性板结类的粉尘，停机时应彻底清灰；袋式除尘器停运期间应关闭所有挡板门和人孔门。

3）无论短期停运或长期停运，袋式除尘器灰斗内的存灰都应彻底排出。

4）若设有喷雾降温系统，停机时应将喷嘴卸下，并密封保存。

5）灰斗设有加热装置的袋式除尘器，停运期间视情况可对灰斗实施加热保温，防止结露和粉尘板结而导致的危害。

6）袋式除尘系统长期停运时，各机械活动部件应敷涂防锈黄油。电气和自动控制系统应处于断电状态。

7）袋式除尘器停机顺序：

① 引风机停机；

② 压气供气系统停止运行；

③ 清灰控制程序停止；

④ 除尘器卸、输灰系统停止运行；

⑤ 关闭除尘器进、出口阀门；

⑥ 电气、自控和仪表断电。

五、事故状态下袋式除尘系统的操作与停机

1. 烟气突发性高温

1）当烟气温度升高接近滤料最高许可使用温度时，控制系统应报警，并告知工艺及时调整工况。

2）当烟气温度达到滤料最高许可使用温度之前，应及时开启混风装置，或喷雾降温系统；若生产许可，也可停运引风机。

3）当烟道内出现燃烧或除尘器内部发生燃烧时，应紧急停运引风机，关闭除尘器进出口阀门，严禁通风。同时，启动消防灭火系统。

2. 紧急停机

当生产设备发生故障需要紧急停运袋式除尘器时，应通过自动或手动方式立刻停止引风机的运行，同时关闭除尘器进、出口阀门。

第四节　袋式除尘器的维护管理

一、袋式除尘器运行中的检查

袋式除尘器运行时需重点巡检的部位及要求如下：

1）定期巡检清灰装置的运行状况，白班不少于1次。

若发现脉冲阀异常（漏气、膜片破损、阀内部通道堵塞、电磁阀失灵等），或切换阀门开、关不到位和漏气，或振动机构失灵，应及时处理。

对于配备有智能脉冲阀的除尘系统，应密切关注终端设备云平台显示的脉冲阀工况信息，当接到智能电磁脉冲阀工作异常的报警通知时，须尽快检查和修复。

2）对于回转喷吹脉冲袋式除尘器，定期检查回转机构的运行状况。白班不少于2次，夜班不少于1次。

3）定期巡检分气箱的压力。白班不少于1次；当出现压力高于上限或低于下限时，应立即检查和排除故障。

4）定期巡检空气压缩机（罗茨风机）的工作状态，包括油位、排气压力、压力上升时间等，白班不少于2次，夜班不少于1次。

5）定期放出缓冲罐和储气罐的存水。白班不少于2次，夜班不少于1次。

6）定期巡检压缩气空净化装置。白班不少于1次。

7）除尘器灰斗卸灰时，应同步检查卸灰和输灰装置的运行状况。发现异常及时处理。

8）经常关注除尘器出口粉尘排放浓度。若出现超标，且确定系滤袋破损所致时，应及时更换滤袋或临时封堵漏袋。

9）定期检查喷雾降温系统中的供水、供气回路和参数（若有）。白班不少于1次。

10）定期检查压力传感器取压管的通畅情况，每周不少于1次。发现堵塞应及时处理。

11）经常观察并注意工控机及电脑设备，发现问题及时处理。

12）宜定期抽检滤袋，观察其受损状况，必要时应检测其强度衰减情况，预测其使用寿命。宜每年1~2次。

二、袋式除尘器运行状态下的维护与检修

1）除尘器的检修宜在停机状态下进行。当生产工艺不允许停机时，可通过关闭某个仓室进、出口阀门的措施来实现离线检修，阀门关闭时应上机械锁，检修完毕后解除机械锁。

2）离线检修必须在符合安全操作规程并确保安全的前提条件下进行。

3）离线检修宜选择在低负荷生产状态下进行。

4）严禁在风机运行时对除尘器进行气割、补焊和开孔等检修作业。

5）离线检修时开启被检修仓室的人孔门（盖）进行通风和冷却，以利于维修人员进入。检修时应停止过滤仓室的压气供应和清灰。

6）检查离线仓室的滤袋，发现破袋及时更换。对于外滤式滤袋，当破袋数量较少时，也可临时封堵破袋袋口。

三、袋式除尘器停机维护与大修

1）停机后应对除尘器和除尘系统进行全面的检查和维护。

2）除尘器停机维护和大修时，所有灰斗存灰必须排空。

3）开启除尘器箱体和顶部的人孔门（盖），进行全面通风降温，并置换箱体内的有害气体。当箱体内有害气体成分降至安全限度以下且温度低于40℃时，人员方可进入。

4）检查滤袋，发现破损应及时更换。当滤袋使用达到设计寿命时，宜更换全部滤袋。

5）检查喷吹装置，发现喷吹管错位、松动脱落和破损时应及时处理。

6）检查除尘器进口阀门处积灰、结垢和磨损情况，发现问题及时处理。处理后，先通过手动启闭阀门，观察阀门的灵活性和严密性，动作不应少于3次。再进行阀门的自动操作，检查阀门的灵活性和严密性，动作不应少于3次。

7）检查滤袋表面的积灰状况。检查灰斗内壁是否存在积灰和结垢现象。检查气流分布板是否存在磨损和结垢现象。

8）检查空气压缩机（罗茨风机）的空气过滤器，发现堵塞应及时更换或处理。

9）检查机电设备的油位和油量，不符合要求时，应及时补充和更换。

10）检查灰斗加热系统和装置是否正常，电线是否老化，接线是否牢固，蒸汽管路是否严密，发现问题及时修复。

11）检查喷雾降温系统喷头的磨损和堵塞状况，并进行试喷，试喷不应少于2次。喷头磨损严重的，应予更换。

12）检查一次元件和测压管的结垢、磨损及堵塞状况，发现问题及时处理。

13）以上工作完成后，确认除尘器内部无遗留物，关闭除尘器全部检修门（孔）。确认进、出口阀门开启，执行机构处于自动位置。

四、袋式除尘器备品备件的管理

1）袋式除尘器备品备件包括滤袋、滤袋框架、脉冲阀、膜片、空压机空气过滤器、空压机机油等等。

2）滤袋及滤袋框架的备品数量不少于其总数的5%；脉冲阀的备品数量不少于其总数的5%，且不少于2个；脉冲阀膜片备品数量不少于其总数的5%，且不少于10个；空压机的空气过滤器备品不少于1个。

3）当袋式除尘器运行至滤袋设计寿命前3个月时，用户应着手采购滤袋。

4）袋式除尘器的备品备件应妥善保管在备品备件库内，并做好台账。

5）用户应备有袋式除尘器滤袋、滤袋框架、花板的规格尺寸。

五、大型袋式除尘器的巡检点与要求

大型袋式除尘器在生产工艺中的角色相对重要，往往是构成生产工艺的重要设备。通常处理风量和设备体积大、系统配置齐全、仪器设备数量多、要求高。大型袋式除尘器系统的安全可靠运行关系到企业的正常生产和经济效益。故须高度重视，加强运维管理，加大巡检力度和频度。日常运行维护过程中巡检的部位及要求应严格按照本节“一、袋式除尘器运行中的检查”中的要求执行。此外，还应重点关注和巡检以下部位：

1）应实时检查风机与电机运行状况、轴承温度、油位和振动，发现异常及时处理，每班1次。

2）定时检查冷却系统运行状态，每班1次，发现问题及时处理。

3）定时巡检系统所有阀门（脉冲阀、进出口挡板门、仓室提升阀、卸灰阀、电磁阀及调压阀等）的运行状况，每班不少于2次；脉冲阀膜片和电磁阀是易损件，故障率相对较高，应重点关注其工作状态，发现工作异常应及时处理或更换。

4）应定时巡检人孔门、检查门及箱体盖板的密封情况，每班不少于2次。若发现漏风应及时处理和排除。

5）定时检查热电偶、压力变送器、料位计、氧量仪、浓（浊）度仪等关键一次元件，每班不少于1次，发现异常及时处理或更换。

6）应重点关注灰斗高料位，每班不少于2次，当高料位信号报警后，应及时卸灰，出现卸灰不畅等异常状况，应高度重视，及时排除故障，切实保障设备结构安全。

7）对于回转管脉冲喷吹袋式除尘器，应重点检查回转机构及驱动装置和大口径脉冲阀的运行状况，每班不少于1次，发现异常及时排除，确保回转机构运行正常，无卡阻现象，清灰正常。

8）对于反吹风袋式除尘器，应重点检查反吹风机和反吹阀门的工作状况，每班不少于1次，发现故障及时排除，确保反吹清灰装置运行正常。

9）对于超低排放项目，应实时关注粉尘排放状况，每小时记录1次出口粉尘排放浓度；或实时观察排气筒排放状况，每班不少于2次。若发现排放超标，应及时查找原因并处理。

10）日常短期停机维护检修时，还应重点检查花板袋口处的积灰情况、净气室箱板的结露或腐蚀情况、喷吹管的松脱错位情况、灰斗壁板的积灰及板结情况以及气流分布板等关键部位的积灰、结垢、松动或磨损情况，发现问题应及时处理，排除故障，保障大型袋式除尘器的安全、可靠和高效运行。

第十二章　袋式除尘器性能测试

第一节　测试内容和条件

一、测试内容

袋式除尘器性能测试包括以下内容：

1）粉尘和气体特性的测试：

① 粉尘粒径分布；

② 粉尘真密度；

③ 气体温度；

④ 气体湿度。

2）气体静压。

3）气体流量。

4）气体含尘浓度。

5）过滤速度、设备阻力、除尘率、排放率、漏风率。

二、一般要求

袋式除尘器测试应在除尘器运转后 3~6 个月内进行，测试时，尘源设备和除尘器须同时正常运转。为了准确测试和评价除尘器，测试过程中，尘源设施应当保持满负荷运转。

若尘源呈周期性变化，例如，炼钢电炉，测定的时间至少要达到一个生产周期。为了提高准确性，一般应测试三次。

大型袋式除尘器测点位置往往位于高处，测试时必须注意安全。测试平台的宽度、强度及安全栏杆应符合安全要求。测试过程中，应严格遵守用电安全的要求。测试正压除尘系统时，要防止有害气体和粉尘逸出。

三、测定位置

测定气体流量和粉尘浓度的测孔位置应设在袋式除尘器入口和出口总管的直管段。在不影响测试精度的条件下，测定位置尽量靠近除尘器，但应尽可能避开管道的弯曲部分和断面形状急剧变化部位的干扰。在实验室条件下，测定位置上游方向距干扰源应大于 8 倍管道直径，下游方向距干扰源大于 2 倍管道直径。对于矩形管道，采用当量直径。

现场测试时，受条件限制，测点前的直管段长度至少应大于 2 倍直径，测点后直管段的长度至少大于 0.5 倍直径，并适当增加测点数量和测试频数。

四、测点数

1. 圆形管道测点

在选定的测试断面上，设置互相垂直的两个测孔，将管道断面分成若干等面积同心环，在每个等面积环的重心线上各取 4 点作为测点，如图 12-1 所示。测点数量按表 12-1 确定，原则上，测点数不超过 24 个。

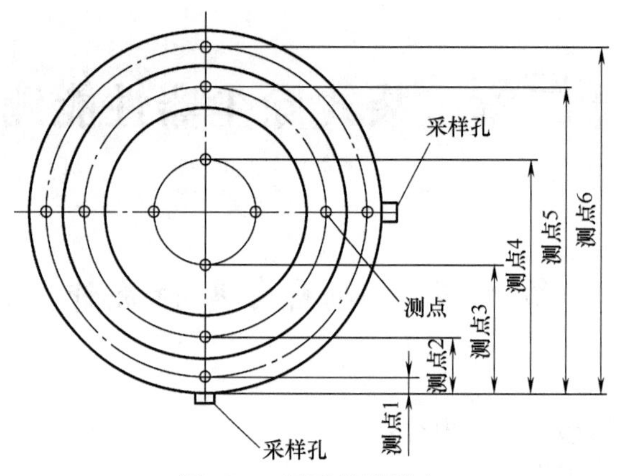

图 12-1　圆形管道测点

表 12-1　圆形管道等面积圆环和测点数

管道直径/m	分环数	测点数(两孔共计)
<0.2	—	1
0.2~0.6	1~2	2~8
0.6~1.0	2~3	8~12
1.0~2.0	3~4	12~16
2.0~4.0	4~5	16~20
>4.0	5~6	20~24

注：对管道直径小于0.2m，管道内流速分布均匀的小管道，可取管道中心作为测点。

测点位置可用测点距管道内壁距离表示，采样孔入口端至各测点的距离与管道直径之比见表12-2。当测点距管道内壁距离小于25mm时，取25mm。

表 12-2　圆形截面管道测点距管道内壁的距离（以管道直径倍数计）

测点号	环数					
	1	2	3	4	5	6
1	0.146	0.067	0.044	0.032	0.026	0.021
2	0.854	0.250	0.146	0.105	0.082	0.067
3		0.750	0.296	0.194	0.146	0.118
4		0.933	0.704	0.323	0.226	0.177
5			0.854	0.677	0.342	0.250
6			0.956	0.806	0.658	0.356
7				0.895	0.774	0.644
8				0.968	0.854	0.750
9					0.918	0.823
10					0.974	0.882
11						0.933
12						0.979

2. 矩形管道测点

对于矩形管道，首先计算其断面面积，并按表 12-3 确定测点数量（原则上不超过 24 个）。然后将矩形断面分成若干个等面积小矩形，使小矩形相邻两边之比接近 1，每个小矩形的中心即为测点，如图 12-2 所示。

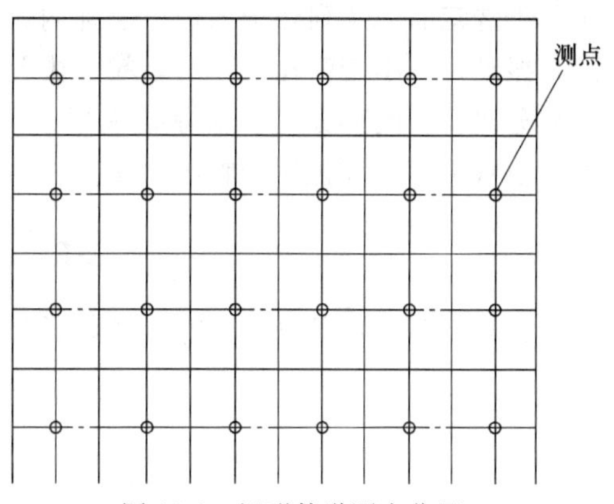

图 12-2　矩形管道测点位置

五、测孔

静压测孔的构造如图 12-3 所示，孔的轴线应与管道垂直，孔径为 2mm，孔周边不得有毛刺。静压接头为内径 6mm、长 30mm 的管嘴。静压接头与管壁的焊缝不得漏气。

风量和粉尘浓度测孔的构造如图 12-4 所示。

表 12-3　矩形管道的分块及测点数

管道断面积/m^2	等面积小块长边长度/m	测点数
<0.1	<0.32	1
0.1~0.5	<0.36	1~4
0.5~1.0	<0.50	4~6
1.0~4.0	<0.67	6~9
4.0~9.0	<0.75	9~16
≥9.0	<1.0	≤24

注：管道断面面积小于 0.1m^2，流速分布比较均匀时，可取断面中心作为测点。

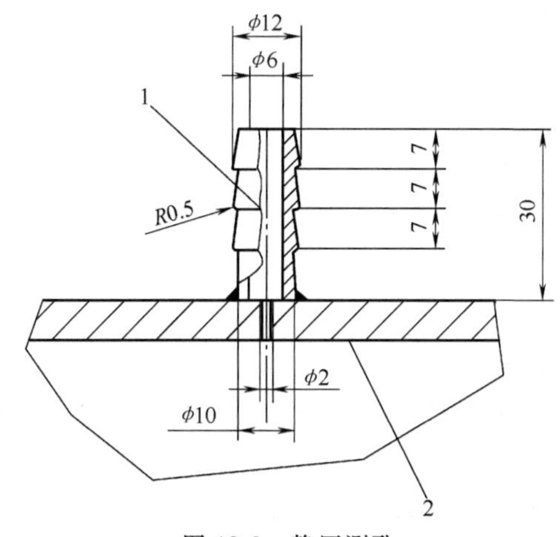

图 12-3　静压测孔

1—测静压接头　2—管壁或器壁

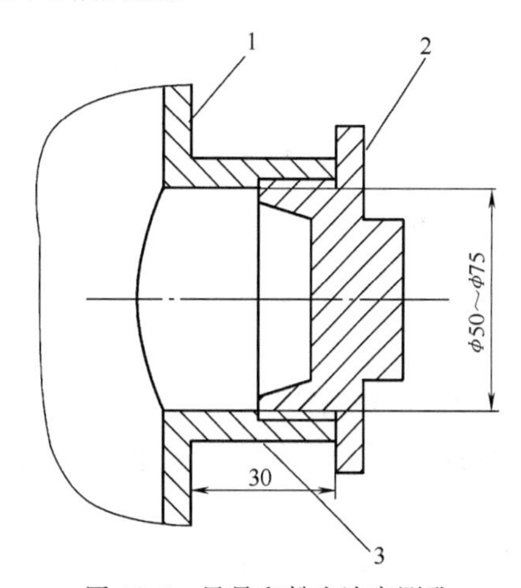

图 12-4　风量和粉尘浓度测孔

1—管壁　2—丝堵　3—短管

第二节　粉尘粒径分布和密度的测试

一、粉尘粒径分布的测试

1. 筛分析法

筛分析法是粒径分布测量中最简单和最快速的方法，应用广泛。它是将一定量的颗粒物质置于选定的一系列筛子的最上层筛内，在振筛机上振动。由各级筛子将不同粒径的颗粒分开。振动时，小于筛孔尺寸的颗粒，由孔中落下。使用一系列不同筛孔的筛子，可以将颗粒样品分离成不同部分。在筛分结束后，分别称量各筛上的颗粒物质量和底盘中的颗粒物质量。由各级筛及底盘粉尘颗粒物质量 m_i 可求出各级的质量百分比 ΔR_i。

$$\Delta R_i = \frac{m_i}{\sum m_i} \times 100 \quad (\%) \tag{12-1}$$

由式（12-1）可以计算筛分的粒径分布值，如图 12-5 所示。

筛孔	级号	质量百分比(%)	筛上累计(%)	筛下累计(%)
	8	ΔR_8		
400	7	ΔR_7	0	100
300	6	ΔR_6		
250	5	ΔR_5		
200	4	ΔR_4	50	50
160	3	ΔR_3		
100	2	ΔR_2		
63	1	ΔR_1	100	0
0				

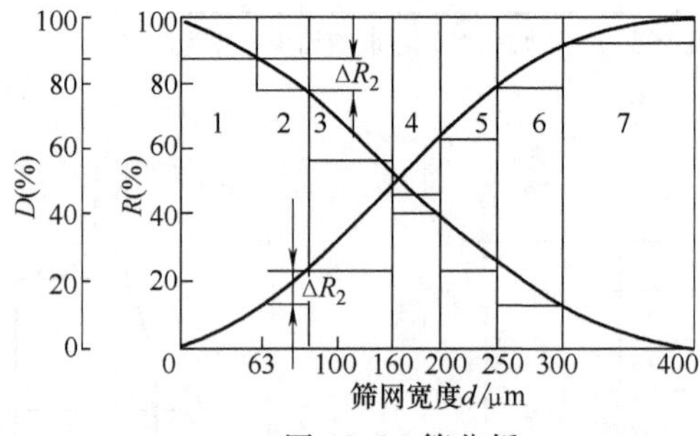

图 12-5 筛分析

2. 惯性分级测法

利用粉尘粒子在气体、液体介质中的惯性不同，可以对其进行分级，这种分析方法称为惯性分级测定法。

在气体或液体介质中悬浮的粉尘粒子当受到重力、惯性力或离心力的作用时，大于某一粒径的粒子能够从介质中分离而沉降下来。沉降速度的大小取决于粉尘粒径的大小。

若粉尘粒子随着气流一起运动，可以利用惯性力（或惯性离心力）使其从气流中分离出来，进而分级。不同粒径的尘粒所受到的惯性力是不同的。联级冲击器就是根据粉尘粒子的惯性冲击原理对粉尘进行分级的仪器。其结构和工作原理如图 12-6 所示。

从圆形或条缝形喷嘴喷出的含尘气流，直接喷向喷嘴前方一定距离的冲击板。冲量较大的尘粒会偏离气流撞击在冲击板上，并由于粘性力、静电力和范德瓦尔斯力的作用互相粘附，沉积于冲击板表面；而冲量较小的粉尘则随着气流进入到下一级。把几个喷嘴依次串联，逐渐减小喷嘴直径，气流从各喷嘴喷出的速度将逐级增高，从气流中分离出来的粉尘粒子也逐渐缩小。

联级冲击器常用的是 5~10 级，最多可达 20 级。每一级冲击器主要由喷嘴、冲击板等组成。

每级冲击器的喷嘴可以是单孔的，也可是多孔的。多孔喷嘴的孔数最多达数百个。

冲击板最常用的是平板，可用于圆形或条缝形喷嘴级联冲击器。此外，还有旋转圆鼓形冲击板、锥形冲击板、直角形冲击板。

为了防止冲击到冲击板上的粉尘将已捕集的粉尘冲刷下来，或反弹回气流引起二次扬尘，在冲击板上增加衬垫，这样做的另一好处是方便捕尘和称量，保证称量的精度。

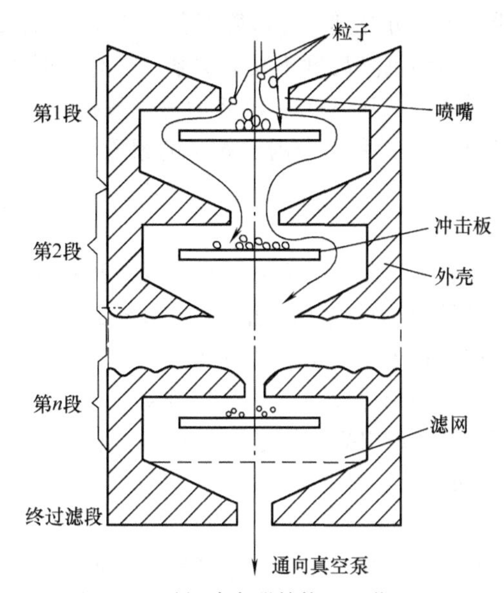

图 12-6 联级冲击器结构和工作原理

使用联级冲击器可以同时测出粉尘浓度和粒径分布数据。联级冲击器的优点：结构简单、紧凑，体积小，性能稳定；使用维护方便；既适合现场使用，也适合实验室使用。其分析粒径范围：0.3~20μm。

3. **沉降天平法**

1）基本原理：利用粒径大小不同的粉尘在液体介质中的沉降速度不同的原理，可以测量粉尘的粒径分布。

粉尘在液体介质中受重力的作用而沉降，如果忽略粉尘下降的加速过程，按斯托克斯公式可确定其沉降速度 v_s（m/s）为

$$v_s=\frac{g(\rho_p-\rho_w)}{18\mu_w}d_p^2 \tag{12-2}$$

式中 ρ_p、ρ_w——尘粒和液体的密度（kg/m^3）；

μ_w——液体的粘滞系数（Pa · S）。

① 在已知液体的性质（ρ_w 和 μ_w）及尘粒密度（ρ_p）的条件下，若测出沉降速度 v_s，即可求得粉尘的粒径 d_p（m）：

$$d_p=\left[\frac{18\mu_w v_s}{g(\rho_p-\rho_w)}\right]^{\frac{1}{2}} \tag{12-3}$$

② 根据需要测定的粒径 d_p，可求出沉降时间 t（s）：

$$t=\frac{18\mu_w H}{g(\rho_p-\rho_w)d_p^2} \tag{12-4}$$

式中 H——沉降高度（m）。

2）沉降天平法工作原理：利用粒径不同的粉尘粒子在液体介质中沉降速度的不同使尘粒分级，并且用天平来称量一定时间间隔的粉尘沉降累积质量，这就是沉降天平法。

不同粒径的粉尘在均匀分布的悬浊液中，以本身的沉降速度沉降在天平盘上。天平连续累积称出由一定高度的悬浊液中沉降到天平盘上的粉尘量。这部分沉降到天平盘上的粉尘包

括两个部分：其一，沉降时间比斯托克斯公式计算得出的时间 t 短的那部分粉尘粒子；其二，因为沉降高度不同的关系，在计算时间 t 内落下的那部分粉尘粒子。

若按沉降速度 v_s 沉降的粉尘粒径为 d_t，经时间 t 后，沉降析出的粉尘累积质量为 m，大于粒径 d_t 的那部分粉尘粒子的累积质量为 m_t，则

$$m_t = m - t\frac{\mathrm{d}m}{\mathrm{d}t} \tag{12-5}$$

若悬浮液中的沉降粉尘是同一种粒径的粉尘组成的单分散相体系，那么在沉降过程中，沉降量随时间成比例地增加，沉降曲线是一条直线。粉尘粒子从液面到底部的时间，就是该种粒径粒子完全沉降的时间。

如果悬浮液中沉降粉尘由4种粒径 d_1、d_2、d_3 和 d_4 的粉尘组成，则沉降曲线如图12-7所示的 $OPQRN$ 折线形式。粉尘粒径为 d_1、d_2、d_3 和 d_4 的粒子完全沉降的时间分别为 t_1、t_2、t_3 和 t_4。那么，当这些粉尘共同沉降时，沉降质量在开始阶段随时间成比例增加。到沉降时间 t_1，粒径 d_1 的粉尘沉降完毕，其余继续沉降。根据式（12-5），由折点 P 延长直线交纵轴的截距即为粒径 d_1 粉尘的质量 m_1。该质量 m_1 应该等于在沉降时间 t_1 称量的沉降质量减去直线 PQ 的斜率与 t_1 的乘积，从图上看，正是在纵坐标上的截距。而粒径 d_2 的粉尘质量 m_2-m_1 应是沉降质量减去 m_1 和直线 QR 斜率与 t_2 的乘积。依次类推，得到粒径为 d_3 的粉尘质量为 m_3-m_2，粒径 d_4 的粉尘质量为 m_4-m_3。

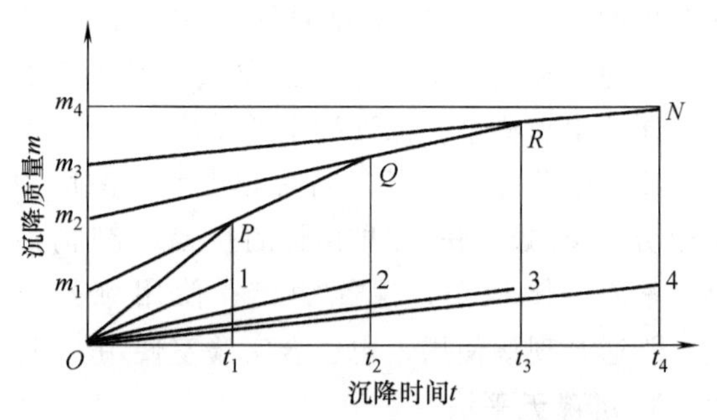

图12-7 包含4种粒径粉尘的沉降曲线

实际上，悬浮液中的粉尘大小不一，是多分散相系统。因此，在测定中，沉降曲线是一条光滑的 $m=F(t)$ 曲线。图解时，在曲线上的一些点相应作切线，交于纵轴，得出一系列截距。按照与上述类似的方法，可计算出各切点对应的粒径的粉尘质量（见图12-8）。在相应于时间 t_1、t_2、t_3 和 t_4 的各点上作切线，其与纵坐标的交点为 m_1、m_2、m_3……这一系列的截距可做出 $m=F(t)$ 曲线。可另以横坐标为 d_e 做图，将相应的 m_1、m_2、m_3……作为纵坐标标出，这样连接成的曲线就是筛上的累积曲线 R（d_p）。

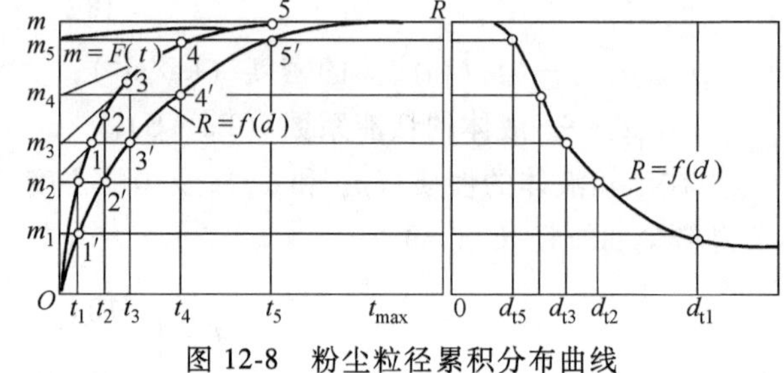

图12-8 粉尘粒径累积分布曲线

二、粉尘密度测试

1. 粉尘真密度

粉尘真密度的测试可采用液体转换法。

粉尘粒子间的空隙和颗粒的外开孔占据比尘粒自身大得多的体积。因此，在测量粉尘的真密度时，粉尘的质量用感量为万分之一克的天平直接称取；而测量粉尘体积时，需要将粒子间空气及外开孔的空气排除，以求得粉尘颗粒的材料体积。通常，排除粉尘中空气的方法

是选用合适的浸液浸泡粉尘，并用抽真空的方法排气，使浸液能在空气排出时置换尘粒间空隙及尘粒外开孔的位置，经称重计算，得出粉尘粒子的颗粒体积。

测量操作步骤如下：

1）称取空比重瓶质量 m_o，然后装入粉尘（约至瓶体积的 1/3），并称（瓶+尘）的质量 m_s。

2）将浸液注入装有粉尘的比重瓶内（约至体积的 2/3）。

3）用胶管按图 12-9 连接温度计、真空表等各器件，并保证各连接处严密不漏气。启动抽气泵，抽气 15～20min 至真空表刻度为 750～760mm 汞柱，观察瓶内基本无气泡逸出时，可停止抽气。注意：抽气开始时调节三通旋塞，使瓶内粉尘中的空气缓缓排出，避免由于抽气过急而将粉尘带出。

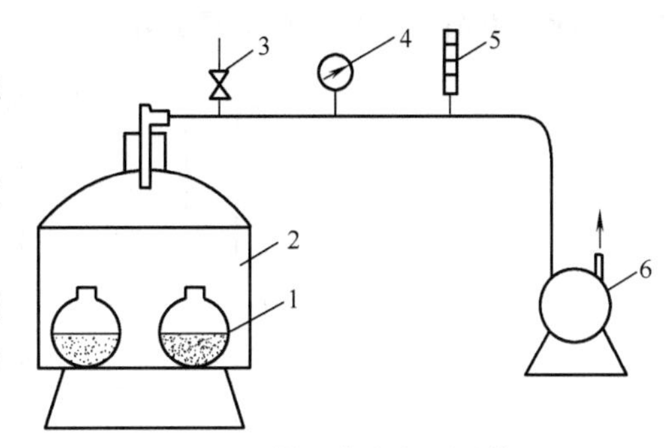

图 12-9 粉尘真密度测量装置

1—比重瓶 2—真空干燥器 3—三通阀 4—真空泵 5—温度计 6—抽气泵

4）取出比重瓶加满浸液并加盖，称出（瓶+尘+液）的质量 m_{s1}。

5）洗净该瓶，注满浸液并加盖，称出（瓶+液）的质量 m_1。

粉尘真密度按下式计算：

$$\rho_p = \frac{m_s - m_o}{(m_s - m_o) + m_1 + m_{s1}} \rho_1 \tag{12-6}$$

式中 ρ_p——粉尘真密度（g/cm³）；

ρ_1——测量温度下浸液密度（g/cm³）；

m_o——空比重瓶质量（g）；

m_s——（瓶+尘）的质量（g）；

m_1——（瓶+液）的质量（g）；

m_{s1}——（瓶+尘+液）的质量（g）。

通常取两次平行样品（两个比重瓶同时抽真空）的平均值为最终结果。两个平行样的相对误差应小于 0.01，否则应重新测量。

2. 粉尘堆积密度

粉尘堆积密度又称为粉尘的表观密度测量堆积密度采用容积质量法。

自然堆积密度计如图 12-10 所示，主要由量筒、漏斗、塞棒等组成。测量时，首先称出量筒质量 m_o，漏斗中装有量筒容积 1.2～1.5 倍的粉尘，抽出塞棒后，粉尘自由充填到下部圆形量筒中，然后用厚度为 3mm 的刮片将筒上堆积的粉尘刮去，称取量筒加粉尘的质量 m_i。由下式计算粉尘的堆积密度：

$$\rho_B = \frac{m_i - m_o}{100} \tag{12-7}$$

式中 ρ_B——粉尘的堆积密度（g/cm³）；

m_o——量筒的质量（g）；

100——量筒的容积（cm³）；

m_i——满足精度要求，经3次称得的量筒加粉尘质量的平均值（g）。

测量精度要求为3次测量中，量筒中粉尘质量最大绝对误差不大于1g，取满足精度要求的3次测量结果的平均值为最终结果。

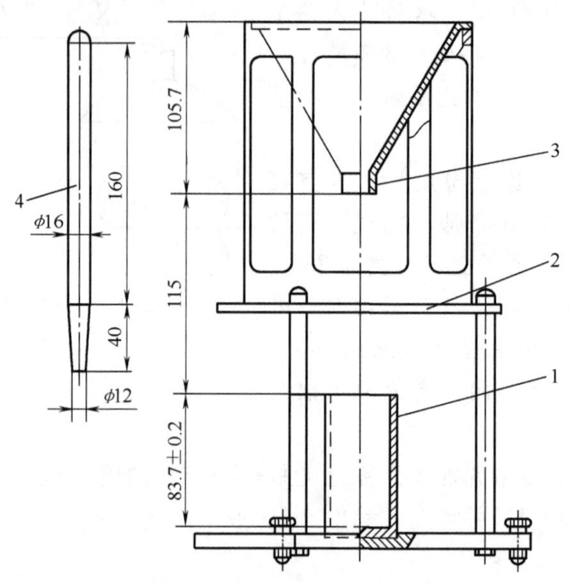

图12-10 粉尘自然堆积密度计

1—量筒 2—支座 3—漏斗 4—塞棒

第三节 除尘器风量测试及漏风率计算

一、风量的测试

1. 气流速度测试

在除尘器进、出口测试断面使用皮托管测定各测点静压、全压和动压。对于较清洁的排气管道，可使用标准皮托管。对于含尘管道，应使用S型皮托管，并以校正系数修正。

按下式计算各测点的气流速度：

$$v_i = K_v\sqrt{\frac{2p_d}{\rho}} \tag{12-8}$$

式中 p_d——测点的动压（Pa）；

v_i——各测点的气体流速（m/s）；

K_v——皮托管的校正系数；

ρ——测点的气体密度（kg/m^3）。

$$\rho = 2.695\rho_N \times \frac{B_a + p_s}{273 + t_s} \tag{12-9}$$

式中 ρ_N——标准状态下的测点气体密度（kg/m^3）；

B_a——当地当时大气压力（kPa）；

p_s——测点的气体静压（kPa）；

t_s——测点的气体温度（℃）。

标准状态下，气体密度的通用计算式为

$$\rho_N = \frac{1}{22.4}[(m_1X_1 + m_2X_2 + \cdots + m_nX_n)(1-X_w) + 18X_w] \qquad (12\text{-}10)$$

式中　m_1、m_2……m_n——气体中各种成分的分子量；

X_1、X_2……X_n——干气体中各种成分的体积百分数（%）；

X_w——气体中的水蒸气体积百分数（%）。

对于一般除尘系统，可忽略气体含湿量的影响，取 $\rho_N = 1.293\text{kg/m}^3$，则可按下式计算气体密度：

$$\rho = 3.485 \times \frac{B_a + p_s}{273 + t_s} \qquad (12\text{-}11)$$

对高湿系统，应测出气体湿度，由下式求出 ρ 值：

$$\rho = 2.695[\rho_{Nd}(1-X_w) + 0.804X_w]\frac{B_a + p_s}{273 + t_s} \qquad (12\text{-}12)$$

式中　ρ_{Nd}——标准状态下干气体密度（kg/m^3）。

气体的流速也可直接用风速计测出。

管道内气体的平均流速为各测点流速的算术平均值，按下式计算：

$$\bar{v} = \frac{\sum_{i=1}^{n} v_i}{n} \qquad (12\text{-}13)$$

式中　v_i——各测点的气流速度（m/s）；

$\bar{v}$——管道内气流平均速度（m/s）；

n——管道内测点数量。

2. 流量计算

根据管道内气体的平均流速，由下式求出气体流量：

$$Q_N = 9700F\left(\frac{B_a + \bar{p}_s}{273 + \bar{t}_s}\right)\bar{v}$$

$$Q'_N = Q_N(1 - x_w)$$

式中　Q_N——气体流量（m^3/h）；

Q'_N——干气体流量（m^3/h）；

B_a——当地当时大气压力（kPa）；

F——测定截面积（m^2）；

$\bar{p}_s$——测定截面气体平均静压（kPa）；

$\bar{t}_s$——测定截面气体平均温度（℃）；

$\bar{v}$——各测点流速的算术平均值（m/s）。

二、漏风率的计算

漏风率按下式计算：

$$\alpha = \frac{Q'_{oN} - Q'_{iN}}{Q'_{1N}} \times 100$$

式中 α——漏风率（%）；

Q'_{oN}——除尘器出口的干气体流量（m^3/h）；

Q'_{iN}——除尘器入口的干气体流量（m^3/h）。

第四节 含尘浓度和除尘效率测试

一、测试方法

除尘器入口和出口管道内的粉尘浓度采用滤膜（筒）过滤计重法测定。测孔位置和测点数按第一节所述方法确定。当除尘器出口管道内存在气流严重扰动、没有稳定流速的直管段时，可在通风机出口管道上设测孔。

采样时，一般用移动采样法在各测点以相同的采样时间进行等速采样。当不可能使用移动采样法时，可使用代表点采样法，即根据在各测点测定的气流速度，求出平均流速，然后选定其速度接近平均流速的测点作为采样代表点，进行粉尘采样。采样时，仍应遵守等速采样的原则。

二、采样体积的测定

1. 非高湿气体采样体积的测定

1）对于湿度不大的除尘系统，等速采样时通过转子流量计的实际流率及流量计应指示的读数，按下列公式计算等速采样的抽气流率：

$$q_m = 0.0357 d^2 K_p \sqrt{\frac{p_d(B_a + p_s)}{273 + t_s}} \times \frac{273 + t_m}{B_a + p_m} \tag{12-14}$$

$$q'_m = 0.0607 d^2 K_p \sqrt{\frac{p_d(B_a + p_s)}{273 + t_s}} \times \sqrt{\frac{273 + t_m}{B_a + p_m}} \tag{12-15}$$

式中 q_m——测定状态下通过转子流量计的实际流率（L/min）；

q'_m——当标定流量计的介质为20℃、101.3kPa、湿度不大的空气时，根据实际流率q_m修正的流量计应指示读数（L/min）；

d——采样嘴入口直径（mm）；

K_p——皮托管校正系数；

p_d——采样点的气体动压（Pa）；

B_a——当地当时大气压力（kPa）；

p_s——采样点的气体静压（kPa）；

t_s——采样点的气体温度（℃）；

p_m——流量计入口处气体静压（kPa）；

t_m——流量计入口处气体温度（℃）。

2）采样体积按下式计算：

$$Q_s = \sum_{i=1}^{n} q_i T_i \times 10^{-3} \tag{12-16}$$

$$q_i = 0.0471 d^2 v \tag{12-17}$$

$$q_{iN} = 0.1269 d^2 v \left(\frac{B_a + p_s}{273 + t_s}\right) \tag{12-18}$$

$$Q_{sN} = \sum_{i=1}^{n} q_{iN} T_i \times 10^{-3} \tag{12-19}$$

式中　Q_s——工况采样体积（m^3）；

Q_{sN}——标准状态采样体积（m^3）；

q_i——各采样点达到的工况采样流率（L/min）；

q_{iN}——各采样点达到的标准状态采样流率（L/min）；

T_i——各采样点的采样时间（min）；

d——采样嘴入口直径（mm）；

v——采样点的气体速度（m/s）；

B_a——当地当时大气压力（kPa）；

p_s——采样点的气体静压（kPa）；

t_s——采样点的气体温度（℃）。

2. 高湿气体采样体积的测定

（1）采样装置　高湿系统的采样装置如图 12-11 所示。

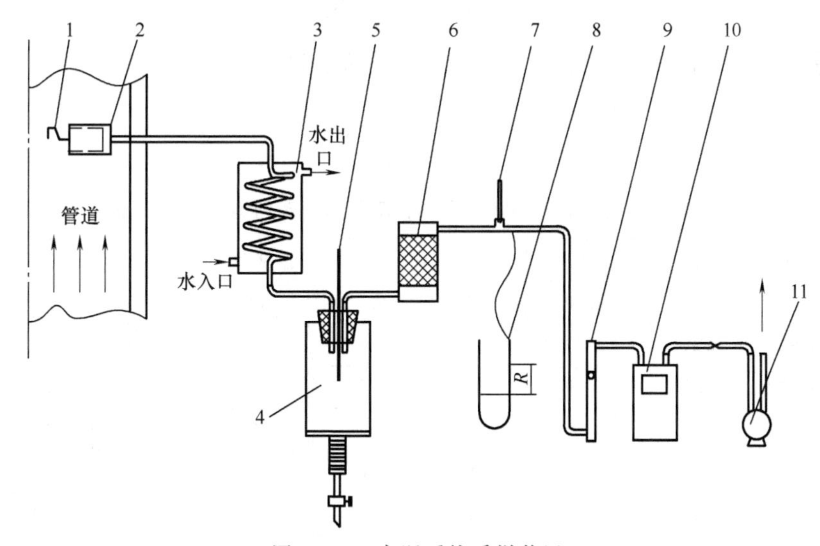

图 12-11　高湿系统采样装置

1—采样嘴　2—滤筒　3—冷凝器　4—冷凝水瓶　5—温度计　6—干燥器　7—温度计　8—压力计　9—转子流量计　10—累积流量计　11—抽气泵

（2）含湿量的测定和计算　在进行等速采样时，可先利用采样系统中的冷凝干燥装置进行湿度测定，求出气体中的水蒸气体积百分比数，其方法是：

1）取任一计量读数 Q'_c（一般可取 10~20L/min），采样十余分钟或更长一些时间，量出冷凝器中产生的凝结水量和冷凝器出口温度（℃）；

2）从表 12-4 中查出 t_v 相对应的饱和水蒸气压力 p_v（kPa）值，用下式求出所采气体的含湿量：

$$G_{sw} = 910 \frac{g_w}{Q'_c} \sqrt{\frac{R_m(273+t_m)}{B_a+p_m}} + \frac{1000(R_m/R_w)p_v}{B_a+p_m-p_v} \tag{12-20}$$

如果通过流量计的气体分子量和空气的相差不大，则：

$$G_{sw}=488\frac{g_w}{Q_c'}\sqrt{\frac{273+t_m}{B_a+p_m}}+\frac{622p_m}{B_a+p_m-p_v} \tag{12-21}$$

式中 G_{sw}——气体含湿量（g/kg 干气体）；

g_w——每单位采样时间的凝结水量（g/min）；

R_m——采样时通过流量计的气体的气体常数［kJ/(kg · K)］；

R_w——水蒸气的气体常数［kJ/(kg · K)］；

t_m——流量计入口的气体温度（℃）；

p_m——流量计入口的气体静压（kPa）；

B_a——当地当时大气压力（kPa）。

气体中所含水蒸气的体积分数 X_w（%）可用下式计算：

$$X_w=\frac{G_{sw}}{1000(R_m/R_w)+G_{sw}}\times100 \tag{12-22}$$

如果通过流量计的气体分子量与空气的相差不大，则：

$$X_w=\frac{G_{sw}}{622+G_{sw}}\times100 \tag{12-23}$$

表 12-4 在 101.33kPa 压力下，不同温度时的饱和水蒸气压

温度/℃	p_v/kPa	温度/℃	p_v/kPa	温度/℃	p_v/kPa	温度/℃	p_v/kPa	温度/℃	p_v/kPa
0	0.61	19	2.20	34	5.32	49	11.73	64	23.89
5	0.87	20	2.33	35	5.63	50	12.34	65	24.99
6	0.93	21	2.49	36	5.95	51	12.95	66	26.13
7	1.00	22	2.64	37	6.28	52	13.61	67	27.32
8	1.07	23	2.81	38	6.63	53	14.29	68	28.55
9	1.15	24	2.99	39	6.99	54	14.99	69	29.81
10	1.23	25	3.17	40	7.37	55	15.74	70	31.14
11	1.31	26	3.36	41	7.77	56	16.50	75	38.53
12	1.40	27	3.56	42	8.20	57	17.30	80	47.32
13	1.49	28	3.77	43	8.64	58	18.14	85	57.78
14	1.60	29	4.00	44	9.10	59	19.00	90	70.07
15	1.71	30	4.24	45	9.58	60	19.91	95	84.47
16	1.81	31	4.49	46	10.09	61	20.84	100	101.28
17	1.93	32	4.76	47	10.61	62	21.83		
18	2.07	33	5.03	48	11.16	63	22.84		

（3）等速采样的抽气流率 求出 X_w 后，即可用下式求等速采样的抽气实际流率和转子流量计应指示的读数：

$$q_{m}=0.0471d^{2}v(1-X_{w})\frac{B_{a}+p_{s}}{B_{a}+p_{m}}\times\frac{273+t_{m}}{273+t_{s}} \tag{12-24}$$

$$q_{m}'=0.0428d^{2}v(1-X_{w})\frac{B_{a}+p_{s}}{273+t_{s}}\times\sqrt{\frac{273+t_{m}}{(B_{a}+p_{m})R_{m}}} \tag{12-25}$$

如果通过流量计的气体分子量与空气的相差不大，则：

$$q_{m}'=0.0799d^{2}v(1-X_{w})\frac{B_{a}+p_{s}}{273+t_{s}}\times\sqrt{\frac{273+t_{m}}{B_{a}+p_{m}}} \tag{12-26}$$

式中　q_m——测定状态下通过转子流量计的实际流率（L/min）；

q_m'——当标定流量计的介质为20℃、101.3kPa、湿度不大的空气时，根据实际流率 q_m 修正的流量计应指示读数（L/min）；

d——采样嘴入口直径（mm）；

v——管道中采样点的气流速度（m/s）；

t_s——采样点的气体温度（℃）；

p_s——采样点的气体静压（kPa）；

其余符号意义与式（12-16）、式（12-18）相同。

（4）采样体积的计算　标准状态下的采样体积（干气体）可按累积流量计在结束抽气时的读数之差用下式计算：

$$Q_{SN}=2.695(Q_{S2}-Q_{S1})\frac{B_{a}+p_{m}}{273+t_{m}} \tag{12-27}$$

式中　Q_{SN}——标准状态下的采样体积（m^3）；

Q_{S2}——累积流量计终度数（m^3）；

Q_{S1}——累积流量计初度数（m^3）；

B_a——当地当时大气压力（kPa）；

p_m——累积流量计入口处的气体静压（kPa）；

t_m——累积流量计入口处的气体温度（℃）。

当采样系统不接入累积流量计时，可由下式求出标准状态下的采样体积：

$$q_{Nd}=0.1269d^{2}v\left(\frac{B_{a}+p_{s}}{273+t_{s}}(1-X_{w})\right) \tag{12-28}$$

$$Q_{SN}=\sum_{i=1}^{n}q_{Nd}T_{i}\times 10^{-3} \tag{12-29}$$

式中　q_{Nd}——在各采样点达到的标准状态干气体采样流率（L/min）；

d——采样嘴入口直径（mm）；

v——采样点的气流速度（m/s）；

B_a——当地当时大气压力（kPa）；

p_s——采样点的气体静压（kPa）；

t_s——采样点的气体温度（℃）；

X_w——气体中所含水蒸气的体积分数（%）；

T_i——各采样点的采样时间（min）。

三、含尘浓度的计算

干含尘气体中的粉尘浓度用下式计算：

$$C'=\frac{\Delta W}{Q_{SN}} \tag{12-30}$$

式中 C'——干含尘气体中的粉尘浓度（g/m^3）；

ΔW——采样后的滤筒增重（g）；

Q_{SN}——标准状态下的采样体积（m^3）。

四、除尘效率的计算

1. 吸入式除尘器

吸入式除尘器的除尘效率按下式计算：

$$\eta=\left(1-\frac{c_o'Q_{oN}}{c_i'Q_{iN}}\right)\times100 \tag{12-31}$$

式中 η——除尘效率（%）；

c_o'——除尘器出口的气体含尘浓度（g/m^3）；

Q_{oN}——除尘器出口的干气体流量（m^3/h）；

c_i'——除尘器入口的气体含尘浓度（g/m^3）；

Q_{iN}——除尘器入口的干气体流量（m^3/h）。

2. 压入式除尘器

压入式除尘器的除尘效率按下式计算：

$$\eta=\frac{Q_{oN}}{Q_{iN}}\left(1-\frac{c_o'}{c_i'}\right)\times100 \tag{12-32}$$

式中符号意义与式（12-31）相同。

第五节 袋式除尘器过滤速度和设备阻力的计算

一、过滤速度的计算

袋式除尘器过滤速度按下式计算：

$$v_f=\frac{Q_i}{60F} \tag{12-33}$$

式中 v_f——过滤速度（m/min）；

Q_i——除尘器入口工况风量（m^3/h）；

F——除尘器滤袋的总有效过滤面积（m^2）。

二、设备阻力的计算

袋式除尘器设备阻力按下式计算：

$$\Delta P=\Delta p'-\sum\Delta p_a \tag{12-34}$$

式中 ΔP——除尘器总阻力（Pa）；

$\sum\Delta p_a$——自除尘器前后两测定截面至除尘器入口及出口法兰之间的管道阻力之和（Pa）；

$\Delta p'$——除尘器前后两测定截面的气体平均全压差（Pa）；

$$\Delta p' = p_i - p_o \tag{12-35}$$

式中　p——除尘器测定截面的气体平均全压（Pa），其中角标 i、o 分别代表除尘器前、后测定截面。

$$p = \frac{p_1 v_1 + p_2 v_2 + \cdots + p_n v_n}{v_1 + v_2 + \cdots + v_n} \tag{12-36}$$

式中　p_1、p_2、…、p_n——除尘器前、后各测定截面的气体全压（Pa）；

v_1、v_2、…、v_n——除尘器前、后各测定截面的气流速度（m/s）。

第六节　袋式除尘器气流分布测试

随着规模日益大型化，袋式除尘器气流分布越来越显得重要。

一、袋式除尘器气流分布的主要功能

1）使气流流动顺畅、平缓，以降低除尘器阻力；

2）控制含尘气流在除尘器内的方向和流速，避免含尘气流冲刷滤袋导致滤袋破损；

3）组织气流通过合理的途径向各个区域分配和输送，使不同区域滤袋的过滤负荷均匀。

二、袋式除尘器气流分布的现场测试

1. 概述

袋式除尘器气流分布测试分为模型测试和现场测试。

现场测试分为两种：

1）新建除尘器的测试：对新建设的除尘器在运行前进行冷态测试，以检查其气流分布是否与设计要求和模化试验结果相符，当不满足要求时，及时对新建除尘器的气流分布进行调整，直至符合技术要求。

2）在役除尘器的测试：针对在役除尘器进行气流分布测试，找出气流分布不均的原因，提出改造方案。

2. 现场气流分布测试的准备

1）对除尘器测试断面进行行列网格划分，网格尺寸以不大于 1000mm×1000mm 为宜，测点布置在各网格中心；

2）准备好测试仪器，并作好标定和检查。测试气流分布的仪器通常为热线风速仪或热球风速仪；

3）备好测试时的人工走台和竖向爬梯；

4）作好测试流线的编排，人员的组织；

5）备好安全带、手电、防护眼镜、口罩、通信装置、记录表格等。

3. 现场气流分布测试的方法

划分测试断面：对于袋式除尘器需要测试的断面，需划分网格。每个断面划分成若干面积相等的小格，测点位于每格的中心。

图 12-12 是某袋式除尘器气流分布测试时的网格划分。该除尘器为水平进风型式。沿气流流动方向共测试 A、B、C 三个断面。

A_{11}	A_{12}	A_{13}	A_{14}	A_{15}	A_{16}
A_{21}	A_{22}	A_{23}	A_{24}	A_{25}	A_{26}
A_{31}	A_{32}	A_{33}	A_{34}	A_{35}	A_{36}
A_{41}	A_{42}	A_{43}	A_{44}	A_{45}	A_{46}
A_{51}	A_{52}	A_{53}	A_{54}	A_{55}	A_{56}
A_{61}	A_{62}	A_{63}	A_{64}	A_{65}	A_{66}
A_{71}	A_{72}	A_{73}	A_{74}	A_{75}	A_{76}
A_{81}	A_{82}	A_{83}	A_{84}	A_{85}	A_{86}

图 12-12 气流分布测试断面的划分

各小格的测试顺序可采用逐行方式（见图 12-13a）或逐列扫描方式，也可采用折返方式（见图 12-13b）。

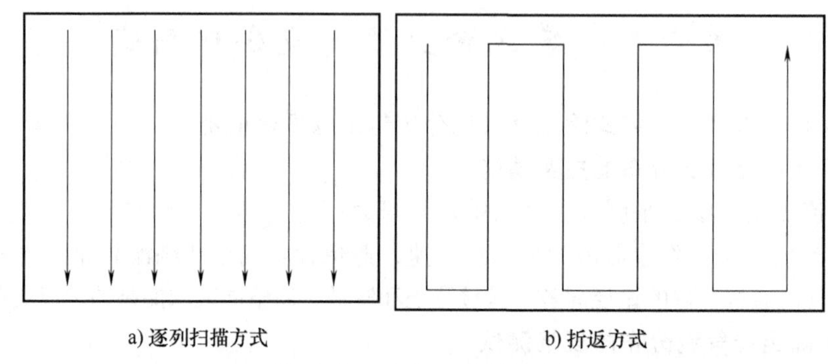

a) 逐列扫描方式　　b) 折返方式

图 12-13 气流分布测试顺序

由于气流的波动，测试时应注意仪表读值的判取，也可先试测一些点，待取得经验后再正式测读。测试应进行 2~3 次为宜。

图 12-14 是某袋式除尘器气流分布现场测试的结果。

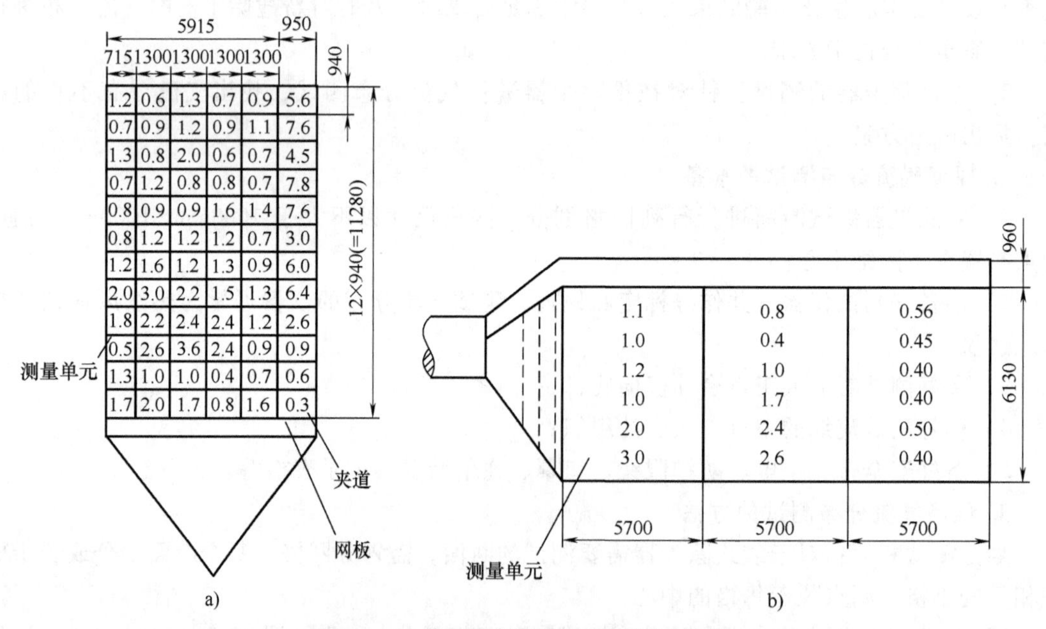

图 12-14 除尘器气流分布现场测试结果

注：网格中的数据为风速（m/s）。

该除尘器气流分布设计是将含尘气流从袋束正面、侧面和下面三个通道输送至不同区域的滤袋。在设计整机之前，进行了实验室模型试验。从图 12-14 可见，袋束正面的气流速度都控制在较低的限度内，可避免对滤袋的冲刷；袋束侧面和下面的气流速度都控制在预期的范围内，与模型试验的结果基本吻合。

大型袋式除尘器测试基本上是在现场进行。鉴于现场情况复杂，测试条件有限，并且大多数为高空作业，多难以严格达到理论要求的测试条件；有些时候由于工艺流程的过程变化，测试的对象（例如，风量）也相应发生变化，各种因素叠加，要求测试人员具有相当的经验，同时往往要通过增加测试次数、频度等方式来提高测试的准确度。

第十三章　袋式除尘器故障诊断及排除

袋式除尘器主要故障可归结为设备阻力过高、设备阻力过低、排气含尘浓度超标、滤袋破损、灰斗积存粉尘过多、清灰机构失效。各主要故障的产生原因及排除方法叙述如下。

第一节　清灰装置失效

清灰装置失效时，清灰效果变弱，甚至完全没有效果。

一、振动清灰方式

1. 仓室排气阀门关闭不严

出现此种情况将削弱清灰效果，也影响粉尘沉降。

故障原因及解决方法：阀门关闭不严可能因粉尘而卡塞；或因阀板变形；或者阀门的先天缺陷所致。应及时检查和确诊，清除阀板和阀座的粉尘；校正或更换阀板；或换用密封性能好的阀门。

2. 振动电机损坏

解决方法：应予更换。

3. 振动机构及传动件损坏或螺栓松动

解决方法：更换损坏零件，紧固螺栓。

二、反吹清灰方式、反吹—振动联合清灰方式

1. 换向阀门关闭不严

故障原因：阀门关闭不严可能因粉尘卡塞而引起；或因阀板变形；或者阀门的先天缺陷所致（例如，某些阀门本身的密封性差）。

解决方法：应及时检查和确诊故障原因，清除阀板和阀座的粉尘；校正或更换阀板；或换用密封性能好的阀门。

2. 反吹阀门开启过小

此种情况严重时，反吹阀门完全不开启。其原因有时是连接件损坏，虽然控制系统发出开启信号，但阀板却动作很小或完全不动作。

解决方法：应检查阀门开度，找出原因，加以排除。若因连接件损坏所致，则更换连接件。

3. 反吹阀门或管道被粉尘等堵塞

解决方法：应及时疏通和清理。若处理困难则予以更换。

4. 反吹风量调节阀门开启过小或损坏

解决方法：应调整阀门开度，或修理（更换）损坏的阀门。

5. 反吹风机损坏

解决方法：需及时修理或更换。

三、回转反吹及脉动反吹清灰方式

1. 反吹管漏气

解决方法：应加强密封，堵塞漏点。

2. 反吹管卡住

故障原因：花板表面有异物突出；滤袋受热收缩被向上抬起，使反吹管运动受阻。

解决方法：应查明卡住原因，清除异物；或换用收缩量合格的滤料。

3. 传动机构损坏

解决方法：需更换损坏的零部件。

4. 脉动阀阀片磨蚀

解决方法：需更换阀片。

四、脉冲喷吹清灰方式

1. 脉冲阀关闭迟缓或常开

这种情况导致稳压气包内压力过低，或者完全没有压力。

当脉冲阀的节流通道局部堵塞时，会导致关闭迟缓；若全部堵塞，则脉冲阀完全不能关闭（即常开）。另外，电磁阀损坏（漏气）、膜片组件的垫片破损、膜片破损、弹簧失效，也是产生这种故障的原因。

判断这种故障的依据是：脉冲阀喷吹时间过长；每次喷吹后气包压力下降过多；或者气包完全没有压力。

可分别采取以下方法解决：拆开脉冲阀，疏通节流孔；重新安装膜片；更换或修理控制阀；更换膜片组件；更换弹簧。

2. 脉冲阀开启迟缓或常闭

这种情况导致清灰无力或完全不能清灰。

当脉冲阀的排气通道不畅（例如，面积过小或被堵塞），或者节流通道面积过大时，可能出现脉冲阀开启迟缓现象，严重时，脉冲阀完全不能开启（即常闭）。另外，膜片与垫片的紧固螺栓松动、膜片有砂眼或微小破口、电磁阀失效（不能开启）、弹簧弹力过大、控制信号中断，也是产生这种故障的原因。

判断这种故障的依据是：脉冲阀喷吹时间过短，有时脉冲阀仅电磁阀和控制膜片短暂卸压，而主膜片开启不充分或完全不开启；每次喷吹后气包压力下降过少。可分别采取以下方法解决：疏通排气通道；缩小节流通道；紧固连接膜片与垫片的螺栓；更换破损的膜片；更换失效的电磁阀；更换弹簧；接通控制电路。

3. 喷吹管脱落

喷吹管与脉冲阀的输出管之间漏气过大，或喷吹管完全脱落。此时，喷吹气流不能有效进入滤袋，或完全不起作用。

出现这种情况是因为喷吹管定位装置存在缺陷，或者安装不当。

解决方法：应当重新装好喷吹管。若定位装置有问题，应予改进。

4. 喷吹管破损

喷吹管和脉冲阀的输出管都可能出现破损，从而削弱清灰效果。

存在以下因素时会出现这种故障：

1）滤袋破损而且未能及时处理，使得上箱体（包括喷吹管）内含尘浓度升高（见

图13-1），喷吹时高速气流携带粉尘对管壁产生严重的冲刷，导致喷吹管出现穿孔（见图13-2）；

2）喷吹管的喷嘴偏斜，导致气流偏吹；

3）脉冲阀出口弯管曲率半径过小（见图13-3），同时供气管道内杂物未清除，气流携带杂物从弯管反弹冲刷喷吹管背面（见图13-4），导致喷吹管背面出现穿孔（见图13-5）。

可采取以下措施防止出现上述问题：

1）加大脉冲阀出口弯管曲率半径。对于$\phi 80$的脉冲阀，其弯管曲率半径宜取$R=350\sim400$mm。

图13-1　滤袋破损使粉尘大量进入上箱体

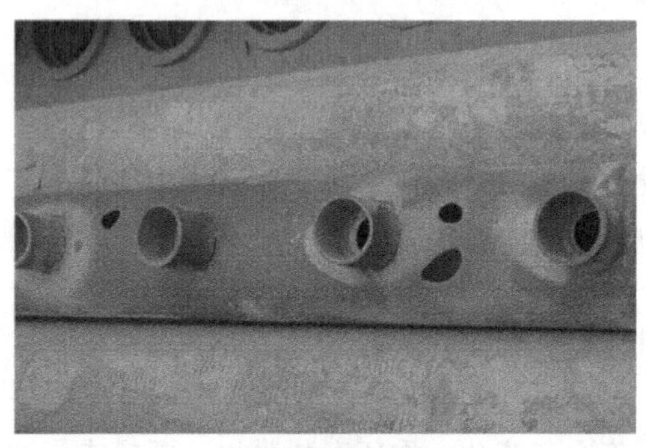

a）喷吹管正面出现穿孔

b）喷吹管侧面和背面出现漏洞

图13-2　清灰气流携带粉尘冲刷导致喷吹管破损图

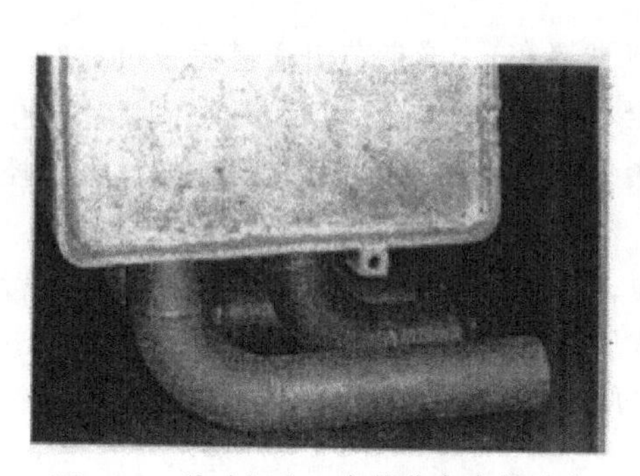

图13-3　脉冲阀出口弯管曲率半径过小

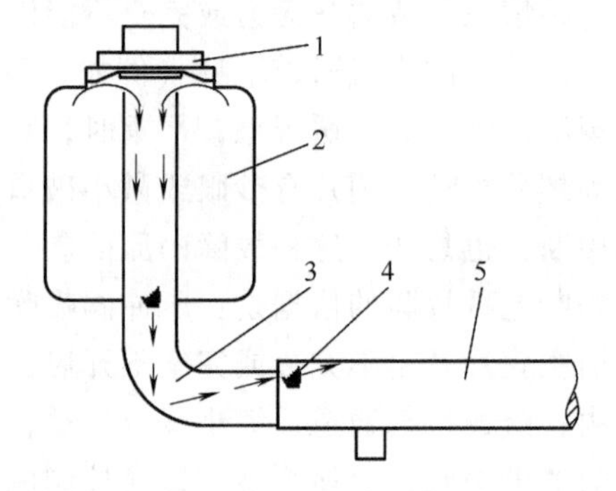

图13-4　杂物从弯管反弹冲刷喷吹管背面
1—脉冲阀　2—气包　3—弯管
4—杂物　5—喷吹管

2）对供气系统认真吹扫。袋式除尘器供气系统安装结束后，在接通喷吹装置之前，应预先以压缩气体对供气系统进行吹扫，将其中的杂物清除干净。

3）喷吹装置的稳压气包制作完成后应认真清除内部的杂物。完成组装出厂前，应将所有的孔、口全部堵塞，防止运输过程中杂物进入。

5. 控制系统失常

控制清灰的仪器或系统的硬件损坏，或程序发生紊乱。通常出现以下情况：

1）电脉冲时间过长，导致气脉冲时间过长，下一位脉冲阀喷吹时气包压力不能恢复正常，清灰效果差，甚至完全没有效果；

2）电脉冲时间过短，导致脉冲阀不能完全开启或完全不能开启，气脉冲无力且时间过短，清灰没有效果；

3）脉冲阀压力信号误报，可能因取压管堵塞而引起，或因控制系统程序混乱所导致。

解决方法：及时检查和找出原因，调整控制参数，排除故障。

图 13-5　喷吹管背面出现穿孔

第二节　滤袋非常规破损

一、除尘器滤袋磨蚀及破损总览

袋式除尘器的滤袋非常规破损有以下几种情况：含尘气流对滤袋的冲刷；滤袋受箱板的磨蚀；滤袋相互间磨蚀；滤袋受箱体结构突出物的破损。

图 13-6 为某钢厂除尘器滤袋破损总览图。从图中可见，磨蚀和破损滤袋的位置大多靠近箱壁，而箱壁表面设有用作加强筋的槽钢。5#袋室着色区域一排滤袋整体出现磨蚀，其余阴影区域出现破损（见图 13-7）。滤袋磨蚀和破损位置均为距袋口 260 ~ 280mm（见图 13-8），且多发生在滤袋与槽钢间隙过小的位置（图 13-6 黑色粗框线区域），尤其是后排箱体靠中部隔板区域。

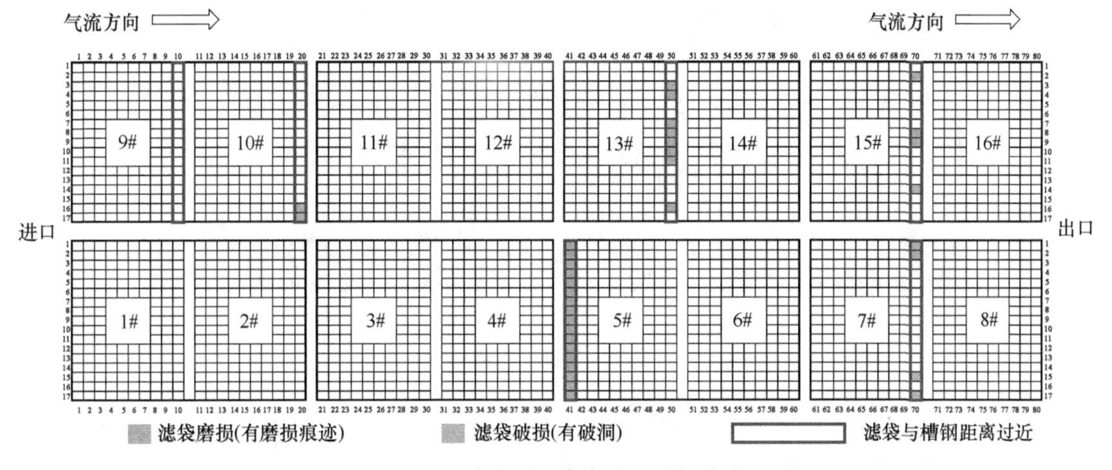

图 13-6　除尘器滤袋磨蚀及破损总览

出现上述情况的原因在于槽钢与滤袋距离过近（见图 13-9），甚至直接接触，运行过程中滤袋稍有偏斜或摆动，就会发生磨蚀，如前述一排滤袋全部磨蚀的情况。其余箱体滤袋出现破损，还由于含尘气流对滤袋形成局部冲刷，这一因素的影响显得更大。

二、含尘气流冲刷滤袋

含尘气流冲刷滤袋是滤袋破损最常见的表现之一。图 13-10a 所示为含尘气流冲刷而受

a) 滤袋磨蚀 b) 滤袋破损

图 13-7 滤袋磨蚀和破损

图 13-8 现场滤袋破损部位

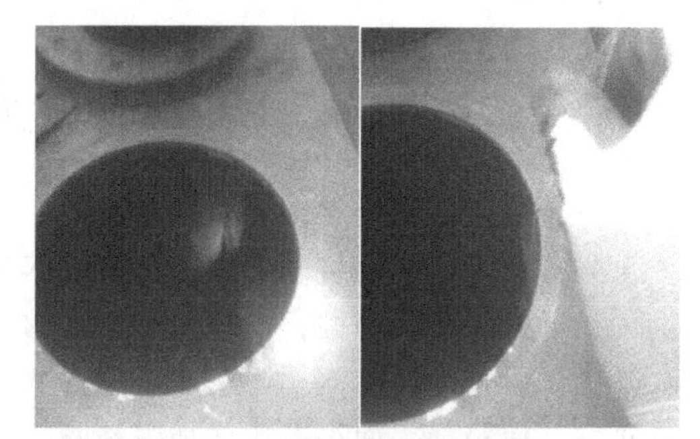

图 13-9 滤袋与筋板间距过小

损的外滤式滤袋，图中颜色较深部分系因冲刷而使表面纤维丢失，在与竖筋和加固圈接触的部位，滤袋表面受冲刷较严重，因而出现破损。图 13-10b 为另一受冲刷而破损的滤袋。

a) b)

图 13-10 被含尘气流冲刷而破损的滤袋

下述原因易导致含尘气流对滤袋的冲刷：

1）除尘器采用灰斗进风，而且没有采取气流分布装置，或气流分布装置效果欠佳。图 13-11 为设在灰斗上沿的气流分布装置不合理，未起到均布作用，导致滤袋受冲刷而破损。

2）除尘器入口设有气流分布装置，但气流偏斜，而分布装置尺寸不足，因此未起到应有的作用，含尘气流对滤袋形成冲刷（见图 13-12）。

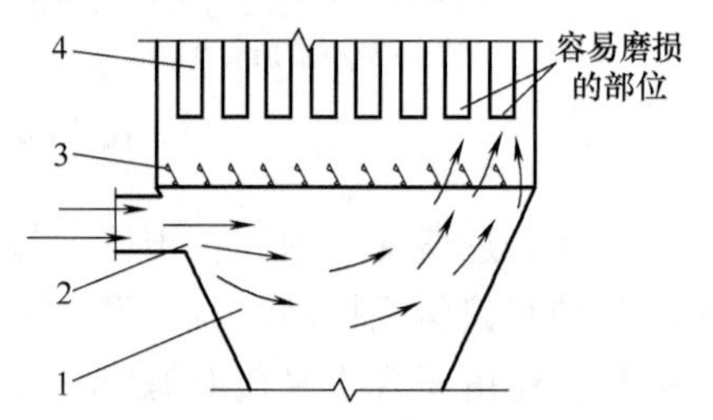

图 13-11 含尘气流冲刷滤袋

1—灰斗 2—进风管 3—导流板 4—滤袋

3）内滤式滤袋，袋口风速过高，导致袋口附近被磨蚀（见图 13-13）。

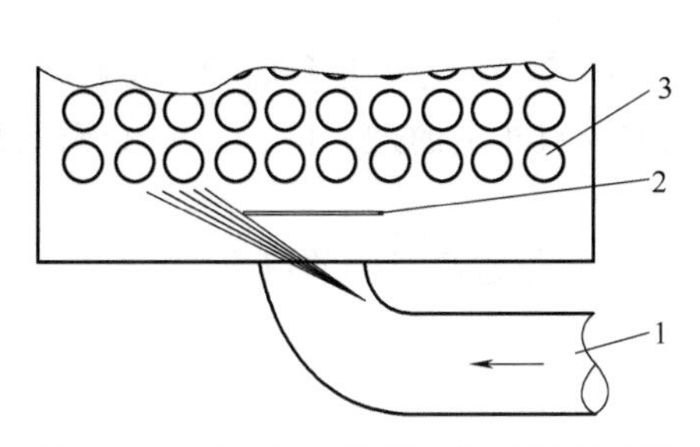

图 13-12　含尘气流偏斜使滤袋受到冲刷
1—进风管道　2—挡风板　3—滤袋

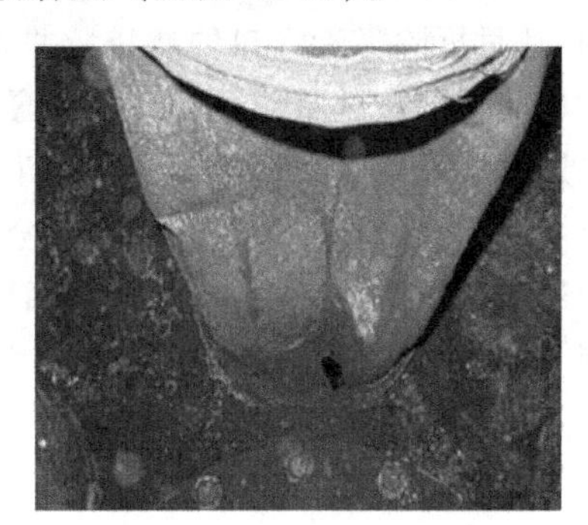

图 13-13　内滤式滤袋袋口受冲刷而破损

从以下现象可判断滤袋破损由含尘气流冲刷所致：

1）滤袋投入运行时间不长（例如，1~2 个月，甚至数天），滤袋便出现破损；

2）破损滤袋多位于远离进风口一侧，或靠近进风口处；

3）滤袋破损部位多在滤袋下部（对于外滤式滤袋，多位于袋底；对于内滤式滤袋，多位于袋口），或者靠近进风口的部位。

解决方法：应当增设有效的气流分布装置，或改造已有的气流分布装置，使之确实起到将气流均布的作用。若有可能，最好不采用灰斗进风。图 13-14 所示为比较通行且被众多工程证明行之有效的气流分布装置之一：含尘气流从中箱体下部进入，在导流板构成的缓冲区受阻而减速和均布，随后向上流动并越过挡板，进一步减速流向各条滤袋。

当不能避免灰斗进风时，图 13-15 所示的气流分布装置是一种可供选择的方案。它是在灰斗的上沿等间距地设置若干垂直的挡板，挡板的高度逐级增加，挡板插入含尘气流的深度也逐级增加，最后一块挡板的面积应大于含尘气流的断面。进入灰斗的气流被分割、转向、减速，从而较平缓地流向滤袋所在区域。

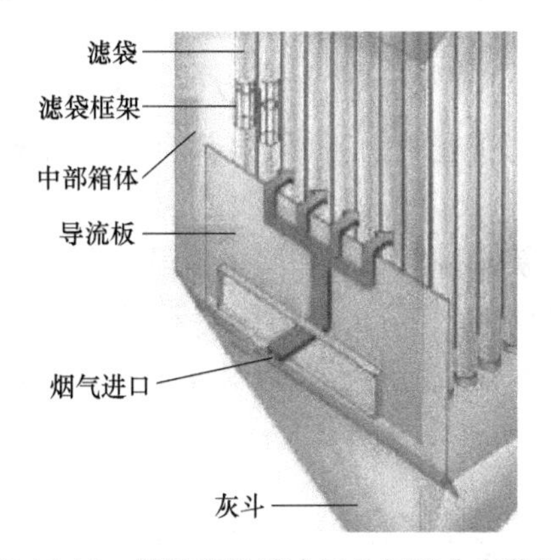

图 13-14　带导流板缓冲区的气流分布装置

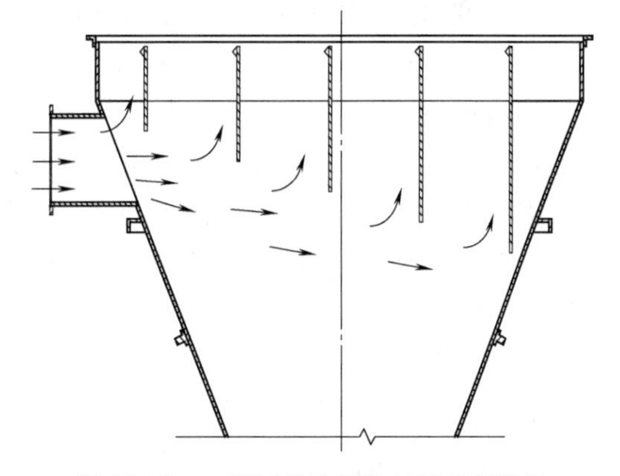

图 13-15　一种可供选择的气流分布装置

机械回转反吹袋式除尘器若运行时间不长，而滤袋出现破损，且破损滤袋多位于外圈（靠近箱体壁面），则很可能因含尘气流冲刷所致。可采取以下措施处理：

1）改进进风口（例如增加进风口的高度以扩大面积），适当降低入口风速；

2）增设导流板以使气流偏向箱体板壁，若已有导流板，则应改善其效果；

3）适量拆除靠近入口的滤袋，并以盲板封闭袋孔。

三、灰斗积灰过多使气流分布装置堵塞

采用下进风方式的除尘器，在灰斗内设有气流分布装置。但随着运行时间的推移，灰斗内积灰增多，使气流分布通道部分或全部堵塞，甚至波及灰斗上的进风口。含尘气流以高速从其余通道流向滤袋，使滤袋受冲刷而破损。

图 13-16a～e 所示为灰斗进风的 5 种气流分布装置受料位过高影响的情况。

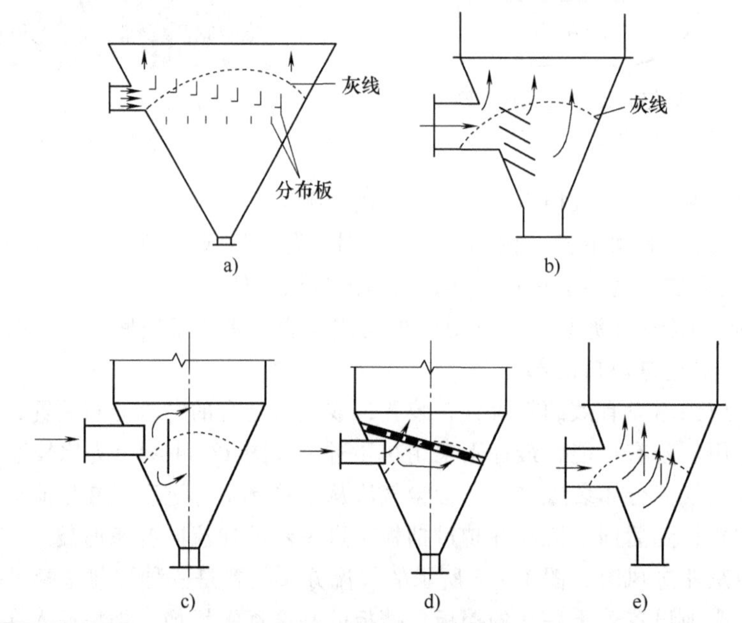

图 13-16 灰斗进风的气流分布装置受料位过高影响

关于灰斗料位过高的原因及解决办法，请参见本章第三节。

四、滤袋之间或滤袋与箱体板壁之间发生磨蚀

滤袋间距过小，或者滤袋与箱体板壁之间距离过小，或者板壁内表面不光滑（例如，施工残留的异物），或者滤袋安装不当（例如，内滤式滤袋未能张紧），都容易导致滤袋之间的摩擦，或滤袋与板壁之间的摩擦，滤袋因而磨蚀。

解决方法：应检查并调整滤袋间距，按照规定重新安装滤袋。在除尘器设计和施工过程中，要严格保证滤袋与结构构件之间的距离。滤袋与墙板、筋板等的距离不得小于 75mm，袋中心距不得小于滤袋直径的 1.5 倍，同时还需要考虑安装时花板的水平度、滤袋框架垂直度有偏差、安装存在偏差等情况。

五、破损滤袋的连锁反应

对于内滤式滤袋，在滤袋破损而又未及时更换的情况下，含尘气流会以较高的速度通过漏洞，从而冲刷相邻的滤袋，致使邻近滤袋相继破损。

对于外滤式滤袋，当滤袋破损且未能及时更换时，含尘气体将通过破损处进入袋内，并经袋口到达上箱体，沉积于花板表面（见图 13-17）及喷吹管顶部；除此之外，粉尘还会进入一些滤袋内部，甚至填满整条滤袋（见图 13-18a、b），不但使这些滤袋报废，还使拆换

滤袋变得倍加困难。脉冲阀喷吹时，粉尘将被清灰气流携带并以高速冲刷滤袋，使之严重破损（见图 13-19）。

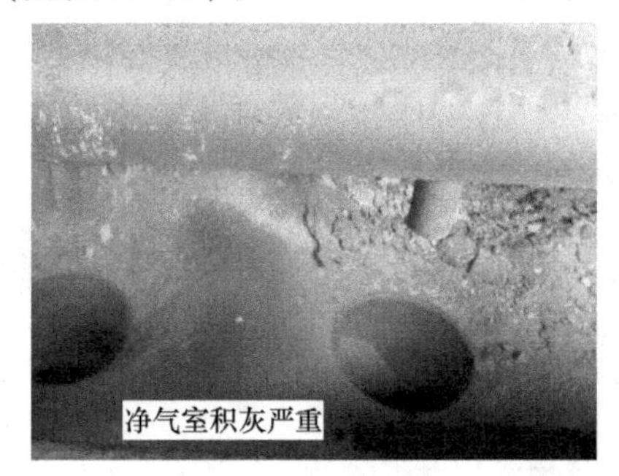

图 13-17　上箱体积灰严重

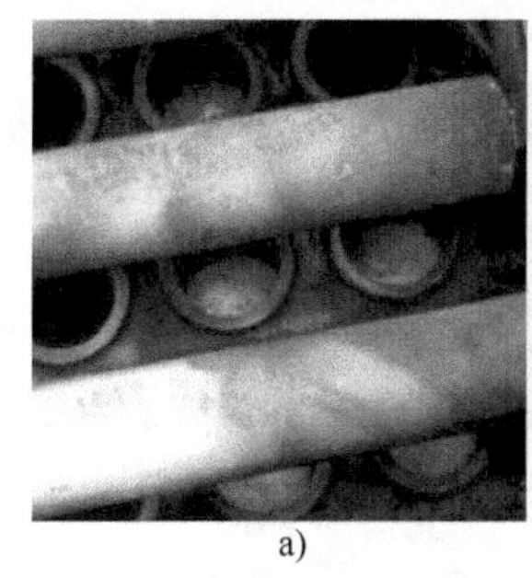

a)

b)

图 13-18　滤袋灌肠填满全袋

解决方法：应经常观察烟囱排放情况，或观察在线监测仪表，发现异常应及时检查有无漏袋，找到漏袋位置，并及时更换滤袋。

六、滤袋框架的影响

1）外滤式除尘器的滤袋框架质量差，表面存在毛刺或焊渣，导致滤袋很快破损。图 13-20 所示为框架的竖筋与加固圈的焊点处几乎全部存在问题，以至于滤袋与焊点的接触部位全部磨破。

图 13-19　粉尘冲刷吹破滤袋

图 13-20　框架的焊点磨破滤袋

2）框架锈蚀和腐蚀。图 13-21 所示为锈蚀的框架，表面变得粗糙，某些零件甚至出现锋利的缺口（见图 13-21b），对滤袋的磨蚀性显著增加。

a)

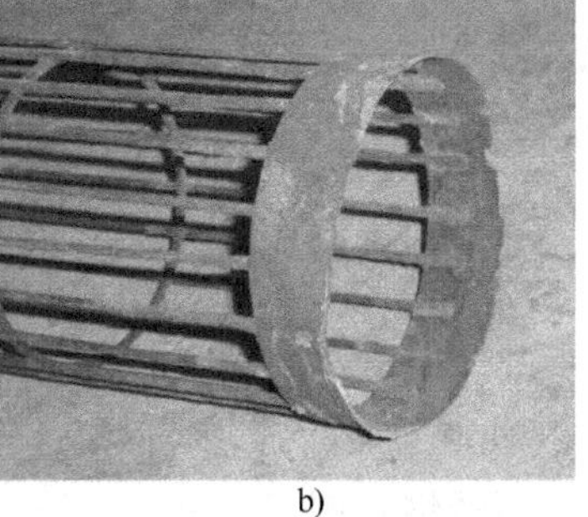

b)

图 13-21　框架锈蚀

此外，框架锈蚀处存在较强的腐蚀性，滤袋同时面临腐蚀的威胁。

在图13-22中，框架被严重腐蚀以致底盘脱落，滤袋相应破损。

3）框架脱焊。图13-23a所示为框架顶部竖筋脱焊，致使袋口相应部位破损（见图13-23b）。就图中框架而言，即使不脱焊也将导致滤袋损坏，因为其焊接工艺落后（疑似手工焊接）、质量低下、表面粗糙。图13-23c所示为脱焊的钢丝直接将滤袋刺穿。

图13-22 框架底盘脱落导致滤袋破损

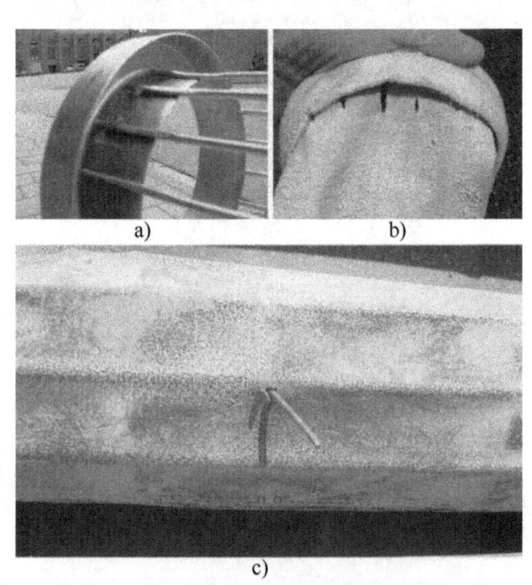

图13-23 框架脱焊磨破滤袋

4）框架的底盘边缘将滤袋磨破。原因：底盘边缘向内压缩不够，其边缘与滤袋发生磨蚀；滤袋长度超标（见图13-24），其与框架长度之差大于滤袋底部加强段的高度，致使加强段落在底盘以下，在清灰和过滤的反复交替中，滤袋不断与袋笼的底盘磨擦，最终破损（见图13-25）。

图13-24 滤袋长度超标

图13-25 框架底盘边缘磨破滤袋

5）解决方法：

① 对于表面质量不合格的滤袋框架应打磨处理，消除表面的铁锈、毛刺和焊渣，或者换用表面光滑的框架。

② 对于存在腐蚀性的烟气，应对框架进行防腐处理（例如，电喷涂有机硅），或用耐腐蚀的材料（例如，不锈钢）制作框架。

③ 采用先进的工艺和设备制作滤袋框架，根据钢丝材质和直径的不同而确定最优焊接

参数，确保焊点牢固且外表光滑。

④ 严格确定滤袋框架和滤袋之间的配合关系，并根据不同滤料的伸长度而修正，避免过长或过短。

⑤ 加强滤袋框架成品的质量检验，不合格的产品不得装入除尘器。

七、脉冲喷吹气流偏斜

脉冲袋式除尘器的喷吹气流偏斜，直接吹向滤袋的侧面（见图 13-26）。脉冲喷吹气流速度最高可达 300m/s，喷吹气流偏斜会使滤袋受冲刷的部位很快出现破损。

喷吹气流冲刷导致的滤袋破损，破口大多距离袋口 500mm 以内，而且位于滤袋的某一侧（见图 13-27）。喷吹气流偏斜还会将框架顶部护圈的局部冲刷得光亮，这可以作为判断气流是否偏斜的依据。

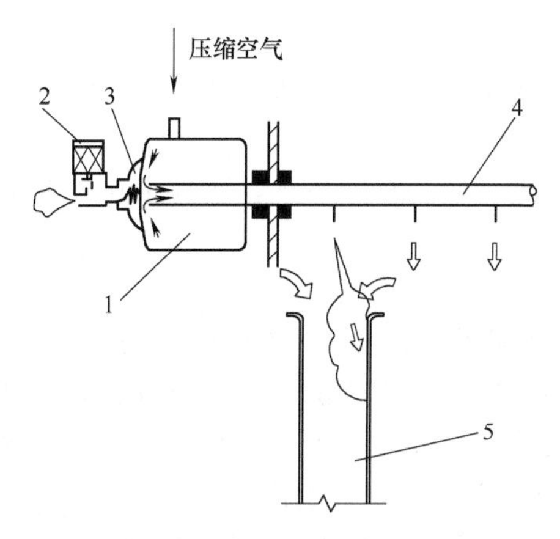

图 13-26　喷吹气流偏斜直接吹向滤袋侧面
1—气包　2—电磁阀　3—脉冲阀
4—喷吹管　5—滤袋

图 13-27　清灰气流吹破的滤袋

气流偏斜可能由以下几种原因产生：

1）喷吹管喷嘴的位置与滤袋中心出现偏差（见图 13-28）；或喷吹管整体发生偏斜（见图 13-29）。

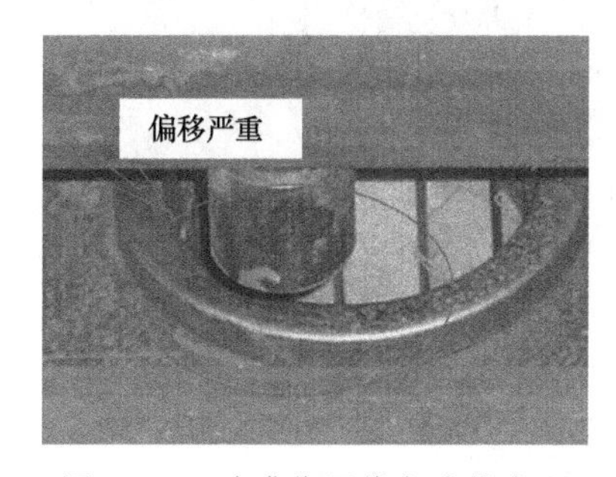

图 13-28　喷嘴位置偏离滤袋中心

图 13-29　喷吹管整体偏斜使一排滤袋大多破损

2）喷嘴（孔）中心与花板不垂直。

3）喷吹管破损（见图 13-30）或喷嘴（孔）周边存在缺口（见图 13-31）。这是由于滤袋出现破漏后未能及时更换，过量的粉尘充斥于上箱体，并受喷吹气流的影响而运动于箱体

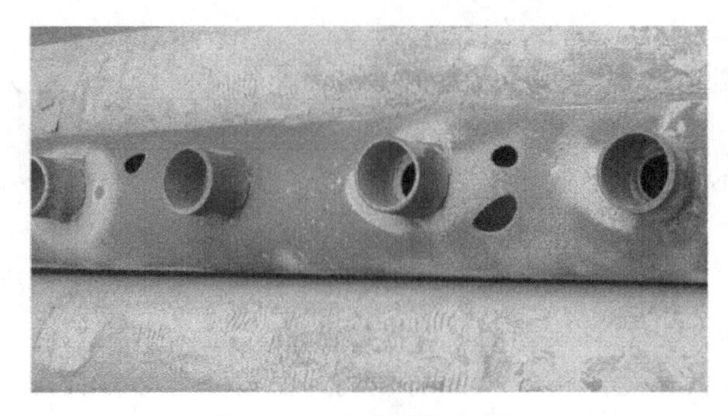

图 13-30　喷吹管腹部穿孔

图 13-31　喷吹管和导管破损

中，喷吹管受到强烈冲刷而磨破。

解决方法：

1）应当严格按照标准和规范制作和安装喷吹装置，特别应保证喷吹管上的喷嘴（孔）以及导流短管的质量，保证喷吹气流与滤袋中心严格对中。

2）除尘器运行中应密切观察排放情况，及时发现漏袋，尽快更换，确保上箱体的洁净状态。

八、喷吹装置不合理吹破滤袋

某铁合金电炉除尘采用长袋脉冲袋式除尘器，滤袋尺寸为 ϕ130×6000mm，滤袋入口有文丘里管。图 13-32 所示为其喷吹装置，脉冲阀为 ϕ80mm。喷吹管径为 ϕ89mm，直接钻孔作为喷吹孔，直径皆为 ϕ20mm；每个喷吹孔设有直径为 ϕ20mm、长度 70mm 的导管。喷吹管与花板的距离显著小于一般的除尘器，以致导管底部与文丘里管上沿相距仅 20mm。

开机运行 4~5 个月，滤袋破损 700 余条。破损部位集中在距滤袋上口约 700mm 处，破口大多为椭圆形（见图 13-33）。

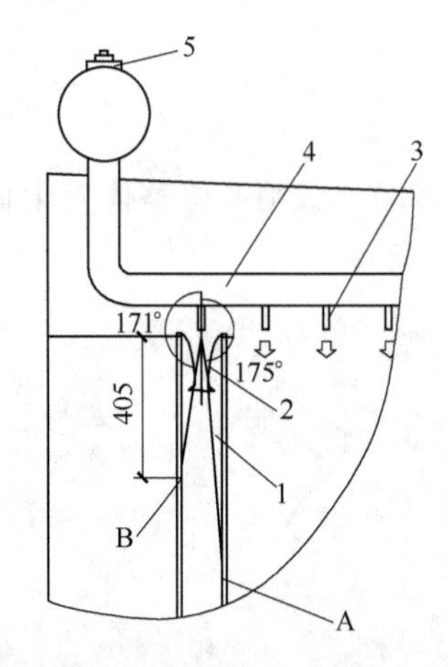

图 13-32　设计不合理的喷吹装置

1—滤袋　2—文丘里管　3—导管

4—喷吹管　5—脉冲阀

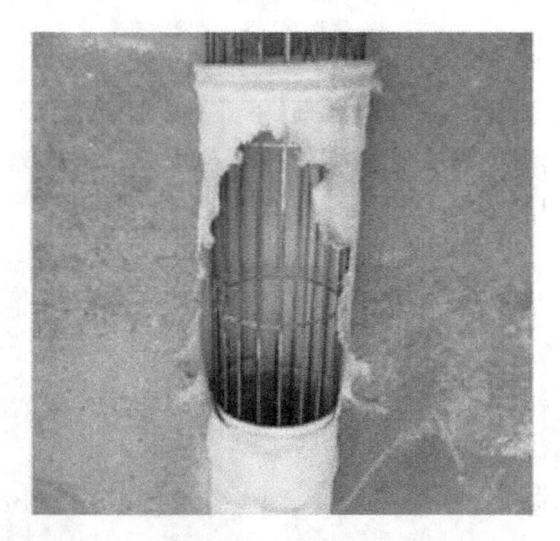

图 13-33　喷吹气流偏斜吹破滤袋

滤袋大量破损的原因主要是喷吹装置设计不合理。

在脉冲袋式除尘器中，文丘里管的作用是增加高速气流对二次气流的引射流量，并促进高速气流的能量向二次气流的传递，使高速气流的速度迅速降低，其拥有的动能尽快转化为势能，从而将气流的能量施加于滤袋侧壁以实现清灰。此外，当喷嘴（孔）加工质量欠佳导致高速气流偏斜的情况下，文丘里管的存在可对滤袋起到一定的保护作用。

在该装置中，导管底部与文丘里管上沿的距离仅为20mm，也说是说，高速气流离开导管出口后几乎立即进入文丘里管，没有充分的时间引射二次气流，以致在进入文丘里管后，气流的能量主要仍呈现为动压形态。在此状态下，气流冲向袋底的速度仍然很高，而施向气流侧面滤袋壁面的压力则严重不足，亦即清灰能力较弱。

另外，该项设计大大削弱了喷吹气流偏斜时文丘里管对滤袋的保护作用。由于导管出口与文丘里管过近，高速气流偏差角度达到9°时仍能吹到滤袋壁面（见图13-32）。

综上所述，进入滤袋的气流偏斜而且速度高，但文丘里管的保护作用差，使得偏斜的气流很容易不受任何干扰地直接吹到距离袋口700mm的滤袋壁面（图13-32中的A点），从而导致滤袋破损。

解决方法：拆除现用的喷吹装置，以长袋脉冲袋式除尘器常用的喷吹装置替代之。

1）喷吹管上的喷孔改为喷嘴，其直径分布应为近端小，远端大；

2）喷吹管的直径宜取 ϕ180mm；喷嘴外接导管直径增大，长度缩短至50mm；导管底部至花板的距离宜取150mm；

3）滤袋入口文丘里管取消，若担心喷吹气流偏斜，可采用反向百叶窗式保护管（见图13-34）。

a) 外观

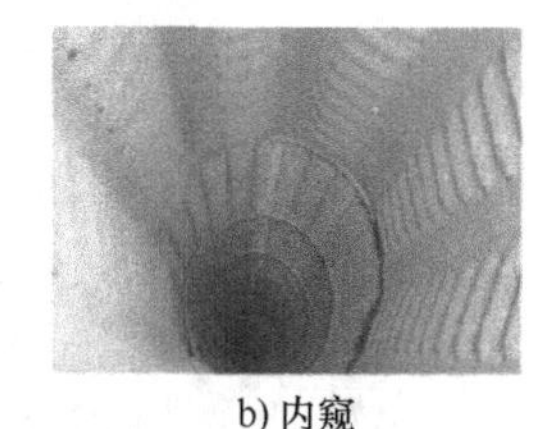

b) 内窥

图13-34　反向百叶窗式保护管

九、炽热颗粒烧坏滤袋

炉窑烟气中常含有炽热颗粒（火星），较大的炽热颗粒往往进入袋式除尘器而烧坏滤袋。

由于这种原因破损的滤袋，其破洞多为分散的小孔，孔洞的边缘较光滑且有熔融的痕迹（见图13-35）。

解决方法：

1）设置机械式预除尘器（例如，重力式或惯性式），以捕集火星；若已有预除尘器，则改善其效果。

2）袋式除尘器前设置喷水灭火。

3）污染源处吸风罩的位置、罩口速度控制合理，不要过高。

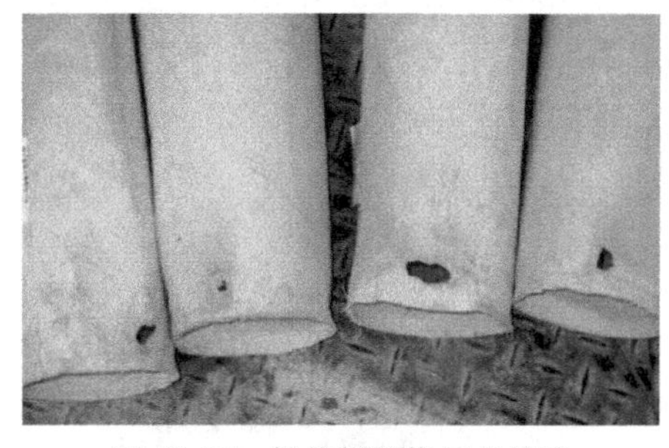

图13-35　炽热颗粒烧坏的滤袋

十、反吹风袋式除尘器滤袋未张紧

反吹风袋式除尘器滤袋顶部未拉紧，工作过程中滤袋反复膨胀和缩瘪，滤袋局部应力集中，而使袋口和中部被拉动破损（见图13-36和图13-37）。

解决方法：应当按设计要求将滤袋张紧。运行一段时间后，应调整滤袋的张紧程度，避免滤袋因伸长而变得松弛。

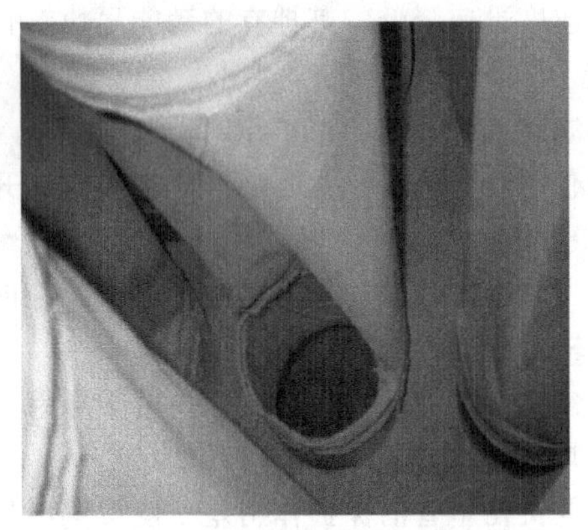

图 13-36 反吹风滤袋袋口被拉动破损

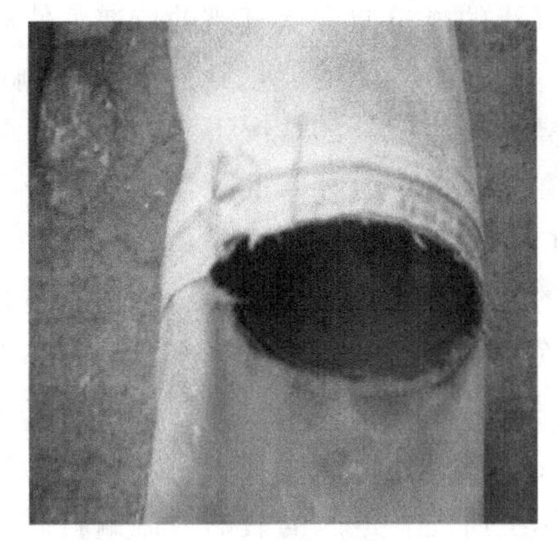

图 13-37 反吹风滤袋中部被拉动破损

十一、粉尘或气体燃烧（或爆炸）而烧毁滤袋

烟气中含有可燃性粉尘或可燃性气体，而防范措施又较为欠缺时，这些粉尘或气体可能燃烧或者爆炸，从而烧毁滤袋（见图 13-38 和图 13-39）。

图 13-38 粉尘自燃焚毁的滤袋

图 13-39 烧坏后残留的袋底

图 13-40 和图 13-41 所示为另一起袋式除尘器爆炸事故中残存的三条滤袋及其破损部位的形态。某厂一台煤磨系统的袋式除尘器发生爆炸。爆炸结果：防爆门全部打开，滤袋破损，框架弯曲变形。

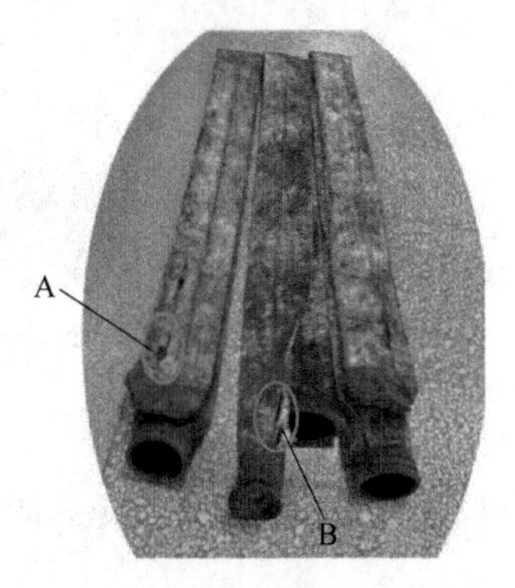

图 13-40 煤磨系统爆炸烧破的滤袋

A放大

B放大

图 13-41 滤袋破口部位放大

当时，煤磨系统已停产三日，准备开机，于是对滤袋进行清灰，在脉冲喷吹过程中发生爆炸，此时风机未运转。该煤磨加工的原煤具有很高的挥发分，煤质分析报告表明其挥发份高达 32.83%~37.26%（见图 13-42），说明该煤磨系统容易发生爆炸事故。因此该系统的袋式除尘器采用了消静电涤纶针刺毡滤料覆膜。

公司煤质化验中心

煤质化学分析报告

来样日期		20 年 月 日				报告日期			20 年 月 日			
煤样编号	煤种	全水分 Mt%	分析水 Mad%	灰分 Ad%	挥发份		焦渣特征 CRC	全硫 St.d%	发热量			
									Qgr.d		Qnet.ar	
					Vd%	Vdaf%			MJ/kg	Kcal/kg	MJ/kg	Kcal/kg
2月10号	冀A097AC	13.19	0.95	6.52	34.83	37.26	3	0.33	30.91	7391	25.60	6121
X24	生产煤样1号		4.45	7.25	33.20	35.79	2	0.29	30.87	7382	28.39	6788
X25	生产煤样2号		4.75	7.79	32.83	35.60	2	0.24	30.68	7336	28.25	6755

图 13-42 原煤煤质化学分析报告

虽然该除尘器采用了消静电滤料，但系统主风机尚未运转，亦即除尘器内基本没有气流和热源，爆炸发生在对滤袋喷吹清灰之时，所以爆炸只能由滤袋产生静电而引发。说明覆膜滤料未能消除静电，专家结论“我们现在的认识是，滤料覆膜后放静电作用基本失去”。

应当采取的防燃、防爆措施如下：

1）保持含尘气体中较低的氧含量。气体或粉尘的可燃性越高，氧含量应越低。

2）控制可燃粉尘或气体的浓度。理想状态是使其保持在爆炸范围之外，但实际上往往做不到。

3）防止空气漏入除尘系统。

4）采用具有导电性能的滤料，避免因静电而产生火花。滤料宜采取超细面层结构。

5）防止外部火源进入除尘系统。

6）采取温度监测、控制和超温报警措施。

7）增强除尘器的清灰能力，避免滤袋表面积附粉尘过厚。

8）箱体内避免一切可能积存粉尘的平台和死角。

9）当粉尘具有可燃可爆性时，卸灰装置应与除尘器同步运行，灰斗内不应积存粉尘。

10）在停机检修需要开启箱体时，事先应尽量清除滤袋和箱体内的可燃粉尘或气体，并务必先使箱体充分冷却。

11）对于煤气等可爆性气体，停机时应先以蒸汽或惰性气体进行置换，再充入空气；而开机时则以相反的顺序进行置换。

十二、滤袋被腐蚀

最常见的滤袋腐蚀为水解和酸性腐蚀。例如，聚脂、芳纶、P84 等滤袋在潮湿气氛中工作易受水解腐蚀；PPS 滤袋易受氧化和 NO_2 气体腐蚀；玻纤易受 HF 气体腐蚀等。此外，还有碱性腐蚀。

滤袋被腐蚀的一般表现为，在较大面积上滤袋的强度显著降低，往往很容易用手撕裂，滤袋表面的纤维容易脱落（见图 13-43）。

图 13-44 所示为 PPS 滤料受腐蚀前后内部纤维的性状比较。其中，图 13-44a 为新滤料中的纤维，显得完整、干净，外表光滑；图 13-44b 为受腐蚀后的纤维，表面遍布裂纹或裂口，长度普遍变短，显然是一些纤维折断的结果，纤维表面还粘有少量微细颗粒。

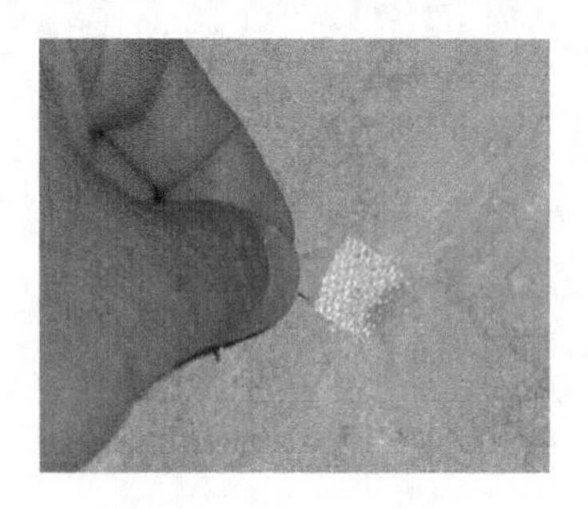

图 13-43　被腐蚀的滤袋表面纤维易脱落

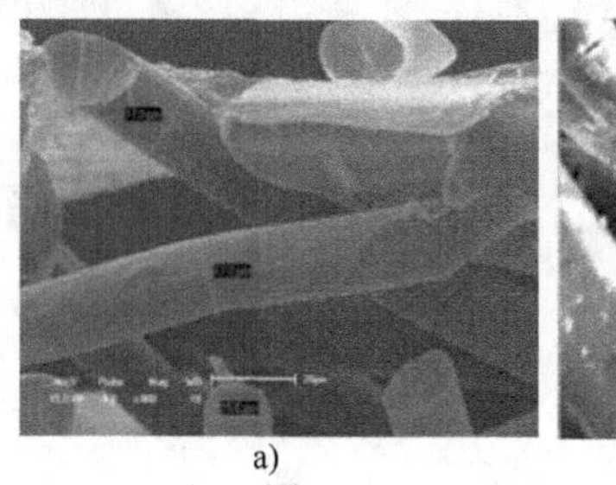

a)

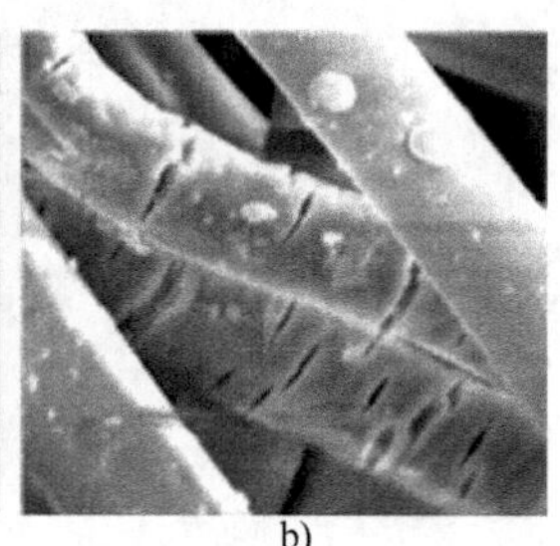

b)

图 13-44　PPS 滤料被腐蚀前后纤维的对比

解决方法：

1）选用与含尘气体组分相适应的耐腐蚀滤料；

2）采取保温、加热措施，防止结露。除尘器运行温度应高于露点温度 15℃以上；

3）与滤袋接触的滤袋框架、防缩环等应用耐腐蚀材料制作，或采取防腐措施；

4）应使除尘设备和系统严密，保持较低的漏风率。

十三、箱体漏风

外滤式除尘器的箱体存在漏洞时，漏风会形成含尘气流对滤袋某个局部的冲刷，使处于箱体外围的滤袋出现破洞（见图 13-45）。这种情况在除尘器改造工程中容易发生。

这种破袋的特点是数量较少，而且反复出现在同一袋位和同一部位。

在除尘器改造工程中，应特别注意发现箱体的薄弱部位，并采取补焊措施。

十四、滤料质量差

针刺毡滤料的针刺密度不够，面层和基布之间结合不牢，导致纤维层剥离（见图 13-46）。

图 13-45　箱体漏风导致滤袋出现破洞

图 13-46　针刺毡纤维层剥离

应选用质量合格的滤料，采用有资质、信誉好的厂商的产品。

十五、滤袋的纵向缝纫线断裂

某台用于高温条件的袋式除尘器，其滤袋材质为覆膜滤料。滤袋缝制采用 PTFE 缝纫线。在规定的运行条件下，使用时间不长，PTFE 缝纫线即断裂，致使滤袋失效（见图 13-47）。PTFE 缝纫线的这种表现与其他 PTFE 制品近于完美的品质似乎大相径庭。

我国专家对 PTFE 缝纫线进行了热性能试验，结果表明：在常温条件下，PTFE 缝纫线断裂强力符合 GB/T 6719—2009 中大于 27N 的要求；但开始升温之后，拉伸断裂强力随温度的升高呈对数下降，100℃左右后下降趋势略平稳；150~200℃间虽能保持一定强力，但已远不能满足国标要求；220℃后强力极低，甚至不能进行有效的拉伸实验。就是说，PTFE 缝纫线会产生较大的热蠕变性，导致强力衰减甚至断裂从而脱离滤袋（见图 13-48）。在燃煤电厂、垃圾焚烧、水泥行业等高温烟气除尘系统，都曾发生过滤袋缝纫线断裂失效的案例，造成袋式除尘器的失效和经济损失。

解决办法：对于高温下运行的滤袋，专家建议不要采用 PTFE 缝纫线，而采用国产聚酰亚胺等其他高温缝纫线。

图 13-47 PTFE 缝纫线断裂致使破袋

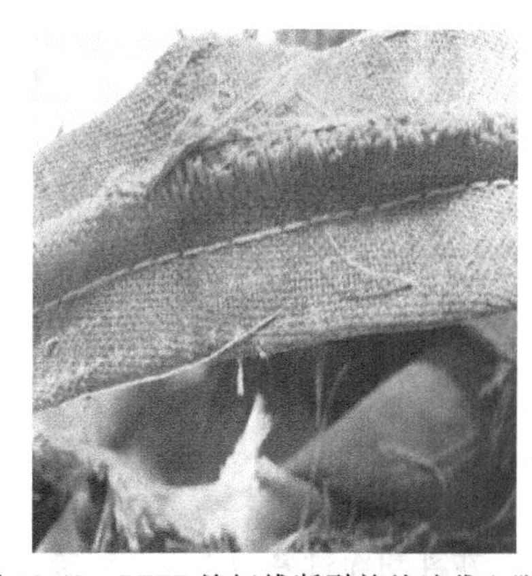

图 13-48 PTFE 缝纫线断裂并从滤袋上脱落

专家们开发了一种 PTFE 与改性 PPS（MPPS）纤维混合的复合缝纫线，并与常规 PTFE 缝纫线进行对比试验。结果表明，PTFE/MPPS 缝纫线的拉伸断裂强力随温度的升高而下降的幅度较小，以 25℃时的拉伸断裂强力为基准，100℃时有约 85%的强力保持率，升温至 240℃时仍具有约 40%的强力保持率。

由以上对两种缝纫线的热态拉伸试验结果可知，PTFE/MPPS 缝纫线相对于 PTFE 缝纫线有着较强的拉伸断裂强力以及相对稳定的拉伸断裂伸长率，在从事高温烟气净化项目时，PTFE/MPPS 不失为缝纫线的另一种选择。

在高温烟气环境下连续工作的滤袋，其缝纫线除了易发生断裂外，还易产生塑性拉伸、熔化等情况，需要操作人员给予高度的关注。

十六、灰斗堵塞

某企业煤磨除尘系统的袋式除尘器，其中一个单元因卸灰阀堵塞而停止运转，历时半年有余。由于除尘器其余单元仍能正常工作，有人认为该单元的滤袋可用作备件。但投运时发现，该单元虽数月未运转，但煤粉却通过互相连通的袋室不断进入，其中的煤粉堆积高度已经大大增加，并将滤袋淹没。长期的煤粉堆积导致其大幅升温，没入煤粉的滤袋被炭化而全部破损（见图13-49）。

图13-49 滤袋被灰斗积粉淹没导致大量破损

对除尘器应定时卸灰，并经常检查卸灰情况，及时发现和排除各种导致卸灰不畅的故障，保持灰斗卸灰正常（详见本章第三节）。

第三节 灰斗积存粉尘过多

一、简述

灰斗积存粉尘过多意味着积存时间过长，粉尘温度下降，充斥于粉尘颗粒之间的气体逐渐排出，粉尘的流动性因而变差，导致卸灰困难。随着粉尘积存量的增多，进风口可能被堵塞，使得设备阻力升高。积粉过多还可能淹没滤袋。对于具有可燃性质的粉尘，粉尘的长时间积累有引发着火的危险，而淹没滤袋可能使滤袋被烧坏。

灰斗积粉过多可以从料位计的指示得以了解。也可敲击灰斗壁面，通过声音的虚实判断粉尘积累的高度。

二、灰斗积粉过多的原因及对策

导致灰斗积粉过多的原因有以下几点：

1. 卸灰不及时

卸灰间隔时间过长，例如，有的企业数天才卸灰一次。

解决方法：应缩短卸灰间隔，最好每班卸灰一次，至少每天卸灰两次。对于具有可燃、可爆性质的粉尘，则应随着生产的进行连续卸灰。

2. 卸灰口漏风

在负压下工作的除尘器，卸灰口存在漏风时，气流的作用使粉尘卸出困难，甚至完全不能卸灰；而当风机停止运行时，粉尘才能顺利地卸出。根据这种现象可以判断卸灰口是否出现漏风。

未装设具有锁气功能的卸灰装置，或者虽设有卸灰装置，但密封性不好，都将导致卸灰口漏风。对于前者，应予以增设卸灰装置；对于后者，则应采取措施，增强卸灰装置的密封性能。

3. 卸灰量过小

卸灰阀等装置选型不当，卸灰能力过小，或者卸灰设备、卸灰通道被粉尘黏结堵塞，都可能使卸灰量过小。

解决方法：应换用处理能力较大的卸灰装置，或检查、清理、维修被堵塞的设备或通道。

4. 卸灰设备出现故障

卸灰设备出现故障通常容易发现和解决。但有时观察控制系统的画面，显示正常；现场查看卸灰设备的驱动电机，也运转正常。最后发现电机虽运行，卸灰阀的转子却不工作，原因是连接二者的榫销断裂。所以检查找故障时必须认真、仔细。

5. 灰斗内粉尘架桥

在卸灰装置运行的条件下，检查卸灰装置出口或输灰装置，若卸出的粉尘很少，或完全没有粉尘卸出，很可能灰斗内出现架桥。

解决方法：应在灰斗壁增设振动器（或破拱器）。在容易结露、粉尘易吸潮、粉尘流动性差的条件下，每个灰斗可以设置多达 4 个振动器（或破拱器），每个方向一个。也可采用空气炮将架桥冲垮。还可采用人工敲击或捅、挖的方法予以清除。

6. 粉尘因潮湿而产生附着甚至黏结

粉尘受潮后往往附着在除尘器箱体内表面。除尘器运行过程中，温度的波动会使粉尘附着越来越厚，质地变硬。有些粉尘（例如，垃圾焚烧烟尘）可以在灰斗壁面上板结形成坚硬的“沟壑”，这将进一步阻碍粉尘的卸出。图 13-50a、b 所示分别为灰斗内粉尘“沟壑”的两种形态。

为了防止出现这种情况，有必要加强对灰斗的保温和伴热措施。对于因结露而导致的粉尘潮湿和黏结，还应适当提高箱体的温度，避免结露。

在这种情况已经出现时，应及时疏通排灰口，并清除积灰，尽量使箱体壁面保持光滑。

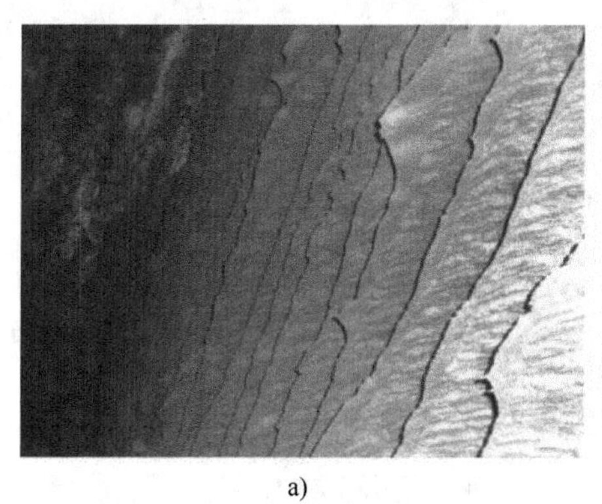

a)

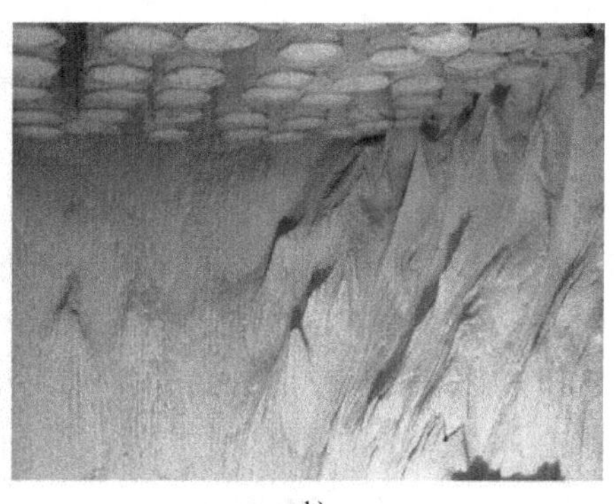

b)

图 13-50　粉尘在灰斗壁面板结形成“沟壑”

三、灰斗积粉过多的实例

实际上，灰斗积粉过多的潜在危险比上述要大得多。某公司炼铁厂转运站一台脉冲袋式除尘器出现以下情况：

有 4 个上箱体（即净气室）不再干净，大量粉尘堆积其中，不少滤袋出现“灌肠”，有的整条滤袋被粉尘充满（见图 13-51 和图 13-52），很多滤袋破损。

出现这种情况的根本原因，在于该系统的卸灰输灰量长期少于除尘器的排灰量，不能卸出运走的粉尘在灰斗内越积越多，除尘器大部分灰斗现已满仓，积灰已漫过除尘器仓室进风口，甚至淹没部分滤袋。于是引发新的病害：

图 13-51 上箱体积灰滤袋“灌肠”（一）

图 13-52 上箱体积灰滤袋“灌肠”（二）

1）除尘器滤袋被积灰部分掩埋，过滤面积减小，剩余过滤面积局部风速提高，导致滤袋磨损；

2）有的滤袋框架被积灰顶出，导致滤袋不垂直，喷吹气体直射滤袋面，导致滤袋破损；

3）积灰漫过仓室进风口，若干仓室无法正常进风，含尘气流均布被破坏，导致一些仓室入口风速过高，滤袋受气流冲刷而磨损；

4）风机在含大量粉尘的环境下运行，风机叶轮受到强烈的磨损，叶轮动平衡一旦失去，很有可能导致重大事故；

5）除尘器多个灰斗和箱体长期、大量地存积粉尘，除尘器结构早已不堪重负。从除尘器顶面照片可见，有一半上箱体出现中间凹陷的现象（见图 13-53）。一场危机的信号已近在眼前，幸得该企业及时采取措施，袋式除尘器才恢复正常。

图 13-53 除尘器的上箱体呈凹陷状

实际上，我国已有不止一个除尘器垮塌的案例，几乎都与卸灰输灰不畅、内部积灰严重有关。所以一定要切实重视卸灰输灰这一环节。

图 13-54 和图 13-55 分别为两个企业大型袋式除尘器发生垮塌事故的情况。

图 13-54 大型袋式除尘器垮塌的情况

图 13-55 另一袋式除尘器垮塌的情况

第四节　设备阻力过高

一、滤袋堵塞

滤袋堵塞是设备阻力过高最常见的原因。以下几种因素可导致滤袋堵塞。

1）含尘气体结露导致粉尘在滤袋上黏结（见图 13-56）。这种黏结严重时，覆膜滤袋也不能幸免（见图 13-57）。

图 13-56　粉尘在滤袋上黏结

图 13-57　覆膜滤袋表面粉尘黏结

2）除尘器箱体不严密，致使雨水等漏入而使滤袋潮湿。

3）生产设备产生过多的水分进入除尘器（例如，锅炉出现爆管）。

4）粉尘具有较强的吸湿性而在滤袋上黏结。

5）用于锅炉、垃圾焚烧烟气净化及类似条件下的袋式除尘器，开机前未做预涂层，或预涂层未达到要求。图 13-58 所示为预涂层脱落的情况。

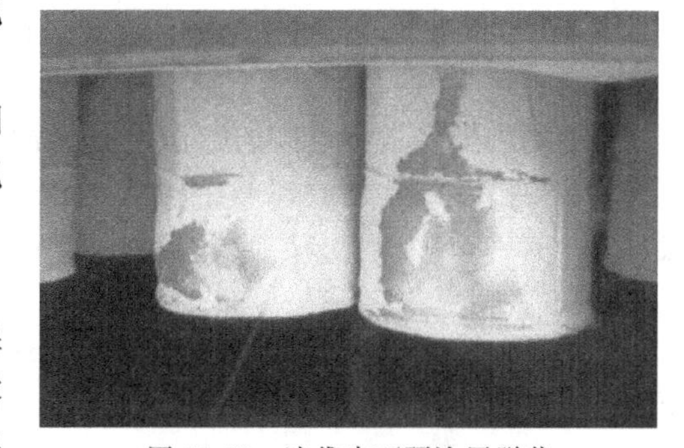

图 13-58　滤袋表面预涂层脱落

判断滤袋是否堵塞的方法是检测花板两侧的压差。若该压差过高，则可确认滤袋出现堵塞。

可采取以下措施：

1）对箱体和灰斗设伴热装置，并加强保温，提高箱体内温度，确保箱体内温度高于露点温度 15℃以上；对于吸湿性强的粉尘，应保持箱体温度高于该种粉尘在该系统内吸收水分的温度。

2）在停机期间不停止伴热，并关闭箱体进和出口阀门，以保持箱体内足够的温度。

3）更换已被堵塞的滤袋。

4）补焊箱体的漏洞，更换或调整顶盖或检查门的密封件，使箱体密封。

5）当生产设备出现过多水分（例如，锅炉出现爆管）时，应及时通知生产操作人员进行处理，直至停机。

6）净化锅炉烟气、垃圾焚烧烟气以及用于类似条件的袋式除尘器，应认真做好预涂层，涂层后应认真检查，不合格者应补做。

二、粉尘进入滤料深层

细微粉尘进入滤料深层导致滤袋的残余阻力升高。残余阻力升高到一定程度，滤袋便失效。

判断方法与第一点相同。应对措施是更换滤袋。

三、过滤风速过高

出现这一情况可能由于设计时确定的过滤风速过高，也可能是运行时风机的调节阀门开启过大而导致处理风量超过设计风量。

与上述第一和第二点不同，此时除尘器的结构阻力和滤袋阻力都将显著超过设计值。

应对措施：

1）若是过滤风速设计过高，应增加过滤面积；

2）若是阀门开启过大所致，应将阀门开度调节合理。

四、结构阻力过高

结构阻力过高可能由以下原因导致：

1）除尘器结构过于复杂，含尘气流在除尘器内流速变化和流动方向变化的次数过多。图13-59为一个不合理的设计，含尘气流从进风总管进入灰斗，经历变径管、阀门、直管、弯头等构件，气体的能量消耗在方向和速度的数次变化之中。

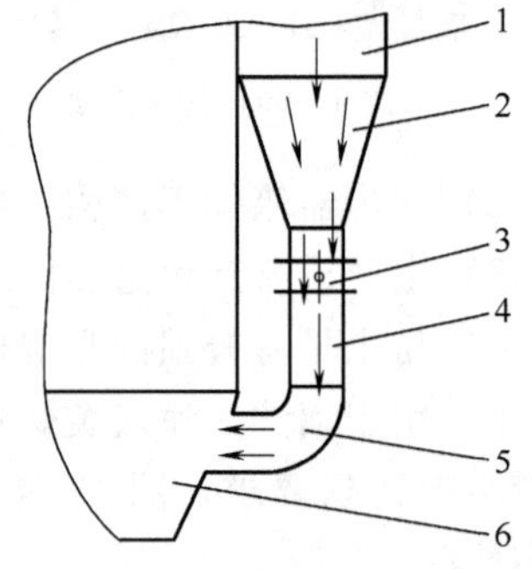

图13-59　不合理的进风设计
1—进风总管　2—变径管　3—阀门
4—直管　5—弯头　6—灰斗

2）除尘器进气总管和支管、排气总管和支管、各种管件（弯头、变径管等）的风速过高。例如，将除尘器进、排风管道内的风速设计得与除尘管道的风速相同（≥16~18m/s）。

3）进气和排气阀门尺寸偏小，流速过高。例如，停风阀的风速≥14m/s。

检查结构阻力是否过高的方法是分别测量设备阻力和花板两侧阻力，二者之差即是结构阻力。若该值超过设备阻力的40%~50%，则可认为结构阻力过高。

解决方法：

1）简化除尘器结构，特别是进风的结构，减少含尘气流在除尘器内流速和方向的变化次数；

2）扩大除尘器入口和出口管段及阀门断面，适当降低风速。例如，除尘器进、出口管道的风速≤14m/s，停风阀的风速≤12m/s。

五、压力计误报

压力计误报多因连接压力计的管路堵塞，或一根连接管脱落（或破裂）所致。

解决方法：应检查压力计进、出口及连接管路，疏通或更换管路。

六、清灰周期过长

在定时控制方式下，清灰间隔过长；或者在定压差控制方式下，清灰间隔过长，都将导致清灰周期过长。

对于规模较大的脉冲袋式除尘器，若每次喷吹一个脉冲阀，则由于脉冲阀数量众多，也可能使清灰周期过长。

清灰周期过长的结果是，清离滤袋的粉尘少于被收集的粉尘，设备阻力因而高于预期值。

解决方法：应调整清灰程序，缩短清灰间隔。对于脉冲阀数量较多的脉冲袋式除尘器，每次可同时喷吹位于不同单元的两个或更多脉冲阀。

七、清灰强度不足

清灰强度不足可能由以下原因引起：

1）选择的清灰方式能力太弱，不适应烟尘特性；

2）对于反吹风袋式除尘器，反吹风量太小，或清灰时间不够，或三通阀关闭不严；

3）对于脉冲喷吹袋式除尘器，喷吹压力过低，或喷吹时间过短，脉冲阀因而没有充分开启；

4）对于脉冲喷吹袋式除尘器，脉冲阀喷吹时的脉冲宽度太长，或压缩气体供气总管直径过小，使得每次喷吹后气包压力下降过多，后续脉冲阀喷吹时气压不足，清灰无力。

解决方法：

1）选择强力清灰方式（或改造除尘器，以增强清灰能力）；

2）改造或调整清灰装置；

3）调整清灰控制器的参数，避免脉冲宽度过宽或过窄；

4）增大压缩气体供应总管的直径。对于中型脉冲袋式除尘器，该总管的直径宜大于65mm，而大型脉冲袋式除尘器的供气总管直径宜大于80mm。

八、清灰装置发生故障

解决方法：应及时修理或更换清灰装置。

九、内滤式滤袋张力不足

内滤式滤袋张力不足，使反吹清灰不彻底，滤袋清灰不力，而使滤袋阻力过高。另外，滤袋张力不足可导致滤袋过分缩瘪，影响粉尘脱离滤袋，严重时可能使滤袋完全堵塞。

解决方法：应调整滤袋张力，使滤袋张紧至符合有关规定。

十、灰斗堵塞

灰斗积存粉尘过多，严重到堵塞进气通道，导致设备阻力过高。

出现这种情况可能因卸灰装置损坏，或卸灰装置被异物卡塞，或卸灰间隔过长，或选择的卸灰装置规格太小而导致。

针对上述几种可能，应及时查明原因，分别采取修复卸灰装置，或排除异物，或增加卸灰次数，或更换规格较大的卸灰装置等措施。

十一、滤袋间距过小

对于外滤式除尘器而言，滤袋间距过小，往往导致滤袋之间积粉，这也是设备阻力过高的原因之一。特别对于平板形扁袋，间距一般较小，清灰时滤袋向外膨胀的幅度却较大，更容易使粉尘阻塞在滤袋之间。

与滤袋间距过小相关的一个问题是，袋间气流上升速度过高，加剧了粉尘再吸附，也导致设备阻力上升。

解决方法：应当使滤袋间距适当增大。通常滤袋的净距以不小于50mm为宜。

第五节　设备阻力过低

一、过滤风速过低

设计选型时确定的过滤风速过低，导致设备阻力过低。这种情况不算是故障，只是设备投资和相应的建设费用较高。

解决方法：可以延长清灰周期，或采取定压差控制方式。

二、处理风量未达到设计值

在运行过程中，风机调节阀门开启过小，或管道堵塞，将导致处理风量达不到设计值，设备阻力因而过低。

此时，尘源控制效果往往较差，若是净化炉窑烟气，则炉窑的出力可能达不到设计指标。

解决方法：可以逐段检查管道的压力，若某两测点之间压差过大，则该两点间即可能堵塞，或该两点间的阀门开度不够。应疏通管道，或者调节阀门开度。

三、压力计误报

压力计误报多因连接压力计的管路堵塞，或一根连接管脱落（或破裂）所致。

解决方法：应检查压力计进、出口及连接管，疏通或更换。

四、清灰周期过短

在定时控制方式下，清灰间隔过短；或者在定压差控制方式下，清灰间隔过短，而又未设阻力下限值，都将使清灰周期过短。结果导致过量清灰。

过量清灰将使粉尘排放浓度升高，甚至可能超标排。

解决方法：应调整清灰程序，延长清灰间隔。

五、滤袋严重破损或滤袋脱落

出现这种情况时，排气含尘浓度一定升高，甚至超标。可以观察烟囱而做出判断。

解决方法：应检查滤袋，找到破损或脱落滤袋的位置，更换破损滤袋，装好全部滤袋。

第六节　粉尘排放浓度超标

一、滤袋破损

解决方法：应检查滤袋，找到破损滤袋的位置，更换破损滤袋。

二、滤袋脱落

图13-60为外滤式滤袋因弹性涨圈松驰而落入灰斗的情况。

解决方法：应逐一检查滤袋，找到脱落滤袋的位置，将全部滤袋装好。

三、滤袋安装不合格

1）靠绑扎固定的滤袋绑扎不紧，导致滤袋与袋帽之间，或滤袋与花板连接导管之间存在间隙。

2）靠弹性元件固定的滤袋与花板的袋孔没有完全贴合，出现漏洞（见图13-61）；或者滤袋仅仅放在花板之上，没有嵌入袋孔。还有一种情况是，袋口呈倾斜状，其凹槽只有部分嵌入花板的袋孔（见图13-62），袋口未能密封。

图 13-60　外滤式滤袋落入灰斗

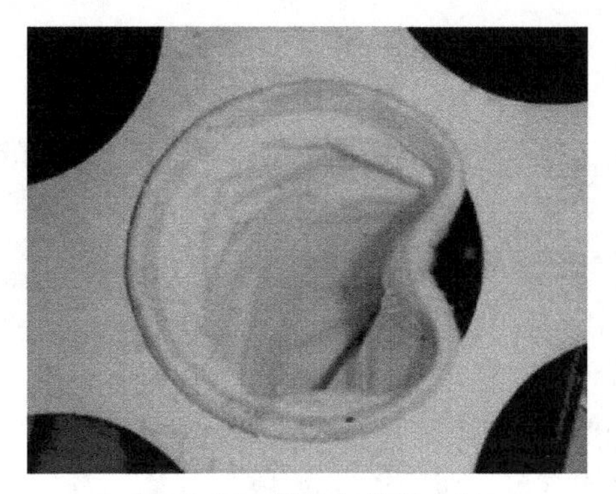

图 13-61　袋口与花板之间

解决方法：应检查花板的积粉情况，以查找安装不合格的滤袋。若某处存在粉尘明显堆积，其附近的滤袋很可能安装不合格。对于靠弹性元件固定的滤袋，还可用手摸袋口，弧度不圆滑的地方，很可能就是漏洞。对于找到的没有装好的滤袋，应严格按规定重新安装。

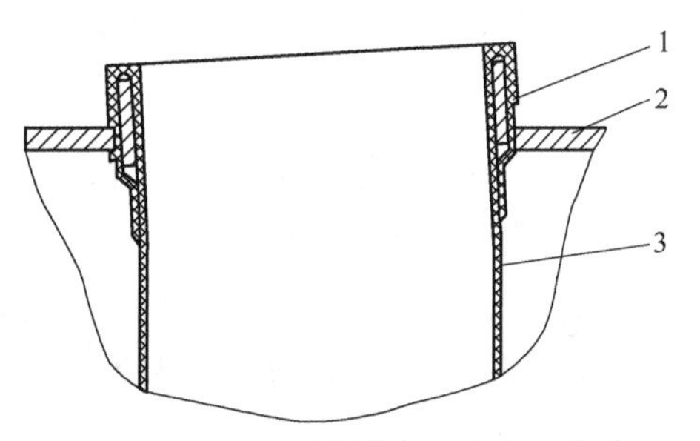

图 13-62　袋口凹槽没有完全嵌入袋孔
1—弹性涨圈　2—花板　3—滤袋

四、花板存在泄漏

发现粉尘排放浓度超标时，若经过检查，确认全部滤袋都完好，或安装无误，则存在花板泄漏的可能性。

花板与中箱体的连接未满焊，或焊缝存在砂眼、漏焊，是导致花板泄漏的最常见原因。有些除尘器预留若干袋孔，以盲板封闭，但封闭不严，也造成花板泄漏（见图 13-63）。

应检查花板，存在较多粉尘之处即可能是漏洞（缝）。对于要求严格的除尘器，可以通过发送荧光粉并以专门的荧光灯照射的办法找到漏洞（缝）。

通过补焊消除漏洞（缝），将盲板封闭严密。

五、分隔尘气和净气的隔板存在泄漏

这种情况的一种表现是，含尘气体通道和净气通道之间的隔板没有满焊，或焊缝出现砂眼、漏焊，导致含尘气体直接进入净气通道（见图 13-64）。检查、判断和处理方法与上述第四点大致相同。

六、旁路阀密封不好

对于有旁路装置的袋式除尘器，旁路阀的严密至关重要，只要稍有泄漏，排气含尘浓度便可能超标。

解决方法：

1）尽量不采用旁路系统，并以其他有效而可靠的措施防止对滤袋的危害。

2）非采用旁路不可时，应采用密封性能好的旁路阀，必要时应采用具有双层阀板和气密装置的旁路阀。旁路阀应有防止粉尘卡塞的措施。若阀门因故障关闭不严，则应及时修理。

七、滤袋选择不当

所选滤料捕尘效率过低，而拟捕集的烟尘却颗粒微细，烟尘捕集效果不能达到设计要求。

图 13-63 预留袋孔的花板泄漏

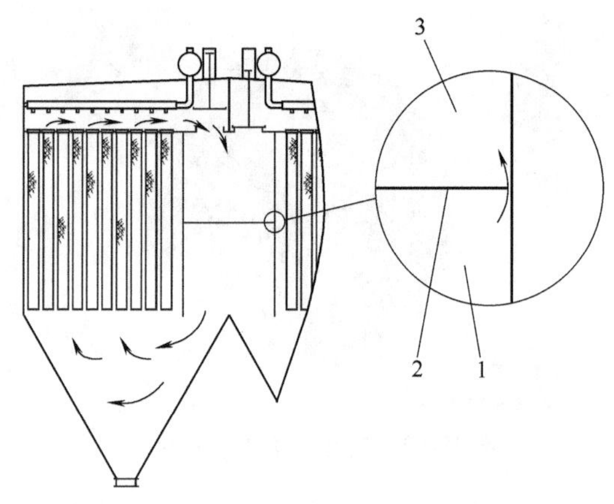

图 13-64 烟道隔板存在泄漏
1—含尘气体总管 2—隔板 3—干净气体总管

解决方法：应更换效率更高的滤料。

八、缝制滤袋的针孔穿透

目前，各行业都在进行超低排放改造，颗粒物排放限值为 $10mg/Nm^3$，甚至 $5mg/Nm^3$。袋式除尘器排放的颗粒物多为PM2.5，很容易穿透容积为其数十倍甚至数百倍的缝袋针孔，那些缝线张紧过度而导致特别明显的针孔（见图13-65a），将加剧粉尘的泄漏。而一条长度为6000mm的通用滤袋就有针孔5000多个。通过针孔泄漏的粉尘量，对于超低排放指标能否实现有着举足轻重的影响。因此，滤袋袋身的成型宜优先采用热熔合工艺。对只能通过缝合成型的滤袋，多采取热熔或涂胶的办法密封针孔，图13-65b所示为涂胶后的针孔。

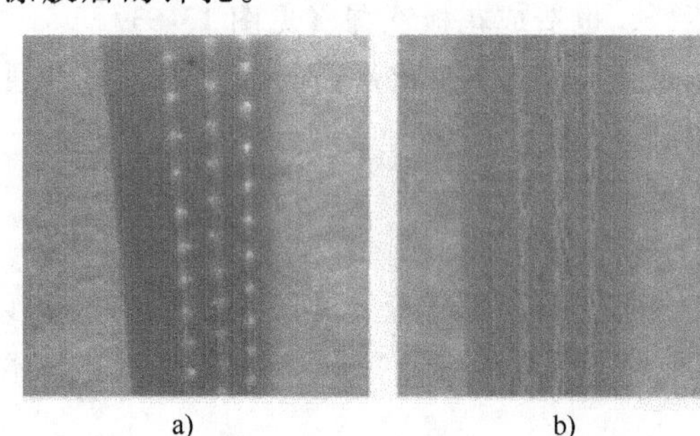

图 13-65 常规滤袋的缝制针孔及涂胶封闭

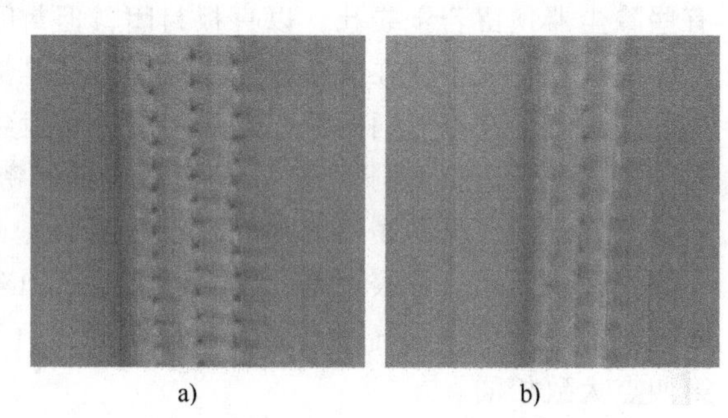

图 13-66 覆膜滤袋的缝制针孔及密封带封闭

覆膜滤料无法进行热熔，又由于烟气温度很高，一般的涂胶也容易老化而失去封闭效果。上海某企业引进具有微孔结构的耐高温密封带，覆合在滤袋的针孔部位（见图13-66），效果良好。该密封带耐温300℃，强度高，不易脱落，且不影响透气性。

第七节 袋式除尘器失效诊断实例

【实例 13-1】 2500t/d 水泥窑尾袋式除尘器滤袋破损

某水泥厂2500t/d窑尾袋式除尘器，工艺参数列于表13-1中。

表 13-1　2500t/d 水泥窑尾袋式除尘器工艺参数

烟气量:450000m^3/h	除尘器仓室数:10
烟气温度:150℃	滤袋材料:玻纤覆膜
进口粉尘浓度:80g/Nm^3	总过滤面积:8754m^2
出口粉尘浓度:30mg/Nm^3	过滤速度:0.86m/min
允许阻力:1500Pa	净过滤速度:0.96m/min

该除尘器采用下进风方式，每个仓室的入口未设气流均布装置。各仓室的入口和出口都装有调节阀门。

除尘系统于2010年10月投入运行，2011年3月开始出现破袋，破袋部位为袋底，2011年6月滤袋全部更换。两个月后又开始破袋，到2012年3月份，大批量滤袋破袋。

从滤袋破损部位、形态及破损程度分析，滤袋破损原因系含尘气流冲刷而致。由于采用下进气方式，灰斗内没有任何均流措施，局部的气流速度远远超过滤袋的承受限度。滤袋底部首当其冲，很快磨蚀。

采取以下改造措施：

1）改下进风为侧进风。每个仓室拆除3排滤袋，严密封闭袋孔；利用该空间，在灰斗和袋室内增设导流板（见图13-67）；增设的导流板离滤袋要保持安全距离，花板孔中心离导流板的距离不小于250mm，防止安装好后滤袋碰到导流板。

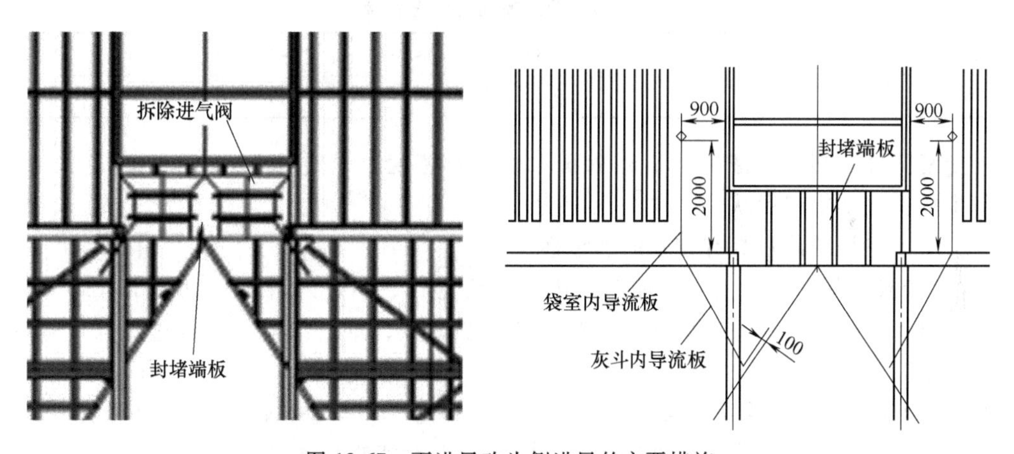

图 13-67　下进风改为侧进风的主要措施

2）在进气烟道的两面侧板上开孔，尺寸为2610mm×900mm，用作各仓室烟气进口。

3）将除尘器原进风接口拆除，增加进风口端板。

4）拆除各仓室进气阀和出口提升阀，除尘器由离线清灰改为在线清灰。

5）调整脉冲阀的喷吹顺序，左、右两室的脉冲阀交替跳跃进行清灰。正常情况下，袋式除尘器的清灰周期为20~30min。

该除尘器改造项目2012年6月份实施，运行两年半之后检查，未见滤袋破损。虽然滤袋的数量减少了330条，过滤风速提高为0.98m/min，而且由离线清灰变成在线清灰，但并不影响除尘器的正常运行。

【实例 13-2】　喷吹管受冲刷而破损

某炼铁厂贮矿槽和转运站除尘系统，袋式除尘器喷吹管受粉尘冲刷而严重破损。

1. 症状

喷吹管受含尘气流冲刷，导致局部磨蚀，其严重程度远非“穿孔”二字可以形容，该局部的管壁被磨去约2/3，残留部分的管壁也变得很薄，喷吹管已接近断裂的边缘（见图13-68）。

图 13-68 喷吹管磨蚀异常严重

2. 原因分析

1）该除尘器用于炼铁厂贮矿槽工位除尘，该粉尘具有以下特点：

粉尘为烧结矿粉，其成分主要为铁的氧化物（见表13-2），具有较大硬度。

表 13-2 贮矿槽粉尘成分

成分	Fe	Fe_2O_3	FeO	P	MnO	S	Mg	CaO	SiO_2
(%)	39.33	54.9	1.2	0.07	1.97	2.25	2.49	10.49	9.5

粉尘粒径较粗，大于40μm的颗粒约占55%（见表13-3）。

表 13-3 贮矿槽粉尘的分散度

粒度/μm	>50	50~40	40~30	30~20	20~10	10~5	<5
(%)	44.1	9.2	10.7	13.2	15.2	5.87	1.73

粉尘密度大，其堆积密度为1.5~2.6g/cm^3，真密度为3.8~4.2g/cm^3。

粉尘颗粒呈不规则形状。

综上所述，烧结矿粉具有较强的磨啄性。

2）在清灰的间歇，除尘后的净气将由喷吹管的孔、洞进入管内（见图13-69）；另外，弯管、输出管甚至脉冲阀输出口的温度有时低于酸露点，烟气结露，导致这些部位被腐蚀，并有粉尘结垢。

3）除尘器的个别滤袋由于某种原因而出现破损时，粉尘进入净气室，使清灰气流具有冲刷性。喷吹时，气流携带粉尘高速通过喷吹管，并对喷吹管造成严重磨蚀。

3. 防范措施

1）对于燃煤锅炉烟气、垃圾焚烧烟气，以及其他含有腐蚀性成分的烟气，袋式除尘器的弯管宜置于箱体之中，保证其具有与箱体相同的温度。

2）气包宜采取保温措施，特别在高寒地区。

3）若弯管无法置于箱体之中，应将弯管妥为保温。另外，在弯管上钻一小孔，直径约3mm，使之与大气相通，保持弯管和输出管内具有一定正压，防止烟气进入喷吹管（见图13-70）。

【实例13-3】 喷吹装置和配件不合理

某炼铁厂一台反吹风袋式除尘器，经改造成为长袋脉冲袋式除尘器。过滤面积约为3000m^2，喷吹压力为0.4MPa，供气主管直径为ϕ40mm。投产后，脉冲阀喷吹无力，清灰效果很差，设备阻力高达2000~3000Pa。

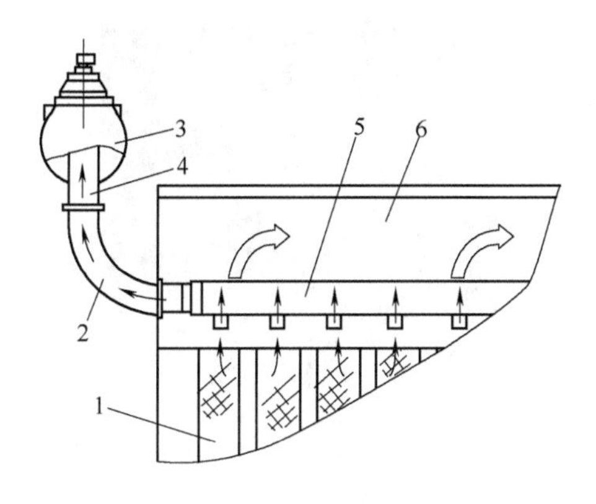

图 13-69 燃煤烟气扩散进入喷吹装置
1—滤袋 2—弯管 3—气包 4—输出管 5—输出管 6—上箱体

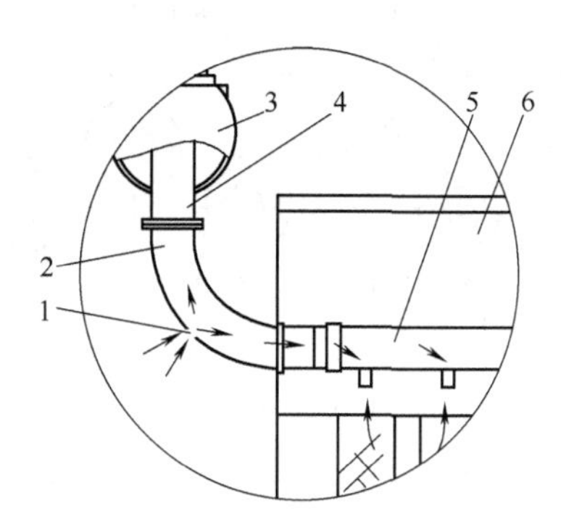

图 13-70 弯管钻孔防止腐蚀
1—小孔 2—弯管 3—气包 4—输出管 5—喷吹管 6—上箱体

1. 气包压力不足

现场观察发现，第一个脉冲阀喷吹时气包压力为 0.4MPa；第二阀喷吹时压力为 0.3MPa；第三个脉冲阀及其后喷吹时，气包压力皆低于 0.2MPa。因此，超过 90%的脉冲阀都在远低于额定喷吹压力的条件下工作，清灰效果低下，甚至完全没有效果。

导致上述现象的主要原因之一，是供气总管直径过小，补气流量低于脉冲阀的喷吹气量。建议增大脉冲喷吹的供气管径：对于中型除尘器，主管直径为 ϕ50~65mm；对于大型除尘器，主管直径为 ϕ80~100mm。

2. 喷吹装置设计不当

该台除尘器的另一缺陷加剧了上述现象，即淹没式脉冲阀被做成高低错落的形式（见图 13-71）。一些设计者为使设备紧凑，或在改造工程中遇到平面尺寸偏小时，往往采取此种方案。结果使部分脉冲阀的膜片远离气包的边缘，喷吹时，气流先经狭窄的环形通道流向膜片，再掉转方向 180°从输出口流出。在此过程中，不但气流能量损失很大，而且气流释放的过程延长，从而降低了气流对滤袋的冲量，削弱了清灰效果。

为避免喷吹时气流能量的无谓损失，以及由此影响清灰效果，脉冲阀膜片宜尽量贴近气包，如图 13-72 所示。如果平面尺寸紧张，脉冲阀布置存在困难，可以按如图 13-73 所示的那样，将脉冲阀在平面上错开布置。图 13-74 所示为错开布置的实例。

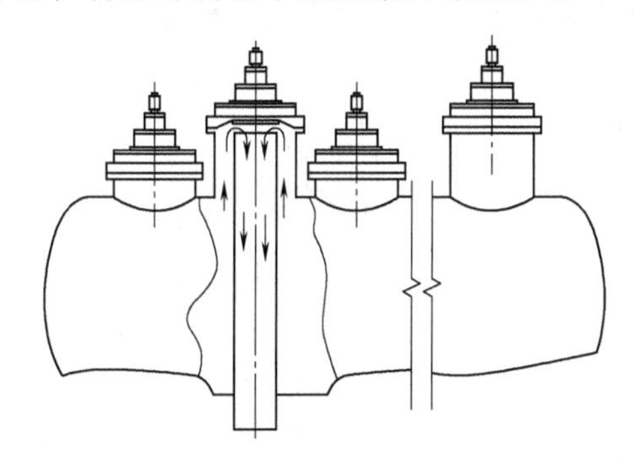

图 13-71 高低错落的脉冲阀结构

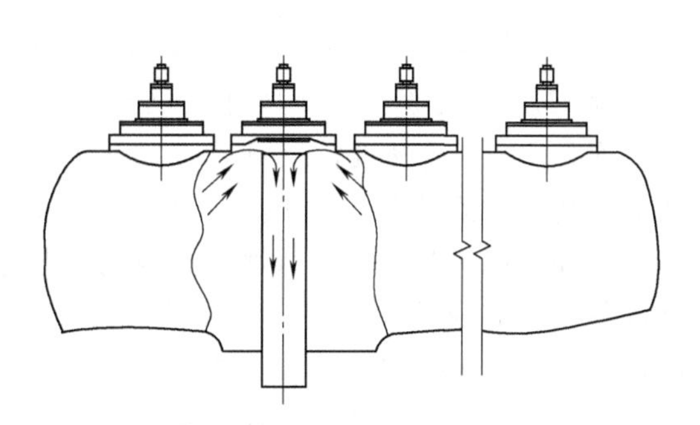

图 13-72 建议的淹没式脉冲阀结构

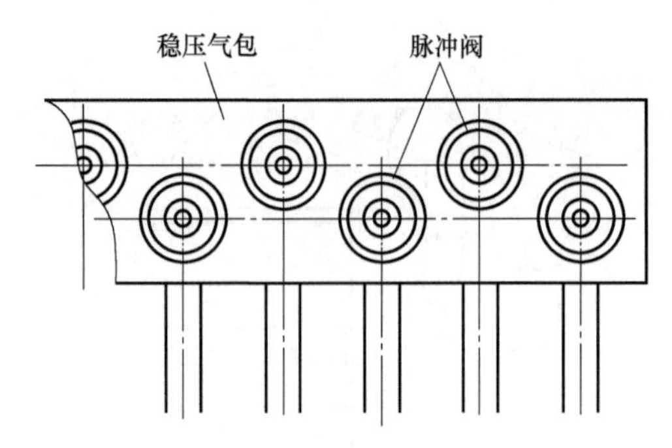

图 13-73 平面错开的脉冲阀布置

图 13-74 平面错开的脉冲阀布置实例

【**实例 13-4**】 喷吹参数错误

1）某燃煤电厂一台大型袋式除尘器，主要规格和参数如下：

型号 GLY-24600 长袋低压脉冲袋式除尘器；

处理烟气量 16000000m^3/h；

过滤面积 24600m^2；

滤袋规格 ϕ130×6500mm；

滤袋数量 9360 条；

脉冲阀数量 624 位；

空气压缩机 容积流量 16m^3/min，数量 2 台，一用一备。

2）投入运行后，发现清灰气源严重不足，脉冲阀喷吹无力，除尘器阻力居高不下，达到 2200~2700Pa，致使发电机组出力降低 40%。空气压缩机一用一备完全行不通，虽将备用空气压缩机也投入运行，但供气量仍然不足。

3）究其原因，主要是设计者将电脉冲宽度定为 500ms，认为这样可使脉冲阀产生足够大的喷吹气量，从而获得良好的清灰效果。这一做法使清灰耗气量大大超过设计的预期，但良好的清灰效果却并未出现。

4）解决措施及分析。调节控制系统的电脉冲宽度至 200ms（原控制系统的最小值），清灰状况得到好转，除尘器阻力大幅下降，发电机组出力趋于正常。但仍需两台空气压缩机同时运行，才勉强满足喷吹的需要，清灰气源浪费很大。

那种加大电脉冲宽度以增加脉冲阀的喷吹气量，进而获得良好清灰效果的观念是一种误解。脉冲喷吹清灰的实质在于，在尽可能短的时间内，将滤袋所需的清灰气量送入袋中，以产生对袋壁的强烈冲击振动。图 13-75 所示为脉冲喷吹气流的压力波形。如前所述，仅当有效压力峰值高，而且压力上升速度快（亦即压力从零上升至峰值的时间短）的条件下，才能获得良好的清灰效果。大量实验和工程实践证明，脉冲阀自身阻力越小、开启速度越快，清灰效果越好。滤袋清灰过程非常短暂，在压力有效峰值出现后便告结束。此后，若脉冲阀继续开启，对清灰已经没有任何作用。所以，脉冲喷吹最理想的压力波形是一个方波，如图 13-75 中 abcd 所

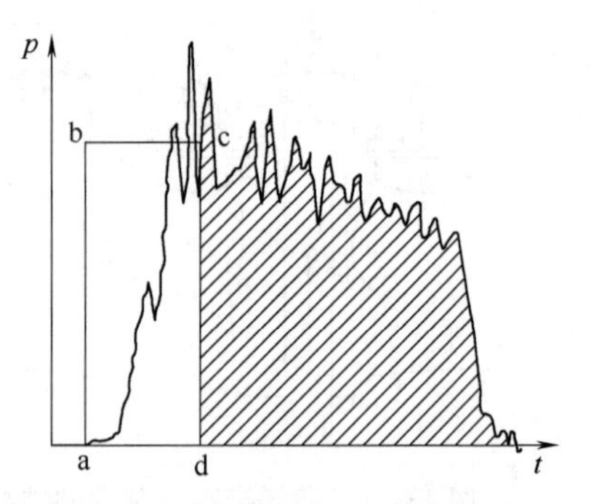

图 13-75 脉冲喷吹气流压力波形

示。而图中斜线覆盖的部分则对清灰不起作用，代表无谓消耗的压缩气体。

实际工程中不可能获得方波，只能尽量改善脉冲阀的开关性能，以获得短促而强力的气脉冲。目前，市面上的脉冲阀的电脉冲宽度多为100ms，性能更佳且耗气量更低的少数产品可缩短至50~20ms。

【实例13-5】 破损滤袋的连锁反应

某燃煤热电厂燃煤锅炉经提标改造后，烟气中粉尘浓度达到超低排放限值要求，烟气净化流程如图13-76所示。机组投运后不久，发现湿法脱硫石膏颜色逐渐加深，大量滤袋出现磨蚀、破损现象，而在线监测显示颗粒物排放浓度接近环保标准的限值。

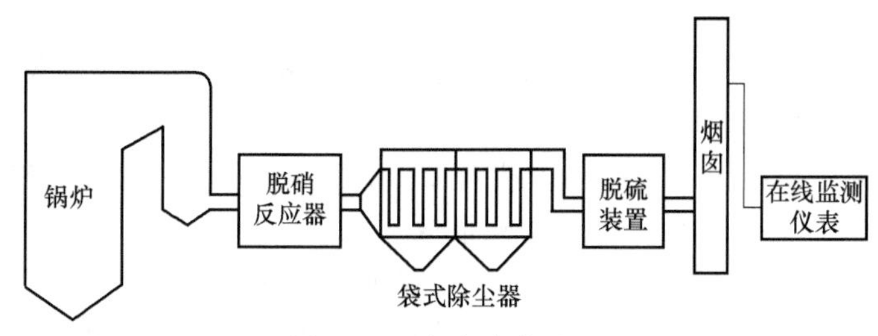

图13-76　烟气净化流程

滤袋破损最初是由于滤袋被花板梁磨损及滤袋框架脱节引起，分别采取了针对性措施。但除尘器多次检修及更换滤袋，短时间内不同位置又相继发生大面积滤袋积灰、磨损、破损现象（见图13-77），得不到根本解决。

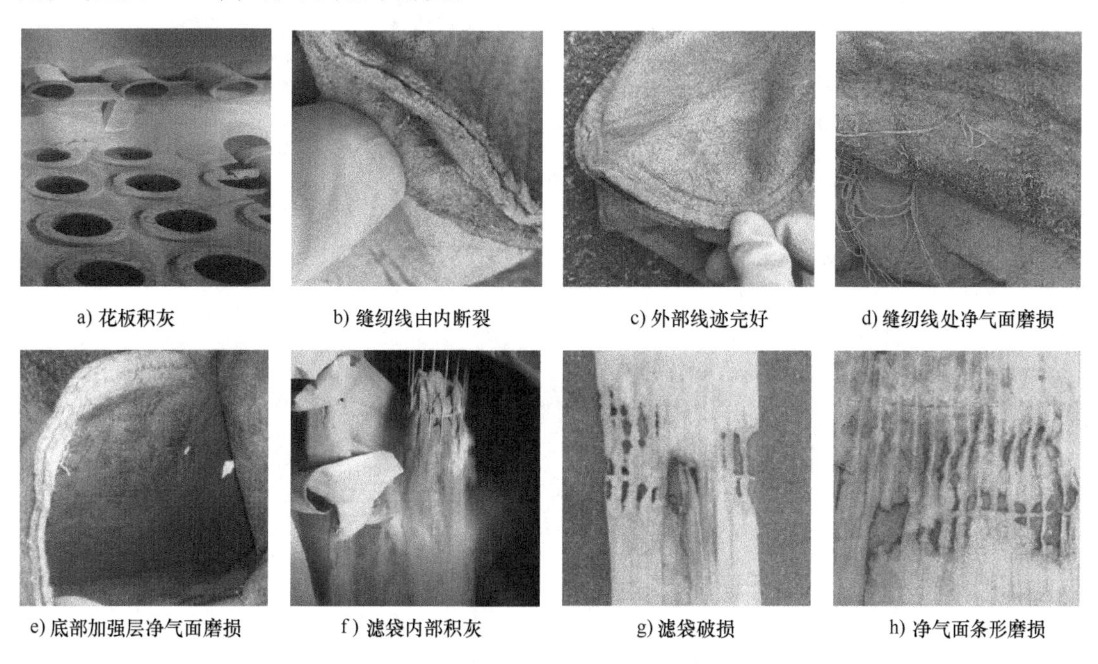

a) 花板积灰　b) 缝纫线由内断裂　c) 外部线迹完好　d) 缝纫线处净气面磨损

e) 底部加强层净气面磨损　f) 滤袋内部积灰　g) 滤袋破损　h) 净气面条形磨损

图13-77　现场滤袋破损情况

在滤袋破损而又未及时更换的情况下，含尘气流通过漏洞而冲刷相邻的滤袋，致使邻近滤袋相继破损。

除尘器检修时紧急封堵了积灰滤袋，但上箱体内的积灰严重，未被清除。箱体净气室粉尘浓度增加，粉尘进入滤袋内，导致滤袋出现“灌肠”、破损现象；上箱体花板积灰严重；许多滤袋的净气面存在程度不同的磨蚀，甚至破损失效。进入袋内的积灰量较小时，滤袋缝纫线被磨断、底部加强层出现破洞；积灰量大时，在其表面出现大面积的磨损和破洞。

箱体内墙板附近、支架阻挡处等风速较小的区域有明显积灰（见图13-77a）；滤袋缝纫线断裂，滤料净气侧表面磨损（见图13-77b~d）；底部加强层净气面框架竖筋之间出现明显滤料缺损（见图13-77e）；滤袋内部积灰及中下部破损，滤袋竖筋之间存在净气面磨损甚至条形破损现象，破损痕迹环绕滤袋均匀分布，破损范围为现场积灰滤袋的粉尘堆积高度上方区域（见图13-77f~h）。

解决方法：

1）应经常观察烟囱排放情况，或观察在线监测仪表，发现异常应及时检查有无漏袋，找到漏袋位置，并及时更换滤袋。

2）滤袋发生大面积破损，上箱体产生积灰，停机检修时应按要求及时更换破损滤袋，抽取具有代表性的破袋进行失效分析，记录抽取位置及破损数量；

3）需逐一清理上箱体及滤袋内部的积灰，保证净气室的清洁环境；

4）对同一个过滤单元内的所有滤袋进行检查，并根据其受损程度确定滤袋更换数量。

5）对未破损滤袋样品取样进行寿命评估，着重检查滤袋内侧的完好程度，判断其能否满足正常的使用要求。根据检查结果，决定更换部分滤袋或全部滤袋。

第十四章　袋式除尘器的应用

第一节　概　　述

1881年，在德国Beth工厂诞生了世界上第一台振动清灰袋式除尘器。20世纪50年代在我国引进156个重点建设项目中同时引进了振动、反吹风类袋式除尘器及其技术资料，开创了我国袋式除尘器研究开发及推广应用的时代。

袋式除尘器属于过滤类除尘设备，即使对微细粉尘，也具有高效且稳定的除尘率。袋式除尘器属于清灰型可再生除尘设备，有利于确保除尘器阻力平稳，系统稳定运行。袋式除尘器属于干法除尘设备，不存在湿法除尘装置泥浆淤塞、污水处理等次生环保问题。袋式除尘器采用单元组合形式，设计、制作、安装灵活方便，并可分室切换，实现在线维护检修。

袋式除尘器的应用涉及大气污染控制、产品物料回收以及工艺气体净化等方面。作为高效除尘设备，袋式除尘器早已进入气体污染控制领域，随着环保标准的提高，尤其是对PM2.5等微粒的控制提上日程，袋式除尘器已成为最具性价比的高效除尘净化设备。在有色冶炼、建材、化工、食品等粉料加工行业，袋式除尘器被称为“收尘器”，用以回收有价值的粉料。在工艺气体净化领域，利用袋式除尘器净化高炉煤气，可使净煤气含尘浓度低于$5mg/Nm^3$（标准状态下），提高能源利用率50%；利用袋式除尘器净化石灰窑废气，将CO_2气体提纯，作为制造干冰的原料。袋式除尘器表面粉饼层在除尘的同时本身具有净化气体功能，对滤料负载催化剂或在入口混入反应剂可以加强这种功能，实现除尘净化一体化协同控制。

袋式除尘技术的进步，袋式除尘器设计和制造水平的提高，尤其是各种高性能配件和功能性滤料的研究开发，是袋式除尘器得以向各个领域全面推广应用的重要条件和保证。现今，“垃圾焚烧炉除尘装置必须采用袋式除尘器”，已是国标的规定；电站锅炉除尘原来是“静电除尘器”的领地，现在已大量使用袋式除尘器或电袋复合除尘器；袋式除尘器在冶金行业的使用率已超过95%，烧结机机头除尘原来是静电除尘器一统天下，现在已转向采用以袋式除尘器为核心技术，进行除尘与脱硫、脱氮一体化处理。

袋式除尘技术是一门边缘科学，涉及的理论基础及其影响因素十分复杂。至今，尽管对粉尘过滤机理的理论研究已取得长足的进展，但是，要把粉尘种类、颗粒形状、粒径分布、含尘浓度、荷电特性、气体成分、气体温度、气体湿度、气体压力以及酸露点等影响过滤分离作用的多种因素都考虑进去，从理论上求得解释，或建立数学模型予以推导，这几乎是不可能的。因此，更多的是借助于现场测试、试验室模拟和工程实践总结。

本章和第十五章专门介绍袋式除尘技术的应用情况。其中，分别介绍了有关行业的简要生产工艺和主要排污设备；污染源的特性和数量；污染治理的难点分析和主要对策；各种污染治理系统设计和设备选型要点；袋式除尘器典型应用实例的简况及运行结果。这些资料来自工程实际，是完全真实的、可以信赖的，期望对从事袋式除尘技术的研发设计人员和工程建设者提供借鉴和参考。

第二节 袋式除尘器在黑色冶金工业的应用

钢铁生产工艺流程由主线、副线及公辅设施组成，如图14-1所示。

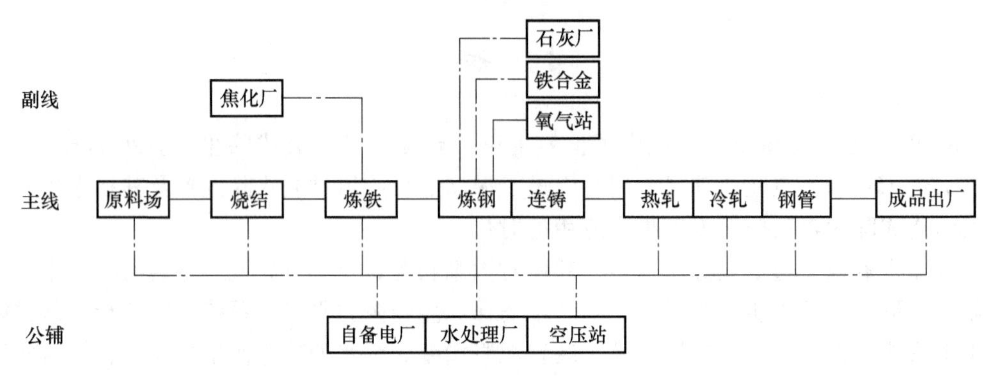

图14-1 钢铁生产工艺流程

钢铁生产线从原料输入到成品输出，每一生产工序均散发大量烟尘、粉尘，平均吨钢产尘量约75kg。按近期我国年均钢产量约为8.0亿t计，全年产尘量达6000万t，是大气环境的一大污染源。

一、中国钢铁工业大气污染物排放标准

1）2012年10月1日前尚无专业标准，而执行《工业炉窑大气污染物排放标准》（GB 9078—1996），分为1997年1月1日前后两个时段，见表14-1。

表14-1 GB 9078—1996《工业炉窑大气污染物排放标准》（单位：mg/Nm^3）

污染物	1997年1月1日前安装投运项目			1997年1月1日后批准改、建项目		
	一级标准	二级标准	三级标准	一级标准	二级标准	三级标准
颗粒物	100	150	200	禁排	100	150
二氧化硫	1430	2860	4300	禁排	2000	2860
氟化物(F)	6	15	50	禁排	6	15

注：一级标准、二级标准、三级标准分别适用于一类地区、二类地区、三类地区。

可见，GB 9078—1996标准相对较宽松笼统，尤其对氮氧化物、二噁英等污染物的排放限值还未提上日程。

2）2012年10月1日后执行《钢铁烧结、球团工业大气污染物排放标准》（GB 28662—2012），分为2015年1月1日前后两个时段，见表14-2。

表14-2 GB 28662—2012《钢铁烧结、球团工业大气污染物排放标准》

（单位：mg/Nm^3）

污染物	污染源	2015年1月前老源	2012年10月后新源 2015年1月后老源	特别排放限值
颗粒物	烧结、球团机头	80	50	40
	机尾及其他	50	30	20

（续）

污染物	污染源	2015年1月前老源	2012年10月后新源 2015年1月后老源	特别排放限值
二氧化硫	烧结、球团机头	600	200	180
氮氧化物(以 NO_2 计)	烧结、球团机头	500	300	300
氟化物(以F计)	烧结、球团机头	6.0	4.0	4.0
二噁英/(ng-TEQ/m^3)	烧结、球团机头	1.0	0.5	0.5

新专业标准收紧了颗粒物、二氧化硫、氟化物等污染物排放限值，又增添了氮氧化物、二噁英等新的污染物排放指标。

3）2017年6月国家环境保护部新出台《标准修改征求意见》，提出在基准氧含量16%的条件下，将烧结烟气的颗粒物、SO_2、NO_x 三项排放限值由GB 28662—2012标准的（50、200、300）修改为（20、50、100）。

4）2019年4月28日国家生态环境部等五部委发布环大气［2019］35号文关于《钢铁企业超低排放改造工作方案》的函。要求全国新建（含搬迁）钢铁项目原则上要达到超低排放水平。推动现有钢铁企业超低排放改造，到2020年底前，重点区域钢铁企业超低排放改造取得明显进展，力争60%左右产能完成改造，有序推进其他地区钢铁企业超低排放改造工作；到2025年底前，重点区域钢铁企业超低排放改造基本完成，全国力争80%以上产能完成改造。超低排放限值见表14-3，其中对烧结、球团烟气提出了与电站燃煤锅炉等同的（10、35、50）三项最严标准。

表14-3　钢铁企业超低排放限值　（单位：mg/Nm^3）

生产工序	生产设施	基准含氧量（%）	污染物项目		
			颗粒物	二氧化硫	氮氧化物
烧结（球团）	烧结机机头 球团竖炉	16	10	35	50
	链篦机回转窑 带式球团焙烧机	18	10	35	50
	烧结机机尾 其他生产设备	—	10	—	—
炼焦	焦炉烟囱	8	10	30	150
	装煤、推焦	—	10		—
	干法熄焦	—	10	50	—
炼铁	热风炉	—	10	50	200
	高炉出铁场、高炉矿槽	—	10	—	—
炼钢	铁水预处理、转炉(二次烟气)、电炉、石灰窑、白云石窑	—	10	—	—
轧钢	热处理炉	8	10	50	200
自备电厂	燃气锅炉	3	5	35	50
	燃煤锅炉	6	10	35	50
	燃气轮机组	15	5	35	50
	燃油锅炉	3	10	35	50

二、焦炉烟气除尘净化

1. 生产工艺及污染源

焦炉由多个炭化室及装煤、推焦、熄焦设备组成。炉顶移动式装煤车从煤塔接受煤料依序装入炭化室，经高温干馏制成焦炭，同时产生荒煤气。灼热焦炭由推焦机推出，经由拦焦车至熄焦车并送熄焦塔熄焦。荒煤气经上升管、集气管送往煤气净化系统。在炉顶装煤、炉侧拦焦、熄焦塔熄焦过程以及焦炉烟囱排放的烟道气中含有烟尘、SO_2、NO_x 和 BaP、BSO、酚等多种有毒有害气体，焦炉的粉尘排放量为 1.14~7.55kg/t（焦）。

焦炉污染源有以下特点：

1）焦炉污染物种类多、危害大，其中 BaP 和 BSO 是致癌物质；

2）面广而分散，且大部分属不固定、阵发性污染源；

3）烟尘中含有灼热焦粒以及黏性焦油。

2. 装煤除尘

（1）尘源参数　装煤烟气中主要污染物有煤尘、荒煤气、焦油、BaP 和 BSO 等，设计排烟量与炭化室高度以及注煤溜嘴型式相关，对套筒型注煤溜嘴可取（30~60）$\times10^4$Nm^3/h（标准状态）。

（2）除尘工艺流程　焦炉装煤除尘工艺经历了双集气管及跨越式消烟、车载式湿法洗涤除尘、地面站湿法文氏管除尘、燃烧法地面站干法袋除尘以及非燃烧法地面站干法袋除尘的发展过程。其中，非燃烧法地面站干法袋除尘技术比较先进实用，在我国现代化大中型焦炉建设中获得广泛应用。图 14-2 为非燃烧法地面站干法袋除尘的工艺流程。

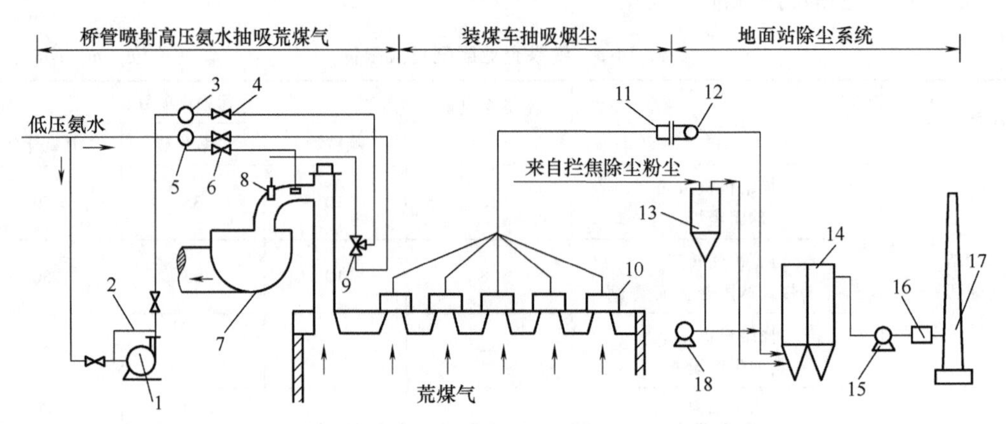

图 14-2　非燃烧法地面站干法袋除尘的工艺流程

1—高压氨水泵　2—过热孔板　3—高压氨水总管　4—高压氨水支管、阀门　5—低压氨水总管　6—阀门　7—集气管　8—高压氨水喷嘴　9—三通球阀　10—抽烟套筒　11—连接器　12—集尘干管　13—预喷涂料仓　14—除尘器　15—风机　16—消声器　17—排气筒　18—预喷涂料风机

（3）设计要点及新技术

1）采用桥管喷射高压氨水抽吸和装煤车球面密封套筒集尘相结合的捕集方式，烟尘捕集率可达 93%~97%。

2）采用碰接式推杆翻板阀，将移动式装煤车捕集的烟尘传送到地面站固定集尘干管。与先期采用的密封胶带提升小车转接通风槽方式相比，运行稳定可靠，维修工作量小，使用寿命长。

3）采用直接掺混冷风方式，将装煤车捕集烟气中的CO含量稀释到爆炸浓度以下，同时将烟气温度冷却到120℃，防止焦油挂壁黏附。

4）采用脉冲袋式除尘器，配消静电滤料，顶部设泄爆阀，入口设导流挡板，分离灼热粗粒煤尘。BaP富集在煤尘表面，一起被滤袋捕集。

5）设有滤袋预涂尘装置，用焦粉作为预涂尘料。借助正压气力输灰装置，将焦粉喷入除尘器入口管内，随气流均匀涂布滤袋表面，形成预涂层。预涂尘作业纳入除尘器清灰控制程序。

6）采用风机调速及自控程序，装煤期内全速运行，装煤间隙降速运行并对滤袋实施清灰。

【实例14-1】 年产170万~180万t干全焦的JNX60-2型6m大容积焦炉，设装煤地面站干法袋式除尘系统，工艺流程如图14-1所示，系统主要设计参数及设备选型见表14-4。

表14-4　JNX60-2型焦炉装煤除尘系统主要设计参数及设备选型

项　　目	设计参数及设备选型	项　　目	设计参数及设备选型
处理气量/($\times10^4m^3/h$)	8	烟尘排放浓度/(mg/Nm^3)	≤20
温度/℃	110	焦油捕集率(%)	≥95
除尘器选型	脉冲袋式除尘器,单排5室,设有预喷涂装置	设备阻力/Pa	≤1500
		风机选型	1888A/800离心风机
滤料	聚酯消静电针刺毡覆膜	风机风量/(m^3/h)	80000
滤袋规格/mm	ϕ130×6000	全压/Pa	6000
数量/条	420	液力耦合器	YOTGCD530/1500
过滤面积/m^2	1025	电动机	200kW/10kV,YKK400-4
过滤速度/(m/min)	1.3	加湿机	DSZ-60,30t/h
预喷涂装置	罗茨风机,正压输送	接口翻板阀	ϕ1212×110台
泄爆阀/mm	ϕ900,5台		

3. 拦焦除尘

（1）尘源参数　拦焦烟气中主要污染物为焦粉，并含有少量焦油雾及BaP、BSO。烟尘粒径较粗（10~40μm的占20.1%，≥40μm的占78.5%），堆比重较轻（约为0.4t/m^3）。对4~7m规格的炭化室，设计排烟量（标准状态）可取（18~32）×$10^4m^3/h$，烟气温度150~200℃。

（2）除尘工艺流程　焦炉拦焦除尘工艺有热浮力罩捕集湿法喷雾除尘、车载式拦焦熄焦一体式湿法洗涤除尘、车载捕集与地面站干法袋式除尘结合等几种方式，现代正规焦炉大多采用后一种方式。拦焦除尘系统收下尘正好用作装煤除尘系统预涂尘料，因此通常将两个系统的地面除尘站合在一起，综合工艺流程如图14-3所示。

（3）设计要点及新技术

1）拦焦车密切配合设计容积式排烟集尘罩，如图14-4所示。通常炉门及导焦栅排烟量占1/3，熄焦车排烟量占2/3。

2）采用碰接式推杆翻板阀，将移动式拦焦车捕集的烟尘传送到地面站固定集尘干管。

3）采用百叶栅火花捕集器，除去灼热粗焦粒；采用管式自然风冷器，将烟气温度冷却

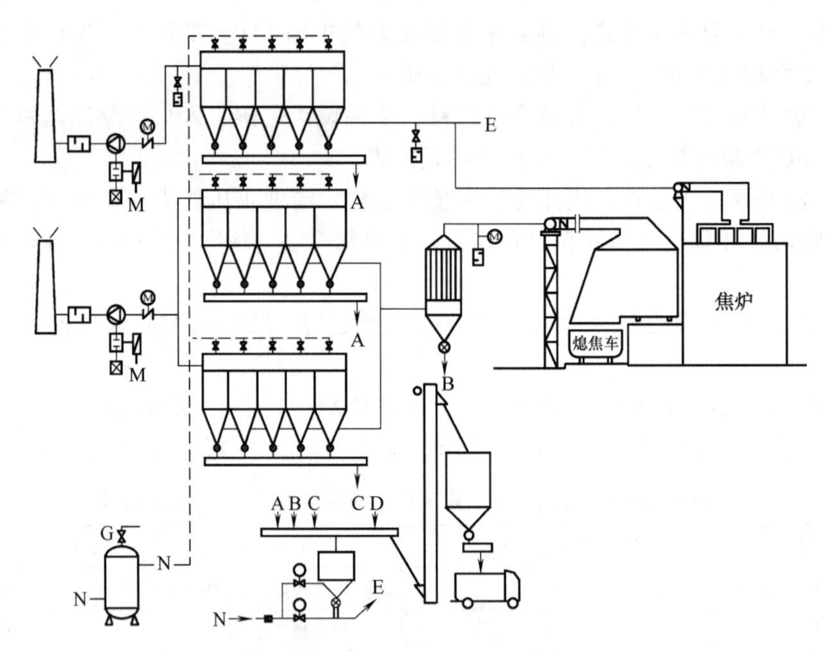

图 14-3 焦炉装煤拦焦地面站除尘综合工艺流程

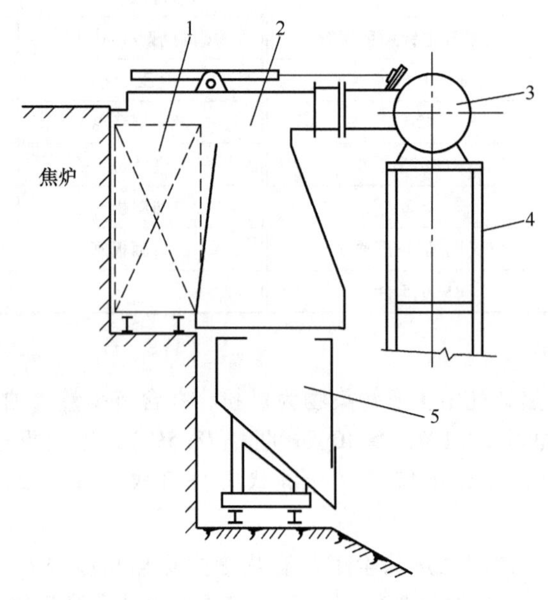

图 14-4 拦焦车容积式排烟集尘罩

1—拦焦车 2—吸气罩 3—烟道及自动碰接阀门 4—支架 5—熄焦车

到 120℃以下；也可合设一台蓄热式冷却器兼带灭火冷却。

4）宜选用内滤反吹风袋式除尘器或外滤脉冲袋式除尘器，配用消静电滤料。

5）用风机调速并全自动控制，以适应间断出焦工艺制度。

【实例 14-2】 年产 170 万~180 万 t 干全焦的 JNX60-2 型 6m 大容积焦炉，设拦焦地面站袋式除尘系统。除尘工艺流程如图 14-3 所示，系统主要设计参数及设备选型见表 14-5。

表 14-5　JNX60-2 型焦炉拦焦除尘系统主要设计参数及设备选型

项目	设计参数及设备选型	
处理气量/($\times 10^4 m^3/h$)	32.4	
冷却器选型	蓄热式冷却灭火器,960m^2	
冷却温度/℃	200~110	
袋式除尘器选型	型式 1	型式 2
	脉冲、双排 10 室	反吹风、双排 6 室
滤料	覆膜消静电聚酯针刺毡	覆膜消静电聚酯机织布
滤袋规格尺寸/mm	ϕ130×6000	ϕ292×10000
数量/条	1800	576
过滤面积/m^2	4400	5280
过滤速度/(m/min)	1.22	1.02
烟尘排放浓度/(mg/Nm^3)	≤20	
设备阻力/Pa	≤1500	
风机选型	AH-R224DW 型双吸双支承	
风量/(m^3/h)	324000	
全压/Pa	6000	
液力耦合器	YOTGCD875B/1000(25%~97%)	
电机	900kW/10kV、YKK630-6	
接口翻板阀	ϕ2300×109 台	

4. 熄焦除尘

(1) 熄焦工艺　传统熄焦工艺采用急水喷淋湿法，现改为惰性气体干法熄焦，这是清洁生产、节能减排的一项重要举措。

湿法熄焦会生成蘑菇状腾空气团，夹带大量焦尘及酚、氰、硫化物，污染大气环境，并转变为水污染。

干法熄焦利用逆向流动的氮气作为介质，在熄焦塔内将灼热红焦由 1000℃ 冷却到 250℃。同时氮气由 180℃ 加热到 850℃，经沉降室粗除尘，进入余热锅炉，产生压力为 4.5MPa 的蒸汽，用于汽轮机发电。氮气温度降至 200℃ 以下，经旋风二次除尘后，由风机送入熄焦塔循环使用，气料比约为 1500m^3/t 焦。干熄焦工艺流程如图 14-5 所示。

干法熄焦将污染物封闭在环路内，仅在熄焦塔顶部装焦口和下部排焦口产生一定量的外泄焦尘，在氮气环路放散口定期排放含有少量 N_2、CO、H_2 等成分的置换气体，把尘气污染源减少到最小限度。

干法熄焦可回收 80% 的红焦显热，回收蒸汽量 450kg/t 焦，并改善焦炭质量，降低高炉焦比 2%。

(2) 除尘工艺流程　可将几台干熄焦塔集中建一个袋式除尘系统，用阀门切换，控制混合烟气温度在 120℃ 以下，按常规除尘工艺流程设计，如图 14-6 所示。

(3) 设计要点

1) 熄焦塔顶装料集尘措施：在装焦孔设环形水封座，确保焦罐台车与装焦孔之间密

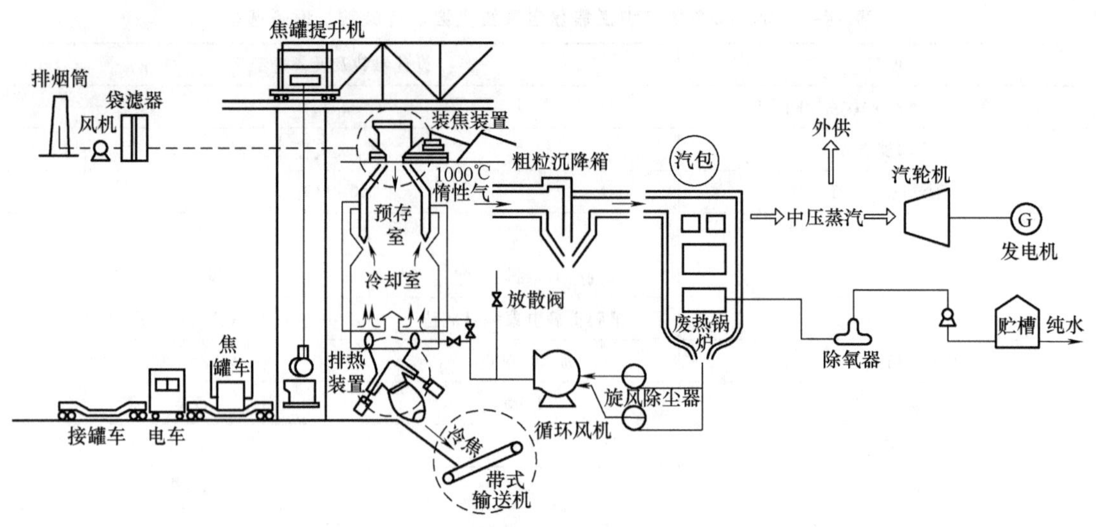

图 14-5 干熄焦工艺及余热回收流程

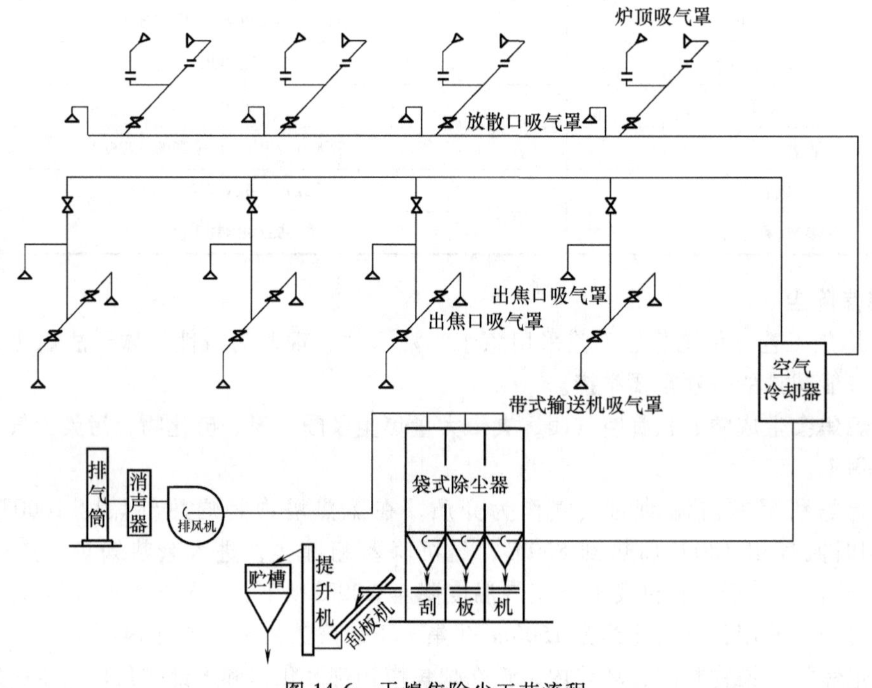

图 14-6 干熄焦除尘工艺流程

封；炉顶控制微负压为-50~0Pa；设活动接口集尘管。

2）熄焦塔底卸料集尘措施：卸料口设振动给料机和回转密封阀，连接法兰之间衬垫涂抹液态耐热硅橡胶涂料的石棉垫片；卸料锥部位充氮，防止可燃气体逃逸；接料皮带设密封罩及排气管。

3）干熄焦循环风机放散的置换惰性气体控制在8%以内，并接入干熄焦袋式除尘系统，以减少热量损失和防止CO对大气的污染。

4）熄焦塔预存室顶部定期定量排放滞积的含CO、H_2的可燃气体，引至袋式除尘器稀释排放。

【实例 14-3】 75t/h 干熄焦塔的预存室容积为 $200m^3$，冷却段容积为 $300m^3$，循环惰性气体量为 $125000m^3/h$。与 4 座 75t/h 干熄焦塔配套的除尘系统的工艺流程如图 14-5 所示，系统主要设计参数及设备选型见表 14-6。

表 14-6　75t/h×4 熄焦塔炉除尘系统设计参数及设备选型

项目	设计参数及设备选型	项目	设计参数及设备选型
处理气量/($\times10^4m^3/h$)	24	过滤速度/(m/min)	0.76
废气温度/℃	100	烟尘排放浓度(标态)/(mg/Nm^3)	≤20
除尘器选型	负压反吹风，双排 8 室	设备阻力/Pa	≤1500
滤料材质	聚酯缎纹机织圆筒布	风机风量/($\times10^4m^3/h$)	24
滤袋规格尺寸/mm	$\phi292\times10000$	全压/Pa	4900
袋数/条	576	电机功率/kW	750
过滤面积/m^2	5280		

5. 焦炉烟道气除尘净化

（1）焦炉烟道气及烟尘参数　焦炉炭化室初期引燃烟气不具备回收要求，通过烟道汇集烟囱排放。烟道气主要参数：

1）烟气温度 180~300℃；

2）湿度 15%~20%；

3）含尘浓度一般低于 $50mg/Nm^3$；

4）SO_2 浓度 $250\sim500mg/Nm^3$；

5）NO_x 浓度 $400\sim2000mg/Nm^3$。

可见：烟道气中粉尘和 SO_2 浓度偏低，而 NO_x 浓度偏高，且受炉型、配料、操作工艺等因素影响，变化幅度较大，尤其是 5.5m 型捣固式焦炉，NO_x 浓度可达 $1200\sim2000mg/Nm^3$。

（2）烟道气协同治理工艺　实行源头控制、过程控制，将 SO_2、NO_x 初始浓度控制在不超过 $500\sim600mg/Nm^3$。在此基础上，优先采用以袋式除尘为核心的半干法 SDA 脱硫+中低温 SCR 脱硝一体化组合技术。

（3）设计要点及新技术

1）制备 Na_2CO_3 浆液作为脱硫剂，采用 SDA 旋转喷雾脱硫，并经袋式除尘深度净化，为后续脱硝处理提供有利条件；

2）对脱硫除尘后烟气通过 GGH 和煤气加热器串级升温至下游的 SCR 反应窗口温度，确保脱硝效率；

3）通过喷氨格栅提供混合氨气，喷入 SCR 多层催化反应器，实现高效脱硝，尾气经 GGH 升温后排放。

【实例 14-4】 华东某钢铁公司 4×50-7m 焦炉烟道气原设计不予处理，直接由烟囱排放。2015 年实施超低排放改造，采用 SDA+SCR 一体化组合技术，配设两个系统，设计烟气条件及指标见表 14-7，工艺流程如图 14-7 所示。

表 14-7 华东某钢铁公司 4×50-7m 焦炉烟道气脱硫脱硝改造设计参数

分类	项目	设计参数	附注
烟气条件	烟气量/(Nm^3/h)	2×400000	
	烟气温度/℃	165	
	烟气湿度/(Mol%)	4.5	
	颗粒物浓度/(mg/Nm^3)	9.5	
	SO_2 浓度/(mg/Nm^3)	170	
	NO_x 浓度/(mg/Nm^3)	520	
设计指标	出口颗粒物浓度/(mg/Nm^3)	≤10	
	出口 SO_2 浓度/(mg/Nm^3)	≤30	效率≥85%
	出口 NO_x 浓度/(mg/Nm^3)	≤150	效率≥80%

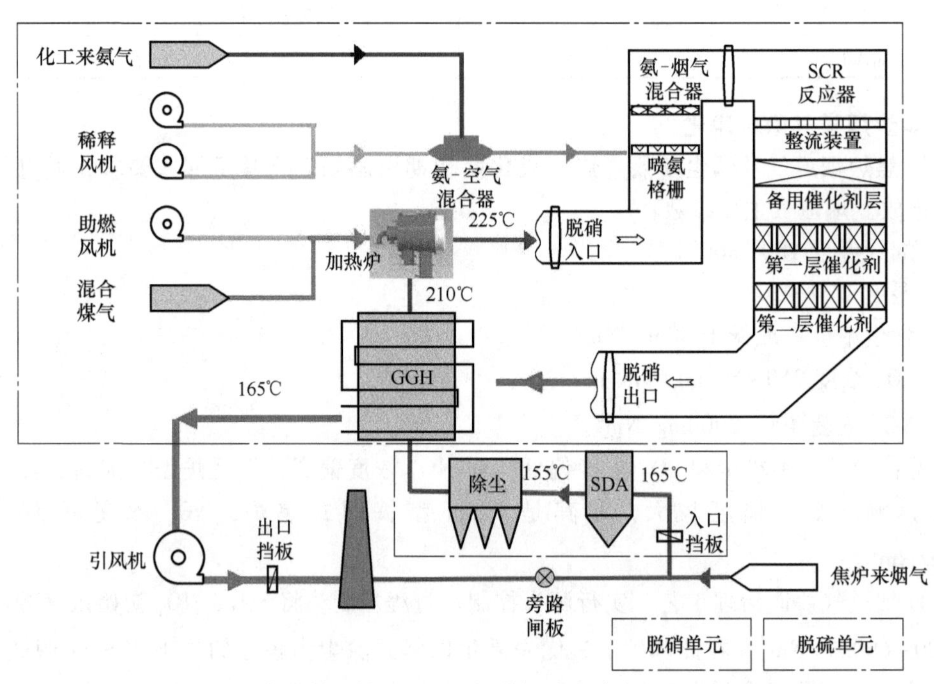

图 14-7 华东某钢铁公司焦炉烟道气脱硫脱硝改造工艺流程

这套系统组配合理、结构紧凑，于 2016 年 9 月 28 日建成投运，实现脱硫、除尘、脱硝协同治理，至今正常运行。SO_2 氧化率低于 1%，氨逃逸率小于 2.5mg/Nm^3，实际 SO_2 排放浓度可控制在 10mg/Nm^3，NO_x 排放浓度可控制在 50mg/Nm^3。

三、烧结烟气除尘净化

1. 生产工艺和污染源

烧结工艺流程包括：配料、混合、烧结、冷却、整粒及贮运等工序。烧结污染源的特点：

1）粉尘污染遍布各个工序，面广量大，折合每吨烧结矿为 30~50kg；

2）烧结机（包括球团）机头排放的高温烟气中含有一定量的 SO_2、NO_x 等有害气体，粉尘中含有少量 Ca、Na、K、Zn 等轻金属氧化物；

3）烧结机末端风箱以及冷却机头部排气筒排烟温度可达 350~400℃，具有余热回收利用价值。

烧结烟尘的治理系统向大型化、集中化发展，按工艺及区域划分，组合成机头、机尾、配料、成品、球团等除尘系统。

2. 机头除尘净化

（1）烧结烟气主要工艺参数

1）烟气量：4000~6000m^3/t 矿，折合每平米烧结面积 80~100m^3/min；

2）烟气温度：（一般）80~150℃，（最高）190~200℃；

3）烟气含氧量：15%~18%；

4）烟气含湿量：10%~13%；

5）烟气含尘浓度：（不铺底料）2~4g/Nm^3，（铺底料）0.5~1g/Nm^3；

6）烟气 SO_2 浓度：（一般）300~1500mg/Nm^3，（最高）6000mg/Nm^3；

7）烟气 NO_x 浓度：200~600mg/Nm^3；

8）烟气二噁英浓度：30~60ng-TEQ/Nm^3。

（2）烧结烟气特点及治理要求

1）烧结混料时加入一定水分，烧结床风箱漏风率大，造成烧结烟气气量较大、温度偏低、含氧量和含水率较高的特殊工艺条件。

2）烧结烟气污染物以烟尘、SO_2、NO_x 为主，还含有铅、砷、汞等重金属以及二噁英、呋喃等有毒有害物质，污染物种类多、浓度变化幅度大。对这些污染物的协同治理要求较严、难度较大。

3）烧结工艺因地区、产品、配料及装备水平的不同，料层多样、工况复杂、变化频繁，工艺参数波动幅度大。烧结机头的主排烟风机是烧结工艺的主体设备，主排烟气治理不仅是环保要求，更是确保料层燃烧、保护主抽风机的工艺措施。在确定治理工艺时，必须厘清具体设计条件与要求，更要讲究烧结工艺的需求和合理适配。

（3）机头烟气治理技术　“十一五”之前以除尘为主，由大密闭罩捕集，优先选用静电除尘技术。“十二五”期间提出脱硫、脱硝要求，大多沿用电站锅炉烟气治理的选型套路和技术方针，以湿法为主，实际运行效果并不理想，综合脱硫效率不到 60%，实际作业率低于 50%。“十三五”期间，为适应超低排放要求，控制污染物种类扩展到颗粒物、SO_2、NO_x、二噁英等 4 项，贯彻源头控制、过程控制和末端控制相结合的标本兼治的原则，自主研发以袋式除尘技术为核心的半干法、干法脱硫及尘硝一体化组合技术，形成了“能干不湿、先脱硫后脱硝、由单项到协同”的选型方针和技术路线。

【实例 14-5】 华东某钢铁公司 4#-660m^2 烧结机改造

2015 年华东某钢铁公司启动 4#烧结机深度改造。鉴于该烧结机已建 LJS 循环流化床脱硫装置运行良好的实际情况，决定采用 CFB+SCR 的组合技术，在原除尘、脱硫工艺的基础上延伸系统流程，深化治理 NO_x 和 DXN 等多种污染物。原设计烧结烟气分两路引出，为此设两套装置并联运行，工艺流程如图 14-8 所示。

作为我国第一个示范改造样板，华东某钢铁公司 4#-660m^2 烧结机深度改造项目于 2016 年 9 月顺利建成投运，取得令人满意的效果，主要设计运行参数见表 14-8。

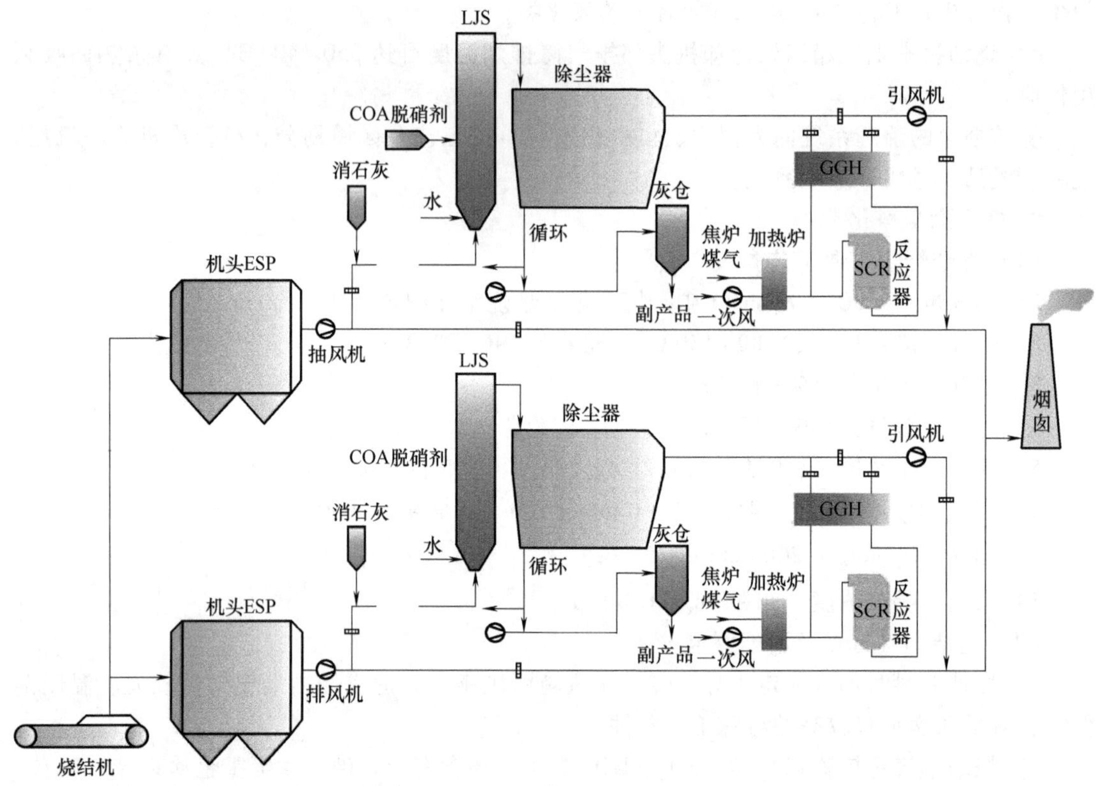

图 14-8 华东某钢铁公司 4#-660m^2 烧结机 CFB+SCR 的组合工艺流程

表 14-8 4#-660m^2 烧结机深度改造主要设计运行参数

项目	设计值	运行值	附注
烟气量/(×10^{4}Nm^3/h)	180	194	温度 100~180℃
入口 SO_2 浓度/(mg/Nm^3)	300~1000	580.68	
入口 NO_x 浓度/(mg/Nm^3)	100~500	287.6	
入口颗粒物浓度/(mg/Nm^3)	30~150	30	
入口二噁英浓度/(ng-TEQ/Nm^3)	≤3		
出口 SO_2 浓度/(mg/Nm^3)	50~100	13.5	效率 97.6%
出口 NO_x 浓度/(mg/Nm^3)	100	122.8~58.6	效率 57.3%~79.6%
出口颗粒物浓度/(mg/Nm^3)	20	12.1	
出口二噁英浓度/(ng-TEQ/Nm^3)	≤0.5	≤0.5	

3. 机尾除尘

（1）尘源参数　机尾粉尘来自烧结机尾部卸料，以及热矿冷却破碎、筛分和贮运设备。尘源参数随系统集成范围的不同而有较大差异。

1）气体温度：80~200℃，含湿量较低；

2）含尘浓度：5~15g/Nm^3；

3）粒径分布：≥50μm 的占 42%；50~10μm 的占 39%；≤10μm 的占 19%；

4）粉尘成分：含铁约 50%，含 CaO 约 10%，具回收价值；

5）粉尘比电阻：$10^6 \sim 10^{12}\Omega \cdot cm$。

（2）除尘工艺　以往机尾除尘主要采用静电除尘器；在近期新建以及改造工程项目中，为实现超低排放，转向采用袋式除尘器。电改袋设计要点如下：

1）尽可能利用原电除尘器壳体、钢结构、基础和输灰设备，改造设计成为长袋低压脉冲袋式除尘器。

2）合理组织本区域高、低温尘气源，控制混合气体温度不超过130℃，优先选用高强型聚酯针刺毡滤料。

3）保持原电除尘器端进端出气流分布流型，改进整流及导流设计，提高气流分布均匀性，避免对滤袋直接冲刷，降低流体阻力。

4）设计选用合理的过滤速度（≤1m/min）和可靠的监控系统，确保除尘器设备阻力不超过1200Pa。

5）尽可能利用原有引风机，或对原有风机叶轮稍加改形，以节省改造周期和费用。

【实例 14-6】　华东某钢铁公司 2#-450m^2 烧结机机尾除尘电改袋

1）系统概况：华东某钢铁公司2#烧结机机尾除尘系统包括机头上料、机尾落料、冷却机各部以及带式输送机转运站除尘。原设计风量为$86\times10^4m^3/h$，温度为80～140℃，含尘浓度为5～15g/Nm^3，设计排放浓度为100mgN/m^3。选用220m^2 三电场静电除尘器。

2）存在问题：

① 2#烧结机经扩容改造，增产30%，烟尘发生量同步增加，烧结机机尾及环冷机受料处集尘能力明显不足。

② 除尘器入口粉尘浓度上升到23～30g/Nm^3，而电除尘器设备老化、性能下降，实测排放浓度高达197.7mg/Nm^3，严重超标。

③ 维护检修工作量大，备件费用高。

3）改造方案：

① 除尘系统风量增加为$100\times10^4m^3/h$，并予以合理再分配。

② 将电除尘器改造为低压脉冲袋式除尘器，如图 14-9 所示，设计排放浓度为20mg/Nm^3。

③ 改造风机的叶轮，使全压提高1500Pa。利用原电炉除尘废置电机。

④ 除尘工艺流程如图 14-10 所示，系统主要参数及设备选型见表 14-9。

表 14-9　450m^2 烧结机电改袋除尘系统设计参数及设备选型

项目	设计参数及设备选型	项目	设计参数及设备选型
处理烟气量/($\times10^4m^3/h$)	100	过滤速度/(m/min)	1.00
烟气温度/℃	≤130	清灰方式	脉冲喷吹,在线
含尘浓度/(g/Nm^3)	≤20	风机全压/Pa	4500
除尘器改型	长袋低压脉冲,三通道	电机功率/kW	2000
滤料	高强聚酯针刺毡 550g/m^2	烟尘排放浓度/(mg/Nm^3)	≤20
滤袋规格/mm	ϕ150×7000	设备阻力/Pa	≤1500
袋数/条	5040	静态漏风率(%)	≤2
过滤面积/m^2	16620		

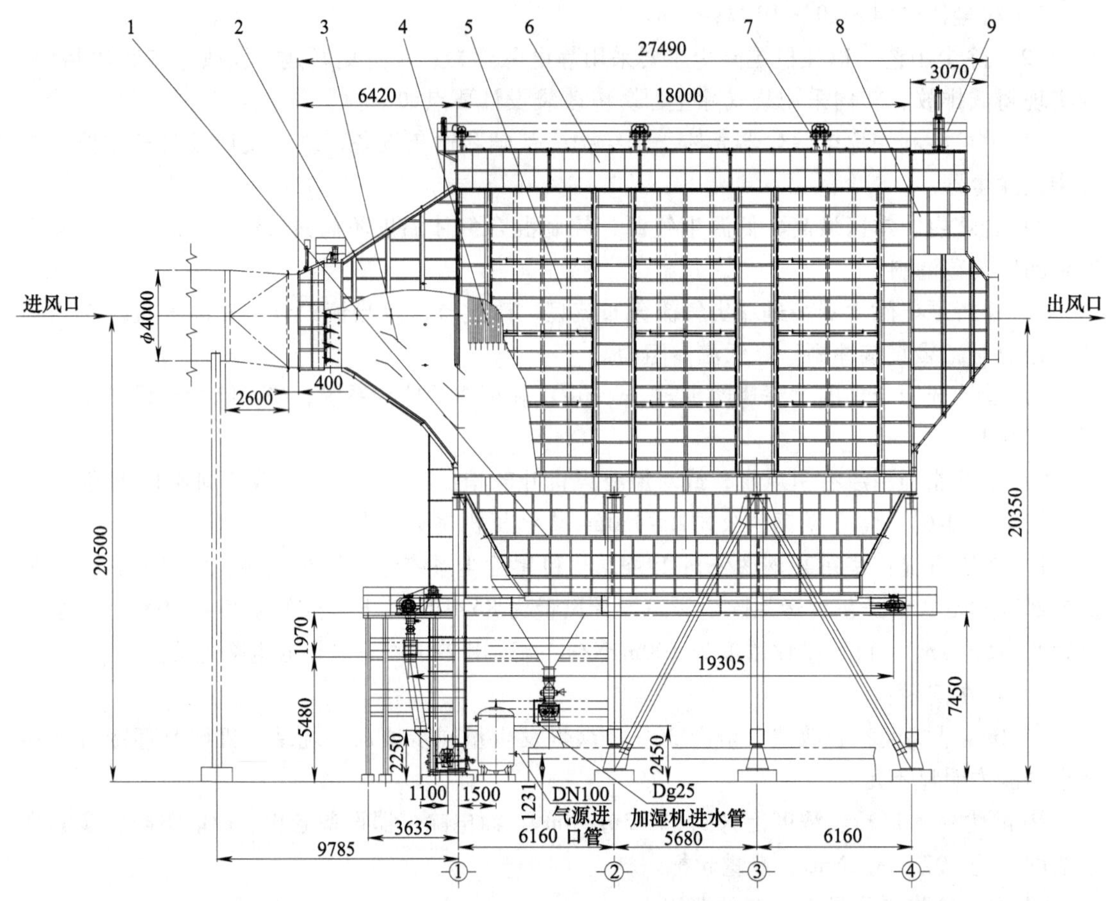

图14-9　电改袋除尘器本体结构概略图

1—灰斗（改造）　2—进口（改造）　3—气流分布装置　4—滤装　5—中箱体（改造）
6—上箱体（改造）　7—脉冲喷吹装置　8—出口（改造）　9—出口提升阀

该系统于2007年8月竣工投运，实测除尘器排放浓度≤20mg/m^3，设备阻力≤900Pa。

4. 成品配料除尘

烧结机配料、成品等工步的粉尘污染源大致相同，大都采用袋式除尘。这里仅以成品除尘为例予以说明。

（1）尘源参数　成品工部在给料机、筛子、破碎机等多级（3~4级）筛分设备及其配套的带式输送机转运点产生粉尘污染，点多而广。工程上，通常将几十个尘源点组成一个除尘系统。粉尘属破碎型多棱角状，粒径分布离散，质坚而硬，磨琢性强，真比重为3.6~4.7g/cm^3，混合气体含尘浓度可达5~15g/Nm^3，大都为常温低湿工况。

（2）设计要点及新技术

1）对除尘器入口气流宜采取导流均流措施，使粗尘粒沉降分离，避免尘气流直接冲刷滤袋；

2）选用高强耐磨型滤料，过滤风速宜小于1.0m/min；

3）除尘管路设计应采取防磨措施：流速控制在15~16m/s；直管段管壁比常规增厚1~2mm；对弯头、三通管件，当管径小于ϕ450时，采用耐磨铸钢（ZG33NiCrRe）制作，当管

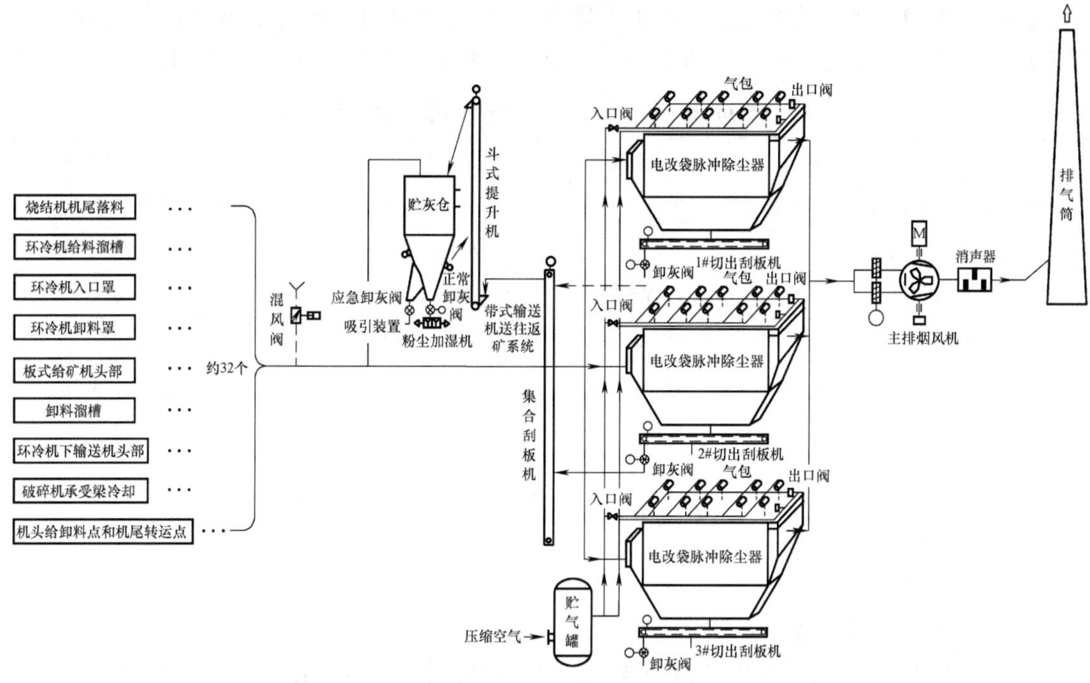

图 14-10　450m^2 烧结机机尾电改袋除尘工艺流程

径大于 $\phi450$ 时，在气流冲刷部位增设背包，夹套内泵注耐磨浇注料。

（3）除尘工艺流程　烧结成品工部除尘宜设计集中式除尘系统，选用分室反吹风或脉冲袋式除尘器，确保粉尘排放浓度小于 20mg/Nm^3（标准状态）。收下尘经链板输送机和斗式提升机集中到粉尘槽。粉尘回用可有两种方式：一是经加湿机加湿后直接送回返矿 V 带系统，进混合机；二是由罐车送小球车间造球后作为烧结机铺底料。除尘工艺流程如图 14-11 所示。

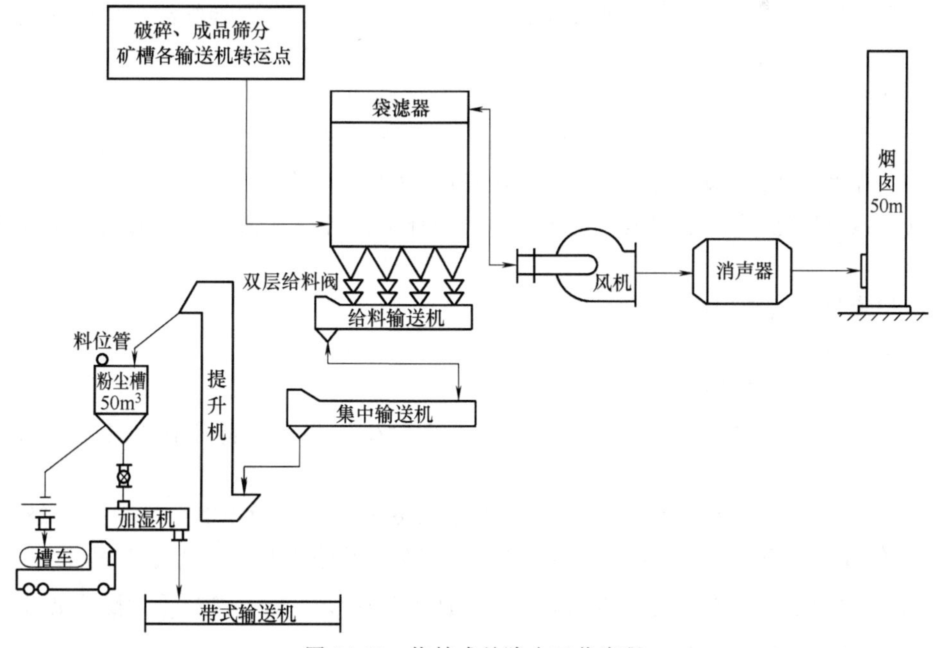

图 14-11　烧结成品除尘工艺流程

【实例 14-7】 华东某钢铁公司 450m² 烧结机成品工部由 4 级筛分、破碎设备及 10 多条带式输送机组成，扬尘点 41 个。除尘系统主要设计参数及设备选型见表 14-10。

表 14-10 450m² 烧结机成品除尘系统主要设计参数及设备选型

项目	设计参数及设备选型	项目	设计参数及设备选型
处理气量/(×10⁴m³/h)	39	清灰方式	反吹风三状态
含尘浓度/(g/Nm³)	5~15	反吹风量/(m³/h)	2400
除尘器选型	反吹风,双排 8 室	烟尘排放浓度/(mg/Nm³)	≤20
滤料	聚酯筒形机织布(729)	设备阻力/Pa	≤1500
滤袋规格/mm	ϕ292×10000	风机选型	双吸后弯型叶片
袋数/条	792	风量/(×10⁴m³/h)	41.4
过滤面积/m²	6890	全压/Pa	5000
过滤速度/(m/min)	0.94/1.08	电机	900kW/3kV 6P

四、高炉除尘

1. 生产工艺及污染源

高炉在冶炼过程中，炉顶产生高炉煤气（简称 BFG）。出铁口出铁时产生烟尘，平均吨铁散发量约为 2.5kg。高炉生产污染源具有以下特点：

1）炉顶荒煤气属于高温、高压、有毒、可燃易爆气体，含有丰富的物理能、化学能，极具回收价值。经除尘净化后的净煤气，先由余压冷轮机发电装置（TRT）发电（吨铁发电量 20~40kWh），再并入煤气管网作为高品位能源回收利用。

2）高炉出铁场的烟尘污染源覆盖出铁场总平面的 40%~50%。在高炉正常出铁时，从出铁口、撇渣器、铁沟、渣沟以及铁水罐捕集的烟气称为一次烟气，约占出铁场总烟尘量的 86%；在开、堵铁口时，从出铁口捕集的烟气称为二次烟气，二次烟气浓烈，但时间短，约占出铁场总烟尘量的 14%。

3）高炉按容积大小，设有 1~2 个出铁场、1~4 个出铁口。一座高炉通常同时只有一个出铁口出铁，大型高炉也有开、堵铁口搭接的工况。铁沟设有多个受铁水工位，定周期轮流出铁受铁。因此，出铁场烟尘发生的地点和时间是动态变化的。

4）炉顶装料产生阵发性烟尘，直接污染室外环境。可以单独处理，或纳入出铁场除尘系统。

2. 高炉煤气干法除尘净化

（1）尘源参数

1）煤气发生量：1500~1800Nm³/t。

2）煤气温度：正常工况下为 150~300℃；在发生崩料、坐料等非正常工况时，可达 400~600℃。

3）炉顶煤气压力：通常为 0.05~0.25MPa，高炉越大，压力越高，最高达 0.28MPa。

4）煤气成分：CO 占 20%~30%；H_2 占 1%~5%；热值 3000~3800kJ/Nm³。

5）煤气含尘浓度：荒煤气可达 30g/Nm³，携带灼热铁、渣尘粒；重力除尘器出口不大于 15g/Nm³，粒径小于 50μm。

（2）设计要点及新技术

1）在炉顶或重力除尘器内，采用气—水两相喷嘴喷雾冷却。当煤气温度超过500℃时，宜在喷雾冷却的基础上，辅设机力空冷器等间接冷却装置，严格控制进入袋式除尘器的荒煤气温度和湿度在滤料允许的限度内。

2）采用圆筒体脉冲清灰袋式除尘器。筒径 ϕ3.2~6.0m，筒体按压力容器设计。滤袋长度4.8~8.0m，滤料首选P84和超细玻纤复合针刺毡，采用氮气作为脉冲清灰气源。研发导流喷嘴、双向脉冲喷吹、分节袋笼、无障碍换袋等多项专利技术。

3）采用无泄漏卸灰和气力输灰专有技术。按正压中相输灰原理设计，利用净煤气作为输灰动力，输灰尾气经灰罐顶部除尘机组二次过滤后重返净煤气管回用。

4）除尘器筒体进、出口设气动调节蝶阀和电动密封插板阀，实现分室离线清灰和停风检修。每一筒体均设有导流均布、充氮置换、泄爆放散、检漏报警等装置。

（3）除尘净化工艺流程　高炉煤气除尘净化工艺从传统的湿法改为干法是一大技术突破，从国外的反吹风内滤方式改为我国的脉冲外滤方式更是高炉煤气除尘净化技术进步的一个里程碑。高炉煤气袋式干法除尘净化（简称BDC）的工艺流程如图14-12所示。

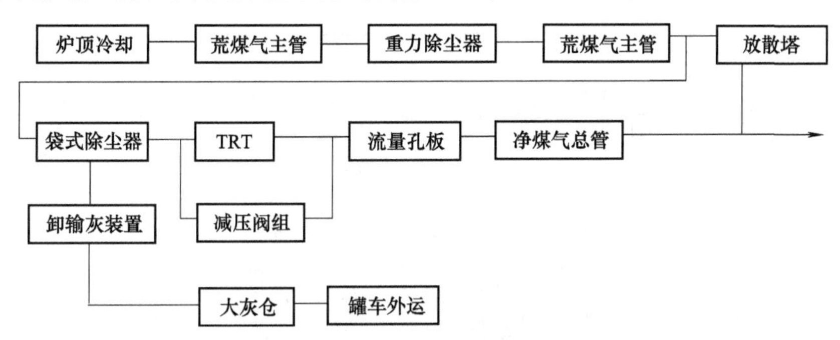

图14-12　高炉煤气袋式干法除尘净化工艺流程

与以双文为特性的湿法流程相比，BDC流程具有多种优越性：

1）充分利用BFG的压力能、热能，增加TRT发电量30%~50%；

2）具有高效而稳定的净化功能，净煤气含尘量低于5mg/m^3；

3）从根本上革除瓦斯泥以及污水处理的庞大设施及其对环境的污染；

4）节地40%~50%，节水80%~90%，节省投资30%~40%，降低运行能耗60%~70%。

【实例14-8】　某钢厂2500m^{2}高炉原为双文湿法流程，改造为袋式干法除尘系统。改造工艺流程如图14-13所示，系统主要设计参数及设备选型见表14-11。

表14-11　2500m^{3}高炉煤气干法除尘系统主要设计参数及设备选型

项　　目	设计参数及设备选型
荒煤气流量/(×10^{4}m^3/h)(标准状态)	(正常)42,(最大)46
荒煤气压力/MPa	(正常)0.18~0.2,(最大)0.25
温度/℃	(正常)100~150,(最高)450
荒煤气含尘量/(g/Nm^3)	重力除尘器出口6~10
袋式除尘器选型	圆筒形脉冲,ϕ5.2m,11个,双排布置

（续）

项 目	设计参数及设备选型
滤袋材质	P84+超细玻纤复合针刺毡
滤袋规格尺寸/mm	ϕ130×7500
滤袋数量/条	356×11
过滤面积/m^2	11995
过滤速度/(m/min)	全过滤时:0.58~0.64
工作温度/℃	90~260
净煤气含尘浓度/(mg/Nm^3)	≤5
设备阻力/Pa	≤2000
氮气耗量/(m^3/min)	清灰用:12.0(0.3MPa)
输灰用净煤气耗量/(m^3/h)	1800(0.1MPa)
灰斗伴热用时蒸汽耗量/(t/h)	1.0(0.3MPa)

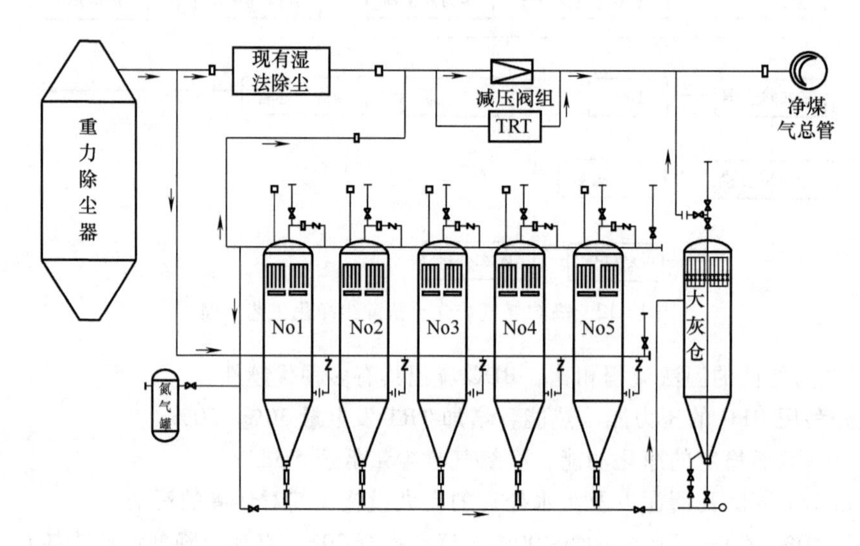

图 14-13 2500m^2 高炉双文湿法改造为袋式干法除尘净化工艺流程

3. 出铁场除尘

（1）尘源参数

1）烟尘发生量：一次烟尘约为 2.15kg/t，二次烟尘约为 0.35kg/t。

2）含尘浓度：一次烟尘为 0.35~3.0g/Nm^3（标准状态），二次烟尘为 0.35~1.0g/Nm^3（标准状态）。

3）烟尘成分：FeO 约为 30%；Fe_2O_3 约为 60%；其余为少量 SiO_2、Al_2O_3、C、S 等。

4）粒径分布：≤3μm 的占 17.4%；4~10μm 的占 44.6%；11~20μm 的占 16.4%；≥20μm 的占 21.6%。

5）烟尘密度：真密度为 4.7~5.0g/cm^3，堆积密度为 1.1~1.3g/cm^3。

（2）设计要点及新技术

1）烟尘捕集：

① 出铁口：对小型高炉（<1000m^3）通常采用固定式顶吸罩捕集一次及二次烟气；对大、中型高炉（>1000m^3），一般采用侧吸与顶吸相结合的方式，侧吸口主要捕集一次烟气，顶吸罩结合风口平台围挡捕集二次烟气。通常顶吸罩设计为平移或旋转活动式，以不影响风口区设备检修。

② 铁水罐受铁：中、小型高炉通常设有 2~4 个铁水罐位，采用分支铁沟先后注铁，需在每个铁水罐位设计容积式顶吸罩；大中型高炉通常设有 2 个铁水罐位，采用摆动流嘴轮流注铁，需在摆动流嘴上部设计侧吸排烟口及大空间密闭罩。

③ 撇渣器、铁沟等部位：通常设计移置式沟上局部排烟罩。

④ 炉顶装料：大中型高炉采用胶带上料，需在胶带机头部、旋转布料器等部位设计烟尘捕集罩。

2）除尘设备选型：

① 袋式除尘器已成为出铁场除尘的首选除尘设备。

② 华东某钢铁公司早期采用正压分室反吹风袋式除尘技术，存在风机带尘运行、磨损严重、维护检修工作量大等问题，后建高炉大都改选负压型袋式除尘器。

③ 脉冲喷吹袋式除尘器因结构紧凑、清灰更有效而在新建高炉被更多选用。

3）系统设计：

① 小型高炉通常只有一个出铁场，不分一次、二次烟气，设一个除尘系统，在出铁口顶吸罩及铁水罐顶吸罩排烟管路设电动或气动阀门进行排烟控制。

② 大、中型高炉可有两个出铁场、多个出铁口。某公司 1 号和 2 号高炉分设一次烟气和二次烟气除尘系统及炉顶除尘系统。二次烟气具有阵发性、波动大、时间短的特点，单独设一个系统不尽合理。炉顶烟尘具有浓度较高、磨琢性强的特点，并含有一定量 CO 气体，不适宜混入正压除尘系统，这是自成系统的理由。某公司 3 号高炉将三股烟尘合成一个大系统，选用 2 台负压分室反吹袋式除尘器和 3 台变频调速风机。4 号高炉改用脉冲袋式除尘器，针对 4 个出铁口，对除尘管路分成 4 区设控制阀门，按设定的出铁工况进行自动控制，达到节资、节地、节能的目的，且便于维护管理。

③ 对大、中型高炉出铁场除尘开发了新的系统划分模式，按烟尘发生的时间特性分为两个系统：一是包括出铁口侧吸罩、撇渣器、铁沟、渣沟、铁水罐位等的出铁除尘系统，即一次烟气除尘系统，与出铁时间同步运行；二是包括炉顶装料和出铁口顶吸罩的二次除尘换气系统，连续运行，在出铁口未出铁以及炉顶未装料时段起厂房换气作用，排除滞留烟尘，确保室内外环境清洁。

【实例 14-9】 华东某钢铁公司 4 号大型高炉出铁场除尘

高炉容积 5000m^3，设有两个出铁场、4 个出铁口。出铁场一次烟气、二次烟气以及炉顶装料合成一个除尘系统，按两个出铁口前后搭接出铁工况，确定系统处理能力。除尘工艺流程如图 14-14 所示，烟尘污染源及其集尘风量分配见表 14-12，系统主要设计参数及设备选型见表 14-13。

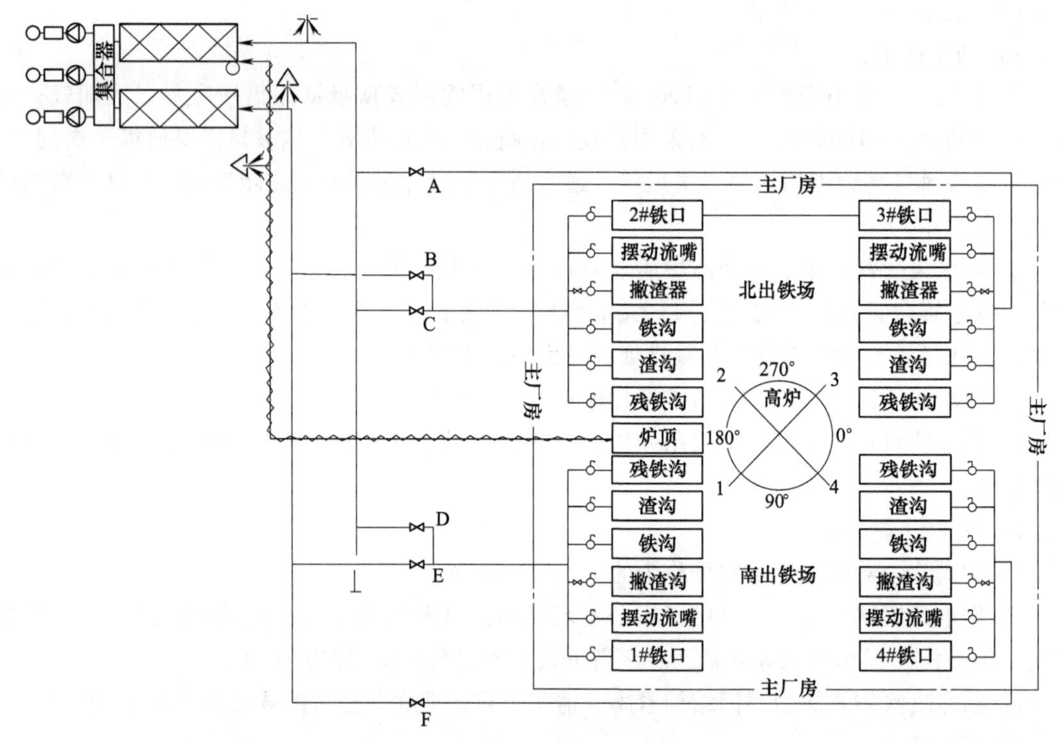

图 14-14 5000m^3 高炉出铁场除尘工艺流程

表 14-12 集尘风量分配一览表

集尘部位		集尘风量/(×10^{4}m^3/h)	烟气温度/℃	罩口尺寸/m
出铁口	侧吸	12×2①	100~135	2.3×1
	顶吸	25.5×2		4×4
摆动流嘴(含脱硅)		30×2	70	1.6×1.25×2
主沟撇渣器		9×2	168	
铁沟		3×2	200	
渣沟		3×2	120	
残铁沟		3×2		
炉顶		3②		
漏风		3×2		
合计		180	≤120	

① 按“对口”和“三口”出铁制度，考虑开口和堵口的搭接工况。

② 其中带式输送机头部为1.7，旋转布料器为1.0。

表 14-13 5000m^3 高炉出铁场除尘系统主要设计参数及设备选型

项目	设计参数及设备选型
处理烟气量/(×10^{4}m^3/h)	180
烟气温度/℃	≤120

（续）

项目	设计参数及设备选型
除尘器选型	低压脉冲，双排 22 室（2 台）
滤料材质	覆膜聚酯针刺毡
过滤面积/m^2	10000×2
过滤速度/（m/min）	1.5
烟尘排放浓度/（mg/m^3）	≤20
设备阻力/Pa	≤1500
引风机选型	双吸离心式 3 台，共用 1 台变频器
风量/（$\times10^4m^3/h$）	60
全压/Pa	5500
电动机规格	1400kW/3kV，8P

【实例 14-10】 某钢厂 1780m^3 中型高炉出铁场除尘

设有 2 个出铁场，2 个出铁口。出铁口侧吸罩、撇渣器、铁水沟、渣沟、摆动流嘴合设一次烟气除尘系统，出铁口顶吸以及炉顶装料合设二次烟气除尘系统，不存在出铁口搭接出铁工况。除尘工艺流程如图 14-15 所示，烟尘污染源及其集尘风量分配见表 14-14，系统主要设计参数及设备选型见表 14-15。

表 14-14　集尘风量分配一览表

除尘系统	集尘部位	集尘风量/（$\times10^4m^3/h$）	烟气温度/℃	备注
一次	出铁口侧吸	10×2	150~180	双侧吸
	撇渣器	8	150~180	
	铁水沟	2	150~180	
	渣沟	2	100~150	
	摆动流嘴	11×2	70~100	两端吸口
	漏风	5	35	
	合计	59	≤120	
二次	出铁口顶吸	12，6	100~120	出铁为 12，待出铁为 6
	炉顶上料	6	40~50	
	漏风	2	35	
	合计	26	90	

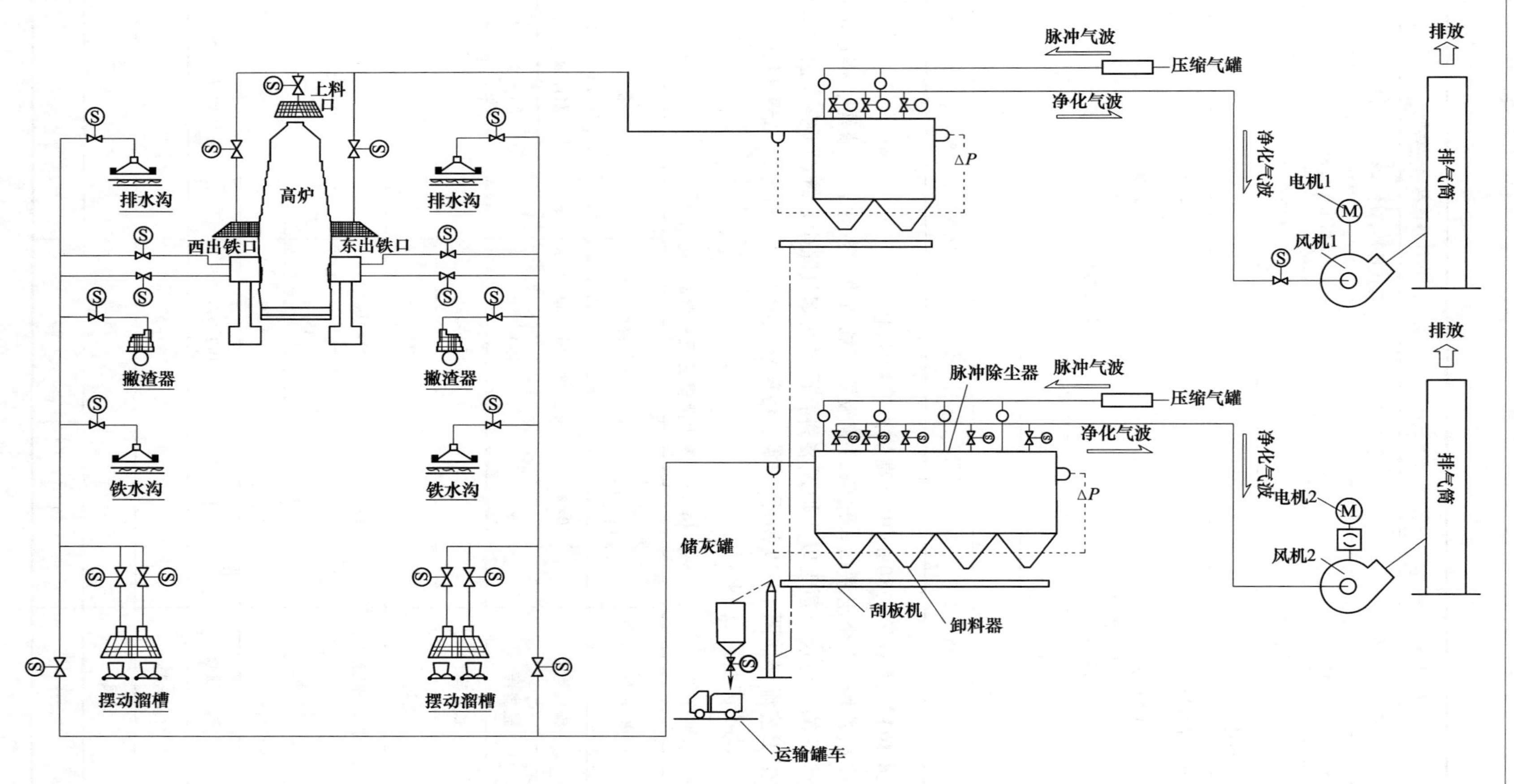

图 14-15 1780m^3 高炉出铁场除尘工艺流程

表 14-15　1780m³ 高炉出铁场除尘系统设计参数及设备选型

项目	一次烟气系统	二次烟气系统
处理烟气量/($\times10^4$m³/h)	59	26
烟气温度/℃	≤120	90
含尘浓度/(g/Nm³)	3.0	5.0
除尘器选型	低压脉冲,双排 10 室	低压脉冲,单排 5 室
滤料材质	覆膜聚酯针刺毡	覆膜聚酯针刺毡
滤袋规格尺寸/mm	ϕ125×6000	ϕ125×6000
滤袋数量/条	3600	1680
过滤面积/m²	8478	3956
过滤速度/(m/min)	1.19	1.15
烟尘排放浓度/(mg/Nm³)	≤20	≤20
设备阻力/Pa	≤1500	≤1500
引风机选型	双吸双支承离心式	单吸单支承离心式
风量/($\times10^4$m³/h)	59	26
全压/Pa	4500~4800	4000~4200
液力耦合器	YOTGCD1150	—
电动机型号和规格	1120kW/10kV,Y6305-8	450kW/10kV,Y5002-6

五、混铁炉除尘

1. 生产工艺及其污染源

混铁炉是贮存高炉铁水并向转炉供给铁水的混匀贮留转运站，在铁水罐向混铁炉兑铁水和混铁炉向铁水罐倒铁水的过程中产生烟尘。混铁炉污染源的特点：

1）铁水在倾倒流注过程中，部分炭析出，成为石墨粉尘，与氧化铁粉尘一同飘散，片状石墨粉尘沉落到电器设备或吊车和铁路轨线上，是潜在的安全事故隐患。

2）兑铁水和倒铁水有两种作业方式：一种是铁水罐吊车定位倾倒作业方式，不利于烟尘捕集；另一种是铁水罐平车定位倾倒作业方式，有利于烟尘捕集。

3）兑铁水与倒铁水都是间断作业，时间一般 2~3min，且不会同时进行。

2. 烟尘参数

1）含尘浓度：兑铁水为 3~6g/Nm³（标态），倒铁水为 2~4g/Nm³。

2）烟尘成分：C 占 30%~45%；TFe 占 40%~50%。

3）烟尘粒度：≥100μm 的占 58%；100~20μm 的占 36%；≤20μm 的占 6%。

4）烟气温度：兑铁水口上部 2~3m 处为 300~500℃，倒铁水口上部为 150~200℃。

5）排烟量：兑铁水和倒铁水的排烟量与作业方式、捕集罩形式、铁水流大小等因素有关，通常按类似的混铁炉设计参数或现场实测数据确定。

3. 设计要点及新技术

1）兑铁水和倒铁水烟尘捕集：对吊车定位作业的烟尘通常采用上悬侧吸罩、高悬覆盖顶吸罩、吹吸式侧吸罩捕集；对平车定位作业的烟尘宜采用容积式顶吸罩捕集。

2）除尘设备选型：普遍采用袋式除尘器。

3）系统设计：混铁炉大都设置在炼钢车间。如果只有一台混铁炉，通常与转炉二次烟气合成一个除尘系统；如果有多台混铁炉，或作业率较高，可单独设置除尘系统。除尘系统的工艺流程如图14-16所示。

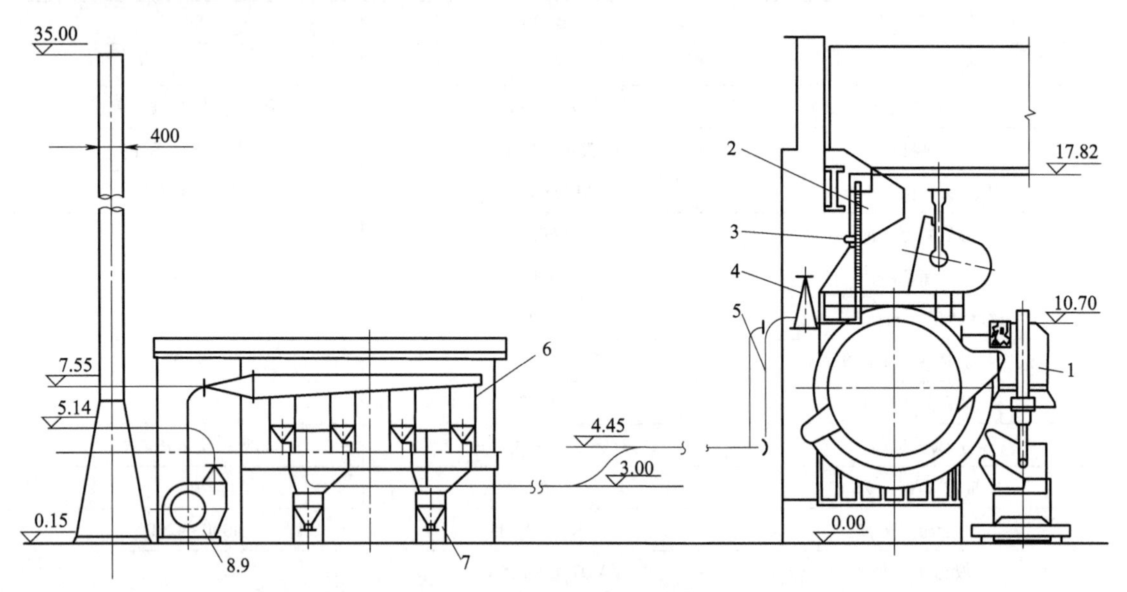

图14-16 混铁炉除尘工艺流程

1—下部排烟罩 2—上部排烟罩 3—上部烟罩卷扬装置 4—电动阀门 5—风管
6—袋式除尘器 7—灰斗 8—离心通风机 9—JS125-6型电动机

【实例14-11】 某钢厂两座1300t混铁炉合设一个除尘系统，按一台炉兑铁、另一台炉倒铁确定系统风量。兑铁水为吊车定位方式，在上部设高悬覆盖顶吸罩，在兑铁口一面开梯形孔。倒铁水为平车定位方式，设容积式顶吸罩。为适应不同排烟工况组合的排烟量变化，引风机配带液力耦合调速装置。

除尘系统设计集尘风量见表14-16，主要设计参数及设备选型见表14-17。

表14-16 1300t混铁炉设计集尘风量

项目	兑铁水	倒铁水
烟气量/($\times10^4m^3/h$)	18	10
烟气温度/℃	200	150
烟罩设计集尘风量/($\times10^4m^3/h$)	40	20

表14-17 1300t混铁炉除尘系统主要设计参数及设备选型

项目	设计参数及设备选型
处理烟气量/($\times10^4m^3/h$)	62
烟气温度/℃	60~80
含尘浓度/(g/Nm^3)	2~3
除尘器选型	低压脉冲,双排16室
滤料材质	覆膜聚酯针刺毡

（续）

项　　目	设计参数及设备选型
滤袋规格尺寸/mm	ϕ130×5600
滤袋数量/条	3120
过滤面积/m^2	7058
过滤速度/(m/min)	1.46
烟尘排放浓度/(mg/Nm^3)	≤20
设备阻力/Pa	≤1500
引风机选型	双吸双支承离心风机(液力耦合调速)
风量/($\times10^4m^3/h$)	70
全压力/Pa	4500
电动机型号及规格	1400kW/10kV,6P

六、转炉除尘

1. 生产工艺及污染源

炼钢转炉在吹炼过程中散发的烟尘，其总量为金属炉料的1%～2%，折合10～20kg/t钢。转炉污染源的特点：

1）在转炉正位吹炼时，直接从炉口排出的烟气称为一次烟气；在转炉兑铁水、加废钢、出钢、排渣等非正位作业时放散的烟气，以及吹炼时从一次烟罩外溢的烟气称为二次烟气；从二次烟罩逃逸，铁水包受铁以及因铁水包等待、空包氧化等产生的流动烟气，称为三次烟气。

2）一次烟气温度高，CO浓度高，含尘浓度高，采用未燃法密闭罩捕集，经高效净化成为高品质燃气，称为转炉煤气（简称LDG），可以回收利用。一次烟尘量占转炉总排放量的92%～94%。

3）二次烟气分布在炉体四周，特点是分散、动态、不同步、与工艺操作密切相关，捕集难度较大。二次烟尘量为0.35～0.4kg/t钢。

4）三次烟气散播在厂房上部，特点是间断、分散、流动，与工艺操作密切相关。之前主要通过设置屋顶气楼，作为厂房通风换气，从屋顶直接排放。随着生产节奏的加快、环保标准的提高，现在已不允许放任自排、污染环境。

2. 一次烟气净化回收

（1）烟气参数

1）烟气发生量：250～470Nm^3/t（钢）。

2）烟气温度：1400～1500℃。

3）CO浓度：≤90%。

4）烟尘浓度：80～150g/Nm^3。

5）烟尘成分：主要是FeO和Fe_2O_3，$\sum Fe$占60%～70%。

6）粒径分布：≤10μm的占16%；10～50μm的占64%；≥50μm的占20%。

（2）净化回收工艺

1）我国《转炉煤气净化回收技术规程》规定，容量15t以上的氧气转炉应采用未燃法净化回收技术。采用液压升降式炉口密闭罩捕集一次烟气，控制混入排烟罩的空气过剩系数$\alpha\leq0.1$，烟气温度可达1200～1400℃。煤气有效回收量80～100m^3/t（钢），煤气中CO浓度为 60%~80%。

2）转炉冶炼周期为 35~40min。在吹炼前期、后期 CO 浓度低，未具回收价值，采用开罩作业，将 CO 完全燃烧并切换至烟囱排放；吹炼中间（约 20min）CO 浓度高且平稳，采取闭罩作业，CO 未燃并切换至煤气柜回收。系统设有一整套完整的检测、监控、报警装置和安全维护操作规程。

3）转炉一次烟气净化回收流程经历了双文湿法（IC 法、OG 法）、一塔一文湿法（新 OG）、电除尘干法（LT 法）的发展过程。原 OG 法出口含尘浓度≤80mg/Nm^3（标准状态），系统阻力为 17~20kPa；新 OG 法出口含尘浓度可达≤20~30mg/Nm^3；LT 法出口含尘浓度≤20mg/Nm^3（标准状态），系统阻力为 8~9kPa。可见，转炉一次烟气净化回收工艺的变革贯彻着一条由湿法高能耗改为干法低能耗的技术路线：净化效率稍有提高，运行能耗有所降低，运行维护更为方便。LT 干法与原 OG 湿法相比，确实具有高效低阻的优点，但在与高节奏冶炼工艺的适应性及运行维护管理成本等方面也存在一些具体问题，影响进一步推广应用。

（3）LT 干法净化回收工艺适应性分析及创新技术

1）适应性分析：

① 生产节奏：转炉煤气是易燃易爆非稳定排放气源，LT 干法净化回收工艺受吹氧提升速度、最大吹氧量等主体工艺适配性以及报警次数、检修频率增多等因素的影响，转炉生产节奏受到一定制约，与传统 OG 法相比，工序作业率降低 8%~10%。

② 净化效率：LT 工艺技术在功能考核期出口粉尘浓度可达 20mg/Nm^3，但受极线极板变形、电场电流衰减等多种不可控因素影响，难以达到稳定高效，应用项目实际出口浓度波动在 20~90 mg/Nm^3 之间，影响净煤气质量，烟囱排放明显超标。

③ 维护检修：LT 工艺的小爆及报警频繁，运行故障项目多，维护检修工作量大，大修周期缩短为 3~6 年，除了影响工序作业率，直接维修费约是新 OG 的 1.4 倍左右。

④ 能源消耗：LT 系统设备阻力明显降低，电耗相应减小，但由于蒸汽耗量大，综合能耗还略高于新 OG，再考虑生产作业率降低因素，折算工序能耗比新 OG 高 1.9kg 标煤/t 钢。

可见：LT 干法净化回收技术受工艺装备及技术特征所限，仅适应于生产节奏较慢、排放标准不严、定期大修制度规范、日常维护检修到位、地理气候条件干燥的钢企，不宜盲目推广应用。

2）LT 二次开发创新技术：为贯彻国家的“节能双减”方针，现有转炉煤气净化回收工艺技术正经受着新的质疑与挑战，发挥 LT 干法的优势，克服其净化效率、与主体工艺适配性等方面的弱点，对 LT 工艺技术进行二次开发创新，是环保工作者面临的历史使命。近期做了大量称之为“新 LT”的开发工作，取得实质性的成果。主要创新点：

① 深度利用转炉煤气高温显热，在原 OG 汽化冷却烟道辐射换热段后，增设对流换热段，将烟气温度由 1000℃ 继续冷却到 500~600℃。藉此多回收蒸汽 30~40kg/t 钢，增加回收余热量 20%~30%。同时减轻蒸发冷却器的冷却负荷，减少喷雾冷却水量，有利于下游袋式除尘器的滤袋安全运行。

② 为从根本上解决现有 LT 净化效率不稳定的问题，开发电袋复合净化回收工艺。前级电除尘区只需一个电场，设在蒸发冷却器出口，主要功能是粉尘荷电、凝聚和粗除尘，不追求高效率；在三通切换阀后煤气回收及放散管路分设两套高温袋式除尘器，其功能主要是精除尘，有利于实现全周期回收超净煤气、烟囱超低排放，并可省却在煤气罐出口再设湿式电除尘器。

③ 煤气和废气的精除尘在两个通道用两台除尘器分开实施，相互不会掺混，从根本上

解决了需对除尘室体气体频繁置换的难题，简化了充氮清扫置换的复杂环节，避免爆炸事故，确保安全有序生产，节省 N_2 资源，并可多回收转炉煤气 $5\sim10Nm^3/t$ 钢。

创新型转炉煤气干法净化回收工艺流程如图 14-17 所示。

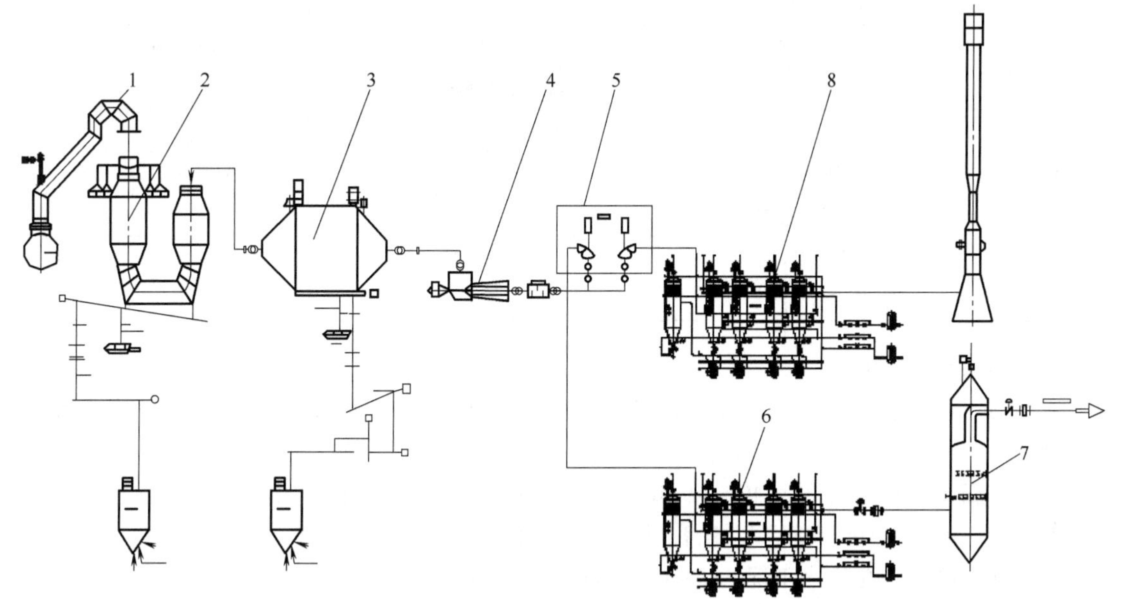

图 14-17 创新型转炉煤气干法净化回收工艺流程

1—汽化冷却烟道 2—蒸发冷却塔 3—单电场电除尘器 4—ID 风机
5—切换站 6—煤气袋式除尘器 7—煤气冷却器 8—废气袋式除尘器

我国已在某薄板厂 2×210t 转炉、某钢铁公司 5#转炉、某钢铁公司 4×120t 转炉、某钢铁公司 3#-120t 转炉先后进行 LT 改造及二次开发工作。近期，主要为满足超低排放严管要求，仅在排放侧增设金属膜袋式除尘器。

【实例 14-12】 某公司 3#转炉煤气 LT 改造项目，工艺流程如图 14-18 所示，排放侧袋式除尘器主要设计参数及性能保证指标见表 14-18。

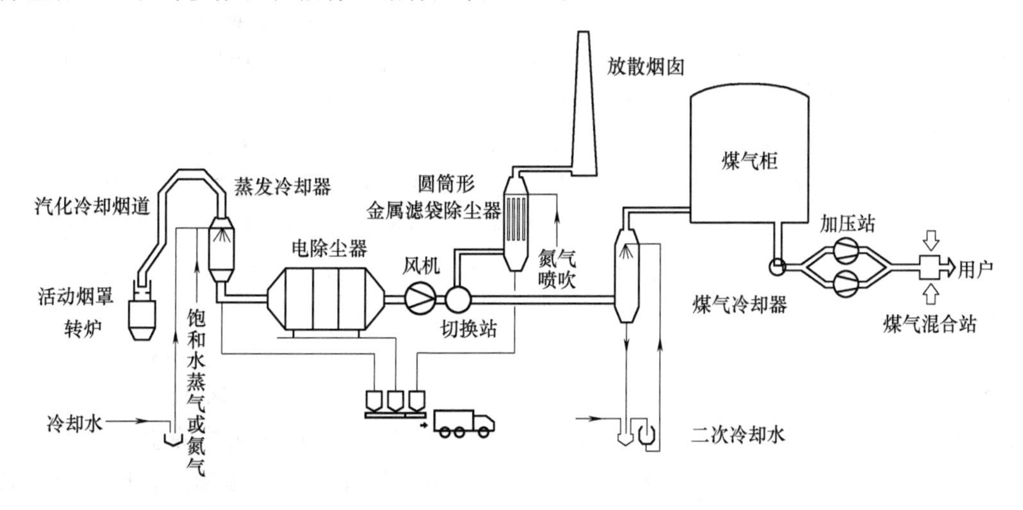

图 14-18 某厂 3#-120t 转炉煤气 LT 改造工艺流程

表 14-18 某厂 3#-120t 转炉 LT 改造除尘器主要设计参数及性能保证指标

序号	项目	参数与指标	附注
1	处理气体量/(Nm^3/h)	250000	
2	气体温度/℃	120~160	
3	入口浓度/(mg/Nm^3)	80	瞬时最高 100
4	除尘器选型	圆筒形金属滤料除尘器	
5	密封性能	耐压+5000 Pa、零泄漏	
6	滤袋规格/mm	ϕ160×7500	滤料材质 310s 纤维
7	出口排放浓度/(mg/Nm^3)	≤10	
8	本体阻力/Pa	≤1200	
9	滤袋寿命/年	≥5	

3. 二次烟气除尘

(1) 烟气参数 以兑铁水工况烟气发生量最大、烟气温度最高。对 25~300t 转炉的统计参数：

1) 排烟量：折算指标为 40~20Nm^3/(min·t 钢)，大容量转炉取小值；

2) 烟气温度：100~230℃，大容量炉子取大值；

3) 烟尘浓度：兑铁水工况为 5~10g/Nm^3，平均为 3~5g/Nm^3；

4) 烟尘成分：FeO、Fe_2O_3 占 40%~60%，含石墨粉；

5) 粒径分布：≤10μm 的占 57%；10~20μm 的占 30%；≥20μm 的占 12%。

(2) 设计要点及新技术

1) 烟气捕集：尽量将转炉操作平台以上的炉体四周全封闭。在炉前设对开式防烟门和门形排烟罩，上沿悬挂棒形活动帘，捕集兑铁烟尘。在炉后操作平台下设挡烟导流罩，将出钢排渣及补料烟尘导向炉后排烟罩。对建在环境敏感区域的转炉，宜进一步将炉体围罩加高，增强二次排烟，或在炉前上部增设顶吸罩，辅以屋顶排烟。

2) 除尘系统：一个炼钢车间通常设有 2~3 台转炉，并且不同步作业（“二吹一”或“三吹二”），因此最大烟气量发生的时间是错开的。通常将多台转炉或加上混铁炉，附带周围辅助工艺，合设一个二次烟气除尘系统。在各排烟管路设可靠的控制阀门，根据工艺操作制度设定阀门开关状态，确定系统设计烟气量，风机配设调速装置。

3) 除尘设备选型：基于烟气含尘浓度较低，粒径细小，可以采用正压反吹袋式除尘器，三状态清灰，但风机叶轮仍有磨损，增加了维护工作量，为此趋向选用负压反吹方式。脉冲清灰袋式除尘器以其结构紧凑和清灰更为有效，而逐渐成为新建或改造项目的首选。近期，专门研发预荷电脉冲清灰袋式除尘技术，实现对 PM2.5 微细粉尘的有效控制。

【实例 14-13】 华东某钢铁公司有 300t 转炉三台，采用顶底复吹工艺。吹氧量为 70kNm^3/h（标准状态），吹炼时间为 16min，冶炼周期为 36min。按“二吹一”和“三吹二”两种操作制度进行二次烟气除尘设计。原除尘系统工艺流程如图 14-19 所示，设计集尘风量见表 14-19，系统处理能力为 116.4×$10^4m^3/h$，选用正压反吹风袋式除尘器。2000 年为配合 LF 炉、RH 炉等辅助工艺扩展的需要，在维持原有除尘格局的基础上，增建处理能力为 60 ×$10^4m^3/h$ 的负压反吹风袋式除尘系统。

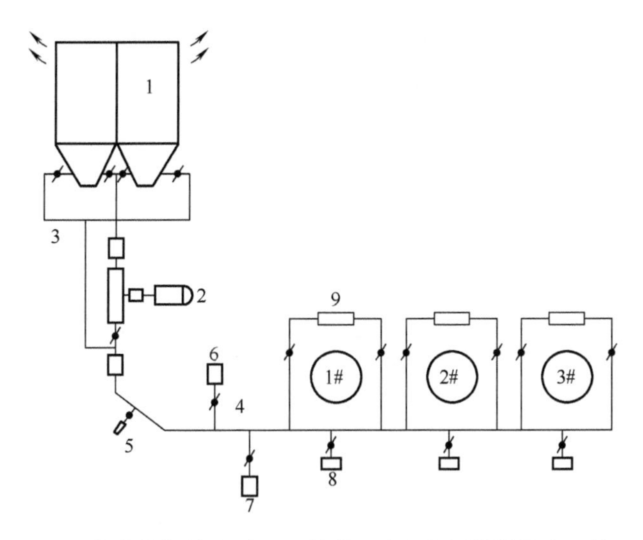

图 14-19　华东某钢铁公司 300t 转炉二次烟气原设计除尘工艺流程
1—正压袋式除尘器　2—风机　3—反吹风机　4—电动蝶阀　5—冷风吸入阀
6—切割氧枪沾钢　7—铁合金输送　8—修炉塔　9—炉前烟罩

表 14-19　300t×3 转炉二次烟气原设计工况及集尘风量（单位：Nm^3/min）

尘源	排烟量	烟温/℃	二吹一			三吹二		
			工况Ⅰ	工况Ⅱ	工况Ⅲ	工况Ⅰ	工况Ⅱ	工况Ⅲ
转炉兑铁水	6300	235	6300	(600)		6300	5000	5000
转炉吹炼	5000	80	(600)	5000	5000	5000	5000	5000
转炉切割沾钢	3000	80	—	—	3000	(600)	(600)	3000
转炉砌炉通风	1200	40	1200	1200	100	1200	1200	(100)
切割氧枪沾钢	1000	40	(100)	(100)	(100)	(100)	(100)	(100)
铁合金输送	200	40	200	200	200	200	200	200
合计		≤120	8400	7100	8400	13400	12100	13400

注：括号内数字为阀门漏风量。

2008 年为适应快节奏生产工艺的需要，并改善岗位作业环境，进行根本性改造：拆除原有两套比较落后的反吹风除尘装置，按最新工艺配置、产能节奏和环境要求，新建一套处理能力为 $2.8\times10^6 m^3/h$ 的袋式除尘系统，采用高效脉冲清灰、阀门连锁控制、风机变频调速等先进技术。转炉二次烟气除尘改造的系统平面布置如图 14-20 所示，主要设计参数见表 14-20，主要设备选型参数见表 14-21。于 2009 年 8 月全面完成施工安装、系统切换，投入正常运行。各工艺部位的烟尘得到有效控制，图 14-21 为改造前后转炉兑铁水工位的排烟状况对比。改造后处理能力增加 58%，满足转炉三吹三最不利工况的排烟要求。除尘器实测排放浓度低于 $12mg/Nm^3$，设备阻力小于 1100Pa。由于采取有效的调控节能措施，在处理能力增加 50%的情况下运行能耗仅增加 24%。

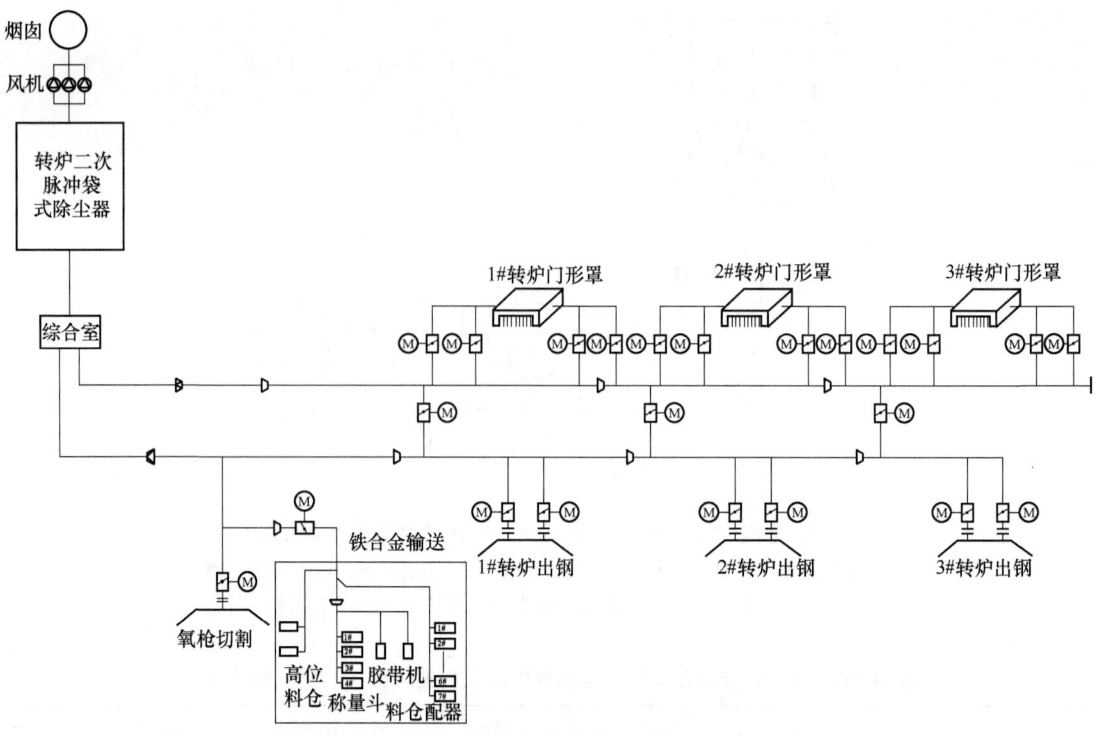

图 14-20 转炉二次烟气除尘改造系统平面布置图

表 14-20 转炉二次烟气除尘改造设计参数

项目		排烟量/(Nm^3/min)	烟温/℃	工况一/(Nm^3/min)	工况二/(Nm^3/min)	工况三/(Nm^3/min)	工况四/(Nm^3/min)
				一兑一吹	一兑二吹	二吹	三吹
尘源	兑铁水	12000	220	12000	12000		
	吹炼/出钢	7000	80	7000	7000×2	7000×2	7000×3
	炉后补料	2400	100	2400	2400	2400	2400
	1#RH 喂丝	1100	100	1100	1100	1100	1100
	氧枪切割沾钢	1200	40	1200	1200	1200	1200
	铁合金输送	500	30	500	500	500	500
系统	标态流量/(Nm^3/min)			24200	31200	19200	26200
	混合温度/℃			138	126	80	80
	工况流量/($\times10^4 m^3/h$)			218	274	149	203

表 14-21 转炉二次烟气除尘改造主要设备选型参数

序号	项目	参数	附注
1	脉冲袋式除尘器/套	1	双列布置
1.1	除尘器处理烟气量/($\times10^4 m^3/h$)	280	
1.2	烟气温度/℃	≤130	
1.3	入口浓度/(g/Nm^3)	3~5	

（续）

序号	项目	参数	附注
1.4	出口浓度/(mg/Nm^3)	≤20	
1.5	滤料材质	聚酯针刺毡	覆膜
1.6	滤袋规格/mm	$\phi150\times7500$	
1.7	过滤速度/(m/min)	≤1.25	
1.8	除尘器阻力/Pa	≤1200	
1.9	除尘器漏风率(%)	≤2	
2	离心风机/台	3	并联运行
2.1	风量/($\times10^4m^3/h$)	100	
2.2	风压/Pa	6500	
2.3	电机功率/电压/(kW/kV)	2800/10	高压变频调速

a) 改造前

b) 改造后

图 14-21　转炉二次烟气除尘改造前后兑铁水工位的排烟状况对比

【实例 14-14】　2013 年，国家科技部专门设立“钢铁窑炉烟尘 PM2.5 控制技术与装备”863 课题，选定东北某钢铁公司 180t 转炉二次烟气治理项目作为示范工程，系统处理烟气量 70 万 m^3/h。

课题核心技术：

1）开发预荷电装置：比选预荷电极配形式、板型、线型以及电源和供电参数，并根据除尘器入口喇叭管具体形状合理确定荷电装置结构形式；

2）设计预荷电直通式袋式除尘器：采用端进上排直通流型，在入口喇叭管内配置预荷电装置，起微尘凝并和初除尘作用，为下游袋除尘减负，并在滤袋表层形成结构疏松尘饼，有利于清灰降阻；

3）选用超细面层梯度结构滤料，表层采用0.08D海岛型聚酯超细纤维，实现对微细粉尘高效过滤。滤袋精细化缝制，袋口缝贴迷宫型密封垫，确保安装密封。

除尘器总体配置示于图14-22，于2015年1月30日建成投运。至今稳定达标低阻运行，粉尘排放浓度小于8.7mg/m³，PM2.5捕集效率为99.76%，设备阻力为700~900Pa，获取节能减排良好效益。

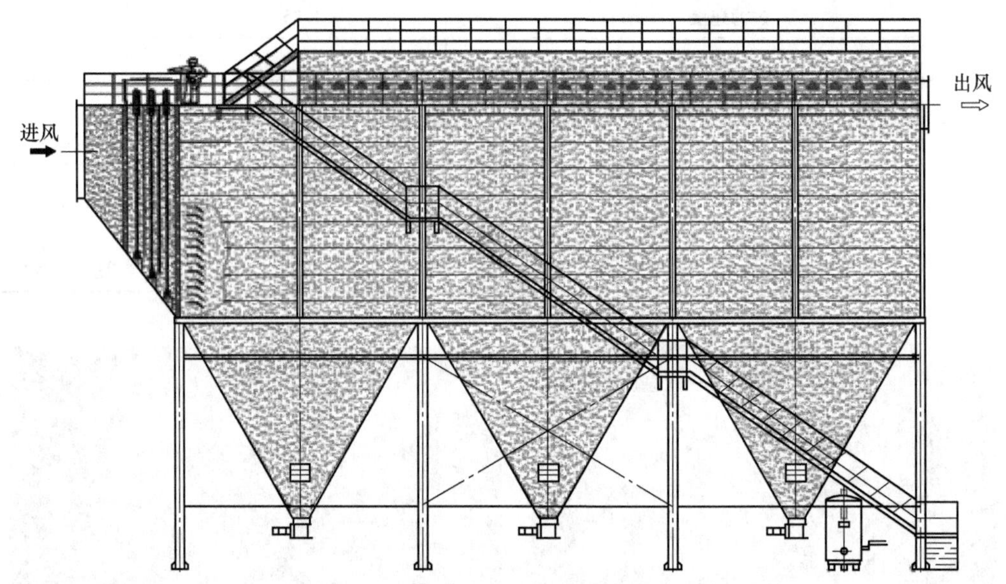

图14-22　预荷电直通式袋式除尘器配置图

4. 三次烟气除尘

随着转炉炼钢生产节奏的加快、辅助工艺的扩充，三次烟气排放点和散发量越来越多，如仍然通过屋顶气楼自行逃逸，则严重污染厂房区域环境；如封闭气楼，又影响作业区的通风换气，不符合卫生要求。为此，增设除尘系统、实施三次烟气集中监控已成为整治区域环境的必然选择。

（1）烟气条件和特点　三次烟气中主要含有氧化铁、碳、石墨等多种轻质超细粉尘，粒径以PM2.5为主，烟气温度不超过40~50℃，烟尘浓度低于1g/Nm³。

（2）设计要点及新技术

1）烟气捕集：在三次烟气集中散发点利用设置围挡、气幕等措施尽量减少向周围扩散，并在不影响工艺操作的前提下，设计合适的集尘罩捕集烟气，再利用竖风道或通风气楼引向屋面。

2）除尘系统：通常在屋顶布置集中干管，通过除尘支管和阀门与各竖风道或通风气楼连接，在地面设集中袋式除尘站，阀门与工艺操作连锁控制，风机变频调速。近期推出创新技术：研发结构紧凑的波纹滤板袋式除尘机组，直接安装在屋顶，与各竖风道接通，成为分散式除尘机组，收下尘用气力输灰汇集到地面贮灰罐。

【实例14-15】　华东某钢铁公司于2009年在二次烟气除尘改造的同时，在原料上合理利用原设通风气楼，实施增设三次烟气除尘改造。调研确定：三台转炉炉前装料工位、铁水包等待工位、铁水包受铁工位为三次烟气的5个主要散发区域，加上近旁的LF炉，组成三次烟气除尘系统。气楼本体设有气动阀门，可以实现厂房通风换气与三次烟气除尘净化之间快速切换。现场测试确定气楼单点设定排烟量$50\times10^4m^3/h$，相对应的5个气楼按其中2～3个气楼同时排烟设计，加上并入的LF炉排烟$25\times10^4m^3/h$，系统合计处理风量为$160\times10^4m^3/h$，满足厂房换气不少于4～5次/h的卫生要求，确保工作场所空气含尘浓度低于$10mg/Nm^3$。转炉三次烟气除尘改造工艺流程如图14-23所示，主要设备选型参数见表14-22。2009年1月系统完成施工安装、调试，投入正常运行，除尘系统烟囱出口排放浓度为$7.8mg/Nm^3$，彻底解决了长期困扰环保人的转炉三次烟气污染区域环境的问题。图14-24为改造前后厂房上部空气状况对比。

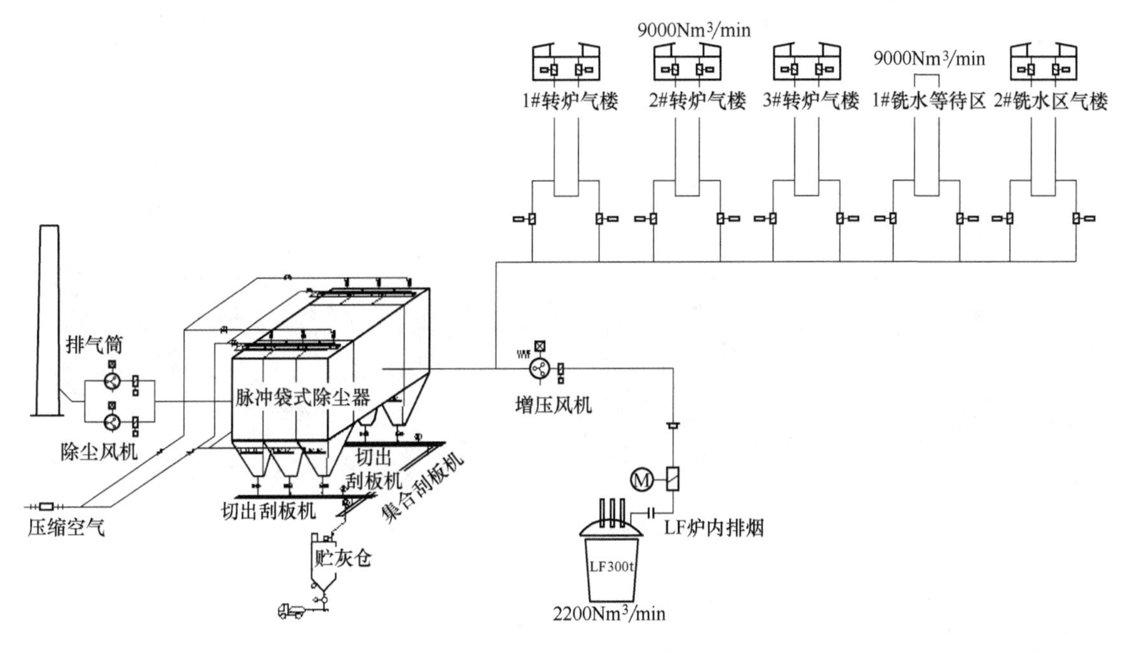

图 14-23 转炉三次烟气除尘改造工艺流程图

表 14-22 转炉三次烟气除尘改造主要设备选型参数

序号	项目	参数	附注
1	脉冲袋式除尘器/套	1	
1.1	除尘器处理烟气量/($\times10^4m^3/h$)	160	
1.2	烟气温度/℃	～40	
1.3	入口浓度/(g/Nm^3)	≤1	
1.4	出口浓度/(mg/Nm^3)	≤20	
1.5	滤料材质	聚酯针刺毡	覆膜
1.6	滤袋规格/mm	$\phi150\times7500$	
1.7	过滤速度/(m/min)	≤1.25	
1.8	除尘器阻力/Pa	≤1200	
1.9	除尘器漏风率(%)	≤2	
2	离心风机/台	2	并联运行

（续）

序号	项目	参数	附注
2.1	风量/($\times 10^4 m^3/h$)	90	
2.2	风压/Pa	6000	
2.3	电机功率/电压/(kW/kV)	2240/10	高压变频调速
3	LF 炉增压风机	1	
3.1	风量/($\times 10^4 m^3/h$)	25	
3.2	风压/Pa	2000	
3.3	电机功率/电压/(kW/V)	250/380	低压变频调速

图 14-24　转炉三次烟气除尘改造前后厂房上部空气状况对比

（3）创新技术　低阻滤板除尘净化机组是在综合扁袋除尘器、滤筒型除尘器特点的基础上研发的紧凑节能型除尘设备，在相同室体空间内，布置滤板的过滤面积可是扁袋的 2 倍、圆袋的 3～4 倍。风机、脉冲清灰装置和气力输灰设施一体化配置，具有结构紧凑、质量轻、占地少、寿命长等特点及高效、低阻过滤功能，更适宜用于低浓度、超细烟尘过滤净化，机组总体配置结构如图 14-25 所示。

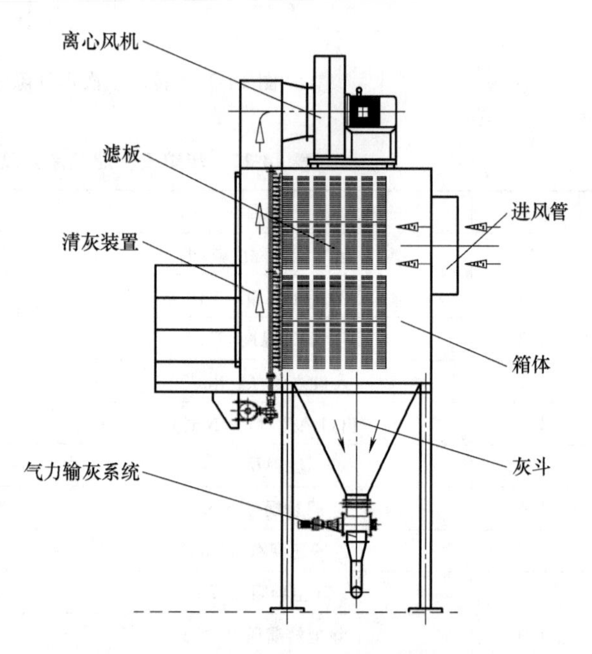

图 14-25　低阻滤板除尘净化机组结构图

针对三次烟气的特点、排烟工况和现场条件，适宜将滤板除尘净化机组直接安装在屋顶汇集三次烟气的竖风道或通风气楼近旁，设计导流器将捕集烟气引入机组。根据烟气量大小每一区域可集中配设 1～2 台就地除尘机组，如图 14-26 所示。

创新型屋顶安装滤板除尘净化机组属

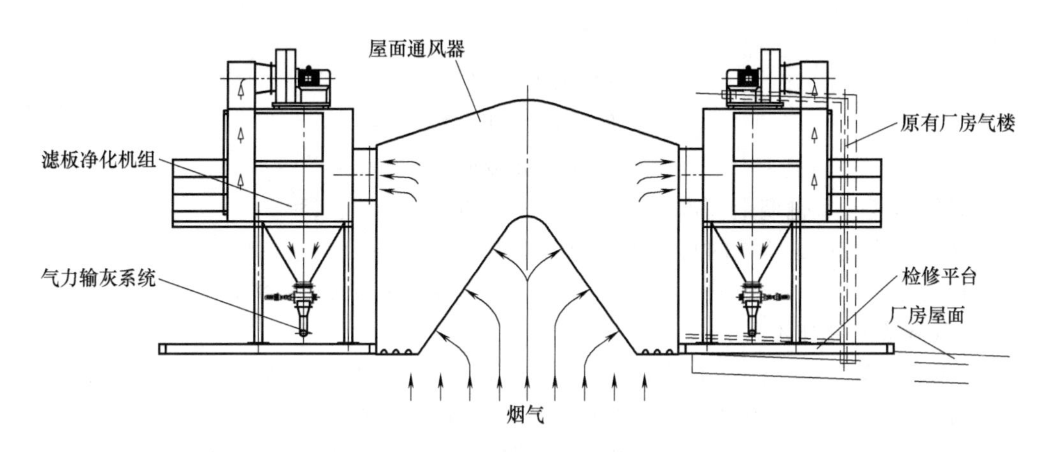

图 14-26　滤板除尘净化机组屋顶安装配置图

于超短流程净化工艺，与传统的地面安装集中除尘长流程工艺相比具有一系列优越性：在确保排放浓度 $10mg/Nm^3$ 的前提下，大幅度减少设备、管道、钢结构件总量以及土建工程量，节省工程投资；施工安装灵活方便，不会影响正常生产；系统阻力降低 50%~60%，节能效果十分显著。

2021 年 3 月，华东某钢铁公司在炼钢主厂房三次除尘改造部分不再采用地面站集中除尘方式，而是选择这项创新技术，在冶炼跨氧枪区域正上方屋顶合适位置均匀布置 4 台折叠滤板净化机组，单台处理风量 $1.5\times10^4 m^3/h$。

七、炼钢电炉除尘

1. 生产工艺及污染源

炼钢电炉在加料、冶炼和出钢的全过程均散发大量烟尘，烟尘量为 12~16kg/t 钢。电炉冶炼工艺及其污染源具有以下特点：

1）电炉冶炼一般分为熔化期、氧化期和还原期。在熔化期、氧化期产生赤褐色浓烟，在还原期产生黑烟或白烟。其中氧化期产生烟尘量最大，烟气温度和含尘浓度最高。

2）现代炼钢电炉向大容量、高功率、强吹氧、炉外精炼方向发展，冶炼强度显著提高，冶炼周期大大缩短，烟尘污染更加集中而浓烈。超高功率冶炼的电弧噪声高达 115dB，是一种新的污染源。当废钢中混有含氯化工废料时，还会产生微量二噁英有毒气体。

3）近期开发的竖窑和隧道窑式电弧炉，实现电炉冶炼的连续装料和废钢预热，是电炉炼钢工艺有利于节能减排的一大改革。

4）精炼炉也称钢包炉（简称 LF 炉）是炉外还原二次精炼设备，在电弧加热保温、吹氩搅拌，加造渣材料脱硫等调整成分与温度的过程中产生烟尘污染。

2. 烟气参数

1）烟气发生量：按氧化脱碳生成炉气中 CO 量的体积倍数 N 计算：

$$N=1+1.88\alpha+(\alpha-P)/2 \tag{14-1}$$

式中　α——空气燃烧系数；

　　P——CO 实际燃烧率。

2）烟气成分（%）

$$
\begin{aligned}
CO_2 &= P/N \\
CO &= (1-P)/N \\
O_2 &= (\alpha-P)/2N \\
N_2 &= 1.88\alpha/N
\end{aligned} \tag{14-2}
$$

3）烟气温度：氧化期烟气温度可达1200~1500℃。

4）烟气含尘浓度：吹氧时可达15~25g/Nm^3。

5）粒径分布：≤1μm的占50%；1~10μm的占40%；≥10μm的占10%。

3. 设计要点及新技术

（1）烟尘捕集　电炉排烟方式计有炉盖罩排烟、炉体密闭罩排烟、屋顶罩排烟等炉外排烟和四孔（或二孔）炉内排烟，宜采用一种或两种以上方式的组合。

在装料工况，炉盖转开，在废钢和铁水倾倒瞬间产生蘑菇状烟柱直冲屋顶，宜采用屋顶罩捕集。炉体导流罩有利于防止横向气流干扰，增强屋顶罩捕集效果。可采用点源热射流扩散计算公式确定屋顶罩设计排烟量。

在吹炼工况，炉体处于正位作业状态，采用四孔炉内排烟可以达到最佳的排烟效果并实现余热回收。通过调节排烟弯管出口间隙，进行炉压控制并促使CO二次燃烧。炉内排烟量与装料量、变压器功率、吹氧强度、脱碳速度、炉体密封性等因素有关，通常采用综合计算法或热平衡计算法计算确定，也可采用折算指标估算（600~800Nm^3/t钢）（标准状态）。

在出钢工况，炉体处于动态倾倒状态，采用密闭罩排烟最为有效。同时密闭罩还可以辅助炉内排烟，隔挡电弧光，消减电弧噪声。

现代大中型电炉通常采用四孔或二孔炉内排烟和导流式屋顶罩相结合的排烟方式，在环境敏感地区，可增设对开式密闭排烟罩。

LF炉排烟有炉盖直排管、炉体半密闭罩、高悬屋顶罩等方式，前两种最常用。

（2）烟气冷却　炉内排烟的烟气冷却包括烟气中粗渣粒沉降、CO燃烧及其控制。

对中小型电炉通常在水冷弯管后设沉降室兼作自然燃烧室，再用水冷密排管以及机力空冷器将烟气温度冷却到设定值。对大中型高功率电炉，宜设置有组织燃烧室，并采用汽化冷却烟道、余热锅炉、热管等换热装置冷却烟气，回收余热。为防止二噁英的再合成，也可采用喷雾冷却方式直接冷却。

（3）系统设计　通常将电炉的外排烟、内排烟以及LF炉排烟、或加上辅料输送尘气，组合成一个除尘系统。由于各工位排烟时段、排烟量、排烟温度及管路组成的不一致，必须进行严格的风量及其热力、动力平衡计算，确定系统的合理设计参数。例如：

1）氧化期炉内排烟烟气冷却终温、掺混的屋顶排烟量以及混合烟气温度，以确认满足除尘器滤料耐温要求；

2）电炉内、外排烟回路存在阻力差异，确定内排烟回路增压风机的选型；

3）系统在电炉各冶炼阶段的设计排烟量及最不利回路压力损失，据此确定主风机选型及配套装置，设计主风机调速工况。

根据电炉烟尘粒细、性黏的特点，适宜选用袋式除尘器。

【实例14-16】 某钢厂30t电炉二座，原为常规全废钢炼钢炉，采用密闭罩、屋顶罩外排烟。经过变压器升压、吹氧量增强、炉体扩大、热装铁水、炉外精炼等多项改造，炉容量增加为50t，冶炼时间缩短到1h。烟尘发生量明显加大，原除尘系统不能满足治理要求。为此结合新建3#炉，对除尘系统进行全面改造。将原屋顶罩改形扩容，将原密闭罩改造为导流罩，并新建电炉和LF炉四孔内排烟，每台电炉与LF炉合并自成除尘系统。系统工艺流程如图14-27所示，各部设计排烟量及系统设计风量见表14-23，系统主要设计参数及设备选型见表14-24。

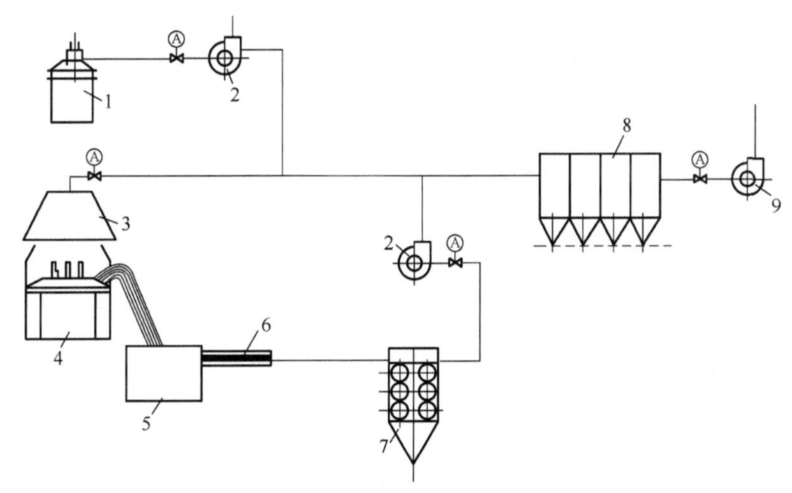

图14-27　50t电炉除尘工艺流程

1—LF炉　2—增压风机　3—电炉屋顶罩　4—电炉　5—沉降室

6—水冷烟道　7—风冷器　8—袋式除尘器　9—主风机

表14-23　50t电炉除尘系统设计排烟量

项目		电炉装料(出钢)		电炉熔炼	
		处理烟气量/($\times10^4Nm^3/h$)	烟气温度/℃	处理烟气量/($\times10^4Nm^3/h$)	烟气温度/℃
四孔排烟	水冷弯管			3.6	1250
	燃烧室后	0.8	80	8	900
	水冷管后			8	550
	空冷器后	0.8	60	8	250
屋顶罩排烟		52	80	30	60
LF炉排烟		3.5	200	3.5	200
系统合计	标况	56.3	87.5	41.5	110
	工况	$74.3\times10^4m^3/h$		$58\times10^4m^3/h$	

表14-24　50t电炉除尘系统设计参数及设备选型

项目	设计参数及设备选型	附注
处理烟气量/($\times10^4m^3/h$)	75	调节范围58~75
烟气温度/℃	≤120	
含尘浓度/(g/Nm^3)	3~5	
除尘器选型	LY-Ⅲ型低压脉冲,双排20室	回转切换离线喷吹

（续）

项目	设计参数及设备选型	附注
滤料	聚酯针刺毡覆膜滤料	
滤袋规格尺寸/mm	ϕ130×6000	
滤袋数量(条)	3600	
过滤面积/m^2	8800	
过滤速度/(m/min)	1.1~1.42	
脉冲阀规格和数量/只	3″淹没式,240	0.3MPa压气
回转切换阀规格和数量/台	ϕ2500,4台	
烟尘排放浓度/(mg/Nm^3)	≤20	
设备阻力/Pa	≤1600	
主风机选型	Y4-2×73	配液力偶合器调速
风量/($\times10^4 m^3/h$)	75.47	t=60℃
全压/Pa	4700	
电机	1400kW/10kV,6P	
内排增压风机选型	Y6-2×40 №19.2F	配VVVF调速
风量/($\times10^4 m^3/h$)	15.4	t=250℃
全压/Pa	3500	
电机	YVP355L3-6W、280kW/380V	
机力空冷器选型	上进上出双流程、板式	
处理烟气量/($\times10^4 m^3/h$)	8	
烟气温度/℃	入口550,出口250	
冷却面积/m^2	1600	
冷却风扇	FZ40-11No.10,8台	380V/11kW
声波清灰器	SQ125-Ⅰ型,2台	
设备阻力/Pa	≤900	

【实例14-17】 某钢厂100t交流超高功率竖式废钢预热电炉（FSF），热装铁水35%，废钢全部在竖炉内预热（温度可达600~800℃），钢水全部在钢包炉（LF炉）精炼，平均出钢周期59min。FSF炉、LF炉和合金输送合设一个除尘系统。对FSF炉采用竖炉炉内排烟、炉体密闭罩和屋顶罩相结合的排烟方式；对LF炉采用炉内为主、屋顶罩为辅的排烟方式。对FSF炉、LF炉内排烟回路设增压风机，选用两台主风机并联运行，配液力耦合调速装置。除尘系统工艺流程如图14-28所示，各部设计排烟量及系统设计风量见表14-25，系统主要设计参数及设备选型见表14-26。

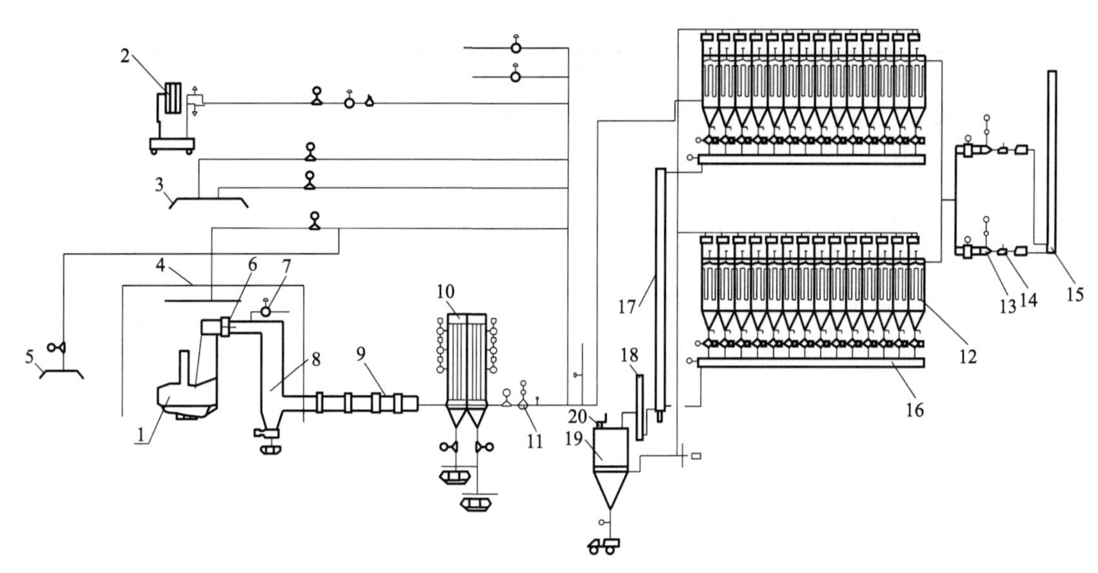

图 14-28　100t 竖式电炉除尘工艺流程

1—电炉　2—精炼炉　3—电炉屋顶罩　4—电炉密闭罩　5—兑铁水罩　6—水冷滑套　7—鼓风机　8—燃烧室　9—水冷烟道　10—强制吹风冷却器　11—增压风机　12—脉冲袋式除尘器　13—主风机　14—消声器　15—烟囱　16—刮板机　17—集合刮板机　18—斗提机　19—贮灰仓　20—简易过滤器

表 14-25　100t 竖式电炉除尘系统设计排烟量

项目		装料工况		熔炼工况		出钢工况	
		处理烟气量/($\times10^4m^3/h$)	烟气温度/℃	处理烟气量/($\times10^4m^3/h$)	烟气温度/℃	处理烟气量/($\times10^4m^3/h$)	烟气温度/℃
竖炉内排	竖炉出口	—	—	10	1150	—	—
	水冷管后	—	—	10	550	—	—
	机冷器后	—	—	10	300	—	—
密闭罩		—	—	40	80	40	80
屋顶罩		80	70	—	—	—	—
LF 炉	炉内直排	4.5	250	4.5	250	250	250
	屋顶罩	—	—	25	45	45	45
合金上料		6.5		6.5	40	6.5	40
合计×$10^4m^3/h$	标况	91	80	86	101	76	75
	工况	118		118		97	

表 14-26　100t 竖式电炉除尘系统设计参数及设备选型

项目	设计参数及设备选型	附注
处理烟气量/($\times10^4m^3/h$)	123	调节范围 97~118
烟气温度/℃	≤120	—
含尘浓度/(g/Nm^3)	3	—
除尘器选型	高压长袋脉冲	定压差离线脉冲喷吹清灰
滤料	聚酯针刺毡	—

（续）

项目	设计参数及设备选型	附注
滤袋规格尺寸/mm	ϕ130×6000	—
滤袋数量/条	6448	
过滤面积/m^2	15800	
过滤速度/(m/min)	约1.3	
排放浓度/(mg/m^3)	≤30	
设备阻力/Pa	≤1800	
主风机选型	双吸双支撑离心风机2台	配液力耦合器
风量/(×10^4m^3/h)	61.5	
全压/Pa	5500	
电动机	1400kW/6kV,8P	
机力空冷器选型	下进下出双流程、板式	冷却风扇运行台数可调
冷却烟气量/(×10^4m^3/h)	10.5	
烟气温度/℃	进口550,出口280	
冷却面积/m^2	1950	
冷却风扇	PYHL-14AN-10.5,12台	380V/18.5kW
设备阻力/Pa	≤850	
内排增压风机选型	单吸离心风机	配液力耦合器
风量/(×10^4m^3/h)	21.7	t=280℃
全压/Pa	4500	
电机	450kW/6kV,4P	

【实例14-18】 某钢厂70t超高功率consteel隧道窑废钢预热电炉，废钢在水平隧道窑内连续输送并预热。将电炉一次和二次烟气、LF炉烟气以及铁合金输送尘气合理组配，设计为既有联系又相对独立的两个除尘系统。利用一次烟气余热预热废钢，降低烟温，再掺混适量屋顶烟气，控制除尘器入口烟气温度，组成一次烟气系统，处理烟气量55×10^4m^3/h。对于兑铁水、加料排渣、吹氧喷碳等作业的突发烟尘，组建独立的二次烟气系统，处理烟气量50×10^4m^3/h，风机配液力耦合器调速。除尘工艺流程如图14-29所示，各工艺部位的设计排烟量见表14-27，除尘系统的主要设计参数及设备选型见表14-28。

表14-27 70t consteel电炉除尘设计排烟量

系统	污染源	工况	排烟量/(×10^4m^3/h)	烟气温度/℃	持续时间/min
一次	EAF一次	正常冶炼	8	200	>50
	合计(最大)		39.2	110	连续可调
二次	EAF二次	出钢	11	100	2~8
	合计(最大)		41	60	连续可调

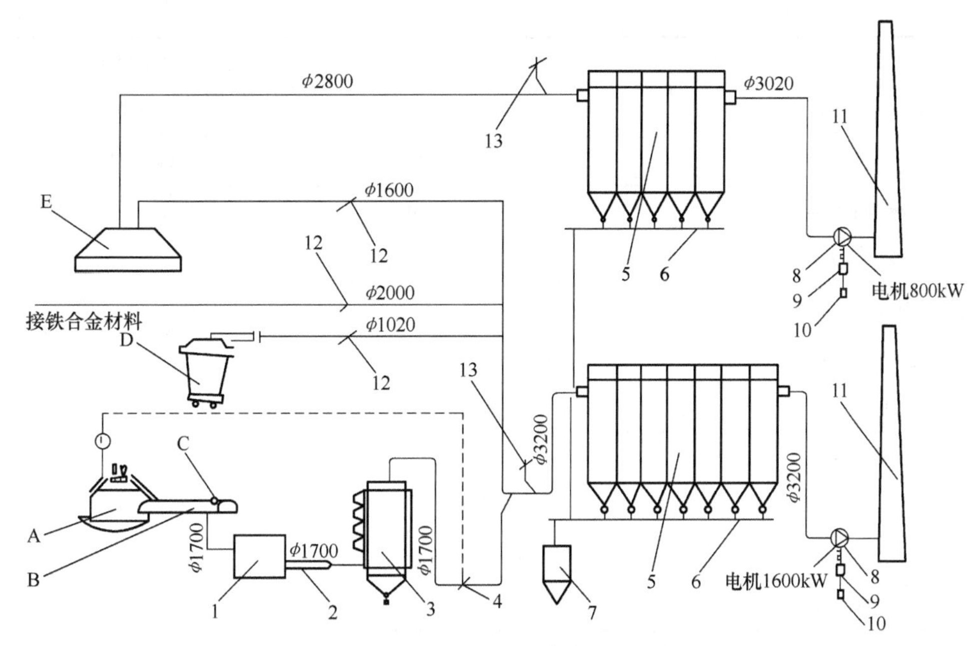

图 14-29　70t consteel 电炉除尘工艺流程

A—电炉　B—废钢预热隧道窑　C—动态密封　D—精炼炉　E—屋顶罩
1—燃烧沉降室　2—水冷烟管　3—机力风冷器　4—炉压控制阀　5—袋式除尘器　6—输灰装置　7—贮灰仓
8—主风机　9—液力耦合器　10—电机　11—烟囱　12—电动调节阀　13—混风阀

表 14-28　70t consteel 电炉除尘系统主要设计参数及设备选型

项目	一次系统	二次系统
处理烟气量/($\times10^4m^3/h$)	55	50
烟气温度/℃	110	<60
含尘浓度/(g/Nm^3)	10~15	
除尘器选型	BCD—76 型低压脉冲,单排 7 室	BCD—76 型低压脉冲,单排 5 室
滤料	聚酯针刺毡	聚酯针刺毡
过滤面积/m^2	7600	6300
过滤速度/(m/min)	1.2	1.32
烟尘排放浓度/(mg/Nm^3)	≤20	≤20
处理烟气量/($\times10^4m^3/h$)	55	50
烟气温度/℃	110	<60
含尘浓度/(g/Nm^3)	10~15	
设备阻力/Pa	≤1500	≤1500
主风机选型	AL-260DW	AL-250DW
风量/($\times10^4m^3/h$)	55	50

（续）

项目	一次系统	二次系统
全压/Pa	6800	4000
电机	1600kW/6kV,6P	800kW/6kV,8P
液力耦合器	YOTCP—1000/1000	YOTCP—1000/750
冷却器选型	管式机力风冷器	
冷却烟气量/($\times10^4Nm^3/h$)	12	
进/出口烟温/℃	300~550/200~250	
冷却面积/m^2	1800	
阻损/Pa	1500	
水冷烟道选型	密排管	
进/出口烟温/℃	500~1000/300~550	
冷却水量/(m^3/h)	630	

八、铁合金电炉除尘

1. 生产工艺及污染源

用电热火法生产的铁合金电炉分为还原电炉和精炼电炉两种。还原电炉以碳作为还原剂，依靠埋弧电流熔融还原合金矿石，连续生产铁合金；精炼电炉用硅作为还原剂，依靠电弧热和硅氧化反应，间歇生产低碳铁合金。目前，全球70%以上的铁合金产品以及电石都采用还原电炉（矿热电炉）生产。

铁合金电炉在装料、冶炼、出铁的全过程产生严重的烟尘污染。对不同型式的铁合金电炉，其污染源有不同特点：

1）全封闭还原电炉炉气量小，炉况稳定，操作自动化程度高，适宜冶炼高碳锰铁、高碳铬铁、锰硅合金等不需作炉口料面操作的铁合金产品。全封闭电炉冶炼时产生荒煤气，温度高、CO浓度高、含尘浓度高、易燃、易爆，烟尘特别细而轻，容易自燃。

2）半封闭还原电炉采用人工加料，炉体密封性较差，炉况不太稳定。半封闭还原电炉炉体内会发生炉气和微尘的氧化燃烧，因此也称内燃式电炉，我国现阶段大部分铁合金产品采用这种型式电炉生产。半封闭还原电炉在加料、捣炉、吹氧、出铁等作业阶段产生阵发性浓烈烟尘，当出现刺火、翻渣、塌料等不正常炉况时，烟气量和烟气温度会急剧升高。在生产含硅铁合金产品的过程中，其坩埚附近会产生SiO和Si蒸气，逸出料面重新氧化生成SiO_2粉状物，称为微硅粉，极具回收利用价值。

3）精炼电炉：精炼电炉是矿热炉冶炼工艺的末端设备，用以生产低碳铁合金产品。炉容量一般为1000~3500kVA。精炼电炉烟尘的性质接近半封闭还原电炉，但更具阵发性、波动性。在两次加料时产生的阵发烟气量是正常冶炼时的2~3倍；在热装、热兑预炼铁液时，强烈的硅氧化、锰还原反应，瞬间烟气量可达平均烟气量的3~5倍。

2. 全封闭还原电炉除尘

（1）烟尘特性

1）炉气参数（见表 14-29）。

表 14-29　全封闭还原电炉产量及炉气参数

品种	单位炉容产量 /[t/(h×10⁴kVA)]	炉气量 /(Nm³/t)	炉气温度 /℃	含尘浓度 /(g/Nm³)	炉气主成分(%)			
					CO	H_2	CH_4	N_2
高碳锰铁	1.4~1.5	990	500~700	50~150	72	5.5	6.5	16
高碳铬铁	1.2~1.3	780	500~800	35~85	77	14.4	0.6	8
锰硅合金	1.7~1.8	1200	500~700	45~105	73	9	3	15
电石	2.3~2.5	500	500~800	80~150	76~85	5~10	0~5	4~8

2）粉尘参数（锰硅合金）：

① 粉尘密度：真密度为 $3.8g/cm^3$，堆积密度为 $0.654g/cm^3$。

② 粒径分布：≤5μm 的占 80%，平均为 3.24μm。

③ 比表面积：$8467.5cm^2/g$。

④ 粉尘成分：MnO 占 14.9%；SiO_2 占 21.7%；Fe 占 4%；其余少量。

⑤ 安息角：58°。

⑥ 比电阻：75~100℃时为 $2.3×10^{10}$~$3.5×10^{11}$Ω·cm。

（2）设计要点及新技术

1）系统设计处理气量按式（14-3）计算：

$$L_s = G_0 Pq \times k \tag{14-3}$$

式中　L_s——系统设计处理炉气量（Nm^3/h）（标准状态）；

G_0——单位炉容产量［$t/h×10^4kVA$］，查表 14-29；

P——炉容量（10^4kVA）；

q——吨铁炉气量（Nm^3/t）（标准状态），查表 14-29；

k——炉气量富余系数，取 1.2。

2）炉气冷却：全封闭还原电炉炉气量小而降温幅度较大，通常采用带火花捕集和预除尘功能的管壳式水冷却器冷却炉气，也可采用水冷密排管或机力空冷器。

采用余热锅炉代替管壳式水冷却器是当代技术发展的方向，尤其是大型铁合金企业，宜对多座大容量铁合金电炉集中建一个余热回收利用系统。

无论采用何种冷却设备都必须采取防止冷却面粘灰、腐蚀、管路结垢、堵塞、热膨胀变形的技术措施，以及应付瞬时超温的监控手段。

3）除尘设备选型设计：全封闭电炉的荒煤气净化后可作为二次能源和原料，要求含尘浓度≤$10mg/Nm^3$。

我国于 20 世纪 80 年代开始全封闭电炉烟气袋式干法除尘技术的引进、研究开发，采用正压式分室反吹袋式除尘器，配常规玻纤机织滤料，前置重力除尘器。目前主要采用正压式脉冲袋式除尘器，箱体采用圆筒形结构，按压力容器设计，多筒体并联安装。选用 P84、PTFE 和超细玻纤复合针刺毡消静电滤料，经疏油防水处理或 PTFE 覆膜。过滤风速不宜超过 0.8m/min，清灰气源采用净煤气（或氮气）。设有完善的防燃、防爆安全监控措施，并对收下尘进行防自燃处理。

4）变频调速风机选用：变频调速风机是控制电炉炉压、确保炉况稳定、安全生产和除尘系统正常运行的关键设备。变频调速风机应具有耐高温、耐磨和防腐、防爆功能，调速范围宜取70%~100%。采用变频调速时，经常发生变频器与电动机负荷失衡现象，电动机离额定负荷尚有较大空间时，同容量的变频器已经超载跳闸。因此，变频器的选型应比电动机容量高一个规格。

（3）除尘工艺流程 长期以来，全封闭还原电炉除尘沿用“双文一塔”湿法工艺，近期新建及改造工程转向采用袋式干法除尘，工艺流程如图14-30所示，数台电炉可合设一个除尘系统。

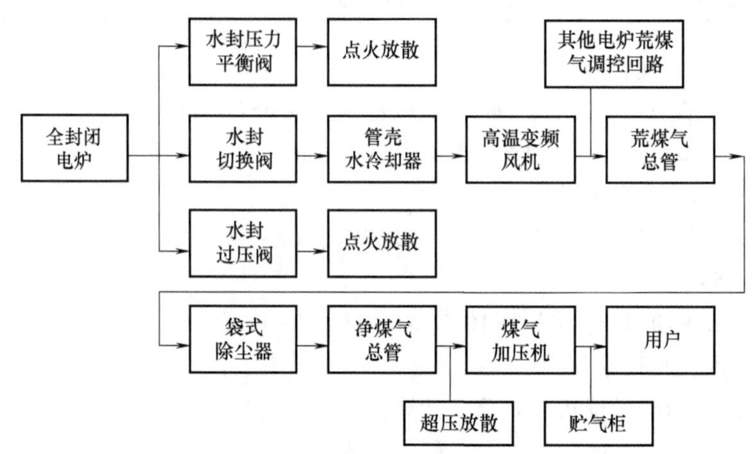

图14-30 全封闭还原电炉除尘工艺流程

【实例14-19】 某铁合金厂一座25500kVA全封闭还原电炉，冶炼锰硅合金，对荒煤气采用袋式干法除尘。除尘工艺流程如图14-30所示，系统主要设计参数及设备选型见表14-30。

表14-30 25500kVA全封闭还原电炉除尘系统设计参数及设备选型

项目	设计参数及设备选型	附注
荒煤气量/(Nm^3/h)	6610	按式(14-3)计算
荒煤气温度/℃	500~700	
含尘浓度/(g/Nm^3)	45~105	
冷却器选型	管壳式水冷却器	k=30~40W/(m^2·K),配煤气炮清灰
出口温度/℃	≤250	
冷却面积/m^2	391	循环冷却水,添加阻垢剂
冷却器阻力/Pa	≤1100	
除尘器选型	正压式圆筒形低压脉冲	0.2~0.4MPa净煤气喷吹
处理气量/(m^3/h)	(额定)13500,(最大)22500	
筒体规格尺寸/mm	ϕ2400×15000,3个	
滤料	P84针刺毡覆膜,消静电型	P84+玻纤/玻纤基布
滤袋规格尺寸/mm	ϕ130×6000	
滤袋数量/条	192	

（续）

项目	设计参数及设备选型	附注
过滤面积/m^2	468	
过滤速度/(m/min)	(正常)0.48,(最大)0.8	
排放浓度/(mg/m^3)	≤10	
设备阻力/Pa	≤1200	
系统阻力/Pa	≤5660	
引风机选型	AⅠ330	变频调速,控制炉膛内微正压
风量/(m^3/h)	22200	
全压/Pa	7850	
电机	Y315S-4,110kW/380V	进口压力控制
加压风机选型	JMZ160	间隙工作,进口压力控制
流量/(m^3/h)	14300	
全压/Pa	11163	
电机	YB280M-2,90kW/380V	

3. 半封闭还原电炉除尘

(1) 烟尘特性

1) 烟气参数（见表14-31）。

表 14-31 半封闭还原电炉产量及烟气参数

品种	单位炉容产量/[t/(h×10^4kVA)]	烟气量/(Nm^3/t)	烟气温度/℃	含尘浓度/(g/Nm^3)	烟气主成分			
					CO_2	N_2	O_2	H_2O
高碳锰铁		33000	180~450	3~4	3	75	15	2
高碳铬铁		30000	170~380	3~4	3	75	14	2
75%硅铁	0.95~1.05	55000	160~400	3~5	4	76	12	2
硅钙	0.55~0.65	76000	120~300	2~3	6	74	11	2
93%工业硅	0.60~0.70	73000	180~450	3~4	7	74	11	2
电石	2.40~2.50	18000	160~340	2~6	4	76	12	2

2) 粉尘参数（见表14-32）。

表 14-32 半封闭还原电炉粉尘特性参数

项目	硅铁粉尘	电石粉尘
粉尘密度/(g/cm^3)	(真)2.23	
	(堆)0.12~0.25	<0.5
粉径分布	≤1μm的占88%,平均为0.1μm	≤2μm的占38%,2~20μm的占57%
比表面积/(m^2/g)	21.1	
粉尘成分	SiO_2>90%,其余微量	CaO占37%,C占34%,SiO_2占16%
比电阻/Ω·cm	$2.2×10^{14}$	高
其他	憎水性、高温态强黏性	吸湿潮解、自燃、强黏性

（2）设计要点及新技术　系统设计处理气量按式（14-3）计算，式中，G_0 和 q 查表14-31确定；k 取1.3。

1）烟气冷却：半封闭电炉烟气通常由半密闭罩或高悬罩捕集。炉气经完全燃烧，出口烟气量大，温度较低，冷却幅度较小。宜采用以空冷为主的冷却方式，尤其适用于缺水地区的中小型企业。对于正压反吹袋式除尘工艺，更多采用"U"形管自然风冷器。对负压脉冲袋式除尘工艺更多采用机力空冷器，并设入口冷风阀，用于瞬时应急冷却。

2）除尘设备选型设计：袋式除尘器设计及滤料选用时要充分考虑烟气高温、酸腐蚀、粉尘质轻、粒细、性黏的特点。对反吹清灰袋式除尘器通常选用膨化玻纤机织滤料或表面覆膜处理，过滤风速为0.5~0.6m/min；对脉冲袋式除尘器适宜选用P84和超细玻纤复合的针刺毡滤料，表面做疏油、防水处理，过滤速度为0.8~1.0m/min，采用离线清灰方式。

3）微硅粉提纯增密技术：硅铁电炉除尘系统回收的微硅粉，SiO_2 占90%以上，是极具回收价值的工业原料。其堆积密度小，体积大，需进行提纯增密处理。

微硅粉的增密，利用压缩空气在一个密闭的增密盘内使硅粉粒子碰撞聚积，微硅粉密度可由200kg/m^3 增加到500~600kg/m^3。

微硅粉提纯增密技术的发展方向是将微硅粉提纯、增密与除尘系统彻底分开，建设专业的微硅粉处理站，面向社会对袋式除尘器的收下尘集中进行分级提纯和增密处理。

（3）除尘工艺流程　半封闭还原电炉的除尘方式有正压反吹袋式除尘，工艺流程见图14-31；逐渐占主导地位的是负压脉冲袋式除尘，工艺流程如图14-32所示。

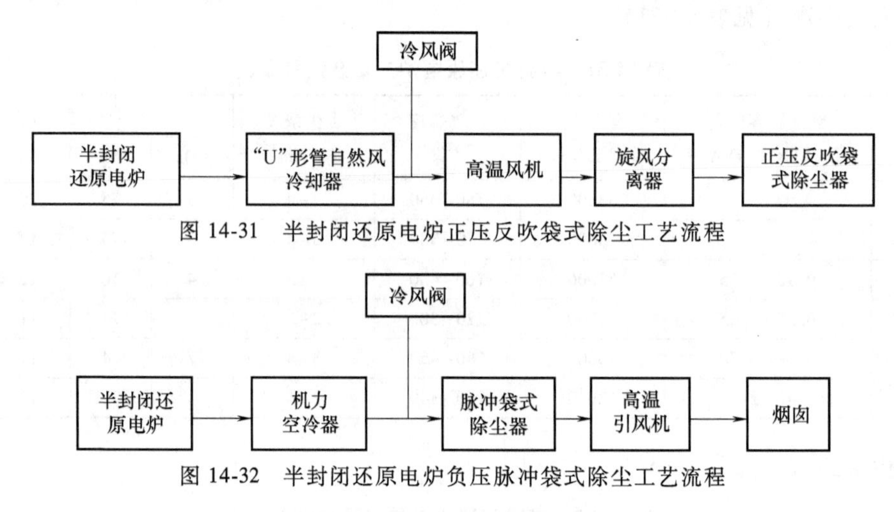

图14-31　半封闭还原电炉正压反吹袋式除尘工艺流程

图14-32　半封闭还原电炉负压脉冲袋式除尘工艺流程

【实例14-20】　某铁合金厂两座25000kVA半封闭还原电炉，冶炼75%硅铁，采用负压反吹袋式除尘器，工艺流程与图14-31相似，只是把引风机移到除尘器后面。系统主要设计参数及设备选型见表14-33。

表14-33　25000kVA 75%硅铁半封闭电炉除尘系统设计参数及设备选型

项目	设计参数及设备选型	附注
烟气量/(Nm^3/h)	125000	矮脚罩气封
烟气温度/℃	400	
含尘浓度/(g/Nm^3)	4.64	

（续）

项目	设计参数及设备选型	附注
冷却器选型	“U”形管空冷器	k=10~15W/(m^2·K)
冷却面积/m^2	2400	
出口温度/℃	220	
除尘器选型	负压分室反吹，双排12	
处理气量/(m^3/h)	300000	
滤料	玻纤机织布后处理	改用玻纤机织布覆膜
滤袋规格尺寸/mm	ϕ292×10000	
过滤面积/m^2	10560	
过滤速度/(m/min)	0.51	
烟尘排放浓度/(mg/Nm^3)	≤100	
设备阻力/Pa	1500~2000	
引风机选型	Y6-40-11，No.27F	
风量/(m^3/h)	332600	
全压/Pa	5920	
电机	1000kW/10kV，6P	

【实例14-21】 某铁合金厂9000kVA半封闭还原电炉，冶炼93%工业硅。工业硅属于较难还原的铁合金，冶炼温度较高，冶炼时间较长，还需掺入定量烟煤调节炉内还原气氛，烟气中含少量未燃净的焦油成分，采用图14-32所示负压脉冲袋式除尘工艺流程，主要设计参数及设备选型见表14-34。

【实例14-22】 某电石厂13000kVA半封闭电石炉。电石生产当出现刺火、塌料等不正常炉况时，烟气量和烟气温度会突然上升。该电石炉具有特殊性：全部使用土焦作原料，烟气中含少量未燃净焦油；石灰碎裂、粉化较多，炉料透气性较差，料面易结壳；袋式除尘器收下尘中碳粒较多，易自燃。采用负压脉冲袋式除尘流程（见图14-32），但适当加大处理风量，并采取在机力空冷器灰斗内安装火花捕集器等特殊措施，主要设计参数及设备选型见表14-34。

表14-34　9000kVA半封闭硅电炉和13000kVA半封闭电石炉除尘系统主要设计参数及设备选型

项目		9000kVA半封闭硅电炉	13000kVA半封闭电石炉
烟气量/(Nm^3/h)		56000	75000
烟气温度/℃		400	350
含尘浓度/(g/Nm^3)		3~4	2~6
冷却器选型		FL220型机力空冷器，带空气炮	FL257型机力空冷器，带空气炮
冷却面积/m^2		660	812
出口温度/℃		≤250	≤250
除尘器选型		LCM84-2×5长袋低压脉冲	LCM84-2×6长袋低压脉冲
处理气量/(m^3/h)	（正常）	125000	148000
	（最大）	150000	175000

（续）

项目	9000kVA半封闭硅电炉	13000kVA半封闭电石炉
滤料	FMS9806疏水处理	FMS9806疏水处理
滤袋规格/mm	ϕ130×6000	ϕ130×6000
滤袋数量/条	840	1008
过滤面积/m^2	2060	2472
过滤速度/(m/min)	≤1.0,最高为1.2	≤1.0,最高为1.2
排放浓度/(mg/Nm^3)	≤50	≤50
设备阻力/Pa	≤1700	≤1700
引风机选型	Y6-51No.15.6	Y6-51No.16
风量/(m^3/h)	145000	145000
全压/Pa	3200~4256	3900~4756
电机/kW	250	280

4. 精炼电炉除尘

1）烟尘特性：中低碳锰铁精炼电炉的烟气参数见表14-35。

表14-35 中低碳锰铁精炼电炉烟气参数

品种	产量 /[t/(h×10^4kVA)]	烟气量 /(Nm^3/t)	烟气温度 /℃	含尘浓度 /(g/Nm^3)	烟气主成分(%)			
					CO_2	N_2	O_2	H_2O
热装热兑	8.45~8.5	7500~8000	≤300	≤30	3	77	17	2
冷装熔炼	5.25~5.3	1600~2000	120~250	3~10				

注：热装热兑持续时间为30~50min。

2）系统设计处理烟气量按式（14-3）计算，式中 G_0 和 q 查表14-35；k 值当热装热兑时取1.0，冷装时取1.3。

3）系统设计：对于精炼电炉，除了烟气量的计算稍有差异之外，其余与半封闭电炉基本相同。通常精炼电炉炉容偏小，宜采用多炉合并除尘方案，尤其对热装热兑的精炼电炉，生产时应错开装料时间，有利于减小除尘系统设计风量，节省投资和运行能耗。

九、轧机除尘

1. 生产工艺及污染源

现代轧钢生产工艺包括热轧、冷轧、轧制钢管，均采用多机架连轧机。污染源具有以下特点：

1）热轧精轧机板坯温度高，通板速度快，在轧辊处需喷淋含油合成乳化液进行润滑和冷却，产生大量氧化铁尘、水蒸气和油雾。轧制速度越高，产生量越大。

2）冷轧连轧机的轧制工艺与热连轧机基本相仿，只是控制要求更高。污染物以水蒸气和油雾为主，氧化铁尘较少。通常采用洗涤方法处理。

3）钢管轧制时需插入芯棒，在芯棒表面涂一层由矿物油、石墨等配制的润滑剂。在轧制过程中，部分润滑剂燃烧蒸发，生成大量黑烟，烟气中含有纯炭、氧化铁、油雾以及多种不完全燃烧的碳化物。通常采用湿法静电除尘方式处理。

2. **热轧精轧除尘**

（1）烟尘特性

1）粉尘成分：FeO 占 28.35%；Fe_2O_3 占 68.25%；其余微量。

2）粒径分布：≤5μm 的占 60%；>7μm 的占 15%。

3）粉尘密度：真密度为 5.5g/cm^3；堆积密度为 1.25g/cm^3。

4）含尘浓度：0.3~0.6g/Nm^3（标准状态）；最大为 3.0g/Nm^3（标准状态）。

5）粉尘含水率：3%~5%。

6）粉尘含油率：3%~4%。

7）性状：烟气中含细粒氧化铁尘以及水蒸气和油雾，水蒸气和油雾易冷凝，粉尘为湿黏状。

（2）除尘工艺沿革　热轧精轧机除尘工艺宜采用波浪形塑烧板除尘器，利用塑烧板过滤元件结构紧凑和对湿黏粉尘的良好适应性，将传统的精轧机湿法除尘替代为干法除尘。

（3）设计要点和新技术

1）在 F4~F7 机架后设排烟罩，如图 14-33 所示。在不影响工艺操作前提下，排烟罩应尽量密封，顺着污染气流方向布置，罩口风速为 7~8m/s。

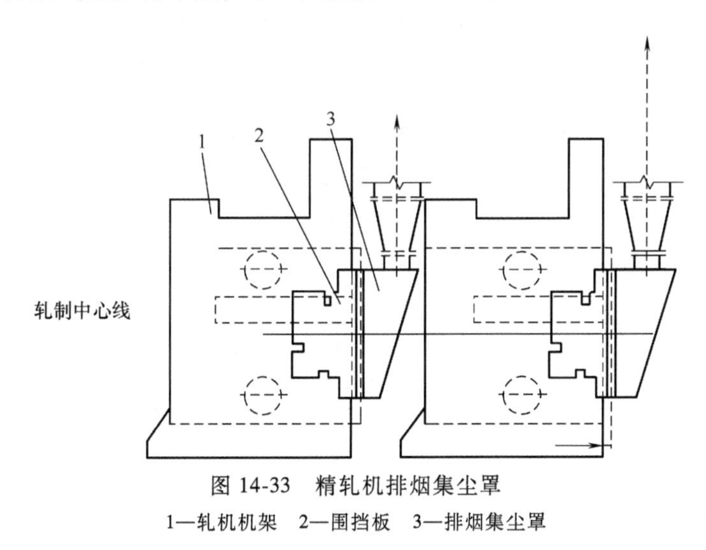

图 14-33　精轧机排烟集尘罩

1—轧机机架　2—围挡板　3—排烟集尘罩

2）选用单元组合结构塑烧板除尘器，实现干法除尘。塑烧板过滤元件即使对<2μm 微尘仍具有 99.999%过滤效率。利用压气脉冲清灰，对湿黏甚至糊状粉尘仍有良好的清灰剥离性能，确保系统稳定运行，使用寿命大于十年。

3）采用负压稀相气力输灰方式，将除尘器收下尘集中到储灰槽。

4）除尘管路以及除尘器壳体采取保温或伴热措施，在北方寒冷地区，除尘器宜室内安装，并设值班室采暖。

5）除尘器收下尘的氧化铁红为化工原料，予以回收利用。

【实例 14-23】　华东某钢铁公司热轧精轧机为七机架四辊连轧机。原来采用冲击式湿法除尘工艺，设计排烟量 305000m^3/h。投运后冲击式除尘器喉口污泥堵塞，烟囱超标排放，室外喷洒尘雨，室内烟雾弥漫。1996 年彻底改造：改用脉冲清灰塑烧板除尘器，实现干法除尘；风机入口增设均压集气箱，设计气力输灰装置和包装机。工艺流程如图 14-34 所示，系统的主要设计参数及设备选型见表14-36。

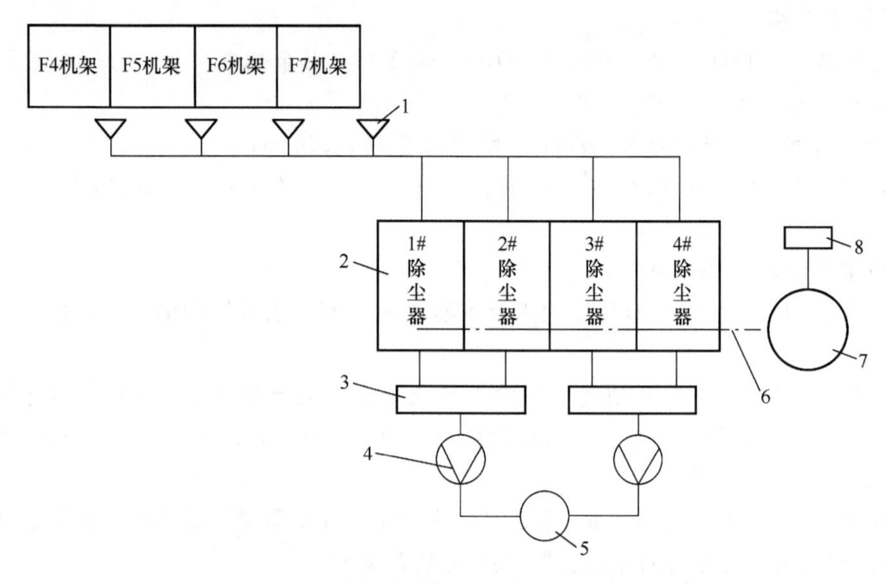

图14-34 精轧机塑烧板干法除尘工艺流程

1—排烟罩 2—塑烧板除尘器 3—集气箱 4—风机 5—排气筒 6—气力输灰装置 7—粉尘槽 8—包装机

表14-36 华东某钢铁公司热轧精轧机除尘系统主要设计参数及设备选型

项目	设计参数及设备选型	附注
处理烟气量/(m^3/h)	248800~342000	
烟气温度/℃	40~50	
含尘浓度/(g/Nm^3)	(平均)0.7;(最大)3.0	
除尘器选型	JSS—1500/18—144型塑烧板除尘器,4台	
塑烧板规格尺寸/mm	SL—1500/18	1500×1000×62
塑烧板数量/片	144×4	
过滤面积/m^2	5184	每片9m^2
过滤速度/(m/min)	0.8~1.1	
脉冲阀数量/只	(1″直角阀)288	压气0.5MPa
烟尘排放浓度/(mg/Nm^3)	≤20	实际≤15
设备阻力/Pa	1600~1800	
引风机选型	Ke1060/400,2台并联	德国引进
风量/(m^3/h)	153000	30℃时
全压/Pa	3800	
电机	250kW/6kV,6P	
包装机选型	GFBW502	
包装能力/(t/h)	5~8	
铁尘回收量/(t/a)	2000	

十、石灰窑除尘

1. 生产工艺和污染源

活性石灰由石灰石焙烧制成，同时产生 CO_2。石灰生产工艺由原料储运、水洗、筛分、石灰烧成、成品冷却、破碎、储运等工序组成。其中原料准备工段主要产生石灰石粉尘污染，成品整理工段主要产生石灰粉尘污染，而石灰烧成工艺及其污染源比较复杂，对环境影响最为严重。

石灰窑按结构区分，有竖窑、回转窑、悬浮窑等型式；按所用燃料区分，有煤粉、焦炭、重油、煤气等形式。石灰窑类型不同，所产生的污染物也不同。

1）竖窑一般以 50~120mm 小块石灰石为原料，以煤粉、焦炭、重油为主燃料，装料、焙烧、出料轮流间断操作，炉况及其排烟参数不稳定。新型双膛竖窑和套筒竖窑缓和了生产工艺的不连续性以及烟气参数不稳定性，并实现了余热回收。

2）回转窑一般以 3~50mm 小块石灰石为原料，以煤气为主燃料。回转窑窑尾烟气温度高、湿度大、含尘浓度高。

3）悬浮窑由多级旋风筒组成。一般以 0~3mm 粉状石灰石为原料，以煤气为主燃料。物料的预热、焙烧和冷却在旋风筒内逆向流动悬浮状态下快速完成。烟气温度高，含尘浓度大。

2. 石灰竖窑除尘

（1）烟尘特性

1）烟气参数（见表 14-37）。

表 14-37　石灰竖窑烟气量及烟气参数

窑规格	燃料	发生烟气量		烟气温度/℃	含尘浓度/(g/Nm³)	烟气成分(%)			
		Nm³/h	V_0/(Nm³/kg)			CO	N_2	O_2	H_2O
200m³	煤	32900		650	5.6	19	62	2.9	2.3
迈尔兹窑	混煤	36600	2.9	130~150	10~13	20	64	3	7
套筒竖窑	煤气	56000	2.7	220~250	9~13	27	59	3.5	10.5

2）粉尘特性：

① 粉尘主成分：CaO 占 40.26%；C 占 9.9%；SiO_2 占 6.8%。

② 粒径分布：≥30μm 的占 25%；10~30μm 的占 70%；≤10μm 的占 5%。

③ 粉尘密度：（真）2.59g/cm³。

④ 性状：亲水性、黏结性。

（2）处理烟气量　石灰竖窑除尘处理烟气量可按单位成品的烟气量指标，由下式估算：

$$L=G_0V_0\varphi \tag{14-4}$$

式中　L——竖窑发生烟气量（Nm³/h）（标准状态）；

G_0——竖窑产量（kg/h）；

V_0——单位成品烟气量（Nm^3/kg）（标准状态）；查表 14-37；

φ——漏风或混风系数，取 1.1~1.5。

（3）除尘工艺 石灰竖窑常用除尘工艺流程如图 14-35 所示。

（4）设计要点

1）采用新型的双膛或套筒竖窑焙烧工艺，有利于预热原料、回收余热，尾气温度可以降到 160℃以下；

2）适宜采用袋式除尘，滤料应具有耐热、耐碱性；

3）烟气冷却方式：当废气温度小于 200℃时，宜采用直接混风冷却；大于 300℃时，宜采用空冷器间接冷却；

4）除尘器箱体应密封性好，壳体保温，灰斗需伴热，防止局部降温结露、石灰粉潮解堵塞。

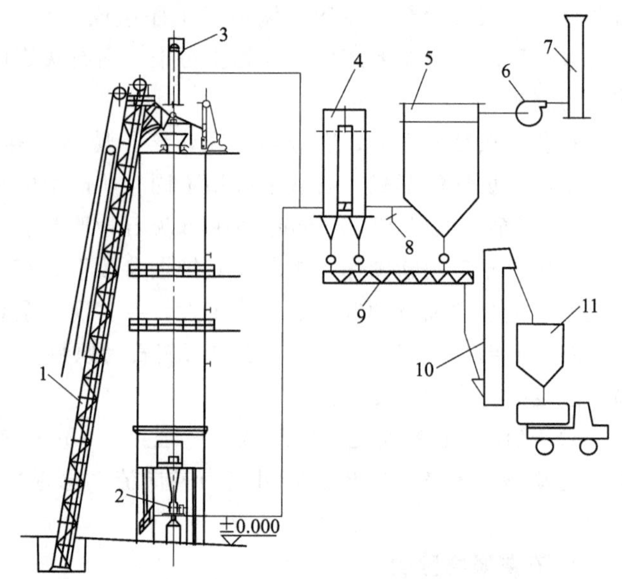

图 14-35 石灰竖窑除尘工艺流程

1—提升机 2—出料机 3—烟囱 4—管式冷却器 5—袋式除尘器 6—风机 7—排气筒 8—混风阀 9—螺旋机 10—斗提机 11—贮灰槽

【实例 14-24】 华东某钢铁公司 500t/d 贝肯巴赫环形套筒竖窑（BASK），窑体为双筒结构，自上而下分为预热带、逆流焙烧带、顺流焙烧带、冷却带，采用转炉煤气（LDG）或 COREX 煤气为燃料。为有利于控制 BASK 焙烧工况，除尘系统采用双风机串联流程，并变频调速。在主排风机后设有液动三通切换阀：正常工况条件下，高温烟气直接经混风冷却后进入袋式除尘器净化，再经消声器排放；非正常工况条件下，高温气体切换至旁路直接排放。此外窑体设有供喷射器驱动空气的罗茨风机和供内筒冷却空气的冷却风机。BASK 除尘工艺流程如图 14-36 所示，系统主要设计参数及设备选型见表 14-38。

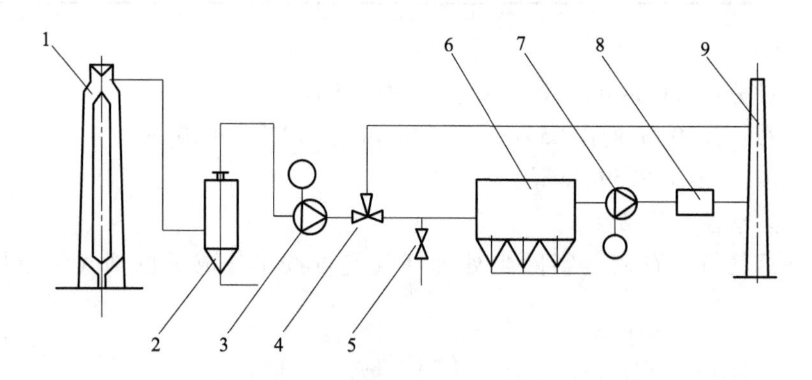

图 14-36 500t/d 石灰套筒竖窑除尘工艺流程

1—套筒竖窑 2—重力除尘器 3—主排风机 4—三通切换阀 5—旁通混风阀 6—袋式除尘器 7—除尘风机 8—消声器 9—烟囱

表 14-38　500t/d 石灰套筒竖窑除尘系统主要设计参数及设备选型

项目	设计参数及设备选型	附注
发生烟气量/(Nm^3/h)	56000	t=220~250℃
主排风机选型	单吸入调速	
风量/(m^3/h)	107300	250℃
全压/Pa	10000	
电机	500kW/690V,4P	VVVF 调速
混风量/(Nm^3/h)	约 40000	30℃
处理烟气量/(m^3/h)	152300	160℃
含尘浓度/(g/Nm^3)	5~8	
除尘器选型	LY—Ⅱ型低压脉冲,单排 6 室	离线清灰
滤料	覆膜芳纶针刺毡	
滤袋规格/mm	ϕ150×6000	
滤袋数量/条	768	
过滤面积/m^2	2150	
过滤速度/(m/min)	1.05	
脉冲阀/只	3in 淹没式,48	气压 0.2~0.3MPa
烟尘排放浓度/(mg/Nm^3)	≤20	
设备阻力/Pa	≤1500	
除尘风机选型	单吸入调速	
风量/(m^3/h)	160000	
全压/Pa	2800	
电机	200kW/380V,6P	VVVF 调速

3. 石灰回转窑除尘

(1) 烟尘特性

1) 烟气参数（见表 14-39）。

表 14-39　石灰回转窑烟气量及烟气参数

窑规格	燃料	单位成品烟气量 V_0 /(Nm^3/kg)(标准状态)	烟气温度/℃		含尘浓度 /(g/Nm^3)	烟气成分(%)			
			窑尾	预热机		CO	N_2	O	H_2O
ϕ1.35/1.6	煤粉	4.0	1000		24.6				2.5
ϕ3.6/3.8(600t/d)	混合煤气	3.2	950	320	14	24	58	3	15

2) 粉尘特性。

① 粉尘成分：CaO 占 80%~85%。

② 粒径分布：<20μm 的占 60%。

③ 性状：亲水性、黏结性。

(2) 处理烟气量　石灰回转窑除尘处理烟气量可按单位成品的烟气量指标，由式（14-4）估算。式中单位成品烟气量 V_0 查表 14-39 确定，漏风系数 φ 取 1.1~1.3。

（3）除尘工艺及设计要点 石灰回转窑除尘工艺流程如图14-37所示。设计要点：

1）回转窑前置链篦式或竖式预热机，用窑尾高温烟气预热矿石，冷却烟气；后置推动篦式或竖式冷却机，用空气冷却成品，加热后的空气助燃煤气。

2）早期的石灰回转窑采用干、湿结合的除尘方案：在正常工况条件下，窑尾高温烟气经链篦机初冷，再经空冷器终冷后进入分室反吹袋式除尘器净化后排放；在回转窑启停及不正常工况下切换至湿法旁路，经文氏管洗涤后排放。最新的除尘工艺则革除湿式除尘器及旁路烟囱，选用离线脉冲清灰袋式除尘器，完善了监控系统，使整个除尘系统更为简单、紧凑、节能，维护管理更方便。

3）采用调速风机，借助转速及风机入口阀的开度调节控制烟气量和窑内压力。

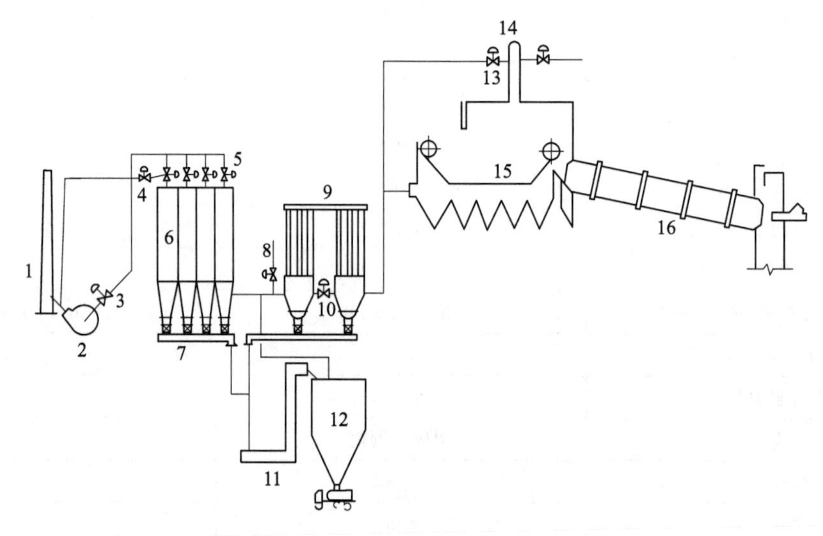

图14-37 600t/d石灰回转窑除尘工艺流程

1—烟囱 2—风机 3—调节挡板 4—逆洗控制挡板 5—切换阀 6—袋式除尘器 7—链式输送机 8—冷风阀 9—空冷器 10—旁通阀 11—链式输送机 12—粉尘仓 13—旁通阀 14—辅助烟囱 15—预热机 16—回转窑

【实例14-25】 华东某钢铁公司1#～4#600t/d石灰回转窑，燃料为混合煤气（74.5%COG+25.5%LDG），其中，1#～3#为前置链篦式预热机、后置推动篦式冷却机的长型回转窑，除尘系统带有湿法旁路；4#为前置竖式预热机、后置竖式接触冷却机的短型回转窑，除尘系统不带湿法旁路。1#～3#窑除尘工艺流程如图14-37所示，1#～4#窑除尘系统主要设计参数及设备选型见表14-40。

表14-40 600t/d回转石灰窑除尘设计参数及设备选型

项目	1#～3#回转窑	4#回转窑
预热机选型	链篦式	竖式
冷却机选型	推动篦式	竖式接触
处理烟气量/(Nm^3/h)	102000	105000
含尘浓度/(g/Nm^3)	14	14
烟气温度/℃	320～250	250

（续）

项目	1#~3#回转窑	4#回转窑
冷却器选型	U形管式带旁路	—
冷却面积/m^2	1290	
阻力/Pa	1000	
除尘器选型	分室反吹双排8室	低压脉冲单排6室
处理气量/(m^3/h)	195400	201000
滤料	玻纤缎纹机织覆膜	超柔性玻纤纬二重机织覆膜
滤袋规格/mm	ϕ292×11200	ϕ130×4500
滤袋数量/条	576	1356
过滤面积/m^2	5810	2824
过滤速度/(m/min)	0.56	1.19
反吹风量/(m^3/h)	19800(一室过滤风量81%)	
烟尘排放浓度/(mg/Nm^3)	≤50	≤30
设备阻力/Pa	≤1800	1500~2000
总重量/t	170	128
风机选型	双吸双支承	双吸双支承
风量/(m^3/h)	196000(250℃)	220000(245℃)
全压/Pa	5000	9460
电机	500kW/3kV,6P	740/3kV,4P
调速方式	液体变阻器	液力耦合器

1#~3#窑的分室反吹袋式除尘器曾存在清灰效果较差、滤袋寿命较短、排放严重超标以及灰斗粉尘潮解渗水等问题，经过多次改造。主要改造内容及效果如下：

1）整改花板和入口导流板，改善气流分布；

2）改进三通切换阀，提高阀座密封性及切换可靠性，改善清灰效果；

3）用玻纤机织覆膜滤料取代原常规玻纤机织滤料，改进滤袋吊挂装置，提高过滤和粉尘剥离性能，使除尘器排放浓度稳定在20mg/Nm^3（标准状态）以下，设备阻力控制在1600Pa以下，滤袋使用寿命由不到一年延长到三年以上；

4）控制运行温度，改进壳体保温和灰斗伴热，防止灰斗内结露，粉尘潮解，确保排灰顺畅。

4. 石灰悬浮窑除尘

（1）烟尘特性

1）烟气温度：180~200℃。

2）含尘浓度：30~120g/Nm^3（标准状态）。

3）粉尘主成分：CaO、$CaCO_3$。

4）粒径分布：≤20μm的占45%；20~90μm的占15%；≥90μm的占40%。

5）粉尘性状：亲水性、黏结性。

（2）除尘工艺设计要点

石灰悬浮窑除尘工艺流程如图14-38所示。设计要点：

1）石灰悬浮窑除尘工艺实际上是一道收粉工艺，即0~10mm粒状石灰石原料先经干燥粉碎气力分离，形成高浓度含尘热气流，再用袋式除尘器将其中0~3mm的合格粉状石灰石分离出来，作为原料，投入悬浮窑经预热焙烧冷却成为石灰。

2）悬浮窑由多个旋风筒组成。上层为预热筒，用以加热进料；中间为焙烧筒；下层为冷却筒，用以冷却成品。废气经机力空冷器调温，由主风机引入锤式粉碎机和旋转分级机，对石灰石原料进行干燥和分级处理，充分利用废气余热。

3）除尘器即为收粉器，要求除尘效率高、运行稳定，宜采用脉冲袋式除尘器。

4）除尘风机与悬浮窑工艺主风机串联协同工作，必须适应悬浮窑焙烧工况及产能变化要求，便于调节。为此，配用调速电机。

【实例14-26】 华东某钢铁公司引进德国的350t/d波尔长型石灰悬浮窑，自上而下有3个预热筒、1个焙烧筒、1个排料筒、3个冷却筒，燃料为焦炉煤气。对经干燥整粒后的高含尘气体采用脉冲袋式除尘器过滤分离。设计工艺流程图如图14-38所示。

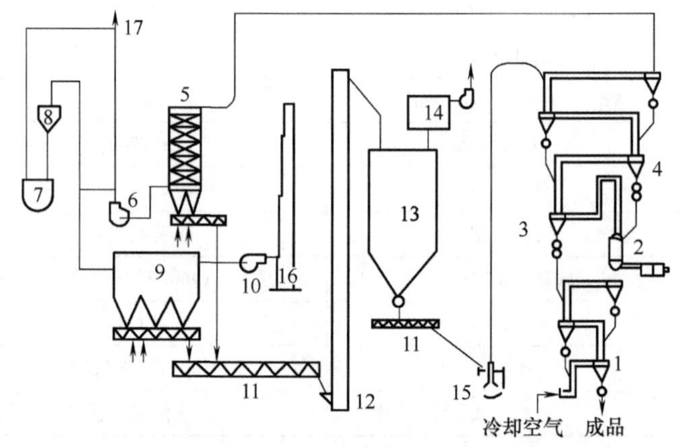

图14-38 350t/d石灰悬浮窑除尘工艺流程

1—冷却筒（C1~C3） 2—焙烧筒 3—排料筒 4—预热筒（H1~H3） 5—机力空冷器 6—主风机 7—干燥粉碎机 8—可调旋转分级机 9—袋式除尘器 10—除尘风机 11—螺旋输送机 12—斗式提升机 13—料槽 14—尾气除尘器 15—气力提升泵 16—排气筒 17—混风阀

350t/d石灰悬浮窑于1991年8月投入热负荷试生产，存在焙烧工艺不成熟、旋风筒堵料、作业率低等问题。经十年攻关改造，使产量达到了30t/h（720t/d）。为满足超产后的收粉要求，对除尘系统进行相应改造：

1）在袋式除尘器前置ADM—200×24旋风除尘器作为预除尘器，除尘效率为70%。对石灰石粉料进行二次分级，降低袋式除尘器收粉负荷。

2）增加一台同型号袋式除尘器，降低过滤速度和设备阻力。

3）滤袋材质改用超柔性玻纤纬二重织物覆膜滤料，改善对黏性粉尘的清灰剥离性能，提高滤袋使用寿命。

4）更换除尘风机，加大电机功率，并增设液力耦合调速。

改造前后系统主要设计参数及设备选型见表14-41。

表14-41 350t/d石灰悬浮窑除尘系统设计参数及设备选型

项目	原设计	改造后
处理气量/(m^3/h)	85000	90000
气体温度/℃	180~200	180~200
含尘浓度/(g/Nm^3)	300~500	30~120

（续）

项目	原设计	改造后
除尘器选型	环隙文氏管高压脉冲，单排 9 室	环隙文氏管高压脉冲，单排 9 室×2 台
滤料	Nomex 针刺毡	超柔玻纤纬二重织物覆膜
滤袋规格/mm	ϕ160×3375	ϕ160×3375
滤袋数量/条	495	495×2
过滤面积/m^2	840	1680
过滤速度/(m/min)	1.68	0.9
烟尘排放浓度/(mg/Nm^3)	50	20
设备阻力/Pa	≤2000	≤1500
风机选型		W6—29 № 29.5 液力耦合调速
风量/(m^3/h)	65000~92400	90000
全压/Pa	7700~5500	8000
电机		315kW，Y355M—4

第三节　袋式除尘器在水泥行业的应用

一、水泥生产过程排放气体的特性与参数

水泥行业对大气的污染有粉尘和有害气体，而以各种粉尘污染最为严重；每生产 1t 水泥需要处理 2.6~2.8t 的不同物料，如石灰质原料、土质原料、校正原料和矿化剂、熟料、高炉矿渣、粉煤灰、火山灰以及燃料等。这些物料在加工处理成粉料的过程中会产生大量含尘气体，在排入大气之前，须去除这些含尘气体中的颗粒物并达到环保标准。

1）水泥厂的含尘气体主要来自以下工序：①原料开采和破碎；②原料、燃料、混合材粉磨、储存和烘干；③生料粉磨和均化系统；④熟料煅烧和储存过程；⑤水泥粉磨和储存过程；⑥水泥包装和发运。水泥厂最大粉尘污染源是烧成系统，包括窑的喂料系统、煤粉制备系统、熟料煅烧、熟料冷却、储存和输送系统等；水泥生产线全部的含尘气体，1/3~1/2 来自烧成系统。

2）整条生产工艺线有 70~90 个扬尘点和排放点。表 14-42 为水泥生产过程中主要产尘设备及其排放尘气的特性，表 14-43 为水泥主要生产设备的含尘气体排放量，表 14-44 为每吨水泥产品生产全过程的尘气排放量。

表 14-42　水泥生产主要产尘设备排放尘气的特性

<table>
<tr><th colspan="2" rowspan="2">设备名称</th><th rowspan="2">含尘浓度/(g/Nm^3)</th><th rowspan="2">气体温度/℃</th><th rowspan="2">水分（体积，%）</th><th rowspan="2">露点/℃</th><th colspan="2">粉尘粒径（%）</th></tr>
<tr><th><20μm</th><th><88μm</th></tr>
<tr><td colspan="2">新型干法窑（带余热锅炉）</td><td>30~80</td><td>150~190</td><td>6~8</td><td>35~40</td><td>95</td><td>100</td></tr>
<tr><td colspan="2">熟料篦式冷却机</td><td>2~20</td><td>100~250</td><td></td><td></td><td>10</td><td>30</td></tr>
<tr><td rowspan="3">回转烘干机</td><td>土</td><td>40~150</td><td rowspan="3">70~130</td><td rowspan="3">20~25</td><td rowspan="3">50~65</td><td>25</td><td>45</td></tr>
<tr><td>矿渣</td><td>10~70</td><td></td><td></td></tr>
<tr><td>煤</td><td>10~50</td><td>60</td><td></td></tr>
</table>

（续）

设备名称		含尘浓度 $/(g/Nm^3)$	气体温度/℃	水分（体积,%）	露点/℃	粉尘粒径(%)	
						<20μm	<88μm
生料磨	中卸烘干磨	50~150	60~95	10	45	50	95
	风扫磨	300~500					
	立式磨	300~800					
	辊压机终粉磨	300~800					
O-Sepa选粉机		800~1200	70~100				
水泥磨	机械排风磨	20~120	90~120			50	100
煤磨	球磨(风扫)	250~500	60~90	8~15	40~50		
	立式磨						
破碎机	颚式	10~15	常温				
	锤式	30~120	常温				
	反击式	40~100	常温				
包装机		20~30	常温				

表14-43 水泥主要生产设备的含尘气体排放量

设备名称		排风量	备注
新型干法窑		(1400~2000)G Nm^3/h	G为窑台时产量,单位:t
熟料箆式冷却机		(1200~2000)G Nm^3/h	G为箆冷却机台时产量,单位:t
回转烘干机		(1000~4000)G Nm^3/h	G为烘干机台时产量,单位:t
中卸烘干磨		(3500~5000)D^2 m^3/h	D为磨机内径,单位:m
球磨加选粉机		(2500~4000)G m^3/h	G为磨机台时产量,单位:t
立式磨		(2500~5000)G m^3/h	G为磨机台时产量,单位:t
辊压机终粉磨		(2500~5000)G m^3/h	G为磨机台时产量,单位:t
水泥粉磨	球磨机	(900~1500)G m^3/h	G为磨机台时产量,单位:t
	辊压机系统	(2500~4000)G m^3/h	G为台时产量,单位:t
煤磨	风扫磨	(2000~3000)D m^3/h	D为磨机内径,单位:m
	立式磨	(2000~4000)G m^3/h	G为磨机台时产量,单位:t
破碎机	颚式	$Q=7200S+2000$ m^3/h	S为破碎机进料口面积,单位:m^2
	反击锤式	$Q=16.8dLn$ m^3/h	d为锤头旋转半径,单位:m^2 L为转子长度,单位:m n为转子速度,单位:r/min
	立轴式	$Q=5d^2n$ m^3/h	d为转子直径,单位:m n为转子速度,单位:r/min
包装机	回转式	300G m^3/h	G为包装机台时产量,单位:t

（续）

设备名称		排风量	备注
输送设备	空气斜槽	$Q=0.18BL$　m^3/h	B 为斜槽宽度,单位:mm L 为斜槽长度,单位:m
	提升输送设备	$Q=1800vS$　m^3/h	v 为料斗运行速度,单位:m/s S 为机壳截面积,单位:m^2
	胶带输送机	$Q=700B(v+h)$　m^3/h	B 为胶带宽度,单位:m v 为胶带速度,单位:m/s h 为物料落差,单位:m
	螺旋输送机	$Q=D+400$　m^3/h	D 为螺旋直径,单位:mm

注：在水泥生产工艺中的立式磨、辊压机和高效选粉机配置的袋式除尘器均为收集产品的主机设备，建议在选取参数时考虑采用上限值。

表 14-44　每吨水泥产品生产全过程的尘气排放量（仅供全厂除尘工艺配置参考）

处理物料	过程	物料量/t	单位物料排放废气最大量/(Nm^3/t)	废气量/Nm^3	比例(%)	备注
石灰石	破碎	1.1	350	385	2.88	
其他原料	烘干	0.25	3000	750	5.62	
生料	粉磨(烘干)	1.35	2000	2700	20.23	
熟料	烧成	0.84	4500	3780	28.32	
	冷却	0.84	2500	2100	15.73	
混合材	烘干	0.12	3000	360	2.70	
石膏	破碎	0.04	350	14	0.10	
燃料	粉磨(烘干)	0.21	3000	630	4.72	
水泥	粉磨	1	1200	1200	8.99	
	包装	1	300	300	2.25	
其他	均化	12.6	50	130	0.97	
	转运	20	50	1000	7.49	生料、水泥
合计			20300	13349	100	

二、水泥生料制备工艺与除尘

水泥生产过程简单说来就是“二磨一烧”，“二磨”指的是生料粉磨制备和水泥粉磨系统，“一烧”指的是烧成工艺。随着国内水泥生产工艺和装备的技术进步及节能减排的需要，一代和二代新型干法水泥生产技术的推出，“二磨”的工艺技术和装备都发生了巨大的变化，取得很大的技术进步。

最近十年水泥生料制备技术进步很大，多种技术工艺、技术方案、多种设备共存，如5000t/d 生产线常用的生料制备技术方案有如下几种：

1. 传统球磨生产工艺

球磨工艺技术常见于建设较早的生产线，具有对物料物理性质波动适应性强，产品细度、颗粒级配易于调节等特点。根据原料的易磨性、含水量以及生产规模的不同，主要有风扫磨系统、尾卸提升循环系统和中卸提升循环系统；这种磨机结构简单，容易管理和维护；缺点是动力消耗大，尤其当用于处理含水较少并易磨的物料时，用于风扫和提升物料所需的气体量大于烘干物料所需的热风量，很不经济。由于球磨系统电耗大，一般生料单位主机电耗15~16kWh/t，系统电耗20~22kWh/t，配用的袋式除尘器也只是满足环境的排放要求，为此逐步让位于立磨系统或辊压机生料终粉磨系统。

2. 立磨生产工艺

立磨主要特点是粉磨效率高，烘干能力强，产品的化学成分稳定，颗粒级配均匀，有利于煅烧；工艺流程简单、建筑面积及占有空间小、操作环境清洁、磨损小、利用率高等。目前，国内外立磨的生产厂家比较多。其中，国外比较有代表性的公司主要有莱歇、史密斯、菲凡、伯利休斯等，进入21世纪以来，在国内外5000t/d生产线的设计中多有采用；国内立磨的生产技术和装备也日臻成熟，目前已经逐渐达到并超过国外立磨的技术指标，产品被大量选用。

立磨的生产工艺布置形式主要有两种：二风机系统和三风机系统，两种系统配备的袋式除尘器都是作为主机设备用以收集产品；与三风机系统比较，二风机系统要求共用的尾排风机要有较高的全压，有些设计中尾排风机全压达到11kPa以上，配置的袋式除尘器需考虑高负压对除尘器的影响。

3. 辊压机生料终粉磨工艺

辊压机生料终粉磨系统的特点是粉磨效率高、电耗较立磨系统更低，金属消耗低（有的达到0.5g/t生料），且体积小、占地面积小，易于安装。进入21世纪，国内设计开发的大型辊压机终粉磨系统试验成功，并在国内外大量推广使用。从实际运行来看，实际生产能力均超过设计生产能力，经济技术指标优于立磨系统。且辊压机系统都已国产化，设备及备件购置方便，成本低，维修方便。生料制备采用辊压机终粉磨系统已经逐渐显现出其技术魅力，并受到使用企业的广泛赞誉，配置的袋式除尘器也是用以收集产品的（见表14-42）。

除此之外，还有多种管磨加各类选粉机工艺系统，可查阅《水泥厂工艺设计实用手册》等相关书籍，不在此一一列举。

国内最近投运的大部分新型干法水泥生产线，无论生料制备系统采用何种工艺和设备，大多采用窑尾废气作为物料的烘干热源，外排废气都进入窑尾袋式除尘器处理。

在生料制备系统中也还有单独设置袋式除尘系统的工艺，在这种工艺中袋式除尘器是生产过程中的主机设备，用来收集生料产品，袋式除尘器的入口粉尘浓度都在1500g/Nm^{3}以上。

三、煤磨袋式除尘

我国水泥行业一直是以燃煤为主，其燃料费用约占水泥生产成本的15%，所以煤磨除尘始终是人们非常关注的重要环节；目前，国内水泥行业的煤磨除尘全部采用袋式除尘器；新型干法水泥行业生产线煤磨的废气不能全部入窑，一部分煤磨废气就必须要放风除尘；特别是第二代新型干法工艺，能耗进一步降低，入窑的一次风相应减少，煤磨的放风废气量随之增大，煤磨除尘问题就成为水泥厂环境保护的重要课题之一。

1. 煤磨系统除尘风量确定

我国水泥行业煤磨采用的球磨和立磨均兼有烘干作用，水泥行业的煤磨全部采用的是袋式除尘器；根据煤磨的生产工艺不同，煤磨的通风量一般按磨内风速1.0~1.5m/s确定，立磨按要求烘干的热风量为1.5~2.0m^3/kg原煤计算；大部分水泥企业煤粉制备主要采用烘干兼粉碎磨（如风扫磨和立磨），且大、中型水泥企业煤磨的烘干热源，多来自窑头的冷却机或窑尾的废气，所以系统的除尘风量应按烘干要求的热风量来计算：

$$Q=[(1+k_s)Q_h/\rho_h+1/0.805]\times m_w(273+t_2)/273 \quad (m^3/h) \tag{14-5}$$

式中 k_s——系统漏风系数，风扫式煤磨：0.2~0.3；立磨：0.1；

Q_h——热风量；

ρ_h——热风密度，[kg/Nm³（标）]；

m_w——煤磨蒸发水量（kg/h）；

t_2——出除尘器或排风机气体温度，中间仓式系统 $t_2=t_w-10$（℃）；直吹式系统 $t_2=t_w-5$（℃）；

t_w——煤磨出口气体温度（℃）；褐煤、烟煤、贫煤：70~120；无烟煤：不限。

2. 煤磨袋式除尘器防燃和防爆的特殊要求

（1）可燃性　煤磨除尘器捕集的微细煤粉本身就是可燃物质，它的燃烧和爆炸特性与煤的挥发分、灰分、水分、粒度、气体温度和含尘浓度等因素有关。

（2）含氧量　煤磨在粉磨过程中兼物料的烘干，采用专用热风炉或使用含氧量较低的窑尾废气或含氧量较高的窑头冷却机废气，从安全角度考虑，煤磨烘干应尽可能利用窑尾废气。新型干法水泥生产线，烟囱出口氧含量均在10.5%~12%之间，预热器出口氧含量在2%~3%之间，可认为是惰性气体，而含氧量接近21%的窑头冷却器废气，对防燃防爆的要求应更加严格；即使采用窑尾预热器废气作为热源，在停磨和开磨时，含氧量都有可能增高；因此，煤磨内的热气体含氧量一般要控制在小于14%的范围内，实际生产中进除尘器的气体，含氧量应控制在小于12%的范围内，超过12%，应发出声光报警信号，超过14%，磨机应停止运行。

（3）火源　煤粉的着火温度因煤种的不同而异，水泥企业煤磨袋式除尘器的温度一般控制在90℃以下，但当袋式除尘器中含尘气体透过滤袋时，因摩擦而产生静电，电荷积累到一定的数量，也会成为着火源，煤磨袋式除尘器必须设置接地装置，一般来说，水泥行业煤磨袋式除尘器发生爆炸和着火燃烧滤袋事故，大多是操作不当引起的。

3. 煤磨袋式除尘器的设计要点

煤磨袋式除尘器设计的关键是防止燃烧和爆炸；燃烧和爆炸的三要素中只要有一个条件不满足，就不可能发生燃烧和爆炸，设计时应从以下几方面采取措施。

（1）控制进入袋式除尘器的煤粉浓度　虽然煤质和煤粉细度对燃烧和爆炸的影响很大，但是对每一个煤粉制备系统而言，这些因素不是人为所能改变的，但将进口气体的煤粉浓度控制在爆炸区的下限却是完全可以做到的，一般设计控制进入袋式除尘器粉尘浓度小于40g/m³。

（2）防止袋式除尘器内部的煤粉堆积　当煤粉堆积5mm厚时，就容易产生自燃；设计煤磨袋式除尘器时，除尘器内部不应有可能堆积煤粉的平面，凡可能积灰处都设有防尘板，防尘板的倾斜度应不小于65°；为使灰斗内煤粉容易排出，灰斗斗壁角应不小于70°，相邻侧板间应焊半径大于100mm的圆弧形钢板；在寒冷地区，灰斗四壁外还应安装管状电加热器，以防除尘器内结露而导致的煤粉粘结。

每个灰斗外壁配装一台振动器，定期进行振动，以防止灰斗内煤粉起拱棚料，灰斗内壁要光滑，灰斗卸灰阀下料口的尺寸应大于常规除尘器的灰斗卸料口。

新除尘器投入使用时，系统先磨石灰石等不燃烧的物料，使除尘器内部有可能堆积粉尘的平面先堆积不可燃粉尘。

除尘器灰斗卸灰常用的星形卸料阀，会因叶轮上的叶片夹角过小致使粘附的煤粉不易卸出，容易产生自燃，所以要采用浅斗型回转卸灰阀，这种浅斗型卸灰阀，减少煤粉对斗壁的压力，容易沿接触面滑动卸出煤粉。

（3）增设预热装置　煤磨袋式除尘器运行前，壳体内部的温度接近室温，冬季温度更低，如果直接通入热气体，会因温差大而产生冷凝使煤粉粘附在滤袋上，所以应进行预热。预热器的热源可采用干蒸汽或电加热器。

（4）加强密封，防止漏风　煤磨袋式除尘器负压操作时，漏风意味着增加氧的含量，会使自燃和爆炸的危险性增大；常规袋式除尘器的漏风率一般要求小于2%以下，而煤磨袋式除尘器的漏风率应小于1%，这就要求所有连接处在安装完毕后进行连续焊接，焊后还要进行严格检查。

（5）壳体设计要设防爆门或抗爆　一般煤磨袋式除尘器的壳体设计成防爆型，壳体、灰斗和进出口都应按承受30kPa压力设计，因此除尘器本体的总重量比常规除尘器要增加30%以上，这样即使发生爆炸时，壳体一般也不会变形，除尘器内部装置一般也不需要进行校正和修复就能继续运行。

（6）设置防爆门　防爆门的作用是除尘器任何点发生爆炸时，冲击波通过防爆门释放压力，使除尘器不被损坏，防爆门装在袋式除尘器壳体侧面位置，如图14-39所示。

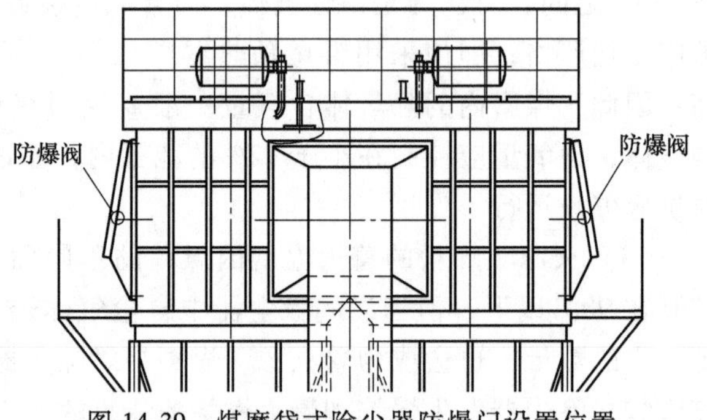

图14-39　煤磨袋式除尘器防爆门设置位置

除无烟煤或半无烟煤的煤粉制备系统外，其他燃煤粉磨系统中的设备，不仅除尘器要装防爆门，附属设备和管道也须装防爆阀。如粗粉分离器的顶盖上至少要装两个防爆阀，防爆阀的总面积应不小于分离器有效容积的4%；旋风分离器的顶盖上至少也要装两个防爆阀，防爆阀的总面积应不小于分离器有效面积的5%；煤粉仓上防爆阀的截面积应按0.01m^2/m^3仓容积设计，磨机进出口管道上的防爆阀截面积应不小于管道截面积的70%。

4. 煤磨袋式除尘器的安全监控

（1）温度监控　煤磨袋式除尘器的进出口管道和每个灰斗及箱体都应安装测温装置，并将测点数据上传至操作室和中控室；如温度上升较快，特别是当出口处的温度高于进口处时，可以断定除尘器内煤粉有自燃现象；灰斗温度计装在卸料阀上方0.8m处，灰斗内温度急剧升高，也说明有自燃情况；灰斗内温度小于60℃是安全的。如达到100℃，发生以上这些情况都应声光报警，并迅速采取措施。另一方面，气体温度也不能过低，应大于露点20~30℃，以防止结露。

（2）CO含量监控　煤磨袋式除尘器出口处安装量程为0~2000×10^{-6}的CO浓度测定仪，并将测点数据上传至操作室和中控室；若CO浓度达到100×10^{-6}，是开始有闷燃的征兆，超过700×10^{-6}，说明闷火严重，当CO含量达到800×10^{-6}时，应发出声光报警信号，当CO含量超过1500×10^{-6}时，应立即关闭除尘器进出口阀门，同时应立即启动灭火装置。

（3）O_2含量监控　如果煤磨烘干热源是非惰性气体，则袋式除尘器内O_2含量也是很重要的控制指标；当含 O_2 浓度大于10%时，发出声光信号，O_2 含量大于12%时，应自动切断电源；采用惰性气体作为烘干热源时，O_2 含量也应不大于 10%~12%，长期生产应控制在 8%~10%的范围内；如煤的挥发分小于 20%，则 O_2 含量可放宽到 14%。

（4）安装灭火装置　尽管采取了上述措施，如果煤磨系统运行不正常，或袋式除尘器本身误操作以及仪表控制失灵等原因，难免要出现突然着火的事故；因此除尘器除设置足够的防爆门和阀外，还要设置向除尘器内喷射惰性气体 CO_2 气或 N_2 气的灭火装置；惰性气体的喷射量根据除尘器的容积确定，为 1.5~2.0kg/m^3；惰性气体只能扑灭表面的明火，如果惰性气体已喷完，火势尚未得到控制，此时就要靠喷水才能彻底灭火；所以煤磨袋式除尘器的顶部和灰斗处都要装设连接水管的接头。

（5）煤磨袋式除尘器安全运行注意事项　煤磨袋式除尘器运行中，不要随意打开人孔门、盖、捅料孔等，如果除尘器已有阴燃闷火现象，空气会从孔洞处进入除尘器，引起突燃和爆炸；煤磨停止运行，工人要进入除尘器内进行检查时，应注意不能往除尘器内鼓风冷却，应将除尘器进出口管道上的阀门紧闭，使其自然冷却。

露天的煤磨袋式除尘器，应有防雨措施，以免雨水进入保温层，降低保温效果而引起冷凝的不良后果。

往除尘器内喷射惰性气体灭火时，应将进出口管道上的阀门关闭，否则惰性气体很快会被空气稀释，起不到灭火的效果。

避开外界辐射热源，如距燃烧装置应有一定距离，或加设隔热罩；煤磨袋式除尘器停机前要有足够的空转时间，以彻底清除袋式除尘器和输送系统中的煤粉。

【实例 14-27】　某公司 6000t/d 工艺线煤磨除尘系统，采用脉冲袋式除尘器，系统工艺流程如图 14-40 所示；主要规格和参数列于表 14-45。

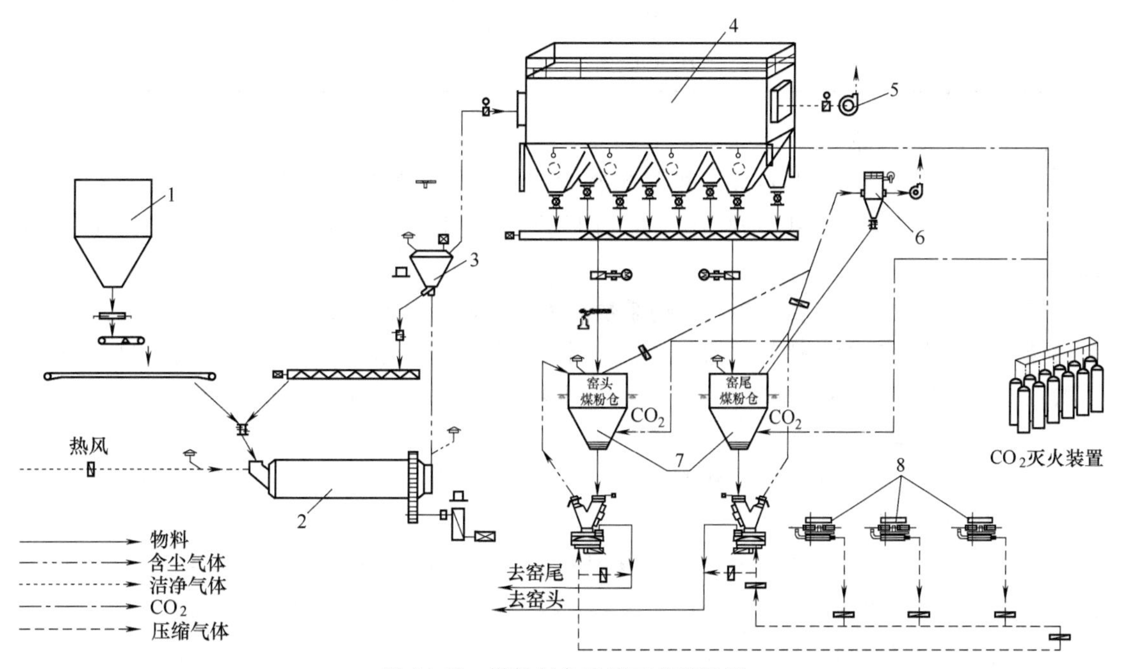

图 14-40　煤粉制备系统工艺流程图

1—原煤仓　2—球磨机　3—粗粉分离器　4—煤磨袋式除尘器　5—排风机　6—煤粉仓顶除尘器　7—煤粉仓　8—罗茨风机（或磁浮风机）

表 14-45 6000t/d 工艺线煤磨袋式除尘器规格和参数

名称		设计参数
处理风量/(m^3/h)		140000
滤袋	规格/mm	ϕ130×6000
	材质	防静电涤纶针刺毡覆膜
	使用寿命/年	5.0
过滤面积/m^2		3230
过滤风速/(m/min)		0.72
入口含尘浓度/(g/Nm^3)		<900
出口含尘浓度/(mg/Nm^3)	设计	<10
	实测	4.5
清灰方式		脉冲喷吹
设备阻力/Pa		<1000
单元数/室		10
防爆阀门	型号	EPY—128
	数量/只	10
CO_2 高压灭火	单瓶容量/升	80
	气瓶数量/只	40
	喷嘴数量/只	36
	CO_2 纯度(%)	99.5

四、烘干机烟气除尘

新型干法生产线的原料制备，虽然现在大多采用烘干兼粉磨，但是当原料所含水分>15%时，还需单独设置回转烘干机对物料进行烘干，回转烘干机允许入料水分为15%~30%。

烘干机气体的性质，由于空气过剩系数较大，所以烘干各种物料所产生气体的化学成分都很接近；气体温度随着燃料的消耗量、物料烘干量、物料水分和烘干机型式不同而变化，一般在60~150℃范围内，而气体中的水分随原料所含水分而变化。

1. 烘干机种类

水泥厂的原、燃料烘干有两种工艺：一种是烘干与研磨过程在同一设备中完成；另一种是设置单独的烘干设备。

烘干机有回转式烘干机和流态化（悬浮）烘干机两种。回转式烘干机按物料与烟气流动方向又分为顺流式和逆流式，被烘干物料有石灰石、土、铁粉、矿渣煤粉和粉煤灰。

2. 烘干机烟尘特性

烘干机烟气特性见表 14-46；烘干机气体参数见表 14-47；烘干石灰石、土、煤、矿渣时的烟气成分见表 14-48；热工参数见表 14-49。

表 14-46　烘干机烟气成分

物料	烘干机型式	烟气量 /(m^3/kg)	含尘浓度 /(g/ Nm^3)	粉尘的化学成分(质量分数)(%)						
				SiO_2	Al_2O_3	Fe_2O_3	CaO	MgO	SO_3	Na_2O+K_2O
石灰石	回转式	0.4	10~30	6.3	2.0	1.3	49.5	0.8	0.7	0.28
土	回转式	1.2	10~40	60.9	10.8	11.0	2.5	2.4	1.9	
煤	回转筒	1.4	6~15	挥发分 36.6%,固定碳 46.6%,灰分 5.0%						
矿渣	悬浮式	1.5	40~60	30.7	17.7	0.5	43.5	5.0	0	1.7
矿渣	回转式	2.1	10~40							

表 14-47　烘干机气体参数

设备名称		单位气体量 /(Nm^3/kg)	温度 /℃	露点 /℃	含尘浓度 /(g/Nm^3)	化学成分(体积%)	
						CO_2	O_2
回转式烘干机	粘土	1.3~3.5	60~80	50~60	50~150	1.1	18.7
	矿渣	1.2~4.2	70~100	55~60	45~75	1.3	18.5
	石灰石	0.4~1.2	70~105	50~55		1.0	18
	煤	1.46	65~85	45~55	10~30	1.3	18.3

注：1. 表中气体量包括正常的漏风系数和一定的储备系统；
　　2. 表中数据摘自《水泥生产工艺计算手册》。

表 14-48　烘干机烟气成分

烟气温度 /℃	烟气水分(%)	物料表面水分(%)	中位径 /μm	烟气成分(%)		
				CO_2	O_2	N_2
70	14.5	1.4	24	1.0	18.5	80.5
75	17.6	13.3	29	1.1	18.7	80.5
65	19.2	8.0	50	1.3	18.8	79.9
90	14.8	30	60	1.2	18.5	80.3
120	20.5	30	56	1.5	17.0	81.0

表 14-49　烘干机的热工指标

规格 /m	初水分(%)	干物料产量 /(t/h)		蒸发强度 /[kg 水/(m^3·h)]		蒸发水量 /(t/h)		烟气量 /(m^3/h)		排风机风量 /(m^3/h)	
		土	矿渣	土	矿渣	土	矿渣	土	矿渣	土	矿渣
φ1.5×12	10	6.0	7.4	28.5	35	0.6	0.74	5400	5940	8100	8900
	15	4.9	5.2	38	40	0.8	0.86	6370	6370	9700	9550
	20	3.8	4.0	43	45	0.9	0.95	7000	6800	10500	10200
	25	3.1	3.3	47	49	1.0	1.06	7540	7400	11300	11100
	30	—	2.7	—	52	—	1.12	—	7670	—	11500
φ2.2×12	10	13	16	28.5	35	1.3	1.6	11270	12740	16900	19100
	15	10.5	11	38	40	1.73	1.8	13600	13270	20400	19900
	20	8.3	8.7	43	45	1.96	2.07	14670	14670	22000	22000
	25	6.7	7.0	47	49	2.14	2.24	15740	15740	23600	23402
	30	—	5.7	—	52	—	2.36	—	—	—	40000

（续）

规格/m	初水分(%)	干物料产量/(t/h)		蒸发强度/[kg水/(m³·h)]		蒸发水量/(t/h)		烟气量/(m³/h)		排风机风量/(m³/h)	
		土	矿渣	土	矿渣	土	矿渣	土	矿渣	土	矿渣
ϕ2.4×18	10	15	24	19	30	1.59	2.44	14140	20940	21200	31400
	15	13	17	26	35	2.13	2.86	17200	22540	25800	3300
	20	11	12	32	37	2.58	3.0	19740	22670	29600	34000
	25	10	10	39	39	3.18	3.17	23340	23340	35000	35000
	30	—	8	—	40	—	3.23	—	23340	—	35000

烘干机烟气含尘浓度取决于物料品种、物理性质、进料粒度以及物料及物料在烘干过程中的易碎性、扬起程度、热气流流速以及流动方式（顺流或逆流）等，一般<60g/Nm^2，个别高达50~150g/Nm^3；废气温度随燃料消耗量、煤种、被烘干物料量及表面水、烟气量以及烘干机形式不同而异，一般为150~200℃；烟气含湿量高，可达20%~25%（体积），最高可达到50%（体积），露点≥60℃。

水泥行业烘干机烟气粉尘浓度、粒度依被烘干物料不同差异较大，烘干机内气体流速低，只有<60μm的尘粒才随烟气从烘干机内排出。

3. 烘干机袋除尘系统

用于烘干机的袋式除尘器宜选用耐湿性好、易清灰滤料，采取防腐和保温措施，加强温度自动监控。烘干机工艺流程如图14-41所示。

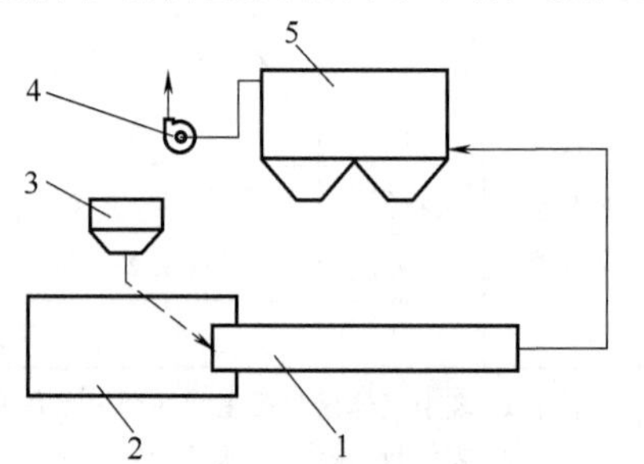

图14-41 烘干机工艺流程
1—烘干机 2—加热炉 3—原料仓 4—风机 5—袋式除尘器

【实例14-28】 某水泥厂一台烘干机，规格为ϕ2.4m×18m，烘干矿渣，产量为20t/h。烟气含水分为15%，含尘浓度为40g/Nm^3。采用脉冲袋式除尘器。主要规格和参数见表14-50。

表14-50 烘干机袋式除尘器主要规格和参数

项目	设计参数	项目	设计参数
处理风量/(m³/h)	40000	过滤风速/(m/min)	<0.7
运行温度/℃	60~280	设备阻力/Pa	1500
滤料	拒油防水处理玻纤滤袋	入口粉尘浓度/(mg/m³)	40
滤袋规格/mm	ϕ160×6000	出口粉尘浓度/(mg/Nm³)	<10
滤袋数量/条	315	滤袋使用寿命/年	4
过滤面积/m²	950		

五、窑尾袋式除尘

1. 新型干法水泥窑尾生产工艺

新型干法窑尾系统通常有5级或6级旋风预热器，干生料喂入第1级和第2级之间的管道，随气流被带到第1级旋风筒内被来自窑尾的热烟气加热，受热的生料被分离出来并被气流带到下一级旋风筒；生料被加热到700℃以上，进入分解炉内分解，最后进入回转窑内煅烧成熟料。

大多数5级余热器窑尾排出来的烟气（出1级旋风筒）温度约为300~350℃（6级预热器排烟温度260~280℃），经过余热发电降温至200~220℃。

新型干法水泥生产线一般将窑尾烟气用于原料烘干，所谓的窑尾废气处理系统实际上包括原料粉磨兼烘干设备的除尘系统。这一措施可一举两得，既烘干了物料，节约了能源，又对烟气进行了调质处理。但是由于原料粉磨设备的生产能力大于窑的生产能力，因而窑尾除尘器会经常工作在原料磨“停”和“开”两种工作状态，即所谓的“独立操作”和“联合操作”。一般情况下，在独立操作时，烟气温度会降到150℃以下，露点温度达到45℃以上；在联合操作时，磨机的出口烟气温度降到90℃左右，露点温度达到55℃以上，两种烟气混合后的烟气温度约130℃，露点温度约45℃。

预分解回转窑尾与生料磨工艺流程如图14-42所示。

2. 水泥窑尾烟气量的计算

窑尾废气量是确定窑尾废气处理系统中管道和袋式除尘器规格的重要技术参数。窑尾废气量有许多经验数据可利用，但是由于生产方法、窑型、原料、协同处置的物料、煤质等不同，产生的废气量和废气组分会有较大的出入，所以按实际条件计算出的废气量更切合实际。

窑尾废气量是由原料中蒸发的水分、结晶水和分解的CO_2、燃料燃烧产生烟气和系统漏入的空气所组成，其中燃料燃烧产生的烟气和漏风量占总量的70%~75%。所以，减少废气量的措施有：提高燃烧效率，降低燃烧过剩空气系数；改进密封结构，堵塞漏风的孔隙。一般新型干法窑的废气量可以按照1.2~1.4Nm^3/kg熟料估算。

3. 新型干法水泥窑尾烟尘特性

一台6000t/日（实际产量能够达到6800t/日）新型干法熟料生产线窑尾预热器出口烟气参数列于表14-51，窑尾气体成分参数列于表14-52，窑尾预热器C1出口烟尘主要成分列于表14-53，窑尾烟尘化学成分列于表14-54，窑尾烟尘粒度列于表14-55。

表14-51　预热器出口烟气参数

序号	项　目	烟气量	备注
1	标态烟气流量/(Nm^3/h)	470000	
2	工况烟气量/(m^3/h)	834866	温度330℃
3	C1出口静压/kPa	-6.048	
4	C1出口粉尘浓度/(g/Nm^3)	约87.6	
5	氧气(O_2)含量(%)	约3-4	
6	H_2O(%)	约2	
7	SO_2/(mg/Nm^3)	约2000	

表14-52　预热器C1出口气体成分参数表

取样地点	CO_2(%)	O_2(%)	CO (%)	NO(%)	N_2(%)
废气总管	31.99	3.63	0.09	0.01	64.28

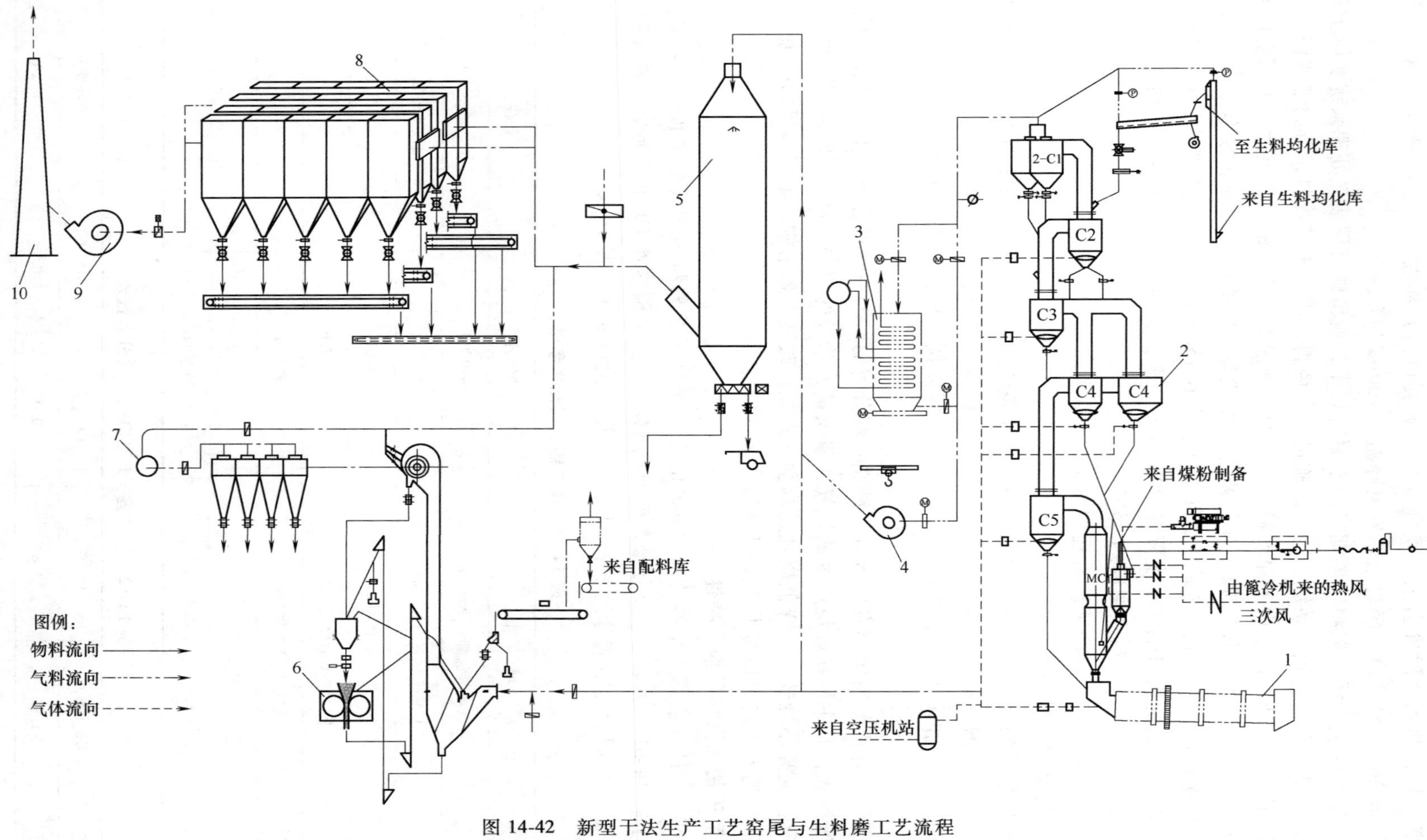

图 14-42　新型干法生产工艺窑尾与生料磨工艺流程

1—回转窑　2—预热器　3—余热发电　4—高温风机　5—增湿塔　6—生料磨（辊压机）　7—循环风机　8—袋式除尘器　9—风机　10—烟囱

表 14-53　预热器 C1 出口烟尘主要成分

成分	数据	成分	数据
$Al_2O_3+TiO_2$(%)	3~9	Na_2O(%)	约 0.2
$Fe_2O_3+Mn_2O_3$(%)	1~4	SO_3(%)	0.5~2
CaO(%)	39~47	F^-(%)	0.1~0.13
MgO(%)	0.5~2	Cl^-(%)	约 0.5
K_2O(%)	0.5~3	CO_2+H_2O(%)	29~38

表 14-54　窑尾烟尘化学成分

化学成分	SiO	Al_2O_3	Fe_2O_3	CaO	MgO	K_2O	Na_2O	烧失量
窑尾烟尘(%)	13.68	2.78	2.03	44.32	1.47	0.31	0.10	35.31
生料(%)	10.85	2.95	1.95	46.62	1.70	0.41	0.09	35.43

表 14-55　新型干法水泥窑尾烟尘粒度

粒径/μm	<15	15~20	20~30	30~40	40~88	>88
比例(%)	94	2	2	1	1	0

【实例 14-29】 带低温余热锅炉的 6000t/日水泥生产线窑尾脉冲袋式除尘器，同时处理生料磨排出的废气，滤料为聚酰亚胺超细面层针刺毡。袋式除尘器规格和参数列于表 14-56。

表 14-56　6000t/日水泥窑尾袋式除尘器规格和参数

名称	参数	名称	参数
处理烟气量/(m^3/h)	1050000	出口含尘浓度/(mg/Nm^3)	3.2
气体温度/℃	正常:<120;最高:260	清灰方式	在线/离线脉冲喷吹
滤袋材质	超细面层聚酰亚胺	净气室材质(花板、墙板)	316L
滤袋规格/mm	φ160×8000	换袋形式	室内换袋(高净气室)
滤袋数量/条	5780	设备阻力/Pa	<1000
过滤面积/m^2	23235	滤袋使用寿命(设计值)/年	3+2
过滤风速/(m/min)	0.75	仓室数/室	20
入口含尘浓度/(g/Nm^3)	≤150	控制系统	DCS

六、水泥窑头篦冷机余风除尘

1. 篦冷机废气特性

熟料冷却机有单筒、多筒和篦式三种型式；新型干法水泥工艺线都采用篦冷机，它是水泥熟料烧成系统中的重要主机设备之一，其主要功能是对水泥熟料进行冷却、输送，同时为回转窑及分解炉等提供热空气，也是烧成系统热回收的主要设备。篦式冷却机运行时，由于冷却机的不断运动及熟料颗粒间相互碰撞而产生粉尘，同时，因鼓风机鼓入冷风和回转窑出来的熟料带入热风而使冷却机内形成正压，其中的熟料粉尘一部分随二次风返回窑内，另一部分熟料粉尘从冷却机进入袋式除尘器，因此该除尘器也称为“篦冷机余风除尘器”。

篦冷机的烟气温度和含尘浓度随冷却机类型不同和烟气排放口的位置不同而差别很大；烟气温度一般为 200~250℃，最高可达 450℃以上（塌料或处理窑内结圈时）；含尘浓度为

3~20g/Nm^3，操作不正常时，可达30g/Nm^3；烟气成分、湿度与大气相同；熟料粉尘粒度为<10μm的占15%，<45μm的占50%左右。冷却风量为2.5~4.5Nm^3/kg（熟料），随篦冷机内熟料粒度的组成、料层厚度沿篦床宽度分布情况而不同。新型干法生产线篦冷机一般按0.7~1.0Nm^3/kg（熟料）的冷却风量入窑计算，其余废气称余风排入大气，篦冷机余风用袋式除尘器设计烟气量按1.0Nm^3/kg（熟料）计算。

2. **篦冷机余风袋式除尘系统**

大部分新型干法水泥烧成系统都配备低温余热发电机组，采用袋式除尘器的篦冷机的余风都能正常使用；而未采用低温余热锅炉的篦冷机余风处理则需要设置热交换器或喷水降温系统，其流程如图14-43所示。

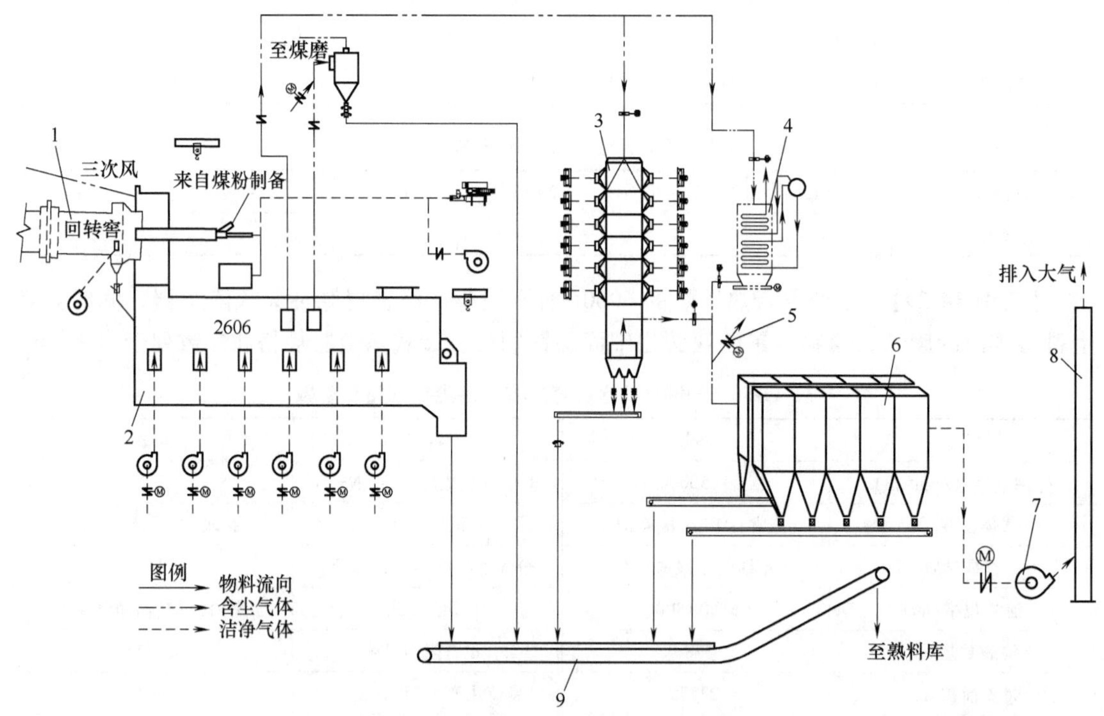

图14-43 窑头篦冷机余风除尘系统

1—回转窑 2—篦冷机 3—冷却器 4—余热发电 5—冷风阀 6—袋式除尘器 7—风机 8—烟囱 9—斜拉链机

3. **篦冷机余风用袋式除尘器需注意的问题**

1）当回转窑处于异常状态下运行时，烟气温度瞬间便可升至450℃左右，烟气流量将增加50%，烟尘浓度可达50g/Nm^3；由于燃烧操作不当引起窑内结圈，生料大量堆积，挡住料流。一旦结圈塌落，这些生料在几分钟内便涌入篦冷机，这时就要求袋式除尘器能够承受过量负荷。

2）熟料粉的颗粒粗且比较硬，磨蚀性强，袋式除尘器进风口及与含尘气体接触部分都要采取防磨蚀措施。

【实例14-30】 6000t/日新型干法生产线，窑头篦冷机采用脉冲袋式除尘器，除尘器主要规格和参数列于表14-57；未设余热锅炉系统配备的多管冷却器主要技术参数列于表14-58。

表 14-57　6000t/日新型干法窑窑头袋式除尘器主要规格和技术参数

名称	参数	名称	参数
处理烟气量/(m^3/h)	680000	入口含尘浓度/(g/Nm^3)	≤100
气体温度/℃	正常:<120;最高:260	出口含尘浓度/(mg/Nm^3)	2.2
滤袋材质	超细面层芳纶针刺毡	清灰方式	在线/离线脉冲喷吹
滤袋规格/mm	φ160×8000	设备阻力/Pa	<800
滤袋数量/条	3744	滤袋使用寿命(设计值)/年	3+2
过滤面积/m^2	13215	仓室数/室	8
过滤风速/(m/min)	0.75	控制系统	DCS

表 14-58　6000t/日新型干法窑窑头多管冷却器主要规格和参数

名称	参数	名称	参数
处理烟气量/(m^3/h)	800000	钢管规格/mm	φ89×3×12000
进口气体温度/℃	正常:250;最高:460	设备阻力/Pa	正常:<400;异常:<800
出口/℃	正常:150;最高:200	耐磨管材质	合金钢
冷却空气温度/℃	25	冷却风机/台	15
换热面积/m^2	8000	风量/(m^3/h)	64800
钢管材质	16Mn	风压/Pa	320
钢管数量/根	2385	功率/kW	11

七、产品制备及包装用袋式除尘

1. 水泥粉磨工艺及袋式除尘

(1) 水泥粉磨工艺

1) 开路管磨系统：该系统具有工艺流程简单、操作方便、占地面积小、投资省等优点，水泥早期的生产中被广泛采用，且至今在一些小的粉磨站和<φ3m 磨机中仍有一定市场；随着国家行业政策的调整，直径小于 φ3m 磨机因其能耗高、产能低已逐渐被淘汰而结束其发展历史。现存的开路磨大多也改造成辊压机+开路管磨系统。

在直径大于 φ3m 以上开路系统磨机中，为了提高产能、降低消耗，是根据磨机型号的不同，而加设不同规格的辊压机系统进行物料的预粉磨。不同型号磨机配置的辊压机系统，辊压机+开路管磨系统的最常见配置是：φ4.2m×13m 的水泥磨配置 φ1.4m 辊压机；φ3.2m×13m 的水泥磨配置 φ1.2m 辊压机。

2) 闭路管磨系统：建设时间相对较早的企业，还有相当一部分没有采用辊压机的闭路管磨系统，而采用高效选粉机系统，这种配置的系统电耗基本在 36kWh/t 水泥左右；随着磨机直径的加大，虽然产量有一定的提高，但电耗并不会有显著的降低。

3) 辊压机+闭路管磨系统：辊压机+闭路管磨系统的配置方式是辊压机配置打散机加闭路管磨系统。

4) CKP 立磨预粉磨系统（立磨+管磨系统）：CKP 立磨为简易立磨，机械卸料，没有上部壳体的笼式选粉机，结构简单。

5) 立磨终粉磨系统：国际上新建的水泥生产线粉磨系统对立磨终粉磨系统的选用率已

达70%。随着我国水泥立磨制造与应用的成功，近年来水泥立磨终粉磨的选用率也已显著上升。水泥立磨终粉磨技术具有工艺系统流程简单、单位产品电耗低等诸多优点。

面对以上多种水泥生产工艺，袋式除尘器的技术参数一定要根据不同生产工艺的具体特性和要求谨慎确定。

（2）水泥粉磨系统袋式除尘　随着辊压机和立磨水泥粉磨技术的进步和高效选粉机的使用，现在的水泥磨排出的粉尘浓度都会超过1000g/m^{3}以上，大部分水泥粉磨用的袋式除尘器已不仅仅是除尘设备，而是水泥粉料回收设备，袋式除尘设备和系统的设计必须能够实现一级除尘，直接处理高浓度含尘废气并达标排放。

新型的干法水泥生产线，有的还采用O-sepa或类似的高效选粉机具有以下特点：尾气含尘浓度高，可达900~1500g/Nm^3；粉尘细，比表面积一般为280~650m^2/kg；风量大，因为它完全依靠气流进行气固分离。这种工艺系统流程短，采用一级风机，全部粉料产品都由一级袋式除尘器回收，基本都采用高浓度脉冲袋式除尘器。

带高效选粉机的磨机工艺流程如图14-44所示。

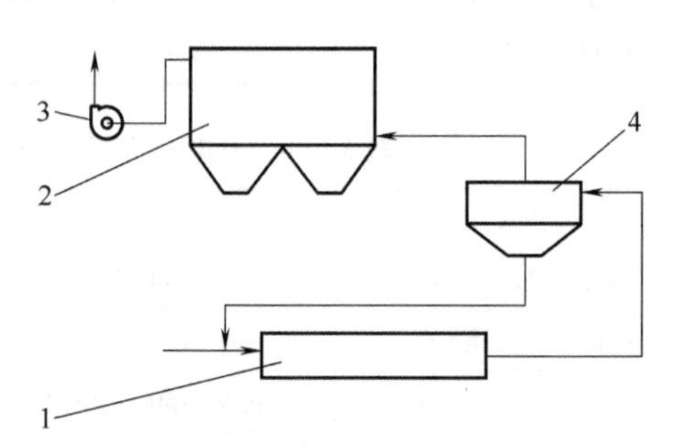

图14-44　带高效选粉机的磨机系统

1—球磨机　2—袋式除尘器　3—风机　4—选粉机

【实例14-31】　联合挤压粉磨工艺用袋式除尘器。某企业二条5000t/日熟料生产线，水泥磨车间主机为两台ϕ1.7×1.1m辊压机（通过量650t/h），二台ϕ4.2×13m球磨机（生产能力175t/h），加两台O—SepaN—3500（产量168~210t/h），采用高浓度脉冲袋式除尘器。主要规格和技术参数见表14-59。

表14-59　5000t/日生产线水泥磨袋式除尘器主要规格和参数

名称	参数	名称	参数
处理风量/(m^3/h)	230000	清灰方式	脉冲喷吹
滤袋材质	超细面层涤纶针刺毡	喷吹压力/Pa	<0.5
滤袋规格/mm	ϕ133×3050	设备阻力/Pa	1700
滤袋数量/条	3072	滤袋使用寿命/月	36
过滤面积/m^2	3825	袋室数	24
过滤风速/(m/min)	<1.0	设备重量/t	67.4
入口粉尘浓度/(mg/m^3)	1300	外形尺寸/mm	14640×8440×6000
出口粉尘浓度/(mg/Nm^3)	30		

2. **矿渣微粉粉磨站除尘**

（1）矿渣微粉粉磨站生产工艺和污染源　一般矿渣微粉粉磨站采用大型立磨；往往采用一级袋式除尘器的短流程，其特点为：处理风量大，一般为30~60万m^3/h；含尘浓度高，约为900g/Nm^3；粉尘细；含水分高，矿渣含水约5%；系统负压大，可达14000Pa。

（2）矿渣微粉粉磨站用袋式除尘器　矿渣微粉粉磨站配套的袋式除尘器不仅是环保设备，也是生产设备。设计时应特别注意清灰装置的效果和可靠性，并注意延长滤袋使用寿命；若设计不当，导致设备阻力过高（≥2000Pa），或滤袋寿命过短，将影响系统中微粉产量，增加电耗，排放超标，并增加运行成本。

【实例 14-32】 某公司两条年产 90 万吨矿渣微粉生产线，立式磨为引进设备，设计台时产量 140t/h，采用脉冲袋式除尘器主要规格和参数列于表 14-60。

表 14-60　矿渣微粉粉磨站袋式除尘器主要规格和参数

名称	参数	名称	参数
处理风量/(m^3/h)	600000	出口粉尘浓度/(mg/Nm^3)	8.6
运行温度/℃	85～130	清灰方式	脉冲喷吹
滤袋材质	超细面层涤纶针刺毡	喷吹压力/Pa	<0.23
滤袋规格/mm	ϕ133×3050	设备阻力/Pa	≤800
滤袋数量/条	8192	滤袋使用寿命/月	36
过滤面积/m^2	10232	设备质量/t	180
过滤风速/(m/min)	0.98	外形尺寸/mm	17380×13300×9183
入口粉尘浓度/(mg/m^3)	500		

3. 物料储运和包装除尘

设计要点　生料库和水泥库，应在库顶设排风口，可采用单机袋式除尘器或小型脉冲袋式除尘器，机身直接坐在库顶上，收集的粉尘回到库内。

散装库底的散装卸料器，应采用带抽风口的散装卸料装置，并配套专用袋式除尘器。

水泥包装机、带式输送机转运处或卸料口、库底卸料器等分散扬尘点，需设置吸尘罩，罩口风速≥1m/s，以保证分散扬尘点处的岗位粉尘浓度≤1mg/m^3。

【实例 14-33】 某厂 5000t/日生产线的石灰石破碎及输送系统，采用脉冲袋式除尘器。主要规格和技术参数见表 14-61。

表 14-61　石灰石破碎及输送系统脉冲袋式除尘器主要规格和参数

名称	参数	名称	参数
除尘器类型	气箱喷吹脉冲袋式除尘器	出口粉尘浓度/(mg/Nm^3)	小于 10
处理风量/(m^3/h)	8370	清灰方式	脉冲喷吹
滤袋材质	超细面层涤纶针刺毡	喷吹压力/Pa	<0.5
滤袋规格/mm	ϕ133×2450	压气耗量/(m^3/min)	1.0
滤袋数量/条	128	设备阻力/Pa	1000
过滤面积/m^2	124	滤袋使用寿命/月	48
过滤风速/(m/min)	1.0	设备质量/t	4
入口粉尘浓度/(g/Nm^3)	200	外形尺寸/mm	2700×2100×4000

【实例 14-34】 某厂 5000t/日生产线辅助原料预均化堆场及输送系统采用脉冲袋式除尘器，其主要规格和参数见表 14-62。

表 14-62　原料预均化及输送系统脉冲袋式除尘器主要规格和参数

名称	参数	名称	参数
处理风量/(m^3/h)	3500	清灰方式	脉冲喷吹
滤袋材质	超细面层涤纶针刺毡	喷吹压力/Pa	<0.5
滤袋规格/mm	ϕ120×1500	压气耗气/(m^3/min)	0.3
滤袋数量/条	54	设备阻力/Pa	1000
过滤面积/m^2	33	滤袋使用寿命/月	36
过滤风速/(m/min)	<1.0	设备重量/t	1
入口粉尘浓度/(g/Nm^3)	200	外形尺寸/mm	1000×1500×3800
出口粉尘浓度/(mg/Nm^3)	小于 10		

第四节　袋式除尘器在有色金属行业的应用

2020年全球有色金属年总产量为1.2亿t左右，当年我国十种有色金属年产量达到6168.0万t，同比增长5.5%，产量已超过国外其他国家的产量总和，其中，原铝产量3708万t，同比增长4.9%，精炼铜产量1002.5万t，同比增长7.4%。我国已掌握了铝、铜、铅、锌等金属选矿、采矿、冶炼的世界最先进技术，降低了生产成本，助推了我国有色金属产量的快速增长。

一、铝冶炼生产烟尘治理

铝冶炼工业烟尘治理主要在氧化铝厂、电解铝厂。前者重点是粉尘治理，后者重点是含氟烟气治理。

1. 氧化铝生产烟尘治理

(1) 生产工艺及污染源　氧化铝生产是以铝土矿为主要原料。从铝土矿中提取氧化铝有拜尔法、烧结法、联合法等多种工艺。国内外氧化铝生产工艺主要采用拜耳法，其原理是利用氧化铝能在高温高压下溶于苛性钠（NaOH）溶液，而Fe、Si、Ti等杂质不溶的原理来提取纯氧化铝。一般生产1t氧化铝需要2~2.6t铝土矿。拜耳法生产氧化铝工艺流程如图14-45所示。

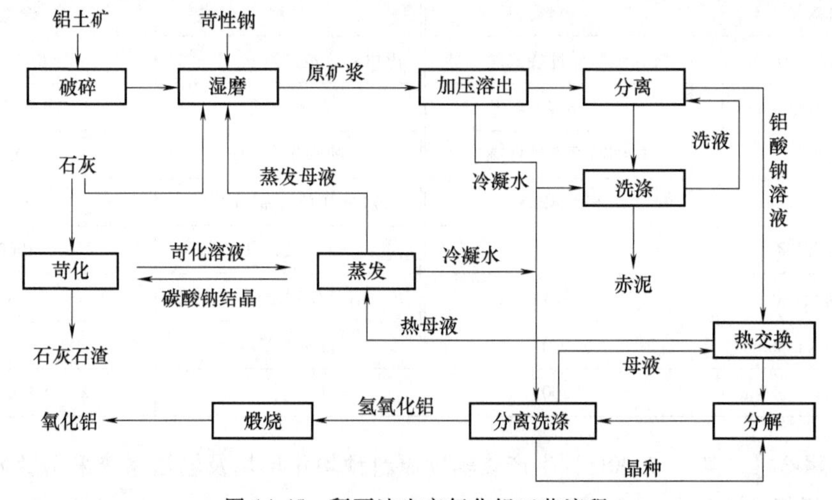

图 14-45　拜耳法生产氧化铝工艺流程

氧化铝生产工艺中产生含尘污染源有以下特点：

1）氧化铝厂在原料堆放、均化、破碎、筛分，熟料烧成与破碎，氢氧化铝焙烧，氧化铝储运等节点产生扬尘，节点多而且分散，是氧化铝厂大气污染物的主要来源。

2）氧化铝生产工艺繁琐，含尘气体中粉尘种类、特性和产尘量因原料来源的不同和生产工序的不同而异，烟尘治理系统设计也应采取有针对性的治理措施。

（2）原料卸车、运输及破碎

1）工艺流程：氧化铝厂生产原料有铝土矿、纯碱和烧碱以及生石灰等，卸车时一般采用翻车机或螺旋卸车机、链斗卸车机，由于卸料点无法实现较好的密闭且往往位置不固定，干燥的铝土矿等原料在卸车时会产生大量的粉尘，影响车间及厂房周边环境。在铝土矿原料等的输送、破碎过程中，也会产生一定的扬尘。

2）粉尘特征：

① 烟尘温度：常温<40℃；

② 含尘浓度：5~15g/m^3；

③ 主要成分：铝土矿、生石灰等；

④ 粉尘特性：粒径小、粘接性强。

3）除尘系统要点：氧化铝厂原料卸车、运输及破碎工序各产尘点除尘装置要求及技术要点如下：

① 国产铝土矿含水率一般较高，以往原料卸车、铝土矿及破碎工序一般不设置除尘系统。近年来，国内氧化铝企业使用进口矿的比例逐年增加，铝土矿含水率在5%以下而产生较大扬尘，应设置适合生产设备和作业特点的尘源控制装置。

② 铝土矿含水率变化较大，约4%~10%。含水率高时，铝土矿粉尘容易聚集粘接；生石灰粉尘吸湿性强，吸收空气中的水、CO_2 后会变质、粘接。所以除尘系统应有必要措施应对，如除尘器前管道尽量倾斜设置；尽量采用法兰连接同时设置必要的清理口；除尘器应选择防油防水滤料；除尘器灰斗倾斜角取65°~70°，并设加热装置；除尘器清灰系统相比工艺设备延迟停机；除尘器卸灰管尽量竖直设置等。

【实例14-35】 某200万t/年氧化铝项目，外购石灰采用自卸车散装方式进厂，卸料站设置4个卸料小室。每个卸料小室、下部给料机、带式输送机落料点设置一套袋式除尘系统，系统主要设计参数及设备选型见表14-63。

表14-63　集装箱卸料点除尘系统主要设计参数及设备选型

项目	设计参数及设备选型
处理烟气量/(m^3/h)	2×45000(只考虑两个卸料站同时卸料,4个卸料站间切换)
温度/℃	<50
除尘器入口粉尘浓度/(g/m^3)	5
除尘器选型	脉冲袋式除尘器
滤料	防油防水丙纶针刺毡,550g/m^2
滤袋规格/mm	ϕ130×6000
滤袋数量/条	480
过滤面积/m^2	1175

（续）

项目	设计参数及设备选型
过滤风速/(m/min)	1.27
烟尘排放浓度/(mg/Nm^3)	≤10
设备阻力/Pa	1400
风机风量/(m^3/h)	106000
风机全压/Pa	4500
电机功率/kW	160

说明：石灰卸料小室收尘，除尘系统抽吸进入大量环境空气，粉尘浓度较低，可以选择较高的过滤风速运行。

（3）氢氧化铝焙烧

1）生产工艺和污染源：氧化铝厂前工序产出的氢氧化铝，通过焙烧炉生产出冶金级氧化铝，国内外普遍采用流态化焙烧炉。其工艺过程是：氢氧化铝进入流态化焙烧炉，在950~1200℃温度下，被主焙烧炉排出的烟气干燥、预热后进入主焙烧炉，预焙烧后的氧化铝和燃料在炉底充分混合焙烧，焙烧好的氧化铝在热分离器中被分离出来。焙烧炉出口的高温烟气通过干燥、预焙烧氢氧化铝，预热燃气，温度降至150~180℃后进入除尘系统。通过预热、预焙烧这种热交换方式，降低了流态焙烧炉的排烟温度，实现了流态焙烧炉的节能运行。焙烧炉烟气中含有大量的氢氧化铝颗粒物、SO_2、氮氧化物等污染物，需要除尘、净化处理。

2）气态焙烧炉烟尘特性：

① 烟气温度（袋式除尘器入口）：150~180℃，焙烧炉启动初期为500℃左右；

② 颗粒物浓度：≤150g/Nm^3，（主要成分：氢氧化铝）；

③ 烟气含水量：30%~45%（体积比）。

3）设计要点和新技术：

① 袋式除尘器钢结构、滤料的设计、选型要适应处理高温烟气的要求，用于气态焙烧炉烟气除尘的袋式除尘器一般选用金属滤料制作的滤袋；

② 为避免设备、管道腐蚀，要根据烟气参数校核酸露点，并对设备进行良好保温，控制烟气温度高于酸露点15~20℃以上；

③ 流态化焙烧炉中物料在高速运动的烟气中处于悬浮状态，实现焙烧炉这种状态的动力来自除尘、净化系统引风机，引风机的全压要克服除尘、净化系统以及整个气态焙烧炉阻力，一般须达到11000Pa以上。所以除尘器的壳体设计耐压一般在-12000Pa以上，以满足系统所有时段负压运行的要求；

④ 流态化焙烧炉烟气中颗粒物浓度较高，一般在100g/m^{3}以上，为提高除尘效率，采用电除尘+袋式除尘器的方案。袋式除尘器前端静电通过气体电离、粉尘荷电、粉尘驱进、沉积收集等4个过程捕集烟气中的颗粒物，在降低袋式除尘器粉尘负荷的同时，使粉尘荷电。带电尘粒异性相吸，小颗粒凝聚大颗粒；同性相斥，排列有序，粉尘层结构疏松。使滤袋清灰周期延长，过滤阻力降低，运行能耗降低。适用流态焙烧炉高含尘浓度的烟气除尘净化。

【实例 14-36】 某 200 万 t/年氧化铝项目，设置两台 3500t/d 产能的气态焙烧炉，以天然气为燃料。每台炉的烟气量为 291700Nm³/h，主要污染物为氢氧化铝粉尘颗粒物、SO_2、氮氧化物等。在烟气脱硫系统前，每台炉设置一套袋式除尘系统，主要设计参数及设备选型见表 14-64。

表 14-64 2 台氢氧化铝气态焙烧炉袋式除尘系统设计参数

项目	设计参数及设备选型	项目	设计参数及设备选型
处理烟气量/(Nm³/h)	2×290000	滤袋使用寿命/年	≥8
温度/℃	150~180,启停炉时烟温高达 350℃	设备阻力/Pa	1000
除尘器选型	脉冲袋式除尘器,2 台	过滤风速/(m/min)	约 0.85
滤料	金属滤料,耐温 500℃	清灰方式	低压脉冲喷吹
滤袋规格/mm	φ130×7500	电磁脉冲阀规格	3.5″
滤袋袋间距/mm	240	喷吹压力/MPa	0.4~0.6
滤袋数量/(条/台)	3000	入口烟尘浓度/(g/m³)	60~100
过滤面积/(m²/台)	9184	烟尘排放浓度/(mg/Nm³)	≤10

【实例 14-37】 1750t/d 氧化铝焙烧炉采用高温超净电袋复合除尘器

某氧化铝焙烧炉原采用三电场六除尘仓静电除尘器。除尘系统的设计排放指标为含尘量≤100mg/m³，由于焙烧炉的除尘系统运行年限较长，焙烧炉的除尘系统运行状况较差，其烟尘排放浓度远远超过国家标准和设计文件的排放限值。根据《铝工业污染排放标准》(GB 25465—2010)，决定采用高温超净电袋复合除尘技术进行改造，袋区选用耐高温的合金滤袋。

① 烟气条件：氧化铝焙烧炉运行温度高，正常运行时烟气温度在 150~250℃之间，启停炉时烟温高达 350℃。烟气中粉尘含量高，进入除尘器的烟尘浓度最高达 100g/m³，是典型的高温、高浓度烟气工况。

② 粉尘特性：氧化铝焙烧炉烟气中粉尘主要成分是 $Al(OH)_3$ 和 Al_2O_3，两者相加含量超过 95%，回收价值高。氧化铝粉尘的平均粒径为 20.18μm，其中 10μm 以下粉尘占比超过 20%；粉尘比电阻在 1011Ω · cm 以上。

③ 高温超净电袋复合除尘器：本项目改造采用“一电两袋”方案，在原除尘器空间内改造，保留利旧支架、壳体、灰斗、进口喇叭等。第一电场更新作为电区，第二、三电场拆除并布置滤袋，作为袋区。电区阴极采用顶部电磁振打，阳极采用侧部振打，袋区采用耐高温超长寿命合金滤袋。主要设计参数及设备选型见表 14-65。

表 14-65 1750t/d 氢氧化铝焙烧炉电袋除尘器设计参数及设备选型

项目	设计参数及设备选型	项目	设计参数及设备选型
处理烟气量/(Nm³/h)	280000	流通面积/m²	105
最大处理烟气量/(Nm³/h)	320000	电场数/个	1
烟气温度/℃	150~250,启停炉时烟温高达 350℃	同级间距/mm	400
烟尘浓度/(g/m³)	≤100	电收尘效率(%)	>90
除尘器选型	高温超净电袋复合除尘器	袋室数/个	2

（续）

项目	设计参数及设备选型	项目	设计参数及设备选型
滤袋材质	合金滤料	烟尘排放浓度/($mg/N\ m^3$)	设计值<5,保证值<10
清灰方式	在线行脉冲喷吹	设备阻力/Pa	≤ 800
喷吹压力/MPa	0.4~0.5	滤袋使用寿命/年	≥8
压缩空气耗量/(m^3/min)	<6	本体漏风率(%)	<3

④ 运行效果：本项目改造于2018年9月7日正式投运，设备运行一直稳定可靠。第三方测试结果表明，焙烧炉高温超净电袋复合除尘器出口颗粒物排放浓度2.06mg/m^3，优于《铝工业污染物排放标准》（GB 25465—2010）修改单表1大气污染物特别排放限值要求（10mg/m^3），如图14-46所示。

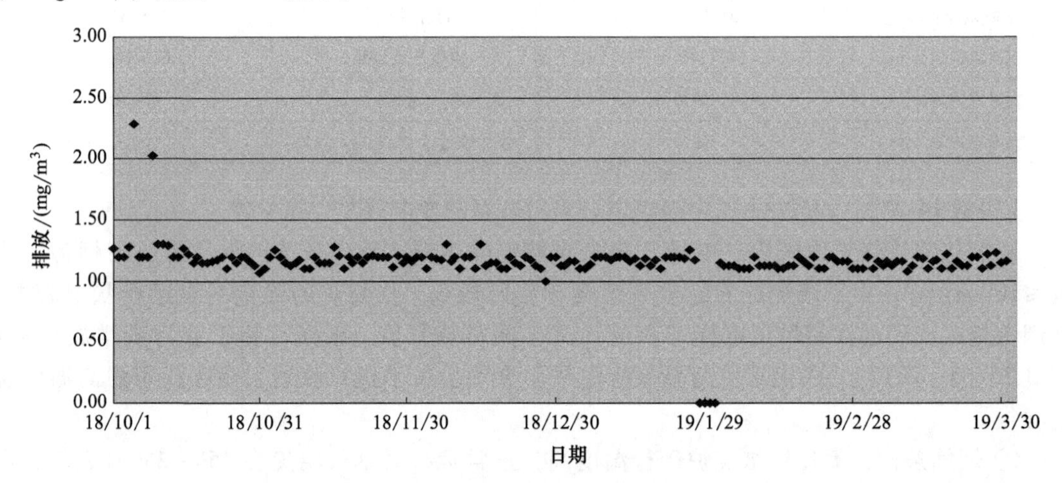

图14-46 高温超净电袋复合除尘器烟尘排放浓度连续监测值

烟尘排放CEMS连续监测结果表明：高温超净电袋复合除尘器出口的粉尘排放值长期保持稳定超低排放，即使最不利工况（入炉氢氧化铝粒度小于45μm达到20.3%）下，除尘器进出口的阻力稳定在500Pa以下，如图14-47所示。电改电袋后减少了两个电场变压器和振打电机用电负荷，风机负荷基本不变，除尘设备总体节能率达到60%以上。

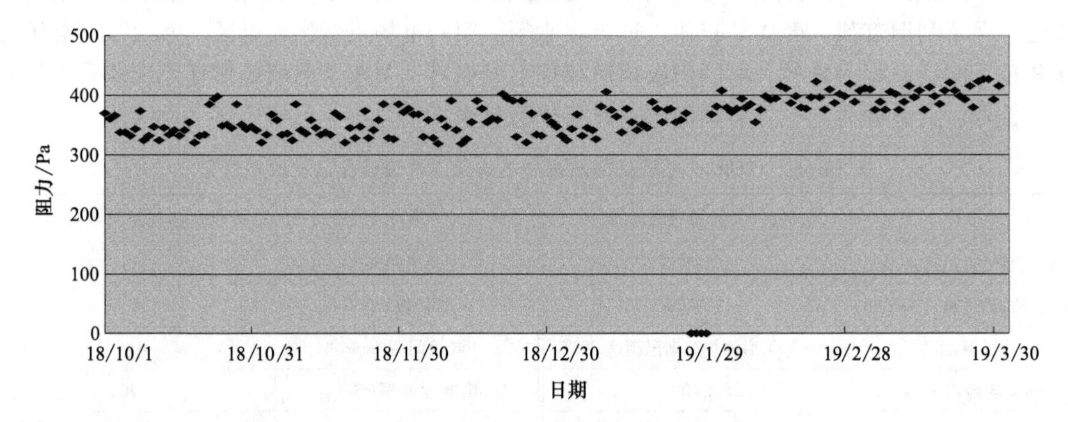

图14-47 高温超净电袋复合除尘器设备阻力连续监测值

⑤ 推广应用：以高温超净电袋复合除尘器取代静电收尘器实现氧化铝焙烧炉烟气超低排放的项目，已在氧化铝行业推广应用 80 多台套。监控实测数据统计表明：粉尘排放浓度低于 5mg/Nm^3，除尘器设备阻力小于 600Pa，系统节能大于 50%，滤袋寿命已超过 4 年预期可达 8 年，具有高效低阻、节能降炭等良好的效益。

2. 电解铝生产烟尘治理

（1）生产工艺及污染源　电解铝生产普遍采用 200kA 及其以上大容量预焙电解槽，近期 500kA 大型预焙电解槽成为主要槽型。生产过程中，将主要原料氧化铝置于温度为 940~960℃的熔融电解质（冰晶石）内进行电解，得到纯度较高的金属铝，同时散发气态、固态的氟化物和 SO_2 等有害气体和粉尘。国内外电解铝生产均采用“氧化铝干法吸附工艺”去除烟气中的氟化物和粉尘，工艺流程如图 14-48 所示。根据电解铝企业所在地的排放标准要求及条件，决定是否设置烟气脱硫装置。

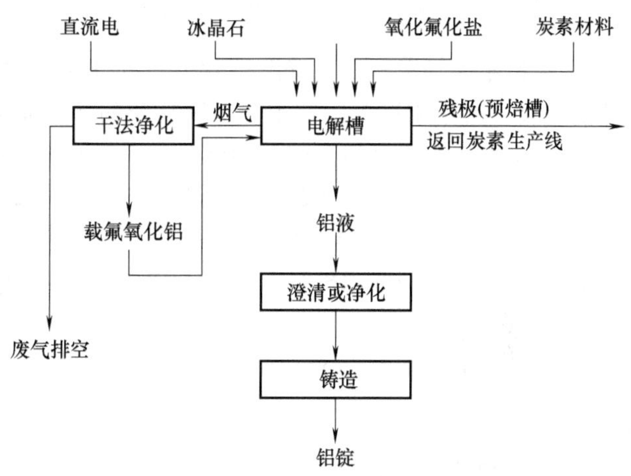

图 14-48　电解铝生产工艺及烟尘治理流程

随着电解铝技术发展，电解铝企业产能逐步增大，单个电解系列产能可达到 50 万 t/年以上，铝电解厂的原料制备工序中，氧化铝和氟化盐在存储、转运过程中会散发大量的粉尘。该粉尘成分单一且具有回收价值，须设置袋式除尘系统收集后返回工艺流程。铝电解生产污染物有以下特点：

1）电解槽散发的烟气中污染物种类多，其中氟化物对人体健康和动、植物危害较大，必须进行治理；

2）原料工序、铝电解槽散发的烟气中的粉尘（氧化铝及固态氟化物）、HF 成分是电解槽生产需要的原料，应尽量回收后返回工艺流程。

（2）原料输送　电解铝厂原料主要是粉状的氧化铝和氟化盐。粉状的原料进厂后经卸料、输送、提升等工序暂存于原料储仓中。粉状原料的输送可分为机械式输送、气力式输送两大类，如图 14-49 所示。

原料输送工序采用袋式除尘器最为普遍。为减少除尘系统的处理风量，应采用密闭措施，将散尘控制在尘源位置。电解铝原料输送工序除尘系统各产尘点设置要求及技术特点如下：

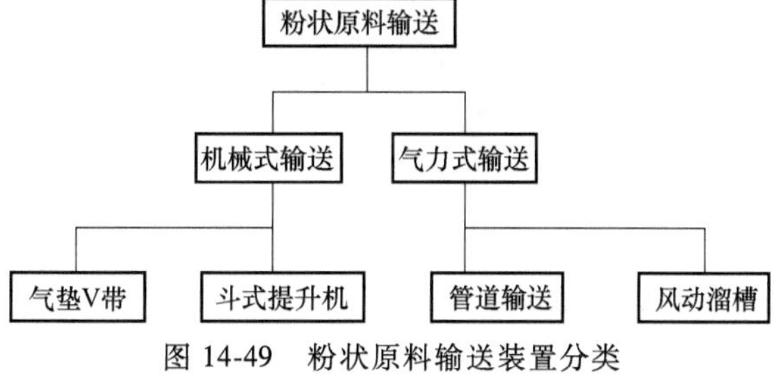

图 14-49　粉状原料输送装置分类

1）粉状物料卸料：粉状原料一般采用吨包袋包装或集装箱、罐车散装进厂的方式。卸料作业密闭收尘罩的形式随进厂和卸料方式的不同而不同。图 14-50 所示为吨包袋卸料平台采用槽边排风的方式。

2）除尘系统设计要点：

图 14-50 氧化铝卸料平台和散装氧化铝集装箱卸车收尘罩形式

① 原料输送工序除尘系统温度较低，氧化铝的磨损性强，除尘器进风口设置应避免气流冲刷滤袋，宜选用进风段有重力沉降功能的除尘器类型；

② 除尘器灰斗应采用耐磨材料制作，采用风动溜槽输灰，双层重锤翻板阀卸灰；

③ 氧化铝卸料平台和散装氧化铝集装箱卸车点风量大、粉尘浓度低，袋式除尘器过滤风速取 1.2～1.4m/min，原料输送工序除尘器的过滤风速宜≤1.0m/min；

④ 由于氧化铝的磨损性强，原料工序除尘器不宜选择覆膜等不耐磨的滤料。

3）粉尘特性：

① 粉尘温度：常温<50℃；

② 含尘浓度：5～15g/m^3；

③ 主要成分：Al_2O_3；

④ 粒径分布：≤20μm 占 5%，20～150μm，占 90%，≥150μm，占 5%；

⑤ 粉尘特性：磨损性强，流动性好。

【实例 14-38】 某 50 万吨电解铝项目，氧化铝卸料站采用散装氧化铝进厂，卸料站设置 8 台集装箱平板车翻车机。每 4 台集装箱卸料点设置一套袋式除尘系统，系统主要设计参数及设备选型见表 14-66。

表 14-66 集装箱卸料点除尘系统主要设计参数及设备选型

项目	设计参数及设备选型
处理烟气量/m^3/h	2×45000(同时两个卸料点工作,切换)
温度/℃	<50
除尘器选型	脉冲袋式除尘器
滤袋滤料和规格	涤纶针刺毡,550g/m^2,ϕ130×6000mm
滤袋数量/条	480
过滤面积/m^2	1175
烟尘排放浓度/(mg/Nm^3)	≤10
设备阻力/Pa	1400
风机风量/(m^3/h)	106000
风机全压/Pa	4500
电机功率/kW	160

（3）铝电解烟气干法吸附净化　铝电解槽的烟气经槽盖板密闭集气，由排烟管网汇集至电解烟气净化系统中。预焙电解槽烟气均采用“氧化铝干法吸附净化”技术，该技术用氧化铝吸附烟气中的氟化物等污染物。氧化铝在除尘器前的反应器中与烟气混合，同时完成吸附反应过程，反应后的载氟氧化铝和烟气一同进入袋式除尘器，在袋式除尘器中载氟氧化铝被收集，为了增加吸附反应效果，一部分载氟氧化铝被重新投入反应器进行反应，其余的载氟氧化铝返回工艺流程供电解生产使用。典型的氧化铝干法净化工艺流程如图 14-51 所示。

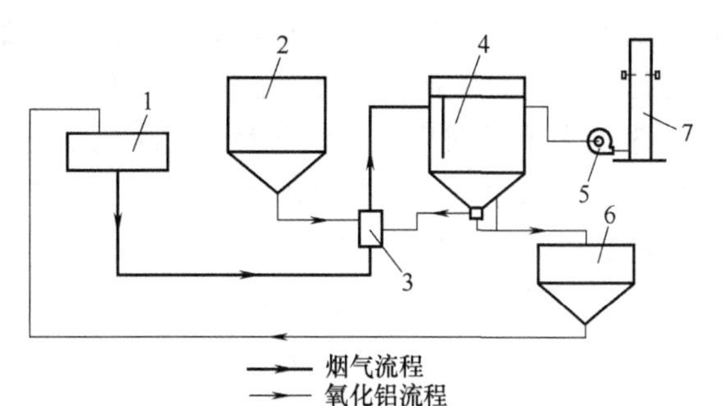

图 14-51　氧化铝干法吸附系统工艺流程
1—电解槽　2—新鲜氧化铝仓　3—反应器　4—袋式除尘器　5—引风机　6—载氟氧化铝仓　7—烟囱

在系统中，袋式除尘器兼具有除尘和净化氟化物的双重功能。在以往的工艺的基础上，国内研发出了诸如将反应器和除尘器集成设置的“多点反应”技术，最大程度地降低袋式除尘器的成本；“双通道净化工艺”通过新鲜氧化铝和载氟氧化铝分阶段加入系统，以充分利用氧化铝的吸附性能从而达到更高的吸附净化效率。这些新技术在近年投产的电解铝项目中投用，在降低投资、提高净化效率上取得明显效果。

1）烟尘特性：

① 烟气温度（袋式除尘器入口）：140℃；

② 氟化物浓度：500～600mg/Nm^3，其中尘氟与气氟（HF）各占 50%；

③ 电解烟气氧化铝粉尘浓度：15～50g/Nm^3（含氧化铝吸附颗粒物）。

2）净化系统设计要点：

① 烟气负荷均匀分配：铝电解烟气氧化铝干法净化系统和常规除尘系统的最大区别是对其氟化物净化的要求，烟气净化是通过向烟气中投入吸附剂氧化铝而实现。袋式除尘器每个单元新鲜氧化铝是均匀分配并连续投入的，所以应采取技术措施保证各除尘器单元间烟气负荷的均匀分配。通常采用如下措施：一是采用格板式风管分别进入各除尘器单元，使各单元间气流互不干扰；二是在各除尘器单元进口或出口设置用于调节的烟道阀门；三是保持氧化铝投料一致的情况下，通过清灰控制将各单元阻力控制在一个水平上。

② 气流分布：为了提高干法净化系统对 HF 的净化效果，袋式除尘器前端设置反应器保证烟气和氧化铝的充分混合是前提之一。通过袋式除尘器良好的气流分布保证各除尘器滤袋间粉尘分布的均匀一致，从而保证烟气和粉尘的充分接触。袋式除尘器的气流分布通过采用优化除尘器结构形式并在进风口、灰斗等位置合理设置导流板等措施实现。

③ 双通道技术：由于电解烟气中的氧化铝粉尘的强磨损性，氧化铝干法净化系统袋式除尘器都设置有“n”形通道，在增加吸附反应时间的同时利用惯性作用分离烟气中大部分氧化铝粉尘，避免粉尘冲刷滤袋。“双通道除尘器”单元有主、副进口烟道。载氟氧化铝通过主烟道投入烟气中对烟气进行预吸附后，被上部的惯性分离装置分离出烟气落入灰斗；粒径较大、活性强的新鲜氧化铝从滤袋下部的副烟道投入烟气，实现对烟气的二次净化。使用双通道除尘器结构，滤袋表面容易附着、形成活性较高的新鲜氧化铝粉饼层，能获得更高的净化效率。

④ 除尘器阻力控制：铝电解烟气净化袋式除尘器多采用脉冲清灰方式。滤袋表面上的氧化铝粉尘层是吸附氟化氢的最后一道屏障。袋式除尘器不需要过分的清灰，采用在线清灰比较合理，常见采用定时或定时+差压控制的清灰方式，以保证合理的设备阻力。由于铝电解烟气氧化铝干法净化的特殊要求，应保证在烟气负荷均匀分配、氧化铝加料量稳定、均衡的前提下各单元压差的平衡，才实现了真正的“平衡”，从而保证理想的净化效果。

⑤ 滤料和滤袋形式：铝电解烟气净化主要采用500~650g/m^2 聚酯针刺毡。随着国家对PM2.5微细粉尘排放控制提出了要求，国内研发出适用耐温、耐腐蚀、耐磨损的纤维材料制造的新型织物构造的滤料，滤料表层结构具有贴附粉尘初层的功能，实现“以尘滤尘”，具有高效低阻的技术特性，同时适用于过滤捕集微细粉尘。

随着单个电解系列产能的提高，单套电解烟气净化系统烟气量提高到200万m^3/h以上，为减少净化系统除尘器占地面积，许多工程上采用了褶皱滤袋。采用褶皱滤袋，相比传统除尘器过滤面积可增加150%~200%。褶皱滤袋采用较低过滤风速，除尘器阻力有明显降低，可降低净化系统引风机能耗。不过要注意褶皱滤袋内部的粉尘板结，尤其在气候潮湿地区。

工程上曾实验采用覆膜滤料代替聚酯针刺毡。初期显示出低颗粒物排放浓度的优点，但经历短时间运行后，覆膜滤料与聚酯针刺毡的颗粒物排放浓度逐渐接近，在约2个月后，覆膜滤料的颗粒物排放浓度逐渐增大，实践证明覆膜滤料不适应铝电解烟气净化系统。

⑥ 输灰和卸灰：铝电解烟气净化系统卸灰多采用风动溜槽及密封箱，取代了输灰螺旋及星形卸灰阀。

⑦ 防磨损：氧化铝粉尘磨损性较强，袋式除尘器等设备和管道要采取必要的防磨措施，特别是除尘器进风管应设计必要的磨损余量；管道等流速较高位置，应避免截面急剧变化；弯头部位应设置双层夹套结构的耐磨层；进风管道上的阀门，不宜采用蝶阀，应采用工作状态阀板能完全不和烟气接触的插板阀。

⑧ 漏袋检测和定位：采用成熟的漏袋检测和定位系统能够在某条漏袋检测和定位系统开始发生轻微泄漏时就能侦测并定位，在避免进一步的严重影响前及时处理问题；结合除尘器喷吹控制信息，漏袋检测和定位系统能够通过监测颗粒物峰值浓度，监测滤袋工作状态、预测滤袋寿命；通过精确定位破损袋位置，及时处置，避免整个箱体污染后大批量更换造成的浪费，降低定位、更换的劳动强度。

【实例14-39】 某电解铝厂1个电解铝系列，年产50万吨电解铝，在两栋长1350m、宽35m的厂房中设置有500kA电解槽368台，设置有4套电解烟气氧化铝干法净化系统，除尘、净化工艺流程如图14-51所示。系统参数见表14-67。

表14-67 电解烟气氧化铝干法净化系统参数

项 目	设计参数及设备选型
单槽排烟量/(Nm^3/h)	10500
净化系统数量/套	4
单套系统处理烟气量/(Nm^3/h)	980000
烟气温度/℃	80~140
除尘器选型	脉冲袋式除尘器

（续）

项　　目		设计参数及设备选型
滤袋滤料		涤纶针刺毡，550g/m^2
滤袋规格/mm		ϕ130×6000
滤袋数量/条		9984
过滤面积/m^2		24453
过滤风速/(m/min)		1.10
烟尘排放浓度/(mg/Nm^3)		≤5(作为最终排口时控制指标)
氟化物排放浓度/(mg/Nm^3)		≤1.0
设备阻力/Pa		1500
风机	选型	离心式，4台并联
	风量/(×10^{4}m^3/h)	4×40.86
	全压/Pa	3950
	电机功率/kW	4×630

（4）电解铝烟气半干法脱硫　电解铝烟气中的 SO_2 主要来自电解槽生产原料预焙阳极，在电解槽内的高温环境下，阳极炭块中的硫分氧化成 SO_2 进入电解烟气。从国内大量预焙阳极生产企业的情况看，硫含量低于2%的石油焦较难采购，硫含量为2%～3%甚至5%的石油焦普遍用于预焙阳极生产。根据计算，电解烟气中的二氧化硫浓度在200～350mg/Nm^3 之间，高于现行国家标准的污染物排放限值。

与电力、钢铁行业不同，铝电解行业电解槽烟气量大、SO_2 浓度低、含湿量低、烟气温度较低。要根据这些特点和工程实际，选择满足技术要求、性价比高的技术方案。另外，应结合工程所在地脱硫剂供应和脱硫副产品处理条件选择运行成本低、对环境压力较小的处理方式。现阶段普遍采用的铝电解槽烟气脱硫的方法有石灰石—石膏湿法脱硫工艺和半干法脱硫工艺等，下面重点介绍半干法脱硫工艺。其流程如图14-52所示。

脱硫系统设计要点：

① 降低脱硫系统阻力：电解铝企业对增加脱硫系统投资和运行成本较为敏感，因此，设计要尽可能控制投资和运行费用，根据电解烟气大烟气量、低含硫量的特点，要区别于传统脱硫系统的设计概念，优化设计脱硫系统方案是控制投资关键，降低系统阻力是运行成本的方向。

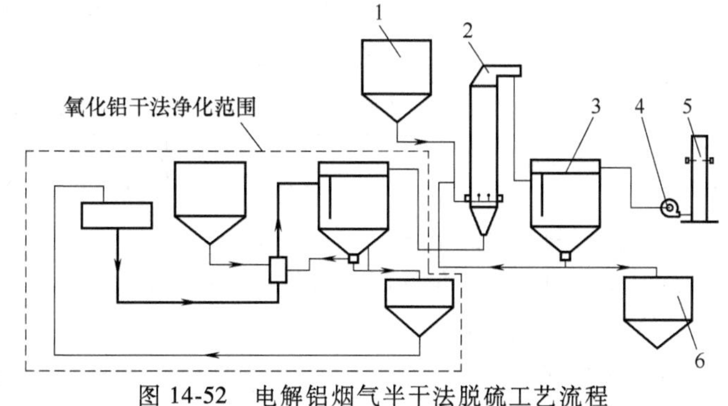

图14-52　电解铝烟气半干法脱硫工艺流程
1—脱硫剂仓　2—脱硫塔　3—袋式除尘器
4—引风机　5—烟囱　6—脱硫灰仓

② 脱硫塔喷雾：为保证脱硫反应的条件，在脱硫塔内设置喷水（雾）装置。选用的喷雾方式须保证喷水的充分雾化，以增加液滴比表面积，能在更多脱硫剂表面形成液膜，提高脱硫效率；同时喷入的水能迅速蒸发，保证后段袋式除尘器的

安全。

③ 系统温度控制：考虑到铝电解烟气干法吸附净化中氟化物需要回收，脱硫系统需布置在干法吸附净化系统后。而低烟气温度有利于提高氟化物净化回收效率，净化系统袋式除尘器均不设置保温，因此干法吸附净化系统出口的烟气温度一般低于100℃。

半干法脱硫系统需要向烟气中喷水（雾）以保证脱硫剂和SO_2的反应条件。为避免后段袋式除尘器内结露，须采取措施保证脱硫系统出口的烟气温度高于露点温度，如脱硫系统所有接触烟气的设备均应良好保温；喷水量和系统出口烟气温度应联锁控制等。

④ 脱硫剂选择：电解槽烟气SO_2浓度较低，电解烟气半干法脱硫的脱硫剂可以根据脱硫剂供给情况进行选择。可以选择活性较强的CaO、$Ca(OH)_2$粉末，也可以选用廉价的电石渣［主要成分为$Ca(OH)_2$］作为脱硫剂。

脱硫系统的脱硫剂、脱硫灰输送采用的是热空气。可以利用原烟气换热加热的方式制取，也可以直接使用净化过滤后的原烟气。采用以上方式，可以节省采用传统蒸汽、电加热方式的能源消耗。

⑤ 滤料：铝电解烟气半干法脱硫系统持续运行温度为70~120℃，袋式除尘器主要采用聚酯针刺毡作为滤料，单重为500~650g/m^2，表面浸渍、涂层处理，增加滤料防水、防酸碱性能。

【实例14-40】 某电解铝厂年产50万吨电解铝，在两栋长1350m、宽35m的厂房中设有500kA电解槽368台，设置四套电解烟气氧化铝干法净化系统，在每套氧化铝干法净化系统后设置一套半干法脱硫系统，主要设计参数及设备选型见表14-68。

表14-68　铝电解烟气半干法脱硫系统参数

项目	设计参数及设备选型	项目	设计参数及设备选型
单套系统处理烟气量/(Nm^3/h)	1050000	单套系统滤袋数量/条	11520
净化系统数量/套	4	过滤面积/m^2	30566
烟气温度/℃	70~120	过滤风速/(m/min)	约0.8
脱硫塔	直径7.5m　高度45m	烟尘排放浓度/(mg/Nm^3)	≤5
除尘器	脉冲袋式除尘器	SO_2排放浓度/(mg/Nm^3)	≤35
滤料材质	涤纶针刺毡,550g/m^2	设备阻力/Pa	1500
滤袋规格/mm	ϕ130×6500		

二、炭素制品烟尘治理

铝用炭素制品主要包括阳极炭块和阴极炭块。

1. 生产工艺及污染源

（1）阳极炭块生产　电解铝用预焙阳极生产采用煅烧石油焦、沥青和返回料（电解铝厂返回的电解残极、焙烧碎料、生碎料）为原料，经过破碎、筛分、配料、混捏和成型等，生产出生阳极，再经过焙烧得到预焙阳极产品。生产过程中的污染物主要是原料运输、破碎、筛分、配料中产生的粉尘，以及混捏和成型中产生的含沥青的烟气和生阳极焙烧产生的含沥青烟气。污染控制的重点为沥青烟治理。

（2）阴极炭块生产　电解铝用阴极炭块生产，采用无烟煤、残极（阴极）炭块和沥青为原料，经过预碎、煅烧、破碎、筛分、配料、粘结剂的预处理、混捏、成型、焙烧及清理加工等工序。生产过程中，污染物主要是各种原料运输、破碎、筛分、配料中产生的粉尘，以及混捏和成型中产生的含沥青的烟气和阴极焙烧产生的含沥青、焦油烟。污染控制的重点为沥青烟治理。

2. 混捏成型沥青烟治理

（1）生产工艺和污染源　铝电解用阳极、阴极以及炭素制品生产工艺的配料环节会使用液体沥青作为粘结剂，将炭素物料加热、混捏、压型，制备成不同规格的生制品，在此过程中会散发大量的沥青烟气，且烟气中混有高浓度的炭粉、水蒸气，易导致净化系统的排烟管道及净化设备堵塞，直至净化系统丧失功能。

国内外普遍采用炭粉吸附净化技术净化炭素生制品制造过程中产生的沥青烟气，但是传统炭粉吸附净化技术存在以下几个问题：

1）净化系统排烟支管长且容易堵管，清理工作量大、难度高；

2）加料反应器前支管位置的污染物无法吸附净化，烟气中含有大量的水、焦油和炭粉混合而成的液态污染物只能外排，造成二次污染；

3）净化系统运行一段时间后集气效率及净化效率衰减快，无组织排放严重；

4）净化系统吸附剂炭粉的使用量不可控，沥青烟气与净化炭粉“气—固”两相分布不均；

5）净化系统选用的袋式除尘器的结构和滤料不合理；

6）净化系统的自动化程度低。

（2）混捏成型烟尘特性

1）烟气温度（袋式除尘器入口）：20~70℃；

2）沥青烟浓度：≤500~1500mg/Nm^3；

3）粉尘浓度：≤30g/m^3（包括投入的炭粉吸附剂）；

4）烟气含水量：≤50g/m^3（采用喷水冷却糊料工艺时）。

（3）设计要点和新技术

1）由于烟气中含有浓度较高的沥青烟和水蒸汽，为了避免除尘器“糊袋”，滤袋应采用防油防水处理的亚克力纤维滤料制作；

2）当工艺采用喷水直接冷却糊料工艺时，会产生大量水蒸汽进入净化系统。防范措施是在系统中设置热风加热器，将环境空气加热后混入系统烟气中，保证系统中所有位置的烟气温度高于露点温度10℃以上。加热装置可根据条件采用电加热、蒸汽加热、导热油加热等方式。加热系统应充分考虑消防安全措施；

3）沥青烟气全流程净化工艺：通过从沥青烟气产生的源头位置的排烟支管加入净化用炭粉，净化炭粉是利用专用设备（炭粉预混高效混合器）将净化炭粉“预混—喷射”加入沥青烟气产生源头的排烟支管，以延长炭粉吸附净化的反应时间和提高“气—固”两相分布，从而提高系统吸附净化效率，实现了净化系统全流程“干态”运行和全流程沥青烟气高效吸附净化，净化系统不再产生液态焦油、凝结水造成的二次污染，能实现排烟管道长期运行不堵塞，有效地控制工艺生产沥青烟的无组织排放。

采用“全流程净化工艺”的沥青烟净化系统工艺流程如图14-53所示。

【实例14-41】　某年产30万吨铝用预焙阳极企业混捏、成型车间，共设置两条混捏、

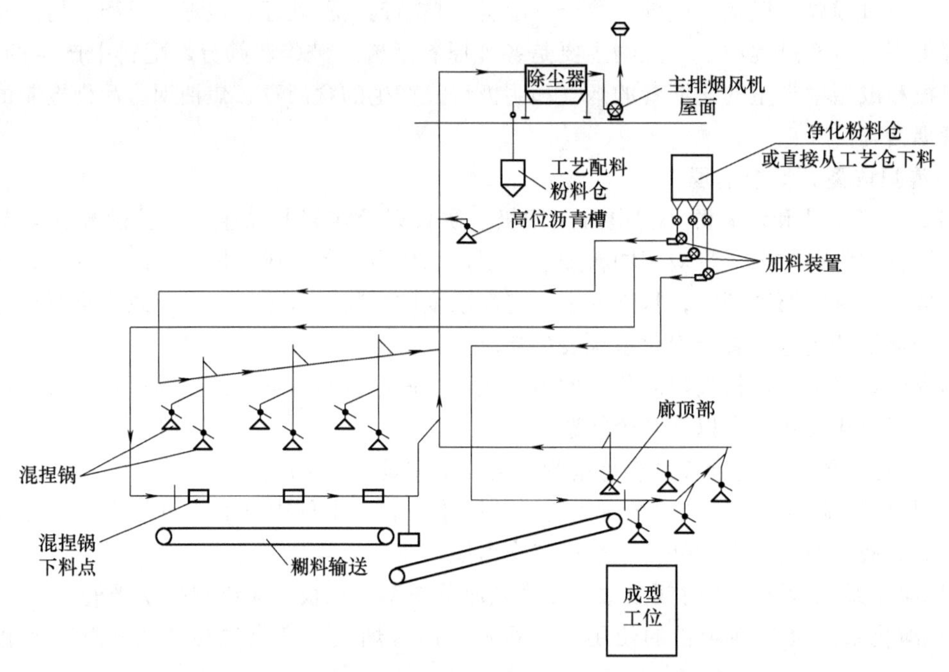

图 14-53 混捏成型“全流程净化工艺”烟气净化系统

成型生产线于一栋厂房中，并相应设置两套沥青烟气净化系统。每套净化系统参数见表 14-69。

表 14-69 混捏、成型工序烟气净化系统参数

项目		参数
处理烟气量	标况/(Nm³/h)	33500
	工况/(m³/h)	40000
烟气温度/℃		50~60,Max80
入口浓度	粉尘/(g/Nm³)	30~60
	焦油/(mg/Nm³)	300
炭粉堆积密度/(t/m³)		0.8
炭粉粒度/mm		<74μm,占 65%
袋式除尘器	型式	脉冲袋式除尘器
	过滤速度/(m/min)	0.95
	滤袋尺寸/mm	φ130×3500
	过滤面积/m²	700
	滤袋材质	亚克力防油防水针刺毡,500g/m²
	设备阻力/Pa	1500~1800
	耗气量/(Nm³/min)	3(喷吹清灰用)
	风机装机功率/kW	327
排放浓度	粉尘/(mg/Nm³)	≤10,实际 5.45~7.2
	焦油/(mg/Nm³)	≤5,实际 3.43~4.77

3. 焙烧炉烟气净化系统

（1）生产工艺和污染源　预焙阳极、阴极焙烧炉生产过程中，由于燃料燃烧，炭块被加热，会产生含有沥青烟、SO_2、颗粒物等的有害烟气。由于预焙阳极一般将电解生产过程中的残极破碎后重新加入到阳极生产系统，因此，在阳极焙烧烟气中还含有一定量的氟化物。

（2）烟尘特征

1）烟气温度：70~150℃；

2）氟化物浓度：约 $50mg/Nm^3$，最大：$72mg/Nm^3$；

3）焦油量：$50 \sim 300mg/Nm^3$；

4）SO_2：$300 \sim 700mg/Nm^3$（燃料、原料不同）。

（3）设计要点和新技术

1）如上所述，阳极焙烧、阴极焙烧的烟气中含有多种有害物，所以阳极焙烧炉烟气治理是一个综合治理的过程。

2）前述的用于净化电解槽烟气的“氧化铝干法吸附净化”技术也被广泛用于焙烧炉烟气净化。吸附剂氧化铝能够高效吸附烟气中的沥青烟、氟化物等有害物，完成吸附的氧化铝又能再返回电解生产，所以氧化铝干法吸附净化技术用于焙烧炉净化同样具有便捷、高效等优势。此技术用于焙烧烟气净化的工艺流程、技术要求等和铝电解烟气净化类似。

3）采用“氧化铝干法吸附净化”净化焙烧炉烟气，必须避免氧化铝供应间断；并避免氧化铝固定返回电解生产流程中某个位置。否则会造成氧化铝品质波动，影响电解槽稳定生产。解决办法是设置缓冲料仓，将氧化铝连续掺混入氧化铝输送带式机中，可以基本消除焙烧净化后氧化铝含炭量增加的影响。

4）由于焙烧炉烟气温度较高，为了使沥青烟凝结成为液滴状，便于净化处理，应使烟气降温，将烟气温度控制在有利于净化系统运行的100℃以下。国内企业通常采用全喷雾冷却塔调质方式。

5）采用全喷雾冷却塔调质方式。焙烧炉的烟气通过烟管从顶部进入全蒸发喷雾冷却塔，冷却水通过冷却塔上方的喷枪喷出形成雾滴并与高温烟气接触，吸收烟气中的热量后被全部汽化，同时高温烟气由于热量被释放温度降低至90~100℃（±2℃）。采用此方式必须实现全蒸发喷雾，否则会造成冷却塔湿塔，除尘器、烟道等位置结露，会造成设备严重腐蚀。所以在喷雾系统设计过程中，必须准确选取烟气温度，不要考虑过多余量造成喷雾系统能力过大，以致无法实现全蒸发喷雾；有企业将湿法脱硫功能合并进入喷雾冷却塔中，并且放置在电捕焦油器、袋式除尘器前，造成烟气温度过低、带水，严重影响系统运行，此方法并不可取。

6）为降低进入袋式净化过滤器烟气中的焦油含量，防止氧化铝吸附高浓度的焦油后粘结滤袋，同时降低吸附反应后的氧化铝对电解工段电解槽运行工况的影响，可以在袋式净化过滤器前设置电捕焦油器，对烟气中的焦油进行一级净化。为实现电捕焦油器在检修或故障时系统仍能正常工作，电捕焦油器选用双室双电场。当一个电场出现故障时，这种配置确保可短时间关闭一个电场。同时在电捕焦油器进出口设置切换阀门和相应的旁通管道。此种情况下，可通过增加新鲜氧化铝的加料量来保证氧化铝的焦油含量不超过要求的范围。

7）炭素企业生产中使用的炭粉具有良好的吸附特性，但是由于焙烧炉烟气量较大，一般不采用工艺生产炭粉吸附净化焙烧炉烟气。炭素生产产生的收尘粉等废炭粉也具有良好的吸附能力，用于含沥青烟气的净化具有很好的效果；对于没有氧化铝来源的厂，可以采用废炭粉吸附的方案。炭粉吸附净化方案和氧化铝干法吸附方案类似。净化系统使用后的废炭粉，可以混入废焦油后混捏、压制成小球用作焙烧炉填充料，实现废物利用。

8）由于焙烧炉生产工艺特点，焙烧炉移炉操作后烟气温度会大幅降低（最低甚至只有50~60℃），随后逐渐上升，所以焙烧炉烟气最低温度较低，且呈规律波动状态。由于焙烧炉烟气的上述特性，焙烧烟气脱硫多采用对烟气温度适应性较好的湿法脱硫方案。

【实例 14-42】 某预焙阳极厂，年产预焙阳极 40 万吨，建有 2 台 40 室敞开式焙烧炉，每台炉 4 个火焰系统，产生的烟气中含有沥青烟、氟化物、SO_2 及粉尘，须净化合格后排放。

对应两台焙烧炉共设置两套焙烧烟气净化系统，净化系统采用全蒸发喷雾冷却+电捕焦油器+氧化铝干法吸附联合净化方案。烟气净化系统主要参数见表 14-70。

表 14-70　预焙阳极焙烧烟气净化系统主要参数

处理烟气量	标况/(Nm^3/h)	2×180000
烟气温度	℃	70~150
入口焦油浓度	mg/Nm^3	300
入口粉尘浓度	mg/Nm^3	250
入口氟化物	mg/Nm^3	70
袋式除尘器	型式	n-PLN-5 低压脉冲袋式除尘器
	过滤面积/m^2	2×6700
	过滤速度/(m/min)	0.82
	滤袋尺寸/mm	φ130×2600
	滤袋材质	亚克力针刺毡防油防水处理
	设备阻力/Pa	1500~1800
	漏风率	<1%
电捕焦油器	电场形式	卧式双室双电场
	电场面积/m^2	130
	电场风速/(m/s)	0.75
	额定阻力/Pa	300
蒸发喷雾冷却塔	直径/mm	7500
	有效高度/m	20
	阀架系统/套	喷水量 0~6t/h
	冷却方式	全蒸发冷却
排放浓度	粉尘/(mg/Nm^3)	<10
	焦油/(mg/Nm^3)	<10
	氟化物/(mg/Nm^3)	<1.5

三、铜冶炼除尘

1. 生产工艺及污染源

（1）铜冶炼以火法冶炼工艺为主　现代火法炼铜工艺是将浮选铜精矿熔炼为铜锍（俗称冰铜），铜锍经吹炼产出粗铜，粗铜经火法精炼后浇铸成阳极板，再经电解精炼后获得品位在99.95%及以上的阴极铜。

造锍熔炼的传统方法有鼓风炉熔炼、反射炉熔炼和电炉熔炼，现已被闪速熔炼和熔池熔炼两类富氧强化熔炼所代替。其中，熔池熔炼有富氧侧吹熔炼、富氧底吹熔炼、ISA法熔炼和三菱法熔炼等工艺方法。

铜锍吹炼是将含Cu、Fe、S约90%以上的铜锍经吹炼作业获得含铜98%~99.5%的粗铜。铜锍吹炼除传统的PS转炉吹炼工艺外，最新吹炼工艺同样有闪速吹炼工艺和富氧熔池熔炼吹炼工艺，其中富氧熔池熔炼吹炼工艺有三菱法、ISA法，以及我国具有自主知识产权的富氧顶吹工艺和富氧底吹工艺等。

粗铜的火法精炼是在阳极炉内进行，吹炼炉产出的液态粗铜，采用回转式阳极炉精炼。阳极炉精炼经氧化、还原等作业，进一步脱除粗铜中的Fe、Pb、Zn、As、Sb、Bi等杂质，得到含铜99%~99.7%的阳极铜，浇铸成阳极板。

对冷态粗铜或回收的紫杂铜（再生铜）等，一般利用固定式反射炉或倾动炉进行熔化和精炼作业。

阳极铜经电解精炼后，得到电解铜（阴极铜）产品，现代铜电解工艺以不锈钢永久阴极电解工艺为主。

火法炼铜熔炼、吹炼和阳极炉精炼生产工艺过程中均产生高温、含尘、含SO_2的烟气。其中，熔炼和吹炼烟气含SO_2浓度高，阳极炉精炼烟气SO_2浓度含量较低。当阳极炉采用天然气为燃料时，烟气中同时含NO_x，因此火法炼铜生产工艺的主要大气污染源为熔炼炉、吹炼炉和阳极炉，主要污染因子为烟尘、SO_2和NO_x等。

（2）除尘系统设计要点及除尘新技术　阳极炉精炼过程为周期性作业，一个作业周期分为加料升温、氧化精炼、还原精炼和放铜浇铸等工艺过程，不同的工艺阶段，烟气量、烟气温度、烟气成分等参数均有一定变化，烟气系统的设计既要适应工艺过程的变化，同时也要充分考虑系统节能，例如，除尘系统引风机采用变频调速等等。

由于吹炼烟气含铅、锌、铋等金属氧化物，烟气含水低，粉尘比电阻高，传统吹炼烟气采用电除尘工艺，除尘效果不理想，有企业采用熔炼烟气和吹炼烟气在电除器之前混合后进入电除尘器，取得了较好的除尘效果。也有科研院所和企业进行高温金属过滤器净化吹炼烟气的研究与试验工作。

（3）除尘系统　现代火法铜冶炼工艺中，熔炼与吹炼过程均采用富氧冶炼技术。铜冶炼熔炼炉、吹炼炉烟气温度高，而且含SO_2浓度高，多采用电除尘器净化工艺（详情从略）。

阳极炉呈周期性作业，SO_2浓度相对较低，比电阻高，宜采用袋式除尘工艺。

2. 阳极炉铜精炼烟气除尘

回转式阳极炉铜精炼烟气除尘工艺流程如图14-54所示。

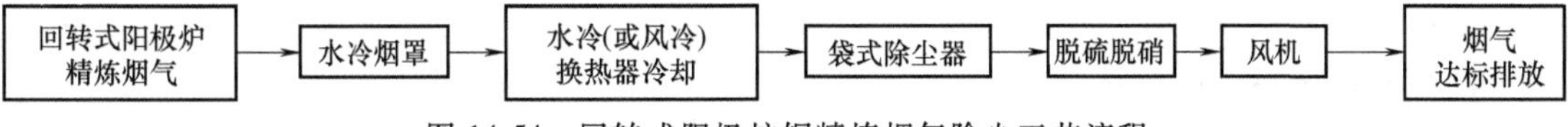

图14-54　回转式阳极炉铜精炼烟气除尘工艺流程

【实例14-43】 铜阳极炉烟气除尘

某铜冶炼企业采用富氧侧吹熔炼—富氧顶吹吹炼—回转式阳极炉火法精炼—不锈钢永久阴极电解精炼生产工艺。年产阴极铜30万t，设1台富氧侧吹熔炼炉，1台富氧顶吹吹炼炉和2台回转式阳极炉。

阳极炉精炼为周期性作业，24h为1个作业周期，每个作业周期包括进料升温、氧化、还原和浇铸4个阶段，其中加料升温及预氧化期约13.5h，氧化扒渣期约1.5h，还原期约2.5h，浇铸期约6.5h。每台阳极炉设1套烟气除尘系统，单台阳极炉精炼烟气参数见表14-71。

表14-71 某厂回转式铜阳极炉精炼烟气参数

作业周期	烟气量/(Nm^3/h)	烟气含尘浓度/(g/Nm^3)	烟气温度/℃	烟气主要成分(体积%)				
				CO_2	SO_2	O_2	H_2O	N_2
进料升温期	19299	≤0.50	380	3.05	0.024	17.44	8.31	余量
氧化期	19627		550	6.40	0.24	18.75	14.01	余量
还原期	26492		570	16.94	—	10.23	3.14	余量
浇铸期	9736		350	4.31	—	17.64	10.55	余量

阳极炉出炉烟气经水冷换热器降温后进入袋式除尘器，除尘后烟气经排风机送至脱硫、脱硝后达标排放，风机采用变频调速，除尘工艺流程如图14-55所示，其烟气冷却采用水冷换热器。

袋式除尘器主要技术参数及排放指标见表14-72。

表14-72 回转式铜阳极炉袋式除尘器主要技术参数及排放指标

名称		参数
处理烟气量/(m^3/h)		18000~48500
入口烟气温度/℃		≤180
滤袋材质		P84覆膜
滤袋规格(直径×长度)/mm		ϕ130×6000
滤袋数量/条		630
过滤面积/m^2		1543
过滤风速/(m/min)		≤0.6
出口含尘浓度/(mg/Nm^3)		≤15
设备阻力/Pa		≤1500
排放烟气	含尘浓度/(mg/Nm^3)	≤10
	SO_2浓度/(mg/Nm^3)	≤50
	NO_x浓度/(mg/Nm^3)	≤100

3. 固定式再生铜阳极炉烟气除尘

固定式再生铜阳极炉烟气除尘工艺流程如图14-55所示。

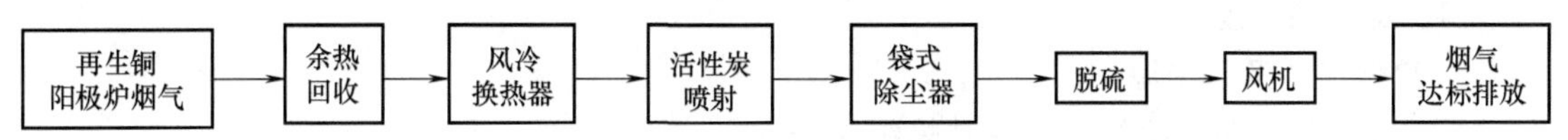

图 14-55　固定式再生铜阳极炉烟气除尘工艺流程

【实例 14-44】　再生铜固定式阳极炉烟气除尘

某厂以废杂铜、黑铜、粗铜等为原料，采用固定式阳极炉精炼生产再生阳极铜。

单台固定式阳极炉规格为 200t/炉，重油为燃料，周期性作业，一个作业周期 30~38h，其中加料熔化期 8~12h、出炉烟气温度约 1350℃，氧化期 15~18h、出炉烟气温度 1300~1350℃，还原期约 2h、出炉烟气温度约 1200℃，浇铸期约 4h，出炉烟气温度 1250~1300℃。烟气经余热锅炉回收余热并降温，风冷板式换热器进一步冷却后，采用袋式除尘工艺，除尘后烟气经脱硫脱硝后达标排放。

余热锅炉每小时产出 2~3t、0.8MPa 蒸汽用于原料干燥，风冷板式换热器加热后的热风用于冶炼炉供风及烟气脱硫尾气升温，节能降碳效果好。

经余热锅炉回收余热并降温、风冷板式换热器冷却后的烟气进入袋式除尘器，进入袋式除尘器熔化期、氧化期和还原期的烟气参数见表 14-73。

表 14-73　袋式除尘器入口烟气参数

作业周期	烟气量/(Nm^3/h)	烟气含尘/(g/Nm^3)	烟气温度/℃	烟气主要成分(体积%)				
				CO_2	N_2	O_2	H_2O	SO_2
熔化期	5495	7~12	180	31.41	23.76	12.68	32.10	0.06
氧化期	9112 ~12532			17.83	56.16	9.70	16.23	0.09
还原期	4424			15.90	73.38	9.13	1.52	0.07

袋式除尘器主要技术参数列于表 14-74。

表 14-74　固定式阳极炉袋式除尘器主要技术参数

名　称		参　数
处理烟气量/(m^3/h)		7800~21800
入口温度/℃		≤180
滤袋材质		PTEF 覆膜
滤袋规格(直径×长度)/mm		ϕ160×6000
滤袋数量/条		351
过滤面积/m^2		1050
过滤风速/(m/min)		<0.40
出口含尘浓度/(mg/Nm^3)		≤15
设备阻力/Pa		≤1200
排放烟气/(mg/Nm^3)	含尘浓度	≤10
	SO_2 浓度	≤50
	NO_x 浓度	≤100

四、铅冶炼除尘

1. 冶炼工艺及污染源

铅冶炼工艺由粗铅冶炼和粗铅精炼组成。

粗铅冶炼几乎全部采用火法冶金生产工艺。火法冶金工艺分为传统的烧结—鼓风炉炼铅工艺和直接炼铅工艺。

传统的烧结—鼓风炉工艺由于烧结烟气 SO_2 浓度低，治理难度大，鼓风炉焦耗高，低空污染严重等问题，经过多年的技术创新，在我国，粗铅冶炼已完成了以直接炼铅工艺淘汰烧结—鼓风炉传统工艺，以及富氧底吹氧化—鼓风炉还原熔炼工艺的升级改造。

直接炼铅工艺过程由氧化熔炼、还原熔炼和烟化吹炼组成，硫化铅精矿及含铅物料经氧化熔炼产出部分一次粗铅和热态高铅渣，热态高铅渣经还原熔炼产出二次粗铅和含铅小于2%的热态还原渣，热态还原渣经烟化吹炼回收渣中的金属锌等有价金属。

直接炼铅工艺分为熔池熔炼工艺和闪速熔炼工艺，以熔池熔炼工艺为主。熔池熔炼工艺有富氧底吹氧化熔炼—富氧底吹还原熔炼—烟化吹炼、富氧底吹氧化熔炼—富氧侧吹还原熔炼—烟化吹炼、富氧侧吹氧化熔炼—富氧侧吹还原熔炼—烟化吹炼、以及富氧顶吹氧化熔炼—富氧侧吹还原熔炼—烟化吹炼等。闪速熔炼工艺以基夫赛特工艺为代表。各种直接炼铅工艺在我国均有生产实践。

我国粗铅精炼采用由初步火法精炼工艺过程和电解精炼工艺过程组成的精炼工艺流程。初步火法精炼的目的是除去粗铅中的铜和锡，调整锑的含量，使粗铅阳极板满足电解精炼的要求。电解精炼的目的是在初步火法精炼的基础上将铅进一步提纯，得到更高纯度的工业用铅，同时将粗铅中的金、银、锑、铋等稀贵及有价金属富集到阳极泥中。

粗铅氧化熔炼过程产出高温、高含尘和高 SO_2 浓度的烟气，还原熔炼和烟化吹炼过程排出高温、高含尘和低 SO_2 浓度的烟气。烟化炉吹炼以粉煤为还原剂，用煤量相对较高，熔炼温度为1250~1300℃。烟化炉烟气中同时含有一定量的 NO_x。粗铅初步火法精炼过程产生含尘废气。因此，铅冶炼工艺过程主要大气污染源为氧化熔炼炉、还原熔炼炉、烟化吹炼炉，以及初步火法精炼锅（炉）等，主要污染因子为烟尘、SO_2 和 NO_x 等。根据工艺过程特点，氧化炉烟尘以铅的硫酸盐为主，还原炉烟尘以铅的氧化物和锌氧化物为主，烟化炉烟尘以锌的氧化物为主，初步火法精炼烟气以铅的氧化物为主，同时含有少量的铅蒸气。

2. 设计要点及其除尘新技术

铅冶炼工艺过程中还原熔炼、烟化吹炼和初步火法精炼为周期性作业，烟气量、烟气温度、烟气成分、烟气含尘浓度等参数亦随工艺操作呈周期性变化，除尘系统设计时，应充分考虑除尘设备对烟气参数波动性的适应性。同时，还原熔炼、烟化吹炼过程为还原性气氛作业，除尘系统设计时，需充分考虑烟气中CO的含量，应在除尘器及管道相关位置合理设置防爆阀门，相应作业区域应设置CO等有害气体监测装置。

铅冶炼烟气中所含烟尘多为挥发尘，且铅蒸气及其化合物含量高，近年来，在初步火法精炼烟气除尘中，推广应用塑烧板除尘技术，取得了较好的环境效果。

3. 除尘系统

粗铅氧化熔炼烟气 SO_2 及水分含量高，烟气露点温度高，宜采用电除尘工艺（详情从略）。

还原熔炼、烟化吹炼和初步火法精炼烟气所含粉尘以挥发性金属氧化物为主，粉尘粒度细，比电阻高，宜采用袋式除尘工艺。

初步火法精炼烟气虽然含尘浓度不高，但铅及其化合物含量较高，近年来，已有多家企业在粗铅初步火法精炼烟气收尘中采用塑烧板过滤材料取代传统滤料。

粗铅氧化熔炼、还原熔炼和烟化吹炼炉烟气温度高，采用余热锅炉降温，并回收烟气余热。除尘器宜负压运行，以改善作业环境。

4. 还原熔炼烟气除尘工艺流程

还原熔炼烟气除尘工艺流程如图 14-56 所示。

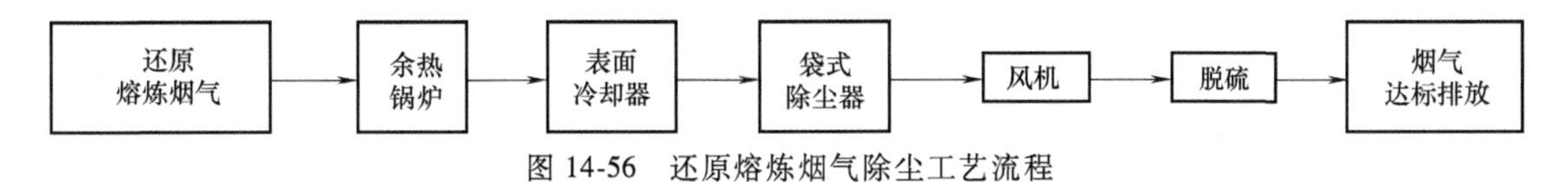

图 14-56　还原熔炼烟气除尘工艺流程

【实例 14-45】　铅还原熔炼烟气除尘

某企业粗铅还原熔炼采用富氧侧吹还原熔炼工艺，还原炉出炉烟气温度约 1200℃，烟气经余热锅炉和省煤器回收余热，将烟气温度降至 300℃以下，再经表面器冷却后，进入袋式除尘器，除尘后烟气经高温风机送烟气脱硫系统，烟气经湿式氧化锌脱硫后达标排放。

袋式除尘器主要技术参数列于表 14-75。

表 14-75　铅侧吹还原熔炼烟气袋式除尘器主要技术参数

名称	参数	名称	参数
处理烟气量/(m^3/h)	39500~47100	过滤风速/(m/min)	≤0.5
入口烟气温度/℃	≤180	漏风系统(%)	≤3
滤袋材质	P84 覆膜	出口烟气含尘浓度/(mg/Nm^3)	≤15
滤袋规格(直径×长度)/mm	ϕ130×6000	设备阻力/Pa	≤1500
清灰方式	定压差低压脉冲喷吹	烟气排放含尘浓度/(mg/Nm^3)	≤10
滤袋数量/条	694	烟气排放 SO_2 浓度/(mg/Nm^3)	≤50
过滤面积/m^2	1700		

5. 烟化吹炼烟气除尘工艺流程

烟化吹炼烟气除尘工艺流程如图 14-57 所示。

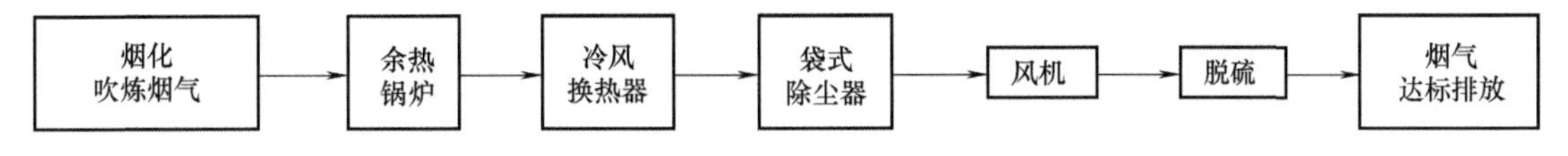

图 14-57　烟化吹炼烟气除尘工艺流程

【实例 14-46】　铅冶炼烟化炉吹炼烟气除尘

某企业粗铅冶炼还原炉渣采用烟化吹炼回收渣中的金属锌等有价金属，生产次氧化锌。烟化炉烟气温度 1250~1350℃，烟气经余热锅炉和省煤器回收余热并降温，并由风冷板式换热器冷却后，进入袋式除尘器。除尘后烟气经风机送烟气脱硫系统，烟气经湿式氧化锌脱硫后达标排放。

袋式除尘器主要技术参数列于表 14-76。

表 14-76 烟化炉烟气袋式除尘器主要技术参数及烟气主要排放指标

名称	参数	名称	参数
处理烟气量/(m^3/h)	68610~80050	过滤面积/m^2	2520
入口烟气温度/℃	≤200	过滤风速/(m/min)	0.45~0.53
入口烟气含尘浓度/(g/Nm^3)	60	出口烟气含尘浓度/(mg/Nm^3)	≤15
滤袋材质	P84 覆膜	设备阻力/Pa	≤1200
滤袋规格(直径×长度)/mm	ϕ130×6000	排放烟气含尘浓度/(mg/Nm^3)	≤10
清灰方式	定压差低压脉冲喷吹	排放烟气 SO_2 浓度/(mg/Nm^3)	<100
滤袋数量/条	1029		

6. 初步火法精炼废气除尘工艺流程

初步火法精炼废气除尘工艺流程如图 14-58 所示。

图 14-58 初步火法精炼废气除尘工艺流程

【实例 14-47】 粗铅初步火法精炼烟气除尘

某电池生产企业以废旧铅酸蓄电池为原料，采用自动破碎分选—富氧侧吹熔池熔炼—电解精炼工艺流程处理废旧铅酸电池，生产再生铅，实现废旧铅酸电池的综合回收和无害化。

废旧铅酸电池经全自动破碎—分选系统分选为塑料、铅栅和铅膏，塑料经分色后制粒外售，铅栅用于生产铅合金，铅膏经富氧侧吹熔池熔炼产出粗铅，粗铅经初步火法精炼—电解精炼后得到电铅产品，用于铅酸电池生产，电铅设计规模为 120kt/年。

初步火法精炼设 4 台 120t 铅锅，其中 1 台熔铅，1 台精炼，1 台浇铸，1 台备用，每台铅锅面设集气烟罩，铅锅烟气经塑烧板除尘—碱洗净化后达标排放。

塑烧板除尘器主要技术参数列于表 14-77。

表 14-77 塑烧板除尘器主要技术参数

名 称	参 数
处理烟气量/(m^3/h)	55000
入口烟气温度/℃	≤80
入口烟气含尘浓度/(g/Nm^3)	≤4
塑烧板材质	多孔高分子聚乙烯(PE)+PTFE 涂层
塑烧板规格	1500/18-70
塑烧板数量/条	160
过滤面积/m^2	1440
过滤风速/(m/min)	0.64
清灰方式	压缩空气脉冲喷吹清灰
压缩空气耗量/(m^3/h)	10~15
脉冲阀清灰压力/MPa	0.4~0.6
出口含尘浓度/(mg/Nm^3)	≤10
设备阻力/Pa	1200~1800
排放烟气含尘浓度/(mg/Nm^3)	≤5

五、锌冶炼除尘

1. 生产工艺及污染源

锌冶炼有湿法和火法两种生产工艺，以湿法炼锌工艺为主。

湿法炼锌工艺分为硫化锌精矿焙烧—浸出工艺和硫化锌精矿直接浸出工艺。直接浸出工艺分为常压浸出和加压浸出两种工艺方法。无论是焙烧—浸出还是直接浸出湿法炼锌工艺，均产生浸出渣，浸出渣中含有锌、铟等有价金属，同时，根据国家《危险废物管理名录（2021版）》之规定，锌湿法冶炼浸出渣为危险固体废物。

回收锌湿法冶炼浸出渣中的有价金属，并实现无害化的有效方法为高温火法冶炼。高温火法冶炼方法有威尔兹回转窑挥发法和富氧侧吹熔化—烟化炉烟化法。

在焙烧—浸出湿法工艺和火法炼锌工艺中，硫化锌精矿均先采用流态化焙烧工艺脱硫，焙烧烟气含尘浓度为200~300g/Nm^3，烟气中含SO_2为8%~12%，焙烧—浸出湿法工艺流态化焙烧炉烟气温度为800~900℃，火法炼锌流态化焙烧炉烟气温度约1100℃。流态化焙烧烟气净化采用电除尘器，详情从略。

铅冶炼烟化炉产出的次氧化锌，一般采用湿法炼锌工艺生产金属锌，由于次氧化锌富集了铅冶炼原料中的氟氯，浸出前一般采用多膛炉脱氟氯，多膛炉出炉烟气温度为500~600℃，含尘浓度为5~10g/Nm^3。

锌冶炼流态化焙烧、浸出渣火法高温冶炼、次氧化锌多膛炉脱氟氯生产过程中产出高温、含尘、含SO_2烟气；锌湿法工艺浸出渣为危险固体废物。因此，锌冶炼流态化焙烧炉、浸出渣火法高温冶炼炉窑、次氧化锌多膛炉等是锌冶炼生产工艺中的主要大气污染源，湿法工艺浸出工序为危险固体废物的产生源。

2. 设计要点及其除尘新技术

锌浸出渣含水较高，同时含有硫酸盐，当采用威尔兹回转窑挥发法处理时，烟气含水高，同时含一定量的SO_2及SO_3，烟气露点温度高；烟尘以ZnO挥发尘为主，易吸潮，且粘度大。当采用袋式除尘工艺时，需充分考虑设备的防结露和排灰系统的密闭性。

锌浸出渣采用富氧侧吹熔化—烟化炉烟化处理时，烟化炉采用粉煤作为还原剂，周期性作业，生产中控制不当时，烟气中夹带粉煤或CO浓度高的现象，烟气除尘系统设计时，一方面需充分考虑除尘设备对烟气参数波动的适应性，同时需采取防爆阀门等防爆措施，相应作业区域应设置CO等有害气体监测装置，以保证系统安全运行。

3. 威尔兹窑（挥发窑）烟气除尘

湿法炼锌浸出渣采用威尔兹窑（挥发窑）处置时，烟气经余热锅炉回收余热并降温后，采用袋式除尘器（或电除尘器）除尘，工艺流程如图14-59所示。

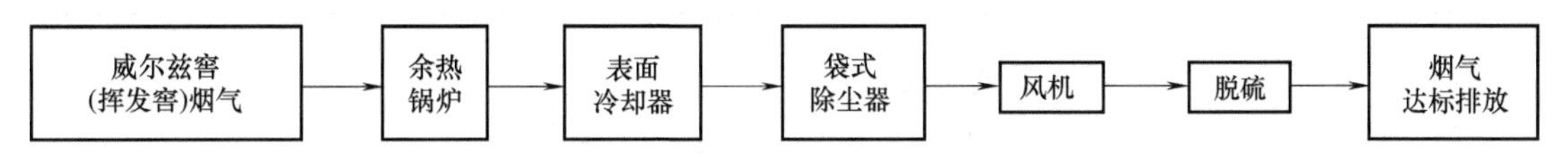

图14-59　威尔兹窑（挥发窑）烟气除尘系统

威尔兹窑（挥发窑）烟气含有少量二氧化硫和水，会造成低温腐蚀，故需要保温，同时宜采用高温滤料。

4. 湿法炼锌浸出渣采用富氧侧吹熔化—烟化炉烟化工艺烟气除尘

除尘工艺流程：湿法炼锌浸出渣采用富氧侧吹熔化—烟化炉烟化工艺时，富氧侧吹熔化炉烟气经余热锅炉回收余热并降温后，采用电除尘技术（详情从略）；烟化炉烟气经余热锅炉回收余热并降温后，采用除尘技术，工艺流程如图14-60所示。

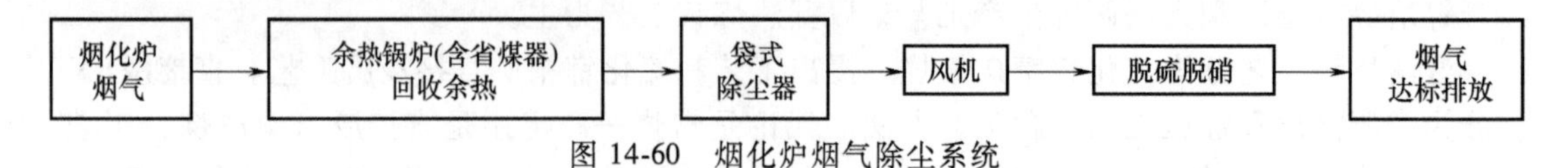

图14-60 烟化炉烟气除尘系统

【实例14-48】 富氧侧吹熔化-烟化炉烟化处理湿法炼锌浸出渣烟化炉烟气除尘

某加压直接浸出湿法炼锌企业，采用富氧侧吹熔化—烟化炉烟化工艺处理湿法炼锌浸出渣，该生产工艺中，烟化炉烟气采用除尘工艺。

烟化炉烟气经余热锅炉—省煤器回收余热并降温，表面冷却器冷却后，进入袋式除尘器，除尘后烟气经风机送至烟气脱硫系统，经离子液脱硫后达标排放。在余热锅炉内喷入液氨脱硝，余热锅炉出口烟气参数及烟尘主要成分见表14-78、表14-79，袋式除尘器主要技术参数及排放指标见表14-80。

表14-78 锌浸出渣烟化炉余热锅炉出口烟气参数及烟尘主要成分表

烟气量/(Nm^3/h)	烟气温度/℃	含尘浓度/(g/Nm^3)	烟气压力/Pa	烟气成分(体积%)				
				SO_2	N_2	H_2O	O_2	CO_2
31801.64	250	21.08	-800	0.28	77.38	7.44	3.79	11.11

表14-79 锌浸出渣烟化炉烟尘主要成分表

组成	Pb	Zn	Cu	S	Fe	SiO_2	Cd	CaO	As	Ag g/t	In g/t
占比(%)	18.53	45	0.11	2.28	1.47	1.01	0.45	0.32	0.5	491.27	669.85

表14-80 锌浸出渣烟化炉烟气袋式除尘器主要技术参数

名称	参数	名称	参数
处理烟气量/(m^3/h)	76000~83000	过滤面积/m^2	3400
入口烟气温度/℃	≤200	过滤风速/(m/min)	0.37~0.41
入口烟气含尘浓度/(g/Nm^3)	≤21	出口含尘浓度/(mg/Nm^3)	≤15
滤袋材质	P84覆膜	设备阻力/Pa	≤1200
滤袋规格(直径×长度)/mm	φ130×6000	排放烟气含尘浓度/(mg/Nm^3)	≤10
清灰方式	定压差低压脉冲喷吹	排放烟气SO_2浓度/(mg/Nm^3)	<100
滤袋数量/条	1388		

5. 氧化锌脱除氟的多膛炉烟气除尘

氧化锌脱除氟的多膛炉烟气采用袋式除尘，工艺流程如图14-61所示。

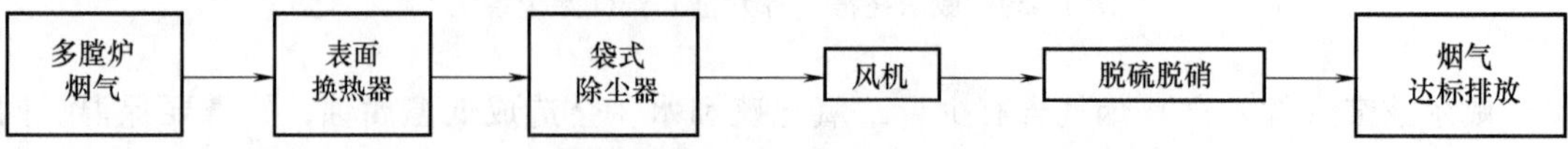

图14-61 氧化锌脱除氟的多膛炉烟气除尘工艺流程

除上述内容外，锌铸型电炉烟气亦采用袋式除尘工艺。

六、锑冶炼除尘

1. 生产工艺及污染源

火法炼锑是金属锑的主要生产方法，锑冶炼原料有锑硫化矿、氧化矿和其他含锑物料，冶炼工艺以鼓风炉挥发熔炼—反射炉还原熔炼和精炼为主。

挥发熔炼是将锑硫化矿、氧化矿和其他含锑物料中的锑以气态硫化物和氧化物的形式挥发进入烟气，其中硫化锑在火柜中与吸入的空气充分反应氧化成三氧化二锑，三氧化二锑在烟气冷却与除尘系统冷凝为固态白色粉状加以收集，得到锑氧粉。锑氧粉采用仓式泵正压输送至还原熔炼及精炼系统，用来生产金属锑。

挥发熔炼产出锑氧粉在反射炉内进行还原熔炼及精炼，锑氧粉先与碳质还原剂共热还原为金属锑，再视金属锑中的杂质含量，加入硫化锑精矿或硫酸钠除铁，加入除铅剂除铅，苛性钠和碳酸钠脱硫、脱砷。为了减少 Sb_2O_3 的挥发，还原熔炼作业一般在碱熔剂覆盖下进行。

近年来，随着富氧技术在锑鼓风炉挥发熔炼，以及反射炉还原熔炼及精炼上的成功应用，锑冶炼强度和作业环境得到明显提高与改善。同时，相关科研院所和企业在研究熔池熔炼取代鼓风炉挥发熔炼工艺方面亦取得了阶段性成果。

锑鼓风炉挥发熔炼烟气含尘浓度可达 $120g/Nm^3$，烟气温度在 1100～1150℃，烟气中 SO_2 浓度约 3%。锑氧还原熔炼及精炼经水冷烟道后排出烟气温度约 600℃，含尘浓度 10～$20g/Nm^3$。锑冶炼生产工艺过程中的主要大气污染源为挥发熔炼炉和还原熔炼及精炼炉，主要污染因子有粉尘和 SO_2 等。

2. 除尘设计要点及其新技术

锑的硫化物和氧化物易挥发，三氧化二锑熔点低，挥发熔炼烟气温度高，还原熔炼和精炼在同一炉内完成。根据物料和冶炼工艺特点，在进行锑挥发熔炼烟气系统设计时，需充分考虑出炉烟气温度高、烟尘易粘结问题，合理设计出炉烟道；还原熔炼和精炼烟气系统设计时需考虑工艺过程的变化对烟气系统的影响。

为了充分利用烟气余热，降低挥发熔炼焦炭用量，挥发熔炼烟气冷却系统采用大通道式余热锅炉加空气换热器，取代了传统的水套冷却加表冷。余热锅炉生产 0.8MPa 蒸汽可供厂区供热或用于物料干燥，空气换热器将挥发熔炼用的富氧空气加热至 200℃ 左右，降碳效果较好。

3. 鼓风炉挥发熔炼烟气除尘系统

除尘工艺流程：锑鼓风炉挥发熔炼烟气一般采用袋式除尘工艺。即鼓风炉挥发熔炼烟气先经水套或余热锅炉降温，空气换热器及表面冷却器冷却后，进入袋式除尘器，除尘后烟气经脱硫达标后排放。除尘工艺流程如图 14-62 所示。

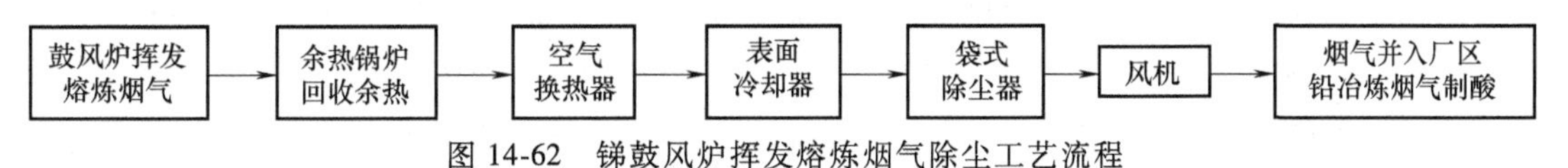

图 14-62 锑鼓风炉挥发熔炼烟气除尘工艺流程

【实例 14-49】 锑鼓风炉挥发熔炼烟气除尘

某企业采用 $2m^2$ 鼓风炉挥发熔炼—反射炉还原熔炼及精炼的火法冶炼工艺生产金属锑。鼓风炉和反射炉烟气均采用袋式除尘工艺。锑鼓风炉挥发熔炼烟气参数列于表 14-81，袋式除尘器主要技术参数列于表14-82。

表14-81　锑鼓风炉挥发熔炼烟气参数

烟气量/(Nm^3/h)	烟气温度/℃	含尘浓度/(g/Nm^3)	烟气压力/Pa	烟气成分(体积%)					
				SO_2	N_2	H_2O	O_2	CO	CO_2
17950	1150	103	-150	2.95	78.5	2.72	6.12	0.27	9.42

表14-82　锑鼓风炉挥发熔炼炉袋式除尘器主要技术参数

名称	参数	名称	参数
处理烟气量/(m^3/h)	38000～45500	滤袋数量/条	694
入口烟气温度/℃	≤220	滤袋面积/m^2	1700
入口烟气含尘浓度/(g/Nm^3)	100～130	过滤风速/(m/min)	<0.5
滤袋材质	P84覆膜	出口含尘浓度/(mg/Nm^3)	≤15
滤袋规格(直径×长度)/mm	ϕ130×6000	设备阻力/Pa	≤1500
清灰方式	压差低压脉冲喷吹		

4. 锑氧粉反射炉还原和精炼烟气除尘系统

除尘工艺流程　锑氧粉反射炉还原和精炼烟气经表冷空气冷却器降温冷却后，采用袋式除尘工艺，除尘后烟气经脱硫达标后通过烟囱排放。除尘工艺流程如图14-63所示。

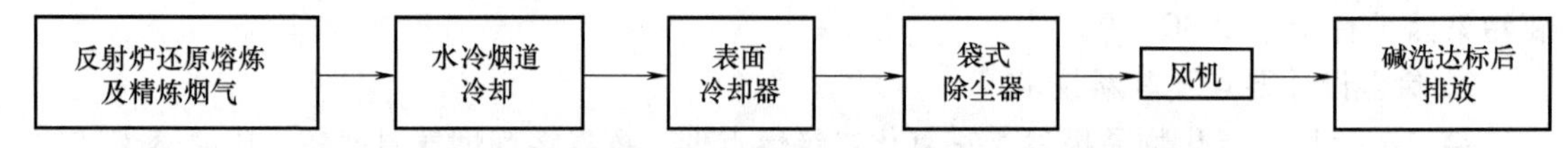

图14-63　锑氧粉反射炉还原和精炼烟气除尘工艺流程

【实例14-50】　锑反射炉还原熔炼及精炼烟气除尘

某厂20m^2锑反射炉还原熔炼及精炼烟气参数见表14-83，袋式除尘器主要技术参数列于表14-84。

表14-83　锑反射炉还原熔炼及精炼烟气参数

烟气量/(Nm^3/h)	烟气温度/℃	含尘浓度/(g/Nm^3)	烟气压力/Pa	烟气成分(体积%)				
				SO_2	N_2	H_2O	O_2	CO_2
2800～3500	600	16.7	-100	0.01	71.27	7.53	7.84	13.08

表14-84　锑反射炉还原熔炼及精炼袋式除尘器主要技术参数

名称	参数	名称	参数
处理烟气量/(m^3/h)	5100～7060	滤袋面积/m^2	320
入口烟气温度/℃	≤150	过滤风速/(m/min)	<0.5
入口烟气含尘浓度/(g/Nm^3)	15.2	出口烟气含尘浓度/(mg/Nm^3)	≤15
滤袋材质	诺美克斯覆膜	设备阻力/Pa	≤1200
滤袋规格(直径×长度)/mm	ϕ130×6000	排放烟气含尘浓度/(mg/Nm^3)	≤10
清灰方式	压差低压脉冲喷吹	排放烟气SO_2浓度/(mg/Nm^3)	<100
滤袋数量/条	131		

七、镁冶炼除尘

1. 镁冶炼生产工艺及污染源

镁冶炼有两种方法实现了规模工业化生产：熔盐电解法和热还原法。

熔盐电解法炼镁是将无水氯化镁在熔融状态下在电解槽内电解，使之分解成金属镁和氯气。熔融电解法炼镁具有生产过程连续、节能、产品均匀性好等优点，但是其生产成本过高，生产过程中排放的氯气、废水等，对环境影响较大。熔盐电解法炼镁可在海绵钛厂作为其生产环节配套使用。

热还原法炼镁是通过高温下使用还原剂还原煅白（CaO · MgO）中的 MgO 制取金属镁，按照还原炉种类有皮江法和半连续法炼镁，热还原法炼镁成本低廉，在市场上具有竞争力。

热还原法炼镁生产企业主要大气污染物是原料破碎、筛分、输送等过程产生的粉尘。白云石煅烧、煅白还原过程中释放的烟气中有大量的粉尘、一定浓度的氮氧化物和 SO_2。镁精炼过程中向精炼炉中添加精炼剂，精炼剂高温下分解会产生少量的氯化氢，由于产生量少且浓度较低，采用高空稀释排放方法处置。

2. 白云石回转窑煅烧烟气除尘

（1）生产工艺及污染源　我国金属镁厂普遍采用回转窑替代竖窑作为白云石煅烧设备。回转窑具有机械化程度高、煅烧质量好、劳动生产率高等优点，是目前热还原法炼镁的首选工艺。回转窑直接采用粉煤或焦粉作燃料，会造成煅白污染，为了保证产品煅白的质量，所以白云石煅烧一般采用煤气、天然气作为燃料，采用燃气作为燃料，烟气中 SO_2 浓度一般较低。白云石煅烧温度一般控制在 1100～1200℃，烟气中氮氧化物一般低于 100mg/Nm^3，一般不设置烟气脱硝系统。

（2）白云石回转窑煅烧烟气除尘要点　白云石回转窑煅烧烟气除尘工艺流程如图 14-64 所示。

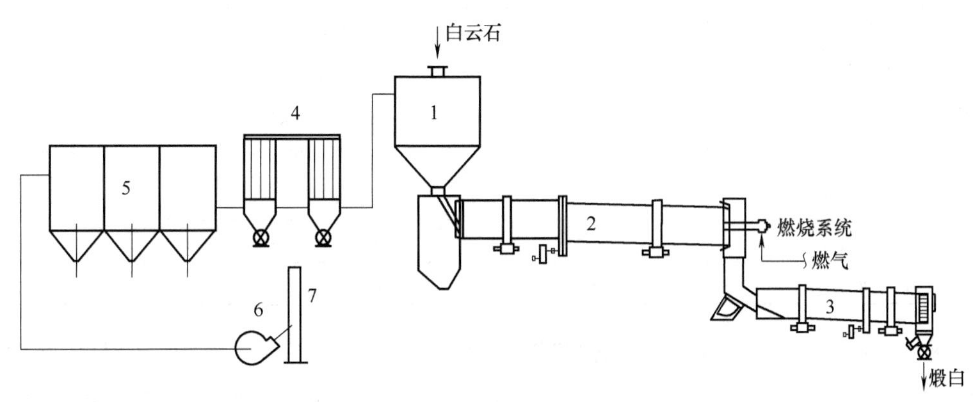

图 14-64　600t/d 白云石回转窑煅烧烟气除尘工艺流程

1—预热器　2—回转窑　3—冷却机　4—烟气冷却器　5—袋式除尘器　6—引风机　7—烟囱

白云石回转窑烟气除尘净化系统设置要求及技术特点如下：

1）回转窑煅烧工艺中，矿石和烟气流逆向运动并发生热量传递。从窑尾排出的高温煅白，要进入冷却机冷却至 350℃左右。助燃空气从冷却机尾进入冷却机与煅白发生热交换，冷却煅白的同时被加热，被煅白预热的空气进入窑头后被燃料加热至最高 1100℃左右，从窑头向窑尾运动，加热矿石的同时烟气逐渐降温。气流运行至窑尾后，温度降低到 300℃左右，经重力沉降室后进入余热锅炉，经热回收降温至180℃左右，然后进入除尘系统除尘；

2）为了节能运行，有企业在窑尾设置竖式预热器，用窑尾高温烟气直接预热矿石同时冷却烟气；

3）现阶段白云石回转窑烟气普遍采用干法除尘工艺，烟气中的粉尘被捕集后可以重新返回煅烧系统；

4）窑尾废气由以下几部分组成：燃料燃烧产生的燃气，如 CO_2、水蒸汽、SO_2 等；白云石分解产生的 CO_2；助燃空气。为避免烟道、设备腐蚀，应根据烟气成分校核烟气酸露点；

5）采用性能良好的冷却机、窑头、窑尾的密封方式，减少冷风吸入量，降低回转窑能耗。

（3）粉尘特性

1）粉尘成分：白云石、MgO、CaO；

2）粒径分布：<50μm 占 80%；

3）粉尘特性：吸湿性强、粘结性强。

【实例 14-51】 某镁厂原料车间1条600t/d煅白生产线，设置1条 ϕ4.5m×60m 回转窑，回转窑燃料为发生炉煤气（经过脱硫处理）。回转窑窑尾设置1台竖式预热器，烟气经热交换后排出温度降低至250℃。预热器出口烟气进入一套干法除尘系统。除尘系统主要参数及设备选型见表14-85。

表 14-85 600t/d 白云石煅烧窑设计参数及设备选型

项目	设计参数及设备选型	项目	设计参数及设备选型
回转窑/m	ϕ4.5×60	滤袋规格/mm	ϕ130×5000
冷却机/m	ϕ4.0×3.5	袋间距/mm	240
预热器	竖式	滤袋数量/条	1900
回转窑燃料	发生炉煤气	过滤面积/m^2	3878
处理烟气量/(Nm^3/h)	110000	烟尘排放浓度/(mg/Nm^3)	≤10
温度/℃	250	设备阻力/Pa	1500
冷却器选型	U形管式	过滤风速/(m/min)	1.05
除尘器选型	脉冲袋式除尘器	喷吹压力/MPa	0.4~0.6
滤袋滤料	玻纤覆膜		

说明：冷却器后改造为烟气余热换热器，烟气温度降低至150℃左右，延长了除尘器滤袋寿命。

3. 镁还原生产工艺

根据还原剂不同，热法炼镁又分为硅热法、炭热法等。国内广泛使用的是皮江法工艺，如图14-65所示。该工艺的特点是投资少、建设周期短，且生产工艺简单。皮江法工艺的广泛使用是国内外熔融电解法炼镁被挤压出市场的主要原因。此方法

图 14-65 皮江法镁还原炉

投资少见效快，产品质量高，但是不能连续生产，所以属于劳动力密集型生产工艺。该生产过程本身不产生有害气体，副产的炉渣可以作为生产水泥的原料，主要污染物为产品出罐时的扬尘。由于物料出罐时温度较低，所以对除尘系统要求不高。

现阶段还原炉扒渣机已经成为生产流程中相当重要的机械设备。采用机械化出罐、扒渣有利于缩短扒渣时间，减轻劳动强度，提高还原炉的利用率，更重要的是使用机械设备，更加有利于除尘系统的设置。

八、钛冶炼除尘

1. 海绵钛生产工艺及污染源

我国是世界上钛资源最丰富的国家，也是较早生产海绵钛的国家之一。随着遵义钛、攀钢钛、金川钛等几个大型项目投产，我国海绵钛项目产能迈入十万吨级。海绵钛生产采用镁热还原法。钛精矿与石油焦按比例配料，经高钛渣电弧炉冶炼后得到含 TiO_2 的高钛渣；高钛渣经破碎后送入氯化炉进行氯化，经除杂、冷凝后得到液态四氯化钛，在精制车间脱钒除硅后得到精四氯化钛液体；在还蒸车间还原罐内高温下，使用金属镁还原四氯化钛，得到多孔状海绵钛坨，即海绵钛；海绵钛在破碎车间经过破碎成一定尺寸就成为商品海绵钛。

海绵钛生产过程中产生的污染源有以下特点：

1）原料钛精矿与石油焦破碎、筛分、运输等工序中会散发粉尘。产尘点均为常温环境，采用袋式除尘器收集处理，收集的粉尘返回生产工艺流程；

2）在钛渣电炉生产高钛渣过程中，产生的高温烟气中含有浓度较高的粉尘和一定浓度的 SO_2 等污染物。由于原料中含硫量低，钛渣电炉烟气中 SO_2 低于现行国家标准限值，所以主要对烟气中的粉尘采取净化措施；

3）镁电解是海绵钛厂的工序之一。以还原蒸馏产生的氯化镁采用熔融电解法生产金属镁和氯气。金属镁送还原工序作还原剂，氯气送氯化车间作为生产原料。电解过程中泄漏的少量氯气采用碱液洗涤的方法处理；

4）高钛渣氯化、四氯化钛精制过程中产生的氯气、氯化氢废气，采用碱液洗涤工艺；

5）海绵钛破碎车间成品海绵钛在破碎过程中会产生小颗粒钛金属粉尘，细微钛金属粉尘比表面积大，达到爆炸下限时容易发生粉尘爆炸事故。金属粉尘能量密度高，爆炸后果严重；而且金属粉尘着火敏感性高，冲击、摩擦和静电火花都有可能引发粉尘爆炸。所以该工序除尘系统必须严格遵守《粉尘爆炸危险场所用除尘系统安全技术规范》、《爆炸危险场所防爆安全导则》等相关现行规范的要求进行设计。

2. 高钛渣电炉除尘净化

（1）生产工艺和污染源　电炉熔炼钛渣的实质是钛铁矿与固体还原剂在电炉中进行还原反应。钛铁矿中的氧化铁被选择性还原成金属铁，而钛的氧化物被富集在炉渣中，经渣铁分离后，即获得高钛渣和副产品金属铁。

我国高钛渣冶炼基本采用敞口或半封闭交流电炉，该类型电炉造价便宜、装备水平较低、控制要求低，容易实现设计指标。但是敞口或半封闭交流电炉排烟量大，烟气温度低，吨产品能耗高。敞口或半封闭交流电炉出烟罩温度在 180~200℃，有企业在除尘器前设置余热回收装置，进入除尘器的烟气温度可以降至 150℃ 以下，对除尘器的要求较低。

随着国家对耗能、环保要求的提升，2010 年后推广使用封闭式直流电炉。由于生产过程封闭，冶炼过程在高还原气氛下进行，烟气中氧含量低，烟气散热少，电炉效率高；密闭式直流电炉烟气中 CO 的含量可以达到 90%~95%，烟气回收利用经济价值高。密闭式直流电炉的排烟温度高，最高可能达到 800~1250℃。由于需要回收烟气中的 CO，该炉型从国外引进初期普遍使用水冷方式对烟气进行冷却降温，然后选用涤气机湿法工艺对烟气进行精处理。但是由于湿法工艺流程复杂，而且有废水产生，所以企业对干法处理工艺的要求是很迫切的。近年来，国内不少企业采用干法净化系统，效果良好。

（2）全封闭高钛渣电炉烟尘特性

1）烟气温度：除尘净化系统入口：1400℃；

2）颗粒物浓度：<100g/Nm^3；

3）烟尘成分列于表 14-86。

表 14-86 全封闭高钛渣电炉烟尘成分表

名称	SiO_2	Fe	Ti	MgO	$CaCO_3$	Mn	Al_2O_3	Na	FeS_2	K
占比(%)	51.1	20.2	15.9	4.7	4.6	1.1	0.8	0.8	0.4	0.2

（3）全封闭钛渣电炉烟气净化工艺流程 图 14-66 所示为全封闭钛渣电炉烟气净化工艺流程。密闭钛渣电炉产生的荒煤气正常温度为 800~1250℃，瞬间可达 1400℃左右（密闭钛渣电炉出口处），经水冷烟道冷却后温度降至 550℃左右，然后进入煤气袋式除尘器（见图 14-67）进行除尘过滤，除尘后的净煤气经空冷器冷却后通过煤气引风机（风机出口温度约 200℃）输送至后端煤气冷却器。净煤气冷却至 60℃后输送至煤气柜或点火放散。净化后的煤气粉尘含量控制为≤10mg/Nm^3。钛渣电炉所产净煤气不回收时，通过放散装置自动点火放散。

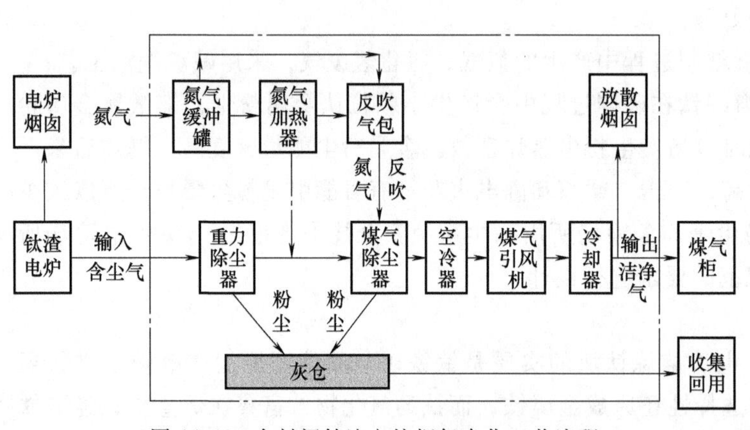

图 14-66 全封闭钛渣电炉烟气净化工艺流程

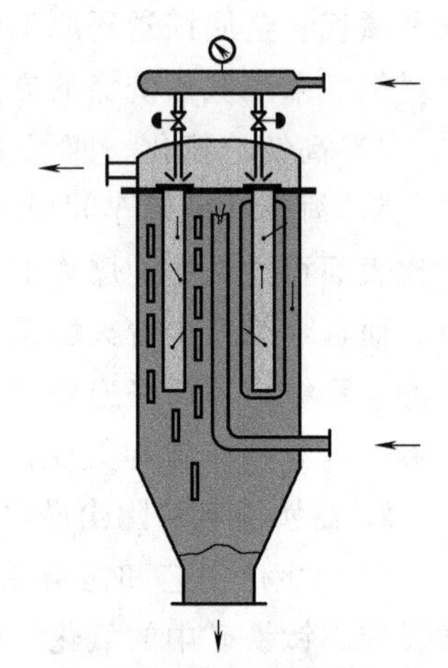

图 14-67 煤气袋式除尘器

【实例 14-52】 某 60kt/年海绵钛项目，设置 3 台 22500kVA 全封闭钛渣电炉，年产高钛渣 138kt，每台电炉配备一套袋式除尘系统，用于治理电炉烟尘。每套除尘系统主要设计参数、设备选型见表 14-87。

表 14-87　22500kVA 全封闭钛渣电炉烟气净化系统主要设计参数及设备选型

项目		设计参数及设备选型
单套系统处理烟气量/(Nm^3/h)		6000
净化系统入口设计温度/℃		400～620
电炉炉内压力/Pa		50
烟气含尘浓度/(g/Nm^3)		100
除尘器选型		煤气专用脉冲袋式除尘器
滤料		合金膜，耐温 550℃，可耐 H_2S、SO_2、SO_3 等腐蚀，过滤精度 0.1μm
滤袋	数量/条	520
	规格/mm	ϕ60×2500
烟尘排放浓度/(mg/Nm^3)		≤10
空冷器		煤气出口温度 200℃
设备阻力/Pa		1500
过滤风速/(m/min)		1.05
清灰方式喷吹压力/MPa		氮气喷吹，0.4～0.6MPa
氮气加热器功率/kW		100
煤气引风机	额定风量/(m^3/h)	14000
	全压/kPa	23
	功率/kW	160
煤气冷却器		水冷，冷却器出口温度 60℃

第五节　袋式除尘器在燃煤锅炉烟气净化水的应用

本节介绍燃煤锅炉烟气净化的袋式除尘器或电袋复合除尘器，除特殊说明外所指袋式除尘器均包括纯袋式除尘器和电袋复合除尘器。

欧美、澳大利亚等发达国家于 20 世纪 80 年代开始将袋式除尘器用于燃煤锅炉烟气净化，除尘器主要为低压旋转喷吹脉冲除尘器和固定行喷吹脉冲除尘器两种型式，均采用纯袋式除尘器，所使用滤袋的滤料材质以聚苯硫醚（PPS）为主，极少采用多种纤维混合滤料。中国袋式除尘器在燃煤锅炉烟气净化的应用始于 21 世纪，滞后发达国家 20 多年，中国袋式除尘器在燃煤发电机组锅炉烟气净化的成功应用为本节所介绍的第一个实例，投运于 2001 年 12 月，拉开了燃煤锅炉发电机组使用袋式除尘器的序幕，随着我国燃煤发电机组粉尘排放标准的日益提高，中国袋式除尘器在燃煤锅炉得到广泛的应用，经过 20 多年广大环保科技工作者的不懈努力，据不完全统计，截止 2020 年，袋式除尘器使用数量约占五大发电集团燃煤发电机组数量的 1/3，中国袋式除尘器在燃煤锅炉采用的数量远远超过世界上任何一个国家。我国袋式除尘器主要为低压旋转脉冲喷吹袋式除尘器、固定行喷吹脉冲袋式除尘器及分室回转切换定位反吹袋式除尘器三种型式，前两种型式在 1000MW、600MW、300MW、200MW、135MW、100MW、50MW 及 50MW 以下的机组均有大量的成功应用，第三种型式在 600MW、300MW 及 200MW 机组有成功的应用，电袋除尘器主要为电除尘+低压旋转脉冲喷吹、电除尘+固定行脉冲喷吹及耦合增强电袋复合除尘器等三种型式，前两种型式在1000MW、600MW、300MW、200MW、135MW、100MW、50MW及50MW以下的机组均有大量的成功应用。目前，中国燃煤锅炉的袋式除尘器采用的滤料主要有纯聚苯硫醚（PPS）以及聚苯硫醚（PPS）、聚酰亚胺（P84）、聚四氟乙烯（PTFE）和玻纤的混纺滤料，这主要是中国燃煤机组燃煤的种类众多且复杂，我国燃煤锅炉袋式除尘器的滤袋普遍使用寿命达到了4年，部分运行维护良好的除尘器可以达到6年以上。到2022年，我国燃煤锅炉使用的袋式除尘器在技术、设备和滤袋的使用寿命等方面均达到世界领先水平。

2014年9月，国家发展改革委、环境保护部、能源局印发了《煤电节能减排升级与改造行动计划（2014—2020年）》，明确了行动目标，即全国新建燃煤电厂大气污染物排放浓度接近或达到燃气轮机组排放限值（即在基准氧含量6%条件下，烟尘、SO_2、NO_x排放质量浓度分别不高于10mg/m^3、35mg/m^3、50mg/m^3）。2015年12月11日，环境保护部、国家发展改革委、国家能源局联合印发了《全面实施燃煤电厂超低排放和节能改造工作方案》，首次明确燃煤电厂超低排放和节能改造是一项重要的国家专项行动，要求尽快制定专项实施计划。为确保超低排放改造工程的普遍成功，2017年5月，原环境保护部以环保标准HJ2301的形式正式发布了中国《火电厂污染防治可行技术指南》，提出了“因煤制宜、因炉制宜、因地制宜、统筹协同、兼顾发展”的技术路线选择原则，并根据燃煤电厂的实际情况，实现颗粒物超低排放，明确可采用超净电袋复合除尘器、高效袋式除尘器等多种技术路线。2018年4月，生态环境部以环保标准HJ2053的形式正式发布《燃煤电厂超低排放治理工程技术规范》，进一步支撑了烟气超低排放治理工程的实施。面对燃煤电厂锅炉大气污染物超低排放的需求，在国外可借鉴经验极为缺乏的前提下，2015年2月，全国首个660MW机组以超低排放为目的电袋复合除尘器成功投运，电袋复合除尘器出口烟尘质量浓度为3.7mg/m^3，脱硫出口为2.66mg/m^3，实现了没有湿式电除尘器也可以实现烟尘超低排放的目标。此后各种超低排放技术相继突破，超低排放技术呈现多元化。2020年全国火电装机容量为12.5亿kW，其中煤电装机10.8亿kW，达到超低排放限值的煤电机组为9.5亿kW。

一、燃煤电厂锅炉烟气除尘

1. 污染源特性

1）锅炉的燃用煤的工业分析煤的化学成分决定了煤的常规特性，可以作为分析煤的着火、燃烧性质和对锅炉工作影响的依据。在分析煤的常规特性对锅炉工作的影响时，通常依据工业分析结果，主要包括煤的挥发分、水分、灰分、硫分以及灰渣熔融性等几个方面。

煤的挥发分由各种碳氢化合物和一氧化碳等可燃气体、二氧化碳和氮等不可燃气体以及少量的氧气所组成。挥发分是煤的重要成分特性，它可作为煤分类的主要依据，对煤的着火、燃烧有很大的影响。不同挥发分煤种的发热量差别很大，从17000kJ/kg到71000kJ/kg。

燃煤中水分含量对锅炉运行的影响也很大。煤中水分吸热变成水蒸气并随烟气排出炉外，增加烟气量而使排烟热损失增大，降低锅炉热效率，同时使引风机电耗增大，也为低温受热面的积灰、腐蚀创造了条件。

灰分是燃煤中的有害成分。灰分含量增加，煤中的可燃成分便相对减少，降低了发热量，而且还由排渣带走大量的物理显热。灰分多，锅炉燃烧也不稳定，灰粒随烟气流过受热面，流速高时会磨损受热面；流速低时将导致受热面积灰，降低传热效果，并使排烟温度升高。灰分是飞灰的主要来源。大中型燃煤锅炉都采用煤粉悬浮燃烧方式，煤中灰分的85%~90%成为飞灰。小型的热电厂通常采用层燃方式的链条炉，煤中的灰分有20%成为飞灰。

燃煤中的可燃硫在燃煤过程中会被氧化成 SO_2 和少量的 SO_3。硫酸盐也会受热分解出数量更少的自由 SO_3。烟气中的 SO_2 对金属的腐蚀和粘污一般没有明显的影响。SO_3 含量虽然很少，但易与烟气中的水蒸气化合生成硫酸蒸汽，将显著提高烟气的酸露点温度，进而在低温的金属表面上凝结，造成酸腐蚀和粘污。

发电厂用煤的质量等级是根据对锅炉设计、运行等方面影响较大的煤质常规特性制定的。这些特性包括干燥无灰基挥发分 Vdaf、干燥基灰分 Ad、收到基全水分 Mar、干燥基硫分 $S_{t.d}$ 和灰的软化温度 ST 等5项。表14-88是 GB/T 15224.2—2010《煤炭质量分级 硫分》煤炭资源评价硫分分级。

表14-88　煤炭资源评价硫分分级

序号	级别名称	代号	干燥基全硫分($S_{t.d}$)(%)
1	特低硫煤	SLS	≤0.5
2	低硫煤	LS	0.51~0.9
3	中硫煤	MS	0.91~1.5
4	中高硫煤	MHS	1.51~3.0
5	高硫煤	HS	>3.0

煤按照收到基全硫分 Sar 分为两个等级，表14-89是根据煤中收到基全硫分而划分的等级，当 Sar<1%（第一级）时，酸露点温度较低；而当 Sar>3%（超过第二级）时，酸露点温度急剧上升，容易使硫酸蒸汽凝结在低金属面上造成腐蚀，我国煤种多属于中硫煤，含硫量为0.5%~1.5%。

表14-89　煤按硫分的质量等级

符号	Sar(%)	符号	Sar(%)
S1	≤1.0	S2	>1.0~3.0

2）烟气成分和烟气量：

① 烟气成分：燃煤锅炉烟气的主要成分是 N_2、O_2、CO_2、SO_2、NO_x、水蒸气等。另外，还含有较少量的 CO、SO_3、H_2、CH_4 和其他碳氢化合物（C_mH_m）。

值得注意的是，烟气中的含氧量（O_2）、三氧化硫（SO_3）、水蒸气（H_2O）和氮氧化物（NO_x），过剩的含氧量（O_2）在高温下会导致某些滤袋的纤维材质（如聚苯硫醚PPS纤维）氧化，氮氧化物（NO_x）中的二氧化氮（NO_2）是很强的氧化剂，并且能氧化大多数用于滤袋的纤维材质，过高的氮氧化物（NO_x）有时还会造成酸腐蚀。燃煤中的可燃硫在燃烧过程中会被氧化成二氧化硫（SO_2）和少量的三氧化硫（SO_3），硫酸盐也会受热分解出数量更少的自由三氧化硫（SO_3），一般情况下，燃煤中1%的含硫量相当于烟气中产生 600×10^{-6} 二氧化硫（SO_2），烟气中的二氧化硫（SO_2）对金属的腐蚀和粘污一般没有明显的影响，而烟气中一部分二氧化硫（SO_2）与过剩的氧气反应生成三氧化硫（SO_3），烟气中三氧化硫（SO_3）含量虽然很少，但易与烟气中的水蒸气化合生成硫酸蒸汽，将显著提高烟气的酸露点温度，从而在低温的金属表面上凝结，造成酸腐蚀和粘污，烟气的酸露点主要与烟气中的水露点及烟气中三氧化硫（SO_3）含量有关，烟气中三氧化硫（SO_3）含量越高，酸露点就会越高，中国燃煤烟气酸露点主要采用苏联锅炉热力计算标准方法进行计算，在国内锅炉行业及火电机组设计中得到了广泛使用，该方法虽然按煤质资料计算，且对飞灰因子进行了修正，但该方法没有考虑燃烧工况及煤质对三氧化硫（SO_3）生成的影响，也没有考虑飞灰成分（碱度）对三氧化硫（SO_3）吸附的影响，理论上存在一定的缺陷，该方法计算的酸露点普遍偏高。国内目前燃煤机组普遍安装有SCR脱硝系统，脱硝催化剂会使烟气中的二氧化硫（SO_2）有一定量转换成三氧化硫（SO_3），使得烟气酸露点温度升高，燃煤机组在设计中会充分考虑烟气的酸露点，当除尘器入口烟气温度低于120℃且燃煤中收到基Sar大于2%时，需要对烟气酸露点进行校核，校核后如果除尘器入口温度与烟气中酸露点温度的温度差在15~20℃时，所采用的滤袋应具有更好的耐酸腐性能，慎重选定合适的滤料纤维材质和相应的织制工艺。

② 烟气量：主要包括原煤燃烧后的气态产物，还包括过剩的空气量和锅炉及其在袋式除尘器前的设备漏风，所以实际产生的烟气量要大于理论计算的烟气量。烟气量还会随燃料煤质的变化而改变，在除尘器设计选型时，其处理烟气量应略大于实际产生的烟气量，一般可附加5%~10%的裕度。

③ 飞灰成分和特性：我国原煤资源丰富，煤种众多，加上锅炉的燃烧情况、技术条件的不同，导致飞灰的理化性质差异较大。

飞灰的化学成分主要为二氧化硅（SiO_2）、三氧化二铝（Al_2O_3），二者总量一般在60%以上，中国煤灰的化学成分见表14-90。

表14-90　中国煤灰化学成分分析

含量	SiO_2	Al_2O_3	Fe_2O_3	CaO	K_2O	Na_2O	P_2O_5	SO_3	TiO_2	MgO
体积分数(%)	45~60	14~40	4~10	2~5	0.5~2	0.2~1	0~1	0.1~3	0~1	0~1

飞灰具有相当宽的粒径分布域，根据国内13个燃煤电厂的统计，飞灰平均粒径为20~60μm。表14-91为某电厂电除尘器入口烟道飞灰的粒径分布。

表14-91　某电厂电除尘器入口烟道飞灰粒径分布

序号	项目	数值							
1	粒径/μ	0~5	5~10	10~20	20~30	30~40	40~50	50~60	>60
2	组频数/g	11.9	16.6	22.8	13.1	8.2	5.1	3.9	13.4
3	组频率(%)	12.5	17.5	24.0	13.8	8.6	5.4	4.1	14.1
4	筛上累计分布率(%)	>0	>5	>10	>20	>30	>40	>50	>60
		100	87.5	70.7	46.0	32.2	23.6	18.2	14.1
5	筛下累计分布率(%)	<0	<5	<10	<20	<30	<40	<50	<60
		0	12.5	29.3	54.0	67.8	76.2	81.8	85.9
6	中位径 d_{50}/μm	18.0							

2. 燃煤锅炉袋式除尘器的特殊性

1）燃煤电厂锅炉、发电机、汽轮机是燃煤电厂的三大主机设备，袋式除尘器是燃煤电厂主要辅机设备之一，它既是环保设备也是生产设备。

2）袋式除尘器的运行工况易受锅炉及其辅机工况的影响，燃料的改变、锅炉负荷的变化、运行方式的改变、送风机和引风机开度的变化、省煤器的渗漏和爆管、空气预热器的漏风和堵塞、脱硝装置的运行状况等因素，都在不同程度上使锅炉烟气中烟气量、烟气温度、含湿量、含尘量、烟尘粒度分布、烟气成分、氧（O_2）含量、氮氧化物（NO_x）含量、二氧化硫（SO_2）含量、三氧化硫（SO_3）含量等发生变化，从而影响袋式除尘系统的运行工况。

3）袋式除尘器系统应确保长期、安全、可靠地运行。袋式除尘器能否正常运行，直接关系到燃煤锅炉能否正常生产：袋式除尘器的滤袋破损，将加速引风机的磨损；清灰系统不良或失效，会增加袋式除尘系统的阻力，减少锅炉的出力，甚至造成炉膛的正压，严重时被迫停机。因此袋式除尘系统一定要有可靠的安全保障措施，自控系统应有完备的自动监测、控制、故障诊断和紧急应对功能，应制订严格的操作规程，落实操作、管理、维修的岗位责任制。

3. 燃煤锅炉袋式除尘系统设计要求

1）袋式除尘系统配置及功能设计应根据炉型、容量、炉况、煤种、气象条件和操作维护管理等具体情况确定。通常包括：袋式除尘器、卸灰输灰装置、清灰气源及供气系统、预涂灰装置、烟道及电气和自动控制系统及监测系统等装置。

2）对于容量较大、工况不稳定、烟气温度波动较大、故障频繁的锅炉机组，或锅炉空气预热器，采用老式的回转型式，可根据需要设置紧急喷雾降温系统。紧急喷雾降温装置应安装在锅炉出口烟道空预器前总管的直管段上，与袋式除尘器入口保持足够的距离，以保证喷入雾滴在进入除尘器之前能够完全蒸发，并且应有喷嘴的防堵措施。

3）燃煤锅炉电厂在除尘器前均设置有脱硝系统，为了达到氮氧化物（NO_x）超低排放的要求，存在一定量的氨逃逸，逃逸的氨会与烟气中的三氧化硫（SO_3）进行反应生成硫酸氢铵（NH_4HSO_4），硫酸氢氨在低温的情况下会凝结成固体而产生板结，固体的硫酸氢氨板结在空预器管壁、电除尘器极板或极线及袋式除尘器的滤袋表面，在这些表面板结时难以清除，因此在运行中应严格控制脱硝系统中的氨逃逸，过量的氨逃逸会造成电除尘器及袋式除尘器的清灰失效，从而使袋式除尘器的阻力升高。

4）袋式除尘系统的处理烟气量应按设计煤种或校核煤种下的锅炉最大工况烟气量来确定，可用锅炉引风机 TB 点的工况烟气量进行校核。

5）对于设置在干法或半干法脱硫后的袋式除尘器，要特别注意脱硫后的低温高浓度及脱硫运行不正常时高温低浓度的烟气条件。

6）袋式除尘器一般采用在线清灰，设备阻力宜控制在 1000～1200Pa。脱硫系统袋式除尘器入口烟气含尘浓度高，设备阻力可控制在 1200～1500Pa。

7）袋式除尘器宜采用若干独立仓室并联的结构。过滤仓室的进、出口应设可自动和手动操作的烟道挡板阀，漏风率应小于 2%，进口烟道挡板阀应有防磨措施。烟道挡板阀应设检修门，检修门应具有保温功能。

8）过滤风速的选择。当除尘器出口的排放浓度要求低于 10mg/Nm^3 时，对于纯袋式除尘器，过滤风速不宜高于 0.8m/min，对于电袋除尘器，过滤风速不宜高于 1m/min，对于设置半干法或干法脱硫后的袋式除尘器，不宜高于 0.7m/min。当排放浓度要求在 20mg/Nm^3，对于纯袋式除尘器，过滤风速不宜高于 1.0m/min，对于电袋除尘器，过滤风速不宜高于

1.2m/min，对于半干法或干法脱硫后除尘器过滤风速不宜高于0.8m/min。

9）滤袋的选择。目前，国内燃煤机组采用滤袋的滤料主要是纯聚苯硫醚（PPS）、聚四氟乙烯（PTFE）基布+聚苯硫醚（PPS）、聚四氟乙烯（PTFE）基布+聚四氟乙烯（PTFE）和聚苯硫醚（PPS）混纺、玻纤覆膜滤料、玻纤和P84混纺等，对于煤种硫含量低于1%时，烟气温度低于140℃可以选择纯聚苯硫醚（PPS）滤料，滤料克重不低于580g/m^2，或以聚四氟乙烯（PTFE）为基布的聚苯硫醚（PPS）滤料，滤料克重不低于620g/m^2，对于煤种硫含量高于1%时，可以选择以聚四氟乙烯（PTFE）为基布的聚苯硫醚（PPS）滤料或聚苯硫醚（PPS）+聚四氟乙烯（PTFE）混纺的滤料，聚苯硫醚（PPS）和聚四氟乙烯（PTFE）的混纺比例可以视含硫高低进行调整，滤料的克重不低于650g/m^2，对于排烟温度长期大于180℃时，建议采用玻纤或玻纤和聚酰亚胺（P84）混纺的滤料。目前，国内燃煤机组所用滤料趋向较少采用覆膜滤料，而改用综合性能更为优良的超细面层梯度结构滤料，也就是说在滤料的面层使用超细纤维，超细纤维不应低于10%，对特殊工况条件和需求可适当增加超细纤维的百分比，可以采用聚苯硫醚（PPS）、聚酰亚胺（P84）等多种材质超细纤维。当除尘器排放浓度要求低于10mg/m^{3}时，滤袋采用缝线缝制时，对缝线的针眼必须进行特殊处理。

10）袋式除尘器在设计时，需要特别注重气流分布对袋式除尘器性能的的影响，对于大于200MW机组配套的袋式除尘器，应进行气流数值模拟试验，如果除尘器的布置方式和结构形式特殊，除进行气流数值模拟外，还建议进行物理模型试验。

11）袋式除尘器对于采用喷油点火的锅炉必须设置预喷涂系统，预喷涂可以采用电厂的气力输灰系统或罐车进行。在锅炉点火运行前，应对滤袋进行预喷涂，预喷涂达到一定的要求后，锅炉方可进行喷油点火启动，锅炉引风机投入运行后，在锅炉投油助燃阶段，袋式除尘器的清灰系统不投入运行，电袋除尘器的电除尘区高压电源不投入运行，一直到投油助燃结束或到锅炉的稳燃阶段，除尘器方可投入运行。对于采用其他点火方式的锅炉无需设置预喷涂系统。

12）属除尘改造项目，应对原有的风机、电机进行容量能力的校核，如需改造一并提出改造方案。

13）电除尘器（或其他除尘器）改为袋式除尘器时，还需要对输灰系统进行输灰能力的效核，特别是对设置在袋区的仓泵进行能力校核，如仓泵和输灰系统能力不足时，应进行必要的改造，以满足袋式除尘器的输灰要求。

14）结构安全性。随着袋式除尘器的大型化，对大灰斗的积灰荷载和结构设计安全性越来越引起重视，2019年2月1日实施的GB 50144—2019《工业建筑可靠性鉴定标准》将大灰斗工业除尘器结构的可靠性鉴定作为专门一节提出要求。在新建除尘器和改造除尘器时必须严格按此要求，对除尘器结构分地基基础、壳体与台架两个系统进行可靠性鉴定，重点关注灰斗积灰荷载对除尘器及台架结构安全性的潜在影响。

【实例14-53】 新建2×200MW机组的袋式除尘器。

某电厂200MW机组是国内首台采用袋式除尘器用于燃煤锅炉烟气的净化处理，采用低压旋转喷吹脉冲袋式除尘器。

1）锅炉参数：

① 锅炉型式：超高压、一次再热自然循环煤粉锅炉；

② 最大连续蒸发量：670t/h；

③ 锅炉燃煤量（BMCR 工况）：设计煤种：100.512t/h；校核煤种：111.157t/h；

④ 空气预热器型式：三分仓容克式；设计空气过剩系数（空预器出口）：1.45。

2）燃料：

① 原煤参数：设计煤种：烟煤（渤海湾老石旦煤矿、准格尔煤田），收到基硫 Sar 为 0.62%；校核煤种：烟煤（准格尔小窑混煤），收到基硫 Sar 为 0.63%。

② 锅炉助燃的燃油为含硫量小于 0.8%的轻柴油。

3）袋式除尘器系统总体布置如图 14-68 所示。

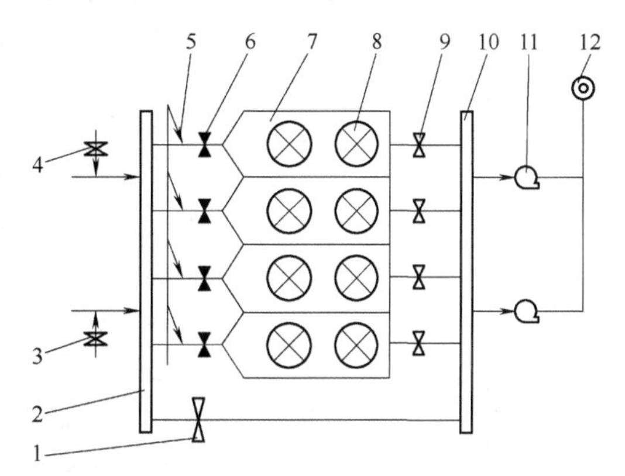

图 14-68　袋式除尘器系统总体布置
1—旁路烟道阀　2—烟气进口联箱　3—紧急喷雾装置 A　4—紧急喷雾装置 B　5—预涂灰管　6—进口烟气挡板阀　7—袋式除尘器仓室　8—过滤单元　9—出口烟气挡板阀　10—烟气出口联箱　11—引风机　12—烟囱

每机组配一套袋式除尘器，型式为低压旋转喷吹脉冲袋式除尘器，除尘器采用与电除尘器类似的进气方式，即水平进出，与此前袋式除尘器采用中间进出方式完全不同，在袋式除尘器入口处装有气流分布板，并对气流分布板设置方式和开孔尺寸进行了气流数值和物理模型的模拟，以保证各个单元的气流分布满足袋式除尘器的要求。除尘器的每个单元的过滤室内按同心圆布置滤袋，并预留了 56 个椭圆的花板孔，以盖板封闭作为备用，可以根据需要安装滤袋。每个单元设置一套包括喷吹臂、旋转电机、减速机、储气罐和 14in（约 35.6cm）脉冲阀的旋转喷吹装置，作为清灰机构对滤袋进行脉冲清灰，清灰气源压力为 0.085MPa，由罗茨风机提供。每个单元花板上方的洁净室有照明装置、观察、通风孔和检查门孔。每条滤袋断面为扁圆形，滤袋材质采用 PPS 纤维+P84 面层针刺毡。为了延长滤袋使用寿命，运行制度规定：烟气含氧量不超过 10%，且无过量的二氧化氮或溴，在设计烟气流量下，最高运行温度为 170℃；当烟气流量超过设计值最大不超过 1840000m^3/h，运行温度最高为 180℃的非正常工况条件下，运行时间每年累计不超过 100h。除尘器每个仓室的进出口均设置有挡板门，在运行过程可以先关闭仓室的进、出口挡板门，开启通风孔和检查门，自然通风换气降温后进行滤袋的在线更换。在除尘器前后分别设置烟气联箱，前后联箱设置了按 50%烟气量的旁路系统和零泄漏的关断门。

除尘器设置有预喷涂系统，在除尘器运行前进行滤袋的预喷涂，以避免燃油点火时油渍对滤袋的侵害而造成滤袋的损坏，在燃油助燃时，除尘器的清灰系统停止使用。

除尘器设置有紧急喷水降温系统，在除尘器入口烟气温度超过 170℃时自动投入运行，以保证除尘器的入口温度小于 160℃。

滤袋的清灰控制由 PLC 进行控制，PLC 根据花板上、下（即滤袋内外）的压差，并自动发出清灰指令。清灰控制根据过滤负荷（即过滤速度）的高低选择设定压差，根据不同的压差设有慢速、正常和快速三种清灰制度，见表 14-92，以保证除尘器设备阻力在设计要求下进行。

表 14-92 三种清灰制度

设定压差/kPa	清灰制度	脉冲时间/ms	脉冲间隔/s
0.70~1.00	缓慢清灰		60~300
1.01~1.50	中速清灰	200	10~60
>1.51	快速清灰		5

袋式除尘器主要规格和参数见表 14-93。

表 14-93 袋式除尘器主要规格和参数

序号	名 称	参 数
1	处理烟气量/(m^3/h)	1738000
2	入口烟气温度/℃	140
3	进口含尘浓度(标态)/(g/Nm^3)	25~30
4	出口排放浓度(标态)/(mg/Nm^3)	<50
5	仓室数/个	4
6	过滤单元数/个	8
7	过滤面积/m^2	25600
8	过滤速度/(m/min)	1.13
9	设备总阻力/Pa	<2100
10	本体漏风率(%)	1.5
11	脉冲阀数量/个	8
12	脉冲阀直径/in	14
13	滤袋材质	PPS+P84 面层
14	滤料克重/(g/m^2)	580
15	滤袋尺寸(直径×长度)/mm	ϕ127(当量直径)×8000
16	滤袋数量/条	8000
17	壳体设计压力/Pa	静态+5000,-6000
18	清灰空气压力/MPa	0.085
19	压缩空气耗气量/(m^3/min)	25

4）运行效果：两个机组中的1#炉于2001年12月正式投运，2#炉于2002年8月正式投运，除尘器设备阻力在1000Pa，在1#炉袋式除尘器调试期间，两次出现烟气温度异常。一次是锅炉A侧空预器卡塞造成A侧烟气温度迅速上升，达到200℃。另一次是锅炉A侧省煤器泄漏，造成A侧烟气温度迅速下降。由于处理及时，对滤袋没有造成明显的损坏。正常情况下烟尘排放浓度为14~25mg/Nm^3（标态）。花板上、下的阻力（即滤袋阻力）在运行初期设定为900Pa，后调整为1200Pa，满负荷时为1300Pa。

首次使用的PPS+P84针刺毡滤袋由国外进口，运行至25000h开始出现破损。但整体更换滤袋后，滤袋寿命大大缩短。据一些专家分析，这与煤质变化导致的露点温度提高，有时存在结露而产生的酸腐蚀有关，此外有些专家指出，滤袋破损过快的原因是PPS纤维的氧化，烟气中存在过量的氧气。

【实例 14-54】　某电厂 220MW 机组电除尘器改造为袋式除尘器

某电厂 220MW 锅炉机组，原设计配备两台 165m^2 三电场卧式电除尘器。为控制烟尘污染，将电除尘器改造为袋式除尘器。

1）锅炉参数：

① 锅炉型式：超高压一次再热自然循环煤粉锅炉；

② 最大连续蒸发量：670t/h；

③ 机组规模：220MW；

④ 设计烟气量：1011000Nm^3/h；

⑤ 烟尘浓度：25±2g/Nm^3；

⑥ 烟气温度：145℃（最高温度：165℃，最低温度：110℃）；

⑦ 烟气露点温度：水露点温度：38℃，酸露点：98.7℃。

2）燃煤：实际燃煤硫分年平均值：收到基 Sar 为 0.543%；实际灰分年平均值：收到基 Aar 为 20.41%，短时（2~5 天）收到基灰分 Aar 可达 35%。

3）袋式除尘器：改造后袋式除尘系统工艺流程如图 14-69 所示。

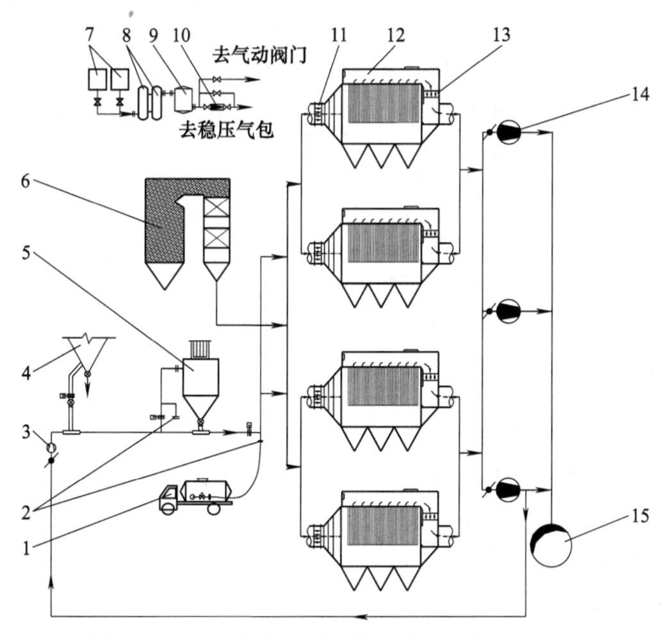

图 14-69 “电改袋”后的袋式除尘系统工艺流程

1—灰罐车　2—灰罐车接口　3—高压风机　4—除尘器灰斗　5—预涂灰粉仓　6—锅炉　7—空压机　8—无热再生干燥机　9—储气罐　10—调压阀　11—进口烟道阀　12—袋式除尘器仓室　13—出口烟道阀　14—引风机　15—烟囱

将 2 台 165m^2 电除尘器改造为直通均流脉冲袋式除尘器。每台电除尘器分隔为两个独立的袋式除尘器仓室，两台除尘器共计 4 个仓室。每个仓室的进口和出口各设烟道挡板阀，可以在运行状态下对某个仓室进行离线检修。

此项目在国内率先提出“重视袋式除尘器的气流分布”，并应用于成功净化锅炉烟气的国产首台设备。袋式除尘器经过计算机模拟试验、实验室模型试验、现场测试与调整 3 个步骤，使含尘气流经多个途径流向仓室中不同位置的滤袋，避免对滤袋的冲刷，并实现均匀分布和降低设备阻力。

根据该锅炉换热器的结构特点，除尘系统未设降温装置。

设有预涂灰系统。可以分别通过灰罐车直接向袋式除尘器的入口烟道喷入粉，或者先将粉加入粉仓，通过高压风机送入袋式除尘器入口烟道。在锅炉机组启动之前，先启动预涂灰系统，使滤袋表面附上一层粉尘，保护滤袋不受点火时未燃尽的油雾的危害。

袋式除尘器主要规格和设计参数见表14-94。

表14-94 袋式除尘器主要规格和设计参数

序号	名称		参数
1	处理烟气量/(m^3/h)		1622000(165℃)
2	入口烟气温度/℃		145
3	进口含尘浓度(标态)/(g/Nm^3)		25±2
4	出口排放浓度(标态)/(mg/Nm^3)		<30
5	过滤单元数/个		4
6	过滤面积/m^2		25730
7	过滤速度/(m/min)	全过滤时	1.04
		1个单元检修时	1.38
8	设备阻力/Pa		≤1200
9	本体漏风率(%)		≤1
10	脉冲阀直径/in		3
11	滤袋材质		PPS针刺毡
12	滤袋尺寸(直径×长度)/mm		ϕ130×7000
13	滤袋数量/条		9000
14	清灰空气压力/MPa		0.2
15	压缩空气耗气量/(m^3/min)		12

4）运行效果：袋式除尘器于2003年12月竣工投产，在投运后经数次测试，指标如下：

① 粉尘排放浓度：17.1~18.6mg/Nm^3；

② 设备阻力：≤1100Pa；

③ 设备漏风率：1.2%；

④ 滤袋使用寿命：4个仓室中，两个仓室的滤袋寿命为54个月，而另两个仓室的滤袋寿命则为3年多（主要原因在于锅炉两个通道的烟气温度存在明显差异，导致滤袋使用寿命有一定差别；

⑤ 减少烟尘排放量：1890t/年。

【实例14-55】 某电厂1000MW机组新建袋式除尘器。

某电厂1000MW锅炉机组新建袋式除尘器。

1）锅炉参数：

① 锅炉型式：超超临界参数、变压直流炉、单炉膛、一次再热、平衡通风、全露天布置、固态排渣、全钢构架、全悬吊结构、切圆燃烧方式Ⅱ型锅炉。

② 最大连续蒸发量：2980t/h；

③ 机组规模：1000MW；

④ 烟气露点温度：98.7℃。

2）燃煤

实际燃煤收到基硫分 Sar 为 0.98%～1.3%，收到基全水分 Mar 为 6.2%～6.42%，收到基灰分 Aar 为 30.81%～32.8%，干燥无灰基挥发分 Vdaf 为 29.32%～31.50%。

3）袋式除尘器总图如图 14-70 所示。

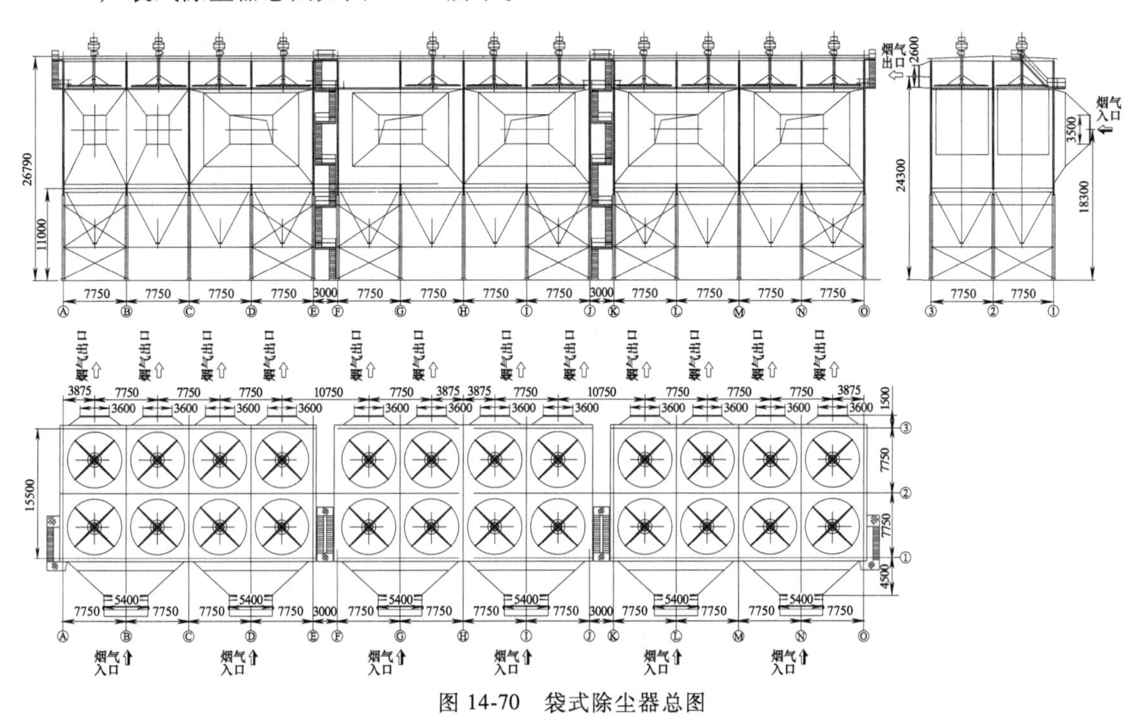

图 14-70　袋式除尘器总图

袋式除尘器采用直通式旋转喷吹脉冲清灰，每台机组配置 3 台除尘器，每台除尘器设置两列 4 个仓室 8 个过滤单元，每两列烟气通道共用一个进口喇叭，每列烟气通道单独采用 1 个出口喇叭。除尘器的每个过滤单元设置有包括喷吹臂、旋转电机、减速机、储气罐和脉冲阀等设备作为清灰机构对滤袋进行脉冲清灰，清灰气源由罗茨风机单独提供，每个过滤单元洁净室设置有照明装置、观察孔、通风孔和检查门孔。

根据该锅炉换热器的结构特点，袋式除尘器设紧急喷水降温装置，在除尘器入口烟气温度超过 170℃ 自动投入运行，以保证除尘器的入口温度小于 160℃。

除尘器设置有预喷涂系统，在除尘器运行前进行滤袋的预喷涂，以避免燃油点火时油渍对滤袋的侵害而造成滤袋的损坏，在燃油助燃时，除尘器的清灰系统停止使用。

除尘器设置有紧急喷水降温系统，滤袋的清灰控制由 PLC 进行控制，PLC 根据花板上、下（即滤袋内外）的压差，并自动发出清灰指令，清灰控制根据不同的压差设有慢速、正常和快速三种清灰制度，以保证除尘器设备阻力在设计要求下进行。

袋式除尘器主要规格和设计参数见表 14-95。

4）运行效果：除尘器于 2017 年 8 月通过性能验收，投运后经数次测试，指标如下：

① 粉尘排放浓度：15.47～16.62mg/m^3（标态）；

表 14-95 袋式除尘器主要规格和设计参数

序号	名　称	参　数
1	处理烟气量/(m^3/h)	5110000
2	入口烟气温度/℃	115~165
3	进口含尘浓度(标态)/(g/Nm^3)	50±2
4	出口排放浓度(标态)/(mg/Nm^3)	≤20
5	仓室数/个	8
6	过滤单元数/个	24
7	过滤面积/m^2	99324
8	过滤速度/(m/min)	0.86
9	设备总阻力/Pa	<1200
10	本体漏风率(%)	≤1
11	脉冲阀数量/个	24
12	脉冲阀直径/in	14
13	滤袋材质	PPS+PTFE 基布
14	滤料克重/(g/m^2)	580
15	滤袋尺寸(直径×长度)/mm	ϕ135(当量直径)×8500
16	滤袋数量/条	27600
17	壳体设计压力/Pa	±9500
18	清灰空气压力/MPa	0.085
19	压缩空气耗气量/(m^3/min)	110

② 设备阻力：≤957Pa；

③ 设备漏风率：1.8%；

④ 滤袋使用寿命：所用滤袋至2022年4月未进行更换。

【实例14-56】 某电厂1号炉1030MW机组电除尘器改造为电袋除尘器。

某电厂1号炉1030MW燃煤机组原配套除尘设备为三室五电场静电除尘器，其设计比集尘面积较小、除尘效率过低、除尘器出口烟尘排放浓度长期在100mg/m^3以上。该机组先进行了低低温除尘改造，在除尘器前加装低低温省煤器，但除尘器出口的烟尘排放浓度在60mg/m^3以上，仍不满足设计要求。随着煤电超低排放要求提出和实施，经充分调研和论证，采用了超净电袋复合除尘器进行超低排放改造。

1）锅炉参数：

① 锅炉型式：超超临界参数变压直流炉、一次再热、平衡通风、露天岛式布置、固态排渣、全钢构架、全悬吊结构、对冲燃烧方式、Π型锅炉；

② 最大连续蒸发量：3110t/h。

2）燃煤：本项目燃用煤种为山西长治贫煤，收到基全水分Mar为7.5%，收到基硫分Sar为0.26%，收到基灰分Aar较大，高达39.78%，并且飞灰中SiO_2和Al_2O_3含量较高，比电阻较大，是典型的劣质煤。

3）电袋复合除尘器总图如图14-71所示。

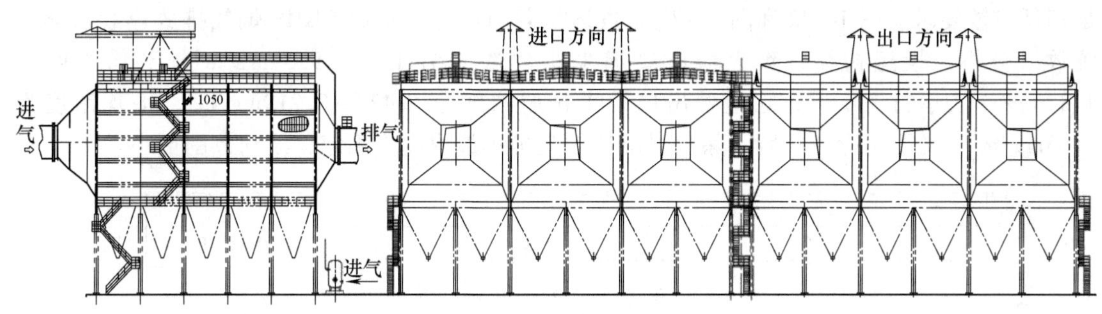

图 14-71　总体布置图

针对本工程燃用劣质煤，灰分大、入口烟尘浓度高的特点，结合超低排放的要求，采用电袋复合除尘技术对原有电除尘器进行改造，保留前面两电场，后面第三、四、五电场空间改造为长袋中压脉冲行喷吹袋式除尘区。

通过 CFD 对除尘器入口烟道进行气流均布实验，调整并更换入口均流板，以保证除尘器入口烟气量、流速分配均匀，经冷态调整后，保证除尘器入口烟气通道最大烟气量差值（按稳定截面网格法测试）小于 3%。电袋除尘器主要规格和设计参数见表 14-96。

表 14-96　电袋除尘器主要规格和设计参数

序号	名　称	参　数
1	处理烟气量/(m^3/h)	5889400
2	入口烟气温度/℃	≤165
3	进口含尘浓度(标态)/(g/Nm^3)	53.8
4	出口排放浓度(标态)/(mg/Nm^3)	≤10
5	仓室数/个	6
6	过滤单元数/个	6
7	过滤面积/m^2	98200
8	过滤速度/(m/min)	1.0
9	设备阻力/Pa	<1030
10	本体漏风率(%)	≤1
11	脉冲阀直径/in	4
12	滤袋材质	PPS+PTFE
13	滤料克重/(g/m^2)	700
14	壳体设计压力/Pa	±9800
15	清灰空气压力/MPa	0.2~0.4
16	压缩空气耗气量/(m^3/min)	90

4）运行效果：该机组于 2015 年 6 月成功投运，设备运行良好稳定，滤袋清灰周期长达 18 小时，性能优越。经第三方在 1010MW 负荷（98%满负荷）下进行了性能测试。结果表明：超净电袋复合除尘器 A、B 两列的烟尘排放浓度分别为 8.39mg/m^3、8.76mg/m^3；漏风率为 1.72%、1.76%；阻力为 646Pa、658Pa；烟囱出口烟尘排放浓度为 4.36mg/m^3，均满

足超低排放要求。图14-72和图14-73是投运初期和运行一年后CEMS烟气排放连续监测系统数据分析。投运初期，除尘器出口烟尘排放浓度为1.92～9.39mg/m^3，平均浓度为4.82mg/m^3。运行一年后，除尘器出口烟尘排放浓度为5.424～8.219mg/m^3，平均浓度为6.65mg/m^3，说明运行一年后，除尘器出口烟尘排排放浓度更稳定，波动范围更小。

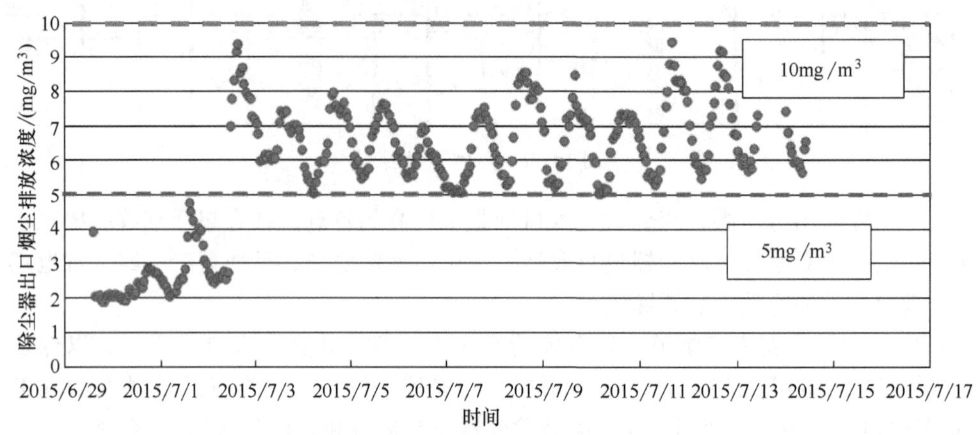

图14-72　除尘器出口烟尘排放浓度

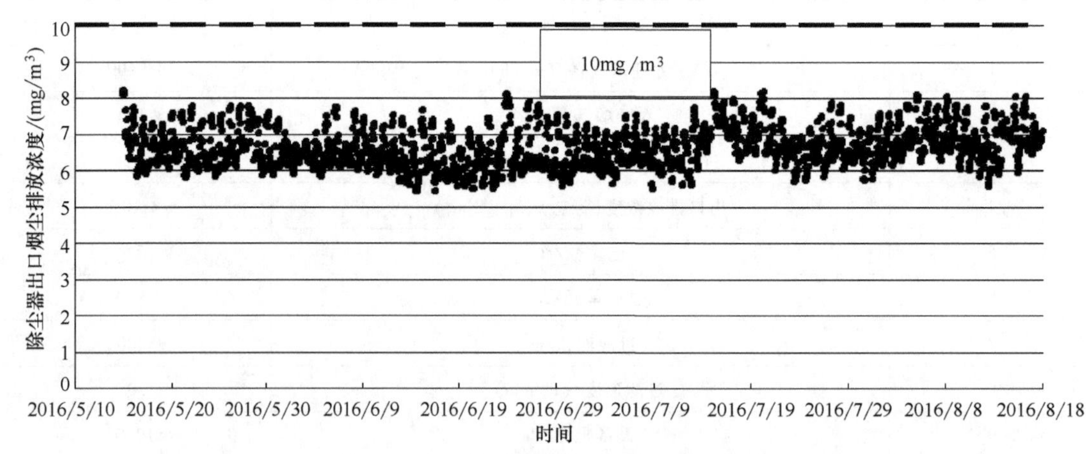

图14-73　一年后除尘器出口烟尘排放浓度

【实例14-57】 某电厂2×1000MW机组

本工程建设2×100万kW超超临界燃煤机组。为了实现除尘器出口排放≤10mg/m^{3}甚至5mg/m^{3}的长期稳定超低排放，电厂经过多方技术论证和分析，除尘技术采用超净电袋复合除尘器，工程同步建设烟气脱硫和脱硝装置。

1）锅炉参数：

① 锅炉型式：锅炉型式：超超临界参数变压运行直流炉，单炉膛、螺旋管圈水冷壁、一次再热、平衡通风、前后墙对冲燃烧、露天岛式布置、固态排渣、全钢构架、全悬吊结构Ⅱ型锅炉；

② 锅炉最大连续蒸发量（B-MCR）：3064t/h；

③ 空气预热器型式：三分仓回转式；

④ 锅炉运行方式：主要承担基本负荷并具有调峰能力。锅炉最低稳燃负荷为≤30%BM-

CR，并能在此负荷下长期运行。锅炉设置微油点火系统，点火助燃油系统作为微油点火系统的备用。

2）燃料：本项目燃煤采用河南、山西和陕西的原煤，燃煤收到基硫分 Sar 为 0.83%～1.29%，收到基水分 Mt 为 7.0%～9%，收到基灰分 Aar 为 26.48%～32.61%，干燥无灰基挥发分 Vdaf 为 18.23%～24.44%。

3）超净电袋复合除尘器：本项目每台锅炉配套双列 6 通道除尘器，每台除尘器包含 2 个电场区和 2 个滤袋区，电场区采用高频电源，滤袋采用超细纤维梯度结构的高精过滤滤料，脉冲阀采用 4in 大口径高效清灰技术，单台除尘器的总体布置图如图 14-74 所示，主要技术参数见表 14-97。

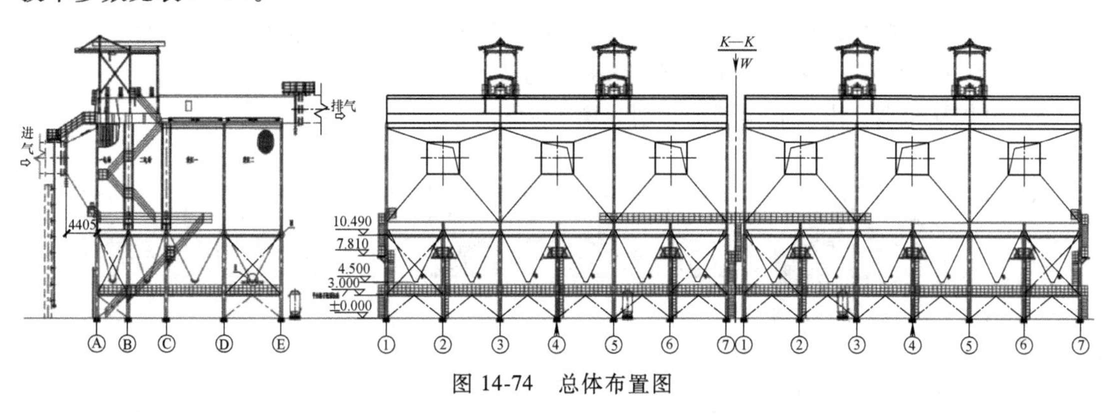

图 14-74　总体布置图

表 14-97　主要技术参数表

序号	项　　目	参　　数
1	入口烟气量(最大工况)/(m^3/h)	5339623
2	烟气温度/℃	142
3	设计效率(%)	99.988%(基于入口浓度≥41.37g/Nm^3)
4	除尘器入口烟尘浓度/(g/Nm^3)	41.37
5	设计除尘器出口的烟尘浓度/(mg/Nm^3)	≤5
6	本体阻力/Pa	前期<800/末期<1050
7	本体漏风率(%)	<1.8
8	比集尘面积/[m^2/(m^3/s)]	40.78
9	过滤风速/(m/min)	0.94
10	滤袋材料	高过滤精度滤料
11	滤袋尺寸规格/mm	ϕ168×8650
12	袋笼材料	Q235
13	脉冲阀型号	淹没式,4in

4）运行效果：2018 年 11 月，该项目超净电袋复合除尘器项目成功投运。经第三方测试，#1 号炉出口烟尘浓度平均为 3.9mg/m^3，平均阻力 515.6Pa；2 号炉出口烟尘浓度：1、2 室平均为 3.2mg/m^3；4、5 室平均为 3.7mg/m^3。平均阻力 556.0Pa。除尘器各项指标良好，达到超低排放的要求。

【实例 14-58】 某电厂 660MW 机组电除尘器改造为电袋除尘器。

某电厂 660MW 机组原采用四电场静电除尘器，每台机组配有型双室四电场除尘器，电除尘器已在目前实际煤种常规工况下，烟尘排放浓度已经无法满足 GB13223《火电厂大气污染物排放标准》中排放限值的要求，决定采用电袋除尘器进行改造。

1）锅炉参数：

① 锅炉型式：锅炉为东方锅炉集团制造的国产超临界参数变压直流本生型锅炉，一次中间再热、单炉膛、尾部双烟道结构、采用烟气挡板调节再热汽温、平衡通风、封闭布置、固态排渣、全钢构架、全悬吊结构Ⅱ型锅炉。

② 最大连续蒸发量：2141t/h。

2）燃煤：实际燃煤收到基硫分 Sar 为 1.39%～1.52%；收到基全水分 Mar12%；收到基灰分 Aar 为 16.57%～23.43%，干燥无灰基挥发分 Vdaf 为 40.11%～41.16%。

3）电袋除尘器：电袋除尘器的总图如图 14-75 所示。

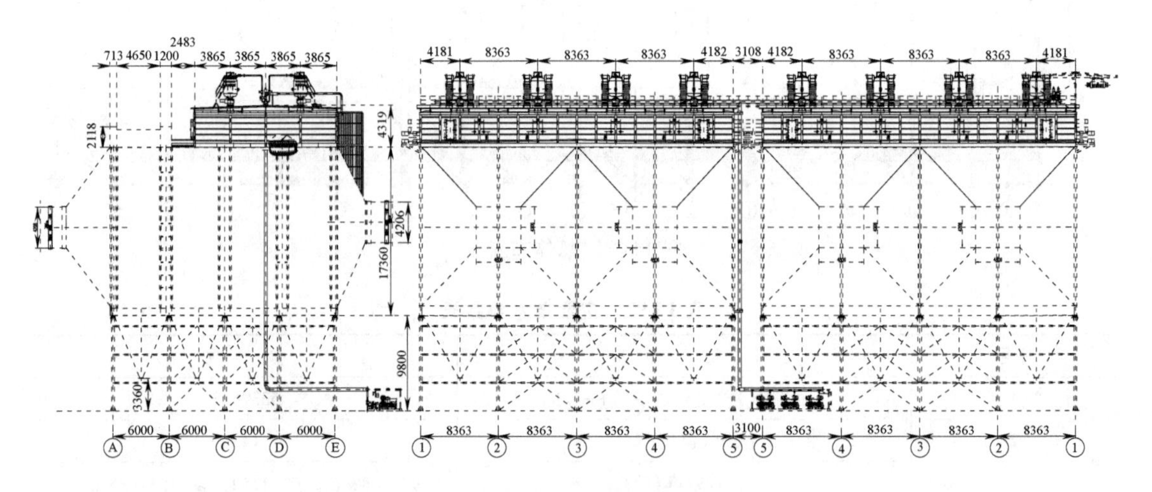

图 14-75　电袋除尘器总图

将原电除尘器改为电袋复合除尘器。即保留原电除尘器的第一电场的全部设备并进行维修，达到新装电场效果；拆除第二、三、四电场的所有部件，在其内布置旋转喷吹袋式除尘器并设置气流分布板，在每个过滤单元按同心圆布置滤袋，设置包括喷吹臂、旋转电机、减速机、储气罐和脉冲阀等设备作为清灰机构对滤袋进行脉冲清灰，清灰气源由罗茨风机提供，每个单元花板上方的洁净室有照明装置、观察、通风孔和检查门孔。电袋复合除尘器进出口均设置电动挡板门，并将每台炉的电袋除尘器的电除尘器区隔离成 4 个独立的通道，将滤袋区的过滤室和净气室也隔离成 4 个通道，保证能够实现在线检修。同时在电袋复合除尘器的袋式除尘器顶部设置有通风孔，以保证在较短的时间内进行通风降温，能够实现真正的离线检修，能保证离线更换滤袋。除尘器的清灰程序为定压差（或定时）控制，正常运行阶段，阻力设定值为 800Pa。

电袋除尘器主要规格和设计参数见表 14-98。

4）运行效果：电袋除尘器于 2016 年底投入运行，实测粉尘排放浓度平均为 7mg/m^3（标准状态），运行平均阻力 947Pa，设备漏风率 1.0145%，从 2016 年底到 2022 年 4 月滤袋一直没有进行更换。

表 14-98　电袋除尘器规格和设计参数

序号	名　称	参　数
1	处理烟气量/(m^3/h)	4141600
2	入口烟气温度/℃	130~160
3	进口含尘浓度(标态)/(g/Nm^3)	35
4	出口排放浓度(标态)/(mg/Nm^3)	≤8
电除尘区		
1	烟气流通面积/m^2	1080
2	电场数/个	1(利旧)
3	同级间距/mm	400
4	电场风速/(m/s)	1.06
5	电除尘区效率(%)	80
滤袋区		
1	仓室数/个	4
2	过滤单元数/个	16
3	过滤面积/m^2	76389
4	过滤速度/(m/min)	0.9
5	设备阻力/Pa	<1030
6	本体漏风率(%)	≤1
7	脉冲阀数量/个	16
8	脉冲阀直径/in	14
9	滤袋材质	PTFE 基布的 50%PTFE+50%PPS 纤维
10	滤料克重/(g/m^2)	670
11	滤袋尺寸(直径×长度)/mm	φ130(当量直径)×8600
12	滤袋数量/条	22016
13	清灰空气压力/MPa	0.06~0.085
14	压缩空气耗气量/(m^3/min)	25

【实例 14-59】 某电厂 660MW 机组

某电厂 660MW 燃煤机组原配套除尘设备为卧式干式 4 室 4 电场 4 通道的电除尘器。由于设计比集尘面积较小、除尘效率过低、烟尘排放浓度高，因此除尘器需要进行增效改造。因受现有场地、燃煤及运行等条件限制，经多次调研、论证，采用超净电袋复合除尘技术改造方案。

1）锅炉参数：

① 锅炉型式：亚临界压力、一次中间再热、单汽包、控制循环、四角喷燃双切圆燃烧燃煤锅炉；

② 最大连续蒸发量：2100.1t/h；

③ 空气预热器型式：三分仓回转式。

2）燃料：本工程设计煤种为神府东胜烟煤，近几年燃用的煤种主要有 4 种，包括国产神华煤（产地：山西）、平煤（产地：山西）以及进口印尼煤和澳大利亚煤。常用4种入厂煤的比例平均为82.15%，煤种基本可控。设计煤种为神府东胜烟煤，收到基硫分Sar为0.43%，收到基全水分Mar为12%，收到基灰分Aar为13%。

3）超净电袋复合除尘器：本项目改造方案是采用超净电袋复合除尘技术对原有电除尘器进行改造，不加长柱距，不加宽跨距。保留原支架、壳体、灰斗、进口喇叭等。第一电场阴阳极系统、振打系统全部更换。阴极系统采用前后分区供电方式，原整流变利旧。第二、三、四电场空间改造为长袋中压脉冲行喷吹袋式除尘区。

改造后每台炉配套一台电袋复合除尘器，每台除尘器设4个进口烟道和4个出口烟道。电场区沿烟气方向设1个电场3个供电区，垂直烟气方向分2个分区，共计6个供电区。超净电袋复合除尘器的总体布置图如图14-76所示，主要技术参数见表14-99。

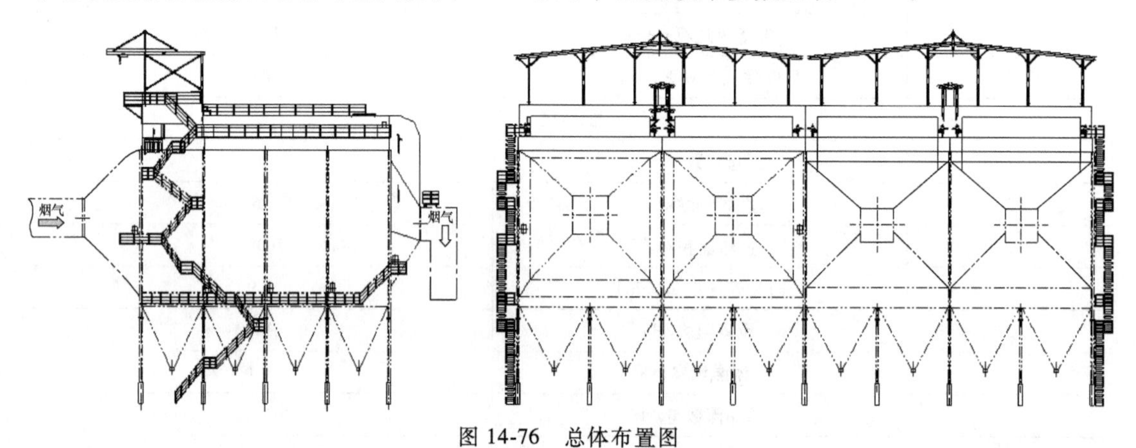

图14-76 总体布置图

表14-99 主要技术参数表

序号	项目	参数
1	入口烟气量/(m^3/h)	3787901
2	烟气温度/℃	≤150
3	除尘器入口烟尘浓度/(g/m^3)	≤25
4	除尘器出口烟尘浓度/(mg/m^3)	≤5
5	除尘效率(%)	≥99.98%
6	本体总阻力(正常/最大)/Pa	800/1150
7	本体漏风率(%)	≤1.9
8	比集尘面积/[m^2/(m^3/s)]	23.95
9	过滤速度/(m/min)	~1.0
10	滤袋材质	高精过滤滤料
11	电磁脉冲阀规格型号	淹没式,4in

4）运行效果：2015年1月，该项目超净电袋复合除尘器项目成功投运。经第三方测试，电袋复合除尘器出口烟尘排放浓度为3.7mg/m^3，本体压力降为780Pa，漏风率1.0%，烟囱出口排放浓度2.66mg/m^3，各项指标良好，达到超低排放的要求。

图14-77和图14-78分别为2号机组超净电袋投运初期和投运一年半的超净电袋出口连

续 3 个月的 CEMS 在线监测数据。从图中可以看出，超净电袋出口的颗粒物排放浓度稳定在 $10mg/m^3$ 以内，且投运一年半后，其排放稳定性进一步提高。

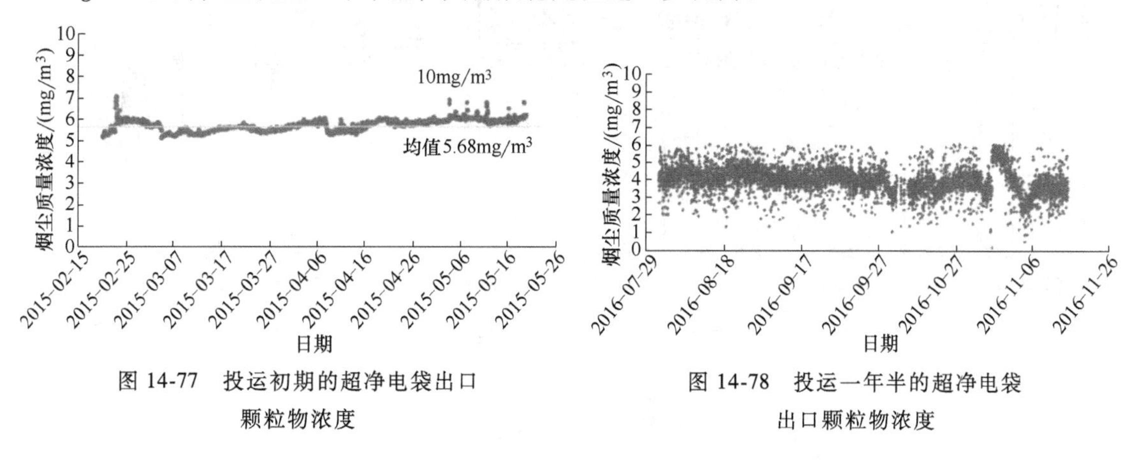

图 14-77　投运初期的超净电袋出口颗粒物浓度

图 14-78　投运一年半的超净电袋出口颗粒物浓度

【实例 14-60】　某电厂 600MW 锅炉机组新建分室回转切换定位反吹袋式除尘器。

1）锅炉参数：

① 超超临界参数，直流炉，一次中间再热，单炉膛，对冲燃烧方式，Ⅱ型布置，全钢构架，全悬吊结构，紧身封闭布置，固态排渣，平衡通风，配中速磨直吹式制粉系统；

② 最大连续蒸发量：1978.88t/h；

③ 机组规模：600MW；

④ 烟气露点温度：110℃。

2）燃煤收到基硫分 Sar 为 0.68%~0.73%，收到基全水分 27.2%~28.4%，收到基灰分 Aar 为 5.92%~6.07%，干燥无灰基挥发分 Vdaf 为 30.65%~31.43%。

新疆准东地区煤碳因其严重的沾污性、结渣性、高水分的特性，在电厂锅炉燃烧过程中易发生严重的结焦、沾污，给袋式除尘器的选型带来一定的困难，目前燃烧准东煤的锅炉配套除尘器全部为电除尘器，粉尘浓度大多集中在 $30mg/m^3$ 左右，很难达到超净排放的标准。

考虑到日益严格的环保要求，某电厂在建设初期即明确了除尘器粉尘出口粉尘浓度在控制在 $10mg/m^3$ 以下，确保整个系统的超低排放。在经过对国内主流除尘器使用情况的调研之后，决定选用分室回转切换定位反吹袋式除尘器作为新建 2×600MW 机组的配套除尘设备。

分室回转切换定位反吹袋式除尘主要技术特点有：采用引风机出口的经净化后的烟气作为清灰的气源，无需消耗压缩空气，滤袋为扁形成行成列挂在花板上及清灰采用悬吊式回转机构，每个清灰机构可覆盖 $3000m^2$ 左右的滤袋，清灰机构设备简单，除尘器内部如图 14-79 所示。

图 14-79　分室回转切换定位反吹袋式除尘器内部示意图

3）袋式除尘器总图如图 14-80 所示。

每台机组配置 2 台袋式除尘器，设置有 8 个过滤室，共计 4 列 8 个烟气通道，每个烟气通道设置 6 个独立清灰单元，每个清灰单元的过滤室内按矩阵式排列布置 176 条滤袋，每个

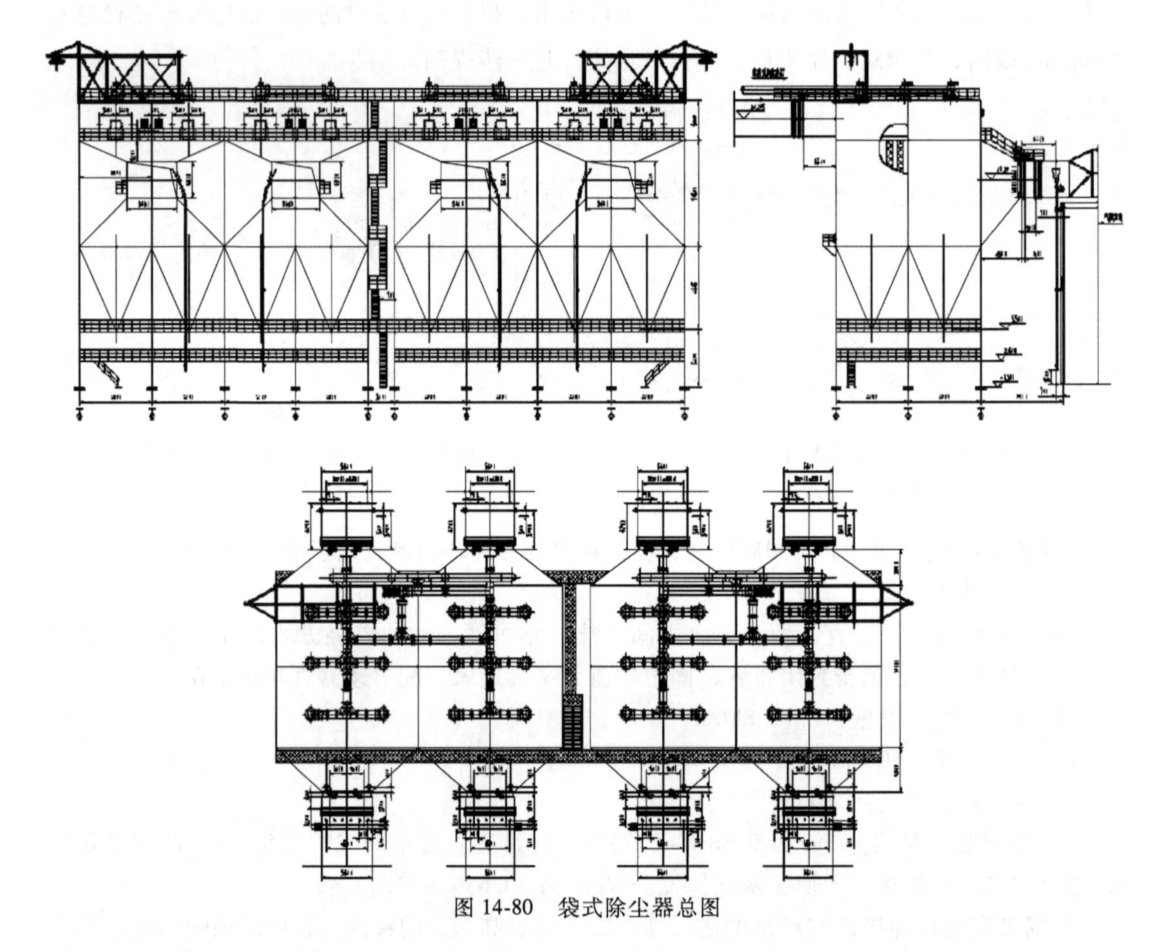

图 14-80 袋式除尘器总图

清灰单元设置有包括反吹风筒、反吹机构、顶盖上设置旋转电机和减速机等设备构成的清灰装置，对滤袋进行反吹清灰，清灰气源借用了引风机与除尘器压差作为清灰动力。每个单元花板上方的洁净室有照明装置、观察镜装置、通风孔和检查门孔。针对燃煤煤质的含水较高的问题，并考虑准东煤灰亚细颗粒多，容易产生粉尘镶嵌，通过试验比较，确定滤袋采用50%PPS 纤维+50%PTFE 纤维+PTFE 基布的覆膜滤料，滤料的克重 580g/m^2。覆膜滤料显示了良好的除尘效率和稳定的清灰阻力，尽管初始阻力较高，但最终阻力上升慢，有利于除尘器的稳定运行。

根据该锅炉换热器的结构特点，袋式除尘器设紧急喷水降温装置。

除尘器设置有预喷涂系统，在除尘器运行前进行滤袋的预喷涂，以避免燃油点火时油渍对滤袋的侵害而造成滤袋的损坏，在燃油助燃时，除尘器的清灰系统停止使用。

除尘器设置有紧急喷水降温系统，在除尘器入口烟气温度超过 170℃时自动投入运行，以保证除尘器的入口温度小于 160℃。

滤袋的清灰控制由 DCS 进行控制，DCS 根据花板上、下（即滤袋内外）的压差，并自动发出清灰指令，清灰控制根据不同的压差自动实现清灰与停位控制，以保证除尘器设备阻力在设计要求下进行。

袋式除尘器主要规格和设计参数见表 14-100。

表 14-100　袋式除尘器主要规格和设计参数

序号	名　称	参　数
1	处理烟气量/(m^3/h)	4064167
2	入口烟气温度/℃	110~123
3	进口含尘浓度(标态)/(g/Nm^3)	10
4	出口排放浓度(标态)/(mg/Nm^3)	≤10
5	清灰单元数/组	48
6	过滤室/个	8
7	过滤面积/m^2	79689
8	过滤速度/(m/min)	0.85
9	设备总阻力/Pa	<1200
10	本体漏风率(%)	≤2
11	清灰机构/个	48
12	滤袋材质	滤料 50%PPS+50%PTFE,面层 PTFE 覆膜,基布 100%PTFE
13	滤料克重/(g/m^2)	580
14	滤袋尺寸/mm	60×500×8700
15	滤袋数量/条	8448
16	壳体设计压力/Pa	±9500
17	清灰空气压力/Pa	300

4）运行效果：除尘器于 2019 年 6 月通过性能验收，在袋式除尘器投运后，经数次测试，指标如下：

① 粉尘排放浓度：12.48~15.32mg/m^3（标准状态）；

② 设备阻力：≤1000Pa；

③ 设备漏风率：1.8%；

④ 滤袋使用寿命：所用滤袋至 2022 年 4 月未进行更换。

【实例 14-61】 某热电厂 2×350MW 机组新建耦合增强电袋复合除尘器

某热电厂新建 2×350MW 机组，采用耦合增强电袋复合除尘器。该技术采用“前电后混合区”结构型式，且后级混合区采用电区与袋区相间布置，通过前级电场和混合区中电场双重强化静电效应，增强“电”与“袋”的耦合作用，缩短荷电粉尘到达滤袋表面的距离，有效减少荷电粉尘的电荷损失，强化了荷电粉尘的过滤特性，显著提高了对细颗粒的捕集效率，有利于实现长期稳定超低排放。

1）锅炉参数：

① 锅炉型式：循环流化床、超临界直流炉，一次中间再热、单炉膛、半露天岛式布置。平衡通风，全钢架悬吊结构，炉顶设密封罩壳。

② 最大连续蒸发量：1146t/h。

2）燃煤：燃煤收到基硫分 Sar 为 0.68%~1.16%；收到基全水分 Mar 为 4.95%~8.2%；收到基灰分 Aar 为 37.78%~47.48%，干燥无灰基挥发分 Vdaf 为 37.78%~43.27%。

3）耦合增强电袋复合除尘器：根据烟气特性、性能指标要求、工艺布置及场地要求，本工程除尘器总体设计为双列双室，4个独立烟气通道，前级一个电区，后级两个混合区，24个灰斗，耦合增强电袋复合除尘器总体结构如图14-81所示，耦合增强电袋复合除尘器主要规格和设计参数见表14-101。

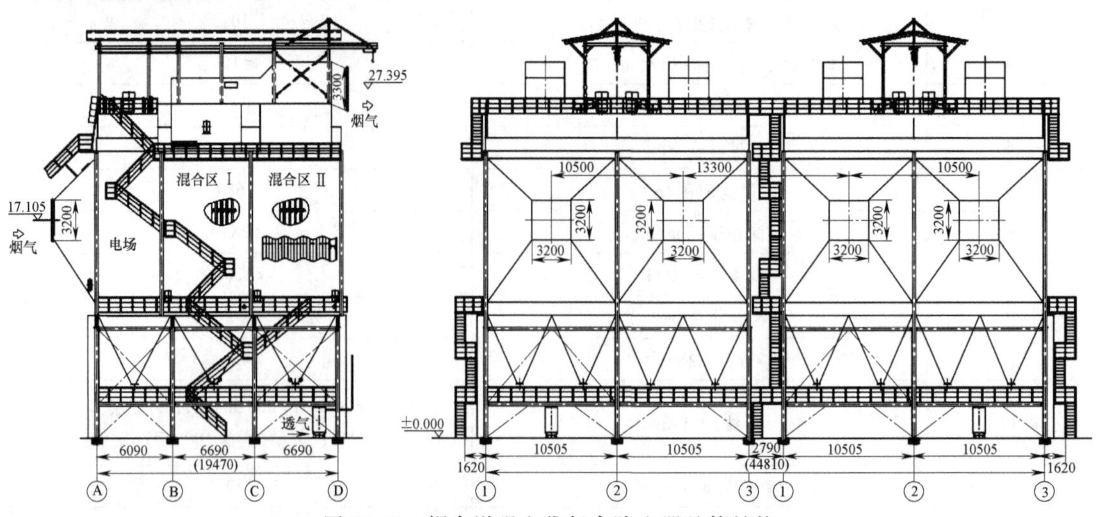

图14-81 耦合增强电袋复合除尘器总体结构

表14-101 耦合增强电袋复合除尘器主要规格和设计参数

序号	名 称	参 数
1	处理烟气量/(m^3/h)	1910957
2	入口烟气温度/℃	140
3	进口含尘浓度(标态)/(g/Nm^3)	46.3
4	出口排放浓度(标态)/(mg/Nm^3)	≤3
5	设备阻力/Pa	<950
6	SO_x 浓度(标准状态)/(mg/m^3)	3465
7	NO_x 浓度(标准状态)/(mg/m^3)	≤50
8	水蒸汽含量(%)	7.72
9	烟气酸露点/℃	102.8
	前级电除尘区	
1	电场数	前后两个分区
2	流通面积/m^2	2×240
3	通道数/个	4×25
4	除尘效率(%)	约80
5	配套电源	1.2A高频4台
	电袋混合区	
	电 除 尘 区	
1	电场数	前后2个电场
2	流通面积/m^2	2×86

（续）

序号	名 称	参 数
3	通道数/个	4×9
4	除尘效率(%)	约 83
5	配套电源	1.0A 高频 4 台
滤 袋 区		
6	仓室数/个	4
7	过滤单元数/个	4
8	过滤面积/m^2	21240
9	过滤速度/(m/min)	约 1.5
10	本体漏风率(%)	2
11	脉冲阀数量/个	384
12	脉冲阀直径/in	4.5
13	滤袋材质	PPS+PTFE
14	滤料克重/(g/m^2)	650
15	清灰空气压力/MPa	0.2~0.4
16	压缩空气耗气量/(Nm^3/min)	15
除尘器占地面积/(m×m)		19.89×44.8

4）运行效果：该项目于 2019 年通过 168h 试运行，各项性能参数良好。经第三方性能测试，#1 炉除尘器出口烟尘排放浓度为 2.6mg/m^3（干基、标态、含氧量 6%），设备阻力为 649.7Pa；#2 炉除尘器出口烟尘排放浓度为 2.5mg/m^3（干基、标态、含氧量 6%），设备阻力为 653.8Pa。同时，连续在线监测数据如图 14-82、图 14-83 所示。结果表明，1#和 2#炉除尘器出口烟尘排放浓度均小于 3mg/m^3，设备阻力均小于 950Pa，长期稳定保持超低排放。

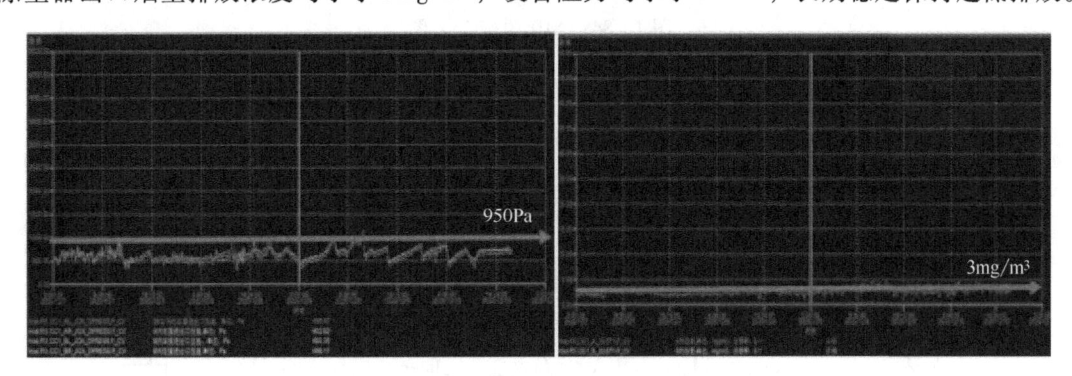

图 14-82 #1 炉测试期间连续监测数据

二、锅炉烟气干法或半干法脱硫用袋式除尘器

1. 几种干法和半干法脱硫工艺简介

目前，最典型的干法和半干法脱硫技术包括法国 ALSTOM 公司的 NID 技术（见图 14-84）和德国 WULFF 公司的循环流化床半干法脱硫技术，即 RCFB 技术（见图 14-85）。另外，还有德国 LURGI 公司的 CFB 技术、丹麦 SMITH 公司的 F·L·S 技术和我国循环流化

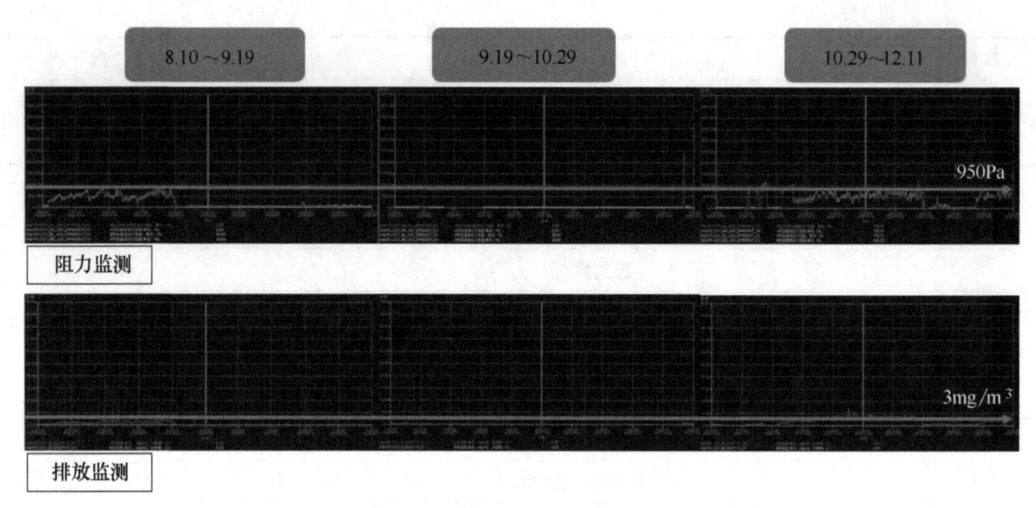

图 14-83　除尘器4个月连续 CEMS 监测数据对比

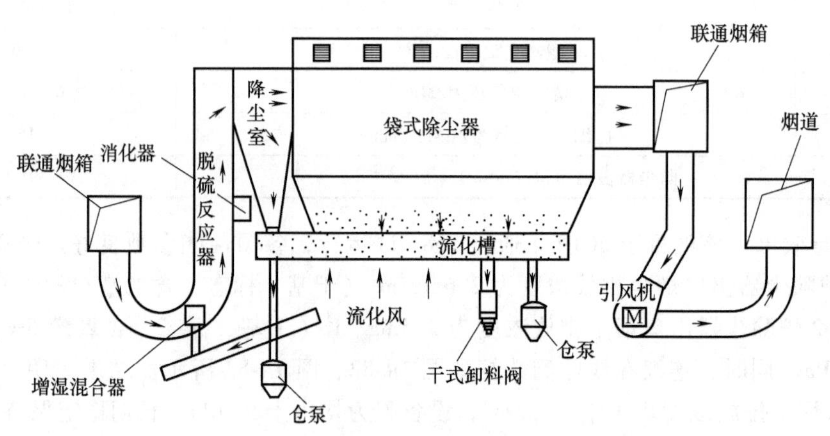

图 14-84　NID 脱硫工艺图

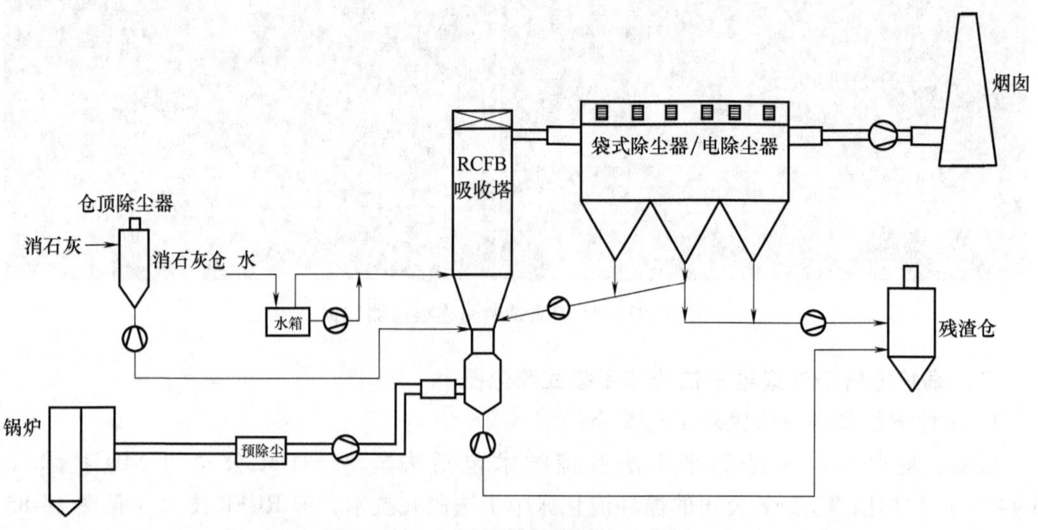

图 14-85　RCFB 半干法脱硫工艺图

床半干法脱硫专利技术 LJS 等，在国内外已获得大量推广应用。干法和半干法脱硫工艺在国内 300MW 以下机组的烟气脱硫工程中均有应用。

2. 干法和半干法脱硫后的烟尘特点

1）干法脱硫的机理是利用大量的粉状吸收剂来吸收烟气中的 SO_2。与不脱硫的常规粉煤灰相比，脱硫灰中增加了钙盐和水分，粉尘的粘性增加。

2）干法和半干法脱硫采用粉尘大量循环的方法，烟气中粉尘浓度大幅度提高，正常时为 800~1200g/m^3（标准状态），高峰时可达 2000g/m^3（标准状态）。

3）由于需要向塔内喷水降温以形成适宜的反应环境，烟气湿度为 5%~15%。

4）干法和半干法脱硫的粉尘成分主要是亚硫酸钙、硫酸钙、氢氧化钙、氧化钙等，比较稳定。

3. 对袋式除尘器的设计要求

1）袋式除尘器必须具有高强度的清灰能力，宜采用脉冲喷吹清灰方式。

2）宜采用自上而下的进风方式，或侧向进风。

3）应具有预分离功能，并有合理的气流分布装置。

4）所用的滤料应有良好的粉尘剥离能力。

【实例 14-62】 某电厂 2×350MW 机组

本项目工程规划新建容量 2×350MW 超临界循环流化床机组。根据燃用煤质含硫量情况（煤种最大含硫量 1.8%），并结合国家 SO_2 排放浓度和排放总量的要求，脱硫方案采用炉内一级喷钙脱硫+炉外循环流化床半干法二级脱硫的方案。脱硫前未配置预电除尘，除尘采用循环流化床脱硫后袋式除尘器。

1）锅炉参数：

① 锅炉型式：循环流化床超临界直流燃煤锅炉；

② 最大连续蒸发量：2×1215t/h；

③ 锅炉燃煤量：277t/h。

2）燃煤：本项目采用当地煤矿原煤与煤矸石，并掺烧煤泥。燃煤收到基硫分 Sar 为 1.6%~1.86%；收到基全水分 Mar 为 12.12%~15.8%；收到基灰分 Aar 为 32.34%~33.68%，干燥无灰基挥发分 Vdaf 为 32.34%~33.68%。

3）袋式除尘器：本项目的袋式除尘器设置半干法脱硫后，锅炉空气预热器出口烟气参数见表 14-102，脱硫塔出口在不脱硫和脱硫时烟气参数见表 14-103。

表 14-102　空气预热器出口烟气参数

序号	项　目	数值
1	烟气量(标态)/(Nm^3/h)	1070913
2	烟气温度/℃	140
3	CO_2 体积分数(%)	约 13
4	H_2O 体积分数(%)	约 11
5	O_2 体积分数(%)	4.2
6	N_2 体积分数(%)	约 72
7	SO_2 浓度(标态)/(mg/Nm^3)	700~800(炉内脱硫后)

（续）

序号	项　目	数值
8	NO_x 浓度(标态)/(mg/Nm^3)	约50
9	CO 浓度(标态)/(mg/Nm^3)	—
10	飞灰浓度(标态)/(mg/Nm^3)	60000~76000

表 14-103　脱硫塔出口在不脱硫和脱硫时的烟气参数

序号	项　目		参数	
			不脱硫	脱硫
1	烟气量	标况/(Nm^3/h)	1083000	1083000
2		工况/(m^3/h)	2115000	1881000
3	烟气温度/℃		140	75
4	烟气露点温度/℃		约75	约60
5	CO_2 体积分数(%)		约13	约12
6	H_2O 体积分数(%)		约11	约15
7	O_2 体积分数(%)		约4.4	约4.4
8	N_2 体积分数(%)		约72	约71
9	SO_2 体积分数(%)		约0.02	<0.001
10	NO_x 体积分数(%)		<0.001	<0.001
11	粉尘浓度(标态)/(g/Nm^3)		60~76	约1000

袋式除尘器采用低压旋转脉冲喷吹、一炉一套配置，布置于脱硫吸收塔后，每台除尘器设置6个室12个单元，每个室一个灰斗共6个，每个单元配置一个14in淹没式脉冲阀。滤袋为进口PPS加上PTFE表面处理，袋笼采用低碳钢制作。为保证滤袋使用寿命，滤袋长期允许使用温度为160℃以下，短时最高180℃。脱硫塔后袋式除尘器主要规格和设计参数见表14-104。

表 14-104　脱硫塔后袋式除尘器主要规格和设计参数

序号	名　称	参　数	
		不脱硫	脱硫
1	处理烟气量/(m^3/h)	2115000	1881000
2	入口烟气温度/℃	145	75
3	进口含尘浓度(标态)/(g/Nm^3)	76	1000
4	出口排放浓度(标态)/(mg/Nm^3)	<5	
5	仓室数/个	6	
6	过滤单元数/个	12	
7	过滤面积/m^2	44193	
8	过滤速度/(m/min)	0.798	0.709
9	设备阻力/Pa	<1500	
10	本体漏风率(%)	<2	

（续）

序号	名　　称	参　　数	
		不脱硫	脱硫
11	脉冲阀数量/个	12	
12	脉冲阀直径/in	14	
13	滤袋材质	PPS+PTFE 表面浸渍处理	
14	滤料克重/(g/m^2)	580	
15	滤袋尺寸(直径×长度)/mm	ϕ130×8150	
16	滤袋数量/条	13812	
17	壳体设计压力/Pa	9500	
18	清灰空气压力/MPa	<0.1	
19	压缩空气耗气量/(m^3/min)	约 100	

4）运行效果：2015 年 9 月 18 日，本项目 1#机组及其配套的 DSC-M 烟气干式超净排放装置，一次性顺利通过 168h 试运行考核，2#机组也于 2016 年 11 月成功完成试运行。两台装置自投运以来，SO_2 排放浓度范围为 9~12mg/m^3、烟尘排放浓度范围为 2~4mg/m^3。

【实例 14-63】 某电厂 1×300t/h 供热锅炉袋式除尘器利旧改造波形褶皱滤袋。

某电厂 1×300t/h 供热锅炉袋式除尘器利旧改造波形褶皱滤袋。

1）锅炉参数：

① 锅炉型式：循环流化床锅炉；

② 最大连续蒸发量：300t/h。

2）燃煤：本项目燃煤收到基硫分 Sar 为 0.7%，收到基全水分 Mar 为 10%，收到基灰分 Aar 为 56%。

3）袋式除尘器：本项目采用的 NID 半干法脱硫和袋式除尘的工艺流程，袋式除尘器采用行喷吹脉冲清灰，机组配置 1 台袋式除尘器，除尘器设置两列 8 个仓室，共计 16 个过滤单元，每个单元设置有 210 条滤袋，整台除尘器共计 3360 条滤袋。

除尘器利旧改造为波形褶皱式滤袋，原圆形滤袋直径 ϕ160mm、长度 7.0m，原过滤风速 0.86m/min；改造后波形褶皱滤袋直径 ϕ160mm、长度 5.5m，单条滤袋过滤面积为 5m^2，总过滤面积为 16800m^2，改造后过滤风速<0.62m/min。

滤袋材质采用 PPS+PTFE 复合纤维/PTFE 基布，滤料的克重≥620g/m^2。

改造后袋式除尘器主要技术参数见表 14-105。

表 14-105　改造后袋式除尘器主要技术参数

序号	名　　称	参　　数
1	处理烟气量/(m^3/h)	623490
2	入口烟气温度/℃	≤150
3	进口含尘浓度(标态)/(g/Nm^3)	>1000(开脱硫)
4	出口排放浓度(标态)/(mg/Nm^3)	≤5
5	过滤单元数/个	16
6	过滤面积/m^2	16800

（续）

序号	名 称	参 数
7	过滤速度/(m/min)	<0.62
8	设备总阻力/Pa	<1200
9	脉冲阀数量/个	224
10	脉冲阀直径/in	3
11	滤袋材质	PPS+PTFE复合纤维
12	滤料克重/(g/m^2)	≥620
13	滤袋规格/mm	ϕ160×5500
14	滤袋数量/条	3360
15	箱体耐压等级/Pa	±6000
16	清灰空气压力/MPa	0.3
17	压缩空气耗气量/(m^3/min)	5

4）运行效果：除尘器于2016年10月通过性能验收，SO_2 排放浓度范围为15~20mg/m^3；粉尘排放浓度：2~3mg/Nm^3；运行备阻力：≤900Pa；滤料的使用寿命为4年。

三、工业与民用中、小型锅炉烟气除尘

中、小型锅炉的特点：

中、小型锅炉主要指蒸发量为220t/h及其以下的燃煤（或燃煤与气、油、垃圾等混烧）锅炉。

与电厂的大型锅炉相比，中、小型锅炉有时存在下列不足：

1）燃烧时空气供应不够充分；

2）锅炉结构不如大型锅炉完备；

3）炉膛温度偏低；

4）空气与可燃气体混合不良；

5）燃烧反应时间不够。

由于上述原因，往往导致燃料在炉膛内燃烧不充分，产生黑烟。

另外，中、小型锅炉的燃煤往往煤质较差，含硫量高，灰分高，排尘量大。

【实例14-64】 某公司168MW循环流化床热水锅炉烟气除尘。

某电力公司新建两台168MW循环流化床热水锅炉，为了满足国家新颁布的环保标准要求，决定采用袋式除尘器。

1）锅炉参数：

① 锅炉型式：循环流化床锅炉；

② 每台锅炉烟气量：430000m^3/h；

③ 进口烟尘浓度：50g/m^3（标准状态）；

④ 烟气温度：140℃（最高140℃）。

2）燃煤：燃煤为山西阳泉煤、乱流煤，燃煤实际收到基硫分年平均值：Sar为1.34%；燃煤收到基全水分Mar为6.62%；实际收到基灰分年平均值：Aar为23.77%。

3）袋式除尘器：采用长袋低压脉冲袋式除尘器，PPS 滤袋。设有旁路，当出现爆管或烟气温度超过 200℃时，旁路自动开启。袋式除尘器主要规格和设计参数见表 14-106。

表 14-106　袋式除尘器主要规格和设计参数

序号	名　称	参数
1	处理烟气量/(m^3/h)	440000
2	入口烟气温度/℃	≤160
3	进口含尘浓度(标态)/(g/Nm^3)	50
4	出口排放浓度(标态)/(mg/Nm^3)	≤30
5	仓室数/个	6
6	过滤单元数/个	6
7	过滤面积/m^2	7200
8	过滤速度/(m/min)	1.02
9	设备阻力/Pa	<1200
10	本体漏风率(%)	≤2
11	脉冲阀数量/个	162
12	脉冲阀直径/in	3
13	滤袋材质	PPS+PPS 基布
14	滤料克重/(g/m^2)	550
15	滤袋尺寸(直径×长度)/mm	ϕ130×6800
16	滤袋数量/条	2592
17	清灰空气压力/MPa	0.2~0.4
18	压缩空气耗气量/(m^3/min)	8

4）运行效果：该两台除尘器于 2006 年 10 月相继投产。实测烟尘排放浓度为 28mg/m^3（标准状态），阻力为 900~1000Pa，滤料的使用寿命为 5 年 6 个月。

【实例 14-65】 某钢铁公司自备电厂 220t/h 锅炉烟气除尘。

某钢铁公司热电总厂一台 220t/h 锅炉。原配备 110m^2 三电场静电除尘器。由于粉尘排放浓度超标，改造为脉冲袋式除尘器。

与一般电厂锅炉不同，该锅炉采用原煤与高炉煤气混烧。烟气温度较高，连续运行温度超过 170℃，最高可达 220℃。

1）锅炉参数：

① 锅炉型式：SG-220/9.8-M295 倒“U”型固态排渣煤粉炉；

② 额定蒸发量：220t/h。

2）燃料为煤和高炉煤气掺烧：

① 燃料：山东枣庄混煤，掺烧（2.2~2.4）×$10^4$$m^3$/h 高炉煤气；

② 锅炉燃煤量：28t/h（全煤）、24t/h（掺烧高炉煤气）。

3）袋式除尘器：采用长袋低压脉冲袋式除尘器。鉴于烟气温度高于一般锅炉，所用滤料为针刺毡，以 PTFE+高强玻纤为基布，以 P84+PTFE+超细玻纤为面层。同时加强除尘器入口的温度监控，当烟气温度超过 200℃或低于 120℃时报警，而当烟气温度升至 220℃时紧

急报警。

袋式除尘器主要规格和设计参数见表14-107。

表14-107 袋式除尘器主要规格和设计参数

序号	名 称	参数
1	处理烟气量/(m^3/h)	500000
2	入口烟气温度/℃	≤160
3	进口含尘浓度(标态)/(g/Nm^3)	27.5
4	出口排放浓度(标态)/(mg/Nm^3)	≤30
5	过滤面积/m^2	7600
6	过滤速度/(m/min)	1.1
7	设备阻力/Pa	<1300
8	本体漏风率(%)	≤1.5
9	滤袋尺寸(直径×长度)/mm	ϕ160×7000
10	清灰空气压力/MPa	0.2~0.4

4）运行效果：设备于2005年投入运行，实测结果：烟尘排放浓度为11mg/m^3（标准状态），设备阻力为1161Pa，除尘器漏风率为1.43%，滤袋的使用寿命为3年6个月。

【实例14-66】 某公司2×130t/h循环流化床锅炉烟气除尘。

1）锅炉参数：

① 锅炉型式：循环流化床炉；

② 最大连续蒸发量：130t/h。

2）燃料：燃煤收到基硫分Sar为0.6%；收到基全水分Mar为20%；收到基灰分Aar为48.99%。

3）电袋除尘器：将原电除尘器改为电袋复合除尘器。即保留原电除尘器的第一电场的全部设备并进行维修，达到新装电场效果；拆除第二、三的所有部件，在其内布置固定行喷吹脉冲袋式除尘器并设置气流分布板，每条滤袋断面为圆形，滤袋直径ϕ130mm，长度8.00m，整台除尘器共有1258条滤袋，总过滤面积为5000m^2。滤袋滤料材质为40%PPS+60%PTFE混纺+PTFE基布，面层加超细PPS纤维30%，后处理工艺为双面烧毛、热定型及防油、防水、防糊袋等，滤袋克重为≥650g/m^2。电袋除尘器的主要规格和设计参数见表14-108。

表14-108 电袋除尘器主要规格和设计参数

序号	名 称	参数
1	处理烟气量/(m^3/h)	350000
2	入口烟气温度/℃	≤160
3	进口含尘浓度(标态)/(g/Nm^3)	40
4	出口排放浓度(标态)/(mg/Nm^3)	≤30
	电除尘区	
1	烟气流通面积/m^2	84
2	电场数/个	1(利旧)

（续）

序号	名　　称	参数
3	同级间距/mm	400
4	电场风速/(m/s)	1.16
5	电除尘区效率(%)	80
滤　袋　区		
1	仓室数/个	1
2	过滤单元数/个	4
3	过滤面积/m^2	5000
4	过滤速度/(m/min)	1.16
5	设备阻力/Pa	<1000
6	本体漏风率(%)	≤2
7	脉冲阀数量/个	74
8	脉冲阀直径/in	4
9	滤袋材质	PTFE 基布
10	滤料克重/(g/m^2)	650
11	滤袋尺寸(直径×长度)/mm	ϕ160×8000
12	滤袋数量/条	1258
13	清灰空气压力/MPa	0.2~0.4
14	压缩空气耗气量/(m^3/min)	8

4）运行效果：在袋式除尘器于 2015 年 10 月通过性能验收，运行指标如下：

① 粉尘排放浓度：20.5~22.8mg/Nm^3（标态）；

② 设备阻力：≤960Pa；

③ 设备漏风率：1.5%；

④ 滤袋使用寿命：所用滤袋至 2021 年 9 月未进行更换。

第六节　袋式除尘器在废弃物焚烧烟气净化中的应用

本节定义的废弃物包括生活垃圾、医疗废弃物和危险废弃物；生活垃圾的处置一直困扰着城市的发展，目前我国日产生活垃圾约 100 多万吨，并以每年 7%~8%的速度增长，生活垃圾焚烧是实现垃圾减量化、无害化、资源化最有效的方法，瑞士、丹麦、日本等国家的垃圾焚烧率都达到很高比例，日本有垃圾焚烧设施 1103 个，总焚烧产能 18.05 万吨/日，占无害化处置的 80%以上。根据《国家危险废弃物名录（2021 年版）》规定，凡具有毒性、腐蚀性、易燃性、反应性或者感染性一种或者几种危险特性的；不排除具有危险特性，可能对生态环境或者人体健康造成有害影响，需要按照危险废弃物进行管理的均定义为危险废弃物。危险废弃物包括医疗废弃物，尽管医疗废弃物总量不多，但种类繁多，危害性更大，《全国危险废弃物和医疗废弃物处置建设规划》要求绝大部分应采用焚烧处置。

废弃物焚烧烟气成分复杂，参数多变，污染物多种多样，焚烧烟气的治理既有颗粒物除尘问题，又有废气净化问题。经过20多年的研究开发以及工程实践，以袋式除尘器为主体的“干法”“半干法”和“干法+半干法”多组分处理工艺，已成为对废弃物焚烧烟气最适用的处理工艺。

一、生活垃圾焚烧烟气净化

1. 焚烧工艺

生活垃圾焚烧工艺：垃圾经分拣、压缩、运储、发酵处理后，投入焚烧炉中燃烧，高温烟气经余热锅炉冷却，并回收余热用于供热或发电，残渣及炉灰从炉底排出；我国生活垃圾含水率比较高而热值低，通常，当低位热值大于5000kJ/kg时，燃烧效果较好；而当低位热值小于3350kJ/kg时，需采取掺煤或烧油等助燃措施。

生活垃圾焚烧炉的形式较多，最常用的有炉排焚烧炉与流化床焚烧炉。

1）炉排炉焚烧工艺　炉排炉焚烧设备的核心是活动炉排，有逆推和顺推炉排之分，各有利弊，国内采用最多的是逆推炉排炉，在该型炉的炉排表面实现层状燃烧；炉排前后分布预热干燥区、主燃区和燃尽区，生活垃圾在炉排上不断地翻滚、搅动、前移，在一次风、二次风作用下被干燥、着火，并在炉排表面实现层状燃烧。炉排炉焚烧工艺很成熟，是世界上最早用于垃圾焚烧的焚烧炉。

焚烧炉的炉拱设计要考虑烟气流场有利于热烟气对始端垃圾的预热干燥和对末端垃圾的燃尽保温；配风设计要确保炉排垃圾层气流分布均匀，并合理分配一次、二次风。

2）流化床炉焚烧工艺　生活垃圾流化床炉焚烧工艺与普通流化床锅炉相似；床层物料为石英砂，布风板设计成倒锥体结构、L型风帽；一次风经风帽通过布风板注入流化床，二次风送入上部空间。流化床炉要求对垃圾进行粉碎、筛选等预处理，使入炉垃圾尺寸小于15cm。通常用燃油预热流化床料层，当料层温度达到600℃时投入垃圾焚烧，床内燃烧温度控制在800~900℃，断面热态流速为3~4m/s。流化床焚烧工艺的热强度高，炉内蓄热量大，适宜焚烧高水分、低热值的生活垃圾；但需要添加25%热值的煤粉，且连续运行时间短，炉膛温度波动大，排放的废气量大，飞灰量也大，运行成本高。随着人们生活水平的提高，垃圾热值的提高，国内除早期投运的少量循环流化床炉外，绝大部分都采用机械炉排炉焚烧工艺，早期建设的一些循环流化床炉也在改造成炉排炉。

2. 生活垃圾焚烧烟气污染源的特点

城市生活垃圾存在着成分的不确定性和焚烧工艺的多样性，因此生活垃圾焚烧产生的污染物种类繁多、成分复杂并且多变，其特点如下：

1）污染物种类多、危害大、治理要求高。生活垃圾焚烧烟气的污染物包括：颗粒物（飞灰、粉尘）；酸性气体（HCl、HF、SO_x、NO_x等）；有机氯化物（二噁英、呋喃）；重金属（Hg、Cd、Pb等）。在被袋式除尘器收集的颗粒物中含有多种有毒物质，被定义为危险废弃物，需要进一步无害化处理（如烧结、融化结晶、水泥固化、药剂中和等）才可填埋处置。生活垃圾焚烧的酸性气体具有剧烈腐蚀性和刺激性，影响生态环境。烟气所含的有机氯化合物中，二噁英是最具毒性的致癌物质，重金属元素也是直接危害人体健康的物质，因此，世界各国对垃圾焚烧污染物都制定了严格的环保排放标准（见表14-109）。我国现行标准GB 18485—2014与发达国家排放标准相比差距已不大，最近几年我国各地新建的垃圾焚烧厂都要求按欧盟EU2000/76/EC标准建设，排放要求更高。

表 14-109　部分国家生活垃圾焚烧烟气污染物的排放限值

名称	欧盟(2000)	德国(1990)	荷兰(1993)	日本(现执行)	中国(GB 18485)
颗粒物/(mg/Nm^3)	5	10	6	20	20
HCl/(mg/Nm^3)	10	10	10	25	50
SO_x/(mg/Nm^3)	50	50	40	57	80
NO_x/(mg/Nm^3)	80	200	70	105	250
HF/(mg/Nm^3)	1	1	1	—	—
CO/(mg/Nm^3)	50	50	50	88	80
Cd 及其化合物/(mg/Nm^3)	0.05	0.05	0.05	—	0.1
Hg 及其化合物/(mg/Nm^3)	0.05	0.05	0.05	0.05	0.05
二噁英类/(ngTEQ/Nm^3)	0.1	0.1	0.1	0.1	0.1

2）烟气湿度高，露点温度高。我国的饮食结构决定了生活垃圾的最大的特点是自身含水量大并且多变，因此焚烧烟气的含湿量就高，一般为 25%~35%（体积），最高可达 50%~60%（体积）；同时由于烟气中含有酸性气体，烟气露点温度也高达 130~140℃，因而在烟气净化处理系统设计及设备选型时，必须采取充分的抗结露和耐腐蚀措施。

3）烟气温度变化范围大，对温度控制要求高。由于垃圾成分、热值、含水率的多变以及燃烧工艺、设备和工况的不同，导致烟气温度大幅度波动。通常，余热锅炉设计出口温度为 190~210℃左右，但瞬时高温可超过 300℃，瞬时低温可低于 150℃，需采取调温、控温措施；此外，250~600℃烟气为二噁英再聚合的适宜温度段，采用的冷却设备应具备急冷功能，以规避该温度范围。

4）烟尘颗粒细、密度小、吸湿性强：垃圾焚烧烟尘的平均粒径为 20~30μm，小于 30μm 的占 50%~60%，真密度为 2.2~2.3g/cm^3，堆积密度仅为 0.3~0.5g/cm^3。烟气脱酸的生成物 $CaCl_2$、$CaSO_3$ 等具有较强的吸湿粘附性，在管路、除尘器清灰以及输灰设计中应采取相应预防措施。

5）烟气腐蚀性强：生活垃圾焚烧烟气中主要含有 HCl、SO_x、HF、NO_x 等多种酸性气体以及水分，烟气露点温度较高，当烟气温度控制不力时，容易结露而产生酸腐蚀，对反应塔、袋式除尘器及烟道阀门危害很大。另外，高湿低温环境还会引起袋式除尘器滤料的水解，滤袋使用寿命缩短，甚至很快破损。

3. 烟气治理技术

（1）除尘　垃圾焚烧炉烟气中所含烟尘，俗称飞灰。初始烟尘浓度为 1.5~15g/Nm^3，掺加有害气体处理剂后可增至 15~25g/Nm^3。烟气含湿量较高，一般为 30%左右，最高可达 60%。多种除尘器的使用实践证明，袋式除尘器是垃圾焚烧尾气处置最合理的选择，国外称垃圾焚烧尾气处置用的袋式除尘器为袋式反应器，我国垃圾焚烧尾气净化就是以袋式除尘器为核心的处置系统，详见《垃圾焚烧袋式除尘工程技术规范》和《生活垃圾发电厂烟气净化系统技术规范》。

垃圾焚烧处理用袋式除尘器的选型及设备设计要充分考虑焚烧炉烟气高温、高湿、高腐蚀性及其成分复杂多变的特点，在垃圾焚烧烟气处理系统中的袋式除尘器不仅仅是颗粒物去除设备，还是有害气体净化反应床，除尘器必须具有优良的清灰再生性能，根据工程实践总结宜选用脉冲清灰袋式除尘器，过滤风速为0.8m/min以下。选用耐温、耐腐蚀、耐水解类型的高性能滤料，并按特殊需求进行表面处理。可选滤料有改性玻璃纤维滤料、纯PTFE滤料、PTFE+P84复合滤料、超细玻纤复合滤料及其覆膜制品，耐温200℃以上。

（2）脱酸工艺　在垃圾焚烧炉烟气中，SO_2浓度为200~500mg/Nm^3；HCl浓度为400~1200mg/Nm^3、最高可达1800mg/Nm^3。去除方法通常采用碱中和处置，按喷碱方式的不同分为干法、半干法、干法加半干法几种方式。

1）干法处理系统：干法脱酸就是向袋式除尘器前的烟道内喷入消石灰［$Ca(OH)_2$］细粉，使之随烟气流均布在滤袋表面，并与飞灰一起形成粉尘层，烟气中的SO_2、HCl与之发生中和反应而被去除，并用袋式除尘器捕集，反应生成物也阻留于滤袋表面。由于袋式除尘器内消石灰粉与烟气的反应床面积大，接触效率高，并且反应生成物$CaCl_2$对脱除SO_2有催化作用，因此对酸性气体的综合脱除效率较高。

烟气的脱酸效率主要与反应温度有关，温度越低，脱除效率越高，如图14-86所示。为此通常在袋式除尘器前端设置喷雾急冷塔，控制进入袋式除尘器的烟气温度在160℃左右。另外与消石灰粉同时加入反应助剂或活性炭，助剂与石灰粉结合一起，利用其蜂窝状微孔结构和保水性能，增加气固接触率，提高脱酸效率。活性炭还有吸附二噁英等其他有毒物质的作用。

处理每吨垃圾焚烧烟气的消石灰耗量约为12~18kg，反应助剂耗量为消石灰耗量的20%。

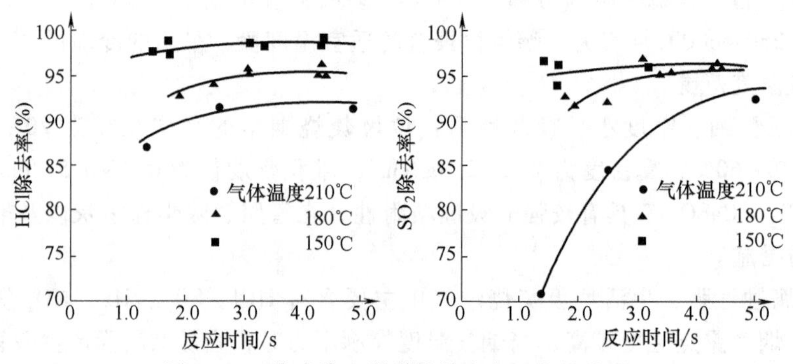

图14-86　袋式除尘器脱酸效率与温度的关系

2）半干法处理系统：半干法处理系统是通过高速旋转雾化喷头向反应塔内喷入消石灰［$Ca(OH)_2$］浆液，或在烟气急冷室喷入氢氧化钠（NaOH）浆液，吸收烟气中的SO_2、HCl等酸性气体，反应生成物与飞灰一起由后置袋式除尘器捕集。消石灰浆雾滴中的水分在高温烟气中蒸发，形成多孔状固体颗粒，与HCl反应，生成以$CaCl_2 \cdot Ca(OH)_2 \cdot H_2O$为主成分的中间衍生物，缓解了$CaCl_2$的吸湿性及粘着性。也可随石灰浆喷入适量的活性炭，改善袋式除尘器滤袋表面粉尘层的结构。

控制反应塔内烟气温度在140~150℃之间，烟气气脱酸率可达90%以上。在反应塔中，酸性气体被石灰浆雾滴吸收，与$Ca(OH)_2$起固化中和反应，可将SO_2浓度降低到30mg/Nm^{3}以下，HCl浓度降低到100mg/Nm^{3}以下；在袋式除尘器内与粉尘层二次接触反应，最终可使SO_2浓度和HCl浓度降到排放限值以下；半干法处理工艺对运行参数的控制以及维护管理要求较高。

3）脱硝、干法、半干法加水洗组合处理工艺：由于环保要求越来越高，新建的生活垃圾焚烧厂采用多种处理工艺结合在一起的尾气处理工艺，它集成了多种工艺的优点，有利于提高有害气体去除效率。

脱硝：NO_x 对生态环境和人体健康具有更大的危害性。垃圾焚烧烟气中，NO_x 浓度通常为 300~1000mg/Nm^3，控制燃烧温度（低于 1100℃）和过剩空气系数，可以从根本上减少 NO_x 的生成率。垃圾焚烧烟气中的 NO_x 气体可采用袋式除尘器法和活性焦炭吸附法脱除。

袋式除尘器法是在袋式除尘器入口管内喷入氨水（NH_3），NH_3 随烟气流均布于滤袋表面，在粉尘层的催化作用下与 NO_x 发生还原反应，生成硝酸铵颗粒物，由滤袋捕集。

活性焦炭吸附法是袋式除尘器法的再处理手段，在袋式除尘器后，增设吸附剂移动床，利用活性焦炭的催化吸附作用深度还原脱硝，同时去除二噁英、气态汞等有害物质。活性焦炭的脱硝能力与废气温度成正比关系，如图 14-87 所示。

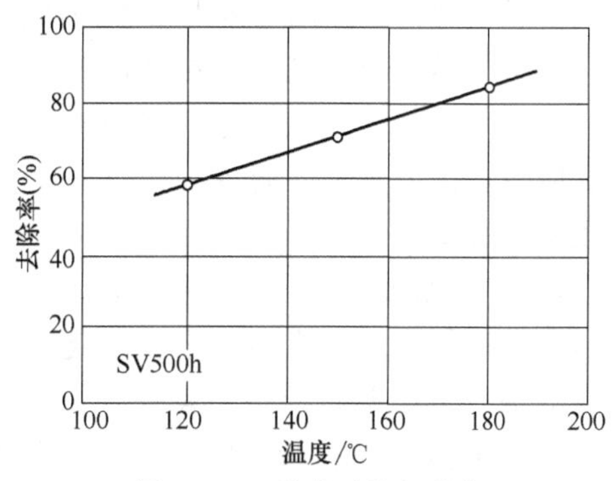

图 14-87　温度对垃圾焚烧烟气脱硝效率的影响

（3）去除有机物质　垃圾焚烧炉废气中含有多氯代二苯（PCDDs）二噁英、多氯二苯并呋喃（PCDFs）二噁英、多氯联苯（CO-PCB）二噁英、溴化多氯二苯呋喃等微量有机氯化物，统称二噁英，属于极度有害物质。废气中的二噁英或以固体微粒状吸附于粉尘表面，或呈气态烟雾状游离于烟气中，含量约为 5~20ng-TEQ/Nm^3；可以采用高温焚烧、急冷、吸附、分解等多种方法综合处理。

本质上，二噁英与 CO 及各种碳氢化合物一样，是一种不完全燃烧过程的产物，因此，选择理想的垃圾焚烧炉炉型、控制合适的燃烧条件是抑制二噁英的有效措施。通常要求焚烧炉燃烧温度不低于 850℃、烟气停留时间不小于 2s，以使二噁英彻底分解。

二噁英的再聚合的适宜温度为 600~250℃，因此采用二次急冷方式：首先通过锅炉使烟气从 850℃快速冷却至 190~210℃，然后借助在烟气处理设备前设置的急冷反应塔，使烟气进一步冷却到 160℃左右，这样可以大大降低二噁英重新聚合的几率。

袋式除尘器对亚微米粉尘粒子具有极高的过滤效率，烟尘排放浓度都可控制在 10mg/Nm^3 以下。垃圾焚烧烟气飞灰中含有 1%~5%的未燃炭，均布在滤袋表面，空隙率高，比表面积大，对二噁英微粒具有较强的吸附脱除能力。温度越低，脱除率越高。为防止低温结露，通常运行温度应控制在 150~160℃，并可在袋式除尘器前，与脱酸剂一起加入一种由特殊矿物制成的反应助剂，利用其蜂窝状多孔结构，在滤袋表面形成结构疏松的一次吸附层，提高对二噁英的脱除率。

活性炭（或活性焦炭）吸附是深度处理二噁英的有效手段。活性炭是用泥灰、木柴、椰壳、褐煤等制成的微细多孔碳，比表面积可达 600~1200m^2/g，细孔内表面结合着含氧官能团，用它作为吸附剂、分子筛和催化剂高效去除气态二噁英和汞类有害物。一般活性炭是在袋式除尘器前与脱酸剂一起喷入，运行温度在 150~160℃范围内，可以获得极高的脱除率；也可以在袋式除尘器后增设活性炭吸附剂移动床，并添加钛、钒系列催化剂，在袋式除尘器捕集粒状二噁英后，进一步分解吸附气体二噁英等有机氯化物。这项处理技术通常与脱硝处理工艺一起使用。

（4）去除重金属　垃圾焚烧炉烟气中含有汞（Hg）、镉（Cd）、铅（Pb）等微量重金属；除汞以外，这些重金属大部分以固态存在于飞灰之中。去除方法是采用袋式除尘器将它们与脱酸反应物一起捕集；对气态重金属微粒，也可进一步采用活性炭吸附技术，与二噁英等有机物一起进行深度吸附处理。

4. 处理工艺的组成

由于生活垃圾焚烧及其污染物的特殊性，垃圾焚烧烟气应采用多组分综合处理工艺，工艺流程及设备组成也多种多样，如前所述，通常按大类划分为干法、半干法和干法加半干法等。原来的湿法处理工艺因存在腐蚀、堵塞、废液处理等次生环保问题，以及运行效果差、维护管理难度大，因此基本上已被淘汰。

（1）干法处理工艺　干法处理工艺即为“急冷反应塔+干法烟气处理设施+高效袋式除尘器”的烟气综合处理工艺（如图14-88所示），已被发达国家普遍采用，近几年也在我国开发应用。该工艺流程简单、运行安全可靠、维护管理方便，除尘效率可达99.9%，废气净化率可达80%～90%。

1）急冷反应塔：急冷反应塔或称调温塔，是确保袋式除尘器安全高效运行所必需的烟气温度调制设备。焚烧炉燃烧段出口烟气温度高达850～1000℃，经余热锅炉等尾部受热面后，理论上可降至190～210℃。实际上，由于垃圾成分和热值的多变以及燃烧工况的不稳定性，致使出口烟气温度大幅度波动：事故状态时最高可达300℃，需要急冷降温；最低可达150℃以下，需要适度升温。急冷反应塔宜采用气—液双相雾化喷嘴，实现急冷降温，使烟气冷却到150～160℃，满足烟气净化和滤料耐温及脱酸效率的要求。可在急冷反应塔中设电加热装置或混入热风，为控制除尘器入口烟气温度不低于150℃（高于烟气露点温度10～20℃），可在急冷反应塔中设电加热装置或混入热风，以避免结露糊袋以及排灰不畅。

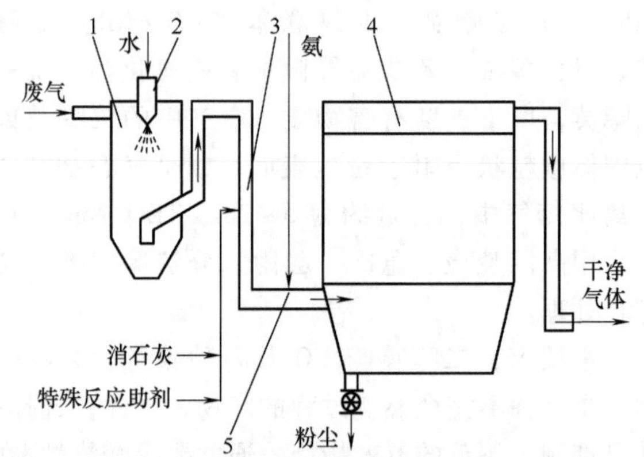

图14-88　焚烧炉烟气干法处理工艺流程
1—急冷反应塔　2—雾化喷嘴　3—药剂添加装置
4—袋式除尘器　5—氨水喷嘴

2）药剂添加装置：烟气处理设施包括石灰粉喷布装置和氨水注入装置。消石灰粉作为脱酸剂，可直接喷入反应塔或反应塔出口烟道，与烟气中SO_2、HCl接触反应，生成$CaSO_4$和$CaCl_2$颗粒物，实现初步脱酸。如在消石灰粉中添加适量的反应助剂或活性炭，利用其微孔结构和保水性能可提高脱除率并改善袋式除尘器清灰性能。氨水作为脱硝剂喷入烟道，实现初步脱硝。如同时喷入适量的活性炭（或活性焦炭），可以提高脱除效率。

3）袋式除尘器：袋式除尘器是垃圾焚烧烟气干法处理工艺的末端核心装置。上游烟气中的含炭飞灰、脱酸剂、反应助剂以及反应生成物掺混一起被滤袋捕集，在滤袋表面形成一层粉尘层。粉尘层的疏松微孔结构，可以更高效捕集各种粉尘、重金属以及二噁英颗粒物；

粉尘层又是反应膜，利用其催化和吸附作用进一步分解、捕集 SO_x、HCl、NO_x、二噁英等有害气体。

粉尘层的疏松结构有利于提高透气性、降低过滤阻力并改善清灰剥离性能。在一次清灰后，大部分粉尘被剥离，仅残留一次粉尘层。工程实践表明：当控制袋式除尘器阻力在1000Pa左右稳定运行时，即使反复脉冲清灰，催化反应剂也不会从滤料完全剥离。

4）吸附剂移动床：吸附剂移动床是垃圾焚烧烟气干法处理流程的特殊处理设备，通常安装在袋式除尘器下游，用以深度处理 NO_x、二噁英等有害气体，以及重金属微粒，适用于要求十分严格的特殊场合。用活性焦炭作为催化吸附剂，在150~200℃条件下，具有使 NO_x 与 NH_3 进一步反应的深度脱硝能力。在活性焦炭中添加钛、钒、铂等催化剂可以深度分解有机氯化物，脱除气雾状二噁英微粒。

吸附移动床处理工艺流程如图14-89所示。活性焦炭从上部加入，在移动床发生反应，活性焦炭的脱除率会随吸附量的增加而降低，需要定期置换，并在300℃以上条件下加热再生。

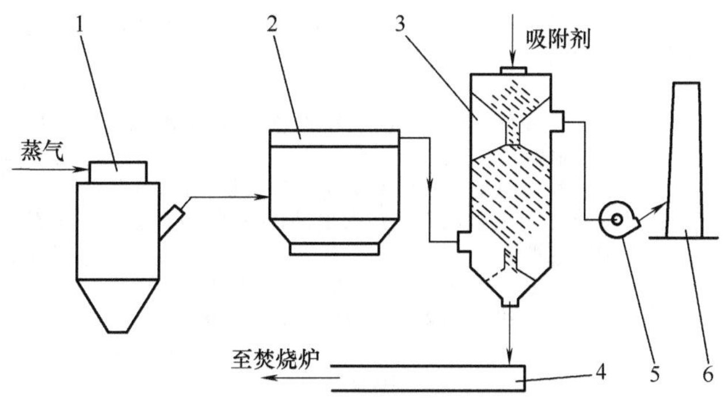

图14-89　吸附移动床处理工艺流程

1—有害气体反应器　2—袋式除尘器　3—吸附移动床　4—吸附剂传送带　5—引风机　6—烟囱

（2）半干法处理工艺　半干法处理工艺即为“制浆+反应塔+袋式除尘器”的烟气治理工艺，其典型流程如图14-90所示。与干法相比，半干法的主要区别是用石灰浆液代替石灰粉，与适量的活性炭一起喷入反应塔，在塔内石灰浆与酸性气体发生碰撞反应，活性炭主要是吸附二噁英，吸附生成物与反应生成物一起被袋式除尘器捕集；石灰浆中水分吸热蒸发，使烟气降温。半干法处理工艺从袋式除尘器之后的流程和干法工艺基本相同，具有净化效率高（可达90%~99%）、不产生废水、脱酸吸附剂用量相对较少的优点，但易引起“糊袋”“堵塞”，对系统控制及维护要求较高。

1）制浆：需设置一套专门的制浆设备，生石灰或消石灰粉在贮槽内与水混合溶解，按酸性气体成分和含量确定浆液浓度和浆液量。

2）反应塔：在反应塔顶设有高速旋转的特殊喷嘴，喷入石灰浆乳，当烟气温度较高时，还可增喷部分冷却水。石灰浆乳被喷嘴充分雾化，与酸性气体发生中和反应，反应生成物中较大颗粒沉落反应器底部集中排出，大部分随烟气被袋

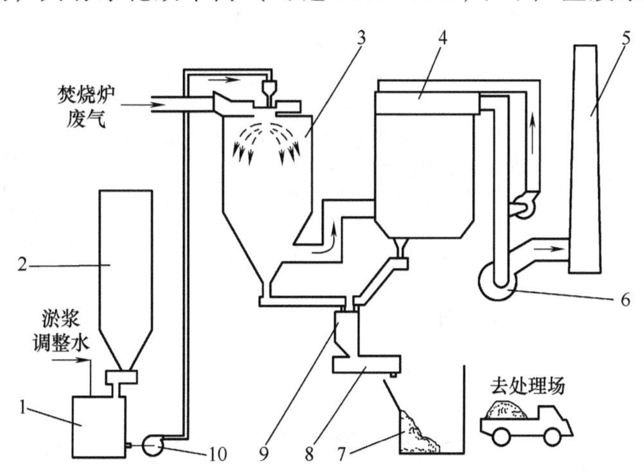

图14-90　焚烧炉烟气半干法处理工艺流程

1—消石灰浆液制备槽　2—消石灰仓　3—降温反应塔　4—袋式除尘器　5—烟囱　6—引风机　7—灰槽　8—调湿机　9—输灰装置　10—淤浆泵

式除尘器捕集。根据出口烟气中酸性气体浓度，控制石灰浆液加入量，多余浆液经旁路回到石灰浆贮槽，在管路内形成连续循环流动，避免浆液停留堵塞。根据出口烟气温度控制冷却水加入量，使塔内烟气温度保持在140~150℃，以利于脱酸反应，并高于烟气露点温度。

3）活性炭喷入：为了去除烟气中的二噁英等气态有害物，向反应器与袋式除尘器之间的烟道内喷入活性炭。活性炭保存于储仓中，由鼓风机和文丘里喷射器喷入烟道。

以旋转喷雾吸收塔为特征的半干法处理工艺在垃圾焚烧烟气治理工程中得到广泛应用。用旋转动态喷头代替固定喷嘴雾化石灰浆液，具有雾滴分布均匀、脱酸效率高的特点。

干法、半干法和干法加半干法是目前治理垃圾焚烧烟气最常用的几种处理工艺，干法和半干法各自的优缺点及综合性能比较见表14-110。

表14-110 干法与半干法处理工艺的综合性能比较

	干 法	半 干 法
处理工艺	急冷反应塔——烟气处理设施——袋式除尘器	制浆——脱气反应塔——袋式除尘器
工艺原理	1. 用气—水双流喷嘴喷雾急冷，调节喷水量控制烟气温度； 2. 在急冷塔或烟道喷入消石灰粉，调节配粉机转速，控制消石灰加入量，同时按需加入适量反应助剂； 3. 在烟道内及除尘器粉尘层发生中和吸附； 4. 最终利用除尘器过滤层除尘、净化	1. 消石灰与水混合溶解，制成石灰浆液，用特殊结构雾化器将浆液雾化； 2. 在反应塔、烟道及除尘器粉尘层发生中和吸附，调节石灰浆喷入量控制酸气排放浓度，调节补充水喷入量控制烟气温度； 3. 大颗粒反应生成物沉落塔底集中排出； 4. 最终利用除尘器过滤层除尘、净化
去除率（%）	HCl：≥90 SO_2：≥80 尘：≥99.5	90~95 85~90 ≥99.5
排放值/（mg/Nm^3）	HCl：≤60 SO_2：≤200 NO_x：≤300 尘：≤50 二噁英（日均）：≤0.1（$ng\text{-}TEG/Nm^3$） 汞（日均）：≤0.2 镉（日均）：≤0.1 铅（日均）：≤0.6	≤50 ≤150 其余与干法相仿
运行和控制	1. 消石灰粉制备、输送系统简单，不存在设备腐蚀及管路积垢堵塞； 2. 除尘器入口烟气温度和酸气排放浓度是两个独立的参数，互不影响； 3. 系统及除尘器运行稳定、可靠	1. 石灰浆液制调备、输送系统复杂，调剂要求高，喷嘴易磨损、管道易堵塞； 2. 石灰浆所含水分对烟气温度影响较大，当酸气的浓度较高时，致使烟气温度过低； 3. 易出现结露“糊袋”症状，影响系统和除尘器正常运行
维护	1. 系统全干态，动力设备少； 2. 故障因素少，易损件少； 3. 维护管理简便	1. 系统半干态，动力设备较多； 2. 故障因素多，易损件较多； 3. 维护管理工作量大，要求高
运行成本	1. 脱酸率稍低，消耗一定量压缩空气； 2. 耗电量少； 3. 备品件及维护费用较低	1. 脱酸率稍高，但因多一道制液及输送工序，脱酸剂用量并不省； 2. 耗电、耗水量较多； 3. 备品件及维护费较高
占地	较少	较多

(3) 安全运行保障措施 为确保垃圾焚烧炉在开炉、停炉以及其他非正常燃烧工况下袋式除尘器正常运行，烟气处理系统设有热风循环、旁路等安全运行保障措施。

1) 热风循环装置：热风循环装置由热风发生装置（燃气热风炉或电加热）、风机、管路阀门等组成。在焚烧炉启动前，热风循环系统开始工作，将袋式除尘器箱体温度提高到设定限值（高于烟气露点温度 15~20℃），防止烟气冷凝结露对滤袋及本体的损害。在焚烧炉运行期间，当燃烧工况不稳定箱体出现低温时，也可及时启动热风系统，直至箱体温度提高到设定限值。

2) 箱体和灰斗防护：为防止反应塔与袋式除尘器箱体和灰斗积灰，灰斗壁面设计倾角都应大于 65°，四周设破拱器。箱体和灰斗壁面要进行严格保温，灰斗四周还需设伴热设施。

【实例 14-67】 垃圾焚烧烟气采用干法处理工艺

某垃圾焚烧发电厂采用干法技术处理焚烧炉烟气，工艺流程如图 14-91 所示。

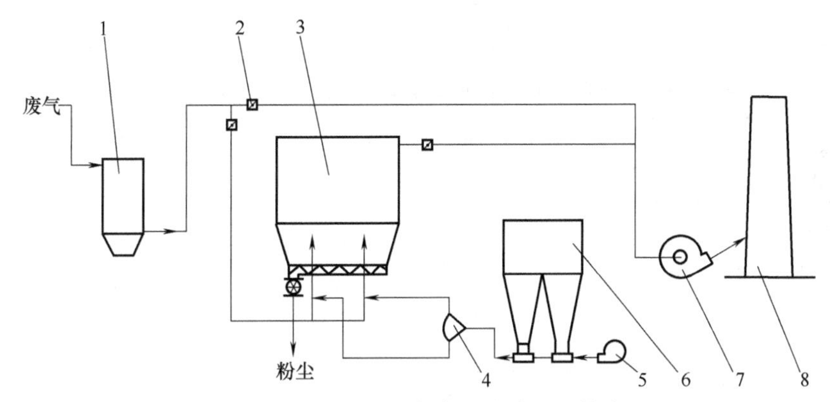

图 14-91 垃圾焚烧炉烟气干法处理工艺流程

1—急冷反应器 2—旁路阀 3—袋式除尘器 4—药剂喷入装置
5—供药鼓风机 6—药剂储罐 7—引风机 8—烟囱

垃圾焚烧炉烟气干法处理系统设计要点：

1) 利用急冷反应塔喷雾降温，严格控制出口烟气温度为 150~160℃，防止二噁英再聚合。

2) 采用气—水双相雾化喷嘴和温湿度控制装置，并在反应塔内设电加热器，自动控制除尘器入口烟气温湿度。

3) 采用消石灰粉和反应助剂脱除酸性气体，吸附二噁英和重金属。用廉价的反应助剂代替活性炭，与消石灰结合且在滤袋表面形成反应层，以更大的接触面和更充分的时间进行反应吸附，深度处理有害气体和颗粒物。每吨垃圾消耗消石灰量约为 7~10kg，反应助剂量为消石灰量的 20%左右。

4) 采用强力清灰型脉冲袋式除尘器作为净化设备，确保尾气达标排放。主要设计参数见表 14-111。

垃圾焚烧炉烟气干法处理系统各种污染物的实测排放值见表 14-112。

【实例 14-68】 垃圾焚烧烟气半干法处理工艺

某垃圾焚烧发电厂 400 吨/日焚烧炉，烟气净化由半干法工艺进行处理。其技术要点如下。

表 14-111 300吨/日垃圾焚烧炉烟气干法处理系统设计参数

项　目	设计参数及设备选型	备注
锅炉出口烟气量/(Nm^3/h)	66680	尾部设余热锅炉
烟气温度/℃	220	
急冷塔喷水量/(kg/h)	1730	
出口烟气量/(Nm^3/h)	69180	
出口烟气温度/℃	150~160	
消石灰喷入量/(kg/h)	104	
反应助剂添加量	20	颗粒状化学矿物质
除尘器处理烟气量	70000	
除尘器选型	脉冲袋式除尘器	
滤料	改性玻纤、PTFE	
设备阻力/Pa	1500	实测<1000

表 14-112 300吨/日垃圾焚烧炉烟气干法处理系统实测排放值

项目	实测排放平均值	限值(GB 18485—2014)
烟气黑度(林格曼级)	1	1
颗粒物/(mg/Nm^3)	5.6	20
CO/(mg/Nm^3)	(时均)29	80
NO_x/(mg/Nm^3)	(时均)22	250
SO_2/(mg/Nm^3)	(时均)18.5	80
HCl/(mg/Nm^3)	(日均)6.1	50
HF/(mg/Nm^3)	(日均)2~4	2~4
Hg+Cd/(mg/Nm^3)	0.1	0.1
Ni+As/(mg/Nm^3)	1	1
Pb+Cr+Cu+Mn/(mg/Nm^3)	—	1.0
二噁英/(ng-TEQ/Nm^3)	0.049	0.1

1）采用旋转喷雾装置雾化浆液，并配设补充给水管，调控烟气温度。

2）选用专门设计的脉冲袋式除尘器，采取的技术措施有：单列4室结构，便于离线检修；采用混纺改性玻纤覆膜滤料，耐温防腐性能好；滤袋框架采用不锈钢丝，室内换袋，可以降低漏风；入口设缓冲区，防止气流冲刷滤袋；灰斗150mm厚岩棉保温，四壁设气动破拱器，防止堵灰；采用定压差控制、“跳跃加离散”在线脉冲清灰方式，有利于清灰均匀，阻力稳定。

3）设有热风循环系统，确保在开炉以及非正常炉况条件下袋式除尘器的安全稳定运行。

垃圾焚烧烟气半干法处理系统设计参数列于表14-113。

【实例14-69】 干法+半干法+SCR处理工艺净化焚烧炉烟气

某垃圾焚烧发电厂800吨/日焚烧炉，采用干法+半干法+SCR处理工艺净化焚烧烟气，各项污染物排放浓度列于表14-114。

表 14-113　400 吨/日焚烧炉烟气半干法处理系统设计参数

项目	设计参数及设备选型	附　　注
锅炉出口烟气量/(Nm^3/h)	83000	
烟气温度/℃	160~230	
烟气含湿量(%)	27.37	
含 HCl/(mg/Nm^3)	19~1000	[O_2]-11%换算
SO_2/(mg/Nm^3)	214~820	[O_2]-11%换算
HF/(mg/Nm^3)	0.2~12	[O_2]-11%换算
NO_x/(mg/Nm^3)	320~400	
重金属/(mg/Nm^3)	1.2~2.0	As、Cr、Co、Cu 等
二噁英/(ng-TEQ/Nm^3)	5.0	
除尘器处理气量/(Nm^3/h)	86700	150℃、-4000Pa
含尘浓度/(mg/Nm^3)	6897~12000	
除尘器选型	低压长袋脉冲,单列 4 室	在线清灰,离线检修
滤料	混纺改性玻纤覆膜	耐温 260℃
滤袋规格/mm	$\phi150\times6000$	
滤袋数量/条	204×4	
滤袋面积/m^2	2309	
过滤速度/(m/min)	0.97	
清灰方式	0.25Pa 在线脉冲压差控制	
粉尘排放值/(mg/Nm^3)	<10	(实际)2.3~4.0
二噁英排放值/(ng-TEQ/Nm^3)	0.1	0.018~0.041
设备阻力/Pa	1300~1800	

表 14-114　800 吨/日垃圾焚烧炉烟气处理系统实测排放值

项目	实测排放平均值	限值(GB 18485—2014)
处理风量/(Nm^3/h)	170000	
烟气黑度(林格曼级)	1	1
颗粒物/(mg/Nm^3)	8.2	20
CO/(mg/Nm^3)	(时均)26	80
NO_x/(mg/Nm^3)	(时均)20	250
SO_2/(mg/Nm^3)	(时均)18.5	80
HCl/(mg/Nm^3)	(日均)6.1	50
HF/(mg/Nm^3)	(日均)2~4	2~4
Hg+Cd/(mg/Nm^3)	0.1	0.1
Ni+As/(mg/Nm^3)	1	1
Pb+Cr+Cu+Mn/(mg/Nm^3)	—	1.0
二噁英/(ng-TEQ/Nm^3)	0.029	0.1

【实例 14-70】 850 吨/日垃圾焚烧炉组合烟气处理系统净化烟气

某垃圾焚烧发电厂 850 吨/日焚烧炉，烟气净化采用组合烟气处理系统。烟气净化工艺流程如下：SNCR 脱硝→旋转雾化器半干式反应塔→活性炭喷射吸附→干法→袋式除尘器→GGH1→湿式洗涤塔→GGH2→SGH→SCR 脱硝。

该组合烟气处理系统的设计排放指标见表 14-115。

表 14-115 850 吨/日垃圾焚烧炉组合烟气处理系统设计排放指标

序号	污染物名称	保证值	
		24h 均值	1h 均值
1	颗粒物/(mg/Nm^3)	5	8
2	SO_2/(mg/Nm^3)	10	15
3	HCl/(mg/Nm^3)	5	7
4	NO_x/(mg/Nm^3)	50	60
5	HF/(mg/Nm^3)	0.8	1
6	汞及其化合物(以 Hg 计)/(mg/Nm^3)	0.02(测定均值)	
7	镉、铊及其化合物(以 Cd+Tl 计)/(mg/Nm^3)	0.04(测定均值)	
8	锑、砷、铅、铬、钴、铜、锰、镍及其化合物(以 Sb+As+Pb+Cr+Co+Cu+Mn+Ni 计)/(mg/Nm^3)	0.3(测定均值)	
9	二噁英类/(ng-TEQ/Nm^3)	0.05(测定均值)	

二、医疗废弃物焚烧烟气净化

1. 焚烧工艺

医疗废弃物是指《国家危险废弃物品录》所列的 HW01、HW03 类废物，包括在对人和动物诊断、化验、处置、疾病防止等医疗活动和研究过程中产生的固态或液态废物。医疗废弃物携带病菌和恶臭，危害性更大，除了焚烧外，还有采取高压灭菌、化学处理、微波辐射等多种无害化处理措施。医疗废弃物的焚烧工艺以热解焚烧炉为主，也有采用回转窑式焚烧炉。影响医疗废弃物焚烧的主要因素有停留时间、燃烧温度和湍流度，被称为“三 T”要素，即 Time、Temperature、Turbulence。

(1) 热解焚烧炉　热解焚烧炉属于二段焚烧炉，第一段废物热解、第二段热解产物燃烧，有分体式，也有竖式炉。先将废物在缺氧和 600~800℃温度条件下进行热解，使其可燃物质分解为短链的有机废气和小分子量的碳氢化合物，主要热解产物为 C、CO、H_2、C_nH_{2n}、$C_nH_{2n}+1$、HCl、SO_x 等，其中含有多种可燃气体。热解后的烟气引入二燃室，在富氧和 900~1100℃高温条件下完全燃烧，确保烟气在此段逗留时间 2s 以上，使炭粒、恶臭彻底烧尽，二噁英高度分解，有效抑制烟气中的焦油、烟炱的生成以及有害气体含量；烧成的灰渣，由卸排灰机构排入灰渣坑。

热解焚烧炉的燃烧原理和工艺设计具有独创性：炉体为中空结构，预热空气或供应热水，回收余热；利用医疗废弃物热解产生的可燃气体进行二段燃烧，除在点火时需用少量燃油外，焚烧过程基本上不用任何燃料；入炉废物无需进行剪切、破碎等预处理。这些都是其他型式医疗废弃物焚烧炉无与伦比的，但分体二段式热解焚烧炉存在不能连续运行的问题，因此，烟气量和烟气成分波动很大。

（2）回转焚烧炉　回转式焚烧炉来源于水泥工业回转窑的设计，但在尾部增设二次燃烧室，所以也属二段焚烧炉。医疗废弃物进入回转室，借助一次燃烧器和一次风，在富氧和900～1000℃温度条件下连续回转湍动，从而实现干燥、焚烧、烧尽；灰渣由窑尾排出，未燃尽的尾气进入二次燃烧室，借助二次燃烧器和二次风，在富氧和900～1100℃温度条件下安全燃烧，确保尾气逗留时间2s以上，使炭粒、CO彻底烧尽，二噁英高度分解，并抑制NO_x的合成。

回转焚烧炉最突出的优点：焚烧过程中物料处在不断的翻滚搅拌的运动状态，与热空气混合均匀，湍流度好，干燥和燃烧效率高，并且不会产生死角，对废物的适应性广，能长期连续稳定运行；回转焚烧炉的缺点是占地面积较大，一次投资较高，另外对保温及密封有特殊要求，运行能耗也高，适用于20吨/日以上的较大规模医疗废弃物的焚烧。

2. 医疗废弃物焚烧污染源及处理工艺

医疗废弃物焚烧烟气的污染物，就其大类包括颗粒物、酸性气体、有机氯化物和重金属，与生活垃圾焚烧烟气基本相同，只是成分更为复杂，二噁英的含量更高，重金属的种类相对更多，毒性及其危害性更为严重。

医疗废弃物焚烧烟气中各种污染物的治理技术及其处理工艺流程也与生活垃圾焚烧烟气基本相同，都是采用以袋式除尘器为核心的干法、半干法及多种组合的综合处理工艺。

【实例14-71】　干法处理工艺净化1吨/时热解焚烧炉烟气

某医疗废弃物焚烧厂采用干法处理工艺净化1吨/时热解焚烧炉烟气。该烟气处理系统设计要点如下：

1）选用热解型焚烧炉，严格控制二次燃烧室烟气温度不低于900℃，逗留2s以上，以有效分解二噁英；同时，烟气温度不高于1100℃，以抑制NO_x合成。

2）焚烧炉尾部不设余热锅炉，尾气直接由喷雾急冷塔降温至160～200℃，防止二噁英再聚合。

3）采用反应助剂与消石灰粉一起喷入反应器，提高对二噁英及重金属的吸附效率。

4）采用脉冲袋式除尘器，依靠滤袋表面稳定的一次吸附层（100～200g/m^2），最终除去颗粒物，净化有害气体。

5）设置热风循环系统，用以控制袋式除尘器箱体温度，保护袋式除尘器正常运行。

6）风机采用无级调速，严格控制炉膛负压值，保持稳定的燃烧工况；

1吨/时医疗废弃物焚烧炉烟气干法处理系统主要设计参数见列于表14-116。

表14-116　1吨/时医疗废弃物焚烧炉烟气干法处理系统主要设计参数

项　目	设计参数及设备选型
烟气最大处理量/(m^3/h)	15000
烟气温度/℃	160～250
含尘浓度/(g/Nm^3)	2.0
除尘器选型	LPPW4-75脉冲袋式除尘器
滤料	PTFE针刺毡
滤袋规格/mm	ϕ115×1920
数量/条	420
过滤面积/m^2	300

（续）

项 目	设计参数及设备选型
过滤速度/(m/min)	<0.8
脉冲阀规格	FS1.5
喷吹压力/MPa	0.5~0.7
设备阻力/Pa	1000~1500

该焚烧炉烟气干法处理系统主要污染物实测排放浓度列于表14-117。

表14-117 1吨/时焚烧炉烟气干法处理系统实测排放浓度

项 目	初浓度	排放值	去除率(%)
颗粒物/(mg/Nm^3)	2000	<10	>99
SO_2/(mg/Nm^3)	—	114.3	—
HCl/(mg/Nm^3)	—	65.2	—
NO_x/(mg/Nm^3)	—	144	—
Hg/(mg/Nm^3)	0.04	0.008	80
Cu/(mg/Nm^3)	22	0.064	99.7
Pb/(mg/Nm^3)	44	0.064	99.8
Cr/(mg/Nm^3)	0.95	0.064	93.2
Zn/(mg/Nm^3)	44	0.032	99.9
Fe/(mg/Nm^3)	18	0.23	98.7
Cd/(mg/Nm^3)	0.55	0.032	94.1
二噁英/(ng-TEQ/Nm^3)	—	<0.1	

【实例14-72】 30吨/日回转焚烧炉医疗废弃物焚烧烟气处理系统

某地医疗废弃物焚烧厂30吨/日回转焚烧炉烟气系统采用半干法处理工艺。该系统工艺流程如图14-92所示，技术要点如下：

1）采用回转燃烧分体式二段焚烧炉，焚烧低热值、高水分医疗废弃物，有利于减少尾气中颗粒物及二噁英含量。尾部设余热锅炉。

2）采用喷雾干燥脱酸工艺，通过气—液喷两相嘴雾化NaOH浆液，脱酸率及可靠性较高。

3）采用脉冲喷吹袋除尘器作为过滤床，除去飞灰和反应生成物。并利用出口活性炭吸附床，深度净化二噁英和重金属。

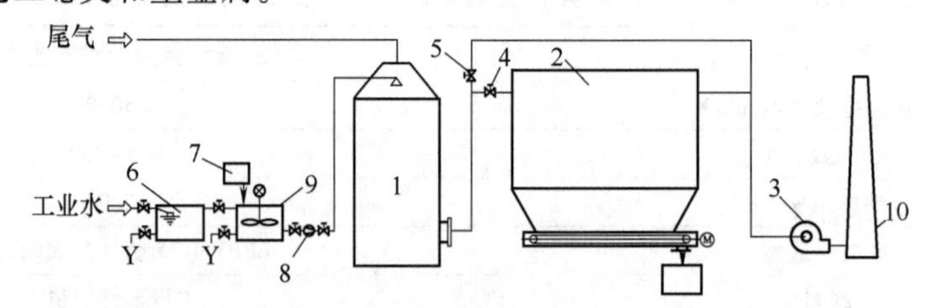

图14-92 30t/d回转焚烧炉烟气半干法处理工艺流程

1—脱酸塔 2—袋式除尘器 3—风机 4—进风管 5—旁通阀 6—水箱 7—药箱 8—水泵 9—搅拌箱 10—烟囱

该烟气处理系统的主要设计参数列于表 14-118，各项污染物排放浓度实测值列于表 14-119。

表 14-118　30 吨/日回转焚烧炉烟气半干法处理系统设计参数

项目	设计参数	附　注
回转热解室温度/℃	700～800	
二燃室温度/℃	1100～1200	过剩空气系数 1.05～1.1
余热锅炉/(t/h)	2	蒸汽 0.7MPa,170℃
烟气量/(Nm^3/h)	18000	
烟气温度/℃	250～270	
脱酸反应塔选型	立式圆筒,烟速 0.50m/s	Na/S=1.05,Na/Cl=0.5
脱酸剂	NaOH 浆液 550～600L/h	浓度为 10%～12%
反应塔出口烟气温度/℃	165～170	
除尘器选型	脉冲袋式除尘器	出口顶层设活性炭过滤层

表 14-119　30 吨/日焚烧炉烟气半干法处理系统实测排放值

项目	排放值	标准值(GB 18484—2014)
颗粒物/(mg/Nm^3)	10	30
CO/(mg/Nm^3)	3	80
SO_2/(mg/Nm^3)	40	250
HCl/(mg/Nm^3)	13.8	50
HF/(mg/Nm^3)	0.29	2.0
NO_x/(mg/Nm^3)	64	250
Hg/(mg/Nm^3)	未检出	0.05
Tl/(mg/Nm^3)	未检出	0.05
Cd/(mg/Nm^3)	未检出	0.05
As/(mg/Nm^3)	0.001	0.5
Pb/(mg/Nm^3)	0.01	0.5
Cr 等其他/(mg/Nm^3)	0.115	0.5
二噁英/(ng-TEQ/Nm^3)	0.1	0.5

三、袋式除尘器在危险废弃物焚烧烟气净化中的应用

1. 危险废弃物的定义和处置方式

根据《国家危险废弃物名录（2021 年版）》规定，凡具有毒性、腐蚀性、易燃性、反应性或者感染性一种或者几种危险特性的；不排除具有危险特性，可能对生态环境或者人体健康造成有害影响，需要按照危险废弃物进行管理的均定义为危险废弃物；包括在对人和动物诊断、化验、处置、疾病防止等医疗活动和研究过程中产生的固态或液态废物。危险废弃物除了焚烧外，还有采取高压灭菌、化学处理、微波辐射等多种无害化处理措施。

本节只讨论与袋式除尘器有关的危险废弃物可焚烧处置的有关问题。与医疗废弃物焚烧处置相同，影响危险废弃物焚烧的主要因素也是停留时间、燃烧温度和湍流度，被称为

“三T”要素，即Time、Temperature、Turbulence。

我国各类工业危险废弃物年产生量近亿吨，其中大量的危险废弃物需要通过高温焚烧处置，目前焚烧处置仍然是可焚烧类危险废弃物减量化的主要途径。现有危险废弃物焚烧处置与尾气净化技术虽能部分满足现阶段国家和地方的环保标准要求，但仍然难以适应危险废弃物不同种类来源的波动，并存在运行稳定性和可靠性差、二次污染严重等问题，袋式除尘器在危险废弃物焚烧处置工程设计和应用中难度很大，根据各地环保要求的不同，尚有若干问题需要考虑。

2. 危险废弃物的焚烧工艺和规模

目前，危险废弃物处理工艺主要有填埋、焚烧、化学和水泥窑协同等。其中专用焚烧炉焚烧处理就是将危险废弃物置于焚烧炉内，在高温和足够氧量的条件下将其氧化分解或降解，焚烧产生的高温烟气经余热锅炉换热后可产生高温蒸气，用来供热。焚烧处置工艺因其可以最大限度地改变危险废弃物的物理化学性质并降低其危害性，尤其对于组分和来源复杂的危险废弃物，具有减容减量效果好、无害化彻底、能处理固体液体等多种形态、可回收废物中所含的能量等优点，约占危险废弃物无害化处置的36.3%。

焚烧处置工艺通常有以下几种焚烧方式：

（1）回转焚烧炉处置工艺　50~100吨/日以上规模危险废弃物焚烧大多用回转式焚烧炉处置，与其它行业用的回转炉不同的是在尾部增设二次燃烧室，所以也属二段回转焚烧炉。危险废弃物进入回转室，借助一次燃烧器和一次风，在富氧和900~1000℃条件下连续回转湍动，实现干燥、焚烧、烧尽的目标。灰渣由窑尾排出；未燃尽的尾气进入二次燃烧室，借助二次燃烧器和二次风，在富氧和900~1000℃条件下安全燃烧，确保尾气逗留时间2s以上，使炭粒、CO彻底烧尽，二噁英高度分解，并抑制NO_x的合成。

回转焚烧炉最突出的优点：焚烧过程中物料处在不断的翻滚搅拌的运动状态，与热空气混合均匀，湍流度好，干燥、燃烧效率高，并且不会产生死角，对废物的适应性广；回转焚烧炉的缺点是占地面积较大，一次性投资费用较高，另外对保温及密封有特殊要求，运行能耗较高，适宜用于20吨/日以上的较大规模有毒废物处置。

（2）热解焚烧工艺　20吨/日以下规模一般采用热解焚烧炉，属于二段焚烧炉，第一段废物热解、第二段热解产物燃烧，有分体式，也有竖炉式。先将废物在缺氧和600~800℃条件下进行热解，使其可燃物质分解为短链的有机废气和小分子量的碳氢化合物，主要热解产物为C、CO、H_2、C_nH_{2n}、C_nH_{2n+1}、HCl、SO_x等，其中含有多种可燃气体；废物烧成灰渣，由卸排灰机构排入灰渣坑。热解烟气引入二燃室，在富氧和800~1100℃高温条件下完全燃烧，确保烟气在此段逗留时间2s以上，使炭粒、恶臭彻底烧尽，二噁英高度分解，有效抑制烟气中的焦油、烟炱的生成以及有害气体含量。

热解焚烧炉的燃烧原理和工艺设计具有独创性：炉体为中空结构，预热空气或供应热水，回收余热；利用危险废弃物热解产生的可燃气体进行二段燃烧，除在点火时需用少量燃油外，焚烧过程基本上不用任何燃料。但该工艺对进炉危险废弃物需要进行剪切破碎、配伍（指为了达到入炉处置的危险废物成分稳定、可控、均匀、平衡燃烧的目的，对所收集的成分复杂、形态各异的各类别焚烧废物进行理化性质分析，根据分析结果形成混合方案，并按照该方案进行物料均化处理的过程）等预处理。

3. 危险废弃物焚烧和烟气处理工艺

危险废弃物焚烧烟气的污染物，就其大类包括颗粒物、酸性气体、有机氯化物和重金属，与生活垃圾焚烧烟气基本相同，只是成分更为复杂，二噁英的含量更高，重金属的种类相对更多，毒性及其危害性更为严重。

在危险废弃物焚烧烟气中各种污染物的治理技术及其处理工艺流程中也必须采用以袋式除尘器为核心的干法、半干法等多组分综合处理工艺。与生活垃圾焚烧和医疗废弃物焚烧相比，危险废弃物处理原料来源受上游企业自身经济周期影响较大，来料的组成、性质、浓度、热值波动较大，环保管控要求高，烟气净化技术要求高，项目标准化复制推广难度大。由于危险废弃物成分复杂、形态多样，焚烧生成的烟气同样表现出明显的成分复杂等特点，焚烧烟气中含有大量的粉尘、氯化氢（HCl）、二氧化硫（SO_2）、氮氧化物（NO_x）、氟化氢（HF）、二噁英（PCDD/Fs）及重金属等有毒有害物质，且具有高温、高湿和高腐蚀特性，环境危害和净化处理难度很大。

目前，主流处置工艺的烟气净化流程如图 14-93 和图 14-94 所示，主要为：选择性非催化还原（SNCR）脱硝→干法脱酸→活性炭吸附→半干法脱酸→袋式除尘→湿法脱酸→烟气再加热→烟囱。

已投运的危险废弃物焚烧烟气净化工程虽能满足现阶段国家和地方的环保标准要求，但仍存在一些难题，严重影响烟气净化处理系统的安全可靠运行。

1）袋式除尘器内部金属部件严重结露腐蚀、漏风率高，滤袋“糊袋”现象频发；

2）干法脱酸塔化学药剂耗量大，对烟气负荷波动适应性差；

3）湿法脱硫温度和效率波动大，烟气携带水分多，烟气再加热能耗高；

4）SNCR 脱硝+活性炭吸附二噁英工艺脱除效率低，药剂消耗量大，二次污染严重。

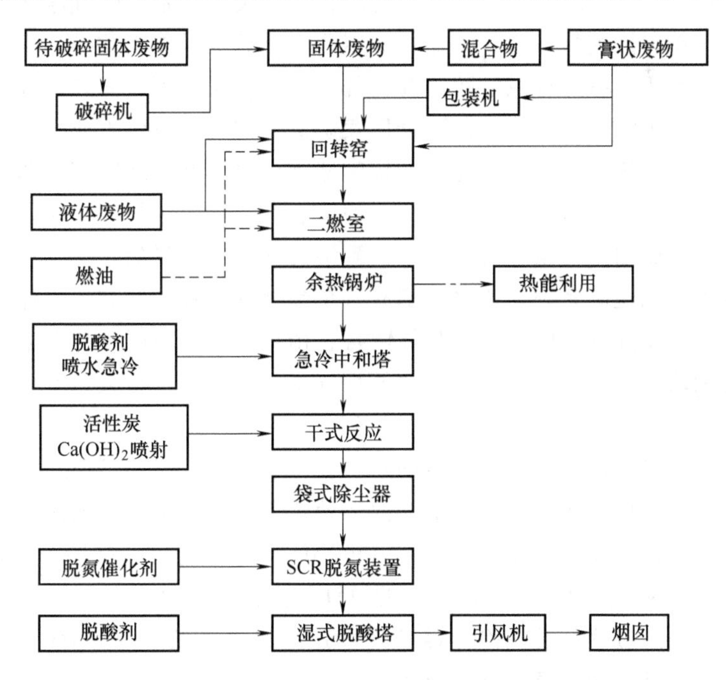

图 14-93　危险废弃物焚烧处置工艺流程

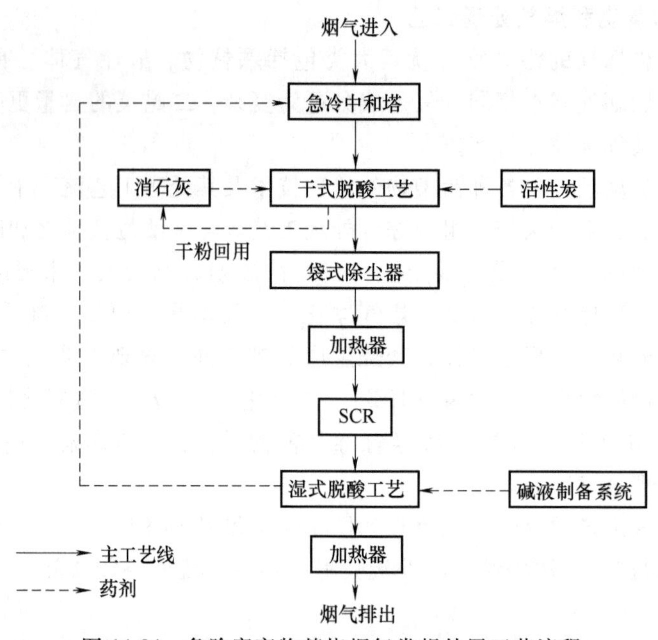

图 14-94 危险废弃物焚烧烟气常规处置工艺流程

4. 危险废弃物焚烧烟气净化处理系统设计参数的确定原则

我国危险废弃物有 50 大类共 467 种，种类繁多，物理形态各异（固体、液体和膏状都有）。由于危险废弃物的物理性质和化学性质太复杂，对于同一批危险废弃物，其组成、热值、形状和燃烧状态都会随着时间及燃烧区域的不同而有较大的变化，同时燃烧后所产生的废气组分和废渣性质也会随之改变。因此危险废弃物的焚烧设备和烟气净化处置装置都必须具有适应性强、操作弹性大的特点，并能在一定程度上调节操作参数。

一般来说，差不多所有的有机危险废弃物都可用焚烧法处理，而且焚烧法是最佳处理方案。而有些特殊的有机危险废弃物，只适合用焚烧法处理，如石化工业生产中某些含毒性中间副产物等。焚烧法的优点在于能迅速而大幅度地减少可燃性危险废弃物的容积，如在一些新设计的焚烧装置中，焚烧后的废物容积只是原容积的 5%或更少。一些有害废物通过焚烧处理，可以破坏其组成结构或杀灭病原菌，达到解毒、除害的目的。

用于焚烧处置的危险废弃物在焚烧前都有一个预处理过程，例如，大体积固体危险废弃物的破碎、各种危险废弃物配伍后再行焚烧解毒；由于以上各种因素加上采用的焚烧工艺与装备不同，要精确确定危险废弃物焚烧处理的烟气量和组分难度很大，本章节只提供几个原则，供读者参考。

要确定危险废弃物处理用袋式除尘器的烟气量和组分，必须先确定危险废弃物的种类、规模、配伍、破碎、焚烧方式、排放要求、前端处置工艺等因素。一般按危险废弃物焚烧处置规模来计算，即日处理每吨规模按 $1000\sim1500Nm^3/h$ 计算，如 50 吨/日焚烧处置规模按 $50000\sim75000Nm^3/h$ 烟气量设计计算；烟气的设计计算温度为 200～280℃，取决于袋式除尘器在烟气处理工艺中的位置；袋式除尘器的设计过滤风速应低于 0.8m/min；袋式除尘器进出口阻力应低于 1000Pa，漏风率应低于 1%。

危险废弃物焚烧处置用袋式除尘器的滤料应当耐腐蚀和耐高温，重点是耐高温酸腐蚀，若选用玻纤类滤料，建议选用无碱类机织滤料，单重不少于750g/m^2。

袋式除尘系统的防腐处理是重中之重，凡是接触烟气的设备、部件、箱体、管道等全部部件都要充分采取保温和耐高温酸腐蚀措施。

危险废弃物焚烧用袋式除尘器的排灰系统设计要充分考虑$CaCl_2$的吸湿和潮解问题，灰斗角度应大于75°，并设置伴热和料位报警系统；泄灰阀、排灰设备要避免选用气力输送，尽量选用机械输送设备，且应保温和增设伴热系统。

【实例14-73】 100吨/日危险废弃物焚烧烟气净化处理

某公司承接多例国内100吨/日规模的危险废弃物焚烧烟气处理工程，对常规的烟气处理工艺和装备做了重大改进，改进型的危险废弃物焚烧烟气净化处理工艺流程如图14-95所示。

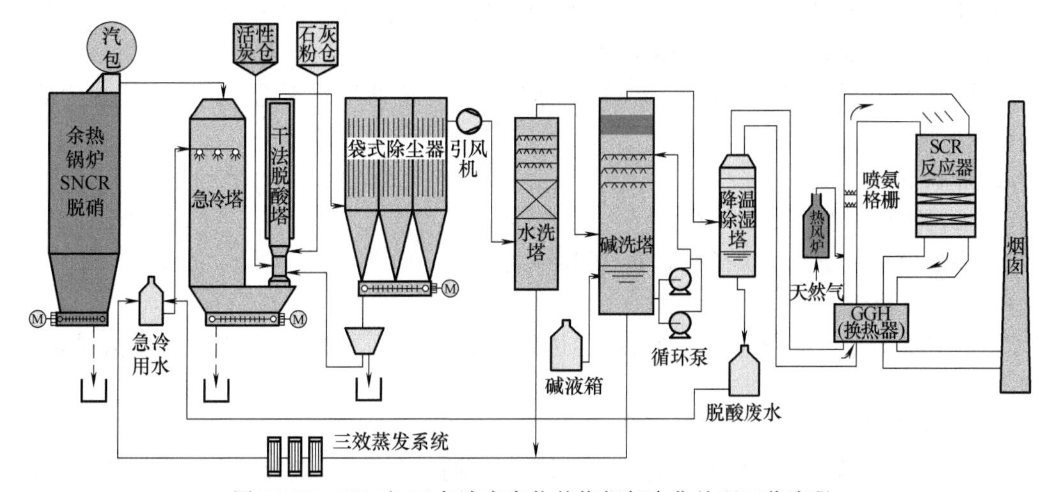

图14-95　100吨/日危险废弃物焚烧烟气净化处理工艺流程

改进型危险废弃物焚烧烟气处理工艺是以袋式除尘器为核心净化设备，并根据焚烧处置类型配置危险废弃物焚烧烟气处理系统，通过催化组份定向优化及烟气温度和湿度精准调控，解决现有SNCR脱硝+活性炭吸附二噁英技术脱除效率低的问题，在烟气中形成的大部分反应物和吸附物都是通过袋式除尘器收集，且大部分化学反应和吸附都是在滤袋表面发生的，严格来说这套系统中的袋式除尘器成为袋式反应器。系统中配置的烟气急冷、尾气排放浓度在线检测与脱酸药剂多路定量精准给料混合处置，加上滤袋表面的各种反应和吸附，大幅提高了各类污染物的去除效率。

对危险废弃物焚烧烟气用袋式除尘器采用多种防腐和防结露技术，有效解决了袋式除尘器箱体和喷吹管腐蚀、滤袋结露失效及高湿烟气系统设备的腐蚀难题。这套系统排放的各项技术性能指标达到欧盟EU2000/76/EC标准要求。

第七节　袋式除尘器在纺织工业中的应用

一、生产工艺及污染源

1. 开清棉工艺

开清棉工艺生产线主要由圆盘式抓棉机、混棉机、豪猪式开棉机、电气配棉机、振动棉箱给棉机、成卷机等设备组成。纺棉与纺化纤基本类同，只是具体配置及设备选型稍有差异。

2. 梳棉工艺

梳棉是清除短纤维和尘杂的工艺过程，采用上吸和下吸处理工艺。

上吸针对锡林道夫三角区刺辊低压罩、盖板入口、盖板花、剥棉罗拉、圈条器等部位，其中盖板花量大，比较纯净，可直接降档回用。

下吸收集刺辊落棉与锡林落棉。刺辊落棉量约占输入量的3%~5%，但比较脏，需经处理净化后，才能降档回用。根据不同机型与要求，采用连续吸或间歇吸等不同处理方式。

3. 粉尘污染源

纺织机械在加工棉、毛、麻、化学纤维等纤维原料过程中，经受打击、开松、撕裂、翻滚、梳理、剥取、牵伸、卷绕、退绕等机械动作，使原料中的砂土、碎屑、短绒等物质从纤维中分离出来，形成纤维性粉尘。其中大部分与气流一起被输送集中处理，而一小部分逃逸，飘浮在空气中或散落于地面和机器表面。

漂浮于空气中的纤维粉尘，在棉纺织厂称为棉尘，毛纺厂称为毛尘，麻纺厂称为麻尘。其具有以下特点：

1）形状不规则；

2）无机物质和有机物质共存；

3）多数为细微粉尘，粒径在0.1~100μm之间；

4）具有导电性；

5）具有爆炸性，当空气中漂浮的粉尘达到一定的浓度，遇到火源时，会着火燃烧，甚至发生爆炸。

二、除尘系统设计

除尘系统设计应在满足生产工艺和劳动保护的前提下，达到运行安全可靠、维护管理方便、投资少、费用低、管路整洁的目的。

1. 除尘系统划分原则

1）同类产品的设备划为一个除尘系统，例如，将粗特纱与细特纱、纯棉与化纤分开。

2）便于与其服务的工艺设备同步启停，例如，将一套清花系统设备划归一个除尘系统。

3）考虑不同工序对吸风量、压力稳定性的要求，除尘系统不宜过大，例如，对大型梳棉设备吸尘可分成若干系统。

4）考虑与生产规模和除尘设备规格相适应，有的大型企业一个工序要划分为几个除尘系统，而对小型工厂，有时几个工序可以合用一个除尘系统。

2. 除尘工艺流程

纺织工艺设备排放的废气中含有大量纤维、尘杂和微尘，通常采用过滤除尘方式进行净化处理。大滤袋滤尘器一度曾作为纺织行业使用的主要除尘设备。这种滤尘器的除尘效率可以满足排放要求，但体积庞大，清灰效果较差，收下的纤维与粉尘混杂一起，不利于回收利用。近几年来，经过深入的研究攻关，针对纺织纤维尘的特点，成功开发两级过滤处理工艺，并将除尘设备机组化、定型化，在新建和改建工程中推广应用。

对于清棉工序和连续吸梳棉工序，采用两级处理的除尘工艺流程，如图14-96所示。

第一级称预过滤器，通常多为圆盘形平板式结构，采用滤网捕集废气中的纤维和尘杂。第二级称精过滤器，一般为蜂窝形立体式结构，采用不同形状的滤袋捕集细微粉尘，使排放浓度达到规定要求。两级过滤器配设两套吸引清灰挤压设施，定期吸除过滤器表面积灰，并

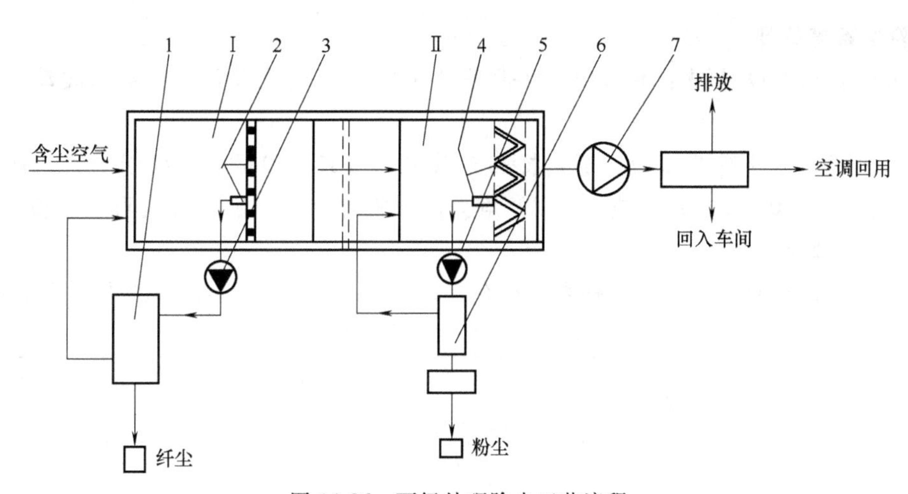

图 14-96　两级处理除尘工艺流程

Ⅰ—第一级；Ⅱ—第二级

1—纤维压紧器　2—第一级滤网及吸嘴　3—吸纤维尘风机　4—第二级滤料与吸嘴

5—收尘风机　6—集尘挤压器　7—主风机

予以挤压增密，将纤维尘杂与粉尘分开。

主风机是除尘系统的动力设备，一般设在除尘机组的出口侧。对于清棉设备，本身带有余压，应酌情考虑是否设主风机：如果余压较大，而系统不大，管网较短，可不设主风机；反之，为确保除尘效果，必须设主风机，尤其是在利用地沟作为风道的情况下。

对于间歇吸梳棉工序在梳棉机机台上设有连续吸口，直接连通过滤机组。另在上、下部设有上吸口阀和下吸口阀，用锥形管连通，进行间歇抽吸。由于此部分纤维尘比较脏、浓度高、尘量大，因此需设增压风机，并通过纤维分离压紧器预除尘后，再接入过滤机组。除尘工艺流程如图 14-97 所示。

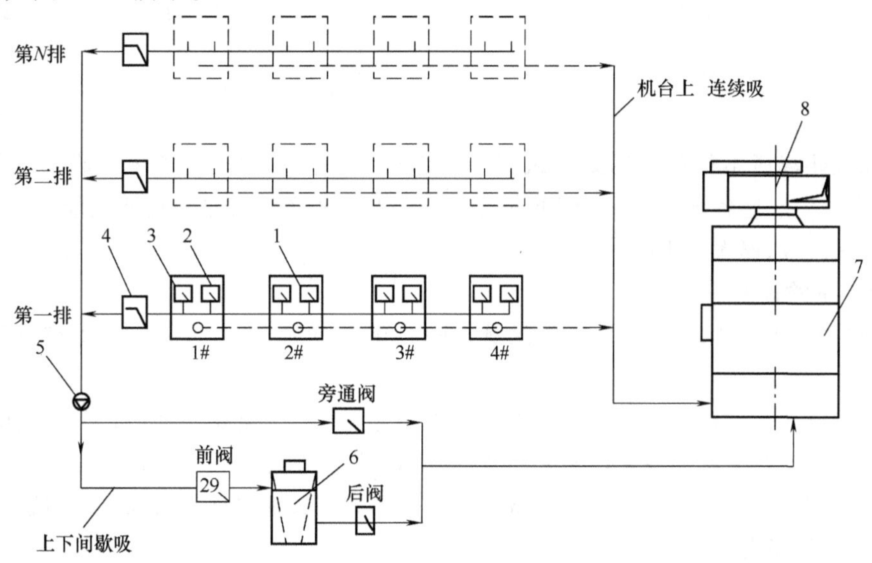

图 14-97　间歇吸梳棉机除尘工艺流程

1—梳棉机　2—下吸口阀　3—上吸口阀　4—摇板阀　5—增压风机　6—分离压紧器　7—除尘机组　8—主风机

3. 除尘管道设计

1）除尘管道的设计要求不积尘，并保证各排尘点的吸风量和风压及其波动在允许范围内。

2）对多机台集中除尘系统，通过提高支管风速（18~20m/s）、控制干管风速（始端13~14m/s、末端10~12m/s）、支管以30°角斜插干管等措施，确保各路阻力平衡，使吸风量偏差不大于±5%。

3）考虑尘杂排放的部位及其种类、状态，合理选取管道的“经济风速”，见表14-120。

表14-120 除尘管道经济风速

尘杂排出的部位		尘杂种类	尘杂状态分析		管道风速/(m/s)
			松散状态密度/(kg/m³)	含纤维率(%)	
开清棉机各排尘风管	纯棉	地弄花	20~30	6~75	11~13
	废棉		40~45	55~65	14~16
开清棉机落棉	纯棉	清棉破籽花	55~60	30~40	13~16
	废棉		100~110	20~30	14~16
梳棉机前后吸尘落棉	纯棉	梳棉车肚花	15~20	45~60	9~14
	废棉		25~35	35~50	12~16
梳棉机盖板	纯棉	梳棉盖板花	10~15	80~90	8~14
	废棉		20~25	70~80	9~16
精梳落棉	精梳	精梳落棉	10~15	85~95	8~14

4）对清梳棉工序，排风道优先采用镀锌薄钢板制作的圆风管，钢板厚度及法兰间距见表14-121。

表14-121 管径与钢板厚度、法兰间距 （单位：mm）

管径	钢板厚度	法兰间距	管径	钢板厚度	法兰间距
100~200	0.5	4~6	560~1120	1.0	2.8~5.6
220~500	0.75	4~6	1125~2000	1.2~1.5	1.8~2.1

5）在某些场所不得已采用地沟风管，需考虑人工清扫沟道的方便，确定尾部最小断面，并在头、中、尾各设600mm×600mm钢盖板，地沟壁面应光洁，防水性能良好。地沟向上接弧形弯头，风速大于10m/s。

4. 除尘室的设置

1）除尘室应尽量靠近尘源设备区域，除尘管路应简短，有利于净化空气顺畅返回该区。

2）除尘室还应贴近空调进风段，以便利用净化空气作为空调器回风，节省空调能耗。

3）除尘室应尽量集中并紧靠室外布置，有利于操作维修和粉尘输送。

4）除尘室不得置于地下室，应配备泄爆阀，不允许其他电气设备及管线布置入内。

三、除尘设备选型

1. 常用除尘设备

1）平板式滤尘器：平板式滤尘器是由多块覆有滤料的框板，经插入式安装组成多条平行槽格通道的滤尘器械，作为回风过滤器和除尘机组的第二级滤尘设备。含有细尘的空气进入通道，透过滤料后净化排出，被阻留的细尘由装在移动吸臂回转胶带上的吸嘴吸去，通过集尘风机进入粉尘收集挤压器排出。移动吸臂依次进出每一槽格，将全部滤料上的细尘吸清，维持压力稳定。

SFU013 系列平板式滤尘器采用 JM 型阻燃长毛绒滤料，槽格数 $n=5\sim9$，装机功率为 0.51kW。结构型式如图 14-98 所示，主要规格及性能参数见表 14-122。

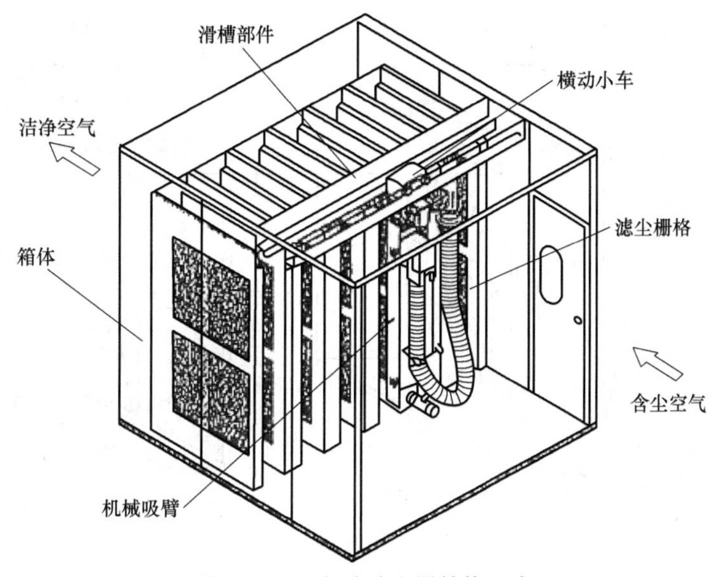

图 14-98　平板式滤尘器结构型式

表 14-122　SFU013 系列平板式滤尘器主要规格及性能参数

型号	过滤面积/m^2	外形尺寸/mm			推荐风量/(m^3/h)	最大处理风量/(m^3/h)	
		L	B	H	清梳工序	清梳工序	回风过滤
SFU013-5	17.5	2736	1988	2950	25000~30000	40000	60000
SFU013-6	21.0		2292		29000~36500	50000	72000
SFU013-7	24.5		2596		34000~43000	60000	85000
SFU013-8	28.0		2900		39000~49000	68000	97000
SFU013-9	31.5		3204		44000~55000	75000	110000

SFUO13B 是 SFUO13 的派生系列，通过增加板框宽度，使过滤面积增加 45%。

2）复合圆笼（鼓式、多筒式、多层圆笼）滤尘器：该种滤尘器采用大小尘笼多层套装布置，尘笼层间为空气进出通道。尘笼上覆有滤料，可同侧或相对侧布置，有多只吸臂及其吸嘴伸入尘笼间的通道中做旋转及往复运动（或吸臂做间歇吸尘，以节省吸尘风量），将滤料上的粉尘吸去，送入袋式收尘器压实后排出。此类滤尘器产品因滤料布置方式以及吸尘机构的不同而派生出多种系列产品，见表 14-123。

将复合圆笼滤尘器作为第二级与圆盘预过滤器组合一体，构成复合圆笼除尘机组。JY-FL 系列复合圆笼除尘机组的结构型式如图 14-99 所示，型号规格见表 14-124，主要性能参数见表 14-125。

表 14-123 复合圆笼型滤尘器系列产品及其特点

滤尘器名称	系列代号	过滤面积/m^2	装机功率/kW	滤料布置方式	吸尘机构特点
复合圆笼	JYFL-Ⅲ	20.8~44.9	3.5~4.5	滤槽内两侧布置	回转多吸臂,间歇吸
鼓式	SZGJ(Ⅱ)	20~40	3.5~4.5	滤槽内两侧布置	回转多吸臂,往复运动
多筒式	SFU-017	16~44	3.5~4.5	滤槽内单侧布置	回转多吸臂,往复运动
多层圆笼	FO-0261D	20~32.5	3.5~4.5	滤槽内单侧布置	回转多吸臂,往复运动

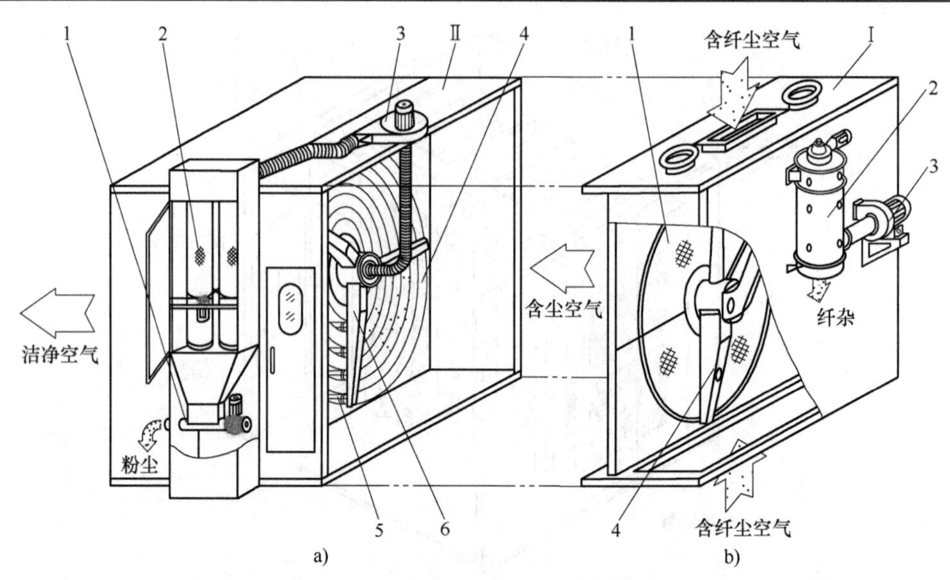

图 14-99 JYFL 系列复合圆笼除尘机组结构型式

a）复合圆笼滤尘器

1—粉尘分离压紧器 2—袋式防尘器 3—吸尘风机 4—滤槽 5—吸嘴 6—吸臂

b）圆盘预过滤器

1—圆盘滤网 2—纤维分离压紧器 3—吸尘风机 4—吸嘴

表 14-124 JYFL-Ⅲ系列复合圆笼除尘机组型号规格

型号规格			JYFL-Ⅲ-19	JYFL-Ⅲ-23	JYFL-Ⅲ-27A
一级(Ⅰ)	圆盘滤网	盘径/mm	2000	2300	2600
		过滤面积 F_1/m^2	2.94	3.77	4.67
		滤网/(目/25.4mm)	60~120(不锈钢丝网)		
	箱体尺寸	宽度 B/mm	2130	2520	2910
		高度 H_1/mm	2580	2580	2855
二级(Ⅱ)	圆笼滤网	最大直径/mm	1900	2300	2700
		过滤面积 F/m^2	20.8	31.7	39.6
	箱体尺寸	宽度 B/mm	2130	2520	2910
		高度 H_2/mm	2580	2620	2990
机组(Ⅲ)	外形尺寸	宽度 B/mm	2130+476(辅机)	2520+476(辅机)	2910+476(辅机)
		高度 H/mm	2580+596(风机)	2620+596(风机)	2990+596(风机)
	总装机容量/kW		8.24		

表 14-125　JYFL 系列复合圆笼除尘机组主要性能参数

型号规格	处理风量/(×$10^4$$m^3$/h)					过滤阻力/Pa	除尘效率(%)
	滤尘系统						
	废棉	粗特纱	中特纱	细特纱	化纤纱		
JYFL-19	1.2~2.0	1.6~2.4	2.0~2.8	2.4~3.2	2.8~3.6	≤250	≥99
JYFL-23	2.0~3.0	2.4~3.5	2.8~4.2	3.2~4.8	3.6~5.4		
JYFL-27A	2.8~4.0	3.2~4.8	3.6~5.8	4.0~8.0	4.4~8.0		

3）蜂窝式滤尘器：蜂窝式滤尘器由多个长毛绒滤料制成的圆筒形小尘笼组成。按每排6只布置成“方阵”形，含尘空气经过小尘笼时，粉尘被阻留在尘笼内表面，过滤后空气得以净化。6只小吸嘴由机械吸臂驱动，在吸尘风机作用下按程序吸除每排尘笼中的粉尘，以保持滤尘器正常工作。并将吸尘送入粉尘分离压紧器进行分离与压实收集，分离后的空气直接返回滤尘器内。将蜂窝式滤尘器与圆盘预过滤器组合一体，构成蜂窝式除尘机组。JYFO-Ⅲ系列蜂窝式除尘机组的结构型式如图 14-100 所示，型号规格见表 14-126，性能参数见表 14-127。

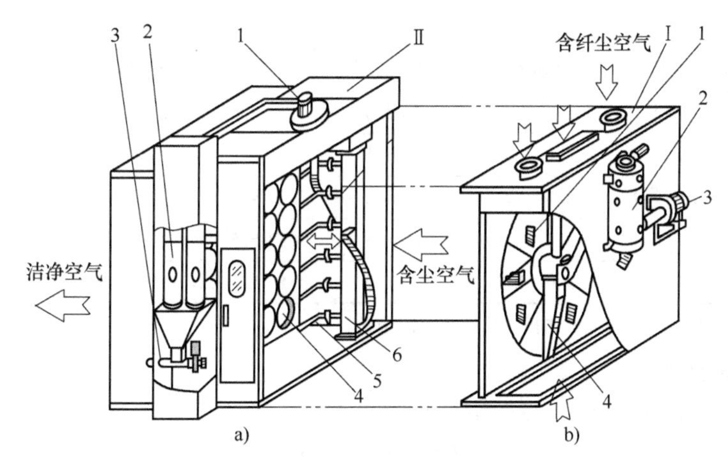

图 14-100　JYFO-Ⅲ系列蜂窝式除尘机组结构型式

a）复合圆笼滤尘器

1—吸尘风机　2—袋式除尘器　3—粉尘分离压紧器　4—吸尘箱　5—旋转吸嘴　6—小尘笼

b）圆盘预过滤器

1—圆盘滤网　2—纤维分离压紧器　3—吸尘风机　4—条缝吸嘴

表 14-126　JYFO-Ⅲ系列蜂窝式除尘机组型号规格

型号规格			JYFO-Ⅲ-5	JYFO-Ⅲ-6	JYFO-Ⅲ-7	JYFO-Ⅲ-8	JYFO-Ⅲ-8B
一级(Ⅰ)	网盘	盘径/mm	2000	2300	2600	2600	2600
		过滤面积/m^2	2.94	3.77	4.67	4.67	4.67
		滤网/(目/25.4mm)	(不锈钢丝网)60~120				
	尺寸	长度/mm	1010+620(辅机)= 1630				
		宽度/mm	2130	2520	2910	3300	3300
		高度/mm	2580			2855	

（续）

型号规格			JYFO-Ⅲ-5	JYFO-Ⅲ-6	JYFO-Ⅲ-7	JYFO-Ⅲ-8	JYFO-Ⅲ-8B
二级（Ⅱ）	尘笼	数量/(只/排)	30/5	36/6	42/7	48/8	48/8
		过滤面积/m^2	22.0	26.4	30.8	35.2	46.4
	尺寸	长度/mm	1890				2290
		宽度/mm	2560	2950	3340	3730	3730
		高度/mm	3359				
机组（Ⅲ）	尺寸	长度/mm	2900+620(辅机)=3520				3300+620
		宽度/mm	2560	2950	3340	3730	3730
		高度/mm	3359				
	重量/kg		2040	2230	2430	2650	2890
	装机容量/kW		7.49				

表 14-127 JYFO-Ⅲ系列蜂窝式聚合除尘机组性能参数

型号规格	处理风量/($\times10^4m^3/h$)					阻力/Pa	效率(%)
	滤尘系统						
	废棉	粗特纱	中特纱	细特纱	化纤纱		
JYFO-III-5	1.7~2.1	1.9~2.5	2.1~3.0	2.3~3.4	2.5~3.9	100~250	≥99
JYFO-III--6	2.0~2.5	2.2~3.0	2.5~3.6	2.8~4.1	3.0~4.6		
JYFO-III--7	2.3~2.9	2.6~3.5	2.9~4.2	3.2~4.8	3.5~5.4		
JYFO-III--8	2.6~3.3	3.0~4.0	3.3~4.8	3.7~5.5	4.0~6.2		
JYFO-III--8B	3.5~4.4	3.9~5.3	4.4~6.2	4.8~7.1	5.3~8.1		

注：滤尘系统处理风量清棉按下限选择，梳棉按上限选择。

2. 除尘设备选型

1）确定处理风量对连续抽吸的清梳棉除尘系统，除尘设备处理风量按下式计算：

$$L=1.1\Sigma(L_S\times n) \tag{14-6}$$

式中 L——处理风量（m^3/h）；

1.1——安全系数；

L_S——单台清梳棉设备设计排风量［($m^3/(h\cdot台)$)］；

n——同时工作台数。

对采用间歇吸模式的梳棉除尘系统，应另增加间歇吸风量 4000$m^3/(h\cdot组)$。

2）选定除尘机组按第二级滤尘器的额定过滤负荷 L_n 见表 14-128，用下式计算二级过滤面积 F_2（m^2），据此选定除尘机组的型号规格。

$$F_2=L/L_n \tag{14-7}$$

表 14-128 除尘机组第二级额定过滤负荷

原料品种	化纤	纯棉 中、细特纱	纯棉 粗特纱	苎棉/棉	废棉
$L_n/[m^3/(m^2\cdot h)]$	1200~1300	1100~1200	1000~1100	1000 以下	1000 以下

3）校核除尘机组按选定除尘机组，用下式核算一级过网风速：

$$V_{f1}=L/3600F_1 \tag{14-8}$$

式中　F_1——第一级滤网有效面积（m^2）；

要求 $V_{f1}\geqslant 1.5m/s$，才能确保第一级纤尘自行飞上网面。

4）确定第一级滤网目数根据原料品种，按表 14-129 确定第一级滤网目数。

表 14-129　第一级滤网目数选择表

原料品种	化纤及棉	废棉	苎棉、棉
第一级滤网目数	80 目/吋	100 目/吋	60 目/吋

5）选择第二级滤料各类组合式除尘机组第二级滤料通常选用阻燃型长毛绒。长毛绒滤料有 JM_2、JM_3、JM_5 等品种型号，其组织结构及过滤性能有一定差异。其中：JM_2 型织物组织较稀松，毛茸较长，过滤阻力较低，但排放浓度较高；JM_3 型织物组织较紧密，毛茸较短，过滤阻力较高，排放浓度较低；JM_5 型织物组织经特殊加工处理，具有低阻高效的特点，但价格较贵。选择滤料时宜结合工程实际，通过技术经济综合比较后选定。

3. 主风机选型

1）风量按除尘设备风量确定。

2）全压清梳棉工序除尘主风机的全压参见表 14-130。

表 14-130　清梳棉工序除尘主风机全压

工艺	设计条件	全压/Pa	附注
清梳工序	“不利用余压”模式	500~800	
	“利用余压”，成卷机排风增压	400~600	增压风机
梳棉工序（连续吸）	FA212，单产 25~30kg/（h·台）	1400~1500	
	FA201B，单产 35kg/（h·台）	1500~1700	
	FA203、FA221B、FA231	1600~1800	
梳棉工序（间歇吸）		1200~1300	
	间歇吸管路增压，风量 4000m³/h	3500	增压风机

3）主风机选型清棉工序除尘主风机全压较低，可选用轴流风机或低压离心风机。梳棉工序除尘风机全压较高，宜选用中低压离心风机。选择风机时，应根据处理风量和全压选定主风机型号及装机功率。SFF232 型高效中低压离心风机是纺织行业最常用的除尘风机。

4）风机布置主风机通常布置在除尘机组出口管路。当选用轴流风机时，应在出口做一个箱体，围住四周，向上开口排气；当选用离心风机时，宜选用 90°旋向的机型，直接向上排气。

增压风机布置在除尘机组前的吸尘管路中，带尘工作，应考虑防磨清灰措施。

【实例 14-74】　某 32760 锭 504 台织机的棉纺厂，清棉车间拥有三套一头二尾的开清棉联合机组，设计三套除尘系统。另有一个废棉处理车间，配置 SFA100 型双进风凝棉机和 SFU101 型单打手废棉处理机，设计一套除尘系统。工艺流程如图 14-58 所示，设计处理风量见表 14-131，系统主要参数及设备选型见表 14-132。

表 14-131 32760 锭棉纺厂清棉工序除尘设计处理风量

工艺设备	数量/台	单台排风量 /[m^3/(h·台)]	合计处理风量/(m^3/h)	
			清棉除尘	废棉处理除尘
A045B	5	4500	4500×5	
A002D	2	3000	3000×2	
A035	1	5500		5500
SFA100	1	5400		5400
SFU101	1	3000		3000
总计			28500×1.1	13900×1.1

表 14-132 32760 锭棉纺厂清棉工序除尘系统设计主要参数及设备选型

项目	清棉除尘系统	废棉处理除尘系统
系统数量/个	3	1
处理风量/(m^3/h)	31210	15300
除尘机组选型	JYFO-Ⅲ-6 型蜂窝式	JYFO-Ⅲ-5 型蜂窝式
第一级滤网	不锈钢丝网,80 目/吋	不锈钢丝网,80 目/吋
第二级滤料	JM_2 型阻燃长毛绒	JM_2 型阻燃长毛绒
主风机选型	SFF232-12 № 10E 离心式	SFF232-12 № 8E 离心式
风量/(m^3/h)	31210	16740
全压/Pa	834	1115
电动机	Y160L-6-11kW	Y160M-4-11kW
设备阻力/Pa	<300	<300
排放浓度/(mg/Nm^3)	<0.8~0.9	<0.8~0.9

由于清棉工序中 A076 成卷机的排风余压较低，而排风点离除尘设备最远，为此将排风引出地沟后与 A092 凝棉器的排风汇合，利用后者强大抽力将其带走。

【实例 14-75】 某棉纺厂共有 FA201B 梳棉机 20 台，采用间歇吸落棉方式，设计一套除尘系统。其中上部连续吸排风量 1800×20 = 36000m^3/h，间歇吸落棉排风量 4000m^3/h。除尘系统工艺流程如图 14-97 所示，系统主要设计参数及设备选型见表 14-133。

表 14-133 20 台 FA201B 梳棉机间歇吸除尘系统主要设计参数和设备选型

项　目	设计参数和设备选型	附　注
处理风量/(m^3/h)	43300	
除尘机组选型	JYFL-Ⅲ-23 型复合圆笼式	
第一级滤网	不锈钢丝网,80 目/吋	
第二级滤料	JM_2 型阻燃长毛绒	
主风机选型	SFF232-12 № 10E 离心式	风机盘 $\phi320\times C_4$
风量/(m^3/h)	43300	
全压/Pa	1214	
电动机	Y200L_2-6-22kW	电机盘 $\phi320\times C_4$

（续）

项　目	设计参数和设备选型	附　注
排尘增压风机选型	SFF232-11 №4.8A/200	
风量/(m^3/h)	4350	
全压/Pa	3577	
电动机	Y160M_1-6.2-11kW	
纤维分离压紧器选型	JYLC-02 悬挂式	N=0.55kW
空压机选型	2VQW-0.42/7	附带贮气罐
电动机	Y112M-4-4kW	
除尘机组设备阻力/Pa	<350	第一级<100
排放浓度/(mg/Nm^3)	<0.8~0.9	

设计说明：

1）连续排风从下部通过地沟进入除尘机组，排风地沟为变断面逐段扩大的形式。

2）间歇吸落棉管为等断面架空管，每一排梳棉机吸落棉管出口加装一个摇板阀，由 PC 控制阶段性启、闭。

3）纤维分离压紧器进出口设置摇板阀，另增设旁通管（附摇板阀）。当程序进入“上吸”时，前者打开，后者关闭，上吸纤尘从纤维分离压紧器中收集输出；当程序进入“下吸”时，前者关闭，后者打开，纤尘走旁通管，直至除尘机组第一级分离输出。

第八节　袋式除尘器在炭黑行业中的应用

一、概述

炭黑是轮胎等橡胶和高分子材料制品最重要的补强材料，填充一定量的炭黑后，橡胶等制品的综合性能可得到成倍或数十倍的增强。例如，轮胎填充炭黑后可以行驶 10~15 万 km，如果不填充炭黑而填充其他材料，其行驶里程只能达到 0.5 万 km。炭黑作为世界上最黑的高染色体物质，是一种吸附性最强的、几乎“无孔不入”的固体粉末，是人类最早开发、应用的石油化工原料之一，还是人类目前产量最大的纳米材料。炭黑产量的 70%用于汽车轮胎，在染料、印刷、塑料、涂料、冶金等行业也有广泛的应用，是不可缺少的工业产品。

我国是世界上最早生产和使用炭黑的国家，随着我国经济的持续高速增长，我国对炭黑需求也保持高速增长态势。在最近的十几年中，我国的炭黑消费量与支柱产业之一的汽车工业发展关联密切，一直保持 15%~20%的增长速度，远高于全球的 3.6%的平均水平。现在，我国已经成为全球第一大炭黑生产国，根据日本炭黑协会出版的 2021 年版《CarbonBlack 年鉴》数据显示，2020 年全球炭黑总产量为 1235.3 万吨，其中我国产量占比高达 46%。

炭黑工业的发展，促进了社会的进步，同时也增加了对人类生存环境的污染。炭黑粉尘和含尘废气是炭黑工业的主要污染源，能否采取措施对炭黑粉尘和含尘废气进行成功治理，已成为制约炭黑工业发展的一个重要因素。

二、炭黑生产工艺和污染源

1. 炭黑生产工艺

炭黑生产工艺如图 14-101 所示，各种原料油在高温下添加急冷水进行不完全燃烧，发生裂解反应，反应产物有炭黑以及炭黑尾气，然后经过主袋滤器进行炭黑尾气与炭黑颗粒的气固分离，从主袋滤器产生的炭黑尾气一部分用作炭黑颗粒的干燥流程，其余部分作为尾气发电锅炉的燃料，尾气送至余热锅炉燃烧后产生高温高压蒸汽。主袋滤器产生的炭黑颗粒以粉尘的形式被送至研磨机、储罐，与部分的水进行混合，进入造粒流程，然后进入炭黑尾气干燥机干燥，最后炭黑颗粒由干燥机运至储槽，检验合格后以多种形式进行包装。

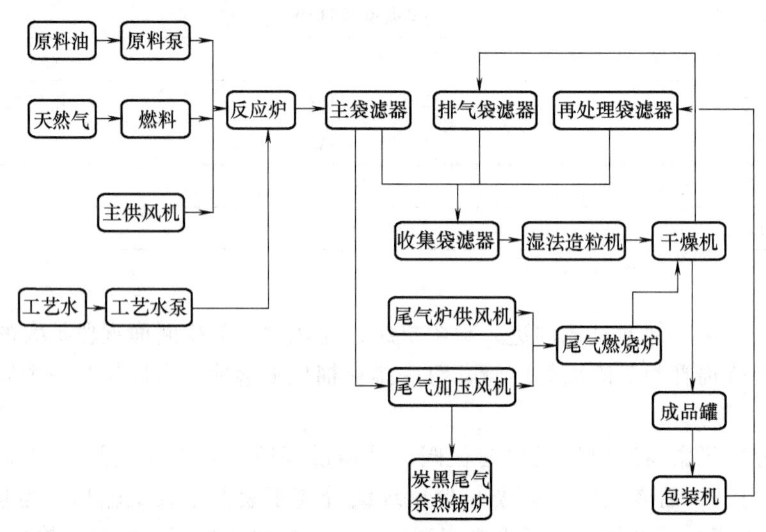

图14-101　炭黑生产工艺

2. 主要染源及其控制技术

1）炭黑生产线主要是由以下4大部分组成：炭黑生成系统、炭黑收集系统、炭黑造粒系统和炭黑贮运系统。污染大气的炭黑烟气和粉尘正是伴随这些系统的运行而产生。

炭黑烟气具有高温、高湿、高粉尘浓度、高露点的特性。排出反应炉的烟气经空气预热器、油预热器、余热锅炉冷却、二次急冷，其温度仍为280℃，这是以玻纤滤料为滤袋材质的袋式除尘器所允许的最高使用温度。若继续降低烟气温度，则需耗费大量的水和电，经济性欠佳。

烟气含炭黑浓度高达100~250g/m^3。炭黑的原生体的粒径在0.01~5μm之间，绝大多数小于1μm，因而粘性很强。

烟气中水蒸气含量随水急冷程度不同而异，一般为136~360g/Nm^3；烟气中还含有SO_2，因而露点温度高，有的高达180℃，容易结露而产生稀硫酸雾，引起设备腐蚀。

炭黑烟气属于还原性气体，其中H_2含量为7%~24%；CO含量为9%~16%；CH_4含量为1%~3%；具有可燃可爆性。

2）炭黑是粉体工业中最具污染性的产品。作为烃类不完全燃烧或热裂解制取的黑色粉状物质，炭黑是世界上最小基本粒子物质之一，其基本粒子（一次粒子）尺寸在10~100nm之间，炭黑微粒以直径0.2~1.5μm附集体形态（二次粒子）悬浮在炭黑烟气中形成气溶胶。炭黑是最大比表面积物质之一，常用的炭黑，10kg炭黑的表面积大致有1km^2之广。炭黑具有极强的渗透性、吸附性，因此具有很强的视觉污染（颜色污染）。

炭黑工业大气污染源随处可见，有的是由炭黑生产过程的固有特点决定的，有的是因管理不善而造成的，例如，含有炭黑微粒的排空尾气、造粒及造粒废气等。就对大气环境量大面广的影响而言，炭黑工业大气污染源主要是生产过程中含有炭黑及气态污染物的尾气，其主要组成列于表 14-134。

表 14-134　炭黑烟气和炭黑尾气的主要组成　（单位：%）

类型	炭黑浓度	CO	H_2	CH_4	O_2	CO_2	N_2	H_2S	H_2O
炭黑烟气	80～120/(g/m^3)	12～16	5～7	1～2	0.7～1.5	3～5	50～70	<0.3	400～600g/m^3
炭黑尾气	<18mg/m^3	12～16	5～7	1～2	0.7～1.5	3～5	50～70	<0.3	400～600g/m^3

3）由于炭黑具有高污染性，以及炭黑既是产品又是大气环境污染物，炭黑行业成为诸多行业中最早应用而且百分之百应用袋式除尘器的行业。

我国炭黑行业于 1952 年使用了手工振打绸滤袋滤器。1960 年开始使用玻纤滤袋袋滤器。炭黑行业用袋滤器从 20 世纪 60 年代开始一直使用反吹风袋滤器。

1978 年，我国自行开发的大滤袋顶部进气反吹风袋滤器获得全国科技大会二等奖，推广到钢铁、水泥、化工等诸多行业。1985 年，引进 PHR 型脉冲袋滤器；1987 年引进反吹风袋滤器，这两种袋滤器实现了消化吸收和国产化。同时，我国研发了质量接近国际同类产品水平的玻璃纤维滤布和玻璃纤维针刺毡，提高了炭黑工业袋滤器的捕集效率，使得反吹风袋式除尘器遍及炭黑行业。

最近十多年来，随着脉冲袋式除尘技术的进步和成熟，以及袋滤器结构和滤袋质量的提高，在炭黑行业治理气体污染源的工程中，脉冲袋式除尘器的使用份额快速提升，几乎取代了反吹风袋滤器在袋式除尘器中的霸主地位。

4）炭黑行业的袋式除尘器按其在生产系统中的不同功能分别称谓。在炭黑生产线中，主袋式除尘器、排气袋式除尘器、再处理袋式除尘器、吸尘袋式除尘器组成了炭黑收集系统。另外，还有烘炉袋式除尘器和收集袋式除尘器。

主袋式除尘器（主袋滤器）：来自炭黑生产线炭黑反应工序的炭黑烟气进入主袋式除尘器捕集粉状炭黑。烟气具有高温、高湿（水蒸气含量 40%以上，绝对含湿量≥320g/m^3）、高粉尘浓度（100g/m^3）、高露点（可达 150℃）的特性。采用大型脉冲袋式除尘器，或反吹风袋式除尘器。

排气袋式除尘器（排气袋滤器）：在湿法造粒机中，粉状炭黑与造粒水生成的湿法造粒炭黑进入干燥机滚筒，由炭黑尾气在燃烧炉燃烧生成的尾气间接和直接加热干燥，尾气带走炭黑湿粒子中的水分，并裹挟部分炭黑粉尘经排气风机送入排气袋式除尘器捕集炭黑。尾气含湿量高（水蒸气含量 50%以上，绝对含湿量≥400g/m^3）；露点温度高（为 180～200℃）；含尘浓度高（为 100mg/m^3）。采用大型脉冲袋式除尘器，或反吹风袋式除尘器。

烘炉袋式除尘器（烘炉袋滤器）和收集袋式除尘器（收集袋滤器）：该两种袋式除尘器在高温下运行，采用脉冲袋式除尘器。

再处理袋式除尘器（再处理袋滤器）：生产线各扬尘点经除尘风机，中间品炭黑由中间产品罐经再处理风机送入再处理袋式除尘器捕集炭黑，在常温条件下运行，采用脉冲袋式除尘器。

包装吸尘袋式除尘器（吸尘袋滤器）：该除尘器在常温下运行，采用脉冲袋式除尘器。

三、炭黑烟尘特性参数

炭黑不同生产工序产生的炭黑烟尘特性参数有异，分述如下：

1. 炭黑反应炉烟尘特性参数

炭黑反应炉烟尘特性参数见表14-135。

表14-135 炭黑反应炉烟尘特性参数

烟气介质	炭黑反应过程产生的炭黑气溶胶(炭黑+烟气)
烟气特性	具有高温、高湿、高粉尘含量、高露点的特性
毒性危险程度	中度危害(CO、H_2S)
爆炸危险性	易燃易爆(22.2%~92.7%)
烟气温度	260℃

2. 干燥机排气炭黑烟尘特性参数

干燥机排气炭黑烟尘特性参数见表14-136。

表14-136 干燥机排气炭黑烟尘特性参数

烟气介质	干燥机中产生的含炭黑粉尘的排气
烟气特性	具有高温、高湿、高粉尘含量、高露点的特性
毒性危险程度	中度危害(CO、H_2S)
爆炸危险	易燃易爆(27.2%~92.7%)
烟气温度	240℃

3. 再处理炭黑烟尘特性参数

再处理炭黑烟尘特性参数见表14-137。

表14-137 再处理炭黑烟尘特性参数

烟气介质	运转设备吸尘和中间品罐的待制炭黑风送的常温炭黑烟气
烟气温度	约40℃
烟气含尘浓度	$<20g/m^3$

4. 收集的炭黑烟尘特性参数

收集的炭黑烟尘特性参数见表14-138。

表14-138 收集的炭黑烟尘特性参数

烟气介质	热烟气输送的袋式除尘器收集下来的炭黑气体或常温空气输送的收集下来的炭黑气体
烟气温度	220~260℃或100~120℃
烟气含尘浓度	$<60g/m^3$

5. 烘炉炭黑烟尘特性参数

烘炉炭黑烟尘特性参数见表14-139。

表14-139 烘炉炭黑烟尘特性参数

烟气介质	烘炉过程产生的开始阶段含炭黑粉尘的完全燃烧气体
毒性危险程度	无
爆炸危险	无
烟气温度	260℃

6. 包装过程炭黑烟尘特性参数

包装过程炭黑烟尘特性参数见表 14-140。

表 14-140　包装过程炭黑烟尘特性参数

烟气介质	包装机运转设备吸收的炭黑粉尘
烟气温度	常温
烟气含尘浓度	<20g/m^3

四、除尘器选型

1. 除尘器选型

炭黑烟气和炭黑尾气采用的袋式除尘系统，根据炭黑生产工艺中各个收尘部位的工况条件，袋滤器包括主袋滤器、排气袋滤器、再处理袋滤器、收集袋滤器、烘炉袋滤器及吸尘袋滤器等。主袋滤器与排气袋滤器可选用反吹风袋式除尘器或脉冲袋式除尘器，其他部位基本采用脉冲袋式除尘器，箱体及灰斗应选耐腐材料或进行防腐处理，并采取保温措施。

2. 滤料选择及过滤风速的确定

反吹风袋式除尘器一般选用玻纤膨体纱或其覆膜滤料，需进行耐酸处理，过滤风速不高于 0.4m/min 为宜，滤袋长度不超过 4m；脉冲袋式除尘器滤袋（高温）采用玻纤复合毡、玻纤针刺毡或其覆膜滤料，需进行耐酸处理，过滤风速不高于 0.6m/min 为宜；脉冲袋式除尘器滤袋（低温）采用涤纶针刺毡或其覆膜滤料。

3. 其他选型参数

对于主袋滤器、排气袋滤器和烘炉袋滤器，反吹风设计压力范围 2~2.5kPa，设备阻力≤2kPa 为宜；对于再处理袋滤器、收集袋滤器和吸尘袋滤器，反吹风设计压力 1.5~3.5kPa，设备阻力 0.5~1.5kPa 为宜。

【实例 14-76】 某炭黑厂新建 8×6 万吨/年湿法造粒炭黑生产线项目，其中硬质炭黑生产线 6 条和软质炭黑生产线 2 条。具体各收尘点设计参数及设备选型见表 14-141 和表 14-142；单条硬质炭黑线主袋滤器系统运行参数见表 14-143。

表 14-141　单条硬质炭黑线系统设计参数及设备选型

序号	除尘部位	工作温度	滤袋材质	袋式除尘选型
1	主袋滤器	260℃	玻纤膨体纱覆膜	分室反吹风袋式除尘器
2	废气袋滤器	220~230℃	玻纤复合针刺毡	脉冲喷吹袋式除尘器
3	再处理袋滤器	30℃	涤纶针刺毡覆膜	脉冲喷吹袋式除尘器
4	收集袋滤器	150℃	玻纤复合针刺毡	脉冲喷吹袋式除尘器

表 14-142　软质炭黑线系统设计参数及设备选型

序号	除尘部位	工作温度	滤袋材质	袋式除尘选型
1	主袋滤器	260℃	玻纤膨体纱覆膜	分室反吹风袋式除尘器
2	废气袋滤器	220~230℃	玻纤复合针刺毡	脉冲喷吹袋式除尘器
3	再处理袋滤器	30℃	涤纶针刺毡覆膜	脉冲喷吹袋式除尘器
4	收集袋滤器	150℃	玻纤复合针刺毡	脉冲喷吹袋式除尘器

表 14-143 单条硬质炭黑线主袋滤器系统运行参数（单台）

序号	项目	系统运行参数	附注
1	设计产能/(t/年)	60000	
2	处理烟气量/(m^3/h,标况)	35000	
3	烟气温度/℃	正常≤260,最高 280	实际 230~250
4	除尘器选型	分室反吹袋式除尘器	
5	滤料材质	玻纤膨体纱覆膜滤料	
6	滤料单重/(g/m^2)	≥550	
7	滤袋规格尺寸/mm	ϕ127×3660	
8	滤袋数量/条	2672	
9	过滤面积/m^2	3837	
10	过滤速度/(m/min)	≤0.4	
11	滤袋使用寿命/年	3	
12	排放浓度/(mg/m^3)	≤10	实际≤10
13	设备阻力/Pa	≤1500	实际≤1000

【实例 14-77】 某炭黑厂 2×2 万吨/年新工艺湿法造粒炭黑生产线项目，其中 2 万吨/年硬质炭黑生产线和 2 万吨/年软质炭黑生产线各 1 条。具体各收尘点设计参数及设备选型见表 14-144 和表 14-145，单条硬质炭黑线主袋滤器系统运行参数见表 14-146。

表 14-144 硬质炭黑系统设计参数及设备选型

序号	除尘部位	工作温度/℃	滤袋材质	袋式除尘选型
1	主袋滤器	240~260	玻纤复合针刺毡	脉冲喷吹袋式除尘器
2	废气袋滤器	220~230	玻纤复合针刺毡	脉冲喷吹袋式除尘器
3	再处理袋滤器	30	涤纶针刺毡覆膜	脉冲喷吹袋式除尘器
4	收集袋滤器	150	玻纤复合针刺毡	脉冲喷吹袋式除尘器

表 14-145 软质炭黑系统设计参数及设备选型

序号	除尘部位	工作温度/℃	滤袋材质	袋式除尘选型
1	主袋滤器	240~260	玻纤复合针刺毡	脉冲喷吹袋式除尘器
2	废气袋滤器	220~230	玻纤复合针刺毡	脉冲喷吹袋式除尘器
3	再处理袋滤器	30	涤纶针刺毡覆膜	脉冲喷吹袋式除尘器
4	收集袋滤器	150	玻纤复合针刺毡	脉冲喷吹袋式除尘器

表 14-146 单条硬质炭黑线主袋滤器系统运行参数

序号	项目	系统运行参数	附注
1	设计产能/(t/年)	20000	
2	处理烟气量/(m^3/h,标况)	23000	
3	烟气温度/℃	正常≤260,最高 280	实际 220~240
4	除尘器选型	脉冲喷吹袋式除尘器	

（续）

序号	项目	系统运行参数	附注
5	滤料材质	玻纤复合针刺毡	
6	滤料克重/(g/m^2)	850	
7	滤袋规格尺寸/mm	ϕ200×3200	
8	滤袋数量/条	736	
9	过滤面积/m^2	1479	
10	过滤速度/(m/min)	≤0.52	
11	滤袋使用寿命/年	1.5	
12	排放浓度/(mg/m^3)	≤15	≤15
13	设备阻力/Pa	≤1500	实际≤1200

第九节　袋式除尘器在其他行业中的应用

袋式除尘器的应用领域越来越广泛，已涉及各行各业。本节简述袋式除尘器在建材、化工、轻工等行业的典型应用。

一、沥青混凝土搅拌站除尘

1. 生产工艺及污染源

沥青混凝土搅拌站拌制各种沥青混合料，是道路建设与维护的原料供应站。其生产工艺由原料堆放、冷料输送、加热烘干、筛分称重、沥青添加、粉料供给、搅拌混合、成品出料等部分组成。将加工好的不同粒径的砂石骨料按照不同比例装入滚筒干燥机，加热至140~180℃。再经筛分计量后，将合格的骨料装入搅拌机，与一定比例的石灰石粉和热沥青搅拌成沥青混凝土，供铺路使用。

按沥青混凝土搅拌站工作方式分为连续式和间隙式：连续式为大中型沥青搅拌站，大都为固定场所，国产型号为LB40~LB4000；间隙式主要为滚动型搅拌机，适应流动作业，国产型号为LB15~LB30。沥青混凝土搅拌站工艺流程如图14-102所示。

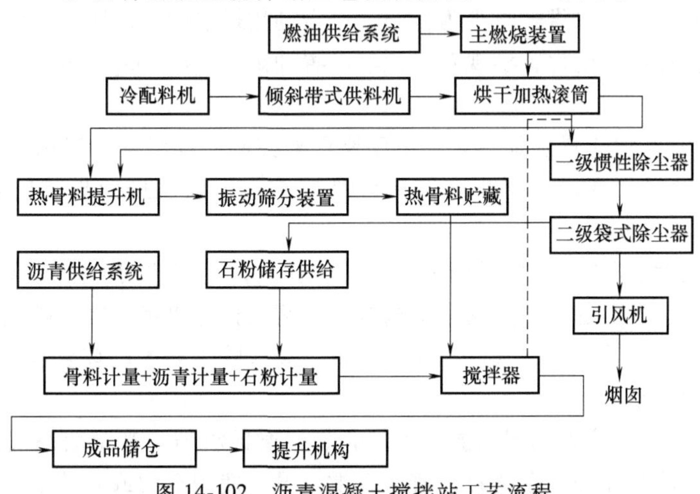

图14-102　沥青混凝土搅拌站工艺流程

在沥青搅拌站工况中，产生的烟尘污染物主要分为常温粉尘和高温烟尘：

1）在骨料准备、骨料输送等加工工序产生常温粉尘；

2）在骨料烘干、提升、筛分、搅拌、成品出料等工作过程中，产生的高温、高湿烟尘及沥青烟气，在高温烟尘中同时还含有 CO、SO_x、NO_x 等气体；

3）烘干筒主燃烧装置若采用重油燃料，烟气中还可能含有少量炭黑、焦油等气体；

4）为了节约成本、实现资源回收再利用，在生产沥青料的过程中会利用再生沥青路面旧料与原生料混用技术。再生料经过加热后会产生一定量沥青油烟，若添加过量或者操作处理不当，则易粘附在管壁和除尘器滤袋表面，导致糊袋及设备阻力升高，系统无法正常运行。

烟尘的主要参数见表 14-147。

表 14-147 沥青混凝土搅拌烟尘主要参数

项目	搅拌站	搅拌机
烟气温度/℃	120~160	150~220
烟气湿度(%,体积)	5~10	5~15
含尘浓度/(g/Nm^3)	5~10	8~20
粉尘成分	碎石、河沙、石灰石粉、焦油、沥青	
真密度/(g/cm^3)	2.5~2.8	
粒径分布(%)	<5μm 的占 44%,5~15μm 的占 46%,>15μm 的占 10%	

2. 除尘系统设计及设备选型

1）对整个沥青搅拌生产线采用工厂化密闭车间，并采取喷雾抑尘措施。

2）贯彻“以废治废、回收利用、达标排放”的总体方针，对沥青混凝土搅拌站，通常将污染源合并掺混，设计一个除尘系统。利用前端砂石骨料制备及输送工序捕集的粉尘在管路内吸附沥青罐及搅拌工序产生的沥青油烟。除尘工艺采用旋风（或惯性）加袋式的两级除尘方式：前级捕集粗粒尘及炽热火星，作为骨料回收；后级捕集微粒尘并净化有害气体，收下尘作为矿粉一起加入搅拌机回收利用。

3）对特殊工况条件和重点地区，可在烟道内加设无动力自离散旋转加料装置，喷入干粉细骨料或特种吸附剂。以袋式除尘为核心，结合利用燃烧法、吸附法、等离子或光催化氧化法等两种以上方法综合治理，实现对粉尘、沥青油烟、CO、SO_x、NO_x 等多种污染物的超低排放协同控制。

4）砂石骨料在滚筒干燥机加热烘干工序要严格控制温度湿度，确保出口烟气温度满足高于酸露点 15℃ 的规定要求，防止烟气低温高湿结露，以及进而导致的管壁沾尘、袋室糊袋。

5）对固定式大型搅拌站，以及间断作业的搅拌站，适宜选用分室反吹袋式除尘器或脉冲喷吹袋式除尘器，发展趋势更多选用结构紧凑、清灰性能更优的脉冲喷吹袋式除尘器。对滚动型搅拌机适宜选配移动组合式专用除尘机组。袋式除尘器入口宜设紧急野风阀及预热温控装置，箱体予以保温。

6）袋式除尘器滤料应选用耐高温、耐氧化、耐腐蚀材质。芳纶耐高温针刺毡系列滤料是沥青混凝土设备除尘器的首选滤料；若沥青搅拌设备使用重油或其他杂质油作燃料，可对芳纶针刺毡滤料进行防油和防水或耐腐蚀 PTFE 浸渍处理；针对部分终端用户现场原料含湿量小、燃烧介质为天然气、运行温度不高等工况，可选用性价比更优的多种纤维复合针刺毡滤料：对具有超低排放要求的地区与场合，宜选用超细面层梯度结构高精滤料，实现稳定高效低阻运行，并延长使用寿命。

【实例 14-78】 某厂 LB2000 沥青混凝土搅拌机采用旋风和袋式两级干法除尘方案，除尘工艺流程如图 14-103 所示，系统主要设计参数及设备选型见表 14-148。

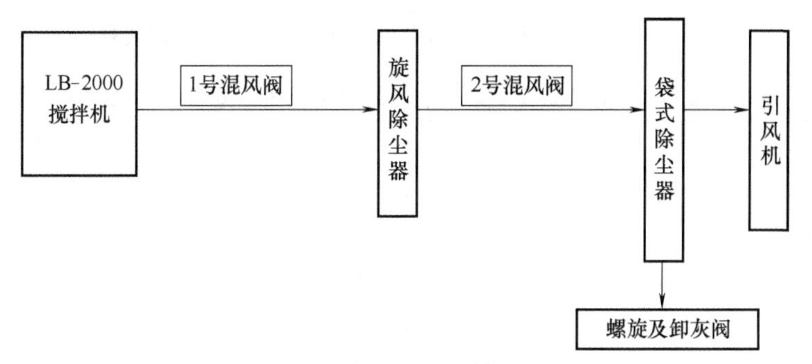

图 14-103　LB2000 沥青混凝土搅拌机除尘工艺流程

表 14-148　LB2000 沥青混凝土搅拌机除尘系统主要设计参数及设备选型

项　　目	设计参数及设备选型	附　　注
处理烟气量/(m^3/h)	50000	
工作温度/℃	长期≤120	瞬间≤170
烟气湿度(%,体积)	<20	
含尘浓度/(g/Nm^3)	<300	
除尘器选型	LTMC-LB 型脉冲袋式(可拆式)	前置旋风除尘器
滤料	专用复合拒水防油针刺毡	
滤袋尺寸/mm	ϕ130×3100	
滤袋数量/条	570	
过滤面积/m^2	720	
过滤速度/(m/min)	<1.4	正常工况约为 1.0
排放浓度/(mg/Nm^3)	≤30	
设备阻力/Pa	≤1500	实际 1250~1580
出料量/(t/h)	200	年产量 8~10 万吨
收尘量/(t/a)	41280	年运行 280 日

【实例 14-79】 某厂有日工 3000 型沥青拌合机组，燃料介质为重油，产能为 180t/h，除尘系统采用重力和袋式两级除尘工艺。除尘工艺流程如图 14-104 所示，系统主要设计参数及设备选型见表 14-149，于 2014 年 5 月投运。2019 年 3 月更换高精度芳纶滤袋，换袋后除尘器实测运行参数及使用效果见表 14-150，出口粉尘排放浓度仅为 4.2mg/Nm^3（标态），达到超低排放标准，至今保持稳定运行。

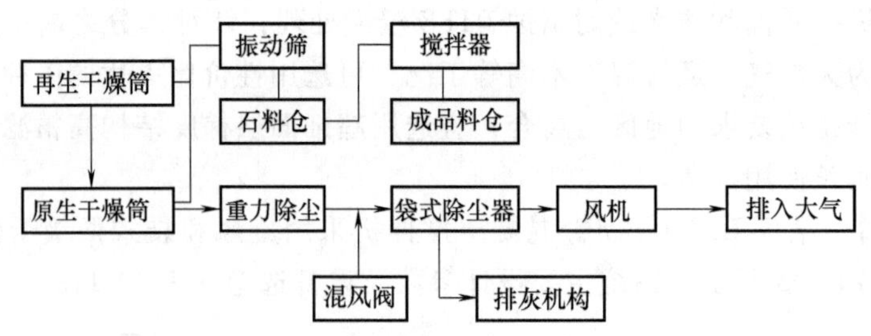

图 14-104 日工 3000 型沥青混凝土搅拌站除尘工艺流程

表 14-149 日工 3000 型沥青混凝土搅拌站除尘系统主要设计参数及设备选型

项　目	设计参数及设备选型	附　注
处理烟气量/(m^3/h)	616500	
含尘浓度/(g/Nm^3)	27~120	
工作温度/℃	长期≤100	瞬间≤180
气体湿度(%,体积)	10.2	
除尘器型式	脉冲喷吹袋式除尘器	前置重力除尘器
除尘仓数/个	20	
每仓滤袋数量/条	30	
脉冲阀数量/个	40	
滤袋尺寸/mm	ϕ142×2680	
滤袋数量/条	600	
选用滤料	防水防油处理芳纶高精滤料	超细面层梯度结构
过滤面积/m^2	717	
过滤速度/(m/min)	1.43	
排放浓度/(mg/Nm^3)	≤50	
设备阻力/Pa	≤1500	
风机风量/(m^3/h)	80000	
风机全压/Pa	4500	
电机功率/kW	160	

表 14-150 除尘器实测运行参数及使用效果

项　目	设计参数及设备选型	附　注
粉尘排放浓度/(mg/Nm^3)	4.2	
SO_2 排放浓度/(mg/Nm^3)	23	
NO_x 排放浓度/(mg/Nm^3)	53	
设备阻力/Pa	1091	

【实例 14-80】 北京某厂建有玛连尼 4000 型沥青拌合站，产能为 340t/h，设计采用重力和袋式两级除尘工艺，于 2019 年 3 月投运。选用分室阀门切换反吹扁袋除尘器，侧进风大气反吹。系统运行一年多，出现除尘器糊袋、设备阻力偏高的情况，于 2020 年 12 月更换 CONEX 拒水防油滤袋，至今系统运行稳定，实测出口粉尘浓度为 22mg/m^3，满足《GB/T

17808—2021》道路施工与养护机械设备沥青混合料搅拌设备中粉尘排放浓度≤50mg/m³ 的限值要求。系统主要设计参数及设备选型见表 14-151，烟气参数及使用效果见表 14-152。

表 14-151 玛连尼 4000 型沥青混凝土搅拌站除尘系统设计参数及设备选型

项 目	设计参数及设备选型	附 注
处理烟气量/(m^3/h)	100000	
含尘浓度/(g/Nm^3)	27~120	
工作温度/℃	长期 80~120	瞬间≤180
除尘器型式	分室大气反吹扁袋除尘器	前置重力除尘
除尘仓数/个	16	
每仓滤袋数量/条	36	
反吹阀数量/个	16	
滤袋尺寸/mm	扁袋半周 375×3000mm	长袋
滤袋数量/条	480	
滤袋尺寸/mm	扁袋半周 375×2500mm	短袋
滤袋数量/条	96	
选用滤料	CONEX 防水防油处理滤料	
过滤面积/m^2	1260	
过滤速度/(m/min)	1.3	
粉尘排放浓度/(mg/Nm^3)	≤50	
设备阻力/Pa	≤1500	
风机风量/(m^3/h)	120000	
风机全压/Pa	4500	
电机功率/kW	160	

表 14-152 系统实测运行参数及使用效果

项 目	设计参数及设备选型	附 注
处理烟气量/(m^3/h)	83451	
气体温度/℃	106	
气体湿度(%,体积)	10.5	
含氧量 O_2(%)	14.5	
粉尘排放浓度/(mg/Nm^3)	22	
SO_2 排放浓度/(mg/Nm^3)	97	
NO_x 排放浓度/(mg/Nm^3)	41	
除尘器设备阻力/Pa	800	换袋改造后

二、陶瓷工艺除尘

1. 生产工艺及污染源

陶瓷原料车间在进行破碎、筛分作业时产生大量粉尘。陶瓷砖料车间生产的泥浆中含大量水分，需经喷雾塔快速干燥，变为可塑性粉料，供压机压制成型，喷雾干燥塔排放的湿热尾气中含有细颗粒尘和微量有害气体。陶瓷半成品需进行切割、打磨，也会产生大量粉尘。

当代装饰用陶瓷制品的发展趋势是用大块岩板代替传统的陶瓷砖。广东某公司于2019年首先引进意大利SACMI公司无限长连续成型岩板智能生产线，成为陶瓷行业专业生产岩板制品的技术标杆。岩板生产线的工艺流程如图14-105所示，其中关键设备是西斯特姆压机，或称无模压机，其亮点是装备先进、智能控制、效率高。

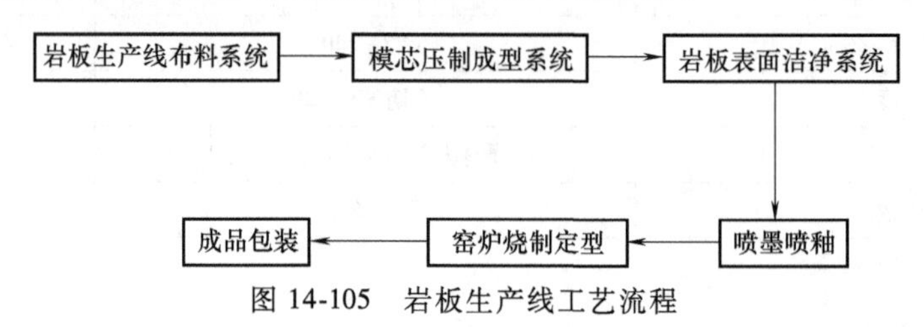

图14-105 岩板生产线工艺流程

岩板生产工艺主要有布料系统、成型系统和洁净系统组成，在生产过程中产生陶瓷粉尘，其中布料和洁净系统为半敞开工艺，是主要污染部位。厂房内通常布设多条生产线同时作业，形成面污染源。

陶瓷生产工序排放的污染物主要为陶瓷粉尘，含尘浓度为10～30g/Nm^3，含硅量较高（SiO_2可达50%以上），喷雾干燥塔排放微细粉尘（<10μm占80%），并含有少量氟化物，对人体健康有较大危害。

2. 除尘系统设计及设备选型

陶瓷生产工序以粉尘污染为主，除尘工艺已由早期的湿法旋风除尘改为干法袋式除尘，除尘工艺流程如图14-106所示。

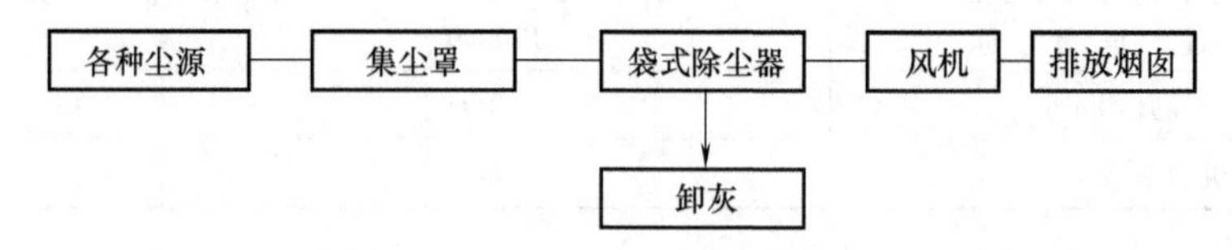

图14-106 陶瓷生产线除尘工艺流程

系统设计和设备选型要点：

1）首先针对扬尘工艺设施特点，合理设计集尘排烟罩，例如，在半敞开的布料和洁净区域设置局部密封式集尘罩；在全封闭压制成型区域的成型模具扬尘处安装活动吸尘罩，并用软管连接。

2）除尘器的选型在原先气箱脉冲基础上优先选用清灰性能更好的行喷离线脉冲型。

3）除尘滤料按温度工况选配：对筛分、切割、打磨的常温废气选用聚酯针刺毡；对喷雾干燥的湿热尾气选用耐湿和耐水解性能更优的聚苯硫醚针刺毡。

4）对多条经常性同步作业的工艺生产线尽量合设一个除尘系统，合理布设管路阀门，选用调速风机和PLC系统，实现与工艺操作连锁控制。

【实例14-81】 广东某公司细筛车间破碎筛分除尘系统，2018年9月投运。

【实例14-82】 浙江某公司6000LSPD型喷雾干燥塔尾气除尘系统，2019年6月投运。

【实例14-83】 广东某厂岩板大板砖成型压制除尘系统2021年10月投运。

除尘工艺流程如图14-106所示，系统主要设计参数及设备选型见表14-153。

表 14-153　陶瓷生产车间除尘系统主要设计参数及设备选型

项　　目		【实例 14-81】	【实例 14-82】	【实例 14-83】
处理烟气量/(m^3/h)		41000	60000	72000
废气温度/℃		常温	90~250	<120
含尘浓度/(g/Nm^3)		30	18.7	15
袋式除尘器选型		PPCS96-6 气箱脉冲	LPMSB-490 气箱脉冲	DMC-120 行喷吹脉冲
滤料		拒水防油聚酯毡	拒水防油 PPS 针刺毡	覆膜涤纶针刺毡
滤袋规格/mm		ϕ130×2450	ϕ130×2450	ϕ130×5000
过滤面积/m^2		456	492	1306
过滤速度/(m/min)		1.5	2.0	1
排放浓度/(mg/Nm^3)	粉尘	≤20	≤30	≤15
	氟化物		≤6	
设备阻力/Pa			≤1200	≤1500
风机选型				G4-68
风量/(m^3/h)		41000	60000	72000
全压/Pa		3500	4000	4000
功率/kW		75	160	200

三、三聚磷酸钠工艺除尘

1. 生产工艺和污染源

三聚磷酸钠（$Na_5P_3O_{10}$）俗称五钠，为白色微粒状粉末，是生产洗衣粉的主要原料，也是合成洗涤剂的重要组分。三聚磷酸钠的生产工艺由聚合炉、冷却机、筛分贮运设备及包装机等组成。

聚合炉是生产三聚磷酸钠的主体工艺设备，尾气温度可达 300~360℃，含有以 $Na_5P_3O_{10}$ 为主要成分的多种磷酸钠颗粒物，含尘浓度为 2~3g/m^3（标准），粉尘平均粒径约为 37μm。在冷却机、筛分贮运设备、包装机等部位产生 $Na_5P_3O_{10}$ 粉尘污染。

三聚磷酸钠属含磷碱性物质，容易吸水潮解，具有较强腐蚀性。三聚磷酸钠粉尘本身就是合格的原料，具有回收利用价值。

2. 除尘系统设计及设备选型

1）除尘工艺：早期大都采用湿法洗涤除尘，处理后的水用于溶解原材料，避免水体污染，但导致成品的反复循环，产能低，消耗大；近期逐步改为干法袋式除尘。

2）尘系统可有两种模式：一种是聚合炉高温尾气自成一个系统，其余常温工部合成一个系统；另一种将高、低温含尘气体组合成一个除尘系统。宜按工艺配置合理确定。

3）除尘器选型：可选用回转反吹袋式除尘器或脉冲喷吹袋式除尘器，箱体及灰斗应选耐腐材料或进行防腐处理，并采取保温伴热措施。选用耐碱性防水解滤料。

【实例 14-84】 某厂年产 60000t/a 三聚磷酸钠项目，冷热工段合设一个除尘系统，除尘工艺流程如图 14-107 所示，系统主要设计参数及设备选型见表 14-154。

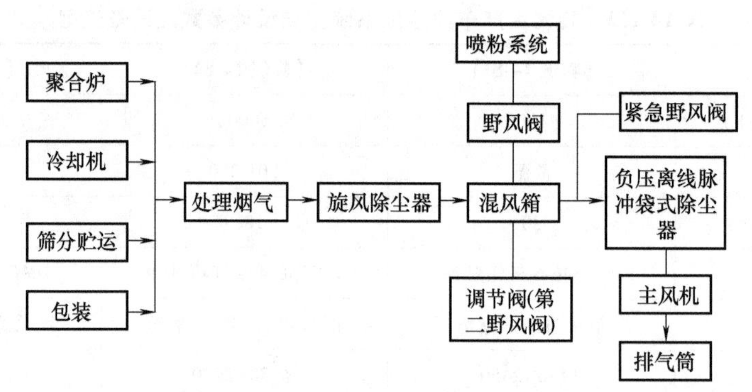

图 14-107 三聚磷酸钠除尘工艺流程

表 14-154 60000t/a 三聚磷酸钠生产线除尘系统主要设计参数及设备选型

项目	设计参数及设备选型	附注
处理烟气量/(m^3/h)	85000~90000	
气体温度/℃	180±10	
含尘浓度/(g/Nm^3)	20~50	
除尘器选型	LY-Ⅱ-1830型离线脉冲	不锈钢材制作
滤料	P84+PTFE(基布)针刺毡覆膜	
滤料尺寸/mm	ϕ130×6000	
过滤面积/m^2	1830	
过滤速度/(m/min)	≤0.82	
排放浓度/(mg/Nm^3)	≤50	
设备阻力/Pa	≤1500	

四、橡胶混炼机除尘

1. 生产工艺和污染源

密闭式混炼机简称密炼机，是橡胶生产工艺的主要设备，将橡胶原料、炭黑以及氧化锌、硫磺、硬脂酸等药品混炼，制成橡胶。在混炼机的原料、炭黑及药品的装入口和出料口产生粉尘污染。

混炼机粉尘污染源的特性参数见表 14-155。

表 14-155 混炼机粉尘污染源特性参数

尘源		装入口、出料口				
粉尘成分		炭黑和少量氯化锌、硫磺、硬脂酸等药品粉尘				
粒径分布	μm	0.3~1	1~3	3~5	5~10	>10
	(%)	25~35	10~20	10~15	20~25	5~30
粉尘真密度/(g/cm^3)		1.8~1.85				
粉尘堆积密度/(g/cm^3)		0.35~0.5				

炭黑和药品粒径细、比重小，附着性强，含尘气体可燃、易爆。

2. 除尘系统设计及设备选型

1）在橡胶混炼机的多个扬尘部位设集尘罩，组合成一个除尘系统，各分支管路设控制阀门，捕集泄漏飞散的炭黑和药品，并返回入口循环利用，除尘工艺流程如图14-108所示。

2）宜采用脉冲喷吹袋式除尘器，离线清灰，箱体设防爆阀门。选用拒水防油型聚酯超细面层或覆膜消静电针刺毡滤料。过滤速度宜小于1m/min。

3）针对粉尘细、粘、轻的特点，在灰斗设空气炮或振打锤，防止粉料棚结。对螺旋机、卸灰阀等运动设备，应采取防粘附措施。

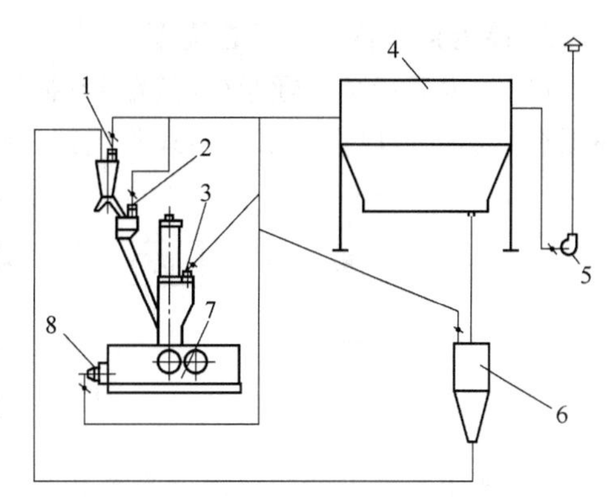

图14-108　橡胶混炼机除尘工艺流程
1—炭黑装入口　2—药品装入口　3—装料口
4—袋式除尘器　5—风机　6—回收仓
7—炼胶机　8—出料口

【实例14-85】 某轮胎公司引进密闭式橡胶混炼机，采用干法袋式除尘工艺。除尘工艺流程如图14-108所示，各部集尘风量见表14-156，系统主要设计参数及设备选型见表14-157。

表14-156　密闭式橡胶混炼机集尘风量分配

集尘部位	集尘风量/(m^3/h)	集尘部位	集尘风量/(m^3/h)
原料装入口	12600	返料仓	1800
炭黑和药品装入口	1800	合计	19800
出料口	3600		

表14-157　密闭式橡胶混炼机除尘系统主要设计参数及设备选型

项　　目	设计参数及设备选型	附　　注
处理风量/(m^3/h)	19800	
气体温度/℃	5~35	
含尘浓度/(g/Nm^3)	2~3	
除尘器选型	LPM4C-370型气箱脉冲	箱体设弹簧锁防爆阀
滤料	拒水防油消静电聚酯针刺毡	
滤袋规格/mm	ϕ130×2450	
滤袋数量/条	384	
过滤面积/m^2	372	
过滤速度/(m/min)	0.89	
排放浓度/(mg/Nm^3)	≤50	实测8.7~16.1
设备阻力/Pa	1470	
引风机选型	4-72-11№8C离心风机	
风量/(m^3/h)	20000	
全压/Pa	3000	
电动机	30kW/380V　1800r/min	

五、家具木制品加工除尘

1. 生产工艺和污染源

在家具及木制品加工的锯、刨、铣、钻、磨等工序产生木屑、刨花、锯末、腻子灰等粉尘污染。木工粉尘粒径分布离散，质量较轻，可燃、易爆。

2. 除尘系统设计及设备选型

1）对木质粉尘，通常先经沉降室捕集较大颗粒的刨花和木屑，再采用袋式除尘器捕集细颗粒尘。也可以直接采用袋式除尘器一级除尘。除尘工艺流程如图 14-109 所示。

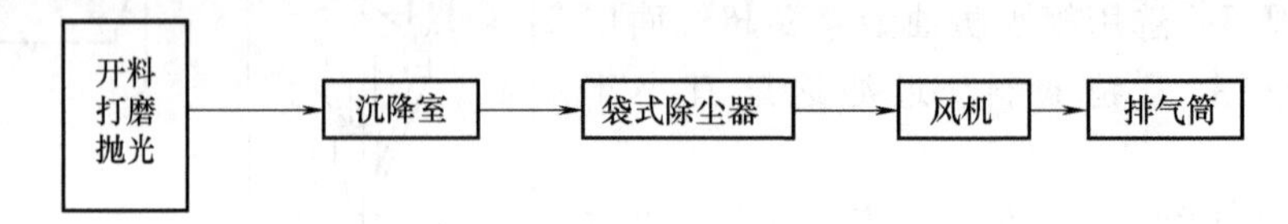

图 14-109 木制品加工除尘工艺流程

2）选用特殊设计的脉冲喷吹类袋式除尘器，技术要点：

① 采用圆袋，袋间距适当加大；

② 采取入口气流均布措施，避免形成不均匀上升气流；

③ 采用离线清灰方式；

④ 采取防爆防火设计，箱体设泄爆阀及自动喷淋灭火装置。

【实例 14-86】 某家具集团一期改造及二期、三期扩建工程开料、打磨、抛光工段采用 DMC 型脉冲袋式除尘器一级除尘工艺，典型除尘系统的主要设计参数及设备选型见表 14-158。

表 14-158 某家具集团袋式除尘系统主要设计参数及设备选型

项 目	设计参数及设备选型	附 注
处理风量/(m^3/h)	22000	
气体温度/℃	常温	
含尘浓度/(g/Nm^3)	≤30	
除尘器选型	FB-DMC-180	防爆、防火
滤料	消静电聚酯针刺毡	
滤袋规格/mm	ϕ130×3000	
滤袋数量/条	180	
过滤面积/m^2	220	
过滤速度/(m/min)	1.7	
排放浓度/(mg/Nm^3)	50	实测<30
设备阻力/Pa	≤1700	实测 1500~1600
引风机选型	4-72-11№8C 离心风机	
风量/(m^3/h)	22500	
全压/Pa	3100	
功率/kW	30	

六、粮食饲料加工及仓储除尘

1. 生产工艺及污染源

粮食和饲料的生产工艺通常由接收、加工和贮运等工部组成。在原料的精选、混合、调配工序，配合料的粉碎、筛分、分级工序以及成品的包装、仓储、转运工序产生扬尘。原料以散装或包装形式注入料仓，投料口是一个集中污染源，需采取吸引除尘措施。辊式粉碎机将物料粉碎，同时产生机械热和游离水分，需采取通风除尘措施。气力输送、风选设备的尾气必须借助除尘器实现气固分离。

粮食和饲料加工粉尘粒径粗、空隙率大、密度小（堆积密度为 0.2～0.3g/cm^3）、粘附性强、流动性差。粮食和饲料加工粉尘本身无毒，但长期接触，易引起人体呼吸系统病变。粉尘会加速机械部件磨损，造成电器设备失灵，当粉尘浓度达到一定程度时，还会引起爆炸。

2. 除尘系统设计及设备选型

1）宜采用短流程设计，少用弯头，减少除尘管路，优先选用袋式除尘单机。

2）在气力输粉及风选系统，粉尘浓度高，宜采用旋风+袋式两级除尘工艺。

3）选用专为粮食饲料除尘设计的振动清灰或脉冲喷吹类袋式除尘器和袋式除尘机组，采用消静电滤料。

4）除尘器灰斗采用圆锥形或圆角方锤形，并设振动器，防止棚料。当用于粉碎机除尘时，壁面还应保温。

5）对大型提升机、刮板机、带式输送机等输送设备，机内粉尘浓度较高（可达 5～15g/Nm^3），宜采取头、尾或中部多点吸尘，以防发生爆炸。

七、卷烟生产线除尘

1. 生产工艺和污染源

卷烟生产线由制丝车间、贮丝房、卷接包车间等组成。在烟丝制备及烟支卷制过程中产生大量烟草粉尘；岗位粉尘浓度可达 50mg/m^3（标准状态）以上。卷烟生产工艺的密闭化、机械化、自动化是减少粉尘污染的有效措施。

烟草粉尘形状不规则，粒径较粗（$d_{50}=33.4\mu m$），分布离散，比重很轻（真密度仅为 1.6～1.8kg/m^3）。

卷烟生产对车间内空气的温、湿度及洁净度有较高要求，必须设置空调装置，而高效除尘又是确保空调系统正常运行的必要手段。

2. 除尘系统设计及设备选型趋势

1）由水膜湿法除尘进化为旋风或袋式干法除尘。

2）由局部除尘机组分散布置进化为除尘系统集中配置。

3）由旋风+袋式两级除尘系统进化为高效袋式一级除尘。

4）沉流式滤筒除尘器已成为与卷烟生产工艺配套应用的首选除尘设备，出口平均排放浓度约为 1mg/Nm^3，可直接作为空调回风使用。

5）烟草易燃，为防止粉尘在除尘器灰斗内堆积着火，应连续卸灰。

【实例 14-87】 某卷烟厂 18 台高速卷烟机设 4 套集中式除尘系统，采用沉流式滤筒除尘器一级除尘工艺。除尘工艺流程如图 14-110 所示，除尘系统主要设计参数及设备选型见表 14-159。

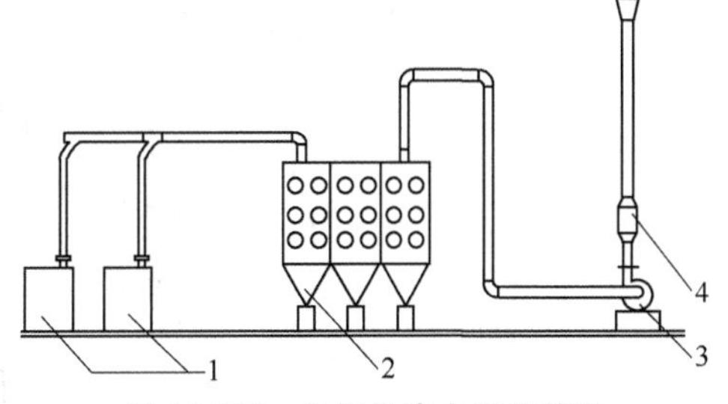

图 14-110　卷烟机除尘工艺流程

1—卷烟机　2—滤筒除尘器　3—风机　4—消声器

表 14-159 卷烟机除尘系统设计参数及设备选型

项 目	C—2系统	C—4系统
设计处理风量/(m^3/h)	12000	10000
除尘器选型	4DF-32	4DF-24
滤筒数/个	32	24
滤料	Ultra-Web	Ultra-Web
过滤面积/m^2	672	504
实测风量/(m^3/h)	12700	8540
过滤风速/(m/min)	0.314	0.28
清灰方式	脉冲喷吹(0.6MPa压气)	脉冲喷吹
实测阻力/Pa	500	394
排放浓度/(mg/Nm^3)	≤3.6	≤3.6
风机选型	HCLP—03—040	HCLP—03—040
风量/(m^3/h)	12000	10000
全压/Pa	4980	4700
电机功率/kW	37	22

八、茶叶生产线除尘

1. 生产工艺及污染源

茶叶生产线由筛选、切料、除磁、烘炒、包装等工序组成，在投料筛选、切料除磁、出料分装过程中产生茶末粉尘。粉尘属破碎型，形状不规则，比重较轻，中位径约为10μm左右。

2. 除尘系统设计及设备选型

1）集尘罩设计必须充分考虑工艺设备的操作与维修方便，采用移动式或可拆卸式结构。

2）宜采用集中式干法除尘工艺，选用脉冲喷吹袋式除尘器，除尘工艺流程如图14-111所示。

【实例14-88】 某茶叶公司茶叶生产线采用集中式除尘系统，除尘工艺流程如图14-111所示，除尘系统主要设计参数及设备选型见表14-160。

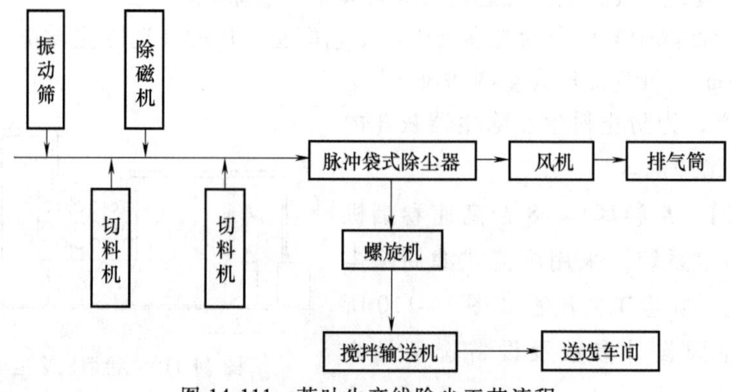

图 14-111 茶叶生产线除尘工艺流程

表 14-160 茶叶生产线除尘系统主要设计参数及设备选型

项 目	设计参数及设备选型	附 注
处理风量/(m^3/h)	12800	常温
含尘浓度/(g/Nm^3)	≤20	
气体湿度(%,体积)	0.5	
除尘器选型	DMC 脉冲喷吹袋式除尘器	
滤料	拒水防油聚酯针刺毡	
滤袋规格/mm	ϕ130×2500	
滤袋数量/条	122	
过滤面积/m^2	122	
过滤速度/(m/min)	1.75	
粉尘排放浓度/(mg/Nm^3)	19.5	η=99.9%
设备阻力/Pa	1450	
引风机选型	4-72-11№5A	
风量/(m^3/h)	12800	
全压/Pa	2680	
电机选型	Y160M2-2-15kW	

第十五章　袋式除尘对烟气多污染物的协同控制作用

第一节　概　　述

袋式除尘器在高效去除 PM_{10}、$PM_{2.5}$ 微细粒子的同时，还可以协同去除 SO_2、汞和二噁英等其他污染物。袋式除尘已从单一颗粒物去除向多污染物协同控制扩展，成为协同控制工艺的重要组成部分，形成了基于袋式除尘的多污染物协同控制的多种技术路线和经典工艺，在燃煤电厂、烧结球团、焦化、水泥、玻璃、垃圾/污泥焚烧、石化原油催化裂化等行业烟气脱硫脱硝工艺中起到了协同控制效应的关键作用。

通过对我国烟气多污染物协同控制技术发展历程的梳理和剖析，袋式除尘对烟气多污染物的协同治理可归纳为三种类型：第一类为滤料过滤兼有的协同控制功能；第二类为加强型功能化协同控制滤袋和袋式除尘器；第三类是以袋式除尘为核心的多功能协同控制组合系统。

第二节　滤料过滤兼有的协同控制功能

袋式除尘器滤袋本身具有一定的协同控制功能，其表面粉饼层为反应床。通过在除尘器入口管道加入反应剂，使滤袋以过滤除尘为主的同时辅助去除 SO_2、NO_x、二噁英和重金属等其他气态污染物，适用于有害气体浓度不高、可与粉尘一起处理净化达标的场合。例如，加入碱性粉剂中和酸性气体；喷入催化剂颗粒脱除 NO_x 气体；喷入活性焦吸附汞、沥青油雾、二噁英等等。

研究和工程实践表明，袋式除尘器本身具有脱硫反应器的功效，半干法脱硫时，袋式除尘器的协同脱硫效率约10%。发电厂袋式除尘器普遍具有脱汞的效果（见表15-1）。其中，上海某电厂燃煤含汞量达0.51mg/kg，高于全国煤种0.22mg/kg的平均含量，将静电除尘器改造为袋式除尘器后，脱汞效率由原来的60.46%提高到72.55%。袋式除尘器对颗粒汞脱除率可达96.38%，对气态汞的脱除率达35.22%，采用袋式除尘器结合湿法烟气脱硫，在燃用高汞煤时，烟气排放仍可达到国内现行0.03mg/m^3 汞排放标准要求。由于汞极易富集在10μm以下的微细颗粒物上，适当保持滤袋表面粉饼层的厚度有利于提高对微细颗粒物的捕集效果，同时有利于提高对颗粒态汞的脱除率。

在袋式除尘器上游管道中注入碱性粉剂中和酸性气体，在过滤除尘的同时，还起到脱硫脱酸的协同作用。例如，美国阿兰柯环境公司曾开发一种烟道喷钙干法脱硫系统（CDSI），在锅炉出口烟道内喷入消石灰粉剂，与烟气中二氧化硫发生中和反应，达到脱硫的目的。为提高吸收剂活性和脱硫效率，降低反应时间，在烟道内安装一套粉尘荷电装置，将反应时间缩短到2s左右。在国内，某75t/h煤粉炉烟气净化项目上开展了示范，在钙硫比0.9~1.4

表 15-1　袋式除尘器和脱硫塔的烟气脱汞性能测试结果

机组负荷	汞形态	汞含量/(μg/m³)			除尘器脱汞效率(%)	脱硫塔脱汞效率(%)	烟气总脱汞效率(%)
		除尘前	除尘后	脱硫后			
湛江某电厂 210MW	气态汞	47.32	25.87	17.2	45.33	33.51	63.65
	颗粒汞	12.02	0.01	0.01	99.92	0.00	99.92
	总汞	59.34	25.88	17.21	56.39	33.50	71.00
上海某电厂 317MW	气态汞	8.46	5.48	3.85	35.22	29.74	54.49
	颗粒汞	13.25	0.48	0.27	96.38	43.75	97.96
	总汞	21.71	5.96	4.12	72.55	30.87	81.02
淮南某电厂 300MW	气态汞	34.28	29.75		13.21		13.21
	颗粒汞	13.92	0.34		97.55		97.55
	总汞	48.20	30.09		37.6		37.6

范围内，脱硫效率平均脱硫效率 70%，袋式除尘器的协同脱硫效率约 8%。又例如，焦炉烟气净化系统，在袋式除尘器上游烟道上喷射碳酸氢钠碱性粉末脱硫（SDS），以防止烟气中的焦油、硫酸氢铵生成物等粘附在下游脱硝催化剂表面，造成催化剂堵孔和积碳，导致催化剂活性下降。某焦炉烟气净化项目处理烟气量 350000m³/h（标），烟温 180~240℃，入口颗粒物浓度 1.7g/m³，二氧化硫浓度 500mg/m³，氮氧化物浓度 1000mg/m³，含氧量 10%~14%，采用直通式袋式除尘器，过滤面积 12468m²，PTFE+PI 复合覆膜滤料，投运后经检测，颗粒物排放浓度 3.1~5.9mg/m³，二氧化硫排放浓度 0.1~1.8mg/m³，氮氧化物排放浓度 121~144mg/m³，除尘脱硝反应器复合设备运行总阻力 700~1000Pa，实现了超低排放。

利用袋式除尘器兼有的吸附器作用，可以脱除烟气中二噁英和重金属。垃圾焚烧烟气中二噁英、重金属等有害物质多富集在颗粒物表面，袋式除尘器高效去除细颗粒物，意味着可以高效去除二噁英等污染物。在袋式除尘器上游管道中可喷射氢氧化钙、碳酸氢钠、活性炭等粉末药剂，以达到脱酸、除焦油雾、破坏二噁英合成前驱体和强化二噁英吸附去除的目的，同时活性炭在滤袋粉饼中发挥着吸附床的作用。目前，垃圾焚烧烟气袋式除尘多采用 PTFE 覆膜滤料，过滤风速<0.9m/min，除尘器颗粒物排放浓度<5mg/m³、二噁英排放浓度<0.1ng TEQ/m³ 已呈常态。有资料表明，对于医疗废物焚烧，烟气中重金属基本上可以被袋式除尘去除，袋式除尘器发挥着协同控制关键作用（见表 15-2）。

表 15-2　医疗废物焚烧废气中重金属含量及去除率

重金属	除尘器入口	除尘器出口	去除率(%)
汞(Hg)	0.04	0.008	80
铜(Cu)	22	0.064	99.7
铅(Pb)	44	0.064	99.8
铬(Cr)	0.95	0.064	93.2
锌(Zn)	44	0.032	99.9
铁(Fe)	18	0.23	98.7
镉(Ge)	0.55	0.032	94.1

第三节 功能增强型滤袋及袋式除尘器

目前，此类技术通常有两种技术方案：一是功能化滤袋，即在纤维、滤料或滤袋结构上负载催化剂，使其成为尘硝一体式功能化滤袋，或进一步制成过滤和催化双层滤袋，强化了滤袋的多功能性；二是尘硝复合净化装置，即将除尘和催化装置前后分置，催化组件布置在除尘器净气室或出口烟道总管内，此类适用于有害气体浓度较高，需强化处理方能达标的场合。

一、袋式除尘功能滤袋协同控制烟气多污染物

1. 催化功能滤袋

功能滤料在滤尘同时可协同催化脱硝、脱二噁英和脱除 VOC_S 等污染物。具有工艺流程短、系统集成度高、设备少、占地小、投资省和运行维护方便等优点，整体技术经济性合理，应用日趋广泛，是技术发展方向。近年，国内多家研究机构和企业合作开展了较多研究，取得了突破并获得一些研究成果，比较典型的有：覆膜高硅氧单/双层催化滤袋、过滤—反应耦合型功能滤料和内嵌式大通量催化脱硝滤袋等，均具有实用价值，已开始工程应用并获得成功。此外，国内自主开发的陶瓷纤维滤筒除尘器，也已向高温尘硝一体化方向延伸。

国内某环保公司以覆膜过滤技术为基础，与研究机构合作开发了功能化的覆膜催化滤袋，具有高效的脱硝、脱二噁英和除尘的功能。工作原理是：含尘烟气通过过滤材料时，颗粒物首先被滤袋表面的微孔薄膜捕集，烟气通过滤料时，烟气中的 NO_x、O_2 与上游喷入的 NH_3 发生催化还原反应（SCR），生成 N_2 和 H_2O，从而实现 NO_x 的无害化脱除（见图 15-1）。若气体中含有 H_2O 和 SO_2 时，会导致低温 SCR 催化剂中毒失活，限制了低温 NH_3-SCR 技术的应用。因此，在袋式除尘器上游需要进行脱硫，目前，常采用 SDS 小苏打进行脱硫。

SCR 脱硝化学反应原理：NO、NO_2 在催化剂作用下，与还原性的 NH_3 发生选择性催化还原反应，生成 N_2 和 H_2O。反应式如下：

$$4NO+4NH_3+O_2 \rightarrow 4N_2+6H_2O$$

$$6NO+4NH_3 \rightarrow 5N_2+6H_2O$$

$$2NO_2+4NH_3+O_2 \rightarrow 3N_2+6H_2O$$

$$6NO_2+8NH_3 \rightarrow 7N_2+12H_2O$$

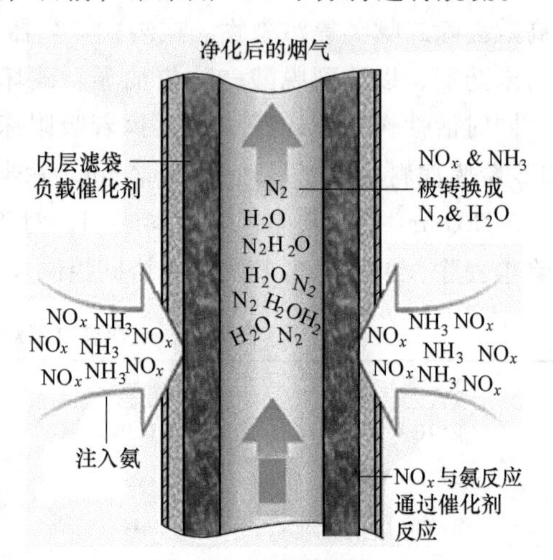

图 15-1 PM 脱除与 NO_x 协同控制工作原理

中低温催化脱硝除尘功能滤袋已在水泥行业中应用（见图 15-2），实现了除尘+脱硝耦合烟气治理，工程应用实测显示，运行温度 180～220℃时，脱硝率可达 92.6%～93.2%，运行温度 220～260℃时，脱硝率可达 95.1%～97.4%，NO_x 排放浓度 50～100mg/m^3，颗粒物排放浓度<5mg/m^3。

国内另一环保科技研发了一种高效除尘脱硝一体化滤料，将催化剂负载到纯聚四氟乙烯、聚苯硫醚或者其他纤维滤料内部，形成过滤—催化层，再通过添加一系列助剂和采用独

特负载工艺，增强催化剂与滤料的粘结力，最终实现除尘与脱硝协同治理（见图 15-3），一袋多用。除尘脱硝功能滤料可用于生活垃圾焚烧、钢铁、水泥、电力等行业的除尘脱硝治理，已在两个项目上进行挂袋中试，运行情况良好，颗粒物和氮氧化物均可稳定达标排放。

图 15-2　催化脱硝除尘功能滤袋在水泥工业应用

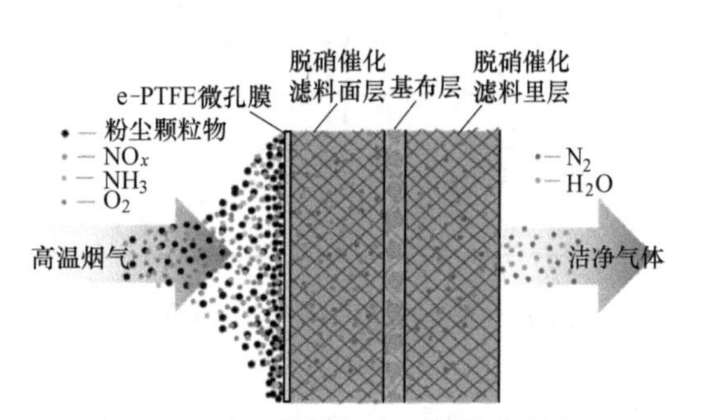

图 15-3　滤料结构与除尘协同脱硝原理

根据现场工况条件、客户需求等提供定制化服务，“尘硝滤”除尘脱硝功能化滤料具有多种规格和结构形式（见图 15-4）。该公司除尘脱硝功能化滤料的常规性能（拉伸、透气率、厚度等）与普通滤料一致（见表 15-3）。

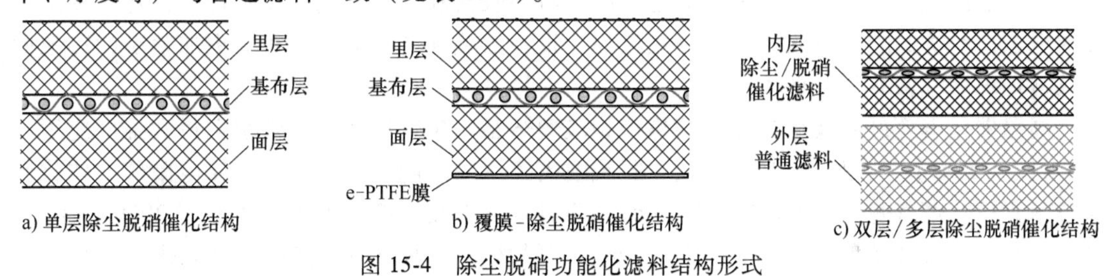

图 15-4　除尘脱硝功能化滤料结构形式

表 15-3　除尘脱硝功能滤料常规性能

常规性能			
克重/(g/m^2)	透气率/[m^3(m^2/min)]	厚度/mm	
1003	9.77	1.60	
拉伸性能			
经向(T)		纬向(W)	
断裂强力/N	断裂伸长率(%)	断裂强力/N	断裂伸长率(%)
1048	8.3	1073	10.4

过滤性能中颗粒物（PM2.5）过滤效率达 99.9%，催化剂以粉体形式附着在滤料内部纤维表面，有效降低了滤料的孔隙率，因而过滤效率有所提高。脱硝催化活性以 NO 转化率作为评价，在固定反应床上进行模拟实验和测试，实验结果表明，活性温度区间宽（140~240℃），最高脱硝活性可达 96%（180℃），见表 15-4。

2. 陶瓷纤维尘硝一体化复合滤筒

德国 ClearEdge 公司开发出“高温陶瓷纤维滤管催化脱硝除尘一体化技术”，具有低阻高效的显著优点，在 2009 年就成功取得全球首台玻璃窑炉高温陶瓷纤维滤管催化脱硝除尘

表 15-4 功能滤料催化脱硝性能

温度/℃	NO 转化率(%)		
	CF1	CF2	CF3
140	86.4	81.7	79.0
160	94.0	91.2	80.5
180	95.5	96.0	88.1
200	93.6	95.6	96.0
220	89.4	94.4	93.9
240	85.7	90.0	91.2

一体化技术示范业绩，并投运到现在，已稳定运行 10 余年。氮氧化物排放浓度稳定达到 $50mg/m^3$ 以下，SO_2 排放浓度<$50mg/m^3$，颗粒物排放浓度<$20mg/m^3$，氨逃逸<$5×10^{-6}$，一体化装置压力损失<2500Pa。至今在全球有超过 300 台套成功应用案例，包括玻璃窑炉烟气、水泥窑炉烟气、垃圾焚烧等行业烟气治理。寿命可达 5~8 年。玻璃窑炉高温烟气先经过降温至 360~380℃后，喷入熟石灰和氨水，与烟气充分混合后随烟气进入陶瓷滤管一体化脱硫脱硝除尘系统，处理后的达标烟气经引风机送至烟囱外排，完成整个脱硫脱硝除尘过程。采用氢氧化钙吸附剂进行脱硫、脱氟及其他酸性组分脱除，产生的硫酸钙、氟化钙、氯化钙及其他盐类等固废，可作为玻璃生产的原料回收再利用，做到固废零排放，是一种闭环式的绿色、经济的处理方式。由于是短流程，设备数量和体积减少，布置更加紧凑，占地面积只占传统烟气治理系统的 1/3。

高温催化陶瓷纤维滤筒也在我国焦炉、玻璃熔窑、生物质锅炉等炉窑上得到推广应用。

【实例 15-1】 某钢厂 12#焦炉烟气脱硫脱硝工程采用陶瓷纤维复合滤筒尘硝硫一体化脱除技术，设计烟气量为 $270000m^3/h$（标），设计烟气温度 190~220℃，工程于 2020 年 12 月投运，颗粒物排放浓度小于 $5mg/m^3$，二氧化硫排放浓度小于 $10mg/m^3$，氮氧化物排放浓度小于 $50mg/m^3$，满足性能考核与超低排放的要求。

【实例 15-2】 高温陶瓷纤维催化滤筒在某日用玻璃熔窑烟气氮氧化物及氟化氢净化项目中得到应用（见图 15-5），实现了 SCR 脱硝及高效除尘，净化后烟气经余热锅炉回收余热后达标排放，运行测试显示 NO_x 排放浓度<$100mg/m^3$，HF 排放浓度<$5mg/m^3$，SO_2 排放浓度<$5mg/m^3$，颗粒物排放浓度<$5mg/m^3$，氨逃逸<$5×10^{-6}$。

【实例 15-3】 某玻璃炉窑烟气采用陶瓷纤维高温复合滤筒进行尘硝协同脱除（见图 15-6），投运后经第三方检测结果表明，颗粒物、二氧化硫和氮氧化物出口浓度分别低于 $10mg/m^3$、$35mg/m^3$ 和 $50mg/m^3$，达到超低排放。

高温陶瓷纤维催化滤筒也用于生物质锅炉烟气净化。生物质锅炉烟气湿度大，含湿量高达 20%~30%，飞灰呈碱性，其碱金属含量高，K_2O 含量 20%~30%，SO_2 浓度通常低于 $200mg/m^3$，NO_x 浓度≤$300mg/m^3$，烟气中通常含有未燃尽的有机质（醛类、有机碳 OC），烟气成分波动大，不同的锅炉烟气成分差别也很大。

【实例 15-4】 某公司采用“SDS 烟道脱硫+高温催化滤筒除尘脱硝一体化”工艺净化生物质锅炉烟气，在锅炉出口烟道内喷入脱硫碱剂，然后在烟道内喷入氨水与烟气混合，脱硫后的烟气在进入除尘脱硝一体化装置，高温滤筒过滤除尘的同时，氮氧化物与氨气通过 SCR

图 15-5　催化脱硝陶瓷滤管在玻璃窑炉上应用

图 15-6　高温复合滤筒尘硝协同脱除装备在玻璃窑上应用

催化作用实现脱硝。在 130t/h 高温高压生物质锅炉烟气脱硫脱硝除尘项目中应用（见图 15-7），处理风量 200000m^3/h（标），烟气温度 300～350℃，入口含尘浓度≤35g/m^3，NO_x 浓度 200mg/m^3，SO_2 浓度 150mg/m^3。陶瓷触媒滤管尺寸 ϕ150mm×3000mm，陶瓷滤管数量 4752 支，过滤面积 6660m^2，过滤风速<1.0m/min，脉冲阀 216 个。净化后出口含尘浓度<5mg/m^3，NO_x 浓度≤50mg/m^3，SO_2 浓度≤35mg/m^3。

近年来，国内龙头环保企业针对玻璃窑炉、生物质锅炉等烟气温度高、成分复杂、污染物浓度高的工况条件，成功研发了高温复合滤筒尘硝协同脱除装备，核心部件是复合脱硝催化剂的无机纤维滤筒（复合滤筒），通过将脱硝催化剂植入滤筒内部，实现颗粒物、氮氧化物等多污染物协同治理。该成果在低阻、高效无机纤维滤筒制备及宽温度窗口（200～400℃）催化剂植入滤筒等方面具有创新性，已在 10 余个玻璃窑、生物质锅炉、石灰窑等工业炉窑多污染物高效协同脱除中成功应用。

图 15-7　催化脱硝陶瓷滤管在生物质锅炉上应用

美国戈尔公司开发了一种除尘脱硝一体化功能滤料，2019 年 11 月首次在华东某钢铁公司 3#和 4#240m^2 烧结机超低排放项目上投运（见图 15-8），在原有的湿法脱硫后采用脱硫脱硝脱二噁英除尘一体化功能滤料，运行以来各项指标稳定（SO_2≤5mg/m^3、NO_x≤15mg/m^3、颗粒物≤5mg/m^3），一次性实现了原有系统污染物的超低排放。工艺流程：湿法脱硫吸收塔出口湿烟气先经 MGGH 加热器升温，从饱和湿烟气变成干烟气，经 GGH 升温，再经热风炉补热升温至 230℃，进入烟道脱硫反应器深度脱除酸性气体（小苏打干法脱硫），然后与喷氨格栅的氨气进行混合后进入脱硝除尘器，在除尘器内催化滤袋的作用下，烟气中 NO_x 与 NH_3 进行催化还原反应生成氮气和水，二噁英在

图 15-8　除尘脱硫脱硝脱二噁英一体化功能滤料在烧结机上应用

催化滤袋催化氧化下分解为 CO_2 和 HCl，净烟气经 GGH、增压风机、MGGH 冷却器后由烟囱排出。

功能滤料除尘的同时还可以催化氧化脱除二噁英。美国戈尔公司 20 年前便开始催化滤袋的研发、制造和应用，其催化滤袋同时集成了“催化过滤”与“表面过滤”二项技术，由膨体聚四氟乙烯（ePTFE）薄膜与催化底布组成。底布是一种针刺结构，纤维是由膨体聚四氟乙烯（ePTFE）负载催化剂而成，能够在低温（180~260℃）催化作用下，与烟气中的氧气进行反应，破坏原有稳定结构，生成 H_2O、CO_2 和 HCl 等物质，HCl 与碱性物质生成盐。滤袋表面用膨体聚四氟乙烯（ePTFE）薄膜来去除亚微米粉尘，以阻挡吸附了二噁英的细颗粒穿透到底布中，气态中的二噁英穿过薄膜进入催化毡料被有效分解，其原理如图 15-9 所示。

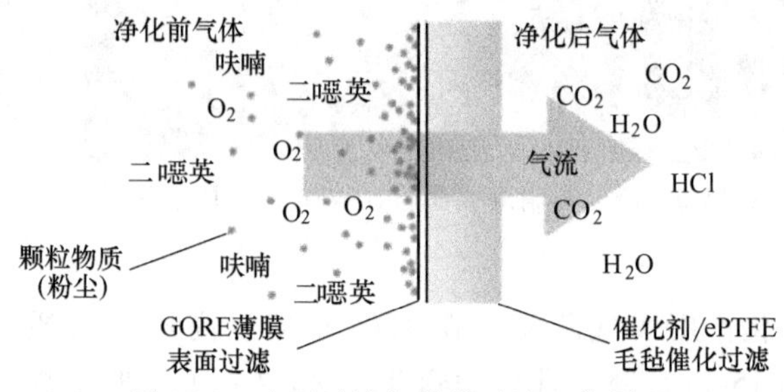

图 15-9 表面过滤与催化过滤工作原理

二、除尘与脱硝分置式协同控制烟气多污染物

除尘与脱硝分置式是指在除尘袋室下游的净气室或出口总管内另设脱硝反应器的尘硝协同治理配置方式。其典型工艺路线为“SDS 干法脱硫+FF 袋式除尘+中低温 SCR 脱硝”。比较适合于氮氧化物含量相对较高的焦炉和石灰窑等窑炉烟气的净化。

1. 袋式除尘与脱硝分置式协同净化焦炉烟气

国内新近研发的“SDS 干法脱硫+FF 除尘+中低温 SCR 脱硝+余热回收”的技术工艺（见图 15-10），用于焦炉烟气多污染物协同治理，具有流程短、净化效率高、阻力低、占地少和运行费用省的特点，成为焦炉烟气超低排放典型的技术路线。

采用小苏打作为脱硫剂均匀地喷入烟道进行脱硫，采用多通道除尘脱硝组合设备进行除尘和中低温 SCR 脱硝，在除尘脱硝分置复合设备进出口分别安装切换阀门，可在不停炉情况下进行在线检修。滤袋材质为耐高温超细面层滤料，催化剂选用钒（V）系催化剂。为回收焦炉高温烟气的热量，采用软水对高温烟气进行换热，烟气温度降至 150℃，每小时产出 130℃的饱和热水 105t。

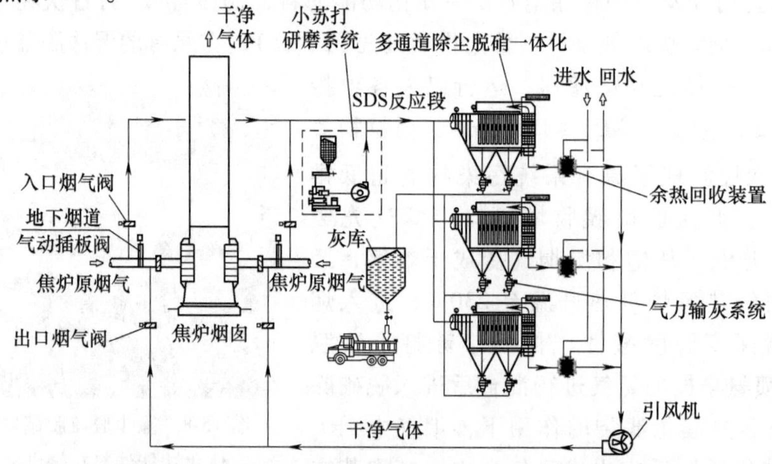

图 15-10 焦炉烟气 SDS 脱硫+FF 除尘+SCR 脱硝工艺

除尘脱硝分置复合设备主要由直通式袋式除尘器+SCR 脱硝反应器组成（见图 15-11），高温烟气经袋式除尘过滤后通过喷氨格栅与 NH_3 混合，再进入催化剂层进行脱硝，完成粉尘与氮氧化物的协同去除。

该工艺用于南方某钢铁企业一焦车间 2×55 孔 JN60—6 型顶装焦炉烟气治理。焦炉年产 110 万吨，焦炉产生烟气量 350000m^3/h（标），温度 180~240℃，入口颗粒物含量 1.7g/m^3，二氧化硫含量 500mg/m^3，氮氧化物含量 1000mg/m^3，含氧量 10%~14%。投运以来，系统和设备运行稳定、可靠，投运率达到 100%。经检测，颗粒物排放浓度 3.1~5.9mg/m^3，二氧化硫排放浓度 0.1~1.8mg/m^3，氮氧化物排放浓度 121~144mg/m^3，实现了超低排放。袋式除尘器脱硝反应器复合设备总阻力约 700~1000Pa，比常规布置节省运行费用 40%以上，余热回收生产热水 105t/h，取得了环保和节能的双重效益（见图 15-12）。

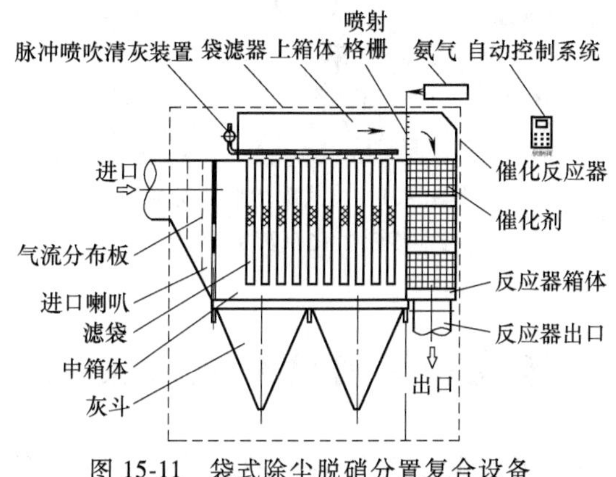

图 15-11　袋式除尘脱硝分置复合设备

图 15-12　袋式除尘脱硝组合装置净化焦炉烟气

2. 袋式除尘与脱硝分置式协同净化水泥窑烟气

针对水泥窑烟气特性，国内某专业环保公司提出了高温除尘与 SCR 脱硝分置复合式新结构（见图 15-13），该技术将机械除尘、电除尘和袋式除尘三级除尘与 SCR 脱硝有机融合为一体，催化剂布置在净气室顶部，有效解决预除尘、气流分布、高温过滤、催化剂流场均匀性、催化剂堵塞及磨损等问题，实现水泥窑烟气的高效净化。

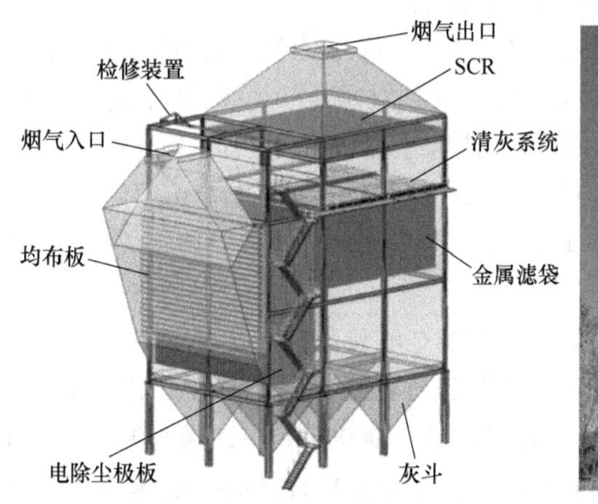

图 15-13　高温除尘脱硝复合技术在水泥行业的应用

水泥行业首台套高温微尘 SCR 复合装置示范工程 2019 年在华中某水泥窑建成投运（见图 15-13），该项目处理烟气量 79700m^3/h（标），运行负荷 130%～170%，入口烟温 288～310℃，喷氨量 0.12～0.2m^3/h，粉尘排放浓度 7～10mg/m^3，SO_2 排放浓度 5～10mg/m^3，NO_x 排放浓度稳定在 20mg/m^3 以内，氨逃逸小于 3×10^{-6}，系统压损 580～630Pa。测试表明，该项目各项指标分别达到超低排放标准。

3. 袋式除尘与脱硝分置式协同净化石灰窑烟气

在石灰窑烟气净化方面，某环保公司采用“SDS 干法脱硫+FF 袋式除尘+中低温 SCR 脱硝”工艺对 2×1000T/d 活性石灰窑烟气进行治理（见图 15-14）。在高温烟道中喷入碳酸氢钠粉体脱硫，然后进入高温袋式除尘器进行过滤，同时喷入氨气后进入 SCR 脱硝，最终由引风机排到烟囱。处理烟气量 160000m^3/h，入口含尘浓度 30g/m^3，NO_x 浓度 400mg/m^3，SO_2 浓度 100mg/m^3；出口含尘浓度<10mg/m^3，NO_x 浓度<50mg/m^3，SO_2 浓度<35mg/m^3，氨逃逸<6×10^{-6}。

图 15-14 袋式除尘脱硝分置式协同净化石灰窑烟气

第四节 以袋式除尘为核心的多污染物协同控制集成系统

袋式除尘已从单一颗粒物去除向多污染物协同控制转变，成为多污染物协同控制工艺的重要组成部分，对于较高浓度多污染物的炉窑烟气净化，已经形成了以袋式除尘为核心的多污染物协同控制的多种技术路线和经典工艺，此类型协同控制工艺技术相对成熟，是目前工业应用案例最多、应用领域最为广泛的协同控制技术集成系统，在燃煤电厂、烧结球团、焦化、水泥、玻璃、垃圾/污泥焚烧、石油炼制催化裂化等行业炉窑烟气超低排放项目实施中发挥着关键的作用。该类系统流程长，相对比较庞大和复杂，存在互相关联和影响，讲究排列顺序和各参数的合理匹配。

一、袋式除尘协同控制燃煤锅炉烟气多污染物

袋式除尘在电力行业安装容量超过 3.3 亿 kW，应用比例超过 33.4%，在工业锅炉烟气净化中的应用比例接近 100%。其中，以 SCR+电袋（或 FF）+FGD 工艺应用最为典型（见图 15-15），烟气经高温 SCR 脱硝后，采用袋式除尘器（或电袋除尘器）除尘，出口颗粒物浓度小于 10mg/m^3，目前，普遍可达到 5mg/m^3 的超低排放要求。由于除尘后颗粒物总量大幅度下降，解决了下游 FGD 湿法脱硫装置和除雾器结垢问题，保障了 FGD 脱硫效率和装置可靠性，石膏品质也随之提高。

电力行业应用的袋式除尘有多种形式，主要有电袋复合除尘器、低压回转喷吹袋式除尘器和直通式低压脉冲袋式除尘器。国内某环保公司将电袋除尘器用于南方某发电厂 1、2 号锅炉机组（2×700MW）的电除尘改造，处理风量 4000000m^3/h，烟气温度小于 150℃，极板集尘面积 22464m^2，滤袋过滤面积 60433m^2，过滤风速 1.1m/min，滤料为（PPS+PTFE）混纺+PTFE 基布，4in 脉冲阀，2013 年 6 月竣工投运。同年 10 月进行了测试，在满负荷下，

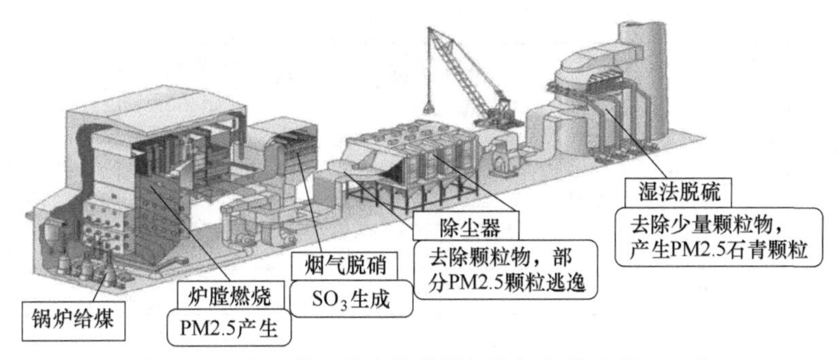

图 15-15 基于袋式除尘的燃煤锅炉烟气脱硫脱硝工艺

1、2 号锅炉电袋除尘器出口颗粒物浓度均小于 5mg/m^3，运行阻力 600~800Pa，首次实现了超低排放。又如，2015 年，华中某发电厂 2×1030MW 机组 2 号炉电除尘改造为电袋除尘器（二电三袋），除尘器设计风量 5889400m^3/h，烟气温度小于 165℃，电除尘集尘面积 62791m^2，袋除尘过滤面积 97715m^2，滤料 PPS + PTFE 混纺 + PTFE 基布，过滤风速 1.0m/m^3，4in 脉冲阀。2015 年 7 月进行了测试，在满负荷下，A 侧和 B 侧电袋除尘器出口颗粒物浓度分别为 8.39mg/m^3 和 8.76mg/m^3，实现了超低排放。总之，以袋式除尘为核心的超低排放协同控制在燃煤电厂已有众多项目运行，滤袋使用寿命可达 4 年以上。

二、袋式除尘协同控制烧结烟气多污染物

以 CFB 半干法脱硫+FF 袋式除尘+SCR 脱硝的协同技术工艺广泛应用于大型烧结机机头烟气多污染物治理，成为目前经典技术路线（见图 15-16），其中袋式除尘是核心关键装备，起到除尘和脱硫双重作用。

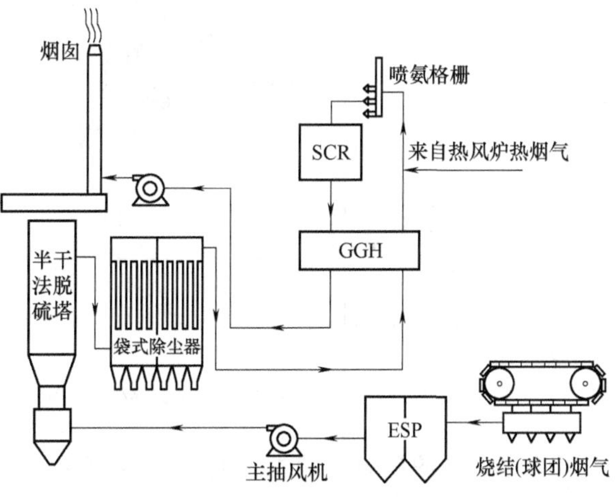

图 15-16 基于袋式除尘的烧结烟气脱硫脱硝工艺

该工艺早在 2015 年华东某大型钢铁集团公司 4#-660m^2 烧结机深度净化改造中获得成功应用。该大型烧结机烟气分两路引出，为此设两套装置并联运行，工艺流程如图 15-17 所示。

作为我国第一个示范改造样板，该 660m^2 烧结机深度净化改造项目于 2016 年 9 月顺利建成投运，取得令人满意的效果，主要设计运行参数见表 15-5。

表 15-5 某大型钢铁公司 660m^2 烧结烟气深度净化改造主要设计运行参数

项　目	设计值	运行值	附注
烟气量/[万 m^3/h(标)]	180	194	温度 100~180℃
入口 SO_2 浓度/(mg/m^3)	300~1000	580.68	
入口 NO_x 浓度/(mg/m^3)	100~500	287.6	
入口颗粒物浓度/(mg/m^3)	30~150	30	
入口二噁英浓度/(ng-TEQ/m^3)	≤3		

（续）

项　目	设计值	运行值	附注
出口 SO_2 浓度/(mg/m^3)	50~100	13.5	效率 97.6%
出口 NO_x 浓度/(mg/m^3)	100	122.8~58.6	效率 57.3%~79.6% （用喷氨量调节）
出口颗粒物浓度/(mg/m^3)	20	12.1	效率 60%
出口二噁英浓度/($ng\text{-}TEQ/m^3$)	≤0.5	≤0.5	

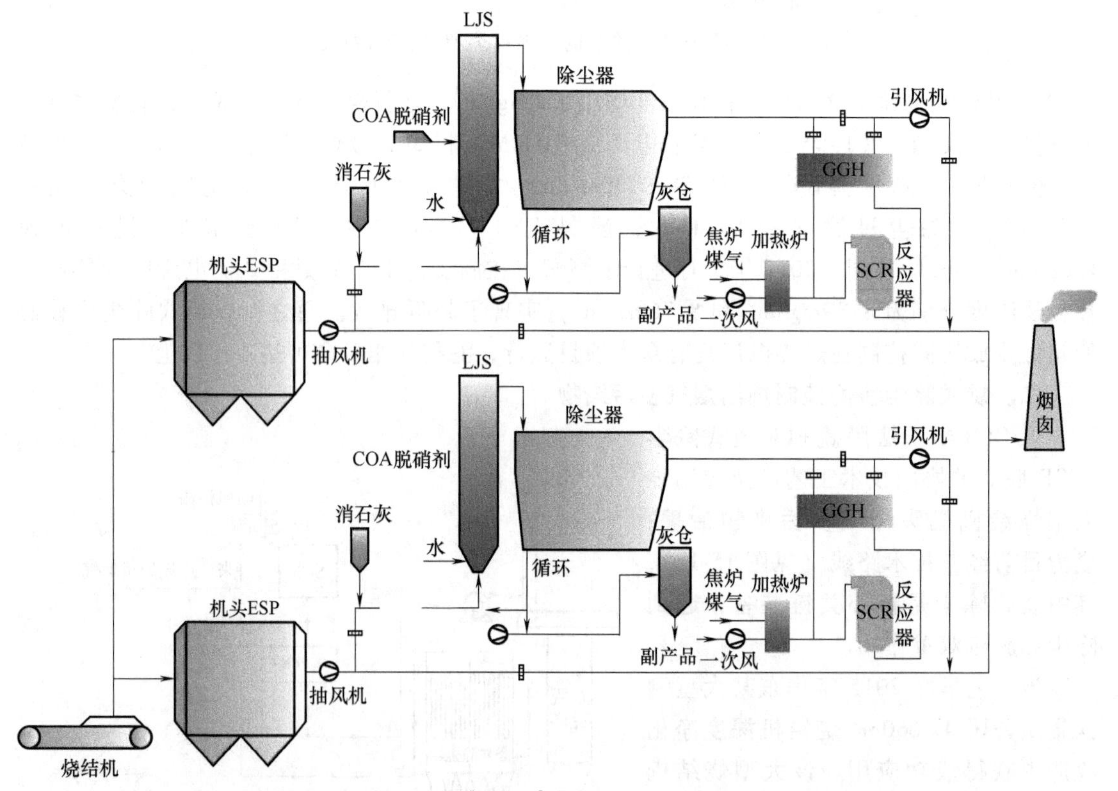

图 15-17　某大型钢铁公司 4#-660m² 烧结烟气 CFB+FF+SCR 深度净化工艺

SDA 半干法脱硫+FF 袋式除尘+SCR 脱硝组合工艺可用于烧结烟气净化。烧结机头烟气由主抽风机出口进入 SDA 脱硫塔，与高速旋转雾化的石灰浆液雾滴（30~80μm）充分接触反应，烟气中的二氧化硫及其他酸性物质被脱除，同时水分也被蒸发，烟气降温。经 SDA 处理后的烟气进入袋式除尘器，去除固体颗粒物后经过 GGH 换热器加热至约 250℃，再经加热炉加热升温至约 280℃，最后进入 SCR 脱硝反应器。脱硝后的烟气经过 GGH 换热器降温至 120~140℃后，经由增压风机送至烟囱排放。该净化工艺在华北某钢厂 198m² 烧结机上应用（见图 15-18），烟气量 1200000m³/h，脱硫脱硝系统可连续、稳定地运行，烟尘排放浓度≤10mg/m³，二氧化硫排放浓度≤20mg/m³、氮氧化物排放浓度≤50mg/m³，达到了烧结烟气超低排放限值要求。

三、袋式除尘协同控制水泥窑尾烟气多污染物

水泥窑尾烟气氮氧化物治理是行业超低排放的主要内容。SCR 脱硝作为应用最广泛的高

效脱硝技术，是水泥行业氮氧化物脱除理想的技术途径。根据水泥工艺特点，水泥窑尾预热器出口温度 280~330℃，是采用 SCR 脱硝最佳工艺温度段，可获得较高的脱硝效率，但粉尘浓度很高，直接采用 SCR 会造成堵塞、中毒、寿命短等问题。因此，围绕水泥窑尾烟气先除尘、还是先 SCR 脱硝或是先经余热锅炉的问题，水泥窑尾烟气多污染物治理可派生出多种工艺，但无论哪种工艺，袋式除尘均发挥着末端把关作用，不可或缺。目前，“高温布置”和“中低温布置”技术都已得到实际工程应用，是较为成熟的工程技术。

图 15-18　烧结烟气 SDA+FF+SCR 净化工艺

我国自行开发的“ESP 高温电除尘器+SCR 脱硝+FF 袋式除尘”工艺（见图 15-19），首次在水泥行业 4500t/d 水泥窑上开展工程示范，氮氧化物排放浓度稳定达到 50mg/m^3 以下，脱硝效率可达 90%以上，氨逃逸小于 3×10^{-6}，全系统阻力约 1000Pa。

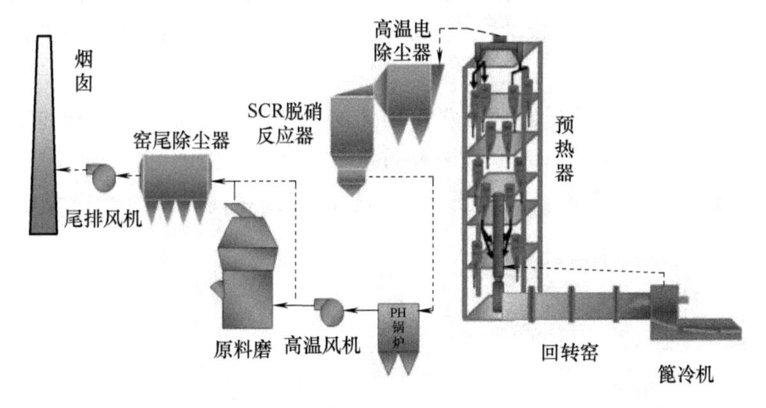

图 15-19　水泥窑尾烟气“ESP+SCR+FF”协同净化工艺

近年，我国自行研发出了金属间化合物膜滤筒，它是一种以金属粉末为原料，利用 Kirkendall 效应的偏扩散成孔机理，在真空条件下经高温烧结反应生成的金属间化合物多孔过滤材料，耐高温 450℃，抗 H_2S、SO_2、SO_3 腐蚀，可高精度过滤 0.1μm 颗粒物，过滤后含尘浓度 0~10mg/m^3。该滤筒易清灰，具备一定柔性，导电性好，过滤过程中可消除静电，寿命 3~5 年。

在金属间化合物滤筒除尘器净气腔上部空间布置 SCR 脱硝催化剂层，使 SCR 脱硝装置和除尘装置二合一，形成高温低尘 SCR 脱硝一体化工艺（见图 15-20），即先高温除尘，将烟气含尘浓度降低至 5mg/m^3 以下，再进行 SCR 脱硝，以实现 NO_x 排放降低至 50mg/m^3，经余热锅炉回收热量后，末端采用袋式除尘把关。该工艺催化剂无堵塞、无中毒、脱硝效率高、运行长期稳定、寿命显著延长，大幅度减少了占地面积和投资成本。

2019 年 5 月，该工艺在某水泥厂预热器 C1 烟气净化项目上开展工业应用，烟气量 100000m^3/h（标），烟气温度 350℃，进口 NO_x 浓度 800mg/m^3，颗粒物浓度 120g/m^3，净化后出口 NO_x 浓度小于 50mg/m^3，颗粒物浓度小于 5mg/m^3，NH_3 浓度小于 3×10^{-6}。

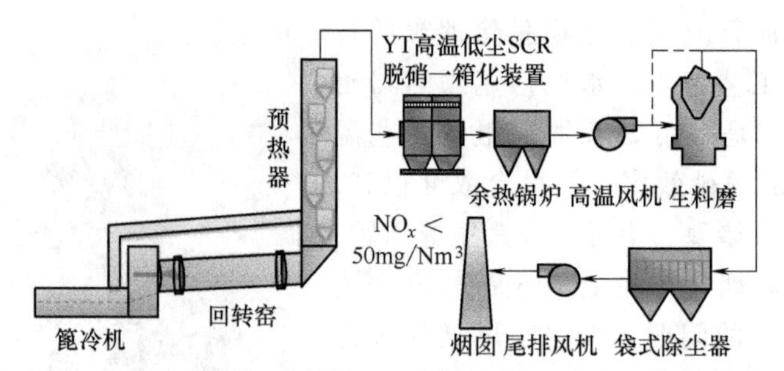

图 15-20 水泥窑尾烟气“高温 FF+高温 SCR+SP+FF”协同净化工艺

四、袋式除尘协同控制石化原油催化裂化烟气多污染物

石化原油催化裂化是石油炼制工业中重油轻质化的核心工艺，解决了将原油中的重质馏分油甚至渣油转化成轻质燃料产品的问题。催化裂化装置生产出全国约 70%的汽油和 30%的柴油，是石油炼化企业核心装置。催化裂化生产过程产生的烟气含有 SO_2、NO_x、镍及其化合物、颗粒物等污染物，其中颗粒物中主要为微细粒子 PM2.5，其主要成分为废催化剂粉末。传统的催化裂化再生烟气净化均采用美国、德国等除尘脱硫一体化湿法工艺，具有技术成熟、脱硫效率高等特点，但这些工艺存在除尘效率不高、投资及运行维护成本高、废水处理量大等问题。

2015 年，我国自主研发了石化原油催化裂化烟气净化“SCR 脱硝+FF 袋式除尘+FGD 湿法脱硫”的创新工艺（见图 15-21），国内外首次实现了颗粒物干法去除（“湿改干”），已在中国化工等 10 余套 FCC 装置上建成投运，脱硫除尘效率高，系统运行稳定。

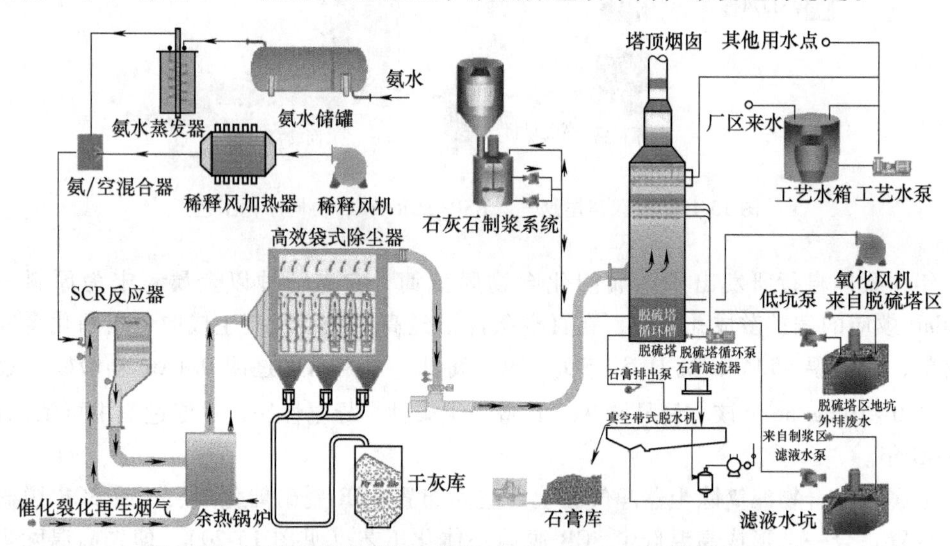

图 15-21 石化原油催化裂化烟气“SCR+FF+FGD”协同净化工艺

SCR 脱硝后的 180~240℃烟气由换热器降温至 180℃，再经袋式除尘高效过滤，出口颗粒物浓度小于 $10mg/m^3$，通过风机增压，烟气在脱硫塔内去除 SO_2，净烟气经两段高效除雾后 SO_2 浓度小于 $50mg/m^3$，达到超低排放指标。脱硫废水中几乎不含粉尘，废水处理难度和费用大幅度降低。

2016 年 9 月在中国化工华东某炼化厂 50 万吨/年催化裂化再生烟气净化工程中首次应

用，烟气量 $100000m^3/h$（标），烟气温度 230℃，入口颗粒物浓度 $300mg/m^3$（吹灰时约 $2200mg/m^3$），SO_2 浓度 $4028mg/m^3$；出口颗粒物排放浓度 $< 5mg/m^3$，SO_2 排放浓度 $<35mg/m^3$，脱硫效率≥99.13%，除尘效率≥99%，系统阻力≤3000Pa。

五、袋式除尘协同控制轧钢加热炉烟气多污染物

轧钢加热炉是将工件加热到轧制成锻造温度的设备，普遍采用蓄热式，一般燃用高炉煤气或焦炉煤气。生产过程中加热炉产生的烟气按照 CO 浓度差异分为二种烟气，即一种是煤烟烟气，一种是空烟烟气，二者的烟气量略有差别，煤烟烟气中含有爆炸性 CO 浓度达 30000×10^{-6}，甚至高达 70000×10^{-6}，空烟烟气 CO 浓度较低，处理时相对安全。二种烟气的温度在 90～150℃ 范围，污染物浓度相近，颗粒物浓度 20～$100mg/m^3$、SO_2 浓度 100～$300mg/m^3$、NO_x 浓度 300～$500mg/m^3$，考虑到 CO 防爆及其净化问题，二种烟气分别设置独立的净化系统。

轧钢加热炉烟气中污染物浓度变化大、烟气温度低，使用 SCR 效果欠佳，因此，净化难度较大。

近年来，我国开发了轧钢加热炉烟气“余热利用+中高温 SCR 脱硝+SDS 干法脱硫+FF 袋式除尘”净化工艺技术（见图 15-22），针对轧钢加热炉煤烟和空烟两种不同性质烟气，煤烟采用间接加热的方式提升烟气温度，空烟采用直接混风的方式提升烟气温度，以达到中高温催化脱硝的温度窗口，同时，可有效避免硫酸氢铵的生成，减少设备结垢堵塞；该工艺采用 SDS 干法脱硫，采用直通式脉冲袋式除尘器，保障了出口 NO_x 浓度$<100mg/m^3$、SO_2 浓度$<35mg/m^3$、颗粒物浓度$<10mg/m^3$ 的设计要求。

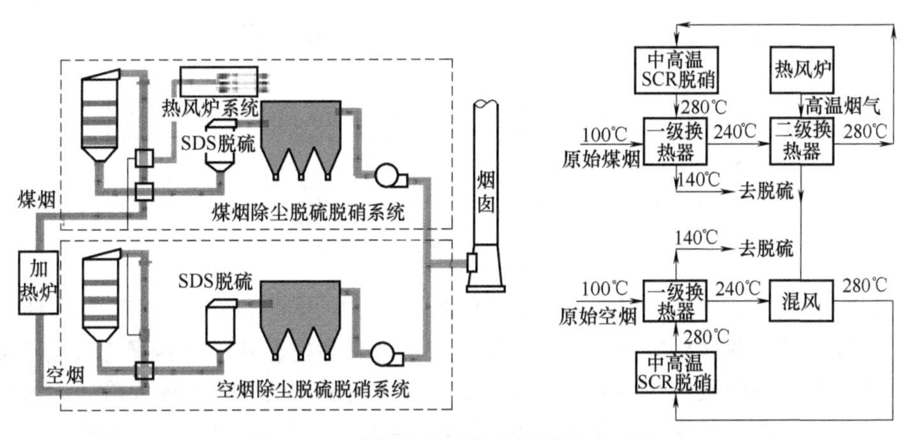

图 15-22　轧钢加热炉烟气协同治理工艺

2020 年 9 月，该技术首次在华北某轧钢厂 2×1250 加热炉上获得成功应用（见图 15-23），该项目轧钢加热炉燃料为高炉煤气，每台加热炉分别设有一套空烟和煤烟除尘脱硫脱硝净化系统，每套净化系统原始烟气参数为：烟气量 $85000m^3/h$（标），烟气温度 80～110℃，颗粒物浓度 30～$100mg/m^3$，SO_2 浓度 $300mg/m^3$，NO_x 浓度 $500mg/m^3$。袋式除尘器设计参数如下：处理风量：$132000m^3/h$，进口温度：140～160℃，过滤面积：$2954m^2$，过滤风速：0.74m/min，滤袋规格：$\phi160mm\times7000mm$，滤袋数量：840 条，滤袋材质：覆膜氟美斯。

项目投产以来，系统运行稳定，经第三方测试，加热炉空烟净化系统 SO_2 排放浓度

图 15-23 轧钢加热炉烟气协同治理工程

4mg/m³，NO_x 排放浓度 7mg/m³，颗粒物排放浓度 2.1mg/m³；煤烟净化系统 SO_2 排放浓度 10mg/m³，NO_x 排放浓度 22mg/m³，颗粒物排放浓度 1.8mg/m³。该技术满足了超低排放要求，解决了轧钢加热炉烟气污染物问题，为轧钢行业加热炉烟气脱硫脱硝治理起到示范作用。

六、袋式除尘协同控制垃圾焚烧/焦炉烟气多污染物

1. 垃圾焚烧烟气净化

垃圾焚烧烟气处理必须采用袋式除尘器。现代垃圾焚烧烟气净化多采用“SNCR 炉内脱硝+半干法 SDA（旋转喷雾反应塔）脱酸+活性炭喷射+FF 袋式除尘+SCR 脱硝”的组合工艺（见图 15-24），烟气排放标准全面满足《生活垃圾焚烧污染物控制标准》（GB18485）及欧盟 2010/75/EC 标准。

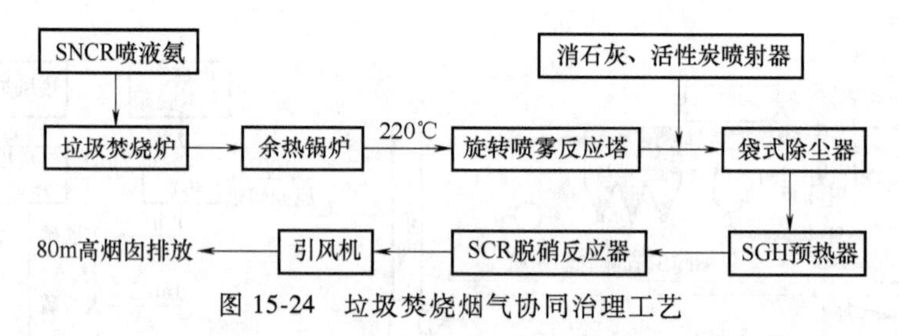

图 15-24 垃圾焚烧烟气协同治理工艺

SNCR 系统将氨水（20%~25%）喷入炉膛，实现炉内脱硝。190~220℃ 热烟气从顶部进入半干法旋转喷雾脱酸反应塔 SDA，石灰浆溶液通过高速旋转雾化器雾化成微小液滴与高温烟气混流，烟气中的酸性气体 HCl、HF、SO_2 等与之发生反应从而被去除。该过程中烟气同时冷却，使二噁英、呋喃和重金属产生凝结。在烟气进入袋式除尘器前喷入活性炭吸附剂，可吸附汞等重金属、二噁英及呋喃等污染物，吸附后的活性炭在袋式除尘器中和其他粉尘均被捕集下来，烟气中的有害物浓度便可得到严格的控制。除尘后的烟气经过 SGH 升温至 180℃，进行中低温 SCR 脱硝，达标排放。

袋式除尘器用于捕集 SDA 出口温度为 150~160℃ 烟气中的颗粒物，同时除尘器还兼有脱酸反应器的作用，滤饼与烟气中酸性气体进一步发生反应，使酸性气体去除率提高；滤饼中活性炭继续进行吸附，从而总体上提高烟气净化效率，达到协同净化效果。

2. 焦炉烟气净化

“SDA 脱硫+FF 袋式除尘+SCR 脱硝”组合工艺可用于焦炉烟气净化（见图 15-25）。焦炉烟气温度较低，高效脱硝是关键。首先通过 SDA 对烟气进行脱硫，然后采用袋式除尘器

对烟气中的粉尘及脱硫反应后的浆液干燥颗粒进行去除，再用热风炉对烟气进行升温，达到180~220℃高效脱硝窗口温度，实现中低温脱硝。除尘器过滤风速0.8m/min，烟气中焦油、重金属附着在颗粒物上，被袋式除尘器捕集后进入灰斗，部分除尘灰循环利用，部分外排进行无害化处理。

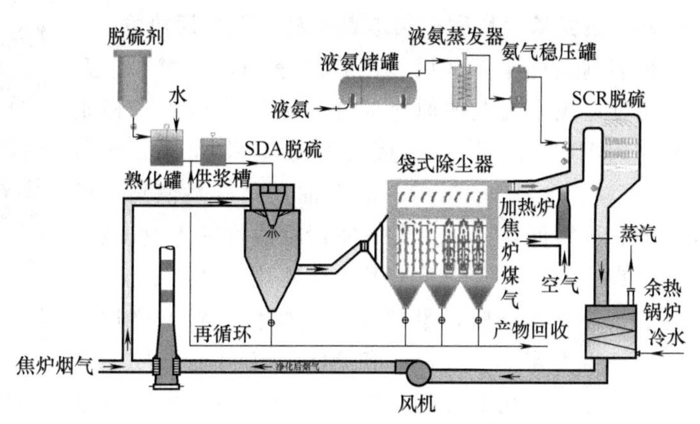

图 15-25 基于袋式除尘的焦炉烟气协同治理工艺

该工艺在华北某钢铁公司4套42孔7m顶装焦炉烟气治理项目中得到成功应用，项目于2021年8月建成投运。经测试，NO_x 排放浓度27.53mg/m^3，SO_2 排放浓度10.29mg/m^3，颗粒物排放浓度3.35mg/m^3。实现了焦炉烟气治理超低排放。

七、袋式除尘协同控制球团烟气多污染物

我国“球团烟气多污染物超低排放技术及示范”研究取得重要成果，在华北某钢铁集团200万吨/年的球团线上建成首台套“嵌入式SNCR+梯级氧化脱硝+SDA协同吸收+预荷电袋式除尘”的示范工程（见图15-26），该项目于2018年11月建成投运。经第三方检测，球团烟气颗粒物、二氧化硫、氮氧化物排放浓度分别<5mg/m^3、20mg/m^3、30mg/m^3，均优于国家最新超低排放标准。

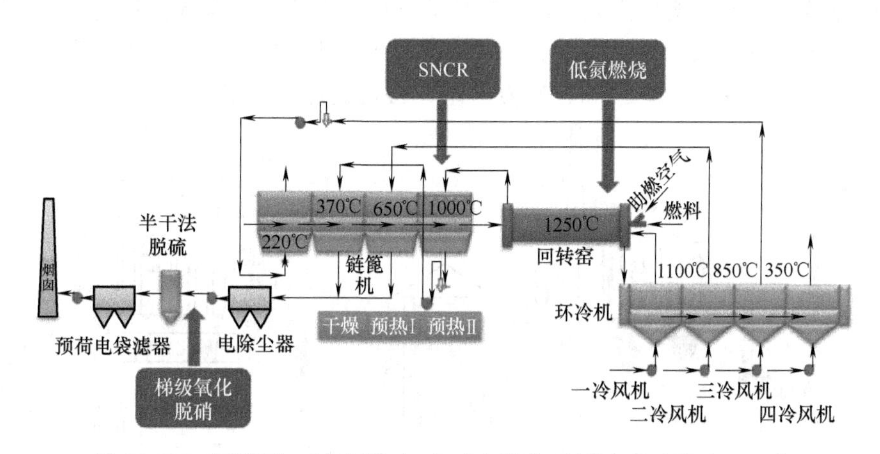

图 15-26 球团烟气“臭氧脱硝+半干法脱硫+预荷电袋式除尘”工艺

在球团烟气多污染物控制中，颗粒物和二氧化硫均可通过原有污控技术来实现，而对氮氧化物，目前缺乏经典的控制技术。“嵌入式SNCR+梯级氧化脱硝”工艺能耗显著低于现行其他脱硝工艺，投资成本也低。梯级氧化脱硝系统设置于脱硫塔入口前，向烟气中喷入臭氧，对氮氧化物进行梯级氧化，保证臭氧的有效利用率；氧化成高价态的氮氧化物在脱硫塔内被吸收，完成氮氧化物去除，最后采用预荷电袋式除尘器对污染物和颗粒物进一步吸附和除尘（见图15-27）。

八、袋式除尘协同控制玻璃炉窑烟气多污染物

玻璃制造行业多采用石油焦或重油作为燃料，石油焦是延迟焦化装置的原料油在高温下裂解生产轻质油品时的副产物，其主要成分是碳氢化合物，含碳90%~97%，含氢1.5%~8%。石油焦具有热值高、挥发分低、价格低等特点，是一种相对廉价的工业燃料。然而，在玻璃行业内广泛应用的是高硫低品质石油焦，其硅、钒等其他杂质含量较高，在熔化原料燃烧过程中，会产生大量烟尘、SO_2和NO_x，还可能释放二噁英、氯化氢和氟化氢等污染物，造成严重的大气污染问题。

图15-27　预荷电袋式除尘器在球团烟气臭氧氧化脱硝工艺中应用

资料显示，采用石油焦为燃料的玻璃窑，其烟气中SO_2浓度多为2000~6000mg/m^3，NO_x浓度多为1500~3200mg/m^3、烟尘浓度1~2g/m^3。目前，根据污染物浓度的高低和排放指标要求，主要有以下协同净化工艺。

1. 平板玻璃炉窑烟气传统净化工艺

如图15-28所示，该工艺所采取的技术路线：玻璃熔窑出口烟气→高温电除尘器→高温SCR→余热锅炉→NID脱硫→袋式除尘器→烟囱。这是平板玻璃炉窑烟气传统长流程净化工艺路线，技术成熟，通过袋式除尘器可较易实现颗粒物超低排放，但其最大缺陷是SO_2较难实现超低排放。随着玻璃行业大气污染物超低排放标准的颁布执行，各企业纷纷需进行提效改造。对于SO_2的提效途径主要包括：在余热锅炉后增加SDS干法脱硫系统，或在袋式除尘后增加脱硫塔，或将NID拆除替换为WFGD湿法脱硫等方案。

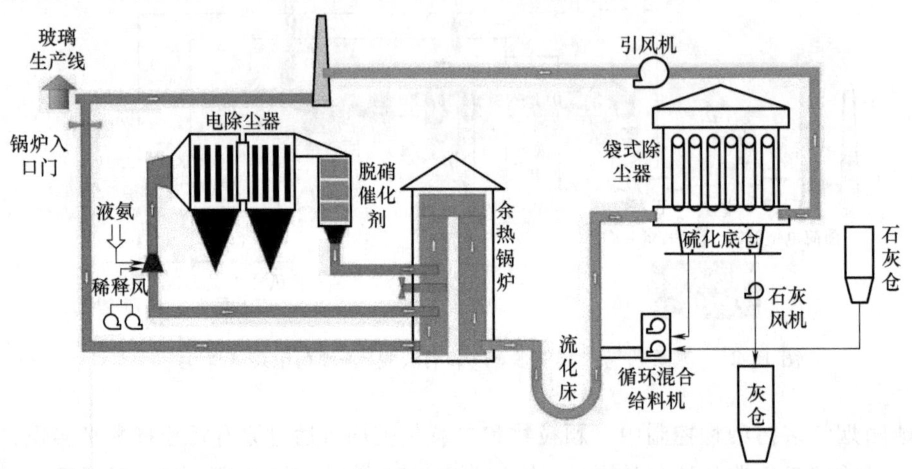

图15-28　平板玻璃炉窑烟气传统长流程净化工艺

该传统工艺在华南某1100t/d玻璃熔窑应用（见图15-29），该玻璃熔窑燃料为重油，废气量170000m^3/h（标），烟气温度300~420℃，SO_2浓度500~1500mg/m^3，NO_x浓度2000~3000mg/m^3，烟尘浓度200~400mg/m^3。采用“高温电除尘+SCR脱硝+半干法脱硫+袋式除

尘”技术路线进行烟气净化后，主要污染物排放浓度：出口 NO_x 浓度<200mg/m^3，SO_2 浓度<50mg/m^3，烟尘浓度<20mg/m^3，满足现行《平板玻璃工业大气污染物排放标准》（GB 26453—2011）的要求。

图 15-29　玻璃熔窑烟气传统净化系统与设备

2. 平板玻璃炉窑烟气短流程净化工艺

随着环保要求的日益严格，玻璃窑燃料种类和品质随之改善和提高，对于烟气中 SO_2 和 NO_x 浓度不是太高的烟气条件，目前多采用“余热锅炉+SDS 脱硫+触媒陶瓷滤筒除尘脱硝一体化”协同的短流程净化工艺。工艺流程如图 15-30 所示。

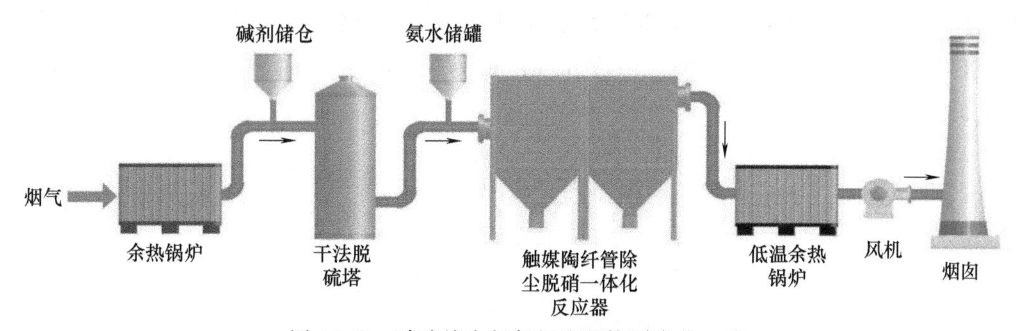

图 15-30　玻璃熔窑烟气短流程协同净化工艺

采用该种工艺在华东某玻璃厂 2 条平板玻璃生产线获得应用（见图 15-31），其单台玻璃熔窑工况废气量 330000m^3/h，烟气温度 300～439℃，SO_2 浓度 700～800mg/m^3，NO_x 浓度 1500～1900mg/m^3，烟尘浓度 200～400mg/m^3。采用“SDS 脱硫+触媒陶瓷滤筒除尘脱硝一体化”技术路线进行烟气净化后，主要污染物排放浓度为：出口 NO_x 浓度 46～51mg/m^3，SO_2 浓度 19～21mg/m^3，烟尘浓度 2.9～5.9mg/m^3，全面实现了超低排放。

图 15-31　“SDS 脱硫+触媒陶瓷滤筒除尘脱硝”工艺净化玻璃窑烟气

3. 玻璃纤维炉窑烟气主流净化工艺

玻璃纤维炉窑烟气主流净化工艺如图 15-32

所示，从玻璃炉窑出来约750℃高温废气首先经过一级余热锅炉降温到350℃后进入循环流化床（为增加脱硫反应时间而设置），同时脱硫剂和脱硝剂喷入循环流化床与废气均匀混合，再进入脱硫脱硝除尘一体化设备（催化脱硝陶瓷滤管过滤器）进行脱硝除尘，之后约300℃废气经二级余热锅炉降温到180℃，并依次进入两级脱酸塔和湿式电除尘器，深度净化达标后排放，脱硫产物及粉尘回收作为玻璃原料利用。该工艺可同时满足烟尘、SO_2和NO_x超低排放要求，但其最大缺陷是流程长、占地大、经济性欠优。

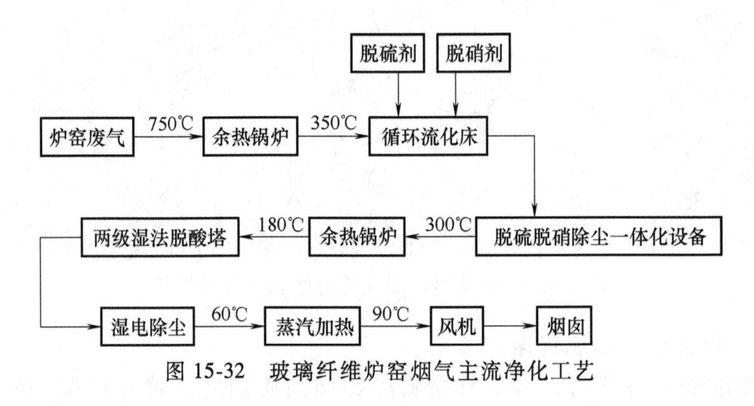

图15-32 玻璃纤维炉窑烟气主流净化工艺

某年产15万吨无碱玻璃纤维企业应用该工艺多台（套），皆获得成功（见图15-33），玻璃炉窑废气量25000m^3/h（标），余热锅炉出口温度（350±20）℃，含氧量16%~18%，湿度24.5%，SO_2浓度6500mg/m^3，NO_x浓度1200mg/m^3，烟尘浓度500mg/m^3。烟气净化后主要污染物排放浓度为：出口NO_x浓度45mg/m^3，SO_2浓度35mg/m^3，烟尘浓度7mg/m^3。均达到超低排放要求。

图15-33 袋式除尘器协同净化玻璃纤维炉窑烟气

参考文献

[1] 郭丰年，徐天平．实用袋滤除尘技术［M］．北京：冶金工业出版社，2015.

[2] 中国劳动保护学会工业防尘专业委员会．工业防尘手册［M］．北京：劳动人事出版社，1989.

[3] 中国环境保护产业协会袋式除尘委员会．袋式除尘器滤料及配件手册［M］．沈阳：东北大学出版社，2007.

[4] 脉冲袋式除尘器编写组．脉冲袋式除尘器［M］．北京：冶金工业出版社，1979.

[5] 胡鉴仲，隋鹏程，等．袋式收尘器手册［M］．北京：中国建筑工业出版社，1984.

[6] 孙一坚．简明通风设计手册［M］．北京：中国建筑工业出版社，1997.

[7] 郝吉明，马广大．大气污染控制工程［M］．北京：高等教育出版社，2002.

[8] 李广超．大气污染控制技术［M］．北京：化学工业出版社，2001.

[9] 郑铭，陈万金．环保设备：原理．设计．应用［M］．北京：化学工业出版社，2001.

[10] 沈新元．化学纤维手册［M］．北京：中国纺织出版社，2008.

[11] 郭秉臣．非织造布学［M］．北京：中国纺织出版社，2002.

[12] 张耀明，李巨白，姜肇中．玻璃纤维与矿物棉全书［M］．北京：化学工业出版社，2001.

[13] 孙熙．袋式除尘技术与应用［M］．北京：机械工业出版社，2004.

[14] 张殿印，王纯，余非滟．袋式除尘技术［M］．北京：冶金工业出版社，2008.

[15] 吴清仁，吴善淦．生态建材与环保［M］．北京：化学工业出版社，2004.

[16] 严生，常捷，程麟．新型干法水泥厂工艺设计手册［M］．北京：中国建材工业出版社，2007.

[17] 历衡隆，顾青松．铝冶炼生产技术手册［M］．北京：冶金工业出版社，2011.

[18] 刘业翔，李劼．现代铝电解［M］．北京：冶金工业出版社，2008.

[19] 张乐如．现代铅冶金［M］．长沙：中南大学出版社，2013.

[20] 江得厚，等．超低排放燃煤机组运行分析与灵活性控制［M］．北京：中国电力出版社，2020.

[21] 陈奎续．电袋复合除尘器［M］．北京：中国电力出版社，2015.

[22] 刘伟东，张殿印，陆亚萍．除尘工程升级改造技术［M］．北京：化学工业出版社，2014.

[23] 全国环保产品标准化技术委员会环境保护机械技术委员会，中钢集团天澄环保科技股份有限公司．袋式除尘器［M］．北京：中国电力出版社，2017.

[24] 黄炜，修海明，林宏，等．电袋复合除尘器［M］．北京：中国电力出版社，2015.

[25] S. 卡尔弗特，H. M. 英格伦．大气污染控制技术手册［M］．刘双进，毛文永，等译．北京：海洋出版社，1987.

[26] 库兹涅佐夫，米托尔．锅炉机组热力计算标准方法［M］．北京锅炉厂，译．北京：机械工业出版社，1976.

[27] 李铨．高温烟气采用电、袋除尘器比较中的若干问题［J］．水泥科技，2005.

[28] 吴善淦．水泥工业大气污染物超低排放治理技术［J］．中国水泥，2020.

[29] 吴善淦，沈玉祥．袋式除尘器处理垃圾焚烧炉尾毛［J］．中国环保产业，2006（6）.

[30] 余建华，姚群，等．除尘脱硝一体化装置及其应用［J］．工业安全与环保，2020.

[31] 温计格．石油焦燃料在玻璃生产应用的探讨［J］．玻璃，2014.

[32] 王金旺．水泥窑尾烟气 SCR 脱硝工艺探讨［J］．水泥，2020（8）：59-62.

[33] 张建中，徐耀兵，潘军，等．烟气酸露点温度计算方法研究现状及进展［J］．热力发电，2019，48（11）：1-2.

[34] 党小庆，马娥，胡红胜，等．电改袋式除尘器气流分布数值模拟［J］．科技导报，2009，27（5）：

56-60.
[35] 李萌萌，幸福堂，陈增锋. 基于CFD对袋式除尘器流场的分析 [J]. 工业安全与环保，2011，37 (1)：19-20.
[36] 王勇. 电袋复合除尘器气流分布技术及评判标准研究 [J]. 电力科技与环保，2011，27 (6)：18-20.
[37] HRDLICKA T, SWANSON W. Demonstration of a full-Scale retrofit of the advanced hybrid particulate collector technology [J]. Technical Report, 2005.
[38] 张景霞，沈恒根，方爱民，等. 袋式除尘器喷吹管内气流数值模拟分析 [J]. 电力环境保护，2008，98 (3)：30-32.
[39] 五鹏，杨青真，未军光. 脉冲袋式除尘器匀流喷吹管设计研究 [J]. 科学技术与工程，2009，9 (8)：2062-2066.
[40] 赵美丽，周睿，沈恒根. 袋式除尘器喷吹管设计参数对喷吹气量影响的计算分析 [J]. 环境工程，2012，30 (3)：63-66.
[41] 樊百林，李芳芳，王宏伟，等. 袋式除尘器喷吹管的气流均匀性研究 [J]. 中国安全生产科学技术，2015 (8)：77-82.
[42] 钟丽萍，党小庆，劳以诺，等. 脉冲袋式除尘器喷吹管内压缩气流喷吹均匀性的数值模拟 [J]. 环境工程学报，2016，10 (5)：2562-2566.
[43] 胡家雷，樊越胜，文珂，等. 滤筒除尘器喷吹管气流均匀性与偏心性的研究 [J]. 有色金属工程，2017，7 (6)：1-4.
[44] LO L M, HU S C, CHEN D R, et al. Numerical study of pleated fabric cartridges during pulse-jet cleaning [J]. Powder Technology, 2010, 198: 75-81.
[45] 刘华，茅清希，吴利瑞，等. 滤袋脉冲喷吹清灰力学机理探讨 [J]. 同济大学学报（自然科学版），2002 (3)：24-26，31.
[46] 党小庆，刘美玲，马广大，等. 脉冲袋式除尘器喷吹气流的数值模拟 [J]. 西安建筑科技大学学报（自然科学版），2008 (3)：403-406，412.
[47] 陶晖. 论我国袋式除尘器滤料技术的发展 [J]. 中国环保产业，2013 (3).
[48] 陶晖. 大气污染协同控制技术 [J]. 中国环保产业，2015 (1).
[49] 陶晖. 超细面层梯度结构滤料的研发与推广应用 [J]. 除尘·气体净化，2020 (1).
[50] 陶晖. 我国回转反吹扁袋除尘器的发展水平 [J]. 通风除尘，1988 (3).
[51] 叶大成，陶晖. 回转反吹扁袋除尘器的最新技术进步及其系列设计 [J]. 通风除尘，1992 (1).
[52] 陶晖，黄斌香. FEF型旁插扁袋除尘器的开发及其应用 [J]. 通风除尘，1995 (2).
[53] 陶晖，应焕民. 729滤料集尘性能的试验研究 [J]. 通风除尘，1986 (1).
[54] 陶晖. 中国袋式除尘的技术进步和薄弱环节 [J]. 中国环保产业，1995 (2).
[55] 陶晖，黄斌香. 分室反吹袋式除尘器的技术改造及新产品开发 [J]. 中国环保产业，1999 (4).
[56] 陶晖. 可持续发展方针促进我国高炉煤气袋式干法除尘快速发展 [J]. 除尘·气化净化，2008 (2).
[57] 宫径德. 壳牌煤气化技术及其工程应用 [J]. 化肥设计，2007，45 (6)：8-12，18.
[58] 李耀刚，崔广才. Shell煤气化工艺优化之商榷 [J]. 化肥设计，2009，49 (1)：21.
[59] 李亚东. Shell粉煤化装置合成气冷却器积灰结垢的控制 [J]. 化肥设计，2010，48 (2)：27.
[60] 于英慧，肖传豪. 壳牌煤气化中高温高压过滤器的应用 [J]. 大氮肥，2011，34 (1)：33-34.
[61] 于英慧. 壳牌煤气化中高温高压过滤器及其注意事项 [J]. 化工安全与环境，2010 (40)：12.
[62] 赵宗凯. 神华壳牌煤气化装置改造情况总结 [J]. 化工管理，2015 (21)：122-124.
[63] 陈奎续. 超净电袋复合除尘技术的研究应用进展 [J]. 中国电力，2017，50 (3)：22-27.
[64] 陈奎续. 超净电袋复合除尘器在劣质煤电厂的长期高效稳定运行 [J]. 电力科技与环保，2017，33

(5)：22-25.
[65] 黄炜. 超净电袋除尘技术的研究与应用 [J]. 中国环保产业，2017，33 (5)：22-25.
[66] 黄炜，林宏，修海明，等. 电袋复合除尘技术的试验研究 [J]. 中国环保产业，2011 (7)：30-35.
[67] 修海明. 超净电袋复合除尘技术实现超低排放 [J]. 电力科技与环保，2015，31 (2)：32-35.
[68] 修海明. 燃煤锅炉烟气净化用多品种滤料应用研究及分析 [J]. 中国电力，2013，46 (11)：72-77.
[69] 陈志炜，王泽生. 低压脉冲袋式收尘器在银转炉有价烟尘回收系统中的应用 [J]. 工业安全与防尘，2001 (8).
[70] 吴善淦. 水泥行业用袋式除尘器 [J]. 中国水泥，2002 (11).
[71] 邢毅，况春江. 高温除尘过滤材料的研究 [J]. 过滤与分离，2004.
[72] 张健，等. 高温气体净化用金属多孔材料的发展现状 [J]. 稀有金属材料与工程，2006.
[73] 吴善淦. 袋式除尘器处理垃圾焚烧炉尾气 [J]. 中国环保产业，2000 (6).
[74] 吴善淦，等. 袋式除尘技术在垃圾焚烧厂的应用 [J]. 中国环保产业，2003 (12).
[75] 张士宏，徐文灿. 对 ISO 6358-1 定压法的评说与建议 [J]. 液压气动与密封，2016 (4).
[76] 秦胜林. 关于气体阀门的流量特性定义及计算 [J]. 科技展望，2016 (20).
[77] 杨复沫. 脉冲袋式除尘器的清灰能力及其评价手段研究 [D]. 武汉：冶金部安全环保研究院，1992.
[78] 袁永健，等. 铝电解烟气净化方法及除尘器：CN106637. 304B [P]. 2019-03-01.
[79] 国家能源局. 火电厂袋式除尘器荧光粉检漏技术规范：DL/T 1829—2018 [S]. 北京：中国电力出版社，2018.
[80] 国家安全生产监督管理总局. 袋式除尘器技术要求 GB/T 6719—2009 [S]. 北京：中国标准出版社，2009.
[81] 中华人民共和国环境保护部. 钢铁工业除尘工程技术规范 HJ 435—2008：[S]. 北京：中国环境科学出版社，2008.
[82] 中华人民共和国环境保护部. 火电厂污染防治可行技术指南 HJ 2301—2017 [S]. 北京：中国环境科学出版社，2017.
[83] 党小庆，马娥，胡红胜，等. 电改袋式除尘器气流分布数值模拟 [J]. 科技导报，2009，27 (5)：56-60.
[84] 李萌萌，幸福堂，陈增锋. 基于 CFD 对袋式除尘器流场的分析 [J]. 工业安全与环保，2011，37 (01)：19-20+37.
[85] 董阳昊，梁珍，沈恒根. 上进风内滤式袋式除尘器的流场优化分析 [J]. 东华大学学报（自然科学版），2021，47 (03)：112-119.
[86] 张哲，李彩亭，李珊红. 下进风内滤式袋式除尘器流场的模拟与优化 [J]. 环境污染与防治，2020，42 (03)：344-347+357.
[87] Hrdilicka T, Swanson W. Demonstration of a full-Scale retrofit of the advanced hybrid particulate collector technology [J]. Technical Report, 2005.
[88] 刘栋栋，叶兴联，李立锋，等. 电袋复合除尘器气流分布的数值模拟和优化 [J]. 环境工程学报，2017，11 (05)：2897-2902.
[89] 张景霞，沈恒根，方爱民，等. 袋式除尘器喷吹管内气流数值模拟分析 [J]. 电力环境保护，2008，98 (3)：30-32.
[90] 赵美丽，周睿，沈恒根. 袋式除尘器喷吹管设计参数对喷吹气量影响的计算分析 [J]. 环境工程，2012，30 (3)：63-66.
[91] 樊百林，李芳芳，王宏伟，等. 袋式除尘器喷吹管的气流均匀性研究 [J]. 中国安全生产科学技术，2015，11 (08)：77-82.

[92] 钟丽萍，党小庆，劳以诺，等．脉冲袋式除尘器喷吹管内压缩气流喷吹均匀性的数值模拟［J］．环境工程学报，2016，10（05）：2562-2566.

[93] 尹刚，李文兵，罗斌，等．袋式除尘器喷管喷吹口径优化［J］．环境工程学报，2016，10（11）：6603-6607.

[94] 刘华，茅清希，吴利瑞，等．滤袋脉冲喷吹清灰力学机理探讨［J］．同济大学学报（自然科学版），2002（03）：273-275+280.

[95] LO L M，HU S C，CHEN D R，et al. Numerical study of pleated fabric cartridges during pulse-jet cleaning［J］. Powder Technology，2010，198：75-81.

[96] 党小庆，刘美玲，马广大，等．脉冲袋式除尘器喷吹气流的数值模拟［J］．西安建筑科技大学学报（自然科学版），2008（03）：403-406+412.

[97] 李珊红，丁倩倩，李彩亭．低压脉冲长袋袋式除尘器清灰模拟［J］．环境工程，2018，36（08）：79-82.

[98] DANG X Q，PANG M，LI X，et al. Discussion on influencing factors of the pulse-jet performance of fabric filter.［C］//International Conference on Electric Technology and Civil Engineering，2011.